Rietschel

Raumklimatechnik

16. Auflage
Band 1 Grundlagen

Herausgegeben von
Horst Esdorn

Mit 454 Abbildungen und 4 Tafeln

Springer-Verlag
Berlin Heidelberg New York
London Paris Tokyo
Hong Kong Barcelona Budapest

Hermann Rietschel, Prof. Dr.-Ing. †
Horst Esdorn, Univ.-Prof. (em.) Dr.-Ing.
ehemaliger Direktor des Hermann-Rietschel-Instituts
für Heizungs- und Klimatechnik,
Technische Universität Berlin
Klimasystemtechnik Esdorn Jahn Ingenieur-Ges. mbH
Keplerstraße 8–10
10589 Berlin

ISBN 3-540-54466-6 Springer-Verlag Berlin Heidelberg New York

Die Deutsche Bibliothek – CIP-Einheitsaufnahme
Rietschel, Hermann: Raumklimatechnik / H. Rietschel; H. Esdorn. – Berlin; Heidelberg; New York; London; Paris; Tokyo; Hong Kong; Barcelona; Budapest: Springer NE: Esdorn, Horst: Bd. 1. Grundlagen. – 16. Aufl. – 1994
ISBN 3-540-54466-6 (Berlin ...) Gb.
ISBN 0-387-54466-6 (New York ...) Gb.

Dieses Werk ist urheberrechtlich geschützt. Die dadurch begründeten Rechte, insbesondere die der Übersetzung, des Nachdrucks, des Vortrags, der Entnahme von Abbildungen und Tabellen, der Funksendung, der Mikroverfilmung oder der Vervielfältigung auf anderen Wegen und der Speicherung in Datenverarbeitungsanlagen, bleiben, auch bei nur auszugsweiser Verwertung, vorbehalten. Eine Vervielfältigung dieses Werkes oder von Teilen dieses Werkes ist auch im Einzelfall nur in den Grenzen der gesetzlichen Bestimmungen des Urheberrechtsgesetzes der Bundesrepublik Deutschland vom 9. September 1965 in der jeweils geltenden Fassung zulässig. Sie ist grundsätzlich vergütungspflichtig. Zuwiderhandlungen unterliegen den Strafbestimmungen des Urheberrechtsgesetzes.

© Springer-Verlag Berlin Heidelberg 1994
Printed in Germany

Die Wiedergabe von Gebrauchsnamen, Handelsnamen, Warenbezeichnungen usw. in diesem Werk berechtigt auch ohne besondere Kennzeichnung nicht zu der Annahme, daß solche Namen im Sinne der Warenzeichen- und Markenschutz-Gesetzgebung als frei zu betrachten wären und daher von jedermann benutzt werden dürften.

Sollte in diesem Werk direkt oder indirekt auf Gesetze, Vorschriften oder Richtlinien (z.B. DIN, VDI, VDE) Bezug genommen oder aus ihnen zitiert worden sein, so kann der Verlag keine Gewähr für die Richtigkeit, Vollständigkeit oder Aktualität übernehmen. Es empfiehlt sich, gegebenenfalls für die eigenen Arbeiten die vollständigen Vorschriften oder Richtlinien in der jeweils gültigen Fassung hinzuzuziehen.

Einbandentwurf: Lewis & Leins, Berlin; Satz: K+V Fotosatz GmbH, Beerfelden; Herstellung: PRODUserv Springer Produktions-Gesellschaft, Berlin
SPIN: 10003814   68/3020-5 4 3 2 1 0 – Gedruckt auf säurefreiem Papier

Vorwort zum Gesamtwerk

Das Gesamtwerk „Rietschel Raumklimatechnik" ist die Fortführung des erstmals 1893 erschienenen „Leitfaden zum Berechnen und Entwerfen von Lüftungs- und Heizungsanlagen" von Hermann Rietschel. Zuletzt war das Buch 1968/70 in der 15. Auflage unter dem Titel „Heiz- und Klimatechnik" in der Bearbeitung von Wilhelm Raiß herausgekommen.

In dem Vorwort zu dieser Auflage schreibt W. Raiß u.a.: „Zugleich wurde der Titel des Buches geändert. Er trägt in seiner jetzigen Fassung der Tatsache Rechnung, daß sich in den letzten 10 Jahren die Aufgaben des Lüftungsingenieurs immer stärker auf das Gebiet der Raumklimatisierung verlagert haben. Auch ist im deutschen Sprachgebiet die Tendenz erkennbar, sämtliche Verfahren und Einrichtungen zur Schaffung behaglicher Innenraumverhältnisse mit dem Begriff *Klimatechnik* zu umreißen. Heute schon werden ganz allgemein Anlagen zur Raumkühlung dieser Gruppe zugerechnet; folgerichtig müßten dann Einrichtungen zur Raumerwärmung eines Tages ebenfalls in diesen Sammelbegriff mit eingehen."

Dieser Schritt ist jetzt mit dem Titel „Raumklimatechnik" als Sammelbegriff vollzogen worden, wenngleich das historische Beharrungsvermögen und vielleicht auch kommerzielle Erwägungen dazu führen werden, daß noch einige Zeit vergeht, bis diese Entwicklung ohne Vorbehalt in den Sprachgebrauch Eingang findet.

Seit der letztgenannten Auflage ist ein langer Zeitraum verstrichen, in dem die Raumklimatechnik eine stürmische Entwicklung genommen hat. Ein wesentlicher Ausgangspunkt dafür war die erste Energiepreiskrise 1973/74. Sie wiederholte sich in einer Reihe von wellenartigen Bewegungen. Andere Probleme kamen hinzu, die heute ein stark verändertes Anforderungsprofil an den Ingenieur der Raumklimatechnik zur Folge haben. Allgemeiner Zwang zur Schonung der Ressourcen und zur Reduzierung der Außenluftbelastung, erhöhte Anforderungen an die Raumluftqualität und an die thermische Behaglichkeit, das „thick-building-Syndrom" sowie der breite Einzug der Datentechnik sowohl in die Berechnungsmethoden als auch in die Anlagentechnik. Die Anforderungen zur Beherrschung aller Aspekte der Raumklimatechnik und der Energieversorgung haben sich damit heute sehr denen der Verfahrenstechnik angenähert. Dieses bedingt nicht nur einen gegenüber früher stärkeren Umfang des erforderlichen Anwendungswissens, sondern auch eine größere Breite und Tiefe des Grundlagenwissens. Aus diesen Gründen wurden sowohl die Struktur des Buches, als auch die Bearbeitungsmethodik verändert.

Die bisherige Struktur mit einem mehr beschreibenden Band, der auch mit für Architekten gedacht war, und einem primär auf die Berechnung der Anlagen gerichteten Band wurde zugunsten einer auf die integrierte Behandlung des Systems „Gebäude+Anlagen" abgestellten Struktur verlassen. Die stark erweiterten Grundlagen wurden in einem gesonderten Band zusammengefaßt. Das Gesamtwerk wird nun aus 4 Einzelbänden bestehen: Band 1 „Grundlagen", Band 2 „Raumluft- und Raumkühltechnik", Band 3 „Raumheiztechnik" und Band 4 „Physik des Gebäudes". Damit wird eine völlige Neubearbeitung vorgelegt. Tragender Gedanke bei dieser neuen Struktur war auch, daß der Ingenieur der Raumklimatechnik für seine Arbeit kein weiteres Lehrbuch benötigen soll, wie eingehend er sich auch mit einem Problem unseres Faches beschäftigen möge.

Die Bearbeitung, die bisher jeweils – mit Ausnahme weniger ergänzender Beiträge – von einem Autor vorgenommen wurde, lag bei der jetzigen 16. Auflage in der Hand einer großen Anzahl von Wissenschaftlern und Ingenieuren, die für die von ihnen bearbeiteten Sachgebiete besonders ausgewiesen sind. Die inhaltlichen Vorgaben, die erforderlichen Abstimmungen und die Koordination der Einzelbeiträge wurden durch den Herausgeber gemacht. Diese Arbeit eines großen Kreises von Fachleuten ist dem heutigen Umfang der Aufgabe angemessen.

Das Werk richtet sich traditionsgemäß sowohl an den Studierenden, als auch an den bereits im Fach tätigen Ingenieur oder Techniker, der zur Lösung anspruchsvoller Aufgaben in der Lage sein will.

Berlin, Juli 1994   H. Esdorn

Vorwort zu Band 1

Im Vorwort zum Gesamtwerk „Rietschel Raumklimatechnik", das diesem Vorwort vorangestellt ist, sind allgemeine Ausführungen über Zielrichtung, Struktur und Bearbeitung gemacht. Im vorliegenden Band 1 werden alle Grundlagen, die der Ingenieur der Raumklimatechnik für seine Arbeit benötigt, in solcher Breite und Tiefe behandelt, daß damit auch anspruchsvolle Detailprobleme bearbeitet werden können. Die Breite ist eine bekannte Schwierigkeit dieses Faches. Die erforderliche Tiefe zur Erfüllung des genannten Anspruches führt bei vielen Themenkreisen zu einem erheblichen Umfang der Beiträge. Beantworten die Bände 2 bis 4 die Frage nach dem „wie" einer Aufgabenlösung, wird in Band 1 die Antwort auf die Frage nach dem „warum" gegeben. Jeder erfahrene Ingenieur weiß, daß üblicherweise die Tagesarbeit auch mit dem „wie" allein gemacht werden kann. Dieses genügt aber auch für den erfahrenen Fachmann nicht, wenn er Probleme zu lösen hat, die nicht zur täglichen Routine gehören und generell nicht für den Studierenden. Auch wer den kritischen Blick für seine eigene Arbeit bewahren will, kommt an einer sorgfältigen Beschäftigung mit den Grundlagen nicht vorbei. Das vielzitierte Rietschel-Wort *„Wissenschaftliche Behandlung allein gibt die Gewähr, ... daß der Schritt, den man oft in der Praxis vom streng richtigen Wege tun muß, nicht zum Fehler wird"* ist noch heute von hoher Aktualität. Schon wirtschaftliche Zwänge erlauben es in der Regel nicht, für die Unikate, die der Ingenieur unseres Faches üblicherweise herstellen muß, auch vorhandene hochentwickelte Rechenmethoden anzuwenden. Und selbst wenn hochqualifizierte Methoden angewendet werden, muß der Anwender in der Lage sein, mit sicheren Abschätzungen die Qualität eines Ergebnisses zu überprüfen. Mein hochverehrter akademischer Lehrer, Prof. Dr.-Ing. Dr.-Ing. E. h. Otto Krischer, hat uns seinerzeit für das Messen eingeschärft, was heute für die modernen Rechenmethoden analog gilt: *„Wenn Ihr nicht vorher wißt, was als Ergebnis etwa herauskommen muß, dürft Ihr gar nicht erst anfangen zu messen, da Ihr Fehler machen werdet, die Ihr nicht bemerkt."*

Im vorliegenden Band 1 werden daher alle erforderlichen physiologischen, meteorologischen, physikalisch-technischen, chemischen und wirtschaftlichen Grundlagen von qualifizierten Wissenschaftlern und Ingenieuren der jeweiligen Disziplinen abgehandelt. Die Wichtung der Beiträge ist dabei nach ihrer Bedeutung für die Arbeit des Ingenieurs der Raumklimatechnik und nach dem für einen Ingenieur des Maschinenbaus zusätzlich erforderlichen Spezialwissen vorgenommen. Im einzelnen werden folgende Grundlagen behandelt:

L. Rouvel, H. Schaefer, H. J. Schultz: **Energieversorgung** (Teil A). Überblick über Struktur und zeitliche Entwicklung des Energieverbrauchs und der Ressourcen.

H. Fortak: **Außenklima** (Teil B). Entwicklung von Großwetterlagen, detaillierte Behandlung und mathematische Erfassung aller Witterungsparameter als Grundlage für hochentwickelte Computersimulationsmodelle, Summen- und Mittelwerte von Witterungsdaten.

M. Heckl: **Technische Akustik** (Teil C). Grundbegriffe für Luft- und Körperschall, Anregung und Ausbreitung, Dämmung und Dämpfung, Geräuschbewertung und Anforderungen für Räume.

H. Kaase: **Lichttechnik** (Teil E). Radiometrische Grundlagen, Licht- und Strahlungsgrößen, Farbe, Lampen und Leuchten, Bewertung von Tageslicht und Beleuchtung.

H. Knapp: **Thermodynamische Grundlagen der Kältetechnik** (Teil F). Hauptsätze der Thermodynamik, Exergiebegriff, Energiewandlungsprozesse, Kreisprozesse, Kältekreisläufe, Wärmepumpen und Wärmetransformatoren, hx-Diagramm für feuchte Luft.

W. Kast: **Wärme- und Stoffübertragung** (Teil G). Wärmestrahlung, Wärmeleitung (stationär/instationär, trockene/feuchte Stoffe), Wärmeübergang, einseitige/zweiseitige Diffusion, Stoffübergang, Analogie Wärme-/Stoffübergang, Wärme- und Stoffübertragung.

F. Brandt: **Feuerungstechnik** (Teil H). Verbrennungsrechnung, Verbrennungsreaktionen, Heizwert/Brennwert, Energie- und Massebilanz von Heizkesseln, Wirkungsgrade/Nutzungsgrade/Nutzheizzahlen.

E. Truckenbrodt: **Strömungstechnik** (Teil J). Grundlagen und Grundgesetze der Fluidmechanik, Ähnlichkeitsgesetze, Rohrströmung, Luftströmung in Räumen, fluidmechanische Meßtechnik.

H. Protz: **Regelungs- und Steuerungstechnik** (Teil K). Aufgaben, Signalübertragung, Übertragungsverhalten, Regelstrecke, Regeleinrichtungen, digitale Verfahren, Hilfsenergien, Regelkreise.

L. Höhenberger: **Wasserchemie** (Teil L). Grundbegriffe, Eigenschaften und Inhaltsstoffe von Wasser, Wasserarten, Wasseraufbereitung, Belagbildung und Schutzverfahren, Korrosion und Korrosionsschutz, Konservierung, Reinigung, Wasseranalyse, Arbeits- und Umweltschutz.

H.-J. Warnecke: **Methoden der Wirtschaftlichkeitsrechnung** (Teil M). Begriffe, statische/dynamische Verfahren, Wirtschaftlichkeitsrechnung unter Unsicherheit, Kosten-Nutzenanalyse.

H. H. Schicht: **Luftreinigung** (Teil N). Aufgaben, Luftverunreinigungsquellen, Abscheidemechanismen, Filterbauarten, Bewertungsmethoden (Abscheideleistung, Staubspeicherfähigkeit, Leckfreiheit, Druckverlust), Filterprüfung, Klassifizierung von Luftfiltern, Entsorgung.

Berlin, Juli 1994   H. Esdorn

Autorenverzeichnis

F. Brandt, Univ.-Prof. (em.) Dr.-Ing.
Langgässerweg 14, 64285 Darmstadt

P. O. Fanger, Univ.-Prof. Dr. techn.
Laboratory of Heating and Air Conditioning, Technical University of Denmark,
Building 402 A, DK-2800 Lyngby

H. Fortak, Univ.-Prof. (em.) Dr. rer. nat.
Institut für Meteorologie, Fachrichtung Theoretische Meteorologie, Freie Universität Berlin,
Carl-Heinrich-Becker-Weg 6–10, 12165 Berlin

M. Heckl, Univ.-Prof. Dr. rer. nat.
Institut für Technische Akustik, Technische Universität Berlin, Sekr. TA 7,
Einsteinufer 25, 10587 Berlin

L. Höhenberger, Dipl.-Ing.
TÜV Bayern-Sachsen, Abt. Anlagen und Werkstofftechnik,
Westendstr. 199, 80686 München

H. Kaase, Univ.-Prof. Dr. rer. nat.
Institut für Lichttechnik, Technische Universität Berlin, Sekr. E 6, Einsteinufer 10,
10587 Berlin

W. Kast, Univ.-Prof. Dr.-Ing.
Fachgebiet Thermische Verfahrenstechnik und Heizungstechnik,
Technische Hochschule Darmstadt, Petersenstr. 30, 64278 Darmstadt

H. Knapp, Univ.-Prof. (em.) Dr. rer. nat.
Institut für Thermodynamik und Reaktionstechnik, Technische Universität Berlin,
Sekr. TK 7, Straße des 17. Juni 135, 10623 Berlin

H. Protz, Univ.-Prof. Dipl.-Ing.
Hermann-Rietschel-Institut für Heizungs- und Klimatechnik, Technische Universität Berlin,
Sekr. HL 45, Marchstr. 4, 10587 Berlin

L. Rouvel, Univ.-Prof. Dr.-Ing. habil.

Fachgebiet Energietechnik und -versorgung, Technische Universität München,
Arcisstr. 21, 80333 München

H. Schaefer, Univ.-Prof. Dr.-Ing. Dr.-Ing. E. h.

Lehrstuhl für Energiewirtschaft und Kraftwerkstechnik, Technische Universität München,
Arcisstr. 21, 80333 München

H. J. Schultz, Dipl.-Ing.

Hartmuthstr. 5, 61476 Kronberg

H. H. Schicht, Dr. sc. techn.

Langwisstr. 5, CH-8126 Zumikon, Schweiz

E. Truckenbrodt, Prof. (em.) Dr.-Ing. Dr.-Ing. E. h.

Lehrstuhl für Fluidmechanik, Technische Universität München,
Arcisstr. 21, 80333 München

H.-J. Warnecke, Univ.-Prof. Dr. Ing. Dr. h. c. Dr.-Ing. E. h.

Präsident der Fraunhofer-Gesellschaft,
Leonrodstr. 54, 80636 München

Inhalt

A	**Energiewirtschaftliche Aspekte**	1
	L. Rouvel, H. Schaefer, H. J. Schultz	
A1	Energieversorgung	1
A2	Primärenergiearten und -quellen	2
A2.1	Fossile Energieträger	2
A2.2	Kernenergie	2
A2.3	Wasserkraft	2
A2.4	Holz, Stroh, Torf, Müll, Klärschlamm	2
A2.5	Erneuerbare Energien	3
A2.5.1	Gezeitenenergie	3
A2.5.2	Windenergie	3
A2.5.3	Geothermische Energie	3
A2.5.4	Sonnenenergie	3
A2.5.5	Biogas	4
A2.6	Energiereserven der Welt	4
A3	Primärenergieverbrauch der Welt	5
A4	Eigenaufkommen der wichtigsten Primärenergieträger in der Bundesrepublik Deutschland	6
A4.1	Rohbraunkohle	6
A4.2	Steinkohle	7
A4.3	Erdgas	8
A4.4	Erdöl	9
A4.5	Wasserkraft	9
A4.6	Kernenergie	9
A5	Import und Export von Primärenergie in der Bundesrepublik Deutschland	10
A6	Entwicklung des Primärenerigeverbrauchs in der Bundesrepublik Deutschland	11
A7	Entwicklung des Endenergieverbrauchs in der Bundesrepublik Deutschland	12
A8	Energiebilanz in den alten Ländern der Bundesrepublik Deutschland 1988	14

A9	Struktur des Endenergiebedarfs auf Verbrauchssektoren und Bedarfsarten in den alten Ländern der Bundesrepublik Deutschland 1988	15
A10	Energiehaushalten	18
A10.1	Energiesparen	18
A10.2	Rationelle Energienutzung	19
A10.3	Substitution von Energieträgern	21
A11	Ökologische Belastung durch den Energieverbrauch	21
A11.1	Luftverschmutzung	21
A11.2	Wasserverschmutzung	22
A11.3	Thermische Belastung	22
A11.4	Lärmbelästigung	23
A11.5	Optische Beeinträchtigung	23
A12	Literatur	23
B	**Außenklima**	**25**
	H. Fortak	
B1	Die Erdatmosphäre	25
B1.1	Einführung	25
B1.2	Allgemeine Eigenschaften der Atmosphäre	26
B1.2.1	Zusammensetzung der Atmosphäre	26
B1.2.2	Mittlere Vertikalstruktur der Atmosphäre	27
B1.3	Atmosphärische Zirkulation und Klima	30
B1.3.1	Ursachen und Charakter der atmosphärischen Zirkulation, Klimasystem	30
B1.3.2	Planetarische Grenzschicht und Stadtklima	34
B2	Klimaelemente und Klimadaten	37
B2.1	Einführung	37
B2.2	Klimalemente, Definitionen	37
B2.2.1	Strahlung und Sonnenscheindauer	37
B2.2.2	Lufttemperatur	51
B2.2.3	Luftfeuchte	52
B2.2.4	Bewölkung und Niederschlag	54
B2.2.5	Luftdruck und Wind	54
B3	Klimadaten für die Praxis	57
B3.1	Einführung	57
B3.2	Klimadatensammlungen für die Heiz- und Raumlufttechnik	61
B3.2.1	DIN-Normen und VDI-Richtlinien (Regelwerke)	61
B3.2.2	Testreferenzjahre	67
B3.3	Lufttemperatur	70
B3.3.1	Mittlere Tages- und Jahresgänge	70
B3.3.2	Extremwerte der Lufttemperatur	72
B3.3.3	Häufigkeitsverteilungen	75

B3.4	Luftfeuchte	76
B3.4.1	Mittlere Tages- und Jahresgänge	76
B3.4.2	Häufigkeitsverteilungen, Korrelation zwischen Lufttemperatur und Feuchtegehalt der Luft	80
B3.5	Wind	83
B3.5.1	Mittlere Tages- und Jahresgänge	83
B3.5.2	Häufigkeitsverteilungen	85
B3.5.3	Korrelation zwischen Windgeschwindigkeit und Lufttemperatur	87
B3.6	Strahlung	89
B3.6.1	Abhängigkeit der Strahlung von der Trübung der Atmosphäre	89
B3.6.2	Mittlere Tages- und Jahresgänge	91
B3.6.3	Bedeckungsgrad und Sonnenscheindauer	95
B4	Modelle für Klimadaten eines Ortes	99
B4.1	Einführung	99
B4.2	Modellierung mittlerer Tagesgänge der Bestrahlung an geneigten Flächen	100
B4.2.1	Modellierung der kurzwelligen Strahlungsbilanz	100
B4.2.2	Modellierung der langwelligen Strahlungsbilanz	115
	Anhang	120
B5	Literatur	123
C	**Mensch und Raumklima**	**125**
	P. O. Fanger	
C1	Einleitung	125
C2	Thermisches Raumklima	126
C2.1	Vorbemerkung	126
C2.2	Thermoregulation des Menschen	126
C2.3	Thermische Raumklimaparameter	128
C2.4	Die Wärmebilanz des Menschen	135
C2.5	Behaglichkeitsgleichung	138
C2.6	Lokales thermisches Unbehagen	147
C2.7	Applikationen	150
C3	Raumluftqualität	153
C3.1	Einleitung	153
C3.2	Empfundene Luftqualität	154
C3.3	Die Maßeinheit „olf"	155
C3.4	Die Maßeinheit „dezipol"	157
C3.5	Behaglichkeitsgleichung der Raumluftqualität	158
C3.6	Quantifizierung von Verunreinigungslasten und empfundenen Luftqualitäten	162
C3.7	Gesundheitsrisiken	162
C4	Literatur	175

D	**Technische Akustik**	177
	M. HECKL	
D1	Einleitung	177
D2	Akustische Kenngrößen für Luftschall	178
D2.1	Schalldruck, Schalldruckpegel, Spektren	178
D2.2	Schalleistung, Schalleistungspegel	181
D2.3	Weitere Kenngrößen	183
D3	Grundbegriffe des Körperschalls	184
D4	Entstehungsmechanismen für Schall	189
D4.1	Luftschallentstehung	189
D4.2	Körperschallentstehung	191
D5	Schallentstehung durch Rückkopplungsmechanismen	191
D6	Ungehinderte Schallausbreitung	192
D6.1	Energiebetrachtungen	192
D6.2	Das Schallfeld in Kanälen	193
D7	Schallabsorption	195
D7.1	Luftschallabsorption (Schallschluckung)	195
D7.2	Körperschalldämpfung	198
D8	Schalldämmung	200
D9	Lärmminderung durch Gegenquellen (Antischall)	201
D10	Einige Eigenschaften des Ohres	202
D11	Literatur	205
E	**Lichttechnik**	207
	H. KAASE	
E1	Einführung	207
E2	Licht- und Strahlungsgrößen	209
E3	Farbe	211
E4	Lampen und Leuchten	213
E5	Gütemerkmale für die Beleuchtung	218
E5.1	Helligkeit und Beleuchtungsstärkeverteilung	218
E5.2	Blendungsbegrenzung	218
E5.3	Kontrastwiedergabe	219
E5.4	Farbwiedergabe	219
E5.5	Energieverbrauch	219
E6	Tageslicht für Innenraumbeleuchtung	220
E7	Literatur	221
F	**Thermodynamische Grundlagen der Kältetechnik**	223
	H. KNAPP	
F1	Einführung	223
F1.1	Bedeutung der Temperatur	223

F1.2	Anwendungen der Tieftemperaturtechnik	224
F1.3	Unterschied zwischen „Wärme" und „Kältetechnik"	224
F1.4	Hauptsätze der Thermodynamik	225
F1.5	Energiewandlungsprozesse	226
F1.5.1	Wärmekraftmaschine	227
F1.5.1.1	Exergie der Wärme	227
F1.5.1.2	Wärmeübertragung, Entropieproduktion	227
F1.5.1.3	Exergieverlust	228
F1.5.2	Kältemaschine bei T_0 = const.	228
F1.5.3	Abkühlanlage von T_u auf T_0	228
F1.5.4	Wärmepumpe	229
F1.6	Reale Prozesse	230
F1.6.1	Auslegung einer Anlage	230
F1.7	Ermittlung der Stoffdaten	232
F1.7.1	Thermodynamische Eigenschaften	232
F2	Wichtige Kreisprozesse	235
F2.1	Wärmeübertragung an die Umgebung oder von der Umgebung	236
F2.2	Wärmekraftanlage	236
F2.2.1	Heizkraftwerk	239
F2.3	Kompressionskältekreisläufe	239
F2.3.1	Kältekreislauf mit Verdampfung und Verflüssigung	239
F2.3.2	Kreislauf mit Joule-Thomson-Entspannung	240
F2.3.3	Kreislauf mit arbeitsleistender Entspannung	241
F2.4	Dampfstrahlkälteanlage	242
F2.5	Absorptionskältekreisläufe	243
F3	Wärmepumpen und Wärmetransformatoren	247
F3.1	Kompressionswärmepumpe	247
F3.1.1	Beispiel: Kompressionskreisläufe zur Heizung eines Wohnhauses im Winter und zur Kühlung eines Wohnhauses im Sommer (s. Bild F3-1)	247
F3.2	Heizung von Gebäuden mit Hilfe von Wärmepumpen	249
F3.3	Wärmetransformatoren mit Absorptionskreisläufen	249
F3.2.1	Kälteanlagen	250
F3.2.2	Wärmetransformator zur Erhöhung der Quantität der Heizwärme Q_h	250
F3.2.3	Wärmetransformator zur Erhöhung der Qualität der Heizwärme Q_h	251
F4	Feuchte Luft	252
F4.1	Zustandsgrößen feuchter Luft (Mollier-Diagramm)	252
F4.2	Bedeutung und Berechnungsgrundlage wichtiger Größen	252
F4.3	Zustandsänderungen im h,x-Diagramm	254
F4.3.1	Beispiel 1: Abkühlen und Erwärmen	254
F4.3.2	Beispiel 2: Mischen	255
F4.3.3	Beispiel 3: Befeuchten der Luft mit Wasser	256
F4.3.4	Beispiel 4: Befeuchten mit Dampf	257

G	**Wärme- und Stoffübertragung**	259
	W. Kast	
G1	Wärmeübertragung	259
G1.1	Einführung	259
G1.2	Die Wärmestrahlung	259
G1.2.1	Grundlagen	259
G1.2.2	Absorption, Reflexion, Durchlaß	261
G1.2.3	Die Strahlungsemission	266
G1.2.4	Der Wärmeaustausch durch Strahlung	272
G1.2.5	Die Einstrahlzahl	275
G1.2.6	Der Strahlungsaustausch im Raum bei Berücksichtigung mehrfacher Reflexionen zwischen den Raumflächen	279
G1.2.7	Der Strahlungsaustausch zwischen einem Gas (Atmosphäre) und einer Fläche	283
G1.3	Wärmeleitung	285
G1.3.1	Grundgesetze der Wärmeleitung	285
G1.3.2	Die Wärmeleitfähigkeit fester, flüssiger und gasförmiger Stoffe	287
G1.3.3	Die Wärmeleitfähigkeit trockener, poriger Stoffe	287
G1.3.4	Der Einfluß der Temperatur	292
G1.3.5	Die Abhängigkeit der Wärmeleitfähigkeit vom Druck und von den Porenabmessungen	292
G1.3.6	Die Abhängigkeit der Wärmeleitfähigkeit von der Feuchte	293
G1.3.7	Die Berechnung der stationären Wärmeleitung in geometrisch einfachen Körpern	294
G1.3.8	Instationäre Anlaufvorgänge	297
G1.3.9	Instationäre Ausgleichsvorgänge	300
G1.3.10	Instationäre periodische Temperaturänderungen	305
G1.4	Wärmeübergang und Wärmedurchgang	307
G1.4.1	Problemstellungen	307
G1.4.2	Der Wärmeübergang bei außenumströmten Einzelkörpern und die Kenngrößen des Wärmeübergangs	308
G1.4.3	Parallel angeströmte Platte bei laminarer Grenzschicht	310
G1.4.4	Parallel angeströmte Platte bei turbulenter Grenzschicht	312
G1.4.5	Die versuchsmäßig ermittelten Abhängigkeiten des Wärmeüberganges bei außenumströmten Körpern	313
G1.4.6	Freie Strömung (Auf- und Abtriebsströmung)	315
G1.4.7	Freie Strömungen in geschlossenen horizontalen und vertikalen Schichten	317
G1.4.8	Freie Strömung in beheizten offenen vertikalen Kanälen	320
G1.4.9	Der Wärmeübergang bei innendurchströmten Kanälen	322
G1.4.10	Zusammenfassende Darstellung des Wärmeübergangs bei durch- und überströmten Körpern an Luft	325
G1.4.11	Wärmeübergang beim Verdampfen	329
G1.4.12	Wärmeübergang bei der Kondensation reiner Dämpfe	330

G1.4.13	Wärmedurchgang	332
G2	Stoffübertragung	334
G2.1	Einführung	334
G2.2	Grundgesetze der Diffusion	335
G2.2.1	Zweiseitige Diffusion von Gasen ineinander	335
G2.2.2	Einseitige Diffusion eines Dampfes in ein Gas (Verdunstung)	337
G2.2.3	Die Diffusion durch porige Stoffe und der Diffusionswiderstandsfaktor	338
G2.3	Stoffübergang	339
G2.3.1	Der Stoffübergangskoeffizient	339
G2.3.2	Der Zusammenhang zwischen Wärme- und Stoffübergang	340
G2.3.3	Stoffwerte für die Berechnung des Stofftransports in feuchter Luft	341
G2.4	Oberflächendiffusion und Kapillarwasserbewegung	346
G2.5	Zum Stofftransport in porösen Stoffen	348
G2.5.1	Problemstellung	348
G2.5.2	Der Zusammenhang zwischen Dampfdruck (Luftfeuchte) und Feuchte des Gutes (Sorptionsgleichgewicht)	350
G2.5.3	Das Zusammenwirken von Dampfdiffusion, Feuchtebewegung und Sorptionsgleichgewicht	353
G2.6	Der Wärme- und Stofftransport bei der Verdunstung	355
G2.7	Wärme- und Stofftransport bei der Partialkondensation aus Dampf-Gasgemischen	357
G2.8	Allgemeine Betrachtungen zur Wärmeübertragung bei Kondensation und Verdunstung in feuchter Luft	358
G3	Literatur	363
H	**Feuerungstechnik**	**367**
	F. BRANDT	
H1	Verbrennungsrechnung	367
H1.1	Verbrennungsreaktionen	367
H1.2	Bezogene Verbrennungsluft- und Rauchgasmassen	368
H1.3	Statistische Verbrennungsrechnung	373
H1.4	Dichte und spez. Wärmekapazität des Rauchgases	379
H1.5	Bestimmung der Verbrennungsluft- und Rauchgasmassen aus Abgasmessungen	381
H2	Bezogene Leistungs- und Verlustdaten von Heizungskesseln	385
H2.1	Definition des Heizwerts und Brennwerts	385
H2.2	Energie- und Massebilanz eines Heizkessels	385
H2.3	Wirkungsgrad und bezogene Verluste	388
H2.4	Kesselheizzahl und bezogene Verluste bei Brennwertkesseln	389
H2.5	Nutzungsgrade und Nutzheizzahlen	396
H3	Heizkessel-Betrieb	399

XVIII Inhalt

H3.1	Messung des Heizkesselwirkungsgrads	399
H3.2	Umweltschutz-Vorschriften	401
H3.3	Emissionsrechnungen	404
H3.4	Schwefelsäuretaupunkt	406
H3.5	Austauschbarkeit von Brenngasen	407
H4	Literatur	409
J	**Strömungstechnik**	**411**
	E. TRUCKENBRODT	
J1	Grundlagen der Fluidmechanik (Strömungsmechanik)	411
J1.1	Eigenschaften und Stoffgrößen der Fluide	411
J1.1.1	Aggregatzustand	411
J1.1.2	Dichteänderung (Kompressibilität)	411
J1.1.3	Schwereinfluß (Gravitation)	414
J1.1.4	Reibungseinfluß (Zähigkeit, Turbulenz)	415
J1.1.5	Grenzflächeneinfluß (Kapillarität)	418
J1.2	Fluidmechanische Ähnlichkeit	420
J1.2.1	Grundsätzliches	420
J1.2.2	Kennzahlen der Fluidmechanik	420
J1.2.3	Ähnlichkeitsgesetze der Fluidmechanik	425
J1.3	Grundgesetze der Fluidmechanik	425
J1.3.1	Ruhende Fluide	425
J1.3.2	Darstellungsmethoden strömender Fluide	428
J1.3.3	Bewegungszustand	429
J1.3.4	Stromfadentheorie	431
J1.3.5	Bewegungsgleichungen der Fluidmechanik	436
J1.3.6	Grenzschichtströmung	437
J1.4	Fluidmechanische Meßtechnik	440
J1.4.1	Druckmessung	442
J1.4.2	Geschwindigkeitsmessung	444
J1.4.3	Volumenstrommessung	446
J2	Strömungen in Rohrleitungen (Rohrhydraulik)	448
J2.1	Strömungsverhalten	448
J2.2	Ausgangsgleichungen	448
J2.2.1	Kontinuitätsgleichung	448
J2.2.2	Impulsgleichung	450
J2.2.3	Energiegleichung	450
J2.2.4	Fluidmechanischer Energieverlust	451
J2.3	Geradlinig verlaufende lange Rohre	452
J2.3.1	Geometrie	452
J2.3.2	Kennzahl	452
J2.3.3	Geschwindigkeitsprofile	453
J2.3.4	Vollausgebildete Rohrströmung	454

J2.3.5	Rohreinlaufströmung	459
J2.3.6	Rohreintrittsströmung	460
J2.4	Formstücke und Armaturen	461
J2.4.1	Fluidmechanischer Energieverlust	461
J2.4.2	Rohrquerschnittsänderungen	462
J2.4.3	Rohrrichtungsänderungen	472
J2.4.4	Rohrverzweigungen	484
J2.4.5	Volumenstromdrosselung	499
J2.4.6	Einbau einer Strömungsmaschine	504
J3	Strömungsvorgänge bei der Lüftung von Räumen	504
J3.1	Raumströmungsformen	504
J3.2	Freistrahlen	505
J3.2.1	Fluidmechanisches Verhalten freier Strahlen	505
J3.2.2	Strahlaustrittsströmung	511
J3.2.3	Sich ausbildende Freistrahlströmung	516
J3.2.4	Vollausgebildete Freistrahlströmung	519
J3.2.5	Eigenschaften isothermer Freistrahlen	522
J3.2.6	Eigenschaften anisothermer Freistrahlen	533
J3.3	Wandstrahlen	542
J3.3.1	Fluidmechanisches Verhalten einseitig anliegender Freistrahlen	542
J3.3.2	Sich ausbildende Wandstrahlströmung	543
J3.3.3	Vollausgebildete Wandstrahlströmung	544
J3.3.4	Eigenschaften isothermer Wandstrahlen	545
J3.3.5	Eigenschaften anisothermer Wandstrahlen	547
J4	Literatur	549
K	**Regelungs- und Steuerungstechnik**	**553**
	H. PROTZ	
K1	Allgemeines	553
K1.1	Aufgaben der Regelung und Steuerung	553
K1.2	Begriffe und Größen	553
K2	Signalübertragung	556
K2.1	Signalarten	556
K2.2	Grundschaltungen der Übertragungsglieder	558
K3	Übertragungsverhalten	559
K3.1	Statisches Verhalten	559
K3.2	Dynamisches Verhalten	561
K3.3	Lineares Verhalten	562
K3.4	Nichtlineares Verhalten	562
K4	Grundformen des linearen Übertragungsverhaltens	566
K4.1	Beschreibung der Übertragungsglieder	566
K4.2	Verhalten typischer Übertragungsglieder	566
K4.2.1	Proportionalglied (P-Glied), Bild K4-1	566

K4.2.2	Integrierendes Glied (I-Glied), Bild K4-2	566
K4.2.3	Differenzierendes Glied (D-Glied), Bild K4-3	567
K4.2.4	Proportionalglied mit Verzögerung erster Ordnung (PT_1-Glied), Bild K4-4	567
K4.2.5	Proportionalglied mit Verzögerung zweiter Ordnung (PT_2-Glied), Bild K4-5	568
K4.2.6	Proportionalglied mit Verzögerung höherer Ordnung (PT_n-Glied), Bild K4-6	568
K4.2.7	Totzeitglied (T_t-Glied)	569
K4.2.8	Integrierendes Glied mit Verzögerung erster Ordnung (IT_1-Glied)	569
K4.2.9	Differenzierendes Glied mit Verzögerung erster Ordnung (DT_1-Glied)	570
K4.3	Glieder mit realem Übertragungsverhalten	570
K5	Regelstrecke	571
K5.1	Klassifizierung der Regelstrecke	571
K5.2	Stellglieder	572
K5.2.1	Stellventile	573
K5.2.2	Stellklappen	577
K5.2.3	Fördereinrichtungen	577
K6	Regeleinrichtung	577
K6.1	Begriffe und Bezeichnungen	577
K6.2	Übertragungsverhalten kontinuierlicher analoger Regler	578
K6.2.1	Proportionalregler	578
K6.2.2	Integralregler	579
K6.2.3	Proportional-Integralregler	579
K6.2.4	Proportional-Differentialregler	580
K6.2.5	Proportional-, Integral-, Differentialregler	581
K6.3	Übertragungsverhalten von Mehrpunktreglern	581
K6.3.1	Zweipunktregler	581
K6.3.2	Dreipunktregler	582
K6.4	Erzeugung des Übertragungsverhaltens mit Rückführungen	583
K6.5	Regler ohne Hilfsenergie	584
K6.6	Regeleinrichtungen mit pneumatischer Hilfsenergie	585
K6.6.1	Umformsysteme	585
K6.6.2	Regler	586
K6.6.3	Stellantrieb	588
K6.7	Regler mit elektrischer Hilfsenergie	589
K6.7.1	Regler mit kontinuierlichem Verhalten	589
K6.7.2	Regler mit diskontinuierlichem Verhalten	590
K6.7.3	Regler mit Zweipunktverhalten	593
K6.7.4	Motorischer Stellantrieb	594
K7	Digitale Verfahren	595
K7.1	Begriffe zum Mikroprozessor	595

K7.2	Direkte digitale Regelung	596
K7.3	Hierarchischer Aufbau	597
K7.4	Vernetzung	598
K8	Bewertung der Hilfsenergie	599
K8.1	Elektrische Hilfsenergie	599
K8.2	Pneumatische Hilfsenergie	599
K9	Der Regelkreis mit stetigen Reglern	600
K9.1	Verhalten des Regelkreises	600
K9.2	Stabilität des Regelkreises	604
K9.3	Reglereinstellung	606
K9.3.1	Güte der Regelung	606
K9.3.2	Optimierte Einstellung des Reglers nach der Übergangsfunktion der Strecke	607
K9.3.3	Optimierte Einstellung des Reglers nach dem Verhalten des Regelkreises	607
K9.4	Verbesserung des Regelverhaltens	608
K9.4.1	Vorregelung der Einflußgrößen	608
K9.4.2	Störgrößenaufschaltung	608
K9.4.3	Kaskadenregelung	609
K10	Der Regelkreis mit Zweipunktreglern	610
K11	Literatur	612

L	**Wasserchemie**	613
	L. HÖHENBERGER	
L1	Chemische Eigenschaften des Wassers	613
L2	Grundbegriffe	614
L2.1	Einheiten der Wasserchemie	614
L2.2	pH-Wert	615
L2.3	Leitfähigkeit	615
L2.4	Säure- und Basekapazität	616
L3	Inhaltsstoffe des Wassers	617
L3.1	Übersicht	617
L3.2	Salze der Alkalien	617
L3.3	Salze der Erdalkalien – Härte des Wassers	618
L3.4	Salze der Leicht- und Schwermetalle	618
L3.5	Kieselsäure	622
L3.6	Gase	622
L3.7	Organische Stoffe	622
L3.8	Mikrobielle Inhaltsstoffe	623
L4	Definition wichtiger Wasserarten	624
L5	Wasseraufbereitung	625
L5.1	Definition und Zweck	625
L5.2	Vorbehandlung von Wasser	625

L5.2.1	Entfernung mechanischer Verunreinigungen	625
L5.2.2	Entsäuerung	627
L5.2.3	Enteisenung, Entmanganung	628
L5.2.4	Entkeimung, Desinfektion	628
L5.3	Konditionierung durch Chemikaliendosierung	629
L5.4	Physikalische Wasserbehandlung	629
L5.5	Fällverfahren, Kalkentkarbonisierung	630
L5.6	Ionenaustauschverfahren	630
L5.6.1	Ionenaustauscher – Allgemeines	630
L5.6.2	Filter- und Anlagentechnik	632
L5.6.3	Enthärtung	632
L5.6.4	Wasserstoff-Entkarbonisierung	632
L5.6.5	Entsalzung und Vollentsalzung	634
L5.7	Wasseraufbereitung durch Membranverfahren	635
L5.8	Entgasung	638
L5.8.1	Übersicht	638
L5.8.2	Physikalische Entgasung	638
L5.8.3	Chemische Entgasung	641
L6	Belagbildung und Schutzverfahren	642
L6.1	Übersicht	642
L6.2	Chemische und physikalische Faktoren der Belagbildung in belüfteten Systemen	642
L6.3	Schutz vor Belagbildung in belüfteten Systemen	643
L6.4	Chemische und physikalische Faktoren der Belagbildung in sauerstoffarm betriebenen Systemen	644
L6.5	Schutz vor Belagbildung in sauerstoffarm betriebenen Kreisläufen	645
L7	Korrosion und Korrosionsschutz metallischer Werkstoffe	645
L7.1	Allgemeines	645
L7.2	Korrosionsarten	647
L7.3	Das Korrosionsverhalten technischer Werkstoffe	649
L7.3.1	Übersicht	649
L7.3.2	Unlegierte und niedriglegierte Eisenwerkstoffe	649
L7.3.3	Feuerverzinkte Eisenwerkstoffe	650
L7.3.4	Nichtrostende Stähle	652
L7.3.5	Kupfer und Kupferlegierungen	653
L7.3.6	Aluminiumwerkstoffe	654
L7.3.7	Nichtmetallische Werkstoffe	655
L7.3.7.1	Organische Materialien	655
L7.3.7.2	Anorganische Materialien	655
L7.4	Korrosionsschutz	656
L7.4.1	Allgemeines	656
L7.4.2	Korrosionsschutz durch Konditionierung und Inhibierung	656
L7.4.2.1	Unlegierte und niedriglegierte Stähle	656
L7.4.2.2	Verzinkte Eisenwerkstoffe	657

L7.4.2.3	Nichtrostender Stahl	657
L7.4.2.4	Kupfer und Kupferlegierungen	657
L7.4.2.5	Aluminiumlegierungen	658
L7.4.3	Korrosionsschutz durch Beschichtung	658
L7.4.4	Kathodische Schutzverfahren	659
L8	Konservierung	660
L8.1	Übersicht	660
L8.2	Naßkonservierung	660
L8.3	Trockenkonservierung	661
L9	Chemische Reinigung	661
L10	Wasseranalyse und chemische Überwachung	662
L11	Arbeits- und Umweltschutz	664
L12	Literatur	665
M	**Methoden der Wirtschaftlichkeitsrechnung**	**667**
	H.-J. WARNECKE	
M1	Begriffsbestimmung	667
M1.1	Wirtschaftlichkeits- und Investitionsrechnung	667
M1.2	Investitionsarten	667
M1.3	Einteilung des Verfahrens zur Investitionsrechnung	667
M1.4	Investitionsplanung	668
M1.5	Phasen der Investitionsplanung	668
M2	Statische Verfahren	669
M2.1	Übersicht	669
M2.2	Kostenvergleichsrechnung	669
M2.3	Rentabilitätsrechnung	670
M2.4	Amortisationsrechnung	671
M3	Dynamische Verfahren	672
M3.1	Übersicht	672
M3.2	Grundbegriffe	672
M3.3	Beschreibung der dynamischen Verfahren	675
M3.3.1	Vorbemerkung	675
M3.3.2	Kapitalwertmethode	675
M3.3.3	Annuitätenmethode	678
M3.3.4	Dynamische Amortisationsrechnung	679
M3.3.5	Interne Zinssatzmethode	679
M4	Wirtschaftlichkeitsrechnung unter Unsicherheit	680
M4.1	Übersicht	680
M4.2	Verfahren	680
M4.2.1	Korrekturverfahren	680
M4.2.2	Sensitivitätsanalysen	681
M4.2.3	Risikoanalyse	681
M4.3	Bewertung der Wirtschaftlichkeitsrechnung unter Unsicherheit	681

M5	Kosten-Nutzenanalyse	682
M5.1	Übersicht	682
M5.2	Nutzwertanalyse	683
M5.2.1	Prinzip der Nutzwertanalyse	683
M5.2.2	Aufstellen des Zielsystems (Arbeitsschritt 1)	684
M5.2.2.1	Zusammenstellung der Zielkriterien	684
M5.2.2.2	Feststellen der Zielerträge	685
M5.2.3	Gewichtung der Zielkriterien (Arbeitsschritt 2)	685
M5.2.4	Ermittlung der Zielwerte (Arbeitsschritt 3)	686
M5.2.5	Bestimmen des Nutzwerts (Arbeitsschritt 4)	686
M5.2.6	Erstellen einer Rangordnung (Arbeitsschritt 5)	686
M5.3	Vom Bewertungsproblem zur Entscheidungsgrundlage	686
M6	Hinweis	688
M7	Literatur	688
N	**Luftreinigung**	**689**
	H. H. Schicht	
N1	Aufgabe der Luftreinigung	689
N2	Arten der Luftverunreinigungen	689
N2.1	Übersicht	689
N2.2	Staub, Partikel und Aerosole	690
N2.3	Luftfremde Gase und Dämpfe	691
N2.4	Mikroorganismen und Pollen	691
N3	Quellen der Raumluftverunreinigung und ihre Wechselwirkung mit Mensch und Arbeitsprozeß	692
N3.1	Übersicht	692
N3.2	Außenluft und Umfeld	692
N3.3	Komponenten der raumlufttechnischen Anlage	693
N3.4	Mensch und Prozeß im Raum	693
N4	Luftreiniger: Grundkonzepte, Abscheidemechanismen	694
N4.1	Bauarten	694
N4.2	Faserfilter	694
N4.3	Elektrofilter	699
N4.4	Sorptionsfilter	699
N4.5	Naßfilter	700
N4.6	Fliehkraftabscheider	701
N5	Qualitätsstufen und Bauarten von Staubfiltern	701
N5.1	Gütestufen der Faserfilter	701
N5.2	Grobfilter	701
N5.3	Feinfilter	702
N5.4	Schwebstoffilter	704
N5.5	Filterkombinationen	706
N6	Leistungsmerkmale von Staubfiltern	707

N6.1	Wirtschaftlichkeit im Vordergrund	707
N6.2	Abscheideleistung	707
N6.2.1	Unterschiedlichkeit der Prüfverfahren	707
N6.2.2	Gravimetrischer Abscheidegrad	707
N6.2.3	Wirkungsgrad	708
N6.2.4	Durchlaßgrad und Abscheidegrad bei Schwebstoffiltern	708
N6.3	Druckverlust	709
N6.4	Staubspeicherfähigkeit, Standzeit	709
N6.5	Sonderanforderungen für Schwebstoffilter	710
N6.5.1	Leckfreiheit	710
N6.5.2	Homogenität des Geschwindigkeitsfelds	710
N7	Prüfung, Klassierung, Qualitätssicherung	710
N7.1	Übersicht	710
N7.2	Prüfung von Grob- und Feinstaubfiltern	711
N7.3	Prüfung von Schwebstoffiltern	711
N7.4	Einteilung der Filterklassen	713
N7.5	Qualitätssicherung	715
N8	Luftfilter im Spannungsfeld von Hygiene und Ökologie	715
N8.1	Übersicht	715
N8.2	Filter – Akkumulatoren von Luftfremdstoffen	715
N8.3	Entsorgung von Luftfiltern	716
N9	Literatur	717

Sachverzeichnis 719

A Energiewirtschaftliche Aspekte

Lothar Rouvel, Helmut Schaefer, Hans Jürgen Schultz

A1 Energieversorgung

In ihrer ein bis eineinhalb Millionen Jahren zählenden Geschichte war die Menschheit über lange Zeit ohne jede noch so primitive Form der Energietechnik allein auf die eigene Muskelkraft zur Erlangung des Lebensunterhalts angewiesen. Erst mit der Entdeckung des Feuers fand der Mensch ein Mittel, sein Wirken und Handeln unabhängiger von den Umweltbedingungen zu machen. Das Feuer bot ihm die Möglichkeit, sich Licht zu verschaffen, wenn die Tageshelle fehlte; es bot die Möglichkeit, die Temperatur in Wohn- und Arbeitsstätten zu beeinflussen; zur Nahrungsmittelbereitung benutzt, erweiterte es die Basis der menschlichen Ernährung. Es bot ihm später die Möglichkeit zur Gewinnung und Verarbeitung von Metallen. Weder mit menschlicher noch mit tierischer Muskelkraft wäre man je in der Lage, die dafür notwendigen hohen Temperaturen und Leistungsdichten zu erzeugen.

Für die Deckung des menschlichen Energiebedarfs standen auch nach der Entdeckung des Feuers zunächst nur die eigene Muskelkraft und die der Haustiere, später für bestimmte Anwendungsfälle Wind- und Wasserkraft zur Verfügung. Sieht man von der Erfindung der Feuerwaffen einmal ab, so gelang es erst im 18. Jahrhundert, mit der Dampfmaschine mechanische Energie aus Brennstoffen letztlich an jedem Ort, zu jeder Zeit und in praktisch beliebiger Menge zu erzeugen.

Die Lebensbedingungen der heutigen Gesellschaft hängen entscheidend von einer ausreichenden, gesicherten, umweltfreundlichen und preisgünstigen Energieversorgung ab. Ohne sie ist die Erstellung von Gütern und Dienstleistungen im notwendigen Umfang nicht realisierbar.

Die Ver- und Entsorgung heute üblicher Verdichtungsräume kann ohne den Einsatz moderner Energietechniken nicht bewältigt werden. So sind große Wohn- und Geschäftsbauten nur durch ständigen Energieeinsatz benutzbar. Je mehr der Mensch sich in der Gestaltung seines Lebensraumes und seiner Lebensgewohnheiten von den natürlichen Umweltbedingungen löst, um so zwingender wird seine Abhängigkeit von der Energie und den Fortschritten der Energietechnik und um so größer sind seine Eingriffe in die Ökologie, deren Auswirkungen ihrerseits die Lebensgestaltung des Menschen wieder beeinflussen.

A2 Primärenergiearten und -quellen

A2.1 Fossile Energieträger

Der Primärenergiebedarf der Erde wird z.Z. vorwiegend durch die drei fossilen Energieträger Kohle, Öl und Gas gedeckt.

Die Kohle ist dabei die bedeutendste Energiequelle. Steinkohle ist der geologisch älteste natürliche Brennstoff. Sie wird in verschiedenen Tiefen vorzugsweise auf der nördlichen Halbkugel der Erde gefunden und bergmännisch abgebaut. Braunkohle ist wesentlich jünger. Sie hat einen hohen Wassergehalt von 45–60%. Der Abbau erfolgt meist im Tagebau.

Mineralöl ist wie Kohle vor vielen Millionen Jahren aus tierischen und pflanzlichen Rückständen bei hohem Druck und hohen Temperaturen entstanden. Man findet Erdöl an vielen Stellen der Erde, auch unter den Schelfmeeren.

Primäre gasförmige Brennstoffe stammen aus natürlichen Vorkommen (Erdgas).

A2.2 Kernenergie

Uran ist nach dem heutigen Stand der Technik der wichtigste Brennstoff zur Freisetzung von Kernenergie. U 235 und U 238 findet man in der oberen Erdkruste bis zu einer Tiefe von ca. 1000 m, und auch die Ozeane enthalten beträchtliche Mengen an Uran. Davon ist allerdings nur ein kleiner Teil der Förderung zugänglich. Zudem kann in den heutigen Kernkraftwerken mit Leichtwasserreaktoren nur 0,7% des im natürlichen Uran enthaltenen U 235 genutzt werden.

A2.3 Wasserkraft

Schätzungen des Wasserkraftpotentials schwanken zwischen 3,7 und $5,6 \cdot 10^6$ MW. Diesen Schätzungen liegt die gesamte potentielle Energie der Flüsse und Ströme zugrunde. Weltweit betrachtet sind unter derzeitigen technischen und ökonomischen Voraussetzungen nur etwa 30% dieses Bruttowasserkraftpotentials ausbauwürdig.

A2.4 Holz, Stroh, Torf, Müll, Klärschlamm

Holz wird vor allem in südlichen Ländern weitgehend zum Kochen und Heizen verwendet. In vielen Entwicklungsländern steht es neben Dung als einziger Brennstoff zur Verfügung.

Holzabfälle, die in der Fortwirtschaft und der Holzverarbeitung anfallen, werden aus energetischen und ökonomischen Gründen vielfach für Heizzwecke verwendet. Um die dabei entstehenden Emissionen auf das zulässige Maß zu begrenzen, erfordert die Verbrennung von Holz und Holzabfällen ebenso wie die von Torf, Stroh und Klärschlämmen spezielle Techniken bei Öfen und Kesseln.

A2.5 Erneuerbare Energien

A2.5.1 Gezeitenenergie

Gezeitenkraftwerke stellen eine Sonderform der Wasserkraftnutzung dar. Die grundsätzlichen Voraussetzungen für ihren Einsatz bieten nur wenige spezielle Küstengebiete der Erde. Das einzige großtechnische Gezeitenkraftwerk befindet sich an der Rance-Mündung bei St. Malo in Frankreich. Es hat eine Nennleistung von 240 MW.

A2.5.2 Windenergie

Erste Windmühlen entstanden schon im 8. und 9. Jahrhundert. Allerdings ist heute ihr Anteil an der anthropogenen Energieerzeugung kaum nennenswert. Die Windenergie kann jedoch überall dort, wo ein ausreichend hohes Windangebot vorhanden ist, lokal einen sinnvollen Beitrag zur Energiebedarfsdeckung leisten und liegt hinsichtlich der Erzeugungskosten gegenüber photovoltaischer oder solarthermischer Stromerzeugung näher an denen fossil gefeuerter thermischer Kraftwerke.

A2.5.3 Geothermische Energie

Vorwiegend in Gebieten mit jungem Vulkanismus haben sich in der Erdkruste durch das Eindringen von Magma aus dem Erdinneren große Wärmelager gebildet. Wo Wasser in dieses Gestein dringt, bildet sich heißes Wasser oder Dampf. In derartigen Regionen sind z.Z. weltweit geothermische Kraftwerke mit einer Leistung von rd. 1500 MW in Betrieb. Die außerdem für Raumheizung und Prozeßwärme direkt genutzte geothermische Leistung wird weltweit auf umgerechnet 5000 MW geschätzt.

A2.5.4 Sonnenenergie

Von den ständig verfügbaren Energiequellen kann am ehesten die Sonnenenergie einen spürbaren Beitrag zur Deckung des Energiebedarfs der Gesellschaft leisten. Die durch die Sonne jährlich auf die Erdoberfläche eingestrahlte Energie ist rd. 11 000mal größer als der derzeitige jährliche Primärenergiebedarf der Erde. Die Energiedichte ist abhängig von der geographischen Lage. In den Trockengebieten mit größter Einstrahlung werden über 2200 kWh/m$^2 \cdot$a erreicht. Gebiete, in denen die Nutzung der Strahlungsenergie bereits eine gewisse Verbreitung gefunden hat – Südaustralien, Israel, Südwesten der USA – weisen Einstrahlungen von mindestens 1700 kWh/m$^2 \cdot$a auf. Dagegen kann für das Gebiet der Bundesrepublik Deutschland nur mit etwa 800 – 1100 kWh/m$^2 \cdot$a gerechnet werden. Die niedrige Energiedichte und die zeitliche Schwankung des Angebotes an Strahlungsleistung führen zu hohem Aufwand bei monovalenten Nutzungssystemen.

Gegenwärtig werden verschiedene Möglichkeiten zur Stromerzeugung mittels Sonnenenergie mit solarthermischen oder photovoltaischen Verfahren experimentell und großtechnisch untersucht. Für eine verbreitete Nutzung der Sonnenenergie ist in unseren Breiten die Erzeugung von Niedertemperaturwärme für Heizung und Brauchwasserbereitung mit Sonnenkollektoren aussichtsreicher. Naturgemäß ist allerdings gerade im Winter, wenn der größte Heizenergiebedarf auftritt, die Einstrahlung der Sonne am geringsten. Das begrenzt die Nutzung der Sonnenenergie für Raumheizzwecke und macht sie kostenaufwendig, weil zusätzlich ein konventioneller Wärmeerzeuger für die volle Leistung installiert werden muß (bivalentes System im „fuel saver"-Betrieb).

Wesentlich günstiger stellt sich schon heute die Nutzung solarer Energie für die Warmwasserbereitung und vor allem für die Schwimmbadbeheizung dar. Für die für die Schwimmbadbeheizung erforderlichen niedrigen Temperaturen sind zudem Kollektoren einfacher Konstruktion energetisch vertretbar und preiswert.

Ein Teil der von der Sonne eingestrahlten Energie wird in der Luft, dem Erdreich oder dem Wasser gespeichert. Somit stehen hier außerordentlich große Wärmequellen zur Verfügung, die es gestatten, Sonnenenergie indirekt zu nutzen. Da die Wärme jedoch auf einem sehr niedrigen Temperaturniveau anfällt, sind zu ihrer Nutzung Wärmepumpen erforderlich.

Die Umgebungsluft steht als Wärmequelle überall ausreichend zur Verfügung. Ihre Temperatur ist jedoch von der Einstrahlung der Sonne abhängig und daher ähnlichen Schwankungen und Relationen zum Bedarf unterworfen wie die Sonnenenergie.

Die Wärmequelle Erdboden ermöglicht eine wesentlich kontinuierlichere Wärmedarbietung als die Luft, da das Erdreich relativ geringe Temperaturschwankungen aufweist und somit einen natürlichen Ganzjahresspeicher für solare Energie darstellt. Monovalente Anlagen sind daher möglich. Je 100 W Wärmebedarf ist allerdings eine Fläche von etwa 5 m^2 erforderlich. Wegen dieses hohen Flächenbedarfs kann die Wärmequelle Erdboden nur bei entsprechender Grundstücksgröße genutzt werden.

Grundwasser ist bezüglich seines Temperaturniveaus (etwa 7–12 °C) und seiner hohen spezifischen Wärmekapazität eine sehr günstige Wärmequelle. Es steht jedoch nicht überall in ausreichender Menge und geeigneter Qualität zur Verfügung und seine Nutzung wird aus ökologischen Gründen begrenzt. Auch der Wärmeinhalt von Fließgewässern, der auch die Wärmeeinleitung durch gewerbliche und private Abwässer und durch Kraftwerksabwärme einschließt, kann in größerem Umfang genutzt werden, wenn die wasserwirtschaftlichen Bedingungen eingehalten werden.

A2.5.5 Biogas

Durch mikrobielle Umwandlung organischer Abfälle in landwirtschaftlichen Betrieben, Kläranlagen usw. entstehen Bio- bzw. Klärgase. Sie können ebenso wie Deponiegase zur Wärme- und Stromerzeugung genutzt werden.

A2.6 Energiereserven der Welt

Die bekannten und die vermuteten Vorräte an Kohle, Erdöl, Erdgas und Uran sind in Tabelle A2-1 aufgeführt.

Tabelle A2-1. Weltweite Vorräte an nichterneuerbaren Energien [1]

Energie	Vorräte in 10^6 PJ		
	Bekannte Vorräte	Vermutete zusätzliche Vorräte	Gesamte Vorräte
Kohle	38,0	114,0	152,0
Erdöl, konventionell	4,1	1,5	5,6
Erdöl aus Ölschiefer/-sand	0,6	12,9	13,5
Erdgas	3,2	6,8	10,0
Uran	1,2	1,3	2,5
Insgeamt	47,1	136,5	183,6

A3 Primärenergieverbrauch der Welt

Die Entwicklung des Primärenergieverbrauchs der Welt, der Weltbevölkerung und des spezifischen Verbrauchs ist in einer kumulierten Darstellung aus Bild A3-1 zu ersehen.

In den letzten 100 Jahren verdoppelte sich dieser Verbrauch etwa alle 28 Jahre, was einer durchschnittlichen jährlichen Steigerungsrate von 2,5% entspricht.

Mit diesem Anstieg war eine starke Verschiebung des Anteils der einzelnen Energieträger verbunden. Um die Jahrhundertwende waren Steinkohle (ca. 60%) sowie Brennholz und Torf (ca. 30%) die wichtigsten Energieträger. Auch heute noch wird der weitaus größte Anteil der verwendeten Energie durch Verbrennung von fossilen Brennstoffen erzeugt. Kohle, Erdöl und Erdgas decken z. Z. immer noch ca. 80% des Weltenergieverbrauchs. Davon bestreitet das Erdöl mit 37% den Hauptanteil des Energieverbrauchs, gefolgt von der Kohle mit 27% und dem Naturgas mit 16%.

Der Anteil der Kernenergie liegt heute bei ca. 7% und der der Wasserkraft bei ca. 6%. Die erneuerbaren Energieträger bzw. -quellen leisten vorerst noch einen nur geringen Beitrag zum gesamten Energieaufkommen. Allerdings muß dabei bedacht werden, daß die Energiestatistiken nur gehandelte Energieträger umfassen. Die – insbesondere in den Ländern der dritten Welt – beträchtliche Nutzung von selbst gesammelter Biomasse in Form von Holz, Dung u. ä. ist daher hier nicht erfaßt.

Auch für die Zukunft ist mit einem weiteren Anwachsen des Weltenergieverbrauchs zu rechnen. Entscheidende Faktoren sind die weitere Entwicklung der Weltbevölkerung und die Diskrepanz des Pro-Kopf-Verbrauchs in den verschiedenen Regionen der Welt. Nordamerika und Westeuropa, deren Anteil an der Weltbevölkerung nur etwa 16% beträgt, sind z. B. am gesamten Primärenergieverbrauch der Erde zu 57% beteiligt. Die in vielen Gebieten der Erde erst beginnende wirtschaftliche Entwicklung wird ein erhebliches Wachstum des Weltenergieverbrauchs mit sich bringen. Dieser Überlegung entspricht auch die „Mittlere Schätzung der 13. Weltenergie-Konferenz 1986 in Cannes". Danach beträgt der Weltenergieverbrauch um 2060 ca. 880 000 PJ/a.

6   A Energiewirtschaftliche Aspekte

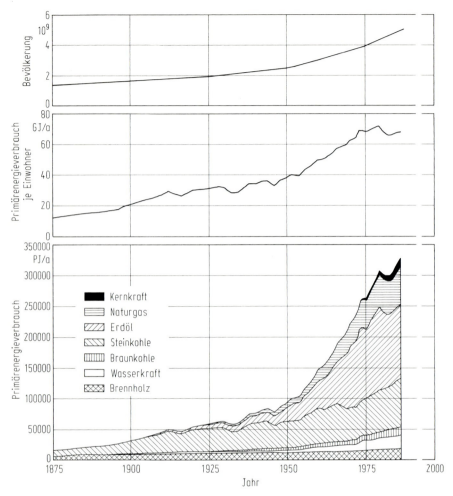

Bild A3-1. Primärenergieverbrauch der Bevölkerung der Welt 1875 – 1987 [2]

A4 Eigenaufkommen der wichtigsten Primärenergieträger in der Bundesrepublik Deutschland

A4.1 Rohbraunkohle

In den alten Bundesländern betrug die Förderung von Braunkohle aus dem Rheinischen Braunkohletagebau 1987 ca. $109 \cdot 10^6$ t. Der weitaus größte Teil wurde verstromt. Der Heizwert beträgt ca. 9630 kJ/kg. Der Anteil am gesamten Primärenergieverbrauch liegt bei ca. 7% mit leicht fallender Tendenz.

In den neuen Bundesländern, dem Gebiet der ehemaligen DDR, wurde der Primärenergiebedarf vorwiegend mit Braunkohle gedeckt. Die jährliche Fördermenge betrug 1987 309·10^6 t. Bei einem Abraum-Kohle-Verhältnis von 4,3 m^3/t erforderte die vorgenannte Fördermenge eine Abraumbewegung von über 1300·10^6 m^3 im Jahr. Das gleicht der mehr als fünfmaligen Ausbaggerung des Suezkanals. Zur Wasserfreihaltung der Tagebaubetriebe wurde im selben Zeitraum eine Wasserhebung von 1600·10^6 m^3 erforderlich.

Der Verstromungsgrad der Braunkohle ist in den alten Bundesländern erheblich höher als in den neuen Bundesländern. Dafür war der für die Brikettierung verwendete Anteil dort fast sechsmal so groß, und ca. 14% des Rohbraunkohleaufkommens wurden vom Endverbraucher zur Wärmeerzeugung eingesetzt (Tabelle A4-1).

A4.2 Steinkohle

Der Einsatz von Steinkohle als Primärenergie betrug 1987 in den alten Bundesländern ca. 80,9·10^6 t. Davon waren ca. 90% Eigenförderung, und der Anteil von Steinkohle und Steinkohleprodukten am gesamten Primärenergieverbrauch betrug ca. 17% mit leicht fallender Tendenz.

In den neuen Bundesländern befinden sich keine wesentlichen Lagerstätten für Steinkohle.

Erhebliche Unterschiede gibt es auch bei der Verwendung von Steinkohle.

In den alten Bundesländern wurden 52,0% des Steinkohleverbrauchs verstromt. Der entsprechende Anteil in den neuen Bundesländern war mit 22,8% wesentlich geringer. Dafür überwog dort, wie Tabelle A4-2 zeigt, der dezentrale Einsatz von Steinkohle für die Stadtgas- und Kokserzeugung sowie für die Versorgung mit Wärme.

Tabelle A4-1. Primärenergieversorgung mit Rohbraunkohle in beiden Teilen Deutschlands 1987 [3]

Primärenergieversorgung mit Rohbraunkohle 1987	A	B
Heimische Förderung 10^6 t/a	109	309
Anteil am Aufkommen heimischer Energieträger %	21,2	94,5
Verwendungsbereich %		
Dampferzeuger der Kraftwerke	82,4	51,2
Brikettfabriken	5,8	33,8
Heizwerke und Industriekessel	3,9	7,3
Herstellung von Staub, Koks usw.	6,5	0,7
Sonstiges	1,4	7,0

A alte Bundesländer
B neue Bundesländer

8   A Energiewirtschaftliche Aspekte

Tabelle A4-2. Primärenergieversorgung mit Steinkohle in beiden Teilen Deutschlands 1987 [3]

Primärenergieversorgung mit Steinkohle 1987	A	B
Primärenergieverbrauch 10^6 t/a	80,9	6,7
Anteil am Aufkommen heimischer Energieträger %	54,6	0,0
Verwendungsbereich %		
Kokerei und Gaswerke	29,8	39,1
Kraftwerke	52,0	22,8
Heizkessel und Industriekessel	18,2	38,1

A alte Bundesländer
B neue Bundesländer

A4.3 Erdgas

Anstelle des früher verwendeten Stadtgases ist heute das Erdgas getreten, das in den alten Bundesländern gegenwärtig über 90% des gesamten Gasverbrauchs deckt. 1986 wurden etwa 28% aller Wohnungen mit Gas beheizt.

Die Heizwerte der Naturgase sind je nach Fördergebiet sehr unterschiedlich. Es werden Erdgase vom Typ L aus den norddeutschen Feldern und den holländischen Vorkommen mit einem Brennwert von rd. 35 MJ/m_n^3 sowie solche vom Typ H aus der Nordsee und von der Sowjetunion mit einem Brennwert von rd. 42 MJ/m_n^3 verwendet.

Der Anteil von Erdgas am Primärenergieverbrauch lag 1988 in den alten Bundesländern bei ca. 15% mit steigender Tendenz. Die Eigenförderung hatte 1987 mit $17,7 \cdot 10^9$ m_n^3 einen Anteil am gesamten Erdgaseinsatz von 14%.

1987 wurden in dem Gebiet der neuen Bundesländer $13 \cdot 10^9$ m_n^3 Erdgas von minderer Qualität gefördert. In der Hauptlagerstätte Salzwedel fällt es mit einem hohen Stickstoffanteil an und hat einen Brennwert von nur rd. 13 MJ/m_n^3. Der niedrige Heizwert schränkte die Einsatzmöglichkeiten erheblich ein. Die Förderung ist rückläufig, weil die Vorräte zur Neige gehen.

In Tabelle A4-3 ist die Primärenergieversorgung mit Erdgas in beiden Teilen Deutschlands für 1987 dargestellt. Man kann daraus entnehmen, daß Erdgas in

Tabelle A4-3. Primärenergieversorgung mit Erdgas in beiden Teilen Deutschlands 1987 [3]

Primärenergieversorgung mit Erdgas 1987	A	B
Heimische Förderung 10^9 m_n^3/a	17,7	13,0
Importe 10^9 m_n^3/a	47,6	7,0
Anteil am Aufkommen heimischer Energieträger %	13,5	5,1
Verwendungsbereich %		
Kraft- und Heizwerke	17	42
Stadtgas	–	18
Prozeß- und Heizwärme	79	26
Nichtenergetische Verwendung	4	14

A alte Bundesländer
B neue Bundesländer

den alten Bundesländern vornehmlich als Endenergieträger dient, in dem Gebiet der neuen Bundesländer wird es dagegen vor allem in Umwandlungsanlagen im Primärenergiebereich verwendet.

A4.4 Erdöl

Chemisch ist Erdöl ein Gemisch aus vielen verschiedenen Kohlenwasserstoffen. Durch fraktionierte Destillation, Reformieren, Kracken und Raffinieren werden daraus energetisch nutzbare Mineralölprodukte, insbesondere Benzin, Kerosin, Dieselkraftstoff, leichtes und schweres Heizöl sowie nicht energetische Produkte, wie z.B. Schmieröl und Bitumen, gewonnen. Der Heizwert der energetisch genutzten Mineralölprodukte liegt zwischen 40,2 und 42,7 MJ/kg. Ihr Anteil an dem gesamten Primärenergieverbrauch betrug in den alten Bundesländern 1988 ca. 37%.

Förderung, Import und Verarbeitungsbereiche sind in Tabelle A4-4 dargestellt.

A4.5 Wasserkraft

Die Wasserkraft spielt im Energiehaushalt nur eine untergeordnete Rolle. Ihr Anteil am Primärenergiebedarf liegt in den alten Bundesländern bei etwa 2%, in den neuen Bundesländern unter 0,2%.

A4.6 Kernenergie

Während sich in der damaligen Bundesrepublik Deutschland der Anteil der Kernenergie am Primärenergieaufkommen in 7 Jahren zwischen 1980 und 1987 mehr als verdreifachte und auf 10,8% anstieg, war der entsprechende Anteil in der ehemaligen DDR von 1970–1980 auf 3,7% gestiegen, seit dieser Zeit wieder bis 1987 auf 2,6% gefallen.

Tabelle A4-4. Primärenergieversorgung mit Erdöl in beiden Teilen Deutschlands 1987 [3]

Primärenergieversorgung mit Erdöl 1987	A	B
Heimische Förderung 10^6 t/a	3,8	–
Import Rohöl 10^6 t/a	63,8	20,9
Import Mineralöl 10^6 t/a	48,0	–
Verarbeitungsbereich Rohöl %		
Heizöl	48,8	31,4
Vergaserkraftstoff	29,9	25,1
Dieselkraftstoff	18,0	39,8
Sondertreibstoffe	3,3	3,7

A alte Bundesländer
B neue Bundesländer

A5 Import und Export von Primärenergie in der Bundesrepublik Deutschland

Auch der Anteil der grenzüberschreitenden Primärenergie hat sich in den Jahren von 1945–1990 in beiden Teilen Deutschlands unterschiedlich entwickelt. In Tabelle A5-1 sind die entsprechenden prozentualen Angaben über die heimische Gewinnung, den Import und den Export von Primärenergie von 1950–1987 zusammengestellt.

Wie man daraus ersehen kann, hatte sich in den alten Ländern der Bundesrepublik Deutschland ein ursprünglich vorhandener Exportüberschuß von 17% (1950) im Laufe der Jahre in einen Importüberschuß von 64% (1987) gewandelt, während die ehemalige DDR seit ihrer Gründung auf Importe an Primärenergie angewiesen war und deren Höhe in fast 40 Jahren von 9% (1950) auf 24% (1987) anstieg.

In Tabelle A5-2 sind die Mengen der Importe von Primärenergie und der Anteil des Hauptlieferers für das Jahr 1987 zusammengestellt. Man kann daraus ersehen,

Tabelle A5-1. Herkunft der Primärenergie in beiden Teilen Deutschlands 1950–1987 (Verbrauch im Inland = 100) [3]

Herkunft	Gebiet	Anteil des Inlandsverbrauches %				
		1950	1960	1970	1980	1987
heimische Gewinnung	A	117	88	50	40	36
	B	91	89	80	71	76
Import	A	7	28	62	70	71
	B	11	18	26	36	31
Export	A	24	16	12	10	7
	B	2	7	6	7	7

A alte Bundesländer
B neue Bundesländer

Tabelle A5-2. Primärenergieimportmengen der beiden Teile Deutschlands und der jeweilige Anteil des Hauptlieferers 1987 [3]

Energieträger	Gebiet	Menge	Hauptlieferer	Anteil in %
Steinkohle	A	$9{,}0 \cdot 10^6$ t/a	Südafrika	30
	B	$7{,}2 \cdot 10^6$ t/a	UdSSR	54
Mineralöl	A	$112{,}0 \cdot 10^6$ t/a	GB	19
	B	$20{,}9 \cdot 10^6$ t/a	UdSSR	82
Erdgas	A	$46{,}7 \cdot 10^9$ m³/a	UdSSR	40
	B	$7{,}0 \cdot 10^9$ m³/a	UdSSR	100

A alte Bundesländer
B neue Bundesländer

daß sich die alten Bundesländer bei allen importierten Primärenergieträgern auf zahlreiche Lieferländer stützen konnten, wobei der Höchstanteil aus einem Land bei 40% (Erdgas aus der UdSSR) lag.

Im Gegensatz dazu orientierten sich die Importe von Energieträgern in das Gebiet der neuen Bundesländer fast ausschließlich auf Lieferungen aus der UdSSR, 54% waren es bei der Steinkohle, 82% beim Mineralöl und 100% beim Erdgas. Die Importabhängigkeit an Primärenergie der ehemaligen DDR war 1987 mit 34% aber geringer als die der damaligen Bundesrepublik Deutschland mit 64%.

A6 Entwicklung des Primärenergieverbrauchs in der Bundesrepublik Deutschland

In Bild A6-1 ist die Entwicklung des Primärenergieverbrauches in den alten Bundesländern der Bundesrepublik Deutschland von 1950–1988, aufgeteilt auf die Energieträger, dargestellt.

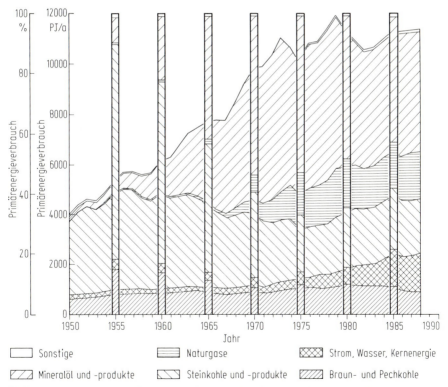

Bild A6-1. Primärenergieverbrauch in den alten Ländern der Bundesrepublik Deutschland 1950–1988 [4]

12 A Energiewirtschaftliche Aspekte

Im Vergleich zu Bild A3-1, dem Primärenergieverbrauch der Weltbevölkerung, kann man entnehmen, daß die Steigerung des Energieverbrauchs in den alten Bundesländern der Bundesrepublik Deutschland in den letzten 40 Jahren erheblich moderater war als die Steigerung des Weltenergieverbrauchs. Der Verbrauch war in 25 Jahren, bis etwa 1975, kontinuierlich gewachsen, hatte sich aber in den letzten Jahren zwischen 10500 und 12000 PJ/a eingependelt. Mehr als 85% des Verbrauchs wurden durch die drei fossilen Energieträger Kohle, Gas und Öl gedeckt, weniger als 15% entfielen auf Kernenergie, Wasserkraft und sonstige Energieträger.

Die Entwicklung des Primärenergieverbrauchs in der ehemaligen DDR hat in den letzten 40 Jahren einen völlig anderen Verlauf genommen.

In Tabelle A6-1 ist die Strukturentwicklung des Primärenergieverbrauchs in beiden Teilen Deutschlands nebeneinandergestellt. Es zeigt sich hier die extreme Orientierung der ehemaligen DDR auf die dort verfügbare Braunkohle. Nahezu 70% des Primärenergiebedarfs wurde aus festen Brennstoffen gewonnen, in den alten Bundesländern der Bundesrepublik Deutschland war dieser Anteil 1987, also zum selben Zeitpunkt, nur 27,5%.

A7 Entwicklung des Endenergieverbrauchs in der Bundesrepublik Deutschland

In Bild A7-1 ist der Endenergieverbrauch in den alten Bundesländern der Bundesrepublik Deutschland für den Zeitraum von 1950–1988 zusammengestellt und auf die Verbrauchssektoren aufgeteilt.

Tabelle A6-1. Strukturentwicklung des Primärenergieverbrauches in beiden Teilen Deutschlands 1950–1987 [3]

Primärenergieträger	Anteil am Primärenergieverbrauch %									
	1950		1960		1970		1980		1987	
	A	B	A	B	A	B	A	B	A	B
Braunkohle	15,2	87,0	13,8	81,1	9,1	74,1	10,0	60,2	8,0	64,4
Steinkohle	72,8	10,3	60,7	10,6	28,8	7,7	19,8	4,2	19,5	4,3
Mineralöl	4,7	0,4	21,0	3,0	53,2	14,2	47,6	21,1	42,1	16,8
Erdgas	0	0	0,4	0	5,4	0,6	16,5	8,2	16,8	9,2
Wasserkraft	4,6	0,1	3,1	0,1	2,4	0,1	1,9	0,2	1,9	0,2
Kernenergie	0	0	0	0	0,6	0,2	3,7	3,2	10,8	2,6
Sonstige	2,7	2,2	1,0	5,2	0,5	3,1	0,5	2,9	0,9	2,5
Gesamt	100,0	100,0	100,0	100,0	100,0	100,0	100,0	100,0	100,0	100,0

A alte Bundesländer
B neue Bundesländer

A 7 Entwicklung des Endenergieverbrauchs

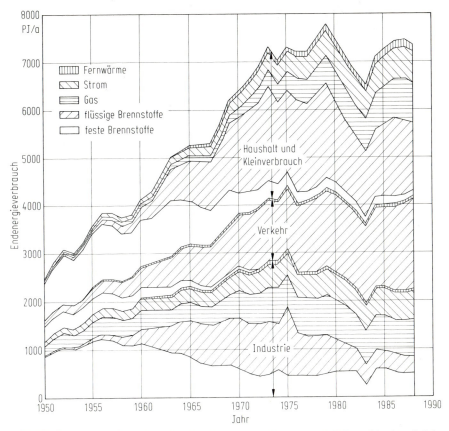

Bild A7-1. Endenergieverbrauch in den alten Ländern der Bundesrepublik Deutschland nach Sektoren 1950–1988 [4]

Der Energieverbrauch der Industrie stieg bis 1973 jährlich im Durchschnitt um 4,2%, der des Verkehrs um 5,0% und der des Bereichs Haushalt und Kleinverbrauch um 5,7%. Während sich der gesamte Endenergieverbrauch in rd. 15 Jahren fast verdoppelte, der der Industrie sich in rd. 17 Jahren verdoppelte, geschah dieses beim Bedarf in Haushalt und Kleinverbrauch bereits in etwa 12,5 Jahren. Dementsprechend verschoben sich die Anteile dieser Sektoren am Gesamtverbrauch erheblich. Im Jahre 1950 machte der Energieverbrauch der Industrie fast die Hälfte des gesamten Endenergieeinsatzes aus, 1973 dagegen nur noch 38%. Der Anteil von Haushalt und Kleinverbrauch stieg gleichzeitig von 31 auf 44%. Ab 1973 war der Verbrauch der Industrie rückläufig, während der von Haushalt und Kleinverbrauch nahezu konstant blieb. Nur der Energiebedarf im Verkehrssektor nahm um ca. 25% zu.

In allen Sektoren war der Einsatz fester Brennstoffe relativ und absolut sehr stark zurückgegangen, wobei diese Entwicklung beim Verkehr am stärksten ausgeprägt war. Demgegenüber stieg der Einsatz flüssiger Brennstoffe und ebenso der Einsatz leitungsgebundener Energie erheblich.

In der ehemaligen DDR war die Entwicklung des Endenergieverbrauches im selben Zeitraum von 1950–1988 deutlich anders verlaufen. Die erheblichen strukturellen Unterschiede basierten auf der dort extrem durch Braunkohle geprägten Primärenergiestruktur gegenüber den hohen Importen von Erdöl und Erdgas in den alten Bundesländern.

Betrachtet man die Entwicklung des Endenergieverbrauchs der einzelnen Verbrauchergruppen für den Zeitraum von 1960–1987 in der ehemaligen DDR, so kann man feststellen, daß auch dort der Anteil der Industrie am Endenergieverbrauch fallende Tendenz hatte. Der Anteil der Bereiche Haushalt und Kleinverbrauch war jedoch im vorgenannten Zeitraum auf das 2,8fache gestiegen.

In den alten Bundesländern war in derselben Zeitspanne die Steigerung dieses Anteils geringer. Trotz einer relativ größeren Zahl von Wohnungen, größerer Wohnfläche und höheren Wohnkomforts wirkte sich hier die Reduzierung des Energieverbrauchs der Haushalte für die Raumheizung durch verbesserte Wärmedämmung und Heizungstechnik aus.

Die Entwicklung beim Energiebedarf im Sektor Verkehr zeigt die größten Unterschiede. In der ehemaligen DDR war sein Anteil trotz seiner Steigerung des Individualverkehrs seit 1960 nahezu konstant geblieben. In der damaligen Bundesrepublik Deutschland hatte er um das 2,8fache zugenommen, eine Auswirkung der steigenden Zahl zugelassener Kraftfahrzeuge, steigender Motor- und wachsender Fahrleistungen.

A8 Energiebilanz in den alten Ländern der Bundesrepublik Deutschland 1988

Diese Energiebilanz umfaßt den gesamten Energiefluß innerhalb der alten Bundesländer und beschreibt den Energieumsatz vom Aufkommen bis zum Verbraucher. Sie ging im Jahr 1988 von einem Primärenergieverbrauch von 11 425 PJ/a = 100% aus, berücksichtigte die Verluste und den Eigenverbrauch bei der Energieumwandlung mit 3142 PJ/a = 27,5% und den nicht energetischen Verbrauch mit 697 PJ/a = 6,1% und kam zu dem Endenergieverbrauch von 7436 PJ/a = 65,1% (Bild A8-1).

Im Jahr 1988 wurden etwa 1/3 des gesamten Primärenergieeinsatzes als Eigenbedarf und Verluste im Umwandlungsbereich benötigt, wovon der größte Anteil auf die Stromerzeugung fiel. Der Endenergieverbrauch, d.h. der Energieverbrauch der Endverbraucher (Verkehr, Haushalte, Kleinverbrauch und Industrie), betrug daher nur etwa 2/3 des Primärenergieverbrauchs und davon gingen in die Sektoren

| Verkehr | 17,1% | Haushalt | 17,4% |
| Kleinverbrauch | 11,0% | Industrie | 19,6%. |

Nach einer groben Abschätzung gingen vom gesamten Endenergieverbrauch mehr als die Hälfte (ca. 53%) als Energieverluste bei der Umwandlung in Nutzenergie (Raumheizung, Prozeßwärme, Kraft und Licht) verloren. Die Nutzenergie beträgt deshalb nur etwa 3500 PJ/a das waren ca. 31% des Primärenergiebedarfs.

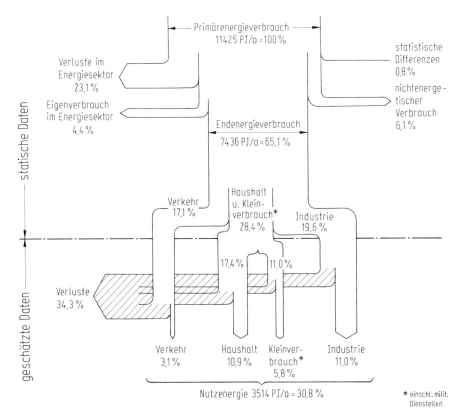

Bild A8-1. Energiebilanz in den alten Ländern der Bundesrepublik Deutschland 1988 [4]

A9 Struktur des Endenergiebedarfs auf Verbrauchssektoren und Bedarfsarten in den alten Ländern der Bundesrepublik Deutschland 1988

Aus Bild A9-1 ist zu entnehmen, daß am gesamten Endenergieverbrauch der alten Bundesländer 1988 die Raumheizung einen Anteil von ca. 31,9% hatte. Es folgte der Anteil für die Prozeßwärme mit 29,5%, der für den Kraftbedarf mit ca. 36,7% und der für Beleuchtung mit ca. 1,9%.

16 A Energiewirtschaftliche Aspekte

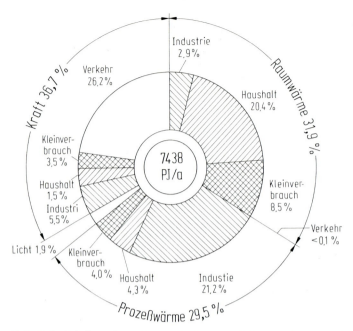

Bild A9-1. Aufteilung des Endenergiebedarfs auf Verbrauchsektoren in den alten Ländern der Bundesrepublik Deutschland 1988 [2, 4, 6]

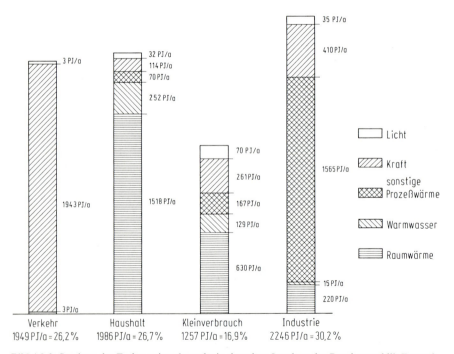

Bild A9-2. Struktur des Endenergieverbrauchs in den alten Ländern der Bundesrepublik Deutschland 1988 [4, 6]. Gesamtenergieverbrauch 253,8 Mio t SKE/a = 7438. Aufgliederung der Energiebedarfsarten auf die vier Verbrauchssektoren

Bild A9-2 zeigt die Aufgliederung der Energiebedarfsarten auf die vier Verbrauchssektoren. Die prozentuale Verteilung ist in Bild A9-3 dargestellt. Daraus ist deutlich zu entnehmen:

Beim Verkehr diente die Endenergie fast ausschließlich zur Kraftbedarfsdeckung.

Bei den privaten Haushalten lag der Bedarf für Raumwärme mit ca. 76% an der Spitze. Es folgte der für Warmwasser mit ca. 13%.

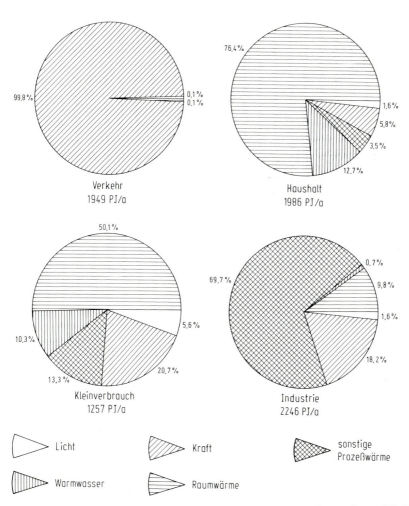

Bild A9-3. Struktur des Endenergieverbrauchs in den alten Ländern der Bundesrepublik Deutschland 1988 [4, 6]. Gesamtenergieverbrauch 253,8 Mio t SKE/a = 7438 PJ/a. Aufgliederung der Energiebedarfsarten auf die vier Verbrauchssektoren in %

Bei den Kleinverbrauchern und dem Militärbedarf war der Raumwärmebedarf mit ca. 50% der größte Anteil, gefolgt von Kraft mit ca. 21% und Prozeßwärme mit ca. 13%.

Bei der Industrie war die Prozeßwärme mit ca. 70% der größte Bedarfsträger. Es folgte der Kraftbedarf mit ca. 18% und der Bedarf für Raumwärme mit ca. 10%.

A10 Energiehaushalten

Um für unsere Gesellschaft als human empfundene Lebensbedingungen zu gewährleisten, ist eine ausreichende, dauerhafte und sichere Versorgung mit Energie für Licht, Kraft und Wärme in allen Lebensbereichen erforderlich.

Jeder einzelne mindert durch seinen Bedarf an Nutzenergie die Ressourcen der Erde an fossilen Energieträgern und jeder von den Menschen verursachte Energieumsatz führt zu verschiedenartigen Emissionen mit ökologischen Rückwirkungen.

Zur dauerhaften Sicherstellung der Lebensbedingungen unserer Industriegesellschaft und zur Reduzierung der negativen Einflüsse des Energieverbrauchs auf die Umwelt muß Energie haushälterisch genutzt werden.

Energiehaushalten umfaßt dabei alle Aktivitäten zur Gewährleistung einer effizienteren Verwendung vorhandener und verfügbarer Energievorkommen. Sinnvolle Aktivitäten zum Energiehaushalten setzen eine möglichst detaillierte Analyse der derzeitigen energetischen Situation, ihrer Strukturen und der bisherigen Entwicklung voraus. Alle technischen und nichttechnischen Maßnahmen zum Energiehaushalten lassen sich mit Hilfe der drei Begriffe
– Energiesparen
– rationelle Energienutzung und
– Substitution von Energieträgern
umreißen.

A10.1 Energiesparen

Mit Energiesparen verbinden sich vornehmlich nichtenergetische Maßnahmen, die mit oder ohne Komfortverzicht bzw. mit oder ohne Einschränkung bei Energiedienstleistungen eine Verbrauchsminderung zur Folge haben. Diese Verringerung kann durch ein Senken der Qualität, der Quantität und der Vielfalt des Güter- und Dienstleistungsangebotes erreicht werden. Beispiele sind das Senken der Raumtemperaturen, ein vermindertes Beleuchtungsniveau, der Übergang vom Individual- zum Massenverkehrsmittel und anderes mehr. Dabei ist es oft schwer, eine klare Trennungslinie zwischen solchen Maßnahmen zu ziehen, die einen echten Verzicht bedeuten und solchen, die durch Komfortgewinn in anderen Bereichen in ihren Wirkungen ausgeglichen werden können. Auch muß darauf hingewiesen werden, daß durch zunehmenden Wohlstand, verlängerte Freizeit und nach wie vor steigende Lebensansprüche ein weiteres Anwachsen der Energiedienstleistungen zu erwarten ist. Dies kann sehr gut am Beispiel der Entwicklung des Wohnflächenbestandes und des Energieverbrauchs zur Raumwärmebedarfsdeckung in den alten Ländern der Bundesrepublik Deutschland für die Zeit von 1960–1987 anhand von Bild A10-1 und Tabelle A10-1 gezeigt werden.

Man sieht daraus, daß der Energieeinsatz zur Raumwärmebedarfsdeckung pro Person seit 1960 auf das 1,7fache gestiegen war, obwohl der spezifische Verbrauch pro Quadratmeter beheizter Wohnfläche im selben Zeitraum auf 65% gesunken war. Grund hierfür war der starke Anstieg der Wohnfläche (auf 208%) bei einer nur geringen Erhöhung der Einwohnerzahl (auf 110%).

A10.2 Rationelle Energienutzung

Rationelle Energienutzung umfaßt alle Aktivitäten hauptsächlich technischer oder energietechnischer Art zur Gewährleistung einer effizienten Energieverwendung. Dabei wird der Energieeinsatz unter energetischen, ökonomischen, ökologischen und sozialen Aspekten minimiert. Im Grundsatz gibt es vier Möglichkeiten, durch rationellere Energienutzung den spezifischen Energieverbrauch zu reduzieren, nämlich durch
— Vermeiden unnötigen Verbrauchs,
— Senken des spezifischen Nutzenergiebedarfs,
— Verbessern der Wirkungs- und Nutzungsgrade und
— Energierückgewinnung.

Tabelle A10-1. Entwicklung einiger Kenngrößen zur Abschätzung des Energieeinsatzes zur Raumwärmebedarfsdeckung 1960–1987 in den alten Ländern der Bundesrepublik Deutschland [5]

Kenngröße C_i	$\dfrac{C_i\ 1987}{C_i\ 1960} \cdot 100\%$
Einwohnerzahl	110
Anzahl der Haushalte	136
Personen pro Haushalt	81
Wohnfläche insgesamt	208
Wohnfläche pro Person	188
Energieeinsatz zur Raumwärmebedarfsdeckung	
pro Person	169
pro m² Wohnfläche	90
pro m² beheizter Wohnfläche	65

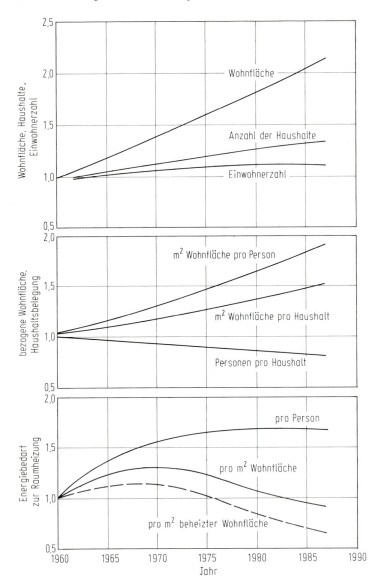

Bild A10-1. Zeitliche Entwicklung einiger Kenngrößen zur Abschätzung des Energieeinsatzes zur Raumwärmebedarfsdeckung 1960–1987 in den alten Ländern der Bundesrepublik Deutschland [5]

Rationelle Energienutzung kann allerdings auch zu erhöhtem spezifischen Mehrverbrauch führen, wenn er durch zusätzliche Energiedienstleistungen für
- das Humanisieren der Arbeitswelt,
- den Umweltschutz und
- die Gesamtoptimierung eines umweltschonenden Einsatzes von Arbeit, Material, Bodenfläche und Energie

verursacht wird.

A10.3 Substitution von Energieträgern

Substitutionen von Energieträgern, von Energiequellen und von Nutzenergiearten umfassen den Austausch von Brennstoffen untereinander und bedeuten in der Regel den Wechsel von festen zu flüssigen und gasförmigen Brennstoffen, was neben einer umweltgünstigeren Energieumsetzung zu besseren Nutzungsgraden führt.

A11 Ökologische Belastung durch den Energieverbrauch

In allen Stufen der Energiewirtschaft, also bei Gewinnung, Umwandlung, Fortleitung, Speicherung und beim Endverbrauch von Energieträgern treten Umweltbelastungen in Form von stofflichen und thermischen Emissionen, radioaktiver Strahlung sowie akustischen und optischen Beeinträchtigungen auf.

Die ökologischen Auswirkungen des Energieumsatzes betreffen primär die Luftverschmutzung, die Belastung der Atmosphäre mit festen, dampf- und gasförmigen Stoffen, die Verschmutzung des Wassers, die thermische Belastung, die Lärmbelästigung und die Eingriffe in die Landschaft, wobei zum Teil sekundäre Folgeerscheinungen auftreten können, die heute noch nicht einmal qualitativ angegeben werden können.

A11.1 Luftverschmutzung

Die Freisetzung der in fossilen Energieträgern chemisch gebundenen Energie ist heute nur durch Verbrennung möglich, sieht man von der Umsetzung in Brennstoffzellen ab, die großtechnisch noch nicht realisierbar ist. Bei der Verbrennung entstehen, je nach der Art des Brennstoffes und der Güte der Verbrennung in ihren Anteilen variierend, Kohlendioxid, Kohlenmonoxid, verschiedene Kohlenwasserstoffe, Stickoxide und Staub aus inerten und nicht vollständig verbrannten Bestandteilen des Brennstoffes. Bei schwefelhaltigen Brennstoffen entsteht zudem noch Schwefeldioxid. Blei oder Bleiverbindungen treten bei der Verbrennung von bleihaltigen Vergaserkraftstoffen auf. Alle aufgeführten gasförmigen Bestandteile haben mit Ausnahme von Kohlendioxid toxische Wirkung.

Doch auch die Anreicherung der Atmosphäre mit Kohlendioxid ist nicht ohne ökologische Wirkung. Mit zunehmendem CO_2-Gehalt der Atmosphäre wird ebenso wie bei steigendem Wasserdampfgehalt die von der Erdoberfläche ausgehende

Wärmeabstrahlung in größerem Umfang absorbiert und damit die Temperatur der Lufthülle erhöht (Treibhauseffekt).

Je kleiner die Leistung von Anlagen zur Verbrennung fossiler Energieträger ist, um so ungünstiger ist zwangsläufig die Rauchgaszusammensetzung, da eine optimale Steuerung des Verbrennungsprozesses bei sehr kleinen Leistungen schwieriger ist als bei großen Heizkesseln.

Auch die Art der eingesetzten Brennstoffe hat einen erheblichen Einfluß auf die entstehende Rauchgaszusammensetzung. Eine vollkommene Verbrennung läßt sich um so leichter erreichen, je besser sich der Brennstoff mit der Verbrennungsluft mischen läßt. Daher stehen gasförmige Brennstoffe, vor allem wenn sie frei von Schwefel sind, an der Spitze der Rangskala umweltfreundlicher Brennstoffe.

Die unmittelbar aus der Verbrennung resultierenden Schadstoffemissionen können durch den Einsatz von Entstaubungs- und Gasreinigungsanlagen weitgehend verhindert werden. Dies gilt aber nicht für das bei der Verbrennung kohlenstoffhaltiger Brennstoffe entstehende CO_2.

Eine ganz andersartige Belastung der Atmosphäre kann durch die Freisetzung physikalisch gebundener Energie bei Kernspaltungsprozessen in Form von Emissionen radioaktiver Bestandteile auftreten.

A11.2 Wasserverschmutzung

Eine Wasserverschmutzung kann im Bereich der Energiebedarfsdeckung vornehmlich durch den Einsatz von Öl und Mineralölprodukten auftreten. Dabei handelt es sich meist um Öl bzw. Mineralölprodukte, die beim Transport oder bei der Lagerung durch Leckagen oder Unfälle in das Grundwasser oder in die natürlichen Fließwässer gelangen.

Im Bereich der konventionellen thermischen Kraftwerke können die klassischen Verschmutzungsursachen der Gewässer, wie Stoffverluste beim Energieträgertransport oder Leckagen an Lagertanks, beim Stand heute üblicher Schutzmaßnahmen nahezu ausgeschlossen werden. Einziges ständiges Bindeglied zwischen Kraftwerk und Fließgewässer ist der Kühlkreislauf. Die Funktionsfähigkeit der in den Kraftwerken eingesetzten und mit Frischwasser beschickten Wärmetauscher erfordert dabei bereits eine Wasserqualität, die beim heute üblichen Zustand von Gewässern in der Regel eine vorherige Reinigung des Frischwassers voraussetzt. Da die beim Reinigen mechanisch abgeschiedenen Verunreinigungen – moderne Siebanlagen halten selbst Schwebstoffe zurück – in Rückhaltebecken festgehalten werden und die Auslaufbauwerke so gestaltet sind, daß ein möglichst hoher Sauerstoffeintrag erfolgt, leisten diese Kraftwerke einen erheblichen Beitrag zur Reinhaltung der Gewässer.

Für Kernkraftwerke sind die höchstzulässigen Konzentrationswerte radioaktiver Stoffe im Wasser gesetzlich festgelegt. Diese Werte werden in der Praxis bei weitem unterschritten.

A11.3 Thermische Belastung

Die thermische Belastung unserer Umwelt wirkt sich fühlbar auf die Fließgewässer aus. Die Verwendung von Flußwasser zur Kühlung der Kraftwerke und die Einleitung der Abwässer aus Haushalt, Gewerbe und Industrie führen zu einer Temperaturerhöhung des Wassers. Dabei muß bei schiffbaren Gewässern auch auf die thermische Belastung durch den Schiffsverkehr hingewiesen werden, da mehr als 60% der zum Antrieb eines Schiffes aufgewendeten Brennstoffwärme in das Gewässer eingebracht werden.

Die thermische Belastung betrifft aber nicht nur die Fließgewässer, sondern gilt ebenso für den Erdboden und die Atmosphäre. Die gesamte chemisch oder physikalisch gebundene Energie aller verwendeten Energieträger wird letztlich als fühlbare oder latente Wärme an die Umwelt abgegeben. Die thermische Belastung entspricht unabdingbar dem Primärenergieeinsatz und kann durch keine technische Maßnahme – außer einer Verminderung des Primärenergieverbrauchs selbst – verringert werden.

A11.4 Lärmbelästigung

Die durch die Energietechnik verursachte Lärmbelästigung tritt sowohl bei der Versorgungswirtschaft im Rahmen der Energieumwandlung auf als auch bei der Energieanwendung. Generell sind die durch die Energieanwendung auftretenden Lärmbelästigungen, und hier vor allem die des Straßen- und Flugverkehrs, ungleich gravierender als die, die bei Anlagen der Energieversorgung auftreten, zumal dort örtliche und wirksame Maßnahmen des Schallschutzes durchaus möglich sind.

A11.5 Optische Beeinträchtigung

Jede Anlage, die der Energieversorgung dient, seien es Anlagen der Primärenergieträgergewinnung, seien es Anlagen der Energieumwandlung oder auch der Energieverteilung, stellen, sieht man von erdverlegten Kabeln und Rohrleitungen ab, einen Eingriff in die Landschaft dar.

Braunkohlengruben, Kraftwerksbauten, Raffinerien, Hochspannungsleitungen, Gasbehälter u. a. sind in ihrer Konzeption technischen Erfordernissen unterworfen und können nur in bedingtem Umfang ästhetisch befriedigend in das Landschaftsbild eingefügt werden.

A12 Literatur

1 13. Weltenergiekonferenz, Cannes: 1986
2 Schaefer, H.: Struktur und Analyse des Energieverbrauchs der Bundesrepublik Deutschland. Gräfelfing/München: Technischer Verlag Resch KG 1980
3 Riesner, W.: DDR und Bundesrepublik im energiewirtschaftlichen Vergleich. Energiewirtschaftliche Tagesfragen 40 (1990)
4 Energiebilanz der Bundesrepublik Deutschland. Frankfurt: Verlags- und Wirtschaftsgesellschaft der Elektrizitätswerke mbH
5 Schaefer, H.; Geiger, B.; Kuhn, H.: Potentiale rationeller Energieanwendung und regenerativer Energien in Bayern. Coburg: Symposium Impulse für regenerative Energien in Bayern 1991
6 Anwendungsbilanzen, 1988. Endenergieverbrauch in der Bundesrepublik Deutschland nach Anwendungsbereichen im Jahr 1988. VDEW AA „Marktforschung – Elektrizitätsanwendung", Gesamtverband des deutschen Steinkohlebergbaus, Lehrstuhl für Energiewirtschaft und Kraftwerkstechnik der TU München

B Außenklima[1]

HEINZ FORTAK

B1 Die Erdatmosphäre

B1.1 Einführung

Meteorologische Bedingungen bilden die äußeren Randbedingungen eines Gebäudes, welche die Heiz- und Raumlufttechnik bei Anlagenplanungen und Verbrauchsberechnungen berücksichtigen muß. Wegen der großen zeitlichen Variabilität der aktuellen meteorologischen Bedingungen können in Hinblick auf die Aufgabenstellungen nur statistische, d.h. klimatologische Kenngrößen des ablaufenden Wetters gefragt sein.

In der Meteorologie unterscheidet man zwischen Wetter bzw. Witterung und Klima. Der Begriff *Wetter* charakterisiert den physikalischen Zustand der Atmosphäre, wie er durch das Zusammenwirken aller meteorologischen Elemente (Luftdruck, Lufttemperatur usw.) zu einem bestimmten Zeitpunkt zustande kommt und beobachtet wird („Augenblicks"wetter). Der Begriff *Witterung* charakterisiert die besondere Art des zeitlichen Wetterablaufs während bestimmter Zeiträume (Tiefdruck-, Hochdruckwetterlagen während einer längeren Reihe von Tagen, kühler Sommer usw.).

Der Begriff *Klima* beschreibt das über lange Zeiträume beobachtete komplexe Zusammenwirken aller meteorologischen Erscheinungen in statistischer Weise und läßt sich als ein aus vieljährigen Beobachtungen abgeleiteter charakteristischer periodischer Ablauf des Wetters auffassen. Pflanzen und Lebewesen, insbesondere auch der Mensch, „integrieren" die meteorologischen Einflüsse ihres Lebensraumes und sind in der Lage, Klimate, etwa innerhalb Deutschlands, sehr sicher voneinander zu unterscheiden (z.B. Küstenklima, Klima des Oberrheingrabens). Die Heiz- und Raumlufttechnik löst die Aufgabe, in geschlossenen Räumen ein „Raumklima" herzustellen, das unter der Wirkung aller äußeren meteorologischen Randbedingungen in einem jeweils zu definierenden Toleranzrahmen als „behaglich" empfunden wird.

---

[1] Im Gedenken an Dipl.-Ing. Thilo Fortak (7.8.1957–6.11.1985), vorgesehen als Mitautor dieses Beitrags; zuletzt Assistent und Doktorand bei Prof. Dr. H. Esdorn am Hermann-Rietschel-Institut für Heizungs- und Klimatechnik der Technischen Universität Berlin.

Die Grundlagen einer wissenschaftlichen Klimadefinition bilden vieljährige Zeitreihen (30 Jahre oder länger) beobachteter Elemente des Wetters (Lufttemperatur und Luftfeuchte, Bewölkung und Niederschlag, Wind, Strahlung und Sonnenscheindauer, Sicht). Die Kenngrößen einer statistischen Zeitreihenanalyse (Mittelwerte, Extremwerte, Häufigkeiten des Auftretens von Ereignissen, Zeitintegrale, Korrelationen zwischen verschiedenen Elementen u. a. m.) charakterisieren in ihrer Gesamtheit das Klima eines Ortes bzw. einer räumlichen Region. Je nach Aufgabenstellung wählt man bestimmte statistische Kenngrößen aus dem Gesamtkollektiv von Kenngrößen aus und erstellt unterschiedliche Klimaklassifikationen für technische, medizinische u. a. Anwendungen. Gegenstand der folgenden Ausführungen ist die Auswahl und die nähere Beschreibung der Kenngrößen des Außenklimas für die Lösung von Aufgaben der Heiz- und Raumlufttechnik.

B1.2 Allgemeine Eigenschaften der Atmosphäre

B1.2.1 Zusammensetzung der Atmosphäre

Die gegenwärtige chemische Zusammensetzung der atmosphärischen Luft [5] ist das Resultat eines Evolutionsprozesses innerhalb geologischer Zeiträume. So ergibt sich die heutige chemische Zusammensetzung der Luft in der Einheit Volumenprozent (m^3 Gasanteil pro m^3 Luft $\times 100$) nach Tabelle B1-1.

Unter den Edelgasen Argon (A), Helium (He), Neon (Ne), Krypton (Kr), Xenon (Xe) und Radon (Rn) hat allein das Argon einen Anteil von 0,93%. Die Edelgase bilden zusammen mit Stickstoff und Sauerstoff die Gruppe der *permanenten Gasanteile der Luft*. In historischen Zeiträumen verändert sich diese Zusammensetzung nicht. Infolge der starken turbulenten Durchmischung in den unteren 80 km der Atmosphäre verändert sie sich auch nicht mit der Höhe.

Zu den zeitlich variablen, *nichtpermanenten Gasanteilen der Luft* gehört in erster Linie der Wasserdampf mit einem prozentualen Anteil an der Zusammensetzung der Luft zwischen 0,3 und über 3%.

Daneben finden sich in geringsten Konzentrationen eine Fülle von anderen nichtpermanenten chemischen Substanzen, die sog. Spurengase, von denen im Zusammenhang mit dem bekannten klimawirksamen Treibhauseffekt [8, 27, 34] am wirksamsten diejenigen sind, die durch menschliche Aktivitäten in die Atmosphäre gelangen und sich dort nachweislich im Verlaufe der Jahre anreichern. Es sind dies

Tabelle B1-1. Vereinfachte Darstellung der chemischen Zusammensetzung trockener und feuchter atmosphärischer Luft

Trockene Luft		Typische Feuchtluft	
Stickstoff (N_2)	78,08%	Stickstoff (N_2)	76,06%
Sauerstoff (O_2)	20,95%	Sauerstoff (O_2)	20,40%
Edelgase	0,94%	Edelgase	0,94%
Kohlendioxid (CO_2)	0,03%	Kohlendioxid (CO_2)	0,03%
		Wasserdampf (H_2O)	2,57%

u. a. Kohlendioxid (CO_2), Methan (CH_4), Stickstoff-Oxide (N_2O, NO_2 u. a.), die Oxidantien und hier besonders das Ozon (O_3), die Fluor-Chlor-Kohlenstoff-, die Fluor-Chlor-Kohlenstoff-Wasserstoffverbindungen (FCKWs) u. v. a. m.

In der Öffentlichkeit fand im Zusammenhang mit dem Treibhauseffekt das Anwachsen des Kohlendioxids eine besondere Beachtung. Ein vorindustrieller Wert um das Jahr 1800 wird zu 0,028 % angenommen. Der heutige Wert liegt bei 0,035 % und erhöht sich beschleunigt von Jahr zu Jahr.

B1.2.2 Mittlere Vertikalstruktur der Atmosphäre

Der beobachtete und auf das Meeresniveau reduzierte global gemittelte Luftdruck beträgt $p_0 = 1010,8$ hPa. Der entsprechende nicht reduzierte Luftdruck ergibt sich bei Berücksichtigung der Erhebungen auf den Kontinenten, die zu einer mittleren Höhe der Erdoberfläche von 240 m führten, zu $p = 982,5$ hPa. Verwendet man die global gemittelte Schwerebeschleunigung $g_0 = 9,7978$ m/s^2 und den Wert $A = 510,1 \times 10^{12}$ m^2 für die Oberfläche der Erde, dann kann man die Masse m_a der Atmosphäre mit Hilfe der einfachen Formel $p = g_0 m_a/A$ abschätzen. Es ergibt sich dabei $m_A = 5,115 \times 10^{18}$ kg (genauer $5,147 \times 10^{18}$ kg).

Aus einer Reihe von teilweise historischen Gründen (Bevorzugung des runden Wertes 760 mm Quecksilbersäule = 1013,25 hPa und der Schwerebeschleunigung $g(45°) = 9,80616$ m/s^2) wurden als Normalluftdruck in Meeresniveau der Wert $p_n = 1013,25$ hPa und als Normalschwerebeschleunigung der Wert $g_n = 9,80665$ m/s^2 festgelegt.

Die starke Wirkung der Schwerebeschleunigung g führt zu der Tendenz, daß sich auch unter durchaus stürmischen Bedingungen eine quasi-horizontale Anordnung der Druckflächen in der Atmosphäre einstellt. Dies hat zur Folge, daß sich die Änderung des Luftdruckes mit der Höhe unter Verwendung der hydrostatischen Gleichung [13]

$$(\Delta p)_g = -g \varrho \Delta z \tag{B1-1}$$

berechnen läßt. Darin bedeuten $(\Delta p)_g$ die mit der geometrischen Höhenänderung Δz verbundene Druckänderung, g die lokale Schwerebeschleunigung und ϱ die Dichte der allgemein feuchten Luft.

Verwendet man die für das Meeresniveau festgelegten Werte für die trockene Normalatmosphäre (s. später) $g_n = 9,80665$ m/s^2, $\varrho_n = 1,2250$ kg/m^3 (Normaldichte), $\vartheta_n = 15\,°C$ (Normaltemperatur), dann erhält man

$$(\Delta p)_g = -g_n \varrho_n \Delta z = -12,013 \, \Delta z \, \text{Pa} \quad (\Delta z \text{ in m}).$$

In Meeresniveau nimmt bei einer Höhenänderung von etwa 8 m der Luftdruck um 1 hPa ab.

Unter Verwendung der Zustandsgleichung idealer Gase für trockene Luft

$$p = R_L \varrho T = R_L \varrho (\vartheta + 273,15) \ ,$$

mit der Gaskonstanten $R_L = 287,05$ J/kg K, ergibt sich aus Gl. (B1-1)

$$(\Delta p)_g / p = -(g/R_L) \Delta z / T(z) \tag{B1-2}$$

und somit die Möglichkeit, aus der Kenntnis der vertikalen Temperaturschichtung $\vartheta = \vartheta(z)$ allein auf die vertikale Luftdruckverteilung zu schließen (barometrische Höhenformel, s. auch DIN-Norm 5450).

Die Normalatmosphäre (internationale Standardatmosphäre, ICAO-Atmosphäre in der Luftfahrt) ist als Mittel aus vielen Beobachtungen heraus entstanden und hinsichtlich des vertikalen Temperaturverlaufs durch folgende Eigenschaft definiert

$$T(z) = T_n - \Gamma_{L,n} z \, , \quad \text{bzw.} \quad \vartheta(z) = \vartheta_n - \Gamma_{L,n} z \, , \tag{B1-3}$$

wobei $\Gamma_{L,n} = 0{,}0065$ K/m der geometrische vertikale Temperaturgradient der Normalatmosphäre ist. Dies gilt für den Höhenbereich vom Meeresniveau (NN) bis 11 km Höhe. Pro 100 m Höhenänderung nimmt die Temperatur um 0,65 °C ab. Für das Meeresniveau gelten die bereits erwähnten Werte:

$T_n = 288{,}15$ K, d.h. $\vartheta_n = 15\,°\text{C}$, $p_n = 1013{,}25$ hPa, $\varrho_n = 1{,}225$ kg/m^3 .

Integriert man die nach Einsetzen von Gl. (B1-3) ausführlich geschriebene Gl. (B1-2) mit $g = g_n$, d.h.

$$(\Delta p)_g / p = -(g_n / R_L) \Delta z / (T_n - \Gamma_{L,n} z) \, ,$$

zwischen den Höhen z_1 und z_2, dann erhält man die barometrische Höhenformel

$$p_2 = p_1 [T(z_2)/T(z_1)]^{g_n/\Gamma_{L,n} R_L} = p_1 [T(z_2)/T(z_1)]^{5{,}256}$$
$$= p_1 [(1 - z_2/H_n)/(1 - z_1/H_n)]^{5{,}256} \, .$$

Mit den Normalwerten g_n und T_n ergibt sich für die eingeführte Skalenhöhe: $H_n = T_n / \Gamma_{L,n} = 44331$ m.

Rechnet man ab $z_1 = 0$ (NN), dann werden die drei Variablen p, T und ϱ der Normalatmosphäre in ihrer Höhenabhängigkeit dargestellt durch

$$p(z) = p_n [1 - z/H_n]^{5{,}256}$$
$$T(z) = T_n [1 - z/H_n]$$
$$\varrho(z) = \varrho_n [1 - z/H_n]^{5{,}256 - 1} \, .$$

Die vertikale Temperaturverteilung bestimmt die Stabilität der Schichtung der Atmosphäre. Dieser Begriff spielt im Zusammenhang mit Problemen der Schadstoffausbreitung in der Atmosphäre eine große Rolle.

Tabelle B1-2. Abnahme von Luftdruck, Lufttemperatur und Luftdichte mit der Höhe innerhalb der Normalatmosphäre

z m	p hPa	ϑ °C	ϱ kg/m^3
0	1013,25	15,0	1,225
500	954,61	11,8	1,167
1000	898,75	8,5	1,112
1500	845,56	5,3	1,058
2000	794,95	2,0	1,007
2500	746,82	−1,25	0,957

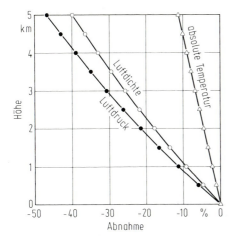

Bild B1-1. Prozentuale Abnahme des Luftdrucks, der Luftdichte und der absoluten Lufttemperatur mit der Höhe km innerhalb der Normalatmosphäre. Die Bodenwerte sind: $p_n = 1013{,}25$ hPa, $\varrho_n = 1{,}225$ kg/m^3, $T_n = 288{,}15$ K ($\vartheta_n = 15\,°$C). Bis zu 5 km Höhe nimmt der Luftdruck um 46,69% des Bodenluftdruckwertes ab, d.h. um 473,1 hPa, die Luftdichte um 39,9%, d.h. um 0,489 kg/m^3 und die absolute Temperatur um 11,3%, d.h. um 32,5 K

Durch Wärmezufuhr am Boden oder durch großräumige meteorologische Bedingungen zum Aufsteigen gebrachte individuelle Luftpartikel müssen den zum Aufsteigen benötigten Zuwachs an potentieller Energie ($g\varrho\Delta z > 0$) ihrem Wärmeinhalt ($c_{p,L}\varrho(\Delta\vartheta)_i < 0$) entnehmen. Dabei bedeutet $c_{p,L} = 1{,}00464 \times 10^3$ J/kg K die spezifische Wärmekapazität trockener Luft (die folgende Diskussion bezieht sich auf den Fall trockener Luft). Die Gesamtenergie bleibt unter Bedingungen adiabatischer Zustandsänderungen erhalten:

$$g\varrho\Delta z + c_{p,L}\varrho(\Delta\vartheta)_i = 0 \ .$$

Hieraus ergibt sich die Temperaturabnahme der Luftpartikel beim adiabatischen Aufsteigen für $g = g_n$ zu

$$-(\Delta\vartheta)_i/\Delta z = g_n/c_{p,L} = \varGamma_{L,i} = 0{,}976\,°\text{C}/100\text{ m}$$

und damit die Temperaturänderung der Luftpartikel beim Auf- bzw. Absteigen zwischen zwei benachbarten Höhen z_1 und z_2 zu

$$\vartheta_i(z_2) = \vartheta_i(z_1) - \varGamma_{L,i}(z_2 - z_1) \ .$$

$\varGamma_{L,i}$ wird trockenadiabatischer individueller vertikaler Temperaturgradient genannt. Durch den lebhaften turbulenten Vertikalaustausch der Luftpartikel in der Atmosphäre stellt sich eine solche vertikale Temperaturverteilung oft vom Boden bis in Höhen von 1000–3000 m ein, besonders unter Thermikbedingungen im Sommer.

Normalerweise wird die vertikale Temperaturschichtung jedoch durch andere meteorologische Vorgänge bestimmt. Dann ändert sich die Temperatur in der Umgebung sich adiabatisch bewegender Luftpartikel zwischen zwei benachbarten Höhen z_1 und z_2 mit der Höhe gemäß

$$\vartheta_g(z_2) = \vartheta_g(z_1) - \Gamma_{L,g}(z_2 - z_1) \ .$$

$\Gamma_{L,g} = -(\Delta\vartheta)_g/\Delta z$ ist der geometrische vertikale Temperaturgradient. Für die Normalatmosphäre war dies $\Gamma_{L,g} = \Gamma_{L,n} = 0{,}0065$ K/m.
Bildet man mit $\vartheta_g(z_1) = \vartheta_i(z_1)$ für die Ausgangslage die Differenz

$$\vartheta_g(z_2) - \vartheta_i(z_2) = [\Gamma_{L,i} - \Gamma_{L,g}](z_2 - z_1) \ ,$$

dann erhält man als Stabilitätskriterien für aufsteigende Luftpartikel ($\Delta z > 0$):

$\Gamma_{L,i} - \Gamma_{L,g} > 0$: Stabilität,   da $\vartheta_g(z_2) - \vartheta_i(z_2) > 0$

$\Gamma_{L,i} - \Gamma_{L,g} = 0$: Indifferenz,   da $\vartheta_g(z_2) - \vartheta_i(z_2) = 0$

$\Gamma_{L,i} - \Gamma_{L,g} < 0$: Instabilität,   da $\vartheta_g(z_2) - \vartheta_i(z_2) < 0$.

Im stabilen Fall ist die durch adiabatische Abkühlung erzeugte Temperatur $\vartheta_i(z_2)$ der aufsteigenden Luftpartikel kleiner als die Temperatur $\vartheta_g(z_2)$ in ihrer Umgebung; sie ist kälter als diese und erfährt einen beschleunigten Abtrieb in die Ausgangslage zurück. Ein entsprechender umgekehrter Effekt tritt beim Absteigen auf.

Handelt es sich um eine Isothermie $\Gamma_{L,g} = 0$ oder sogar um eine Temperaturinversion $\Gamma_{L,g} < 0$, dann wächst, wie man dem Kriterium entnimmt, der Grad der Stabilität. Dies ist der Grund dafür, daß sich Temperaturinversionen für die vertikale Ausbreitung von Schadstoffen als wirkungsvolle, doch unerwünschte Sperrschichten erweisen.

Die Diskussion der indifferenten und instabilen Schichtungen mit Hilfe der Temperaturgradienten verläuft ganz analog.

Eine einfache Darstellung für die mittlere Abnahme des Wasserdampfteildruckes p_D mit z lautet:

$$(p_D)_2/(p_D)_1 = \exp[-(z_2 - z_1)/6300] \quad (z \text{ in m}) \ .$$

B1.3 Atmosphärische Zirkulation und Klima

B1.3.1 Ursachen und Charakter der atmosphärischen Zirkulation, Klimasystem

Die Erde bewegt sich auf einer elliptischen Bahn um die Sonne, wobei die mittlere Entfernung vom Sonnenmittelpunkt zum Erdmittelpunkt, die astronomische Einheitslänge AU, $\bar{R} = 149\,597\,890$ km beträgt. Bei Sonnennähe am 3. Januar ist die aktuelle Entfernung $R = 147\,157\,600$ km und bei Sonnenferne am 4. Juli $R = 152\,163\,700$ km. In der Entfernung $\bar{R}$ befindet sich die Erde am 4. April und am 5. Oktober.

Als gegenwärtig sicherster Wert für die Bestrahlungsstärke durch die extraterrestrische Sonnenstrahlung bei mittlerem Sonnenabstand $\bar{R}$ auf die zur Einfallsrichtung senkrechte Ebene (Solarkonstante) gilt der Wert $\bar{E}_0 = 1370$ W/m². Aus der Gleichheit der Strahlungsflüsse durch zwei Kugelschalen in den unterschiedlichen Entfernungen R und $\bar{R}$, d.h. aus $4\pi R^2 E_0 = 4\pi \bar{R}^2 \bar{E}_0$, folgt $E_0 = (\bar{R}/R)^2 \bar{E}_0$, wobei der Exzentrizitätsfaktor $(\bar{R}/R)^2$ der Erdbahn zwischen den Werten 1,03344 am

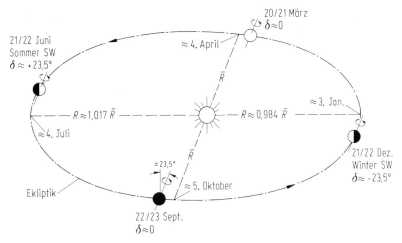

Bild B1-2. Umlauf der Erde um die Sonne im Verlauf eines Jahres. In Sonnennähe am 3. Januar beträgt die Sonnenentfernung rund 147,1 Mio. km, in Sonnenferne rund 152,1 Mio. km. Die Sonnenwenden (SW) und die Tag-/Nachtgleichen liegen außerhalb der markanten Punkte der Erdbahnellipse. Die Sonnendeklination δ variiert zwischen $-23{,}5°$ und $+23{,}5°$

3. Januar und 0,96656 am 4. Juli schwankt. Hieraus ergibt sich als Schwankungsbreite für die Bestrahlungsstärke E_0: $1416 > E_0 > 1324$ W/m². Die Solarkonstante schwankt somit im Verlauf eines Jahres etwa mit $\pm 3{,}4\%$ um ihren zeitlichen Mittelwert $\bar{E}_0$ herum.

Aus $\bar{E}_0$ läßt sich diejenige absolute Temperatur T_S der Sonne berechnen, die sie als schwarzer Strahler besitzen müßte, um in der Entfernung $\bar{R}$ die Bestrahlungsstärke $\bar{E}_0$ zu erzeugen. Mit der spezifischen Ausstrahlung $M_S = \sigma T_S^4$ W/m² (wobei $\sigma = 5{,}6705 \times 10^{-8}$ W/m² K⁴ die Stefan-Boltzmann-Konstante ist) durch die Wärmestrahlung der Sonne und dem mittleren Radius der Sonne $R_S = 695\,980$ km ist die Gesamtwärmestrahlung der Sonne durch $4\pi R_S^2 M_S$ W bestimmt. Im Abstand $\bar{R}$ von der Sonne gilt die Gleichheit $4\pi R_S^2 M_S = 4\pi \bar{R}^2 \bar{E}_0$ und man erhält aus $T_S^4 = (\bar{R}/R_S)^2 \times (\bar{E}_0/\sigma)$: $T_S = 5780$ K. Der hier verwendete Zusammenhang

$$\bar{E}_0 = (R_S/\bar{R})^2 M_S = 2{,}164425 \times 10^{-5} M_S \tag{B1-4}$$

wird oft benötigt, um aus der spektral aufgelösten Schwarzstrahlung der Sonne diejenige der extraterrestrischen Bestrahlungsstärke $\bar{E}_0$ zu ermitteln.

Ähnlich läßt sich die einfachste Form des Solarklimas der Erde ableiten: Hierbei nimmt man an, daß überhaupt keine Atmosphäre vorhanden wäre. Auf die Querschnittsfläche πR_E^2 der rotierenden Erde trifft die solare Energie $\pi R_E^2 \bar{E}_0$. Für den Fall, daß die Erde als schwarzer Strahler aufgefaßt wird, wird diese Energie absorbiert, dann aber von der gesamten Erdoberfläche $4\pi R_E^2$ (also auch von der Nachtseite) bei der Strahlungstemperatur T_E gemäß $4\pi R_E^2 M_E = 4\pi R_E^2 (\sigma T_E^4)$ abgestrahlt. Hierbei ist M_E die spezifische Ausstrahlung der Erdoberfläche. Die Gleichsetzung beider Energiemengen bei Strahlungsgleichgewicht liefert $T_E^4 = \bar{E}_0/4\sigma$ und somit $T_E = 279$ K oder $\vartheta_E = 5{,}6\,°C$ als Schwarzstrahlungstemperatur der Erde. Durch die Exzentrizität der Erdbahn schwankt dieser Wert innerhalb eines Jahres relativ stark: $276{,}5 < T_E < 281{,}1$ K ($3{,}35 < \vartheta < 7{,}9\,°C$).

Wichtig ist in diesem Zusammenhang, daß infolge der Erddrehung ein Flächenelement der Erdoberfläche im Mittel innerhalb von 24 Stunden nur die reduzierte Energie $E'_0 = \bar{E}_0/4$ erhält, da die Energie $\pi R_E^2 \bar{E}_0$, die die Querschnittsfläche während eines Tages empfängt, in dieser Zeit auf die Kugeloberfläche $4\pi R_E^2$ „verteilt" wird.

Bei Anwesenheit von reflektierender Atmosphäre (z. B. Wolken) und reflektierender Erdoberfläche entsteht ein planetarischer Reflexionsgrad r_p für die einfallende kurzwellige Sonnenstrahlung (planetarische Albedo) von etwa $r_p = 0{,}31$. Dadurch wird die Bestrahlungsstärke $\bar{E}_0$ auf den Wert $(1-r_p) \times \bar{E}_0 (= 945$ W/m^2) reduziert, und es ergibt sich $T_E = 254$ K ($\vartheta_E = -19\,°C$). In der Normalatmosphäre findet sich diese Temperatur in einer Höhe von etwa 5200 m. Diese Höhe fungiert somit als mittleres Schwarzstrahlungs-Emissionsniveau der planetarischen Ausstrahlung. Berücksichtigt man wieder die Variation von E_0 während eines Jahres, dann ergibt sich: $251{,}9 < T_E < 256{,}2$ K ($-21{,}2 < \vartheta_E < -16{,}9$). Stark wirkt sich eine Unsicherheit in der Kenntnis der planetarischen Albedo aus. Hier führt eine Zunahme um 1% zu einer Verringerung von T_E um ca. 1 K.

Diese Abschätzungen können durch Betrachtung des Energiehaushaltes des Systems Erde + Atmosphäre sinnvoll ergänzt werden. Wie bereits begründet wurde, erhält die Flächeneinheit (m^2) im Mittel über einen Tag und im Mittel über die Erdoberfläche die Energie $E'_0 = \bar{E}_0/4 = 342{,}5$ W/m^2. Dieser Wert wird Energiebilanzbetrachtungen, etwa für Jahresmittel, zugrundegelegt.

Es wird das Schicksal der kurzwelligen Sonnenstrahlung betrachtet. Dabei wird E'_0 gleich 100% gesetzt.

An den Molekülen der Luftbestandteile, an den Aerosolteilchen und an Wassertröpfchen findet Streuung der Strahlung statt. Man findet gleiche Vorwärts- und Rückwärtsstreuung bei den Molekülen (Rayleigh-Streuung) und mehr und mehr überwiegende Vorwärtsstreuung bei den größeren Partikeln (Mie-Streuung) (s. Abschn. B2.2). Die Wolkenoberflächen reflektieren die kurzwellige Sonnenstrahlung sehr wirkungsvoll in den Weltraum zurück. Aber auch an der Erdoberfläche wird kurzwellige Strahlung reflektiert. Der Gesamtverlust an einfallender kurzwelliger Strahlung, der erwähnte planetarische Reflexionsgrad (Albedo) r_p, ergibt sich so zu dem genannten Wert 31%. Der verbleibende Rest (69%) setzt sich aus direkter Sonnenstrahlung, aus vorwärts gestreuter Streustrahlung, aus Strahlung, die an den Wolken nach unten reflektiert wird, und aus Strahlung zusammen, die die Wolken durchdringt. Hiervon absorbieren die Luftbestandteile, besonders Wasserdampf, Aerosol (Partikel), Ozon und Wolken insgesamt 23%. Der danach verbleibende Rest von 46%, die Globalbestrahlungsstärke, die sich aus direkter (27%) und diffuser (19%) Sonnenstrahlung zusammensetzt, wird schließlich an der Erdoberfläche absorbiert und führt dort zu einer Erwärmung.

Die Erwärmung der Erdoberfläche führt zu einem vertikalen turbulenten Fluß von fühlbarer Wärme (Thermik) und, nach Verdunstung von Wasser, zu einem entsprechenden Fluß von latenter Wärme. Hierdurch werden bereits 31% der 46% an der Erdoberfläche absorbierten Energie „verbraucht" und zunächst in die Atmosphäre transportiert.

Hinzu tritt die langwellige Ausstrahlung der Erdoberfläche gemäß ihrer Oberflächentemperatur (115%). Dies führt zu einem nach oben gerichteten langwelligen Strahlungsenergiefluß, der durch die sog. atmosphärischen „Fenster" (s. Abschn. B2.2) teilweise ungehindert den Weltraum erreicht (9%). Ein bedeutender Anteil wird jedoch innerhalb der Atmosphäre durch Wolken, Wasserdampf, Kohlendioxid und Ozon absorbiert (106%). Diese Bestandteile der Atmosphäre erzeugen gemäß ihrer Temperatur sowohl eine zur Erdoberfläche hin gerichtete atmosphärische Gegenstrahlung (100%) als auch eine in den Weltraum gerichtete Ausstrahlung (60%). Die Energiebilanzen von Erdoberfläche, Atmosphäre und Obergrenze der Atmosphäre sind dem Bild B1-3 zu entnehmen.

Diese Betrachtungen, obgleich nicht sehr zuverlässig in den Zahlenwerten, lassen recht gut erkennen, wie komplex selbst im einfachsten Modell der globalen Energiebilanz das System Erde+Atmosphäre ist.

Das globale Gesamtsystem Atmosphäre+Hydrosphäre (Ozeane, Gewässer) +Kryosphäre (Eis- und Schneeflächen)+Lithosphäre (Festländer)+Biosphäre (Pflanzen, Lebewesen) stellt das größte auf der Erde mögliche physikalische (und physikalisch-chemisch-biologische) System dar. Erst seit wenigen Jahrzehnten sind globale Beobachtungssysteme verfügbar, u. a. Wettersatelliten, die eine laufende Verfolgung des Verhaltens der einzelnen Teile des Gesamtsystems ermöglichen. Die

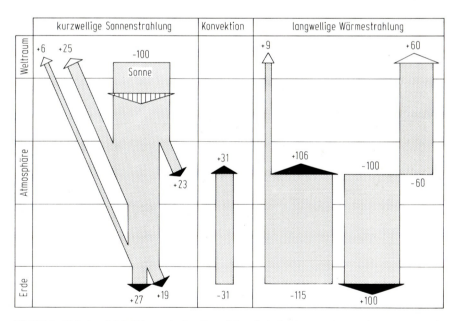

Bild B1-3. Global und jährlich gemittelter Energiehaushalt des Systems Atmosphäre + Erde. Die im Mittel zur Verfügung stehende Energie $E'_0 = \bar{E}_0/4$ wird gleich 100% gesetzt. In jeder „Etage" (Weltraum, Atmosphäre, Erde) bilanzieren sich die Strahlungsenergieflüsse zu Null. Die ungerasterten Pfeilspitzen bedeuten bei der kurzwelligen Sonnenstrahlung Reflexion, bei der langwelligen Strahlung Ausstrahlung in den Weltraum. Die schwarzen Pfeilspitzen bedeuten in allen Fällen Absorption

heute durch die Fernseh-Wettervorhersage jedermann vertrauten Filme der Wolkenbewegungen vermitteln ein anschauliches Bild des Geschehens innerhalb der Atmosphäre.

Unter den Ursachen für die Auslösung der Vielfalt von Bewegungsformen in der Atmosphäre rangiert an erster Stelle die Sonnenstrahlung. Zusätzlich wichtige Ursachen sind die Kugelgestalt der Erde und die Rotation derselben. Kugelgestalt und Rotation der Erde führen zu einer räumlich differenzierten Erwärmung des Systems durch die Sonnenstrahlung und damit zur Ausbildung und steten Aufrechterhaltung von räumlichen Temperatur- und Strahlungsgegensätzen, etwa zwischen dem Äquator und den Polen, aber auch zwischen den Land- und Ozeanflächen. So überwiegt an den Polkappen bis ±40° Breite die langwellige Ausstrahlung des Gesamtsystems, in den äquatorialen Breiten dagegen die kurzwellige Einstrahlung. Nach Gesetzen der Thermodynamik werden Ausgleichsbewegungen mit dem Ziel ausgelöst, diese Gegensätze im Temperatur- und Strahlungsfeld abzubauen. Dies gelingt dem System infolge der konstanten Einwirkung der Sonnenstrahlung nie vollständig. Es entsteht somit kein zeitlich unveränderlicher Gleichgewichtszustand der Strömungssysteme, sondern es beherrschen zeitlich stark fluktuierende Verhältnisse das Geschehen.

Das eindrucksvollste Beispiel für diesen Vorgang findet sich in den mittleren geographischen Breiten. Hier besteht im Temperatur- und Strahlungsfeld der größte räumliche Gegensatz. Das Gesamtsystem bildet deshalb hier die größten und für den benötigten meridionalen Energieaustausch wichtigsten Gebilde aus, nämlich die Kette der Tief- und Hochdruckgebiete. Diese haben die Fähigkeit, sehr effektiv warme Luft in Richtung auf die polaren Breiten und kalte Luft in Richtung auf die äquatorialen Breiten zu befördern. Sie tragen damit ganz entscheidend zum Abbau der Temperatur- und Strahlungsgegensätze im Gesamtsystem bei. Dieses Geschehen besitzt, wie man den „Wetterfilmen" täglich entnimmt, einen recht turbulenten Charakter, und dies ist die Ursache für das wechselhafte Wetter in den mittleren geographischen Breiten. Ohne die Existenz dieser Ausgleichsvorgänge in den mittleren Breiten würde sich sehr schnell ein für das Leben unerträgliches Klima auf der Erde ausbilden (s. Bild B1-4).

Das Klima eines Ortes ist das Resultat dieses unruhigen Geschehens innerhalb des Gesamtsystems. Dieses ist in einem breiten Tropen- und Subtropengürtel sowie in den Polarregionen allerdings wenig chaotisch; Wettervorhersagen und Klimaklassifikationen sind in diesen Gebieten verhältnismäßig einfache Probleme. Völlig chaotisch dagegen erscheint das Wettergeschehen in den gemäßigten geographischen Breiten, also in denjenigen Gebieten, in denen der horizontale Wärmeaustausch zwischen den äquatorialen und den polaren Breiten stattfindet. Dieses chaotische Verhalten läßt es verständlich erscheinen, daß man noch einen weiten Weg bis zur Erstellung von längerfristigen Wettervorhersagen oder gar bis zur Vorhersage von Klimaänderungen vor sich hat.

B1.3.2 Planetarische Grenzschicht und Stadtklima

Gemäß Bild B1-3 erreichen nur 46% der kurzwelligen Sonnenstrahlung die Erdoberfläche. Ihre Absorption führt zur Erwärmung derselben. Eine Erwärmung der

B1 Erdatmosphäre   35

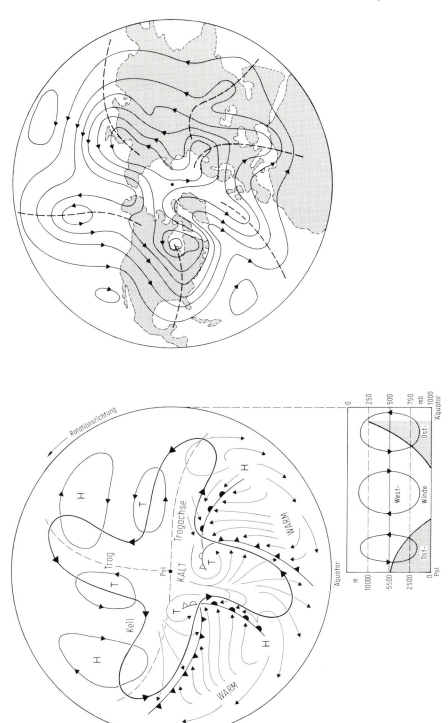

Bild B1-4. Prinzipieller Charakter der atmosphärischen Zirkulation. Die Blickrichtung ist von oben auf die nördliche Hemisphäre. Man erkennt links im Bild die zirkumpolare Anordnung der Hoch- und Tiefdruckgebiete, den hierdurch bewirkten Mischungsprozeß verschieden temperierter Luft und die Achse des sog. Strahlstroms. Darunter ist die über alle Längenkreise gemittelte Vertikalzirkulation angegeben, und rechts im Bild ist eine reale Strömungssituation in 5 km Höhe dargestellt

Atmosphäre entsteht erst dadurch, daß bodennah erwärmte Luft turbulent strömend aufsteigt (turbulenter Vertikaltransport von sensibler Wärme) und dadurch, daß nach Verdampfung von Wasser mit der aufsteigenden Luft zusätzlich latente Wärme mitgeführt wird; zusammen waren es 31% der an der Erdoberfläche absorbierten kurzwellin Strahlung. Neben der Absorption von kurzwelliger Strahlung innerhalb der Atmosphäre (23%) ist dies der wirksamste Vorgang für die Erwärmung der Atmosphäre.

Diese so wichtigen turbulenten Vertikaltransporte von sensibler und latenter Wärme finden sich innerhalb der bodennahen planetarischen Grenzschicht [36] der Atmosphäre. Ihre vertikale Mächtigkeit schwankt zwischen 300 m im Winter und 1000–3000 m im Sommer. Über den Meeren gelten etwa die halben Werte. Da der Wind an der Erdoberfläche durch turbulente Reibung auf den Wert Null abgebremst wird, findet sich innerhalb der planetarischen Grenzschicht ein nach unten gerichteter Transport von Impuls.

Alle menschlichen Aktivitäten spielen sich innerhalb dieser bodennahen Schicht ab. Deshalb wird der Erforschung der Eigenschaften dieser Schicht in der Meteorologie große Beachtung geschenkt. Dies auch deshalb, weil der Mensch das Klima der bodennahen Atmosphäre nachweislich verändern kann [14, 25].

Insbesondere entstehen durch die Veränderungen der Erdoberfläche in Städten Stadtklimate, die sich von denjenigen der ländlichen Umgebung deutlich unterscheiden. Allgemein ist bekannt, daß Städte Wärmeinseln bilden. Durch die Urbanisierung wird aber nicht nur zusätzliche Wärme erzeugt, es ändert sich auch der Wasserhaushalt, die Strahlungsbilanz durch Trübung und Bebauung und schließlich das Windfeld im Bereich der Stadtbebauung. Der Wärmeinseleffekt, die Differenz zwischen den Temperaturen im Stadtinnern und der ländlichen Umgebung, hängt von der Stadtgröße (Einwohnerzahl) ab und kann unter extremen Verhältnissen in einer Stadt mit 50 000 Einwohnern bis zu 6°C, in Millionenstädten bis zu 12°C betragen. Mittlere Differenzen in den Klimaelementen zwischen Stadt und Umland sind in Tabelle B1-3 gegeben [17].

Tabelle B1-3. Mittlere Differenzen klimatologischer Elemente zwischen Stadt und Umland

Temperatur, Jahresmittel	0,5–3°C
Heizgradtage	10% weniger
Relative Feuchte, Jahresmittel	6% weniger
Bewölkung, Niederschlag	5–15% mehr
Nebel, Winter	bis 100% mehr
Sonnenscheindauer	5–15% weniger
Luftverunreinigung	bis zu 10mal mehr
Globalstrahlung	bis 20% weniger
Strahlungsabsorption	20% mehr
Windgeschwindigkeit:	
Jahresmittel	20–30% geringer
Extreme Böen	10–20% weniger
Windstillen	5–20% mehr

B2 Klimaelemente und Klimadaten

B2.1 Einführung

Die Grundlage für die Erstellung klimatologischer Aussagen wird durch die beobachteten Klimaelemente Sonnenstrahlung und Sonnenscheindauer, Lufttemperatur und Luftfeuchte, Bewölkung und Niederschlag, Luftdruck und Wind sowie Sichtweite geliefert. Diese unterscheiden sich von den meteorologischen Elementen nur durch die Zeit der Beobachtung. Folgendes ist für den Anwender klimatologischer Daten wichtig: Die Beobachtungen wurden bis zum 31. 12. 1985 an allen Klimastationen zu den Zeiten 7, 14 und 21 Uhr mittlerer Ortszeit (MOZ), d.h. bei gleichem Sonnenstand durchgeführt, woraus sich je nach geographischer Länge der Station (4 min Zeitdifferenz pro Längengrad) unterschiedliche Beobachtungszeiten in bezug auf die mitteleuropäische Zeit (MEZ) ergaben. Seit dem 01. 01. 1986 wird im Klimadienst einheitlich zu den Terminen 7.30, 14.30 und 21.30 Uhr mitteleuropäischer Zeit (MEZ) beobachtet. Dies geschieht im Klimabeobachtungsnetz des Deutschen Wetterdienstes an ca. 480 Stationen allein der westlichen Bundesländer. Der mittlere Abstand der Klimastationen untereinander beträgt dort ca. 25 km.

Im Gegensatz hierzu werden die meteorologischen Elemente im synoptischen Dienst zu anderen festen Zeiten der koordinierten Weltzeit (UTC) beobachtet, die sich von der mittleren Ortszeit von Greenwich (GMT) um weniger als eine Sekunde unterscheidet.

Die Gesamtheit der Klimabeobachtungen sowie die daraus abgeleiteten statistischen Kenngrößen bilden den Satz von Klimadaten eines Ortes bzw. einer Region.

B2.2 Klimaelemente, Definitionen

B2.2.1 Strahlung und Sonnenscheindauer

Eine wichtige Aufgabe, die im Zusammenhang mit der Strahlung zu lösen ist, besteht in der Ermittlung der aktuellen, d.h. einem definitiven Zeitpunkt zugeordneten extraterrestrischen (ohne Berücksichtigung der Atmosphäre) Bestrahlungsstärke E_B auf eine horizontale Fläche in einer bestimmten geographischen Breite φ. Mit „Zeitpunkt" kann nur die wahre Ortszeit (WOZ) gemeint sein, die durch die Stellung der Sonne, d.h. durch Sonnenhöhe γ_s und Sonnenazimut α_s bestimmt ist. Um 12 Uhr WOZ steht die Sonne genau im Süden (180°). Beide Größen, γ_s und α_s, hängen von der Sonnendeklination δ (+23,5° am 21. Juni und −23,5° am 21. Dezember) sowie von der geographischen Breite φ des Ortes ab.

Bild B2-1 veranschaulicht alle Kenngrößen für die Bestimmung des Sonnenstandes. Zwecks besserer Übersichtlichkeit ist der Vormittag eines Wintertages ausgewählt worden. Bezogen auf die Horizontalebene eines Beobachters sind die Sonnenkoordinaten durch Sonnenhöhe γ_s (oder Zenitdistanz ζ_s) und Sonnenazimut α_s (positiv von Nord über Süd gerechnet) gegeben, bezogen auf die Äquatorebene

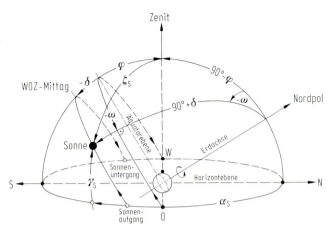

Bild B2-1. Koordinaten zur Bestimmung des Sonnenstandes. Basis ist die Horizontebene eines Beobachters in der geographischen Breite φ. Dargestellt ist die Situation des Winterhalbjahres ($\delta < 0$). Neben dem Weg der Sonne am Himmel zwischen Sonnenauf- und Sonnenuntergang (SA und SU) ist auch derjenige zur Tag- und Nachtgleiche dargestellt. Aus dem astronomischen Dreieck ($90 - \varphi$, ζ_s und $90 + \delta$) leiten sich die im Text angegebenen Formeln her

durch Sonnendeklination δ und Stundenwinkel ω. Allgemeiner Konvention folgend wird für den wahren Mittag (WOZ = 12 Uhr) $\omega = 0$ festgesetzt. Der Stundenwinkel hängt allein von der Umdrehung der Erde ab und ist in Grad ausgedrückt

$$\omega° = (360°/24\,\text{h})(\text{WOZ} - 12) = 15\,(°/\text{h})\,\text{WOZ} - 180° \quad . \tag{B2-1}$$

Die Sonnendeklination ändert sich beim Umlauf der Erde um die Sonne fortlaufend. Sie kann astronomischen Tabellen oder Bild 2-2 entnommen bzw. mit Hilfe der in der Legende des Bildes angegebenen Gleichung berechnet werden.

Für die Anwendung sind Sonnenhöhe γ_s (oder Zenitdistanz ζ_s) und Sonnenazimut α_s von hauptsächlichem Interesse. Für einen Ort in der geographischen Breite φ verknüpft das sog. astronomische Dreieck Sonne–Zenit–Nordpol beide Koordinatensysteme miteinander:

$$\cos \zeta_s = \cos(90° - \gamma_s) = \sin \gamma_s = \sin \varphi \sin \delta + \cos \varphi \cos \delta \cos \omega$$
$$= \sin \varphi \sin \delta\,(1 + \cos \omega / \tan \varphi \tan \delta) \quad , \tag{B2-2}$$

$$\cos \varphi \cos \gamma_s \cos(180° - \alpha_s) = \sin \varphi \sin \gamma_s - \sin \delta: \text{ für WOZ} \leq 12\,\text{h} \quad , \tag{B2-3a}$$

$$\cos \varphi \cos \gamma_s \cos(\alpha_s - 180°) = \sin \varphi \sin \gamma_s - \sin \delta: \text{ für WOZ} > 12\,\text{h} \quad . \tag{B2-3b}$$

Mit Hilfe von Gl. (B2-1) kann man anstelle des Stundenwinkels $\omega°$ die WOZ einführen, etwa in Gl. (B2-2) $\cos \omega = -\cos(15\,\text{WOZ})$ mit der WOZ in Stunden.

Aus Gl. (B2-2) ergibt sich mit der wahren Ortszeit WOZ und der Deklination δ eines Tages J (1. Januar $J = 1$) unmittelbar die Sonnenhöhe γ_s. Aus Gl. (B2-3a und B2-3b) folgt für das Sonnenazimut α_s

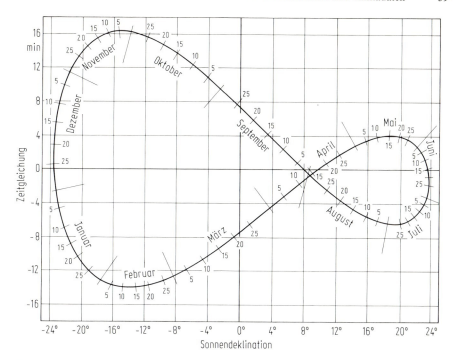

Bild B2-2. Gemeinsame Darstellung von Sonnendeklination δ und Zeitgleichung (Zgl) für jeden Tag (J) des Jahres (1. Januar $J = 1$). Dieses Bild entsteht aus der Kombination der Formel für die Zeitgleichung mit derjenigen für die Deklination $\delta°$ der Sonne [26]:
$\delta(J) = \arcsin[0{,}3978 \sin\{J' - 80{,}2° + 1{,}92° \sin(J' - 2{,}8°)\}]$ mit $J' = 360°J/365{,}25$

$$\arccos[(\sin\varphi \sin\gamma_s - \sin\delta)/\cos\varphi \cos\gamma_s]$$
$$= 180° - \alpha_s: \text{ für WOZ} \leq 12\,\text{h} \; (\omega° < 0)$$
$$= \alpha_s - 180°: \text{ für WOZ} > 12\,\text{h} \; (\omega° > 0) \; . \tag{B2-4}$$

Gegenüber dem Sterntag, $23^\text{h}56^\text{m}4^\text{s}$, der einer Umdrehung der Erde um $360°$ entspricht, ist der mittlere Sonnentag mit genau $24^\text{h}0^\text{m}0^\text{s}$ um knapp 4 Minuten länger. Infolge des Weiterrückens der Erde auf der Erdbahn dreht sich die Erde im Mittel über ein Jahr um knapp $361°$ pro Tag. Durch die im Jahresverlauf ungleichmäßige Weiterbewegung der Erde auf ihrer elliptischen Bahn um die Sonne ist der wahre Sonnentag ungleichmäßig lang.

Unsere Zeitmessung durch den mittleren Sonnentag (mittlere Ortszeit MOZ) wird auf diejenige des wahren Sonnentages (WOZ) mittels der Zeitgleichung (Zgl) gemäß

$$\text{WOZ} = \text{MOZ} + Zgl \tag{B2-5}$$

umgerechnet.

Die Werte der Zeitgleichung können astronomischen Tabellen oder Bild B2-2, genauer Bild B2-3, entnommen werden bzw. mit Hilfe der in der Legende des Bildes B2-3 angegebenen Gleichung berechnet werden [26].

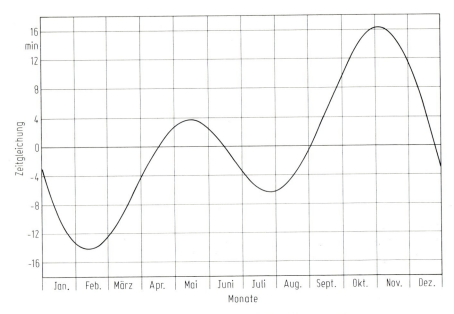

Bild B2-3. Darstellung der Zeitgleichung (*Zgl.*). Es gilt die Gleichung [26]:
Zgl. $(J) = -7{,}68 \sin(J' - 2{,}8°) - 9{,}90 \sin(2J' + 19{,}7°)$ min, wobei wieder $J' = 360°J/365{,}25$ und J der Tag des Jahres ist. Zwecks Umrechnung in die Einheit h: Division durch 60

Die mittlere Ortszeit (MOZ) wird auf diejenige des 0-Meridians (Greenwich Mean Time, GMT), bzw. auf die Universal Time Coordinated (UTC) bezogen: Östlich davon ist die MOZ durch UTC + $\lambda/15$ (Stunden) gegeben. Dabei ist $\lambda°$ die geographische Länge des betreffenden Ortes. Die mitteleuropäische Zeit (MEZ) für $\lambda = 15°$ ist durch MEZ = UTC + 1 gegeben. Zusammengefaßt folgt

$$\text{WOZ} = \text{MEZ} - 1 + \lambda/15 + Zgl \quad (\text{in Stunden}) \ . \tag{B2-5a}$$

Für den Stundenwinkel erhält man mit Gl. (B2-1)

$$\omega = (360°/24\,\text{h})(\text{MEZ} - 1 + \lambda/15 + Zgl - 12)° \ . \tag{B2-6}$$

Die Stundenwinkel ω_A für Sonnenauf- und ω_U für Sonnenuntergang sowie die Tageslänge, die mit der astronomisch möglichen Sonnenscheindauer S_0 identisch ist, berechnen sich mit $\gamma_s = 0$ aus Gl. (B2-2) zu

$$\omega_{A,U} = \mp \arccos(-\tan\varphi \tan\delta) \tag{B2-7}$$

und mit Gl. (B2-6) für die Tageslänge zu

$$S_0 = \text{WOZ}_U - \text{WOZ}_A = \text{MEZ}_U - \text{MEZ}_A$$

$$= 2(24\,\text{h}/360°) \arccos(-\tan\varphi \tan\delta)\,\text{h} \ . \tag{B2-8}$$

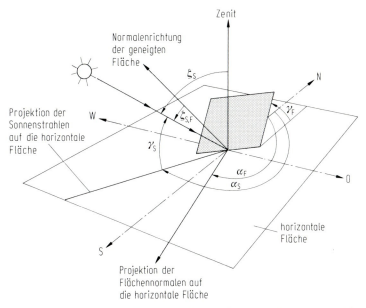

Bild B2-4. Koordinatendefinitionen für die Berechnung der Bestrahlungsstärke an geneigten Flächen

Die Bestrahlungsstärke E_B auf eine horizontale Fläche ohne Berücksichtigung der Atmosphäre, um die es an dieser Stelle geht, berechnet sich unter Verwendung des Lambert-Kosinusgesetzes:

$$E_B = E_0 \cos \zeta_s = E_0 \sin \gamma_s = (\bar{R}/R)^2 \bar{E}_0 \sin \gamma_s \;. \tag{B2-9}$$

Der Exzentrizitätsfaktor $(\bar{R}/R)^2$, der in Abschn. B1.3 auftrat, wird mit dem Tageswinkel $J' = 360°J/365{,}25$ durch die Gleichung

$$(\bar{R}/R)^2 = 1 + 0{,}03344 \cos(J' - 2{,}80°) \tag{B2-10}$$

ausreichend genau dargestellt [26].

Handelt es sich um eine geneigte Fläche mit dem Neigungswinkel γ_F gegen die Horizontale und der Azimutdifferenz $\alpha_s - \alpha_F$ zwischen der Orientierung der Fläche und dem Sonnenazimut (wobei die Zählung von α_F mit derjenigen von α_s übereinstimmen soll), dann erhält man mit dem „Zenitwinkel" $\zeta_{s,F}$ der Sonneneinfallsrichtung gegen die Richtung der Flächennormalen bzw. mit der zugeordneten „Sonnenhöhe" $\gamma_{s,F} = 90° - \zeta_{s,F}$

$$E_{B,F} = E_0 \cos \zeta_{s,F} = E_B \sin \gamma_{s,F} / \sin \gamma_s = (\bar{R}/R)^2 \bar{E}_0 \sin \gamma_{s,F} \;, \tag{B2-11}$$

wobei

$$\cos \zeta_{s,F} = \cos \gamma_F \sin \gamma_s + \sin \gamma_F \cos \gamma_s \cos(|\alpha_s - \alpha_F|) \tag{B2-12}$$

bzw.

$$\cos \zeta_{s,F} = C_1 + C_2 \cos \omega + C_3 \sin \omega$$

mit

$$C_1 = (\sin\varphi \cos\gamma_F - \cos\varphi \sin\gamma_F \cos\alpha_F) \sin\delta$$

$$C_2 = (\cos\varphi \cos\gamma_F + \sin\varphi \sin\gamma_F \cos\alpha_F) \cos\delta$$

$$C_3 = \sin\gamma_F \sin\alpha_F \sin\delta \ .$$

„Sonnenauf- und Sonnenuntergang" sowie die „Tageslänge" auf der Fläche berechnen sich für $\zeta_{s,F} = 90°$ aus $C_1 + C_2 \cos\omega_{A,U} + C_3 \sin\omega_{A,U} = 0$.

Da sich diesbezügliche Rechnungen reichlich in der Literatur finden, wird an dieser Stelle nicht weiter hierauf eingegangen [2, 15, 26].

Von besonderem Interesse sind Zeitintegrale über extraterrestrische Bestrahlungsstärken (ohne Berücksichtigung der Atmosphäre), etwa Stunden- und Tageswerte (Zeitsummen der extraterrestrischen Bestrahlungsstärke, kurz auch Bestrahlung $J/m^2 = (1/3,6 \times 10^6)$ kWh/m^2 genannt). Dabei handelt es sich darum, sowohl für horizontale als auch für geneigte Flächen Integrale der folgenden Art zu lösen ($\zeta = \zeta_s$ bzw. $\zeta = \zeta_{s,F}$):

$$H(t_2, t_1) = \int_{t_1}^{t_2} E_B \, dt = E_0 \int_{t_1}^{t_2} \cos\zeta \, dt \ .$$

Beschränkt man sich auf den Fall der Bestrahlung einer horizontalen Fläche und verwendet Gl. (B2-2), dann erhält man mit $dt = (24\,h/2\pi) \, d\omega$ (ω im Bogenmaß)

$$H(\omega_2, \omega_1) = E_0(24\,h/2\pi) \int_{\omega_1}^{\omega_2} \cos\zeta_s \, d\omega$$

$$= E_0(24\,h/2\pi)[\sin\varphi \sin\delta(\omega_2 - \omega_1) + \cos\varphi \cos\delta(\sin\omega_2 - \sin\omega_1)] \ .$$

Geht man zur Winkeldarstellung über, dann ist mit $\omega = \omega^{rad} = (2\pi/360°)\omega°$, $\sin(\omega^{rad}) = \sin(\omega°)$

$$H(\omega_2, \omega_1) = E_0 \sin\varphi \sin\delta \,[(24\,h/360°)(\omega_2° - \omega_1°)$$

$$+ (24\,h/2\pi)(\sin\omega_2° - \sin\omega_1°)/\tan\varphi \tan\delta] \ . \quad \text{(B2-13)}$$

Hierbei ist zu beachten, daß der Stundenwinkel vom Mittagsmeridian (WOZ = 12) aus negativ zum Vormittag hin und positiv zum Nachmittag hin gezählt wird.

Liegt die Differenz $\omega_2° - \omega_1°$ symmetrisch zu $\omega = 0$, dann ist mit $\omega_2° - \omega_1° = 2\omega°$, $\sin\omega_2° - \sin\omega_1° = 2\sin\omega°$

$$H(\omega) = E_0 \sin\varphi \sin\delta \,[(24\,h/180°)\omega° + (24\,h/\pi)\sin\omega°/\tan\varphi \tan\delta] \ .$$

Eine wichtige Anwendung dieser Form entsteht, wenn die beiden Stundenwinkel mit Sonnenauf- und Sonnenuntergang identifiziert werden: $\omega_2° = \omega_U°$, $\omega_1° = \omega_A°$. Dann ist mit $(24\,h/180°)\omega_U° = (24\,h/360°)2\omega_U° = S_0$ (astronomisch mögliche Sonnenscheindauer) und außerdem mit der aus Gl. (B2-2) für $\gamma_S = 0$ folgenden Beziehung $\cos\omega_U = -\tan\varphi \tan\delta$

$$H_0 = H(2\omega_U) = E_0 \sin\varphi \sin\delta \,[S_0 - (24\,h/\pi) \,\text{tg}\, \omega_U°] \ \text{Wh/m}^2 \ .$$

Dies ist die Tagessumme der extraterrestrischen Bestrahlungsstärke, auch tägliche extraterrestrische Bestrahlung genannt. Führt man anstelle des Stundenwinkels ω_U° die wahre Ortszeit gemäß Gl. (B2-1) ein, dann ist

$$H_0 = E_0 \sin\varphi \sin\delta \, [S_0 - (24\,\text{h}/\pi)\tan(15\,\text{WOZ}_U)]\,\text{Wh}/\text{m}^2 \;. \qquad \text{(B2-14)}$$

Die tägliche extraterrestrische Bestrahlung H_0 wird zur Bildung von Pentadenmitteln (Mittel über 5 Tage), Monatsmitteln u.a. im Sinne arithmetischer Mittelbildung (s. Abschn. B3.1) weiterverwendet.

Ein Zahlenbeispiel möge die Anwendung der vorstehenden Formeln veranschaulichen. Dazu werden die Verhältnisse am 11. August um 11.00 Uhr MESZ (10.00 Uhr MEZ) an einem Ort ($\lambda = 13°15'54'' = 13{,}265°$, $\varphi = 52°26'52'' = 52{,}448°$) innerhalb Berlins betrachtet. Die Tagesnummer ist $J = 223$ und somit ist $J' = (360° \times 223/365{,}25) = 219{,}8°$. Der Wert der Zeitgleichung ergibt sich aus der Gleichung in Bild B2-3 zu $Zgl = -5{,}04\,\text{min} = -5\,\text{min}\,02\,\text{s} = -0{,}0840\,\text{h}$. Nach Gl. (B2-5a) ist die wahre Ortszeit WOZ = 9 h 48 min und damit der Stundenwinkel $\omega = -32°59'$. Die Sonnendeklination berechnet sich aus der Gleichung in Bild B2-2 für diesen Tag zu $\delta = 15°18'$. Aus Gl. (B2-2) für die Sonnenhöhe γ_s erhält man $\gamma_s = 44°36'$; für die obere Kulmination $\omega = 0$ ergibt sich für diesen Tag $\gamma_s(J) = 52°51'$ (man beachte nach Bild B2-1 die Beziehung $\gamma_s(J) = (90°-\varphi) + \delta(J)$). Aus Gl. (B2-4) für das Azimut α_s erhält man $\alpha_s = 132°27'$. Die Stundenwinkel für Sonnenauf- und Sonnenuntergang sind $\omega_A, \omega_U = \mp 110°50'$. Die Sonnenscheindauer beträgt 14 h 46 min, die Sonne geht um 5.48 Uhr MESZ auf und um 20.35 Uhr MESZ unter. Die Azimute für Sonnenauf- und Sonnenuntergang ergeben sich für $\gamma_s = 0$ aus Gl. (B2-4) zu $64°20'$ (etwa Ost-Nord-Ost) und $295°39'$ (etwa West-Nord-West). Wendet man Gl. (B2-14) ebenfalls auf dieses Beispiel an, dann erhält man mit dem Exzentrizitätsfaktor $(\bar{R}/R)^2 = 0{,}9733$ nach Gl. (B2-10), mit Gl. (B2-14) und mit $\bar{E}_0 = 1370\,\text{W}/\text{m}^2$ für die Bestrahlung an diesem Tag: $H_0 = 9{,}72\,\text{kWh}/\text{m}^2$.

Das Strahlungsspektrum des Systems Sonne + Erde weist eine wichtige Eigenschaft auf: Es besteht aus zwei sehr scharf voneinander getrennten Anteilen. Der ausschließlich von der Sonne stammende kurzwellige Anteil findet sich zu 99% im Wellenlängenbereich $< 4\,\mu\text{m}$ mit einem Maximum bei $0{,}48\,\mu\text{m}$. Dem engeren Bereich $0{,}29-4\,\mu\text{m}$ gehören immer noch 98% des Sonnenspektrums an. Davon fast vollständig getrennt schließt sich der langwellige Anteil des Spektrums an, der durch die langwellige Wärmestrahlung der Erde zustandekommt und mit 99,9% den Wellenlängenbereich von $4-100\,\mu\text{m}$ besetzt. Dies entspricht einem Schwarzstrahlungs-Temperaturbereich von $200-320\,\text{K}$ mit Wellenlängenmaxima von $14{,}5-9\,\mu\text{m}$. Kurzwellige Sonnenstrahlung und langwellige Ausstrahlung des Systems lassen sich daher unabhängig voneinander behandeln.

Der ultraviolette Bereich der Sonnenstrahlung von $0{,}29-0{,}40\,\mu\text{m}$, der 7% der Strahlungsenergie ausmacht, wird weitgehend vom atmosphärischen Ozon im Höhenbereich zwischen $25-50\,\text{km}$ der Atmosphäre absorbiert. Der sichtbaren Strahlung des Bereichs von $0{,}40-0{,}73\,\mu\text{m}$ gehören 42% an, dem solaren Infrarot 49%. Die fehlenden 2% verteilen sich auf die extrem kurz- bzw. langwelligen Anteile des Spektrums.

Die langwellige Strahlung der Sonne hat für das System Atmosphäre + Erde keine Bedeutung. Die spektrale Energie um $\lambda = 5\,\mu\text{m}$ beläuft sich auf wenige ‰ der maximalen spektralen Energie bei $0{,}48\,\mu\text{m}$.

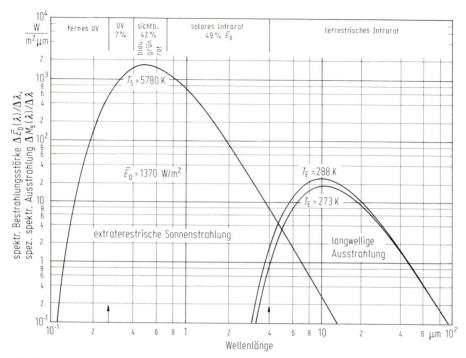

Bild B2-5. Spektrum der kurzwelligen extraterrestrischen Sonnenstrahlung und dasjenige der langwelligen Ausstrahlung des Systems Erde+Atmosphäre bei zwei Temperaturen $T_E = 273$ K und 288 K. Die spektrale Bestrahlungsstärke durch die Sonne im Wellenlängenintervall $\Delta\lambda$ ist durch $\Delta \bar{E}_0(\lambda)/\Delta\lambda = (R_S/\bar{R})^2 \Delta M_S(\lambda)/\Delta\lambda$ W/m²μm mit $\Delta M_S(\lambda)/\Delta\lambda = C_1/\lambda^5 [\exp(C_2/\lambda T) - 1]$ (M. Planck), $C_1 = 3{,}7427 \times 10^8$ Wμm⁴/m², $C_2 = 1{,}4388 \times 10^4$ μm K und $(R_S/\bar{R})^2 = 2{,}164425 \times 10^{-5}$ gegeben. Im Fall der langwelligen Ausstrahlung des Systems Erde + Atmosphäre entfällt der Faktor $(R_S/\bar{R})^2$ und es ist $\Delta M_S(\lambda)/\Delta\lambda$ zu verwenden

Die Integration des extraterrestrischen Sonnenspektrums über alle Wellenlängen liefert die Solarkonstante $\bar{E}_0 = 1370$ W/m².

Im Zusammenhang mit der Diskussion der mittleren globalen Strahlungsbilanz in Abschn. B1.3.1 wurde das Schicksal der kurzwelligen extraterrestrischen Sonnenstrahlung innerhalb des Gesamtsystems beschrieben. Dabei wurden Reflexion, Streuung und Absorption der Sonnenstrahlung erwähnt. Wegen der Bedeutung dieser Extinktionsprozesse (Schwächung der Strahlung) für das Zustandekommen des später zu behandelnden Trübungsfaktors sind einige Erklärungen sinnvoll.

Die Streuung der Sonnenstrahlung mit Wellenlängen $\lambda > 0{,}1$ μm an Luftmolekülen mit Radien um $r = 10^{-4}$ μm (Molekülstreuung) kann wegen $r \ll \lambda$ als Rayleigh-Streuung (nach Lord Rayleigh) behandelt werden. Diese ist dadurch gekennzeichnet, daß in Strahlungsrichtung und nach rückwärts gleiche Beträge gestreut werden, zu den Seiten hin jedoch geringere. Die Streuung ist dabei proportional zu $\lambda^{-4,09}$. Der kurzwellige Anteil (im Bereich der blauen Farbe des Spektrums) wird am stärksten gestreut: Der Himmel erscheint bei trockener und sonst reiner Atmosphäre blau. Allerdings ist diese Streustrahlung partiell polarisiert und würde sich

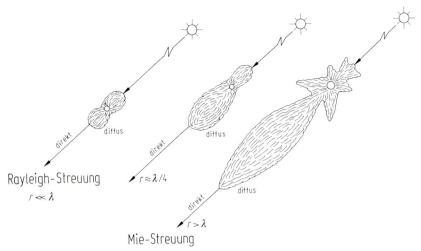

Bild B2-6. Erzeugung der diffusen Sonnenstrahlung durch unterschiedliche Streuung der Strahlung an Molekülen und Aerosolpartikeln unterschiedlicher Radien r

in erheblichem Maße gegenseitig auslöschen (so daß der Himmel schwarz erscheinen würde), wenn nicht die unregelmäßige Bewegung der Luftmoleküle (etwa durch Turbulenz) dies verhindern würde.

An Aerosolteilchen, Staub, Dunst und Wolkentröpfchen, deren Radien mit den Wellenlängen der Sonnenstrahlung vergleichbar sind, findet die sog. Mie-Streuung statt (nach dem deutschen Physiker G. Mie). Die Streuung ist proportional zu $\lambda^{-1,3}$ und hängt damit zwar wenig von der Wellenlänge ab, dagegen sehr stark von der Art des streuenden Materials. Der Himmel erscheint deshalb weiß bis grau. Durch die überwiegende Vorwärtsstreuung ist der dunstige Himmel um die Sonne herum am hellsten, und auch sonst ist in Blickrichtung zur Sonne durch diese starke Vorwärtsstreuung kaum noch Sicht vorhanden. Beide Arten der Streuung leisten ihren Beitrag zur Extinktion der Strahlung durch Streuung.

Die Absorption durch Wasserdampf, Ozon, Aerosol, Wolken- und Niederschlagselemente schwächt die einfallende extraterrestrische Sonnenstrahlung zusätzlich (Extinktion durch Absorption, Auslöschung).

Die Schwächung durch Streuung und Absorption hängt von der Länge des Strahlweges s durch die Atmosphäre ab. Dieser ist in Zenitrichtung am kleinsten und wächst mit zunehmendem Zenitwinkel bzw. mit abnehmender Sonnenhöhe. Man verwendet in diesem Zusammenhang den Begriff der relativen optischen Luftmasse. Diese ist das Verhältnis der unter dem Zenitwinkel ζ_s durchstrahlten Luftmasse zu derjenigen, die sich vertikal über dem Aufpunkt befindet: $m(\gamma_s) = \int \varrho \, ds / \int \varrho \, dz$, wobei ϱ die Luftdichte ist und wobei über die ganze Atmosphäre integriert wird. Bei „ebener Atmosphäre" und Sonnenhöhen $\gamma_s > 10°$ kann $dz = \sin \gamma_s \, ds$ verwendet werden, und man erhält $m(\gamma_s) = 1/\sin \gamma_s$. Definitionsgemäß ist $m(0) = 1$.

Die Schwächung der extraterrestrischen Sonnenstrahlung durch alle Extinktionsvorgänge gehorcht dem Bouguer-Lambert-Beer-Gesetz für den Fall mono-

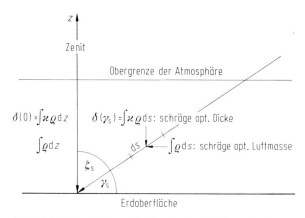

Bild B2-7. Zur Erklärung der Begriffe vertikale und schräge optische Luftmasse und optische Dicke. Die Vertikalkoordinate z ist zum Zenit gerichtet. Die Länge s mißt den Weg der Strahlung in der Atmosphäre mit der Dichte $\varrho(z)$

chromatischer Strahlung einer bestimmten Wellenlänge λ bzw. für Strahlung eines sehr engen Wellenlängenbereichs $\Delta\lambda$. Die Änderung der Bestrahlungsstärke $\Delta E_\lambda(s)$ auf zur Strahlrichtung senkrechten Flächen durch Strahlung eines engen Wellenlängenbereiches $\Delta\lambda$ des Sonnenspektrums berechnet sich dann für wachsende Eindringtiefe ds der Strahlung als Lösung der einfachen Differentialgleichung

$$d\Delta E_\lambda(s)/ds = -\kappa_\lambda \varrho \Delta E_\lambda(s) \ .$$

Hierbei faßt das lokale Schwächungsmaß κ_λ die Extinktion durch alle Streu- und Absorptionsvorgänge zusammen: $\kappa_\lambda = \kappa_{\lambda R} + \kappa_{\lambda D} + \kappa_{\lambda W} + \kappa_{\lambda Z}$. Die Indizes stehen für Molekülstreuung (R) (Rayleigh-Streuung), Dunst- und Aerosolstreuung (D) (Mie-Streuung), Wasserdampfabsorption (W) und Ozonabsorption (Z). Alle Schwächungsmaße hängen stark von der Wellenlänge λ ab. Hinzu tritt, daß sie von den augenblicklichen, d. h. von den meteorologisch bestimmten Verteilungen der genannten streuenden bzw. absorbierenden Substanzen in der Atmosphäre abhängen. Das gleiche gilt für die Luftdichte bei schrägem Strahlungseinfall.

Integriert man längs des Strahlweges von der Obergrenze der Atmosphäre (Masse 0) bis zur Erdoberfläche (Masse 1), dann ergibt sich für die Bestrahlungsstärke ΔE_λ auf einer zur Strahlung senkrechten Fläche in Erdbodennähe

$$\Delta E_\lambda = \Delta E_{0\lambda} \exp\left[-\int_0^1 \kappa_\lambda \varrho \, ds\right] \ .$$

Hierbei ist $\Delta E_{0\lambda}$ der Anteil des Sonnenspektrums im Wellenlängenbereich $\Delta\lambda$ an der Obergrenze der Atmosphäre (extraterrestrisch).

Bild B2-8 veranschaulicht die Schwächung der spektralen Energie der extraterrestrischen Sonnenstrahlung durch alle genannten Streu- und Absorptionsvorgänge.

Den Exponenten der Exponentialfunktion nennt man schräge optische Dicke $\delta_\lambda(\gamma_s)$ für Strahlung des Wellenlängenbereichs $\Delta\lambda$. Sie hängt von der Zenitdistanz ζ_s der Sonne ab. Für senkrechten Strahlungseinfall ($\zeta_s = 0°$) wird als zugehörige

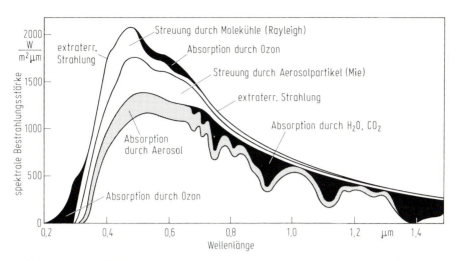

Bild B2-8. Das Schicksal der extraterrestrischen kurzwelligen Sonnenstrahlung innerhalb der Atmosphäre. Neben der Absorption durch Ozon schwächen Streuprozesse (Rayleigh-Streuung und Mie-Streuung) einen großen Teil der einfallenden Energie. Nach zusätzlicher Absorption von Energie durch Aerosolpartikel, Wasserdampf, Kohlendioxid u. a. Spurenstoffe erreicht nur der Energieanteil unterhalb der letzten Kurve als Globalstrahlung die Erdoberfläche [29]

vertikale optische Dicke $\delta_\lambda(0) = \int \kappa_\lambda \varrho \, dz = \delta_{\lambda R}(0) + \delta_{\lambda D}(0) + \delta_{\lambda W}(0) + \delta_{\lambda Z}(0)$ definiert.

Das Verhältnis der optischen Dicken setzt man approximativ gleich dem Verhältnis der optischen Luftmassen, d. h. gleich der relativen optischen Luftmasse:

$$\delta_\lambda(\gamma_s)/\delta_\lambda(0) = m(\gamma_s)(\approx 1/\sin\gamma_s \text{ für } \gamma_s > 10°) \ .$$

Hiermit erhält man für den Wellenlängenbereich $\Delta\lambda$

$$\Delta E_\lambda = \Delta E_{0\lambda} \exp[-\delta_\lambda(\gamma_s)] = \Delta E_{0\lambda} \exp[-\delta_\lambda(0)m(\gamma_s)] \ .$$

Die durch alle Wellenlängenbereiche $\Delta\lambda$ des Sonnenspektrums in Erdbodennähe erzeugte Bestrahlungsstärke E_I, die direkte Sonnenstrahlung auf eine zur Strahlung senkrechte Fläche, ergibt sich durch Summation über alle Wellenlängenbereiche $\Delta\lambda$ des Sonnenspektrums zu

$$E_I = \sum \Delta E_{0\lambda} \exp[-\delta_\lambda(0)m(\gamma_s)] \ . \tag{B2-15}$$

Bild B2-5 zeigte die Abhängigkeit der durch die extraterrestrische Sonnenstrahlung bewirkten Bestrahlungsstärke $\Delta E_{0\lambda}$, bezogen auf den Wellenlängenbereich $\Delta\lambda$, d. h. $\Delta E_0(\lambda)/\Delta\lambda$, nur schematisch. In der Literatur finden sich sehr genaue Darstellungen dieses extraterrestrischen Sonnenspektrums [15]. Die Wellenlängenabhängigkeiten von Rayleigh- und Mie-Streuung sind recht gut bekannt ($\kappa_{\lambda R} \sim \lambda^{-4,09}$, $\kappa_{\lambda D} \sim \lambda^{-1,3}$), aber auch für die Absorption durch Wasserdampf und durch Ozon existiert viel Kenntnis über die Funktionen $\kappa_{\lambda R}(\lambda)$ und $\kappa_{\lambda D}(\lambda)$.

Bei Kenntnis der vertikalen optischen Dicke $\delta_\lambda(0)$ ließe sich die für die Strahlungsberechnungen wichtigste Größe E_I direkt berechnen. In der Praxis geht man jedoch anders vor: Man führt eine mittlere vertikale optische Dicke $\delta(0,\ldots)$ derart ein, daß sich anstelle von Gl. (B2-15) schreiben läßt:

$$E_I = E_0 \exp[-\delta(0,\ldots)m(\gamma_s)] \; .$$

Es ist dabei $\sum \Delta E_{0\lambda} = E_0$. Dies ist nur möglich, wenn es gelingt, diese mittlere vertikale optische Dicke $\delta(0,\ldots)$ so zu finden, daß sowohl für senkrechten Strahlungseinfall ($\zeta_s = 0°, m(\gamma_s) = 1$) als auch ganz allgemein gilt:

$$\sum (\Delta E_{0\lambda}/E_0) \exp[-(\delta_\lambda(0) - \delta(0,\ldots))m(\gamma_s)] \approx 1 \; .$$

Empirische Ansätze führen zu einer mittleren vertikalen optischen Dicke $\delta(0,\ldots)$ in Abhängigkeit von $m(\gamma_s)$. Dies gilt auch für alle Anteile von $\delta(0,\ldots)$, d.h., es ist $\delta(0,m) = \delta_R(0,m) + \delta_D(0,m) + \delta_W(0,m) + \delta_Z(0,m)$, wobei der mittleren vertikalen optischen Dicke $\delta_R(0,m)$ der Rayleigh-Atmosphäre für senkrechten Strahlungseinfall eine Vorzugsrolle zukommt. Damit entsteht zunächst

$$E_I = E_0 \exp[-\delta(0,m)m] \; .$$

Ein weiterer Schritt ist die Einführung des Begriffes Transmissionsgrad der unbewölkten Atmosphäre:

$$\tau(\gamma_s) = E_I/E_0 = \exp[-\delta(0,m)m] \; . \tag{B2-16}$$

In praktischen Anwendungen tritt als Maß für die durch Extinktion verursachte Trübung der Atmosphäre jedoch immer der Linke-Trübungsfaktor T_L auf. Er setzt die mittlere vertikale optische Dicke der aktuellen Atmosphäre $\delta(0,m)$ in Beziehung zu derjenigen der trockenen und reinen Atmosphäre (Rayleigh-Atmosphäre) $\delta_R(0,m)$:

$$T_L(\gamma_s) = \delta(0,m)/\delta_R(0,m) \; .$$

Für $\zeta_s = 0°, \gamma_s = 90°, m = 1$ (senkrechter Strahlungseinfall) stellt man sich $T_L(0)$ als die Zahl der Rayleigh-Atmosphären vor, die man übereinanderschichten müßte, um die gleiche Trübung zu erhalten, wie sie in der aktuellen Atmosphäre gerade angetroffen wird. Für eine Rayleigh-Atmosphäre ist $T_L(0) = 1$, sonst ist immer $T_L(0) > 1$. Damit schreibt sich der Transmissionsgrad auch in der Form

$$\tau(\gamma_s) = \exp[-\delta_R(0,m(\gamma_s))T_L(\gamma_s)m(\gamma_s)] \; .$$

Häufig verwendete Ansätze für $\delta_R(0,m)$ und $T_L(\gamma_s)$ sind die folgenden [26]

$$\delta_R(0,m) = 1/(0,9m + 9,4) \tag{B2-17a}$$

$$T_L(\gamma_s) = T_L(0) - \{0,85 - 2,25 \sin\gamma_s + 1,11 \sin^2\gamma_s\}(T_L(0) - 1)/1,5$$

$$\text{für } T_L(0) < 2,5 \tag{B2-17b}$$

$$T_L(\gamma_s) = T_L(0) - \{0,85 - 2,25 \sin\gamma_s + 1,11 \sin^2\gamma_s\}$$

$$\text{für } T_L(0) \geq 2,5 \tag{B2-17c}$$

Ein mittlerer Wert für den Bereich $10° < \gamma_s < 70°$ ist durch $\delta_R = 0,088$ gegeben. Verwendet man für die relative optische Luftmasse $m = 1/\sin\gamma_s$, dann ist in der Gleichung für $\tau(\gamma_s)$ sehr einfach $\delta_R(0,m(\gamma_s))m(\gamma_s) = 1/(0,9 + 9,4\sin\gamma_s)$. Dabei muß man sich auf Sonnenhöhen $\gamma_s > 10°$ beschränken. Der Wertebereich von $T_L(0)$ reicht von 1 (Rayleigh-Atmosphäre) bis 10 (sehr trübe Atmosphäre).

Alle Extinktionsvorgänge lassen somit nur einen Bruchteil der extraterrestrischen Bestrahlungsstärke E_0 die Erdbodennähe erreichen. Somit muß in allen bisherigen Formeln $E_0 = (\bar{R}/R)^2 \bar{E}_0$ durch $E_I = \tau(\gamma_s) E_0$ ersetzt werden.

Die Bestrahlungsstärke auf eine horizontale bzw. auf eine geneigte Fläche in Erdbodennähe wird auch hier durch das $\cos \zeta_s$- bzw. $\sin \gamma_s$-Gesetz in der Form

$$E_B = E_I \sin \gamma_s \quad \text{bzw.} \quad E_{B,F} = E_I \sin \gamma_{s,F}$$

bestimmt (direkte Sonnenstrahlung).

Der gestreute Anteil der extraterrestrischen Sonnenstrahlung erreicht die Erdoberfläche als diffuse Sonnenstrahlung E_D aus allen Richtungen des vom Bezugsort aus sichtbaren Himmelsgewölbes. Dieser Strahlungsanteil ist in den meisten Fällen nicht als isotrop anzusehen. Es war im Zusammenhang mit der Vorwärtsstreuung an Aerosolteilchen erwähnt worden, daß, wie man bei unbewölktem Himmel täglich auch selbst bestätigt findet, die diffuse Strahlung aus dem Bereich der Sonnenumgebung oft viel stärker ist als aus der der Sonne abgewandten Richtung. Da dieser Effekt von der Art, der Menge und der räumlichen Verteilung der Aerosole abhängt, ist die Berechnung der diffusen Sonnenstrahlung in der Regel schwierig.

Als Globalbestrahlungsstärke bezeichnet man die gesamte den Erdboden erreichende kurzwellige Sonnenstrahlung

$$E_G = E_B + E_D \quad \text{bzw.} \quad E_{G,F} = E_{B,F} + E_{D,F} \, .$$

Neben der bisher betrachteten kurzwelligen Strahlung spielt, wie bereits in Abschn. B1.3 diskutiert wurde, die langwellige Strahlung des Systems Erde + Atmosphäre für die Strahlungsbilanz des Systems eine ganz entscheidende Rolle.

Das Stefan-Boltzmann-Gesetz für die langwellige Ausstrahlung einer Substanz der Temperatur T und des halbräumlichen Emissionsgrades ε (= dem entsprechenden Absorptionsgrad a), das in Abschn. B1.3 schon verwendet wurde, lautet in allgemeinerer Form

$$M_s = \varepsilon \sigma T^4 \, .$$

Da für Ozeanoberflächen $\varepsilon_O = 0,95$, für Schneeflächen $\varepsilon_S = 0,99$, für Eisflächen $\varepsilon_I = 0,93$ und für die festen Erdoberflächen $\varepsilon_E = 0,95$ gesetzt werden kann, betrachtet man die Erdoberfläche, wie auch die Atmosphäre (allerdings nicht in allen Spektralbereichen), als Schwarzstrahler mit $\varepsilon \approx 1$. Damit ist aber auch der Absorptionsgrad $\alpha \approx 1$, und langwellige Strahlung wird vollkommen absorbiert. Es sei an dieser Stelle vermerkt, daß Absorptions- und Emissionsgrade $a = \varepsilon$ mit dem Reflexionsgrad r und dem Transmissionsgrad τ gemäß $\alpha a + r + \tau = 1$ zusammenhängen.

Die Atmosphäre verhält sich hinsichtlich der langwelligen Strahlung sehr selektiv: Sie besitzt im Spektralbereich von 3–100 µm nur vereinzelt Absorptions-Emissionsbänder, die fast allein vom Wasserdampf und vom Kohlendioxid herstammen. Die beiden wichtigsten Wasserdampfbänder liegen bei 5–8 µm und bei allen Wellenlängen >20 µm. Die beiden Kohlendioxidbänder liegen bei 4–4,3 µm und bei 14–17 µm. Zwischen 8 und 13 µm befindet sich dagegen das große atmosphäri-

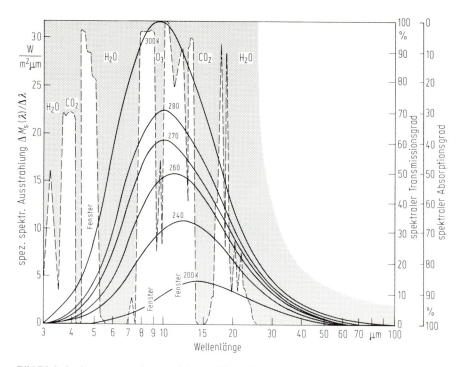

Bild B2-9. Spektrum der „schwarzen" Ausstrahlung der Erdoberfläche für verschiedene Temperaturen sowie Transmissions- und Absorptionsverhalten der Atmosphäre. In den nichtgerasterten Spektralbereichen ist der Transmissionsgrad der Atmosphäre groß, langwellige Ausstrahlung verläßt das System durch diese „Fenster". In den gerasterten Bereichen absorbiert die Atmosphäre gemäß des abzulesenden Absorptionsgrades und erzeugt dabei eine zur Erdoberfläche hin gerichtete „Gegenstrahlung" [7]

sche Fenster: Hier ist die Atmosphäre für langwellige Strahlung fast vollständig transparent, und hier finden sich auch die Maxima der langwelligen Ausstrahlung für Temperaturen zwischen 200 und 300 K. Ein weiteres Fenster findet sich zwischen 4,5 und 5 μm.

Die Absorptions- und Emissionsbänder des Wasserdampfes und des Kohlendioxids bestimmen die atmosphärische Gegenstrahlung und sind für den Treibhauseffekt verantwortlich, der das Leben auf der Erde erst ermöglicht. Die Gegenstrahlung wird durch die Anwesenheit von Wolken beträchtlich verstärkt. Dichte Wolken von nur geringer Dicke wirken mit einem Emissiongrad von $\varepsilon = 0{,}97$ wie schwarze Körper und absorbieren/emittieren gemäß ihrer Temperatur sehr stark. Hiermit kommt ein wichtiges Klimaelement ins Spiel: Die Bewölkung nach Art und Bedeckungsgrad. Ein ungefährer Zahlenwert für den zusätzlichen Strahlungsgewinn durch von Wolken verursachte Gegenstrahlung ist 20–25%. Bedenkt man, daß für die mittlere Wolkenbedeckung der Erde etwa 44% angesetzt werden kann, dann ist verständlich, daß in Strahlungsrechnungen der Klimatologie die Bewölkung eine sehr wichtige Rolle spielen muß.

Im Zusammenhang mit der Bewölkung steht das wichtige Klimaelement Sonnenscheindauer. Die diesbezüglichen Definitionen sind die folgenden: Die maximal mögliche astronomische Sonnenscheindauer war durch die Tageslänge

$$S_0 = \text{MEZ}_U - \text{MEZ}_A = (2/15)\,\text{arc cos}\,(-\tan \varphi \tan \delta)\,\text{h}$$

gegeben. Horizonteinschränkungen an einem Ort reduzieren S_0 auf die mögliche Sonnenscheindauer S_0'. Die tatsächliche Sonnenscheindauer S wird durch die Art der Wolken und durch den Bedeckungsgrad bestimmt. Vielfach verwendet man die relative Sonnenscheindauer, die durch $S_{rel}' = S/S_0'$ bzw. $= 100\,S/S_0'\%$ definiert ist. Zum Thema Strahlung s. neben [2, 15, 26] noch [7, 9(7), 9(8), 12, 19, 20, 29, 33, 35].

B2.2.2 Lufttemperatur

Die Lufttemperatur ist das Ergebnis aller Strahlungs- und sonstigen Wärmeaustauschvorgänge zwischen Erdoberfläche und Atmosphäre. Sie wird in der Einheit K (Kelvin) auf der absoluten Temperaturskala $0 \leq T$ mit dem absoluten Nullpunkt $T = 0\,\text{K}$, oder in der Einheit °C (Celsius) auf der Celsius-Skala $-273{,}15 \leq \vartheta$ mit dem Nullpunkt $\vartheta = 0\,°\text{C} = 273{,}15\,\text{K}$ gemessen. Zwischen beiden Temperaturskalen besteht der Zusammenhang $T\,\text{K} = \vartheta\,°\text{C} + 273{,}15\,\text{K}$.

Die Messung der „wahren" Lufttemperatur ist keine ganz leichte Aufgabe. Der Meßfühler (Quecksilber, Thermoelement o.a.) muß mit seiner Umgebungsluft in thermischem Gleichgewicht gehalten werden. Dies ist unter Verwendung eines Strahlungsschutzes und ausreichender Ventilation erreichbar.

In der sog. Englischen Hütte der Klimastationen befinden sich ein trockenes und ein feuchtes Thermometer (zusammen bilden sie ein Psychrometer zur Bestimmung der Luftfeuchte) sowie ein Maximum- und ein Minimumthermometer.

An einem Ort kommen zeitliche Temperaturänderungen bei ruhender Luft dadurch zustande, daß sich der gesamte vertikale Energieaustausch zwischen Erdoberfläche und Atmosphäre nicht zu Null bilanziert. Bei Luftbewegung tritt hierzu noch die Heranführung von anders temperierter Luft (Temperaturadvektion), die zu erheblichen Temperaturänderungen Anlaß geben kann.

Im Zusammenhang mit der Lufttemperatur sind folgende Begriffe von Bedeutung: Die Extremtemperaturen ($\hat{\vartheta}$ = Maximum und $\check{\vartheta}$ = Minimum) werden zum Termin III (früher 21.00 Uhr mittlere Ortszeit (MOZ), heute 21.30 Uhr MEZ) abgelesen. Sie beziehen sich auf den einen Tag zurückliegenden Zeitraum. Normalerweise wird $\check{\vartheta}$ kurz nach Sonnenaufgang, $\hat{\vartheta}$ etwa zwei Stunden nach dem Sonnenhöchststand erreicht.

Auf der Erdoberfläche finden sich die höchsten Temperaturen in den tiefliegenden Wüsten der Subtropen mit $\vartheta_{abs} \approx 60\,°\text{C}$ und die tiefsten in der Ostantarktis mit $\vartheta_{abs} \approx -90\,°\text{C}$. In Deutschland gilt als $\vartheta_{abs} \approx 40\,°\text{C}$ (bei Amberg) und $\vartheta_{abs} \approx -38\,°\text{C}$ (südlich Ingolstadt).

Im Zusammenhang mit den zeitlichen Temperaturänderungen stehen Begriffe wie Tagesgang, Tagesschwankung, Jahresgang und Jahresschwankung, wobei mit der Bezeichnung Gang der zeitliche Verlauf des Klimaelements gemeint ist. Ein aktueller Tages- oder Jahresgang eines Klimaelements ist selbst noch kein charakteristisches Merkmal für das Klima eines Ortes. Aus den vieljährigen Beobachtungen des Klimaelements lassen sich jedoch mittlere (monatliche, jährliche u. a.) Tagesgänge bzw. typische Jahresgänge ableiten. Dasselbe gilt für die Schwankungen, die als Differenz zwischen dem täglichen Maximum und dem Minimum eines Klimaelements definiert sind.

B2.2.3 Luftfeuchte

Die in der Atmosphäre vorhandene Luftfeuchte entsteht aus der Verdunstung von Wasser an den Wasserflächen der Erde unter der Wirkung entsprechender Absorption von solarer Strahlungsenergie und anderer meteorologischer Einflüsse. Das Wasser hat wegen seiner besonderen Eigenschaften, insbesondere wegen der drei möglichen Aggregatzustände, eine sehr große Bedeutung im atmosphärischen Geschehen; es wirkt in der Atmosphäre ähnlich wie ein Thermostat.

Für alle meteorologisch-klimatologischen Aufgabenstellungen spielt der nur von der Temperatur abhängige Sättigungsdruck des Wasserdampfes eine große Rolle. Für ihn gilt nach Magnus

$$p_D''(\vartheta) = C_1 \exp\left[C_2 \vartheta / (C_3 + \vartheta)\right] \text{hPa} \tag{B2-18}$$

über ebenen Oberflächen reinen Wassers. Die Zahlenwerte sind in Tabelle B2-1 angegeben (zusätzlich auch für Eisflächen).

Tabelle B2-1. Koeffizienten der Formel von Magnus zur Berechnung des Sättigungsdampfdrucks über Wasser und über Eis

Über Wasser	$C_1 = 6{,}10780$	$C_2 = 17{,}08085$	$C_3 = 234{,}175$
Über Eis	$C_1 = 6{,}10780$	$C_2 = 17{,}84362$	$C_3 = 245{,}425$

Zur Charakterisierung des Wasserdampfgehaltes der Luft werden der Dampfteildruck p_D und der Trockenluftteildruck p_L verwendet. Der Gesamtluftdruck ist $p = p_L + p_D$. Weiterhin wird das Verhältnis $R_L/R_D = 0{,}622$ der beiden Gaskonstanten $R_L = 287{,}05$ J/kgK für trockene Luft und $R_D = 461{,}50$ J/kgK für Wasserdampf benötigt.

In der Heiz- und Raumlufttechnik steht der Begriff Feuchtegehalt x (Mischungsverhältnis) im Vordergrund. Er ist durch

$$x = m_D/m_L = \varrho_D/\varrho_L = (R_L/R_D) p_D/p_L$$
$$= 622 p_D/(p-p_D) \approx 622 p_D/p \text{ g/kg Trockenluftanteil}$$

und für Sättigung durch

$$x'' = 622 p_D''/(p-p_D'') \approx 622 p_D''/p \text{ g/kg Trockenluftanteil}$$

definiert. Dabei bedeuten m_L und m_D die Massenanteile von trockener Luft und von Wasserdampf, ϱ_L und ϱ_D die zugehörigen Dichten. Die relative Luftfeuchte ist durch $\varphi = 100 \, p_D/p_D'' \%$ definiert.

Der Feuchtegehalt bzw. der Dampfdruck können auch über die Taupunkttemperatur ϑ_{TP} ausgedrückt werden: $p_D(\vartheta) = p_D''(\vartheta_{TP})$.

Eine weitere in der Heiz- und Raumlufttechnik wichtige Größe ist die spezifische Enthalpie h:

$$h = (c_{p,L} + x c_{p,D})\vartheta + x r(0\,°C) \quad \text{kJ/kg Trockenluftanteil} \,. \tag{B2-19}$$

Darin bedeuten $r(0\,°C) = 2{,}50078 \times 10^6$ J/kg die spezifische Verdampfungswärme des Wassers, x kg/kg den Feuchtegehalt, $c_{p,L}$ den erwähnten Wert für die spezifische Wärmekapazität der trockenen Luft und $c_{p,D} = 1{,}85891 \times 10^3$ J/kgK die spezifische Wärmekapazität des Wasserdampfes.

Man gelangt zu dieser Definition der spezifischen Enthalpie durch Festlegungen, die dem Mollier-h,x-Diagramm zugrundeliegen, wie folgt: Die Enthalpie der Masse $m = m_L + m_D$ ungesättigter bis gerade gesättigter feuchter Luft ist durch $H = m_L h_L + m_D h_D$ gegeben, die spezifischen Enthalpien von trockener Luft und von Wasserdampf durch

$$h_L(\vartheta) = c_{p,L}(\vartheta - \vartheta_0) + h_L(\vartheta_0) \,,$$
$$h_D(\vartheta) = c_{p,D}(\vartheta - \vartheta_0) + h_D(\vartheta_0)$$

und weiterhin die spezifische Verdampfungswärme des Wassers durch

$$r(\vartheta) = h_D(\vartheta) - h_{Wasser}(\vartheta) \,.$$

Vereinbarungsgemäß werden die Enthalpien $h_L(\vartheta_0)$ und $h_{Wasser}(\vartheta_0)$ für $\vartheta_0 = 0\,°C$ gleich Null gesetzt. Damit erhält man für die Einzelenthalpien $h_L(\vartheta) = c_{p,L}\vartheta$ und $h_D(\vartheta) = c_{p,D}\vartheta + r(0\,°C)$ und damit für $h = H/m_L$ den oben angegebenen Ausdruck $h(\vartheta, x) = h_L(\vartheta) + x h_D(\vartheta)$.

In der Heiz- und Raumlufttechnik verwendet man oft auch die Temperatur des feuchten Thermometers (Feuchtkugeltemperatur) ϑ_f bzw. die psychrometrische Differenz $\vartheta - \vartheta_f$ zur Charakterisierung der Luftfeuchte.

Am trockenen Thermometer herrschen die Verhältnisse der aktuellen feuchten Luft, dort ist $h = h(\vartheta, x)$. Am feuchten Thermometer stellt sich nach genügend langer Ventilation im Gleichgewicht die Enthalpie gesättigter Feuchtluft bei der Temperatur ϑ_f des feuchten Thermometers ein: $h = h(\vartheta_f, x'')$. Die Differenz der spezifischen Enthalpien der Luft an beiden Thermometern ist nach Anwendung des ersten Hauptsatzes der Thermodynamik massenmäßig offener Systeme durch

$$h(\vartheta, x) - h(\vartheta_f, x'') = h_{Wasser}(\vartheta_f)(x - x'')$$

gegeben. Dabei ist die spezifische Enthalpie $h_{Wasser}(\vartheta_f)$ des Wassers am feuchten Thermometer als konstant anzusehen. Verwendet man die oben angegebene Definition der spezifischen Verdampfungswärme, hier für $\vartheta = \vartheta_f$ geschrieben, dann ergibt sich

$$h(\vartheta, x) - h(\vartheta_f, x'') = h_D(\vartheta_f)(x - x'') - r(\vartheta_f)(x - x'')$$
$$h(\vartheta, x) - h_L(\vartheta_f) = x h_D(\vartheta_f) - r(\vartheta_f)(x - x'')$$
$$h(\vartheta, x) - h(\vartheta_f, x) = r(\vartheta_f)(x'' - x)$$
$$h_L(\vartheta) - h_L(\vartheta_f) + x\{h_D(\vartheta) - h_D(\vartheta_f)\} = r(\vartheta_f)(x'' - x)$$
$$(c_{p,L} + x c_{p,D})(\vartheta - \vartheta_f) = r(\vartheta_f)(x'' - x) \,.$$

Bei bekannter psychrometrischer Differenz $\vartheta - \vartheta_f$ und ebenfalls bekanntem $x''(\vartheta_f)$ (s. u.) ergibt sich für den gesuchten Feuchtegehalt $x(\vartheta)$ der Luft

$$x(\vartheta) = x''(\vartheta_f) - \{(c_{p,L} + x c_{p,D})/r(\vartheta_f)\}(\vartheta - \vartheta_f) \ .$$

Verwendet man

$$x''(\vartheta_f) = 0{,}622\, p''_D(\vartheta_f)/(p - p''_D(\vartheta_f)) \approx 0{,}622\, p''_D(\vartheta_f)/p \ ,$$

dann ist bei bekanntem Sättigungsdruck $p''_D(\vartheta_f)$ und bekanntem Luftdruck p der Feuchtegehalt $x(\vartheta)$ berechenbar. Es ist üblich, den Faktor der psychrometrischen Differenz $\vartheta - \vartheta_f$ unter Verwendung der Zahlenwerte $c_{p,L} = 1004{,}64$ J/kgK und $r(25\,°\mathrm{C}) = 2{,}441 \times 10^6$ J/kg folgendermaßen zu approximieren:

$$(c_{p,L} + x c_{p,D})/r(\vartheta_f) \approx c_{p,L}/r(25\,°\mathrm{C}) = 4{,}1157 \times 10^{-4}\,\mathrm{K}^{-1} \ .$$

In der Dimension g/kg für x ergibt sich schließlich der Feuchtegehalt aus der gemessenen psychrometrischen Differenz $\vartheta - \vartheta_f$ zu

$$x(\vartheta) \approx 622\, p''_D(\vartheta_f)/p - 0{,}41157\,(\vartheta - \vartheta_f) \ . \tag{B2-20}$$

B2.2.4 Bewölkung und Niederschlag

Die Bewölkung stellt unter den Klimaelementen diejenige Größe dar, die einerseits die größte zeitliche Variabilität aufweist und darüber hinaus quantitativ am ungenauesten bestimmbar ist, die andererseits jedoch, wie bereits erwähnt wurde, von größtem Einfluß auf den Strahlungshaushalt der Atmosphäre und der Erdoberfläche ist. Interessanterweise bilden auch die Wolken Gruppen von unterscheidbaren Strukturen, hervorgerufen durch die ebenfalls unterscheidbar gruppierten atmosphärischen Bewegungsformen. Im Klimadienst wird jedoch i. allg. nur der Bedeckungsgrad des Himmels mit Wolken ohne Unterscheidung derselben beobachtet. Früher (bis zum 31. 12. 1970) erfolgte die Angabe in Zehnteln der Himmelshalbkugel, danach in Achteln, wobei die Zahlen 0 (fehlende Wolken) und 9 (Himmel, etwa wegen Nebels, nicht erkennbar) zu den Achteln hinzutreten. Daß diese relativ subjektiven Beobachtungen an den drei Klimaterminen nicht sehr genau sein können und darüber hinaus nicht den oft sehr variablen Tagesgang des Bedeckungsgrades wiedergeben können, erkennt man leicht. In Modellrechnungen, in denen die Strahlung berücksichtigt werden muß, verwendet man deshalb als Maß für das Tagesmittel des Bedeckungsgrades die tatsächliche Sonnenscheindauer S.

B2.2.5 Luftdruck und Wind

Der Luftdruck spielt für die Heiz- und Raumlufttechnik nur indirekt eine Rolle, indem durch horizontale Luftdruckunterschiede Luftbewegungen hervorgerufen werden. Als Einheit des Luftdrucks (Pascal, Pa) dient die Kraft, die 1 Newton (kg m/s^2) auf den Quadratmeter ausübt: 1 Pa = 1 N/m^2. Der normale Bodenluftdruck liegt nahe dem Wert 10^5 Pa = 10^3 hPa. Bis zum 31. 12. 1979 erfolgte die

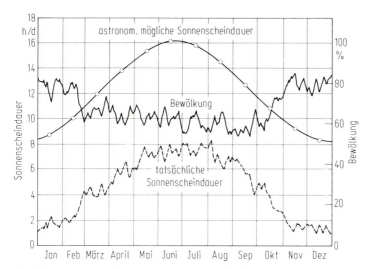

Bild B2-10. Zusammenhang zwischen astronomisch möglicher (S_0), mittlerer (5-Tagemittel) tatsächlicher Sonnenscheindauer (S) und mittlerer Bewölkung im Jahresgang. Verwendet wurden die Daten aus den Jahren 1951–1980 für Karlsruhe [9(6)]

Luftdruckangabe im Klimadienst allerdings in der Einheit mm Quecksilbersäule (Hg), wobei für die Umrechnung 1 mmHg = 1,333224 hPa bzw. 1 hPa = 0,750062 mmHg verwendet wird. Zwischen dem 1.1.1980 und dem 31.12.1984 war die Bezeichnung Millibar mb für hPa gebräuchlich.

In der freien Atmosphäre oberhalb der Bodenreibungsschicht (Planetarische Grenzschicht) besteht in guter Approximation ein sehr einfacher Zusammenhang zwischen dem (geostrophischen) horizontalen Wind und dem horizontalen Druckfeld: Auf der Nordhalbkugel weht der Wind parallel zu den Isobaren derart, daß der tiefe Druck zur Linken liegt (barisches Windgesetz). Auf der Südhalbkugel liegt der tiefe Druck zur Rechten. Daß die Strömung nicht vom hohen Druck zum tiefen Druck gerichtet ist, ist der ablenkenden Kraft der Erdrotation (Coriolis-Kraft) zuzuschreiben. Die (geostrophische) Windstärke berechnet sich aus [13]

$$v_g = -(1/\varrho f)\Delta p/\Delta n \ . \tag{B2-21}$$

Dabei bedeuten ϱ kg/m^3 die lokale Luftdichte und $f = 2\omega \sin \varphi$ den sog. Coriolis-Parameter mit der Winkelgeschwindigkeit ω der Erdrotation ($\omega = 2\pi$/Sterntag $s = 7,292 \times 10^{-5}$ s^{-1}) und der geographischen Breite φ. Weiterhin beschreibt $-\Delta p/\Delta n$ das horizontale Druckgefälle senkrecht zu den Isobaren. Beispielsweise erhält man für die Breite $\varphi = 50°$ in 1000 m Höhe (Dichte $\varrho = 1,1116$ kg/m^3) für ein Druckgefälle von 5 hPa/400 km ziemlich genau $v_g = 10$ m/s. Bei gleichem Druckgefälle ist v_g in Polnähe wegen $\sin \varphi \approx 1$ am kleinsten. Bei Annäherung an den Äquator wächst v_g stark an, doch ist die Formel aus anderen Gründen in einem Bereich von ca. 5° beiderseits des Äquators nicht mehr anwendbar.

Innerhalb der Bodenreibungsschicht, der planetarischen Grenzschicht, die etwa die untersten 1000 m der Atmosphäre einnimmt, kommt es bei Annäherung von oben, d. h. von der freien Atmosphäre her, zu einer graduellen Abnahme der Windstärke bis auf den Wert Null direkt an der Erdoberfläche, verbunden mit einer reibungsbedingten Windrichtungsdrehung nach links. Umgekehrt ausgedrückt: Blickt man am Boden in Richtung des bodennahen Windvektors, dann dreht der Windvektor mit der Höhe nach rechts. Windrichtung und Windstärke innerhalb dieser Schicht werden aber außerdem noch modifiziert, wenn Kalt- oder Warmluft herangeführt wird (Kaltluft- bzw. Warmluftadvektion). Da jedoch an den hauptamtlichen Klimastationen der Wind lediglich in der festen Höhe von 10 m über Grund beobachtet wird, erübrigt sich die theoretische Berechnung des bodennahen Windes auf der Grundlage der Kenntnis von v_g aus der freien Atmosphäre und der Kenntnis der besonderen Bedingungen, wie Bodenbeschaffenheit, thermische Schichtung innerhalb der Bodenreibungsschicht u. a. m. Für die Gebäudeumströmung hat jedoch das sog. Potenzgesetz des Windprofils innerhalb der untersten 100 – 300 m eine große Bedeutung [14, 36]:

$$v(z) = v(10\,\text{m})\,[z/10\,m]^m \ , \tag{B2-22}$$

wobei der Exponent m von der Bodenrauhigkeit sowie von der Stabilität der vertikalen Temperaturschichtung abhängt. Als Anhalt mögen die Zahlenwerte für den Exponenten m in Tabelle B2-2 dienen.

In diesem Zusammenhang noch einige Festlegungen: Als Windrichtung gilt diejenige Himmelsrichtung, aus der der Wind kommt. Die Zählung erfolgt im Uhrzeigersinn, wobei im Klimadienst bis 1969 eine 32teilige Skala, ab 1970 eine 8teilige

Tabelle B2-2. Werte der Exponenten m für das Potenzgesetz des Windprofils der bodennahen Luftschicht (wenige 100 m) in Abhängigkeit von der Stabilität der Temperaturschichtung und der Rauhigkeit der Erdoberfläche

Gelände	Instabil	Indifferent	Stabil
Ebenes Grasland	0,06	0,1	0,3 – 0,5
Heckenlandschaft	0,09	0,14	0,3 – 0,5
Stadtzentren	0,17	0,24	0,4 – 0,6
Großstadtzentren	0,28	0,34	0,5 – 0,7

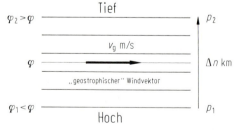

Bild B2-11. Zusammenhang zwischen horizontalem Luftdruckfeld und dem sog. geostrophischen Windvektor. Dieser approximiert den tatsächlichen Windvektor oberhalb der Bodenreibungsschicht (Planetarische Grenzschicht) außerordentlich gut

Skala Verwendung findet. Die Windgeschwindigkeit wird in den Einheiten Knoten kn, Meter pro Sekunde m/s oder Kilometer pro Stunde km/h angegeben. Es ist 1 kn = 1,852 km/h = 0,5144 m/s.

B3 Klimadaten für die Praxis

B3.1 Einführung

Die Aufgabe, regelmäßige meteorologische Beobachtungen durchzuführen und klimatologische Daten für die praktische Anwendung bereitzustellen, obliegt in Deutschland dem Deutschen Wetterdienst (DWD) [9]. Im weltweiten Maßstab sammelt die Weltorganisation für Meteorologie (World Meteorological Organization, WMO) klimatologische Daten im Rahmen des Welt-Klimaprogramms (World Climate Programme, WCP). Andere Quellen klimatologischer Daten sind neben [9] u. a. noch [10, 11, 18, 24, 31, 32].

Die Meßmethoden für die meteorologischen Elemente und die zugehörigen Auswertemethoden sind international standardisiert und durch die Weltorganisation für Meteorologie verbindlich festgelegt.

Im Zusammenhang mit der befürchteten menschlich verursachten Veränderung des Klimas wird dem Aussagewert klimatologischer Daten große Aufmerksamkeit gewidmet. Beispielsweise gilt für die nordhemisphärisch gemittelte Lufttemperatur, daß gegenüber dem vielfach in der Klimatologie zugrundegelegten Zeitraum 1951–1970 der Zeitraum 1930–1951 im Mittel um 0,1 °C wärmer, der Zeitraum 1881–1930 im Mittel um 0,25 °C kälter war, und daß für den Zeitraum 1970–1990 ein um mindestens 0,1 °C wärmerer Wert zu erwarten sein wird. Diese an und für sich sehr kleinen Schwankungen der räumlich und zeitlich stark gemittelten Temperaturen beinhalten jedoch relativ große Veränderungen des Wetterablaufs während der entsprechenden Jahre und üben somit u. a. auch einen Einfluß auf die für den Anwender klimatologischer Daten so wichtigen mittleren Tages- und Jahresgänge aller Klimaelemente aus.

Im folgenden sollen die allgemein gehaltenen Ausführungen des Abschn. B2.2 für die einzelnen Klimaelemente konkretisiert werden. Dabei stehen die folgenden drei Hauptaufgaben der Heiz- und Raumlufttechnik zur Diskussion: Leistungsbestimmung (Verwendung der Extremwerte der Witterung), Verbrauchsbestimmung (Verwendung von Mittelwerten der Witterung) und Anlagenvergleich (Verwendung des stündlichen zeitlichen Ablaufs aller Klimaelemente während eines Normaljahres).

Um eine Vorstellung vom zeitlichen Verlauf der Klimaelemente zu gewinnen, möge Bild B3-1 betrachtet werden (s. Einstecktasche im Buchdeckel). Als Grundlage aller klimatologischen Aussagen dienen die Tagesmittel sowie die täglichen Extremwerte des Klimaelements. Hinsichtlich der Lufttemperatur wird das Tagesmittel aus den drei Beobachtungen zu den Zeiten I (7.30), II (14.30) und III (21.30) (seit 1986 die Zeiten in MEZ) gemäß

$$\bar{\bar{\vartheta}} = \vartheta_m = [\vartheta_I + \vartheta_{II} + 2 \times \vartheta_{III}]/4$$

ermittelt. Die Tageshöchst- und Tagestiefsttemperaturen $\hat{\vartheta} = \vartheta_{max}$ und $\check{\vartheta} = \vartheta_{min}$ definieren die Tagesschwankung der Lufttemperatur $\hat{\vartheta} - \check{\vartheta}$. Während eines vieljährigen Zeitraumes erhält man auch für jeden anderen Klimaparameter X für jeden Tag des Jahres eine der Zahl der Jahre entsprechende Zahl von Werten. Bildet man hieraus für jeden Tag das arithmetische Mittel

$$\bar{X} = (1/N) \sum_{n=1}^{N} X_n \, ,$$

dann erhält man beispielsweise einen Jahresgang der mittleren Tagesmitteltemperaturen, der mittleren täglichen Extremwerte der Lufttemperatur, der mittleren Sonnenscheindauer u.a. In Bild B3-1 sind dies die dick ausgezogenen Linien. Überlagert sind die entsprechenden Werte eines aktuellen Jahres (1987) mit Ausnahme des Jahresganges der Tagesmittelwerte der Lufttemperatur. Weiterhin sind die absoluten Extremwerte der Lufttemperatur eingezeichnet.

Neben den Tagesmitteln spielen in der Heiz- und Raumlufttechnik im Zusammenhang mit der Speicherfähigkeit von Gebäuden auch Mehrtagesmittel, besonders Zweitagesmittel eine Rolle. Je speicherfähiger das Gebäude, desto ausgedehnter das „passende" Mittelwertintervall. Es gilt auch die Aussage: Je ausgedehnter das Mittelwertintervall, desto höher die Mitteltemperatur bei gleicher Häufigkeit [9(1)].

Im Zusammenhang mit Energieverbrauchsberechnungen bei Heizung, Kühlung, Belüftung, Befeuchtung und Entfeuchtung werden bestimmte Zeitintegrale von Differenzgrößen zwischen Sollwerten innen und aktuellen Werten der Außenluft benötigt: Zugrundegelegt wird ein Zeitraum $t_2 - t_1$, in welchem eine der genannten Maßnahmen durchgeführt werden soll, und weiterhin eine Sollgröße X_i, die in den Innenräumen eines Gebäudes eingehalten werden soll. Der während des Zeitraumes zur Aufrechterhaltung der Sollgröße in Gegenwart der zeitlich variierenden, geeignet gemittelten, äußeren Werte $X_{am}(t) = \bar{X}_a(t)$ benötigte Zeitenergiebedarf ist durch

$$Q(t_1, t_2) = \int_{t_1}^{t_2} K(t) [X_i - \bar{X}_a(t)] \, dt$$

gegeben. Hierbei ist $K(t)$ ein i. allg. zeitabhängiger Beiwert, der den Wärmeenergiebedarf des Gebäudes für die beabsichtigte Maßnahme pro Zeiteinheit und pro Differenz $X_i - \bar{X}_a(t)$ charakterisiert. Wird dieser Beiwert als eine für das Gebäude charakteristische, mittlere Größe K angesehen, dann erhält man, beispielsweise für die Temperatur ϑ,

$$Q(t_1, t_2) = K\{(t_2 - t_1)\vartheta_i - \int_{t_1}^{t_2} \bar{\vartheta}_a(t) \, dt\} \, .$$

Führt man den Mittelwert von $\bar{\vartheta}_a(t)$ über dem Intervall $t_2 - t_1$ mittels

$$(t_2-t_1)\bar{\bar{\vartheta}}_a = \int_{t_1}^{t_2} \bar{\vartheta}_a(t)\,dt$$

ein, dann erhält man

$$Q(t_1,t_2) = K[\vartheta_i - \bar{\bar{\vartheta}}_a](t_2-t_1) \ .$$

Die den Zeitenergiebedarf hinsichtlich der Lufttemperatur bestimmenden meteorologischen Größen sind somit die Gradtage (auch Gradstunden werden verwendet)

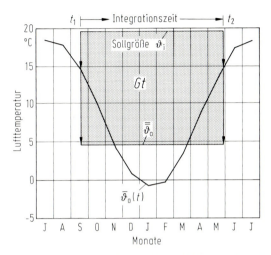

Bild B3-2. Zum Begriff der Gradtage. Als Beispiel dient der Jahresgang der monatlich gemittelten Tagesmittel der Lufttemperatur von Berlin-Tempelhof und hier speziell der Fall der Heizgradtage

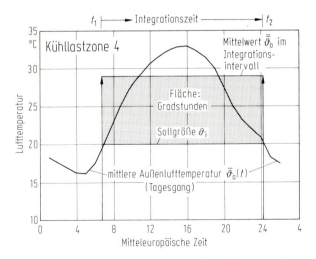

Bild B3-3. Zum Begriff der Gradstunden. Das Bild ist auf die Berechnung der Kühlgradstunden zugeschnitten. Zugrundegelegt ist der mittlere Tagesgang der Außenlufttemperatur an einem Ort der Kühllastzone 4 (südwestdeutsches Flußtalklima)

$$Gt = [\vartheta_i - \bar{\bar{\vartheta}}_a](t_2 - t_1) ,$$

wobei t in d (bzw. in h) einzusetzen ist.

Für den Fall, daß $\bar{\vartheta}_a(t) > \vartheta_i$ ist, wie etwa bei der Kühlung, hat man als Gradtage

$$Gt = [\bar{\bar{\vartheta}}_a - \vartheta_i](t_2 - t_1) .$$

Ist beispielsweise $\vartheta_i = 20\,°C$ die Innenraum-Solltemperatur, $\bar{\vartheta}_a(t)$ der Jahresgang der Tagesmittel der Außenlufttemperatur, $\bar{\vartheta}_a(t_1) = \bar{\vartheta}_a(t_2) = 15\,°C$ die Heizgrenztemperatur für den Beginn und das Ende der Heizperiode und $(t_2 - t_1) = Z$ die Zahl der Heiztage, dann ergibt sich der Begriff der Gradtage eines Jahres zu

$$Gt = [\vartheta_i - \bar{\bar{\vartheta}}_a] Z .$$

Im Falle des Energiebedarfs bei Kühlung und Lüftung wird dem Gebäude Zuluft der Temperatur ϑ_{zu} zugeführt. Im Gegensatz zur Heizung verwendet man nicht nur Kühlgrad- und Lüftungsgradtage

$$Gt_K = [\bar{\bar{\vartheta}}_a - \vartheta_{zu}] Z$$
$$Gt_L = [\vartheta_{zu} - \bar{\bar{\vartheta}}_a] Z ,$$

die auf den Jahresgang $\bar{\vartheta}_a(t)$ der Tagesmittel der Außenlufttemperatur bezogen sind, sondern auch Kühlgrad- und Lüftungsgradstunden, die auf den mittleren Tagesgang $\bar{\vartheta}_a(t)$ der Außenlufttemperatur und auf bestimmte Stunden des Tages (beispielsweise Theaterlüftungen in den Abendstunden) bezogen sind [30].

Analog ist die Situation bei der Befeuchtung bzw. der Entfeuchtung. Hier ist $X = x$ (Feuchtegehalt) und x_i der Sollwert des Feuchtegehaltes der Raumluft. Unter Verwendung des mittleren Jahresganges des Feuchtegehaltes erhält man ganz analog zu den Verhältnissen bei der Temperatur Befeuchtungs- und Entfeuchtungsgrammtage bzw. -stunden G_B und G_E.

Tabelle B3-1. Zahl der Heiztage Z, Mittel der Tagesmittel der Außenlufttemperatur $\bar{\bar{\vartheta}}_a$ für die Monate September–Mai und Juni–August sowie die Heizgradtage für ausgewählte deutsche Städte [30]

Ort	September–Mai			Juni–August		
	Z	$(20 - \bar{\bar{\vartheta}}_a)$	Gt	Z	$(20 - \bar{\bar{\vartheta}}_a)$	Gt
Berlin-Dahlem	252	15,1	3809	23	6,7	155
Bremen-Flughafen	257	14,4	3703	30	6,8	205
Essen	249	13,9	3461	32	6,8	216
Frankfurt	242	14,0	3388	14	6,5	91
Hamburg-Flughafen	259	14,8	3833	35	6,9	241
Hannover-Flughafen	257	14,7	3778	32	6,8	216
Kiel	262	14,5	3800	36	6,5	234
München-Flughafen	255	15,9	4055	30	7,3	219
Stuttgart	244	14,0	3416	18	6,7	121

B3.2 Klimadatensammlungen für die Heiz- und Raumlufttechnik

B3.2.1 DIN-Normen und VDI-Richtlinien (Regelwerke)

Für die obengenannten Hauptaufgaben stehen dem Ingenieur spezielle und weitgehend genormte Klimadatensammlungen für die westlichen Bundesländer zur Verfügung, die in Zusammenarbeit von Deutschem Wetterdienst, Universitäten und vielfältigen Bereichen der Technik entstanden sind. Für die östlichen Bundesländer findet man Klimadatensammlungen in dem Sammelwerk: Klimadaten der DDR – Ein Handbuch für die Praxis, Reihen A und B [24].

Im einzelnen steht folgendes zur Verfügung (Regelwerke [31]): Für Zwecke der Leistungsbestimmung die DIN-Norm 4701, Teile 1 und 2 (Dimensionierung von Heizanlagen) [31(1)] und die VDI-Richtlinie 2078 (Dimensionierung von RLT-Anlagen mit Kühlung bzw. Entfeuchtung) [31(4)], für Zwecke der Verbrauchsbestimmung die DIN-Norm 4710 [31(2)] und die VDI-Richtlinie 2067, Blätter 1, 2 und 3 [31(3)] und für den Anlagenvergleich die sog. Testreferenzjahre [16, 28].

Hinsichtlich der Grundlagen seien noch erwähnt: DIN-Norm 50010, Teil 2 (Klimate und ihre technische Anwendung; Klimabegriffe; physikalische Begriffe), DIN-Norm 50019 (Technoklimate), DIN-Norm 5034 (Tageslicht in Innenräumen), DIN-Norm 5450 (Norm-Atmosphäre) und DIN-Norm 1304 sowie DIN-Norm 1358 (Formelzeichen).

Tabelle B3-2. Jährliche Kühlgradstunden Gt_K in 1000 Kh/a für Aachen in Abhängigkeit von der Betriebszeit und der Zulufttemperatur (es ist nur jede 4. Stunde des Tages eingetragen) [30]

Betriebszeit von 0.00 – ...	Zulufttemperatur °C				
	14	16	18	20	22
4.00	0,451	0,231	0,110	0,051	0,017
8.00	1,103	0,534	0,251	0,110	0,041
12.00	4,413	2,327	1,224	0,655	0,279
16.00	10,171	5,654	3,085	1,672	0,868
20.00	13,309	7,309	3,999	2,158	1,127
24.00	14,119	7,758	4,275	2,248	1,158

Tabelle B3-3. Jährliche Lüftungsgradstunden Gt_L in Kh/a für Berlin in Abhängigkeit von der Betriebszeit und der Zulufttemperatur (es ist nur jede 4. Stunde des Tages eingetragen) [30]

Betriebszeit von 0.00 – ...	Zulufttemperatur °C					
	18	19	20	21	22	23
4.00	16060	17520	18980	20440	21900	23360
8.00	32120	35040	37960	40880	43800	46720
12.00	43853	48477	53004	57423	61803	66183
16.00	52100	58533	64896	71098	77085	82928
20.00	61770	70052	78119	85954	93440	100740
24.00	75479	85236	94736	104058	113004	121764

Die DIN-Norm 4701 [31(1)] liefert klimatologische Daten für extreme Verhältnisse hinsichtlich niedriger Temperaturen, die man für die Auslegung der Heizflächen und der Wärmeversorgungsanlage benötigt. Für alle Orte mit mehr als 20 000 Einwohnern sowie für Orte mit Wetterstationen werden Werte der Außenlufttemperatur mitgeteilt, die niedrigste 2-Tagesmittel des Zeitraums 1951–1970 darstellen. Dazu kommt noch die Häufigkeitsfestlegung, daß diese in dem angegebenen Zeitraum 10mal erreicht oder unterschritten wurden. Weiterhin wurden dabei Temperaturen über $-10\,°C$ nicht berücksichtigt. Nach Eintragen dieser so definierten Extremtemperaturen in eine Karte der westlichen Bundesländer entstand die Isothermenkarte der DIN-Norm 4701. Auch die Windverhältnisse des Ortes werden in der DIN-Norm 4701 berücksichtigt, indem windschwache oder windstarke Gegenden für die Berechnung des Energiebedarfs zur Aufheizung der durch Gebäudeundichtigkeiten frei einströmenden Außenluft (Lüftungswärmebedarf) unterschieden werden. Gegenden mit Tagesmitteln der Windgeschwindigkeit bei minimaler Außentemperatur im obigen Sinne unter 2 m/s gelten dabei als windschwach, solche mit Werten über 4 m/s als windstark. Außentemperaturen ϑ'_a bzw. $\vartheta'_a W$ (windstark) sind in Tabelle B3-4 in vereinfachter Form angegeben (Grundlage: Tabelle 1 der DIN-Norm 4701, Teil 2).

Im Gegensatz hierzu liefert die VDI-Richtlinie 2078 [31(4)] klimatologische Daten für wiederum geeignet definierte extreme Verhältnisse hinsichtlich hoher Temperaturen, die man für die Auslegung von Geräten und Anlagen in klimatisierten Gebäuden benötigt. Die in der Richtlinie zusammengefaßten Rechenmethoden sind unter dem Namen VDI-Kühllastregeln bekannt. Der klimatologische Teil der Richtlinie basiert auf den Beobachtungen der mittleren Maximaltemperaturen und der mittleren Temperaturamplituden der 60 wärmsten Tage der Jahre 1953–1972 an repräsentativen Stationen der westlichen Bundesländer. Die dabei ermittelten Tagesgänge warmer Sommertage werden ergänzt durch Tagesgänge, die unter Zuhilfenahme von Daten aus der noch zu besprechenden DIN-Norm 4710 gewonnen wurden. Auf der Basis dieser Tagesgänge war es möglich, das Gebiet der westlichen Bundesländer in vier Klimazonen (Kühllastzonen) zu untergliedern: Zone 1 (Küstenklima, Tagesmittel der Lufttemperatur 22,9 °C), Zone 2 (Binnenklima I, Tagesmittel 24,3 °C), Zone 3 (Binnenklima II, Tagesmittel 24,8 °C), Zone 4 (südwestdeutsches Flußtalklima, Tagesmittel 24,9 °C). Daneben werden Zonen für Mittel-

Tabelle B3-4. Geographische Verteilung der niedrigen Außentemperaturwerte ϑ'_a und $\vartheta'_a W$ nach DIN-Norm 4701, Teil 2

ϑ'_a	$\vartheta'_a W$	Gebiet	Höhenlage m
-10		Westfalen, Rheinland	100
	-10 W	Küstenregionen	0
-18		Donautal Regensberg-Passau	300
-18 bis -20		Alpenrand	700–800
	-18 W	Fichtelgebirge, Oberfranken	500–600
		Schwäbische Alb	700
	-20 W	Wendelstein, Mittelfr., Tallage	300

gebirgs- und Höhenklimate (1a und 5) definiert. Hinsichtlich der Lufttemperatur findet sich der wichtige klimatologische Inhalt in den Jahrestabellen für die Tagesgänge (Anhang A2, Tabelle A25). Hinsichtlich der Gesamtstrahlung sowie der diffusen Sonnenstrahlung (hinter Zweifachverglasung) finden sich die Tagesgänge (hier in WOZ) für die einzelnen Monate, für unterschiedliche Linke-Trübungsfaktoren sowie für die verschiedenen Orientierungen der bestrahlten Fenster in den Tabellen A26–A29.

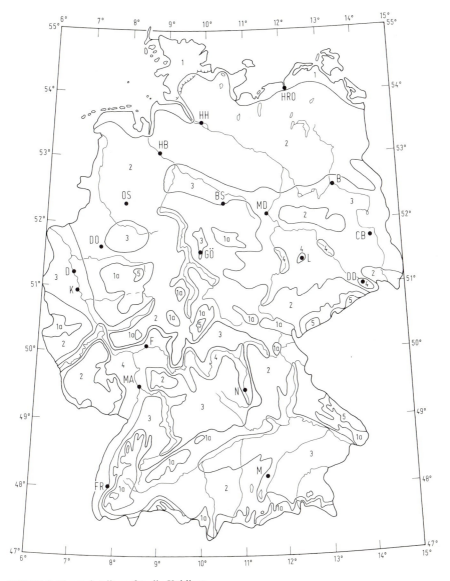

Bild B3-4. Zoneneinteilung für die Kühllast

Für Zwecke der Verbrauchsbestimmung und der Untersuchung der Betriebsverhältnisse dienen die DIN-Norm 4710 mit Beiblatt 1 und die VDI-Richtlinie 2067, Blätter 1, 2 und 3 als Grundlage [31(2), 31(3)].

Die DIN-Norm 4710 [23] stellt die mittleren klimatischen Verhältnisse für den ganzen Satz von Klimaelementen für 13 Stationen dar, die für Klimazonen der westlichen Bundesländer (einschl. Berlin) als repräsentativ angesehen werden können. Neben mittleren Tagesgängen der Klimaelemente für jeden Monat des Jahres und Jahresgängen findet man insbesondere zweidimensionale Häufigkeitsverteilungen für die Lufttemperatur und den Feuchtegehalt, Korrelationstabellen genannt, die es erlauben, über die Mittelwertklimatologie hinaus wichtige Aussagen zu machen. Die Korrelationstabellen der DIN-Norm besitzen als (nicht dargestellten) Unterdruck das bekannte h, x-(Mollier) Diagramm feuchter Luft für 1 bar mit der Lufttemperatur als Ordinate und dem Feuchtegehalt als Abszisse. An den Schnittstellen ganzzahliger Temperatur- und Feuchtewerte ist jeweils die Häufigkeit des Auftretens dieser Kombination in der Einheit Zehntel Stunden pro Jahr eingetragen. An der Sättigungslinie des Mollier-Diagramms brechen die eingetragenen Werte ab, da Übersättigungen nicht beobachtet werden.

Im Beiblatt 1 zur DIN-Norm 4710 sind diese Häufigkeitsangaben noch nach Monaten aufgeschlüsselt.

Von besonderer Bedeutung für die Praxis sind die in der DIN-Norm 4710 mitgeteilten Tabellen der mittleren monatlichen Tagesgänge, des jährlichen Tagesganges (Zeilen), der Jahresgänge der Monatsmittel für eine Tageszeit und des Jahresganges der Monatsmittel der Tagesmittel (Spalten). Die Tabellen B3-6 – B3-10 vermitteln einen Eindruck hiervon.

Weiterhin finden sich Aufschlüsselungen der Tabellen nach dem Bedeckungsgrad (für Lufttemperatur und Feuchtegehalt), die geographische Verteilung und Häufigkeitsverteilungen des Bedeckungsgrades und vor allem ausführliche Strahlungsdaten. Auf die Einzelheiten dieser Fundgrube klimatologischer Daten für die westlichen Bundesländer kann an dieser Stelle nicht weiter eingegangen werden, später werden einzelne Datensätze daraus graphisch dargestellt und diskutiert werden.

Tabelle B3-5. Korrelation Lufttemperatur ϑ/Feuchtegehalt x für das Jahr; Berlin-Tempelhof; Meßwerte: 24 h/d. Mittlere jährliche Anzahl der Fälle (in Zehntel); stündliche Messungen des Zeitraumes 1951 – 1970 (Ausschnitt) [31(2)]

ϑ °C	x g/kg						
	2	3	4	5	6	7	8
12	17	122	284	523	851	1167	569
11	23	155	330	566	987	1150	109
10	35	168	362	770	1253	657	1
9	57	201	444	943	1440	170	0
8	68	246	616	1253	1049	1	0
7	78	271	906	1648	334	0	0
6	95	340	1343	1497	15	0	0

B 3 Klimadaten für die Praxis   65

Tabelle B3-6. Mittlere stündliche und tägliche Außenlufttemperatur für die Monate und das Jahr für alle Tage unabhängig von der Bewölkung; Berlin-Tempelhof; stündliche Messungen des Zeitraumes 1951 – 1970 (Ausschnitt) [31(2)]

	MEZ							
	0	3	6	9	12	15	18	21
Jan.	−1,1	−1,4	−1,5	−1,4	−0,2	0,5	−0,2	−0,7
März	2,3	1,3	0,7	2,0	4,9	6,4	5,2	3,4
Mai	11,5	9,9	9,9	13,2	15,7	16,8	15,9	13,3
Juli	16,6	15,1	15,2	18,3	20,8	22,0	21,3	18,5
Sept.	12,9	11,8	11,2	14,2	17,4	18,5	16,9	14,4
Nov.	4,0	3,7	3,6	3,9	5,7	6,3	5,3	4,6

Tabelle B3-7. Mittlerer stündlicher und täglicher Außenluft-Feuchtegehalt x_a g/kg Trockenluftanteil für die Monate und das Jahr für alle Tage unabhängig von der Bewölkung; Berlin-Tempelhof; stündliche Messungen des Zeitraumes 1951 – 1970 (Ausschnitt) [31(2)]

	MEZ							
	0	3	6	9	12	15	18	21
Jan.	3,1	3,1	3,1	3,1	3,2	3,2	3,2	3,2
März	3,6	3,5	3,5	3,5	3,6	3,6	3,6	3,6
Mai	6,3	6,1	6,0	6,1	5,9	5,8	6,0	6,1
Juli	8,9	8,7	8,6	8,7	8,6	8,4	8,6	8,7
Sept.	7,5	7,4	7,2	7,6	7,5	7,4	7,4	7,6
Nov.	4,5	4,4	4,4	4,4	4,6	4,6	4,6	4,6

Tabelle B3-8. Mittlerer Tagesgang der Globalstrahlung in den einzelnen Monaten in Berlin. 5jähriges Mittel (1970 – 1974) der Monatsmittel der Stundensummen W/m² (Ausschnitt) [31(2)]

	WOZ						
	3 – 4	6 – 7	9 – 10	12 – 13	15 – 16	18 – 19	20 – 21
Jan.	0	0	44	129	35	0	0
März	0	14	234	348	199	5	0
Mai	0	148	416	500	347	83	1
Juli	1	156	469	546	397	117	4
Sept.	0	52	324	393	224	8	0
Nov.	0	0	84	139	30	0	0

Die mittleren Jahresgänge der Außenlufttemperatur der DIN-Norm 4710 finden ihre Anwendung bei der Bestimmung des Jahres-Wärmebedarfs für die Heizung von Gebäuden. Die VDI-Richtlinie 2067, Blatt 1 und 2, stellt die hierfür benötigten zusätzlichen meteorologischen Daten bereit, und zwar für eine größere Zahl von

Tabelle B3-9. Mittlere Sonnenscheindauer in Stunden, Tagesgang in wahrer Ortszeit (WOZ); Berlin-Dahlem; Zeitraum 1951 – 1970. Die Zahlen beziehen sich auf den ganzen Monat. Beispielsweise scheint die Sonne im Juli zwischen 12.00 und 13.00 Uhr (WOZ) 17,3 Stunden von 31 möglichen Stunden (Ausschnitt) [31(2)]

	WOZ						
	3 – 4	6 – 7	9 – 10	12 – 13	15 – 16	18 – 19	20 – 21
Jan.	0	0	5,5	8,1	3,2	0	0
März	0	2,6	14,0	15,2	13,5	0	0
Mai	0	14,7	17,5	16,3	15,0	9,9	0
Juli	0	14,4	17,6	17,3	16,1	12,0	0,2
Sept.	0	6,7	17,8	17,8	15,4	0,7	0
Nov.	0	0	5,5	7,6	3,9	0	0

Tabelle B3-10. Mittlere Windgeschwindigkeit m/s; Berlin-Tempelhof; stündliche Messungen des Zeitraumes 1969 – 1974 (Ausschnitt) [31(2)]

	Windrichtung							
	N	NO	O	SO	S	SW	W	NW
Jan.	3,4	3,5	4,0	3,6	3,3	3,6	3,8	4,6
März	3,4	3,4	4,8	3,6	2,9	4,9	5,8	6,2
Mai	2,5	4,1	3,4	3,3	3,0	2,9	4,8	4,5
Juli	2,8	3,2	4,2	2,3	2,4	3,2	4,0	4,4
Sept.	4,2	4,0	2,7	2,4	2,6	3,4	3,3	4,4
Nov.	4,2	2,5	4,0	3,7	3,7	5,0	5,2	5,9

Tabelle B3-11. Gradtage pro Monat und Jahr, 20jähriges Mittel 1951 – 1971, nach VDI 2067, Blatt 1 für ausgewählte deutsche Städte (vereinfacht) [31(3)]

	Jan.	März	Mai	Juli	Sept.	Nov.	Jahr
Berlin-Tempelhof	641	513	172	25	127	457	3797
Bremen	602	508	214	56	161	447	3908
Essen	578	469	201	62	136	426	3686
Frankfurt	601	446	146	18	112	438	3483
Hamburg	616	526	240	66	171	453	4078
Hannover	618	518	217	61	169	454	3998
Kiel	602	533	259	62	168	437	4047
München	689	529	228	56	161	499	4265
Stuttgart	596	453	171	28	117	436	3555

Städten der westlichen Bundesländer (einschl. Berlin). Hier werden die in Abschnitt B3.1 definierten Gradtage (Gradtage je Monat), die mittleren Gradtage für die Heizzeit und die jeweiligen mittleren Zahlen der Heiztage aufgelistet (Tabelle B3-11). Als Heizgrenze dient dabei ein Tagesmittel der Außenlufttemperatur von weniger als +15 °C.

Hinsichtlich der tiefsten auftretenden Temperaturen ergänzt diese Richtlinie die DIN-Norm 4701 dadurch, daß die Häufigkeit derselben berücksichtigt wird. Es wird unterschieden zwischen dem übergreifenden Zweitagesmittel der tiefsten Lufttemperatur, das innerhalb von 20 Jahren 20mal (ϑ_{n20}) bzw. nur 10mal ($\vartheta_{n10} = \vartheta'_a$) aufgetreten ist. Sehr nützlich ist hier auch die Angabe der Höhen der genannten Orte über NN.

B3.2.2 Testreferenzjahre

Für die modellmäßige numerische Simulation kompletter Heiz- bzw. Klimatisierungszyklen von Gebäuden während eines „Normaljahres" werden heute in Hinblick auf Anlagenvergleiche überwiegend sog. Testreferenzjahre (TRY = Test Reference Year) [16, 28] benutzt. Unter einem meteorologischen Normaljahr kann man den mittleren zeitlichen Ablauf des Wetters (und damit auch der Witterung) während eines Jahres verstehen, so wie er aus vieljährigen Beobachtungen heraus abgeleitet werden kann. In den Tropen reicht ein einjähriger Aufenthalt fast aus, um diese Aufgabe zu lösen. In den mittleren Breiten findet sich dagegen ein weitgehend chaotischer Wetterablauf, und man benötigt deshalb für statistische Aussagen einen vieljährigen Beobachtungszeitraum, um die mittleren klimatologischen Verhältnisse eines Ortes für ein Testreferenzjahr ableiten zu können. Aus klimatologischer Sicht ist es ein ziemlich kühnes Unterfangen, den „normalen" stündlichen Ablauf des Wetters (der Witterung) während eines Jahres für Orte in den mittleren geographischen Breiten zu simulieren, und das auch noch für alle meteorologischen Elemente wie Lufttemperatur ϑ, relative Feuchte φ, Bedeckungsgrad B, Niederschlag, Windrichtung, Windstärke (skalares und vektorielles Mittel), Luftdruck p, direkte (E_B) und diffuse (E_D) Sonnenstrahlung (Himmelsstrahlung), Globalstrahlung (E_G), (langwellige) Ausstrahlung der Erdoberfläche (M_E), (langwellige) Einstrahlung (atmosphärische Gegenstrahlung auf eine horizontale Fläche) (M_A) und Helligkeit. Hierbei kann von vornherein nicht erwartet werden, daß extreme meteorologische Situationen in ein Normaljahr einfließen können. Für die Anwendung ist jedoch auch nur der mittlere Ablauf des Wetters gefragt. Tabelle B3-12 gibt beispielhaft den simulierten „normalen" Wetterablauf während eines Julitages in Essen wieder.

Das vom Deutschen Wetterdienst vertriebene Magnetband mit Testreferenzjahren für 12 Regionen der westlichen Bundesländer wurde im Institut des Verfassers in Zusammenarbeit mit dem Hermann-Rietschel-Institut für Heizungs- und Klimatechnik der Technischen Universität Berlin folgendermaßen entwickelt: Für eine neue Klimaregionalisierung des Gebietes der westlichen Bundesländer wurden unter Zugrundelegung vieljähriger Beobachtungen aller verfügbaren meteorologischen Elemente an 256 Klimastationen (3 Beobachtungen am Tag) und an 12 repräsentativen Synoptischen Stationen (8 Beobachtungen am Tag) durch Interpolations- und Modellierungsverfahren (für die Strahlung) Datensätze erstellt, die es unter Anwendung der Faktoren- und Clusteranalyse ermöglichten, hinsichtlich des angestrebten Ziels Gebiete mit weitgehend einheitlichem klimatologischem Charakter zu definieren. Diese TRY-Regionen genannten Gebiete stimmen, da für sie

Tabelle B3-12. Beispieltag (9. Juli) aus dem Testreferenzjahr für das Ruhrgebiet (TRY-Region 3, Station Essen). Es handelt sich um einen warmen sonnigen Sommertag mit aufkommender Bewölkung (man beachte die Strahlungsdaten) am frühen Nachmittag und schauerhaftem Niederschlag gegen 19.00 Uhr (es ist nur jede zweite Stunde dargestellt)

Zeit h	ϑ °C	φ %	Bedeck. Achtel	Nschl. mm/h	Windr. °	Windst. m/s	Luftdr. hPa	E_B W/m²	E_D W/m²	E_G W/m²	M_E W/m²	M_A W/m²
1	20,0	69	0	0	130	2,3	994	0	0	0	−377	256
3	19,2	69	0	0	140	3,5	993	0	0	0	−373	252
5	19,0	70	0	0	110	1,1	992	2	4	6	−371	251
7	20,2	69	0	0	110	2,0	991	161	63	224	−375	255
9	23,2	58	0	0	140	2,0	991	353	138	491	−388	264
11	25,6	55	0	0	170	5,0	991	461	219	680	−403	280
13	26,7	59	1	0	220	2,7	990	515	241	756	−410	288
15	27,2	60	5	0	190	3,8	989	316	297	613	−414	323
17	24,0	70	7	0	230	1,1	990	24	226	250	−403	357
19	18,6	89	8	3	210	3,5	993	0	66	66	−375	363
21	16,4	92	8	1	160	3,5	991	0	8	8	−359	354
23	16,9	88	4	0	160	5,0	990	0	0	0	−359	318

nur Mittelwerte des Wetterablaufs bereitgestellt werden, natürlich nur sehr bedingt mit den Kühllastzonen überein.

Der wesentlich neue Ansatz bei der Entwicklung der Testreferenzjahre war, die Erhaltungsneigung des Wetterablaufs während der in der Meteorologie bekannten Großwetterlagen bei der Konstruktion des „normalen" Wetterablaufs während eines Jahres für jede TRY-Region zu berücksichtigen und dabei dafür zu sorgen, daß die klimatologischen Mittelwerte der Klimaelemente, wie sie etwa in der DIN-Norm 4710 niedergelegt sind, durch entsprechende Mittelbildung aus den Daten des Testreferenzjahres richtig entstehen. Dies wurde für die wichtigsten Mittelwerte erreicht, doch kann man nicht erreichen, daß mit Testreferenzjahren durchgeführte Statistiken den reichen klimatologischen Inhalt der DIN-Norm 4710 simulieren und diese somit entbehrlich machen.

Trotz der genannten Einschränkung ist die computermäßige Simulation von heiz- und raumlufttechnischen Anlagen und des thermischen Verhaltens von Gebäuden unter dem Einfluß der meteorologischen Randbedingungen Stunde für Stunde über ein volles „Normaljahr" das heute genaueste Verfahren für die Berechnung des Energieverbrauchs von derartigen Anlagen, und es bietet darüber hinaus die Möglichkeit, auf dem Wege von numerischen Experimenten ganz allgemein optimale Lösungen für viele Fragen des Betriebsverhaltens zu suchen und außerdem für verschiedene Anlagen Konzepte und Regelungsstrategien zu entwickeln.

Die folgenden, der klassischen Mittelwertklimatologie entstammenden Aussagen, die diejenigen eines TRY zumindest hinsichtlich der Kenntnis der Extremwerte erweitern, sollen in Ergänzung zu den oben angegebenen Tabellen das Verhalten von Tages- und Jahresgängen verschiedener Klimaelemente unterschiedlicher Klimaregionen näher veranschaulichen.

B 3 Klimadaten für die Praxis   69

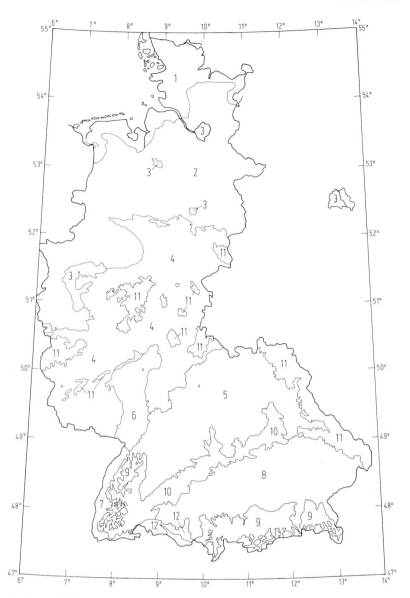

Bild B3-5. TRY-Regionen der westlichen Bundesländer. Repräsentative meteorologische Stationen: *1* Bremerhaven-Signalturm, *2* Hannover-Flughafen, *3* Essen-Mühlheim, *4* Trier-Petrisberg, *5* Würzburg-Stein, *6* Frankfurt-Flughafen, *7* Freiburg, *8* Augsburg, *9* München-Flughafen, *10* Stötten (Schwäbische Alb), *11* Hof-Hohensaas, *12* Friedrichshafen

B3.3 Lufttemperatur

B3.3.1 Mittlere Tages- und Jahresgänge

Im Zusammenhang mit der globalen Energiebilanz (Abschn. B1.3) wurde diskutiert, daß die Erwärmungen der „Etagen" des Systems im globalen und jährlichen Mittel genau durch entsprechende Abkühlungen kompensiert werden. Dieses Gleichgewicht ist jedoch an irgend einem Ort innerhalb des Systems immer gestört und führt deshalb zu zeitlichen Veränderungen aller meteorologischen Elemente im Tages-, Monats- und Jahresverlauf. Innerhalb der bodennahen Grenzschicht ist diese zeitliche Variabilität am größten, hier wirken alle Einflüsse, wie Strahlungsbilanz, Bewölkung, sowie Komplexität und Turbulenz des Windfeldes zusammen. Trotzdem ergeben sich, hauptsächlich unter dem Einfluß der Sonnenstrahlung, für die Tages-, Monats- und Jahresmittel der klimatologischen Elemente zeitliche Gänge, die allgemeine Gesetzmäßigkeiten erkennen lassen.

Bei den Tagesgängen mögen als Beispiel die Stationen Bremerhaven und Mannheim herausgegriffen werden. Bild B3-6 zeigt den Tagesgang der mittleren Außenlufttemperaturen für Bremerhaven und Mannheim für den wärmsten und für den kältesten Monat sowie jeweils für heitere und trübe Tage. Gemeinsam ist allen Ta-

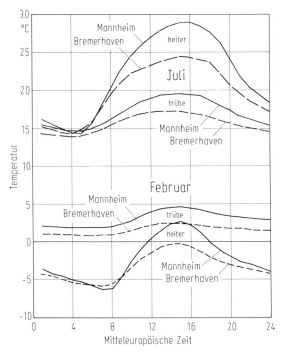

Bild B3-6. Mittlerer Tagesgang der Außenlufttemperaturen für Bremerhaven und Mannheim in den Monaten Februar und Juli. Es sind die Tagesgänge für heitere ($B<0{,}2$) und trübe ($B>0{,}8$) Tage dargestellt. Daten aus DIN 4710

gesgängen die Verzögerung des Auftretens der maximalen Temperatur des Tages um 2,5 – 3 h gegenüber dem Sonnenhöchststand. Die Tagesschwankung ist für die Binnenstation Mannheim unter allen Bedingungen größer als für die Küstenstation Bremerhaven, bei der sich der ausgleichende Einfluß der Nordsee deutlich bemerkbar macht. Die Dämpfung der Tagesschwankung an trüben Tagen ist für beide Stationen sehr stark, für die Küstenstation stärker als für die Binnenstation.

Bildet man aus den stündlichen Temperaturen der Tagesgänge die Tagesmittel und mittelt diese über die Tage eines Monats, dann entstehen die Monatsmittel der Lufttemperatur. Stellt man diese in Abhängigkeit von der Zeit dar, dann erhält man den Jahresgang der Monatsmittel der Tagesmittel der Lufttemperatur.

Zur Veranschaulichung der Verhältnisse werden wieder die oben verwendeten Stationen Bremerhaven und Mannheim herangezogen. Bild B3-7 stellt die Jahresgänge der heiteren, bewölkten und trüben Tage dar. Die Jahresgänge extrem bewölkter Jahre sind, abgesehen vom Winter, praktisch mit dem Jahresgang des Gesamtjahres identisch. Der Unterschied liegt in der Jahresschwankung der Monatsmittel beider Stationen im Verlaufe eines Jahres, welche in Bremerhaven aufgrund der ausgleichenden Wirkung der Nordsee wesentlich kleiner ist als in Mannheim.

Eine Zusammenfassung und wesentliche Erweiterung der bisher mitgeteilten Tages- und Jahresgänge der Lufttemperatur und anderer Klimaelemente wird in den sog. Isoplethendarstellungen angestrebt. Hinsichtlich der Lufttemperatur gibt Bild B3-8 die Verhältnisse für die Stationen Bremen und Karlsruhe wieder. Man kann aus diesem Bild die Tagesgänge der Lufttemperatur für jeden Monat bzw. den Jahresgang der Lufttemperatur einzelner Tagesstunden herauslesen.

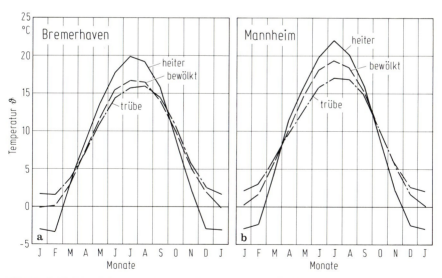

Bild B3-7. Mittlerer Jahresgang der Außenlufttemperaturen für Bremerhaven und Mannheim. Es sind die Jahresgänge für heitere ($B<0,2$), bewölkte ($0,2<B<0,8$) und trübe ($B>0,8$) Tage dargestellt. Die Jahresgänge ohne Differenzierung der Bewölkung sind mit denjenigen für bewölkte Tage praktisch identisch. Daten aus DIN 4710

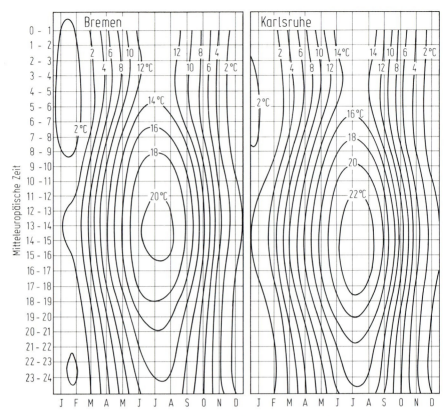

Bild B3-8. Isoplethendarstellung der mittleren Außenlufttemperaturen für Bremen und Karlsruhe. Verfolgt man die Werte entlang der senkrechten Linien für einen Monat, dann ergeben sich die mittleren Tagesgänge, verfolgt man die Werte entlang der horizontalen Linien für eine bestimmte Stunde, dann erhält man den Jahresgang für diese Stunde des Tages

B3.3.2 Extremwerte der Lufttemperatur

Hinsichtlich der vieljährig gemittelten extremen Lufttemperaturen geben die DIN-Norm 4701 (niedrige Temperaturen) und die VDI-Richtlinie 2078 (hohe Temperaturen) entsprechende Unterlagen an die Hand.

Es wurde erwähnt, daß die DIN-Norm 4701 lediglich eine geographische Verteilung extrem niedriger Außentemperaturen bereitstellt, wobei allerdings die Andauer derselben mit Rücksicht auf das Speicherverhalten üblicher Bauarten von Gebäuden berücksichtigt ist. Die mittleren Tagesgänge der Außenlufttemperatur besitzen unter winterlichen Bedingungen eine verhältnismäßig geringe Schwankung $\Delta\vartheta$. Um eine Vorstellung hiervon zu bekommen, wählt man unter den mittleren Tagesgängen der DIN-Norm 4710 diejenigen aus, die für heitere Tage (Bedeckungsgrad $B<0,2$) gelten. In teilweise etwas modifizierter Form finden sich diese Tagesgänge in den Jahrestabellen der VDI-Richtlinie 2078. Dabei handelt es sich um winterliche Strahlungstage mit entsprechend niedrigen Temperaturen und somit

B 3 Klimadaten für die Praxis   73

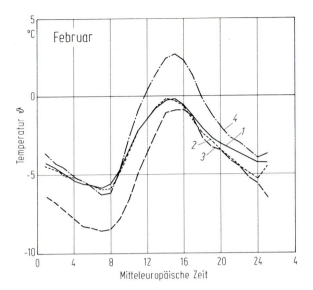

Bild B3-9. Februar-Tagesgänge der Außenlufttemperatur für Stationen der Kühllastregionen 1–4. Daten aus VDI 2078

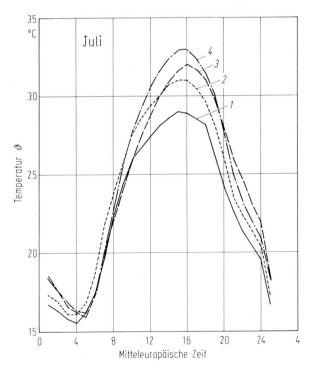

Bild B3-10. Juli-Tagesgänge der Außenlufttemperatur für Stationen der Kühllastregionen 1–4. Daten aus VDI 2078

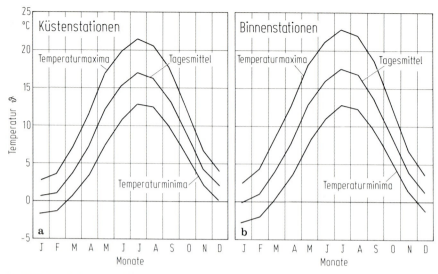

Bild B3-11. a Jahresgänge der über die einzelnen Monate gemittelten Tagesmittel der Lufttemperatur im Vergleich mit denjenigen der entsprechenden Maxima und Minima für Küstenstationen (Mittel über die Werte der Stationen Bremen, Hamburg, Husum und Lübeck) [9(1), 10]; **b** Jahresgänge der über die einzelnen Monate gemittelten Tagesmittel der Lufttemperatur im Vergleich mit denjenigen der entsprechenden Maxima und Minima für Binnenstationen (Mittel über die Werte der Stationen Bamberg, Braunschweig, Clausthal, Frankfurt, Karlsruhe, München und Münster) [9(1), 10]

hinsichtlich der Tagesgänge in gewisser Weise um extreme Verhältnisse. Bild B3-9 gibt speziell die Februar-Tagesgänge der Außenlufttemperatur für diejenigen Stationen, die für die Kartierung der Kühllastregionen herangezogen wurden. Der Tagesgang der Zone 3 (Binnenklima II) unterscheidet sich von demjenigen der Zone 4 (südwestdeutsches Flußtalklima) recht stark.

Tagesgänge für extrem warme Außenluftverhältnisse liefern die Jahrestabellen der VDI-Richtlinie 2078. Als Beispiel sollen nur die Tagesgänge für den Monat Juli in Bild B3-10 wiedergegeben werden. Im Sommer besteht zwischen der wiederum wärmsten Zone 4 und der Zone 1 (Küstenklima) der größte Unterschied.

Die Jahresgänge extremer Außenlufttemperaturen entstehen nach Bildung der Monatsmittel der Tagesmittel. Hierbei ist es im Anschluß an Bild B3-10 sinnvoll, wieder Küstenstationen mit Binnenstationen miteinander zu vergleichen [9(1), 10]. Faßt man die Stationen Bremen, Hamburg, Husum und Lübeck als Küstenstationen zusammen und die Stationen Bamberg, Braunschweig, Clausthal, Frankfurt, Karlsruhe, München und Münster als Binnenstationen, dann erhält man die Darstellung des Bildes B3-11. Zum Vergleich sind die Jahresgänge der Tagesmittel ebenfalls eingezeichnet. Man erkennt insbesondere, daß die mittlere monatliche Schwankung in den Sommermonaten größer als im Winter ist und an den Binnenstationen größer als an den Küstenstationen.

B3.3.3 Häufigkeitsverteilungen

Teilt man den Schwankungsbereich der Temperatur in gleiche Intervalle ein und zählt aus, wie häufig die Lufttemperaturen einer vieljährigen Reihe in die einzelnen Intervalle fallen, dann erhält man eine Häufigkeitsverteilung. Bild B3-12 ist ein Beispiel hierfür. Aus Gründen besserer Übersichtlichkeit sind die Häufigkeiten mit 10 multipliziert worden. Es handelt sich um Tagesmittelwerte in Braunschweig. Die Summe der Häufigkeiten muß der Zahl der Tage im Jahr entsprechen. Gleichzeitig erscheint im Bild die Summenhäufigkeit. Der Medianwert 8,2 °C teilt die Häufigkeitsverteilung in zwei gleiche Umfänge (je 50% der Temperaturen sind kleiner bzw. größer als der Medianwert). Der Jahresmittelwert 9,0 °C teilt die Häufigkeitsverteilung in zwei ungleiche Bereiche: Die Menge der niedrigen Temperaturen ist etwas größer als diejenige der höheren (s. Bild B3-12, Seite 75).

Von besonderer Bedeutung sind Häufigkeitsverteilungen und Summenhäufigkeiten für die mittleren Extremtemperaturen eines Ortes. Bild B3-13 zeigt wieder die Verhältnisse für Braunschweig, aufgeteilt für Januar und Juli. Man liest leicht heraus, wie viele Tage der Monate niedrige oder höhere Temperaturen als eine gewählte Temperatur besitzen. Wählt man 11 °C, dann findet sich im Januar noch ein Tag mit höherer Maximaltemperatur. Im Juli finden sich jedoch noch 10 Tage mit niedrigerer Minimaltemperatur, alles bezogen auf mittlere Verhältnisse.

Im Zusammenhang mit extrem niedrigen Außentemperaturen spielt die Andauer derselben eine große Rolle. Von R. Reidat [9(1)] stammen die folgenden Darstel-

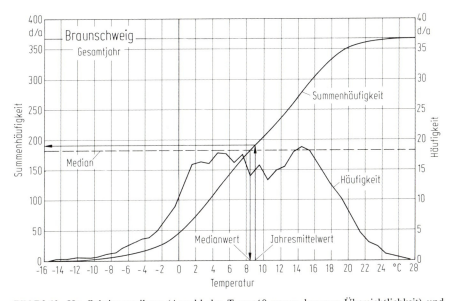

Bild B3-12. Häufigkeitsverteilung (Anzahl der Tage×10 wegen besserer Übersichtlichkeit) und Summenhäufigkeit der Tagesmittel der Außenlufttemperatur für das Gesamtjahr für Braunschweig. Zeitraum 1891–1930 [9(1), 10]. Medianwert (8,2 °C) und Jahresmittelwert (9,0 °C) sind voneinander verschieden

76 B Außenklima

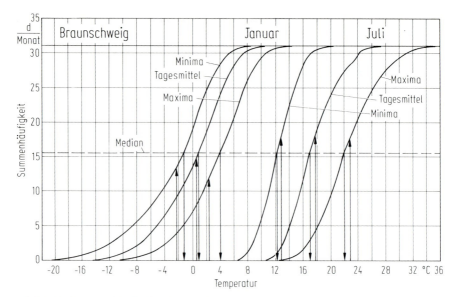

Bild B3-13. Wie in Bild B3-12 erklärt, doch nur für die Monate Januar und Juli und zusätzlich für die mittleren Maxima und Minima der Außenlufttemperatur

lungen in Bild B3-14 für die Stationen Bremen, Berlin und München (und weitere), aus denen man die Andauer von Tagesmitteltemperaturen unter 0°C herauslesen kann. Fragt man etwa nach der Andauer einer Kälteperiode mit einer Perioden-Mitteltemperatur von $-4\,°C$, dann findet man für Bremen einen Fall in 40 Jahren mit 17 Tagen Andauer und für Berlin und München je einen Fall in 40 Jahren mit 27 Tagen Andauer. Liest man die Graphiken für spezielle Andauertage von oben nach unten, dann erhält man jeweils eine Summenhäufigkeitskurve für den Bereich negativer Temperaturen.

B3.4 Luftfeuchte

B3.4.1 Mittlere Tages- und Jahresgänge

Die für die Anwendung wichtigsten Feuchtemaße sind der Feuchtegehalt x und die relative Feuchte φ. Während der Feuchtegehalt nur von der mittleren Verdunstung des Wassers in den einzelnen Jahreszeiten abhängt und somit kaum einen Tagesgang besitzt, hängt die relative Feuchte von der augenblicklichen Temperatur ab und zeigt deshalb einen ausgeprägten Tagesgang. Die Bilder B3-15 und B3-16 zeigen dieses Verhalten der Feuchtemaße x und φ für Berlin-Dahlem für die Monate Februar und Juli sowie für das Gesamtjahr.

In beiden Monaten kann im Mittel (ohne Berücksichtigung der Bewölkungsverhältnisse) von einem Tagesgang des Feuchtegehaltes x ganz abgesehen werden. Der Tagesgang der relativen Feuchte φ folgt demjenigen der Lufttemperatur invers und mit jeweils entsprechender Amplitude. Dieses Verhalten der relativen Feuchte wird

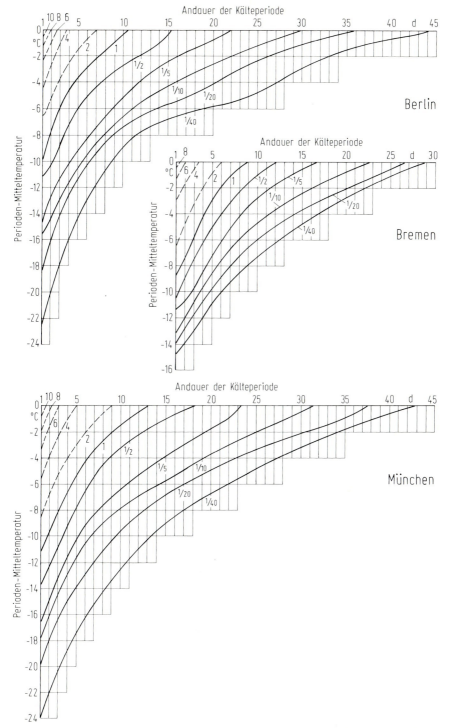

Bild B3-14. Andauer von Tagesmitteltemperaturen unterhalb 0 °C für die Stationen Bremen, Berlin und München [9(1)]. Es bedeuten beispielsweise $n = 1$ einmal im Jahr und $n = 1/10$ einmal in 10 Jahren (n: mittlere Jahreshäufigkeiten)

78   B Außenklima

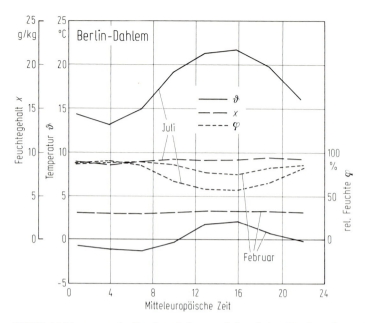

Bild B3-15. Tagesgänge des Feuchtegehaltes x und der relativen Feuchte φ für zwei extreme Monate im Vergleich mit den zugehörigen Tagesgängen der Lufttemperatur ϑ für Berlin-Dahlem

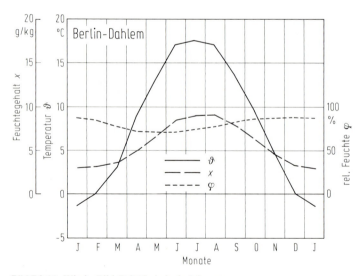

Bild B3-16. Wie in Bild B-3-15, jedoch Jahresgang

B 3 Klimadaten für die Praxis 79

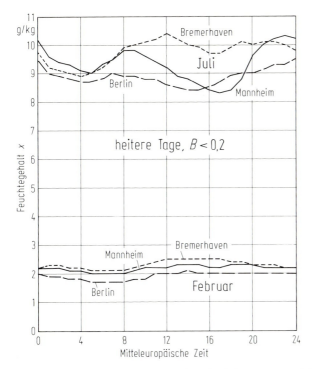

Bild B3-17. Tagesgang des Feuchtegehalts x für heitere Tage ($B<0,2$) für den Februar und den Juli im Vergleich der Stationen Berlin, Bremerhaven und Mannheim

im Jahresgang durch den Jahresgang des Feuchtegehaltes x zwar nicht qualitativ, doch quantitativ stark verändert. So finden sich im Zeitraum des größten Anstiegs von x (April–Juni) die geringsten relativen Feuchten des Jahres.

Hinsichtlich des Feuchtegehaltes x bestehen jedoch regionale Unterschiede, auch findet sich ein deutlicher Tagesgang in Abhängigkeit vom Bedeckungsgrad im Sommer. Bild B3-17 läßt erkennen, daß für heitere Tage im Winter (und dies gilt für alle Bewölkungsverhältnisse) überall in den westlichen Bundesländern von einem Tagesgang abgesehen werden kann. Im Sommer kommt ein solcher an der Küste durch die Land-Seewind-Verhältnisse zustande und im Oberrheingraben durch das Zusammenwirken von lokaler Verdunstung und dem ausgeprägten Windsystem in diesem Gebiet (Kanalisierung der Strömung durch den Oberrheingraben).

Überraschenderweise sind die Jahresgänge des Feuchtegehalts von Bremerhaven und Mannheim fast identisch, derjenige der Binnenstation Berlin weicht dagegen deutlich davon ab (Bild B3-18).

Es kann in diesem Zusammenhang auch auf den Jahresgang der spezifischen Enthalpie h der Außenluft eingegangen werden. Nach Abschn. B2.2 berechnet sie sich, wenn der Feuchtegehalt x in g/kg eingegeben wird, aus

$$h = [1{,}00464 + 1{,}85891 \times 10^{-3} x]\vartheta + 2{,}50078 x \text{ kJ/kg} \ .$$

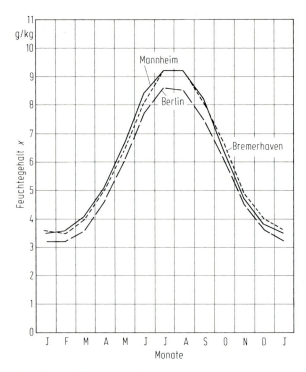

Bild B3-18. Jahresgang des Feuchtegehalts x im Vergleich der Stationen Berlin, Bremerhaven und Mannheim

Bild B3-19 veranschaulicht die ähnlichen Jahresgänge von Enthalpie, Feuchtegehalt und Temperatur und gibt die Größenordnung der Enthalpie an.

B3.4.2 Häufigkeitsverteilungen, Korrelation zwischen Lufttemperatur und Feuchtegehalt der Luft

Für mittlere Verhältnisse werden in der DIN-Norm 4710 (inklusive Beiblatt 1) in den Korrelationstabellen für Lufttemperatur und Feuchtegehalt Unterlagen bereitgestellt, die über die Häufigkeit des Auftretens dieser Klimaelemente erschöpfende Auskunft geben. Daraus entnimmt man beispielsweise Daten für die folgenden beiden Bilder B3-20 und B3-21. Für Berlin-Tempelhof zeigen die Häufigkeitsverteilungen zusammen mit den Summenhäufigkeiten in Bild B3-20 die sehr unterschiedlichen Verhältnisse zwischen Winter (Mittelwert von x 3,2 g/kg, Medianwert 2,5 g/kg) und Sommer (Mittelwert von x 8,6 g/kg, Medianwert 8,1 g/kg). Im Februar liegen viel mehr als 50% der Tage mit x-Werten unterhalb des Mittelwertes, im Juli ist dieser Anteil sehr klein.

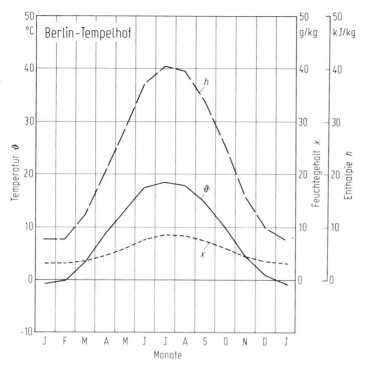

Bild B3-19. Jahresgang der spezifischen Enthalpie h im Vergleich zu denjenigen des Feuchtegehaltes x und der Lufttemperatur ϑ für Berlin-Tempelhof

Die Häufigkeitsverteilung für das Gesamtjahr nach Bild B3-21 zeigt die gleiche Besonderheit: Der Mittelwert $x = 5,6$ g/kg ist größer als der Medianwert 4,4 g/kg, und somit liegt auch hier der Fall vor, daß in bezug auf den Mittelwert mehr Tage kleinere x-Werte besitzen als größere.

Die Korrelationstabellen für den statistischen Zusammenhang zwischen Lufttemperatur und Feuchtegehalt lassen sich als zweidimensionale Graphiken darstellen. Hier wird auf diese Möglichkeit verzichtet und statt dessen in Bild B3-22 für eine Station das Charakteristische in einer eindimensionalen Parametergraphik herausgearbeitet. Dazu werden lediglich vier Feuchtegehaltswerte x ausgewählt, welche den Hochwinter, den Frühling und Herbst, den Frühsommer und Frühherbst sowie den Hochsommer charakterisieren. Man liest heraus, daß $x = 3$ am häufigsten bei einer Temperatur ϑ um 0,5 °C, $x = 5$ bei $\vartheta = 7$ °C, $x = 7$ bei $\vartheta = 12$ °C und $x = 9$ bei $\vartheta = 15$ °C auftritt. Weiterhin erkennt man für jedes x die Begrenzungen zu niedrigen Lufttemperaturen hin und das Überlappen der Häufigkeitsverteilungen für höhere Lufttemperaturen.

Eine gut brauchbare Zusatzinformation erhält man, wenn die Monatsmittel von Lufttemperatur und von Feuchtegehalt zueinander in Beziehung gesetzt werden.

82 B Außenklima

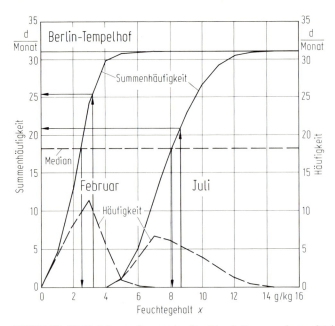

Bild B3-20. Häufigkeitsverteilungen des Feuchtegehaltes x sowie zugehörige Summenhäufigkeit für die Monate Februar und Juli für Berlin-Tempelhof. Nach oben gerichtete Pfeile beginnen beim Mittelwert der Häufigkeitsverteilung und lassen an der Skala links erkennen, wie viele Tage des Monats kleinere oder größere Werte besitzen. Nach unten gerichtete Pfeile geben auf der Abszisse den Medianwert von x an, der die Häufigkeitsverteilung in zwei gleich umfangreiche Anteile aufteilt

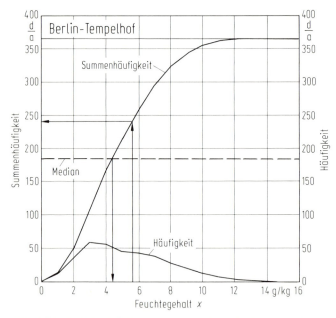

Bild B3-21. Wie bei Bild B3-20, nur Verwendung der Daten für das Gesamtjahr

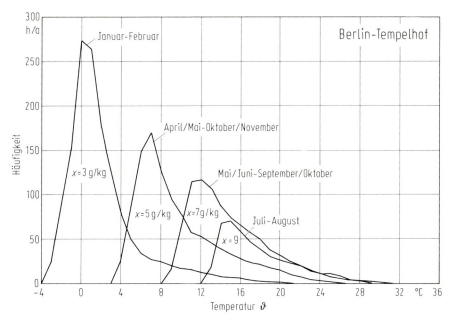

Bild B3-22. Veranschaulichung eines Teils der Korrelationstabellen für die Außenlufttemperatur ϑ und den Feuchtegehalt x der DIN-Norm 4710. Dargestellt ist die Häufigkeit des Auftretens ausgewählter Feuchtegehaltswerte x (mit Angabe der Monate, in denen sie diese Werte annehmen) in Abhängigkeit von der Lufttemperatur. Gesamtjahr, Berlin-Tempelhof

Dies ist in Bild B3-23 für die drei Hauptgruppen des Bedeckungsgrades (heiter, bewölkt, trübe) vorgenommen worden. Für jeden Monat finden sich die zusammengehörigen Monatsmittelwerte von ϑ und x für jede Bedeckungsgradgruppe. Die gepunkteten Linien geben an, welchen Einfluß die Bedeckung auf ein Wertepaar ϑ, x ausübt. Darstellungen dieser Art charakterisieren das Klima eines Ortes sehr anschaulich.

B3.5 Wind

B3.5.1 Mittlere Tages- und Jahresgänge

Die Entstehung und der Charakter der Luftbewegung im großräumigen Maßstab wurde in Abschn. B2.2 u. a. in Abhängigkeit vom Luftdruckfeld diskutiert. Ebenso wurden die Windverhältnisse innerhalb der Bodenreibungsschicht in Abhängigkeit von der Stabilität der vertikalen Temperaturschichtung und von den Bodenreibungsverhältnissen beschrieben. Hinzu tritt die Abhängigkeit der örtlichen Windverhältnisse von der Geländebeschaffenheit und von der Bebauung. Es kommt dabei zu ausgeprägten „Kanalisierungen" der Luftströmung, wie etwa im Oberrheingraben. Alle Einflüsse führen zu einer großen zeitlichen und örtlichen Variabilität von Windrichtung und Windstärke. Während sich für die Windstärke sowohl mitt-

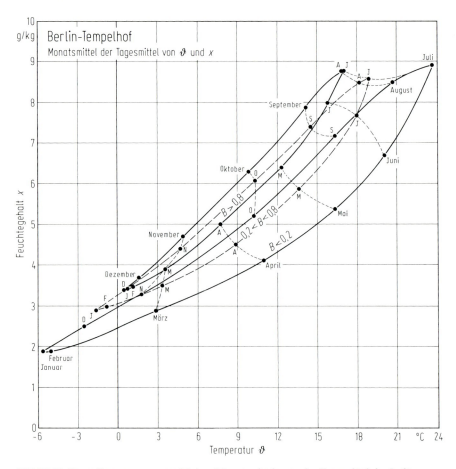

Bild B3-23. Darstellung zusammengehöriger Monatsmittelwerte der Tagesmittel der Lufttemperatur ϑ und des Feuchtegehaltes x für die drei Hauptbedeckungsgradklassen heiter ($B<0,2$), bewölkt ($0,2<B<0,8$) und trübe ($B>0,8$) für Berlin-Tempelhof

lere Tages- als auch Jahresgänge ermitteln lassen, wird dies für die Windrichtung i. allg. nicht getan, hier stehen Häufigkeitsverteilungen im Vordergrund des Interesses.

Die Bedeutung des Windes in der Heiz- und Raumlufttechnik beschränkt sich hauptsächlich auf Probleme des Lüftungswärmebedarfs von Gebäuden, da der Wind meist eine natürliche Durchlüftung der Gebäude bewirkt [6]. Der Einfluß auf den konvektiven Wärmeübergang an Außenwänden spielt dagegen allgemein eine geringe Rolle.

Hinsichtlich der Tages- und Jahresgänge der Windstärke diene als Beispiel der Vergleich der Isoplethendarstellungen für Bremen und für Karlsruhe nach Bild B3-24. Den mittleren Tagesgängen für jeden Monat (von oben nach unten gelesen) entnimmt man generell eine Zunahme der Windstärke vom Morgen zum

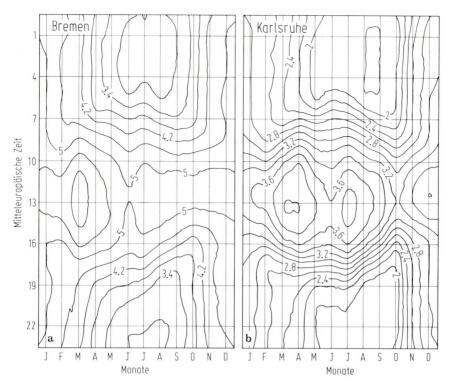

Bild B3-24. Isoplethendarstellung der Windgeschwindigkeit m/s für Bremen (links) und für Karlsruhe (rechts) für das Gesamtjahr auf der Grundlage von vieljährigen Monatsmitteln. Es lassen sich von oben nach unten gelesen die Tagesgänge und von links nach rechts gelesen die Jahresgänge für jede Stunde herauslesen

Mittag und dann eine Abnahme bis zur Erreichung eines Minimums in den frühen Morgenstunden. Dies trifft in besonderem Maße für die Monate Mai bis September zu und hat seine Ursache u.a. im verstärkten Auftreten der Konvektion (Bild B1-3) in diesen Monaten. Am schwächsten sind Tagesgänge in den Wintermonaten ausgeprägt. Die mittleren Jahresgänge, im Bild für jede Tagesstunde gesondert zu entnehmen, sind wenig ausgeprägt während der frühen Vormittags- und während der späten Nachmittagsstunden. Sie sind stark ausgeprägt während der Mittags- und Nachtstunden.

B3.5.2 Häufigkeitsverteilungen

Eine für viele praktische Anwendungen, etwa auch auf dem Gebiet der Luftreinhaltung, sehr brauchbare Form der gleichzeitigen Darstellung von Häufigkeiten von Windstärke und Windrichtung ist die Häufigkeitswindrose in Bild B3-25. Beide Klimaelemente werden in Intervallklassen eingeteilt, etwa 4 Klassen für die Windstärke (0−3 kn = 0−1,5 m/s, Klassenmitte 1 m/s, 3−8 kn = 1,5−4 m/s, Klassenmitte 3 m/s, 8−15 kn = 4−8 m/s, Klassenmitte 6 m/s, 15−24 kn

= 8 – 12 m/s, Klassenmitte 10 m/s) und 12 Klassen für die Windrichtung wie im Bild. In jedem Klassenfeld ist die Häufigkeit der Kombination beider Klimaelemente in Tagen des Jahres eingetragen. Die Isolinienanalyse, in welcher die Häufigkeit in Stunden pro Jahr angeschrieben ist, dient nur zur Veranschaulichung der Struktur der Häufigkeitsverteilung. Es handelt sich um ein aktuelles Jahr (1962) in Bremen. Am häufigsten (26,3 Tage im Jahr) trat die Windrichtung 225 – 255° (WSW) mit Windstärken zwischen 8 und 15 kn auf. Ein zweites Häufigkeitsmaximum (11,4 Tage im Jahr) findet sich mit geringerer Windstärke (3 – 8 kn) im Windrichtungssektor 105 – 135° (OSO). Darstellungen dieser Art sind für sehr viele Orte der westlichen Bundesländer im Zusammenhang mit Genehmigungsverfahren für emissionsintensive Anlagen verfügbar.

Häufigkeitsverteilungen der Windrichtung lassen oft schon klimatologische Besonderheiten im Windfeld eines Ortes gut erkennen. Bild B3-26 möge als ein Beispiel dienen. In Bremerhaven treten die Windrichtungen um SO bei winterlichen Hochdruckwetterlagen klar hervor, aber auch die Westwetterlagen des Hochsommers markieren sich deutlich in der Windrichtungsstatistik. In Mannheim ist der kanalisierende Einfluß des Rheingrabens sehr deutlich zu erkennen: S- und SO-

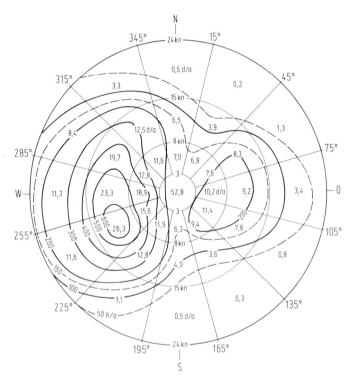

Bild B3-25. Häufigkeit von Windrichtung (gegen Nord) und Windstärke in kn in Polarkoordinatendarstellung. Die in den Windrichtungssektorintervallen eingetragenen Zahlen bedeuten Häufigkeiten in Tagen pro Jahr. Die Isolinienanalyse ist nach den Werten in Stunden pro Jahr vorgenommen. Bremen 1962

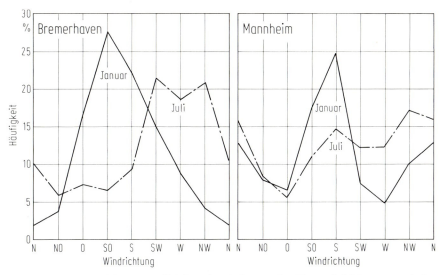

Bild B3-26a, b. Vergleich der Häufigkeiten des Auftretens der Hauptwindrichtungen zwischen Bremerhaven **a** und Mannheim **b** für zwei extreme Monate

Richtungen sowie NW- und N-Richtungen herrschen in beiden extremen Monaten vor. Bei überwiegend stabiler vertikaler Temperaturschichtung im Januar ist dieser Effekt besonders ausgeprägt. Im Juli finden sich bei Wetterlagen mit Ostwind (Hochdruckwetterlagen) ebenfalls stabile Schichtungsverhältnisse und damit diese ausgeprägte Kanalisierung. Bei Westwetterlagen und unter konvektiven Bedingungen (Thermik) wird der Kanalisierungseffekt stark abgeschwächt.

B.3.5.3 Korrelation zwischen Windgeschwindigkeit und Lufttemperatur

Die Berichte 141 (Hamburg), 143 (Hannover), 159 (München), 164 (Bremen) und 174 (Karlsruhe) des Deutschen Wetterdienstes [9(2)–9(6)] liefern hier, wie auch für alle anderen Klimaelemente, hervorragendes Datenmaterial, insbesondere hinsichtlich der Häufigkeitsverteilungen und der Korrelationen zwischen den Klimaelementen. Hier kann nur auf die Tabellenwerke dieser Berichte hingewiesen werden; lediglich ein Beispiel (für die Station Karlsruhe) soll die Aussagen veranschaulichen.

Es handelt sich im vorliegenden Fall um die zweidimensionale Häufigkeitsverteilung Windstärke-Lufttemperatur. Summiert man die Häufigkeiten innerhalb größerer Windstärkeklassen (0–1 m/s, 2–6 m/s und 7–12 m/s) und stellt sie in Abhängigkeit von den Temperaturen dar, dann erhält man den Inhalt von Bild B3-27. Große Windstärken treten in Karlsruhe sehr selten auf, dann jedoch bei Temperaturen zwischen 5 und 10° am häufigsten. Die Windstärkeklasse 2–6 m/s überwiegt im Temperaturbereich 0–25°, die etwas schwächer besetzte Klasse von 0–1 m/s ist dagegen zur kalten Seite hin verschoben.

88 B Außenklima

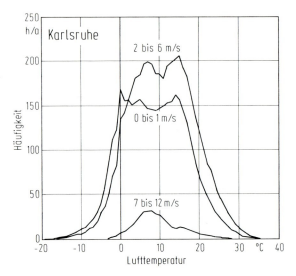

Bild B3-27. Veranschaulichung eines Teils der Korrelationstabellen für die Außenlufttemperatur ϑ und die Windgeschwindigkeit. Dargestellt ist die Häufigkeit des Auftretens zusammengefaßter Windgeschwindigkeitswerte in Abhängigkeit von der Lufttemperatur. Gesamtjahr, Karlsruhe [9]

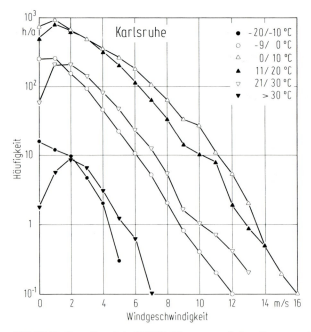

Bild B3-28. Dasselbe wie in Bild B3-27, nur umgekehrt, Zusammenfassung von Temperaturwerten und Darstellung der Häufigkeiten in Abhängigkeit von den Windgeschwindigkeitsklassen

Summiert man dagegen die Häufigkeiten innerhalb größerer Temperatur-Klassen (10°-Klassen) und stellt sie in Abhängigkeit von den Windstärken dar, dann erhält man den Inhalt von Bild B3-28. Trotz der logarithmischen Darstellung für die Häufigkeiten ist die starke Differenzierung zwischen den 6 gewählten Temperatur-Klassen deutlich erkennbar. In der Klasse der extremen Temperaturen sind während sehr kalter Tage die windschwachen Situationen am häufigsten, während sehr heißer Tage sind es schwache Winde um 2 m/s. Mit den allgemeinen Aussagen vorstehender Art ist man vertraut, Tabellenwerte bzw. Bilder der vorstehenden Art quantifizieren dies für die Anwendung.

B3.6 Strahlung

B3.6.1 Abhängigkeit der Strahlung von der Trübung der Atmosphäre

In Abschn. B2.2 wurde die Schwächung der Strahlung durch die Trübung der Atmosphäre mittels des Linke-Trübungsfaktors T_L berücksichtigt. Betroffen sind sowohl die direkte als auch die diffuse Sonnenstrahlung. Die Strahlungsschwächung hängt jedoch zusätzlich und primär von der Länge des Strahlwegs in der Atmosphäre, d. h. von der relativen optischen Luftmasse $m(\gamma_s)$ ab. Eine Darstellung dieser Zusammenhänge, die sich wegen der Darstellung über der Sonnenhöhe γ_s für jede geographische Breite anwenden läßt, ist in Bild B3-29 wiedergegeben. Als Bei-

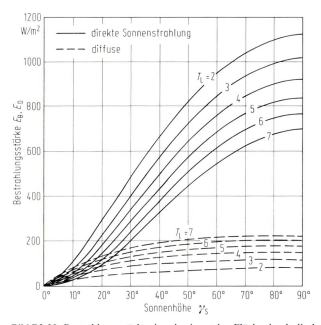

Bild B3-29. Bestrahlungsstärke einer horizontalen Fläche durch direkte (E_B) und diffuse Sonnenstrahlung (E_D) in Abhängigkeit von der Sonnenhöhe γ_s für einen weiten Bereich von Linke-Trübungsfaktoren T_L (vergl. Bild B4-3)

Tabelle B3-13. Direkte (E_B) und diffuse (E_D) Sonnenstrahlung sowie Globalstrahlungsstärke (E_G) in Abhängigkeit von der Trübung der Atmosphäre für einen Julitag in 50° Breite (in W/m²)

T_L	2	3	4	5	6	7
E_B	979	879	780	707	636	571
E_D	71	111	143	171	196	214
E_G	1050	990	923	878	832	785

spiel diene ein Tag zur Mittagszeit Anfang Juli in $\varphi = 50°$ geographischer Breite. Die Sonnenhöhe γ_s ergibt sich mit der Sonnendeklination $\delta = 23°$ aus der Gleichung $\gamma_S = (90-\varphi)+\delta$ zu $\gamma_s = 63°$. Dem Bild oder der Tabelle B3-13 entnimmt man die Werte für die Bestrahlung einer horizontalen Fläche (DIN-Norm 5034, Teil 2).

Mit wachsender Trübung nimmt die direkte Sonnenstrahlung prozentual stärker ab, als die diffuse Sonnenstrahlung, die infolge der verstärkten (Vorwärts-)Streuung zunächst zunimmt.

Den Einfluß der Trübung der Atmosphäre auf den Tagesgang der direkten Normalstrahlung E_I veranschaulicht Bild B3-30. Unter den gleichen Bedingungen des vorherigen Beispiels ergeben sich die Tagesgänge der Abbildung. Eine zahlenmäßige Diskrepanz zwischen beiden Bildern für den Mittag (80 W/m² einheitlich für alle T_L) erklärt sich daraus, daß die Werte von Bild B3-29 auf eine horizontale Fläche bezogen sind (E_B) und diejenigen von Bild B3-30 auf eine solche, die stets senkrecht zur Einfallsrichtung der Strahlung gerichtet ist (E_I).

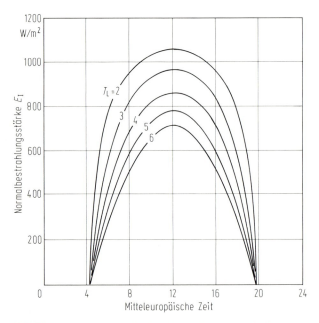

Bild B3-30. Tagesgang der direkten Normalstrahlung E_I (!) für einen heiteren Julitag in 50° geographischer Breite in Abhängigkeit vom Linke-Trübungsfaktor T_L

B3.6.2 Mittlere Tages- und Jahresgänge

Von besonderem Interesse sind beobachtete Tagesgänge der Strahlungsanteile für verschiedene Orte über viele Jahre unter natürlichen Bedingungen, d. h. unter Berücksichtigung der lokalen Bewölkungsverhältnisse. Die Globalbestrahlungsstärke E_B auf horizontale Flächen in den Monaten Januar und Juli ist für die Städte Berlin, Hamburg und München als Tagesgang in Bild B3-31 dargestellt. Die Unterschiede sind im ganzen Zeitraum zwischen Vormittag und Nachmittag erheblich. Die Maximalwerte um Mittag im Juli (500–600 W/m²) sind im Vergleich mit dem Wert aus Bild B3-30 (862 W/m² bei Annahme eines Trübungsfaktors $T_L = 4$ und unter völlig bewölkungsfreien Verhältnissen) deutlich kleiner. Auch die Unterschiede zwischen München und Hamburg im Januar sind relativ gesehen recht groß.

Überraschende Resultate ergeben sich für die Tagesgänge der Bestrahlungsstärken auf verschieden orientierten Wänden (unter völlig bewölkungsfreien Bedingungen). Bild B3-32 gibt das klassische Beispiel für einen Julitag in 50° geographischer Breite für $T_L = 4$. Der diffusen Sonnenstrahlung $E_{D,F}$ ist die direkte Sonnenstrahlung $E_{B,F}$ überlagert. Zum Vergleich findet sich in dem Bild noch die Globalbestrahlungsstärke E_G auf eine horizontale Fläche.

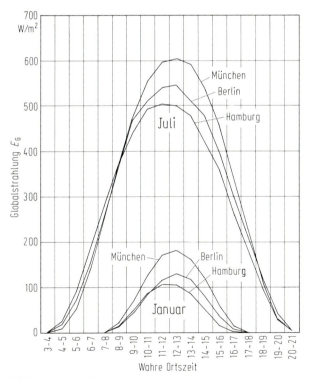

Bild B3-31. Globalbestrahlungsstärke auf einer horizontalen Fläche für die Städte Berlin, Hamburg und München für die Monate Januar und Juli

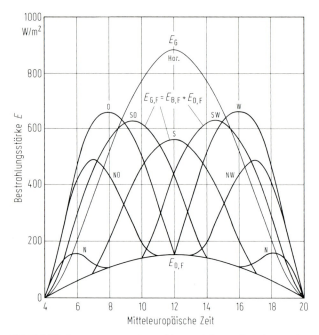

Bild B3-32. Tagesgänge von Bestrahlungsstärken auf Außenwände unterschiedlicher Orientierung. Der für alle Außenwände gleichen Bestrahlung durch diffuse Sonnenstrahlung ($E_{D,F}$) ist die von der Wandorientierung abhängige direkte Sonnenstrahlung ($E_{B,F}$) überlagert und ergibt die Globalbestrahlungsstärke ($E_{G,F}$). Diese ist im Bild zu der Globalbestrahlungsstärke auf einer horizontalen Fläche (E_G) in Beziehung gesetzt. Zugrundegelegt ist ein Julitag in 50° geographischer Breite und ein Linke-Trübungsfaktor $T_L = 4$ (vergl. hierzu die genaueren Betrachtungen in Abschn. 3.4)

Für eine horizontale Fläche, und mehr noch für eine geneigte Fläche, hat die Gesamtstrahlungsbilanz ΔG die größte praktische Bedeutung. Für eine horizontale Fläche schreibt man

$$\Delta G = \Delta E + \Delta M = E_G - E_R + M_A - M_E \ .$$

Dabei bedeuten E_R, M_A und M_E die kurzwellige Reflexstrahlung, die langwellige Gegenstrahlung der Atmosphäre und die langwellige Ausstrahlung der Fläche (Erdoberfläche). Die langwellige Strahlungsbilanz ist in der Regel negativ: $\Delta M = M_A - M_E < 0$. Bild B3-33 zeigt einen typischen Tagesgang aller an der Strahlungsbilanz beteiligten Strahlungskomponenten.

Hinsichtlich der Jahresgänge der Strahlungsanteile sind die Tagessummen der Strahlung beispielsweise für die Ermittlung des Jahres-Heizenergiebedarfs von großem Interesse. In Abschn. B2.2 wurde der Begriff der Tagessumme für die extraterrestrische Sonnenstrahlung mit H_0 bezeichnet. Analog würde man die Tagessummen von E_B, E_D und E_G mit H_B, H_D und H_G bezeichnen. Sie haben die Dimension Wh/m² = 3,6 kJ/m². Bild B3-34 zeigt die Jahresgänge der Monatsmittel der Tagessummen von Globalbestrahlungsstärke und diffuser Sonnenstrahlung für die bekannten Modellatmosphären unterschiedlichen Trübungsgrades.

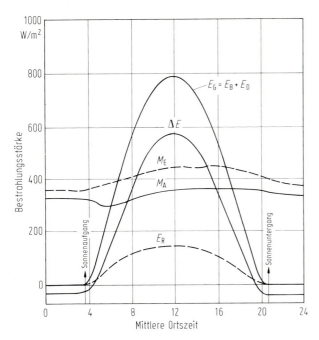

Bild B3-33. Tagesgang der Anteile der Strahlungsbilanz am 5.6.1954 in Hamburg. Kurzwellige Reflexstrahlung E_R und langwellige Ausstrahlung der Erdoberfläche sind negativ zu denken. Die Reflexstrahlung reduziert die Globalbestrahlungsstärke auf die kurzwellige Strahlungsbilanz (ΔE), die langwellige Strahlungsbilanz $\Delta M = M_A - M_E$ ist negativ und wird als effektive langwellige Ausstrahlung bezeichnet [35]

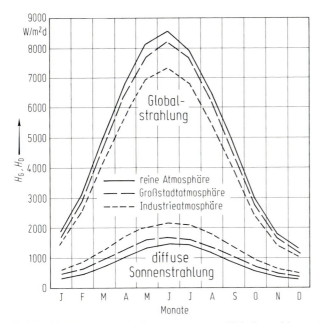

Bild B3-34. Jahresgänge der Tagessummen von Globalbestrahlungsstärke (H_G) und diffuser Sonnenstrahlung (H_D) für die drei Modellatmosphären

94   B Außenklima

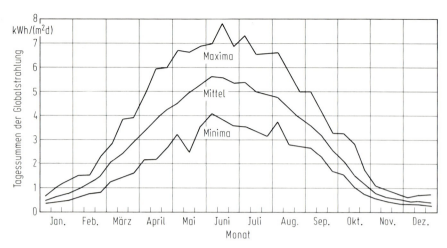

Bild B3-35. Mittlere und extreme Dekadenmittel der Tagessummen H_G der Globalbestrahlungsstärke für Potsdam im Jahresgang. Zeitraum 1951–1975

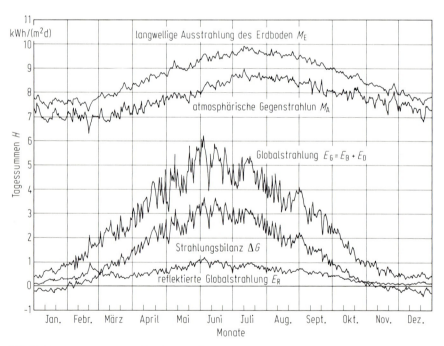

Bild B3-36. Jahresgang der zehnjährigen Mittel (1955–1964) der Tagessummen der Strahlungsbilanz und ihrer Anteile. Hier gilt auch das bei Bild B3-33 Gesagte hinsichtlich der Richtungen der Strahlungsströme [35]

Reale Verhältnisse für Potsdam zeigt Bild B3-35. Hier sind neben den aus vieljährigen Beobachtungen ermittelten mittleren Tagessummen der Globalbestrahlungsstärke auch diejenigen der mittleren Monatsmaxima und der Monatsminima angegeben. Außerdem sind hier anstelle von Monatsmitteln Dekadenmittel verwendet worden.

Abschließend werden die Jahresgänge der Tagessummen aller an der Strahlungsbilanz auf einer horizontalen Fläche beteiligten Strahlungsanteile in Bild B3-36 dargestellt. Hier wird nochmals deutlich, daß die langwellige Strahlungsbilanz negativ ist.

B3.6.3 Bedeckungsgrad und Sonnenscheindauer

In Bild B2-10 wurde der Jahresgang von Bewölkung und tatsächlicher Sonnenscheindauer für Karlsruhe wiedergegeben. Ähnliche Darstellungen ergeben sich für andere Stationen und zeigen die zu erwartende starke gegenseitige Abhängigkeit beider Klimaelemente. Wegen der starken zeitlichen Variabilität des Bedeckungsgrades B enthält die DIN-Norm 4710 (Tabelle 10) lediglich Häufigkeitsverteilungen des Bedeckungsgrades für die Monate und das Jahr für die in der DIN-Norm angesprochenen Stationen. Mittlere Tagesgänge der Bewölkung kann man jedoch indirekt über die Angaben der Sonnenscheindauer der Tabelle 9 der DIN-Norm entnehmen. Zum Verständnis der dort angegebenen Zahlen und des folgenden Bildes B3-37 muß eine Erklärung gegeben werden. Beispielsweise werde im Monat Juni die Stunde 14 – 15 h WOZ für Mannheim betrachtet. Bei 30 Tagen des Monats Juni wären insgesamt 30 h Sonnenscheindauer in diesem Zeitintervall möglich. Die in der Tabelle angegebene Zahl 16,2 h gibt die Summe der tatsächlichen Sonnenscheindstunden in diesem Monat und in diesem Zeitintervall an. Drückt man die Zahlen der o. a. Tabelle in Minuten pro Stunde Tageszeit aus, dann ergibt sich die Darstellung des folgenden Bildes B3-37. Unter Berücksichtigung der realen Trübungs- und Bewölkungsverhältnisse scheint die Sonne beispielsweise zwischen 10.00 und 11.00 Uhr im Juni etwas mehr als 35 Minuten. Diese Darstellung schlüsselt die Werte der täglichen Sonnenscheindauer sinnvoll auf und eröffnet den Zugang zu Tagesgängen der mittleren Sonnenscheindauer.

Eng verwandt mit dieser Darstellung ist die folgende Isoplethendarstellung der relativen Sonnenscheindauer $S'_{rel}\%$, aus der man Tagesgänge für jeden Monat bzw. Jahresgänge für jede Tagesstunde, hier für Karlsruhe, entnehmen kann. Ein Jahresgang der relativen Sonnenscheindauer, ebenfalls für Karlsruhe, findet sich in Bild B4-2.

Abschließend sollen in diesem Zusammenhang Jahresgänge des Bedeckungsgrades B für Hamburg, Mannheim und München miteinander verglichen werden. Bild B3-39 unterscheidet die drei gebräuchlichen Bedeckungsgradklassen heiter, bewölkt und trübe. Es überrascht die im Mittel geringe Zahl der heiteren Tage sowie die im Vergleich dazu große Zahl der trüben Tage selbst im Sommerhalbjahr. Die Situation in Hamburg tritt durch einen besonders hohen Bewölkungsanteil deutlich hervor.

Der Bedeckungsgrad übt einen großen Einfluß sowohl auf die direkte als auch auf die diffuse Sonnenstrahlung aus. Dabei ist die Sonnenhöhe γ_s ein wichtiger

96   B Außenklima

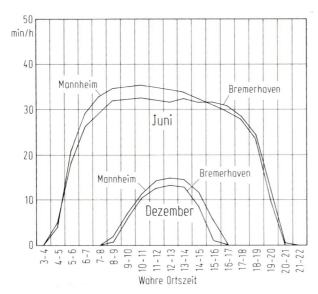

Bild B3-37. Tagesgänge der mittleren Sonnenscheindauer in Minuten pro Tagesstunde für Bremerhaven und Mannheim im Juli und Dezember

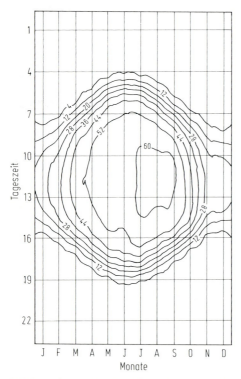

Bild B3-38. Isoplethendarstellung der relativen Sonnenscheindauer S'_{rel} für Karlsruhe (vergl. Bild B2-10)

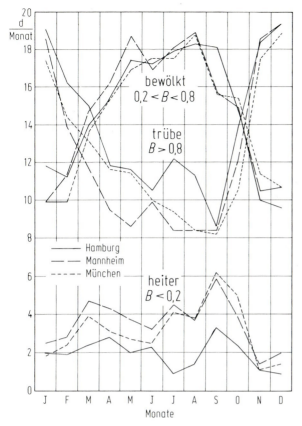

Bild B3-39. Jahresgänge von drei Klassen des Bedeckungsgrades B für die Städte Hamburg, Mannheim und München

Einflußparameter: Betrachtet man die Verhältnisse im statistischen Mittel (Jahresmittel), dann ergeben sich für Hannover die Werte des Bildes B3-40. Generell nimmt natürlich die direkte Sonnenstrahlung E_B mit wachsendem Bedeckungsgrad stark ab, wie es Bild B3-40a zeigt. Man kann dies dem Bild auch quantitativ entnehmen. Die diffuse Sonnenstrahlung E_D zeigt ein interessantes, wenn auch zu erwartendes Verhalten: Für alle Sonnenhöhen ab 20–30° verstärkt die Bedeckung die diffuse Sonnenstrahlung, bei großen Sonnenhöhen bis auf das Doppelte im Vergleich mit dem unbewölkten Himmel (Bild B3-40b). Das Mittel über alle Sonnenhöhen (Bild B3-40c) zeigt dieses Verhalten ebenfalls; zusätzlich ist die zugehörige Globalstrahlung eingetragen [28].

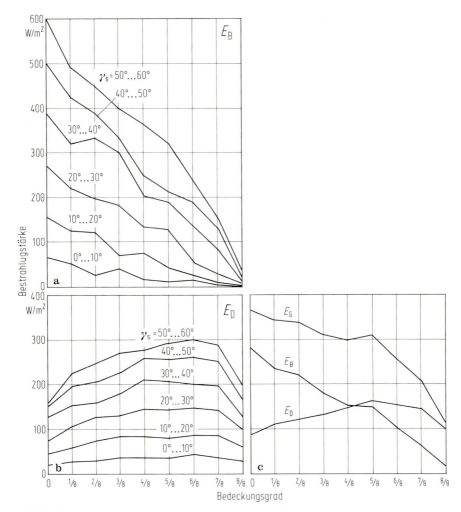

Bild B3-40 a–c. Abhängigkeit von direkter (a) und von diffuser Sonnenstrahlung (b) vom Bedeckungsgrad B und von der Sonnenhöhe γ_s im Jahresmittel für Hannover sowie Mittel (c) über alle Sonnenhöhen in Abhängigkeit vom Bedeckungsgrad

B 4 Modelle für Klimadaten eines Ortes

B4.1 Einführung

Gegenwärtig steht in der Meteorologie und Klimatologie das Problem der Vorhersage von möglichen Veränderungen des natürlichen globalen Klimas durch Aktivitäten des Menschen im Mittelpunkt der Forschung. Die bisherigen Vorhersagen von möglichen Klimaänderungen, verursacht etwa durch den Treibhauseffekt, basieren auf Rechnungen, die mit Hilfe von deterministischen mathematisch-physikalischen Modellen für die globale Zirkulation des gekoppelten Systems Atmosphäre + Ozeane angestellt werden. Moderne Rechenanlagen simulieren den zeitlichen Ablauf des atmosphärischen Geschehens um den Faktor 10^5 schneller, als er in der Natur abläuft. Man könnte sich denken, daß es mittels derartiger Modelle möglich sein müßte, für jeden Ort auf der Erde vieljährige Zeitreihen der Klimaelemente modellmäßig zu errechnen. Aus diesen Zeitreihen ergäben sich dann alle statistischen Daten, die das Klima eines Ortes charakterisieren und damit auch die Klimadaten für jeden denkbaren Anwendungszweck. Der vorliegende Teil B, Außenklima, würde sich dann auf den Hinweis reduzieren, daß der Anwender sich mit einem Klimarechenzentrum in Verbindung setzen möge.

Von dieser Möglichkeit ist man jedoch noch weit entfernt. Dabei spielt nicht nur die geringe räumliche Auflösung der Modelle (Gitterpunktabstand 250 km) eine Rolle, die durch die immer noch begrenzte Rechenkapazität der modernsten Rechenanlagen bestimmt wird, sondern vor allem die Tatsache, daß die Simulation vieler physikalisch wichtiger Prozesse, insbesondere derjenigen, die mit Strahlungsvorgängen zusammenhängen, nicht so zuverlässig durchgeführt werden kann, wie dies für die Lösung eines derartig komplexen Problems erforderlich wäre. Es bestehen sogar Zweifel, ob angesichts der extrem nichtlinear ablaufenden Prozesse (prinzipielle Unvorhersagbarkeit des Chaos) dieses Verfahren für den angestrebten Zweck überhaupt anwendbar ist.

Verfahren der deterministischen mathematisch-physikalischen Simulation haben sich jedoch auf vielen anderen Gebieten der Meteorologie mit großem Erfolg durchgesetzt. Die numerische Wettervorhersage für Zeiträume bis knapp 5 Tage im voraus (vom fünften Tag an setzt sich anscheinend das deterministische Chaos in nichtlinearen Systemen durch) ist heute die Standardmethode der Wettervorhersage in aller Welt. Aber auch die Errechnung der Eigenschaften der planetarischen Grenzschicht aus den Bedingungen, die durch die großräumige Wetterlage gegeben werden, die Simulation der Ausbreitung von Schadstoffen in Bodennähe u.a.m. bilden Beispiele erfolgreicher Anwendung dieser Methode.

Neben der Modellierung auf mathematisch-physikalischer Grundlage spielen zunehmend Modelle eine Rolle, die unmittelbar von den meteorologisch-klimatologischen Daten ausgehen. Dabei kommen Methoden der modernen Zeitreihenanalyse zur Anwendung [21]. Auch in der Heiz- und Raumlufttechnik spielt die Methode der modellmäßigen Simulation des Betriebsverhaltens von Gebäuden eine große Rolle, wobei Modelle für das Außenklima der Gebäude benötigt werden.

Deshalb möge im folgenden exemplarisch ein Beispiel für die mathematisch-physikalische Modellierung eines Klimaelements, nämlich des mittleren Tagesganges der Bestrahlung (kurzwellig und langwellig) an geneigten Flächen angeführt werden.

B4.2 Modellierung mittlerer Tagesgänge der Bestrahlung an geneigten Flächen

B4.2.1 Modellierung der kurzwelligen Strahlungsbilanz

Bei Abwesenheit der Atmosphäre ist das Problem der Bestimmung von Tagesgängen der Bestrahlungsstärke an geneigten Flächen gemäß den Ausführungen in Kap. B2 leicht zu lösen. Die Gln. (B2-11) und (B2-12) für die Bestrahlungsstärke durch direkte extraterrestrische Sonnenstrahlung auf geneigten Flächen schreiben sich mit $E_B = E_0 \sin \gamma_s$

$$E_{B,F} = \cos \zeta_{s,F} E_0 = (\sin \gamma_{s,F} / \sin \gamma_s) E_B$$
$$= \{\cos \gamma_F \sin \gamma_s + \sin \gamma_F \cos \gamma_s \cos (|\alpha_s - \alpha_F|)\} E_0 \; . \quad (B4\text{-}1)$$

Dabei werden die Sonnenkoordinaten γ_s und α_s durch Gl. (B2-2) und Gl. (B2-4) als Funktionen des Stundenwinkels ω und des Tages J errechnet. Man erhält somit unter zusätzlicher Berücksichtigung des vom Tag J abhängigen Exzentrizitätsfaktors $(\bar{R}/R)^2$ nach Gl. (B2-10) für jeden Tag des Jahres den Tagesgang der extraterrestrischen Bestrahlungsstärke $E_{B,F} = E_{B,F}(\omega, J)$.

Die Anwesenheit der Atmosphäre führt, wie ausgeführt wurde, zu Streu- und Absorptionsprozessen innerhalb der Atmosphäre, zu Reflexion von Strahlung an der Erdoberfläche (und an Gebäuden) und außerdem zu langwelligen Strahlungswechselwirkungen zwischen Erdoberfläche (und Gebäuden) und Atmosphäre (s. Bild B1-3). Zu der zeitlich variablen Trübung der Atmosphäre tritt noch der Einfluß der oft noch stärker variablen Bewölkung.

Bei Anwesenheit der Atmosphäre gilt für die Bestrahlungsstärke durch direkte Sonnenstrahlung anstelle von Gl. (B4-1)

$$E_{B,F} = \cos \zeta_{s,F} E_I = (\sin \gamma_{s,F} / \sin \gamma_s) E_B$$
$$= \{\cos \gamma_F \sin \gamma_s + \sin \gamma_F \cos \gamma_s \cos (|\alpha_s - \alpha_F|)\} E_I \; , \quad (B4\text{-}2)$$

wobei hier $E_B = E_I \sin \gamma_s$ und $E_I = \tau(\gamma_s) E_0$ sind.

Die kurzwellige Strahlungsbilanz an der geneigten Fläche enthält neben der direkten ($E_{B,F}$) und der diffusen Sonnenstrahlung ($E_{D,F}$) noch einen Strahlungsenergiegewinn $E_{R,U}$ durch kurzwellige Reflexstrahlung aus der Umgebung sowie einen Strahlungsenergieverlust $E_{R,F}$ dadurch, daß die einfallende Globalbestrahlungsstärke teilweise von der Fläche reflektiert wird.

Zur Diskussion steht somit als Gleichung für die kurzwellige Strahlungsbilanz

$$\Delta E_F = E_{B,F} + E_{D,F} - E_{R,F} + E_{R,U} = E_{G,F} - E_{R,F} + E_{R,U} \; .$$

Jedes einzelne Glied der rechten Seite erfordert eine besondere Behandlung. Dabei geht man stets von den Verhältnissen bei der Bestrahlung von horizontalen Flächen aus. Die Verallgemeinerung für den Fall einer geneigten Fläche war für die direkte Sonnenstrahlung bereits in Abschn. B2.2 vorgezeichnet worden.

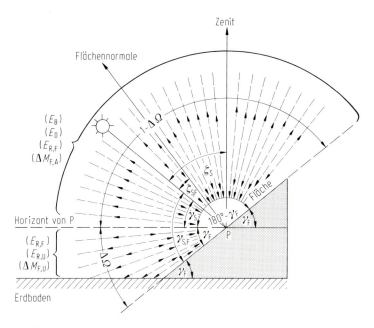

Bild B4-1. Das Zustandekommen der Gesamtstrahlungsbilanz an einer geneigten Fläche: Aus dem Raumwinkel $\Delta\Omega$ unterhalb des Horizonts des Aufpunktes P findet Reflexstrahlungswechselwirkung kurzwelliger Strahlung statt und zusätzlich Wechselwirkung langwelliger Ausstrahlung von Fläche und Umgebung. Im Raumwinkel $1-\Delta\Omega$ oberhalb des Horizonts von P fällt direkte und diffuse Sonnenstrahlung ein, ein Teil davon wird an der Fläche reflektiert und es kommt außerdem die Differenz zwischen langwelliger Ausstrahlung der Fläche und langwelliger Gegenstrahlung der Atmosphäre zum Tragen

Die kurzwellige Strahlungsbilanz an einer horizontalen Fläche ist durch die Differenz zwischen der Globalbestrahlungsstärke E_G und der an der Fläche reflektierten Strahlung E_R, d. h. durch $\Delta E = E_G - E_R$ gegeben. Eine Strahlungswechselwirkung mit der Umgebung findet nicht statt (Strahlungswechselwirkung mit nahen Gebäuden wird hier nicht betrachtet). Die kurzwellige Reflexstrahlung E_R an der Fläche setzt man der Globalbestrahlungsstärke proportional. Bezeichnet r_s den kurzwelligen Reflexionsgrad der horizontalen Fläche, dann ist $E_R = r_s E_G$, und es ergibt sich für die kurzwellige Strahlungsbilanz

$$\Delta E = E_G - E_R = (1-r_s)E_G = (1-r_s)(E_B + E_D) \ .$$

Man kann sich somit auf die Ermittlung des Tagesganges der Globalbestrahlungsstärke E_G beschränken.

Sowohl E_B als auch E_D hängen für die Zeit ω eines Tages J von der Trübung T_L und vom Bedeckungsgrad B ab. Diese Abhängigkeit wird im folgenden, wo es erforderlich scheint, ausführlich angegeben. Es ist also $E_B = E_B(\omega, J, T_L, B)$, $E_D = E_D(\omega, J, T_L, B)$. Wolkenlose Verhältnisse werden durch B_0 gekennzeichnet, die Abhängigkeit vom Stundenwinkel ω wird oft auch als äquivalente Abhängigkeit von der Sonnenhöhe γ_s geschrieben.

Zunächst wird der Einfluß der Trübung allein, d.h. der wolkenlose Himmel, betrachtet. In Abschn. B2.2 war die Abhängigkeit der direkten Sonnenstrahlung (E_B) auf eine horizontale Fläche in Bodennähe von der Trübung der Atmosphäre behandelt worden. Faßt man das dort Gesagte zusammen, dann ergibt sich

$$E_B = \sin \gamma_s E_I = \sin \gamma_s \tau(\gamma_s) E_0 = \sin \gamma_s \exp\left[-\delta_R(0,m) T_L(\gamma_s)\right] E_0 \qquad \text{(B4-3)}$$

mit $E_0 = (\bar{R}/R)^2 \bar{E}_0$ und den Gln. (B2-17) für $\delta_R(0,m)$ und $T_L(\gamma_s)$. Da Gl. (B2-2) für eine geographische Breite φ und für einen bestimmten Tag J (charakterisiert durch die Sonnendeklination δ) den Stundenwinkel ω und die Sonnenhöhe γ_s miteinander verknüpft, ist es zweckmäßig, zuerst den Tagesgang der Sonnenhöhe und daraus dann den Tagesgang der Bestrahlungsstärke E_B durch die direkte Sonnenstrahlung zu berechnen. Gleichung (B4-3) liefert dann bereits zusammen mit Gl. (B4-2) die Lösung dieses Problems, sogar schon für die geneigte Fläche.

Beachtet man, daß in den Gln. (B2-17) der Trübungsfaktor $T_L(0)$ für senkrechten Strahlungseinfall von den speziellen Bedingungen eines Tages im Jahr abhängt, dann schreibt man in den Gln. (B2-17) ausführlicher $T_L(\gamma_s, J)$ und $T_L(0,J)$. Sieht man von extremen Luftmassenwechseln während eines Tages ab, dann hat $T_L(0,J)$ die Bedeutung eines Tagesmittelwertes des Trübungsfaktors $T_L(\gamma_s, J)$.

Sei weiterhin $\bar{T}_L$ der Jahresmittelwert von $T_L(0,J)$, dann ist ein typischer Jahresgang gegeben durch [3, 35]

$$T_L(0,J) = \bar{T}_L (0{,}733 + 0{,}00432\, J - 0{,}0000117\, J^2) \,. \qquad \text{(B4-4)}$$

Das Maximum $\hat{T}_L(0,J) = 1{,}132\, \bar{T}_L$ wird für $J = 185$, d.h am 4. Juli, angenommen, der kleinste Wert $\check{T}_L(0,J) = 0{,}75\, \bar{T}_L$ tritt um die Jahreswende auf. Die Jahresmittelwerte $\bar{T}_L$ sowie die größten und kleinsten Werte verschiedener Regionen sind in Einklang mit Beobachtungen: Für die reine doch feuchte Atmosphäre ist $\bar{T}_L = 3{,}0$, $\hat{T}_L(0,J) = 3{,}4$, $\check{T}_L(0,J) = 2{,}2$, für die Großstadtatmosphäre ist $\bar{T}_L = 3{,}5$, $\hat{T}_L(0,J) = 4{,}0$, $\check{T}_L(0,J) = 2{,}6$ und für die Industrieatmosphäre $\bar{T}_L = 5{,}1$, $\hat{T}_L(0,J) = 5{,}8$, $\check{T}_L(0,J) = 3{,}9$. Andere Darstellungen finden sich in [2, 26]. Aus typischen Jahresgängen des Trübungsfaktors dieser Art gewinnt man die Tagesmittel $T_L(0,J)$ für die Berechnung von Tagesgängen der Bestrahlungsstärke $E_B(\gamma_s, J, B_0)$ durch die direkte Sonnenstrahlung aus Gl. (B4-3) unter den Bedingungen eines wolkenlosen Himmels (Bedeckungsgrad $B = B_0 = 0$).

Die durch die diffuse Sonnenstrahlung bewirkte Bestrahlungsstärke E_D auf einer horizontalen Fläche setzt man für den unbewölkten Himmel als proportional zur Bestrahlungsstärke $E_B(\gamma_s, J, B_0)$ der direkten Sonnenstrahlung bei unbewölktem Himmel an:

$$E_D(\gamma_s, J, B_0) = C_D(\gamma_s, J) E_B(\gamma_s, J, B_0) \,. \qquad \text{(B4-5)}$$

Hierbei wird das Himmelsgewölbe hinsichtlich der diffusen Strahlung zunächst als isotrop angesehen, d.h. aus allen Richtungen kommt die gleiche diffuse Strahlung.

Die Begründung für diesen Ansatz läßt sich folgendermaßen formulieren: Man betrachtet vertikale Strahlungsströme (auf horizontalen Flächen). Die Absorption innerhalb der Atmosphäre schwächt die einfallende extraterrestrische Sonnenstrahlung E_0 durch den Anteil E_A. Zur Verfügung steht danach für den Erdboden nur noch der vertikale Strahlungsstrom $(E_0-E_A)\sin\gamma_s$. Dieser erzeugt die Bestrahlungsstärke E_B am Erdboden und diffuse Sonnenstrahlung E_D innerhalb der Atmosphäre sowohl nach oben als auch nach unten. Beide Anteile werden als gleich angesehen. Dann ist die Strahlungsenergiebilanz in Anlehnung an die Betrachtungen des Abschn. B1.3.1 gegeben durch

$$(E_0-E_A)\sin\gamma_s = E_B + 2E_D \ . \tag{B4-6}$$

Bezeichnet $\tau_A(\gamma_s, T_L)$ (in der Literatur q_a^m) den Transmissionsgrad allein hinsichtlich Absorption gemäß der Gleichung $E_0-E_A = \tau_A(\gamma_s)E_0$, dann ergibt sich aus Gl. (B4-6) mit $E_B = t(\gamma_s)\sin\gamma_s E_0$ ($\tau_A(\gamma_s) > \tau(\gamma_s)$) zunächst

$$E_D = 0{,}5\,[\tau_A(\gamma_s)/\tau(\gamma_s) - 1]\,E_B \ .$$

In der Strahlungsforschung zeigte sich, daß zwecks Anpassung an vorhandene Messungen ein zusätzlicher Streuungskorrekturfaktor $f_1(\gamma_s, T_L)$ angebracht werden muß [26]. Das führt dann zu der allgemein akzeptierten Form (die Abhängigkeit von T_L ist nicht extra ausgeschrieben)

$$E_D = 0{,}5 f_1(\gamma_s)[\tau_A(\gamma_s)/\tau(\gamma_s) - 1]\,E_B = C_D(\gamma_s)\,E_B \ . \tag{B4-7}$$

Da der Transmissionsgrad $\tau(\gamma_s)$ im Zusammenhang mit Gl. (B4-3) bereits berechnet worden war, verbleibt als Unbekannte der Transmissionsgrad $\tau_A(\gamma_s)$ bezüglich Absorption. Die Anpassung an vorhandene Messungen führt für $\tau_A(\gamma_s)$ zu der empirischen Formel

$$\tau_A(\gamma_s) = (a_0 + a_1\gamma_s + a_2\gamma_s^2 + a_3\gamma_s^3 + a_4\gamma_s^4 + a_5\gamma_s^5)(a + b\,T_L(\gamma_s)) \ , \tag{B4-8}$$

wobei γ_s in Grad einzusetzen ist. Die Koeffizienten sind (s. Tabelle B4-1):

Tabelle B4-1. Koeffizienten der empirischen Formel für den Transmissionsgrad $\tau_A(\gamma_s)$ [2]

$a_0 = 1{,}294$	$a_1 = 2{,}4417 \times 10^{-2}$	$a_2 = -3{,}9730 \times 10^{-4}$
$a_3 = 3{,}8034 \times 10^{-6}$	$a_4 = -2{,}2145 \times 10^{-8}$	$a_5 = 5{,}8332 \times 10^{-11}$
$a = 0{,}506$	$b = -1{,}0788 \times 10^{-2}$	

Für τ_A wie auch für f_1 finden sich in [26] entsprechende Tabellen. Ergänzend zu Gl. (B4-8) soll auch für f_1 die empirische Formel angegeben werden [26]:

$$f_1 = \sum a_n \gamma_s^n + (T_L(\gamma_s) - 5)\sum b_n \gamma_s^n \ . \tag{B4-9}$$

Die Summationen erstrecken sich von $n = 0$ bis $n = 5$, γ_s ist wieder in Grad einzusetzen und die zugehörigen Koeffizienten sind hier (s. Tabelle B4-2).

Der Tagesgang der Globalbestrahlungsstärke für den unbewölkten Himmel ergibt sich als Summe von Gln. (B4-3) und (B4-7) zu $E_G = E_B + E_D = (1 + C_D)E_B$.

Die vorstehende Modellierung der Bestrahlung von horizontalen Flächen durch direkte und diffuse Sonnenstrahlung liefert die Grundlage für eine Vielzahl von wichtigen Anwendungen. Deshalb sollen die Ergebnisse des Modells für den unbewölkten Himmel und für die wichtigsten Linke-Trübungsfaktoren T_L in den fol-

Tabelle B4-2. Koeffizienten der empirischen Formel für den Korrekturfaktor $f_1(\gamma_s)$

n	a_n	b_n
0	$9{,}272 \times 10^{-1}$	$-1{,}9043 \times 10^{-1}$
1	$1{,}850 \times 10^{-2}$	$1{,}8226 \times 10^{-2}$
2	$-5{,}377 \times 10^{-4}$	$-6{,}0133 \times 10^{-4}$
3	$5{,}512 \times 10^{-6}$	$1{,}1015 \times 10^{-5}$
4	$-1{,}502 \times 10^{-8}$	$-1{,}0043 \times 10^{-7}$
5	$-3{,}816 \times 10^{-11}$	$3{,}5385 \times 10^{-10}$

genden Bildern zusammengestellt werden. Dabei ist es zweckmäßig, alle Rechengrößen auf die extraterrestrische Bestrahlungsstärke $E_0(J) = (\bar{R}/R(J))^2 \bar{E}_0$ einer zur Strahlung senkrechten Fläche zu beziehen. Im einzelnen sind dies:

$E_I/E_0 = \tau(\gamma_s)$ Transmissionsgrad

$E_B/E_0 = \tau(\gamma_s) \sin \gamma_s$ Relative Bestrahlungsstärke durch die direkte Sonnenstrahlung

$E_D/E_0 = \tau(\gamma_s) \sin \gamma_s C_D(\gamma_s)$ Relative Bestrahlungsstärke durch die diffuse Sonnenstrahlung

$E_G/E_0 = \tau(\gamma_s) \sin \gamma_s (1 + C_D(\gamma_s))$ Relative Globalbestrahlungsstärke

$E_D/E_B = C_D(\gamma_s)$ Verhältnis von diffuser und direkter Sonnenstrahlung

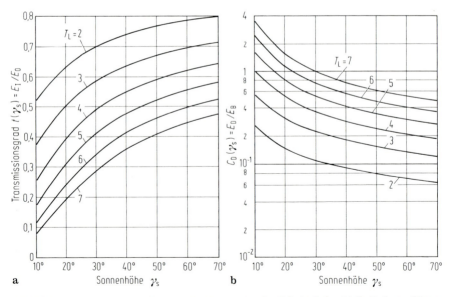

Bild B4-2. **a** Transmissionsgrad $\tau(\gamma_s) = E_I/E_0$ für den Bereich 2–7 des Linke-Trübungsfaktors $T_L(0)$ als Funktion der Sonnenhöhe γ_s; **b** Verhältnis der Bestrahlungsstärken E_D (diffus) zu E_B (direkt) auf eine horizontale Fläche als Funktion der Sonnenhöhe γ_s

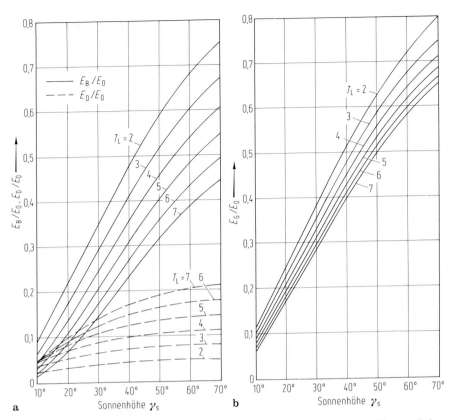

Bild B4-3. a Bestrahlungsstärken durch direkte (E_B) und diffuse (E_D) Sonnenstrahlung auf eine horizontale Fläche bezogen auf die extraterrestrische Normalstrahlung $E_0 = (\bar{R}/R)^2 \bar{E}_0$ als Funktionen der Sonnenhöhe γ_s; **b** Dasselbe für die Globalbestrahlungsstärke (E_G) (vergl. Bild B3-29)

Man erkennt, daß $\tau(\gamma_s)$ und der Faktor $C_D(\gamma_s)$, der die Absorptionsverhältnisse explizit berücksichtigt, für gegebene Sonnenhöhe γ_s und gegebene Trübung T_L das Strahlungsgeschehen beherrschen. Beide Größen sind in Bild B4-2 nebeneinander dargestellt. Multipliziert man die Ordinatenwerte der linken Seite des Bildes mit $E_0(J) = (\bar{R}/R(J))^2 \bar{E}_0$, dann erhält man die Bestrahlungsstärke E_I durch die direkte Sonnenstrahlung auf die zur Einfallsrichtung senkrechte Fläche. Die rechte Seite des Bildes gestattet die Bestimmung einer der beiden Größen E_B, E_D, wenn die andere bekannt ist. Man erkennt, daß die diffuse Sonnenstrahlung bei geringer Sonnenhöhe γ_s und größerer Trübung größer als die direkte Sonnenstrahlung werden kann. Die im Verhältnis außergewöhnlich geringe diffuse Sonnenstrahlung bei geringer Trübung überrascht nicht.

In Bild B4-3a sind die beiden Anteile der Globalbestrahlungsstärke und in Bild B4-3b die Globalbestrahlungsstärke selbst in relativen Einheiten dargestellt. Hier gilt das vorher Gesagte über die Ermittlung der Absolutwerte. Die Ordinate kann mit 100 multipliziert auch als prozentualer Anteil von E_0 aufgefaßt werden.

Die „Gegenläufigkeit" der Bestrahlungskomponenten in Abhängigkeit von der Trübung ist qualitativ verständlich, im Bild jedoch quantitativ nach heutigem Stand der Kenntnis zuverlässig wiedergegeben.

Gegenwärtig schenkt man der Anisotropie der diffusen Sonnenstrahlung in der atmosphärischen Strahlungsforschung große Beachtung. Ein einfaches Modell zur Berücksichtigung dieser Anisotropie ist das folgende: Derjenige Anteil, der aus der Umgebung der Sonne sowie aus horizontnahen Bereichen des Himmels stammt, wird dabei als direkte Strahlung aufgefaßt, der Rest als isotroper, aus allen Richtungen des Himmels stammender Anteil. Bezeichnet man als E_D^{direkt} den „gerichteten" Anteil und mit $E_D^{isotrop}$ den isotropen Anteil der diffusen Sonnenstrahlung, dann schreibt sich die Globalbestrahlungsstärke, die bei dieser Aufspaltung erhalten bleiben muß, formal

$$E_G = E_B + E_D = E_B + (E_D - E_D^{isotrop}) + E_D^{isotrop} .$$

Der mittlere Term wird als direkte Strahlung aufgefaßt und folgendermaßen geschrieben

$$E_D - E_D^{isotrop} = (1 - E_D^{isotrop}/E_D)E_D = (1-F)E_D = E_D^{direkt} \sin\gamma_s ,$$

wobei die Funktion $F = E_D^{isotrop}/E_D$ hier wie später im Fall der geneigten Fläche bereits allein die Berücksichtigung der Anisotropie der diffusen Sonnenstrahlung ermöglichen wird. In der Folge wird das Verhältnis

$$E_D^{direkt}/E_I = (1-F)E_D/E_I \sin\gamma_s = (1-F)E_D/E_B = (1-F)C_D$$

(unter Verwendung von $E_B = E_I \sin\gamma_s$) benötigt.

Es ergibt sich hiermit anstelle der bisher verwendeten Form $E_G = E_B + E_D$

$$E_G = (1 + E_D^{direkt}/E_I)E_B + FE_D ,$$

$$E_G = (1 + (1-F)C_D)E_B + FE_D \tag{B4-10}$$

mit einer anderen Wichtung der beiden Anteile von E_G. Das Verhältnis $C_D = E_D/E_B$ war durch Gl. (B4-7) mit den Gln. (B4-8,9) definiert worden (in Bild B4-2 dargestellt) und kann als bekannt angesehen werden. Unbekannt ist bisher der „Anisotropiefaktor" F. Dieser ist, wie so vieles in dieser Sparte der Strahlungsforschung, auf der Basis von Messungen ermittelt worden. Man findet die empirische Gleichung [2, 26]

$$F = \{a_{00} + a_{01}T_L(\gamma_s) + a_{02}T_L(\gamma_s)^2\} + \{a_{10} + a_{11}T_L(\gamma_s) + a_{12}T_L(\gamma_s)^2\}\gamma_s$$
$$+ \{a_{20} + a_{21}T_L(\gamma_s) + a_{22}T_L(\gamma_s)^2\}\gamma_s^2 . \tag{B4-11}$$

Die Sonnenhöhe γ_s ist in Grad einzusetzen, der Trübungsfaktor $T_L(\gamma_s)$ nach Gln. (B2-17) und die Koeffizienten gemäß Tabelle B4-3.

Tabelle B4-3. Koeffizienten der empirischen Formel für das Verhältnis von isotropem Anteil der diffusen Sonnenstrahlung zu dieser selbst

$a_{00} = 9{,}502 \times 10^{-1}$	$a_{01} = -2{,}485 \times 10^{-2}$	$a_{02} = 9{,}574 \times 10^{-4}$
$a_{10} = -1{,}340 \times 10^{-3}$	$a_{11} = -1{,}817 \times 10^{-3}$	$a_{12} = 9{,}282 \times 10^{-5}$
$a_{20} = -1{,}907 \times 10^{-5}$	$a_{21} = 1{,}673 \times 10^{-5}$	$a_{22} = -8{,}634 \times 10^{-7}$

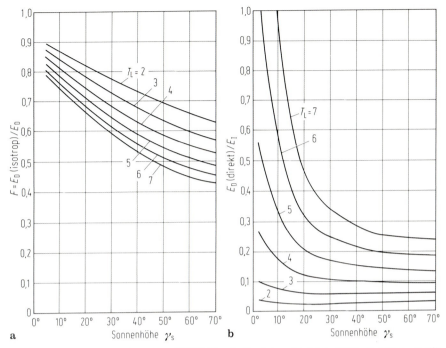

Bild B4-4. a Anisotropiefaktor $F = E_D^{isotrop}/E_D$ als Funktion des Linke-Trübungsfaktors $T_L(0)$ und der Sonnenhöhe γ_s; **b** Verhältnis von der als „direkt" interpretierten diffusen Sonnenstrahlung (E_D^{direkt}) auf eine Normalfläche zu der entsprechenden extraterrestrischen Strahlung E_I als Funktion des Linke-Trübungsfaktors $T_L(0)$ und der Sonnenhöhe γ_s

Bild B4-4a für die Funktion $F = E_D^{isotrop}/E_D$ läßt erkennen, wie sich der isotrope Anteil der diffusen Sonnenstrahlung mit der Sonnenhöhe und in Abhängigkeit vom Trübungsfaktor verändert. Bei großer Sonnenhöhe γ_s und großer Trübung wird etwa die Hälfte der diffusen Sonnenstrahlung abgezweigt und als „direkte Sonnenstrahlung" wirksam.

Das Verhältnis $E_D^{direkt}/E_I = (1-F)C_D$ ist zusätzlich sehr interessant. Es setzt die als direkte Strahlung interpretierte diffuse Sonnenstrahlung (auf einer Normalfläche) in Beziehung zu der direkten Sonnenstrahlung E_I auf einer solchen Fläche. Bild B4-4b stellt diese Größe dar. Bei größerer Trübung und kleinen Sonnenhöhen wird E_D^{direkt} durchaus vergleichbar mit E_I.

Im Vergleich mit den Ergebnissen, die in Bild B4-2 und B4-3 dargestellt wurden und die in der Regel als verbindlich für viele Anwendungen angesehen werden, führt die Berücksichtigung der Anisotropie der diffusen Sonnenstrahlung schon bei der Bestrahlung der horizontalen Fläche zu Unterschieden, die nicht zu vernachlässigen sind. Bei der Berechnung der Bestrahlung von geneigten Flächen erweisen sich diese Unterschiede jedoch als wesentlich. Das Verfahren der Aufspaltung der diffusen Sonnenstrahlung wird deshalb auf den Fall der Bestrahlung einer geneigten Fläche übertragen werden.

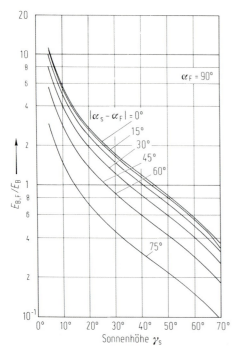

Bild B4-5. Verhältnis von Bestrahlungsstärke der direkten Sonnenstrahlung ($E_{B,F}$) auf eine senkrechte Wand zu derjenigen (E_B) auf eine horizontale Fläche als Funktion von Winkeldifferenz $|\alpha_s - \alpha_F|$ und Sonnenhöhe γ_s

Zunächst wird die Bestrahlung der geneigten Fläche durch die direkte Sonnenstrahlung etwas detaillierter betrachtet. Es ist nach Gl. (B4-2a)

$$E_{B,F} = \{\cos \gamma_F + \sin \gamma_F \cotan \gamma_s \cos(|\alpha_s - \alpha_F|)\} E_B \ . \tag{B4-2a}$$

Der Faktor von E_B, d. h. das Verhältnis $E_{B,F}/E_B$, ist in Bild B4-5 für eine senkrechte Wand dargestellt. Im Vergleich zur Bestrahlungsstärke E_B auf einer horizontalen Fläche kommt es bei niedrigem Sonnenstand und kleinen Winkeldifferenzen $|\alpha_s - \alpha_F|$ (Sonne voll „vor der Fläche") zu sehr großen Werten von $E_{B,F}$. Bei großer Sonnenhöhe kehren sich die Verhältnisse um.

Die Bestrahlungsstärke $E_{D,F}$ durch diffuse Sonnenstrahlung entstammt als Folge der Flächenneigung nicht dem gesamten Halbraum ($\Omega = 1$) wie bei einer horizontalen Fläche, sondern nur einem reduzierten Halbraum ($\Omega < 1$). Die Reduzierung sowie den reduzierten Halbraum kann man für einen Flächenneigungswinkel γ_F durch

$$\Delta\Omega = (1 - \cos \gamma_F)/2 = \sin^2(\gamma_F/2)$$
$$1 - \Delta\Omega = (1 + \cos \gamma_F)/2 = \cos^2(\gamma_F/2)$$

beschreiben. Für $\gamma_F = 0°$ (Horizontalebene) ist $\Delta\Omega = 0$, und für $\gamma_F = 90°$ (senkrechte Fläche, Wand) ist $\Delta\Omega = 1/2$.

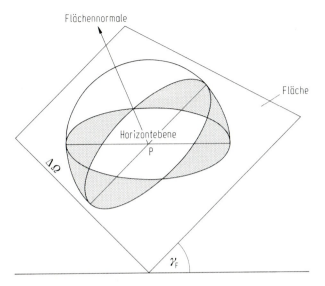

Bild B4-6. Zum Begriff der Raumwinkel an einer geneigten Fläche

Die Bestrahlungsstärke durch diffuse Sonnenstrahlung aus dem reduzierten Halbraum $1 - \Delta\Omega$ auf der geneigten Fläche läßt sich in der Form

$$E_{D,F} = \cos^2(\gamma_F/2)E_D \tag{B4-12}$$

schreiben und wäre bei isotroper diffuser Strahlung auf diejenige zurückgeführt, die für die horizontale Fläche erhalten wurde. Gl. (B4-12) gilt daher nur für den isotropen Anteil $E_D^{isotrop}$ der diffusen Sonnenstrahlung auf der geneigten Fläche in der Form

$$E_{D,F}^{isotrop} = \cos^2(\gamma_F/2)(E_D^{isotrop}/E_D)E_D = \cos^2(\gamma_F/2)FE_D \;, \tag{B4-13}$$

wobei die Funktion F durch Gl. (B4-11) erklärt war. Befindet sich die Sonne „hinter der Fläche", dann bildet Gl. (B4-12) zusammen mit Gl. (B4-2) die Globalbestrahlungsstärke $E_{G,F} = E_{B,F} + E_{D,F}$ auf der geneigten Fläche, wobei allerdings $E_{B,F} = 0$ ist. Im Übergangsbereich zwischen „vor und hinter der Fläche" entstehen komplizierte Verhältnisse. Befindet sich die Sonne eindeutig, auch mit ihrer direkt strahlenden Umgebung, „vor der Fläche", dann kommt die vorher verwendete Aufspaltung der diffusen Sonnenstrahlung zur Anwendung

$$\begin{aligned} E_{G,F} &= E_{B,F} + E_{D,F} = E_{B,F} + (E_{D,F} - E_{D,F}^{isotrop}) + E_{D,F}^{isotrop} \\ &= (E_{B,F} + E_{B,F}^{direkt}) + E_{D,F}^{isotrop} \;. \end{aligned}$$

Die beiden ersten Terme der rechten Seite bilden nun den Anteil der direkten Strahlung. Der auf diffuse Strahlung zurückgehende Anteil wird hier analog zum Fall der horizontalen Fläche in der Form (anstelle von $\sin\gamma_s$ tritt hier $\cos\zeta_{s,F} = \sin\gamma_{s,F}$) angesetzt als

$$E_{D,F}^{direkt} = E_{D,F} - E_{D,F}^{isotrop} = E_D^{direkt} \sin \gamma_{s,F} \ .$$

Beachtet man noch $E_{B,F} = E_I \sin \gamma_{s,F}$, dann erhält man

$$E_{G,F} = (1 + (E_{D,F}^{direkt}/E_{B,F}))E_{B,F} + \cos^2(\gamma_F/2)FE_D \ ,$$

$$E_{G,F} = (1 + (E_D^{direkt}/E_I))(\sin \gamma_{s,F}/\sin \gamma_s)E_B + \cos^2(\gamma_F/2)FE_D \ .$$

Verwendet man noch von früher $E_D^{direkt}/E_I = (1-F)C_D$, dann ergibt sich als vorläufiges Endresultat für die Globalbestrahlungsstärke auf einer geneigten Fläche

$$E_{G,F} = (1 + (1-F)C_D)(\sin \gamma_{s,F}/\sin \gamma_s)E_B + \cos^2(\gamma_F/2)FE_D \ . \tag{B4-14}$$

Der allein auf diffuse Sonnenstrahlung zurückgehende und auf E_D bezogene Anteil $E_{D,F}/E_D$, wird mit $E_B = E_D/C_D$ einfach

$$E_{D,F}/E_D = (1-F)(\sin \gamma_{s,F}/\sin \gamma_s) + F\cos^2(\gamma_F/2) \ . \tag{B4-15}$$

Diese wichtige Beziehung ist nur von der empirischen Funktion $F = E_D^{isotrop}/E_D$ abhängig. Für eine horizontale Fläche ist $\sin \gamma_{s,F} = \sin \gamma_s$, $\gamma_F = 0$, und man erhält $E_{D,F} = E_D$.

In [26] wird gezeigt, daß Gl. (B4-15) noch nicht die letzte Lösung des Problems darstellt. Es werden für $E_{D,F}/E_D$ nach Gl. (B4-15) noch eine Reihe von begründeten Korrekturfaktoren angegeben (Appendix 5 in [26]) und insbesondere auch Tabellen für die zuverlässigste Version von $E_{D,F}/E_D$ (Tabellen 6.14 in [26], dort mit f_2 bezeichnet). Dabei wird unterschieden zwischen Winkeldifferenzen $|\alpha_s - \alpha_F|$ zwischen 0 und 45°, 45 und 90°, 90 und 135° sowie 135 und 180°. Diese Winkeldifferenzbereiche entscheiden darüber, wieviel von der „direkt" strahlenden Fläche (der „Aureole") der Sonne und der horizontnahen Himmelshelligkeit die Fläche erreicht. Die in der Praxis verwendeten und in Tabellenform vorliegenden Strahlungsdaten haben in der Regel derart aufwendige Modellversionen als Grundlage [2, 26, 31].

Ein modellmäßig errechneter Korrekturfaktor $C_{0-180} = C_{0-180}(\gamma_s, \gamma_F, T_L(\gamma_s), |\alpha_s - \alpha_F|)$, der alles zusammenfaßt, modifiziert Gl. (B4-15) zu

$$E_{D,F}/E_D = C_{0-180}\{(1-F)(\sin \gamma_{s,F}/\sin \gamma_s) + F\cos^2(\gamma_F/2)\} \ . \tag{B4-15a}$$

Für $T_L(0) = 4$ und für eine senkrechte Wand stellt Bild B4-7a die Größe $E_{D,F}/E_D$ in Gl. (B4-15) ohne den Korrekturfaktor C_{0-180} dar. Die großen Werte der diffusen Bestrahlung der Wand für kleine Sonnenhöhen sind unrealistisch. Andererseits erwartet man größere Werte für wachsende Sonnenhöhen durch den verstärkten Anteil des Direktstrahlungsanteils der diffusen Strahlung. Der Korrekturfaktor C_{0-180}, modellmäßig in [26] berechnet, bzw. den Tabellen 6.14 aus [26] entnommen, führt beispielsweise zu der Vergleichsdarstellung im Bild B4-7b.

Bei einer senkrechten Wand träfe bei isotroper diffuser Sonnenstrahlung nur die Hälfte von E_D die Wand ($\gamma_F = 90°$, $\cos^2(\gamma_F/2) = 0{,}5$). Man erkennt, daß bei kleinen bis mittleren Sonnenhöhen und bei Ausrichtung der Fläche auf die Sonne, $|\alpha_s - \alpha_F| = 0$, die tatsächliche Bestrahlung durch die diffuse Sonnenstrahlung $E_{D,F}$ im Vergleich zu $E_D/2$ bis um den Faktor 3 größer werden kann.

Für eine senkrechte Wand und einen Trübungsfaktor $T_L(0) = 4$ können die Werte des Bildes für $E_{D,F}/E_D$ mit Korrekturfaktor als zuverlässig angesehen werden.

B4 Modelle für Klimadaten eines Ortes

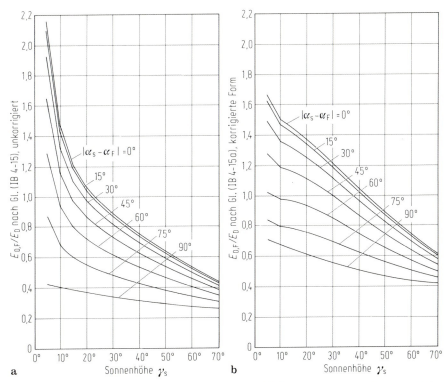

Bild B4-7. a Unkorrigiert nach Gl. (B4-15) berechnetes Verhältnis $E_{D,F}/E_D$ als Funktion von Winkeldifferenz $|\alpha_s - \alpha_F|$ und Sonnenhöhe γ_s; b korrigiert nach Gl. (B4-15a) berechnetes Verhältnis $E_{D,F}/E_D$ als Funktion von Winkeldifferenz $|\alpha_s - \alpha_F|$ und Sonnenhöhe γ_s [26]

Die Werte für Winkeldifferenzen $|\alpha_s - \alpha_F|$ größer als 105° liegen eng beieinander im Bereich zwischen 0,3 und 0,6 sowie parallel zu der Kurve für $|\alpha_s - \alpha_F| = 90°$. Insgesamt erweist sich die Berücksichtigung der Anisotropie der diffusen Sonnenstrahlung als ein in der Praxis notwendiger Schritt bei Strahlungsberechnungen.

Um eine Vorstellung von dem erwähnten Korrekturfaktor C_{0-180} zu bekommen, möge für die senkrechte Wand, jedoch für alle wichtigen Trübungsfaktoren, nur der Winkelbereich $|\alpha_s - \alpha_F| \leq 45°$, d.h. der Faktor $C_{0-45}(\gamma_s, 90°, T_L(\gamma_s), |\alpha_s - \alpha_F| \leq 45°)$ betrachtet werden. Bild B4-8 stellt dies dar und läßt erkennen, daß im Vergleich zu Gl. (B4-15) die hierdurch vorgenommenen Modifikationen erheblich werden können.

Hiermit sind zwei Anteile der kurzwelligen Strahlungsbilanz an der geneigten Fläche bestimmt ($E_{B,F}$ und $E_{D,F}$). Es verbleibt die Bestimmung der beiden Restglieder $E_{R,F}$ und $E_{R,U}$.

Die Fläche absorbiert die gesamte aus dem Raumwinkel $1 - \Delta\Omega$ einfallende kurzwellige Strahlung im allgemeinen nicht, sondern sie reflektiert einen Anteil davon in den Raumwinkel $\Omega = 1$ (also auch in Richtung der erdbodennahen Schicht) zurück (s. Bild B4-1). Sei $r_{s,F}$ der Reflexionsgrad der Fläche (normaler-

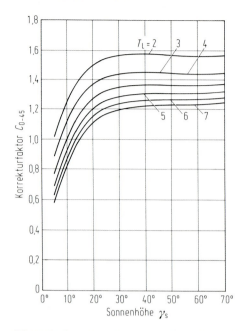

Bild B4-8. Korrekturfaktor C_{0-45} für Gl. (B4-15) für den begrenzten Winkeldifferenzbereich $|\alpha_s - \alpha_F| \leq 45°$ als Funktion des Linke-Trübungsfaktors $T_L(0)$ und der Sonnenhöhe γ_s

weise ein kleiner Wert), dann setzt man, analog wie früher bei einer horizontalen Fläche, den reflektierten Anteil proportional zu der auf die Fläche einfallenden Globalbestrahlungsstärke:

$$E_{R,F} = +r_{s,F}E_{G,F} = +r_{s,F}(E_{B,F}+E_{D,F}) \ . \tag{B4-16}$$

Zu diesem Strahlungsverlust tritt ein Strahlungsgewinn durch die Reflexion von direkter und diffuser Sonnenstrahlung an den Flächen der Umgebung. Diese die Fläche als kurzwellige Reflexstrahlung $E_{R,U}$ erreichende Strahlung entstammt der Raumwinkelreduzierung $\Delta\Omega = \sin^2(\gamma_F/2)$ (s. o.) und ist bei Abwesenheit von nahen Gebäuden der Globalbestrahlungsstärke E_G auf der horizontalen Fläche der Umgebung proportional. Mit dem kurzwelligen Reflexionsgrad $r_{s,U}$ der Umgebung der Fläche (ein Normwert ist $r_{s,U} = 0{,}2$) schreibt man

$$E_{R,U} = r_{s,U}\sin^2(\gamma_F/2)E_G = r_{s,U}\sin^2(\gamma_F/2)(E_B+E_D) \ . \tag{B4-17}$$

Die kurzwellige solare Strahlungsbilanz an der Fläche ist nun gegeben durch

$$\Delta E_F = E_{G,F} - E_{R,F} + E_{R,U} = (1-r_{s,F})E_{G,F} + E_{R,U} \ . \tag{B4-18}$$

Setzt man in Gl. (B4-18) die einzelnen Anteile nach Gl. (B4-14) und Gl. (4-17) ein, dann ergibt sich der gesuchte Tagesgang dieser Strahlungsbilanz zu

$$\Delta E_F = \{(1-r_{s,F})(1+C_{0-180}(1-F)C_D)(\sin\gamma_{s,F}/\sin\gamma_s) + r_{s,U}\sin^2(\gamma_F/2)\}E_B$$
$$+ \{(1-r_{s,F})C_{0-180}F\cos^2(\gamma_F/2) + r_{s,U}\sin^2(\gamma_F/2)\}E_D \ , \tag{B4-19}$$

wobei für E_B Gl. (B4-3) mit den Gln. (B2-17) und für E_D Gl. (B4-7) mit den Gln. (B4-8,9) verwendet werden.

Damit ist alles auf die Berechnung von direkter und diffuser Sonnenstrahlung auf horizontale Flächen bei unbewölktem Himmel ($E_B(\omega, J, B_0)$ und $E_D(\omega, J, B_0)$) und auf die empirischen Funktionen C_D und F und C_{0-180} zurückgeführt.

Der Einfluß der Bewölkung auf die kurzwellige Strahlungsbilanz, insbesondere auf die Verhältnisse an geneigten Flächen, ist im Rahmen dieses Beitrages nicht zu behandeln. Die Ursache für die Schwierigkeiten hierfür liegen in der starken Variabilität und der unzureichenden numerischen Beschreibung des Bewölkungsgrades B. Dadurch wird B zu einem statistischen Klimaelement besonderer Art. Im Rahmen der Entwicklung des Testreferenzjahres wurden die Globalbestrahlungsstärke und die diffuse Sonnenstrahlung jedoch modellmäßig unter Verwendung des Bedeckungsgrades berechnet [28].

Für die Berechnung von Tagesgängen der Bestrahlungsanteile E_B und E_D auf horizontalen Flächen in Gegenwart von Bewölkung läßt sich möglicherweise das folgende einfache Verfahren anwenden: Es wird mit einer mittleren Bewölkung für einen Tag gerechnet und diese einem empirisch ermittelten Jahresgang entnommen. Die bisher ermittelten Werte für $E_B(\omega, J, B_0)$ und $E_D(\omega, J, B_0)$ werden dann mittels geeigneter Faktoren $C_{I,B}(J)$ und $C_{D,B}(J)$ in die Werte $E_B(\omega, J, B)$ und $E_D(\omega, J, B)$ umgerechnet. Oft fehlen jedoch entsprechende Daten für den Bedeckungsgrad B und für die Art der Bewölkung. Deshalb greift man auf die meist verfügbare relative Sonnenscheindauer $S'_{rel} = S/S'_0$ zurück.

Ein Faktor zur Berücksichtigung des Einflusses der mittleren Bewölkung eines Tages bei der Berechnung der Bestrahlungsstärke $E_B(\omega, J, B)$ kann in der Form

$$C_{I,B}(J) = (0{,}6 + 0{,}4 \, S'_{rel}(J)) \, S'_{rel}(J) \tag{B4-20}$$

verwendet werden. Die Proportionalität von $E_B(\omega, J, B)$ zu $S'_{rel}(J)$ ist unmittelbar verständlich, der zusätzliche Faktor wird in [3] vorgeschlagen. Er reduziert die o. a. Proportionalität der Bestrahlungsstärke $E_B(\omega, J, B)$ zu S'_{rel} bei mittleren bis kleineren Werten von S'_{rel} (d.h. mit wachsendem Bedeckungsgrad) theoretisch bis auf den Faktor 0,6 bei völlig bedecktem Himmel: Für den wolkenlosen Himmel ($S'_{rel} = 1$) ist $C_{I,B}(J) = 1$. Für den völlig bedeckten Himmel ($S'_{rel} = 0$) ist $C_{I,B}(J) = 0$; es gelangt keine direkte Sonnenstrahlung mehr zur Erdoberfläche.

Ein entsprechender Faktor zur Berücksichtigung des Einflusses der mittleren Bewölkung eines Tages bei der Berechnung der Bestrahlungsstärke $E_D(\omega, J, B)$ läßt sich in der Form ansetzen [3]:

$$C_{D,B}(J) = 0{,}852 + 0{,}36 \, S'_{rel}(J) + 0{,}3 \sin(180°(S'_{rel}(J) + 1/4)) \ . \tag{B4-21}$$

Für den wolkenlosen Himmel ($S'_{rel} = 1$) ist auch hier $C_{D,B}(J) = 1$. Für den völlig bedeckten Himmel ($S'_{rel} = 0$) ergibt sich ein Wert $C_{D,B}(J) = 1{,}06$ und somit ein ähnlicher Wert wie für den unbewölkten Himmel. Gleichung (B4-21) besitzt jedoch ein Maximum für $S'_{rel} = 0{,}38$ ($S = 0{,}38 \, S'_0$, mittlerer Bedeckungsgrad $B = 5/8$), wofür sich $C_{D,B}(J) = 1{,}26$ ergibt. Im Vergleich zum unbewölkten bzw. völlig bewölkten Himmel ist bei einer mittleren Bewölkung, die nur 38% der möglichen Sonnenscheindauer an einem Tag zuläßt, die diffuse Sonnenstrahlung um 26% erhöht. Diese Erhöhung ist kleiner als diejenige, die im Zusammenhang mit den statistischen Daten in Bild B3-40 erwähnt wurde. Qualitativ setzt man hier unter Verwendung der relativen Sonnenscheindauer jedoch eine ähnliche Abhängigkeit an.

Der Tagesgang der Globalbestrahlungsstärke auf einer horizontalen Fläche ergibt sich nun unter Bedingungen einer mittleren Tagesbewölkung zu

$$E_G(\omega, J, B) = C_{I,B}(J) E_B(\omega, J, B_0) + C_{D,B}(J) E_D(\omega, J, B_0) \; , \qquad (B4-22)$$

unter Verwendung der Gln. (B4-3) und (B4-7) für $E_B(\omega, J, B_0)$ und $E_D(\omega, J, B_0)$.

Wünschenswert wäre noch eine Darstellung für den Zusammenhang zwischen mittlerer täglicher relativer Sonnenscheindauer $S'_{rel}(J)$ und dem mittleren täglichen Bedeckungsgrad B. Dieser Zusammenhang ist im klimatologischen Mittel für die mitteleuropäischen Stationen ähnlich: Zwischen Winter- und Sommersonnenwende wird die astronomisch mögliche Sonnenscheindauer S'_0 durch den mittleren Jahresgang der Bewölkung um einen Betrag $\Delta S(J) = S'_0 - S = 7 - 9$ Stunden auf die tatsächliche Sonnenscheindauer S reduziert (s. Bild B2-10). Als Anhalt kann unter Verwendung eines mittleren täglichen Bedeckungsgrades B approximativ dienen: $B \approx 1 - S'_{rel}$. Ermittelt man aus den Daten, die Bild B2-10 zugrundeliegen, die relative Sonnenscheindauer S'_{rel}, dann erhält man für Karlsruhe Bild B4-9.

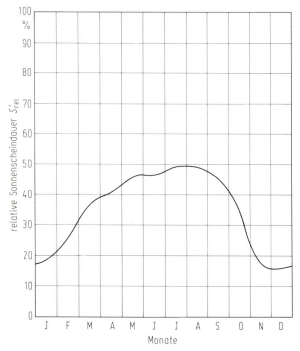

Bild B4-9. Mittlerer Jahresgang der relativen Sonnenscheindauer S'_{rel}% für Karlsruhe. Zeitraum 1951–1970 [9(6)]

B4.2.2 Modellierung der langwelligen Strahlungsbilanz

Gemäß ihrer Temperatur strahlen alle Komponenten des Systems, d. h. die geneigte Fläche, die bodennahe Umgebung der Fläche und die Atmosphäre im langwelligen Bereich des Spektrums aus und treten untereinander in Strahlungswechselwirkung (s. Bild B4-1). Hierbei handelt es sich um ungerichtete Schwarzstrahlung, formuliert mit entsprechenden Emissionsfaktoren.

Zunächst werde die Strahlungswechselwirkung zwischen der Fläche (Temperatur T_F und Emissionsgrad ε_F) und der Umgebung (Temperatur T_U und Emissionsgrad ε_U) betrachtet. Diese langwellige Strahlungswechselwirkung findet ebenso wie bei der kurzwelligen Reflexstrahlung im Raumwinkelbereich $\Delta\Omega = \sin^2(\gamma_F/2)$ statt und ist durch

$$\Delta M_{F,U} = \sin^2(\gamma_F/2)[-\varepsilon_F \sigma T_F^4 + \varepsilon_U \sigma T_U^4] \tag{B4-23}$$

gegeben. Bei annähernd gleichen Emissionsgraden $\varepsilon_F = \varepsilon_U = \varepsilon_{F,U}$ und vergleichbaren Temperaturen T_U und T_F ergibt sich die Strahlungsbilanz langwelliger Strahlung an der Fläche zu

$$\Delta M_{F,U}(\vartheta_U, \vartheta_F) = \sin^2(\gamma_F/2)\varepsilon_{F,U}\sigma(\vartheta_U - \vartheta_F)(T_F + T_U)(T_F^2 + T_U^2)$$
$$\Delta M_{F,U}(\vartheta_U, \vartheta_F) \approx \sin^2(\gamma_F/2)\varepsilon_{F,U}(4\sigma T_F^3)(\vartheta_U - \vartheta_F) \;, \tag{B4-24}$$

wobei $4\sigma T_F^3$ oder $4\sigma T_U^3$ die Strahlungsübergangszahl ist. Für $\vartheta_U > \vartheta_F$ ist $\Delta M_{F,U} > 0$, und der Fläche wird langwellige Strahlungsenergie zugestrahlt.

Außerdem tritt Strahlungswechselwirkung zwischen der geneigten Fläche und der Atmosphäre auf. Die Fläche strahlt langwellig aus, die Atmosphäre strahlt mit langwelliger Gegenstrahlung auf die Fläche zurück. Analog zu vorher hat man als langwellige Strahlungsbilanz an der Fläche

$$\Delta M_{F,A}(T_F, T_A) = \cos^2(\gamma_F/2)[-\varepsilon_F \sigma T_F^4 + \varepsilon_A \sigma T_A^4] \;, \tag{B4-25}$$

da hierbei der Raumwinkelbereich $1 - \Delta\Omega = \cos^2(\gamma_F/2)$ zum Tragen kommt. Der Term $\varepsilon_A \sigma T_A^4$ repräsentiert die langwellige atmosphärische Gegenstrahlung. Dabei bedeuten ε_A ein charakteristischer Emissionsgrad und T_A eine charakteristische Temperatur der Atmosphäre (beides ist schwer zu definieren).

Bei unbewölktem Himmel hängt der Emissionsgrad ε_A stark vom Wasserdampfgehalt der Luft ab, bei bewölktem Himmel muß der Bedeckungsgrad B berücksichtigt werden, oder, falls B nicht verfügbar ist, die relative Sonnenscheindauer S'_{rel}.

Die Bestimmung des Anteils $M_A = \varepsilon_A \sigma T_A^4$, der langwelligen atmosphärischen Gegenstrahlung, gestaltet sich (beispielsweise im Strahlungsmodell, das dem Testreferenzjahr zugrundeliegt [28]) unter Verwendung des Bedeckungsgrades B (in dezimal geschriebenen Achteln angegeben) folgendermaßen: Man spaltet M_A in zwei Anteile auf

$$M_A = \varepsilon_A \sigma T_A^4 = B M_{A,B} + (1-B) M_{A,0} \tag{B4-26}$$

und setzt für den die Bewölkung berücksichtigenden Anteil $M_{A,B} = \varepsilon_A \sigma T_{TP,2}^4$ mit der absoluten Taupunktstemperatur $T_{TP,2}$ in Beobachtungshöhe (2 m über Grund). Diese Temperatur kann als die Temperatur der Wolkenuntergrenze angesehen werden. Der Anteil $M_{A,0}$ beschreibt die wolkenfreien Verhältnisse. Man schreibt hierfür analog $M_{A,0} = \varepsilon_{A,0}(p_{D,2})\sigma T_{A,2}^4$ mit einem vom Wasserdampfteildruck p_D der unteren Schichten der Atmosphäre abhängigen Emissionsgrad $\varepsilon_{A,0}(p_{D,2})$ und mit der Lufttemperatur $T_{A,2}$. Allgemein verwendet man zur Berechnung des Emissionsgrades die folgende Darstellung von Ångström [1]

$$\varepsilon_{A,0}(p_{D,2}) = \alpha - \beta \exp(-\gamma p_{D,2}) \; . \tag{B4-27}$$

Die Parametersätze für Tag und Nacht sind verschieden [9(9)]. Als Anhaltswerte dienen: $\alpha = 0{,}790$, $\beta = 0{,}174$, $\gamma = 0{,}095$. Für $\varepsilon_{A,0}(p_{D,2})$ ergeben sich damit Zahlenwerte, die deutlich kleiner als 1 sind. Bei unbewölktem Himmel erweist sich die Atmosphäre als ein grauer Strahler. Als langwellige atmosphärische Gegenstrahlung bei unbewölktem Himmel hat man somit

$$M_{A,0} = \varepsilon_{A,0}(p_{D,2})\sigma T_{A,2}^4 = \{\alpha - \beta \exp(-\gamma p_{D,2})\}\sigma T_{A,2}^4 \; . \tag{B4-28}$$

Dieser langwellige Strahlungsanteil entstammt überwiegend den untersten 100 – 1000 m der Atmosphäre, d.h. der feuchten planetarischen Grenzschicht.

Damit folgt für die langwellige Strahlungswechselwirkung zwischen Fläche und Atmosphäre und somit für die langwellige Strahlungsbilanz zunächst

$$\Delta M_{F,A}(T_F, T_{TP,2}, T_{A,2}, B, p_{D,2}) = \cos^2(\gamma_F/2)$$
$$\times \{-\varepsilon_F \sigma T_F^4 + B\varepsilon_A \sigma T_{Tp,2}^4 + (1-B)\varepsilon_{A,0}(p_{D,2})\sigma T_{A,2}^4\} \; . \tag{B4-29}$$

Unter Verwendung realistischer Zahlenwerte entsteht für $\Delta M_{F,A}$ in der Regel ein negativer Wert, und man hat es mit einer effektiven Ausstrahlung der Fläche zu tun. Im folgenden wird für $\Delta M_{F,A}$ auch die Bezeichnung effektive langwellige Ausstrahlung verwendet werden.

Gleichung (B4-29) gälte, wenn die langwellige Gegenstrahlung M_A der Atmosphäre isotrop im Raumwinkelbereich verteilt wäre, was jedoch auch hier nicht der Fall ist. Die Gegenstrahlung aus horizontnahen Raumwinkelbereichen ist größer als diejenige aus zenitnahen Bereichen. Man reduziert deshalb die effektive langwellige Ausstrahlung im Falle größerer Flächenneigungen, indem man den Raumwinkelbereich $1 - \Delta\Omega$ um den Wert $0{,}1 \sin \gamma_F$ reduziert. In Gl. (B4-29) ist somit $\cos^2(\gamma_F/2)$ durch $\cos^2(\gamma_F/2) - 0{,}1 \sin \gamma_F$ zu ersetzen:

$$\Delta M_{F,A} = (\cos^2(\gamma_F/2) - 0{,}1 \sin \gamma_F)$$
$$\times \{-\varepsilon_F \sigma T_F^4 + B\varepsilon_A \sigma T_{TP,2}^4 + (1-B)\varepsilon_{A,0}(p_{D,2})\sigma T_{A,2}^4\} \; . \tag{B4-30}$$

Für die Horizontalfläche mit $\gamma_F = 0°$ kommt es zu keiner Raumwinkelreduzierung, für $\gamma_F = 90°$ (Wand) ist der Faktor der geschweiften Klammer $0{,}5 - 0{,}1 = 0{,}4$, d.h. die Reduzierung der effektiven Ausstrahlung beträgt 20%.

Bei alleiniger Verfügbarkeit der relativen Sonnenscheindauer S'_{rel} berechnet man $\Delta M_{F,A}$ folgendermaßen: Man geht von Gl. (B4-30) für $B = 0$ aus und berücksichtigt den Fall der Bewölkung wie bei der kurzwelligen Bestrahlung einer horizontalen Fläche durch einen von der relativen Sonnenscheindauer abhängigen Faktor $0{,}15 + 0{,}85 \, S'_{rel}$ [3]:

$$\Delta M_{F,A} = (0{,}15 + 0{,}85 \, S'_{rel})(\cos^2(\gamma_F/2) - 0{,}1 \sin \gamma_F)$$
$$\times \{-\varepsilon_F \sigma T_F^4 + \varepsilon_{A,0}(p_{D,2})\sigma T_{A,2}^4\} \; . \tag{B4-31}$$

Für $S'_{rel} = 1\,(B=0)$ (unbewölkt) kommt man auf Gl. (B4-30) zurück. Für $S'_{rel} = 0\,(B=1)$ (völlig bewölkt) erscheint die effektive langwellige Ausstrahlung nach Gl. (B4-31) gegenüber dem unbewölkten Fall auf 15% derselben reduziert. Dies sind Verhältnisse, die den Erfahrungen entsprechen.

Für angenähertes Temperaturgleichgewicht zwischen Fläche und Umgebungsluft, $T_F \approx T_{A,2}$, und mit $\varepsilon_F \approx 1$ vereinfacht sich Gl. (B4-31) sehr stark. Mit Gl. (B4-27) entsteht anstelle der geschweiften Klammer in Gl. (B4-31) $\{-1 + \varepsilon_{A,0}(p_{D,2})\}\sigma T_{A,2}^4 < 0$, d. h., die Ausstrahlung der Fläche ist größer als die atmosphärische Gegenstrahlung, wie oben schon bemerkt wurde. Das führte zu der Bezeichnung effektive Ausstrahlung.

Die langwellige Gesamtstrahlungsbilanz ergibt sich als Summe von Gl. (B4-24) und Gl. (B4-30) bzw. Gl. (B4-31) zu

$$\Delta M_F = \Delta M_{F,U}(\vartheta_U, \vartheta_F) + \Delta M_{F,A}(T_F, T_{TP,2}, T_{A,2}, p_{D,2}) \;. \tag{B4-32}$$

Dies ist aber zugleich auch der Tagesgang derselben, wenn die Tagesgänge der eingehenden Temperaturen bekannt sind.

Die Gesamtstrahlungsbilanz an der Fläche ergibt sich durch vorzeichenrichtige Addition aller bisher ermittelten Anteile zu

$$\Delta G_F = \Delta E_F + \Delta M_F = E_{G,F}(\omega, J, B) - E_{R,F}(\omega, J, B) + E_{R,U}(\omega, J, B)$$
$$+ \Delta M_{F,U}(\vartheta_U, \vartheta_F) + \Delta M_{F,A}(\vartheta_2, \vartheta_F) \;, \tag{B4-33}$$

wobei jeder einzelne Summand nach Vorstehendem explizit berechenbar ist.

Tabellen von Tagesgängen der Anteile der Gesamtstrahlungsbilanz an geneigten Flächen finden sich in den erwähnten Regelwerken [31]. Auch die Testreferenzjahre für die Regionen der westlichen Bundesländer enthalten, wie in Abschn. B3.2 erwähnt wurde, Tagesgänge der direkten und der diffusen Sonnenstrahlung für die einzelnen Tage des „Normaljahres", allerdings nur bezogen auf horizontale Flächen (s. Tabelle B3-12) [28].

Ein Zahlenbeispiel möge die Anwendung des hier dargestellten Modells für die Berechnung von Tagesgängen einiger Anteile der Gesamtstrahlungsbilanz verdeutlichen. Betrachtet wird nur die Bestrahlung senkrechter Wände durch direkte und diffuse Sonnenstrahlung. Strahlungsverlust durch Reflexion an der Fläche bzw. Strahlungsgewinn durch Reflexion von Strahlung an den Flächen der Umgebung leiten sich sehr einfach aus den später mitgeteilten Daten ab (Gln. B4-16 und B4-17). Auch die langwellige Strahlungsbilanz, Gl. (B4-32) mit Gln. (B4-30 und B4-31), selbst unter Berücksichtigung von Bewölkung, ließe sich im Einzelfall sehr leicht berechnen. Im Vergleich dazu ist die primäre Berechnung von $E_{B,F}$ und $E_{D,F}$ mit einem gewissen Aufwand verbunden.

Es werden zwei Hauswände mit den Orientierungen $\alpha_F = 150°$ und $\alpha_F = 240°$ am Ort des Beispiels aus Abschnitt B2.2 für den 11. 8. betrachtet. Da in allen Formeln dieses Abschnittes die Sonnenhöhe γ_s und die Winkeldifferenz $|\alpha_s - \alpha_F|$ als Variable auftreten, müssen beide Größen zunächst als Funktionen der Tageszeit dargestellt werden. Wegen der leichten Umrechnung von wahrer Ortszeit WOZ in mitteleuropäische Sommerzeit gemäß Abschn. B2.2 soll in der Folge mit der wahren Ortszeit WOZ gearbeitet werden. Zunächst ermittelt man die Zeiten von Son-

118 B Außenklima

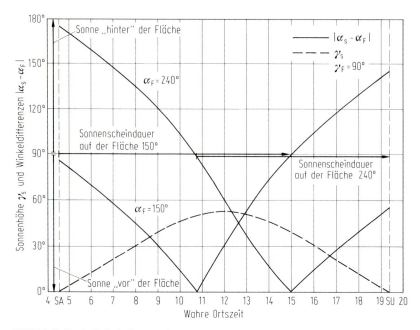

Bild B4-10. Reale Verhältnisse an einem 11. August in Berlin: Tagesgänge von Sonnenhöhe γ_s und Winkeldifferenz $|\alpha_s - \alpha_F|$ (für zwei senkrechte Flächen $\alpha_F = 150°$ und $\alpha_F = 240°$) als Funktionen der wahren Ortszeit

nenaufgang und Sonnenuntergang. Dies waren nach Abzug von 1 h 12 min (MESZ−WOZ): SA = 4 h 36 min und SU = 19 h 23 min. Es genügt somit, nur die Stunden WOZ = 5, 6, ..., 19 h zu betrachten. Gleichung (B2-2) mit $\cos \omega = -\cos 15$ WOZ liefert den Tagesgang der Sonnenhöhe γ_s, und das zugehörige Sonnenazimut α_s folgt aus Gl. (B2-4). Nun bildet man für gegebenes α_F die Winkeldifferenz $|\alpha_s - \alpha_F|$ als Funktion der WOZ. Bild B4-10 stellt sowohl γ_s als auch $|\alpha_s - \alpha_F|$ dar. Für Winkeldifferenzen $|\alpha_s - \alpha_F| > 90°$ befindet sich die Sonne „hinter" den jeweiligen Flächen, für $|\alpha_s - \alpha_F| < 90°$ werden die Flächen besonnt. Man erkennt die Zeiten von Sonnenaufgang und Sonnenuntergang auf den Flächen am Durchgang der Kurven durch die Linie $|\alpha_s - \alpha_F| = 90°$. Die Fläche $\alpha_F = 150°$ wird bereits bei Sonnenaufgang bestrahlt, die Sonne verschwindet dort aber schon gegen 15.00 Uhr. Auf der Fläche $\alpha_F = 240°$ geht die Sonne erst um 10 h 42 min auf. Sie wird bis zum Sonnenuntergang bestrahlt.

Nach Ermittlung eines mittleren Transmissionsgrades für den Tag 223 (11. 8.) nach Gl. (B4-4), wobei sich $T_L = 4{,}023$ ergibt, liefert Gl. (B4-3) zusammen mit den Gln. (B2-17) den Tagesgang der Bestrahlung einer horizontalen Fläche durch die direkte Sonnenstrahlung E_B. Den zugehörigen Tagesgang der diffusen Sonnenstrahlung E_D erhält man aus Gl. (B4-7) mit den Gln. (B4-8 und B4-9). Die Globalbestrahlungsstärke auf der horizontalen Fläche ergibt sich als Summe beider Anteile. Bild B4-12a stellt diese Größen dar. Sie werden benötigt für die Berechnung der Bestrahlung der beiden genannten Wandflächen. Die Ermittlung von $E_{B,F}$ an den beiden Wänden ist unter Verwendung von Gl. (B4-2) sehr einfach (Bild B4-11 a). Den Anteil der diffusen Bestrahlung berechnet man mittels Gl. (B4-15a). Man schlägt also den gerichteten Anteil der diffusen Sonnenstrahlung nicht, wie in Gl. (B4-14) vorgeschlagen, dem Anteil $E_{B,F}$ zu. Hierbei kann der Anisotropiefaktor F nach Gl. (B4-11) berechnet werden; den Korrekturfaktor C_{0-180} entnimmt man approximativ Bild B4-7b, verwendet die Tabellen in [26] oder das dort angegebene ziemlich komplizierte Modell, mit dem Bild B4-7b auch berechnet wurde. Das Ergebnis dieser Berechnungen ist in Bild B4-11b wiedergegeben.

Multipliziert man die in Bild B4-11 enthaltenen Werte mit den Werten E_B bzw. mit E_D, die für Bild B4-12a berechnet wurden, dann ergibt sich als Endresultat und Lösung der gestellten Aufgabe die Darstellung in Bild B4-12b. Kleinere Abweichungen gegenüber entsprechenden Werten aus Tabellen in Regelwerken treten auf; sie haben ihre Ursache in der oft erheblichen Verschiedenheit der verwendeten Modelle.

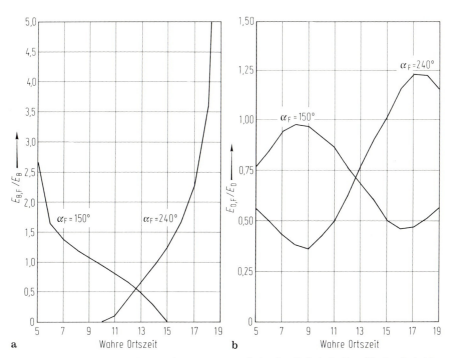

Bild B4-11. a Reale Verhältnisse an einem 11. August in Berlin: Verhältnis $E_{B,F}/E_B$ für die beiden Wandflächen als Funktionen der wahren Ortszeit; **b** hier für das Verhältnis $E_{D,F}/E_D$

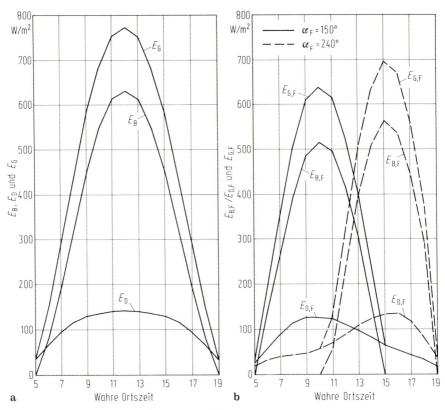

Bild B4-12. a Reale Verhältnisse an einem 11. August in Berlin: Bestrahlungsstärken E_B, E_D und E_G auf die horizontale Fläche als Funktionen der wahren Ortszeit; **b** hier für die Bestrahlungsstärken $E_{B,F}$, $E_{D,F}$ und $E_{G,F}$ auf den beiden verschieden orientierten Flächen als Funktionen der wahren Ortszeit

Anhang

Fourier-Interpolation von Zeitreihen in Regelwerken

Für Modellierungszwecke in der Heiz- und Raumlufttechnik sind Tabellenwerte oft nicht sehr bequem; geschlossene mathematische Darstellungen, welche auch die in den Tabellen nicht verfügbaren Zwischenwerte formal interpolatorisch bereitstellen, wären angebracht. Diese interpolierten Zwischenwerte haben jedoch keine echte statistische Bedeutung; wollte man die Zwischenwerte statistisch gewinnen, müßte man auf die Ausgangsdaten zurückgreifen und die Mittelbildungszeiten entsprechend verringern. Unter den vielen Regressions- und Interpolationsmethoden möge die harmonische Analyse herausgegriffen werden.

Für die Anwendung der harmonischen Analyse muß man sich die endliche Zeitreihe in die Vergangenheit und in die Zukunft periodisch fortgesetzt denken. Es stehen N diskrete Beobachtungswerte $X(t_n) = X_n$ an den rechten Endpunkten t_n der Meßzeitintervalle $\Delta t = t_n - t_{n-1}$ zur Verfügung. Nimmt man die linken Endpunkte der Intervalle Δt, dann muß in den später folgenden Summen für die Koeffizienten A_n und B_n nicht von $1-N$, sondern von 0-$(N-1)$ summiert werden.

Die folgende Darstellung einer Fourier-Reihe für die Interpolation diskreter Beobachtungswerte ist auf die praktische Anwendung zugeschnitten. Es gilt:

$$X(t) = \bar{X} + \sum_{n=1}^{n \leq N/2} C_n \cos\left[360° n(t/T) - \arctan [A_n/B_n]°\right] ,$$

wobei für die Summation das Gleichheitszeichen im Falle einer geraden Anzahl von Beobachtungen gilt und das Kleinerzeichen für eine ungerade Zahl von Beobachtungen.

Die Zahlenwerte A_n und B_n berechnen sich aus den Tabellenwerten X_k (Meßwerte, Tagesmitteltemperaturwerte, u.a.) gemäß

$$A_n = (2/N) \sum_{k=1}^{k=N} X_k \sin[360° nk/N] ,$$

$$B_n = (2/N) \sum_{k=1}^{k=N} X_k \cos[360° nk/N] .$$

Die $N/2$ Amplituden C_n ergeben sich dann aus

$$C_n = +\sqrt{A_n^2 + B_n^2} , \quad C_{N/2} = |B_{N/2}|/2 \ (!)$$

und die Phasenwinkel je nach Vorzeichen der Koeffizienten A_n und B_n aus der folgenden Darstellung:

$\arctan [A_n/B_n]° \quad = \quad \text{Arctan } [A_n/B_n]°$ (Hauptwert)

$\arctan (A_n/(-B_n))]° \quad = \quad -\text{Arctan } [A_n/|B_n|]° + 180°$

$\arctan [(-A_n)/(-B_n)]° \quad = \quad +\text{Arctan } [|A_n|/|B_n|]° + 180°$

$\arctan (-A_n)/B_n]° \quad = \quad -\text{Arctan } [|A_n|/|B_n|]° .$

Die so bestimmte Fourierreihe repräsentiert die Werte X_k für die Beobachtungszeitpunkte t_k exakt. Da die kontinuierliche Zeitvariable t verwendet wird, gibt sie auch die Möglichkeit, die Werte zwischen den Beobachtungszeitpunkten in Tabellenwerken interpolatorisch zu berechnen. Gerechtfertigt wird dieses Verfahren der Entwicklung in eine Fourier-Reihe durch die Tatsache, daß, durch die astronomischen Periodizitäten innerhalb des Gesamtsystems bedingt, vielfach schon quasiharmonische Datensätze vorliegen.

Ein Beispiel möge die Anwendung des Vorstehenden erläutern: Der DIN-Norm 4710 entnimmt man für Berlin-Tempelhof für heitere Tage die folgende Tabelle 1 für die Tagesmittel der mittleren stündlichen Außenlufttemperaturen für die einzelnen Monate. In Tabelle 1 sind auch die Koeffizienten der $N/2 = 6$ Reihenglieder und die Phasenwinkel angegeben, die zusammen mit dem Mittelwert eine exakte Darstellung der Zeitreihenzahlen sowie eine Interpolation für zeitliche Zwischenwerte ermöglichen.

Der Aufwand, 12 Einzelwerte einer diskreten Zeitreihe durch eine Fourier-Reihe zu interpolieren, erscheint recht groß. Neben dem Mittelwert $\bar{X}$ werden 6 Koeffi-

Tabelle 1. Fourier-Darstellung einer Zeitreihe. Es handelt sich um die Lufttemperatur für Berlin-Tempelhof an heiteren Tagen. Neben dem Jahresgang der Monatsmittel der Tagesmittel finden sich der Jahresmittelwert, die Koeffizienten der Fourier-Reihe, die Phasenwinkel sowie die komplette Darstellung der Reihenentwicklung

Jahresgang der Monatsmittel der Tagesmittel

J	F	M	A	M	J	J	A	S	O	N	D
−5,5	−5,0	2,9	11,0	16,3	20,0	23,0	20,6	16,3	10,2	1,8	−2,5

Jahresmittelwert: $\bar{\vartheta} = 9{,}09\,°C$

Koeffizienten

$A_1 = -6{,}97957167$ $B_1 = -12{,}15651539$ $C_1 = 14{,}01767767$
$A_2 = -0{,}89489292$ $B_2 = -0{,}38333333$ $C_2 = 0{,}97353879$
$A_3 = -0{,}10000000$ $B_3 = 0{,}65000000$ $C_3 = 0{,}65764732$
$A_4 = 0{,}72168784$ $B_4 = 0{,}08333333$ $C_4 = 0{,}72648316$
$A_5 = 0{,}17957167$ $B_5 = 0{,}25651539$ $C_5 = 0{,}31312319$
$A_6 = 0{,}00000000$ $B_6 = -0{,}08333333$ $C_6 = 0{,}04166667$

Phasenwinkel

$\arctan [A_1/B_1]° = 29{,}86196315° + 180°$
$\arctan [A_2/B_2]° = 66{,}81180668° + 180°$
$\arctan [A_3/B_3]° = -8{,}74616226°$
$\arctan [A_4/B_4]° = 83{,}41322474°$
$\arctan [A_5/B_5]° = 34{,}99365371°$
$\arctan [A_6/B_6]° = 0{,}00000000° + 180°$

Darstellung der Zeitreihe

$X(t) = 9{,}09 + C_1 \cos [360°(t/T) - 29{,}86196315° - 180°] +$
$+ C_2 \cos [360° \cdot 2(t/T) - 66{,}81180668° - 180°] +$
$+ C_3 \cos [360° \cdot 3(t/T) + 8{,}74616226°] +$
$+ C_4 \cos [360° \cdot 4(t/T) - 83{,}41322474°] +$
$+ C_5 \cos [360° \cdot 5(t/T) - 34{,}99365371°] +$
$+ C_6 \cos [360° \cdot 6(t/T) - 180°]$

Tabelle 2. Zu Tabelle 1: Approximation des Jahresganges der Monatsmittel der Tagesmittel (erste Zeile) durch Berücksichtigung lediglich der ersten vier Partialwellen

J	F	M	A	M	J	J	A	S	O	N	D
−5,5	−5,0	2,9	11,0	16,3	20,0	23,0	20,6	16,3	10,2	1,8	−2,5
−5,4	−4,9	2,7	11,3	15,9	20,3	22,8	20,6	16,4	10,0	2,1	−2,7

zienten C und 6 Phasen, d. h. 13 andere Zahlen benötigt. Durch Untersuchung der Beiträge der Partialwellen ist es jedoch meist möglich, nach Vorgabe von Genauigkeitsanforderungen die Beiträge einzelner Partialwellen zu vernachlässigen und damit zu sehr einfachen Darstellungen der Zeitreihe zu kommen. Berücksichtigt man im vorstehenden Zahlenbeispiel nur die ersten vier Partialwellen, dann wird, wie Tabelle 2 zeigt, die Zeitreihe bereits außerordentlich genau dargestellt.

B5 Literatur

1. Ångström, A.: A study of the radiation of the atmosphere, Smithsonian Miscellaneous Collections 65, No. 3, 1915
2. Aydinli, S.: Über die Berechnung der zur Verfügung stehenden Solarenergie und des Tageslichtes, Fortschrittberichte der VDI-Zeitschriften, Reihe 6, Nummer 79, Düsseldorf: VDI-Verlag 1981
3. Beier, N.; Obermeier, A.; Somieski, F.: Ein Modell zur numerischen Simulation der Temperatur eines Wohnhauses im meteorologischen Umfeld zur Untersuchung von Heizenergieeinsparungsmöglichkeiten, München: Münchener Universitätsschriften, Meteorologisches Institut, Wissenschaftliche Mitteilung Nr. 42, 1981
4. Bider, M.: Über die Genauigkeit der Registrierungen des Sonnenscheinautographen Cambell-Stokes, Wien: Arch. f. Met., Geophys. u. Biokl., Serie B, Bd. 9, 1958
5. Brimblecombe, P.: Air composition and chemistry, Cambridge: Cambridge University Press 1986.
6. Brinkmann, W.: Zur Bestimmung des Lüftungswärmebedarfes hoher Gebäude, Berlin: Dissertation, Hermann-Rietschel-Institut für Heizungs- und Klimatechnik der Technischen Universität Berlin 1980
7. Coulson, K.L.: Solar and terrestrial radiation, New York: Academic Press 1975
8. Deutscher Bundestag: Schutz der Erdatmosphäre: Eine internationale Herausforderung; Zwischenbericht der Enquete-Kommission des 11. Deutschen Bundestages „Vorsorge zum Schutz der Erdatmosphäre", Bonn/[Hrsg. Dt. Bundestag, Referat Öffentlichkeitsarbeit], 1988
9. Deutscher Wetterdienst, Berichte, Offenbach a. Main
9(1). Nr. 64: Reidat, R.: Klimadaten für Bauwesen und Technik, 1960
9(2). Nr. 141: Cappel, A.; Kalb, M.: Das Klima von Hamburg, 1976
9(3). Nr. 143: Kalb, M.; Schmidt, H.: Das Klima ausgewählter Orte der Bundesrepublik Deutschland, Hannover, 1977
9(4). Nr. 159: Schäfer, P.J.: Das Klima ausgewählter Orte der Bundesrepublik Deutschland, München, 1982
9(5). Nr. 164: Bätjer, D.; Heinemann, H.-J.: Das Klima ausgewählter Orte der Bundesrepublik Deutschland, Bremen, 1983
9(6). Nr. 174: Höschele, K.; Kalb, M.: Das Klima ausgewählter Orte der Bundesrepublik Deutschland, Karlsruhe, 1988
9(7). Nr. 156: Kasten, F.; Golchert, H.J.: Statistik der Globalstrahlung an acht Stationen des Deutschen Wetterdienstes, 1980
9(8). Nr. 177: Trapp, R.; Kasten, F.: Kleinskalige Variabilität der Sonnenstrahlung, 1988
9(9). Nr. 178: Keding, I.: Klimatologische Untersuchung über die atmosphärische Gegenstrahlung und Vergleich von Berechnungsverfahren anhand langjähriger Messungen im Oberrheintal, 1989
10. Elbing, C.: Jahrgang und Statistik der Tagesmittelwerte sowie der mittleren Tagesextreme der Lufttemperaturen in der Bundesrepublik Deutschland, Braunschweig: Dissertation an der Technischen Universität Braunschweig 1986
11. Fairbridge, R.W.: (Series Editor): Encyclopedia of Earth Sciences Series, Volume XI: The Encyclopedia of Climatology, New York: Van Nostrand Reinhold Comp. 1987
12. Foitzik, L.; Hinzpeter, H.: Sonnenstrahlung und Lufttrübung. Probleme der kosmischen Physik, Bd. XXXI, Leipzig: Akademische Verlagsges. 1958
13. Fortak, H.: Meteorologie, 2. Aufl. Berlin: Dietrich Reimer 1982
14. Geiger, R.: Das Klima der bodennahen Luftschicht, 4. Aufl. Braunschweig: Friedr. Vieweg 1961
15. Iqbal, M.: An introduction to solar radiation, New York: Academic Press 1983
16. Jahn, A.: Das Test-Referenzjahr, HLH 28, Nr. 6, 1977
17. Landsberg, H.E.: The urban climate, New York: Academic Press 1981

18 Landsberg, H. E. (Editor in chief): World survey of climatology, 15 Volumes, Amsterdam: Elsevier 1969–1985
19 Linke, F.; Möller, F.: Physik der Atmosphäre I, Atmosphärische Strahlungsforschung, Handbuch der Physik, Bd. VIII, Berlin: Gebrüder Bornträger 1942–61
20 Liou, K.-N.: An introduction to atmospheric radiation, New York: Academic Press 1980
21 Madsen, H.: Statistically determined dynamical models for climate processes, Part 1 and 2, Lyngby (Denmark): Licentiatafhandling, Nr. 45, 1985
22 Masuch, J.: In: Ruhrgas Handbuch Haustechnische Planung, Abschnitt 2: Bauklimatologische Grundlagen, Stuttgart: Karl Krämer Verlag, 2. Aufl. 1988
23 Masuch, J.: Meteorologische Daten zur Berechnung des Energieverbrauches von raumlufttechnischen Anlagen, DIN-Mitteilungen, Nr. 8, 1979
24 Meteorologischer Dienst der DDR, Potsdam: Klimadaten der DDR – Ein Handbuch für die Praxis, Reihen A und B, 2. überarbeitete Auflage, 1986
25 Oke, T. R.: Boundary layer climates, 2. ed. London: Methuen 1987
26 Page, J. K., Ed.: Prediction of solar radiation on inclined surfaces, in: Solar Energy R&D in the European Community, Series F, Solar Radiation Data, Vol. 3, Dordrecht: D. Reidel Publ. Comp. 1986
27 Pearce, F.: Treibhaus Erde, Braunschweig: Westermann 1990
28 Peter, R.; Hollan, E.; Blümel, K.; Kähler, M.; Jahn, A.: Entwicklung von Testreferenzjahren (TRY) für Klimaregionen der Bundesrepublik Deutschland, Forschungsbericht T 86-051, Bonn: Bundesministerium für Forschung und Technologie 1986
29 Quenzel, H.: Umschau 113, 70, 1970
30 Recknagel, E.; Sprenger, E.: Taschenbuch für Heizung und Klimatechnik, 61. Ausgabe, München, Wien: R. Oldenbourg 1981
31 Regelwerke
31(1) DIN-Norm 4701. Regeln für die Berechnung des Wärmebedarfs von Gebäuden. Teil 1: Grundlagen der Berechnung, März 1983, Teil 2: Tabellen, Bilder, Algorithmen, März 1983
31(2) DIN-Norm 4710. Meteorologische Daten zur Berechnung des Energieverbrauches von heiz- und raumlufttechnischen Anlagen, November 1982
31(3) VDI-Richtlinie 2067. Berechnung der Kosten von Wärmeversorgungsanlagen. Blatt 1: Betriebstechnische und wirtschaftliche Grundlagen. Dezember 1983, Blatt 2: Raumheizung. März 1985 (E), Blatt 3: Raumlufttechnik, Dezember 1983
31(4) VDI-Richtlinie 2078. Berechnung der Kühllast klimatisierter Räume (VDI-Kühllastregeln), August 1977
32 Richter, G. (Herausgeber): Handbuch ausgewählter Klimastationen der Erde, Trier: Forschungsstelle Bodenerosion der Universität Trier 1983
33 Robinson, N.: Solar radiation, Amsterdam: Elsevier Publ. Comp. 1966
34 Schönwiese, C.-D.; Diekmann, B.: Der Treibhauseffekt, Stuttgart: Deutsche Verlagsanstalt 1987
35 Schulze, R.: Strahlenklima der Erde, Darmstadt: Dr. D. Steinkopff 1970
36 Stull, R.: An introduction to boundary layer meteorology, Dordrecht: Kluwer Akad. Publ. 1988

C Mensch und Raumklima

P. O. Fanger

C1 Einleitung

Hauptaufgabe der Heiz- und Raumlufttechnik ist es, ein für den Menschen angenehmes Raumklima zu schaffen. Der Begriff des Raumklimas umfaßt das thermische Klima und die Raumluftqualität. Dabei wird thermisches Raumklima den Parametern, die den Wärmehaushalt des Menschen beeinflussen, zugeordnet, während Raumluftqualität die übrigen auf den Menschen wirkenden Komponenten der Luft umfaßt.

Diese Definition des Raumklimas entspricht im großen und ganzen der Definition der Meteorologen für das Außenklima. Hinzuweisen ist auf eine mitunter breitere Auffassung, etwa im Sinne des Humboldtschen Mikroklimas, die alle physikalischen Größen, auch akustische und optische, einbezieht.

Zwar hat das Außenklima eine große Bedeutung für den Menschen, das Raumklima aber nimmt in einem wesentlichen Teil der Welt einen weit wichtigeren Platz für Gesundheit und Behaglichkeit des Menschen ein. Grund hierfür ist, daß in der Industriegesellschaft das Leben zu etwa 90% im Innenraum – in Wohnungen, Arbeitsstätten, Verkehrsmitteln – verbracht wird.

Die Lehre vom Raumklima besitzt interdisziplinären Charakter – sie umfaßt technische, naturwissenschaftliche und besonders auch medizinische Aspekte. Und sie hat vor allem zwei Ziele: Erstens den Einfluß des Raumklimas auf den Menschen zu erforschen und zweitens dieses Wissen technisch umzusetzen, um die Bedürfnisse des Menschen zu befriedigen.

Das Raumklima wirkt auf Behaglichkeit und Gesundheit des Menschen. Gesundheit wird oft als Abwesenheit von Krankheit definiert. Die Weltgesundheitsorganisation hat eine weit umfassendere Definition vorgegeben: „Gesundheit ist nicht nur das Freisein von Krankheit und Gebrechen, sondern der Zustand völligen körperlichen, geistigen und sozialen Wohlbefindens". Die WHO hat damit auch die Behaglichkeit entsprechend gewichtet.

Ein Raumklima zu erzeugen, das Behaglichkeit und Gesundheit für alle sichert, ist wünschenswert. Es gibt viele Gründe, die dies behindern, und Klagen in der Praxis zeigen, wie schwierig es ist, alle Betroffenen zufriedenzustellen. Einer der wichtigsten Gründe ist die große individuelle Streuung, durch die unterschiedliche

Anforderungen an das Raumklima gestellt werden. Vom raumklimatischen Standpunkt wäre es wünschenswert, wenn sich jeder Mensch in einem besonderen Raum aufhielte, ausgestattet mit einer technischen Anlage, die ihm sein Wunschklima erzeugt. Auch in Räumen mit mehreren Menschen sollte daher angestrebt werden, daß der einzelne das ihn umgebende Klima beeinflussen kann. Aber selbst bei individueller Regelung kann es schwierig sein, alle Personen zufriedenzustellen. So können einige Menschen z.B. besonders empfindlich gegenüber einer bestimmen Luftbeimengung sein und daher eine wesentlich intensivere Belüftung verlangen. Es ist offensichtlich, daß auch ökonomische Grenzen bestehen, wenn man ein Raumklima schaffen will, das alle zufriedenstellt.

Neben der raumklimatischen Wirkung auf Gesundheit und Behaglichkeit werden auch physische und mentale Leistungen beeinflußt. So können bestimmte Raumklimate stimulierend, andere hemmend wirken. Unser Wissen auf diesem Gebiet ist derzeit noch recht bescheiden, und die folgenden Abschnitte befassen sich im wesentlichen mit dem thermischen Raumklima und der Raumluftqualität im Hinblick auf Behaglichkeit und Gesundheit.

C2 Thermisches Raumklima

C2.1 Vorbemerkung

Thermisches Raumklima umfaßt diejenigen Parameter, die den Wärmehaushalt des Menschen beeinflussen. In der Regel soll mit dem Raumklima eine thermisch behagliche Umgebung für den Menschen geschaffen werden. In einigen Fällen ist dies nur unvollkommen zu erreichen, sei es aus meteorologischen und/oder ökonomischen Gründen, sei es aufgrund thermisch belastender Arbeitsprozesse.

Das Verständnis für die Reaktion des menschlichen Körpers basiert auf den Kenntnissen seines Temperaturregelsystems. In den folgenden Abschnitten werden daher physiologische Grundlagen der Thermoregulation, Raumklimaparameter und Wärmehaushalt betrachtet. Auf dieser Basis wird eine Behaglichkeitsgleichung aufgestellt, und es werden die thermischen Indizes PMV und PPD definiert. Eine praktische Methode zur Beurteilung des Raumklimas folgt.

C2.2 Thermoregulation des Menschen

Wichtige, zentral gelegene Organe des menschlichen Körpers – insbesondere das Gehirn – sind nur in einem engen Temperaturbereich um 37 °C funktionsfähig. Nur durch sein effektives Temperaturregelsystem ist der Mensch in der Lage, selbst bei tropischer Wärme, Polarkälte, in Sauna und Eisbädern und selbst beim plötzlichen Anstieg der inneren Wärmeproduktion auf das Zehnfache diese innere Temperatur konstant zu halten.

Das menschliche Temperaturzentrum befindet sich am Boden des Mittelhirns (Hypothalamus). Es erhält von zentralen und peripheren Rezeptoren Signale. Ausläufer dieser auf thermische Reize reagierenden Nervenzellen werden als Thermorezeptoren bezeichnet und vermitteln uns den Eindruck von Wärme und Kälte. Sie reagieren auf Temperaturniveau und Temperaturänderungen, wobei eine Differenzierung für Temperaturbereiche und die Änderungsrichtung besteht. Die aufgenommenen Temperaturreize werden dem Zentralnervensystem als elektrische Impulse über Nervenstränge übermittelt und dort als Eingangsgröße zur Temperaturregelung und für unser thermisches Empfinden verwendet.

Sinn dieser Signale ist einerseits, zu anderem Verhalten anzuregen, z.B. durch Bekleidungs- oder Ortswechsel drohender Überhitzung oder Unterkühlung zu entgehen. Andererseits verfügt das Thermoregulationssystem über wirkungsvolle Mechanismen, die für die Konstanz der Körperkerntemperatur sorgen. Steigt die Temperatur, wird der Blutfluß in der Körperschale erhöht (Vasodilatation) und damit auch die Hauttemperatur und die Wärmeabgabe gesteigert. Ist dieser Regelmechanismus überfordert, wird die fühlbare Schweißsekretion angeregt. Etwa zwei Millionen Schweißdrüsen, verteilt über einer mittleren Hautfläche von 1,8 m^2, können im Bedarfsfall und besonders nach Adaptation weit über einen Liter Schweiß pro Stunde als Sekret ausscheiden und damit durch Verdunstung desselben eine beträchtliche latente Wärmeleistung abführen. Fällt die Körpertemperatur, verringert sich die Hautdurchblutung (Vasokonstriktion), die Oberflächentemperatur fällt und mit ihr der Wärmeverlust. Reicht dies nicht aus, werden die Temperaturen peripherer Körperteile gesenkt, indem über Bypass- und Wärmeaustauschmechanismen des Blutkreislaufs kühleres Blut in Arme und Beine gelangt. Reicht auch diese Maßnahme nicht, um die Temperatur der lebenswichtigen Organe zu garantieren, wird eine zusätzliche Wärmeproduktion eingeleitet, die durch Muskelspannung und Kältezittern, beim Säugling auch über den Abbau eines dafür vorgesehenen Speichergewebes, erfolgt.

Gesamtenergieumsatz

Die innere Wärmeproduktion ist eine Folge des Prozesses des menschlichen Lebens. Ein in völliger Ruhe befindlicher erwachsener Mensch hat einen Grundumsatz von etwa 0,8 *met* (1 *met* = 58 W pro m^2 Körperoberfläche); jegliche Aktivität erhöht den Stoffwechsel. So beträgt der Gesamtenergieumsatz einer entspannt sitzenden Person 1 *met*. Für leichte, vorwiegend sitzende Tätigkeit beträgt er 1,2 *met* und kann bis zu 10 *met* bei entsprechender sportlicher Betätigung (z.B. Langstreckenlauf) ansteigen. Tabelle C2-1 gibt eine Übersicht zum Gesamtenergieumsatz einiger Tätigkeiten. Zu beachten ist, daß maximal 25% der aufgewendeten Energie in äußere Arbeit umgesetzt werden, in der Regel aber die gesamte Energie innerhalb des Körpers in Wärme umgewandelt wird.

In der Praxis ist es nicht möglich, das thermische Raumklima ohne Kenntnis des Aktivitätsniveaus der Raumnutzer zu beurteilen. Es ist daher notwendig, den Verwendungszweck des jeweiligen Raumes zu kennen, um so einen entsprechenden Gesamtenergieumsatz der Menschen im Raum vorzugeben.

Bekleidung

Neben der inneren Wärmeproduktion ist auch die Bekleidung des Menschen als Grenzschicht zwischen Raumklima und Körper von entscheidender Bedeutung für

Tabelle C2-1. Gesamtenergieumsatz als Funktion der körperlichen Aktivität

Aktivität	Gesamtenergieumsatz M	
	bezogen [met]	absolut [W/m^2]
Grundumsatz	0,8	46
entspanntes Sitzen	1,0	58
entspanntes Stehen	1,2	70
leichte, vorwiegend sitzende Tätigkeit	1,2	70
stehende Tätigkeit I: Geschäft, Labor, Leichtindustrie	1,6	93
stehende Tätigkeit II: Verkäufer, Haus- und Maschinenarbeit	2,0	116
mittelschwere Tätigkeit: Schwerarbeit an Maschinen, Werkstattarbeit	2,8	165

die thermische Behaglichkeit. Primär ist dabei die wärmedämmende Eigenschaft der Kleidung, mithin ihr Wärmeleitwiderstand zwischen Haut und Umgebung zu berücksichtigen. In die Berechnung geht die gesamte Körperoberfläche, bekleidet und unbekleidet, ein. Der Wärmeleitwiderstand von Kleidungsstücken wird meßtechnisch mit einem sogenannten „Thermal Manikin", einer beheizten Puppe, die die Abmessung eines Menschen besitzt, erfaßt. Die Dämmung wird als Wärmeleitwiderstand in m^{2}K/W oder häufiger als Relativmaß in *clo* (1 *clo* = 0,155 m^{2}K/W) angegeben. Aus Tabelle C2-2 geht die Dämmung einiger typischer Bekleidungen hervor. Der bezogene Wärmeleitwiderstand einer unbekleideten Person beträgt 0 *clo*, einer typischen Innenraumbekleidung im Sommer 0,5 *clo* und im Winter 1,0 *clo*. Ebenfalls läßt sich aus Tabelle C2-2 die Wärmedämmung einer gegebenen Bekleidung abschätzen, gegebenenfalls ist zu interpolieren. Darüber hinaus gibt die Tabelle den Flächenfaktor an, d.h. das Verhältnis der bekleideten Körperoberfläche zu der Oberfläche des unbekleideten Körpers. Dieser Faktor geht in die Berechnung des menschlichen Wärmehaushalts ein.

Tabelle C2-3 zeigt den bezogenen Wärmeleitwiderstand einzelner Bekleidungsstücke, aus denen der Gesamtwärmeleitwiderstand durch einfache Addition näherungsweise ermittelt werden kann. Der Einfluß der unterschiedlichen Flächen der verschiedenen Schichten ist in den Zahlenwerten der bezogenen Wärmeleitwiderstände berücksichtigt. Alle in den Tabellen angegebenen Werte beziehen sich auf stehende Personen. Im Sitzen kann sich der bezogene Wärmeleitwiderstand um etwa 0,2 *clo* durch die Dämmung der Sitzfläche erhöhen. Körper- und Luftbewegung können den Luftaustausch in und unter der Bekleidung intensivieren und dadurch den Wärmeleitwiderstand verringern.

C2.3 Thermische Raumklimaparameter

Das thermische Raumklima wird im wesentlichen durch vier klassische Parameter bestimmt, die den Wärmehaushalt des Menschen beeinflussen: Lufttemperatur, mittlere Strahlungstemperatur, Luftgeschwindigkeit und Luftfeuchte.

Tabelle C2-2. Wärmeleitwiderstände typischer Bekleidungskombinationen

Bekleidung	Oberflächen-verhältnis f_{cl}	Wärmeleitwiderstand bezogen [clo]	Wärmeleitwiderstand absolut [m²K/W]
Unterhose, T-Shirt, Shorts, leichte Strümpfe, Sandalen	1,10	0,30	0,050
Slip, Unterkleid, Strumpfhose, leichtes Kleid mit Ärmeln, Sandalen	1,15	0,45	0,070
Unterhose, Hemd mit kurzen Ärmeln, leichte Hose, leichte Socken, Sandalen	1,15	0,50	0,080
Slip, Strumpfhose, Bluse mit kurzen Ärmeln, Rock, Sandalen	1,25	0,55	0,085
Unterhose, Hemd, leichte Hose, Socken, Schuhe	1,20	0,60	0,095
Slip, Unterkleid, Strumpfhose, Kleid, Schuhe	1,20	0,70	0,105
Unterhose, Hemd, Hose, Socken, Schuhe	1,20	0,70	0,110
Unterhose, Jogginganzug, lange Socken, Sportschuhe	1,20	0,75	0,115
Slip, Unterkleid, Bluse, Rock, dicke Kniestrümpfe, Schuhe	1,30	0,80	0,120
Slip, Bluse, Rock, kragenloser Pullover, dicke Kniestrümpfe, Schuhe	1,30	0,90	0,140
Unterhose, Unterhemd mit kurzen Ärmeln, Hemd, Hose, Pullover mit V-Ausschnitt, Socken, Schuhe	1,25	0,95	0,145
Unterhose, Hemd, Hose, Jacke, Socken, Schuhe	1,30	1,00	0,155
Slip, Strumpfhose, Bluse, Rock, Weste, Jacke	1,35	1,00	0,155
Slip, Strumpfhose, Bluse, langer Rock, Jacke, Schuhe	1,45	1,10	0,170
Unterhose, Unterhemd mit kurzen Ärmeln, Hemd, Hose, Jacke, Socken, Schuhe	1,35	1,10	0,170
Unterhose, Unterhemd mit kurzen Ärmeln, Hemd, Hose, Weste, Jacke, Socken, Schuhe	1,35	1,15	0,180
Lange Unterwäsche, Hemd, Hose, Pullover mit V-Ausschnitt, Jacke, Socken, Schuhe	1,35	1,30	0,200
Kurze Unterwäsche, Hemd, Hose, Weste, Jacke, Mantel, Socken, Schuhe	1,50	1,50	0,230

Tabelle C2-3. Wärmeleitwiderstände typischer Kleidungsstücke

Kleidungsstück	bezogener Wärmeleitwiderstand [clo]
Unterwäsche	
Slip	0,03
Hose mit langen Beinen	0,10
Hemd ohne Ärmel	0,04
Hemd 1/4 Arm	0,09
Hemd mit langen Ärmeln	0,12
Slip und BH	0,03

130 C Mensch und Raumklima

Tabelle C2-3. (Fortsetzung)

Kleidungsstück	bezogener Wärmeleitwiderstand [clo]
Hemden und Blusen	
Kurze Ärmel	0,15
Lange Ärmel, leicht	0,20
Lange Ärmel, normal	0,25
Lange Ärmel, warm	0,30
Leichte Bluse, lange Ärmel	0,15
Hosen	
Shorts	0,06
Sommer, leicht	0,20
Normal	0,25
Winter, warm	0,28
Röcke und Kleider	
Leichter Rock	0,15
Kräftiger Rock	0,25
Leichtes Kleid, kurze Ärmel	0,20
Kräftiges Kleid, lange Ärmel	0,40
Latzhose	0,55
Pullover	
Weste, ohne Ärmel	0,12
Leicht	0,20
Normal	0,28
Dick	0,35
Jacken	
Leichte Sommerjacke	0,25
Normal Jacke	0,35
Kittel	0,30
Thermozeug – Synthetikpelz	
Latzhose	0,90
Hose	0,35
Jacke	0,40
Weste	0,20
Straßenbekleidung	
Mantel	0,60
Daunenjacke	0,55
Parka	0,70
Overall, wattiert	0,55
Verschiedenes	
Socken, leicht	0,02
Socken, dick, kurz	0,05
Socken, dick, lang	0,10
Nylonstrümpfe	0,03
Schuhe, leicht	0,02
Schuhe, schwer, Holzschuhe	0,04
Stiefel	0,10
Handschuhe	0,05

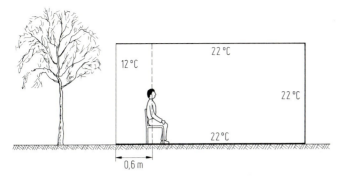

Bild C 2-1. Person im asymmetrischen Strahlungsfeld (Beispiele C 2-1, C 2-2 und C 2-3)

Die *Lufttemperatur* ϑ_L ist die Temperatur in Aufenthaltszonen von Personen, jedoch außerhalb der Grenzschicht erwärmter Luft in unmittelbarer Nähe der Körperoberfläche. Die Lufttemperatur beeinflußt die konvektive Wärmeabgabe des Menschen. Ihre Messung sollte für sitzende Personen in 0,6 m Höhe (Schwerpunkt) erfolgen, für detaillierte Analysen und zur Beurteilung von lokalem Diskomfort durch Zug oder vertikale Temperaturgradienten werden zusätzliche Messungen in Kopf- (1,1 m) und Knöchelhöhe (0,1 m) empfohlen.

Die *mittlere Strahlungstemperatur* $\overline{\vartheta_r}$ (auch: Ganzraumstrahlungstemperatur) wird als diejenige Temperatur aller umgebenden Flächen definiert, die denselben Strahlungswärmeaustausch einer Person hervorruft, wie die tatsächlichen (unterschiedlichen) Oberflächentemperaturen. Die Strahlungstemperatur ist für den Wärmehaushalt des Menschen genauso wichtig wie die Lufttemperatur. Mit der Einführung der mittleren Strahlungstemperatur läßt sich die Beurteilung der komplizierten Strahlungseinflüsse vereinfachen:

$$\overline{\vartheta_r} = \Phi_{P-1} \cdot \vartheta_1 + \Phi_{P-2} \cdot \vartheta_2 + \ldots + \Phi_{P-n} \cdot \vartheta_n \qquad (C 2-1)$$

wobei Φ_{P-n} die Einstrahlzahl zwischen einer Person und der Fläche n des Raums ist und ϑ_n die Temperatur dieser Fläche.

Beispiel C 2-1.
Berechne die mittlere Strahlungstemperatur für die in Bild C 2-1 gezeigte Person. Das Fenster (3·3 m) erstreckt sich vom Boden bis zur Decke, so daß sich eine Einstrahlzahl von 0,30 ergibt.

$$\overline{\vartheta_r} = 0{,}30 \cdot 12 + 0{,}70 \cdot 22 = 19\,°C$$

Die Einstrahlzahl einer sitzenden Person zu senkrechten und waagerechten Flächen geht aus den Bildern C 2-2 und C 2-3 hervor. Für weitere Daten, auch für stehende Personen und andere Richtungen, sei auf die Literatur verwiesen [1].

Die *relative Luftgeschwindigkeit* v_{rel} beeinflußt über den konvektiven Wärmeübergangskoeffizienten den Wärmeaustausch des Menschen mit seiner Umgebung. Für eine ruhig sitzende Person ist v_{rel} die mittlere Geschwindigkeit in der Aufenthaltszone, jedoch außerhalb der Grenzschicht in unmittelbarer Nähe der Person. Die Luftgeschwindigkeit wird an den gleichen Meßpunkten ermittelt, wie die Lufttemperatur. Bewegt sich die Person, ist die relative Geschwindigkeit zwischen Kör-

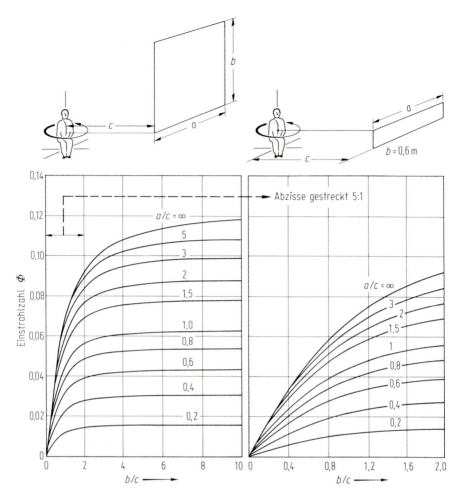

Bild C2-2. Mittelwert der Einstrahlzahl zwischen einer sitzenden Person und einem senkrechten Rechteck (über oder unter seinem Zentrum), wenn diese Person um eine senkrechte Achse rotiert. Diese Einstrahlzahl wird benutzt, wenn der Ort der Person, nicht aber deren Orientierung bekannt ist. Beispiel $a = 4$ m, $b = 3$ m, $c = 5$ m. $b/c = 0{,}6$, $a/c = 0{,}8$: $\phi = 0{,}029$

per und Luft ausschlaggebend. Für die Abhängigkeit der relativen Luftgeschwindigkeit von der körperlichen Aktivität kann die folgende Beziehung angegeben werden:

$$v_{\text{rel}} = v + 0{,}005 \, (M - 58) \; [\text{m/s}] \qquad (C2\text{-}2)$$

v [m/s]   Luftgeschwindigkeit im Raum
M [W/m^2]   Gesamtenergieumsatz

Vor allem bei ruhig sitzenden Personen kann die Luftbewegung das Gefühl von Zug hervorrufen. Bild C2-4 zeigt typische Luftgeschwindigkeitsschwankungen in

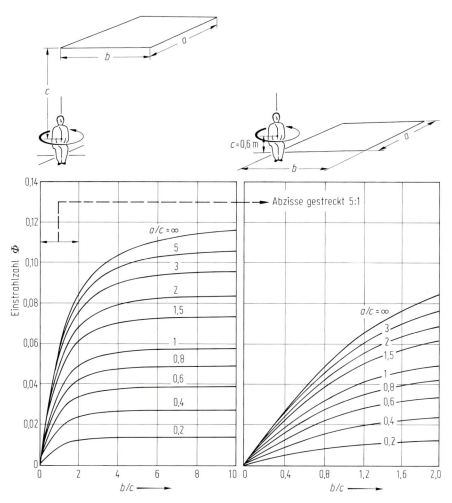

Bild C2-3. Mittelwert der Einstrahlzahl zwischen einer sitzenden Person und einem waagerechten Rechteck (an der Decke oder am Boden), wenn diese Person um die senkrechte Achse rotiert. Dieses Winkelverhältnis wird benutzt, wenn der Ort der Person, nicht aber deren Orientierung bekannt ist. Beispiel $a = 3$ m, $b = 6$ m, $c = 2$ m. $b/c = 3{,}0$, $a/c = 1{,}5$: $\phi = 0{,}067$

der Aufenthaltszone eines gelüfteten Raums. Von Bedeutung sind hier sowohl der Mittelwert der Geschwindigkeit als auch der Turbulenzgrad Tu, der als Quotient aus Standardabweichung und mittlerer Geschwindigkeit definiert ist [4, 5]

$$Tu = \frac{sD_v}{\bar{v}} = \frac{v_{84} - v_{50}}{v_{50}} \tag{C2-3}$$

mit

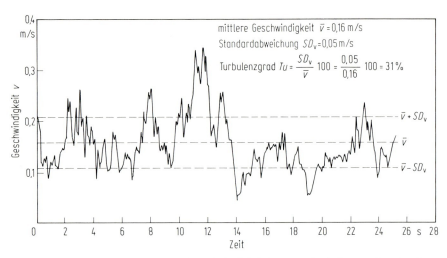

Bild C 2-4. Typische Fluktuation der Luftgeschwindigkeit in der Aufenthaltszone eines belüfteten Raums. Es wird empfohlen, mindestens 3 Minuten zu messen, um eine repräsentative Stichprobe der Fluktuationen zu bekommen

sD_v Standardabweichung

$v_{50} = \bar{v}$ arithmetischer Mittelwert der Geschwindigkeit, bei Normalverteilung die Geschwindigkeit, die 50% der Zeit nicht überschreitet

v_{84} wie vor, jedoch 84% der Zeit nicht überschreitet

Die *Luftfeuchtigkeit* beeinflußt die sensible und insensible Transpiration des Menschen. Der Partialdruck des Wasserdampfes der umgebenden Luft p_D steht bei stationären Verhältnissen mit dem Wärmeverlust durch Verdunstung in Verbindung. Im instationären Fall, wenn eine plötzliche Veränderung der Feuchte z. B. durch Raumwechsel erfolgt, kann außerdem die Sorption von Wasserdampf in der Bekleidung einen Einfluß auf thermische Größen nehmen. Hier ist die relative Luftfeuchte von Bedeutung (Sorptionsisotherme).

Neben den vier o. g. klassischen Raumklimaparametern werden auch die folgenden Größen häufig in der Literatur verwendet: Operativtemperatur bzw. Raumtemperatur[1], Äquivalenztemperatur, Halbraum-Strahlungstemperatur und Strahlungstemperatur-Asymmetrie.

Die *Raumtemperatur*[1] (Operativtemperatur) ϑ_R ist diejenige Temperatur von Luft und Umgebungsflächen, die zur gleichen Wärmeabgabe des Menschen führt, wie die tatsächlichen (unterschiedlichen) Temperaturen. Mit der Raumtemperatur lassen sich die oft komplizierten thermischen Verhältnisse eines Raums sehr einfach beschreiben. Räume mit der gleichen Raumtemperatur und Luftbewegung rufen beim Menschen dasselbe Wärmeempfinden hervor. In den meisten praktischen

---

[1] Von den genannten zwei gleichbedeutenden Bezeichnungen wird nachfolgend die weiterbenutzt, die in der DIN 1946 Teil 2 hierfür festlegt ist: Raumtemperatur

Fällen läßt sich ϑ_R mit ausreichender Genauigkeit als Mittelwert zwischen mittlerer Strahlungs- und Lufttemperatur annehmen. Dies gilt, wenn die relative Luftgeschwindigkeit klein (<0,2 m/s) oder die Differenz zwischen den beiden Temperaturen kleiner als 4 K ist. Allgemein gilt die folgende Beziehung:

$$\vartheta_R = A \cdot \vartheta_L + (1-A)\overline{\vartheta_r} \qquad (C\,2\text{-}4)$$

Für A können in Abhängigkeit von der relativen Luftgeschwindigkeit folgende Werte eingesetzt werden:

v_{rel} [m/s]	<0,2	0,2...0,6	0,6...1,0
A	0,5	0,6	0,7

Beispiel C2-2.
Für die Person in Bild C2-1 gilt eine Lufttemperatur von 23 °C und eine relative Luftgeschwindigkeit von v_{rel} < 0,2 m/s. Berechne die Raumtemperatur.

$$\vartheta_R = 0,5 \cdot (23 + 19) = 21\,°C$$

Die *Äquivalenztemperatur* ϑ_{eq} ist diejenige Raumtemperatur bei unbewegter Luft, die beim Menschen dieselbe Wärmeabgabe hervorruft, wie die tatsächliche Raumtemperatur bei höherer Luftgeschwindigkeit.

Die *Halbraum-Strahlungstemperatur* ϑ_{rh} ist die gleichförmige Temperatur der umgebenden Flächen eines Halbraums, die denselben Strahlungswärmeaustausch mit einem kleinen ebenen Flächenelement hervorruft wie die tatsächlichen (unterschiedlichen) Oberflächentemperaturen.

Die *Strahlungstemperatur-Asymmetrie* $\Delta\vartheta_{rh}$ ist die Differenz zwischen den ϑ_{rh}-Werten zweier, diametral gelegener Halbräume und damit ein Maß für die auf den Menschen wirkenden und von diesem fühlbaren Unterschiede in der örtlichen Wärmestrahlung. Als Meßort wird auch hier der Schwerpunkt einer sitzenden Person, 0,6 m über dem Boden gewählt, und es wird waagerecht bzw. senkrecht, jeweils parallel zur Fläche, die die Asymmetrie hervorruft, gemessen bzw. gerechnet.

Beispiel C2-3.
Bild C2-1 zeigt eine Person, die in der Nähe eines kalten Fensters sitzt. Berechne die Strahlungstemperatur-Asymmetrie.
 Die Einstrahlzahl bezüglich eines kleinen senkrechten Flächenelements, das sich im Zentrum der Person und 0,6 m über dem Boden befindet, beträgt 0,80. Damit errechnet sich die Halbraumstrahlungstemperatur in Richtung Fenster zu:

$$\vartheta_{rh} = 0,80 \cdot 12 + 0,20 \cdot 22 = 14\,°C$$

Und deren Differenz beträgt:

$$\Delta\vartheta_{rh} = 22 - 14 = 8\,K$$

C2.4 Die Wärmebilanz des Menschen

Aufgabe des menschlichen Temperaturregelsystems ist es, die Körpertemperatur nahezu konstant zu halten. Das bedeutet, daß Wärmegleichgewicht herrscht: Es wird weder Wärme im Körper gespeichert noch überschreitet die Wärmeabgabe die gewünschte Größe (Unterkühlung). In einem breiten Bereich thermischer Umgebungsbedingung ist diese Regelung möglich, deren wichtigste Mechanismen Transpiration und Hauttemperaturänderung sind. Die Forderung nach Wärmegleichgewicht gilt für lange Zeiträume (gewöhnlich Stunden). Wärmegleichgewicht bedeutet, daß abgegebene und im Körper erzeugte Wärme gleich sind. Es gilt folgende Bilanzgleichung:

$$K = R + C = M - W - E_{dif} - E_{sw} - E_{res} - C_{res} \qquad (C\,2\text{-}5)$$

K	Wärmestrom durch die Kleidung
R	Wärmestrom durch Strahlung
C	Wärmestrom durch Konvektion
M	Gesamtenergieumsatz
W	mechanische Arbeit
E_{dif}	latente Wärmeabgabe durch Wasserdampfdiffusion durch die Haut
E_{sw}	latente Wärmeabgabe durch sensible Transpiration über die Hautoberfläche
E_{res}	latente Wärmeabgabe durch Atmung
C_{res}	sensible Wärmeabgabe durch Atmung

Für die obigen Bilanzgrößen[2] gilt beim bekleideten Menschen

$$K = (\vartheta_{sk} - \vartheta_{cl})/I_{cl}\ [\text{W/m}^2] \qquad (C\,2\text{-}6)$$

ϑ_{sk}	Hauttemperatur [°C]
ϑ_{cl}	Oberflächentemperatur der Kleidung [°C]
I_{cl}	Wärmeleitwiderstand der Kleidung [m²k/W]

Für den Wärmestrom durch Strahlung gilt

$$R = f_{eff} f_{cl} \varepsilon \sigma \{(\vartheta_{cl}+273)^4 - (\overline{\vartheta_r}+273)^4\}\ [\text{W/m}^2] \qquad (C\,2\text{-}7)$$

f_{eff}	Oberflächenverhältnis zwischen effektiver Strahlungsfläche und ganze Fläche des bekleideten Körpers ($f_{eff} = 0{,}7\,[-]$)
f_{cl}	Oberflächenverhältnis zwischen bekleidetem und unbekleidetem menschlichem Körper
ε	mittlere Emissionszahl für Haut und Kleidung ($\varepsilon = 0{,}97\,[-]$)
σ	Stephan-Boltzmann-Konstante ($\sigma = 5{,}67 \cdot 10^{-8}\ [\text{W/m}^2\,\text{K}^4]$)

Es gilt weiter

$$f_{cl} = 1{,}00 + 1{,}29 \cdot I_{cl} \quad \text{für} \quad I_{cl} < 0{,}078\ [\text{m}^2\text{K/W}]$$
$$f_{cl} = 1{,}05 + 0{,}645 \cdot I_{cl} \quad \text{für} \quad I_{cl} > 0{,}078\ [\text{m}^2\text{K/W}] \qquad (C\,2\text{-}8)$$

Damit erhält man aus Gl. (C 2-7):

$$R = 3{,}9 \cdot 10^{-8} \cdot f_{cl} \{(\vartheta_{cl}+273)^4 - (\overline{\vartheta_r}+273)^4\}\ [\text{W/m}^2] \qquad (C\,2\text{-}9)$$

---

[2] Die Ansätze in den Gl. (2-5), (2-6) und (2-9) sind formal auf die – weitaus überwiegenden – bekleideten Körperpartien bezogen, enthalten jedoch die Wärmeabgabe der nicht bekleideten Körperpartien mit. Die Werte ϑ_{sk}, ϑ_{cl} und I_{cl} stellen daher gewogene Mittelwerte dar, die den gemachten vereinfachenden Ansätzen Rechnung tragen.

Für den Wärmestrom durch Konvektion[3] gilt

$$C = f_{cl} \cdot \alpha_k (\vartheta_{cl} - \vartheta_L) \ [\text{W/m}^2] \tag{C2-10}$$

α_k konvektiver Wärmeübergangskoeffizient

Für α_k gilt bei erzwungener Konvektion mit v_{rel} [m/s]

$$\alpha_k = 12,1 \sqrt{v_{\text{rel}}} \ [\text{W/(m}^2\text{K})] \tag{C2-11}$$

und bei freier Konvektion

$$\alpha_k = 2,4 (\vartheta_{cl} - \vartheta_L)^{0,25} \ [\text{W/(m}^2\text{K})] \tag{C2-12}$$

Für praktische Berechnungen ist es ausreichend, jeweils den größeren Wert aus den Gln. (C2-11) oder (C2-12) einzusetzen.

Für den latenten Diffusionswärmestrom gilt mit ϑ_{sk} in °C

$$E_{dif} = 0,31 (2,56 \cdot \vartheta_{sk} - 33,7 - 0,01 \cdot p_D) \ [\text{W/m}^2] \tag{C2-13}$$

p_D = Wasserdampfteildruck der Luft [Pa]

Der Verdunstungswärmestrom E_{sw} ist eine Folge des Schwitzens (transpiratio sensibilis) und damit ein vom thermischen Zustand des Menschen abhängiger Regelmechanismus.

Für den latenten Atmungswärmestrom gilt mit M in W/m²

$$E_{res} = 0,0017 \cdot M (58,7 - 0,01 p_D) \ [\text{W/m}^2] \tag{C2-14}$$

Für den sensiblen Atmungswärmestrom gilt

$$C_{res} = 0,0014 \cdot M (34 - \vartheta_L) \ [\text{W/m}^2] \tag{C2-15}$$

Die Wärmebilanzgleichung (C2-5) gibt Informationen über den absoluten und relativen Einfluß der einzelnen Raumklimaparameter auf den Menschen. Im folgenden Abschnitt über die Behaglichkeitsbedingungen wird dieses näher diskutiert. Gleichung (C2-5) läßt sich aber auch dazu verwenden, die thermische Belastung eines Raums durch die Abgabe von Wärme und Wasserdampf der im Raum befindlichen Menschen zu beurteilen. Tabelle C2-4 gibt Werte an, die für die Dimensionierung und Analyse von heiz- und raumlufttechnischen Anlagen von Bedeutung sind. Aus dieser Tabelle geht hervor, daß bei sitzender Tätigkeit knapp 30% der Energie als latente Wärme (Verdunstung) abgegeben wird. Dieser Wert steigt mit höherer Aktivität auf gut 40% der Gesamtenergieabgabe. Die restliche Wärme wird konvektiv (Luft) und durch Strahlung (Umgebungsflächen) übertragen. Beide Beiträge besitzen bei kleinen Luftgeschwindigkeiten die gleiche Größenordnung, während bei größeren Geschwindigkeiten die Konvektion dominiert. Die Werte in Tabelle C2-4 sind unabhängig von der Temperatur, da die thermische Behaglichkeit eine jeweils angepaßte Kleidung voraussetzt.

---

[3] Der begrenzte Einfluß des Turbulenzgrades kann bei Bilanzbetrachtungen vernachlässigt werden, bei lokalen Abkühlungserscheinungen (Zug) dagegen ist der Turbulenzgrad ein wichtiger Parameter (s. Bilder 2-15, 2-16 und 2-17 im Vergleich mit 2-8).

Tabelle C 2-4. Abgabe von Wärme und Wasserdampf des Menschen im Zustand der thermischen Behaglichkeit. Die Tabelle gilt für normale, erwachsene Personen (1,75 m² Hautoberfläche); die mittlere Strahlungstemperatur ist gleich der Lufttemperatur und die relative Luftfeuchte beträgt 50%

Bezogener Gesamtenergieumsatz M [met]	v_{rel} [m/s]	Wärmeabgabe				Wasserdampfabgabe [g/h]
		sensibel		latent	Gesamt [W]	
		Konvektion [W]	Strahlung [W]	Verdunstung [W]		
1	<0,1	36	36	29	101	43
1,2	0,1	41	41	39	121	59
2	0,3	76	47	82	205	123
3	0,5	120	53	134	307	200

Beispiel C 2-4.
Der bezogene Wärmeleitwiderstand der Bekleidung von Personen in einem Sitzungssaal im Sommer beträgt 0,5 clo. Bestimme die sensible Wärme- und die Wasserdampfabgabe der Personen, die sich in thermischer Behaglichkeit befinden.

Tabelle C 2-4 entnimmt man eine Wasserdampfabgabe von 59 g/(h·Person) und eine sensible Wärmeabgabe von 82 W/Person, verteilt auf je 41 W/Person für Strahlung und Konvektion.

C 2.5 Behaglichkeitsgleichung

Thermische Behaglichkeit wird oft als der Zustand definiert, bei dem der Mensch mit seiner thermischen Umgebung zufrieden ist, sich thermisch neutral fühlt und weder eine wärmere, noch eine kältere Umgebung wünscht. Darüber hinaus sollte er an keiner Körperstelle störende lokale Abkühlung oder Erwärmung empfinden.

Die erste Bedingung für die thermische Behaglichkeit ist die Erfüllung der Wärmebilanzgleichung (C 2-5). Diese Gleichung ist ein Ausdruck für das Bestreben des Thermoregulationssystems, die Körpertemperatur konstant zu halten. Aus ihr geht hervor, daß neben dem Stoffwechsel zwei weitere physiologische Variable, Hauttemperatur und Schweißsekretion, eingehen. In Abhängigkeit von diesen und den äußeren Variablen stellt sich im Körper eine Temperaturverteilung ein, die eine Folge des angestrebten Wärmegleichgewichts ist. Oft wird der Mensch, obwohl seine Wärmebilanz stimmt, die Umgebung als zu kalt oder zu warm empfinden. Für das Gefühl der thermischen Neutralität ist Wärmegleichgewicht daher nur eine notwendige, aber keine hinreichende Bedingung. Hauttemperatur und Schweißabsonderung müssen bei dem jeweiligen Stoffwechsel Werte annehmen, die als neutral empfunden werden. Lange Zeit war man davon überzeugt, daß diese Neutralität bei einer Hauttemperatur von 33–34 °C und ohne sichtbare Transpiration vorhanden ist. Der Begriff des „Schwitzens" wurde von vielen offenbar synonym für „Es ist zu warm" verwendet. Dies hat schließlich zu der Annahme geführt, daß sich Schwitzen und thermische Behaglichkeit ausschließen. Breite experimentelle Arbeiten haben schon 1970 gezeigt, daß diese Annahme falsch ist. Menschen bevorzugen eine deutliche Transpiration, wenn sie körperlich aktiv sind und halten diese nur dann für nicht wünschenswert, wenn sie einer sitzenden Tätigkeit nachgehen. Das Ergebnis der genannten Untersuchungen zeigt Bild C 2-5. Dargestellt ist die bevorzugte Schweißsekretion als Funktion der Aktivität. In den Versuchen war es möglich, die Transpiration durch Absenkung der Raumtemperatur vollständig zu vermeiden. Die meisten Versuchspersonen empfanden diese Temperatur jedoch als viel zu kalt. War das Aktivitätsniveau höher als das beim „Stillsitzen", wurden Umgebungsbedingungen bevorzugt, die eine gewisse Schweißabsonderung hervorriefen.

Ebenso wurde bei höheren Aktivitäten eine niedrigere Hauttemperatur bevorzugt (s. Bild C 2 – 6). Bei einer Aktivität von 3 *met* z. B. ist die Körperkerntemperatur etwa 0,5 K höher als bei 1 *met*, und zur Kompensation wird offenbar eine um 3 K niedrigere Hauttemperatur vorgezogen. Die Kombination einer höheren Körperkerntemperatur mit einer verringerten Hauttemperatur vermittelt das Gefühl thermischer Neutralität und bedingt gleichzeitig die erwähnte Schweißsekretion. In dem Zustand thermischer Neutralität treten Handtemperatur und Schweißsekretion bei den einzelnen Personen unterschiedlich auf. Die eingezeichneten Regressionslinien dienen als weitere Kriterien für die thermische Neutralität einer Durchschnittsperson.

$$\vartheta_{sk} = 35{,}7 - 0{,}0275 \cdot M \; [°C] \tag{C2-16}$$

$$E_{sw} = 0{,}42 \; (M-58) \; [W/m^2] \tag{C2-17}$$

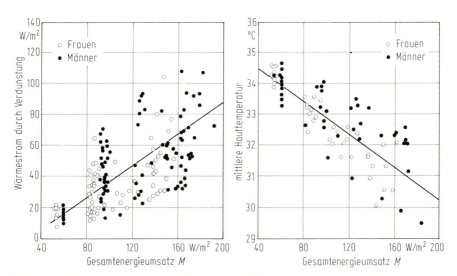

Bild C 2-5. Schweißsekretion (latente Wärmeabgabe über die Haut (Verdunstung)), die für thermische Behaglichkeit notwendig ist, als Funktion der Aktivität (Gesamtenergieumsatz). Bei höherem Aktivitätsniveau als Stillsitzen wird Schwitzen bevorzugt

Bild C 2-6. Hauttemperatur, die für thermische Behaglichkeit notwendig ist, als Funktion der Aktivität (Gesamtenergieumsatz). Mit zunehmender Aktivität werden niedrigere Hauttemperaturen bevorzugt

Setzt man diese Kriterien in die Wärmebilanzgleichung (C2-5) ein, erhält man die Behaglichkeitsgleichung

$$(M-W) - 3{,}05 \cdot 10^{-3}\{5733 - 6{,}99(M-W) - p_D\} - 0{,}42\{(M-W) - 58{,}15\} - 1{,}7$$
$$\cdot 10^{-5} M(5867 - p_D) - 0{,}0014\, M(34 - \vartheta_L) = 3{,}96 \cdot 10^{-8} f_{cl}\{(\vartheta_{cl} + 273)^4$$
$$- (\overline{\vartheta_r} + 273)^4\} + f_{cl} \cdot \alpha_k (\vartheta_{cl} - \vartheta_L) \tag{C2-18}$$

$$\vartheta_{cl} = 35{,}7 - 0{,}028(M-W) - I_{cl}[(M-W) - 3{,}05 \cdot 10^{-3}\{5733 - 6{,}99$$
$$(M-W) - p_D\} - 0{,}42\{(M-W) - 58{,}15\} - 1{,}7 \cdot 10^{-5} M(5867 - p_D)$$
$$- 0{,}0014\, M(34 - \vartheta_L)]$$

$$\alpha_k = 2{,}38\,(\vartheta_{cl} - \vartheta_L)^{0{,}25} \quad \text{für } 2{,}38\,(\vartheta_{cl} - \vartheta_L)^{0{,}25} \geq 12{,}1\sqrt{v_{\text{rel}}}$$

$$\alpha_k = 12{,}1\sqrt{v_{\text{rel}}} \qquad \text{für } 2{,}38\,(\vartheta_{cl} - \vartheta_L)^{0{,}25} < 12{,}1\sqrt{v_{\text{rel}}}$$

$$f_{cl} = 1{,}00 + 1{,}290\, I_{cl} \quad \text{für } I_{cl} \leq 0{,}078 \text{ m}^2\text{K/W}$$

$$f_{cl} = 1{,}05 + 0{,}645\, I_{cl} \quad \text{für } I_{cl} > 0{,}078 \text{ m}^2\text{K/W}$$

Die Behaglichkeitsgleichung gibt für jedes Aktivitätsniveau und jede Bekleidung die Kombination von Lufttemperatur, mittlerer Strahlungstemperatur, Geschwindigkeit und Dampfdruck an, die für die meisten Menschen das Gefühl thermischer Neutralität vermittelt. Bild C2-7 zeigt u.a. den Einfluß der Luftfeuchte bei einer leichten Bekleidung von 0,5 clo. Die Linien gleicher Behaglichkeit sind recht steil, d.h. der Einfluß der Luftfeuchte ist gering, ihr Anstieg um 10% entspricht einer Erhöhung der Raumtemperatur um 0,3 K. Für Bekleidung mit anderen Wärmeleitwiderständen findet sich ein vergleichbarer Einfluß der Feuchte. Bild C2-7 gilt für den stationären Fall; bei plötzlichen Veränderungen der relativen Feuchte, z.B. wenn Personen aus dem Freien in ein Gebäude wechseln, kann die Feuchte durch Kondensation oder Verdunstung innerhalb der Kleidung eine größere thermische Wirkung entfalten. Darüber hinaus kann die Luftfeuchte den Wert der Hautfeuchte (Anteil der Hautoberfläche, der mit Schweiß bedeckt ist) verändern. Ein hohes Aktivitätsniveau, hohe Luftfeuchten und/oder Bekleidung mit großem Diffusionswiderstand für Wasserdampf erhöhen die Hautfeuchte, was an sich zu Unbehagen führen kann. Wahrscheinlich ist dies einer der Gründe dafür, daß die Feuchte so oft als wichtiger thermischer Parameter beschrieben wird. Wie aus Bild C2-7 hervorgeht, ist dies aber unter stationären Bedingungen und bei den für die thermische Behaglichkeit angestrebten Temperaturen nicht der Fall. Die Luftfeuchte hat allerdings eine Reihe anderer Wirkungen auf den Menschen, die weniger thermischer Natur sind und daher in Kap. C3 „Raumluftqualität" behandelt werden.

Beispiel C2-5.
Der bezogene Wärmeleitwiderstand der Bekleidung von sitzenden Zuschauern in einer Schwimmhalle betrage im Sommer 0,5 clo. Bestimme die als behaglich empfundene Raumtemperatur für eine relative Luftfeuchte von 80% und eine Luftgeschwindigkeit von <0,1 m/s.
  Aus Bild C2-7 ergibt sich $\vartheta_R = 25\,°C$.

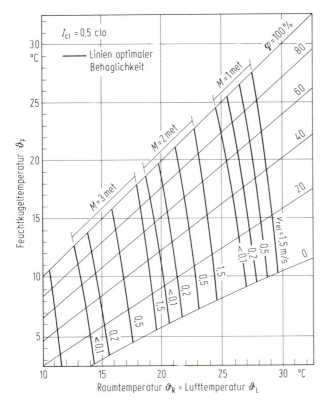

Bild C2-7. Raumzustände optimaler Behaglichkeit als Funktion von Temperatur und Feuchte mit der relativen Luftgeschwindigkeit und dem Gesamtenergieumsatz als Parameter. Bedingungen: Lufttemperatur = Strahlungstemperatur; leichte Kleidung (I_{cl} = 0,5 clo)

In Bild C2-8 ist der Einfluß der Luftgeschwindigkeit auf die thermische Behaglichkeit bei konstanter Feuchte und für zwei verschiedene Bekleidungen dargestellt. Die Linien gleicher Behaglichkeit zeigen verschiedene Kombinationen von Luftgeschwindigkeit und Raumtemperatur, die von den meisten Menschen als thermisch neutral empfunden werden.

Bild C2-9 zeigt den Einfluß der mittleren Strahlungstemperatur auf eine ruhig sitzende Person. Für M = 1 met schneiden sich die Geschwindigkeitskurven in dem Punkt, in dem Luft- und Oberflächentemperatur der Bekleidung gleich sind. Bei geringer Luftgeschwindigkeit hat die mittlere Strahlungstemperatur etwa das gleiche Gewicht wie die Lufttemperatur (s. a. Gl. (C2-4)).

Beispiel C2-6.
Im Winter liegt die mittlere Strahlungstemperatur in einem Reisebus 6 K unter der Lufttemperatur. Bestimme die optimale Lufttemperatur für Passagiere, die im Bus ohne Mantel sitzen (I_{cl} = 1 clo). Die Luftgeschwindigkeit betrage 0,2 m/s, die Luftfeuchte 50%.
Aus Bild C2-9 ergibt sich ϑ_L = 26 °C und $\overline{\vartheta_r}$ = 20 °C.

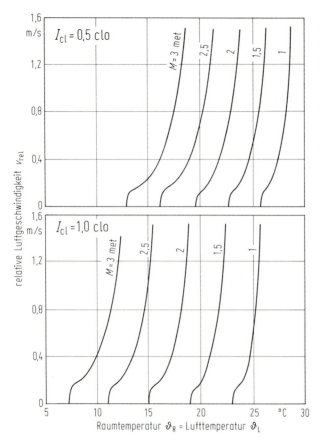

Bild C 2-8. Behaglichkeitsdiagramm, das den Einfluß der relativen Geschwindigkeit auf die optimale Raumtemperatur zeigt. Der obere Teil gilt für leichte Sommerkleidung (0,5 *clo*), der untere Teil gilt für normale Innen-Winterbekleidung (1,0 *clo*). Bei stillsitzender Tätigkeit werden die meisten gezeigten Luftgeschwindigkeiten als Zug empfunden

PMV-Index

Die Behaglichkeitsgleichung gibt die Kombinationen von Klimaparametern an, die in der Regel vom Menschen als thermisch neutral empfunden werden. In der Praxis wird das Raumklima jedoch häufig von diesen Idealkombinationen abweichen und damit stellt sich die Frage, wie diese zu beurteilen ist und welche Abweichungen toleriert werden können.

Zur Lösung dieses Problems definierte Fanger [1] den PMV- und den PPD-Index, die 1984 in das internationale Normenwerk (ISO 7730) [2] aufgenommen wur-

Bild C 2-9. Behaglichkeitsdiagramm, das den Einfluß der mittleren Strahlungstemperatur auf die optimale Lufttemperatur zeigt. Der obere Teil gilt für leichte Sommerbekleidung (0,5 *clo*), der untere Teil gilt für normale Innen-Winterbekleidung (1,0 *clo*)

C2 Thermisches Raumklima 143

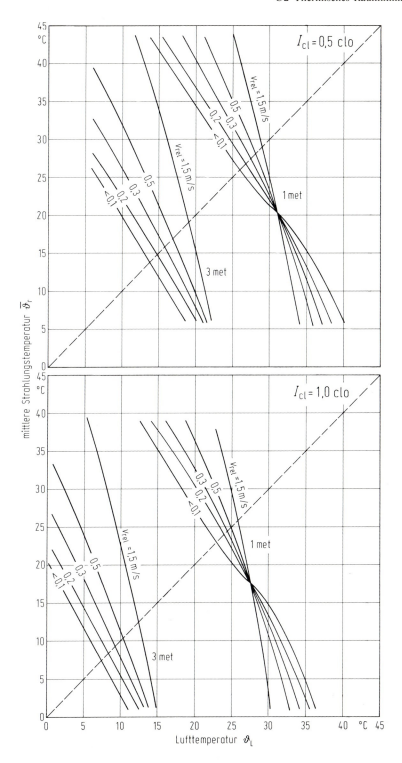

den. Zur Quantifizierung der menschlichen Temperaturempfindung findet eine 7-Punkte-Skala Verwendung

+3	+2	+1	0	−1	−2	−3
heiß	warm	leicht warm	neutral	leicht kühl	kühl	kalt

PMV ist die Abkürzung für „Predicted Mean Vote" (erwartete mittlere Beurteilung). Dieser Index gibt die erwartete durchschnittliche Beurteilung des Raumklimas anhand der 7-Punkte-Skala an. Setzt man eine große Zahl von Personen einem definierten Raumklima aus und bittet alle um ihre Meinung zum Klima anhand der genannten Skala, so läßt sich die mittlere Beurteilung mit dem PMV-Index vorhersagen.

Der PMV-Index wurde aus der Behaglichkeitsgleichung abgeleitet. Die subjektive Beurteilung des Menschen bezüglich Wärme und Kälte wurde experimentell mit der Belastung des menschlichen Temperaturregelsystems in Verbindung gebracht. Dabei ist die thermische Belastung als Differenz zwischen der realen inneren Wärmeproduktion und der hypothetischen Wärmeabgabe einer Person definiert, die diese in dem betrachteten Raumklima bei optimalen Behaglichkeitsbedingungen hätte.

Für den PMV-Index ergibt sich die folgende mathematische Beschreibung:

$$PMV = (0{,}303 \cdot e^{-0{,}036\,M} + 0{,}028)[(M-W) - 3{,}05 \cdot 10^{-3}\{5733 - 6{,}99(M-W)$$
$$- p_D\} - 0{,}42\{(M-W) - 58{,}15\} - 1{,}7 \cdot 10^{-5} \cdot M(5867 - p_D) - 0{,}0014$$
$$\cdot M(34 - \vartheta_L) - 3{,}96 \cdot 10^{-8} \cdot f_{cl}\{(\vartheta_{cl} + 273)^4 - (\overline{\vartheta_r} + 273)^4\} - f_{cl}$$
$$\cdot \alpha_k(\vartheta_{cl} - \vartheta_L)] \qquad (C\,2\text{-}19)$$

$$\vartheta_{cl} = 35{,}7 - 0{,}028(M-W) - I_{cl}[3{,}96 \cdot 10^{-8} \cdot f_{cl}\{(\vartheta_{cl} + 273)^4 - (\overline{\vartheta_r} + 273)^4\}$$
$$+ f_{cl} \cdot \alpha_k(\vartheta_{cl} - \vartheta_L)]$$

$$\alpha_k = 2{,}38\,(\vartheta_{cl} - \vartheta_L)^{0{,}25} \text{ für } 2{,}38\,(\vartheta_{cl} - \vartheta_L)^{0{,}25} \geq 12{,}1\sqrt{v_{\text{rel}}}$$

$$\alpha_k = 12{,}1\sqrt{v_{\text{rel}}} \qquad \text{für } 2{,}38\,(\vartheta_{cl} - \vartheta_L)^{0{,}25} < 12{,}1\sqrt{v_{\text{rel}}}$$

$$f_{cl} = 1{,}00 + 1{,}290\,I_{cl} \quad \text{für } I_{cl} \leq 0{,}078 \text{ m}^2\text{K/W}$$

$$f_{cl} = 1{,}05 + 0{,}645\,I_{cl} \quad \text{für } I_{cl} > 0{,}078 \text{ m}^2\text{K/W}$$

Symbole und Einheiten entsprechen denen der Behaglichkeitsgleichung (C 2-18). Setzt man *PMV* gleich Null, ergibt sich aus Gl. (C 2-19) die Behaglichkeitsgleichung. Mit Gl. (C 2-19) läßt sich der PMV-Index für beliebige Kombinationen von Aktivitätsniveau, Bekleidung, Luft- und Strahlungstemperatur, Luftgeschwindigkeit und Luftfeuchte berechnen. Die Gleichungen für ϑ_{cl} und α_k lassen sich iterativ lösen. Die unmittelbare Ermittlung des PMV-Index ist aus Tabellen (Anlage A) oder über ein Rechnerprogramm (Anlage B) leicht möglich. Auch seine Messung ist mit einem entsprechenden Meßgerät heute möglich.

Obwohl der PMV-Index für stationäre Bedingungen ermittelt wurde, kann er mit guter Genauigkeit auch dann eingesetzt werden, wenn ein oder mehrere Parameter kleineren Schwankungen unterliegen. In diesem Fall ist der zeitlich gewichtete Mittelwert der letzten Stunde für die sich ändernden Parameter einzusetzen.

Es wird empfohlen, den PMV-Index für Werte zwischen -2 und $+2$ anzuwenden und den Bereich der sechs Grundparameter wie folgt zu begrenzen:

$$M = 46\ldots232 \quad \text{W/m}^2 \quad (0,8\ldots4,0\, met)$$
$$I_{cl} = 0\ldots0,310 \, \text{m}^2\text{K/W} \quad (0\ldots2, clo)$$
$$\overline{\vartheta_L} = 10\ldots30 \quad °C$$
$$\overline{\vartheta_r} = 10\ldots40 \quad °C$$
$$v_{rel} = 0\ldots1 \quad \text{m/s}$$
$$p_D = 0\ldots2700 \quad \text{Pa}$$

Der PMV-Index sagt zwar voraus, wie die mittlere Beurteilung des Raumklimas durch eine größere Personengruppe erfolgen wird, die Beurteilung der Einzelperson wird jedoch um diesen Mittelwert streuen. Es ist daher wichtig, herauszufinden, wie groß die Anzahl der Personen ist, die das Raumklima als zu kalt oder zu warm empfinden.

Die Analyse der subjektiven Beurteilung des Raumklimas durch ca. 1300 Versuchspersonen ermöglichte eine Zuordnung von PMV-Index und der Anzahl der mit den thermischen Bedingungen Unzufriedenen. Dabei wurde Unzufriedenheit immer dann angenommen, wenn die Versuchspersonen mit ±2 oder ±3 werteten. Der prozentuale Anteil dieser Unzufriedenen wird als PPD – „Predicted Percentage of Dissatisfied" (Prozentsatz erwarteter Unzufriedener) bezeichnet. Der PPD-Index ergibt sich direkt aus dem PMV-Index anhand folgender Gleichung:

$$PPD = 100 - 95 \cdot \exp\left(-0,03353\, PMV^4 - 0,2179\, PMV^2\right) \qquad (C\,2\text{-}20)$$

Der Prozentsatz Unzufriedener läßt sich auch aus Bild C2-10 und mit dem Rechnerprogramm (Anhang B) bestimmen. Die Verteilung der Beurteilung eines gege-

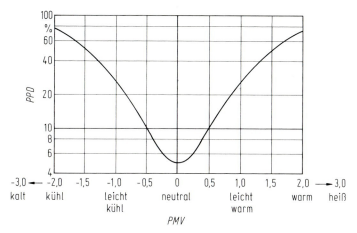

Bild C2-10. Vorhergesagter Prozentsatz an den thermisch unzufriedenen Personen (*PPD*) als Funktion der vorhergesagten mittleren Beurteilung (*PMV*)

Tabelle C 2-5. Verteilung der individuellen Beurteilung des thermischen Raumklimas von 1300 Probanden in Abhängigkeit von der mittleren Beurteilung

PMV	PPD	Prozentualer Anteil des persönlichen Votums		
		Votum = 0	$-1 \leq$ Votum $\leq +1$	$-2 \leq$ Votum $\leq +2$
+2	75	5	25	70
+1	25	27	75	95
0	5	55	95	100
−1	25	27	75	95
−2	75	5	25	70

benen Raumklimas durch eine größere Gruppe zeigt Tabelle C 2-5. Aus dieser und Bild C 2-10 geht hervor, daß es keinen Zustand gibt, mit dem alle Personen zufrieden sind. Der minimale PPD-Index liegt bei 5% Unzufriedenen für $PMV = 0$. ISO 7730 [2] empfiehlt einen PPD-Index von ca. 10%. Dies entspricht nach Bild C 2-10

$$-0.5 < PMV < +0.5$$

Anhand dieses Indizes ist allerdings auch die Festlegung eines größeren (oder kleineren) Toleranzbereichs mit einer größeren oder kleineren Zahl von Unzufriedenen möglich. Letztlich kann das von ökonomischen Bedingungen abhängen.

Bild C 2-11 zeigt die optimale Raumtemperatur ($PMV = 0$) als Funktion des Aktivitätsniveaus und der Bekleidung. Außerdem ist ein Bereich optimaler Temperaturen dargestellt, der einem PMV-Index von ±0,5 entspricht. Man beachte, daß

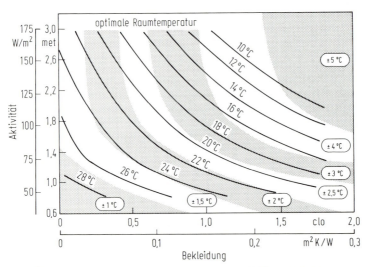

Bild C 2-11. Optimale Raumtemperatur (entsprechend $PMV = 0$) als Funktion von Aktivität und Bekleidung. Das Behaglichkeitsgebiet ($-0.5 < PMV < +0.5$) ist gepunktet dargestellt

der akzeptable Temperaturbereich für geringe Aktivität und leichte Bekleidung schmal und der für hohe Aktivität und warme Kleidung breit ist.

Beispiel C 2-7.
In einem Büro mit einem typischen Aktivitätsniveau von $M = 1,2$ *met* möge die Temperatur im Bereich $-0,5 < PMV < +0,5$ geregelt werden. Im Sommer gilt $I_{cl} = 0,5$ *clo*, im Winter $I_{cl} = 1,0$ *clo*.
Es ergibt sich nach Abb. C 2-11
Sommer: $23\,°C < \vartheta_R < 26\,°C$
Winter: $20\,°C < \vartheta_R < 24\,°C$

Beispiel C 2-8.
In einer Industriehalle mit einer Deckenstrahlungsheizung wurden folgende Werte ermittelt:

$I_{cl} = 1,0$ *clo*, $M = 1,6$ *met*, $\vartheta_L = 18\,°C$, $\overline{\vartheta_r} = 26\,°C$, $V_{rel} = 0,2$ m/s, $\varphi = 50\%$ r.F.

Bestimme die Indizes *PMV* und *PPD*.
Aus den Tabellen, Anlage A bzw. dem Rechnerprogramm, Anlage B ergibt sich:

$PMV = +0,3$, $PPD = 7\%$

C 2.6 Lokales thermisches Unbehagen

PMV- und PPD-Index berücksichtigen den Einfluß des Raumklimas auf den Körper als Ganzes. Aber selbst wenn der PMV-Index thermische Neutralität vorhersagt, kann Unbehagen entstehen, wenn ein Teil des Körpers zu warm und ein anderer zu kalt ist (lokales Unbehagen). Dieses Unbehagen kann durch große vertikale Lufttemperaturgradienten, kalte oder warme Fußböden, zu hohe Luftgeschwindigkeiten (Zug) oder zu große Strahlungstemperatur-Asymmetrie hervorgerufen werden. Thermische Neutralität, ausgedrückt als PMV-Grenzwert, ist somit keine hinreichende Forderung, um thermische Behaglichkeit zu garantieren. Es müssen weitere Forderungen zur Vermeidung lokalen Unbehagens gestellt werden, die vor allem für solche Personen von Bedeutung sind, die ruhig sitzen. Aus diesem Grund werden für diesen Personenkreis in ISO 7730 [2] Richtwerte zum lokalen Unbehagen (Diskomfort) vorgegeben. Denn bei erhöhter Aktivität ist der Mensch diesen Einflüssen gegenüber weniger empfindlich.

Vertikaler Lufttemperaturgradient: Temperaturunterschiede zwischen Kopf- und Knöchelhöhe rufen vor allem bei niedrigeren Werten in Knöchelhöhe Unbehagen hervor. Bild C 2-12 gibt den Anteil Unzufriedener als Funktion des Temperaturunterschieds zwischen dem Kopf und den Füßen an. Einer Differenz von 3 K entsprechen 5% Unzufriedene, und dieser Wert ist als Maximum zu empfehlen.

Warme und kalte Fußböden: Für Personen mit leichtem Schuhwerk (Hausschuhe o. ä.) ist die Temperatur des Fußbodens in einem Raum, weniger sein Material, von Bedeutung für die thermische Behaglichkeit der Füße. Aus Bild C 2-13 geht hervor, daß es keine Fußbodentemperatur gibt, die von allen akzeptiert wird [3]. Für einen Anteil von 10% Unzufriedenen, wie er in ISO 7730 empfohlen wird, erhält man ein Temperaturintervall von 19–29 °C. Für konstant temperierte Räume wird allerdings eine obere Grenztemperatur von 26 °C empfohlen.

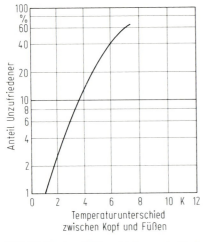
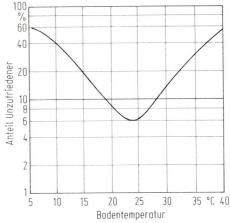

Bild C 2-12. Anteil Unzufriedener als Funktion des vertikalen Lufttemperaturunterschieds zwischen Kopf (1,1 m) und Füßen (0,1 m)

Bild C 2-13. Anteil Unzufriedener als Funktion der Fußbodentemperatur für Personen mit leichter Fußbekleidung

In Schlafzimmern, Bädern und Schwimmhallen können Personen direkten Hautkontakt zum Boden haben. Daher spielt hier neben der Bodentemperatur auch das Fußbodenmaterial für das Wärmeempfinden eine Rolle. Unmittelbar nachdem der Fuß auf den Boden gesetzt wird, nimmt die Sohle die Kontakttemperatur an, die von der Bodentemperatur und dem Wärmeeindringkoeffizienten b der Fußbodenoberfläche bestimmt wird

$$b = \sqrt{\lambda \cdot \varrho \cdot c} \qquad (C\,2\text{-}21)$$

λ Wärmeleitkoeffizient
ϱ Dichte
c spezifische Wärmekapazität

Die behaglichen Temperaturbereiche diverser Fußbodenmaterialien faßt Tabelle C 2-6 zusammen.
Asymmetrische Wärmestrahlung. Differenzen in den Oberflächentemperaturen diametraler Raumumgrenzungsflächen können zu lokalem Unbehagen führen. In

Tabelle C 2-6. Behagliche Temperaturbereiche für den unbekleideten Fuß bei verschiedenen Fußbodenmaterialien

Bodenbelag	Behaglichkeitsbereich, [°C]
Stein, Marmor, Beton	27 ... 30
Linoleum, PVC	25 ... 29
Holz, Kork	23 ... 28
Textil (Teppich)	21 ... 28

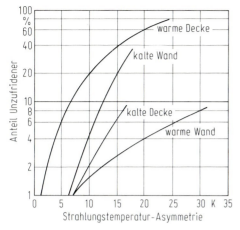

Bild C2-14. Anteil Unzufriedener als Funktion der Strahlungstemperatur-Asymmetrie für Personen nahe kalten oder warmen Wänden bzw. unter kalten oder warmen Decken

Bild C2-14 ist der Zusammenhang zwischen dem Anteil Unzufriedener und der Strahlungstemperatur-Asymmetrie für kalte bzw. warme Deckenflächen und Wände dargestellt. Es zeigt sich, daß warme Decken und kalte Wände (Fenster) bei gleicher Differenz der Halbraumstrahlungstemperaturen am unangenehmsten empfunden werden. ISO 7730 empfiehlt als maximale Differenzen 5 K (warme Decken) und 10 K (kalte Fenster) und geht dabei von ca. 5% Unzufriedenen aus.

Zug-Risiko. Zug ist die unerwünschte lokale Abkühlung des Körpers durch Luftbewegung. Als Zug-Risiko *DR* (draught risk) wird der prozentuale Anteil der Personen bezeichnet, die sich unbehaglich fühlen. Für die Berechnung des DR-Werts gilt:

$$DR = (34 - \vartheta_L)(\bar{v} - 0{,}05)^{0{,}62}(0{,}37 \cdot \bar{v} \cdot Tu + 3{,}14) \qquad \text{(C2-22)}$$

DR [%] ... Zug-Risiko, d.h. der prozentuale Anteil der Personen, die auf Grund von Zugerscheinungen unzufrieden sind
ϑ_L [°C] ... lokale Lufttemperatur
$\bar{v}$ [m/s] ... mittlere lokale Luftgeschwindigkeit
Tu [%] ... lokaler Turbulenzgrad.

Der Gl. (C2-22) liegen Studien an 150 Versuchspersonen bei Lufttemperaturen von 20–26°C, mittleren Luftgeschwindigkeiten von 0,05–0,4 m/s und für Turbulenzgrade zwischen 0 und 70% zugrunde [5]. Sie ist anwendbar für Personen, die einer leichten, sitzenden Tätigkeit nachgehen und die sich für den gesamten Körper nahezu thermisch neutral fühlen. Aus den Bildern C2-15, C2-16 und C2-17 lassen sich für $DR = 10\%$, 15% und 25% die entsprechenden mittleren Luftgeschwindigkeiten in Abhängigkeit von Turbulenzgrad und Lufttemperatur ablesen.

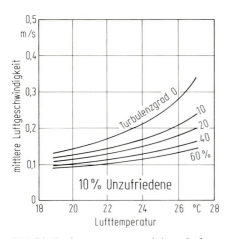

Bild C 2-15. Grenzwerte von mittlerer Luftgeschwindigkeit als Funktion von Lufttemperatur und Turbulenzgrad, für die 10% Unzufriedene durch Zug zu erwarten sind

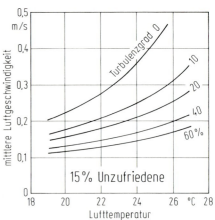

Bild C 2-16. Grenzwerte von mittlerer Luftgeschwindigkeit als Funktion von Lufttemperatur und Turbulenzgrad, für die 15% Unzufriedene durch Zug zu erwarten sind

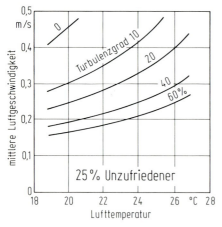

Bild C 2-17. Grenzwerte von mittlerer Luftgeschwindigkeit als Funktion von Lufttemperatur und Turbulenzgrad, für die 25% Unzufriedene durch Zug zu erwarten sind

C 2.7 Applikationen

Behaglichkeitsforderungen für Büroarbeit

In der folgenden Übersicht sind Behaglichkeitsanforderungen bei leichter Arbeit im Sitzen für den Sommer- und den Winterfall zusammengefaßt. Die Angaben, die sich auf Normwerte beziehen, sind für die meisten in der Praxis auftretenden Problemstellungen, so z. B. für Büroräume und Wohnungen, anwendbar. Es gelten folgende Bedingungen für:

Leichte, vorwiegend sitzende Tätigkeit im Winter (Heizbetrieb)
- Raumtemperatur $\vartheta_R = 20\ldots24\,°C$
- vertikaler Lufttemperaturgradient zwischen 0,1 m (Knöchel) und 1,1 m (Kopf): $<3\,K$
- Oberflächentemperatur des Fußbodens: $19\ldots26\,°C$, bei Fußbodenheizung bis maximal $29\,°C$
- mittlere Luftgeschwindigkeit: s. Bild C2-16
- vertikale Strahlungstemperaturasymmetrie (Fenster, kalte Wände): $<10\,K$, bezogen auf eine kleine vertikale Fläche 0,6 m über dem Fußboden
- horizontale Strahlungstemperaturasymmetrie (geheizte Decke): $<5\,K$, bezogen auf eine kleine vertikale Fläche 0,6 m über dem Fußboden

Leichte, vorwiegend sitzende Tägigkeit im Sommer (Kühlbetrieb)
- Raumtemperatur $\vartheta_R = 23\ldots26\,°C$
- vertikaler Lufttemperaturgradient zwischen 0,1 m (Knöchel) und 1,1 m (Kopf): $<3\,K$
- mittlere Luftgeschwindigkeit: s. Bild C2-16
- horizontale Strahlungstemperatur-Asymmetrie (gekühlte Decke): In der Praxis kein lokales thermisches Unbehagen (Bild C2-14).

Beurteilung des thermischen Raumklimas in der Praxis

Für die Beurteilung des Raumklimas ist es wichtig, den Ort festzulegen, an dem die Behaglichkeitsbedingungen zu erfüllen sind. Dieser Ort, die Aufenthaltszone des Menschen, ist gewöhnlich ein Raumvolumen in 0,6 m Entfernung von den Wänden und mit 1,8 m Höhe.

Dann gilt es, Randbedingungen für eine auch ökonomisch vertretbare Einhaltung der Behaglichkeitsbedingungen zu formulieren. Hierzu gehören vor allem extreme meteorologische Bedingungen, d.h. die Festlegung der kältesten und wärmsten Wetterparameter, für die noch thermische Behaglichkeit garantiert werden soll. In manchen Fällen kann es notwendig sein, eine maximale thermische Raumlast, z.B. durch Geräte und Maschinen, festzulegen.

Zur Beurteilung des thermischen Raumklimas in der Projektierungsphase müssen vorab Aktivitätsniveau und typische Bekleidungsgewohnheiten für die Sommer- und Winterperiode unter Berücksichtigung der Raumnutzung ermittelt werden. Danach kann der zulässige Bereich der Raumtemperatur festgelegt und diese für den kältesten und wärmsten Aufenthaltsort einer Person innerhalb der Aufenthaltszone berechnet werden. Darüber hinaus lassen sich Strahlungstemperatur-Asymmetrie, Bodentemperatur und Luftgeschwindigkeit einschließlich des Turbulenzgrads für kritische Bereiche abschätzen.

In vorhandenen Räumen können Aktivität und Bekleidung der Raumnutzer durch Beobachtung und Befragung bestimmt werden. Die Messung der Innenklimaparameter sollte bei typischen Außenbedingungen erfolgen, evtl. zu verschiedenen Jahreszeiten. Wie detailliert die Messungen durchgeführt werden, hängt von den ökonomischen Rahmenbedingungen ab. Oft wird es vorteilhaft sein, die Temperatur an einer Stelle des Raums über den gesamten Tag hinweg zu messen, um einen Eindruck von den Temperaturschwankungen zu erhalten. Darüber hinaus sind kurzzeitige Messungen der Klimaparameter an charakteristischen und auch kritischen Orten innerhalb der Aufenthaltszone angezeigt. Anforderungen an die zu verwendenden Meßgeräte sind in DIN 1946 Teil 2 [6] und ISO 7726 [7] gegeben.

Einfluß von Alter, Geschlecht, Adaptation und geographischer Herkunft

Die meisten experimentellen Untersuchungen zum Raumklima wurden mit Studentinnen und Studenten durchgeführt. Versuche mit älteren und alten Personen haben jedoch erstaunlich gute Übereinstimmung mit den Resultaten jüngerer Versuchspersonen gezeigt. Die beschriebene Methode zur Beurteilung des Raumklimas ist damit für erwachsene und gesunde Menschen gültig. Bei gleicher Kleidung finden sich nur geringe Differenzen in der thermischen Behaglichkeit von Mann und Frau. Die in der Praxis jedoch meist vorhandenen und oft deutlichen Unterschiede in den Bekleidungsgewohnheiten können zu Diskrepanzen in den geschlechtsspezifischen Anforderungen an das thermische Raumklima führen.

Humphreys [8] hat durch vergleichende Betrachtung von Untersuchungen an verschiedenen Orten der Erde nachgewiesen, daß der Mensch überall thermische Behaglichkeit anstrebt, die bevorzugten Umgebungstemperaturen jedoch sehr unterschiedlich sein können. Er folgert daraus, daß eine vom Außenklima geprägte Adaptation zur Bevorzugung kälterer Umgebungsbedingungen durch Personen aus Polargebieten und wärmerer durch solche aus den Tropen führt. Nachgewiesene Differenzen lassen sich jedoch in den meisten Fällen auf Unterschiede in der Bekleidung, im Aktivitätsniveau und in einigen Fällen in typischen Luftgeschwindigkeiten zurückführen.

Es ist bekannt, daß Menschen sich innerhalb von 5 – 10 Tagen an eine wärmere Umgebung gewöhnen können. Die Anpassung der Schweißsekretion, die Produktion von deutlich mehr Schweiß, ermöglicht eine effektivere Thermoregulation. Dieses scheint jedoch keinen wesentlichen Einfluß auf das bevorzugte Raumklima zu haben.

Die Frage nach ethnogeographisch bedingten Differenzen wurde in einigen Studien [1, 9, 10] umfassend untersucht: Nordamerikanische, europäische und japanische Versuchspersonen wurden in Klimakammern den gleichen, gut definierten Bedingungen ausgesetzt. Signifikante Unterschiede in der bevorzugten Temperatur konnten für die 3 Gruppen nicht nachgewiesen werden. Die Untersuchungen mit der nordamerikanischen Gruppe wurden zudem mit Standardbekleidung im Sommer und im Winter durchgeführt [11]. Ein jahreszeitlich bedingter Unterschied in der behaglichen Temperatur konnte nicht nachgewiesen werden.

Diese Ergebnisse bedeuten natürlich nicht, daß alle Menschen ein gleiches Behaglichkeitsempfinden haben. Man weiß im Gegenteil, daß markante individuelle Unterschiede bestehen. Aber es scheint keine Differenzen im Mittelwert des thermischen Empfindens der drei ethnogeographischen Bevölkerungsgruppen und auch zwischen Sommer- und Winterfall zu geben. Dies berechtigt zu der Annahme, daß die beschriebenen Behaglichkeitsbedingungen allgemein für gesunde, erwachsene Menschen anwendbar sind. Natürlich müssen örtliche Gewohnheiten bezüglich Bekleidung und Aktivität berücksichtigt werden.

Instationäre Bedingungen

Die Behaglichkeitsgleichung und der PMV-Index beziehen sich auf stationäre Verhältnisse, was hier bedeutet, daß die betrachtete Person etwa für 2 Stunden den gleichen Bedingungen ausgesetzt war. Für instationäre Verhältnisse ist das derzeitige Wissen noch unvollständig und weitere Forschungsarbeit erforderlich. Mit zufriedenstellender Genauigkeit läßt sich der PMV-Index allerdings dann anwenden, wenn man für den instationären Fall die Mittelwerte der letzten Stunde einsetzt.

C3 Raumluftqualität

C3.1 Einleitung

Die Raumluftqualität umfaßt alle nicht-thermischen Aspekte der Raumluft, die Einfluß auf Wohlbefinden und Gesundheit des Menschen haben. Die Luft wirkt auf den Menschen in erster Linie über die Atmung (Respiration), deren Zweck es ist, dem Körper den für den Stoffwechsel notwendigen Sauerstoff zu- und entstehendes Kohlendioxid abzuführen. Beim Einatmen wird die menschliche Lunge, deren Oberfläche etwa einhundert Quadratmeter beträgt, mit allen in der Atemluft enthaltenen Komponenten konfrontiert. Tabelle C3-1 gibt die Hauptbestandteile trockener Luft an. Viele andere Beimengungen sind in mehr oder weniger geringen Konzentrationen fast immer anwesend.

Die Raumnutzer haben zwei Forderungen an die Raumluft: Erstens soll die Luft als frisch und angenehm und nicht abgestanden und muffig empfunden werden und zum anderen darf das Einatmen der Luft kein Gesundheitsrisiko darstellen. Dabei gibt es Unterschiede in den individuellen Forderungen. Einige Menschen sind außerordentlich sensibel und stellen hohe Anforderungen an ihre Atemluft, andere wiederum sind wenig empfindlich. Die Raumluftqualität kann daher auch durch die Zufriedenheit der Betroffenen beschrieben werden. Diese Qualität ist hoch, wenn nur eine geringe Zahl Unzufriedene ist, aber niedrig, wenn die Zahl der Unzufriedenen groß ist und/oder ein signifikantes Gesundheitsrisiko besteht. Im folgenden sollen empfundene Luftqualität und Gesundheitsrisiko getrennt diskutiert und eine Methode zur Berechnung des zur Lüftung erforderlichen Außenluftstroms angegeben werden.

Tabelle C3-1. Hauptinhaltsstoffe atmosphärischer Luft

Gas	Anteil Vol.-%
Stickstoff	78,1
Sauerstoff	20,9
Argon	0,9
Kohlendioxid	0,035

C 3.2 Empfundene Luftqualität

Der Mensch empfindet die Luft durch zwei seiner Sinne. Der Geruchssinn befindet sich in der Nasenhöhle und ist empfindlich gegenüber mehreren hunderttausend Geruchsstoffen. Der chemische Sinn wird durch freie Nervenendungen vermittelt, die sich in den Schleimhäuten von Auge, Nase, Mund und Rachen befinden, und ist für eine ähnlich große Zahl von Reizstoffen empfindlich. Es ist immer die Kombination dieser beiden Sinne, die den Menschen die Luft frisch und angenehm oder abgestanden und muffig empfinden läßt, möglicherweise mit Reizwirkungen auf die Schleimhäute.

Noch bis in die Gegenwart war man der Meinung, daß der Mensch in Aufenthaltsräumen[4] die wesentliche Quelle der Luftbeimengungen ist, die die empfundene Luftqualität beeinflussen. Ein Mensch emittiert Bioeffluenzen, d. h. eine große Zahl von Substanzen durch seine Stoffwechselprozesse. Bioeffluenzen tragen dazu bei, die Luft als muffig und unangenehm empfinden zu lassen. Der Mensch benötigt Sauerstoff für seinen Stoffwechsel und er atmet Kohlendioxid als ein Endprodukt des Metabolismus aus. Der Sauerstoffverbrauch kann als Funktion der Aktivität einer erwachsenen Person berechnet werden zu

$$\dot{V}_{O_2} = 20 \cdot M \; [l/h] \tag{C 3-1}$$

M [met] bezogener Gesamtenergieumsatz.

Es ist ein weitverbreiteter Irrglaube, daß die Atmung des Menschen zu Sauerstoffmangel in Aufenthaltsräumen führt. Der Mensch ist ziemlich unempfindlich gegenüber O_2-Konzentrationsschwankungen in der Luft. Eine Verringerung des Sauerstoffpartialdrucks um 25%, was etwa einer Höhe von 2400 m über NN entspricht, wird kaum empfunden. Eine geringe Außenluftrate von 0,1 l/(s·Person) reicht aus, um den Sauerstoffbedarf zu decken. Mit Ausnahme von extremen Fällen, wie in Raumschiffen, Unterseebooten u. ä., ist der Sauerstoffgehalt kein Raumluftproblem.

Interessanter dürfte das als Stoffwechselprodukt ausgeatmete Kohlendioxid sein, von dem der erwachsene Mensch

$$\dot{V}_{CO_2} = 17 \cdot M \; [l/h] \tag{C 3-2}$$

produziert. Ausgeatmete Luft enthält ca. 4 Vol.-% CO_2. Kohlendioxid ist ein weitgehend harmloses Gas, das in den geringen Konzentrationen, wie sie gewöhnlich in Räumen auftreten, vom Menschen nicht rezipiert wird. Allerdings wird es auch heute noch als Indikator für menschliche Bioeffluenzen in der Raumluft verwendet. Bereits 1858 hatte Max v. Pettenkofer [12] diesen Vorschlag unterbreitet. Pettenkofer, einer der Begründer der modernen Hygiene, empfahl für Aufenthaltsräume einen maximalen CO_2-Gehalt von $\hat{k}_{CO_2} = 0{,}10$ Vol.-%, um so einer schlechten Raumluftqualität zu begegnen. Auch andere Grenzwerte, wie z. B. $k_{CO_2} = 0{,}15$ Vol.-% wurden später empfohlen [6]. Der Kohlendioxidgehalt der Außenluft beträgt etwa $k_{CO_2,AU} = 0{,}035$ Vol.-%. Nach der Vorstellung von Pettenkofer,

---

[4] Aufenthaltsräume sind alle Räume, die vorzugsweise dem Aufenthalt von Menschen dienen, z. B. Wohnräume, Büros, etc.

nach der CO_2 in der Raumluft lediglich „Pilotstoff" ist und damit nur als Indikator wirkt für die Belastung der Raumluft, kann nicht der absolute Wert des CO_2-Gehalts die Raumluftqualität beschreiben, sondern die Differenz zwischen Innen- und Außenkonzentration an Kohlendioxid.

Beispiel C 3-1.
Berechne die erforderliche Personen-Außenluftrate für einen Hörsaal mit ruhig sitzenden Personen ($M = 1$ [met]), um eine CO_2-Konzentration von 0,10% einzuhalten.

$$\dot{V}_P = \frac{\dot{V}_{CO_2}}{\hat{k}_{CO_2} - k_{CO_2 AU}} = \frac{17 \cdot 1 \cdot 100}{(0,1 - 0,035) \cdot 3600} = 7,3 \text{ l/(s} \cdot \text{Person)} \triangleq 26 \text{ m}^3/(\text{h} \cdot \text{Person})$$

Pettenkofers Gedanken hatten für mehr als ein Jahrhundert großen Einfluß auf die Lüftungsnormen überall in der Welt. Der Mensch wurde als Hauptquelle von Luftverunreinigungen angesehen, und die erforderliche Luftrate daher auf die Zahl der im Raum anwesenden Personen bezogen. Doch eine Reihe von Untersuchungen haben gezeigt, daß in modernen Gebäuden auch viele andere Verunreinigungsquellen vorhanden sind. Jede dieser verschiedenen Quellen stellt eine auf die Raumluft wirkende Verunreinigungslast dar. Um die Wirkung dieser verschiedenen Verunreinigungsquellen auf die Empfindung des Menschen darzustellen, wurden von Fanger [13] zwei neue Einheiten eingeführt.

C 3.3 Die Maßeinheit „olf"

Eine „olf" (aus dem Lateinischen „olfactus" = Geruchssinn) ist die Einheit für die Verunreinigungslast[5] (Bioeffluenzen) einer Standardperson [13] (s. Bild C 3-1). Jede andere Luftverunreinigung wird durch die Verunreinigungslast in olf einer entsprechenden Anzahl von Standardpersonen ausgedrückt, die die gleiche Unzufriedenheit hervorrufen wie die tatsächlichen Quellen (Bild C 3-2). Die vom Menschen emittierten Luftbeimengungen werden deshalb als Bezugswert gewählt, weil über deren Emission und Rezeption auf umfangreiche Kenntnisse zurückgegriffen wer-

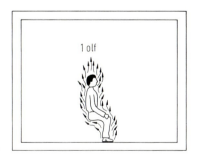

Bild C 3-1. Ein [olf] ist die Verunreinigungslast[5] durch eine Standardperson, d. h. durch einen gesunden Erwachsenen, der bei behaglicher Raumtemperatur und einem Hygienestandard von 0,7 Bädern pro Tag sitzend beschäftigt ist

---

[5] „Anmerkung des Herausgebers": Der Begriff der „Last" ist nur für die Summe der abzuführenden Belastungen z. B. eines Raumes oder der Anlage definiert (s. hierzu auch Fußnote 7 auf S. 160). In den übrigen Teilen dieses Werkes wird daher anstelle des hier vom Autor verwendeten Begriffes „Verunreinigungslast" der Begriff „Luftverschlechterung" für die Einzelkomponenten der Belastungen benutzt.

Bild C 3-2. Eine Verunreinigungsquelle hat den Wert von 3 [olf], wenn die von ihr ausgehenden Verunreinigungen dieselbe Unzufriedenheit auslösen wie die Verunreinigung von 3 Standardpersonen

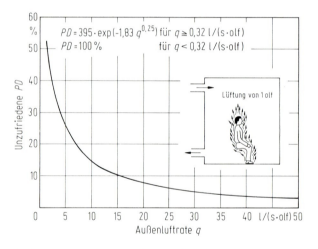

Bild C 3-3. Abhängigkeit der Unzufriedenheit, die durch eine Standardperson (1 olf) hervorgerufen wird, vom Außenluftstrom

den kann. Bild C 3-3 zeigt, wie die durch eine Standardperson verunreinigte Luft empfunden wird. Dabei wird die Zahl der Unzufriedenen in Abhängigkeit von der Außenluftrate dargestellt. Unzufriedene sind diejenigen Personen, die beim Betreten des Raums die Luftqualität als nicht akzeptabel empfinden. Die Kurve beruht auf Bioeffluenzen von mehr als tausend Personen, die von 168 Versuchspersonen beurteilt wurden [13].

C 3.4 Die Maßeinheit „dezipol"

Die empfundene Luftqualität hängt sowohl von der Verunreinigungslast als auch von der lüftungsbedingten Verdünnung ab. 1 dezipol („pol" aus dem Lateinischen pollutio = Verunreinigung) wird hier als Einheit für die empfundene Luftqualität definiert, die durch eine Standardperson (Verunreinigungslast 1 [olf]) in einem Raum verursacht wird, der mit 10 l/s reiner Luft gelüftet wird (Bild C 3-4) [13]

$$1 \; dezipol = 0{,}1 \; olf/(l/s) \qquad (C\,3\text{-}3)$$

Bild C 3-5 stellt den Anteil Unzufriedener als Funktion der empfundenen Luftqualität dar. Dieser Darstellung liegen die gleichen Daten wie Bild C 3-3 zugrunde. Bild C 3-6 (S. 158) zeigt typische Bereiche für die empfundene Luftqualität.

Die beiden sensorischen Einheiten für die Luftqualität „olf" und „dezipol" entsprechen den analogen Einheiten für Licht und Schall (s. a. Tabelle C 3-2).

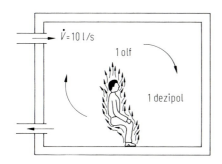

Bild C 3-4. Ein dezipol ist die empfundene Luftqualität eines Raums mit einer Verunreinigungsquelle von 1 olf, der mit 10 l/s reiner Luft unter stationären Bedingungen und bei vollständiger Durchmischung gelüftet wird

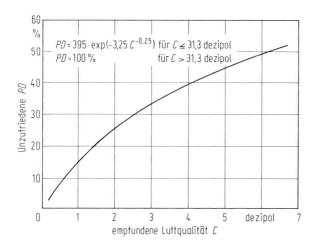

Bild C 3-5. Anteil Unzufriedener als Funktion der empfundenen Luftqualität in dezipol

Tabelle C 3-2. Vergleich der Einheiten für Luftqualität mit den analogen Einheiten für Licht und Schall

	Licht	Schall	Luftqualität
Quellenleistung	lumen	watt	olf
Pegel	lux	dezibel	dezipol

158   C Mensch und Raumklima

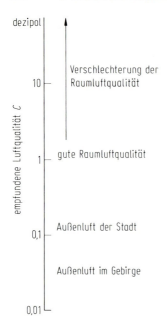

Bild C 3-6. Typische Bereiche empfundener Luftqualität in der dezipol-Skala

C 3.5 Behaglichkeitsgleichung der Raumluftqualität

Mit den Luftverunreinigungslasten von beliebigen Quellen und der empfundenen Luftqualität ist es möglich, die Bilanz der Luftverunreinigungen für einen Raum aufzustellen.

$$C_R = C_{AU} + 10 \cdot \sum_j G_j / \dot{V}_{AU} \qquad (\text{C 3-4})$$

C_R [dezipol] empfundene Raumluftqualität,
C_{AU} [dezipol] empfundene Außenluftqualität,
$\sum_j G_j$ [olf] Summe aller Verunreinigungslasten im Raum und im Lüftungssystem
$\dot{V}_{AU}$ [l/s] Außenluftstrom

Für die Anlagen-Projektierung ist es erforderlich, den Außenluftbedarf zu bestimmen mit

$$\dot{V}_{AU} = 10 \cdot \sum_j G_j / (C_R - C_{AU}) \qquad (\text{C 3-5})$$

Über die Beziehung

$$C_R = 112 \cdot (\ln(PD) - 5{,}98)^{-4} \qquad (\text{C 3-6})$$

mit PD[6] in Prozent Unzufriedener, läßt sich die Anzahl der Unzufriedenen vorgeben, d.h., diese Gleichungen stellen den zur thermischen Behaglichkeit analogen

---

[6] Die Bezeichnung PD ist bedeutungsmäßig identisch mit PDD. PDD wird bei dem Behaglichkeitskriterium Wärmebilanz verwendet (Gl. (2-20)), PD bei lokalen Behaglichkeitseinflüssen und bei dem Kriterium für die Luftqualität.

mathematischen Ausdruck für die Raumluftqualität dar. Für eine erwünschte Raumluftqualität kann so der erforderliche Außenluftstrom berechnet werden. Die Behaglichkeitsgleichung (C 3.5) wird benutzt in den neuen Europäischen Richtlinien für Anforderungen an die Lüftung in Gebäuden [21].

Die Behaglichkeitsgleichung (C 3-5) gilt für den Beharrungszustand und die vollständige Durchmischung der Raumluft. Eine Anpassung der Gleichung für Übergangsbedingungen und verschiedene Lüftungseffektivitäten ist möglich.

Die Behaglichkeitsgleichung der Raumluftqualität (C 3-5) schafft eine Grundlage für die rechnerische Erfassung der Lüftung von Räumen. Sie schließt wie dargelegt alle Verunreinigungsquellen ein und beschränkt sich nicht nur auf menschliche Bioeffluenzen.

Der erste Schritt bei der Auslegung von RLT-Anlagen gilt der Festlegung einer gewünschten Raumluftqualität. Für bestimmte Räume mag es ausreichend sein, eine Mindestraumluftqualität zu erhalten, für andere jedoch muß eine hohe Raumluftqualität garantiert werden. In vielen Räumen wird eine Standard-Raumluftqualität gewählt. Diese drei vorgeschlagenen Stufen der empfundenen Raumluftqualität in dezipol sind in Tabelle C 3-3 als Funktion des Anteil Unzufriedener dargestellt. Die Wahl einer bestimmten Raumluftqualität hängt hauptsächlich von ökonomischen Gesichtspunkten und von der Art des Raums, d.h., dessen Nutzung, ab. Die Bewertung der empfundenen Luftqualität in Tabelle C 3-3 bezieht sich auf das Urteil von Personen, die gerade den Raum betreten. Der erste Eindruck ist der entscheidende, d.h. die Raumluft sollte bei Betreten eines Raums bewertet werden. Während der ersten 15 Minuten des Aufenthalts in einem Raum erfolgt eine weitgehende Adaptation an menschliche Bioeffluenzen, eine teilweise an Tabakrauch niedriger Konzentration und eine geringe an Luftverunreinigungen durch typische Baustoffe und Raumausstattungen.

Der nächste Schritt gilt der Ermittlung aller Verunreinigungslasten der Quellen in einem bestimmten Raum und aus den mit dem Raum verbundenen Teilen der RLT-Anlage. Die Gesamtbelastung des Raums ergibt sich demnach durch Addition der Verunreinigungslasten aller Einzelquellen. Diese Verunreinigungsquellen sind gewöhnlich die im Raum befindlichen Personen, das Gebäude mit seinen Materialien, einschließlich der Einrichtungsgegenstände und Bodenbeläge. Aber auch das Lüftungssystem selbst kann eine Verunreinigungsquelle sein.

Alle Raumnutzer emittieren Bioeffluenzen, und einige von ihnen erzeugen Tabakrauch. Eine Standardperson emittiert 1 olf, ein Raucher im Durchschnitt 6 olf [14]. Tabelle C 3-4 gibt die Verunreinigungslasten durch Personen – Raucher und

Tabelle C 3-3. Richtwerte für die empfundene Raumluftqualität

Raumluftqualität	Unzufriedene %	Empfundene Luftqualität dezipol	Erforderliche Luftrate l/(s·olf)
Hoch	10	0,6	16
Standard	20	1,4	7
Minimum	30	2,5	4

Nichtraucher – und auch in Abhängigkeit von der Aktivität. Tabelle C 3-5 zeigt Beispiele für die Belegungsdichte wichtiger Räume.

Die gebäudebedingten Verunreinigungslasten können durch Addition der Verunreinigungslasten aller dort vorkommenden Materialien ermittelt werden. Derzeit sind allerdings nur für einige wenige Stoffe Zahlenwerte bekannt. Es besteht jedoch die Möglichkeit, die Verunreinigungslast von Gebäuden, einschließlich der Einrichtungen, Bodenbeläge und des Lüftungssystems bezogen auf die Bodenflä-

Tabelle C 3-4. Vom Raumnutzer verursachte Verunreinigungslast [5,7]

	Verunreinigungslast [5,7] olf/Person
Erwachsene mit sitzender Tätigkeit (1 – 1,2 met)	
0% Raucher	1
20% Raucher[a]	2
40% Raucher[a]	3
100% Raucher[a]	6
Erwachsene mit erhöhtem Aktivitätsgrad	
Niedrig (3 *met*)	4
Mittel (6 *met*)	10
Hoch (10 *met*, Sportler)	20
Kinder	
Kindergarten, 3 – 6 Jahre, typ. Aktivität 2,7 *met*	1,2
Schule, 14 – 16 Jahre, typ. Aktivität 1 – 1,2 *met*	1,3

[a] durchschnittlicher Zigaretten-Verbrauch: 1,2 Zigaretten/h

Tabelle C 3-5. Beispiele für die Belegungsdichte in Räumen

	Personen je m² Bodenfläche
Büro	0,07
Konferenzraum, Theater, Hörsaal	1,5
Klassenzimmer	0,5
Kindergarten	0,5
Wohnraum	0,05

---

[5] s. S. 155.

[7] „Anmerkung des Herausgebers": Der Begriff „Verunreinigungslast" ist eine Übersetzung des früher vom Autor geprägten englischen Begriffes „pollution load". Dieser ist jedoch nicht in analoger Weise gebildet wie die lange vorher existierenden Begriffe „cooling load", „heating load" bzw. „Kühllast", „Heizlast" oder „Befeuchtungslast". Die Lastbezeichnung wird bisher einheitlich nach dem Verfahren gewählt, mit dem die Last abgeführt wird. Danach wären systemkonforme Benennungen für die obige „Verunreinigungslast" z. B. allgemein „Luftverbesserungslast" bzw. „Lüftungslast", wenn sie – wie in der Regel üblich – durch Lüften (Außenluftaustausch) abgeführt wird. In den übrigen Teilen des Werkes werden diese systemkonformen Begriffe verwendet.

Tabelle C3-6. Von Gebäuden verursachte Verunreinigungslasten [5,7]

	bezogene Verunreinigungslast [5,7] olf/m^2 Bodenfläche	
	Mittelwert	Bereich
Bestehende Gebäude		
Büro	0,3	0,02 – 0,95
Klassenzimmer	0,3	0,12 – 0,54
Kindergarten	0,4	0,08 – 1,05
Versammlungsraum	0,5	0,13 – 1,32
Wenig emittierende Gebäude		
Zielvorstellung		0,05 – 0,1

che zu schätzen. Tabelle C3-6 faßt die Ergebnisse von Messungen der Verunreinigungslasten in etwa fünfzig unterschiedlichen Gebäuden zusammen [15, 16]. Die vom Gebäude verursachte Last ist oft groß, wobei große Unterschiede von Gebäude zu Gebäude zu beobachten sind. Für die Projektierung und den Bau neuer Gebäude ist es wesentlich, geringe Verunreinigungslasten anzustreben. Die in Tabelle C3-6 angegebenen Werte für wenig emittierende Gebäude sollten das Ziel jedes Planers sein. Sie erfordern die systematische Auswahl von emissionsarmen Materialien im gesamten Gebäude. Viele der heute bestehenden Gebäude benötigen eine gründliche Renovierung, um die Verunreinigungslasten zu senken.

Es wird empfohlen, die Gesamtlast eines Raums durch einfache Addition der Verunreinigungslasten der Einzelquellen zu berechnen. Dies hat sich als eine erste gute Näherung zur Kombination von mehreren Verunreinigungsquellen erwiesen, ohne jedoch eine eindeutige Bedingung für dieses Verfahren zu sein. Zukünftige Untersuchungen werden zeigen müssen, ob das Vorhandensein verschiedener Verunreinigungsquellen in einem Raum möglicherweise zu einer geringeren oder größeren Verunreinigungslast führt, als sie sich durch einfache Addition der Einzelwerte ergibt.

Der geforderte Außenluftstrom ist auch von der Außenluftqualität abhängig. Tabelle C3-7 gibt charakteristische Werte der empfundenen Außenluftqualität an. Doch die Qualität der Außenluft kann auch wesentlich schlechter sein. In einem derartigen Fall kann es erforderlich sein, die Luft zu reinigen, bevor sie zur Lüftung von Räumen Verwendung findet.

Tabelle C3-7. Typische Werte empfundener Außenluftqualität

Gegend	Empfundene Außenluftqualität dezipol
Gebirge, Meer	0
Städte mit hoher Außenluftqualität	<0,1
Städte mit mäßiger Außenluftqualität	>0,5

[5] s. S. 158.
[7] s. S. 160.

Es gilt auch folgendes zu bedenken: Die Außenluftqualität bezieht sich in diesem Fall auf die Ansaugöffnung der raumlufttechnischen Anlage. Die richtige Wahl des Ansaugorts ist daher von besonderer Bedeutung.

Beispiel C 3-2.
Für ein neues Bürogebäude, gelegen in einer Stadt mit ausgezeichneter Außenluftqualität (C_{AU} = 0 dezipol, s.a. Tabelle C 3-7), ist Standardraumluftqualität gefordert, d.h. C_R = 1,4 dezipol (Tabelle C 3-3). Es besteht Rauchverbot (1 olf/Person, Tabelle C 3-4), und die Belegungsdichte beträgt 0,07 Personen/m² Grundfläche (Tabelle C 3-5). Es werden ausschließlich Materialien mit einer geringen Verunreinigungslast (0,1 olf/m², s. Tabelle C 3-6) verwendet.

Personen	1 · 0,07	=	0,07 olf/m²
Gebäude			0,1 olf/m²

Gesamt-Verunreinigungslast   0,17 olf/m²

Erforderlicher Außenluftstrom $\dot{V}_{AU}$ = 10 · 0,17/(1,4 − 0) = 1,2 l/(s·m²)

Für minimale Luftqualität wäre ausreichend:

$$\dot{V}_{AU} = 10 \cdot 0{,}17/(2{,}5-0) = 0{,}7 \text{ l/(s·m}^2\text{)}$$

und für hohe Raumluftqualität:

$$\dot{V}_{AU} = 10 \cdot 0{,}17/(0{,}6-0) = 2{,}8 \text{ l/(s·m}^2\text{)}$$

C 3.6 Quantifizierung von Verunreinigungslast und empfundener Luftqualität

Es gibt derzeit noch kein Meßgerät, mit dem man die empfundene Raumluftqualität bestimmen kann. Es wird deshalb ein Verfahren empfohlen, bei dem eine Gruppe von Personen die Luft beurteilt. Dabei ist es möglich, mit einer untrainierten Gruppe die Akzeptanz der vorhandenen Raumluft zu bestimmen und daraus die empfundene Raumluftqualität nach Gl. (C 3-6) bzw. Bild C 3-5 abzuleiten. Eine trainierte Gruppe hingegen kann direkt die empfundene Raumluftqualität in dezipol angeben [17]. Die Verunreinigungslast des entsprechenden Raums in olf kann mit Gl. (C 3-5) berechnet werden, wenn der Außenluftstrom bekannt ist.

C 3.7 Gesundheitsrisiken

Das Einatmen einer mit Beimengungen verunreinigten Luft kann ein potentielles Gesundheitsrisiko darstellen. Um dieses zu vermindern, ist eine umfassende Liste der zulässigen Konzentrationen möglichst aller relevanten Luftbeimengungen wünschenswert.

Für industriell und gewerblich genutzte Räume gibt es eine Liste solcher Grenzwerte (Maximale Arbeitsplatz-Konzentrationen − MAK) bezogen auf den 8-h-Arbeitstag gesunder und erwachsener Personen. Einen Auszug der MAK-Wert-Liste zeigt Tabelle C 3-8, die eine alljährlich aktualisierte und vollständige Übersicht gibt [18]. In Büros und an ähnlichen Arbeitsplätzen gibt es keine produktionstechnische Begründung für Luftverunreinigungen, was zur Anwendung niedrigerer Grenzwerte berechtigt. Gleiches gilt für Wohnungen, in denen die Menschen mehr Zeit als am Arbeitsplatz verbringen und außerdem auch empfindlichere Personen (Kinder und ältere Menschen) betroffen sind. Die Weltgesundheitsorganisation hat

Tabelle C 3-8. MAK-Wert-Liste (Auszug)

Stoff	MAK-Wert[a]	
	ppm	mg/m³ Luft
Ammoniak	50	35
Arsenwasserstoff	0,05	0,2
Chlor	0,5	1,5
Chlorwasserstoff	5	7
Kohlenmonoxid	30	33
Kohlendioxid	5000	9000
Stickstoffdioxid	5	9
Ozon	0,1	0,2
Phosgen	0,1	0,4
Phosphorwasserstoff	0,1	0,15
Schwefeldioxid	2	5
Schwefelwasserstoff	10	15

[a] Bezug: Gesunde erwachsene Personen bei 8 h/d Expositionsdauer

unlängst „Air Quality Guidelines for Europe" [19] veröffentlicht. In dieser Publikation sind medizinisch relevante Daten gewichtet und Grenzwerte für etwa 25 Luftschadstoffe angegeben worden (s. Tabelle C 3-9). Dabei ist kein Unterschied zwischen Außen- und Raumluft gemacht worden, da für beide Fälle die gleiche Dosis-Wirkungsbeziehung gilt. Die in Tabelle C 3-9 aufgelisteten Grenzwerte können somit auch als Richtwerte für den Innenraum verwendet werden. Die zur Einhaltung dieser Konzentrationen erforderlichen Außenluftströme können durch eine Massenbilanzgleichung analog Gl. (C 3-5) berechnet werden. Leider stößt dies in den meisten Fällen auf Schwierigkeiten, da die Emissionsstärke der Quellen oft unbekannt ist. In der Praxis aber wird in der Regel die zur Erzielung guter empfundener Luftqualität erforderliche Lüftung Konzentrationen weit unter den in Tabelle C 3-9 aufgeführten Werten garantieren.

Einige Substanzen, die eine besondere Bedeutung für die Gesundheit des Menschen besitzen, werden im folgenden kurz diskutiert. Dies sind Tabakrauch, Verbrennungsprodukte, Radon, Wasserdampf, Allergene, Bakterien, Viren sowie Partikel und Fasern.

Tabakrauch

In Räumen, in denen sich durchgehend oder zeitweise Raucher aufhalten, ist Tabakrauch oft eine wesentliche Luftbeimengung. Um die Belastung in Räumen durch Passivrauchen von der aktiven Handlung des Rauchers abzugrenzen, wurde der Begriff des „Environmental Tobacco Smoke" (ETS, Tabakrauch in der Raumluft) geprägt. Tabakrauch wirkt direkt durch seinen Geruch, aber auch über die Reizung der Schleimhäute von Auge, Nase und Rachen. Er enthält einige tausend Einzelsubstanzen, darunter Gase, Dämpfe und Partikel. Die ETS-Exposition kann das Lungenkrebsrisiko erhöhen. Um jegliches Gesundheitsrisiko durch Tabakrauch zu beseitigen, ist ein konsequentes Rauchverbot erforderlich. Für die gerin-

Tabelle C3-9. WHO-Richtlinie für Grenzwerte ausgewählter Luftschadstoffe (Auszug)

Stoff	Zeitbezogener Mittelwert	Mittlere Expositionszeit
Cadmium	1 – 5 ng/m^3	1 Jahr ländl. Gebiete
	10 – 20 ng/m^3	1 Jahr Städte
Kohlendisulfid	100 µg/m^3	24 h
Kohlenmonoxid	100 mg/m^3	15 min
	60 mg/m^3	30 min
	30 mg/m^3	1 h
	10 mg/m^3	8 h
1,2-Dichlorethan	0,7 mg/m^3	24 h
Dichlormethan	3 mg/m^3	24 h
Formaldehyd	100 µg/m^3	30 min
Blei	0,5 – 1,0 µg/m^3	1 Jahr
Mangan	1 µg/m^3	1 Jahr
Quecksilber	1 µg/m^3 (indoor air)	1 Jahr
Nitrogendioxid	400 µg/m^3	1 h
	150 µg/m^3	24 h
Ozon	150 – 200 µg/m^3	1 h
	100 – 120 µg/m^3	8 h
Styrol	800 µg/m^3	24 h
Schwefeldioxid	500 µg/m^3	10 min
	350 µg/m^3	1 h
Tetrachlorethylen	5 mg/m^3	24 h
Toluol	8 mg/m^3	24 h
Trichlorethylen	1 mg/m^3	24 h
Vanadium	1 µg/m^3	24 h

gen ETS-Konzentrationen, die sich aus den Anforderungen bezüglich der empfundenen Luftqualität ergeben (s. Tabelle C3-3), wird dieses Risiko jedoch klein.

Verbrennungsprodukte

Kohlenmonoxid (CO) wird bei der unvollständigen Verbrennung von fossilen Brennstoffen frei. Jedes Jahr kommen durch dieses Gas zahlreiche Menschen wegen fehlerhafter oder falsch betriebener Gas-, Kohle- oder Kerosinheizer bzw. durch die Infiltration von Verbrennungsgasen aus Garagen u.ä. zu Tode. Nitrose Gase, vor allem NO$_2$, sind gleichfalls toxisch und werden bei der Verbrennung fossiler Brennstoffe bei hohen Temperaturen frei. Die wichtigsten Quellen für NO$_2$ sind Gasherde und Gasdurchlauferhitzer.

Der beste Weg, um die Konzentration von Verbrennungsprodukten gering zu halten, ist die Vermeidung von Verunreinigungsquellen bzw. die Begrenzung von deren Quellenstärke. Die Raumheizung oder Warmwasserbereitung durch Geräte ohne geschlossene Abgasabführung ist zu vermeiden. Durch Lüftungssysteme bedingter Unterdruck in Räumen ist bei offenen Feuerstellen zu vermeiden. Luftseitige Verbindungen zwischen Garagen etc. und bewohnten Räumen dürfen nicht vorhanden sein. Bei der Benutzung von Gasherden wird die lokale Absaugung der Verbrennungsprodukte empfohlen.

Radon

Radon, ein farb- und geruchloses Gas, liefert den Hauptanteil an radioaktiver Strahlung, der der Mensch im Alltagsleben ausgesetzt ist.

Radon entsteht beim Zerfall von Radium, das in geringen Mengen in der Erdschale vorkommt. Damit ist Radon in der Luft, aus dem Erdreich kommend, und im Grundwasser vorhanden und wird aus Baumaterialien und Füllstoffen emittiert. Hauptquelle für die Belastung der Raumluft ist das Eindringen von Luft aus dem Erdreich über den Keller oder Erdgeschoßfußböden in den Innenraum.

Radon zerfällt mit einer Halbwertszeit von 3,8 Tagen in die zwei Tochtersubstanzen Polonium 218 und Blei 214, die sich häufig an Schwebestaubpartikel binden. Die Deposition solcher Partikel in der Lunge führt zur Langzeitbelastung durch Alphastrahlung und damit zum erhöhten Lungenkrebsrisiko. Die Radonkonzentrationen sind abhängig von Meßort und geographischer Lage. In der Luft aus dem Erdreich unter Gebäuden mißt man häufig etwa 10 000 Bq/m^3, bei entsprechenden geologischen Gegebenheiten kann dieser Wert jedoch auch auf 500 000 Bq/m^3 ansteigen. Im Freien beträgt die Konzentration ca. 5 Bq/m^3, in Einfamilienhäusern liegt sie in Europa in der Größenordnung von 50 Bq/m^3. Vereinzelt konnten jedoch bis zu 5000 Bq/m^3 in Gebäuden nachgewiesen werden.

Auch für Radon gilt es, in erster Linie die Emission zu begrenzen und erst dann den Luftwechsel zu erhöhen. Bei bekannten hohen Belastungen des Bodens sollte eine entsprechend dichte Wand- und Bodenkonstruktion für Keller bzw. Erdgeschoß vorgesehen werden. Gegebenenfalls kann Radon über spezielle Lüftungskanäle unter dem Gebäude abgeleitet werden. Auf die heute vorhandenen Möglichkeiten besonders dichter Häuser mit geringem Luftwechsel ist in Gebieten mit hoher Radonlast zu verzichten. Aus dem gleichen Grund ist dort lüftungsbedingter Unterdruck im Gebäude zu vermeiden.

Luftfeuchte

Wasserdampf ist als erwünschte Luftbeimengung ständig in unserer Atmosphäre vorhanden. Sein thermischer Effekt wurde bereits behandelt (s. Bild C 2-7), wichtiger ist jedoch seine Bedeutung für die Raumluftqualität. Luftfeuchtigkeit, die von uns Menschen nicht direkt rezipiert werden kann, wirkt als eine Art Mittler für andere, lufthygienisch relevanten Größen. Hierzu gehören in erster Linie Mikroorganismen und Parasiten, die an höhere Feuchtigkeiten gebunden sind, aber auch für solch unerwünschte Erscheinungen wie statische Elektrizität.

Eine optimale Luftfeuchte läßt sich nicht definieren. Man geht heute davon aus, daß die relative Feuchte im Bereich von 30–70% liegen sollte. In der kalten Jahreszeit hat sich zur Vermeidung von Kondensation eine obere Grenze von etwa 50% als günstig erwiesen.

Die Entstehung hoher elektrostatischer Ladung ist an bestimmte Materialeigenschaften von Bodenbelägen und geringe relative Luftfeuchte gebunden. Beim Menschen können die Entladungen unangenehme Empfindungen hervorrufen. In Tabelle C 3-10 sind für gebräuchliche Bodenbeläge, die Hauptursache von Aufladungen sind, Grenzfeuchten zur Vermeidung derselben angegeben. Statische Elektrizität kann auch in explosionsgefährdeten Bereichen und für spezielle medizinische Behandlungstechniken ein Risiko darstellen.

Tabelle C 3-10. Luftfeuchten, die zur Vermeidung elektrostatischer Aufladungen für diverse Fußbodenbeläge erforderlich sind

Bodenbelag	Relative Luftfeuchtigkeit %
Teppich aus Nylon, Acryl, Wolle	>45
Linoleum, Vinyl	>35
Teppich aus Baumwolle, Sisal	>30
Beton, Stein, Holz	>25

Eine direkte Beeinflussung der Gesundheit wird schon seit einigen Jahren vor allem für akute respiratorische Erkrankungen diskutiert. Einige Felduntersuchungen [20] deuten darauf hin, daß die Anhebung der relativen Luftfeuchte bis in den Bereich von ca. 50% zu einer Verminderung dieses Risikos führen kann.

Allergene

Während aus der Sicht respiratorischer Erkrankungen eine etwas höhere Luftfeuchte angezeigt scheint, dürften Allergien vor allem durch zu hohe Feuchten begünstigt werden. Dies erfolgt allerdings nicht direkt, sondern über die vermehrte Entstehung typischer Innenraumallergene durch Hausstaubmilben und Schimmelpilze.

Hausstaubmilben, etwa 0,3 mm lange Insekten, ernähren sich von menschlichen Hautschuppen und leben häufig in Betten, Teppichen und Polstermöbeln. Ein Inhaltsstoff des Milbenkots ruft bei sensibilisierten Personen allergische Reaktionen, die sogenannte Hausstauballergie, hervor. Milben sind an höhere Luftfeuchtigkeiten gebunden, sie haben optimale Bedingungen bei relativen Feuchten von 75% und sterben unter 45% durch Austrocknung ab. Eine jährliche Trockenperiode mit relativen Feuchten unter diesem Wert vermindert die Anzahl der Allergenproduzenten deutlich, erspart jedoch nicht die Beseitigung des Allergens aus dem Raum und damit aus der Raumluft.

Schimmelpilzbefall im Innenraum oder in den mit diesem luftseitig verbundenen Einrichtungen (z. B. raumlufttechnische Anlagen) kann über die Verbreitung der Pilssporen gleichfalls Allergien hervorrufen. Zum Schimmelpilzwachstum kann es dort kommen, wo die relative Feuchte über 70% liegt, z. B. an kalten Oberflächen, in Befeuchtern, etc. Die fachgerechte Wartung von Befeuchtungseinrichtungen ist aus diesem Grund dringend erforderlich.

Bakterien und Viren

Infektionskrankheiten sind an Krankheitserreger, in unseren Breiten zumeist Bakterien und Viren, gebunden. Eine Erkrankung erfordert, daß eine bestimmte Infektionsdosis vorhanden ist, deren Höhe u.a. vom Erreger selbst und dem Immunstatus des Menschen abhängt. Die Konzentration von Luftkeimen, die vom Menschen emittiert werden, wird mit steigendem Außenluftstrom durch Verdünnung verringert. Doch dürfte dieser Infektionsweg im Vergleich zur Kontaktinfektion von Mensch zu Mensch ein geringeres Risiko darstellen. Untersuchungen über Infektionswege wurden vor allem in Krankenhäusern durchgeführt. Beim Einsatz raumlufttechnischer Anlagen kann über Druckgefälle und Luftklappen ein unerwünschtes Überströmen aus kontaminierten in reinere Gebäudebereiche weitgehend verhindert werden. Andererseits kann es durch Umluftanteile oder nicht örtlich getrennte Luftströme bei der Wärmerückgewinnung zur Rekontamination mit Mikroorganismen und Allergenen kommen.

Besonders Befeuchter und Kühler in raumlufttechnischen Anlagen, aber auch Naßbereiche in Gebäuden können zum Keimwachstum führen und durch Aerosolbildung (z. B. Versprühen) den Luftkeimgehalt erhöhen. Die fachgerechte Wartung unter Einhaltung hygienischer Forderungen und vor allem die vorschriftsmäßige Betriebsweise und Kontrolle von Sprühbefeuchtern, allgemein von Geräten, bei denen die Gefahr einer keimbelasteten Aerosolausbringung besteht, ist angezeigt.

Partikel und Fasern

Für alle Partikel, auch die o. g. biologischen Luftbeimengungen, gilt, daß ihr Fallgeschwindigkeit klein gegenüber der konvektiven Luftbewegung im Raum sein muß, um ein Sedimentieren zu verhindern. In der Regel kann man davon ausgehen, daß Partikel unter 20 µm in der Schwebe gehalten werden.

Dominierende Partikelquelle ist der Tabakrauch, erst dann kommen textile Abriebe, Hautschuppen und Haare, Mikroorganismen, Abrieb von Bau- ud Isoliermaterialien, etc. Die Ablagerung der Partikel erfolgt durch Sedimentation, elektrostatisch, durch Thermodiffusion und in Abhängigkeit von deren Größe auch im menschlichen Respirationstrakt und der Lunge. Neben der bereits o. g. Wirkung von Tabakrauch, Krankheitserregern und Allergenen, haben auch einige Fasern Bedeutung für den Menschen. In erster Linie ist dies Asbest, der aufgrund seiner besonderen Eigenschaften breite Verwendung im Bauwesen gefunden hatte. Durch epidemiologische Untersuchungen an Asbestarbeitern konnte nachgewiesen werden, daß inhalierte Asbestfasern das Risiko für maligne Erkrankungen des Lungengewebes erhöhen. Eine Verwendung asbesthaltiger Materialien am Bau ist daher heute nicht mehr zulässig. Bestehende Asbestquellen sind zu sanieren, wobei eine sichere Abkapselung in manchen Fällen ein geringeres Risiko birgt als die umfangreiche und hohe zeitlich begrenzte Pegel hervorrufende Entfernung derselben.

Mineralwollfasern, die zur Schalldämmung eingesetzt werden, haben zwar nicht die kanzerogene Potenz des Asbest, können aber zur Reizung der Schleimhäute führen. Eine Begrenzung der Konzentration auf 1 Faser/l wird daher empfohlen.

Anlage A

PMV-Indizes als Funktion von Gesamtenergieumsatz, Wärmeleitwiderstand der Bekleidung und relativer Luftgeschwindigkeit für eine relative Luftfeuchte von 50%

Bezogener Gesamtenergieumsatz: 58 W/m² (1 met)

Wärmeleitwiderstand der Bekleidung		Raumtemperatur °C	Relative Luftgeschwindigkeit m/s							
clo	m²·K/W		<0,10	0,10	0,15	0,20	0,30	0,40	0,50	1,00
0	0	26	−1,62	−1,62	−1,96	−2,34				
		27	−1,00	−1,00	−1,36	−1,69				
		28	−0,39	−0,42	−0,76	−1,05				
		29	0,21	0,13	−0,15	−0,39				
		30	0,80	0,68	0,45	0,26				
		31	1,39	1,25	1,08	0,94				
		32	1,96	1,83	1,71	1,61				
		33	2,50	2,41	2,34	2,29				
0,25	0,039	24	−1,52	−1,52	−1,80	−2,06	−2,47			
		25	−1,05	−1,05	−1,33	−1,57	−1,94	−2,24	−2,48	
		26	−0,58	−0,61	−0,87	−1,08	−1,41	−1,67	−1,89	−2,66
		27	−0,12	−0,17	−0,40	−0,58	−0,87	−1,10	−1,29	−1,97
		28	0,34	0,27	0,07	−0,09	−0,34	−0,53	−0,70	−1,28
		29	0,80	0,71	0,54	0,41	0,20	0,04	−0,10	−0,58
		30	1,25	1,15	1,02	0,91	0,74	0,61	0,50	0,11
		31	1,71	1,61	1,51	1,43	1,30	1,20	1,12	0,83
0,50	0,078	23	−1,10	−1,10	−1,33	−1,51	−1,78	−1,99	−2,16	
		24	−0,72	−0,74	−0,95	−1,11	−1,36	−1,55	−1,70	−2,22
		25	−0,34	−0,38	−0,56	−0,71	−0,94	−1,11	−1,25	−1,71
		26	0,04	−0,01	−0,18	−0,31	−0,51	−0,66	−0,79	−1,19
		27	0,42	0,35	0,20	0,09	−0,08	−0,22	−0,33	−0,68
		28	0,80	0,72	0,59	0,49	0,34	0,23	0,14	−0,17
		29	1,17	1,08	0,98	0,90	0,77	0,68	0,60	0,34
		30	1,54	1,45	1,37	1,30	1,20	1,13	1,06	0,86
0,75	0,116	21	−1,11	−1,11	−1,30	−1,44	−1,66	−1,82	−1,95	−2,36
		22	−0,79	−0,81	−0,98	−1,11	−1,31	−1,46	−1,58	−1,95
		23	−0,47	−0,50	−0,66	−0,78	−0,96	−1,09	−1,20	−1,55
		24	−0,15	−0,19	−0,33	−0,44	−0,61	−0,73	−0,83	−1,14
		25	0,17	0,12	−0,01	−0,11	−0,26	−0,37	−0,46	−0,74
		26	0,49	0,43	0,31	0,23	0,09	0,00	−0,08	−0,33
		27	0,81	0,74	0,64	0,56	0,45	0,36	0,29	0,08
		28	1,12	1,05	0,96	0,90	0,80	0,73	0,67	0,48
1,00	0,155	20	−0,85	−0,87	−1,02	−1,13	−1,29	−1,41	−1,51	−1,81
		21	−0,57	−0,60	−0,74	−0,84	−0,99	−1,11	−1,19	−1,47
		22	−0,30	−0,33	−0,46	−0,55	−0,69	−0,80	−0,88	−1,13
		23	−0,02	−0,07	−0,18	0,27	−0,39	−0,49	−0,56	−0,79
		24	0,26	0,20	0,10	0,02	−0,09	−0,18	−0,25	−0,46
		25	0,53	0,48	0,38	0,31	0,21	0,13	0,07	−0,12
		26	0,81	0,75	0,66	0,60	0,51	0,44	0,39	0,22
		27	1,08	1,02	0,95	0,89	0,81	0,75	0,71	0,56

Bezogener Gesamtenergieumsatz: 58 W/m² (1 met)

Wärmeleitwider-stand der Bekleidung		Raumtemperatur °C	Relative Luftgeschwindigkeit m/s							
clo	m²·K/W		<0,10	0,10	0,15	0,20	0,30	0,40	0,50	1,00
1,50	0,233	14	−1,36	−1,36	−1,49	−1,58	−1,72	−1,82	−1,89	−2,12
		16	−0,94	−0,95	−1,07	−1,15	−1,27	−1,36	−1,43	−1,63
		18	−0,52	−0,54	−0,64	−0,72	−0,82	−0,90	−0,96	−1,14
		20	−0,09	−0,13	−0,22	−0,28	−0,37	−0,44	−0,49	−0,65
		22	0,35	0,30	0,23	0,18	0,10	0,04	0,00	−0,14
		24	0,79	0,74	0,68	0,63	0,57	0,52	0,49	0,37
		26	1,23	1,18	1,13	1,09	1,04	1,01	0,98	0,89
		28	1,67	1,62	1,58	1,56	1,52	1,49	1,47	1,40

Bezogener Gesamtenergieumsatz: 69,6 W/m² (1,2 met)

clo	m²·K/W	°C	<0,10	0,10	0,15	0,20	0,30	0,40	0,50	1,00
0	0	25	−1,33	−1,33	−1,59	−1,92				
		26	−0,83	−0,83	−1,11	−1,40				
		27	−0,33	−0,33	−0,63	−0,88				
		28	0,15	0,12	−0,14	−0,36				
		29	0,63	0,56	0,35	0,17				
		30	1,10	1,01	0,84	0,69				
		31	1,57	1,47	1,34	1,24				
		32	2,03	1,93	1,85	1,78				
0,25	0,039	23	−1,18	−1,18	−1,39	−1,61	−1,97	−2,25		
		24	−0,79	−0,79	−1,02	−1,22	−1,54	−1,80	−2,01	
		25	−0,42	−0,42	−0,64	−0,83	−1,11	−1,34	−1,54	−2,21
		26	−0,04	−0,07	−0,27	−0,43	−0,68	−0,89	−1,06	−1,65
		27	0,33	0,29	0,11	−0,03	−0,25	−0,43	−0,58	−1,09
		28	0,71	0,64	0,49	0,37	0,18	0,03	−0,10	−0,54
		29	1,07	0,99	0,87	0,77	0,61	0,49	0,39	0,03
		30	1,43	1,35	1,25	1,17	1,05	0,95	0,87	0,58
0,50	0,078	18	−2,01	−2,01	−2,17	−2,38	−2,70			
		20	−1,41	−1,41	−1,58	−1,76	−2,04	−2,25	−2,42	
		22	−0,79	−0,79	−0,97	−1,13	−1,36	−1,54	−1,69	−2,17
		24	−0,17	−0,20	−0,36	−0,48	−0,68	−0,83	−0,95	−1,35
		26	0,44	0,39	0,26	0,16	−0,01	−0,11	−0,21	−0,52
		28	1,05	0,98	0,88	0,81	0,70	0,61	0,54	−0,31
		30	1,64	1,57	1,51	1,46	1,39	1,33	1,29	1,14
		32	2,25	2,20	2,17	2,15	2,11	2,09	2,07	1,99
0,75	0,116	16	−1,77	−1,77	−1,91	−2,07	−2,31	−2,49		
		18	−1,27	−1,27	−1,42	−1,56	−1,77	−1,93	−2,05	−2,45
		20	−0,77	−0,77	−0,92	−1,04	−1,23	−1,36	−1,47	−1,82
		22	−0,25	−0,27	−0,40	−0,51	−0,66	−0,78	−0,87	−1,17
		24	0,27	0,23	0,12	0,03	−0,10	−0,19	−0,27	−0,51
		26	0,78	0,73	0,64	0,57	0,47	0,40	0,34	0,14
		28	1,29	1,23	1,17	1,12	1,04	0,99	0,94	0,80
		30	1,80	1,74	1,70	1,67	1,62	1,58	1,55	1,46
1,00	0,155	16	−1,18	−1,18	−1,31	−1,43	−1,59	−1,72	−1,82	−2,12
		18	−0,75	−0,75	−0,88	−0,98	−1,13	−1,24	−1,33	−1,59

Bezogener Gesamtenergieumsatz: 69,6 W/m² (1,2 met)

Wärmeleitwiderstand der Bekleidung		Raumtemperatur °C	Relative Luftgeschwindigkeit m/s							
clo	m²·K/W		<0,10	0,10	0,15	0,20	0,30	0,40	0,50	1,00
		20	−0,32	−0,33	−0,45	−0,54	−0,67	−0,76	−0,83	−1,07
		22	0,13	0,10	0,00	−0,07	−0,18	−0,26	−0,32	−0,52
		24	0,58	0,54	0,46	0,40	0,31	0,24	0,19	0,02
		26	1,03	0,98	0,91	0,86	0,79	0,74	0,70	0,58
		28	1,47	1,42	1,37	1,34	1,28	1,24	1,21	1,12
		30	1,91	1,86	1,83	1,81	1,78	1,75	1,73	1,67
1,50	0,233	12	−1,09	−1,09	−1,19	−1,27	−1,39	−1,48	−1,55	−1,75
		14	−0,75	−0,75	−0,85	−0,93	−1,03	−1,11	−1,17	−1,35
		16	−0,41	−0,42	−0,51	−0,58	−0,67	−0,74	−0,79	−0,96
		18	−0,06	−0,09	−0,17	−0,22	−0,31	−0,37	−0,42	−0,56
		20	0,28	0,25	0,18	0,13	0,05	0,00	−0,04	−0,16
		22	0,63	0,60	0,54	0,50	0,44	0,39	0,36	0,25
		24	0,99	0,95	0,91	0,87	0,82	0,78	0,76	0,67
		26	1,35	1,31	1,27	1,24	1,20	1,18	1,15	1,08

Bezogener Gesamtenergieumsatz: 92,8 W/m² (1,6 met)

clo	m²·K/W	°C	<0,10	0,10	0,15	0,20	0,30	0,40	0,50	1,00
0	0	23	−1,12	−1,12	−1,29	−1,57				
		24	−0,74	−0,74	−0,93	−1,18				
		25	−0,36	−0,36	−0,57	−0,79				
		26	0,01	0,01	−0,20	−0,40				
		27	0,38	0,37	0,17	0,00				
		28	0,75	0,70	0,53	0,39				
		29	1,11	1,04	0,90	0,79				
		30	1,46	1,38	1,27	1,19				
0,25	0,039	16	−2,29	−2,29	−2,36	−2,62				
		18	−1,72	−1,72	−1,83	−2,06	−2,42			
		20	−1,15	−1,15	−1,29	−1,49	−1,80	−2,05	−2,26	
		22	−0,58	−0,58	−0,73	−0,90	−1,17	−1,38	−1,55	−2,17
		24	−0,01	−0,01	−0,17	−0,31	−0,53	−0,70	−0,84	−1,35
		26	0,56	0,53	0,39	0,29	0,12	−0,02	−0,13	−0,51
		28	1,12	1,06	0,96	0,89	0,77	0,67	0,59	0,33
		30	1,66	1,60	1,54	1,49	1,42	1,36	1,31	1,14
0,50	0,078	14	−1,85	−1,85	−1,94	−2,12	−2,40			
		16	−1,40	−1,40	−1,50	−1,67	−1,92	−2,11	−2,26	
		18	−0,95	−0,95	−1,07	−1,21	−1,43	−1,59	−1,73	−2,18
		20	−0,49	−0,49	−0,62	−0,75	−0,94	−1,08	−1,20	−1,59
		22	−0,03	−0,03	−0,16	−0,27	−0,43	−0,55	−0,65	−0,98
		24	0,43	0,41	0,30	0,21	0,08	−0,02	−0,10	−0,37
		26	0,89	0,85	0,76	0,70	0,60	0,52	0,46	0,25
		28	1,34	1,29	1,23	1,18	1,11	1,06	1,01	0,86
0,75	0,116	14	−1,16	−1,16	−1,26	−1,38	−1,57	−1,71	−1,82	−2,17
		16	−0,79	−0,79	−0,89	−1,00	−1,17	−1,29	−1,39	−1,70
		18	−0,41	−0,41	−0,52	−0,62	−0,76	−0,87	−0,96	−1,23
		20	−0,04	−0,04	−0,15	−0,23	−0,36	−0,45	−0,52	−0,76
		22	0,35	0,33	0,24	0,17	0,07	−0,01	−0,07	−0,27

C 3 Raumluftqualität

Bezogener Gesamtenergieumsatz: 92,8 W/m² (1,6 met)

Wärmeleitwiderstand der Bekleidung		Raumtemperatur °C	Relative Luftgeschwindigkeit m/s							
clo	m²·K/W		<0,10	0,10	0,15	0,20	0,30	0,40	0,50	1,00
		24	0,74	0,71	0,63	0,58	0,49	0,43	0,38	0,21
		26	1,12	1,08	1,03	0,98	0,92	0,87	0,83	0,70
		28	1,51	1,46	1,42	1,39	1,34	1,31	1,28	1,19
1,00	0,155	12	−1,01	−1,01	−1,10	−1,19	−1,34	−1,45	−1,53	−1,79
		14	−0,68	−0,68	−0,78	−0,87	−1,00	−1,09	−1,17	−1,40
		16	−0,36	−0,36	−0,46	−0,53	−0,65	−0,74	−0,80	−1,01
		18	−0,04	−0,04	−0,13	−0,20	−0,30	−0,38	−0,44	−0,62
		20	0,28	0,27	0,19	0,13	0,04	−0,02	−0,07	−0,21
		22	0,62	0,59	0,53	0,48	0,41	0,35	0,31	0,17
		24	0,96	0,92	0,87	0,83	0,77	0,73	0,69	0,58
		26	1,29	1,25	1,21	1,18	1,14	1,10	1,07	0,99
1,50	0,223	10	−0,57	−0,57	−0,65	−0,71	−0,80	−0,86	−0,92	−1,07
		12	−0,32	−0,32	−0,39	−0,45	−0,53	−0,59	−0,64	−0,78
		14	−0,06	−0,07	−0,14	−0,19	−0,26	−0,31	−0,36	−0,48
		16	0,19	0,18	0,12	0,07	0,01	−0,04	−0,07	−0,19
		18	0,45	0,43	0,38	0,34	0,28	0,24	0,21	0,11
		20	0,71	0,68	0,64	0,60	0,55	0,52	0,49	0,41
		22	0,97	0,95	0,91	0,88	0,84	0,81	0,79	0,72

Bezogener Gesamtenergieumsatz: 104,4 W/m² (1,8 met)

clo	m²·K/W	°C	<0,10	0,10	0,15	0,20	0,30	0,40	0,50	1,00
0	0	22	−1,05	−1,05	−1,19	−1,46				
		23	−0,70	−0,70	−0,86	−1,11				
		24	−0,36	−0,36	−0,53	−0,75				
		25	−0,01	−0,01	−0,20	−0,40				
		26	0,32	0,32	0,13	−0,04				
		27	0,66	0,63	0,46	0,32				
		28	0,99	0,94	0,80	0,68				
		29	1,31	1,25	1,13	1,04				
0,25	0,039	16	−1,79	−1,79	−1,86	−2,09	−2,46			
		18	−1,28	−1,28	−1,38	−1,58	−1,90	−2,16	−2,37	
		20	−0,76	−0,76	−0,89	−1,06	−1,34	−1,56	−1,75	−2,39
		22	−0,24	−0,24	−0,38	−0,53	−0,76	−0,95	−1,10	−1,65
		24	0,28	0,28	0,13	0,01	−0,18	−0,33	−0,46	−0,90
		26	0,79	0,76	0,64	0,55	0,40	0,29	0,19	−0,15
		28	1,29	1,24	1,16	1,10	0,99	0,91	0,84	0,60
		30	1,79	1,73	1,68	1,65	1,59	1,54	1,50	1,36
0,50	0,078	14	−1,42	−1,42	−1,50	−1,66	−1,91	−2,10	−2,25	
		16	−1,01	−1,01	−1,10	−1,25	−1,47	−1,64	−1,77	−2,23
		18	−0,59	−0,59	−0,70	−0,83	−1,02	−1,17	−1,29	−1,69
		20	−0,18	−0,18	−0,30	−0,41	−0,58	−0,71	−0,81	−1,15
		22	0,24	0,23	0,12	0,02	−0,12	−0,22	−0,31	−0,60
		24	0,66	0,63	0,54	0,46	0,35	0,26	0,19	−0,04
		26	1,07	1,03	0,96	0,90	0,82	0,75	0,69	0,51
		28	1,48	1,44	1,39	1,35	1,29	1,24	1,20	1,07

Bezogener Gesamtenergieumsatz: 104,4 W/m² (1,8 met)

Wärmeleitwiderstand der Bekleidung		Raumtemperatur °C	Relative Luftgeschwindigkeit m/s							
clo	m²·K/W		<0,10	0,10	0,15	0,20	0,30	0,40	0,50	1,00
0,75	0,116	12	−1,15	−1,15	−1,23	−1,35	−1,53	−1,67	−1,78	−2,13
		14	−0,81	−0,81	−0,89	−1,00	−1,17	−1,29	−1,39	−1,70
		16	−0,46	−0,46	−0,56	−0,66	−0,80	−0,91	−1,00	−1,28
		18	−0,12	−0,12	−0,22	−0,31	−0,43	−0,53	−0,61	−0,85
		20	0,22	0,21	0,12	0,04	−0,07	−0,15	−0,21	−0,42
		22	0,57	0,55	0,47	0,41	0,32	0,25	0,20	0,02
		24	0,92	0,89	0,83	0,78	0,71	0,65	0,60	0,46
		26	1,28	1,24	1,19	1,15	1,09	1,05	1,02	0,91
1,00	0,155	10	−0,97	−0,97	−1,04	−1,14	−1,28	−1,39	−1,47	−1,73
		12	−0,68	−0,68	−0,76	−0,84	−0,97	−1,07	−1,14	−1,38
		14	−0,38	−0,38	−0,46	−0,54	−0,66	−0,74	−0,81	−1,02
		16	−0,09	−0,09	−0,17	−0,24	−0,35	−0,42	−0,48	−0,67
		18	0,21	0,20	0,12	0,06	−0,03	−0,10	−0,15	−0,31
		20	0,50	0,48	0,42	0,36	0,29	0,23	0,18	0,04
		22	0,81	0,78	0,73	0,68	0,62	0,57	0,53	0,41
		24	1,11	1,08	1,04	1,00	0,95	0,91	0,88	0,78
1,50	0,223	10	−0,29	−0,29	−0,36	−0,42	−0,50	−0,56	−0,60	−0,74
		14	0,17	0,17	0,11	0,06	−0,01	−0,05	−0,09	−0,20
		18	0,64	0,62	0,57	0,54	0,49	0,45	0,42	0,34
		22	1,12	1,09	1,06	1,03	1,00	0,97	0,95	0,89
		26	1,61	1,58	1,56	1,55	1,52	1,51	1,50	1,46

Bezogener Gesamtenergieumsatz: 116 W/m² (2,0 met)

clo	m²·K/W	°C	<0,10	0,10	0,15	0,20	0,30	0,40	0,50	1,00
0	0	18		−2,00	−2,02	−2,35				
		20		−1,35	−1,43	−1,72				
		22		−0,69	−0,82	−1,06				
		24		−0,04	−0,21	−0,41				
		26		0,59	0,41	0,26				
		28		1,16	1,03	0,93				
		30		1,73	1,66	1,60				
		32		2,33	2,32	2,31				
0,25	0,039	16		−1,41	−1,48	−1,69	−2,02	−2,29	−2,51	
		18		−0,93	−1,03	−1,21	−1,50	−1,74	−1,93	−2,61
		20		−0,45	−0,57	−0,73	−0,98	−1,18	−1,35	−1,93
		22		0,04	−0,09	−0,23	−0,44	−0,61	−0,75	−1,24
		24		0,52	0,38	0,28	0,10	−0,03	−0,14	−0,54
		26		0,97	0,86	0,78	0,65	0,55	0,46	0,18
		28		1,42	1,35	1,29	1,20	1,13	1,07	0,90
		30		1,88	1,84	1,81	1,76	1,72	1,68	1,57
0,50	0,078	14		−1,08	−1,16	−1,31	−1,53	−1,71	−1,85	−2,32
		16		−0,69	−0,79	−0,92	−1,12	−1,27	−1,40	−1,82
		18		−0,31	−0,41	−0,53	−0,70	−0,84	−0,95	−1,31
		20		0,07	−0,04	−0,14	−0,29	−0,40	−0,50	−0,81
		22		0,46	0,35	0,27	0,15	0,05	−0,03	−0,29
		24		0,83	0,75	0,68	0,58	0,50	0,44	0,23

Bezogener Gesamtenergieumsatz: 116 W/m² (2,0 met)

Wärmeleitwiderstand der Bekleidung		Raumtemperatur °C	Relative Luftgeschwindigkeit m/s							
clo	m²·K/W		<0,10	0,10	0,15	0,20	0,30	0,40	0,50	1,00
		26	1,21	1,15	1,10	1,02	0,96	0,91		0,75
		28	1,59	1,55	1,51	1,46	1,42	1,38		1,27
0,75	0,116	10	−1,16	−1,23	−1,35	−1,54	−1,67	−1,78		−2,14
		12	−0,84	−0,92	−1,03	−1,20	−1,32	−1,42		−1,74
		14	−0,52	−0,60	−0,70	−0,85	−0,97	−1,06		−1,34
		16	−0,20	−0,29	−0,38	−0,51	−0,61	−0,69		−0,95
		18	0,12	0,03	−0,05	−0,17	−0,26	−0,32		−0,55
		20	0,43	0,34	0,28	0,18	0,10	0,04		−0,15
		22	0,75	0,68	0,62	0,54	0,48	0,43		0,27
		24	1,07	1,01	0,97	0,90	0,85	0,81		0,68
1,00	0,155	10	−0,68	−0,75	−0,84	−0,97	−1,07	−1,15		−1,38
		12	−0,41	−0,48	−0,56	−0,68	−0,77	−0,84		−1,05
		14	−0,13	−0,21	−0,28	−0,39	−0,47	−0,53		−0,72
		16	0,14	0,06	0,00	−0,10	−0,16	−0,22		−0,39
		18	0,41	0,34	0,28	0,20	0,14	0,09		−0,04
		20	0,68	0,61	0,57	0,50	0,44	0,40		0,28
		22	0,96	0,91	0,87	0,81	0,76	0,73		0,62
1,50	0,233	10	−0,04	−0,11	−0,16	−0,24	−0,29	−0,33		−0,46
		14	0,39	0,33	0,29	0,23	0,18	0,15		0,04
		18	0,82	0,78	0,75	0,70	0,66	0,64		0,56
		22	1,27	1,24	1,22	1,18	1,16	1,14		1,08

Anlage B

Computerprogramm zur Berechnung von PMV- und PPD-Werten

Variable	Symbole im Programm
Clothing, clo	CLO
Metabolic rate, met	MET
External work, met	WME
Air temperature, °C	TA
Mean radiant temperature, °C	TR
Relative air velocity, m/s	VEL
Relative humidity, %	RH
Partial water vapour pressure, Pa	PA

```
10  'Computer program (BASIC) for calculation of
20  'Predicted Mean Vote (PMV) and Predicted Percentage of Dissatisfied (PPD)
30  'in accordance with International Standard, ISO 7730
40  CLS:PRINT"DATA ENTRY"                                      :'data entry
50  INPUT "   Clothing                         (clo)"; CLO
60  INPUT "   Metabolic rate                   (met)"; MET
70  INPUT "   External work, normally around 0 (met)"; WME
80  INPUT "   Air temperature                  ( C )"; TA
90  INPUT "   Mean radiant temperature         ( C )"; TR
100 INPUT "   Relative air velocity            (m/s)"; VEL
110 PRINT "   ENTER EITHER RH OR WATER VAPOUR PRESSURE BUT NOT BOTH"
120 INPUT "      Relative humidity             ( % )"; RH
130 INPUT "      Water vapour pressure         ( Pa)"; PA
140 DEF FNPS(T)=EXP(16.6536-4030.183/(T+235)):'saturated vapour pressure,KPa
150 IF PA=0 THEN PA=RH*10*FNPS(TA)        :'water vapour pressure, Pa
160 ICL = .155 * CLO           :'thermal insulation of the clothing in m2K/W
170 M   = MET * 58.15          :'metabolic rate in W/m2
180 W   = WME * 58.15          :'external work in W/m2
190 MW  = M - W                :'internal heat production in the human body
200 IF ICL < .078 THEN FCL = 1 + 1.29 * ICL
    ELSE FCL=1.05 + .645*ICL   :'clothing area factor
210 HCF=12.1*SQR(VEL)          :'heat transf. coeff. by forced convection
220 TAA = TA + 273             :'air temperature in Kelvin
230 TRA = TR + 273             :'mean radiant temperature in Kelvin
240 '--------CALCULATE SURFACE TEMPERATURE OF CLOTHING BY ITERATION---------
250 TCLA = TAA + (35.5-TA) / (3.5*(6.45*ICL+.1)):'first guess for surface
                                                 temperature of clothing
260 P1 = ICL * FCL             :'calculation term
270 P2 = P1 * 3.96             :'calculation term
280 P3 = P1 * 100              :'calculation term
290 P4 = P1 * TAA              :'calculation term
300 P5 = 308.7 - .028 * MW + P2 * (TRA/100)^4  :'calculation term
310 XN = TCLA / 100
320 XF = XN
330 N=0                                   :'N: number of iterations
340 EPS = .00015                          :'stop criteria in iteration
350 XF=(XF+XN)/2
360 HCN=2.38*ABS(100*XF-TAA)^.25 :'heat transf. coeff. by natural convection
370 IF HCF>HCN THEN HC=HCF ELSE HC=HCN
380 XN=(P5+P4*HC-P2*XF^4)/(100+P3*HC)
390 N=N+1
400 IF N > 150 THEN GOTO 550
410 IF ABS(XN-XF)>EPS GOTO 350
420 TCL=100*XN-273                        :'surface temperature of the clothing
430 '----------------------HEAT LOSS COMPONENTS--------------------------
440 HL1 = 3.05*.001*(5733-6.99*MW-PA)     :'heat loss diff. through skin
450 IF MW > 58.15 THEN HL2 = .42 * (MW-58.15)
    ELSE HL2 = 0!                         :'heat loss by sweating(comfort)
460 HL3 = 1.7 * .00001 * M * (5867-PA)    :'latent respiration heat loss
470 HL4 = .0014 * M * (34-TA)             :'dry respiration heat loss
480 HL5=3.96*FCL*(XN^4-(TRA/100)^4)       :'heat loss by radiation
490 HL6 = FCL * HC * (TCL-TA)             :'heat loss by convection
500 '----------------------CALCULATE PMV AND PPD------------------------
510 TS = .303 * EXP(-.036*M) + .028       :'thermal sensation trans coeff
520 PMV = TS * (MW-HL1-HL2-HL3-HL4-HL5-HL6) :'predicted mean vote
530 PPD=100-95*EXP(-.03353*PMV^4-.2179*PMV^2):'predicted percentage dissat.
540 GOTO 570
550 PMV=999999!
560 PPD=100
570 PRINT:PRINT"OUTPUT"                   :'output
580 PRINT "   Predicted Mean Vote                  (PMV): "
          ;:PRINT USING "##.#"; PMV
590 PRINT "   Predicted Percent of Dissatisfied    (PPD):"
          ;:PRINT USING "###.#"; PPD
600 PRINT: INPUT "NEXT RUN (Y/N)" ; R$
610 IF (R$="Y" OR R$="y") THEN RUN
620 END
```

```
DATA ENTRY
  Clothing                                  (clo)? 1.0
  Metabolic rate                            (met)? 1.2
  External work, normally around 0          (met)? 0
  Air temperature                           ( C )? 19.0
  Mean radiant temperature                  ( C )? 18.0
  Relative air velocity                     (m/s)? 0.1
  ENTER EITHER RH OR WATER VAPOUR PRESSURE BUT NOT BOTH
    Relative humidity                       ( % )? 40
    Water vapour pressure                   ( Pa)?

OUTPUT
  Predicted Mean Vote                       (PMV): -0.7
  Predicted Percent of Dissatisfied         (PPD): 15.3

NEXT RUN (Y/N)?
```

C4 Literatur

[1] Fanger, P.O.: Thermal comfort. Danish Technical Press, Copenhagen, 1970, reprinted McGraw-Hill, New York, 1972, reprinted Robert E. Krieger, Florida, 1982.
[2] ISO 7730: Moderate thermal environments − Determination of the PMV and PPD indices and specification of the conditions for thermal comfort. International Organization for Standardization, Geneva, 1984, revised edition: 1993.
[3] Olesen, B.W.: Thermal comfort requirements for floors. Proc. of the meeting of Commissions B1, B2, E1 of the IIR, Belgrade, 1977/4, S. 307−313.
[4] Mayer, E.: Thermische Behaglichkeit in Räumen. Neue Bewerbungs- und Meßmöglichkeiten. Gesundheitsingenieur gi 110 (1989), H. 1, S. 35−43.
[5] Fanger, P.O.; Melikov, A.; Hanzawa, H.; Ring, J.: Air turbulence and sensation of draught. Energy and Buildings, 12 (1988), S. 21−39.
[6] DIN 1946 Teil 2: Raumlufttechnik. Gesundheitstechnische Anforderungen (VDI-Lüftungsregeln). 1993.
[7] ISO 7726. Thermal environments − Instruments and methods for measuring physical quantities. 1985.
[8] Humphreys, M.A.: Outdoor temperature and comfort indoors. Building Research and Practice, Vol. 6 (1978) S. 92−105.
[9] Nevins, R.G.; Rohles, F.H.; Springer, W.; Feyerherm, A.M.: A temperature-humidity chart for thermal comfort of seated persons. ASHRAE Trans., 72, I (1966) S. 283−291.
[10] Tanabe, S.; Kimura, K.; Hara, T.: Thermal comfort during the summer season in Japan. ASHRAE Trans., 93, I (1987).
[11] McNall, P.E.; Ryan, P.; Jaax, J.: Seasonal variation in comfort conditions for college-age persons in the Middle West. ASHRAE Trans., 74, I (1968).
[12] v. Pettenkofer, M.: Über den Luftwechsel von Wohngebäuden. Cottasche Buchhandlung, München, 1858.
[13] Fanger, P.O.: Introduction of the olf and the decipol units to quantify air pollution perceived by humans indoors and outdoors. Energy and Buildings, 12 (1988) S. 1−6.
[14] Cain, W.S.; Leaderer, B.P.; Isseroff, R.; Berglund, L.G.; Huey, R.J.; Lipsitt, E.D.; Perlman, D.: Ventilation requirements in buildings. Atmos. Environ., 17 (1983) S. 1183−1197.
[15] Fanger, P.O.; Lauridsen, J.; Bluyssen Ph.; Clausen, G.: Air pollution sources in offices and assembly halls, quantified by the olf unit. Energy Build. 12 (1988) S. 7−19.
[16] Pejtersen, J.; Oie, L.; Skar, S.; Clausen, G.; Fanger, P.O.: A simple method to determine the olf load in a building. Proc. of Indoor Air Quality Congress, Juli 1990, Toronto.
[17] Blyussen, Ph.; Kondo, H.; Pejtersen, J.; Gunnarsen, L.; Clausen, G.; Fanger, P.O.: A trained panel to evaluate perceived air quality. Proc. of Clima 2000, 27.8.−1.9. 1989, Sarajevo.
[18] Maximale Arbeitsplatzkonzentrationen und biologische Arbeitsstofftoleranzwerte, DFG, VCH, Weinheim.

[19] WHO Air Quality Guidelines for Europe, 1987.
[20] Green, G. H.: The effect of indoor relative humidity on colds. ASHRAE Trans, 85 (1979), 747–758.
[21] European Concerted Action "Indoor Air Quality and Its Impact on Man", Report No. 11: Guidelines for Ventilation Requirements in Buildings. Commision of the European Communities, Luxembourg, 1992.

Übersichtsarbeiten

Anonym: Indoor Pollutants. National Academy Press, Washington, D.C., 1981.
Aurand, K.; Seifert, B.; Wegner, J.: Luftqualität in Innenräumen. Gustav Fischer Verlag, Stuttgart, 1982.
Berglund, B.; Lindvall, T.; Sundell, J. T. (eds.): Indoor air. Swedish Council for Building Research, Stockholm, Vol. 1–5 (1984).
Eissing, G.: Klima und Luft am Arbeitsplatz. Wirtschaftsverlag Bachem, Köln, 1986.
Fanger, P. O.: Thermal comfort. Danish Technical Press, Copenhagen, 1970, reprinted McGraw-Hill, New York, 1972, reprinted Robert E. Krieger, Florida, 1982.
Fanger, P. O.; Valbjørn, O.: Indoor climate. Building Research Institute, Copenhagen, 1979.
Gammage, R. B.; Kaye, S. V.: Indoor air and human health. Lewis Publishers Inc., Cheaœsea, Michigan, 1985.
McIntyre, D. A.: Indoor climate. Applied Science Publishers Ltd., London, 1980.
Seifert, B. (editor): Indoor Air '90. Proceedings of the 4th International Conference on Indoor Air Quality and Climate, Berlin, 1987.
Seppänen, O. (editor): Indoor Air '93. Proceedings of the 6th International Conference on Indoor Air Quality and Climate, Helsinki, 1993.
Spengler, J.; Hollowell, C.; Moschandreas, D.; Fanger, P. O. (eds.): Indoor air pollution. Pergamon Press, New York, 1982.
Walkinshaw, D. S. (editor): Indoor Air '90. Proceedings of the 5th International Conference on Indoor Air Quality and Climate, Ottawa, 1990.
Wenzel, H. G., Piekarski, C.: Klima and Arbeit, Bayerisches Staatsministerium für Arbeit und Sozialordnung. München, 1980.
Witthauer, J.; Horn, H.; Bischof, W.: Raumluftqualität. Verlag C. F. Müller, Karlsruhe, 1993.

D Technische Akustik

Manfred HECKL

D1 Einleitung

Die Technische Akustik beschäftigt sich mit den Fragen des Luftschalls, Flüssigkeitsschalls und Körperschalls in allen Zweigen der Technik. Ihr wichtigstes Anwendungsgebiet ist zur Zeit die Geräuschbekämpfung; andere wichtige Beispiele für die Anwendung der Technischen Akustik sind die Nachrichtenübermittlung (Phono-Technik), die Materialuntersuchung bei schwingender Beanspruchung, die Maschinendiagnose, die Verwendung akustischer Geräte in der Medizin usw. Unter Schall werden dabei alle mechanischen Schwingungen verstanden, die Frequenzanteile zwischen 16 Hz und 16000 Hz enthalten. Da diese Frequenzgrenzen auf den Hörbereich eines menschlichen „Normalohres" zurückzuführen sind, ist der Übergang zum tieffrequenten Infraschall und hochfrequenten Ultraschall ziemlich willkürlich. Die Bezeichnungen Luft- (bzw. Gas-)Flüssigkeits-Körperschall geben an, welchen Aggregatzustand das jeweilige schallführende Medium hat. Im Rahmen der Heiz- und Raumlufttechnik sind alle drei Schallsorten von Bedeutung, da es sich bei der Schallausbreitung in Lüftungskanälen um typische Luftschallprobleme, bei der Ausbreitung in wassergefüllten Rohren um Flüssigkeitsschallprobleme und bei den hörbaren Störungen in der Nähe von Pumpen, Lüftern etc. um Körperschallprobleme handelt. Im folgenden werden Luftschall und Flüssigkeitsschall gemeinsam behandelt, weil in beiden Fällen die Ausbreitung in Form von Kompressionswellen erfolgt. Bei Körperschall treten zusätzlich noch Schubwellen auf, was zu einigen Besonderheiten in der Schallausbreitung führt.

Im Rahmen der Heiz- und Raumlufttechnik entsteht Schall stets als unerwünschtes Nebenprodukt. Man ist daher bestrebt, die von den Anlagen erzeugten Schallpegel in Räumen, die zum Aufenthalt von Menschen dienen, möglichst niedrig zu halten. Es gibt hierzu grundsätzlich folgende Möglichkeiten oder Kombinationen hiervon:

a) Primärer Schallschutz
   Darunter versteht man die Verringerung der Schallentstehung durch Wahl geeigneter Betriebsparameter (z.B. Drehzahl) und durch Beeinflussung der Schallerzeugungsmechanismen (z.B. Zahnform bei Getrieben, Zungenabstand bei Radialventilatoren etc.).

b) Sekundärer Schallschutz durch Absorption (Dämpfung)
   Darunter versteht man die Umwandlung der entstandenen Schallenergie in Wärme durch Schallschluckstoffe oder durch körperschalldämpfende Stoffe.
c) Sekundärer Schallschutz durch Dämmung
   Darunter versteht man das Fernhalten der Schallenergie von bestimmten Zonen durch Zwischenschalten schallreflektierender Anordnungen, z. B. Wände, Kapseln, elastische Zwischenlagen etc.
d) Aktiver Schallschutz durch Gegenquellen (Antilärm)
   Darunter versteht man die Verwendung von künstlichen Schallquellen (Lautsprecher), die so betrieben werden, daß sie die Schallentstehung beeinflussen oder zu Absorption oder Reflexion führen.

D2 Akustische Kenngrößen für Luftschall[1]

D2.1 Schalldruck, Schalldruckpegel, Spektren

Schall in Gasen und Flüssigkeiten ist mit kleinen Bewegungen und kleinen Wechseldrücken der einzelnen Volumenelemente des Mediums verbunden (s. Bild D2-1). Zur Kennzeichnung der Stärke von Schallwellen kann also entweder die Größe der Bewegung, des Wechseldruckes oder der Dichteänderung benutzt werden. Der Einfachheit halber (da der Druck eine skalare Größe ist) wird in der Praxis fast ausschließlich der Wechseldruck bzw. Schalldruck p gemessen.

Der Zeitverlauf des Schalldruckes (s. Bild D2-2 oben) ist meist ein sehr kompliziertes Signal, das viel mehr Einzelheiten enthält, als man bei den meisten Anwendungen braucht. Aus diesem Grunde gibt es zahlreiche Arten der akustischen Signalverarbeitung, die das komplizierte Signal in einen Kurvenzug, eine Zahlenreihe oder nur eine einzige Zahl überführen, wobei der für den Anwendungsfall wichtige Informationsgehalt erhalten bleibt. Die häufigste und wegen der entsprechenden Eigenschaften des Ohres auch naheliegendste Art der Signalverarbeitung ist zumindest bei kontinuierlichen Schallsignalen die Frequenzanalyse (Fourier-Transformation) mit anschließender Quadrierung; d.h. man bildet die Funktion

$$p_\omega^2 = \frac{1}{T} \left| \int_{-T/2}^{+T/2} p(t) e^{-j\omega t} dt \right|^2 \qquad \text{(D2-1)}$$

$p(t)$ Zeitverlauf des Schalldrucks;
p_ω Amplitudenspektrum;
t Zeit; $j = \sqrt{-1}$ = imaginäre Einheit;
Ω $2\pi f$ Kreisfrequenz; f Frequenz;
$-T/2 < t < T/2$ Integretationszeit, meist 0,1 s (fast) oder 2 s (slow).

---
[1] Siehe auch [1]–[4].

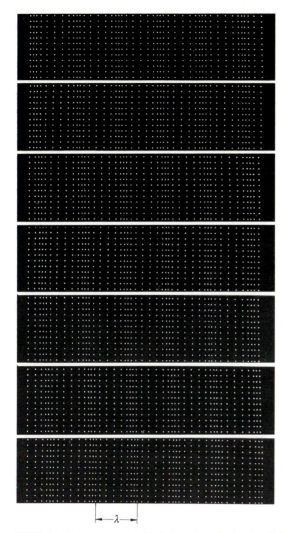

Bild D 2-1. Bewegungsverlauf bei einer fortschreitenden Schallwelle in Gasen oder Flüssigkeiten für verschiedene Zeiten (Kompressionswelle)

Bei Durchführung der durch Gl. (D 2-1) beschriebenen Rechenoperation geht die Phaseninformation verloren. Das stellt keinen Nachteil dar, weil die Phase zwischen den einzelnen Teiltönen eines Spektrums vom Ohr nicht wahrgenommen wird.

In vielen Fällen ist es nicht notwendig, p_ω^2 in allen Einzelheiten zu kennen. Man faßt daher die Spektralanteile ganzer Frequenzbereiche zusammen und erhält so die gebräuchlichen Oktav- oder Terzspektren.

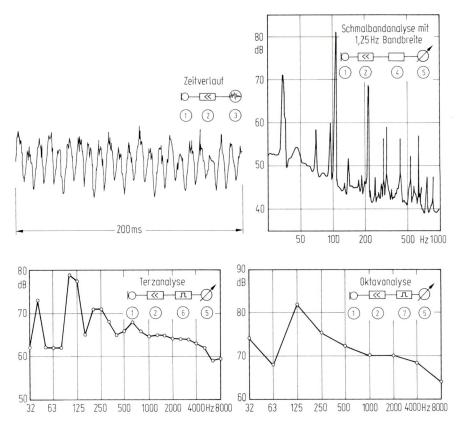

Bild D 2-2. Zeitverlauf und Spektrum des Schalldrucks gemessen in 0,5 m Abstand von einem kleinen Ventilator. *1* Mikrophon, *2* Verstärker, *3* Oszillograph, *4* Rechner, *5* Anzeige, *6* Terzfilter, *7* Oktavfilter

Sie sind definiert durch

$$p^2(\omega) = \int_{\omega_{g1}}^{\omega_{g2}} p_\omega^2 d\omega \; , \tag{D 2-2}$$

ω_{g1} und ω_{g2} die Grenzen des jeweiligen Frequenzbandes.

Bei Oktaven ist $\omega_{g2} = 2 \cdot \omega_{g1}$ und bei Terzen $\omega_{g2} = \sqrt[3]{2} \cdot \omega_{g1}$. Normalerweise werden Spektralbereiche durch ihre Mittenfrequenz $\omega = \sqrt{\omega_{g1}\omega_{g2}}$ repräsentiert. Es ist üblich, Oktaven mit den Mittelfrequenzen 31,5, 62,5, 125, 250, 500, 1 000... Hz und Terzen mit den Mittelfrequenzen 20, 25, 31,5, 40, 50, 62,5, 80, 100, 125, 160, 200, 250.. Hz zu verwenden. Bild D 2-2 zeigt für ein Ventilatorgeräusch Zeitverlauf, Schmalbandspektrum, Terz- und Oktavspektrum. Der jeweils dazugehörige Meßaufbau ist ebenfalls skizziert.

In dem Bild sind die Terz- und Oktavspektren bereits in Form von Pegeldiagrammen angegeben. Dabei ist der Schalldruckpegel definiert durch:

$$L = 10 \lg (p^2/p_0^2)(\text{dB}) \tag{D2-3}$$

$p_0 = 2 \cdot 10^{-5}$ N/m² = international üblicher Bezugswert nach ISO 1683 und DIN 1320;
p = Effektivwert des am Meßwert herrschenden Schalldrucks.

Es kann sich dabei um das Ergebnis einer Frequenzanalyse handeln, also $p^2 = p^2(\omega)$, es kann aber auch ein mit der Ohrempfindlichkeit bewerteter Schalldruck sein (s. dazu Abschn. D 10 und Bild D 10-2).

Um zu einer Einzahlangabe für eine bestimmte Geräuschsituation zu kommen, sind zwei Möglichkeiten gebräuchlich. Entweder vergleicht man die gemessenen Oktav- oder Terzspektren mit Bezugskurven (Noise-Rating-Curves, Grenzkurven) oder man bewertet die einzelnen Terz- bzw. Oktavwerte entsprechend der Ohrempfindlichkeit. Man erhält so beispielsweise den sehr wichtigen A-bewerteten Schalldruckpegel

$$L_A = 10 \lg [\Sigma\, 10^{(L_i - K_i)/10}]\,\text{dB}(A) \; . \tag{D2-4}$$

L_i gemessener Pegel innerhalb einer Terz oder Oktave;
K_i A-Bewertung nach Bild D 10-2.

Tabelle D 2-1 zeigt anhand der im Bild D 2-2 angegebenen Oktavpegel die Anwendung der obigen Formel.

Die Summation nach Gl. (D 2-4) ist nicht notwendig, wenn man ein Meßgerät mit eingebautem A-Bewertungsfilter verwendet. Weitere Einzelheiten über Bewertungsfragen siehe Abschn. D 10.

Obige Betrachtungen gelten im Prinzip nur für kontinuierliche Geräusche. Sie lassen sich aber auch auf zeitlich stark schwankende oder kurzzeitige Geräusche anwenden. Allerdings ist es dann unbedingt notwendig, genauere Angaben über die Integrationszeit und über die Art der Meßwerterfassung zu machen.

D 2.2 Schalleistung, Schalleistungspegel

Mit der Schallabstrahlung ist ein gewisser, wenn auch sehr geringer Energietransport in die Umgebung verbunden. Bei kontinuierlichen Schallquellen – wie sie in der Heiz- und Raumlufttechnik hauptsächlich vorzufinden sind – kann man also

Tabelle D 2-1. Rechenbeispiel zur Ermittlung eines dB(A)-Werts

f	= 32	64	125	250	500	1000	2000	4000	8000	Hz
L_i	= 74	68	71,5	75	71,5	70	70	68,5	64	dB
K_i	= 39,4	26,2	16,1	8,6	3,2	0	−1,2	−1,0	1,1	dB
$10^{(L_i - K_i)/10}$	= 0	0,02	0,35	4,36	6,31	10,0	13,2	8,91	1,95·10⁶	dB

$\Sigma\, 10^{(L_i - K_i)/10} = 45{,}1 \cdot 10^6$; $L_A = 76{,}5$ dB(A)

die „Stärke" einer Schallquelle in sinnvoller Weise durch die von ihr abgestrahlte Schalleistung charakterisieren, die folgendermaßen definiert ist:

$$P = \int_S \overline{pv}\, dS \tag{D2-5}$$

- P Schalleistung in Watt;
- p Schalldruck in N/m^2;
- dS Flächenelement;
- v Schallschnelle in m/s in der Richtung senkrecht auf das Flächenelement;
- S eine die Schallquelle umgebende Fläche; die Überstreichung bedeutet zeitliche Mittelwertbildung.

Die hier auftretende Schallschnelle ist die zeitliche Ableitung der Bewegung eines Volumenelementes. Da in vielen Fällen kein Intensitätsmeßgerät zur Verfügung steht, das die gleichzeitige Messung von p und v ermöglicht, macht man häufig von der Tatsache Gebrauch, daß in einigem Abstand von der Quelle folgende Beziehung gilt:

$$v = \frac{1}{\varrho c} p \cos \vartheta \tag{D2-6}$$

- ϱ Dichte des schallführenden Mediums;
- c Schallausbreitungsgeschwindigkeit $= \sqrt{K/\varrho}$;
- K Kompressionsmodul[2];
- ϑ Winkel zwischen der Normalen des Flächenelements und der Schallausbreitungsrichtung.

Somit ist der Zusammenhang zwischen Schalleistung und Schalldruck in einem großen Abstand (mindestens mehrere Wellenlängen) von der Schallquelle

$$P = \frac{1}{\varrho c} \int_S \overline{p^2} \cos \vartheta\, dS \ . \tag{D2-7}$$

Normalerweise wird auch die Schalleistung im logarithmischen Maß angegeben. Der hierzu dienende Schalleistungspegel ist definiert als

$$L_W = 10 \lg \frac{P}{P_0} = 10 \lg \left[\frac{p_0^2}{\varrho c P_0} \int_S \frac{\overline{p^2}}{p_0^2} \cos \vartheta\, dS \right] \ . \tag{D2-8}$$

Als Bezugswert wird nach ISO 1683 und DIN 45635 $P_0 = 10^{-12}$ W benutzt. Da bei Normalbedingungen in Luft und bei Benutzung von MKS-Einheiten $p_0^2 \approx \varrho c P_0$ ist, erhält man nach Ersatz des Integrals durch eine Summe

$$L_W \approx 10 \lg \left[\sum 10^{L_n/10} \Delta S_n \cos \vartheta_n \right] \tag{D2-9}$$

---

[2] Bei Gasen ist $c = \sqrt{\chi R T/\mu}$, wobei χ der Adiabatenexponent, R die Gaskonstante, T die absolute Temperatur und μ das Molekulargewicht ist. Für Luft unter Normalbedingungen ist $c \approx 344$ m/s.

Tabelle D 2-2. Beispiele von A-bewerteten Schalleistungen und Schalleistungspegeln

	P	L_{WA}
Menschliche Stimme normale Lautstärke	$3 \cdot 10^{-5}$ W	75 dB
Pkw nach Straßenverkehrszulassungsordnung beim Anfahren	$3 \cdot 10^{-2}$ W	105 dB
Ventilator, wenn Pressung kleiner als 250 N/m²	$10^{-6} \cdot P_{mech}$	$60 + 10 \lg \dfrac{P_{mech}}{1\,\text{W}}$
Ventilator, wenn Pressung größer als 250 N/m²	$4 \cdot 10^{-9} \Delta p \cdot P_{mech}$	$36 + 10 \lg \dfrac{\Delta p\, P_{mech}}{1\,\text{N/m}^2\ 1\,\text{W}}$

P_{mech} mechanische Leistung in Watt
Δp Druckdifferenz in N/m²

(für Luftschall bei -10 bis $+50\,°\text{C}$).
   ΔS_n Teilfläche;
   L_n Schalldruckpegel auf der n-ten Teilfläche.

Eine besonders einfache Form nimmt Gl. (D 2-9) bei Schallquellen an, die nach allen Richtungen gleich stark abstrahlen, weil dann alle $L_n = L$ gleich sind. Also ist

$$L_W = L + 10 \lg \frac{S}{1\,\text{m}^2} \,. \qquad (D\,2\text{-}10)$$

Selbstverständlich kann der Leistungspegel ebenso wie der Schalldruckpegel als Spektralwert, als Terz- oder Oktavspektrum oder mit A-Bewertung angegeben sein. Einzelheiten der Schalleistungsmessung sind in DIN 45635 [6] beschrieben.

Einige Beispiele für die Größenordnung der Schalleistungen und Leistungspegel zeigt Tabelle D 2-2.

D 2.3 Weitere Kenngrößen

Bei akustischen Problemen können neben den bereits erwähnten Kenngrößen noch folgende auftreten:

Schallkennwiderstand	$Z = \varrho c$
Wellenlänge	$\lambda = c/f$
Wellenzahl	$k = 2\pi/\lambda = \omega/c$
Intensität	$I = \overline{pv}$
Energiedichte	$\dfrac{1}{2}\varrho v^2 + \dfrac{1}{2K}p^2$

D 3 Grundbegriffe des Körperschalls

Der wesentliche Unterschied zwischen Luft- bzw. Flüssigkeitsschall und Körperschall ist darauf zurückzuführen, daß ein fester Körper auch einer Formänderung Widerstand leistet, d. h. eine Schubsteife besitzt. Das hat zur Folge, daß in festen Körpern nicht nur Kompressionswellen (also Wellen mit Dichteschwankungen), sondern auch Schubwellen (also Wellen ohne Dichteschwankungen) auftreten (s. auch [5]). Man kann zwar alle Erscheinungsformen des Körperschalls auf eine Kombination von Kompressions-[3] und Schubwellen[4] zurückführen, es empfiehlt sich aber doch, einige praktisch sehr wichtige Erscheinungsformen mit eigenen Bezeichnungen zu versehen. In Bild D 3-1 sind die Teilchenbewegungen einiger Wellentypen dargestellt. Die dazugehörigen Formeln für die Ausbreitungsgeschwindigkeit sind:

Kompressionswellen in unendlich ausgedehnten Medien

$$c_K = \sqrt{\frac{2G(1-\mu)}{\varrho(1-2\mu)}} \; ; \tag{D 3-1}$$

Schubwellen in unendlich ausgedehnten Medien oder Torsionswellen in runden Stäben

$$c_T = \sqrt{G/\varrho} \; ; \tag{D 3-2}$$

Dehnwellen in Stäben

$$c_L = \sqrt{E/\varrho} \; ; \tag{D 3-3}$$

Biegewellen in Platten oder Stäben (vorausgesetzt, daß $c_B < 0{,}5\, c_T$)

$$c_B = \sqrt{\omega^2 E K^2 / \varrho} \; ; \tag{D 3-4}$$

Rayleighwellen an freien Oberflächen

$$c_R \approx 0{,}92\, c_T \; ; \tag{D 3-5}$$

G Schubmodul;
ϱ Dichte;
μ Querkontraktionszahl;
E Elastizitätsmodul;
ω Kreisfrequenz;
K Trägheitsradius (bei Rechteckquerschnitten mit der Höhe h gilt $K^2 = h^2/12$).

Wie man sieht, sind die Ausbreitungsgeschwindigkeiten für die verschiedenen Wellentypen des Körperschalls sehr unterschiedlich und bei den im Rahmen des

---

[3] Der Ausdruck Longitudinalwellen wird hier sicherheitshalber vermieden. Kompressionswellen sind Longitudinalwellen ohne Querkontraktion.
[4] Schubwellen werden auch als Transversalwellen bezeichnet.

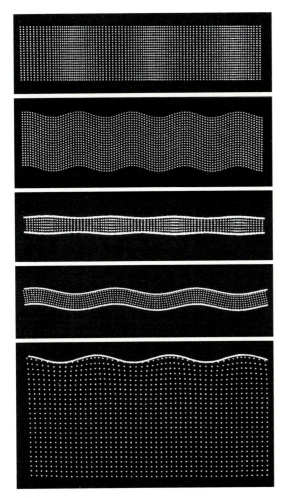

Bild D 3-1. Bewegungsverlauf bei verschiedenen Wellentypen des Körperschalls. **a** Kompressionswellen in unendlich ausgedehnten Medien; **b** Schubwellen in unendlich ausgedehnten Medien; **c** Dehnwellen in Stäben; **d** Biegewellen in Platten oder Stäben; **e** Rayleighwellen an freien Oberflächen

Schallschutzes besonders wichtigen Biegewellen sogar frequenzabhängig. Die Materialdaten, die zur Benutzung der angegebenen Formeln notwendig sind, kann man für einige wichtige Stoffe aus der Tabelle D 7-1 entnehmen.

Als Meßgröße wird beim Körperschallproblem meist die Schwingungsgeschwindigkeit v (auch Schnelle genannt) oder die Schwingbeschleunigung a benutzt. Normalerweise begnügt man sich damit, vom Schnelle- bzw. Beschleunigungsvektor die wichtigste Komponente, nämlich die zur schwingenden Oberfläche senkrechte zu messen. Die für Körperschallmessungen benutzten Meßgeräte entsprechen denen für Luftschall, es wird lediglich das Luftschallmikrophon durch einen Beschleunigungs- oder Schnelleempfänger ersetzt, der das Körperschallsignal in ein elektrisches Signal umwandelt. Die Meßwertverarbeitung ist genauso wie beim Luftschall, d. h., man führt Schmalband-, Terz- oder Oktavanalysen durch. Körperschallmeßwerte werden ebenfalls als Pegel angegeben. Die Definitionsgleichungen sind für den Schnellepegel

$$L_v = 10\lg\frac{v^2}{v_0^2}, \qquad (\text{D 3-6})$$

für den Beschleunigungspegel

$$L_a = 10\lg\frac{a^2}{a_0^2} \qquad (\text{D 3-7})$$

v Effektivwert der Schnelle;
v_0 Bezugswert;
v_0 $5 \cdot 10^{-8}$ m/s (nach DIN 52221);
v_0 10^{-9} m/s (nach ISO 1683);
a Effektivwert der Beschleunigung;
a_0 Bezugswert; entweder nach ISO 1683 $a_0 = 10^{-9}$ m/s^2 oder frei wählbar und muß daher mit angegeben werden.

Um einen Eindruck von der Größenordnung typischer Meßwerte zu ermitteln, sind in Bild D 3-2 einige Körperschallspektren angegeben; man beachte die an den rechten Seiten angegebene Skala, die zeigt, wie klein die Schwinggeschwindigkeiten sind.

Ein nicht ganz einfaches Problem ist der Zusammenhang Körperschall – Luftschall, also die Bestimmung der Luftschalleistung, die von einer zu Körperschall angeregten Struktur abgestrahlt wird. Zwar ist für die Schallabstrahlung nur diejenige Komponente des Schnellevektors maßgebend, die senkrecht zur Oberfläche der strahlenden Struktur steht, aber auch die genaueste Kenntnis der Effektivwerte der Körperschallschnelle (oder Körperschallpegel) an jedem Punkt würde nicht ausreichen, um die Luftschalleistung zu bestimmen. Der Grund hierfür ist, daß die Schallabstrahlung nicht nur von der strahlenden Fläche und den Schnelleamplituden abhängt, sondern auch von der Schwingungsform, insbesondere vom gegenseitigen Abstand von Gebieten gegenphasiger Bewegung. Ist dieser Abstand klein (wie z. B. in Bild D 3-3 b), so strömt die Luft von Wellenberg zu Wellental (hydrodynamischer Kurzschluß), ohne komprimiert zu werden, also ohne Schall abzustrahlen; ist dagegen der Abstand groß (s. Bild D 3-3 a), dann kann kein hydrodynamischer Kurzschluß erfolgen und es wird Schallenergie abgestrahlt. Häufig wird der Einfluß der Schwingungsform des Körperschalls auf die abgestrahlte Schalleistung P durch den sogenannten Abstrahlgrad σ berücksichtigt. Er ist definiert durch

$$\sigma = \frac{P}{\varrho c S \overline{v^2}} \qquad (\text{D 3-8})$$

S Oberfläche der schallabstrahlenden Struktur
$\overline{v^2}$ mittleres Schnellequadrat.

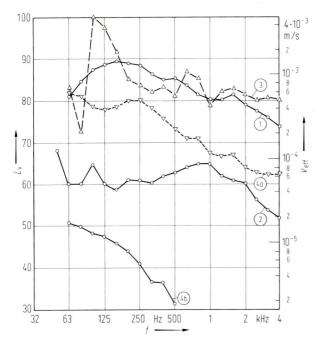

Bild D 3-2. Beispiele von Körperschallschnellepegeln (mit Terzfilter gemessen). *1* Dieselmotor 1200 U/min, 300 PS, am Motorenauflager oberhalb der elastischen Lagerung gemessen, *2* Elektromotor 3 kW, 1500 U/min, am Gehäuse gemessen, *3* Hydraulikpumpe (Zahnradpumpe) 200 Liter/min, 200 atü, *4* Aufzugsanlage beim Abbremsvorgang, *4a* oberhalb der elastischen Lagerung, *4b* unterhalb der elastischen Lagerung

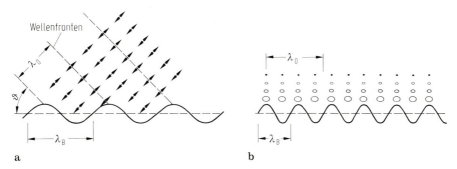

Bild D 3-3. Einfluß der Schwingungsform auf die Abstrahlung von Körperschall von Platten. **a** $\lambda_B > \lambda_O$ starke Abstrahlung ins Fernfeld. Teilchenbewegung senkrecht zu den Wellenfronten. $\cos \vartheta = \lambda_O/\lambda_B$; **b** $\lambda_B < \lambda_O$ keine Abstrahlung ins Fernfeld nur Nahfeld. Die Teilchenbewegung ist ellipsenförmig

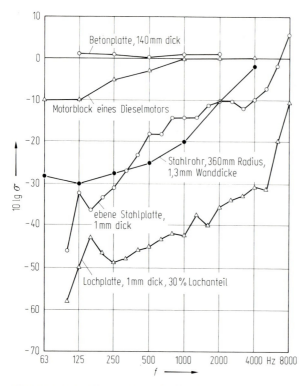

Bild D 3-4. Beispiele von Abstrahlgraden bei Anregung mit Punktkräften

Unter Benutzung des Leistungspegels nach Gl. (D 2-8) und des Schnellepegels nach Gl. (D 3-6) geht bei Luft im üblichen Temperaturbereich Gl. (D 3-8) über in

$$L_W = L_v + 10 \lg \frac{S\sigma}{1\ \mathrm{m}^2}\ .\qquad\qquad (\text{D 3-9})$$

Leider können für den Abstrahlgrad keine einfachen Formeln angegeben werden. Man kann lediglich damit rechnen, daß – abgesehen von sehr seltenen Ausnahmen – stets $\sigma \leq 1$ ist, so daß Gl. (D 3-9) mit $\sigma = 1$ eine obere Grenze für die Schallabstrahlung liefert. Meßbeispiele von σ zeigt Bild D 3-4. Dabei ist zu beachten, daß bei nicht punktförmiger Anregung eventuell andere Werte auftreten, weil – was manchmal vergessen wird – der Abstrahlgrad von der Schwingungsform und damit von der Art der Anregung abhängt.

D 4 Entstehungsmechanismen für Schall

D 4.1 Luftschallentstehung

Jede Art von Luft- und Flüssigkeitsschallentstehung läßt sich auf zeitlich schwankende Volumenzufuhr und auf Wechselkräfte zurückführen. Dieser Tatbestand ist der Inhalt der Kirchhoffschen Integralformel, die man folgendermaßen in Worte kleiden kann: „Der Schalldruck an einem beliebigen Meßort setzt sich zusammen aus der Summe der Schalldrücke, die von den vielen Elementarvolumenquellen und Elementarkraftquellen herrühren". Für ein grundsätzliches Verständnis der Luftschallentstehung ist es also ausreichend, das Verhalten der beiden Typen von Elementarquellen zu betrachten.

Volumenquellen

Beispiele von Volumenquellen sind die Auspufföffnungen eines Verbrennungsmotors, ein Flächenelement eines schwingenden Körpers, eine pulsierende Gasblase in Wasser etc. In allen Flächen wird dem umgebenden Medium (Luft bzw. Wasser) in schnellem Wechsel Volumen zugeführt oder entnommen. Die der Wechselbewegung unterworfenen Volumina können dabei so klein sein, daß sie nicht ohne weiteres wahrgenommen werden können, und trotzdem können beträchtliche Schallpegel entstehen. Der quantitative Zusammenhang zwischen dem Volumenstrom $\dot V$ und dem Schalldruck $p(r,t)$ im Abstand r zur Zeit t ist

$$p(r,t) = \frac{\varrho}{4\pi r} \frac{d\dot V[t-r/c]}{dt} \ . \tag{D4-1}$$

Dabei ist ϱ die Dichte des umgebenden Mediums (bei einer pulsierenden Ausströmung aus einer kleinen Öffnung ist es also nicht die Dichte des geförderten Mediums). In Gl. (D 4-1) ist der Volumenstrom zur Zeit $t-r/c$ zu nehmen, weil die Laufzeit des Schalls zwischen Sender und Empfänger r/c beträgt. Zwei wichtige Schlußfolgerungen, die man aus Gl. (D 4-1) ziehen kann, sind:
a) Bei hohen Frequenzen genügen ganz kleine Volumenströme, um hohe Schalldrücke zu erzeugen. Ist beispielsweise das geförderte Volumen durch

$$V(t) = V_0 \sin \omega t \ ,$$

also der Volumenstrom durch $\dot V(t) = \omega V_0 \cos \omega t$ gegeben, dann ist bei einem Fördervolumen $V_0 = 10^{-6}\,\mathrm{m}^3$ bei 2000 Hz der Schalldruck in 10 m Abstand ca. 1 N/m², also 94 dB.
b) Da in Gl. (D 4-1) die zeitliche Ableitung des Volumenstromes eingeht, ist für den maximalen Schalldruck nicht die Größe des Volumenstroms maßgebend, sondern die Plötzlichkeit, mit der er sich ändert. Plötzliche Änderungen führen zu hohen Schalldrücken, allmähliche Änderungen zu niedrigen (s. Bild D 4-1). Auf dieser allgemein gültigen Tatsache beruht ein großer Teil der bekannten Schallschutzmaßnahmen.

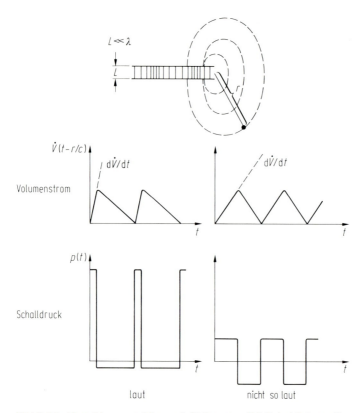

Bild D 4-1. Abstrahlung von Monopol (Volumenquelle) Beispiel Auspuff

Wechselkraftquellen

Beispiele von Wechselkraftquellen hat man insbesondere bei der Wirbelablösung an einem angeströmten Hindernis (wo jeder Wirbel bei der Entstehung oder beim Ablösen zu einer kleinen Schwankung des Strömungswiderstandes oder des Auftriebs führt). Falls das Quellgebiet sehr klein ist, gilt für den von einer auf das Medium wirkenden Wechselkraft F erzeugten Schalldruck

$$p(r,\vartheta,t) = \frac{\cos\vartheta}{4\pi r}\left[\frac{1}{c}\frac{dF(t-r/c)}{dt} + \frac{1}{r}F(t-r/c)\right] \qquad (D\,4\text{-}2)$$

ϑ Winkel zwischen der Kraftrichtung und der Verbindungslinie Schallquelle – Meßpunkt.

Wie man sieht, besteht das Schallfeld aus einem mit $1/r^2$ abnehmenden Nahfeld und einem mit $1/r$ abnehmenden Fernfeld. Für die Praxis ist meist nur das Fernfeld von Bedeutung, wobei auch wieder das Maximum des entstehenden Schalldrucks durch die zeitliche Ableitung, also durch die Plötzlichkeit von eventuellen Änderungen, bestimmt wird. Komplizierte Schallquellen, beispielsweise die in der Strömungsakustik sehr wichtige Schallentstehung durch turbulente Freistrahlen lassen sich aus den beiden genannten Quelltypen (Volumenquelle = Monopol; Kraftquelle = Dipol) zusammensetzen. Die oben angegebenen Schlußfolgerungen, insbesondere die Tatsache, daß die zeitliche Änderung für den entstehenden Schall verantwortlich ist, bleibt dabei erhalten.[5]

D 4.2 Körperschallentstehung

Körperschall wird normalerweise durch Wechselkräfte erzeugt. Praktische Beispiele hierfür sind Unwuchten in rotierenden Maschinen, kleine Schwankungen der Momentenübertragung in Getrieben wegen der Ungenauigkeit und Nachgiebigkeit der Zähne von Zahnrädern, Anschläge bei lose geführten Bauteilen, magnetische Kräfte bei elektrischen Maschinen und Transformatoren, Wechselkräfte beim Zusammenfallen von Kavitationsblasen, Wechselkräfte bei der Wirbelablösung usw.

Es scheint nicht möglich zu sein, eine aussagekräftige Systematik von Körperschallquellen anzugeben. Das liegt zum großen Teil daran, daß im Gegensatz zum Medium Luft (mit nur einem Wellentyp und einer Ausbreitungsgeschwindigkeit) Körperschall in vielen Medien auftreten kann, daß zahlreiche Wellentypen möglich sind und daß die Ausbreitungsgeschwindigkeiten und damit die Wellenlängen in einem weiten Bereich variieren.

Man muß sich daher auf die Aussage beschränken, daß die Körperschallentstehung um so größer ist, je größer die anregenden Momente und Kräfte sind, daß plötzliche zeitliche Änderungen (harte Schläge) mehr Körperschallenergie erzeugen als allmähliche Änderungen und daß Zusatzmassen und zusätzliche Versteifungen in der Nähe der Anregestelle im allgemeinen zu einer Verringerung der Körperschallentstehung führen.

D 5 Schallentstehung durch Rückkopplungsmechanismen

Im Zusammenhang mit Heiz- und Raumluftanlagen treten des öfteren störende Pfeif- oder Heultöne auf, die manchmal, bei kleinen Änderungen der Betriebsparameter stark schwanken. Beispiele hierfür sind Pfeifgeräusche in Ventilen, gesteuerte Wirbelablösung bei umströmten Rohren, Brummen von Heizkesseln etc. Bei all diesen Vorgängen handelt es sich um Rückkopplungsmechanismen, für deren Existenz ein großes Energiereservoir, eine labile Strömung oder eine leicht steuerbare Wärmezufuhr und mindestens ein Resonator (Hohlraum, kurzes Rohrstück etc.) notwendig sind. Die Schallenergie kommt letztlich aus dem Energiereservoir (Strömung oder Wärme); ihre Entstehung ist darauf zurückzuführen, daß die sehr

---

[5] Die obigen Überlegungen gelten qualitativ auch für Schallquellen, die sich gleichförmig bewegen oder rotieren, vorausgesetzt, daß die Bewegungsgeschwindigkeit kleiner als die Schallgeschwindigkeit ist. Erst bei Überschallbewegungen treten grundsätzlich andere Phänomene auf.

geringe Schallenergie ausreicht, um eine Strömung oder die Wärmezufuhr zu steuern, wodurch ein höherer Schalldruck entsteht, der eine weitere Steuerung und damit mehr Schall bewirkt. In manchen Fällen reichen kleine Änderungen der Betriebsparameter aus, um den Rückkopplungskreis zu unterbrechen. Es gibt aber auch Fälle, für die das nicht zutrifft.

Im Zusammenhang mit Körperschall ist die häufigste Ursache für solche Rückkopplungsphänomene der Unterschied zwischen Haftreibung (stick) und Gleitreibung (slip). Das mit solchen stick-slip Schwingungen verbundene Quietschen tritt daher bevorzugt dann auf, wenn sich Körper aneinander reiben.

D6 Ungehinderte Schallausbreitung

D6.1 Energiebetrachtungen

Die Gesetze der ungehinderten Schallausbreitung sind eine Folge des Energieerhaltungssatzes, denn die Schalleistung, die durch jede die Schallquelle umschließende Fläche übertragen wird, ist, weil die Dämpfung meist vernachlässigbar klein ist, gleich der von der Quelle erzeugten Leistung (Bild D6-1). Die Verringerung des Schalldrucks mit der Entfernung ist also nur auf eine „Verdünnung" der Schallenergie mit größer werdender Fläche zurückzuführen. Aus diesem Tatbestand ergeben sich folgende Gesetze für die Schallausbreitung im Freien:

a) ungerichtete, kleine Quelle im unbegrenzten Medium, kugelförmige Ausbreitung (z.B. Flugzeug, Kaminöffnung in großer Höhe)

$$L_p = L_W - 10 \lg \frac{4\pi r^2}{1\,\mathrm{m}^2}\,, \tag{D6-1}$$

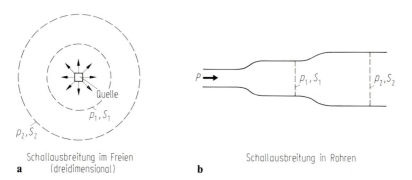

Bild D6-1a, b. Schallpegelabnahme durch „Verdünnung". **a** Schallausbreitung im Freien (dreidimensional); **b** Schallausbreitung in Rohren

b) ungerichtete, kleine Quelle auf dem Erdboden, halbkugelförmige Ausbreitung (z. B. Ventilatoröffnung, Transformator)

$$L_p = L_W - 10 \lg \frac{2\pi r^2}{1\text{ m}^2} ,\qquad \text{(D6-2)}$$

c) ungerichtete Linienquelle auf dem Erdboden, halbzylinderförmige Ausbreitung (z. B. Straße)

$$L_p = L_W - 10 \lg \frac{\pi r}{1\text{ m}} ,\qquad \text{(D6-3)}$$

d) Quelle in einem Kanal mit allmählichen Querschnittsänderungen

$$L_p = L_W - 10 \lg \frac{S}{1\text{ m}^2} ,\qquad \text{(D6-4)}$$

r Abstand von der Mitte der Schallquelle zum Meßwert;
S die Schallquelle umschließende Fläche.

Wenn S_1 und S_2 zwei die Quelle umschließende Flächen sind (Bild D6-1) folgt aus allen diesen Formeln für den Pegelunterschied zwischen den in den Flächen S_1 und S_2 gemessenen Werten

$$\Delta L = L_1 - L_2 = 10 \lg S_2/S_1 . \qquad \text{(D6-5)}$$

Die aus D6-1, 2 sich ergebende Abnahme des Schalldruckpegels L_p um 6 dB pro Entfernungsverdopplung (und 3 dB/Verdopplung nach Gl. (D6-3)) beobachtet man auch bei Schallquellen mit nicht kugelförmiger Richtcharakteristik, vorausgesetzt, daß die Entfernungsänderung stets unter demselben Winkel erfolgt. Auf Phänomene, die auf Absorption in der Luft, Bodenabsorption, Windgeschwindigkeitsänderung und Temperaturschichtungen in der Atmosphäre zurückzuführen sind, wird hier nicht eingegangen, weil sie erst bei größeren Entfernungen (etwa ab 100 m) einer Rolle spielen.

Hinsichtlich der ungehinderten Körperschallausbreitung gelten im Prinzip dieselben Gesichtspunkte – also Abnahme des Schnellepegels um 3 dB pro Entfernungsverdopplung (alle Entfernungen von der „Mitte" der Quelle aus gerechnet) bei sehr großen Platten und Änderung entsprechend dem zehnfachen Logarithmus des Querschnitts bei eindimensionalen Anordnungen (Balken, Rohre etc.). Allerdings ist in der Praxis die Körperschallausbreitung selten ungehindert.

D6.2 Das Schallfeld in Kanälen

Da für die Heiz- und Raumlufttechnik die Schallausbreitung in Rohren und Kanälen von besonderer Bedeutung ist, sei dieser Fall noch etwas ausführlicher betrachtet (s. auch [7]).

Zur Beschreibung der Schallausbreitung in Rohren und Kanälen ist es günstig, von den beiden Grundgleichungen der Akustik, nämlich dem Impulserhaltungssatz

$$-\frac{\partial \varrho v_x}{\partial t} \approx \frac{\partial p}{\partial x} \; ; \quad -\frac{\partial \varrho v_y}{\partial t} \approx \frac{\partial p}{\partial y} \; ; \quad -\frac{\partial \varrho v_z}{\partial t} \approx \frac{\partial p}{\partial z} \tag{D6-6}$$

und der Kontinuitätsgleichung für ein kompressibles Medium

$$\frac{\partial v_x}{\partial x} + \frac{\partial v_y}{\partial y} + \frac{\partial v_z}{\partial z} = \frac{-1}{K} \frac{\partial p}{\partial t} = \frac{-1}{\varrho c^2} \frac{\partial p}{\partial t} \tag{D6-7}$$

auszugehen. Sie ergeben zusammen die Wellengleichung

$$\frac{\partial^2 p}{\partial x^2} + \frac{\partial^2 p}{\partial y^2} + \frac{\partial^2 p}{\partial z^2} - \frac{1}{c^2} \frac{\partial^2 p}{\partial t^2} = 0 \; . \tag{D6-8}$$

Falls man sich auf harmonische Vorgänge mit der Kreisfrequenz ω beschränkt, ist die allgemeine Lösung der obigen Gleichungen für Kanäle

$$p(x,y,z,t) = \mathrm{Re}\left\{\sum_{n=1}^{\infty} \begin{bmatrix} p_{n+}\phi_n(x,y)e^{-jk_{nz}z} + \\ p_{n-}\phi_n(x,y)e^{+jk_{nz}z} \end{bmatrix} e^{j\omega t}\right\} . \tag{D6-9}$$

Das Schallfeld besteht also aus Wellen mit den Amplituden p_{n+}, die sich in positiver Z-Richtung ausbreiten und Wellen mit den Amplituden p_{n-}, die sich in negativer Z-Richtung ausbreiten. Die Funktionen $\phi_n(x,y)$ müssen sowohl die Wellengleichung als auch die Randbedingung an der Rohrwandung erfüllen.

Bei Rechteckrohren mit starren Wänden und den Abmessungen l_x, l_y ist

$$\phi_n(x,y) = \cos\frac{n_1 \pi x}{l_x} \cos\frac{n_2 \pi y}{l_y} ,$$

$$k_{nz} = \sqrt{\frac{\omega^2}{c^2} - \left(\frac{n_1 \pi}{l_x}\right)^2 - \left(\frac{n_2 \pi}{l_y}\right)^2} \; ; \quad n_1, n_2 = 0,1,2,3\ldots \tag{D6-10}$$

Bei runden Rohren mit starren Wänden und dem Radius r_a ist

$$\phi_n = J_n\left(\gamma_{n,r}\frac{r}{r_a}\right)\cos n\phi \; ; \quad n = 0,1,2\ldots$$

$$k_{nz} = \sqrt{\frac{\omega^2}{c^2} - \left(\frac{\gamma_{nr}}{r_a}\right)^2} \; ; \quad \gamma_{oo} = 1{,}84 \; ; \quad \gamma_{20} = 3{,}05 \; . \tag{D6-11}$$

Bei Rechteckrohren mit schallweichen Wänden (z. B. flüssigkeitsgefüllter Schlauch) ist

$$\phi_n(x,y) = \sin\frac{n_1 \pi x}{l_x} \sin\frac{n_2 \pi y}{l_y} \tag{D6-12}$$

k_z wie oben, aber $n_1, n_2 = 1,2,3\ldots$

Falls die größte Querabmessung des Kanals kleiner ist als etwa eine halbe Wellenlänge, werden für $n_1 \neq 0$; $n_2 \neq 0$ bzw. $n \neq 0$ alle Wellenzahlen k_{nz} imaginär. Es verbleibt also nur für $n_1 = 0$; $n_2 = 0$ bzw. $n = 0$ eine fortschreitende Welle mit ebenen

Wellenfronten (und auch das nur bei schallharten Wänden), damit gehen die obigen Gleichungen über in

$$p(x, y, z, t) = Re\{[p_+ e^{-j(\omega/c)z} + p_- e^{j(\omega/c)z}] e^{j\omega t}\} \ . \tag{D 6-13}$$

Dieser Ausdruck wird bei der schalltechnischen Berechnung von Rohrleitungen sehr häufig verwendet, weil die ihm zugrunde liegende Voraussetzung l_x, l_y, $r_a < \lambda/2$) in der Praxis bei den tiefen und mittleren Frequenzen sehr häufig erfüllt ist (bei einem 20 cm Kanal beispielsweise bis ca. 800 Hz).

Falls Gl. (D 6-13) anwendbar ist, bedeutet es auch keine grundsätzliche Schwierigkeit die Schallreflexion an Querschnittsänderungen, Verzweigungen etc. zu berechnen. Man braucht lediglich einen Ansatz nach Gl. (D 6-13) zu machen und die Größen p_+ bzw. p_- so zu wählen, daß an den Übergangsstellen die Kontinuität des Schalldrucks und des Schallflusses (Schallschnelle mal Rohrquerschnitt) erhalten bleibt.

Falls Gl. (D 6-13) auf ein Rohrleitungssystem nicht anwendbar ist (weil das Schallfeld nicht aus einer ebenen Welle in Rohrachse, sondern aus vielen sich kreuzenden Wellen schräg zur Rohrachse besteht), sind Berechnungen des Schallfeldes sehr kompliziert, so daß man auf Erfahrungswerte angewiesen ist.

D 7 Schallabsorption

D 7.1 Luftschallabsorption (Schallschluckung)

Wenn eine Schallwelle auf einen Festkörper auftrifft, wird ein Teil der Bewegungsenergie der schwingenden Luft durch Reibung oder Wärmeleitung in Wärme umgewandelt. Bei einer ebenen Fläche ist die so in Wärme umgewandelte Schallenergie sehr klein (meist weniger als ein Prozent), aber wenn man die Oberfläche des dem Schall ausgesetzten Festkörpers beträchtlich erhöht, wird der Effekt entsprechend stärker; man kann daher bei Verwendung geeigneter Materialien[6] fast die gesamte Schallenergie durch Reibungsverluste in Wärme umwandeln. Als besonders geeignet für die Luftschallabsorption erweisen sich faserige und offenporige Stoffe, die eine sehr hohe Gesamtoberfläche haben müssen, aber nicht zu dicht gepreßt sein dürfen, damit der Schall auch zwischen die Fasern und in die Poren eindringen kann, um dort in Wärme umgewandelt zu werden.

Als Maß für die Schallabsorption bzw. Schallschluckung einer Anordnung dient der Absorptionsgrad bzw. Schluckgrad

$$\alpha = \frac{\text{absorbierte Schallenergie}}{\text{auftreffende Schallenergie}} \ . \tag{D 7-1}$$

---

[6] Bei einer 1 m² großen, 5 cm dicken Matte aus dünnfaserigem Material ist die gesamte Oberfläche der Fasern einige Tausend Quadratmeter.

Der Schluckgrad hängt neben den Materialeigenschaften und den Abmessungen der jeweiligen Anordnung auch von der Frequenz und von der Schalleinfallsrichtung ab. Beispiele von Schluckgraden, bei denen über alle Einfallsrichtungen gemittelt wurde, zeigt Bild D7-1. Manchmal werden auch Schluckgrade angegeben, bei denen $\alpha > 1$ ist. Es handelt sich dabei um grundsätzliche (durch Rechnung kaum korrigierbare) Ungenauigkeiten des normalerweise benutzten Nachhallmeßverfahrens.

Schallabsorbierende Anordnungen werden hauptsächlich zur Nachhallregulierung in geschlossenen Räumen, zur Schallpegelminderung in Rohrleitungen, zur Verringerung des Schalldurchganges bei Mehrfachwänden und zur Vermeidung von Reflexionen bei Abschirmwänden verwendet. Da Schalldämpfer in Rohrleitungen in Kap. II N 3 ausführlich beschrieben werden und Abschirmwände in der Raumlufttechnik nicht von großer Wichtigkeit sind, wird hier nur der Einfluß der Absorption auf das Schallfeld in Räumen kurz behandelt.

Bei nicht zu flachen und nicht zu gedämpften Räumen gilt

$$L_p = L_W - 10 \lg \frac{A}{4\,\mathrm{m}^2} \qquad\qquad (\text{D}7\text{-}2)$$

L_p mittlerer Schalldruckpegel im Raum;
L_W Leistungspegel der Schallquellen;
A Schallschluckfläche.

Die Schallschluckfläche ist gegeben durch

$$A = \Sigma\, \alpha_i S_i \qquad\qquad (\text{D}7\text{-}3)$$

S_i Oberfläche der Schallschluckanordnung mit dem Schluckgrad α_i.

Man kann sie auch aus dem Raumvolumen $V\,[\mathrm{m}^3]$ und der Nachhallzeit $T\,[\mathrm{s}]$ nach folgender Formel ermitteln:

$$A = 0{,}16\, V/T\ [\mathrm{m}^2]\ . \qquad\qquad (\text{D}7\text{-}4)$$

Die Nachhallzeit ist dabei definiert als die Zeit, die ein unterbrochenes Schallsignal braucht, um um 60 dB abzunehmen. Die obigen Beziehungen werden nicht nur zur Berechnung der mittleren Schallpegel in Räumen (Gl. D7-2) und zur Bestimmung der Nachhallzeit (Gl. D7-4) benutzt, sie werden auch verwendet, um aus dem mittleren Schallpegel in einen Hallraum[7] und aus der Nachhallzeit die Schalleistung einer Quelle zu ermitteln [6].

Die Formeln gelten nur in luftgefüllten Räumen bei normalen Temperaturen. Bei Räumen, deren Schluckfläche größer ist als etwa 30% der Raumoberfläche, ferner bei sehr langgestreckten oder sehr flachen Räumen, stellen die Formeln nur eine grobe Näherung dar; auch in unmittelbarer Nähe einer Schallquelle (z. B. Luftauslaßgitter in einem großen Raum) sind Korrekturen notwendig.

---

[7] Ein Hallraum ist ein Raum mit einem Volumen von mehr als 50 m³ mit einer Nachhallzeit von mehr als einer Sekunde. An Hallräume zur Messung der Schluckfläche nach Gl. (D7-4) werden höhere Anforderungen gestellt (s. Din 52212).

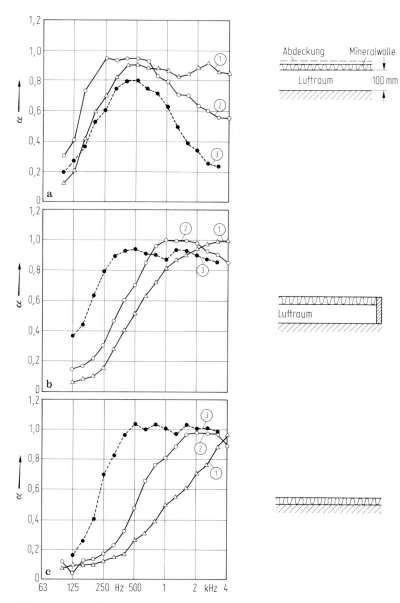

Bild D 7-1. a Schluckgrad von Mineralfaserplatten mit Lochblechabdeckung. *1* Gelochte Metallplatte 2,5 mm Lochdurchmesser, 18% Lochanteil, *2* Gelochte Gipskartonplatte 15 mm Lochdurchmesser, 15% Lochanteil, *3* Metallplatte mit Schlitzen, 15 mm Schlitzabstand 15% Schlitzanteil.
b Schluckgrad von Mineralfaserplatten (Raumgewicht ca. 150 kg/m³) ohne Abdeckung, Materialdicke 20 mm. *1* direkt an starrer Wand befestigt, *2* 75 mm Hohlraum, *3* 200 mm Hohlraum.
c Schluckgrad von Mineralfaserplatten (Raumgewicht ca. 150 kg/m³) ohne Abdeckung, direkt an einer starren Wand befestigt. *1* Materialdicke 10 mm, *2* Materialdicke 20 mm, *3* Materialdicke 50 mm

D 7.2 Körperschalldämpfung

Die Körperschalldämpfung, d.h. die Umwandlung von Körperschallenergie in Wärme, geschieht meist durch innere Verluste, also molekulare Versetzungsvorgänge (Relaxationsvorgänge) in geeigneten Materialien. In selteneren Fällen ist Körperschalldämpfung auf trockene Reibung, viskose Verluste oder Wärmeleitung zurückzuführen. Zur Charakterisierung der Körperschallverluste dient der Verlustfaktor, definiert durch

$$\eta = \frac{W_v}{2\pi W_{rev}} \, . \tag{D 7-5}$$

W_v pro Schwingung in Wärme umgewandelte Schwingungsenergie;
W_{rev} wiedergewinnbare Schwingungsenergie.

Für einige Materialien ist der Verlustfaktor zusammen mit der Dichte ϱ, der Longitudinalwellengeschwindigkeit $c_L = \sqrt{E/\varrho}$ (E = Elastizitätsmodul) und der Poissonschen Konstante μ in der Tabelle D 7-1 angegeben:

Die angegebenen Werte gelten für Materialproben, die aus einem Stück bestehen und die ohne nennenswerte Energieableitung gehalten werden (z. B. an Fäden aufgehängt). Konstruktionen, die aus mehreren Metallteilen bestehen, haben wegen der Körperschallverluste an den Verbindungsstellen höhere Verlustfaktoren als die Metalle, aus denen sie bestehen. Ein typischer Wert ist $\eta \approx 0{,}01$. Bei Wänden und Decken eines Gebäudes kann man ebenfalls mit $\eta \approx 0{,}01$ rechnen.

Da die Körperschalldämpfung von Metallkonstruktionen in vielen Fällen nicht ausreichend ist, werden Zusatzmaßnahmen zur Erhöhung der Dämpfung getroffen. Die wichtigsten dieser Maßnahmen sind (s. auch Bild D 7-2):
a) Beschichtung mit einem Material, das sowohl einen sehr hohen Verlustfaktor als auch einen großen Elastizitätsmodul besitzt (Entdröhnung). Normalerweise werden hierfür spezielle Kunststoffe oder auch Asphalt benutzt.
b) Verwendung von Verbundplatten (Sandwichbleche) bei Bauteilen, die hohe Körperschallamplituden aufweisen.

Tabelle D 7-1. Materialdaten

Material	ϱ [kg/m³]	c_L [m/s]	μ	η
Aluminium	2300	5000	0,34	10^{-4}
Asphalt	1800 – 2300	1900 – 3200		0,05 – 0,3
Stahl	7800	5100	0,31	10^{-4}
Glas	2500	4900		10^{-3}
Holz	400 – 800	2000 – 3000		10^{-2}
Kupfer	8900	3700	0,35	10^{-3}
Plexiglas	1150	2000		$2 \cdot 10^{-2}$
Beton	2300	3500		$6 \cdot 10^{-3}$
Kunststoffe[a]	ca. 1200	200 – 800		0,1 – 5

[a] Im Übergangsbereich zwischen glashartem und geschmolzenem Zustand

D 7 Schallabsorption   199

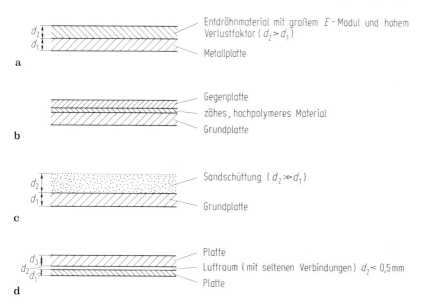

Bild D 7-2 a–d. Methoden der Körperschalldämpfung. **a** Entdröhnung; **b** Verbundkonstruktion (Sandwich); **c** Sandschütung; **d** Doppelplatten

c) Verwendung von Sandschüttungen, insbesondere bei hohen Temperaturen, bei denen hochpolymere körperschalldämpfende Stoffe nicht angewandt werden können.
d) Verwendung von Doppelplatten ($d_3 \neq d_1$) mit dünnem Luftzwischenraum, wobei die Verluste auf die Viskosität der Luftschicht zurückzuführen sind.

Die Verlustfaktoren, die durch die Verfahren a–c praktisch erreichbar sind, liegen bei $\eta \approx 0{,}1$, wenn 10–20% des Gesamtgewichtes für die Körperschalldämpfung zur Verfügung stehen. Die Pegelminderung, die man durch Erhöhung der Körperschalldämpfung erreichen kann, beträgt für den Schnellepegel im Frequenzmittel

$$\Delta L \approx 10 \lg [\eta_n/\eta_v] \tag{D7-6}$$

η_v Verlustfaktor vor,
η_n Verlustfaktor nach Anbringung der Zusatzmaßnahme.

Neben einer Pegelminderung bewirkt die Körperschalldämpfung auch eine Verringerung der Körperschallnachhallzeit und eine stärkere Pegelabnahme mit der Entfernung. Die Verbesserung der Luftschallpegel ist meist etwas geringer als die nach Gl. (D 7-6) errechneten Werte. Typische praktisch erhaltene Verbesserungen sind 3–8 dB.

D 8 Schalldämmung

Zur Luftschalldämmung werden ein- oder mehrschichtige Wände aus Festkörpern benutzt, die den größten Teil des auftretenden Schalls reflektieren und nur einen sehr geringen Teil durchlassen. Zur Charakterisierung des durchgelassenen Schalls dient der Transmissionsgrad

$$\tau = P_t/P_i \tag{D 8-1}$$

oder das Schalldämmaß

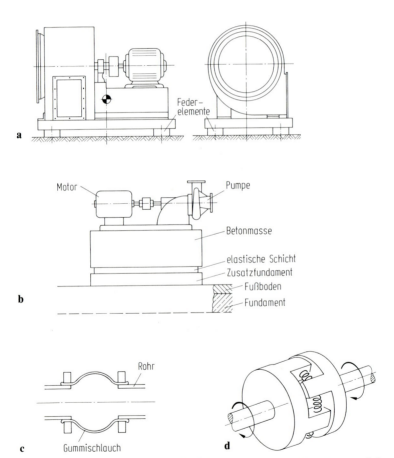

Bild D 8-1 a–d. Prinzipskizzen von elastischen Lagerungen. **a** Ventilator punktförmig gelagert; **b** Pumpe mit Zusatzfundament. Flächenförmige Lagerung; **c** Rohrisolierung; **d** elastische Wellenverbindung

$$R = 10 \lg \frac{1}{\tau} \tag{D 8-2}$$

P_i auftreffende
P_t durchgelassene Schalleistung.

Weitere Einzelheiten über die Probleme der Luftschalldämmung sind in einem späteren Kapitel enthalten. Aus den dort angegebenen Meßbeispielen ist zu ersehen, daß zur Erzielung einer hohen Luftschalldämmung bei Einfachwänden eine große Masse und bei Mehrfachwänden ein mehrmaliger Wechsel von Masse und federndem Element notwendig ist.

Für Körperschall gilt ebenfalls die Grundregel, daß eine hohe Dämmung dann erreicht wird, wenn sich ein- oder mehrmals die „Impedanz" stark ändert; d. h., wenn man einen Wechsel von schweren und steifen, zu leichten und weichen Konstruktionsteilen hat. Da Körperschall führende Bauteile meist selbst eine große Impedanz haben (d. h. schwer und steif sind), erreicht man bei einstufigen Isolierungen die beste Wirkung, wenn man zur Körperschalldämmung ein Element verwendet, das möglichst weich ist. Die so entstehende Anordnung ist als elastische Lagerung bekannt. Einige Beispiele zeigt Bild D 8-1. Die Körperschalldämmung ist dabei um so besser, je weicher die isolierende Schicht im Vergleich zu den angeschlossenen Bauteilen ist. Bei höheren Frequenzen kann bei bestimmten elastischen Verbindungselementen wegen des Auftretens von Resonanzen die wirksame Steife stark zunehmen und zu einer wesentlich geringeren Körperschalldämmung führen, als man aufgrund der statischen Eigenschaften des Bauteiles erwarten würde.

D 9 Lärmminderung durch Gegenquellen (Antischall)

Die Entwicklung von schnellen und billigen Signalprozessoren hat die Möglichkeit geschaffen, auch in der Praxis Schall durch Gegenschall auszulöschen. Die Entwicklung auf diesem Gebiet ist noch im Fluß. Nach dem derzeitigen Stand lassen sich drei Anwendungsmöglichkeiten absehen [9, 10]:
a) Beeinflussung der Schallentstehung, indem man durch Gegenquellen Strömungsvorgänge stabilisiert oder Strömung–Schall-Rückkopplungsmechanismen beeinflußt [9].
b) Reflexion von Schallwellen in einem Kanal, indem man einen Lautsprecher einbaut, der die stromabwärts laufende Welle p_1 kompensiert und damit in Zone II „Ruhe" erzeugt, zusätzlich aber gleichzeitig eine stromaufwärts laufende (reflektierte) Welle p_r erzeugt (s. Bild D 9-1).
c) Absorption von Schallwellen in einem Kanal, indem man zwei Lautsprecher einbaut, von denen einer die stromabwärts laufenden Wellen in Zone V und der andere die dabei erzeugten stromaufwärts laufenden Wellen in Zone III auslöscht (s. Bild D 9-1).

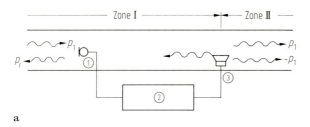

a

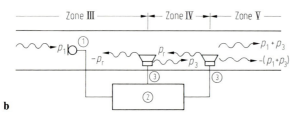

b

Bild D 9-1 a, b. Beeinflussung der Schallausbreitung in Leitungen durch Gegenquellen. **a** Reflexion. *1* Mikrophon, *2* Signalprozessor und Verstärker, *3* Lautsprecher; **b** Absorption

Bisher wurde das Gegenschallprinzip bei raumlufttechnischen Anlagen schon mehrfach eingesetzt. Voraussetzung dabei ist, daß die Lüftungskanäle Querabmessungen haben, die kleiner sind als eine halbe Wellenlänge, für die also Gl. (D 6-13) zutrifft. Gegenquellen eignen sich also besonders zur Lärmminderung bei tiefen Frequenzen. Wenn Leitungsquerschnitte größer sind als eine halbe Schallwellenlänge, treten kreuz und quer laufende Wellen auf (s. Gl. (D 6-9)). In solchen Fällen müßte man viele geeignet betriebene Gegenquellen einbauen, um den Schall auszulöschen.

Wenn ein Schallfeld von einer Quelle erzeugt wird, die immer dasselbe Schalldruck-Zeitsignal erzeugt (z. B. Ventilator mit wenig schwankendem Gegendruck), können die Gegenquellen statt von einem Mikrophon (wie im Bild D 9-1 gezeigt) von einem Drehzahlmesser oder dgl., der an der Quelle befestigt ist, gesteuert werden.

D 10 Einige Eigenschaften des Ohres

Am Vorgang des Hörens sind das Außenohr, das Mittelohr, das Innenohr, die zum Gehirn führenden Nervenzellen und Teile des Gehirns beteiligt. Schalltechnisch betrachtet ist das Außenohr ein Trichter, der zu einer kleinen Schallverstärkung führt. Im Mittelohr, bestehend aus Trommelfell und Gehörknöchelchen (Hammer,

Amboß, Steigbügel), erfolgt eine Bewegungstransformation zur besseren Anpassung an die schallführende Flüssigkeit im Innenohr. Das wichtigste Teil des Innenohres ist die Basilarmembran, auf der die Umwandlung von Schallwellen in die elektrischen und chemischen Potentiale der Nerven erfolgt und auf der bereits eine erste Frequenzanalyse vorgenommen wird. Die weitere „Signalverarbeitung" erfolgt dann in den Nervenbahnen und im Gehirn.

Das Ohr ist ein sehr empfindlicher Schallempfänger; so ist z. B. an der Hörschwelle bei 4000 Hz die Bewegung des Trommelfells, die über die Gehörknöchelchen weitergeleitet wird, in der Größenordnung von 10^{-12} m. Das Ohr hat einen großen Frequenzbereich (1 : 1000) und einen großen Dynamikbereich (130 dB). Die Empfindlichkeit des Ohres ist stark frequenz- und amplitudenabhängig. Bild D 10-1 zeigt die aus Messungen an vielen Versuchspersonen ermittelten Kurven gleicher Lautstärkepegel für Sinusströme. Die Kurven unterscheiden sich kaum von den Daten, die vor vielen Jahren ermittelt wurden [11].

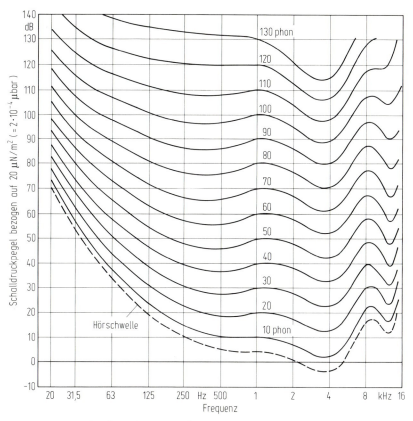

Bild D 10-1. Hörschwelle und Kurven gleicher Lautstärkepegel für Sinustöne im freien Schallfeld bei zweiohrigem Hören. Nach DIN 45630 Blatt 2

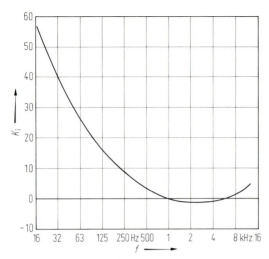

Bild 10-2. A-Bewertungskurve

In der Praxis der Geräuschminderung treten nur selten reine Töne, sondern Geräusche auf. Man benutzt daher zur Berücksichtigung der Ohrempfindlichkeit nicht die Empfindlichkeitskurven nach Bild D 10-1, sondern die stark vereinfachte und für alle Amplituden gleiche sogenannte A-Bewertungskurve, die im Bild D 10-2 aufgetragen ist. Dies ist zwar die gebräuchlichste und in allen deutschen Vorschriften und Richtlinien benutzte Bewertungskurve, aber nicht die einzige.

Die zahlenmäßige Geräuschbewertung mit Hilfe der A-Bewertungskurve, die das dB(A) liefert (s. auch Tabelle D 2-1), ist nicht unumstritten. Von den zahlreichen anderen Verfahren sei insbesondere auf das nach E. Zwicker (s. DIN 45631) hingewiesen. Bei diesen Bewertungsverfahren wird auch die Wechselwirkung verschiedener Spektralanteile in einem Geräusch berücksichtigt.

Hinsichtlich der Störwirkung von Geräuschen ist eindeutig erwiesen, daß eine langanhaltende Einwirkung von mehr als 90 dB(A) mit hoher Wahrscheinlichkeit zu einer Schädigung des Innenohres führt, die sich in einer Schwerhörigkeit im Bereich hoher Frequenzen bemerkbar macht. Niedrigere Schallpegel (40 – 80 dB(A)) führen zu mehr oder weniger deutlichen vegetativen Reaktionen (Blutdruck, Hautwiderstand etc.) und zu Beeinträchtigungen des Wohlbefindens. Pegel unterhalb 30 dB(A) werden nur in Ausnahmefällen als störend empfunden.

Aus diesem Grunde und aufbauend auf vielen Erfahrungswerten werden in der VDI Richtlinie 2081 die in Tabelle D 10-1 angegebenen Richtwerte empfohlen. Ähnliche Zahlen findet man auch in DIN 1946.

Ein Richtwert kann als eingehalten angesehen werden, wenn der gemessene Wert um nicht mehr als 2 dB höher liegt, vorausgesetzt, daß das Geräusch nicht tonhaltig ist. Wenn das Geräusch tonhaltig ist, wird empfohlen, daß der A-Schallpegel mindestens 3 dB unter den Richtwerten nach Tabelle D 10-1 liegt.

Tabelle D 10-1. Richtwerte für die von raumlufttechnischen Anlagen maximal erzeugten A-bewerteten Schallpegel

Raumart		A-Schallpegel dB (A)
Wohnung		
Schlafraum (Hotelzimmer)	nachts	30
Wohnraum	tags	35
Krankenhaus		
Bettenzimmer	nachts	30
	tags	35
Operationsraum		40
Untersuchungsraum		40
Halle, Korridor		40
Auditorien		
Rundfunkstudio		15
Fernsehstudio		25
Konzertsaal		25
Opernhaus		25
Theater		30
Kino		35
Hörsaal		35
Lesesaal		35
Seminarraum		40
Schulklassenraum		40
Büros		
Konferenzraum		35
Ruheraum		35
Pausenraum		40
kleiner Büroraum		40
Großbüroraum		45
Kirche		35
Museum		40
Schalterhalle		45
EDV-Raum		45
Laboratorium		50
Turnhalle		45
Schwimmhalle		50
Gaststätte		40 – 55 [a]
Küche		45 – 60 [a]
Verkaufsraum		45 – 60 [a]

[a] Je nach Nutzung

D 11 Literatur

[1] Heckl, M.; Müller, H. A. (Herausgeber): Taschenbuch der Technischen Akustik. Berlin, Heidelberg, New York: Springer 1975
[2] Kurtze, G.; Schmidt, H.; Westphal, W.: Physik und Technik der Lärmbekämpfung. Karlsruhe: Verlag G. Braun 1975
[3] Schirmer, W. (Herausgeber): Lärmbekämpfung. Berlin: Verlag Tribüne 1989
[4] Cremer, L.: Vorlesungen über Technische Akustik. Berlin, Heidelberg, New York: Springer 1967
[5] Cremer, L.; Heckl, M.: Körperschall. Berlin, Heidelberg, New York: Springer 1967
[6] DIN 45635: Geräuschmessung an Maschinen. Blatt 1 und Blatt 2
[7] Cremer, L.; Müller, H. A.: Die wissenschaftlichen Grundlagen der Raumakustik. Band II. Kap. 11: Hirzel-Verlag, Stuttgart 1976
[8] VDI 3720: Lärmarm konstruieren. Blatt 1–6
[9] Ffowcs-Williams, J. E.: Internoise 87, Vol. I, p 7. Acoustical Society of China. P. O. Box 2712, Beijing, China
[10] Guicking, D.: Active Noise and Vibrational Control. Reference Bibliography. 3. Phys. Institut; Universität Göttingen
[11] Fletcher, H.; Munson, W. A.: J. acoust. Soc. Amer. 5 (1933) p 82

E Lichttechnik

H. Kaase

E1 Einführung

Die in diesem Teil zu behandelnde Lichttechnik kann nur einführend sein; in den einzelnen Kapiteln werden jedoch Zitate der Übersichtsliteratur angegeben.

Optische Strahlung ist Teil der elektromagnetischen Strahlung mit Wellenlängen von 1 nm (obere Grenzwellenlänge des Bereichs der Röntgenstrahlung) bis 1 mm (untere Grenzwellenlänge des Bereichs der Radiowellen). Die Strahlungsleistung Φ, die durch elektromagnetische Wellen transportiert wird, beschreibt der Poynting-Vektor $\vec{S} = \vec{E} \times \vec{H}$. Sie wird durch das Integral über eine geschlossene Fläche A um die Quelle wiedergegeben

$$\Phi = \int_A \vec{S} \, d\vec{A} \ .$$

Dabei sind $\vec{E}$ die elektrische und $\vec{H}$ die magnetische Feldstärke, sowie dA ein Flächenelement der Fläche A.

Die Verteilung optischer Strahlung über die Wellenlänge wird durch Spektren beschrieben; so ist die spektrale Strahlungsleistung diejenige Strahlungsleistung, die in einem Wellenlängenintervall $\partial\lambda$ um die Wellenlänge λ enthalten ist

$$\Phi_\lambda(\lambda) = \frac{\partial \Phi(\lambda)}{\partial \lambda} \ .$$

Die graphische Darstellung solch einer Funktion ist bei Strahlungsquellen, die sowohl Linien- als auch Kontinuumsstrahlung emittieren, mit Schwierigkeiten verbunden. In diesen Fällen wird eine histogrammähnliche Darstellung bevorzugt. Es wird dabei entweder die pro Wellenlängenintervall $\Delta\lambda$ integrierte Strahlungsleistung

$$\Phi(\lambda_m) = \int_{\lambda_m - (\Delta\lambda/2)}^{\lambda_m + (\Delta\lambda/2)} \frac{\partial \Phi(\lambda)}{\partial \lambda} \, d\lambda$$

in Abhängigkeit von der Mittenwellenlänge λ_m des jeweils betrachteten Intervalls aufgezeichnet, oder es wird die pro Intervall $\Delta\lambda$ gemittelte spektrale Strahlungsleistung

$$\bar{\Phi}_\lambda(\lambda_m) = \frac{1}{\Delta\lambda} \int_{\lambda_m - (\Delta\lambda/2)}^{\lambda_m + (\Delta\lambda/2)} \frac{\partial \Phi(\lambda)}{\partial \lambda} \, d\lambda$$

in Abhängigkeit von der Wellenlänge λ_m dargestellt. Während also $\Phi(\lambda_m)$ in der Einheit W angegeben wird, ist die physikalische Einheit der spektralen Strahlungsleistung W nm^{-1}.

Statt der Wellenlänge λ wird oft auch die Frequenz $\nu = \frac{c_0}{\lambda_0}$ in THz oder die Wellenzahl $\tilde{\nu} = \frac{1}{\lambda}$ in cm^{-1} benutzt (Lichtgeschwindigkeit im Vakuum $c_0 = 2{,}99792 \cdot 10^8$ ms^{-1}).

Optische Strahlung wird allerdings nicht vollständig durch die Theorie der elektromagnetischen Strahlung (Maxwell-Gleichungen) beschrieben; durch die Einführung der Photonen wird diese Theorie zur Quantenelektrodynamik erweitert. Photonen haben die Energie $h\nu$ (Plancksches Wirkungsquantum $h = 6{,}6262 \cdot 10^{-34}$ Js) und keine Ruhemasse. Mit ihrer Einführung ist die Beschreibung der photoelektrischen Effekte möglich.

Die optische Strahlung wird in eine Vielzahl von Spektralbereichen eingeteilt, deren Grenzwellenlängen durch unterschiedliche physikalische, chemische oder biologische Wirkungen der Strahlung bestimmt sind. Die Einteilung nach CIE (Commission Internationale de l'Eclairage) oder DIN [1] ist in Tabelle E 1-1 wiedergegeben.

Für den Menschen ist dabei der sichtbare Teil der optischen Strahlung von besonderem Interesse. Die mit der relativen spektralen Empfindlichkeitsfunktion des menschlichen Auges (s. Bild E 1-1) bewertete sichtbare Strahlung wird als Licht bezeichnet. Strahlung, die vom menschlichen Auge nicht wahrgenommen wird, darf also nicht als Licht benannt werden.

Tabelle E 1-1. Einteilung der Wellenlängenintervalle der optischen Strahlung

Wellenlängenintervall (Bezeichnung)	Symbol	Wellenlängenbereich $[\lambda_1 - \lambda_2]$ in nm
Extremes Vakuum Ultraviolett	EUV	1 – 100
Vakuum Ultraviolett	VUV	100 – 200
Fernes Ultraviolett	UV-C	200 – 280
Mittleres Ultraviolett	UV-B	280 – 315
Nahes Ultraviolett	UV-A	315 – 380
Sichtbarer Bereich	VIS	380 – 780
Nahes Infrarot	IR-A	780 – 1400
Mittleres Infrarot	IR-B	1400 – 3000
Fernes Infrarot	IR-C	3000 – 10^6

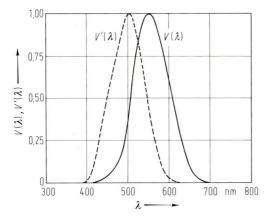

Bild E 1-1. Relative spektrale Empfindlichkeit des hell adaptierten menschlichen Auges $V(\lambda)$ (Tagessehen) und des dunkeladaptierten Auges $V'(\lambda)$ (Nachtsehen) nach [2] in Abhängigkeit von der Wellenlänge λ

E2 Licht- und Strahlungsgrößen

Die Abhängigkeit des Strahlungsübergangs von einer Strahlerfläche dA_1 zu einer Empfängerfläche dA_2 wird durch geometrische Größen nach Bild E 2-1 beschrieben. ε_1 und ε_2 sind dabei die Winkel zwischen dem optischen Strahl und den jeweiligen Flächennormalen $\vec{n}_1$ und $\vec{n}_2$. Damit wird auch der Raumwinkel $d\Omega = \dfrac{\cos \varepsilon}{d^2} dA$ festgelegt, dessen physikalische Einheit der Steradiant (sr) ist. Die Definitionen der wichtigsten und genormten energetischen Strahlungsgrößen sind in Tabelle E 2-1 zusammengefaßt [2]; sie werden radiometrische Größen genannt.

Während also die Größen Strahlungsenergie, Strahlungsleistung, spezifische Ausstrahlung, Strahlstärke und Strahldichte die Strahlungseigenschaften von Quellen beschreiben, beziehen sich die Größen Bestrahlungsstärke und Bestrahlung auf Strahlungsempfänger.

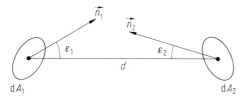

Bild E 2-1. Geometrische Darstellung zum Strahlungstransport zwischen den Flächen dA_1 und dA_2, die den Abstand d haben. $\vec{n}_1$ und $\vec{n}_2$ sind die Normalen auf den Flächen dA_1 und dA_2

Tabelle E 2-1. Radiometrische Größen (energetische Strahlungsgrößen)

Größe	Kennzeichen	Definition	Einheit
Strahlungsenergie	Q	$Q = \int \Phi \, dt$	J
Strahlungsleistung	Φ	—	W
spezifische Ausstrahlung	M	$M = \dfrac{\partial \Phi}{\partial A_1}$	W m^{-2}
Strahlstärke	I	$I = \dfrac{\partial \Phi}{\partial \Omega}$	W sr^{-1}
Strahldichte	L	$L = \dfrac{\partial^2 \Phi}{\partial \Omega \, \partial A_1 \cos \varepsilon_1}$	$\text{W m}^{-2} \text{sr}^{-1}$
Bestrahlungsstärke	E	$E = \dfrac{\partial \Phi}{\partial A_2}$	W m^{-2}
Bestrahlung	H	$H = \dfrac{\partial Q}{\partial A_2}$	J m^{-2}

Aus der Strahlungsleistung (früher auch mit Strahlungsfluß bezeichnet) läßt sich die Zahl der Photonen pro Zeiteinheit angeben. Die Größe wird dann „Photonenstrom" Φ_p genannt, es gilt:

$$\Phi_p = \int d\Phi_p = \frac{1}{hc} \int \lambda \frac{\partial \Phi(\lambda)}{\partial \lambda} d\lambda$$

Die Einheit von Φ_p ist s^{-1}, zum besseren Verständnis wird jedoch auch oft die Einheit Quanten pro Sekunde [$q \, \text{s}^{-1}$] verwendet.

Die lichttechnischen (photometrischen Größen) beschreiben Licht, das heißt die mit der Empfindlichkeitsfunktion des helladaptierten menschlichen Auges (Tagessehen) bewertete Strahlung [3]. Zur Unterscheidung von strahlungsphysikalischen Größen (Index „e") werden sie mit dem Index „v" gekennzeichnet. Da photometrische Größen in speziell definierten Einheiten angegeben werden, geht in die Definitionsgleichung noch das photometrische Strahlungsäquivalent $K_m = 683 \, \text{lm W}^{-1}$ ein. Der Übergang von der Strahlungsleistung Φ_e auf den Lichtstrom Φ_v, der in Lumen gemessen wird, ergibt sich danach zu

$$\Phi_v = K_m \int_{380 \, \text{nm}}^{780 \, \text{nm}} V(\lambda) \frac{\partial \Phi_e(\lambda)}{\partial \lambda} d\lambda \; .$$

Analog zu Tabelle E 2-1 ergeben sich die nachfolgenden photometrischen Größen und Einheiten in Tabelle E 2-2. Dabei ist berücksichtigt, daß durch den Übergang von der Strahlstärke I_e zur Lichtstärke I_v die SI-Basiseinheit Candela (cd) definiert ist. Die Beziehung zwischen dem Lichtstrom Φ_v und der Lichtstärke I_v legt die Einheit Lumen (lm) für den Lichtstrom fest: 1 lm = 1 cd sr. Die Einheit der Beleuchtungsstärke wird mit Lux (lx) bezeichnet; sie ist eine empfängerbezogene lichttechnische Größe: 1 Lux ist diejenige Beleuchtungsstärke, die vom Lichtstrom 1 lm auf der Fläche 1 m² erzeugt wird.

Tabelle E 2-2. Photometrische Größen

Größe	Kennzeichen	Definition	Einheit
Lichtmenge	Q_v	$Q_v = \int \Phi_v \, dt$	lm s
Lichtstrom	Φ_v	–	lm
spezifische Lichtausstrahlung	M_v	$M_v = \dfrac{\partial \Phi_v}{\partial A_1}$	lm m^{-2}
Lichtstärke	I_v	$I_v = \dfrac{\partial \Phi_v}{\partial \Omega}$	cd, lm sr^{-1}
Leuchtdichte	L_v	$L_v = \dfrac{\partial^2 \Phi_v}{\partial \Omega \, \partial A_1 \cos \varepsilon_2}$	cd m^{-2}
Beleuchtungsstärke	E_v	$\displaystyle\int_{2\pi\,\mathrm{sr}} L_v \cos \varepsilon_1 \, d\Omega$	lx, lm m^{-2}
Belichtung	H_v	$H_v = \displaystyle\int_{t_0}^{t_1} E_v \, dt$	lx s

E 3 Farbe

Farbe ist ein elementares Sinneserlebnis: Jeder Gesichtseindruck ist mit einer Farbe verbunden, die wir bei Selbstleuchtern und gesehenen Gegenständen als deren Eigenschaft zuordnen, die in Wirklichkeit jedoch ein Produkt des Sehvorgangs sind. Farben werden bezüglich ihres Bunttons, ihrer Sättigung und ihrer Helligkeit unterschieden. Völlig entsättigte Farben bezeichnet man als unbunte Farben (weiß, grau, schwarz). Farben können nur oberhalb von festen Beleuchtungsstärkegrenzen (Tagessehen) wahrgenommen werden.

Die Theorie der Farbe basiert auf den Graßmannschen Gesetzen; danach läßt sich jede Farbe durch Mischung von drei Farbvalenzen beschreiben. Um stets positive Farbwerte durch Mischung zu erhalten, hat die CIE hierfür drei, in Bild E 3-1 dargestellte, Spektralwertfunktionen $\bar{x}(\lambda)$, $\bar{y}(\lambda)$ und $\bar{z}(\lambda)$ so festgelegt, daß $\bar{y}(\lambda)$ mit der Hellempfindlichkeitsfunktion des menschlichen Auges V(λ) identisch ist [4, 5].

Die CIE definiert aus diesen Werten die Normfarbwerte X, Y und Z als mit der entsprechenden Spektralwertfunktion gewichtete Strahlung gemäß:

$$X = k \int \frac{\partial \Phi_e(\lambda)}{\partial \lambda} \bar{x}(\lambda) \, d\lambda$$

$$Y = k \int \frac{\partial \Phi_e(\lambda)}{\partial \lambda} \bar{y}(\lambda) \, d\lambda$$

$$Z = k \int \frac{\partial \Phi_e(\lambda)}{\partial \lambda} \bar{z}(\lambda) \, d\lambda$$

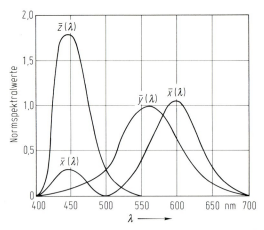

Bild E 3-1. Normspektralwertfunktionen $\bar{x}(\lambda)$, $\bar{y}(\lambda)$ und $\bar{z}(\lambda)$ für den Normalbeobachter der CIE

Im photometrischen Sinn ist bei Selbstleuchtern der Faktor k mit dem photometrischen Strahlungsäquivalent identisch; damit wird also die Helligkeit festgelegt. Da die spektrale Empfindlichkeit des menschlichen Auges für Tagessehen $V(\lambda)$ dem Wert $\bar{y}$ entspricht, ist der Normfarbwert Y eine Maßzahl für die Helligkeit der Farbe.

Die Normierung auf die Summe $X+Y+Z$ ergibt die Normfarbwertanteile

$$x = \frac{X}{X+Y+Z}$$

$$y = \frac{Y}{X+Y+Z}$$

$$z = \frac{Z}{X+Y+Z}$$

mit $x+y+z = 1$.

Aufgrund dieser Normierung genügen also zwei Angaben, i. allg. x und y, zur Festlegung der sog. Farborte; sie legen den Farbton in der Normfarbtafel fest. Bild E 3-2 gibt in der Normfarbtafel den Spektralfarbenzug, auf dem die gesättigten Farben (Spektralfarben) angeordnet sind, wieder. Die zu den Spektralfarben gehörenden Wellenlängen sind angegeben. Jeder Farbart entspricht ein Farbton auf der Normfarbtafel. Farben gleicher Farbart unterscheiden sich nur durch die Helligkeit. Das kurzwellige und das langwellige Ende des Spektralfarbenzuges wird durch die Purpurlinie verbunden. Auf der geraden Verbindungslinie zwischen dem Unbuntpunkt (E), in dessen Nähe die ungesättigten Farben ihren Farbort haben, und dem Spektralfarbenzug liegen alle Farbarten gleichen Bunttons mit zunehmender Sättigung. Die Farbart einer Mischung von zwei Farbvalenzen liegt in der Normfarbtafel auf der Strecke zwischen den Farbarten der Farbvalenzen.

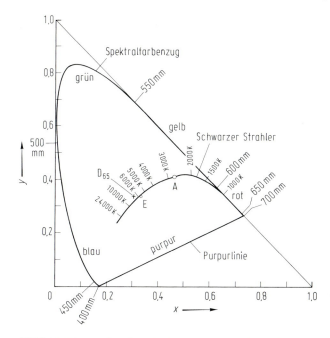

Bild E3-2. Normfarbtafel mit Spektralfarbenzug, Purpurlinie, Unbuntpunkt E und Farborte des Schwarzen Strahlers der Temperatur T in K sowie der Normlichtarten A und $D65$

Bild E3-2 enthält außerdem die Farborte eines Schwarzen Strahlers mit der Temperatur T in K sowie den Farbort für Normlichtart A ($T = 2856$ K) sowie für Tageslicht D_{65}.

Für den praktischen Gebrauch von Farben wurde in DIN 6164 eine Sammlung von Farbmustern mit einer einfachen Zuordnung als DIN-Farbenkarte zusammengestellt: häufig vorkommende Farben liegen als Farbmuster vor, die empfindungsgemäß gleichabständig geordnet und mit einer Maßzahl versehen sind. Diese zu einem Farbzeichen zusammengefaßten Maßzahlen beinhalten die Bunttonzahl T, die Sättigungsstufe S und die Dunkelstufe D.

E4 Lampen und Leuchten

Die Mechanismen zur Lichterzeugung können sehr vielseitig sein. In Tabelle E4-1 ist eine Übersicht zusammengestellt; dabei zeigt sich, daß auch mehrere Anregungsarten gleichzeitig auftreten können (s. Beispiel thermisches Plasma).

Lassen sich die Strahlungsgrößen aus den Betriebsparametern einer Strahlungsquelle berechnen, so nennen wir diese ein Strahlungsnormal. Unter den Temperaturstrahlern stellt der „Schwarze Strahler", der bei allen betrachteten Wellenlängen

Tabelle E 4-1. Mechanismen zur Strahlungserzeugung; die Anregungsart und einige Beispiele sind zusätzlich angegeben

Anregungsart	Strahlung	Beispiele
thermisch	Temperaturstrahlung	Hohlraumstrahler Glühlampe therm. Plasma (Hochdruck-Strahler)
elektrisch	Kathodo-Lumineszenz	Gasentladung Luminophore therm. Plasma
	Elektro-Lumineszenz	LED (Injektion) Lumineszenz durch elektr. Felder
Strahlung	Photo-Lumineszenz (Resonanzfluoreszenz) Radio-Lumineszenz	Luminophore
chemisch	Bio-Lumineszenz Chemo-Lumineszenz	

und Temperaturen den Emissionsgrad $\varepsilon = 1$ hat, ein Strahlungsnormal dar [6]; seine spektrale Strahldichte wird für die Temperatur T durch das Plancksche Strahlungsgesetz beschrieben

$$\frac{\partial L_e(\lambda)}{\partial \lambda} = \frac{c_1}{\pi \lambda^5} \frac{1}{\exp\{c_2/\lambda T\} - 1}$$

mit

$$c_1 = 2\pi h c_0^2 = 3{,}7418 \cdot 10^{-16} \text{ Wm}^2$$
$$c_2 = \frac{h c_0}{k} = 14388 \text{ µmK} .$$

Bild E 4-1 gibt die Abhängigkeit der spektralen Strahldichte eines Schwarzen Strahlers in Abhängigkeit von der Wellenlänge λ wieder; Parameter ist die Temperatur T.

Als Strahlungsnormal findet seit 1970 außerdem die Synchrotronstrahlung zunehmend Berücksichtigung; es handelt sich dabei um Strahlung zirkular beschleunigter Elektronen, die nach der Schwinger-Theorie berechnet werden kann [7]. Der Anwender ist dabei jedoch auf ein Forschungszentrum angewiesen, an dem geeignete Beschleuniger (z.B. BESSY in Berlin) in Betrieb sind.

Zur Kennzeichnung der Strahlung für lichttechnische Anwendungen werden einige Nutzeffekte definiert, die hier kurz erläutert werden sollen: Der Optische Nutzeffekt O ist das Verhältnis der im sichtbaren Spektralgebiet abgestrahlten Strahlungsleistung zur insgesamt emittierten Strahlungsleistung

$$O = \frac{\int_{380\,\text{nm}}^{780\,\text{nm}} \frac{\partial \Phi_e(\lambda)}{\partial \lambda} d\lambda}{\int_0^\infty \frac{\partial \Phi_e(\lambda)}{\partial \lambda} d\lambda} .$$

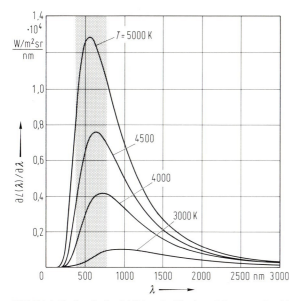

Bild E 4-1. Spektrale Strahldichte $L_\lambda(\lambda)$ eines Schwarzen Strahlers der Temperatur T in Abhängigkeit von der Wellenlänge λ. Der sichtbare Teil der Spektrums ist durch die gestrichelten Linien gekennzeichnet

Der Visuelle Nutzeffekt V ist das Verhältnis der mit $V(\lambda)$ bewerteten Strahlungsleistung bzw. des durch den Maximalwert des photometrischen Strahlungsäquivalents geteilten Lichtstroms zu der Gesamtstrahlung

$$V = \frac{\int_{380\,nm}^{780\,nm} V(\lambda)\frac{\partial \Phi_e(\lambda)}{\partial \lambda} d\lambda}{\int_0^\infty \frac{\partial \Phi_e(\lambda)}{\partial \lambda} d\lambda} = \frac{\frac{1}{k_m}\Phi_v}{\int_0^\infty \frac{\partial \Phi_e(\lambda)}{\partial \lambda} d\lambda}.$$

In Bild E 4-2 ist als Beispiel der Visuelle Nutzeffekt V eines Schwarzen Strahlers in Abhängigkeit von der Temperatur T angegeben. Das Diagramm zeigt maximalen Nutzeffekt bei etwa 6500 K, dies entspricht etwa der Temperatur der Photosphäre der Sonne, in der die Strahlungsprozesse zur Erzeugung der Solarstrahlung ablaufen.

Zur Charakterisierung von Strahlungsquellen bezüglich der Spektralverteilung, der Farbe oder der Temperatur wird als Bezugsstrahler oft der Schwarze Strahler gewählt. Dabei werden die folgenden Begriffe angewandt:
— Die Verteilungstemperatur T_v kennzeichnet die relative spektrale Verteilung der Strahlung. Diese wird i. allg. durch das Verhältnis der betrachteten Strahlungsgrößen bei nur zwei Wellenlängen festgelegt. So ist z. B. der Globalstrahlung eine Verteilungstemperatur von 6500 K zuzuordnen. Glühlampen haben Verteilungstemperaturen von $T_v < 3200$ K.

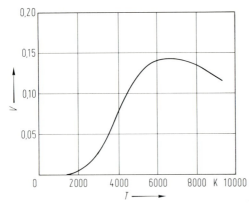

Bild E 4-2. Visueller Nutzeffekt V eines Schwarzen Strahlers in Abhängigkeit von der Temperatur T

- Die Farbtemperatur T_f – eine Kennzahl für die Farbart – ist diejenige Temperatur eines Schwarzen Strahlers, bei dem dieser dieselbe Farbart hat wie das Testobjekt.

Für die Auswahl geeigneter Lampen für Beleuchtungsanlagen sind außer den geometrischen Abmessungen die elektrische Leistungsaufnahme P, der emittierte Lichtstrom Φ_v und die Farbwiedergabeeigenschaften von besonderer Bedeutung. Dabei gibt das Verhältnis aus Φ_v und P die sog. Lichtausbeute η_v wieder, die in den Einheiten lm W^{-1} gemessen wird

$$\eta_v = \frac{\Phi_v}{P} \quad \text{in lm W}^{-1}.$$

Diese Definition berücksichtigt also nicht nur Verluste bei der Strahlungserzeugung, sondern sie wird auch durch das Verhältnis von erwünschter Strahlung zu der Gesamtstrahlung bestimmt. Bild E 4-3 zeigt die Lichtausbeute η_v verschiedener Lampen in Abhängigkeit von der Lampenleistung P. Da die Stromkosten die Gesamtkosten einer Beleuchtungsanlage stark beeinflussen, ist es Ziel, die Lichtausbeute zu steigern. Der erreichbare Maximalwert entspricht dem photometrischen Strahlungsäquivalent $K_m = 683$ lm W^{-1}; diesen Wert $\eta_v = 683$ lm W^{-1} kann aber nur eine Lampe erreichen, die monochromatische Strahlung im Maximum der $V(\lambda)$-Funktion bei der Wellenlänge $\lambda = 555$ nm emittiert, und die die Strahlungsausbeute $\eta_e = \Phi_e/P = 1$ aufweist. Bild E 4-3 enthält auch die Lichtausbeute bei Beleuchtung mit Tageslicht, sie ist in diesem Fall durch das Verhältnis der Beleuchtungsstärke E_v zur Bestrahlungsstärke E_e gegeben

$$\eta_v(D65) = \frac{E_v(D65)}{E_e(D65)} \approx 110 \text{ lm W}^{-1}.$$

Unter der Farbwiedergabe einer Lichtquelle versteht man die Beziehung zwischen den Farbeindrücken von Objekten bei Beleuchtung mit der zu bewertenden Licht-

E 4 Lampen und Leuchten   217

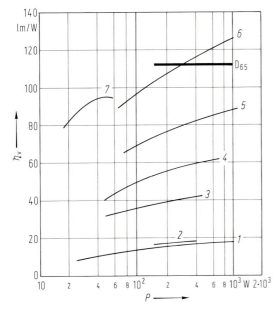

Bild E 4-3. Lichtausbeute η_v in Abhängigkeit von der Lampenleistung P für unterschiedliche Lampentypen. *1* Glühlampen, *2* Halogenglühlampen, *3* Halogenglühlampen mit geringer Lebensdauer (<100 h), *4* Hg-Hochdrucklampen, *5* Halogenmetalldampflampen, *6* Na-Hochdrucklampen, *7* Leuchtstofflampen

quelle und bei Beleuchtung mit einer Bezugslichtart. Diese Bezugslichtart ist für Lichtquellen mit $T_f \leq 5000$ K die Strahlung eines Schwarzen Strahlers dieser Temperatur und für Lichtquellen mit $T_f > 5000$ K das natürliche Tageslicht.

Die Farbwiedergabe wird durch den Farbwiedergabeindex R_a gekennzeichnet, der nach [8] in 4 Stufen eingeteilt ist und in Tabelle E 4-2 an Hand von Beispielen erläutert wird. Danach soll die Übereinstimmung des Farbeindrucks von Objekten bei Beleuchtung mit der zu beurteilenden Lichtquelle mit dem Farbeindruck derselben Objekte bei Beleuchtung mit einer Bezugslichtquelle (Tageslicht oder Planckscher Strahler) angegeben werden. Der Farbwiedergabeindex für die Bezugslichtart beträgt $R_a = 100$.

Tabelle E 4-2. Stufeneinteilung der Farbwiedergabe durch den Farbwiedergabeindex R_a

Stufe	R_a	Beispiel
1	≥ 80	Xenonlampe
2	60 – 80	Halogenmetalldampflampe
3	40 – 60	Hg-Hochdrucklampe
4	< 40	Na-Niederdrucklampe

E5 Gütemerkmale für die Beleuchtung

In Innenräumen werden das Wohlbefinden des Menschen, seine Leistung am Arbeitsplatz, die Sicherheit und der Energieverbrauch in hohem Maße durch die Beleuchtung bestimmt. Die Anforderungen an eine gute Innenraumbeleuchtung sind in den letzten Jahren aufgrund großer Fortschritte in der Beleuchtungstechnik in bezug auf Lichtqualität und Energieeinsparung ständig gestiegen; sie beziehen sich dabei auf:

E5.1 Helligkeit und Beleuchtungsstärkeverteilung

Da die Leistungsfähigkeit des Auges stark von der Leuchtdichte der zu beobachtenden Gegenstände und damit von der Beleuchtungsstärke an ihrer Oberfläche abhängt, wurde in den Arbeitsstätten-Richtlinien die Nennbeleuchtungsstärke E_n für unterschiedliche Ansprüche festgelegt. Die Nennbeleuchtungsstärke ist der zeitliche und örtliche Mittelwert der Beleuchtungsstärke am Arbeitsplatz; je schwieriger die vorgegebene Sehaufgabe ist, je größer muß der Wert für E_n sein. Tabelle E5-1 gibt einen Überblick mit Beispielen aus DIN 5035 [8]. Bei Auslegung der Beleuchtungsanlage ist zu berücksichtigen, daß sich die Beleuchtungsstärke mit zunehmender Betriebszeit aufgrund von Alterung und Verschmutzung vermindert und große Leuchtdichteunterschiede im Gesichtsfeld die Sehleistung und das Wohlbefinden beeinflussen.

E5.2 Blendungsbegrenzung

Blendung entsteht durch Blickkontakt mit einer Leuchte bei erhöhter Leuchtdichte der Leuchte in diese Richtung: dabei kann entweder der Sehvorgang durch Unbehagen gestört (psychologische Blendung) oder sogar stark eingeschränkt werden (physiologische Blendung). Bei der Bewertung von Beleuchtungsanlagen im Innenraum kann man heute davon ausgehen, daß die physiologische Blendung ausgeschlossen wird. Dagegen ist für die verschiedenen Sehaufgaben wiederum nach [8] mit Blendungsbegrenzungskurven und mit der räumlichen Leuchtdichteverteilung der Leuchte eine Mindestanforderung festgelegt. Über die Begrenzung der Blen-

Tabelle E5-1. Mindestwerte der Beleuchtungsstärke am Arbeitsplatz

Helligkeit	Arbeitsplatz	Nennbeleuchtungsstärke E_n in lx
gering	Lagerraum/Flur	50 – 100
mäßig	Grobarbeit	100 – 500
hoch	Büro	500
	Großraumbüro	750 – 1000
außergewöhnlich	Operationstisch	20000 – 100000

dung, die vom Winkel zwischen Beobachter und Leuchte (Ausstrahlungswinkel) abhängt, sind in [8, 9] Leuchtdichte-Grenzwerte festgelegt.

E 5.3 Kontrastwiedergabe

Zum räumlichen Sehen wird ein Anteil an Schattigkeit vorausgesetzt, der durch Lichteintrittswinkel und Blickwinkel bestimmt ist. Während eine Beleuchtungsanlage mit einem hohen Anteil indirekter Strahlung nur eine geringe Schattigkeit erzeugt, hat eine wenig ausgedehnte Lichtquelle (Glühlampe) für bestimmte Blickwinkel sehr starke Schattigkeit zur Folge. So ist der alleinige Betrieb einer Arbeitsplatzleuchte mit nur einer Glühlampe nicht empfehlenswert, da scharfe Schatten auftreten.

E 5.4 Farbwiedergabe

Die korrekte Farbenwahrnehmung bei Beleuchtung sowohl mit künstlichem als auch mit natürlichem Licht wird im wesentlichen durch die spektrale Strahlstärke der Beleuchtungsquellen und den spektralen Reflexionsgrad der betrachteten Gegenstände bestimmt. Nur Spektralfarben, die in der spektralen Strahlstärke der Lichtquelle enthalten sind, können zur Farbe beitragen. Über Farbwiedergabe von Lampen wurde bereits in Kap. E 4 berichtet. Ihre Kennzeichnung erfolgt über den Farbwiedergabeindex R_a der Tabelle E 4-2 und die Farbtemperatur T_f.

E 5.5 Energieverbrauch

Für die Wirtschaftlichkeit einer Beleuchtungsanlage sind die Lichtausbeute, der Leuchtenstrom und die Lebensdauer entscheidende Größen. So können Einsparungen an Beleuchtungskosten für Systeme mit Entladungslampen durch den Ersatz konventioneller durch elektronische Vorschaltgeräte – trotz der höheren Investitionskosten – erreicht werden.

Für die jährlichen Kosten K einer Beleuchtungsanlage kann nach DIN 5035 eine einfache Formel angewendet werden, die für vergleichende Zwecke jedoch nur Verwendung finden sollte, wenn gleiche Beleuchtungsqualität vorausgesetzt ist

$$K = n_1 \left\{ \frac{\frac{k_1}{100}K_1 + \frac{k_2}{100}K_2}{n_2} + t_B\left(a \cdot P + \frac{K_3}{t_L}\right) + t_B \frac{K_4}{t_L} + \frac{R}{n_2} \right\}.$$

Die Kosten K beinhalten die Kosten einer Leuchte K_1 und deren prozentualen Kapitaldienst k_1, die Montagekosten K_2 und deren prozentuale Kapitaldienstkosten k_2, die jährlichen Reinigungskosten einer Leuchte R, den Preis einer Lampe K_3 sowie die Kosten für deren Auswechselung K_4. In die Gleichung für die Gesamtkosten gehen zusätzlich ein: Die Gesamtzahl der Lampen n_1, die Zahl der Lampen pro Leuchte n_2, die Leistungsaufnahme P einer Lampe mit Vorschaltgerät in kW, die elektrischen Energiekosten a pro kWh, die Nutzlebensdauer der Lampe t_L in h und die jährliche Benutzungsdauer t_B in h.

E6 Tageslicht für Innenraumbeleuchtung

Bei der Planung von Gebäuden läßt sich ein wesentlicher Beitrag zur rationellen Energieanwendung und zur Behaglichkeit im Innenraum leisten, wenn Solarstrahlung und Tageslicht Berücksichtigung finden. Die astronomischen, geographischen und geometrischen Einflußgrößen sind für den betroffenen Standort bei klarem oder bedecktem Himmel entweder bekannt [10] oder lassen sich für einen bestimmten Zeitpunkt berechnen [11].

Für die Berechnung der Innenraumbeleuchtung durch Tageslicht ohne direkte Besonnung der Gebäudeaußenwand wird oft das einfache Tageslichtquotientenverfahren [12] angewendet. Danach ist der Tageslichtquotient D definiert als

$$D = 100 \frac{E_i}{E_g} \ .$$

Dabei ist E_i die Beleuchtungsstärke in einem Punkt auf der Nutzebene im Innenraum, und E_g bedeutet die Horizontalbeleuchtungsstärke im Freien bei unverbauter Himmelshalbkugel.

Der Tageslichtquotient D hängt von einer Vielzahl Parameter ab, die eine Aufteilung in Himmelslichtanteil D_H, Außenreflexionsanteil D_V (der die Verbauung beschreibt) und Innenreflexionsanteil D_R zulassen und berücksichtigt die Verluste durch die Verglasung über den Transmissionsgrad für Tageslicht $\tau_{D_{65}}$, durch die Versprossung k_1, durch Verschmutzung k_2 und durch nichtsenkrechte Inzidenz des einfallenden Tageslichts k_3. Es ergibt sich also

$$D = \tau_{D_{65}} \cdot k_1 \cdot k_2 \cdot k_3 (D_H + D_V + D_R) \ .$$

Diese Beschreibung setzt eine nicht streuende Verglasung mit einem einfallsrichtungsunabhängigen Lichttransmissionsgrad für Normlichtart $D65$ voraus.

Teilt man die Raumerschließungsflächen in Raster ein, so erhält man aus der jeweiligen Leuchtdichte L Werte für die anteiligen Tageslichtquotienten

$$D_H = \frac{\int_{\Omega_F} L_\varepsilon(\Omega) \cos \varepsilon \, d\Omega}{E_g}$$

$$D_V = \frac{\int_{\Omega_V} L_V(\Omega) \cos \varepsilon \, d\Omega}{E_g} \ .$$

Hierin bedeuten Ω_F der Raumwinkel der Fensteröffnung vom Rastermittelpunkt aus und Ω_V der Raumwinkel, den die Verbauung innerhalb der Fensteröffnung vom Rastermittelpunkt aus einnimmt. L_ε ist die Himmelsleuchtdichte für den Zenitwinkel ε und L_V die Verbauungsleuchtdichte. L_V ergibt sich näherungsweise aus der Beleuchtungsstärke auf der Verbauung E_V und dem Lichtreflexionsgrad ϱ_V für diffuse Reflexion

$$L_V = \frac{\varrho_V}{\pi} E_V \ .$$

Zur Ermittlung des durch Mehrfachreflexion an den Raumbegrenzungsflächen erzeugten Innenreflexionsanteils kann das aus der Innenraumbeleuchtungsberechnung durch künstliches Licht bekannte Verfahren benutzt werden [13].

Zu dem Grundgedanken, Tageslicht- und Solarstrahlungsanwendungen für Innenräume bezüglich des Gesamtenergieverbrauchs zu optimieren, werden in [14] auf Experimente gestützte Untersuchungen beschrieben und durch Vorschläge für praktische Anwendungen ergänzt.

E7 Literatur

[1] DIN 5031 Teil 7: Strahlungsphysik im optischen Bereich und Lichttechnik; Benennung der Wellenlängenbereiche
[2] International Lighting Vocabulary. CIE Publikation 50, 1987
[3] DIN 5031 Teil 3: Strahlungsphysik im optischen Bereich und Lichttechnik; Größen, Formelzeichen und Einheiten der Lichttechnik
[4] Richter, M.: Einführung in die Farbenlehre. Berlin, New York: de Gruyter 1980
[5] MacAdam, D.L.: Color Measurement. Berlin, Heidelberg, New York: Springer 1981
[6] Kaase, H.; Bischoff, K.; Metzdorf, J.: Lichtforschung 6 (1984) 29
[7] Kunz, C.: Synchrotron Radiation. Berlin, Heidelberg, New York: Springer 1979
[8] DIN 5035: Beleuchtung mit künstlichem Licht
[9] DIN 5040: Leuchten für Beleuchtungszwecke und Hentschel, H.J.: Licht und Beleuchtung – Theorie und Praxis der Lichttechnik. Heidelberg: Hüthig Verlag 1982
[10] DIN 4710: Meteorologische Daten zur Berechnung des Energieverbrauches von raumlufttechnischen Anlagen
[11] DIN 5034 Teil 2: Tageslicht in Innenräumen – Grundlagen
[12] Krochmann, J.: Neueres vom Tageslicht in Innenräumen. Lichttechnik 16 (1964) 585
[13] Stolzenberg, K.: Projektierung von Beleuchtungsanlagen nach dem Wirkungsgradverfahren. LiTG-Publ. 3.5 (1988)
[14] Kaase, H.; Geutler, G.: Daylight and Solar Radiation Measurement. OMNIA Druck Berlin 1989 und Heusler, W.: Experimentelle Untersuchungen des Tageslichtangebots und dessen Auswirkungen auf die Innenraumbeleuchtung. Dissertation TU Berlin 1991

F Thermodynamische Grundlagen der Kältetechnik

HELMUT KNAPP

F1 Einführung

F1.1 Bedeutung der Temperatur

Wir sind mit Sinnesorganen ausgerüstet und haben ein Bewußtsein, um heiß, warm oder kalt zu empfinden und zu unterscheiden. Wir fühlen uns wohl, wenn es warm ist, wir beschweren uns, wenn es heiß oder kalt ist und wir leiden, wenn es zu heiß oder zu kalt ist. Die Vergleichstemperatur ist die Betriebstemperatur unseres Körpers, die hoch genug sein muß, damit die wäßrigen Lösungen in unseren Zellen nicht gefrieren, die möglichst hoch sein soll, damit die chemischen Prozesse in unserem Organismus gleichmäßig und schnell ablaufen können, die aber nicht zu hoch sein darf, damit die komplizierten organischen Moleküle und Strukturen nicht zerstört werden.

Die Temperatur können wir mit einem Thermometer messen und sie kann hoch, gemäßigt oder tief sein.

Die Temperatur – in ihrer physikalischen Bedeutung – ist eine Anzeige für die Intensität der regellosen Bewegungen der Atome und Moleküle. Je höher die Temperatur ist, desto mehr Energie ist verfügbar, um die verschiedenartigen Bewegungen der Moleküle (Translation, Rotation, Oszillation) anzuregen, um Zusammenstöße zwischen den Molekülen zu verursachen, um chemische Reaktionen zu aktivieren.

Wird an einen Stoff Energie in Form von Wärme übertragen und dadurch seine Temperatur erhöht, so wird die zugeführte Energie gemäß dem Gleichverteilungsprinzip „gerecht" auf die verfügbaren und anregbaren Freiheitsgrade verteilt.

Je höher die Temperatur ist, desto mehr Energie ist verfügbar, um Unordnung zu schaffen, um hochorganisierte Ansammlungen von Molekülen aufzulösen und um geordnete molekulare Strukturen zu zerstören. Je niedriger die Temperatur ist, desto weniger kinetische Energie wird verfügbar sein, um die einzelnen Moleküle in verschiedene Richtungen zu bewegen, um sie rotieren und oszillieren zu lassen. Bei tiefen Temperaturen wird der Stofftransport durch molekulare Diffusion verlangsamt, hören chemische Reaktionen auf, kondensieren Gase, erstarren Flüssigkeiten und entstehen geordnete Zustände.

Der absolute Nullpunkt $T = 0$ K wäre erreicht, wenn sich die Moleküle nicht mehr untereinander bewegen, nicht mehr rotieren oder oszillieren.

F 1.2 Anwendungen der Tieftemperaturtechnik

Der Effekt tiefer Temperaturen, $T <$ Umgebungstemperatur T_u, kann für verschiedenartige praktische Zwecke ausgenutzt werden, z. B.:

$T_u > T > 270$ K   Klimatechnik, um angenehme, verträgliche Temperaturen einzustellen für empfindliche Lebewesen, Maschinen und Geräte.

$T_u > T > 235$ K   Kühltechnik, um unerwünschte chemische und biochemische Reaktionen zu verhindern in verderblichen Gütern, insbesondere in Speisen und Getränken.

$T_u > T > 77$ K   (Siedepunkt N_2) bzw. 20 K (Siedepunkt H_2): Verfahrenstechnik, um Gasgemische zu verflüssigen und zu trennen.

$T_u > T > 0$ K   Kryophysik, um Wasserstoff-Blasenkammern, supraleitende Magnete oder Kryopumpen zu betreiben.

$T_u > T > 0$ K   Tieftemperaturforschung, um die Eigenschaften von fluiden und festen Materialien zu untersuchen.

$T_u > T > 77$ K   Kryobiologie, um Zellen, Blut oder Sperma zu konservieren, und Kryomedizin, um Operationen auszuführen.

$T_u > T > 230$ K   Bauwesen, um Erdreich zu gefrieren und zu verfestigen.

Wir werden uns in diesem Kapitel auf die Anwendungen in der Klima- und Kühltechnik beschränken.

F 1.3 Unterschied zwischen „Wärme-" und „Kältetechnik"

Die Bezugstemperatur ist die Umgebungstemperatur T_u; denn bei dieser Temperatur steht uns die Erde als praktisch unbegrenztes Wärmereservoir zur Verfügung, aus dem wir Wärme entnehmen oder an das wir Wärme abgeben können, ohne daß sich seine Temperatur ändert.

In allen, in der unbelebten oder belebten Natur und in technischen Einrichtungen, ablaufenden Vorgängen wird Stoff und Energie (besonders in Form von Wärme) übertragen. Alle Energie, die wir in technischen Prozessen umsetzen, wird auf der Erde (mit Ausnahme der Kernenergie) von der Sonne geliefert: entweder direkt täglich als elektromagnetische Strahlung oder indirekt umgewandelt durch Photosynthese als frische Biomasse (Holz, Stroh) oder, über Millionen Jahre angesammelt, als fossile Brennstoffe (Erdgas, Erdöl, Kohle).

In der Wärmetechnik, d.h. oberhalb der Umgebungstemperatur, kann die bei weit über 1000 K aus Verbrennungsprozessen angebotene Wärme weitergegeben und genutzt werden durch Wärmeübertragung zu immer tieferen Temperaturen, bis sie schließlich als Abwärme von der Umgebung aufgenommen wird. In der Kältetechnik kann Wärme, die bei tiefen Temperaturen, d.h. unterhalb der Umgebungstemperatur z.B. zur Kühlung von Kühlräumen oder zur Abkühlung von Materialien abgeleitet werden muß, schließlich nur mit Hilfe von Kältemaschinen zur Umgebung, d.h. zu höherer Temperatur, befördert werden.

Die Hauptaufgabe der Kältetechnik ist es deshalb, Methoden auszudenken, Maschinen und Apparate zu bauen, mit denen Wärme bei Temperaturen unterhalb der Umgebungstemperatur aufgenommen und bei Temperaturen oberhalb der Umgebungstemperatur abgegeben werden kann.

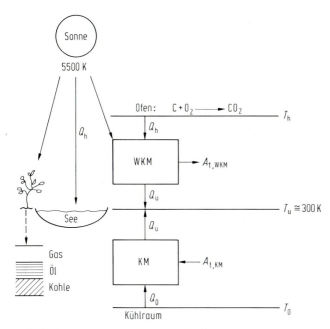

Bild F 1-1. Energie, die auf der Sonne durch nukleare Reaktionen oder im Ofen durch chemische Reaktionen umgesetzt und als Wärme angeboten wird, kann von hohen Temperaturen $T_h > T_u$ „von selbst" zu tieferen Temperaturen als Heizwärme Q_h übertragen werden. Q_h kann in Wärmekraftmaschinen WKM teilweise zur Gewinnung technischer Arbeit $A_{t,\text{WKM}}$ genutzt und schließlich von der Umgebung als Wärme Q_u aufgenommen werden. Die Wärme Q_0, die bei tieferen Temperaturen $T_0 < T_u$ abgegeben werden soll, kann nur mit Hilfe von Kältemaschinen KM unter Aufwand von Energie $A_{t,\text{KM}}$ auf die Umgebungstemperatur „befördert" werden

F 1.4 Hauptsätze der Thermodynamik

Die Hauptsätze der Thermodynamik sind allgemein gültige, aus der Erfahrung gewonnene Regeln, die bei allen Energiewandlungs- und Energieübertragungsvorgängen beachtet werden müssen.

Der 1. Hauptsatz ist eine Manifestation des Prinzips von der Erhaltung der Energie.

Energie kann weder erzeugt noch vernichtet werden, Energie kann nur von einer Form in eine andere gewandelt werden oder von einem System an ein anderes übertragen werden.

Die innere Energie U ist im Zustand des thermodynamischen Gleichgewichtes eine Zustandsgröße. Die innere Energie eines Systems kann von U_1 auf U_2 vergrößert oder verkleinert werden durch Zu- oder Abfuhr von Energie in Form von Arbeit A_{12} oder Wärme Q_{12}

$$U_2 - U_1 = A_{12} + Q_{12} \tag{F 1-1}$$

oder

$$dU = dA + dQ \ . \tag{F 1-2}$$

Der 2. Hauptsatz besagt, daß alle Vorgänge in der belebten und unbelebten Natur und in technischen Einrichtungen in der Zeit unumkehrbar (irreversibel) ablaufen. Dabei geht das System von dem Anfangszustand in einen bevorzugten, wahrscheinlicheren Endzustand über. Ein Maß für die Wahrscheinlichkeit bzw. Bevorzugung eines Zustandes ist die Entropie S. Der 2. Hauptsatz gibt eine Meßvorschrift für die Entropie, $dS = dQ_{rev}/T$, und besagt, daß durch den Ablauf eines irreversiblen Vorganges die Entropie zunimmt. Die Entropie ist keine Erhaltungsgröße. Beim Ablauf irreversibler Vorgänge, z. B. bei der Wärmeübertragung von einer höheren auf eine tiefere Temperatur wird Entropie produziert: $\dot{S}_{irr} > 0$. Ein Prozeß, der reversibel abliefe, z. B. Wärmeübertragung bei $\Delta T = 0$, wäre der bestmögliche Prozeß, der aber nur als Gedankenexperiment durchgeführt werden kann.

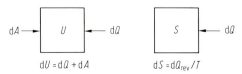

Bild F 1-2. Im 1. und 2. Hauptsatz der Thermodynamik werden die innere Energie U und die Entropie S als Zustandsgrößen postuliert; außerdem werden Meßvorschriften für Änderungen von U und S gegeben

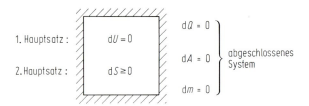

Bild F 1-3. Aussage des 1. und 2. Hauptsatzes für ein abgeschlossenes System: Die innere Energie U bleibt konstant, die Entropie nimmt zu oder bleibt konstant. Der Gleichgewichtszustand, d. h. der endgültige, „von selbst" schließlich erreichbare, bevorzugte Zustand ist gekennzeichnet durch das Maximum der Entropie

F 1.5 Energiewandlungsprozesse

Für die in der Technik wichtigen Energiewandlungsprozesse können unter Bezugnahme auf den 1. und 2. Hauptsatz die bestmöglichen Leistungszahlen berechnet werden. Die Leistungszahlen ε geben das Verhältnis von Nutzen, d. h. der gewünschten Energie, zu Aufwand, d. h. der benötigten Energie, an.

Bei einer stationär betriebenen Anlage oder Maschine bleibt die innere Energie des Systems konstant, d. h. die Summe der zugeführten Energien ist gleich der Summe der abgeführten Energien. Außerdem ist die durch Wärmeabfuhr bewirkte Abnahme der Entropie des Systems gleich der durch Wärmezufuhr und durch irreversible Prozesse bewirkten Zunahme der Entropie.

F1.5.1 Wärmekraftmaschine

In einer Wärmekraftmaschine WKM wird Heizwärme $\dot{Q}_h$, die bei einer Temperatur $T_h > T_u$ verfügbar ist, teilweise umgewandelt in nutzbare technische Arbeit A_t. Im stationären Betrieb können Bilanzen für Energie und Entropie der WKM gemacht werden und daraus die für den reversiblen Betrieb ($\dot{S}_{irr} = 0$) bestmögliche Leistungszahl bestimmt werden.

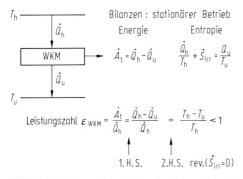

Bild F1-4. Schema einer Wärmekraftmaschine WKM im stationären Betrieb mit Bilanzen für Energie und Entropie. Berechnung der Leistungszahl ε für reversiblen (bestmöglichen) Betrieb. (Die Bilanzen sind mit absoluten Größen geschrieben)

F1.5.1.1 Exergie der Wärme

Die zum Betrieb der Wärmekraftmaschine gelieferte Energie wird in Form der Heizwärme Q_h angeboten. Die Energie Q_h kann nicht vollständig in nutzbare technische Arbeit A_t umgewandelt werden. Die maximale technische Arbeit, d.h. die in der Wärme Q_h steckende Arbeitsfähigkeit wird Exergie der Wärme $Ex(Q_h)$ genannt

$$Ex(Q_h) = A_{t,rev} = Q_h - Q_u = Q_h \left(1 - \frac{Q_u}{Q_n}\right) = Q_h \left(1 - \frac{T_u}{T_n}\right) \, . \quad \text{(F1-3)}$$

F1.5.1.2 Wärmeübertragung, Entropieproduktion

Energie kann als Wärme übertragen werden. Die Beobachtung, daß Wärme immer nur von höherer auf tiefere Temperatur übertragen wird, ist eine der wichtigen Erfahrungen, auf denen die Aussage des 2. Hauptsatzes beruht, nämlich, daß in einem abgeschlossenen System bei Ablauf natürlicher, irreversibler Vorgänge die Entropie nur zunehmen kann.

Von einem System wird bei der Temperatur T_1 der Wärmestrom $\dot{Q}_1$ abgegeben und von einem anderen System bei der niedrigeren Temperatur T_2 derselbe Wärmestrom $\dot{Q}_2 = \dot{Q}_1 = \dot{Q}$ aufgenommen. Die Entropiezunahme im zweiten Teilsystem $\dot{S}_2 = \dot{Q}/T_2$ ist größer als die Entropieabnahme im ersten Teilsystem

$\dot{S}_1 = \dot{Q}/T_1$. Dem Vorgang der Wärmeübertragung $\dot{Q}$ von T_1 nach T_2 entspricht deshalb eine

Entropieproduktion $\dot{S}_{irr} = \dot{Q}\left[\dfrac{1}{T_2} - \dfrac{1}{T_1}\right] = \dot{Q}\,\dfrac{T_1 - T_2}{T_1 T_2}$.

$\dot{S}_1 = -\dfrac{\dot{Q}}{T_1}$ $\dot{E}x(Q_1) = \dot{Q}\left(1 - \dfrac{T_u}{T_1}\right)$

$\dot{S}_{irr} = \dot{Q}\left(\dfrac{1}{T_2} - \dfrac{1}{T_1}\right)$ $\dot{E}x_v = \dot{Q}\,T_u\left(\dfrac{1}{T_2} - \dfrac{1}{T_1}\right)$

$\dot{S}_2 = \dfrac{\dot{Q}}{T_2}$ $\dot{E}x(Q_2) = \dot{Q}\left(1 - \dfrac{T_u}{T_2}\right)$

$\dot{E}x_v = \dot{A}_{t,irr} = T_u\,\dot{Q}\,\dfrac{T_1 - T_2}{T_1 T_2} = T_u\,\dot{S}_{irr}$

Bild F 1-5. Übertragung der Wärme $\dot{Q}$ aus einem Wärmereservoir bei T_1 an ein Wärmereservoir bei $T_2 < T_1$. Wärmeübertragung von höherer auf eine tiefere Temperatur bedeutet Entropieerzeugung $\dot{S}_{irr}$, Exergieverlust $\dot{E}x_v$ oder Verringerung des Potentials für Arbeitsleistung $\dot{A}_{t,irr}$

F 1.5.1.3 Exergieverlust

Wärme hat bei höherer Temperatur eine größere Arbeitsfähigkeit oder Exergie. Wird Wärme von einer höheren Temperatur T_1 auf eine niedrigere Temperatur T_2 übertragen, dann wird ihre Exergie geringer, d.h. der Vorgang bedeutet einen Exergieverlust $Ex_v(Q)$. Durch den Ablauf irreversibler Vorgänge wird
- Entropie produziert $\dot{S}_{irr} > 0$,
- Exergie verloren $Ex_v(Q) = Ex(Q(T_1)) - Ex(Q(T_2)) > 0$,
- Energie entwertet (aber nicht vernichtet!).

F 1.5.2 Kältemaschine bei $T_0 = $ const.

Von einer Kältemaschine KM (s. Bild F 1-6) wird bei einer Temperatur $T_0 < T_u$ die Kälte Q_0 angeboten, d.h. die Wärme Q_0 aufgenommen.
 Unter Bezug auf den 1. und 2. Hauptsatz können Zu- und Abnahme von Energie und Entropie bilanziert werden und damit kann die Mindestarbeit zum Betrieb einer Kältemaschine oder auch die bestmögliche Leistungszahl berechnet werden.

F 1.5.3 Abkühlanlage von T_u auf T_0

In einer Abkühlanlage wird eine Stoffmasse von der Umgebungstemperatur T_u auf eine tiefere Temperatur $T_0 < T_u$ abgekühlt. Es wäre günstig, die bei der Abkühlung abzuführende Wärme bei der entsprechenden, gleitenden Temperatur aufzunehmen. Unter Bezug auf den 1. und 2. Hauptsatz kann die Mindestarbeit berechnet werden, die zum Abkühlen der Stoffmasse erforderlich ist. Für den stationären Betrieb wird eine Energiebilanz und für den bestmöglichen, d.h. reversiblen, eine Entropiebilanz gemacht.

F 1 Einführung

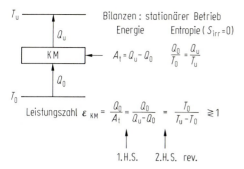

Bild F 1-6. Schema einer Kältemaschine KM, die mit technischer Arbeit A_t betrieben wird, mit Bilanzen für Energie und Entropie für stationären, reversiblen Betrieb und mit der Berechnung der bestmöglichen Leistungszahl ε. (Die Bilanzen sind mit absoluten Größen geschrieben)

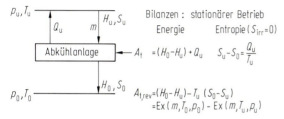

Bild F 1-7. Schema einer Abkühlanlage für die Stoffmasse m von T_u, p_u auf T_0, p_0. Die kinetische und potentielle Energie des Stoffstromes sollen sich nicht ändern. (Die Bilanzen sind mit absoluten Größen geschrieben)

Die in einer Stoffmasse steckende Arbeitsfähigkeit bezogen auf den Zustand bei Umgebungsbedingungen nennt man die Exergie einer Stoffmasse $Ex(m)$.

F 1.5.4 Wärmepumpe

In einer Wärmepumpe WP wird Wärme aufgenommen und unter Aufwand von Energie bei einer höheren Temperatur T_n als Nutzwärme Q_n angeboten. Eine bekannte Anwendung ist die mechanisch betriebene Wärmepumpe, in der Wärme Q_u von der Umgebungstemperatur T_u unter Leistung technischer Arbeit A_t auf eine höhere Temperatur T_n „gepumpt" wird und dort als Nutzwärme $Q_n = Q_u + A_t$ abgegeben wird.

In der Wärmepumpe wird Wärme von Umgebungstemperatur, bei der sie keine Arbeitsfähigkeit enthält $Ex(Q_u) = 0$, unter Zufuhr von Nutzarbeit A_t auf die Temperatur T_n „gehoben", wo sie die Arbeitsfähigkeit $Ex(Q_n) = Q_n(1 - T_u/T_n)$ besitzt. Die Mindestarbeit zum Betrieb der Wärmepumpe ist gleich der Exergiezunahme der Wärme.

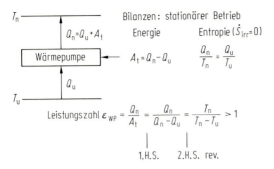

Bild F 1-8. Schema einer Wärmepumpe mit Bilanzen für Energie und Entropie für stationären, reversiblen Betrieb und Berechnung der bestmöglichen Leistungszahl ε. (Die Bilanzen sind mit absoluten Größen geschrieben)

Zur Beachtung. Zur Berechnung der beim Betrieb der Energiewandlungsmaschinen maximal gewinnbaren bzw. minimal benötigten Arbeit wurde nur auf den 1. und 2. Hauptsatz der Thermodynamik Bezug genommen. Wir sind überzeugt, daß die Hauptsätze allgemein gültig sind. Die Ergebnisse der Berechnungen müssen deshalb auch allgemein gültig sein, unabhängig von der Wahl des Prozesses, der Arbeitsmittel oder der Maschinen.

Es ist das Verdienst von Carnot (1796–1832), die Bedeutung des Wertes der Wärme erkannt zu haben und für einen aus vier Zustandsänderungen zusammengesetzten Kreisprozeß die Leistungszahl (den sogen. „Carnotwirkungsgrad") einer Wärmekraftmaschine berechnet zu haben.

F 1.6 Reale Prozesse

Zum Betrieb von Energiewandlungsmaschinen sind spezielle, konkrete Prozesse, Maschinen, Arbeitsmittel und Apparate erforderlich. Da die realen Maschinen und Anlagen nicht reversibel laufen können, wird der real benötigte Aufwand größer sein als der im reversiblen Prozeß benötigte Mindestaufwand, bzw. der real gewonnene Nutzen kleiner sein als der im reversiblen Betrieb gewonnene Nutzen. Das Verhältnis der realen zur bestmöglichen Leistungszahl ist der Prozeßwirkungsgrad η_{Pr}, ein Maß für die Güte des Prozesses, der Maschine oder der Anlage.

$$\eta_{Pr} = (\varepsilon_{real}/\varepsilon_{reversibel}) < 1 \quad . \tag{F 1-4}$$

F 1.6.1 Auslegung einer Anlage

Für die Auslegung eines Prozesses, speziell eines Kälteprozesses, werden ausgehend von den Spezifikationen für Kühlleistung Q_0, Kühltemperatur T_0 und Umgebungstemperatur T_u ein geeignetes Verfahren und geeignete Arbeitsmittel ausgewählt.

Die Anzahl der Stoffe, die im Bereich der Klima- und Kältetechnik als Arbeitsmittel geeignet sind, ist verhältnismäßig klein (s. Tabelle F 1-1).

Tabelle F1-1. Geeignete Stoffe für die Klima- und Kältetechnik

Bezeichnung	Chemische Formel	Molmasse gmol^{-1}	Tri-Punkt K	Normalsiedepunkt Temperatur K	Normalsiedepunkt Flüssig.-dichte kg/m³	Kritischer Punkt Temperatur K	Kritischer Punkt Druck bar	Kritischer Punkt Dichte kg/m³
R 11	CCl_3F	137,40	162,1	296,8	1479	471,1	44,0	556
R 12	CCl_2F_2	120,90	115,1	243,3	1362	385,1	41,6	558
R 12 B 1	$CClF_2Br$	165,40	112,1	269,1	1825	427,7	43,4	719
R 13	$CClF_3$	104,50	92,1	191,6	1521	301,9	38,6	581
R 13 B 1	CF_3Br	148,90	105,1	215,3	1990	340,1	93,8	745
R 22	$CHClF_2$	86,50	113,1	232,3	1410	369,1	49,9	513
R 23	CHF_3	70,01	117,9	191,1	1457	298,9	48,2	526
R 32 [a]	CH_2F_2	52,02	137,0	221,4	1215	351,5	58,3	430
R 113	$C_2Cl_3F_3$	187,40	238,1	320,7	1411	487,2	34,1	576
R 114	$C_2Cl_2F_4$	170,90	179,1	276,6	1428	418,8	32,6	583
R 125 [a]	CF_3CHF_2	120,02	170,0	224,6	1515	339,4	36,3	572
R 143 a [a]	CH_3CF_3	84,04	161,8	225,8	1176	346,2	38,1	434
R 134 a [a]	CF_3CH_2F	102,03	172,0	247,0	1375	374,2	40,6	515
R 152 a	CHF_2CH_3	66,05	156,0	249,0	1011	386,4	45,2	368
R 124	$CHClFCF_3$	136,47	74,0	261,1	1472	395,6	36,3	560
R 142 b	CH_3CClF_2	100,49	142,0	263,9	1193	410,2	42,5	435
R 123	$CHCl_2CF_3$	152,93	166,0	301,0	1456	456,9	36,7	550
R 502	$CHClF_2/C_2ClF_5$	111,60	113,1	227,5	1482	355,3	40,8	562
RC 318	C_4F_8	200,00	231,1	267,1	1534	388,4	28,0	625
Ammoniak [a]	NH_3	17,00	195,1	239,7	535	405,5	113,5	235
Wasser	H_2O	18,00	273,1	373,1	958	647,3	221,2	314
Kohlendioxyd	CO_2	44,00	216,6	194,6	1187	304,1	73,8	460
Äthan	C_2H_6	30,10	89,8	184,5	548 (183 K)	305,3	48,9	208
Propan [a]	C_3H_8	44,10	86,0	230,9	582 (230 K)	369,9	42,5	222

[a] Bemerkung: In die Atmosphäre entwichene chlorierte Kohlenwasserstoffe tragen zum Treibhauseffekt und zur Zerstörung der Ozonschicht bei. Deshalb müssen die Produktion und auch die Benutzung chlorierter Kohlenwasserstoffe eingestellt werden. Als Kältemittel für Kompressionskreisläufe bleiben die fluorierten Kohlenwasserstoffe, Ammoniak und Propan.

Dann werden Zustandspunkte, Mengen- und Energiebilanzen berechnet. Aus den Berechnungen ergeben sich die Betriebsvariablen: die Temperaturen T, die Drücke p, evtl. die Konzentrationen x, die Massen m bzw. Massenströme $\dot{m}$, die zu übertragenden Energien Q oder A_t bzw. die Leistungen $\dot{Q}$ oder $\dot{A}_t$.

Eine Prozeßberechnung kann für eine bestimmte Zustandsänderung oder für stationären Betrieb, auf die Zeit bezogen, gemacht werden (im folgenden werden Angaben für bestimmte Zustandsänderungen gemacht).

Zur Durchführung der Berechnungen müssen Kenntnisse und Erfahrungen vorliegen, erstens über die im gewählten Prozeß geeigneten Zustandsänderungen (Verdichtung, Entspannung, Drosselung, Erwärmung, Verdampfung, Abkühlung, Verflüssigung) und zweitens über die Eigenschaften der Arbeits- bzw. Kältemittel.

F 1.7 Ermittlung der Stoffdaten

F 1.7.1 Thermodynamische Eigenschaften

Die Eigenschaften von Stoffen, die nur vom gegenwärtigen Zustand, jedoch nicht von der Vorgeschichte abhängig sind, werden Zustandsgrößen genannt. Als

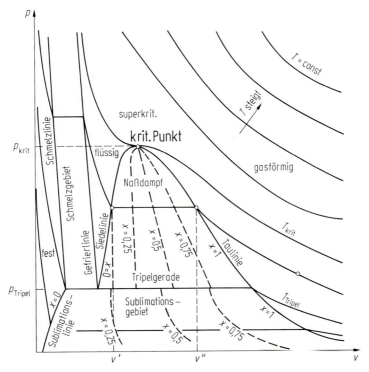

Bild F 1-9. Schematisches p,v-Diagramm mit Isothermen, Phasengrenzkurven und Kurven konstanten Dampfgehaltes $x = m'/(m'+m'')$, wobei m' die Masse des Dampfes mit m'' die Masse der Flüssigkeit bedeuten

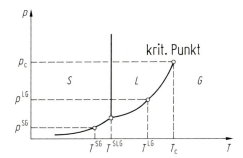

Bild F 1-10. Schematisches p, T-Diagramm eines reinen Stoffes mit den Sättigungsdruckkurven oder Koexistenz-Kurven oder Phasenübergangskurven. S fest, L flüssig, G gasförmig,
p^{LG} Dampfdruck T^{SG} Sublimationstemperatur
T^{LG} Siedetemperatur T_c kritische Temperatur
T^{SLG} Tripelpunkt-Temperatur p_c kritischer Druck
p^{SG} Sublimationsdruck

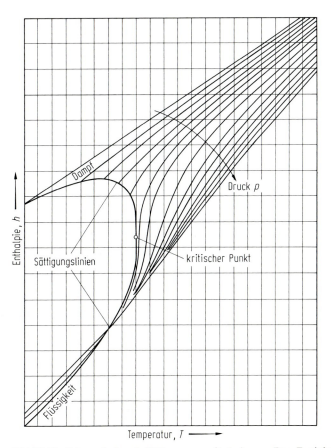

Bild F 1-12. Schematisches h, T-Diagramm mit Isobaren. Das Zweiphasengebiet ist abgegrenzt durch die Siede- und Taulinie (Sättigungslinien)

Grundlage zu den verfahrenstechnischen Berechnungen sollten folgende spezifische, d. h. auf die Masse m bezogene Zustandsgrößen als Funktion der Temperatur T, des Drucks p und gegebenenfalls der Zusammensetzung x bekannt sein:

- Das spezifische Volumen $v = V/m$:
  Zur Berechnung der Größe von Behältern, Maschinen bzw. Rohrleitungen.
- Die Massendichte $\varrho = m/V$.
- Die spezifische Enthalpie $h = H/m$:
  Zur Berechnung der bei einer Zustandsänderung von einem Stoff aufgenommenen bzw. abgegebenen Energie.
- Die spezifische Entropie $s = S/m$:
  Zur Berechnung von adiabat reversiblen d.h. isentropen Zustandsänderungen und zur Berechnung der Exergien.
- Die Sättigungsgrößen, d. h. die bei Koexistenz zweier Phasen im Phasengleichgewicht vorliegenden Werte der Volumina, der Enthalpien und Entropien, des Sättigungsdruckes oder auch Dampfdruckes.

Die Basis für diese Informationen sind Messungen
- des thermischen Verhaltens, d.h. des p, v, T, x-Verhaltens,
- der kalorischen Größen, d.h. der spezifischen isobaren Wärmekapazität $c_P = (dh/dT)_P$, des Joule-Thomson-Koeffizienten $\mu_h = (dT/dp)_h$, der Verdampfungsenthalpie Δh^{LG} und der Mischungsenthalpie h^E,

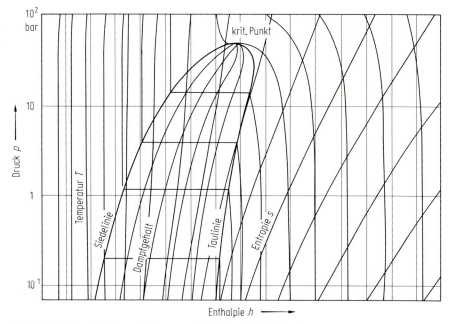

Bild F 1-13. Schematisches p, h-Diagramm (p ist logarithmisch aufgetragen) mit Isothermen, Isentropen und Kurven konstanten Dampfgehaltes im zweiphasigen Gebiet

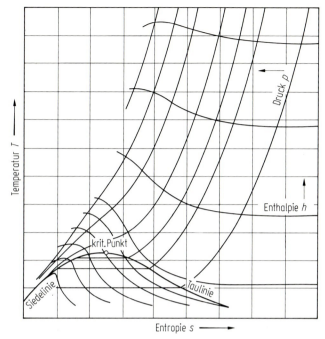

Bild F 1-14. Schematisches T,s-Diagramm mit Isobaren und Isenthalpen

- der Phasengleichgewichte, d. h. der Koexistenz der festen, flüssigen und gasförmigen Phasen.

Die Ergebnisse der Messungen werden registriert, ausgewertet und in Tabellen oder Diagrammen dargestellt oder durch Ausgleichsfunktionen inter- oder extrapoliert. Auf Grund molekularer Modelle und mit Hilfe der statistischen Thermodynamik können geeignete Korrelationen vorgeschlagen werden und bei einfachen Systemen makroskopische Eigenschaften aus molekularen Größen berechnet werden.

Die in der Theorie allgemeingültigen thermodynamischen Beziehungen, z. B. die Clausius-Clapeyronschen Gleichungen, gestatten die Umrechnung und Prüfung der Meßdaten.

Die üblichen Diagramme zur Darstellung thermodynamischer Zustandsgrößen sind in den Bildern F 1-9 – F 1-14 gezeigt (Bild F 1-1 im Buchdeckel).

F 2 Wichtige Kreisprozesse

Kreisprozesse können berechnet werden für eine bestimmte Masse des Arbeitsstoffes m und die entsprechenden zu übertragenden Energien Q und A_t oder pro Zeiteinheit für einen Stoffstrom $\dot{m}$ und die entsprechenden Leistungen $\dot{Q}$ und $\dot{A}_t$.

Bei der folgenden Darstellung der Zustandsänderungen in den Zustandsdiagrammen werden die Druckverluste des in den Rohrleitungen zwischen den Maschinen und Apparaten strömenden Kältemittels vernachlässigt. Die zur Übertragung von Stoffen optimalen Druckdifferenzen sowie die zur Übertragung von Wärme optimalen Temperaturdifferenzen ergeben sich aus wirtschaftlichen Optimierungen unter Berücksichtigung der Anlagen- und der Energiekosten.

Die in den Maschinen unter Arbeitsleistung adiabat ablaufenden Zustandsänderungen werden bei der thermodynamischen Berechnung reversibel, d.h. isentrop, durchgeführt. Zur Berechnung der realen irreversibel, d.h. unter Entropiezunahme stattfindenden Zustandsänderung, müssen der Typ Maschine und der aus der Erfahrung bekannte Wirkungsgrad vorgegeben sein.

F2.1 Wärmeübertragung an die Umgebung oder von der Umgebung

Beim Betrieb von Energiewandlungsanlagen wird die Umgebung als Wärmesenke bzw. als Wärmequelle verwendet. Das Wärmereservoir „Umgebung" ist entweder die Atmosphäre (direkt oder indirekt z. B. über Kühltürme), das Wasser (des Meeres, der Seen, der Flüsse) oder das Erdreich (s. Bild F2-1).

F2.2 Wärmekraftanlage

Ein sehr großer Teil der heute technisch zur Erzeugung elektrischer Energie genutzten Arbeit wird in Dampfkraftanlagen erzeugt durch Umwandlung von Heizwär-

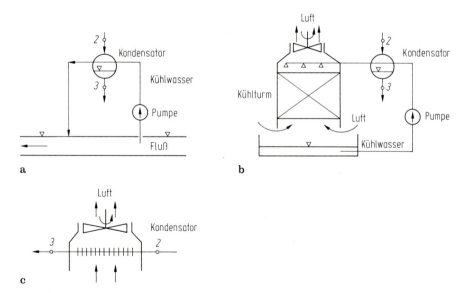

Bild F2-1. Abgabe von $Q_{23} = Q_u$ im Kondensator an die Umgebung. **a** Direkt an das aus Gewässern (See- Fluß- oder Grundwasser) entnommene Kühlwasser; **b** indirekt an die Luft durch Rückkühlung eines Kühlwasserkreislaufes; **c** direkt an die Luft im Luftkühler

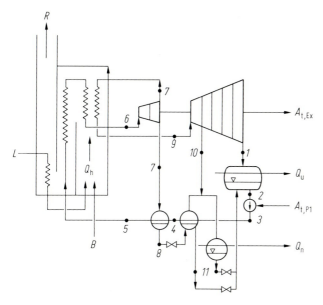

Bild F 2-2. Fließschema eines Clausius-Rankine-Prozesses, d. h. einer Dampfkraftanlage mit Zwischenüberhitzung und Abgabe von Nutzwärme Q_n (Erklärung im Text)

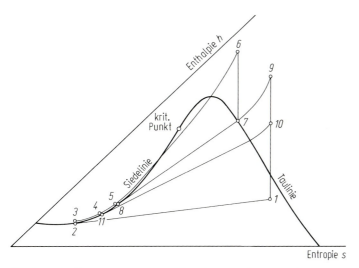

Bild F 2-3. h,s-Diagramm mit Zustandspunkten des Wasserkreislaufs

me Q_h, die bei der Verbrennung eines Brennstoffes B (Kohle, Öl oder Erdgas) mit dem in der Luft L enthaltenen Sauerstoff oder bei nuklearen Reaktionen frei wird. Die im Verbrennungsraum entstehenden heißen Abgase geben im Dampfkessel Wärme durch Strahlung, Konvektion oder Leitung ab und entweichen mit einer Temperatur von 130–170 °C als Rauchgase R in die Atmosphäre. Die Wärme wird zur Vorwärmung der Verbrennungsluft, zur Erwärmung, Verdampfung, Überhitzung und Zwischenüberhitzung des Arbeitsmittels Wasser genutzt. Die bei der adiabaten Entspannung des Frischdampfes gewonnene technische Arbeit $A_{t,Ex}$, vermindert um die Arbeit der Speisewasserpumpe $A_{t,P1}$, verglichen mit der Heizwärme Q_h, ist die Leistungszahl ε_{WKM} der Anlage. In größeren, gut optimierten Dampfkraftwerken können Leistungszahlen von 0,40 erreicht werden.

Zustandsänderungen (s. Bild F 2-2, F 2-3, F 2-4)

1-2 Isobare Kondensation bei $T_2 = T_u + \Delta T_{W\ddot{U}}$ und $p_1 = p_2 = p^{GL}(T_2)$. Abgabe der Abwärme $Q_{12} = Q_u$ an Kühlwasser. $\Delta T_{W\ddot{U}}$ ist bei der Wärmeübertragung herrschende Temperaturdifferenz.

2-3 Adiabate Druckerhöhung von p_2 auf p_3 mit der Speisewasserpumpe $P1$ unter Arbeitsleistung $A_{t,P1}$.

3-4 Vorerwärmung des Speisewassers von T_3 auf T_4 mit Kondensationswärme von Zwischendampf p_{10}.

4-5 Vorerwärmung von T_4 auf T_5 mit Kondensationswärme von Zwischendampf p_7.

5-6 Verdampfung und Überhitzung von T_5 auf T_6 im Dampferzeuger.

6-7 Adiabate arbeitsleistende Entspannung in der Hochdruckturbine von p_6 auf p_7.

7-8 Teilweise Kondensation bei p_7.

7-9 Zwischenüberhitzung im Dampferzeuger von T_7 auf T_9.

9-1 Adiabate arbeitsleistende Entspannung in der Niederdruckturbine von p_9 auf p_1.

10-11 Teilweise Kondensation bei Zwischendruck p_{10} und $T_{10} = T^{GL}(p_{10})$. Die Kondensationswärme wird zur Vorwärmung des Speisewassers benutzt.

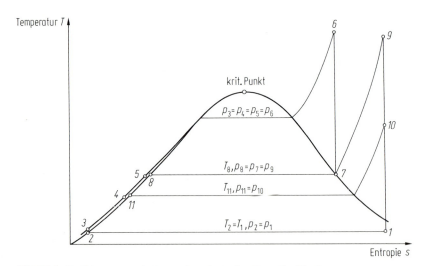

Bild F 2-4. T,s-Diagramm mit Zustandspunkten des Wasserkreislaufs

F2.2.1 Heizkraftwerk

Bei einem Zwischendruck, z. B. p_{10} und der entsprechenden Kondensationstemperatur $T_{10} = T^{GL}(p_{10}) = T_n$, kann auch die Nutzwärme Q_n nach außen abgegeben werden. Diese sog. „Wärme-Kraft-Kopplung" kann u. a. zur Gebäudeheizung angewendet werden. Ein solcher gemischter Betrieb ist günstiger als der getrennte Betrieb eines Kraftwerkes und einer Heizungsanlage.

F2.3 Kompressionskältekreisläufe

F2.3.1 Kältekreislauf mit Verdampfung und Verflüssigung

Das Kältemittel macht dabei folgende Zustandsänderungen (s. Bild F2-5):

1. Ansaugen des Kältemitteldampfes (1) mit dem Druck $p_1 = p_4 = p^{LG}(T_1)$ und adiabate (reversible) Verdichtung auf den Druck p_2 im Kompressor KP unter Arbeitsleistung $A_{t,12} = m(h_2 - h_1)$.
2. Abkühlung und Verflüssigung beim Druck $p_2 = p_3 = p^{GL}(T_3)$ = Taupunktsdruck des Kältemittels bei der Temperatur $T_3 = T_u + \Delta T_{WÜ}$ unter Abgabe der Wärme $Q_{23} = m(h_3 - h_2) = Q_u$ im Kondensator KD.
3. Adiabate, irreversible Drosselung der gesättigten Flüssigkeit 3 im Entspannungsventil EV auf den Druck p_4. Die Zustandsänderung ist isenthalp, d.h. $h_3 = h_4$, falls die Änderungen der kinetischen und potentiellen Energie des Kältemittels vernachlässigt werden können.
4. Verdampfung des Flüssiganteils beim Druck $p_4 - p_1 = p^{LG}(T_1)$ = Dampfdruck des Kältemittels bei der Temperatur $T_1 = T_0 - \Delta T_{WÜ}$ unter Aufnahme der Wärme $Q_{41} = m(h_1 - h_4) = Q_0$ im gefluteten Verdampfer VD oder im trockenen Verdampfer VD'.

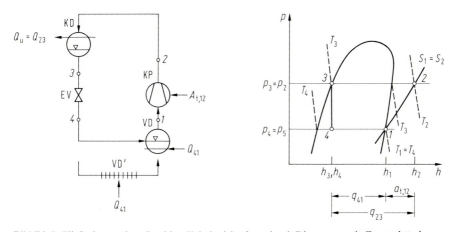

Bild F2-5. Fließschema eines Rankine-Kältekreislaufs und p, h-Diagramm mit Zustandsänderungen des Kältemittels

Die Leistungszahl für den Kreisprozeß, d.h. das Verhältnis von Nutzen zu Aufwand, läßt sich aus dem p,h-Diagramm ablesen:

$$\text{Leistungszahl } \varepsilon_{KM} = \frac{Q_{41}}{A_{t,12}} = \frac{h_1 - h_4}{h_2 - h_1}.\qquad (\text{F 2-1})$$

F 2.3.2 Kreislauf mit Joule-Thomson-Entspannung

Bei Umgebungstemperatur überkritische und deshalb nicht kondensierbare Gase können zur Kälteerzeugung verwendet werden, solange ihre Enthalpie durch Druckerhöhung genügend erniedrigt werden kann. Die durch Drosselung in einem Ventil verursachte Temperaturerniedrigung kann mit Hilfe eines Gegenstromwärmeübertragers zu tieferen Temperaturen verschoben werden. Das Kältemittel durchläuft folgende Zustandsänderungen (s. Bild F 2-6):

1. Adiabate (reversible) Verdichtung von Druck p_1 auf Druck p_2 im Kompressor KP unter Arbeitsleistung $A_{t,12} = m(h_2 - h_1)$.
2. Isobare Abkühlung von der Verdichteraustrittstemperatur T_2 auf $T_3 = T_u + \Delta T_{WÜ}$ unter Abgabe der Wärme $Q_{23} = m(h_3 - h_2) = Q_u$ an Kühlwasser im Nachkühler WÜ-1.
3. Isobare Abkühlung im Gegenstromwärmeübertrager WÜ-2 von T_3 auf T_4 durch Wärmeabgabe $Q_{34} = m(h_4 - h_3)$ an das rückströmende Niederdruckgas.
4. Isenthalpe Drosselung im Entspannungsventil EV von Druck $p_4 = p_2$ auf Druck $p_5 = p_1$, dabei Abfall der Temperatur $T_4 \to T_5$ (Joule-Thomson-Effekt).
5. Isobare Aufwärmung von T_5 auf T_6 durch Aufnahme der Wärme $Q_{56} = m(h_6 - h_5) = Q_0$.
6. Isobare Aufwärmung von T_6 auf $T_1 = T_3 - \Delta T_{WÜ}$ durch Wärmeaufnahme $Q_{61} = m(h_1 - h_6) = |Q_{34}|$.

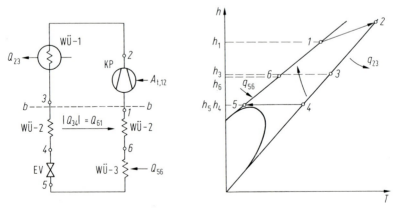

Bild F 2-6. Fließschema eines Joule-Thomson-Kreislaufs und h,T-Diagramm mit Zustandsänderungen des Kältemittels

Durch eine Gesamtenergiebilanz für den Bereich unterhalb der gestrichelten Linie b-b kann das Kälteangebot Q_0 berechnet werden

$$Q_0 = Q_{56} = m(h_6 - h_5) = m(h_1 - h_3) \ . \tag{F2-2}$$

Q_0 ist gleich dem Enthalpieunterschied zwischen dem bei hohem Druck in die Kälteanlage einströmenden und dem bei niedrigem Druck ausströmenden Kreislaufgas.

F2.3.3 Kreislauf mit arbeitsleistender Entspannung

Bei den bisher besprochenen Kreisläufen wird Wärme nach dem Prinzip der Wärmepumpe von einer tieferen Temperatur auf die Umgebungstemperatur gefördert. Bei dem Kreislauf mit arbeitsleistender Entspannung wird dem Kreislaufmittel bei tieferer Temperatur Energie entzogen, d.h. es wird bei tieferer Temperatur Kälte erzeugt.

Der Kreisprozeß besteht aus folgenden Zustandsänderungen (s. Bild F2-7) (wie im Joule-Thomson-Kreislauf jedoch Entspannung 4–5 in arbeitsleistender Maschine):

1-2 Adiabate (reversible) Verdichtung von Druck p_1 auf Druck p_2 im Kompressor KP unter Arbeitsleistung $A_{t,12} = m(h_2 - h_1)$.
2-3 Isobare Abkühlung von T_2 auf $T_3 = T_u + \Delta T_{W\ddot{U}}$ mit Kühlwasser im Nachkühler WÜ-1.
3-4 Isobare Abkühlung im Gegenstromwärmeübertrager WÜ-2 auf die Eintrittstemperatur T_4 der Expansionsmaschine.
4-5 Adiabate (reversible) Entspannung von Druck p_4 auf p_5 in der Expansionsmaschine EX unter Arbeitsleistung $A_{t,45} = m(h_5 - h_4)$.

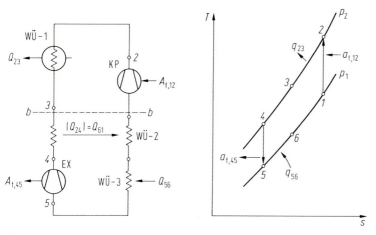

Bild F2-7. Fließschema eines Joule-Kreislaufs und T,s-Diagramm mit Zustandsänderungen des Kältemittels

5-6 Isobare Aufwärmung von T_5 auf T_6 im Wärmeübertrager unter Aufnahme der Wärme $Q_{56} = m(h_6 - h_5) = Q_0$.
6-1 Isobare Aufwärmung von T_6 auf $T_1 = T_3 - \Delta T_{WÜ}$.

Das Kälteangebot ergibt sich aus einer Gesamtenergiebilanz um den kalten Teil der Anlage unterhalb der Bilanzlinie b-b.

$$Q_0 = Q_{56} = A_{t,45} + m(h_1 - h_3) \ . \tag{F2-3}$$

F2.4 Dampfstrahlkälteanlage

Wasser eignet sich als Kältemittel, wenn die Kälte bei Temperaturen oberhalb des Gefrierpunktes von 0 °C angeboten werden soll, z. B. in Kaltwassersätzen zur Klimatisierung von Räumen. Der im Verdampfer bei wenigen mbar Druck anfallende Wasserdampf muß auf einen Druck von 30–60 mbar gefördert werden, um im Kondensator bei 25–35 °C verflüssigt werden zu können. Dazu sind Strahlapparate geeignet (s. Bild F2-8).

In der Dampfstrahlkälteanlage macht das Arbeitsmittel Wasser folgende Zustandsänderungen:

Von dem mit der Kaltwasserpumpe P-1 umgepumpten Kaltwasser (*4*) wird durch Zufuhr der Wärme Q_0 (Kälteangebot) ein Teil bei der Entspannung in den Verdampfer VD verdampft. Der Saugdampf (*1*) strömt durch die Saugdüse SD in die Mischkammer MK mit etwas niedrigerem Druck (*7*) ein.

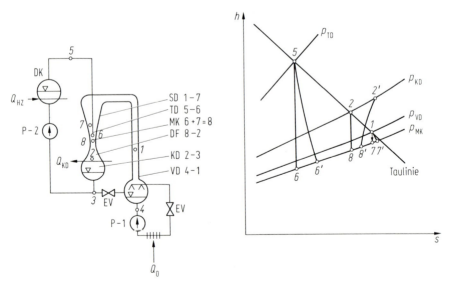

Bild F2-8. Fließschema einer Dampfstrahlkälteanlage und h,s-Diagramm mit reversiblen und irreversiblen Zustandsänderungen (Erklärung im Text)

Treibdampf (5), der bei höherem Druck entweder als Abdampf direkt verfügbar ist oder durch Heizwärme Q_{HZ} in einem Dampfkessel DK bei höherem Druck erzeugt werden kann, wird in der Treibdüse TD auf den Druck der Mischkammer entspannt und strömt mit hoher Geschwindigkeit in die Mischkammer ein (6). In der Mischkammer MK vereinigen sich Treibdampf und Saugdampf und strömen gemeinsam mit einer mittleren Geschwindigkeit in den Diffusor ein (8). Durch Erweiterung des Strömungsquerschnitts im Diffusor wird die Strömungsgeschwindigkeit verlangsamt und dadurch der Druck auf den erforderlichen Kondensatordruck erhöht (2).

Im Kondensator werden Treib- und Saugdampf verflüssigt (3) unter Wärmeabfuhr Q_{KD} an das Kühlwasser. Das Arbeitsmittel Wasser wird dann teilweise im Entspannungsventil EV in den Verdampfer entspannt (4), teilweise mit der Speisewasserpumpe P-2 in den Dampfkessel gefördert.

Die Leistungszahl $\varepsilon_{DKA} = Q_0/Q_{HZ}$ wird auch Wärmeverhältnis ξ_{DKA} genannt.

Im h,s-Diagramm sind die entsprechenden Zustandspunkte und Zustandsänderungen eingezeichnet. Aus der Berechnung der reversiblen Zustandsänderungen läßt sich die Mindesttreibdampfmenge bestimmen, die zur Förderung des Saugdampfes auf den Kondensatordruck benötigt wird. Im h,s-Diagramm sind außerdem die irreversibel ablaufenden realen Zustandsänderungen eingezeichnet. Der Wirkungsgrad von Strahlapparaten, d.h. das Verhältnis der Treibdampfmengen, die bei reversiblem bzw. bei irreversiblem Betrieb gebraucht werden, liegt bei 0,2 und darunter.

F 2.5 Absorptionskältekreisläufe

Mit einem geeigneten, möglichst hochsiedenden Lösungsmittel, kann das verdampfende Kältemittel auch beim Verdampferdruck in die flüssige Phase absor-

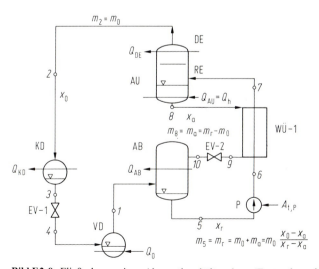

Bild F 2-9. Fließschema einer Absorptionskälteanlage (Zustandspunkte s. F 2-10)

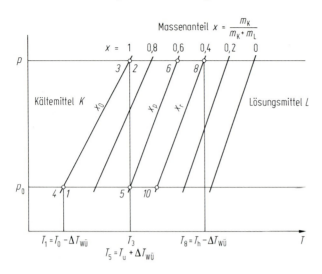

Bild F 2-10. p, T-Diagramm mit Dampfdruckkurven für Kälte-Lösungsmittelgemische konstanter Zusammensetzung x und mit Zustandspunkten des Absorptionskreislaufs (logarithmische Druckskala, reziproke Temperaturskala)

biert werden. Das in der flüssigen Lösung aufgenommene Kältemittel muß dann durch Auskochen bei höherer Temperatur und bei dem Kondensatordruck wieder vom Lösungsmittel getrennt werden.

Betriebsdrücke, Temperaturen und Konzentrationen können in einem p, T-Diagramm abgelesen werden, in denen die Dampfdruckkurven für Lösungen konstanter Zusammensetzung eingetragen sind (s. Bild F 2-10). Die bekanntesten Kältemittel-Lösungsmittel-Gemische sind Ammoniak-Wasser (für Kühlanlagen) oder Wasser-Lithiumbromid (für Kaltwasseranlagen).

In den Apparaten einer Absorptionskälteanlage spielen sich folgende Vorgänge ab (Bild F 2-9 und 10). Für jeden Apparat werden die Energie- und Massenbilanzen aufgestellt.

Drosselventil EV-1

Das im Kondensator KD verflüssigte Kältemittel (*3*) wird im Entspannungsventil EV-1 auf den Verdampferdruck entspannt (*4*).

Massenbilanz: $m_3 = m_4$ (F 2-4)

Energiebilanz: $h_3 = h_4$. (F 2-5)

Verdampfer VD

Im Verdampfer VD verdampft das Kältemittel vollständig unter Aufnahme der Wärme Q_0 (Kälteangebot).

Massenbilanz: $m_3 = m_4 = m_1 = m_0$ (F 2-6)

$$x_3 = x_4 = x_1 = x_0 = 1 \;.$$ (F 2-7)

Energiebilanz: $Q_{VD} = m_0(h_1 - h_4) = Q_0 \;.$ (F 2-8)

Absorber AB

Das verdampfte Kältemittel (*1*) tritt in den Absorber AB ein und wird dort in der armen Lösung (*10*) absorbiert. Die dabei freiwerdende Lösungswärme Q_{AB} wird an das Kühlwasser abgegeben. Die bei dem Absorberdruck und der Temperatur $T_5 = T_u + \Delta T_{WÜ}$ gesättigte reiche Lösung mit der Kältemittelkonzentration x_r wird aus dem Absorber mit der Lösungspumpe P unter der Arbeitsleistung $A_{t,P}$ in den Austreiber gepumpt.

Massenbilanz: $m_0 + m_a = m_r$ (F 2-9)

Kältemittelbilanz: $m_0 x_0 + m_a x_a = m_r x_r \;.$ (F 2-10)

Der Unterschied zwischen den Konzentrationen der reichen und armen Lösung $x_r - x_a$ wird Entgasungsbreite genannt.

Energiebilanz: $Q_{AB} = m_0 h_1 + m_a h_{10} - m_r h_5 \;.$ (F 2-11)

Lösungspumpe P

Mit der Lösungspumpe wird die reiche Lösung vom niedrigen Druck, der im Verdampfer und Absorber herrscht, auf den hohen Druck, der im Kondensator und Austreiber herrscht, gefördert.

Energiebilanz: $A_{t,P} = m_r v_r (p_6 - p_5) = m_r (h_6 - h_5)$ (F 2-12)

v_r spezifisches Volumen der Lösung .

Wärmeübertrager WÜ-1

Die etwa mit Umgebungstemperatur vom Absorber kommende reiche Lösung wird in einem Gegenstromwärmeübertrager vorgewärmt mit Wärme von der armen Lösung, die mit hoher Temperatur den Austreiber verläßt. Die arme Lösung wird dabei abgekühlt, bevor sie in dem Absorber entspannt wird.

Energiebilanz: $Q = m_r(h_7 - h_6) = m_a(h_8 - h_9) \;.$ (F 2-13)

Austreiber AU mit Dephlegmator DE

Die vorgewärmte reiche Lösung wird im Austreiber erhitzt und teilweise verdampft durch die Zufuhr von Wärme Q_{AU}, die meist durch Kondensation von Heizdampf geliefert wird. Der aus der armen Lösung auskochende Dampf muß noch rektifiziert werden, um reinen Kältemitteldampf zu erhalten. Die Anreicherung des Kältemittels geschieht im Rektifikator dadurch, daß am Kopf des Apparates im Dephlegmator durch Kühlung mit Kühlwasser ein flüssiger Rücklauf erzeugt wird. Der Austreiber muß bei dem Druck betrieben werden, der zur Kondensation des Kältemitteldampfes (2) im Kondensator bei der Kondensationstemperatur T_3 benötigt wird. Die Konzentration im armen Lösungsmittel ist bestimmt durch den Druck im Austreiber und die Temperatur im Sumpf des Austreibers $T_8 = T_{Heizdampf} - \Delta T_{WÜ}$.

Massenbilanz: $\quad m_0 = m_r - m_a$ \hfill (F 2-14)

Kältemittelbilanz: $\quad m_0 x_0 = m_r x_r - m_a x_a$ \hfill (F 2-15)

Energiebilanz: $\quad Q_{AU}$ = Heizwärme = $m_0 h_2 + m_a h_8 - m_r h_7 + Q_{DE}$.

\hfill (F 2-16)

Kondensator KD

Im Kondensator wird das Kältemittel verflüssigt bei der Temperatur $T_3 = T_u + \Delta T_{WÜ}$ unter Abgabe von Wärme Q_{KD} an das Kühlwasser.

Energiebilanz: $\quad Q_{KD} = m_0 (h_3 - h_2)$. \hfill (F 2-17)

Für die Gesamtanlage gilt die Energiebilanz:

$$Q_{VD} + Q_{AU} + A_{t,P} = Q_{AB} + Q_{KD} + Q_{DE} \ . \tag{F 2-18}$$

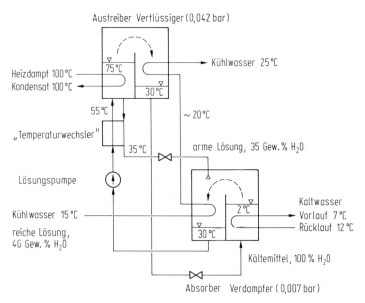

Bild F 2-11. Fließschema einer Absorptionskälteanlage H_2O-LiBr mit Angabe der Betriebsgrößen

Überschlägig läßt sich sagen

$$Q_0 \approx Q_{VD} \approx Q_{KD} \approx Q_{AB} \approx Q_{AU} - Q_{DE} \ . \qquad (F\,2\text{-}19)$$

Zur Rückkühlung des Kaltwassers in Klimaanlagen werden meist mit Wasser-Lithiumbromid betriebene Absorptionsanlagen benutzt. Die beiden Betriebsdrücke sind gleich den Dampfdrücken des Kältemittels Wasser bei der Verdampfertemperatur $1-5\,°C$ bzw. bei der Kondensatortemperatur $25-35\,°C$. Bei der konstruktiven Gestaltung der Apparate ist es üblich, einerseits Austreiber und Verflüssiger und andererseits Absorber und Verdampfer in einem Behälter unterzubringen (s. Bild F2-11).

Die Leistungszahl einer Absorptionskälteanlage $\varepsilon_{AKA} = Q_{VD}/Q_{AU}$ wird auch Wärmeverhältnis ζ_{AKA} genannt. Der Betrieb von Dampfstrahl- oder Absorptionskälteanlagen ist besonders günstig, wenn billiger Heizdampf verfügbar ist.

Ist billiger Abdampf vorhanden, dann können die komplizierte Absorptionskälteanlage bzw. die wenig effektive Dampfstrahlkälteanlage vorteilhaft sein.

F3 Wärmepumpen und Wärmetransformatoren

In Kälteanlagen wird Energie in Form von Wärme bei Temperaturen unterhalb der Umgebung aufgenommen und bei höherer Temperatur an die Umgebung abgegeben. Mit Hilfe derselben Kreisläufe kann Wärme auch bei höheren Temperaturen „nach oben gepumpt werden".

F3.1 Kompressionswärmepumpe

Unter Aufwand technischer Arbeit kann praktisch beliebig viel aus der Umgebung bei der Temperatur T_u kostenlos verfügbare Wärme bei einer höheren Temperatur T_n als Nutzwärme $Q_n = Q_u + A_t$ angeboten werden. Die Leistungsziffer der Wärmepumpe ist von den Betriebstemperaturen abhängig (s. Bild F1-8). Kompressionswärmepumpen können mit Elektromotoren oder Verbrennungskraftmaschinen angetrieben werden. Sie können zur Gebäudeheizung eingesetzt werden, indem Wärme aus der Umgebung, d.h. aus der Luft, dem Erdreich oder aus Flußläufen entnommen und auf die zur Heizung erforderliche Temperatur „gepumpt" wird.

F3.1.1 Beispiel: Kompressionskreisläufe zur Heizung eines Wohnhauses im Winter und zur Kühlung eines Wohnhauses im Sommer (s. Bild F3-1)

Beim Winterbetrieb wird ein Rankine-Kreislauf verwendet, um mit Wärme aus der Umgebung Q_u das Haus zu heizen, d.h. die durch die Wände an die Umgebung abgeleitete Wärme Q_v mit Heizwärme Q_h zu ersetzen, um die Raumtemperatur $T_r > T_u$ konstant zu halten. Die Wärme Q_u wird aus der Umgebung (der Luft, dem

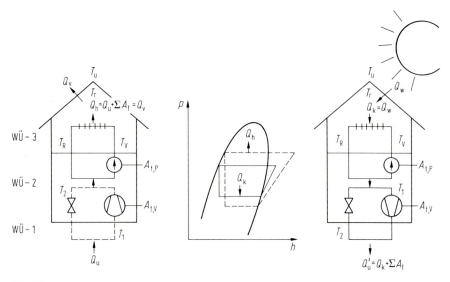

Bild F 3-1. Kompressionskreisläufe zur Heizung eines Wohnhauses im Winter und zur Kühlung eines Wohnhauses im Sommer (Zahlenbeispiel Tabelle F 3-1)

Tabelle F 3-1. Betriebsangaben für die Wärmepumpe bzw. die Kühlanlage in Bild F 3-1, wobei ε: Leistungszahl = Nutzen/Aufwand; $\eta_{s,KP}$: isentroper Wirkungsgrad des Verdichters; η_{PR}: Gesamtwirkungsgrad des Prozesses

	Heizbetrieb	Kühlbetrieb
T_u [°C (K)]	0 (273)	30 (303)
T_r [°C (K)]	20 (293)	20 (293)
$\varepsilon_{rev,außen}$	14,6	29,3
T_V [°C (K)]	50 (323)	5 (278)
T_R [°C (K)]	40 (313)	10 (283)
T_2 [°C (K)]	60 (333)	40 (313)
T_1 [°C (K)]	−10 (263)	−5 (268)
$\varepsilon_{rev,innen}$	4,7	6,0
Kältemittel	R 12	R 12
p_1 [bar]	2,2	2,5
p_2 [bar]	14	9,5
$\eta_{s,KP}$	0,66	0,66
ε_{real}	1,8	3,1
η_{PR}	0,38	0,52

Erdreich oder einem Gewässer) an das Arbeitsmittel übertragen, das im Verdampfer bei einer Temperatur $T_1 < T_u$ bei niedrigem Druck p_1 verdampft. Die nach Kompression auf einen höheren Druck bei der Temperatur T_2 angebotene Kondensationswärme des Arbeitsmittels wird nicht direkt in den zu heizenden Raum übertragen, sondern im Wärmeübertrager WÜ-2 zum Aufwärmen des Heizwasserkreislaufes und der Rücklauftemperatur T_R auf die Vorlauftemperatur T_v verwendet. Ein unabhängiger Wasserkreislauf ist vorteilhaft, um erstens im Bedarfsfalle auch mit üblichen Brennstoffen heizen zu können und zweitens, um den zur Verteilung der Wärme im Haus eingerichteten Kreislauf nicht für den hohen Druck des Arbeitsmittels auslegen und abdichten zu müssen. Da im gesamten System die Wärme dreimal übertragen werden muß, sind dreimal Temperaturdifferenzen erforderlich. Obwohl zwischen Raum- und Umgebungstemperatur nur ein Temperaturunterschied von im Beispiel 20 °C besteht, muß schließlich mit dem Arbeitsmittel der Temperaturunterschied zwischen T_2 und T_1 von im Beispiel 70 °C bewältigt werden. Die unter Berücksichtigung aller Irreversibilitäten erreichbare reale Leistungszahl ist deshalb bedeutend geringer als die auf Grund des geringen Temperaturunterschiedes zwischen T_r und T_u berechnete bestmögliche Leistungszahl.

Beim Sommerbetrieb wird die aus der Umgebung durch die Wände und Fenster in das Haus übertragene Wärme Q_W mit Hilfe eines Rankine-Kreislaufes wieder aus dem Haus „gepumpt" und als Wärme Q'_u wieder an die Umgebung (Luft, Gewässer) abgegeben. Um die Raumtemperatur T_r konstant zu halten, muß laufend Wärme Q_k vom Kaltwasserkreislauf aufgenommen werden, der sich dabei von T_V auf $T_R < T_r$ erwärmt. Der Kaltwasserkreislauf wird abgekühlt durch Wärmeübertragung an das Kältemittel, das bei einer Temperatur $T_1 < T_V$ verdampft. Der Kältemitteldampf wird komprimiert, so daß er bei einer Temperatur $T_2 > T_u$ kondensiert werden kann, um dabei die Wärme Q'_u an die Umgebung abzugeben.

F 3.2 Heizung von Gebäuden mit Hilfe von Wärmepumpen

Bei der Entscheidung über die Art der Beheizung von Gebäuden sollte der Bedarf an Primärenergie beachtet werden.

Im folgenden Vergleich soll der Primärenergiebedarf für eine konventionelle Ölheizung (I), eine elektrisch betriebene Wärmepumpe (II) und eine dieselmotorbetriebene Wärmepumpe mit Abwärmenutzung (III) berechnet werden. Die für Energiewandlungsvorgänge charakteristische Leistungszahl ε und der für Energieübertragungsvorgänge charakteristische Wirkungsgrad η werden in Bild F 3-2 angegeben. Die Berechnung ist durchgeführt für einen Heizwärmebedarf von 100 kW.

Der Vergleich zeigt, daß im Fall (III) eine Einsparung an Primärenergie möglich ist, die sich jedoch wegen der hohen Investitions- und Wartungskosten für den Benutzer nicht bezahlt macht.

F 3.3 Wärmetransformatoren mit Absorptionskreisläufen

Ein Absorptionskreislauf wird betrieben mit Energie, die als Heizwärme Q_h angeboten wird. Die Wahl der Temperaturen, bei denen Wärme aufgenommen und abgegeben wird, bestimmt den Einsatz des Absorptionssystems. Die sehr geringe Arbeit $A_{t,p}$, die zum Antrieb der Lösungspumpe erforderlich ist, wird in den Energiebilanzen vernachlässigt.

250 F Thermodynamische Grundlagen der Kältetechnik

ölgefeuerter
NT-Heizkessel

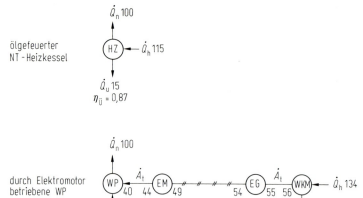

durch Elektromotor
betriebene WP

durch Dieselmotor
betriebene WP

Bild F 3-2. Vergleich des primären Heizwärmebedarfs verschiedener Heizsysteme bezogen auf den Nutzwärmebedarf $\dot{Q}_n = 100$ kW (ε_W = Leistungszahlen bei Energiewandlung, $\eta_\ddot{u}$ = Wirkungsgrade bei Energieübertragung).

F 3.2.1 Kälteanlagen

Bei einer Temperatur $T_0 < T_u$ wird die Wärme Q_0 (als Kälteangebot) aufgenommen. Die Wärme $Q_u = Q_0 + Q_h$ wird an die Umgebung bei der Temperatur T_u abgegeben.

F 3.2.2 Wärmetransformator zur Erhöhung der Quantität der Heizwärme Q_h

Bei Umgebungstemperatur T_u wird „kostenlos" die Wärme Q_u aufgenommen, zu der Heizwärme Q_h addiert und als Nutzwärme $Q_n = Q_h + Q_u$ bei einer Nutztemperatur $T_n < T_h$ angeboten.

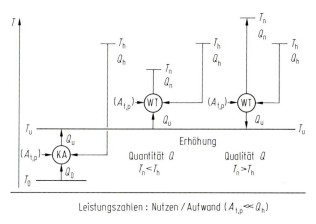

$$\varepsilon_{KA} = \frac{Q_0}{Q_h} \qquad \varepsilon_{WT} = \frac{Q_n}{Q_h} > 1 \qquad \varepsilon_{WT} = \frac{Q_n}{Q_h} < 1$$
$$T_0 < T_u < T_h \qquad T_h > T_n > T_u \qquad T_n > T_h > T_u$$

Energiebilanzen, stationär, $A_{t,p}$ vernachlässigt

$$Q_u = Q_0 + Q_h \qquad Q_n = Q_u + Q_h \qquad Q_n = Q_h - Q_u$$

Entropiebilanzen, reversibel, $\dot{S}_{irr} = 0$

$$\frac{Q_u}{T_u} = \frac{Q_0}{T_0} + \frac{Q_h}{T_h} \qquad \frac{Q_n}{T_n} = \frac{Q_u}{T_u} + \frac{Q_h}{T_h} \qquad \frac{Q_n}{T_n} = \frac{Q_h}{T_h} - \frac{Q_u}{T_u}$$

bestmögliche Leistungszahl, reversibel

$$\frac{Q_0}{Q_h} = \left(1 - \frac{T_u}{T_h}\right)\bigg/\left(\frac{T_u}{T_0} - 1\right) \quad \frac{Q_n}{Q_h} = \left(1 - \frac{T_u}{T_h}\right)\bigg/\left(1 - \frac{T_u}{T_n}\right) \quad \frac{Q_n}{Q_h} = \left(1 - \frac{T_u}{T_h}\right)\bigg/\left(1 - \frac{T_u}{T_n}\right)$$

Beispiele ε_{rev} mit $T_u = 300\,\text{K}$, $T_h = 350\,\text{K} = 77\,°\text{C}$

$T_0 = 260\,\text{K} \quad \varepsilon = 0{,}93 \qquad T_n = 325\,\text{K} \quad \varepsilon = 1{,}43 \qquad T_n = 390\,\text{K} \quad \varepsilon = 0{,}62$

Bild F 3-3. Absorptionsanlagen als Kälteanlagen oder als Wärmetransformatoren. Fließschema und Bilanzen (mit absoluten Größen) für kontinuierlichen und reversiblen Betrieb

F 3.2.3 Wärmetransformator zur Erhöhung der Qualität der Heizwärme Q_h

Bei einer Nutztemperatur $T_n > T_h$ wird die Nutzwärme $Q_n = Q_h - Q_u$ angeboten. Die Erhöhung der Qualität erfordert, daß ein Teil der Heizwärme Q_h als Abwärme Q_u an die Umgebung abgegeben werden muß.

Die bestmöglichen Leistungszahlen für die drei verschiedenen Anwendungsmöglichkeiten können aus Energie- und Entropiebilanzen berechnet werden, die aus Bild F 3-3 ersichtlich sind.

Zum Betrieb des Absorptionskreislaufes sind bei den Wärmeübertragungsproblemen endliche Temperaturdifferenzen (5–15 K) notwendig. Infolge dieser unvermeidlichen Irreversibilitäten ist die reale Leistungszahl niedriger. Bei wirtschaftlich optimaler Auslegung sind Prozeßwirkungsgrade von 0,5–0,7 üblich.

F4 Feuchte Luft

Zur Berechnung der Zustandsänderungen beim Kühlen und Erwärmen, beim Befeuchten und Entfeuchten sowie beim Mischen müssen die Eigenschaften des Luft-Wasser-Gemisches bekannt sein bei üblichen Umweltbedingungen $-20 < t\,[°C] < 40$ mit $99\,000 < p\,[Pa] < 101\,300$. In einem Luft-Wasser-Gemisch kann die trockene Luft ($O_2 = 21$, $Ar = 1$, $N_2 = 78$ Vol.%) als die eine Komponente L und Wasser (H_2O) als die zweite Komponente W betrachtet werden. Einzelne Wassermoleküle sind in der Luft als Wasserdampf verteilt, jedoch nicht in beliebig hoher Konzentration. Wird die Sättigung erreicht, dann kondensiert zusätzliches Wasser zuerst in kleinen Tröpfchen (Flüssignebel) oder unterhalb des Gefrierpunktes in kleinen Kristallen (Eisnebel). Bei höherer Übersättigung fällt das Wasser aus als Regen oder Schnee.

F 4.1 Zustandsgrößen feuchter Luft (Mollier-Diagramm)

Die wichtige zur Berechnung benötigte Information über ein Luft-Wassergemisch läßt sich im rechtwinkligen t,x- und schiefwinkligen h,x-Diagramm übersichtlich darstellen und ablesen (s. Bild F 4-1, s. Tafel im Buchrücken).

F 4.2 Bedeutung und Berechnungsgrundlage wichtiger Größen

T [K]   Absolute Temperatur in Kelvin

t [°C]   Temperatur in Grad Celsius, wobei $T\,[K] = t\,[°C] + 273{,}15$. In der Klimatechnik ist es üblich, die Temperatur in Grad Celsius anzugeben (s. Ordinate Bild F 4-1).

t_f [°C]   Feuchttemperatur. Im Gebiet ungesättigter Luft ist t_f die niedrigste Temperatur, die sich bei adiabater Verdunstung von Wasser bis zu $\varphi = 100\%$ einstellen könnte.

p [Pa]   Druck = Kraft/Fläche. Es sind noch zahlreiche andere Einheiten üblich, z. B. 1 bar = 1000 mbar = 100 000 Pa = 1000 hPa = 0,987 Atm = 750 Torr = 750 mmHg = 10 197 mm H_2O. Innerhalb der normalen atmosphärischen Luftdruckschwankungen ($= 20$ Torr) kann der Einfluß im h,x-Diagramm vernachlässigt werden.

p_W [Pa]   Teildruck des Wassers.

p_L [Pa]   Teildruck der Luft, $p = p_L + p_W$.

p_S [Pa]   Sättigungs- oder Dampfdruck des flüssigen Wassers, abhängig von der Temperatur $p_S(t)$. Der Dampfdruck des Wassers kann im t,x-Diagramm am oberen Rand abgelesen werden, ausgehend von der Sättigungstemperatur an der Sättigungslinie $\varphi = 100\%$ entlang $x = $ const.

m [kg]   Masse, wobei m_L = Masse der trockenen Luft
                     m_W = Masse des dampfförmigen Wassers.
                     m_W'' = Masse des flüssigen Wassers.

x [g/kg]   Wassergehalt der Luft bezogen auf trockene Luft $x = m_W/m_L$ (s. Abszisse Bild F 4-1).
x_S [g/kg]   Wassergehalt gesättigter Luft, maximaler Wassergehalt abhängig von der Lufttemperatur $x_S(t)$.
φ [−]   Relative Luftfeuchte
$\varphi = x/x_S = p_W/p_S$, oft wird φ auch in % angegeben.
$\varphi < 1$ ungesättigte Luft $p_W < p_S$, $x < x_S$
$\varphi = 1$ gesättigte Luft $p_W = p_S$, $x = x_S$.
$\varphi > 1$ übersättigte Luft mit Nebel oder Eis
$\varphi = \infty$ reines Wasser.
V [m³]   Gesamtvolumen, $V = V_L + V_W$.
v [m³/kg]   Spezifisches Volumen $v = V/m$. Unter den Umgebungsbedingungen kann die trockene und feuchte Luft als ein ideales Gasgemisch betrachtet werden und das p, v, T, x-Verhalten mit einfachen Gleichungen beschrieben werden.

$$pV = mR_iT \quad \text{oder} \quad z = \frac{pv}{R_iT} = 1 \tag{F 4-1}$$

mit $R_i = R/M_i$

$$p_W = m_W R_W T/V = \varphi p_S \tag{F 4-2}$$

$$= xp/(0{,}622 + x) \quad \text{wobei } 0{,}622 = M_W/M_L$$

$$p_L = m_L R_L T/V = p - p_W . \tag{F 4-3}$$

Die Isochoren $v = \text{const.}$ im t, x-Diagramm beziehen sich auf die Masse der trockenen Luft m_L, d. h.

$$v = (V_L + V_W)/m_L = (0{,}622 + x) R_L T/p \tag{F 4-4}$$

nimmt mit steigendem Wassergehalt x zu.

ϱ [kg/m³]   Massendichte $\varrho = m/V = 1/v$.
h [kJ/kg]   Spezifische Enthalpie ungesättigter, feuchter Luft, bezogen auf trockene Luft (s. schiefwinklige Isenthalpen in Bild F 4-1).

$$h = h_{L+x} = (m_L h_L - m_W h_W)/m_L = h_L + x h_W . \tag{F 4-5}$$

Im idealen Gas ist h vom Druck unabhängig, d. h. $h = h(t)$. Im beschränkten Temperaturbereich sind die spezifischen Wärmekapazitäten und die Verdampfungswärme von Wasser konstant, und zwar

$$c_{p,L} [\text{kJ/(kgK)}] = 1{,}00 \tag{F 4-6}$$

$$c_{p,W} [\text{kJ/(kgK)}] = 1{,}86 \tag{F 4-7}$$

$$c_W [\text{kJ/(kgK)}] = 4{,}19 \tag{F 4-8}$$

$$r_W [\text{kJ/(kgK)}] = 2500 . \tag{F 4-9}$$

Im h, x-Diagramm wird festgelegt für $t = 0\,°\text{C}$, $h_L = 0$ und $h''_W = 0$. Somit sind die Enthalpien als Funktion der Temperatur und des Wassergehaltes berechenbar

$$h = (c_{p,L} + xc_{p,W})t + xr_W \qquad \text{(F4-10)}$$

$$h\,[\text{kJ/kg}] = (1{,}00 + 1{,}86\,x\,[\text{g/kg}])(t\,[^\circ\text{C}] + 2500\,x\,[\text{g/kg}]) \,. \qquad \text{(F4-11)}$$

F4.3 Zustandsänderungen im h,x-Diagramm

Vorgänge bei der Klimatisierung von Luft können im h,x-Diagramm übersichtlich dargestellt und berechnet werden. An drei typischen Beispielen soll die Benutzung des h,x-Diagrammes demonstriert werden.

F4.3.1 Beispiel 1: Abkühlen und Erwärmen

Feuchte Luft $t = 20\,^\circ\text{C}$, $\varphi = 60\%$ (Pkt. 1) wird abgekühlt auf $t = 4\,^\circ\text{C}$ und wieder angewärmt auf $20\,^\circ\text{C}$, nachdem das kondensierte Wasser abgezogen wurde.

Die Zustandspunkte und -änderungen sind in Bild F4-2 und die Zustandsgrößen in Tabelle F4-1 eingetragen.

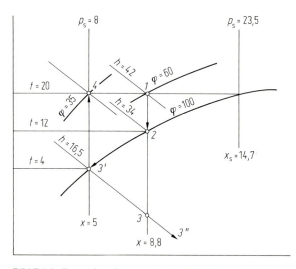

Bild F4-2. Zustandsänderungen beim Abkühlen und Erwärmen im h,x-Diagramm

Tabelle F4-1. Werte der Zustandsgrößen in Bild F4-2

Pkt. Nr.	t °C	x g/kg	x^S g/kg	p_S mbar	p_W mbar	φ %	h kJ/kg	m_L kg	m_W kg	ϑ m³/kg
1	20	8,8	14,7	23,4	14	60	42	1,000	0,0088	0,843
-2	12	8,8	8,8	14	14	100	33	1,000	0,0088	0,82
3'	4	5	5	8,1	8,1	100	16,5	1,000	0,005	0,791
3"	4					∞	16,8		0,0038	0,001
3	4	8,8	5	8,1	8,1		16,56	1,000	0,0088	
4	20	5	14,7	4,8	14	0,35	32,8	1,000	0,005	0,837

Beim Abkühlen der feuchten Luft von 20 °C (1 → 2) nimmt die relative Feuchte bis zu einer Sättigung $\varphi = 100\%$ bei 12 °C zu. Beim weiteren Abkühlen nimmt der Wassergehalt in der gesättigten Luft ab (2 → 3'), während das überschüssige Wasser zu Nebel (3") kondensiert. Der Mischpunkt $3 = 3' + 3''$ liegt im übersättigten Gebiet. Wird die gesättigte Luft von 4 °C auf 20 °C angewärmt (3' → 4), nimmt die relative Feuchte ab bis auf $\varphi = 35\%$.

F 4.3.2 Beispiel 2: Mischen

7,06 kg feuchte Luft $t = 24\,°C$, $\varphi = 70\%$ (1) werden gemischt mit 2,94 kg feuchter Luft $t = 4\,°C$, $\varphi = 90\%$ (2) zu 10 kg feuchte Luft (3) (s. Bild F 4-3 und Tabelle F 4-2).

Aus der Gesamtbilanz

$$m_3 = m_1 + m_2 \qquad (F\,4\text{-}12)$$

der Wasserbilanz

$$m_3 = m_1 x_1 + m_2 x_2 \qquad (F\,4\text{-}13)$$

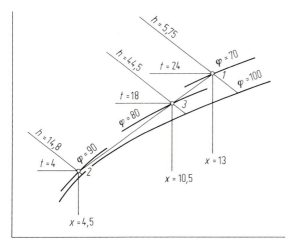

Bild F 4-3. Zustandsänderungen beim Mischen im h,x-Diagramm

Tabelle F 4-2. Werte der Zustandsgrößen in Bild F 4-3

Pkt. Nr.	t °C	x g/kg	x^S g/kg	p_S mbar	p_W mbar	φ %	h kJ/kg	m_L kg	m_W kg	ϑ m³/kg
1	24	13	18,8	29,6	20,5	70	57,5	7,06	0,091	0,86
2	4	4,5	5	8	7,2	90	15	2,94	0,014	0,79
3	18	10,5	13	20,8	17	80	45	10,00	0,105	0,84

256 F Thermodynamische Grundlagen der Kältetechnik

und der Energiebilanz

$$m_3 h_3 = m_1 h_1 + m_2 h_2 \tag{F4-14}$$

ergibt sich

$$\frac{x_1 - x_3}{x_3 - x_2} = \frac{m_2}{m_1} = \frac{h_1 - h_3}{h_3 - h_2} = \frac{\overline{13}}{\overline{23}}. \tag{F4-15}$$

Der Mischpunkt 3 liegt auf der Verbindungsgerade 1-2 und teilt die Strecke 1-2 im Verhältnis der Mengen m_2 zu m_1.

F 4.3.3 Beispiel 3: Befeuchten der Luft mit Wasser

Ein Sonderfall des Mischens ist das adiabate Befeuchten von Luft m_L (1) mit dampfförmigem Wasser $\Delta m'_W$ oder flüssigem Wasser $\Delta m''_W$ (s. Bild F 4-4 und Tabelle F 4-3).

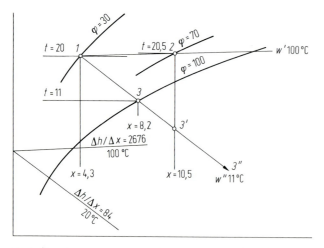

Bild F 4-4. Zustandsänderungen beim Befeuchten der Luft mit dampfförmigem oder flüssigem Wasser im h, x-Diagramm

Tabelle F 4-3. Werte der Zustandsgrößen in Bild F 4-4

Pkt. Nr.	t °C	x g/kg	x^S g/kg	φ %	h kJ/kg	m_L kg	m_W kg	
1	20	4,3	14,7	30	31,5	1,000	0,0043	
$\Delta m'_W$	100	6,2	–		2676	–	0,0062	
m'	20,5	10,5	15	70	47,5	1,000	0,0105	
$\Delta m''_W$	20	6,2			84			
m''	11	10,5	8,2	>1	32	1,000	0,0105	
m''_L	11	8,2	8,2	1	32	1,000	0,0082	gesättigt
m''_W	11	2,3	–		46	–	0,0023	Nebel

Aus der Wasserbilanz

$$m_L x_1 = \Delta m_W = m_L x_m \qquad \text{(F4-16)}$$

und der Energiebilanz

$$m_L h_1 - \Delta m_W h_W = m_L h_m \qquad \text{(F4-17)}$$

ergibt sich der Wassergehalt im Mischpunkt

$$x_m = x_1 + \frac{\Delta m_W}{m_L} \qquad \text{(F4-18)}$$

und die Gleichung der Mischgeraden

$$\frac{h_m - h_1}{x_m - x_1} = \frac{\Delta h}{\Delta x} = h_W \qquad \text{(F4-19)}$$

deren Steigung am Randmaßstab im Diagramm Bild F4-1 abzulesen ist.

F4.3.4 Beispiel 4: Befeuchten mit Dampf

1 kg Luft $t = 20\,°C$, $\varphi = 30\%$ (Pkt. 1) wird mit gesättigtem Wasserdampf $\Delta w' = 6,2$ g, $t = 20\,°C$, $h = 2672$ kJ kg^{-1} (aus der Wasserdampftafel abgelesen) befeuchtet. Der Mischpunkt $t = 20,5\,°C$, $\varphi = 70\%$ (Pkt. 2) liegt auf der Mischgeraden der Steigung $\Delta h/\Delta x = h_W = 2676$ kJ kg^{-1} und $x = 4,3 + 6,2 = 10,5$ g kg^{-1}.

Ist das zugemischte Wasser flüssig, $t = 20\,°C$, $h = 20 \cdot 4,18 = 84$ kJ kg^{-1}, dann liegt der Mischpunkt (Pkt. 3*) $t = 11\,°C$ im übersättigten Gebiet auf der Mischgeraden der Steigung $\Delta h/\Delta x = h''_W = 84$ kJ kg^{-1} und der senkrechten Linie $x = 10,5$ g kg^{-1}. Es entsteht gesättigte Luft $t = 11\,°C$, $\varphi = 100\%$ (Pkt. 3) mit Nebel $t = 11\,°C$, $\varphi = \infty$ (Pkt. 3'' in Richtung der Feuchttemperatur 11°C).

G Wärme- und Stoffübertragung

Werner Kast

G1 Wärmeübertragung

G 1.1 Einführung

Der Begriff Heizungs- und Klimatechnik beinhaltet, daß Energie – zu einem wesentlichen Anteil in Form von fühlbarer Wärme – einem Raum zugeführt oder aus einem Raum abgeführt werden soll. Die hierbei auftretenden Vorgänge des Wärmetransports sind sehr vielfältig. So wird z.B. von einem Energieträger (Warmwasser, Dampf oder Luft) Wärme in einem Heizgerät an dessen Heizflächen abgegeben, von dort an die Raumluft und die umgrenzenden Wände des Raumes an die Außenwände und Fenster und durch diese hindurch letztlich an die Außenluft transportiert. Das gleiche gilt für den umgekehrten Vorgang der Wärmezufuhr aus der umgebenden Außenluft oder durch Sonnenstrahlung an den Raum. An diesen Vorgängen sind in jeweils unterschiedlichem Maße
– die Wärmestrahlung
– die Wärmeleitung
– der Wärmeübergang

beteiligt. Bei den Vorgängen der Luftaufbereitung ist daneben auch die Wärmeübertragung bei Verdampfung und Kondensation von Bedeutung. Soweit ihre Gesetzmäßigkeiten für die Berechnung von heiz- oder raumlufttechnischen Anlagen benötigt werden, sollen ihre Grundlagen hier dargestellt und die Berechnungsgleichungen abgeleitet werden. Es ist klar, daß durch diese Beschränkung nur ein kleiner und sehr spezieller Ausschnitt aus der Vielzahl der Wärmeübertragungsprobleme behandelt werden kann.

G 1.2 Die Wärmestrahlung

G 1.2.1 Grundlagen

Aufgrund der relativ niedrigen Temperaturen und den im allgemeinen nur schwachen Luftbewegungen in einem Raum besitzt die Wärmestrahlung einen hohen Anteil an der gesamten Wärmeübertragung.

Als Wärmestrahlung bezeichnet man die Energieübertragung durch elektromagnetische Wellen mit Wellenlängen zwischen 0,8 µm und 800 µm, auch Infrarot –

(IR) – Strahlung genannt. Strahlung kürzerer Wellenlängen, z. B. Sonnenstrahlung mit einem Intensitätsmaximum im Bereich des sichtbaren Lichts, tragen zur Wärmestrahlung nur indirekt bei, wenn diese kurzwellige Strahlung beim Auftreffen auf eine Oberfläche absorbiert wird und die dabei freiwerdende Energie zur Erwärmung und in ihrer Folge zu einer Wärmestrahlung führt. Die Einteilung der Strahlung nach ihren Wellenlängen gibt Tabelle G 1-1 an. Die Abhängigkeit der Strahlung von der Temperatur und der Wellenlänge zeigt Bild G 1-1. Man entnimmt dieser Darstellung, daß bei den in einem beheizten Raum auftretenden Tem-

Tabelle G 1-1. Einteilung der Strahlung nach [22]

Wellenlängen λ	Bezeichnung
$<0,05$ pm	Höhenstrahlung
0,5 pm $\div$ 10 pm	Gammastrahlung
10 pm $\div$ 20 pm	Röntgenstrahlung
20 pm $\div$ 0,4 µm	Ultraviolette Strahlung
0,4 µm $\div$ 0,8 µm	Sichtbare Strahlung
0,8 µm $\div$ 0,8 mm	Wärmestrahlung
$>0,2$ mm	Elektrische Wellen

(1 pm = 10^{-3} nm = 10^{-6} µm = 10^{-9} mm = 10^{-12} m)

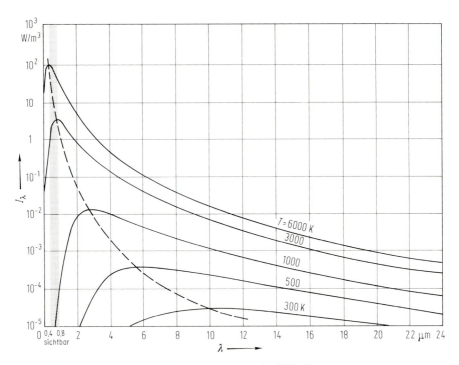

Bild G 1-1. Abhängigkeit der Strahlungsintensität von der Wellenlänge

peraturen zwischen 0 und 100 °C (273 und 373 K) das Maximum der Wärmestrahlung bei 8−10 µm liegt, während die Wellenlängen des sichtbaren Lichts 0,4−0,8 µm betragen [11, 22].

G1.2.2 Absorption, Reflexion, Durchlaß

Trifft Strahlung auf eine feste, flüssige oder gasförmige Grenzfläche, so wird ein Anteil a der auffallenden Strahlung absorbiert, ein Anteil r wird reflektiert (Reflexionszahl r) und ein Anteil d wird durchgelassen (Durchlaßzahl d). Für die drei Anteile muß gelten

$$a+r+d = 1 \; . \tag{G1-1}$$

Die Höhe der Anteile hängt bei einigen Stoffen stark von der Wellenlänge der auftreffenden Strahlung ab; es gilt dann für jede Wellenlänge λ

$$a_\lambda + r_\lambda + d_\lambda = 1 \; . \tag{G1-2}$$

Man spricht in diesem Fall von selektivem Verhalten.

Als „schwarzen Körper" bezeichnet man eine Oberfläche, an der alle auffallende Strahlung einer Strahlungsart absorbiert wird: $a = 1$, $r = 0$, $d = 0$. Als „weiß" wird eine Oberfläche bezeichnet, die keine Strahlung absorbiert: $a = 0$, $r = 1$, $d = 0$; „grau" ist eine Oberfläche, wenn das Verhältnis von Absorption und Reflexion unabhängig von der Wellenlänge konstant ist. Die optische Erscheinung einer Oberfläche im Bereich des sichtbaren Lichtes sagt also nichts aus über ihr Verhalten bei anderen Wellenlängen. So sind ein „weiß" gestrichener Heizkörper oder eine „weiß" verputzte Hauswand nahezu „schwarz" für die Wärmestrahlung.

Aus den Bildern G1-2 − G1-9 geht das Verhalten von Oberflächen charakteristischer Stoffe beim Auftreffen von Strahlung verschiedener Wellenlänge hervor [3, 79].

Bei blanken Metallen (Bild G1-2) ist für alle Wellenlängen das Reflexionsvermögen sehr groß, das Absorptionsvermögen entsprechend klein. Sind die Oberflächen aber oxidiert, so wird das Strahlungsverhalten wesentlich verändert, wie das Beispiel des eloxierten Aluminiums zeigt.

Bei Nichtleitern (Bild G1-3) hat man im Bereich des sichtbaren Lichts ein von der Farbe abhängiges Reflexions- bzw. Absorptionsvermögen, bei den Wellenlängen der Wärmestrahlung ist dagegen ihre Absorptionszahl immer relativ hoch. Die über den gesamten Wellenlängenbereich gemittelten Reflexions- bzw. Absorptionszahlen sind für einige Oberflächen in Abhängigkeit von der Temperatur T eines schwarzen Strahlers in Bild G1-4 dargestellt.

Das Reflexions- und Absorptionsverhalten in Abhängigkeit von der Wellenlänge der Strahlung kann durch Aufbringen von dünnen Schichten gezielt verändert werden [29]. Während reine polierte Metallflächen nur eine geringe Abhängigkeit der Reflexions- oder Absorptionszahl von der Wellenlänge zeigen (Bild G1-5), kann durch Interferenzschichten, z. B. aus SiO_2 auf Mg (Bild G1-6) im kurzwelligen Bereich ($\lambda < 2$ µm) eine Absorptionszahl von $a = 0{,}85$, im langwelligen Bereich ($\lambda > 2$ µm) eine Emissionszahl von $\varepsilon = (1-r) = 0{,}11$ erreicht werden. Dieser Effekt kann auch durch Aufdampfen oder Elektroplatieren von Halbleiterschichten er-

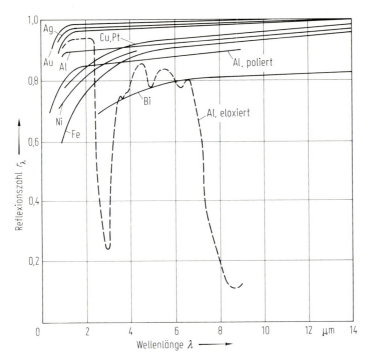

Bild G 1-2. Reflexionszahlen r_λ von Metallen [3, 79]

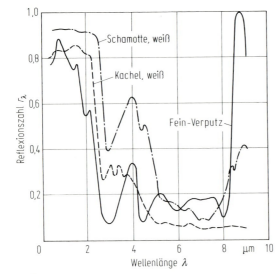

Bild G 1-3. Reflexionszahlen r_λ von nicht-metallischen Oberflächen [3, 79]

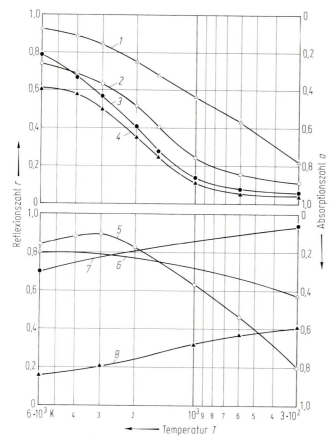

Bild G 1-4. Reflexionszahlen r und Absorptionszahlen a, fester Körper für schwarze Strahlung der Temperatur T gemittelt über alle Wellenlängen nach [3, 79]. *1* MgO, aufgedampft, *2* Lithopaneanstrich, *3* Zinkweiß auf Holz, *4* Schmelzemail, weiß, *5* Aluminium, eloxiert, *6* Aluminiumfarbe, *7* Aluminium, poliert, *8* Graphit

reicht werden, wobei Interferenz und Absorption in der Halbleiterschicht zusammenwirken. So wird z. B. mit einer zweilagigen Beschichtung von NiS–ZnS auf Ni eine Absorptionszahl von $a = 0{,}96$ und eine Emissionszahl von $\varepsilon = 0{,}07$ erreicht (Bild G 1-7). Allerdings ist diese Beschichtung empfindlich gegen Feuchte.

Ein selektives Oberflächenverhalten wird auch als „superschwarz" bezeichnet, wenn kurzwellige Strahlung verringert emittiert, langwellige Strahlung verstärkt reflektiert wird. Im Gegensatz hierzu wird die Oberfläche als „superweiß" bezeichnet, wenn sie kurzwellige Strahlung vorwiegend reflektiert und langwellige Strahlung stärker emittiert, wie dies in etwa für das Verhalten von weißen Kacheln (s. Bild G 1-3) zutrifft.

Auch Farbanstriche mit ähnlichem selektiven Verhalten befinden sich in der Entwicklung.

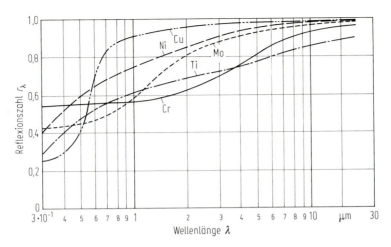

Bild G 1-5. Reflexionszahlen r_λ blanker Metalle, nach [29]

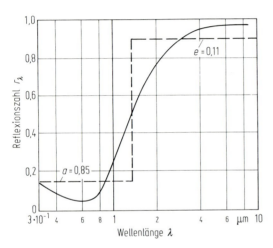

Bild G 1-6. Reflexionszahlen r_λ von SiO_2 auf Molybdän, nach [29]

Durch eine Oberflächenbeschichtung von Glasscheiben lassen sich auch die Reflexionsverluste im kurzwelligen Bereich von etwa 8 auf 1% verringern. Dies ist auch durch eine spezielle Ätztechnik der Oberfläche möglich (Bild G 1-8).

Gläser (Bild G 1-9) sollen für sichtbares Licht eine hohe Durchlässigkeit besitzen. Im Bereich der langwelligen Wärmestrahlung $\lambda > 3$ µm sinkt die Durchlässigkeit bei allen Gläsern auf nahezu Null.

Der bekannte Treibhauseffekt von Glasscheiben beruht darauf, daß die kurzwellige Strahlung durchgelassen, die langwellige Wärmestrahlung aber absorbiert wird, wodurch die Glasscheibe sich erwärmt und ihrerseits langwellige Strahlung abgibt; im langwelligen Bereich verhält sich das Glas wie ein nahezu schwarzer

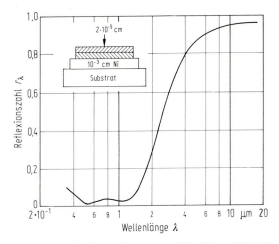

Bild G 1-7. Reflexionszahlen r_λ von NiS–ZnS auf Nickel, nach [29]

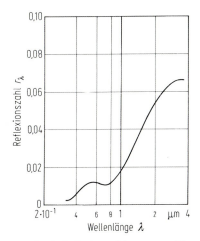

Bild G 1-8. Reflexionszahlen r_λ von Gläsern mit Antireflexionsschichten [66]

Körper. Durch eine Oberflächenbeschichtung, z. B. mit $In_2O_3 - Si_nO_2$ ist es möglich, die Reflexionszahl im langwelligen Bereich auf etwa 0,7 zu erhöhen, wodurch der Treibhauseffekt ohne die unerwünschte Erwärmung der Glasscheiben verstärkt wird. Durch Oberflächenbehandlung kann – wenn die Entwicklung dieser Technik auch noch nicht bis zur großtechnischen Anwendung ausgereift ist – Durchlässigkeit, Absorption oder Reflexion in kurz- und langwelligem Bereich gezielt den Erfordernissen des Wärmeschutzes im Sommer oder im Winter und der Solartechnik angepaßt werden.

Elementare Gase wie O_2, N_2, Edelgase oder trockene Luft sind für die Strahlung praktisch völlig durchlässig – „diatherm": $d = 1$, $a = 0$, $r = 0$. Wasserdampf

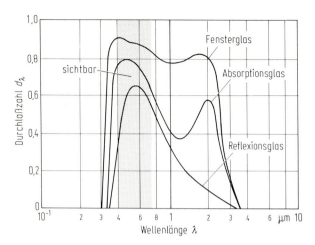

Bild G 1-9. Durchlaßzahlen d_λ verschiedener Glassorten [66]

H_2O, Kohlendioxyd CO_2, Schwefeldioxyd SO_2 und Kohlenwasserstoffe absorbieren dagegen die Strahlung in bestimmten Wellenlängen (Banden).

Die typische Absorption in einzelnen Wellenlängen-Banden bei strahlenden Gasen sei am Beispiel des Wasserdampfes gezeigt (Bild G 1-10). Die Absorption ist dabei von der Schichtdicke s und dem Dampfdruck bzw. der Temperatur bei Sattdampfdruck abhängig (s. Abschn. G 1.2.7).

Ein ausgeprägtes selektives Verhalten zeigt die Absorption in Wasserschichten (Bild G 1-11). Dieser charakteristische Verlauf gilt auch für feuchte Oberflächen und wasserhaltige Stoffe wie Kalk und Gips.

G 1.2.3 Die Strahlungsemission

Die in Bild G 1-1 dargestellte Strahlungsintensität I_λ wird bei einer vorgegebenen Temperatur T und Wellenlänge λ von einem „schwarzen Körper" entsprechend dem „Planckschen Strahlungsgesetz" ausgesandt. Das Maximum der Strahlungsintensität ist durch das „Wiensche Verschiebungsgesetz" gegeben:

$$\lambda_{max} \cdot T = 2885 \cdot 10^{-6} \, \text{mK} \, . \tag{G 1-3}$$

Die gesamte von einem schwarzen Körper bei der Temperatur T ausgestrahlte Energie E_S erhält man durch die Integration der Intensitätsverteilung über alle Wellenlängen

$$E_S = \int_{\lambda=0}^{\infty} I_\lambda \, d\lambda \, . \tag{G 1-4}$$

In der technisch üblichen Schreibweise wird diese als „Stefan-Boltzmannsches Gesetz" bekannte Beziehung in der Form

$$E_S = C_S \cdot T^4 \tag{G 1-5}$$

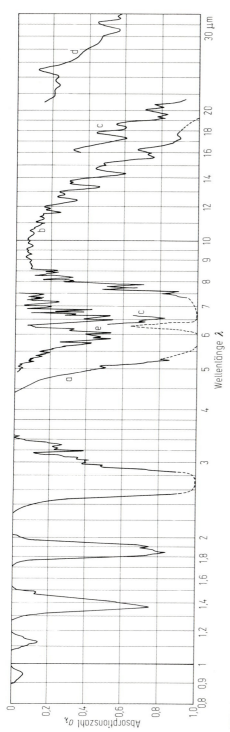

Bild G 1-10. Absorptionszahlen a_λ von Wasserdampf nach [25]; a bei 127°C, 1,09 m Schichtdicke, b bei 127°C, 1,04 m Schichtdicke, c bei 127°C, 0,324 m Schichtdicke, d bei 81°C, 0,324 m Schichtdicke, e bei 20°C, 2,20 m Schichtdicke feuchter Raumluft entsprechend 0,07 m Schichtdicke reinen Dampfes

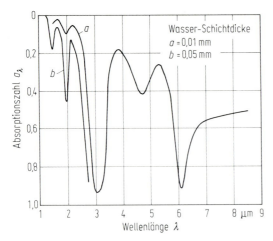

Bild G 1-11. Absorptionszahlen a_λ dünner Wasserschichten [22]

angegeben. Die Strahlungskonstante des schwarzen Körpers beträgt[1]

$$C_S = 5{,}67 \cdot 10^{-8} \text{ W/m}^2 \text{ K}^4 \;. \tag{G 1-6}$$

Ein schwarzer Körper strahlt definitionsgemäß die maximal mögliche Energie aus (über die Realisierung des schwarzen Körpers s. Abschn. G 1.2.5).

Ist die Strahlungsintensität für alle Wellenlängen um ein konstantes Verhältnis – das Emissionsverhältnis ε – reduziert, so spricht man von einem „grauen Körper". Es gilt dann für die Energieausstrahlung

$$E = \varepsilon C_S T^4 \;. \tag{G 1-7}$$

Bei den meisten festen Körpern ist es zulässig, im Bereich der Wärmestrahlung mit einem konstanten Emissionsverhältnis zu rechnen. Bei Gasen (s. Abschn. G 1.2.7) sind dagegen wegen der Emission in einzelnen Banden gesonderte Überlegungen anzustellen.

Das eingeführte Emissionsverhältnis ε gilt ferner für die gesamte Emission im Halbraum über der strahlenden Fläche. Für die Änderung der Ausstrahlung eines schwarzen oder grauen Körpers mit dem Winkel β zur Flächennormalen gilt das „Lambertsche Richtungsgesetz" (Bild G 1-12)

$$E_\beta = E_n \cdot \cos \beta \;. \tag{G 1-8}$$

Die Integration E_β über dem Halbraum mit dem Raumwinkel ω ergibt die Gesamtstrahlung, wie nach Gl. (G 1-7)

$$E = \int_{\text{Halbraum}} E_n \cdot \cos \beta \cdot d\omega = \pi E_n = \varepsilon C_S T^4 \;. \tag{G 1-9}$$

---

[1] Dieser Wert gilt nach neueren Messungen [1] als der z.Z. beste; er ist gegenüber dem bisherigen $C_S = 4{,}96 \cdot 10^{-8}$ kcal/m^2 h K^4 = $5{,}77 \cdot 10^{-8}$ W/m^2 K^4 um 1,7% kleiner.

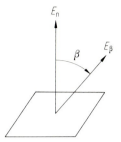

Bild G 1-12. Zum Lambertschen Richtungsgesetz

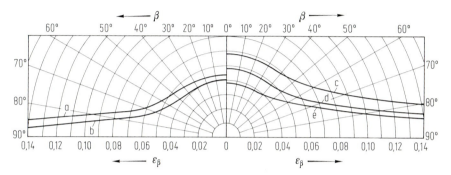

Bild G 1-13. Richtungsverteilung des Emissionsverhältnisses bei elektrischen Leitern [3, 22, 75]. *a* Nickel, poliert, *b* Nickel, matt, *c* Chrom, *d* Mangan, *e* Aluminium

Würde das Kosinusgesetz exakt gelten, müßte das Emissionsverhältnis ε vom Winkel β der Ausstrahlung unabhängig sein; es hängt aber bei elektrischen Leitern und Nichtleitern in unterschiedlicher Weise von dem Winkel β ab (Bilder G 1-13 und G 1-14).

Als Mittelwert des Verhältnisses der Emission im Halbraum ε zu der in Richtung der Flächennormalen ε_n kann man bei blanken Metalloberflächen (Leitern) $\varepsilon/\varepsilon_n = 1{,}2$, bei Nichtleitern $\varepsilon/\varepsilon_n = 0{,}98$ setzen. In Tabelle G 1-2 sind die Verhältnisse ε oder ε_n für einige Oberflächen angegeben [90].

Bei der Strahlung rauher Flächen mit Nuten, Rillen, Bohrungen u.ä. wird bei Leitern neben der Erhöhung der Emission (s. Abschn. G 1.2.5) aufgrund gegenseitiger Bestrahlung eine verstärkte Abweichung vom Kosinus-Gesetz beobachtet [31].

Aus einer Betrachtung der Emission eines Körpers und der Absorption von Strahlung an diesem Körper, die er von einem anderen erhält, ergibt sich das „Kirchhoffsche Gesetz": „Das Verhältnis des Emissionsvermögens eines Körpers zu seinem Absorptionsvermögen ist bei allen Körpern gleich und allein von der Temperatur abhängig"

$$\varepsilon = a \ . \qquad\qquad\qquad (G\,1\text{-}10)$$

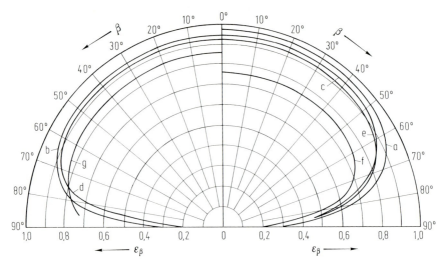

Bild G 1-14. Richtungsverteilung des Emissionsverhältnisses bei elektrischen Nichtleitern [3, 22, 75]. *a* feuchtes Eis, *b* Holz, *c* Glas, *d* Papier, *e* Ton, *f* Kupferoxyd, *g* rauher Korund

Tabelle G 1-2. Emissionsverhältnisse von Oberflächen nach [22, 90]

Oberfläche	T [K]	ε_n	ε
1. Metalle			
Aluminium, walzblank	443	0,039	0,049
–, hochglanzpoliert	500	0,039	
–, stark oxidiert	366	0,2	
Blei, grau oxidiert	297	0,28	
Bronze, 4–7% Al, poliert	422	0,03	
Chrom, poliert	423	0,058	0,071
Gold, hochglanzpoliert	500	0,018	
Kupfer, poliert	293	0,03	
–, leicht angelaufen	193	0,037	
–, schwarz oxidiert	293	0,78	
Eisen und Stahl, hochglanzpoliert	450	0,052	
–, geschmirgelt	293	0,242	
Gußeisen, poliert	473	0,21	
Stahlguß, poliert	1044	0,52	
	1311	0,56	
oxidierte Oberflächen			
Eisenblech, rot angerostet	293	0,612	
–, stark angerostet	292	0,685	
–, Walzhaut	294	0,657	
Gußeisen, oxidiert bei 866 K	472	0,64	
–, rauhe Oberfläche, stark oxidiert	331–522	0,95	
Messing nicht oxidiert	298	0,035	
–, oxidiert	473	0,61	
Silber, poliert	311	0,022	
Verzinktes Eisenblech, blank	301	0,228	
–, grau oxidiert	297	0,276	

Tabelle G 1-2 (Fortsetzung)

Oberfläche	T [K]	ε_n	ε
2. Nichtmetalle			
Asbest, Pappe	296	0,96	
–, Papier	311	0,93	
Beton, rauh	273–366		0,94
Dachpappe	294	0,91	
Gips	293	0,8 bis 0,9	
Glas	293	0,94	
Quarzglas (7 mm dick)	555	0,93	
	1111	0,47	
Gummi	293	0,92	
–, schwarz	311	0,97	
Holz, Eiche gehobelt	273–366		0,90
–, Buche	343	0,94	0,91
Kalkstein	311	0,95	
Keramik, feuerfest, weises Al$_2$O$_3$	366		0,90
Kohlenstoff, nicht oxidiert	298		0,81
	773		0,81
–, Fasern	533		0,95
–, graphitisch	373		0,76
	773		0,71
Korund, Schmirgel, rauh	353	0,85	0,84
Lacke, Farben			
Ölfarbe, schwarz	366		0,92
–, grün	366		0,95
–, rot	366		0,97
–, weiß	366		0,94
Lack, weiß	373	0,925	
–, matt schwarz	353	0,97	
Baskelitlack	353	0,935	
Mennigeanstrich	373	0,93	
Heizkörper (nach VDI-74)	373	0,925	
Emaille, weiß auf Eisen	292	0,897	
Marmor, hellgrau poliert	273–366	0,95	0,90
Papier	273	0,85	0,92
	366		0,94
Porzellan, weiß	295		0,924
Sandstein	311	0,83	
Schwarzer Samt	311	0,97	
Ton, glasiert	298		0,90
–, matt	298		0,93
Wasser	273	0,95	
	373	0,96	
Eis, glatt mit Wasser	273	0,966	0,92
–, rauher Reifbelag	273	0,985	
Ziegelstein, rot	273–366		0,93

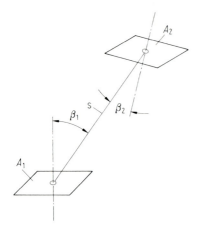

Bild G 1-15. Zum Strahlungsaustausch zwischen zwei beliebig orientierten Flächen A_1 und A_2

Dieses Kirchhoffsche Gesetz gilt nicht für die über alle Wellenlängen gemittelten Werte von ε und a, sofern $a, \varepsilon = f(\lambda)$ ist.

G 1.2.4 Der Wärmeaustausch durch Strahlung

Jede Fläche strahlt entsprechend ihrer Temperatur und ihrem Emissionsverhältnis Energie nach Gl. (G 1-4) ab. Auf eine zweite Fläche (Bild G 1-15), die von der ersten unter dem Raumwinkel ω_1 erscheint, trifft dann die Energie

$$E_1 = \int_{\omega_1} \int_{A_1} E_{Sn} \varepsilon_1 \cos \beta_1 \, d\omega_1 \, dA_1 \qquad (G\,1\text{-}11)$$

und mit

$$d\omega_1 = \frac{\cos \beta_2}{s^2} dA_2 \quad \text{und} \quad E_{Sn} = \frac{C_S}{\pi} T_1^4$$

$$E_1 = \varepsilon_1 C_S T_1^4 \frac{1}{\pi} \int_{A_1} \int_{A_2} \frac{\cos \beta_1 \cos \beta_2}{s^2} dA_1 \, dA_2 \; . \qquad (G\,1\text{-}12)$$

Entsprechend gilt für die Ausstrahlung der Fläche 2 in Richtung der Fläche 1

$$E_2 = \varepsilon_2 C_S T_2^4 \frac{1}{\pi} \int_{A_1} \int_{A_2} \frac{\cos \beta_1 \cos \beta_2}{s^2} dA_1 \, dA_2 \; . \qquad (G\,1\text{-}13)$$

Unter der Voraussetzung, daß die Flächen A_1 und A_2 eben sind und sich nicht selbst bestrahlen können (s. Abschn. G 1.2.5), wird von der Fläche 2 von der auffallenden Strahlung E_1 der Anteil $\varepsilon_2 E_1$ absorbiert, von der Fläche 1 von E_2 der Anteil $\varepsilon_1 E_2$. Unter der Annahme, daß von der auf die eine Fläche auffallenden Strahlung keine auf die andere reflektiert zurückgelangt – dies setzt kleine Winkel ω ($\Phi_{12} \to 0$) oder schwarze Flächen ($\varepsilon = 1$) voraus –, ist der durch Strahlung zwischen der Fläche 1 und 2 ausgetauschte Wärmestrom

$$\dot{Q}_{12} = \varepsilon_2 E_1 - \varepsilon_1 E_2 = A_1 C_{12} \Phi_{12}(T_1^4 - T_2^4) \, ,\qquad\text{(G 1-14)}$$

wenn man mit

$$C_{12} = \varepsilon_1 \varepsilon_2 C_S \qquad\text{(G. 1-15)}$$

den Strahlungs(austausch)koeffizienten und mit

$$\Phi_{12} = \frac{1}{\pi A_1} \int_{A_1} \int_{A_2} \frac{\cos\beta_1 \cos\beta_2}{s^2} dA_1 dA_2 \qquad\text{(G 1-16)}$$

die Einstrahlzahl der Fläche 1 auf die Fläche 2 bezeichnet.

Werden auch Reflexionen zwischen den Flächen berücksichtigt, was bei kleinen Emissionsverhältnissen notwendig sein kann, so gilt für den Strahlungskoeffizienten

$$C_{12} = \frac{\varepsilon_1 \varepsilon_2 C_S}{1-(1-\varepsilon_1)(1-\varepsilon_2)\Phi_{12} \cdot \Phi_{21}} \, . \qquad\text{(G 1-17)}$$

Aus dem Vergleich der Gln. (G 1-14) und (G 1-17) kann der maximale Fehler berechnet werden ($\Phi_{12} \cdot \Phi_{21} = 1$), der durch die Vernachlässigung der Reflexionen entstehen kann.

Aus Gl. (G 1-17) folgt für parallele gleich große Flächen (Bild G 1-16), die sehr groß sind im Verhältnis zu ihrem Abstand, $\Phi_{12} = \Phi_{21} = 1$ die Beziehung

$$C_{12} = \frac{C_S}{\dfrac{1}{\varepsilon_1} + \dfrac{1}{\varepsilon_2} - 1} \qquad\text{(G 1-18)}$$

Wird eine Fläche 1 von der anderen Fläche 2 vollständig umschlossen (Bild G 1-17), so wird bei diffuser Reflexion beider Flächen oder bei spiegelnder Reflexion der inneren und diffuser der äußeren Fläche, $\Phi_{12} = 1$

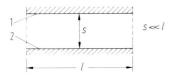

Bild G 1-16. Zum Strahlungsaustausch zwischen zwei parallelen Flächen

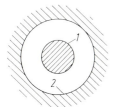

Bild G 1-17. Zum Strahlungsaustausch zwischen einander einschließenden Flächen

$$C_{12} = \frac{C_S}{\frac{1}{\varepsilon_1} + \frac{A_1}{A_2}\left(\frac{1}{\varepsilon_2} - 1\right)} \qquad \text{(G 1-19)}$$

und bei spiegelnder Reflexion der äußeren Fläche, wobei alle von A_2 ausgehenden Strahlen letztlich auf A_1 treffen (in Gl. (G 1-17) wird $\Phi_{12} = \Phi_{21} = 1$)

$$C_{12} = \frac{C_S}{\frac{1}{\varepsilon_1} + \frac{1}{\varepsilon_2} - 1} \; . \qquad \text{(G 1-20)}$$

In der Heizungstechnik liegen die Temperaturen T_1 und T_2 im allgemeinen relativ dicht beieinander; weiterhin tritt neben dem Wärmeaustausch durch Strahlung noch die Wärmeübertragung durch Konvektion auf (s. Abschn. G 1.4). Um mit den beiden Anteilen der Wärmeübertragung in einfacher Weise rechnen zu können, wird ein äquivalenter Wärmeübergangskoeffizient durch Strahlung α_R eingeführt, der auf die lineare Temperaturdifferenz zwischen A_1 und A_2 bezogen ist

$$\dot{Q}_{12} = A_1 \alpha_R (\vartheta_1 - \vartheta_2) \; . \qquad \text{(G 1-21)}$$

Durch Vergleich mit Gl. (G 1-13) erhält man

$$\alpha_R = C_{12} \Phi_{12} (T_1^2 + T_2^2)(T_1 + T_2) \qquad \text{(G 1-22)}$$

und bei Temperaturen $t_1, t_2 < 100\,°C$ mit Fehlern kleiner 2%

$$\alpha_R = 4 C_{12} \Phi_{12} T_m^3 \; , \qquad \text{(G 1-23)}$$

wobei als mittlere Temperatur $T_m = \frac{1}{2}(T_1 + T_2)$ eingeführt ist.

Für $C_{12} = C_S$ und $\Phi_{12} = 1$ kann aus Bild G 1-18 $\alpha_R = f(\vartheta_1, \vartheta_2)$ nach Gl. (G 1-22) entnommen werden. Für graue Flächen und für Anordnungen $\Phi_{12} \ne 1$ ist dieser Wärmeübergangskoeffizient noch mit den Verhältnissen C_{12}/C_S nach den Gln. (G 1-17) – (G 1-20) und mit Φ_{12} zu multiplizieren.

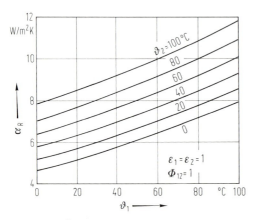

Bild G 1-18. Äquivalente Wärmeübergangskoeffizienten für Strahlung

G 1.2.5 Die Einstrahlzahl

a) Strahlung ebener oder konvex gekrümmter Flächen

Durch Gl. (G 1-16) ist die Einstrahlzahl Φ_{12} von der Fläche 1 auf die Fläche 2 definiert und kann für vorgegebene geometrische Anordnungen der Flächen berechnet werden. Für die Berechnung des Strahlungsaustausches zwischen verschiedenen Flächen sind folgende Rechenregeln nützlich:

1. Für den Austausch einer Fläche 1 mit Flächen i, die die Fläche 1 vollständig umschließen (Bild G 1-19) gilt

$$\Sigma \, \Phi_{1i} = 1. \tag{G 1-24}$$

2. Aus der Definition der Einstrahlzahl leitet sich das „Umkehrgesetz" unmittelbar ab:

$$\Phi_{12} \cdot A_1 = \Phi_{21} \cdot A_2 \,. \tag{G 1-25}$$

3. Für parallele Flächen gilt ein erweitertes Umkehrgesetz (Bild G 1-20) mit $A_1 = A_4$, $A_2 = A_3$

$$A_1 \Phi_{13} = A_4 \Phi_{42} = A_2 \Phi_{24} = A_3 \Phi_{31} \,. \tag{G 1-26}$$

Für über Eck liegende Flächen (Bild G 1-21) gilt dieses erweiterte Umkehrgesetz in der gleichen Weise. Diese Gesetze gelten auch, wenn die Flächen $A_1 - A_4$ keine gemeinsame Kante haben, sowohl bei parallelen Flächen (Bild G 1-22) als auch bei Flächen über Eck (Bild G 1-23).

4. Zerlegung einer Einstrahlzahl (Bild G 1-24) mit $A_1 = A_{1'} + A_{1''}$)

$$A_1 \Phi_{12} = A'_1 \Phi_{1'2} + A''_1 \Phi_{1''2} \,. \tag{G 1-27}$$

Für die Einstrahlzahlen bei einfachen geometrischen Anordnungen lassen sich analytische Beziehungen angeben [90]. Diese sind für parallele Kreisscheiben in Bild G 1-25, für parallele gleichgroße Flächen in Bild G 1-26 und für senkrecht aufeinanderstehende Flächen in Bild G 1-27 dargestellt (weitere Einstrahlzahlen s. [31, 65, 90]).

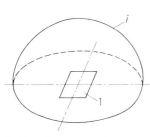

Bild G 1-19. Zum Strahlungaustausch einer Fläche 1 mit seiner Umhüllung

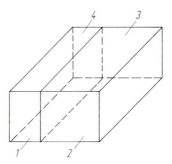

Bild G 1-20. Zum Umkehrgesetz bei parallelen Flächen

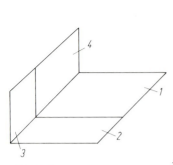

Bild G1-21. Zum Umkehrgesetz bei senkrecht aufeinanderstehenden Flächen

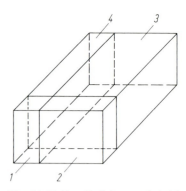

Bild G1-22. Zum Umkehrgesetz bei nicht aneinanderstoßenden Flächen

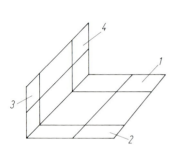

Bild G1-23. Zum Umkehrgesetz bei aneinanderstoßenden Flächen

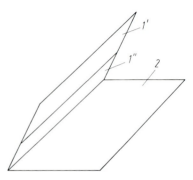

Bild G1-24. Zur Zerlegung der Einstrahlzahl

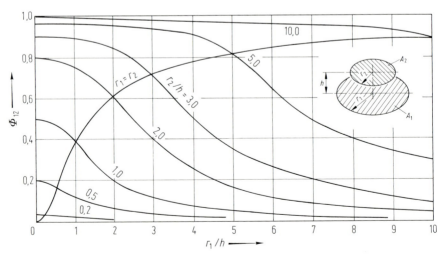

Bild G1-25. Einstrahlzahl bei parallelen Kreisscheiben

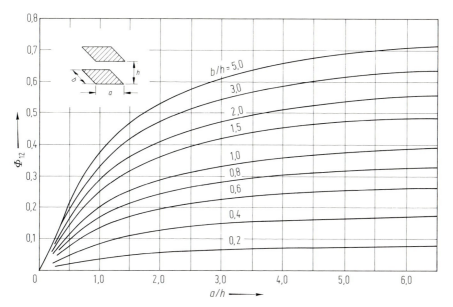

Bild G 1-26. Einstrahlzahl bei parallelen Rechteckflächen

Als Beispiel sei die Einstrahlzahl Φ_{13} für die Anordnung der Fläche 1 und 3 in Bild G 1-20 bestimmt, in dem die Beziehungen so umgeformt werden, daß die Bilder G 1-25 – G 1-27 angewandt werden können. Es wird nach Gl. G 1-27 eine Zerlegung vorgenommen

$$(A_1 + A_2)\Phi_{(1+2)(3+4)} = A_1\Phi_{14} + A_1\Phi_{13} + A_2\Phi_{23} + A_2\Phi_{24}.$$

Nach den Umkehrgesetzen Gl. (G 1-26) gilt

$$A_1\Phi_{13} = A_4\Phi_{42} = A_2\Phi_{24}.$$

Damit erhält man

$$\Phi_{13} = \frac{1}{2A_1}[(A_1+A_2)\Phi_{(1+2)(3+4)} - A_1\Phi_{14} - A_2\Phi_{23}].$$

Die Einstrahlzahlen $\Phi_{(1+2)(3+4)}$, Φ_{14}, Φ_{23} können Bild G 1-26 entnommen werden, und mit ihnen kann die gesuchte Einstrahlzahl Φ_{13} berechnet werden.

b) Strahlung aus konkav gekrümmten Flächen und aus Hohl- und Zwischenräumen

Die vorstehenden Angaben setzen voraus, daß die strahlenden Flächen eben oder konvex gekrümmt sind, so daß zwischen ihren Elementen kein Strahlungsaustausch möglich ist, $\Phi_{11} = 0$. Bei der Strahlung aus Flächen mit konkaver Krümmung, aus Nuten, Rillen, Spalten, Bohrungen etc. oder auch aus den Zwischenräumen zwischen den Gliedern eines Radiators, tritt zur direkten Ausstrahlung noch

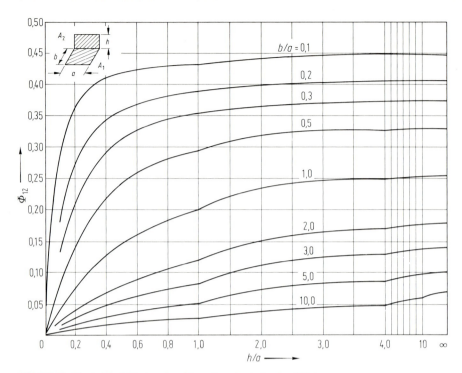

Bild G 1-27. Einstrahlzahl bei senkrecht aneinanderstoßenden Flächen

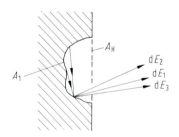

Bild G 1-28. Zur Strahlung aus Hohlräumen

die Strahlung hinzu, die nach einer oder mehrerer Reflexionen an der strahlenden Fläche zusätzlich ausgestrahlt wird [10] (Bild G 1-28).

Die Strahlungsemission einer derartigen Fläche läßt sich so berechnen, als ob die Strahlung von der Hüllfläche A_H mit einem erhöhten Emissionsverhältnis ε'_H ausgeht [31]. In Bild G 1-29 ist dieses erhöhte Emissionsverhältnis ε'_H für die Strahlung aus einem geschlossenen Hohlraum (gestrichelte Linien in Bild G 1-29) und für die Strahlung aus offenen Zwischenräumen (ausgezogene Linien), z. B. Platten, Scheiben, durchgehende Bohrungen u. ä. angegeben.

Die Einstrahlzahl Φ_{1H} läßt sich für einfache Geometrien als Funktion der Hüllfläche zur strahlenden Fläche A_H/A_1 Bild G 1-30 entnehmen.

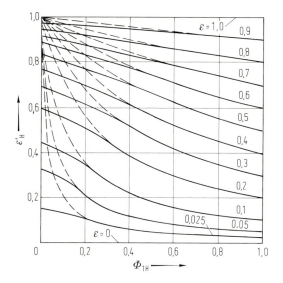

Bild G 1-29. Erhöhtes Emissionsverhältnis ε_H' für die Ausstrahlung aus Hohlräumen

Ist der Austausch der Vertiefung mit der Hüllfläche vollständig (Bohrung mit Boden, Nut, Spalt), so folgt aus

$$A_1 \cdot \Phi_{1H} = A_H \cdot 1 \qquad \Phi_{1H} = \frac{A_H}{A_1} \ . \tag{G1-28}$$

Aus diesen Überlegungen erklärt sich auch die bekannte Erscheinung, daß ein Hohlraum schwarz, d. h. als „schwarzer Körper" erscheint, und durch welche Maßnahmen ein derartiger „schwarzer Körper" zu realisieren ist.

G 1.2.6 Der Strahlungsaustausch im Raum bei Berücksichtigung mehrfacher Reflexionen zwischen den Raumflächen

Im Abschn. G 1.2.4 war der Strahlungsaustausch zwischen zwei Flächen unter verschiedenen Bedingungen angegeben. In beheizten Räumen stehen jedoch eine größere Anzahl von Flächen unterschiedlicher Temperaturen − Innenwände, Außenwand, Fenster, Heizflächen, Fußboden, Decke − untereinander im Strahlungsaustausch. Sind die beteiligten Oberflächen „schwarz", was im allgemeinen bei Baumaterialien näherungsweise zutrifft ($\varepsilon \approx 0{,}93$), so können die vorstehenden Gleichungen angewandt werden. Sind jedoch Oberflächen metallisiert, z. B. Tapeten mit Aluminiumbeschichtung oder Vorhänge aus Aluminium im Raum, so wird ein Anteil $(1-\varepsilon)$ der auf diese Flächen auffallenden Strahlung reflektiert, und gelangt auf andere Raumflächen [33].

Der Strahlungswärmestrom $\dot{Q}_i$, der von einer Fläche i ausgeht und der Wärmeaustausch $\dot{Q}_{ik}$ zwischen zwei Flächen i und k kann unter Berücksichtigung der mehrfachen Reflexionen nach der Methode des umschlossenen Raumes (Bruttomethode) berechnet werden [90].

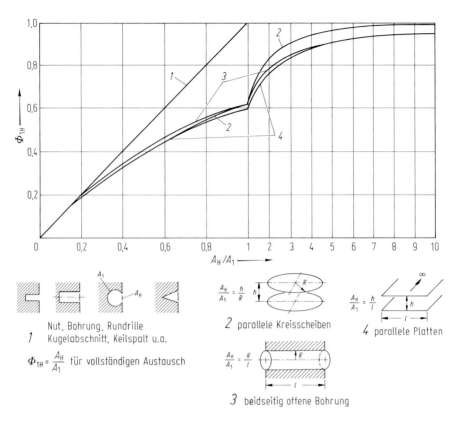

Bild G 1-30. Einstrahlzahl von Hohlräumen, Spalten u. dgl. auf die Hüllfläche

Voraussetzung dieser Methode sind „graue" Flächen, diffuse Reflexionen und über jede einzelne Fläche konstante Temperaturen und Wärmeströme.

a) Strahlungswärmestrom

Eine Fläche i emittiert selbst die Strahlung $E_i = \varepsilon_i E_{Si} = \varepsilon_i C_S T_i^4$ und empfängt von den Flächen $j = 1 \ldots n$ eine Strahlung H_i, s. Bild G 1-31. Hiervon wird an der Fläche i der Anteil $(1 - \varepsilon_i) H_i$ reflektiert und wieder an die Fläche j abgestrahlt. Die insgesamt von i abgestrahlte Energie ist dann

$$B_i = E_i + (1 - \varepsilon_i) H_i \ . \tag{G 1-29}$$

Die Größe H_i wird in Analogie zur sichtbaren Strahlung als Helligkeit bezeichnet. Diese Helligkeit setzt sich aus den Strahlungen aller Flächen j und i unter Berücksichtigung der Flächen A_j und der Einstrahlzahl Φ_{ji} zusammen, in dem für jede Fläche Gl. (G 1-29) gilt

$$A_i H_i = \sum_{j=1}^{n} A_j B_j \Phi_{ji} \ , \tag{G 1-30}$$

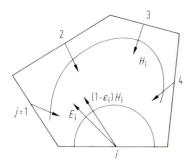

Bild G 1-31. Zum Strahlungsaustausch zwischen verschiedenen Raumflächen

oder bei Berücksichtigung der Umkehrgesetze für die Einstrahlzahlen und Gl. (G 1-25)

$$H_i = \sum_{j=1}^{n} B_j \Phi_{ij} \ . \tag{G1-31}$$

Damit erhält man mit Gl. (G 1-29) die Hauptgleichung der Bruttomethode

$$B_i = E_i + (1 - \varepsilon_i) \sum_{j=1}^{n} B_j \Phi_{ij} \ . \tag{G1-32}$$

Der von der Fläche i ausgehende Gesamtstrahlungsstrom an die umgebenden Flächen ist die Differenz zwischen Abstrahlung B_i und Zustrahlung H_i

$$\dot{Q}_i = (B_i - H_i) A_i \tag{G1-33}$$

oder durch Elimination von H_i mit Gl. (G 1-29)

$$\dot{Q}_i = \frac{\varepsilon_i}{1 - \varepsilon_i} (E_{Si} - B_i) A_i \ . \tag{G1-34}$$

Mit Gl. (G 1-32) stehen bei n Flächen auch n Bestimmungsgleichungen für die Größen B zur Verfügung, die mit bekannten Verfahren gelöst werden können.

b) Strahlungsaustausch

Will man wissen, welche Wärmemengen durch Strahlung zwischen zwei Flächen i und k ausgetauscht werden, so ist die Differenz zu bilden zwischen der von i auf k ($Q_{i \to k}$) und von k auf i ($\dot{Q}_{k \to i}$) gestrahlten Energien:

$$\dot{Q}_{ik} = \dot{Q}_{i \to k} - \dot{Q}_{k \to i} \ . \tag{G1-35}$$

Den Wärmestrom $Q_{i \to k}$ erhält man, wenn in den vorstehenden Rechnungen alle von der Temperatur der Fläche i verschiedenen Temperaturen gleich Null gesetzt werden. $Q_{i \to k}$ ist dann gleich der von der Fläche k aufgenommenen Energie Q_k:

$$\dot{Q}_{i \to k} = -\dot{Q}_k = \frac{\varepsilon_k}{1 - \varepsilon_k} (B'_k - 0) \tag{G1-36}$$

und entsprechend

$$\dot{Q}_{k\to i} = -\dot{Q}_i = \frac{\varepsilon_i}{1-\varepsilon_i}(B'_i - 0) \ , \qquad (G\,1\text{-}37)$$

wobei B'_i bzw. B'_k unter der angeführten Bedingung zu berechnen ist:

$$B'_i = B_i(T_{(i \neq k)} = 0 \ ; \quad B' = B_k(T_{(k \neq i)}) = 0 \ .$$

Für den Strahlungsaustausch gilt dann

$$\dot{Q}_{ik} = A_k \frac{\varepsilon_k}{1-\varepsilon_k} B'_k - A_i \frac{\varepsilon_i}{1-\varepsilon_i} B'_i \ . \qquad (G\,1\text{-}38)$$

Es läßt sich weiterhin zeigen, daß für alle Temperaturen gelten muß

$$A_k \frac{\varepsilon_k}{1-\varepsilon_k} \frac{B'_k}{E_{Si}} = A_i \frac{\varepsilon_i}{1-\varepsilon_i} \frac{B'_i}{E_{Sk}} \ , \qquad (G\,1\text{-}39)$$

wodurch für Gl. (G 1-38) auch geschrieben werden kann

$$\dot{Q}_{ik} = A_i \frac{\varepsilon_i}{1-\varepsilon_i} \frac{B'_i}{E_{Sk}} (E_{Si} - E_{Sk}) \ . \qquad (G\,1\text{-}40)$$

Eine Anwendung auf zwei im Strahlungsaustausch stehende Flächen ergibt mit $B'_1 = (1-\varepsilon_1)B_2\Phi_{12}$, $B'_2 = E_2 + (1-\varepsilon_2)B'_1\Phi_{21}$ identisch die schon oben angegebene Gl. (G 1-17).

c) Adiabate Wand

Ist eine Wand im Raum adiabat, dann muß alle auffallende Strahlung auch wieder durch Strahlung abgegeben werden; es gilt für diese Wand $\dot{Q}_i = 0$. Nach den Gln. (G 1-33) und (G 1-34) ist dann

$$B_i = H_i = E_{Si} = \sum_{j=1}^{n} B_j \Phi_{ij} \ . \qquad (G\,1\text{-}41)$$

Hieraus errechnet sich die Temperatur der adiabaten Fläche, die also nicht vorgegeben werden darf. Sie ist auch unabhängig vom Emissionsverhältnis ε_i. Bei zusätzlicher konvektiver Wärmeübertragung an dieser Wand ist die Energiebilanz Gl. (G 1-41) entsprechend zu ergänzen.

d) Mittlere Strahlungstemperatur

Um vereinfacht den Strahlungswärmestrom, der von einer Fläche auf die Umgebung, d.h. auf die Summe der Flächen A_j, gelangt, wird oft eine mittlere Strahlungstemperatur der Umgebung T_{SU} eingeführt. Diese kann mit Gl. (G 1-40) berechnet werden, wenn man an Stelle der Temperatur der Fläche k diese mittlere Temperatur der umgebenden Fläche einführt. In dieser Betrachtungsweise ist der Wärmeaustausch Q_{iU} gleich dem Strahlungsstrom $\dot{Q}_i$, der von der Fläche i auf die umliegenden Flächen U gelangt ($\Phi_{iU} = 1$):

$$A_i \frac{\varepsilon_i}{1-\varepsilon_i} \frac{B'_i}{E_{SU}} (E_{Si}-E_{SU}) = A_i \frac{\varepsilon_i}{1-\varepsilon_i} (E_{Si}-B_i) \ . \qquad (G\,1\text{-}42)$$

Nur wenn $\varepsilon_j \to \varepsilon_U \approx 1$ gesetzt werden kann, z. B. wenn mehrfache Reflexionen zwischen den Flächen j zu einer scheinbaren Erhöhung der Emissionsverhältnisse ε_j führen (s. o. Strahlung in Hohlräumen) oder wenn das Verhältnis $A_i/\Sigma A_j = \Phi_{Ui}$ sehr klein wird, ist die Berechnung von T_{SU} einfach und zweckmäßig.

Aus Gl. (G 1-42) mit B_i und $B'_i = B_i(T_{i \neq k} = 0)$ nach Gl. (G 1-32) folgt zunächst allgemein

$$E_{SU} = C_S T_{SU}^4 = \sum_{j=1}^{n} B_j \Phi_{ij} \ . \qquad (G\,1\text{-}43)$$

Ist $\varepsilon_i = 1$, so wird mit $E_i = B_i$ Gl. (G 1-32)

$$E_{SU} = C_S T_{SU}^4 = \sum_{j=1}^{n} E_j \Phi_{ij} \ .$$

oder

$$T_{SU}^4 = \sum_{j=1}^{n} \varepsilon_j T_j^4 \Phi_{ij} \qquad (G\,1\text{-}44)$$

Ist auch für alle umgebenden Flächen $U = j$, $\varepsilon_j = 1$, so erhält man die meist angegebene Beziehung

$$T_{SU} = \sqrt[4]{\sum_{j=1}^{n} T_j^4 \Phi_{ij}} \qquad (G\,1\text{-}45)$$

mit der weiteren Näherung bei kleinen Temperaturdifferenzen

$$T_{SU} = \sum_{j=1}^{n} T_j \Phi_{ij} \ . \qquad (G\,1\text{-}46)$$

G 1.2.7 Der Strahlungsaustausch zwischen einem Gas (Atmosphäre) und einer Fläche

Von den strahlenden Gasen braucht im Rahmen der Heizungstechnik nur der Wasserdampf berücksichtigt zu werden, wenn man die Vorgänge bei der Verbrennung in den Feuerräumen der Heizkessel ausschließt.

Für den Wärmeaustausch der Gebäudeoberflächen mit der Umgebung ist dagegen die langwellige Wärmestrahlung – die sogenannte Gegenstrahlung – der Atmosphäre aufgrund ihres Wasserdampfgehaltes von Bedeutung, deren Gesetzmäßigkeiten aus den allgemeinen Beziehungen des Strahlungsaustausches zwischen einem Gas und einer Wand hergeleitet werden sollen.

Gase absorbieren und emittieren Strahlung nur in einzelnen Banden, wie Bild G 1-10 für Wasserdampf zeigt. Die Integration über alle Banden ergibt mittlere Werte für die Absorptionszahl a_G und Emissionszahl ε_G, mit denen wie bei einem grauen Körper gerechnet wird. Wegen des selektiven Verhaltens sind aber a_G und ε_G von der Temperatur abhängig.

Die im Gas absorbierte Energie ist vom Weg s der Strahlung im Gas und von der Zahl der getroffenen Moleküle, d.h. vom Partialdruck des Wasserdampfes P_D abhängig. Die Intensität der Strahlung nimmt daher gemäß dem Beerschen Gesetz als Funktion des Produktes $P_D \cdot s$ ab

$$I_\lambda = I_{\lambda 0} e^{-a_\lambda \cdot P_D \cdot s} \:, \tag{G 1-47}$$

wobei a_λ der Extensionskoeffizient ist. Die Absorptionszahl a_λ ergibt sich hieraus zu

$$a_\lambda = \frac{I_{\lambda 0} - I_\lambda}{I_{\lambda 0}} = 1 - e^{-a_\lambda \cdot P_D \cdot s} \:. \tag{G 1-48}$$

Durch Integration über alle Wellenlängen folgt die mittlere Absorptionszahl; dieselbe Gesetzmäßigkeit gilt für die Emission

$$\varepsilon_G = f(P_D \cdot s, T) \:.$$

Da das Beersche Gesetz für Wasserdampf nur näherungsweise gilt, ist noch eine Korrektur notwendig [90].

In feuchter Raumluft ist die Strahlungsabsorption durch den Wasserdampf zu vernachlässigen. Wie aus Bild G 1-10, Kurve a hervorgeht, erfolgt lediglich im Wellenlängenbereich $5 \div 8\,\mu m$ eine Absorption, außerhalb des Bereichs ist Wasserdampf diatherm.

Von der Gasstrahlung wird von einer grauen Wand mit dem Emissionsverhältnis ε_W die Energie E_G absorbiert

$$E_G = A_W C_S \varepsilon_W \varepsilon_G T_G^4 \:, \tag{G 1-49}$$

während die Strahlung der Wand E_W vom Gas absorbiert wird

$$E_W = A_W C_S \varepsilon_W a_G T_W^4 \:, \tag{G 1-50}$$

für den Strahlungsaustausch zwischen Gas und grauer Wand erhält man unter Berücksichtigung der an der Wand reflektierten Strahlung

$$Q_{WG} = A_W \frac{C_S \varepsilon_W}{1-(1-\varepsilon_W)(1-a_G)} [a_G T_W^4 - \varepsilon_G T_G^4] \:. \tag{G 1-51}$$

Wegen der Wahl der Bezugstemperaturen und der Weglängen s bei verschiedenen geometrischen Anordnungen sei auf die Literatur verwiesen.

Für den Austausch einer Wand- oder Dachfläche mit der Atmosphäre kann angenommen werden, daß alle Strahlung, die von der Wand ausgeht, in dem Gasraum absorbiert wird, $a_G = 1$; an Stelle des Emissionsverhältnisses ε_G tritt das der Atmosphäre ε_{At}, wie es Bild G 1-32 in Abhängigkeit vom Partialdruck des Wasserdampfes zeigt [7].

An Stelle der Gastemperatur tritt die Außentemperatur T_a. Damit wird der Wärmeaustausch einer Fläche mit der Atmosphäre infolge Strahlung

$$Q_{WAt} = A_W C_S \varepsilon_W [T_W^4 - \varepsilon_{At} T_a^4] \:. \tag{G 1-52}$$

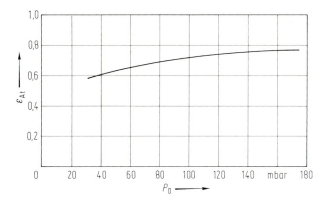

Bild G 1-32. Emissionsverhältnis der Atmosphäre

Das Emissionsverhältnis ε_{At} ist nicht nur vom Partialdruck abhängig, sondern auch von der Außentemperatur. Durch die klimatischen Verhältnisse besteht aber ein gewisser Zusammenhang zwischen Temperatur und Dampfdruck, so daß im Rahmen der Meßgenauigkeit die Darstellung von ε_{At} in Bild G 1-32 allein als Funktion des Wasserdampfpartialdruckes möglich ist.

G 1.3 Wärmeleitung

G 1.3.1 Grundgesetze der Wärmeleitung

Unter Wärmeleitung wird der molekulare Energietransport in festen und fluiden Medien verstanden, bei denen die Energie durch Schwingungen und Eigenbewegungen der Moleküle übertragen wird; die Medien als ganzes befinden sich dabei in Ruhe (im Gegensatz zur konvektiven Wärmemitführung).

Bei den für die Heizungs- und Klimatechnik interessanten Materialien tritt die Wärmeleitung in reiner Form nur in ruhenden Gasen und Flüssigkeiten und in homogenen Feststoffen auf. Bei den im allgemeinen porösen Bau- und Wärmedämmmaterialien handelt es sich um heterogene Stoffe, in deren Poren neben Wärmeleitung auch Wärmestrahlung und – bei größeren Abmessungen oder in Luftschichten – auch konvektive Wärmeübertragung auftritt. Durch den Gehalt an Feuchte eines jeden Baumaterials tritt daneben noch ein Energietransport auf, der mit der Wasserdampfdiffusion gekoppelt ist. In den Wärmeleitfähigkeiten, wie man sie den technischen Regelwerken entnimmt, sind diese Einflüsse stets eingeschlossen (s. G 1.3.6).

Nach dem Ansatz von Fourier ist die Wärmestromdichte $\dot{q}$ infolge Wärmeleitung proportional dem Temperaturgefälle in Richtung des Wärmestroms $d\vartheta/dz$ und einem Transportkoeffizienten λ, der Wärmeleitfähigkeit:

$$\dot{q} = -\lambda \frac{d\vartheta}{dz}, \qquad \text{(G 1-53)}$$

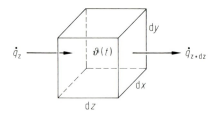

Bild G 1-33. Zur Wärmeleitung durch ein Volumenelement eines Körpers

wobei das negative Vorzeichen besagt, daß der Wärmestrom in Richtung abnehmender Temperatur erfolgt. Zu ihrer meßtechnischen Ermittlung [3] mißt man im Beharrungszustand den Wärmestrom durch eine Platte der Dicke Δz des Materials und die Temperaturdifferenz $\Delta \vartheta$ zwischen beiden Seiten der Platte.

Bei zeitlich konstanten Temperaturen ändert sich bei der Wärmeleitung durch einen Körper die im Körper gespeicherte Energie nicht. Bei zeitlich veränderlichen Temperaturen führen die Wärmeströme, die mehr in ein Element ein- als ausströmen, zu einem Temperaturanstieg und damit zu einer Erhöhung der gespeicherten Energie in dem Element (Bild G 1-33). Neben der Wärmeleitfähigkeit λ wird dieser instationäre Vorgang daher noch durch die spezifische Wärmekapazität der Volumeneinheit $c\varrho$ bestimmt. Besitzt das Volumenelement außerdem noch die Wärmequelle mit der Leistung W je Volumeneinheit, so lautet die Differentialgleichung zur Beschreibung instationärer Temperaturfelder (2. Fouriersches Gesetz):

$$\lambda \nabla^2 \vartheta = c\varrho \frac{\partial \vartheta}{\partial t} - W \ , \tag{G 1-54}$$

und nach Einführung der Temperaturleitfähigkeit

$$a = \frac{\lambda}{c\varrho} \tag{G 1-55}$$

$$\nabla^2 \vartheta = \frac{1}{a} \frac{\partial \vartheta}{\partial t} - \frac{W}{c\varrho} \ . \tag{G 1-56}$$

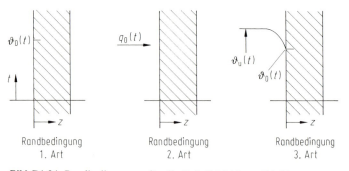

Bild G 1-34. Randbedingungen für die Dgl. G 1-54 bzw. G 1-56

Neben einer zeitlichen Anfangsbedingung sind für die mathematische Behandlung der Differentialgleichungen (G 1-56) bzw. (G 1-55) zwei Randbedingungen vorzugeben. Bei diesen werden unterschieden (Bild G 1-34):

Randbedingung 1. Art: $\vartheta_0 = \vartheta_0(t)$ d. h., die Temperatur an der Oberfläche ist vorgegeben;

Randbedingung 2. Art: $-\lambda \dfrac{\partial \vartheta}{\partial z}\bigg|_0 = \dot{q}(t)$ d. h., der Wärmestrom an der Oberfläche ist vorgegeben;

Randbedingung 3. Art: $-\lambda \dfrac{\partial \vartheta}{\partial z}\bigg|_0 = \alpha(\vartheta_0(t) - \vartheta_U(t))$ d. h., an der Oberfläche ist der Wärmestrom durch einen Wärmeübergangswiderstand $1/\alpha$ (s. Abschn. G 1-4) und die Umgebungstemperatur $\vartheta_U(t)$ bestimmt.

Wegen der allgemeinen Lösung dieser Differentialgleichung muß auf die Literatur verwiesen werden [4, 58, 86]. Lediglich zwei wichtige Beispiele sollen in den Abschnitten G 1.3.8 und G. 1.3.9 behandelt werden.

G 1.3.2 Die Wärmeleitfähigkeit fester, flüssiger und gasförmiger Stoffe

Bei allen technischen Berechnungen wird die Wärmeleitfähigkeit in erster Näherung als konstant angesehen bzw. es wird ein für den betrachteten Bereich der Temperatur, des Druckes und der Feuchte geeigneter Mittelwert eingesetzt. In der Tabelle G 1-2 sind für feste Stoffe, Flüssigkeiten und Gase die physikalischen Größen der Wärmeleitfähigkeit, Dichte, spez. Wärme, Temperaturleitfähigkeit und des Wärmeeindringkoeffizienten angegeben. Für Berechnungen zum Wärmebedarf nach DIN 4701 oder zum Wärmeschutz nach DIN 4108 sind die Rechenwerte der Wärmeleitfähigkeiten nach DIN 4108, Tl 4 zu verwenden, die die hygroskopische Feuchte, Fugenanteile u. ä. berücksichtigen.

G 1.3.3 Die Wärmeleitfähigkeit trockener, poriger Stoffe

Trockene, porige Stoffe stellen ein Gemenge aus festen Bestandteilen und Luft dar. Der Feststoffanteil hat stets eine höhere Leitfähigkeit als Luft. Dabei unterscheiden sich die Stoffe sowohl hinsichtlich der Mengen bzw. Volumenverhältnisse von Luft und Feststoff, als auch hinsichtlich der Verbindung der gut leitenden Feststoffteilchen in Richtung des Wärmeflusses. Da die Wärmeleitfähigkeit der Feststoffe bis zu einem Faktor 10^4 größer ist als diejenigen der Luft, ist der Bereich, in dem die Wärmeleitfähigkeiten der porigen Stoffe liegen, außerordentlich groß. Um den Einfluß der Porosität ψ abschätzen zu können, kann man zwei Grenzfälle annehmen:

1. Sind die Feststoffanteile der Wärmeleitfähigkeit λ_S gut leitend mit den anderen verbunden (gesinterter, geschmolzener oder gegossener Baustoff), so verringern

die Lufteinschlüsse mit der Wärmeleitfähigkeit λ_L nur den Querschnitt A für den Wärmestrom; man kann von einer parallelen Anordnung von Feststoff und Luftschichten ausgehen. Die effektive Wärmeleitfähigkeit dieser Anordnung ist

$$\lambda_I = (1-\psi)\lambda_S + \psi\lambda_L \qquad \text{(G 1-57)}$$

2. Bei faserigen Materialien ist die Verbindung zwischen Feststoffanteilen schlecht; ein solcher Stoff müßte eher einer Hintereinanderschaltung von Feststoff und Lichtschichten entsprechen. Hierfür beträgt die effektive Wärmeleitfähigkeit

$$\lambda_{II} = \frac{1}{\dfrac{1-\psi}{\lambda_S} + \dfrac{\psi}{\lambda_L}} \; . \qquad \text{(G 1-58)}$$

Geht man von einer Wärmeleitfähigkeit des Feststoffes von $\lambda_S = 4{,}7$ W/mK (vgl. Tabelle G 1-3, S. 89–91) und der Luft $\lambda_L = 0{,}025$ W/mK aus, so erhält man die Grenzwerte in Bild G 1-35.

Dieses Bild zeigt, wie sich die Meßergebnisse an trockenen, porigen Stoffen innerhalb der durch die gedachten Extremfälle gesetzten Grenzen gruppieren. An der unteren Grenze des empirischen Bereiches liegen folgende Stoffarten:
1. Gepulverte und körnige Stoffe, deren Leitfähigkeit so lange praktisch unabhängig von der Korngröße ist, als die Strahlung in den Poren vernachlässigbar ist,
2. faserige Stoffe, deren Fasern senkrecht zum Wärmestrom liegen. Bei solchen Stoffen, bei denen der dämmende Einfluß der Luft am stärksten ist (also pulve-

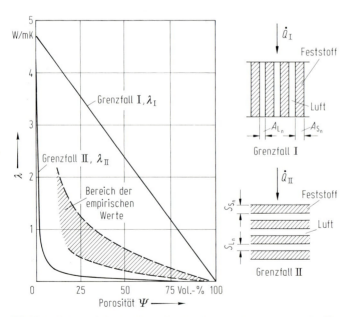

Bild G 1-35. Grenzfälle der Wärmeleitfähigkeit trockener, poröser Stoffe

Tabelle G1-3. Wärmetechnische Stoffwerte für einige Feststoffe, Flüssigkeiten und Gase

Stoff	ϑ [°C]	ϱ [kg/m³]	c [J/kg K]	λ [W/m K]	$a \cdot 10^6$ [m²/s]	$\sqrt{\lambda c \varrho}$ [kJ/(m² K)$\sqrt{s}$]
Metalle						
Aluminium	20	2700	920	221	88,90	23,4
Blei	20	11340	130	35	23,61	7,2
Eisen	20	7860	465	67	18,33	15,6
Grauguß	20	7100–7300	545	42–63	–	14,0
Stahl 0,2% C	20	7850	460	50	13,89	13,4
Stahl 0,6% C	20	7840	460	46	12,78	12,9
V2A 18% Cr, 8% Ni	20	7880	500	21	5,28	9,1
Gold	20	19300	125	314	130,56	27,5
Kupfer	20	8900	390	393	133,33	36,9
Nickel	20	8800	460	58,5	14,44	15,4
Platin	20	21400	167	71	13,06	15,9
Silber	20	10500	238	458	183,33	33,8
Zink	20	7140	376	109	40,83	17,1
Zinn	20	7280	230	63	37,50	10,3
Anorganische Stoffe						
Silikastein	100	1700–2000	–	0,81–1,34	–	–
Schamottstein	100	1700–2000	835	0,46–1,16	0,33–0,69	0,9–1,3
Kesselstein	100	300–2700	–	0,08–2,20	–	–
Beton	20	1900–2300	880	0,80–1,40	0,50–0,69	1,2–1,6
Ziegelstein, trocken	20	1600–1800	835	0,38–0,52	0,28–0,36	0,7–0,9
Verputz	20	1700	200	0,79	0,58	1,04
Erdreich, grobkieselig	20	2000	1840	0,52	0,14	1,4
Sandboden	20	1600	–	1,07	–	–
Tonboden	20	1500	880	1,28	1,00	1,3
Sandstein	20	2200–2300	710	1,63–2,10	1,06–1,28	1,6–1,9
Marmor	20	2500–2700	810	2,80	1,38	2,4
Schnee (Reif)	0	200	–	0,15	–	–
Schnee (frisch)	0	100	2090	0,11	0,52	0,2
Eis	0	920	1930	2,23	1,25	2,0

Tabelle G 1-3 (Fortsetzung)

Stoff	ϑ [°C]	ϱ [kg/m³]	c [J/kg K]	λ [W/m K]	$a \cdot 10^6$ [m²/s]	$\sqrt{\lambda c \varrho}$ [kJ/(m² K $\sqrt{\text{s}}$)]
Organische Stoffe						
Gummi	20	1100	—	0,13 – 0,23	—	—
Leder	20	1000	—	0,15	—	—
Hochdruckpolyäthylen	20	900	2150	0,35	0,178	0,83
Niederdruckpolyäthylen	20	950	1800	0,45	0,267	0,87
Polypropylen	20	910	1700	0,22	0,142	0,58
Polystyrol	20	1050	1300	0,17	0,125	0,48
Polymethylmethacrylat	20	1180	1300	0,19	0,125	0,54
Polyvinylchlorid	20	1390	980	0,17	0,125	0,48
6-Polyamid	20	1130	1900	0,27	0,117	0,73
6,6-Polyamid	20	1140	1900	0,25	0,117	0,73
Polyäthylenterephthalat	20	1380	1100	0,28	0,183	0,65
Polytetrafluoräthylen	20	2200	1000	0,23 – 0,47	0,11 – 0,21	0,69 – 1,03
Polytrifluorchloräthylen	20	2100	920	0,11 – 0,23	0,06 – 0,12	0,45 – 0,66
Polyurethan	20	1200	1900	0,36	0,16	0,91
Dämmstoffe						
Korkschrot, expandiert, Korngröße ≈ 3 mm	20	37	—	0,033	—	—
Kieselgur, pulverförmig	20	54	—	0,035	—	—
Kohlensaure Magnesia pulverförmig	20	131	—	0,038	—	—
Seide, wollig	20	58	—	0,034	—	—
Seide	20	100	—	0,050	—	—
Baumwolle	20	81	—	0,055	—	—
Schlackenwolle	20	95	—	0,031	—	—
	20	119	—	0,033	—	—
Asbest, faserförmig	20	470	—	0,154	—	—
	20	702	—	0,234	—	—
Kork	20	107	—	0,037	—	—
	20	160	—	0,041	—	—
Quellgummi	20	86	—	0,033	—	—
Balsaholz	20	101	—	0,040	—	—
Sägemehl (lufttrocken)	20	190 – 215	—	0,06	—	—
Hobelspäne (lufttrocken)	20	95 – 140	—	0,06	—	—
Strohfaser	20	140	—	0,045	—	—

G1 Wärmeübertragung

Stoff	ϑ					
Sonstige Stoffe						
Paraffin	20	870–920	2100	0,24–0,29	0,14	0,67–0,78
Porzellan	20	2200–2500	790	0,83–1,05	0,51	1,16–1,47
Quarzglas	20	2210	730	1,26–1,40	1,01	1,25–1,39
Fensterglas	20	2480	700–900	1,16	0,54	1,58
Steinzeug	20	2200–3470	770–900	—	0,71	—
Asbestschiefer	20	1900	—	0,35	—	—
Asphalt	20	2100	920	0,70	0,36	1,17
Bitumen	20	1050	1800	0,17	0,089	0,57
Dachpappe, Pappe	20	1000–1200	—	0,14–0,23	—	—
Hartpappe	20	790	—	0,15	—	—
Linoleum	20	1180	—	0,13	—	—
Gummi, vulkanisiert	20	950–1200	1800–2200	0,13–0,15	0,065	0,53–0,56
Flüssigkeiten						
Wasser	20	998	4182	0,604	0,145	1,59
Methylalkohol	20	792	2495	0,202	0,102	0,69
Benzol	20	879	1729	0,144	0,095	0,47
Glycerin, wasserfrei	20	1260	2366	0,286	0,096	0,92
Maschinenöl	20	900–930	2040	0,12–0,17	0,065–0,090	0,47–0,57
Petroleum	20	730	2135	0,15	0,090	0,50
Teer	20	1200	1250	0,14	0,093	0,46
Gase (bei 1 bar)						
Luft (trocken)	0	1,275	1006	0,0241	18,8	—
	20	1,189	1007	0,0256	21,4	—
	50	1,078	1008	0,0278	25,6	—
Kohlendioxid CO_2	0	1,95	816	0,015	9,43	—
Kohlenmonoxid CO	0	1,23	1038	0,023	18,0	—
Helium He	0	0,18	5200	0,143	153	—
Wasserstoff H_2	0	0,09	14050	0,171	135	—
Argon Ar	0	1,76	519	0,016	17,5	—
Xenon Xe	0	5,78	159	0,0051	5,55	—
Wasserdampf beim	0	0,0049	1854	0,0182	2024	—
Sättigungsdruck	20	0,0173	1866	0,0194	601	—
zu ϑ	50	0,0830	1900	0,0212	134	—

rige, körnige und faserige), ist die Leitfähigkeit des Feststoffes nur von relativ geringem Einfluß. Dies erkennt man deutlich, wenn man einen für mineralische Stoffe ($\lambda_S = 4{,}7$ W/mK) gültigen Wert mit einem für Eisenfeilspäne ($\lambda_S = 50$ W/mK) gemessenen Wert vergleicht. Bei einer Porosität von 62,5% wird für Eisenfeilspäne gemessen $\Lambda = 0{,}21$ W/mK. Aus der unteren Kurve des empirischen Bereiches in Bild G 1-35 entnimmt man $\lambda = 0{,}13$ W/mK.

Je besser die Verkittung der Feststoffanteile untereinander ist, um so höher liegt die Leitfähigkeit bei gleicher Porosität und um so stärker tritt die mögliche Verschiedenheit der Leitfähigkeit der Festbestandteile in Erscheinung. Solange – wie z. B. bei Mineralien – die Dichten ϱ_S der Feststoffteilchen sich nicht allzusehr unterscheiden ($2400 < \varrho_S < 3000$), kann man jeder Porosität auch ein bestimmtes Raumgewicht zuordnen. Diese bestimmt dann weitgehend die Wärmeleitfähigkeit [4].

G 1.3.4 Der Einfluß der Temperatur

Der Einfluß der Temperatur auf die Wärmeleitung trockener, poriger Stoffe kann sowohl auf die Änderung der Wärmeleitung der Feststoffteilchen als auch auf diejenige der Porenluft zurückzuführen sein. Die letztere wird mit steigender Temperatur und wachsender Porengröße infolge Strahlung größer. Dagegen ist die Wärmeleitung in den Feststoffteilchen abhängig von der physikalischen, chemischen Struktur des Stoffes. Bei kristallinen Stoffen nimmt die Leitfähigkeit im allgemeinen mit steigender Temperatur ab, bei amorphen Stoffen wächst sie meist mit der Temperatur. Dieser Einfluß muß sich am stärksten auswirken bei porigen Stoffen von geringer Porosität und guter Verkittung der Einzelteilchen [4].

Bei porigen Stoffen von schlecht-leitendem Gefüge (pulverig, körnig, faserig) spielt die Wärmeleitung und Strahlung in den Poren die entscheidende Rolle. Der Anstieg der Leitfähigkeit des porigen Stoffes ist dann um so stärker; je größer der Luftgehalt und je größer die Poren sind.

G 1.3.5 Die Abhängigkeit der Wärmeleitfähigkeit vom Druck und von den Porenabmessungen

Die Wärmeleitfähigkeit der Luft selbst (λ_L) ist vom Druck unabhängig, da die Anzahl der Moleküle dem Druck zwar proportional ($n \sim P$) ist, ihre freie Weglänge Λ aber dem Druck umgekehrt proportional ist ($\Lambda \sim P^{-1}$). Das Verhältnis der freien Weglänge zur Porenabmessung Λ/s ist aber eine maßgebende Größe für den Übertragungsmechanismus in den Poren. Es gilt für die Abhängigkeit der Wärmeleitfähigkeit λ_{LP} von diesem Verhältnis [38, 45], wenn der Akkommodationskoeffizient 1 gesetzt werden kann:

$$\lambda_{LP} = \lambda_L \frac{1}{1 + 2\Lambda/s} \, . \tag{G 1-59}$$

Da die freie Weglänge bei Normaldruck Λ_0 etwa bei $0{,}6 \cdot 10^{-7}$ m = 0,06 µm liegt, sind Porenabmessungen $s < 10^{-5}$ m = 0,01 mm erforderlich, um die Wärmeleitfähigkeit der Luft in den Poren herabzusetzen. Derartige Verhältnisse können bei

Normaldruck nur in submikroskopisch feinen Pulvern auftreten; sie lassen Wärmeleitfähigkeiten erreichen, die kleiner als die der Gase sind (Smoluchowski-Effekt).

G 1.3.6 Die Abhängigkeit der Wärmeleitfähigkeit von der Feuchte

Sind die Poren eines Bau- oder Wärmedämmstoffes teilweise oder ganz mit Wasser gefüllt, so wird
- die Wärmeleitfähigkeit in der Luft anteilig durch die sehr viel höhere in der Flüssigkeit ersetzt;
- eine Diffusion von Wasserdampf von der wärmeren zur kälteren Seite des Stoffes ausgelöst, wobei mit dem Dampfstrom ein Energiestrom verbunden ist; der auf der kälteren Seite kondensierte Dampf kann kapillar in den Poren des Stoffes zur wärmeren Seite zurückgefördert werden und dann erneut verdampfen.

Für Stoffe, bei denen alle Poren mit Wasser gefüllt sind, läßt sich die gleiche Einordnung zwischen zwei Grenzen wie bei den trockenen Stoffen (s. Gl. (G 1-57, G 1-58)) vornehmen, wenn die Wärmeleitfähigkeit der Luft $\lambda_L = 0{,}025$ W/mK durch die des Wassers $\lambda_W = 0{,}65$ W/mK ersetzt wird.

Ist Feuchte in den Poren adsorptiv gebunden, so tritt in den luftgefüllten Porenräumen bei Vorhandensein von Temperaturunterschieden eine Dampfdiffusion auf. Der Diffusionsstrom beträgt (s. Abschn. G 2.2)

$$\dot{m}_D = -\frac{\delta_{12}}{R_D T \cdot \mu} \cdot \frac{dP_D}{dz} \; . \tag{G 1-60}$$

Von diesem Dampfstrom wird die Verdampfungswärme h_V mitgeführt, so daß der Energiestrom infolge des Dampfstromes

$$\dot{q}_D = \dot{m}_D \cdot h_V$$

beträgt. Führt man zur Bestimmung des Einflusses eine äquivalente Wärmeleitfähigkeit λ_D für die Diffusion ein, so wird

$$\lambda_D = \frac{\delta_{12}}{R_D T \cdot \mu} \cdot \frac{dP_D''}{d\vartheta} \cdot h_V \; , \tag{G 1-61}$$

worin die Änderung des Sattdampfdruckes $dP_D''/d\vartheta$ aus der Dampftafel bestimmt werden kann.

Die Wärmeleitfähigkeit der feuchten Porenluft λ_{ges} setzt sich dann aus den beiden Anteilen λ_L und λ_D zusammen:

$$\lambda_{ges} = \lambda_L + \lambda_D \; .$$

Den starken Einfluß und die Temperaturabhängigkeit dieser äquivalenten Wärmeleitfähigkeit im Vergleich zu der der Luft oder des Wassers zeigt Bild G 1-36.

Aufgrund der geschilderten Abhängigkeiten ist bei feuchten Stoffen unterhalb von 59 °C ein Ansteigen der Wärmeleitfähigkeit mit der Feuchte ψ_W zu erwarten, während bei Temperaturen oberhalb 59 °C nach einem steilen Anstieg im hygroskopischen Feuchtebereich die Wärmeleitfähigkeit bis zur Feuchtesättigung $\psi_{W max}$

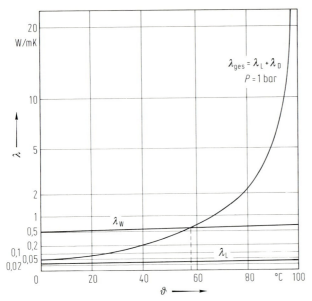

Bild G 1-36. Äquivalente Wärmeleitfähigkeit durch Wärmeleitung und Diffusion [42, 47]

wieder abnehmen muß; bei 59 °C ist die Wärmeleitfähigkeit von der Feuchte unabhängig [42].

Für die Messung wurde eine Kurzzeitmethode entwickelt [43], welche Feuchteverlagerungen, wie sie in einem Temperaturgefälle bei längerer Einwirkung infolge Diffusion entstehen (s. o.), nahezu ausschließen. Wie Bilder G 1-37 und G 1-38 für Ziegel und Gasbeton bei Temperaturen zwischen 20 °C und 90 °C zeigen, werden die Messungen durch die skizzierten Vorstellungen beschrieben.

Als Ergebnis dieser Untersuchungen ist hier hervorzuheben, daß der Anstieg der Wärmeleitfähigkeit bereits bei Feuchten im hygroskopischen Bereich außerordentlich steil ist. Wärmeleitfähigkeiten, die im trockenen Zustand an Materialien gemessen sind, können daher nicht ohne Korrekturen für die Berechnung von Wärmeströmen unter praktischen Bedingungen verwendet werden.

Bei Temperaturen unterhalb des Nullpunktes liegt die Feuchte im Stoff als Eis vor (sofern keine Lösungserscheinungen den Gefrierpunkt erniedrigen). Wegen des nur niedrigen Dampfdruckes ist hier die Energieübertragung durch Dampfdiffusion unbedeutend.

Bei höheren Gehalten an Feuchte bzw. Eis macht sich die höhere Wärmeleitfähigkeit des Eises von 2,2 W/mK erhöhend auf die Wärmeübertragung bemerkbar.

G 1.3.7 Die Berechnung der stationären Wärmeleitung in geometrisch einfachen Körpern

Bei technischen Berechnungen der Wärmeströme werden Randeinflüsse infolge der endlichen Ausdehnung der Flächen im allgemeinen nicht berücksichtigt. Ihre

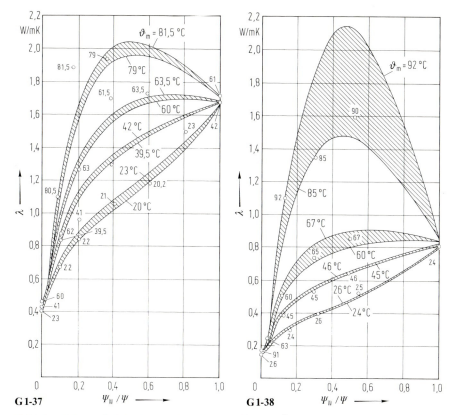

Bild G 1-37. Wärmeleitfähigkeit von Ziegel, $\varrho_S = 1320$ kg/m³, in Abhängigkeit von der Feuchte (ψ Porosität, ψ_W Feuchtegehalt), o Meßwert

Bild G 1-38. Wärmeleitfähigkeit von Gasbeton, $\varrho_S = 640$ kg/m³, in Abhängigkeit von der Feuchte (ψ Porosität, ψ_W Feuchtegehalt), o Meßwerte

Erfassung, z. B. in der Ecke zweier ebener Wände, erfordern besondere, meist nicht einfache Berechnungen. (Zusammenfassende Darstellung mit Berechnungsunterlagen in [37]). Beim Wärmefluß durch *ebene Wände* (Bild G 1-39) ist die Durchgangsfläche A des Wärmestroms überall die gleiche. Das Fouriersche Grundgesetz Gl. (G 1-53) liefert daher

$$\dot{Q} = -A\lambda\frac{d\vartheta}{dz} = A\lambda\frac{\vartheta_1 - \vartheta_2}{s} = A\frac{\vartheta_1 - \vartheta_2}{s/\lambda} \tag{G 1-62}$$

Besteht die Wand aus parallel nebeneinanderliegenden Elementen, z. B. Fachwerk mit Flächen $A_1, A_2, \ldots, A_n$ (vgl. Bild G 1-35 Grenzfall I) und den Leitfähigkeiten $\lambda_1, \lambda_2, \ldots, \lambda_n$ und sind ihre Dicken gleich, so werden die Wärmeströme durch die Elemente additiv zusammengesetzt:

$$\dot{Q} = (A_1\lambda_1 + A_2\lambda_2 + \ldots + A_n\lambda_n)\frac{\vartheta_1 - \vartheta_2}{s}. \tag{G 1-63}$$

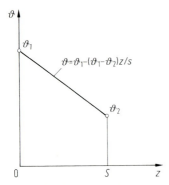

Bild G 1-39. Temperaturfeld in einer ebenen Wand

Diese einfache Addition ist sicher nur bedingt richtig und nur dann zulässig, wenn die einzelnen Flächenelemente so groß sind, daß die Wärmeströme durch die gestörten Grenzflächen gegenüber den gesamten Wärmeströmen nicht ins Gewicht fallen.

Sind mehrere Schichten der Leitfähigkeiten $\lambda_1, \lambda_2, \ldots, \lambda_n$ und der Dicken $s_1, s_2, \ldots, s_n$ hintereinander geschaltet (Bild G 1-35 Grenzfall II), so werden die Wärmeleitwiderstände $s_i/\lambda_i = R_i$ der Schichten addiert

$$\dot{Q} = \frac{A}{R_1 + R_2 + \ldots + R_n}(\vartheta_1 - \vartheta_2) \; . \tag{G 1-64}$$

Beim Wärmefluß durch ein *zylindrisches Rohr* ändert sich die Durchgangsfläche mit dem Radius r: $A = 2\pi r l$; nach dem Grundgesetz der Wärmeleitung wird daher der Wärmestrom durch ein Rohr der Länge l (Bild G 1-40)

$$\dot{Q} = -2\pi r l \lambda \frac{d\vartheta}{dr} = -2\pi l \lambda \frac{d\vartheta}{d\ln r} = 2\pi l \frac{\vartheta_1 - \vartheta_2}{\frac{1}{\lambda}\ln\frac{r_a}{r_i}} \; . \tag{G 1-65}$$

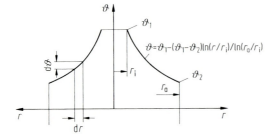

Bild G 1-40. Temperaturfeld in einer Zylinderschale

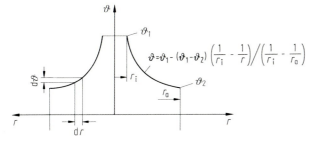

Bild G 1-41. Temperaturfeld in einer Kugelschale

Für hintereinanderliegende Rohrschalen gilt entsprechend Gl. (G 1-64)

$$\dot{Q} = 2\pi l \frac{\vartheta_1 - \vartheta_2}{\frac{1}{\lambda_1}\ln\frac{r_1}{r_i} + \frac{1}{\lambda_2}\ln\frac{r_2}{r_1} + \ldots + \frac{1}{\lambda_n}\ln\frac{r_a}{r_{n-1}}} \quad . \tag{G1-66}$$

Bei einer *konzentrischen Hohlkugel* ändert sich die Durchgangsfläche nach $A = 4\pi r^2$; es gilt daher (Bild G 1-41)

$$\dot{Q} = -4\pi r^2 \lambda \frac{d\vartheta}{dr} = 4\pi \lambda \frac{d\vartheta}{d(1/r)} = 4\pi \frac{\vartheta_1 - \vartheta_2}{\frac{1}{r_i} - \frac{1}{r_a}} \tag{G1-67}$$

für Kugelschalen gilt entsprechend

$$\dot{Q} = 4\pi \frac{\vartheta_1 - \vartheta_2}{\frac{1}{\lambda_1}\left(\frac{1}{r_i} - \frac{1}{r_1}\right) + \frac{1}{\lambda_2}\left(\frac{1}{r_1} - \frac{1}{r_2}\right) + \ldots + \frac{1}{\lambda_n}\left(\frac{1}{r_{n-1}} - \frac{1}{r_a}\right)} \quad . \tag{G1-68}$$

Den Gleichungen (G 1-62) für die ebene Wand und (G 1-65) für das zylindrische Rohr entnimmt man, daß bei einer unendlich dicken Wärmedämmung ($s \to \infty$ bzw. $r_a \to \infty$) der Wärmestrom $\dot{Q}$ gegen Null geht; für die Kugel nach Gl. (G 1-68) erhält man auch bei einer unendlich dicken Wärmedämmung ($r_a \to \infty$) einen endlichen minimalen Wärmestrom

$$\dot{Q}_{min} = 2\pi r_i \lambda (\vartheta_1 - \vartheta_2) \quad . \tag{G1-69}$$

Hieraus folgt: Bei endlich ausgedehnten Körpern, wie sie in der Technik immer vorliegen, verschwindet der Wärmestrom auch bei unendlich dicker Wärmedämmung nicht.

G 1.3.8 Instationäre Anlaufvorgänge

Von Anlaufvorgängen spricht man bei Wärmeströmen in einem halbunendlich ausgedehnten Körper, die durch die zeitliche Änderung der Temperatur oder des Wärmestroms an der Oberfläche des Körpers ausgelöst werden (Bild G 1-42). Die

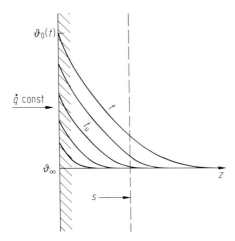

Bild G 1-42. Temperaturfeld in einem halbunendlichen Körper nach sprunghafter Änderung des Wärmestroms an seiner Oberfläche

gleichen Gesetzmäßigkeiten gelten aber auch in einem endlichen Körper, z. B. einer ebenen Wand, solange die Änderung der Temperatur oder des Wärmestroms auf der einen Seite sich noch nicht an der anderen Seite der Wand auswirkt. Die Zeit, bis zu der eine derartige Betrachtung zulässig ist, wird als Umlagerungszeit t_U bezeichnet. Die Umlagerungszeit t_U gibt damit auch an, in welcher Zeit eine Temperaturänderung durch eine Körper endlicher Abmessungen hindurch läuft. In der Heizungs- und Klimatechnik treten derartige Anlaufvorgänge in der 1. Phase des Anheizens oder Auskühlens von Wänden auf oder bei der kurzfristigen Berührung zweier Körper verschiedener Temperaturen, z. B. des menschlichen Fußes und des Fußbodens.

Der Differentialgleichung (G 1-56) für die instationäre Wärmeleitung entnimmt man, daß in dem Fall des halbunendlichen Körpers oder für $t < t_U$ die Lösungen invariant gegen die Fouriersche Kenngröße

$$F_0 = \frac{at}{z^2} \quad \text{(G 1-70)}$$

sein müssen.

So lautet die Lösung für das Temperaturfeld, welches sich in einem Körper nach einer plötzlichen Änderung der Oberflächentemperatur zur Zeit t_0 von ϑ_∞ auf ϑ_0 einstellt (Randbedingung 1. Art s. Bild G 1-34).

$$\frac{\vartheta - \vartheta_\infty}{\vartheta_0 - \vartheta_\infty} = 1 - erf\left(\frac{z}{2\sqrt{at}}\right) \quad \text{(G 1-71)}$$

Die Fehlerfunktion $erf(x) = \frac{2}{\sqrt{\pi}} \int_0^x e^{-x^2} dx$ zeigt Bild G 1-43; ihre Werte können auch Tabellenwerken entnommen werden, z. B. [5]. Für $a = 10^{-6}$ m²/s ist der Tem-

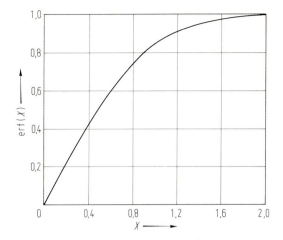

Bild G 1-43. Fehlerfunktion $erf(x) = \dfrac{2}{\sqrt{\pi}} \int\limits_0^x e^{-x^2} dx = f(x)$

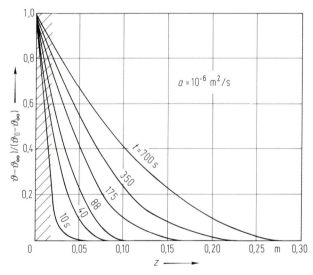

Bild G 1-44. Anlaufvorgang in einem halbunendlichen Körper nach einer sprunghaften Änderung der Oberflächentemperatur, für $a = 10^{-6}\,\mathrm{m^2/s}$

peraturverlauf $\vartheta = \vartheta(z, t)$ in Bild G 1-44 dargestellt. Der Wärmestrom, der in die Wand fließt, bestimmt sich aus dem Fourierschen Grundgesetz Gl. (G 1-53):

$$\dot{Q} = -A\lambda \left.\frac{d\vartheta}{dz}\right|_{z=0} = A\frac{1}{\sqrt{\pi}}\cdot\frac{\lambda}{\sqrt{a}}\cdot\frac{1}{\sqrt{t}}(\vartheta_0 - \vartheta_\infty) \ . \tag{G 1-72}$$

Die in die Wand einfließende Wärmemenge nimmt proportional $1/\sqrt{t}$ ab. Der Vorgang wird durch die Stoffwerte in der Kombination

$$\frac{\lambda}{\sqrt{a}} = \sqrt{\lambda c \varrho} \ ,$$ (G1.73)

den Wärmeeindringkoeffizienten, bestimmt. Bei einem kurzfristigen Kontakt ist der Wärmestrom diesem Wärmeeindringkoeffizienten direkt proportional. Er bestimmt z. B. das Wärmeempfinden des Menschen bei der Berührung eines wärmeren oder kälteren Körpers.

Die in diesem Abschnitt dargelegten Beziehungen gelten in einem endlichen Körper für Zeiten t kürzer als die Umlagerungszeit t_U. Die Bestimmung dieser Zeit ist mit einer gewissen Willkür verbunden, durch welche das Ausmaß der Temperaturänderung an der Stelle $x = s$ begrenzt werden soll. Legt man fest, daß die Temperaturänderung nicht mehr als z. B. 3% der maximal möglichen betragen darf, so ist nach Gl. (G1-71):

$$\frac{\vartheta_{z=s} - \vartheta_\infty}{\vartheta_0 - \vartheta_\infty} = 1 - erf\left(\frac{s}{2\sqrt{a t_U}}\right) = 0{,}03$$ (G1-74)

und man erhält für die Umlagerungszeit

$$t_U \approx 0{,}1 \frac{s^2}{a} \ .$$ (G1-75)

Für Baumaterialien liegt die Temperaturleitfähigkeit a in der Größenordnung $a = 10^{-6}$ m^2/s. Damit ergeben sich folgende Umlagerungszeiten für verschiedene Wanddicken s:

s [m] =	0,001	0,005	0,01	0,05	0,10	0,50	1,00
t_U [s] =	0,1	2,7	10,6	265	1060	26 500	106 000
				(= 4,4 min)	= 18 min	= 7,4 h	= 29,4 h

Die Ableitung der vorstehenden Beziehungen ging von einer sprunghaften Temperaturerhöhung an einer Oberfläche aus, d.h., es war eine Randbedingung 1. Art angenommen. Wird einem Körper für die Zeit $t > 0$ an seiner Oberfläche ein konstanter Wärmestrom $\dot{q}$ (Randbedingung 2. Art) zugeführt (s. Bild G1-34), so steigt die Temperatur im Körper gemäß der Beziehung

$$\vartheta - \vartheta_\infty = \frac{2}{\sqrt{\pi}} \frac{\dot{q}}{\lambda} \sqrt{at} \cdot \exp\left[-\frac{z^2}{4at}\right] - \frac{\dot{q}}{\lambda} z \left\{1 - erf\left[\frac{z}{2\sqrt{at}}\right]\right\} \ .$$ (G1-76)

Den zeitlichen Temperaturverlauf in der Form $(\vartheta - \vartheta_\infty)/(\dot{q}/\lambda) = f(z, at)$ zeigt Bild G1-45.

Für die Lösung bei anderen möglichen Randbedingungen muß auf die Literatur [5] verwiesen werden.

G1.3.9 Instationäre Ausgleichsvorgänge

Soll ein Anheiz- oder Auskühlvorgang nicht nur in der Anlaufphase, sondern bis zum Temperaturausgleich bzw. bis zur Einstellung eines stationären Temperaturfeldes betrachtet werden, so spricht man von Ausgleichsvorgängen. Ihre Beschrei-

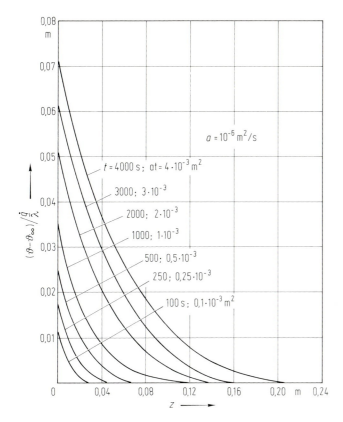

Bild G 1-45. Aufheizen einer halbunendlichen Wand mit $\dot{q}$ = const

bung erfordert die vollständige Lösung der 2. Fourierschen Gleichung (nicht nur eines partikulären Integrals wie bei Anlaufvorgängen).

Aus einer Dimensionsanalyse folgt, daß die Temperaturfelder von zwei Verhältnissen abhängen müssen, sofern durch die Randbedingungen keine weiteren Kenngrößen notwendig werden

$$\vartheta = f\left(\frac{at}{s^2}, \frac{z}{s}\right). \tag{G 1-77}$$

Die allgemeine Form der Lösung lautet

$$\frac{\vartheta - \vartheta_0}{\vartheta_\infty - \vartheta_0} = \sum_{i=1}^{\infty} f\left(v_i \frac{z}{s}\right) \cdot e^{-v_i^2 (at/s^2)}. \tag{G 1-78}$$

Wegen der Funktion f und den Wurzeln v_i muß wieder auf zahlreiche Lösungen unter verschiedenen Randbedingungen in der Literatur [5, 86] verwiesen werden.

Alle Lösungen, die in der Form einer unendlichen Reihe nach Gl. (G 1-78) vorliegen, sind dadurch gekennzeichnet, daß die höheren Glieder relativ schnell abklingen und dann das Temperaturfeld nur noch durch das erste Glied mit v_1 bestimmt ist. Diese Zeit, ab der diese Vereinfachung möglich ist, stimmt praktisch mit der Umlagerungszeit t_U überein. Dies bedeutet für eine abschätzende Behandlung eines Problems, daß für $0 < t < t_U$ die Gesetzmäßigkeiten des Anlaufvorganges für $t > t_U$ die vereinfachten Beziehungen mit dem ersten Glied gelten.

Der zeitliche Ablauf des Temperaturausgleichs folgt nach Gl. (G1-78) einer Exponentialfunktion, deren Exponent auch wie folgt geschrieben werden kann:

$$v_i^2 \frac{at}{s^2} = v_i^2 \frac{\frac{\lambda}{s}(\vartheta - \vartheta_0)t}{c\varrho s(\vartheta - \vartheta_0)} = v_i^2 \frac{\dot{q}t}{q_s} \ . \tag{G1-79}$$

Das heißt, das Abklingen der Temperatur ist durch das Verhältnis der Wärmestromdichte $\dot{q}$ durch die Oberfläche des Körpers zu seiner gespeicherten Wärmemenge q_s gegeben. Der Faktor v_i^2 beträgt:

für eine ebene Platte mit der halben Dicke s $v_i^2 = \left(\dfrac{\pi}{2}\right)^2 = 2{,}47$

für einen Zylinder mit $s = r_a$: $v_i^2 = 5{,}78$

für eine Kugel mit $s = r_a$: $v_i^2 = \pi^2 = 9{,}87$

Als Beispiel sei das Aufheizen und Abkühlen einer ebenen Wand bis zum stationären Zustand bzw. vom stationären Zustand ausgehend betrachtet.

Die Lösung für die Auskühlung einer ebenen Wand, die sich z. Zt. $t = 0$ im Beharrungszustand befindet (Bild G1-46), d. h. lineares Temperaturfeld bei konstantem Wärmestrom $\dot{q}$, bei der die Wärmezufuhr zu diesem Zeitpunkt unterbrochen wird (Randbedingung 2. Art), während die Temperatur auf der Außenseite festgehalten wird (Randbedingung 1. Art), lautet mit dem Ansatz der Gl. (G1-78)

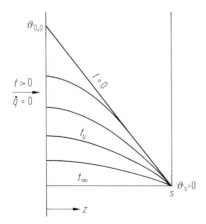

Bild G1-46. Zum Auskühlen einer Wand

$$\vartheta_{z,t} = \vartheta_{0,0} \cdot \frac{8}{\pi^2} \sum_{n=1} \frac{\cos\left(\frac{2n-1}{2}\pi\frac{z}{s}\right)}{(2n-1)^2} \cdot \exp\left[-\left(\frac{2n-1}{2}\pi\right)^2 \frac{at}{s^2}\right] \quad \text{(G1-80)}$$

$\exp[x] \equiv e^x$

Der zeitliche Ablauf läßt deutlich die zwei Abschnitte erkennen:

1. Einen Anlaufvorgang, solange die Unterbrechung der Wärmezufuhr sich noch nicht auf die andere Seite auswirkt, d. h., solange

$$\frac{at}{s^2} < 0{,}1 \ ;$$

während dieser Zeit bleibt der Wärmeverlust der Wand unverändert gleich dem stationären Wärmestrom. Die Oberflächentemperatur auf der Innenseite sinkt nach einem $\sqrt{t}$-Gesetz, wie bei allen Anlaufvorgängen

$$\vartheta_{z=0} = \vartheta_{0,0} \cdot \left[1 - 2\sqrt{\pi} \cdot \sqrt{\frac{at}{s^2}}\right] \ ; \quad \text{(G1-81)}$$

2. Einen Ausgleichsvorgang für $(at)/s^2 > 0{,}1$, in dem der Wärmeverlust abnimmt und die Temperatur der Wand sich dem vorgegebenen Wert $\vartheta = 0$ angleicht. In diesem Abschnitt genügt die Berechnung des Temperaturfeldes mit dem 1. Glied der Reihe ($n = 1$) allein.

Den berechneten Temperaturverlauf zeigt in dimensionsloser Darstellung $\vartheta/\vartheta_{0,0}$ $= f\left(\frac{at}{s^2}, \frac{z}{s}\right)$ Bild G1-47, mit welcher die Auskühlung einer Wand unter den angegebenen vereinfachenden Annahmen ermittelt werden kann.

Für den umgekehrten Vorgang des Aufheizens (Bild G1-48) einer Wand von der Temperatur $\vartheta = 0$ ausgehend bis zum Beharrungszustand, wenn ab $t = 0$ der Wand die Wärmemenge zugeführt wird, die sie auch stationär im Beharrungszustand nach außen abgibt (in der Praxis wird man die Wärmeleistung zum Anheizen immer höher wählen), gilt die Beziehung

$$\vartheta_{z,t} = \vartheta_{\infty,0} \left\{ \left(1 - \frac{z}{s}\right) - \frac{8}{\pi^2} \sum_{n=1} \frac{\cos\left(\frac{2n-1}{2}\pi\frac{x}{s}\right)}{(2n-1)^2} \right.$$
$$\left. \cdot \exp\left[-\left(\frac{2n-1}{2}\pi\right)^2 \frac{at}{s^2}\right] \right\} \ .$$

Auch hier lassen sich die zwei Abschnitte erkennen:
Anlaufvorgang $(at)/s^2 < 0{,}1$, in dem die Temperatur an der Wandinnenseite proportional $\sqrt{t}$ gemäß

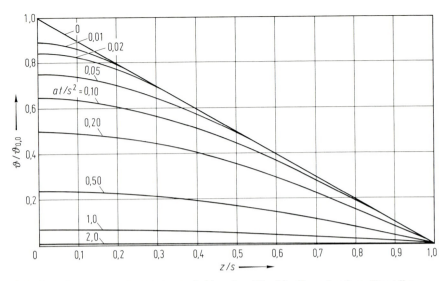

Bild G 1-47. Temperaturverlauf beim Auskühlen einer Wand in dimensionsloser Darstellung

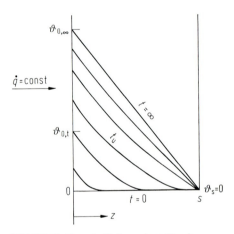

Bild G 1-48. Zum Aufheizen einer Wand

$$\vartheta_{z=0} = \vartheta_{\infty,0} \cdot \frac{2}{\sqrt{\pi}} \sqrt{\frac{at}{s^2}} \tag{G 1-82}$$

ansteigt; der Ausgleich auf den stationären Zustand erfolgt dann mit exponentiell abnehmender Geschwindigkeit. In Bild G 1-49 ist der Temperaturverlauf wieder dimensionslos dargestellt.

Es sei hier noch bemerkt, daß bei den vorstehenden Beispielen für instationäre Temperaturverläufe Übergangswiderstände, wie sie bei der Wärmeübertragung zwischen einer Wand und einem fluiden Medium (Luft ruhend oder bewegt) immer

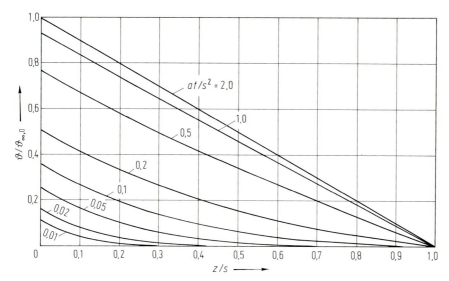

Bild G 1-49. Temperaturverlauf beim Aufheizen in dimensionsloser Darstellung

vorliegen, nicht berücksichtigt sind. Bei den relativ langsam ablaufenden Vorgängen des Anheizens und Abkühlens von Wänden wird der Vorgang durch sie nicht entscheidend verändert (s. Abschn. G 1-4).

Eine Anwendung der Gleichung für den Aufheizvorgang liegt in der Bemessung der Wärmeleistung einer Heizung um einen ausgekühlten Raum mit vorwiegend massiven Umfassungsflächen, z. B. Kirchen mit sehr dicken Wänden, in einer vorgegebenen Zeit auf eine gewünschte Raumtemperatur zu bringen [48, 66], (s. Band II).

G.1.3.10 Instationäre periodische Temperaturänderungen

Durch die täglichen und jährlichen Temperaturänderungen ist als Randbedingung für das Heizen und Kühlen von Gebäuden eine periodische Änderung der Umgebungsbedingungen vorgegeben. Besonders bei sommerlichen Bedingungen treten durch die Einstrahlung von Sonnenenergie relativ große tägliche Temperaturschwankungen auf, die für die Berechnung des Wärmestroms durch die Wände berücksichtigt werden müssen. Um wieder die grundsätzlichen Zusammenhänge erkennen zu können, soll der zeitliche Temperaturverlauf in einer ebenen Platte (halbseitig unendlich ausgedehnt) berechnet werden, an deren Oberfläche sich die Temperatur ϑ_0 zeitlich nach einer Kosinusfunktion mit der Periode t_0 zwischen der Amplitude $\pm \vartheta_{0,0}$ ändert [22]

$$\vartheta_0 = \vartheta_{0,0} \cdot \cos(2\pi t/t_0) \ . \tag{G 1-83}$$

Die Lösung der Differentialgleichung für die instationäre Wärmeleitung Gl. (G 1-53) ergibt die örtliche und zeitliche Temperatur in der Platte

$$\vartheta_{z,t} = \vartheta_{0,0} \cdot \exp\left[-\sqrt{\pi}\sqrt{\frac{z^2}{a t_0}}\right] \cdot \cos\left[(2\pi t/t_0) - \sqrt{\pi}\sqrt{\frac{z^2}{a t_0}}\right]. \qquad \text{(G 1-84)}$$

Trägt man den Temperaturverlauf zu verschiedenen Zeiten über der Wanddicke bzw. über

$$\frac{z}{2\sqrt{\pi a t_0}} = \frac{z}{s^*} \qquad \text{(G 1-85)}$$

auf (Bild G 1-50), so erkennt man, daß die Amplitude in der Wand exponentiell abnimmt, und zwar um so schneller, je kleiner die Periode t_0, und – wegen $a = \lambda/c\varrho$ – je größer die Schwere der Wand $c\varrho$ oder je kleiner die Wärmeleitfähigkeit ist. Ferner tritt eine Phasenverschiebung $\sqrt{\pi} \cdot \frac{z}{\sqrt{a t_0}}$ auf, die in der gleichen Weise von den Einflußgrößen abhängt wie die Amplitudenabnahme.

Um die Dämmwirkung einer Wand gegenüber periodischen Temperaturänderungen zu beurteilen, kann man die Dicke der Wand s mit der Wellenlänge s^* (Län-

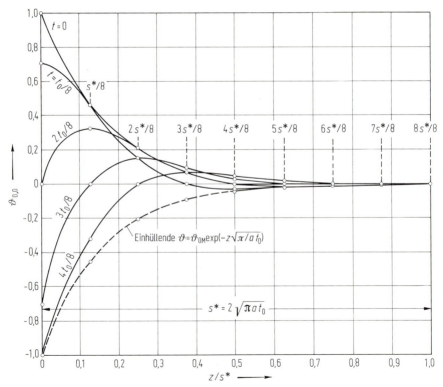

Bild G 1-50. Temperaturverlauf in einer halbunendlichen Wand bei periodischer Temperaturänderung an seiner Oberfläche

ge für eine Phasenverschiebung 2π) vergleichen. Die Wellenlänge folgt aus Gl. (G1-84) zu

$$s^* = 2\sqrt{\pi a t_0} \ . \qquad (G 1\text{-}86)$$

Ist die Wanddicke s gleich der Wellenlänge s^*, so ist die Amplitude auf $>0{,}002$ des Anfangswertes abgeklungen, die Phasenverschiebung beträgt an dieser Stelle 2π bzw. t_0. Beträgt die Wanddicke nur einen Bruchteil der Wellenlänge, so kann die zugehörige Amplitudenabnahme Bild G1-50 entnommen werden.

Hinsichtlich des sommerlichen Wärmeschutzes ist eine Wand mit großer Amplitudenabnahme und Phasenverschiebung anzustreben, d.h., das Verhältnis s/s^* sollte möglichst groß sein, die Wellenlänge s^* also möglichst klein. Führt man den Wärmeleitwiderstand der Wand $R = s/\lambda$ ein, so erhält man eine den sommerlichen Wärmeschutz kennzeichnende dimensionslose Größe:

$$\frac{s}{s^*} = \frac{s}{2\sqrt{\pi a t_0}} = \frac{1}{2\sqrt{\pi}} R \frac{\sqrt{\lambda c \varrho}}{\sqrt{t_0}} \ . \qquad (G 1\text{-}87)$$

Neben einem guten Wärmeschutz der Wand (R groß) ist für die sommerlichen Verhältnisse daher auch eine hohe Wärmekapazität $c\varrho$ entscheidend.

Da die angegebenen Gleichungen exakt nur für die halb-unendliche Wand, nicht für die Wand endlicher Dicke s gelten, können die Überlegungen nur die wesentlichen Einflüsse deutlich machen. Bei mehrschichtigem Wandaufbau ist eine einfache Übertragung der vorstehenden Beziehungen nicht möglich [15, 39]. Ferner ist zu berücksichtigen, daß durch eine Randbedingung 3. Art bereits eine geringe Amplitudenabnahme und Phasenverschiebung an der äußeren Wandoberfläche gegenüber der Umgebung auftritt.

G1.4 Wärmeübergang und Wärmedurchgang

G1.4.1 Problemstellungen

Mit dem Begriff „konvektiver Wärmeübergang" werden die Vorgänge der Wärmeübertragung durch Konvektion zwischen einer festen Oberfläche und einem fluiden Medium – Gas oder Flüssigkeit – bezeichnet. Die Konvektion kann dabei durch eine erzwungene Strömung infolge äußerer Kräfte bewirkt werden, wie sie in einem durchströmten Rohr, in einem durchströmten Rohrbündel-Wärmetauscher oder bei einem überströmten Körper auftritt. Oder die Konvektion kann durch eine freie Strömung infolge von Auf- oder Abtriebskräften ausgelöst werden, welche immer dann auftritt, wenn sich in einem fluiden Medium ein Temperatur- – oder allgemeiner – ein Dichteunterschied ausbildet, z.B. vor einer Wandfläche, die wärmer oder kälter ist als die sie umgebende Luft vor einem Heizkörper oder einer Kühlfläche. Die den Wärmeübergang bewirkende Strömung kann ferner laminar oder turbulent sein.

Infolgedessen hat man zu unterscheiden
– hinsichtlich der auslösenden Kräfte: erzwungene und freie Strömung
– hinsichtlich des Strömungszustandes: laminare und turbulente Strömung

– hinsichtlich der wärmeabgebenden Flächen: durchströmte Kanäle und überströmte Körper.

Allgemein wird der übertragene Wärmestrom mit einem bereits von Newton angegebenen Ansatz

$$\dot{Q} = A \cdot \alpha \cdot \Delta \vartheta \tag{G 1-88}$$

beschrieben, worin α einen Wärmeübergangskoeffizienten, A die wärmeabgebende oder aufnehmende Austauschfläche, $\Delta \vartheta$ die Temperaturdifferenz zwischen der Austauschfläche und dem strömenden Medium angibt. Da sich die Temperatur des strömenden Mediums durch den Wärmeaustausch ändert, ist zwischen örtlichem und mittlerem Wärmeübergangskoeffizienten und den dazugehörigen Temperaturdifferenzen zu unterscheiden. Im folgenden soll mit α stets ein mittlerer Wert über der Austauschfläche bezeichnet werden. Als Temperatur des Mediums kann man die wirkliche – kalorimetrisch zu messende – Mitteltemperatur des an der Heizfläche vorbeifließenden Mediums einführen, man kann das arithmetische Mittel aus Anfangs- und Endtemperatur oder den sogenannten logarithmischen Mittelwert verwenden, der immer dann gebräuchlich ist, wenn der „örtliche Wärmeübergangskoeffizient" längs der Heizfläche konstant ist (z. B. genau genug bei turbulenter Strömung in längeren Rohren). Je nach der Festsetzung, welche Temperaturdifferenz unter $\Delta \vartheta$ verstanden wird, ist ein verschiedener – und von verschiedenen Größen abhängiger – Wärmeübergangskoeffizient α anzusetzen, denn, wie immer man rechnet, muß der übertragene Wärmestrom $\dot{Q}$ sich in gleicher Größe ergeben.

Die zunächst als Proportionalitätsfaktoren eingeführten Wärmeübergangskoeffizienten lassen sich mit den Geschwindigkeits- und Temperaturfeldern an einer überströmten Fläche (s. Grenzschichttheorie [11, 72]) auf physikalische Größen zurückführen. Im Rahmen dieses Buches können nur die sich hieraus ergebenden Gesetzmäßigkeiten des Wärmeübergangs mit dimensionslosen Kenngrößen dargestellt werden.

Der Ansatz für eine konvektive Wärmetragung nach Gl. (G 1-88) wird auch für die Wärmeübertragung bei Verdampfung und Kondensation benutzt, obwohl hierbei der Wärmeübergangskoeffizient in sehr viel stärkerem Maße von der Temperaturdifferenz abhängt. Entsprechend den üblichen Darstellungen, werden daher Verdampfung und Kondensation im Rahmen dieses Kapitels mit behandelt.

Sind bei der Wärmeübertragung zwischen zwei fluiden Medien durch eine Wand, z. B. in Wärmeaustauschern, mehrere Wärmeübertragungsschritte hintereinander geschaltet, in der Regel die Wärmeübergänge zu beiden Seiten der Wand und die Wärmeleitung in der Wand, so spricht man von „Wärmedurchgang", s. G 1.4.13.

G 1.4.2 Der Wärmeübergang bei außenumströmten Einzelkörpern und die Kenngrößen des Wärmeübergangs

Das Problem ist dadurch charakterisiert, daß ein meist verhältnismäßig kleiner Körper mit der Oberflächentemperatur ϑ_0 von einem Medium mit der Anfangstemperatur ϑ_e umspült ist. Senkrecht zur Oberfläche besitzt das Medium eine solche Ausdehnung, daß die in ihm durch den Körper bewirkte Temperaturänderung

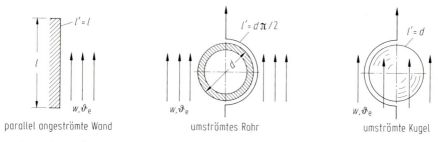

parallel angeströmte Wand   umströmtes Rohr   umströmte Kugel

Bild G 1-51. Zur Überströmung eines Körpers

nur Randschichten des Mediums erfaßt. Die Ausdehnung quer zur Strömungsrichtung kann somit als unendlich angesehen werden, wie dies in Bild G 1-51 für die verschiedenen technischen Standardformen veranschaulicht ist. Der thermische und hydrodynamische Anlaufvorgang ist für die Höhe des Wärmeübergangs entscheidend. Die mittlere Temperatur des Mediums ist nicht wesentlich von seiner Anfangstemperatur ϑ_e verschieden. Daher gilt der Ansatz

$$\dot{Q} = A\,\alpha\,(\vartheta_0 - \vartheta_e)\;. \tag{G1-89}$$

Den hydrodynamischen und thermischen Anlauf für das Geschwindigkeits- und Temperaturfeld skizziert Bild G 1-52. Das hydrodynamische Verhalten, d.h. die Ausbildung einer hydrodynamischen Grenzschicht wird durch die Reynoldssche Kenngröße charakterisiert:

$$Re_l = \frac{w\,l}{v}\;, \tag{G1-90}$$

worin l eine charakteristische Länge und $v = \eta/\varrho$ die kinematische Zähigkeit des Mediums bezeichnet. Das Verhältnis der thermischen Grenzschichtdicke zur hydrodynamischen ist allein eine Funktion der Prandtlschen Kenngröße, die nur Stoffeigenschaften enthält

$$Pr = \frac{v}{a}\;, \tag{G1-91}$$

mit $a = \lambda/c_p\varrho$, der Temperaturleitfähigkeit des Mediums. Dann ist die dimensionslose Kenngröße des Wärmeübergangs nach Nusselt

$$Nu_l = \frac{\alpha\,l}{\lambda} \tag{G1-92}$$

allein eine Funktion der Reynoldsschen und Prandtlschen Kenngröße

$$Nu_l = f(Re_l, Pr)\;. \tag{G1-93}$$

Die für die Berechnung der Wärmeübertragung benötigten Stoffwerte sind für einige ausgewählte Medien in Tabelle G 1-4 (S. 311 und 312) angeführt.

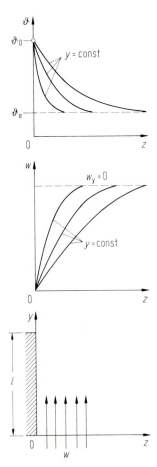

Bild G 1-52. Temperatur- und Geschwindigkeitsverlauf bei Anlaufvorgängen

Die Berechnungen des funktionalen Zusammenhangs nach Gl. (G 1-93) gehen von der Energiegleichung, der Kontinuitätsgleichung und der Bewegungsgleichung aus, die für ein durchströmtes Volumenelement abgeleitet werden (z. B. [11, 22]).

G 1.4.3 Parallel angeströmte Platte bei laminarer Grenzschicht

Die Wärmeabgabe einer parallel überströmten ebenen Platte konstanter Temperatur bei Ausbildung einer laminaren Grenzschicht wurde von Pohlhausen [63] und Kroujiline [54] nach verschiedenen Methoden berechnet. Die Berechnungen ergaben für den mittleren Wärmeübergang an einer Platte der Länge l

$$Nu_l = 0{,}664 \cdot Re_l^{1/2} \cdot Pr^{1/3} \ . \tag{G 1-94}$$

Nimmt die Temperaturdifferenz $(\vartheta_0 - \vartheta_e)$ in Richtung der Überströmung zu, so wird der Wärmeübergangskoeffizient größer als bei konstanter Oberflächentempe-

Tabelle 1-4. Stoffwerte für fluide Medien

ϑ [°C]	ϱ [kg/m³]	c_p [kJ/kg K]	λ [W/m K]	$a \cdot 10^6$ [m²/s]	$v \cdot 10^6$ [m²/s]	$Pr = v/a$ [−]	$\varepsilon \cdot 10^3$ [1/K]
Flüssigkeiten bei 1 bar:							
Wasser[a]							
0	999,8	4,217	0,562	0,131	1,751	13,0	−0,07
10	999,8	4,192	0,582	0,138	1,304	9,28	0,088
20	998,3	4,182	0,600	0,143	1,004	6,94	0,206
30	995,7	4,178	0,615	0,148	0,801	5,39	0,303
40	992,3	4,179	0,629	0,151	0,658	4,30	0,385
50	988,0	4,181	0,641	0,155	0,553	3,56	0,457
60	983,2	4,185	0,651	0,158	0,474	2,96	0,523
70	977,7	4,190	0,660	0,161	0,413	2,53	0,585
80	971,6	4,196	0,666	0,164	0,365	2,20	0,643
90	965,2	4,205	0,673	0,166	0,326	1,93	0,698
100	958,4	4,215	0,678	0,169	0,295	1,75	0,753
Äthylenglcol $C_2H_6O_2$[b]							
0	1128	2,261	0,254	0,099	50,54	507,0	
20	1115	2,357	0,256	0,097	18,31	188,0	0,64
Methanol CH_3OH[b]							
0	812	2,386	0,208	0,107	1,006	9,37	
20	792	2,495	0,202	0,102	0,737	7,21	1,2
50	765	2,680	0,193	0,094	0,517	5,30	1,1
Äthanol C_2H_5OH[b]							
0	806	2,232	0,177	0,098	2,216	22,52	
20	789	2,395	0,173	0,098	1,522	15,46	1,1
50	763	2,801	0,165	0,077	0,919	11,90	1,1
Benzol C_6H_6[b]							
20	879	1,729	0,144	0,095	0,738	7,79	1,06
50	847	1,821	0,134	0,086	0,514	5,92	1,2
100	793	1,968	0,127	0,081	0,329	4,04	1,3
Gase bei 1 bar:							
Luft[b]							
−100	2,019	1,011	0,0160	7,85	5,83	0,73	
−50	1,565	1,007	0,0202	12,9	9,37	0,73	
0	1,275	1,006	0,0242	18,8	13,5	0,72	
20	1,188	1,007	0,0257	21,5	15,3	0,71	
40	1,112	1,007	0,0272	24,2	17,3	0,71	
60	1,045	1,009	0,0286	27,1	19,3	0,71	
80	0,986	1,010	0,0300	30,1	21,4	0,71	
100	0,933	1,012	0,0314	33,3	23,5	0,71	
120	0,885	1,014	0,0328	36,5	25,8	0,71	
140	0,843	1,016	0,0341	39,8	28,1	0,71	
160	0,804	1,019	0,0354	43,2	30,5	0,71	
180	0,768	1,022	0,0367	46,5	32,9	0,71	
200	0,736	1,026	0,0380	50,3	35,5	0,71	
Wasserdampf, bei Sättigungsdampfdruck für $\vartheta \leq 100°C$[a]							
0	0,00485	1,854	0,0182	2025	1654	0,816	
20	0,0173	1,866	0,0194	601,3	510	0,848	
40	0,0512	1,885	0,0206	213,6	188	0,880	
60	0,1302	1,915	0,0219	87,8	80	0,911	
80	0,293	1,962	0,0232	40,3	38	0,943	
100	0,590	2,02	0,0248	20,9	20,5	0,984	
200	0,460	1,98	0,0331	36,6	35,2	0,959	
300	0,379	2,01	0,0433	56,8	53,4	0,939	
340	0,354	2,03	0,0477	66,6	61,9	0,931	

Tabelle 1-4 (Fortsetzung)

ϑ [°C]	ϱ [kg/m³]	c_p [kJ/kg K]	λ [W/m K]	$a \cdot 10^6$ [m²/s]	$v \cdot 10^6$ [m²/s]	$Pr = v/a$ [–]	$\varepsilon \cdot 10^3$ [1/K]
Wasserstoff H_2[b]							
0	0,0886	14,05	0,171	137,3	94,9	0,69	
100	0,0648	14,41	0,211	225,9	160,5	0,71	
Helium He[b]							
0	0,176	5,20	0,143	156,3	107,4	0,69	
100	0,129	5,20	0,174	259,4	176,7	0,68	
Neon Ne[b]							
0	0,889	1,030	0,046	50,24	33,63	0,67	
100	0,651	1,030	0,057	83,21	56,07	0,67	
Argon Ar[b]							
0	1,760	0,519	0,016	17,52	11,93	0,68	
100	1,288	0,519	0,021	31,41	20,81	0,66	
Krypton Kr[b]							
0	3,692	0,247	0,0088	9,65	6,31	0,65	
100	2,702	0,247	0,012	17,98	11,32	0,63	
Xenon Xe[b]							
0	5,784	0,159	0,0051	5,55	3,65	0,66	
100	4,233	0,159	0,0069	10,25	6,69	0,65	
Stickstoff N_2[b]							
0	1,234	1,038	0,024	18,74	13,45	0,72	
100	0,903	1,038	0,031	33,07	23,15	0,70	
Sauerstoff O_2[b]							
0	1,410	0,909	0,024	18,73	13,12	0,73	
100	1,032	0,934	0,032	33,20	23,55	0,71	
Kohlenoxid CO[b]							
0	1,234	1,038	0,023	17,96	14,51	0,81	
100	0,903	1,038	0,030	32,01	25,14	0,79	
Kohlendioxid CO_2[b]							
0	1,947	0,816	0,015	9,44	7,03	0,74	
100	1,417	0,934	0,022	16,62	12,84	0,77	
Methan CH_4[b]							
0	0,728	2,165	0,030	19,04	14,01	0,74	
100	0,532	2,449	0,044	33,88	24,97	0,74	

[a] VDI-Wasserdampftafeln 1981
[b] VDI-Wärmeatlas 5. Aufl. 1988

ratur, bei Abnahme der Temperaturdifferenz kleiner [73]. Für den Fall konstanter Wärmestromdichte $\dot{q}$ an der Oberfläche, z. B. durch elektrische Beheizung, beträgt die Änderung des Wärmeübergangskoeffizienten +18%.

G 1.4.4 Parallel angeströmte Platte bei turbulenter Grenzschicht

Bei einer Reynoldszahl von $Re_l \approx 10^3$ (in Abhängigkeit vom Turbulenzgrad der Strömung) wird die laminare Grenzschicht turbulent, wobei eine dünne laminare Randschicht erhalten bleibt. Auf Grund der von Prandtl erweiterten Reynolds-Analogie zwischen Impuls- und Wärmeaustausch, sowie mit einem von Reichardt

[67] angegebenen Ansatz für das Geschwindigkeitsfeld in der laminaren Randschicht der turbulenten Grenzschicht erhält man für den dimensionslosen Wärmeübergang

$$Nu_l = \frac{A \cdot Re^{0,8} \cdot Pr}{1 + Re_l^{-0,1} \cdot f(Pr)} \ . \tag{G 1-95}$$

Die von den Annahmen der Berechnung abhängigen Größen A und $f(Pr)$ sind in zahlreichen experimentellen Untersuchungen [67, 68] bestimmt. Als derzeit beste Beziehung gilt bis $Re_l \approx 10^7$, $0,7 < Pr < 600$

$$Nu_l = \frac{0,037 \cdot Re_l^{0,81} \cdot Pr}{1 + 2,443 \cdot Re_l^{-0,1} \cdot (Pr^{2/3} - 1)} \ . \tag{G 1-96}$$

Der Übergangsbereich zwischen laminarer und turbulenter Grenzschicht von $Re_l \approx 10^3 - \approx 10^5$ wird durch einen Kurvenzug (Mittelkurve) [41, 45] in Anlehnung an Messungen (s. u.) ausgeglichen. Für numerische Rechnungen zweckmäßig zu handhaben ist eine geschlossene Gleichung [74] für die ebene Platte bei laminarer und turbulenter Grenzschicht, die aus Gl. (G 1-94) ($Nu_{l,\,lam}$) und (G 1-96) ($Nu_{l,\,turb}$) einen gemittelten Wert bildet:

$$Nu_l = \sqrt{Nu_{l,\,lam}^2 + Nu_{l,\,turb}^2} \ . \tag{G 1-97}$$

G 1.4.5 Die versuchsmäßig ermittelten Abhängigkeiten des Wärmeüberganges bei außenumströmten Körpern

In der Heizungs- und Klimatechnik ist der Wärmeübergang an außenumströmten Körpern von unterschiedlichsten geometrischen Formen von Bedeutung. Um den Einfluß der Form zu beschreiben, ist es daher wichtig, die zahlreichen Versuchsergebnisse an den einfachen Standardkörpern − ebene Platte, Kreiszylinder und Kugel − so auszuwerten, daß dieser Einfluß erkennbar wird. Zu diesem Zweck wird eine einheitlich für alle Körper definierte Anströmlänge l' eingeführt. Diese kann als der mittlere Weg eines Elementes der Strömung längs des umströmten Körpers verstanden werden und ist durch [36, 45, 61]

$$l' = \frac{A}{U} \tag{G 1-98}$$

mit A der wärmeaustauschenden Oberfläche und U dem Umfang der Projektionsfläche des Körpers in Strömungsrichtung definiert. In Bild G 1-51 sind die nach Gl. (G 1-98) berechneten Anströmlängen für einfache Körper bereits angegeben worden.

Für die ebene überströmte Platte ($l = l'$) lassen sich die Meßwerte ([12, 14, 30, 57, 93, 94]) für alle Pr-Werte durch eine „Mittelkurve" wiedergeben, die durch Gl. (G 1-97) mathematisch beschrieben wird [17].

Messungen am luftumströmten Zylinder ($l' = \pi/2\,d$) lassen sich durch eine Gleichung wiedergeben, die für $Re > 10^2$ mit Gl. (G 1-97) übereinstimmt [17]

$$Nu_{l'} = Nu_{L',\,min} + \sqrt{Nu_{l',\,lam}^2 + Nu_{l',\,turb}^2} \tag{G 1-99}$$

mit $Nu_{l,\,min} = 0,3$ einem gemittelten Grenzwert für sehr kleine Reynolds-Werte.

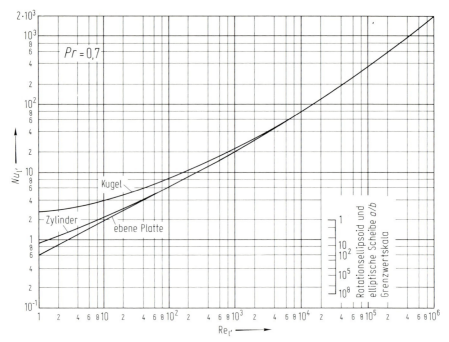

Bild G 1-53. Mittelkurve für umströmte Einzelkörper in Luft, $Pr = 0{,}7$ mit Grenzwertskala für $Nu_{l',min}$

Für überströmte Kugeln ($l' = d$) gilt Gl. (G 1-99) mit dem Grenzwert $Nu_{l',min} = 2$.

Bemerkenswert erscheint folgendes:

1. Die Standardkörper Platte, Zylinder und Kugel lassen sich in einem Diagramm darstellen, wenn die jeweilige Anströmlänge l' nach Gl. (G 1-98) verwendet wird, wie es Bild G 1-53 zeigt. Nur im Bereich der schleichenden Strömung ist der jeweilige Grenzwert zu beachten. Die mathematische Beschreibung ist durch die Gln. (G 1-97) und (G 1-99) gegeben. Die Meßergebnisse weichen von dieser Mittelkurve nicht mehr als ±15% ab.

2. Unterhalb $Re_{l'} = 20$ streben die Werte für $Nu_{l'}$ von Kugeln und Zylindern Grenzwerte an.

    Bei Kugeln kann der Wert von $Nu_{l'}$ nicht unter 2 fallen. Er ist durch Wärmeleitung $w \rightarrow 0$ gegeben.

    Für Ellipsoide lassen sich ebenfalls Grenzwerte $Nu_{l',min}$ berechnen [57]. Sie sind in Bild G 1-53 für verschiedene Achsenverhältnisse angegeben. Für Zylinder kann mit ausreichender Genauigkeit $Nu_{l',min} = 0{,}3$ (s. o.) gesetzt werden.

3. Die Richtung des Wärmestroms – Heizen oder Kühlen des Körpers – sowie die Höhe der Temperaturdifferenz zwischen Oberfläche und strömendem Medium kann [19, 23] für Flüssigkeiten durch einen Faktor

$$K = \left(\frac{Pr_F}{Pr_W}\right)^{0,25}, \qquad (G1\text{-}100)$$

für Gase durch

$$K = \left(\frac{T_F}{T_W}\right)^{0,12} \qquad (G1\text{-}101)$$

erfaßt werden, wobei sich der Index F auf die Werte des strömenden Mediums, W auf die an der Oberfläche bezieht. In den vorstehenden Diagrammen $Nu_{l'} = f(Re_{l'})$ ist zur Erfassung dieses Einflusses $Nu_{l'}$ durch $Nu_{l'}/K$ zu ersetzen.

Es können daher mit der sog. Mittelkurve, wie sie Bild G1-53 für $Pr = 0{,}7$ zeigt, der konvektive Wärmeübergang für $Re > 10^3$ mit Abweichungen bis $\pm 15\%$ an Körpern und Flächen aller Art wiedergegeben werden. Als Einschränkung ist nur zu nennen, daß diese keine konkaven Austauschflächen besitzen dürfen, wie z. B. Stern-, Kreuz- und Winkelprismen oder Rillenzylinder [57].

G1.4.6 Freie Strömung (Auf- oder Abtriebsströmung)

Die bei der Berührung eines Mediums mit einer wärmeren oder kälteren Oberfläche im Medium entstehenden Dichteunterschiede bewirken bei konstantem Druck eine Auf- oder Abtriebsströmung. Als maßgebliche Kenngröße für die freie Strömung benutzt man allgemein die Grashofsche Zahl Gr

$$Gr = \frac{l^3 g}{v^2} \cdot \frac{\varrho_\infty - \varrho_0}{\varrho_0} \qquad (G1\text{-}102)$$

l charakteristische Länge,
g Erdbeschleunigung,
$\varrho_0, \varrho_\infty$ Dichte des fluiden Mediums an der Oberfläche bzw. in hinreichendem Abstand,
v kinematische Zähigkeit.

Lösen allein Temperaturunterschiede die freie Strömung aus, so treten in Gl. (G1-102) die absoluten Temperaturen T_0 bzw. T_∞ an die Stelle der Dichte ϱ_0 bzw. ϱ_∞:

$$Gr = \frac{l^3 g}{v^2} \cdot \varepsilon (T_0 - T_\infty) \qquad (G1\text{-}103)$$

mit ε dem Ausdehnungskoeffizienten, in idealen Gasen $\varepsilon = 1/T_\infty$.

Die aus den Versuchen für beliebige Medien resultierenden Ergebnisse werden auf die Form gebracht[2]

$$Nu = f(Gr \cdot Pr) \; .$$

---

[2] Das Produkt $Gr \cdot Pr$ wird auch als Rayleighzahl Ra bezeichnet.

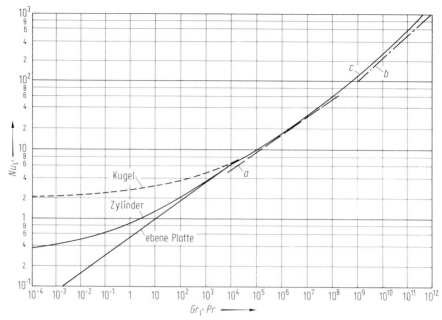

Bild G 1-54. Wärmeübergang bei freier Konvektion in Luft, $Pr = 0{,}7$. a $0{,}517 \cdot (Gr_{l'} \cdot Pr)^{1/4}$, b $0{,}10 \cdot (Gr_{l'} \cdot Pr)^{1/3}$, c „Mittelkurve"

Wählt man wiederum die Anströmlänge l' als einheitliche charakteristische Länge, so können die Versuchsergebnisse für horizontale Zylinder, Kugeln und vertikale ebene Platten zusammenfassend dargestellt werden, Bild G 1-54 [2].

Man erkennt, daß die Abweichungen für die verschiedenen Formen für $Gr_{l'} \cdot Pr > 10^3$ gering sind. Für Luft ($Pr = 0{,}7$) gelten in guter Näherung die Gleichungen bei laminaren bzw. turbulenten Grenzschichten

$$10^4 < Gr_{l'} \cdot Pr < 10^8: \quad Nu_{l'} = 0{,}157 (Gr_{l'} \cdot Pr)^{1/4}$$
$$10^9 < Gr_{l'} \cdot Pr: \quad Nu_{l'} = 0{,}10 (Gr_{l'} \cdot Pr)^{1/3} \quad \text{(G 1-104)}$$

Für Wasser werden etwa 10% höhere Werte gefunden.

Nach [87] ordnen sich die Versuchsergebnisse an horizontal liegenden ebenen Platten, Bild G 1-55, gut in die allgemeine Gesetzmäßigkeit ein, wenn für die Bezugslänge l' gesetzt wird:

bei der Kreisplatte	der Plattenradius
bei der quadratischen Platte	die halbe Kantenlänge
bei der Rechteckplatte	die halbe große Achse

Eine Analyse der kinetischen Energien in den Grenzschichten einmal bei der freien Strömung, zum anderen bei der erzwungenen Strömung führt zu der Aussage, daß

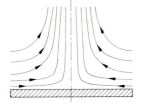

Bild G 1-55. Auftriebsströmung an horizontalen Platten

Tabelle G 1-5. Äquivalenzfaktoren $c(Pr)$

Pr	0,7	10	100	1000
c	0,64	0,59	0,45	0,31

die Grashofsche Zahl dem Quadrat der Reynoldsschen Zahl proportional sein sollte [45].

Ein Vergleich mit Versuchsergebnissen zeigt in der Tat, daß der Verlauf $Nu = f(Gr \cdot Pr)$ für freie Konvektion mit demjenigen für umströmte Einzelkörper $Nu = f(Re, Pr)$ zur Deckung gebracht werden kann, wenn bei freier Konvektion als äquivalente Bewegungskenngröße

$$Re_{l'} = c(Pr) \cdot Gr_{l'}^{1/2} \qquad (G1\text{-}105)$$

eingeführt wird. Die Äquivalenzfaktoren c sind von der Prandtlschen Kenngröße abhängig (Tabelle G 1-5).

Bei turbulenter Grenzschicht ist eine geringfügige Abnahme des Äquivalenzfaktors mit zunehmender $Re_{l'}$-Kennzahl zu beobachten.

In Bild G 1-54 sind die mit Gl. (G 1-105) umgerechneten Kurven für Luft aus Bild G 1-53 eingetragen, welche den dargelegten Zusammenhang hervorragend bestätigen (Kurve c).

G 1.4.7 Freie Strömungen in geschlossenen horizontalen und vertikalen Schichten

In Gas- und Flüssigkeitsschichten erfolgt die Wärmeübertragung durch Wärmeleitung und freie Konvektion; in Gasschichten ist außerdem die Wärmestrahlung (s. Abschn. G 1.2) zu berücksichtigen (Bild G 1-56). Die Anteile der Wärmeleitung und der freien Konvektion an der Wärmeübertragung sind nicht zu trennen, so daß es zweckmäßig ist, eine beide Vorgänge erfassende äquivalente Wärmeleitfähigkeit λ_{LK} oder einen äquivalenten Wärmeübergangskoeffizienten α einzuführen, mit der sich der Wärmestrom durch die Schicht aus

$$\dot{Q}_{LK} = A \frac{\lambda_{LK}}{s} (t_1 - t_2) \qquad (G1\text{-}106)$$

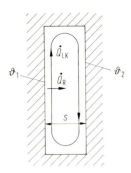

Bild G 1-56. Zur Wärmeübergang in geschlossenen Schichten

oder

$$\dot{Q}_{LK} = A\,\alpha\,(t_1 - t_2)$$

berechnen läßt. Der Wärmestrom durch Strahlung $\dot{Q}_R$ ist getrennt zu ermitteln und zu $\dot{Q}_{LK}$ zu addieren. Dabei muß berücksichtigt werden, daß durch den zusätzlichen Wärmestrom die Oberflächentemperaturen gegenüber denen bei alleiniger Konvektion verändert werden können.

Das Verhältnis der äquivalenten Wärmeleitfähigkeit λ_{LK} zu der des ruhenden Mediums λ_L bzw. $\alpha\cdot s/\lambda_L = Nu_s$ ist bei der freien Strömung im wesentlichen eine Funktion der Kennzahlen $Gr_s\cdot Pr$

$$Nu_s = \frac{\alpha\cdot s}{\lambda_L} = \frac{\lambda_{LK}}{\lambda_L} = f(Gr_s\cdot Pr)\ . \tag{G 1-107}$$

Die Grashofsche Kennzahl ist dabei mit der Schichtdicke s als charakteristische Länge $l' = s$ zu bilden:

$$Gr_s = \frac{s^3 g\,(\vartheta_1 - \vartheta_2)}{T_m \nu^2}\ .$$

Die Stoffwerte sind dabei auf eine mittlere Temperatur zu beziehen.

Für *horizontale* Schichten [64] bei einem Wärmestrom von unten nach oben gilt mit Abweichungen bis $\pm 30\%$ (für Luft $Pr = 0{,}7$)

$$1708 < Gr_s\cdot Pr < 2{,}4\cdot 10^4\ \text{(laminar):}\ Nu_s = 0{,}208\,(Gr_s\cdot Pr)^{0{,}25}$$

$$Gr_s\cdot Pr > 2{,}4\cdot 10^4\ \text{(turbulent):}\quad Nu_s = 0{,}092\,(Gr_s\cdot Pr)^{0{,}33}\ . \tag{G 1-108}$$

Dies bedeutet, daß im turbulenten Bereich die Schichtdicke s keinen Einfluß besitzt.

Es ist ferner zu beachten, daß eine freie Strömung erst bei Werten der Kennzahlen $Gr_s\cdot Pr > 1708$ (1. kritische Rayleigh-Zahl) einsetzen kann.

Bei einem Wärmestrom durch die horizontale Schicht von oben nach unten wird keine freie Strömung ausgelöst ($Nu_s = 1$), sofern nicht Randeinflüsse Instabilitäten erzeugen.

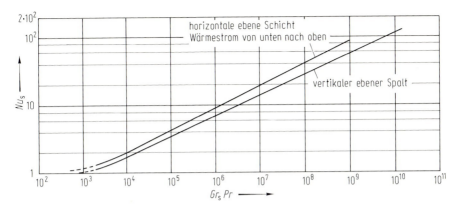

Bild G 1-57. Wärmeübertragung in horizontalen und senkrechten Luftschichten

Die recht große Unsicherheit bekannter Meßwerte ist durch die nicht eindeutige Ausbildung von Konvektionszellen zu erklären.

Für *vertikale* Schichten [64, 92] gilt mit mittleren Abweichungen bis ±8% im Bereich $3 \cdot 10^3 < Gr_s < 10^{10}$

$$Nu_s = \frac{\alpha \cdot s}{\lambda_L} = \frac{\lambda_{LK}}{\lambda_L} = 0{,}10 (Gr_s \cdot Pr)^{0{,}307} \; . \qquad \text{(G 1-109)}$$

Ein bei dieser Anordnung zu erwartender Einfluß des Verhältnisses Höhe zu Dicke der Schicht ist in den untersuchten Bereichen von nicht signifikantem Einfluß. Die Angaben hierzu sind allerdings widersprüchlich [34]. So wird für Verhältnisse der Höhe h zur Schichtdicke s: $h/s < 20$ im laminaren Bereich $Gr_s \cdot Pr < 2 \cdot 10^4$ empfohlen: $Nu_s = 0{,}38 \cdot (Gr_s \cdot Pr)^{1/4} \cdot (h/s)^{-1/4}$.

Bei kleinen Schichtdicken s oder kleinen Temperaturdifferenzen $(\vartheta_1 - \vartheta_2)$, d.h. für $Gr_s \cdot Pr < 1708$ kann sich eine freie Strömung wie auch in horizontalen Schichten nicht ausbilden; es nähert sich $Nu_s = \lambda_{LK}/\lambda_L = 1$.

In Bild G 1-57 sind die Funktionen $Nu_s = f(Gr_s \cdot Pr)$ für die horizontale und die vertikale Schicht nach den Gln. (G 1-108) und (G 1-109) aufgetragen. Diesen Gleichungen entnimmt man, daß die Schichtdicke s kaum einen Einfluß auf den Wärmeübergangskoeffizienten $\alpha = \lambda_{LK}/s$ besitzt; seine Höhe wird im wesentlichen nur von der Temperaturdifferenz und den Stoffwerten bestimmt. In Tabelle G 1-6 sind für vertikale Schichten verschiedener Dicke bei einer Temperaturdifferenz von $\vartheta_1 - \vartheta_2 = 20$ K nach Gl. (G 1-109) bzw. Bild G 1-58 Werte für α und λ_{LK} berechnet und unter Annahme eines äquivalenten Wärmeübergangskoeffizienten von $\alpha_R = 5{,}1$ W/m^{2}K (schwarze Begrenzungsflächen) die Durchgangswiderstände dieser Schicht $R_{LKR} = 1/(\alpha + \alpha_R)$ bestimmt. Die Stoffwerte wurden bei $\vartheta_m = 10\,°C$ bestimmt.

Für geneigte Schichten liegen die Wärmeübergangskoeffizienten zwischen denen der horizontalen und vertikalen Anordnung [34]. Hier findet man auch weitere Angaben zur freien Konvektion in Ringspalten.

Tabelle G 1-6. Wärmeübertragung durch senkrechte Luftschichten bei $\vartheta_m = 10\,°C$, $\vartheta_1 - \vartheta_2 = 20\,K$, $\alpha_R = 5{,}1\,W/m^2\,K$

s [m]	$Gr_s \cdot Pr$ [−]	$\alpha = \lambda_{LK}/s$ [W/m² K]	λ_{LK} [W/mK]	R_{LKR} [m² K/W]
0,001	2,5	24,8	0,025	0,033
0,002	19,8	12,4	0,025	0,057
0,005	309	5,0	0,025	0,099
0,010	2474	2,73	0,027	0,128
0,020	$1{,}98 \cdot 10^4$	2,59	0,052	0,130
0,050	$3{,}09 \cdot 10^5$	2,40	0,120	0,133
0,100	$2{,}47 \cdot 10^6$	2,28	0,228	0,136

G 1.4.8 Freie Strömung in beheizten offenen vertikalen Kanälen

Ist ein senkrechter beheizter Kanal oder Spalt oben und unten offen, so wird infolge von Dichteunterschieden das fluide Medium aus der Umgebung angesaugt und durch den Spalt gefördert (Schachtwirkung). Dabei lassen sich drei Anordnungen unterscheiden (Bild G 1-58):
a) einseitig beheizter ebener Spalt,
b) zweiseitig beheizter ebener Spalt,
c) beheiztes Rohr.
Nach einer Analyse der Strömung und Wärmeübertragung in den genannten Anordnungen [40] läßt sich der Wärmeübergang darstellen durch

$$Nu_s = f(Gr_s^* \cdot Pr) \qquad (G\,1\text{-}110)$$

mit $Nu_s = \alpha s/\lambda$ und $Gr_s^* = Gr_s \cdot s/h$ einer erweiterten Grashof-Zahl. Bei der Lösung sind zwei Grenzfälle zu unterscheiden:
Bei kleinen Kennzahlen ($Gr_s^* \cdot Pr$), d.h. bei großen Höhen und kleinen Spaltweiten, nimmt der Wärmeübergang linear mit dieser Kenngröße zu; bei großen Kennzahlen, d.h. großen Spaltweiten und kleinen Höhen, müssen die Gesetzmäßigkeiten der freien Strömung gelten (s. Abschn. G 1.4.6), wenn man von unter-

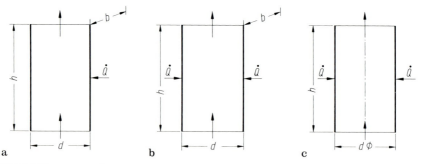

Bild G 1-58 a–c. Anordnungen beheizter offener Kanäle

schiedlichen Annahmen über die Anströmung in beiden Fällen absieht. Es gelten die Beziehungen [33, 34, 35]

$$Gr_s^* \cdot Pr < 1: \quad Nu_s = C_1 \cdot Gr_s^* \cdot Pr$$
$$Gr_s^* \cdot Pr > 10^2: \quad Nu_s = C_2 \cdot (Gr_s^* \cdot Pr)^{0,25} \tag{G1-111}$$

mit folgenden Werten für die Konstanten C_1 und C_2, die charakteristische Länge s und die Austauschfläche A:

	C_1	C_2	s	A
a) einseitig beheizter Spalt	0,0833	0,61	d	bh
b) zweiseitig beheizter Spalt	0,3333	0,69	$d/2$	$2bh$
c) beheiztes Rohr	0,0625	0,52	$r = d/2$	$\pi d h$

Bild G1-59 zeigt den Zusammenhang über den Bereich aller Kennzahlen $(Gr_s^* \cdot Pr)$. Dieser gesamte Bereich läßt sich durch die Gleichung

$$Nu_s = \{[C_1 \cdot Gr_s^* \cdot Pr]^{-1,5} + [C_2 (Gr_s^* \cdot Pr)^{0,25}]^{-1,5}\}^{-2/3} \tag{G1-112}$$

näherungsweise wiedergeben. Der Wärmestrom von den beheizten Flächen der Temperatur ϑ_0 an das durchströmende Medium mit der Eintrittstemperatur ϑ_e berechnet sich aus

$$\dot{Q} = A \alpha (\vartheta_0 - \vartheta_e) \tag{G1-113}$$

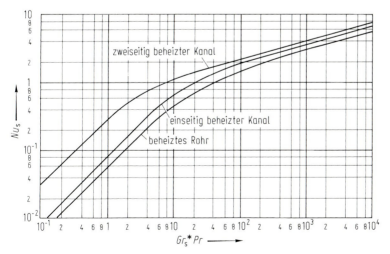

Bild G 1-59. Wärmeübergang in offenen senkrechten Kanälen

G.1.4.9 Der Wärmeübergang bei innendurchströmten Kanälen

Die Betrachtung von außenumströmten Körpern wurde bisher auf kleine vereinzelte Körper beschränkt, die von dem Strom eines verhältnismäßig ausgedehnten Mediums für eine kurze Kontaktzeit getroffen werden, so daß sich in einer gewissen Entfernung von der Oberfläche des Körpers keine Änderungen in der Temperatur und Geschwindigkeit des Mediums bemerkbar machen. Die Erwärmung des ganzen Mediums durch den Wärmeübergang ist immer als gering angenommen (daher die Bezugnahme des Wärmeüberganges auf die festgegebene Temperaturdifferenz $(\vartheta_0 - \vartheta_e)$ bzw. $(\vartheta_0 - \vartheta_\infty)$).

Bei innendurchströmten Körpern (Rohren, ebenen Kanälen, Schüttungen usw.) liegen die Verhältnisse insofern anders, als hier das strömende Medium sich im ganzen erheblich erwärmt oder abkühlt, d.h., daß der Endzustand des Mediums erheblich von dem Geschehen während der Kontaktzeit abhängt. (Mathematisch sind dies Aufgaben, die in denselben Bereich gehören wie Anheiz- oder Auskühlvorgänge für längere Zeiten.)

In hydrodynamischer Hinsicht liegt ein ähnlicher Unterschied gegenüber dem außenumströmten Körper vor. Während sich bei letzterem nur in der Nähe der Oberfläche laminare oder turbulente Randschichten ausbilden, wachsen beim innendurchströmten Körper diese Randschichten zusammen und bilden dann die hydrodynamisch ausgebildete laminare oder turbulente Strömung.

Turbulente Strömung bildet sich in Rohren bei technischen Bedingungen, wenn die auf den Durchmesser bezogene Reynoldssche Kenngröße

$$Re_d = \frac{wd}{v} > Re_{d,kr} = 2300 \qquad \text{(G1-114)}$$

ist. Bei anderen Strömungsquerschnitten als dem Kreisrohr ist die Reynoldssche Kenngröße mit dem hydraulischen Durchmesser

$$d' = \frac{4f}{u} \qquad \text{(G1-115)}$$

f dem Strömungsquerschnitt
u dem benetzten Umfang

zu bilden. Für den ebenen Spalt als Beispiel ist der hydraulische Durchmesser gleich der doppelten Spaltweite s:

$$d' = 2s \, . \qquad \text{(G1-116)}$$

Hinsichtlich der Auswirkungen auf den Wärmeübergang ist ferner zu unterscheiden zwischen der hydraulisch ausgebildeten Strömung, in der das Geschwindigkeitsprofil von Beginn der Austauschfläche vorgegeben ist und sich nicht verändert, und dem hydraulischen Anlauf, bei dem sich das Strömungsprofil im Rohr oder Kanal, ausgehend von einer Kolbenströmung, zu den obengenannten ausgebildeten Geschwindigkeitsprofilen entwickelt. Entsprechend ist hinsichtlich des Temperaturfeldes der thermische Anlauf, ausgehend von einem kolbenförmigen

Profil bis zu einem Profil, bei dem sich das Temperaturfeld nur noch ähnlich verändert, zu unterscheiden.

Wegen der Veränderung der mittleren Temperatur des strömenden Mediums in einem Kanal mit Wärmezu- oder -abfuhr sind verschiedene Bezüge für die Wärmeübergangskoeffizienten möglich. In der deutschen Literatur ist es üblich, die örtlich veränderlichen Wärmeübergangskoeffizienten (α_x) über die Rohrlänge integral zu mitteln ($\bar{\alpha}$); diese Koeffizienten sind dann mit dem logarithmischen Mittelwert der Temperaturdifferenz zwischen dem Eintritt (ϑ_e) und Austritt (ϑ_a) des strömenden Mediums und Wandtemperatur (ϑ_0) zu multiplizieren, um den Wärmestrom zu erhalten

$$\dot{Q} = A \cdot \bar{\alpha} \cdot \overline{\Delta \vartheta} \; , \qquad (G\,1\text{-}117)$$

wobei

$$\overline{\Delta \vartheta} = \frac{(\vartheta_e - \vartheta_{0e}) - (\vartheta_a - \vartheta_{0a})}{\ln \dfrac{\vartheta_e - \vartheta_{0e}}{\vartheta_a - \vartheta_{0a}}} \qquad (G\,1\text{-}118)$$

mit ϑ_{0e}, ϑ_{0a} den Wandtemperaturen am Ein- bzw. Austritt der Strömung.

Die auf diesen logarithmischen Mittelwert der Temperaturdifferenz $\overline{\Delta \vartheta}$ bezogenen Wärmeübergangskoeffizienten werden als $\overline{Nu}$ bzw. $\bar{\alpha}$ gekennzeichnet.

Der Wärmeübergang in durchströmten Rohren bei hydrodynamisch ausgebildeter *laminarer Strömung* und thermischem Anlauf – bekannt als „Graetz-Nusselt-Problem" – wird nach Hausen durch [23]

$$\overline{Nu_d} = 3{,}65 + \frac{0{,}190 \left(Pe_d \cdot \dfrac{d}{l}\right)^{0{,}8}}{1 + 0{,}117 \left(Pe_d \cdot \dfrac{d}{l}\right)^{0{,}467}} \qquad (G\,1\text{-}119)$$

oder für die numerische Rechnung einfacher durch [74]

$$\overline{Nu_d} = \sqrt[3]{3{,}66^3 + 1{,}61^3 \cdot Pe_d \cdot \dfrac{d}{l}} \qquad (G\,1\text{-}120)$$

beschrieben, wobei letztere Beziehung auch den Grenzwert für große $Pe_d \cdot \dfrac{d}{l}$ Werte [56]

$$\overline{Nu_d} = 1{,}61 \cdot \left(Pe_d \cdot \dfrac{d}{l}\right)^{1/3} \qquad (G\,1\text{-}131)$$

erkennen läßt, Bild G 1-60, Kurve a.

Die Pecletsche Kennzahl ist definiert durch

$$Pe_d = Re_d \cdot Pr \; .$$

In sehr kurzen Rohren wird der hydrodynamische Anlauf nicht beendet. Hier liegen in erster Näherung Strömungsverhältnisse wie bei der überströmten Platte vor.

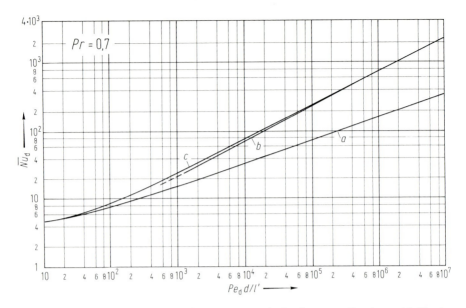

Bild G 1-60. Wärmeübertragung bei laminarer Strömung in durchströmten Kanälen und bei laminarer Grenzschicht an überströmten Körpern für Luft, $Pr = 0{,}7$; a ausgebildete laminare Strömung im Rohr nach Gln. (G 1-119) bzw. (G 1-120); b laminare Grenzschichtströmung an überströmten Körpern ($l = l'$) nach Gl. (G 1-122), hydrodynamischer und thermischer Anlauf; c Anlaufströmung in sehr kurzen Rohren nach [84], (Grenzwert)

Diese Lösung (Gl. (G 1-94)), umgerechnet auf den Rohrdurchmesser d, stellt also den Grenzwert bei hydrodynamischem und thermischem Anlauf dar:

$$\overline{Nu_d} = Nu_d = 0{,}664 \left(Pe_d \cdot \frac{d}{l} \right)^{1/2} \cdot Pr^{-1/6} \qquad (G\,1\text{-}122)$$

(Bild G 1-60, Kurve b).

Für den Zwischenbereich wurden die Werte numerisch ermittelt und in Bild G 1-60 als Kurve c eingetragen.

Der Wärmeübergang in *turbulent durchströmten Kanälen* wurde zuerst von Reynolds aus der Analogie zwischen Wärmeübergang und Druckabfall für $Pr = 1$ abgeleitet. Diese Analogie wurde von Prandtl auf beliebige Werte der Prandtlschen Kenngröße erweitert. Die hierauf aufbauenden Gleichungen [62] sind sehr unhandlich und wurden von Hausen [24] in die Form gebracht:

$$\overline{Nu_d} = 0{,}0235 \cdot (Re_d^{0{,}8} - 230) \cdot (1{,}8 \cdot Pr^{0{,}3} - 0{,}8) \cdot \left(1 + \left(\frac{d}{l}\right)^{2/3}\right) \cdot \left(\frac{\eta_m}{\eta_W}\right)^{0{,}14}. \qquad (G\,1\text{-}123)$$

Der Faktor $\left(1 + \left(\dfrac{d}{l}\right)^{2/3}\right)$ erfaßt bei kurzen Rohren den erhöhten Wärmeübergang bei hydrodynamischem Anlauf; das Verhältnis $(\eta_m/\eta_W)^{0{,}14}$ berücksichtigt

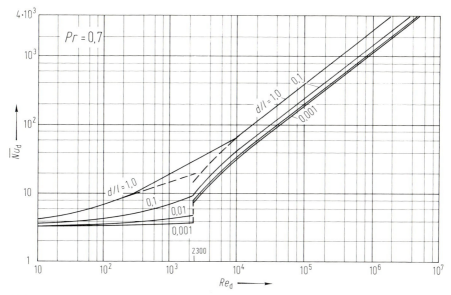

Bild G 1-61. Wärmeübergang in durchströmten Rohren

die Richtung des Wärmestroms (Index m bei mittlerer Strömungstemperatur, Index W bei Wandtemperatur). Gleichung G 1-123 gilt für $2300 < Re_d < 10^6$ und $d/l < 1$.

Bei sehr kurzen Rohren gilt wieder Gl. (G 1-94). Im Übergangsbereich zwischen laminarer und turbulenter Strömung ist von den Gln. G 1-120, G 1-122 oder G 1-123 diejenige zu wählen, die den höchsten Wärmeübergang liefert [18].

Ein Beispiel für den Verlauf des Wärmeübergangskoeffizienten im gesamten Bereich der Re-Werte für $Pr = 0,7$ (Luft) zeigt Bild G 1-61.

G 1.4.10 Zusammenfassende Darstellung des Wärmeübergangs bei durch- und überströmten Körpern an Luft

Die Notwendigkeit, die vielgestaltigen Probleme des Wärme- und Stoffaustausches in einen größeren Zusammenhang zu stellen, sowie die Forderung nach einer technisch vernünftigen Abschätzung auch des formalmäßig nicht mehr erfaßbaren Einzelfalles veranlaßten O. Krischer und Mitarbeiter, eine Darstellungsweise zu entwickeln, die eine umfassende Einordnung der Gesetzmäßigkeiten des Wärmeübergangs für umströmte Körper und durchströmte Kanäle erlaubt [36, 45, 52].

Zu diesem Zweck war es erforderlich, das treibende Potential einheitlich zu definieren. Als Bezug für die Wärmeübergangskoeffizienten erschien die Temperaturdifferenz zwischen der konstanten Oberflächentemperatur ϑ_0 und der Mediumtemperatur am Eintritt ϑ_e gemäß der Definitionsgleichung

$$\dot{Q} = A \cdot \alpha_e \cdot (\vartheta_0 - \vartheta_e) \tag{G 1-124}$$

zweckmäßig. Diese für überströmte Körper übliche Betrachtungsweise bietet den Vorteil, daß in vielen Fällen die Wärmemengen unmittelbar – und nicht iterativ wie bei der Wahl von Mittelwerten (arithmetisch oder logarithmisch) als treibende Potentialdifferenz – berechnet werden können. Eine Umrechnung der unterschiedlich definierten Übergangskoeffizienten ist in einfacher Weise möglich.

Zwischen den Wärmeübergangskoeffizienten α_e nach Gl. (G1-124) und $\bar{\alpha}$ nach Gl. (G1-114) bzw. zwischen $Nu_{d,e}$ und $\overline{Nu_d}$ gelten folgende Zusammenhänge

$$\frac{\alpha_e d}{\lambda} = Nu_{d,e} = \frac{1}{4} Pe_d \cdot \frac{d}{l} \left[1 - \exp\left(-\frac{4\overline{Nu_d}}{Pe_d \cdot d/l} \right) \right] \qquad \text{(G1-125)}$$

bzw.

$$\frac{\bar{\alpha} d}{\lambda} = \overline{Nu_d} = \frac{-1}{4} Pe_d \cdot \frac{d}{l} \cdot \ln\left[1 - \frac{4 Nu_{d,e}}{Pe_d \cdot d/l} \right] .$$

Eine mittlere Strömungsgeschwindigkeit w_m, ein gleichwertiger Durchmesser d^* und eine charakteristische Länge l' für die Bildung der dimensionslosen Kenngrößen Nu, Re bzw. Pe und d/l sind dabei so zu definieren, daß sie sowohl bei überströmten Körpern als auch bei durchströmten Kanälen und Haufwerken gelten.

1. Mittlere Strömungsgeschwindigkeit

Ist der überströmte Körper z. B. in einem Kanal oder innerhalb eines Rohrbündels angeordnet, durch welchen der freie Querschnitt f_0 verengt wird, so ist als mittlere Überströmungsgeschwindigkeit

$$w_m = \frac{w_0}{\psi} \qquad \text{(G1-126)}$$

zu setzen. Der hier eingeführte Hohlraumanteil (Porosität) ψ ist als das Verhältnis des durchströmten Volumens V zu dem Volumen ohne Austauschfläche V_0 (im freien Querschnitt f_0) zu berechnen:

$$\psi = \frac{V}{V_0} . \qquad \text{(G1-127)}$$

Zum Beispiel ist für einen querangeströmten Zylinder des Durchmessers d in einem Kanal der Breite b, Bild G1-62

$$\psi = \frac{bd - \frac{\pi}{4} d^2}{bd} = 1 - \frac{\pi d}{4b} \qquad \text{(G1-128)}$$

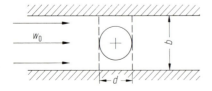

Bild G1-62. Zur Definition der Geschwindigkeit in Kanälen

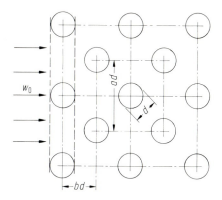

Bild G 1-63. Zur Definition der Geschwindigkeit in Rohrbündeln

In einem Rohrbündel ist der Hohlraumanteil für die einzelnen Rohrreihen zu bilden (Bild G 1-63); mit a, dem Querschnittsverhältnis, wird

$$\psi = 1 - \frac{\pi}{4a}. \qquad (G\,1\text{-}129)$$

In einer Schüttung ist ψ gleich der Porosität, für eine ungeordnete Kugelschüttung gilt $\psi = 0{,}37$; in einem durchströmten leeren Rohr ist $\psi = 1$.

2. Charakteristische Länge

Als charakteristische Länge für die Über- oder Durchströmung eines Körpers soll die schon bei der Behandlung des Wärmeübergangs an überströmten Körpern eingeführte Anströmlänge nach Gl. (G 1-98) beibehalten werden (s. Bild G 1-51):

$$l' = \frac{A}{U}$$

3. Gleichwertiger Durchmesser

Für durchströmte Körper, wie Haufwerke, querangeströmte Rohrbündel oder längsdurchströmte Rohre ist neben der Anströmlänge eine weitere Abmessung zur Kennzeichnung des Strömungsquerschnittes erforderlich. Als solche bietet sich eine Länge an, die wie ein hydraulischer Durchmesser gebildet wird:

$$d^* = \frac{4 f_0 \cdot \psi \cdot l'}{A}, \qquad (G\,1\text{-}130)$$

wobei A die Austauschfläche in einer Austauscheinheit und f_0 den leeren Strömungsquerschnitt bedeuten.

Für die zusammenfassende Darstellung werden die in den Abschn. G 1.4.3, G 1.4.4, G 1.4.5 und G 1.4.9 angegebenen Beziehungen für den Wärmeübergang in der Form [36, 45]

$$Nu_{d^*,e} = f\left(Pe_{d^*} \cdot \frac{d^*}{l'} \right) \qquad (G\,1\text{-}131)$$

aufgetragen.

Für den Wärmeübergang bei hydrodynamisch ausgebildeter laminarer Strömung mit alleinigem thermischen Anlauf ergeben sich im Rohr nach den Gln. (G 1-119) bzw. (G 1-120) umgerechnet auf $Nu_{d,e}$ die niedrigsten Werte, Bild G 1-64.

Bei sehr langen Rohren, d. h. bei kleinen Werten von $(Pe_d \cdot d/l)$ wird eine Grenze angestrebt, die durch Angleichung der Mediumstemperatur an die Wandtemperatur bedingt ist, d. h. bei vollkommenem thermischen Ausgleich.

Diese Grenze läßt sich aus der Überlegung bestimmen, daß die vom Medium von der Eintrittstemperatur ϑ_e bis zum Austritt bei Wandtemperatur ϑ_0 aufgenommene Wärmemenge gleich der an der Rohrwand übertragenen sein muß

$$\frac{\pi}{4} d^{*2} \cdot w \varrho c (\vartheta_e - \vartheta_0) = \pi d^* l' \alpha_e (\vartheta_e - \vartheta_0)$$

oder

$$Nu_{d^*,e} \equiv \frac{\alpha_e d^*}{\lambda} = \frac{1}{4} \cdot \frac{w d^*}{\lambda/\varrho c} \cdot \frac{d^*}{l'} \equiv \frac{1}{4} \cdot Pe_{d^*} \cdot \frac{d}{l'} \ . \tag{G 1-132}$$

Diese Grenze für den dimensionslosen Wärmeübergang $Nu_{d^*,e}$ kann auf keine Weise überschritten werden; sie gilt daher auch für die turbulente Strömung in Rohren oder für die Durchströmung von Haufwerken.

In das Gebiet zwischen den aufgezeigten Grenzen müssen sich die Anlaufströmungen und die turbulenten Strömungen einordnen. Da hier weitere Abhängigkeiten von der Pr-Kennzahl auftreten, ist Bild G 1-64 (s. Einstecktafel im Buchdeckel) für Luft $Pr = 0,7$ berechnet.

Für den Wärmeübergang bei thermischem und hydrodynamischem Anlauf an um- oder überströmten Körpern gilt die Mittelkurve, welche mathematisch durch die Gln. (G 1-97) – (G 1-99) wiedergegeben wird; im Bereich $20 < Re_{l'} < 10^3$ stimmen diese Gleichungen mit der für laminare Grenzschichten Gl. (G 1-47) überein. Für $Re_{l'} < 20$ tritt die besprochene Auffächerung für endliche Körper auf (s. Abschn. G 1.4.5), die in dem Diagramm aber nicht mehr erfaßt wird. Wegen der Verwendung der charakteristischen Größe d^* tritt in der Darstellung als weiterer Parameter d^*/l' auf, der die Gesetzmäßigkeiten des Wärmeübergangs in durchströmten Kanälen und umströmten Körpern verbindet.

Für die Darstellung des Wärmeübergangs in turbulent durchströmten Rohren ist Gl. (G 1-123) – umgerechnet auf die Darstellung $Nu_{d^*,e}$ – verwendet worden. Die Auftragung in Bild G 1-64 macht deutlich, daß bei hohen Werten von $(Pe_{d^*} \cdot d^*/l)$ praktisch kein Unterschied zwischen dem Wärmeüberübergang an umströmten Körpern mit turbulenter Grenzschicht nach der Mittelkurve und in turbulent durchströmten Kanälen besteht. Erst im Übergangsbereich zwischen laminarer und turbulenter Strömung bzw. Grenzschicht treten größere Unterschiede auf. In diesem Umschlagsbereich ist immer mit einer nicht zu behebenden Unsicherheit zu rechnen.

Über die weiteren Möglichkeiten der Nutzung des entwickelten Diagramms, z. B. für die Berechnung des konvektiven Wärmeübergangs in Haufwerken oder Rohrbündeln [18, 36], muß auf die einschlägige Literatur verwiesen werden.

G 1.4.11 Wärmeübergang beim Verdampfen

Obwohl die Verdampfung zu den wichtigsten Problemen der Wärmeübertragung gehört, ist eine vollständige quantitative Beschreibung der zahlreichen Einflüsse von den Stoffwerten der verdampfenden Flüssigkeit, den verfahrenstechnischen Parametern bis zur Geometrie der Heizfläche auch heute noch nicht möglich.

Die folgenden Ausführungen beschränken sich daher auf eine qualitative Beschreibung des Blasensiedens, wie es in beheizten Behältern oder Kesseln auftritt, und auf die Angabe der Wärmeströme beim Blasensieden von Wasser[3].

Bei kleinen Überhitzungen der Temperatur der Heizfläche ϑ_W über die Siedetemperatur ϑ_S beobachtet man bis zum Punkt A in Bild G 1-65 relativ schwachen Anstieg der Wärmestromdichte. Er kommt im wesentlichen durch freie Konvektion der Flüssigkeit an der Heizfläche zustande; Blasenbildung wird nur vereinzelt beobachtet. Erst nach Überschreiten einer bestimmten Temperaturdifferenz werden genügend Keimstellen für die Blasenbildung aktiviert (in Wasser bei ca. 7 K), und es setzt die Blasenverdampfung ein – Bereich A–B in Bild G 1-65. Dabei steigt mit der Temperaturdifferenz die Blasenfrequenz und damit die Wärmestromdichte bis zu einem maximalen Wert – Punkt B.

Eine weitere Steigerung der Heizflächentemperatur führt infolge der zunehmenden Bildung einer Dampfschicht an der Heizfläche zu einer partiellen instabilen Filmverdampfung bis zu einem Minimum – Punkt C.

Darüber hinaus liegt stabile Filmverdampfung vor, bei der die Wärmestromdichte durch Wärmeleitung und Strahlung in der Dampfschicht bestimmt wird.

Für Wasser bei einem Druck von $p_1 = 1$ bar ist die Wärmestromdichte über $\vartheta_W - \vartheta_S$ in Bild G 1-66 aufgetragen. Für andere Drücke (p) kann die Umrechnung näherungsweise proportional $\left(\dfrac{p}{p_1}\right)^{0,24}$ erfolgen.

Hinsichtlich der theoretischen Behandlung der beschriebenen Phänomene oder dem Sieden in anderen Geometrien, z. B. in Verdampferrohren, muß auf die Literatur verwiesen werden [85, 88].

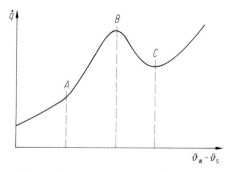

Bild G 1-65. Zur Abhängigkeit des Wärmestroms von der Temperaturdifferenz beim Blasensieden

---

[3] Vom Vorgang des Verdampfens ist der der Verdunstung zu unterscheiden. Bei letzterem liegt ein Stofftransport aufgrund von Partialdruckunterschieden vor, s. Abschn. G 2.6.

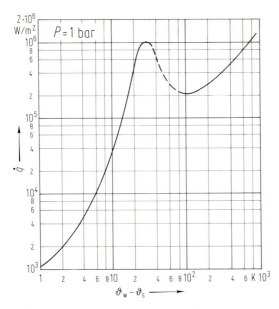

Bild G 1-66. Der Wärmestrom beim Sieden von Wasser bei 1 bar

G 1.4.12 Wärmeübergang bei der Kondensation reiner Dämpfe

Die Wärmeübertragung bei der Kondensation ruhenden Sattdampfes[4] an einer senkrechten Fläche wird durch die Nusseltsche Wasserhaut-Theorie beschrieben [60]. Der in der Ablaufrichtung des Kondensats, Bild G 1-67, dicker werdende Kondensatfilm bildet dabei einen Wärmeleitwiderstand. Für den mittleren Wärmeübergangskoeffizienten über der Höhe h läßt sich in dimensionsloser Schreibweise bei laminarer Filmströmung angeben

$$Nu = \frac{\alpha H}{\lambda} = 0{,}943 \left[\frac{h_V}{c_p \Delta \vartheta} \cdot \frac{g H^3}{v a} \right]^{1/4} \qquad (G\,1\text{-}133)$$

und bei teilweiser turbulenter Filmströmung, wenn für $Re = \dfrac{\dot{m}}{b \cdot \mu} > 350$ ($\dot{m}/b$ Kondensatstrom je Breite Kondensationsfläche, μ dyn. Zähigkeit) der Umschlag laminar-turbulent erfolgt ist [20]

$$Nu = 0{,}0030 \left[\frac{g H^3}{v^3} \cdot \frac{c_p \Delta \vartheta}{h_V} \right]^{1/2}. \qquad (G\,1\text{-}134)$$

Für die Kondensation von Wasserdampf ist der Wärmeübergangskoeffizient nach den Gln. (G 1-133) und (G 1-134) explizit in Bild G 1-68 als Funktion von

---

[4] Bei der Kondensation von Dampf aus einem Dampf-Luftgemisch (feuchte Luft) sind die Gesetze des Stofftransports zu berücksichtigen, s. Abschn. G 2.7; dieser Vorgang wird als Partialkondensation bezeichnet.

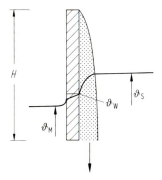

Bild G 1-67. Zum Temperaturverlauf bei der Kondensation

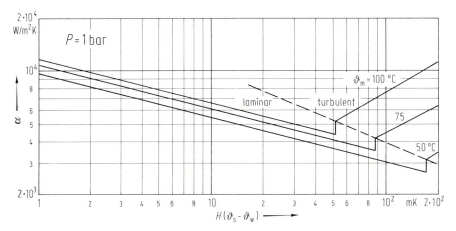

Bild G 1-68. Der Wärmeübergangskoeffizient bei der Filmkondensation von Wasserdampf bei 1 bar

$H \cdot (\vartheta_S - \vartheta_W)$ aufgetragen. Für die Stoffwerte des Kondensats ist dabei der Mittelwert zwischen Wand- und Sattdampftemperatur $\vartheta_m = 1/2(\vartheta_W - \vartheta_S)$ einzusetzen.

Eine Dampfströmung längs des Kondensatfilms beeinflußt durch seine Schubwirkung proportional $\varrho_D \cdot u_D^2$ den Kondensatabfluß. Bei gleicher Richtung der Dampf- und Kondensatströmung nach unten wird die Filmdicke kleiner und der Wärmeübergangskoeffizient damit größer; bei entgegengesetzter Strömungsrichtung von Dampf und Kondensat wird der Ablauf des Kondensats zunächst nach unten behindert, bis bei höheren Dampfgeschwindigkeiten das Kondensat vom Dampf nach oben mitgerissen wird. Der Wärmeübergangskoeffizient bei einer Dampfgeschwindigkeit u_D bezogen auf denjenigen bei $u_D = 0$ ist in Bild G 1-69 über $u_D \cdot \sqrt{\varrho_D}$ aufgetragen und macht die geschilderten Zusammenhänge deutlich [46].

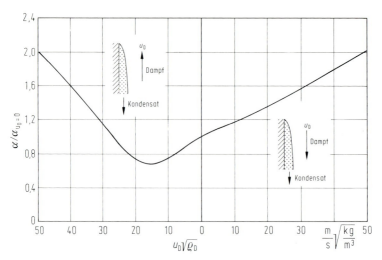

Bild G 1-69. Einfluß der Dampfgeschwindigkeit u_D auf den Wärmeübergang bei der Kondensation

Die vorstehenden Betrachtungen gelten für eine senkrechte Kondensationsfläche (ebene Fläche oder senkrechtes Rohr); an einem waagerecht liegenden einzelnen Rohr des Durchmessers D_a beträgt der Wärmeübergangskoffizient

$$\alpha_{waagerecht} = 0{,}77 \cdot \alpha_{senkrecht} ,\tag{G 1-135}$$

wobei die Höhe in den Gln. (G 1-133) und (G 1-134) gleich dem Durchmesser zu setzen ist: $H = D_a$.

Die Angaben über die Wärmeübergangskoeffizienten in Rohrbündeln mit waagerechten Rohren sind widersprüchlich [89].

Es wird empfohlen, für runde Rohrbündel mit der totalen Rohrzahl n_{ges} den Wärmeübergangskoeffizienten zu berechnen aus

$$\alpha_{Bündel} = \alpha_{waagerecht} \cdot n_{ges}^{-1/12} \tag{G 1-136}$$

mit $\alpha_{waagerecht}$ nach Gl. (G 1-135).

G 1.4.13 Wärmedurchgang

Bei der Wärmeübertragung durch eine feste Wand zwischen strömenden Gasen oder Flüssigkeiten zu beiden Seiten der Wand sind die Übergangswiderstände ($1/\alpha_i$, $1/\alpha_a$) und der Wärmeleitwiderstand der Wand ($\sum_j s_j/\lambda_j$) hintereinandergeschaltet. Der Wärmestrom durch die Wand ist proportional einem Wärmedurchgangskoeffizienten k, der diese Widerstände erfaßt, und der Temperaturdifferenz zwischen den beiden Medien $\Delta\vartheta$:

$$\dot{Q} = A \cdot k \cdot \Delta\vartheta .\tag{G 1-137}$$

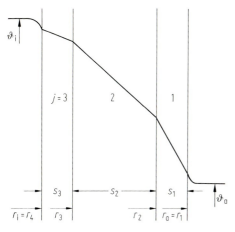

Bild G 1-70. Zum Wärmedurchgang durch geschichtete Wände

Bei *ebenen* Wänden, bei denen die Fläche A für alle Querschnitte gleich bleibt, wird der Wärmedurchgangswiderstand $1/k$ aus der Summe der Wärmeübergangs- und Wärmeleitwiderstände berechnet:

$$\frac{1}{k} = \frac{1}{\alpha_i} + \sum_j \frac{s_j}{\lambda_j} + \frac{1}{\alpha_a} = R_b + \sum R_\lambda + R_a \ . \tag{G1-138}$$

Bei gekrümmten Wänden, Bild G 1-70, wie Zylinder- oder Kugelschalen, ist die Veränderlichkeit der Flächen A in Richtung des Wärmestroms zu berücksichtigen. Es gilt für *zylindrische Wände* (Rohrschalen):

$$A \cdot k = \frac{2\pi l}{\dfrac{1}{\alpha_i \cdot r_i} + \sum_j \dfrac{1}{\lambda_j} \cdot \ln \dfrac{r_j}{r_{j+1}} + \dfrac{1}{\alpha_a \cdot r_a}} \tag{G1-139}$$

und für *Kugelschalen*

$$A \cdot k = \frac{4\pi}{\dfrac{1}{\alpha_i \cdot r^2} + \sum_j \dfrac{1}{\lambda_j} \cdot \left(\dfrac{1}{r_{j+1}} - \dfrac{1}{r_j} \right) + \dfrac{1}{\alpha_a \cdot r^2}} \tag{G1-140}$$

Ändern sich die Temperaturen der strömenden Medien zu beiden Seiten der Wand durch den Wärmeaustausch, so tritt an Stelle der linearen Temperaturdifferenz in Gl. (G1-137) bei Gleich- oder Gegenstrom der Medien ein logarithmisch gemittelter Wert über die Temperaturdifferenz am Eintritt $\Delta\vartheta_g$ und Austritt $\Delta\vartheta_k$ aus dem Wärmeaustauscher

$$\Delta\vartheta_{\ln} = \frac{\Delta\vartheta_g - \Delta\vartheta_k}{\ln(\Delta\vartheta_g/\Delta\vartheta_k)} \ , \tag{G1-141}$$

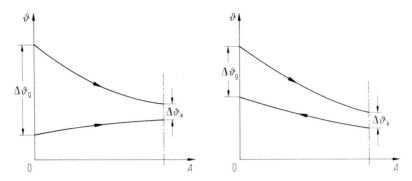

Bild G 1-71. Zur Definition der Temperaturdifferenz beim Wärmeaustausch im Gleich- und Gegenstrom

wobei $\Delta\vartheta_g$ bzw. $\Delta\vartheta_k$ die größte bzw. kleinste Temperaturdifferenz zwischen den beiden Medien bezeichnet, s. Bild G 1-71. Für die Berechnungen bei anderen Stromführungen und bei Zusammenschaltung mehrerer Wärmeaustauscher sei auf die Literatur verwiesen, z. B. VDI-Wärmeatlas.

G2 Stoffübertragung

G 2.1 Einführung

Die Aufbereitung von Luft in lufttechnischen Anlagen erfordert außer der Wärmeübertragung zur Einstellung von Lufttemperaturen auch Verfahren zur Einstellung von vorgegebenen Luftfeuchten. Dies bedeutet bei der Befeuchtung einen Stofftransport von Wasserdampf infolge Verdunsten oder Verdampfen von einer Flüssigkeitsoberfläche in den Luftstrom hinein, bei der Entfeuchtung einen Stofftransport aus dem Luftstrom heraus an ein aufnehmendes Medium oder an eine Kondensationsfläche. Bei diesen Vorgängen der Verdunstung oder Kondensation handelt es sich um einen konvektiven Stoffübergang, einen Vorgang, der in Analogie zum konvektiven Wärmeübergang behandelt werden kann.

Neben den Verfahren der Be- und Entfeuchtung von Luft sind die Auswirkungen der Luftfeuchte in Räumen mit konditionierter Luft zu beachten, welche mit einem Stofftransport verbunden sind. Hier sind vor allem der Transport von Wasserdampf an die kälteren Außenwände und durch diese hindurch an die Außenluft infolge Diffusion und die Einstellung der hygroskopischen Gleichgewichtsfeuchten in den Baumaterialien zu nennen.

Da alle Baumaterialien hygroskopisch sind, nehmen sie aus der Luft Feuchte auf oder geben Feuchte an diese ab. Im Rahmen der Stoffübertragung sind daher auch Adsorption (Feuchteaufnahme) und Desorption (Trocknung) zu betrachten, die zur Einstellung eines Sorptionsgleichgewichtes führen.

Die Kenntnis dieser Diffusionsvorgänge ist Voraussetzung für den diffusionsschutztechnischen richtigen Aufbau der Außenwände (s. Abschn. G 2.5.3). Als *Diffusion* bezeichnet man alle molekularen Bewegungsvorgänge, bei denen Moleküle aufgrund von Partial-(Teil-)druckunterschieden wandern, im Unterschied zur *Strömung*, die durch Gesamtdruckunterschiede ausgelöst wird. Bei der Diffusion eines Dampfes in einem Gas (z.B. Luft) spricht man auch von Dampfdiffusion.

Der Stofftransport durch Diffusion ist dabei dem Wärmetransport durch Wärmeleitung analog.

Ohne Bedeutung bei den hier zu behandelnden Fragen ist ein Stofftransport infolge der *Molekularbewegung*. Sie tritt in Poren von Baustoffen auf, deren Abmessungen kleiner als die freie Weglänge Λ der Luftmoleküle sind (bei $P = 1$ bar, $t = 0\,°C$ beträgt $\Lambda = 0{,}06 \cdot 10^{-5}$ m). Der Anteil derartiger Poren ist jedoch in den üblichen Baustoffen zu vernachlässigen. Ein möglicher Einfluß wird in den Diffusionswiderstandsfaktoren miterfaßt (s. u.).

In feuchten porösen Gütern ist neben der Diffusion in den mit Luft gefüllten Poren als Stofftransport noch die *Oberflächendiffusion* der an die Oberfläche gebundenen Feuchten und bei hohen Feuchten – wenn Poren mit Wasser gefüllt sind – *kapillare Flüssigkeitsbewegung* möglich.

Durch kapillare Zugkräfte wird dabei Feuchte von einem Ort höherer Feuchte zu einem Ort niedrigerer Feuchte transportiert, gegebenenfalls auch entgegen einem Temperaturgefälle. Da diese Vorgänge für das bauphysikalische Verhalten von Baustoffen von Bedeutung sind, sollen ihre Gesetzmäßigkeiten, soweit erforderlich, hier behandelt werden.

G 2.2 Grundgesetze der Diffusion

G 2.2.1 Zweiseitige Diffusion von Gasen ineinander

Den Vorgang der Diffusion veranschaulicht am besten folgender Fall:

Zwei reine Gase verschiedener Art von gleichem Druck und gleicher Temperatur befinden sich in den Räumen A und B, Bild G 2-1. Eine Trennwand enthalte eine Röhre von der Länge s und dem Querschnitt f, durch die die Verbindung zwischen den Räumen hergestellt wird. Dann wandern durch die Röhre ebenso viele Moleküle von A nach B wie umgekehrt, da andernfalls der Druck sich in A oder B ändern müßte. (In Gasräumen gleichen Drucks und gleicher Temperatur sind nach dem Avogadroschen Gesetz stets gleich viele Moleküle vorhanden.) Bewegt sich das Gas A in einem bestimmten Querschnitt der Röhre mit der Geschwindigkeit w_A nach rechts, B mit w_B nach links, so üben nach den Vorstellungen Stefans [82] die sich gegeneinander bewegenden Moleküle Kräfte (Widerstände) aufeinander aus, die der Relativgeschwindigkeit $(w_A - w_B)$ und dem Produkt der den Molekülzahlen proportionalen Größen ϱ_A/M_A und ϱ_B/M_B (Dichten) sowie einer von den beiden Gasarten abhängigen Konstanten C_{AB} proportional gesetzt werden. Diese Widerstände müssen von den als treibende Kräfte anzusehenden Teildruckgefällen überwunden werden. Wegen der Konstanz des Gesamtdruckes $P_A + P_B = P$ ist das Teildruckgefälle

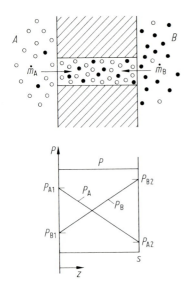

Bild G 2-1. Zur zweiseitigen Diffusion

$$-\frac{dP_A}{dz} = +\frac{dP_B}{dz} \ . \tag{G2-1}$$

Aus diesen Überlegungen folgt das Grundgesetz der Diffusion nach Fick für einen Diffusionsstrom

$$\dot{m}_A = -\frac{\delta_{AB}}{R_A T} \cdot \frac{dP_A}{dz} \ . \tag{G2-2}$$

Es ist dem Fourierschen Gesetz der Wärmeleitung und dem Newtonschen Gesetz des Impulstransports analog.

Die Integration über einen Diffusionsweg s von einem Partialdruck P_{A1} auf einen Partialdruck P_{A2} ergibt die diffundierenden Massestromdichten

$$\dot{m}_A = \frac{\delta_{AB}}{R_A T \cdot s} \cdot (P_{A1} - P_{A2}) \tag{G2-3}$$

entsprechend

$$\dot{m}_B = \frac{\delta_{BA}}{R_B T \cdot s} \cdot (P_{B1} - P_{B2}) \ .$$

Der Diffusionskoeffizient $\delta_{AB} = \delta_{BA}$ (in einem Gemisch mit zwei Komponenten) ist von Druck und Temperatur sowie von der Natur der beiden Gase A und B abhängig [45].

Nach Untersuchungen von Schirmer [71] gilt in guter Übereinstimmung mit theoretischen Ansätzen für die Diffusion von Wasserdampf in Luft die Zahlenwert-Gleichung

$$\delta_{DL} = \frac{22{,}6 \cdot 10^{-6}}{P[\text{bar}]} \cdot \left(\frac{T}{273}\right)^{1{,}81} [\text{m}^2/\text{s}] \ . \tag{G2-4}$$

G 2.2.2 Einseitige Diffusion eines Dampfes in ein Gas (Verdunstung)

Als Verdunstung bezeichnet man die Diffusion eines Dampfes, die von einer flüssigen oder feuchten Oberfläche ausgeht, solange die Temperatur der Oberfläche unter der Siedetemperatur des verdunstenden Mediums liegt. In diesen Fällen kann das aufgrund des Teildruckgefälles entgegen dem Dampf diffundierende Gas nicht in die Oberfläche eindringen. Der Diffusion des Dampfes muß sich daher eine konvektive Ausgleichsströmung überlagern, die das eindiffundierende Gas abführt. Die Dampfmenge in diesem Ausgleichsstrom ist dabei gleich der Diffusionsstromdichte des Dampfes $\dot{m}_D$, welcher Dampf entsprechend der örtlichen Dampfkonzentration P_D/P aufgenommen hat, Bild G 2-2:

$$\dot{m}_D = -\frac{\delta_{DL}}{R_D T} \cdot \frac{dP_D}{dz} + \dot{m}_D \cdot \frac{P_D}{P} \ . \tag{G2-5}$$

Die Auflösung nach der Massenstromdichte und Integration über den Diffusionsweg s von der Wasseroberfläche, an der der Sättigungsdruck P_D'' herrscht, in das aufnehmende Gas mit dem Dampfdruck P_{DL} [83] ergibt

$$\dot{m}_D = \frac{\delta_{DL}}{R_D T} P \frac{1}{s} \ln \frac{P - P_{DL}}{P - P_D''} \ . \tag{G2-6}$$

Sind die Dampfdrücke P_{DL} und P_D'' klein gegen den Gesamtdruck P oder selbst nur wenig verschieden, so darf der Logarithmus durch das erste Glied der Reihenentwicklung näherungsweise ersetzt werden

$$\dot{m}_D = \frac{\delta_{DL}}{R_D T} \cdot \frac{1}{s} \cdot \frac{P_D'' - P_{DL}}{1 - P_D''/P} \ . \tag{G2-7}$$

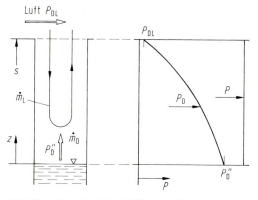

Bild G 2-2. Zur einseitigen Diffusion (Verdunstung) aus einer Röhre von einem Flüssigkeitsspiegel in ein Gas

In der Literatur wird an Stelle von P_D''/P auch

$$\frac{P_{Dm}''}{P} \approx \frac{1}{2}\frac{P_D''+P_{DL}}{P} \qquad \text{(G2-8)}$$

angegeben. Dies bedeutet zwar eine etwas bessere Näherung für den Logarithmus, ist aber für die Betrachtung zum gleichzeitigen Wärme- und Stoffaustausch von Nachteil (s. Abschn. G2.3).

Im Fall der Gleichheit von P_D'' und P würde der Diffusionsstrom unendlich: Die Verdunstung geht in eine Verdampfung über. Die verdampfte Masse wird allein durch die Höhe der zugeführten Energie bestimmt, $\dot{m}_D = \dot{q}/h_V$.

G2.2.3 Die Diffusion durch porige Stoffe und der Diffusionswiderstandsfaktor

Erfolgt die Diffusion durch porige Stoffe, z. B. durch Baustoffe, infolge von Partialdruckunterschieden des Wasserdampfes zu beiden Seiten der Wand, so wird der nach Gl. (G2-3) berechnete Diffusionsstrom durch mehrere Einflüsse – u. U. wesentlich – verändert:

1. Wird der Massenstrom auf die Ansichtsfläche A (Oberfläche) des porigen Materials bezogen, so ist zu berücksichtigen, daß der Massenstrom nur durch die freie Porenfläche A_P des Materials diffundieren kann; der Massenstrom ist mit dem Faktor A_P/A zu reduzieren. Das Verhältnis A_P/A ist dabei praktisch gleich der Porosität (Hohlraumanteil) ψ zu setzen

$$\frac{A_P}{A} = \psi \ . \qquad \text{(G2-9)}$$

2. Der Diffusionsweg in den Poren entspricht nicht der kürzesten Verbindung zwischen den beiden Oberflächen des Materials, d. h. der Dicke s, sondern ist auf einen Wert s_P verlängert. Dabei sollen in dem Wert s_P auch Widerstände durch Querschnittsänderungen der Poren und durch Umlenkungen als gleichwertige Längen erfaßt werden. Der Massenstrom ist deshalb mit einem Wegfaktor $\mu_P = s_P/s$ – auch Tortuositätsfaktor genannt – zu reduzieren.
3. Zu dem Transport durch Diffusion in den mit Gas gefüllten Poren können – besonders bei höheren Feuchten – Oberflächendiffusion und ein Flüssigkeitstransport durch Kapillarkräfte hinzutreten (s. Abschn. G2.4).

Wegen des komplexen Aufbaus der Materialien mit Poren unterschiedlichster Abmessungen und Strukturen darf man nicht erwarten, daß mit diesen Überlegungen eine zahlenmäßige Berechnung des Stofftransportes durch porige Stoffe möglich ist. Die genannten Einflüsse werden daher in einem empirisch zu ermittelnden Diffusionswiderstandsfaktor μ zusammengefaßt, der größenordnungsmäßig die oben geschilderten Abhängigkeiten erfaßt

$$\mu = \frac{A}{A_P} \cdot \frac{s_P}{s} = \frac{1}{\psi} \cdot \mu_P \ . \qquad \text{(G2-10)}$$

Tabelle G 2-1. Diffusionswiderstandsfaktoren von Wasserdampf für Baustoffe (Auszug aus DIN 4108, Teil 4)

Kalk-, Kalkzement, Zementmörtel	15 ÷ 35
Gipsputz	10
Zementstrich	20
Normalbeton (Kies- oder Splitbeton mit Geschl. Gefüge)	70 ÷ 150
Leichtbeton mit haufwerksporigem Gefüge	5 ÷ 15
Leichtbeton mit geschlossenem Gefüge	70 ÷ 150
Gasbeton (dampfgehärtet)	5 ÷ 10
Voll-, Hochlochklinker	100
Voll-, Loch-, Leichtziegel	5 ÷ 10
Kalksandsteine	10 ÷ 25
Hüttensteine	70 ÷ 100
Betonsteine/Lochsteine, K-Steine, Voll-, Blocksteine	5 ÷ 10
Mineralische u. pflanzliche Faserdämmstoffe	1
Korkplatten	10
Schaumkunststoffe, Außer H – F-Ortschaum	30 ÷ 100
Harnstoff-Formaldehydharz-Ortsschaum	1 ÷ 3
Schaumglas	→ ∞
Holz	40
Sperrholz	50 ÷ 400
Holzwolleleichtbauplatten	2 ÷ 5
Dachpappe (nackt)	2000 ÷ 3000
PVC-Folie, $s > 0,1$ mm	20000 ÷ 50000
Außenwandverkleidung aus Glasmosaik oder Keramik	200

Die Diffusionsstromdichte durch porige Materialien wird damit berechnet aus

$$\dot{m}_D = \frac{\delta_{DL}}{R_D T \cdot \mu s} (P_{D1} - P_{D2}) \ . \tag{G 2-11}$$

Handelt es sich um mehrschichtig aufgebaute Wände, so ist der Diffusionskoeffizient für die mittlere Temperatur jeder Schicht i einzusetzen, und man erhält

$$\dot{m}_D = \frac{P_{D1} - P_{D2}}{\sum_{i=1}^{n} R_D T_i \cdot \mu_i s_i / \delta_{DL,i}} \ . \tag{G 2-12}$$

Der Zahlenwert des Diffusionswiderstandsfaktors μ ist entsprechend den oben entwickelten Vorstellungen für eine Luftschicht $\mu = 1$; für einige Baustoffe kann er Tabelle G 2-1 entnommen werden, Rechenwerte für technische Berechnungen s. [8].

G 2.3 Stoffübergang

G 2.3.1 Der Stoffübergangskoeffizient

Unter konvektivem Stoffübergang versteht man in Analogie zum konvektiven Wärmeübergang den Übergang eines diffundierenden Stoffes durch eine Grenzschicht an ein strömendes Medium. Solche Vorgänge treten auf, z. B. bei der Verdunstung von einer flüssigen oder feuchten Oberfläche in ein aufnehmendes Gas bzw. bei dem umgekehrten Vorgang der Kondensation und bei der Ad- oder Desorption von Wasserdampf in Baustoffen.

Für die Berechnung der übertragenen Stoffmasse bildet man einen Stoffübergangskoeffizienten β analog dem Wärmeübergangskoeffizienten α durch den Ansatz

$$\dot{m}_D = \frac{\beta}{R_D T}(P''_{DO} - P_{DL}) \; , \tag{G2-13}$$

mit den Dampfdrücken P''_{DO} an der Oberfläche und P_{DL} im aufnehmenden oder abgebenden Gas. Dieser einfache lineare Ansatz ist wegen der einseitigen Diffusion bei derartigen Vorgängen und dem dadurch bedingten Ausgleichsstrom (s. Abschn. G 2.2.2) nur richtig, solange die durch die Grenzschicht diffundierenden Massenströme klein sind ($\dot{m}_D \to 0$). Bei größeren Massenströmen muß die einseitige Diffusion in der Form berücksichtigt werden, daß das treibende Potential logarithmisch angeschrieben wird oder ein korrigierter Stoffübergangskoeffizient β^* verwendet wird, wie es oben bei der Diffusion, s. Gl. 2-6, geschah

$$\dot{m}_D = \frac{\beta P}{R_D T} \ln \frac{P - P_{DL}}{P - P''_{DO}} \; , \tag{G2-14}$$

oder linearisiert

$$\dot{m}_D = \frac{\beta^*}{R_D T} \cdot \frac{P''_{DO} - P_{DL}}{1 - P''_{DO}/P} \; . \tag{G2-15}$$

Da ein Massenstrom auch Energie von der Oberfläche in das aufnehmende Gas transportiert, ist bei größeren Massenströmen auch der Wärmeübergangskoeffizient α durch einen korrigierten α^* zu ersetzen

$$\dot{q} = \alpha^*(\vartheta_0 - \vartheta_L) \; . \tag{G2-16}$$

Das Verhältnis der Übergangskoeffizienten ist gegeben durch [45]

$$\frac{\alpha^*}{\alpha} = \frac{\dot{m}_D \cdot c_{pD}/\alpha}{\exp[\dot{m}_D \cdot c_{pD}/\alpha] - 1} \tag{G2-17}$$

und

$$\frac{\beta^*}{\beta} = \frac{\ln(1+B)}{B} \text{ mit } B = \frac{P''_{DO} - P_{DL}}{P - P''_{DO}} \; .$$

G 2.3.2 Der Zusammenhang zwischen Wärme- und Stoffübergang

Die Gesetzmäßigkeiten des Wärmeübergangs lassen sich mit Hilfe der Kenngrößen meist als Potenzgesetz darstellen, s. Abschn. G 1.4:

$$\frac{\alpha l}{\lambda} = Nu = C Re^m \cdot Pr^n \cdot \left(\frac{l_1}{l_2}\right)^0 \ldots \tag{G2-18}$$

Wegen des formal gleichen Aufbaus der Fourierschen und Fickschen Gesetze (s. Gl. (G1-53) und (G2-2) gilt für ein Problem des Stoffübergangs bei denselben Randbedingungen, die einem Potenzgesetz nach Gl. (G2-18) für den Wärmeübergang zugrunde liegen

$$\frac{\beta l}{\delta_{DL}} = Sh = C Re^m \cdot Sc^n \cdot \left(\frac{l_1}{l_2}\right)^0 \ldots, \tag{G2-19}$$

d.h., es ist die Nusseltsche Kennzahl Nu ersetzt durch die Sherwoodsche Kennzahl Sh (auch als Nu' bezeichnet), die Prandtlsche Kennzahl $Pr = v/a$ durch die Schmidtsche Kennzahl $Sc = v/\delta_{DL}$. Die Konstante C und die Exponenten $m, n, o \ldots$ bleiben bei den analogen Vorgängen unverändert.

Für die Berechnung der Stoffübergangskoeffizienten aus bekannten Wärmeübergangskoeffizienten sowie die Berechnung von gekoppelten Wärme- und Stoffaustauschvorgängen, wie Verdunstung oder Kondensation, ist das Verhältnis des Wärme- zum Stoffübergangskoeffizienten α/β eine kennzeichnende Größe. Aus den Gln. (G2-18) und (G2-19) bildet man leicht

$$\frac{\alpha}{\beta} = \frac{\lambda}{\delta_{DL}} \cdot \left(\frac{Pr}{Sc}\right)^n = \frac{\lambda}{\delta_{DL}} \left(\frac{\delta_{DL}}{a}\right)^n = c_p \varrho \cdot \left(\frac{a}{\delta_{DL}}\right)^{1-n}, \tag{G2-20}$$

wenn man die Temperaturleitfähigkeit $a = \lambda/c_p\varrho$ einführt.

Sind auch die gegenseitigen Änderungen des Wärme- und Stoffübergangs mit α^* und β^* zu berücksichtigen, so gilt bei den in raumlufttechnischen Anlagen auftretenden Dampfdrücken [45]

$$\frac{\alpha^*}{\beta^*} \approx \frac{\alpha}{\beta} = c_p \varrho \left(\frac{a}{\delta_{DL}}\right)^{1-n}. \tag{G2-21}$$

Der Exponent n hängt vom Strömungszustand ab:

Bei erzwungener laminarer Strömung $n = 1/3$; bei erzwungener turbulenter Strömung $n = 0,42$; für den Transport durch ruhende Medien $n = 0$; für Ausgleichsvorgänge und im Grenzfall vollkommener Turbulenz $n = 1$; bei freien Auf- oder Abtriebsströmungen mit laminaren Grenzschichten $n = 0,25$, mit turbulenten Grenzschichten $n = 1/3$.

Die auf das Volumen bezogene spezifische Wärmekapazität $c_p \varrho$ ist für mittlere Stoffwerte der feuchten Luft in der Grenzschicht zu bilden.

G2.3.3 Stoffwerte für die Berechnung des Stofftransports in feuchter Luft

Für die Berechnung der Wärme- und Stoffaustauschvorgänge in feuchter Luft sind in den Bildern G2-3 – G2-12 die benötigten Stoffwerte in Abhängigkeit von Temperatur und Druck aufgetragen (aus [45, 47]).

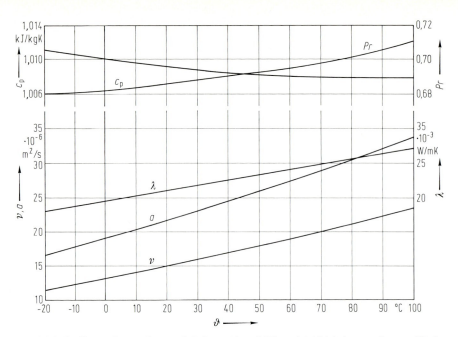

Bild G 2-3. Stoffwerte für trockene Luft bei $p = 1$ bar. λ Wärmeleitfähigkeit, c_p wahre spezifische Wärme v kinematische Zähigkeit, a Temperaturleitfähigkeit $a = \lambda/c\varrho$, $Pr = v/a$ Prandtlsche Kenngröße

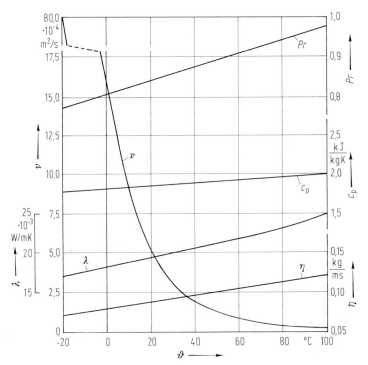

Bild G 2-4. Stoffwerte für Wasserdampf bei $P = 1$ bar und beim Sättigungsdruck zur Temperatur ϑ. λ Wärmeleitfähigkeit, c_p wahre spezifische Wärme, v kinematische Zähigkeit, a Temperaturleitfähigkeit $a = \lambda/c\varrho$, $Pr = v/a$ Prandtlsche Kenngröße

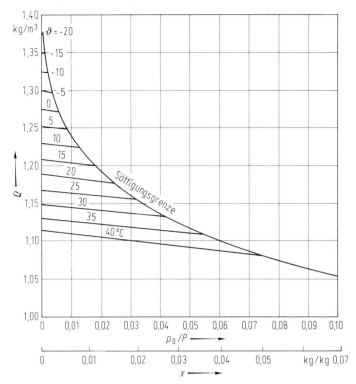

Bild G 2-5. Dichte ϱ feuchter Luft bei $P = 1$ bar, berechnet nach $\varrho = \dfrac{P}{RT} \cdot \dfrac{P_L M_L + P_D M_D}{P}$

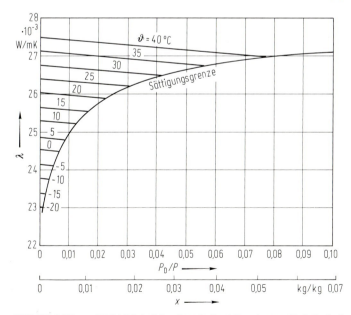

Bild G 2-6. Wärmeleitfähigkeit λ feuchter Luft, abhängig vom Verhältnis des Dampfteildrucks P_D zum Gesamtdruck P und von der Temperatur, berechnet nach der Näherungsformel

$$\lambda = \lambda_D \frac{P_D}{P} + \lambda_L \left(1 - \frac{P_D}{P}\right)$$

maximale Abweichung des wahren Wertes -7%, λ ist praktisch unabhängig vom Gesamtdruck P

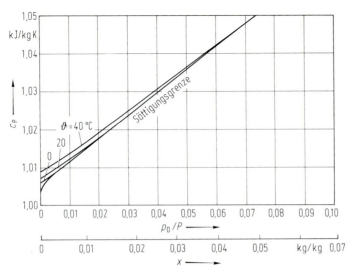

Bild G 2-7. Mittlere spezifische Wärme c_p feuchter Luft, abhängig vom Verhältnis des Dampfteildrucks P_D zum Gesamtdruck P und von der Temperatur:

$$c_P = \frac{P_L M_L c_{pL} + P_D M_D c_{pD}}{P_L M_L + P_D M_D} \qquad c_p \text{ ist praktisch unabhängig vom Gesamtdruck } P$$

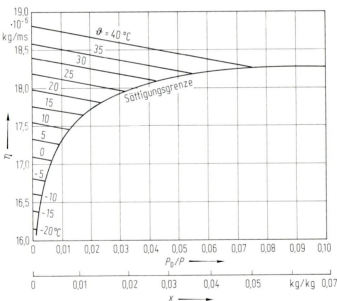

Bild G 2-8. Dynamische Zähigkeit η feuchter Luft, abhängig vom Verhältnis des Dampfteildrucks P_D zum Gesamtdruck P und von der Temperatur, berechnet für einen Druck $P = 1$ bar nach der Näherungsformel:

$$\eta = \frac{\eta_L P_L \sqrt{M_L} + \eta_D P_D \sqrt{M_D}}{P_L \sqrt{M_L} + P_D \sqrt{M_D}} \qquad \eta \text{ ist praktisch unabhängig vom Gesamtdruck } P$$

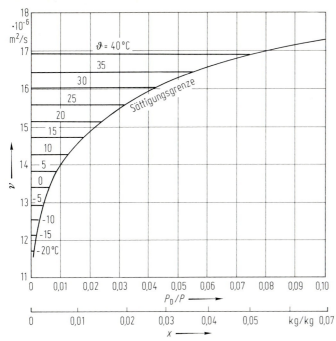

Bild G 2.9. Kinematische Zähigkeit $v = \eta/\varrho$ feuchter Luft bei $P = 1$ bar; bei Gesamtdruck P:

$$v = v_1 \frac{P_1}{P}$$

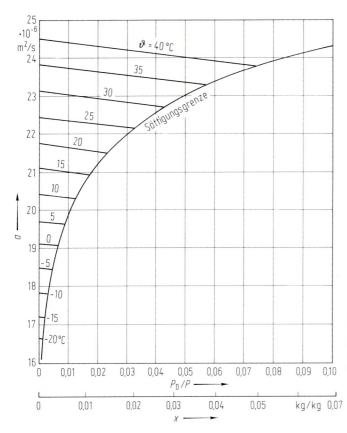

Bild G 2-10. Temperaturleitfähigkeit $a = \lambda/c_p\varrho$ feuchter Luft für $P = 1$ bar; bei Gesamtdruck P:

$$a = a_1 \frac{P_1}{P}$$

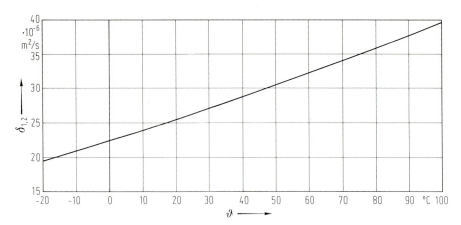

Bild G 2-11. Diffusionskoeffizient für Wasserdampf-Luft bei $P = 1$ bar, berechnet nach Schirmer:

$$\delta_{DL} = \frac{22{,}6 \cdot 10^{-6}}{P[\text{bar}]} \left(\frac{T}{273}\right)^{1{,}81} \left[\frac{\text{m}^2}{\text{s}}\right]$$

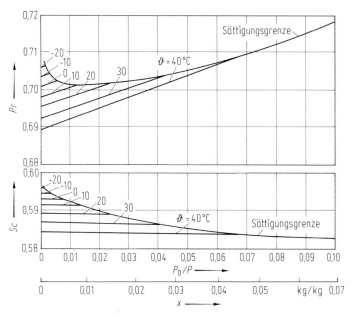

Bild G 2-12. Prandtl-Zahl $Pr = \nu/a$ (für Wärmeübergang) und Schmidt-Zahl $Sc = \nu/\delta_{DL}$ (für Stoffübergang) feuchter Luft (unabhängig vom Gesamtdruck P)

G 2.4 Oberflächendiffusion und Kapillarwasserbewegung

Mit zunehmender Feuchte eines porigen Stoffes werden zunächst sorbierte Phasen gebildet, die dann, beginnend mit den engsten Poren, diese mit Flüssigkeit füllen.

Diese Phase bzw. Flüssigkeit kann aufgrund von Grenzflächenspannungen von einem Ort hoher Feuchte zu einem Ort mit niedriger Feuchte bewegt werden. Derartige bewegliche Feuchte kann bereits im Bereich hygroskopischer Feuchte (s. Abschn. G 2.5.2) auftreten. (Für Poren, z. B. mit einem Durchmesser von 10^{-8} m genügt eine Luftfeuchte von $\varphi = 90\%$, um diese Poren durch Kapillarkondensation mit Wasser zu füllen.) Dieser Flüssigkeitstransport führt zu einer merklichen Erhöhung des Wasserdampfdurchganges durch Wände im Bereich hoher Luftfeuchten, zu einer Erhöhung der Trocknungsgeschwindigkeiten feuchter Wände, aber auch zu einer Erhöhung der Wärmeleitfähigkeit des feuchten Stoffes (s. Abschn. G 1.3.6).

Sehr anschaulich tritt die Wirkung dieser Feuchtebewegung bei folgendem Versuch in Erscheinung:

Beheizt man einen z. B. in verlöteten Metallrohren luftdicht abgeschlossenen feuchten, porigen Stoff von der einen Seite und kühlt ihn von der anderen Seite, so stellt man eine gewisse Verlagerung der Feuchte nach der kalten Seite fest, die durch Dampfdiffusion in den luftgefüllten Poren bewirkt wird. Wäre diese Bewegung allein vorhanden, so müßte sich im Endzustand alles Wasser an der kalten Seite bis zur Sättigung aller Poren anreichern, während die warme Seite austrocknet.

In Wirklichkeit jedoch stellt sich nach den Versuchen [50] ein Beharrungszustand ein, bei dem die Feuchte von der wärmeren Seite nach der kälteren Seite hin stetig zunimmt. Bild G 2-13 zeigt die Ergebnisse einiger Messungen, bei denen an Sandproben Temperaturunterschiede zwischen 10 und 30 °C fünf Monate lang aufrechterhalten wurden. Die Wassermenge, die dampfförmig in den luftgefüllten Poren von der warmen zur kalten Seite wandert, muß daher durch Oberflächendiffusion und Kapillarbewegung nach der trockenen Seite hin zurücktransportiert werden.

Die bewegte Flüssigkeitsmenge $\dot{m}_W$ in einem Porensystem hängt von der Porenverteilung und dem Feuchtegefälle ab [80, 81]. Da eine Erfassung dieser Einflüsse nicht möglich ist, werden empirische Ansätze für den Mengenstrom durch diese Feuchtebewegung gemacht, die in Analogie zu den anderen molekularen Transportvorgängen der Wärmeleitung oder Diffusion als treibendes Potential das

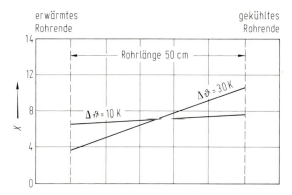

Bild G 2-13. Feuchteverlauf in einem abgeschlossenen porigen Gut (Sand) bei verschiedenen Temperaturdifferenzen

Feuchtegefälle dX/dz und als Transportgrößen einen Oberflächendiffusions- bzw. einen Feuchteleitkoeffizienten δ_S und κ einführen

$$\dot{m}_W = -f \cdot \kappa \varrho_s \frac{dX}{dz} \quad \text{bzw.} \quad \dot{m}_W = -f \delta_S \varrho_s \frac{dX}{dz} \tag{G2-22}$$

mit f dem Gutsquerschnitt, ϱ_s der Raumdichte des trockenen Stoffes und X der Feuchte bezogen auf die Masse des trockenen Stoffes. Oberflächendiffusion und Kapillarwasserbewegung gehen kontinuierlich ineinander über und können nicht getrennt werden, so daß für beide der gleiche Ansatz gemacht wird[5].

Die Transportkoeffizienten δ_S oder κ dürfen aber nicht als nahezu konstante Werte angesehen werden, wie dies bei anderen Transportvorgängen (Wärmeleitung, Diffusion, Reibung) der Fall ist; sie sind vielmehr stark von der Feuchte X abhängig, wie die Betrachtung von zwei Grenzfällen zeigt:

1. Wenn alle Poren eines Stoffes mit Wasser gefüllt sind, findet eine durch Verdunstung an der Gutsoberfläche hervorgerufene Wasserbewegung ohne Feuchtegefälle statt, d.h., es wird $\kappa \to \infty$.
2. Ein Wasserfleck auf einem Löschpapier oder auf trockenem Sand von gleichmäßiger Körnung verbreitet sich nur über einen klar abgegrenzten Bezirk, obwohl am Rand ein sehr großes Feuchtegefälle vorhanden ist. Hier wird δ_S bzw. $\kappa = 0$.

In Bild G2-14 sind für einige Stoffe die Feuchteleitkoeffizienten über der Feuchte (auf das Volumen bezogen) aufgetragen; ihre starke Feuchteabhängigkeit über mehrere Potenzen läßt eine analytische Beschreibung der Feuchtebewegung nicht zu. Der steile Anstieg bei kleinen Feuchten, die noch im hygroskopischen Feuchtebereich liegen können, macht aber deutlich, daß die Feuchtebewegung sich bauphysikalisch auswirken kann, z.B. auf den Wasserdampfdurchgang, die Austrocknung oder den Wärmedurchgang durch eine Wand.

G2.5 Zum Stofftransport in porösen Stoffen

G2.5.1 Problemstellung

In porösen Stoffen kann in den luftgefüllten Poren, wenn ein Dampfdruckgefälle vorhanden ist, eine Dampfdiffusion stattfinden, wie sie in Abschn. G2.3 beschrieben ist. Die an den Porenwänden adsorbierte Feuchte oder bei hoher Feuchte die

---

[5] Anm.: Wenn auch Oberflächendiffusion und Kapillarwasserbewegung ineinander übergehen, phänomenologisch nicht zu trennen sind und durch den gleichen Ansatz beschrieben werden können, so müssen die physikalischen, die Bewegung auslösenden Kräfte trotzdem nicht dieselben sein [91]. Neuere Untersuchungen für die Kapillarwasserbewegung führen diese auf ein Kapillardruckgefälle und den Feuchtesättigungsgrad der Poren zurück [70, 76, 77]. Die Gesetzmäßigkeiten zur Beschreibung des Feuchtetransports werden dadurch sehr viel komplexer, so daß hier der einfachere Ansatz beibehalten und nur auf die angeführte Literatur verwiesen werden soll. Andere Ansätze für die Feuchtebewegung gehen von den Gesetzen der irreversiblen Thermodynamik aus und berücksichtigen auch die Thermodiffusion, ein Effekt, der in der Regel vernachlässigt werden darf.

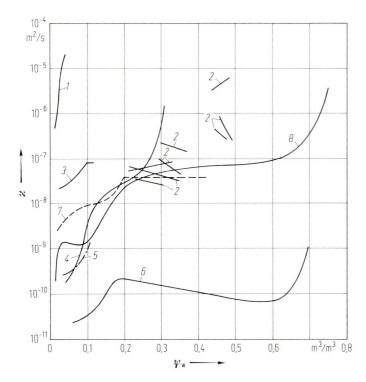

Bild G 2-14. Vergleich von Feuchteleitkoeffizienten nach [47] in Abhängigkeit vom volumenbezogenen Feuchtegehalt $\psi_W = X \cdot \varrho_S / \varrho_W$. *1* Quarzitsand (mittl. Korn $\varnothing$ $d_K = 0{,}7$ mm), *2* verschiedene Tone, *3* keramische Masse $\varrho_S = 2000$ kg/m³, *4* Dachziegel $\varrho_S = 1880$ kg/m³, *5* Ziegel $\varrho_S = 1800$ kg/m³, *6* Buchenholz in radialer Richtung bei 0 °C, *7* Ton $\varrho_S = 1800$ kg/m³ sowie Einzelpunkte, *8* Ytong $\varrho_S = 650$ kg/m³

Poren füllende Flüssigkeit kann aufgrund von Feuchteunterschieden in den Poren diffundieren oder strömen. Die komplexen Erscheinungen Oberflächendiffusion und Kapillarwasserbewegung wurden in Abschn. G 2.4 erläutert.

Zwischen der Feuchte der Luft und der Feuchte in einem porigen Stoff, die sich im Gleichgewicht nach hinreichender Zeit einstellt, besteht ein Zusammenhang, der durch die Sorptionsisothermen beschrieben wird. Für die Beschreibung des Feuchtetransportes ist daher auch die Kenntnis dieses hygroskopischen Feuchtegleichgewichts zwischen Luft und porösem Stoff notwendig; Dampfdiffusion, Oberflächendiffusion und kapillare Feuchtebewegung sind über dieses Sorptionsgleichgewicht miteinander gekoppelt.

Die Ausführungen dieses Abschnittes behandeln nicht den Bereich über-hygroskopischer Feuchte, in dem die Austrocknung von der anfänglich hohen Baufeuchte auf die hygroskopische Gleichgewichtsfeuchte erfolgt [27, 28].

G.2.5.2 Der Zusammenhang zwischen Dampfdruck (Luftfeuchte) und Feuchte des Gutes (Sorptionsgleichgewicht)

Über einer Flüssigkeit, die mit ihrem eigenen Dampf im Gleichgewicht steht, herrscht ein Dampfdruck, der nur von der Temperatur abhängt, der Sattdampfdruck P_D''.

Über einer festen Oberfläche wird der Dampfdruck durch molekulare Kräfte zwischen der Feststoffoberfläche und dem Dampf auf einen Wert $P_D < P_D''$ abgesenkt. Es gilt für die relative Dampfdruckänderung P_D/P_D'', die im Gleichgewicht gleich der relativen Luftfeuchte φ ist, die Thomsonsche Gleichung

$$\frac{P_D}{P_D''} = \varphi = \exp\left[-\frac{h_B}{R_D T}\right] \tag{G2-23}$$

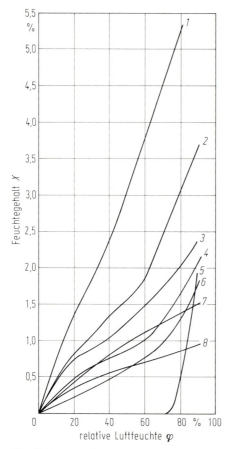

Bild G 2-15. Sorptionsisothermen für Baustoffe, Erden, Asbest. *1* Zementmörtel 2040 kg/m³, *2* Kieselgur, *3* Beton 2300 kg/m³, *4* Kalkmörtel 1800 kg/m³, *5* Gips 1340 kg/m³, *6* Kalkputz 1600 kg/m³, *7* Kaolin, *8* Asbest [47]

mit h_B der Bindungsenergie für die sorbierten bzw. kondensierten Moleküle. Füllen sich durch die Dampfdruckabsenkung Poren eines Radius r mit Flüssigkeit, so wird $h_B = v_W 2\sigma/r$, und es liegt Kapillarkondensation vor. Bei niedriger relativer Luftfeuchte erfolgt lediglich eine Anlagerung von Dampfmolekülen an der Oberfläche, zunächst an bevorzugten Adsorptionszentren, dann in einer bis mehrerer Schichten. Die an der äußeren und inneren Oberfläche eines Feststoffes infolge dieser Vorgänge angelagerte und gebundene – sorbierte – Flüssigkeitsmenge wird als Beladung (Feuchte) X bezogen auf das Trockengewicht (kg Wasser/kg trockener Stoff) über der Luftfeuchte $\varphi = P_D/P_D''$ in den Sorptionsisothermen für eine konstante Temperatur T dargestellt.

In den Bildern G2-15 – G2-18 sind für einige Baustoffe ihre Sorptionsisothermen wiedergegeben (s. [45, 51, 53]). Man erkennt bei den meisten Stoffen einen

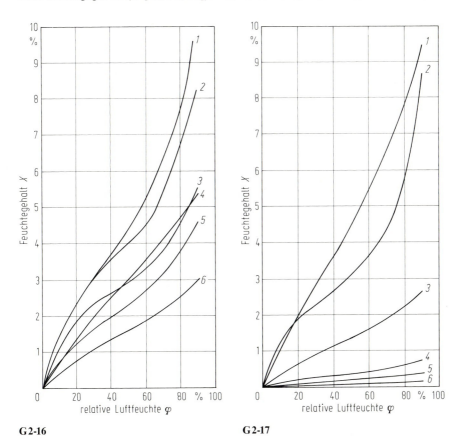

G2-16 G2-17

Bild G2-16. Sorptionsisothermen für Leichtbeton bei Raumtemperatur [47]. *1* Sinterbimsbeton 1479 kg/m³, *2* Ytong, Siporex 520 kg/m³, *3* Siporex 760 kg/m³, *4* Hüttenbimsbeton 1580 kg/m³, *5* Schlackenbeton 1140 kg/m³, *6* Trümmersplittbeton 1510 kg/m³

Bild G2-17. Sorptionsisothermen für Ziegel und Kalksandstein bei 50°C nach [47]. *1* Kalksandleichtstein 1630 kg/m³, *2* Kalksandleichtstein 900 kg/m³, *3* Kalksand-Flugasche-Stein 1740 kg/m³, *4* Dachziegel 1880 kg/m³, *5* Mauerziegel 1530 kg/m³, *6* Klinker 2050 kg/m³

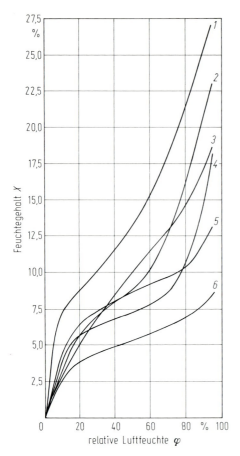

Bild G 2-18. Sorptionsisothermen für poröse Platten (ausgenommen Holzfaserplatten) [47]. *1* Seegrasmatte 120 kg/m³, *2* Dyhonit (zementgebundene Holzwolleplatte) 360 kg/m³, *3* Stramit (Strohplatte) 250 kg/m³, *4* Träullit (zementgebundene Holzwolleplatte) 290 kg/m³, *5* Holzwolleplatte ABT (zementgebundene) 300 kg/m³, *6* Serponit (zementgebundene Holzwolleplatte) 310 kg/m³

typischen S-förmigen Verlauf, der durch die Anlagerung an bevorzugten aktiven Zentren bei kleiner relativer Luftfeuchte, der Annäherung an eine monomolekulare Beladung nach Langmuir und Übergang zu einer mehrschichtigen Beladung bei wachsender Luftfeuchte und schließlich stärker ansteigend durch Kapillarkondensation zu erklären ist.

Bei niedrigen Temperaturen nimmt die sorptiv-gebundene Feuchte zu. Die Temperaturabhängigkeit der Sorptionsisothermen läßt sich bestimmen, indem man den Ausdruck für die Bindungsenergie

$$h_B = R_D T \cdot \ln(1/\varphi) = f(X) \tag{G 2-24}$$

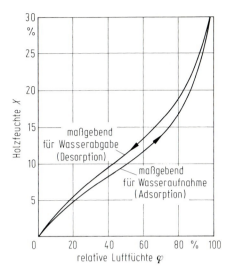

Bild G2-19. Ad- und Desorptionsisotherme für Kiefernholz bei 10 °C [47]

über der Beladung X aufträgt. Diese Funktion ist in erster Näherung unabhängig von der Temperatur. Sie beginnt mit einem Maximalwert bei $X = 0$ (1. oder Monoschicht nach Langmuir) und fällt mit zunehmender Feuchte X auf $h_B = 0$ ab.

Die in den Bildern dargestellten Kurven sind Adsorptionsisothermen, d. h., sie wurden bei steigender Luftfeuchte φ aufgenommen. Bei dem umgekehrten Vorgang der Desorption stellt man meist eine Hysterese fest mit höheren Beladungen des Feststoffs, wie sie Bild 2-19 für Kiefernholz zeigt. Die Ursache dieser Hysterese liegt u. a. in der Porenstruktur, welche Einschlüsse von Feuchte ermöglicht, und in unterschiedlichen Benetzungen bei Be- und Entfeuchtung.

G 2.5.3 Das Zusammenwirken von Dampfdiffusion, Feuchtebewegung und Sorptionsgleichgewicht

In feuchten porösen Stoffen findet in den gasgefüllten Poren eine Diffusion statt; an den Oberflächen der Poren, an welchen im hygroskopischen Feuchtebereich Dampfmoleküle, entsprechend dem Sorptionsgleichgewicht adsorbiert sind, kann zusätzlich ein Transport in der sorbierten Phase vor sich gehen. Bei flüssigkeitsgefüllten Kapillaren geht dieser Transport in die Kapillarwasserbewegung über.

Die Diffusion erfolgt aufgrund eines Partialdruckgefälles in der Gasphase nach Gl. (G2-2); der Transport in der sorbierten Phase, sei es als Transport an der Oberfläche der Poren, sei es als Kapillarwasserbewegung, erfolgt aufgrund eines Feuchtegefälles in der Phase. Für diese beiden Transportmöglichkeiten in der sorbierten Phase wird daher für den Massenstrom Gl. (G2-22) angesetzt. Der Transport in der Gasphase und in der sorbierten Phase sind in der Art miteinander gekoppelt, daß sich zu jedem Dampfdruck im Gasraum der Pore das zugehörige Sorptionsgleichgewicht, d. h. die zugehörige Belegung mit Feuchte an der Oberfläche einzustellen versucht. Die Einstellung des Gleichgewichts erfolgt dabei in Zeiten $<10^{-5}$ s.

Die Höhe der Bindungsenergie bestimmt die Beweglichkeit der adsorbierten Dampfmoleküle auf der Oberfläche der Pore. Im Bereich der monomolekularen Adsorption verhindert die hohe Bindungsenergie praktisch eine Bewegung der sorbierten Phase. Mit zunehmender Feuchte wird die Beweglichkeit größer, und der Anteil des Transports in der sorbierten Phase nimmt zu. Bei stationärem Transport ändert sich örtlich und zeitlich der Dampfdruck und die Stoffeuchte nicht. Das einmal eingestellte Gleichgewicht zwischen Dampfdruck und Feuchte bleibt erhalten. Der Massenstrom durch einen feuchten Stoff ist die Summe der beiden Anteile, wobei diese Anteile von der Feuchte abhängen [32].

Der gesamte Massenstrom ist durch Gl. (G2-2) mit (G2-10) und (G2-22) gegeben

$$\dot{m}_D = -\frac{\delta_{DL}/\mu}{R_D T} \cdot \frac{dP_D}{dz} - \kappa \varrho_s \frac{dX}{dz} . \qquad (G2\text{-}25)$$

Die Verbindung zwischen Dampfdruck P_D bzw. $\varphi = P_D/P_D''$ und der Beladung X läßt sich über die Sorptionsisotherme herstellen [27]. Diese Gleichung beschreibt den zeitlich konstanten Feuchtetransport durch einen porösen Stoff; über die Abhängigkeit der Feuchtemenge $\dot{m}$ vom Dampfdruckgefälle dP_D/dz besagt sie, daß bei kleinen relativen Feuchten und Beladungen X – wegen $\kappa(X)$ für $X \to 0$ auch $\kappa = 0$ – ein linearer Zusammenhang zwischen $\dot{m}_D$ und $\Delta\varphi = (P_{D1} - P_{D2})/P_D''$ bestehen muß (Bild G2-20).

Bei höhren Feuchten muß der Massenstrom infolge zusätzlichen Transports in der sorbierten Phase größer werden ($\kappa = f(X)$).

Dieser Zusammenhang wird für die untersuchten Stoffe experimentell bestätigt [27]. Die Abweichung vom linearen Verlauf fällt etwa mit dem Ende der monomolekularen Belegung zusammen, wie man den Sorptionsisothermen entnimmt.

Im Bereich kleiner Feuchte, d.h. kleinem Dampfdruck, ist der Anstieg von $\dot{m} = f(P_D)$ proportional δ_{DL}/μ. Würde man – und dies geschieht bei technischen Rechnungen im allgemeinen – bis zu hohen Feuchten allein mit dem Diffusions-

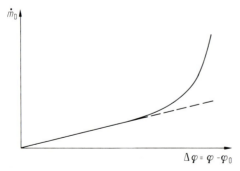

Bild G 2-20. Stationärer Stofftransport durch einen porösen Stoff in Abhängigkeit von der Differenz der relativen Feuchten zu beiden Seiten des Stoffes

ansatz rechnen – ohne den Transport in der sorbierten Phase in Ansatz zu bringen –, so muß der Diffusionswiderstandsfaktor μ eine Funktion der Feuchte werden, und zwar muß er um so kleiner werden, je höher das Dampfdruckgefälle und damit die Feuchte des Stoffes wird.

Hierdurch wird auch verständlich, daß die Höhe des Diffusionswiderstandsfaktors von dem zu seiner Bestimmung verwendeten Verfahren abhängt [8] bzw. von dem dabei aufgebrachten Dampfdruckgefälle (Messung zwischen $\varphi = 0$ und 100%, 0 und 50% oder 50 und 100%).

Wegen der komplexen Zusammenhänge, die für die exakte Berechnung die Kenntnis der Sorptionsisothermen und der kapillaren Feuchteleitfähigkeit κ erforderlich machen, wird man bei technischen Rechnungen aber wohl immer auf mittlere Diffusionswiderstandsfaktoren zurückgreifen müssen, in denen der kapillare Transport und der Einfluß der Sorptionsisothermen näherungsweise erfaßt sind.

G2.6 Der Wärme- und Stofftransport bei der Verdunstung

Bei der Verdunstung erfolgt der Transport eines Dampfes von einer Flüssigkeits-(Wasser-)Oberfläche in ein aufnehmendes Gas (Luft) aufgrund von Partialdruckunterschieden des Dampfes. Der Partialdampfdruck an der Flüssigkeitsoberfläche $P''_D(\vartheta_0)$ ist dabei kleiner als der Gesamtdruck P im System. Es gelten die Gesetze der einseitigen Diffusion, s. Abschn. G 2.2. Wird der Dampfdruck an der Oberfläche gleich dem Gesamtdruck, so geht die Verdunstung in eine Verdampfung über. Der Dampfstrom ist dann nur noch durch die zugeführte Wärmemenge bestimmt, s. Abschn. G 1.4.11.

Erfolgt die Verdunstung durch eine ruhende Luftschicht der Dicke s, s. Bild G2-2, so gilt Gl. (G2-6). In der Regel erfolgt in technischen Apparaten die Verdunstung in strömender Luft, z. B. beim Befeuchten von Luft durch befeuchtete Oberflächen oder Zerstäuben von Wasser, so daß die Gesetze des konvektiven Stoffübergangs anzuwenden sind, Gln. (G2-14) und (G2-15).

Mit dem Stoffstrom durch Verdunstung ist ein Wärmestrom gekoppelt, der die benötigte Verdampfungswärme für die Phasenumwandlung Wasser–Dampf liefern muß, s. Bild G2-21. Es gilt die Kopplungsbedingung[6]

$$(-)\dot{q} = \dot{m}_D \cdot h_V \, . \tag{G2-26}$$

Erfolgt die Wärmezufuhr allein aus der Luft über der Wasserfläche, so spricht man von „adiabater Verdunstung". Mit den Gesetzen des konvektiven Wärme- bzw. Stoffübergangs, Gln. (G2-14), (G2-15), (G2-16) muß dann gelten

$$\dot{q}_a = \alpha^*(\vartheta_L - \vartheta_0) = \frac{\beta^* P}{R_D T} \cdot \frac{P''_{DO} - P_{DL}}{P - P''_{DO}} \cdot h_V(\vartheta_0) \, . \tag{G2-27}$$

Das Verhältnis α^*/β^* kann nach Gl. (G2-22) berechnet werden, so daß aus Gl. (G2-27) die sich einstellende Temperatur der Flüssigkeitsoberfläche ϑ_0 und der Dampfdruck $P''_{DO}(\vartheta_0)$ bestimmt werden kann.

---

[6] Wegen des Vorzeichens von $\dot{q}$ s. Abschn. G 2.8.

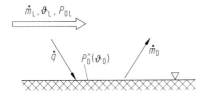

Bild G 2-21. Zur Wärme- und Stoffübertragung bei Verdunstungen an einer Flüssigkeitsoberfläche

Für den Fall, daß das Stoffwertverhältnis a/δ_{DL} (Lewis-Zahl) näherungsweise gleich eins gesetzt werden kann, wird die Oberflächentemperatur gleich der Kühlgrenztemperatur ϑ_K und kann aus dem $h-X$-Diagramm für feuchte Luft als Funktion des Luftzustandes ϑ_L, P_{DL}, (X, φ) entnommen werden, s. Bild G 2-27. Bis zu Lufttemperaturen von $\vartheta_L = 40\,°C$ ist die Abweichung der Kühlgrenztemperatur von der Oberflächentemperatur kleiner als 1 K. Für genauere Berechnungen muß Gl. (G 2-27) iterativ gelöst werden.

Wird der verdunstenden Oberfläche zusätzlich Wärme $\dot{q}_Z$ zugeführt, z. B. durch direkte Beheizung des Wassers oder durch Wärmestrahler, so ist dies bei der Kopplungsbedingung zu berücksichtigen

$$\dot{q} = \dot{q}_\alpha + \dot{q}_Z = \alpha^* \left(\vartheta_L - \vartheta_0 + \frac{\dot{q}_Z}{\alpha^*} \right) = \alpha^*(\vartheta_L^* - \vartheta_0) \ . \tag{G 2-28}$$

Wenn man $\vartheta_L^* = \vartheta_L + \dfrac{\dot{q}_Z}{\alpha^*}$ als äquivalente Lufttemperatur einführt, gelten wieder die vorstehenden Ausführungen zur Bestimmung der Oberflächentemperatur, s. Bild G 2-22.

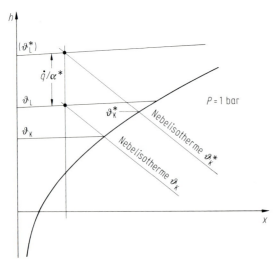

Bild G 2-22. Bestimmung der Kühlgrenztemperatur bei der Verdunstung ohne (adiabat) und mit zusätzlicher Wärmezufuhr $\dot{q}_z$

Auf den vorstehenden Überlegungen beruht die Bestimmung des Luftzustandes durch die Messung der „trockenen" Lufttemperatur und der „feuchten" Kühlgrenztemperatur (Feuchtthermometer-Temperatur) mit Hilfe eines Psychrometers.

G 2.7 Wärme- und Stofftransport bei der Partialkondensation aus Dampf-Gasgemischen

Häufiger als die Kondensation reiner Dämpfe wird in raumlufttechnischen Anlagen die Kondensation des Dampfes aus dem Dampf-Luftgemisch auftreten, z. B. bei der Entfeuchtung von Luft durch Kondensation an gekühlten Flächen. Neben der Abfuhr der Kondensationswärme ist auch freie Wärme abzuführen, da die Kondensationstemperatur unter der Luft-(oder Gas-)temperatur liegt; ferner treten neben dem Wärmeleitwiderstand des Kondensatfilms Wärme- und Stoffübergangswiderstände für den Wärme- bzw. Stofftransport aus der feuchten Luft an die Oberfläche des Kondensatfilms auf.

Der Dampfdruck P_{DL} in der feuchten Luft vom Gesamtdruck P, Bild G 2-23, fällt auf den Sättigungswert $P''_D(\vartheta_0)$ am Kondensatfilm bei der Temperatur der Filmoberfläche ϑ_0 ab. Diese ist kleiner als die Lufttemperatur ϑ_L. Sie muß durch eine Energiebilanz bestimmt werden. Durch den Wärmeleitwiderstand $1/\alpha_F$ im Kondensatfilm fällt die Temperatur auf den Wert ϑ_W an der Kühlfläche ab und weiter durch den Übergangswiderstand auf der Kühlseite $1/\alpha_M$ auf die Temperatur ϑ_M des Kühlmediums. Diese Übergangswiderstände sollen durch einen Teilwärmedurchgangskoeffizienten

$$k' = \frac{1}{\dfrac{1}{\alpha_F} + \dfrac{s}{\lambda}\bigg|_W + \dfrac{1}{\alpha_M}} \qquad (\text{G 2-29})$$

beschrieben werden.

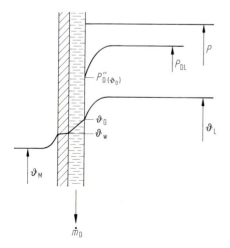

Bild G 2-23. Zum Temperatur- und Partialdruckverlauf bei der Partialkondensation

Die durch einen Wärmeübergang

$$-\dot{q}_\lambda = \alpha^*(\vartheta_L - \vartheta_0)$$

übertragene freie Wärme und durch den Stofftransport

$$-\dot{m}_D \cdot h_V = \frac{\beta^* P}{R_D T} \cdot \frac{P_{DL} - P''_D(\vartheta_0)}{P - P''_D(\vartheta_0)} \cdot h_V(\vartheta_0)$$

übertragene Kondensationswärme ist durch das Kühlmedium abzuführen.

In den Übergangskoeffizienten α^* und β^* ist die gegenseitige Beeinflussung des Wärme- und Stofftransports berücksichtigt, s. Abschn. G 2.3. Die Energiebilanz, aus der sich die an der Kühlfläche abzuführende Wärmemenge $\dot{q}$ bestimmt, lautet damit

$$-\dot{q}_{ges} = \alpha^*(\vartheta_L - \vartheta_0) + \frac{\beta^* P}{R_D T} \cdot \frac{P_{DL} - P''_D(\vartheta_0)}{P - P''_D(\vartheta_0)} \cdot h_V(\vartheta_0) = k'(\vartheta_0 - \vartheta_M) \ . \quad \text{(G2-30)}$$

Die Kondensationstemperatur an der Filmoberfläche ϑ_0 muß iterativ aus dieser Bilanz bestimmt werden. Liegt die Temperatur ϑ_0 unter $0\,°C$, ist als Umwandlungswärme $h_V + h_{Sch}$ (Verdampfungs- und Schmelzwärme) zu setzen. Für eine graphische Bestimmung schreibt man obige Bilanz zweckmäßiger in der Form (mit Hilfe von Gl. (G 2-21), s. Abschn. G 2.3 für das Verhältnis α^*/β^*):

$$\frac{h_V}{c_{pD}} \varepsilon_t \frac{P_{DL} - P''_D(\vartheta_0)}{P - P''_D(\vartheta_0)} = (\vartheta_0 - \vartheta_L^*) \cdot \left(\frac{k'}{\alpha^*} + 1\right) \quad \text{(G2-31)}$$

mit

$$\varepsilon_t = \frac{c_{pD} M_D}{\bar{c}_p \bar{M}} \left(\frac{a}{\delta_{DL}}\right)^{-2/3} \quad \text{und} \quad \vartheta_L^* = \frac{\alpha^* \vartheta_L + k' \vartheta_M}{\alpha^* + k'} \ .$$

Die gesuchte Kondensationstemperatur ϑ_0 ergibt sich aus dem Schnittpunkt der Parameterkurven für P_{DL}, ϑ_L^* und $\dfrac{k'}{\alpha^*}$, wenn man die linke und rechte Seite der Gl. (G 2-31) über ϑ_0 aufträgt. Als Beispiele sind zwei Nomogramme für $P = 1$ bar und $\dfrac{k'}{\alpha^*} = 3$ bzw. $\dfrac{k'}{\alpha^*} = 10$ in Bild G 2-24 dargestellt.

G 2.8 Allgemeine Betrachtungen zur Wärmeübertragung bei Kondensation und Verdunstung in feuchter Luft

Im vorhergehenden Abschnitt wurde der Fall betrachtet, daß die Temperatur des Wasserfilms ϑ_0 unter dem Taupunkt ϑ_T zum zugehörigen Dampfdruck P_{DL} in der Luft lag. Dabei trat Kondensation ein und über eine Kühlfläche war freie $(-\dot{q}_\lambda)$ und gebundene $(-\dot{m}_D h_V)$ Wärme abzuführen. Liegt die Temperatur des Wasserfilms über dem Taupunkt, so tritt Verdunstung auf, wobei aber verschiedene Fälle zu unterscheiden sind. Die verschiedenen Möglichkeiten seien anhand eines $h-x$-Diagramms für feuchte Luft verdeutlicht, indem, von einem festgehaltenen Luftzustand (ϑ_L, P_{DL}) ausgehend, die möglichen Zustandsänderungen betrachtet werden [47].

Zur einheitlichen Beschreibung werden folgende Definitionen getroffen:

$\dot{q}_\lambda = \alpha^*(\vartheta_0 - \vartheta_L)$	konvektiver Wärmestrom zwischen Luft und Wasser
$\dot{q}_\lambda > 0$	Wärmestrom vom Wasser in die Luft
$\dot{q}_\lambda < 0$	Wärmestrom von Luft an das Wasser
$\dot{q}_{ges} = \dot{q}_\lambda + \dot{m}_D \cdot h_V$	gesamter Wärmestrom aus freier und gebundener Wärme
$\dot{q}_{ges} < 0$	gesamter an der Kühlfläche abzuführender Wärmestrom
$\dot{q}_{ges} > 0$	gesamter über eine Heizfläche zuzuführender Wärmestrom
$\dot{m}_D < 0$	Dampfstrom aus der Luft zum Wasserfilm (Kondensation)
$\dot{m}_D > 0$	Dampfstrom vom Wasser in die Luft (Verdunstung)

Damit können folgende Fälle des Wärme- und Stofftransports beschrieben werden, Bild G 2-25:

1. $\vartheta_0 < \vartheta_T$ Kondensation der Luftfeuchte, Abkühlung der Luft, Wärmeabfuhr über Kühlfläche
2. $\vartheta_T < \vartheta_0 < \vartheta_K$ Verdunstung am Wasserfilm, Abkühlung der Luft, Wärmeabfuhr über Kühlfläche
3. $\vartheta_0 = \vartheta_K$ Grenzfall der adiabaten Verdunstung bei Kühlgrenztemperatur ϑ_K, Abkühlung der Luft, aber keine Wärmezu- oder -abfuhr
4. $\vartheta_K < \vartheta_0 < \vartheta_L$ Verdunstung, Abkühlung der Luft, Wärmezufuhr über beheizte Wand
5. $\vartheta_0 > \vartheta_L$ Verdunstung, Erwärmung der Luft, Wärmezufuhr über beheizte Wand

Unter Beachtung der oben angegebenen Vorzeichen für die Wärme- und Massenströme schreiben sich die Energiebilanzen einheitlich für die 5 Fälle

$$\dot{q}_{ges} = \dot{q}_\lambda + \dot{m}_D \cdot h_V$$
$$= \alpha^*(\vartheta_0 - \vartheta_L) + \frac{\beta^* P}{R_D T} \cdot \frac{P_D''(\vartheta_0) - P_{DL}}{P - P_D''(\vartheta_0)} \cdot h_V$$
$$= k'(\vartheta_M - \vartheta_0) . \qquad (G2\text{-}32)$$

In den Fällen 1 und 2 ist dabei $\dot{q}_{ges} < 0$, im Fall 3 ist $\dot{q}_{ges} = 0$ und in den Fällen 4 und 5 ist $\dot{q}_{ges} > 0$.

Mit dem Teilwärmedurchgangskoeffizienten k' nach Gl. (G 2-29) werden die Transportwiderstände vom Wasserfilm bis an das Heiz- oder Kühlmedium erfaßt.

Um zu verdeutlichen, wie die Übertragung von freier und latenter Wärme den gesamten Wärmestrom an einer feuchten Fläche bestimmt, sind in Bild G 2-26 für ein Beispiel die Anteile der Wärmeströme über der Temperatur ϑ_0 der feuchten Fläche aufgetragen. Um von der Höhe der Wärme- und Stoffübergangskoeffizienten unabhängig zu werden, ist dabei $\dot{q}_{ges}$ auf den Wärmeübergangskoeffizienten α^* in der Form $\dot{q}_{ges}/\alpha^*$ bezogen.

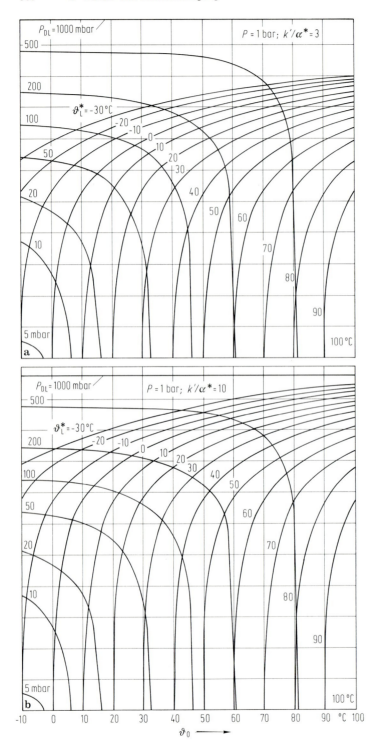

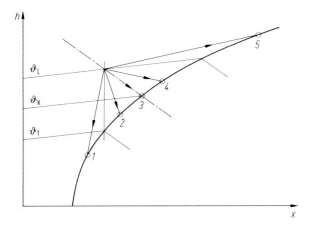

Bild G 2-25. Mögliche Zustandsänderung an einer feuchten Fläche, Legende s. Text

Bei Temperaturen unterhalb des Taupunktes (Kondensation) sind die Wärmeströme infolge freier und latenter Wärme etwa gleich; bei der Tautemperatur verschwindet der Wärmestrom durch latente Wärme; bei der Kühlgrenztemperatur sind die Wärmeströme entgegengesetzt gleich, so daß $\dot{q}_{ges} = 0$ wird; bei höheren Temperaturen des Wasserfilms $\vartheta_0 > \vartheta_K$ überwiegt immer stärker der Wärmestrom infolge latenter Wärme der Verdunstung.

Bild G 2-24 a, b. Diagramme zur Bestimmung der Kondensationstemperatur bei Partialkondensation von Wasserdampf aus Luft. **a** Für $k'/\alpha = 3$; **b** für $k'/\alpha = 10$

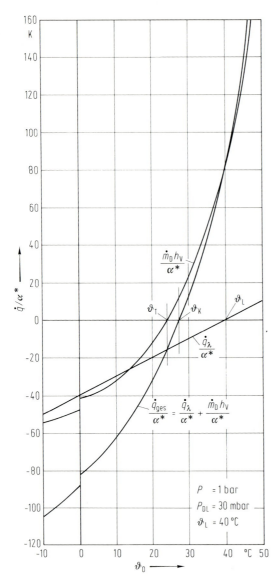

Bild G 2-26. Beispiele für die Wärmeströme bei Verdunstung und Kondensation für $\vartheta_L = 40\,°\text{C}$, $P = 1$ bar, $P_{DL} = 30$ mbar

G3 Literatur

[1] Blevin, W. R.; Brown, W. J.: A precise Measurement of the Stefan-Boltzmann-Constant, Metrologia 7, 1971, 1, 15/29
[2] Börner, H.: Über den Wärme- und Stoffaustausch an umspülten Einzelkörpern bei Überlagerung von freier und erzwungener Strömung, TH Darmstadt, Dissertation D17, 1967
[3] Brügel, W.: Physik und Technik der Ultrarotstrahlung, Hannover: Vincentz 1951
[4] Cammerer, J. S.: Der Wärme- und Kälteschutz in der Industrie, Heidelberg: Springer 1951
[5] Carslaw, H. S; Jaeger, J. G.: Conduction of Heat in Solids, Oxford: Clarendon Press, 2. Aufl. 1959
[6] Charè, I.: Trocknung von Agglomeraten, Uni Karlsruhe, Dissertation, 1972
[7] Daus, W.: Über die Abstrahlung von Flachdächern durch die Atmosphäre und ihren Einfluß auf den Wärmeschutz, TH Darmstadt, Dissertation D17, 1967.
[8] DIN 4108: Wärmeschutz im Hochbau
[9] DIN 52612: Bestimmung der Wärmeleitfähigkeit mit dem Plattengerät, Ausgabe August 1972
[10] Eckert, E.: Das Strahlungsverhältnis von Flächen mit Einbuchtungen und von zylindrischen Bohrungen, Arch. Wärmewirtsch. 16, 1935, 135/138
[11] Eckert, E.: Einführung in den Wärme- und Stoffaustausch, Berlin Heidelberg New York: Springer 2. Aufl., 1966
[12] Edwards, A.; Furber, B. N.: The influence of freestream turbulence on heat transfer by convection from an isolated region of a plane surface in parallel air flow, Mech. Engrs. 28, 1956, 941–954
[13] Egner, K.: Feuchtigkeitsdurchgang und Wasserdampfkondensation in Bautechn. Forsch., Bauw. Reihe C, 1950, Heft 1
[14] Elias, F.: Wärmeübertragung einer geheizten Platte an strömende Luft, ZAMM 10, 1930, 1–14
[15] Gertis, K.; Hauser, G.: Instationärer Wärmeschutz, Berichte a. d. Bauforschung, 1975, Heft 103
[16] Glaser, H.: Vereinfachte Berechnung der Dampfdiffusion durch geschichtete Wände bei Ausscheidung von Wasser und Eis, Kältetechnik 10, 1958, 358/364 u. 386/390
[17] Gnielinski, V.: Berechnung mittlerer Wärme- und Stoffübergangskoeffizienten an laminar und turbulent überströmten Einzelkörpern mit Hilfe einer einheitlichen Gleichung, Sonderdruck aus Forsch. Ing. Wes. 41, 1975, 145–153
[18] Gnielinski, V.: VDI-Wärmeatlas Arb. Bl. Gb u. Ge, Düsseldorf: VDI-Verlag 5. Aufl., 1988
[19] Gregorig, R.: The effect of a nonlinear temperature dependent Prandtl-number on heat-transfer of fully developed flow of liquids in a straight tube, Wärme- und Stoffübertragung 9, 1976, 61–72
[20] Grigull, U.: Wärmeübergang bei der Kondensation mit turbulenter Wasserhaut, Forsch. Ing. Wes. 13, 1942, 49/57 und Z. VDI 86, 1942, 444/445
[21] Grigull, U.: Wärmeübergang bei Filmkondensation, Forsch. Ing. Wes. 18, 1952, 10/12
[22] Gröber, H.; Erk, S.; Grigull, U.: Grundgesetze der Wärmeübertragung, Berlin Göttingen Heidelberg: Springer, 1955
[23] Hausen, H.: Neue Gleichungen für die Wärmeübertragung bei freier oder erzwungener Strömung, Allg. Wärmetechn. 9, 1959, 75–79
[24] Hausen, H.: Erweiterte Gleichung für den Wärmeübergang in Rohren bei turbulenter Strömung, Wärme- und Stoffübergang 7, 1974, 222
[25] Hettner, G.: Absorption von Strahlung im Wasserdampf, Ann. Physik 55, 1918, 476
[26] Johannson, C. H.; Pesson, G.: Fuktabsoptionskurvor för hyggnadsmaterial, Byggmastar nr 17, 1946
[27] Jokisch, F.: Über den Stofftransport im hygroskopischen Feuchtebereich kapillarer poröser Stoffe am Beispiel des Wasserdampftransports in technischen Adsorbentien, TH Darmstadt, Dissertation, 1975

[28] Jokisch, F.: Transportmechanismen im hygroskopischen Feuchtebereich poröser Stoffe, Chem.-Ing.-Techn. 47, 1975, 393
[29] Jurisson, J.; Peterson, E.; Mar, H. Y. B.: Principles and applications of selective solar coatings, J. Vac. Sci Technol. Vol. 12, 1975, No 5, 1010/1015
[30] Jürges, W.: Der Wärmeübergang an einer ebenen Wand, Beiheft z. Gesundh.-Ing Reih. 1, 19, 1924
[31] Kast, W.: Die Erhöhung der Wärmeabgabe durch Strahlung bei mehrfachen Reflexionen zwischen strahlenden Flächen, VDI-Z., Fort.-Ber. 6, 1965, 5
[32] Kast, W.: Adsorption aus der Gasphase, Weinheim: Verlag Chemie, 1988
[33] Kast, W.; Klan, H.: Energieeinsparung durch infrarotreflektierende Tapeten, Ges. Ing. 104, 1983, 4, 181–193–197
[34] Kast, W.; Klan, H.: Wärmeübertragung durch freie Konvektion in Gas- und Flüssigkeitsschichten, VDI-Wärmeatlas, Arb. Bl. Fc, 5. Aufl., 1988
[35] Kast, W.; Klan, H.: VDI-Wärmeatlas, Arb. Bl. Fd, 5. Aufl., 1988
[36] Kast, W.; Krischer, O.; Reinicke, H.; Wintermantel, K.: Konvektive Wärme- und Stoffübertragung, Berlin Heidelberg New York: Springer, 1974
[37] Kasparek, G.: Wärmebrücken, BWK 24, 1972, 6, 229–233
[38] Kessler, H.G.: Über die Einzelvorgänge des Wärme- und Stoffaustausches bei der Sublimationstrocknung und deren Verknüpfung, TH Darmstadt, 1961 Dissertation D17
[39] Kieper, G.: Ein neues Verfahren zur Berechnung der für den sommerlichen Wärmeschutz von Gebäuden wichtigen Größen Temperaturamplitudenverhältnis und Phasenverschiebung, Ges. Ing. 99, 1978, 3, 49/57
[40] Klan, H.: Über den Wärmeübergang bei freier Konvektion von Luft in beheizten senkrechten Kanälen, TH Darmstadt, Dissertation, 1976
[41] Krischer, O.: Einheitliche Darstellung des Wärmeübergangs bei überströmten Körpern und Kanälen, Paris: Int. Heat Transfer Conf., Vol HFC 5.8, 1970
[42] Krischer, O.: Die Wärmeübertragung in feuchten porigen Stoffen verschiedener Struktur, Forsch. Ing. Wes. 22, 1956, 1–8
[43] Krischer, O.; Esdorn, H.: Einfaches Kurzzeitverfahren zur gleichzeitigen Bestimmung der Wärmeleitzahl, der Wärmekapazität und der Wärmeeindringzahl fester Stoffe, VDI Forsch.-Heft 450, 1955, 28–39
[44] Krischer, O.: Grundgesetze der Feuchtigkeitsbewegung in Trocknungsgütern, Kapillarwasserbewegung und Wasserdampfdiffusion, Z. VDI 82, 1938, 373–378
[45] Krischer, O.: Die wissenschaftlichen Grundlagen der Trocknungstechnik, Berlin Göttingen Heidelberg: Springer, 1963, 2. Aufl.
[46] Krischer, O.: Unveröffentlichtes Vorlesungsmanuskript
[47] Krischer, O.; Kast, W.: Die wissenschaftlichen Grundlagen der Trocknungstechnik, Berlin Heidelberg New York: Springer, 1978, 3. Aufl.
[48] Krischer, O.; Kast, W.: Wärmebedarf beim Anheizen selten benutzter Räume, Ges. Ing. 78, 1957, 21/22 321/325
[49] Krischer, O.; Mahler, K.: Über die Bestimmung des Diffusionswiderstandes und der kapillaren Flüssigkeitsleitzahl aus stationären und instationären Vorgängen, VDI Forsch.-Heft 473, 1959
[50] Krischer, O.; Rohnalter, H.: Die Wärmeübertragung durch Diffusion des Wasserdampfes in den Poren von Baustoffen unter Einwirkung eines Temperaturgefälles, Gesundh. Ing. 60, 1937, 621–627
[51] Krischer, O.: Sorption von Wasserdampf an technischen Stoffen, In: Landolt-Börnstein: Zahlenwerte und Funktionen der Physik, Chemie, Astronomie, Geophysik und Technik, Band 4, 4. Teil, Bandteil b. Berlin Heidelberg New York: Springer 1972
[52] Krischer, O.: Wärme- und Stoffaustausch bei überströmten oder durchströmten Körpern verschiedener geometrischer Form, Chem.-Ing. Techn. 33, 1961, 156–162
[53] Krischer, O.; Wissmann, W.; Kast, W.: Feuchtigkeitseinwirkungen auf Baustoffe aus der umgebenden Luft, Ges. Ing. 79, 1959, 129–147
[54] Krouiiline, G.: Investigation de la chouche-limite thermique, Techn. Phys. USSR 3, 1936, 183, 311
[55] Lavender, W. J.; Pei, D. C. T.: The effect of turbulence on the rate of heat transfer from spheres, Intern. Heat Mass Transfer 10, 1967, 529–539

[56] Leveque, M. A.: Les Lois de la transmission de chaleur par convection, Ann. d. Mines 13, 1928, 276–290
[57] Loos, G.: Beitrag zur Frage des Wärme- und Stoffaustausches bei erzwungener Strömung an Körpern verschiedener Form, TH Darmstadt, Diss., 1957
[58] Martin, H.: Instationäre Wärmeleitung in ruhenden Körpern, VDI-Wärmeatlas, Arbeitsbl. Ed, Düsseldorf: VDI-Verlag, 1974, 2. Aufl.
[59] Merker, G. P.: Konvektive Wärmeübertragung, Berlin Heidelberg New York: Springer Verlag, 1987
[60] Nusselt, W.: Die Oberflächenkondensation des Wasserdampfes, Z. VDI 60, 1916, 541/546, 569/575
[61] Pasternak, I. S.; Gauvin, W. H.: Turbulent heat and mass transfer from stationary particles, Canad. J. Chem. Eng. 38, 1960, 35–42
[62] Petukhov, B. S.; Popov, V. N.: High Temperature, 1, 1963, 69–83
[63] Pohlhausen, E.: Der Wärmeaustausch zwischen festen Körpern und Flüssigkeiten mit kleiner Reibung und kleiner Wärmeleitung, ZAMM I, 1921, 115–121
[64] Probert, S. D.; Brooks, R. G.; Dixan, M.: Chem. Process Eng. Heat Transfer Survey, Aug. 1970, 35–42
[65] Raber, B. F.; Hutchinson, F. W.: Panel Heating and Cooling Analysis, New York: Wiley und sons, 1947, 2. Aufl.
[66] Recknagel, H.; Sprenger, E.; Hönmann, W.: Taschenbuch für Heizungs- und Klimatechnik, München Wien: Oldenbourg Verlag, 1987, 64. Ausg.
[67] Reichardt, H.: Die Wärmeübertragung in turbulenten Reibungsschichten, ZAMM 20, 1940, 297–328
[68] Reineke, H.: Einheitliche Darstellung des Wärme- und Stoffüberganges bei durchströmten Körpern und Kanälen, Chem.-Ing.-Techn. 42, 1970, 364–370
[69] Rowe, P. N.; Claxton, K. T.; Lewis, J. B.: Heat and mass transfer from a single sphere in an extensive flowing fluid, Trans. Inst. Chem. Eng. 43, 1965, T14–T31
[70] Schadler, N.: Untersuchungen zur Trocknung kapillarporöser Körper, TH Darmstadt, Dissertation, 1983
[71] Schirmer, R.: Die Diffusionszahl von Wasserdampf-Luftgemischen und die Verdampfungsgeschwindigkeit, Z. VDI Beiheft Verfahrenstechnik, 1938, 170
[72] Schlichting, H.: Grenzschicht-Theorie, Karlsruhe: G. Braun, 1958, 3. Aufl.
[73] Schlichting, H.: Der Wärmeübergang an längs angeströmten ebenen Platten bei veränderlicher Wandtemperatur, Forsch. Ing. Wes. 17, 1951, 1–8
[74] Schlünder, E. U.: Einführung in die Wärme- und Stoffübertragung, Braunschweig: Vieweg, 1972
[75] Schmidt, E.; Eckert, E.: Über die Richtungsverteilung der Wärmestrahlung von Oberflächen, Forsch. Ing. Wes. 6, 1935, 175–183
[76] Schmidt, E.: Wärmestrahlung technischer Oberflächen bei gewöhnlicher Temperatur, Beihefte zum Gesundh. Ing. 1, 1927
[77] Schubert, H.: Untersuchungen zur Ermittlung von Kapillardruck, Uni Karlsruhe, Dissertation, 1972
[78] Seiffert, K.: Wasserdampfdiffusion im Bauwesen, Wiesbaden Berlin: Bauverlag, 1974
[79] Sieber, W.: Zusammensetzung der von Werk- und Baustoffen zurückgeworfenen Wärmestrahlung, Dissertation TH Hannover, Auszug: Z. techn. Phys. 22, 1941, 120–135
[80] Sommer, E.: Beitrag zur Frage der kapillaren Flüssigkeitsbewegung in porigen Stoffen bei Be- und Entfeuchtungsvorgängen, TH Darmstadt, Dissertation, 1971
[81] Sommer, E.: Die charakteristischen Unterschiede bei der kapillaren Flüssigkeitsbewegung bei Be- und Entfeuchtung, Chemie-Ing. Techn. 42, 1970, 415–416
[82] Stefan, J.: Über das Gleichgewicht und die Bewegung, insbesondere die Diffusion von Gasmengen, Sitzungsber. d. math. nat. Klasse d. Kaiserl. Akademie d. Wiss. Wien 63, 1871, 2. Abt.
[83] Stefan, J.: Versuche über die Verdampfung, Sitzungsber. d. math. nat. Klasse d. Kaiserl. Akademie d. Wiss. Wien 68, 1874, 2. Abt.
[84] Stephan, K.: Wärmeübergang und Druckabfall laminarer Strömung im Einlauf von Rohren und ebenen Spalten, TH Karlsruhe, Dissertation, 1959

[85] Stephan, K.: Beitrag zur Thermodynamik des Wärmeübergangs beim Sieden, Abhandl. d. deutsch. Kältetechn. Ver. Nr. 18, Karlsruhe, 1964
[86] Tautz, H.: Wärmeleitung und Temperaturausgleich, Weinheim: Verlag Chemie, 1971
[87] Ten Bosch, M.: Die Wärmeübertragung, Berlin Göttingen Heidelberg: Springer, 1953, 3. Aufl. berichtigter Neudruck
[88] VDI-Wärmeatlas, Arb. Blätter Ha, Düsseldorf: VDI-Verlag, 1988, 5. Aufl.
[89] VDI-Wärmeatlas, Arb. Blätter Ja, Düsseldorf: VDI-Verlag, 1988, 5. Aufl.
[90] Vortmeyer, D.: VDI-Wärmeatlas, Arb. Blätter K a, b, c, Düsseldorf: VDI-Verlag, 1988, 5. Aufl.
[91] Wicke, E.: Kolloid-Z., Nr. 93, 1948, 129–157
[92] Yin, S. H.; Wung, T. Y.; Chen, K.: Natural Convection in an air layer, Int. J. Heat and Mass Transfer 21, 1978, 3, 307–315
[93] Zukauskas, A.; Slanciauskas, A.: Heat Transfer in Turbulent Flow of Fluid, Thermophysics 5, Academy of Sci. of the Lithuanian SSR, Inst. of Phys. and Techn. Problems of Energetics, 1973
[94] Zukauskas, A.; Ziugzda, J.: Heat Transfer in Laminar Flow of Fluid, Thermophysics 2, Academy of Sci. of the Lithuanian SSR, Inst. of Phys. and Techn. Problems of Energetics, 1969

H Feuerungstechnik

Fritz Brandt

H 1 Verbrennungsrechnung

H 1.1 Verbrennungsreaktionen

Die Grundlage der Verbrennungsrechnungen bilden die Reaktionen der Einzelbestandteile eines Brennstoffs. Bei festen und flüssigen Brennstoffen (Koks, Kohle, Heizöl) wird die Zusammensetzung als sogenannte Elementaranalyse in Masseanteilen angegeben:

γ_C	Kohlenstoffgehalt	kg/kg
γ_H	Wasserstoffgehalt	kg/kg
γ_S	Schwefelgehalt	kg/kg
γ_O	Sauerstoffgehalt	kg/kg
γ_N	Stickstoffgehalt	kg/kg
γ_{H_2O}	Wassergehalt	kg/kg
γ_A	Aschegehalt	kg/kg

Von diesen Bestandteilen tragen nur γ_C, γ_H und γ_S durch die Reaktion mit Sauerstoff zum Verbrennungsvorgang bei. Der Aschegehalt umfaßt alle festen, nichtbrennbaren Bestandteile eines Brennstoffs.

Bei gasförmigen Brennstoffen (Brenngasen) wird die Zusammensetzung nicht als Elementaranalyse angegeben, was grundsätzlich auch möglich ist, sondern in Volumenanteilen der Einzelgase. Dabei kommen folgende Einzelgase vor:

y_{CO}	Kohlenmonoxidgehalt	m³/m³
y_H	Wasserstoffgehalt	m³/m³
y_{H_2S}	Schwefelwasserstoffgehalt	m³/m³
y_{CH_4}	Methangehalt	m³/m³
$y_{C_mH_n}$	Gehalt an Kohlenwasserstoffen	m³/m³
y_{O_2}	Sauerstoffgehalt	m³/m³
y_{N_2}	Stickstoffgehalt	m³/m³
y_{CO_2}	Kohlendioxidgehalt	m³/m³

Von diesen Einzelgasen sind die ersten Gase bis zu den Kohlenwasserstoffen die eigentlichen brennbaren Gase, während der Stickstoff und das Kohlendioxid als

Ballastgase bezeichnet werden; sie gehen unverändert durch die Feuerung hindurch.

Für die Verbrennungsrechnung sind die Reaktionen von Kohlenstoff, Wasserstoff, Schwefel, Kohlenmonoxid, Schwefelwasserstoff, Methan und einiger höherer Kohlenwasserstoffe mit Sauerstoff wichtig. Dabei geben die chemischen Reaktionsgleichungen die Vorgänge nicht nur qualitativ, sondern auch quantitativ wieder, wenn man jeweils die molare Masse M bzw. das molare Normvolumen V_{mn} einsetzt, da ein Mol eines Stoffes die gleiche Anzahl Atome bzw. Moleküle enthält (1 Mol enthält $6{,}0222 \cdot 10^{23}$ Atome bzw. Moleküle, Avogadrosche Zahl N_A). Es ist daher z. B.

$$12{,}011 \text{ kg C} + 31{,}9988 \text{ kg O}_2 = 44{,}098 \text{ kg CO}_2$$

oder

$$22{,}360 \text{ m}^3 \text{ CH}_4 + 2 \cdot 31{,}9988 \text{ kg O}_2 = 44{,}0098 \text{ kg CO}_2 + 2 \cdot 18{,}015 \text{ kg H}_2\text{O}$$

Die molare Masse und das molare Normvolumen ergeben sich aus der Tabelle H 1-1. Bezieht man dies auf 1 kg bzw. 1 m^3, so erhält man die Verbrennungsgleichungen

$$1 \text{ kg C} + 2{,}6641 \text{ kg O}_2 = 3{,}6641 \text{ kg CO}_2 \qquad \text{(H 1-1)}$$

$$1 \text{ m}^3 \text{ CH}_4 + 2{,}8621 \text{ kg O}_2 = 1{,}9682 \text{ kg CO}_2 + 1{,}6114 \text{ kg H}_2\text{O} \qquad \text{(H 1-2)}$$

Auf dieselbe Weise erhält man die weiteren Verbrennungsgleichungen:

$$1 \text{ kg H}_2 + 7{,}9370 \text{ kg O}_2 = 8{,}9370 \text{ kg H}_2\text{O} \qquad \text{(H 1-3)}$$

$$1 \text{ kg S} + 0{,}9981 \text{ kg O}_2 = 1{,}9981 \text{ kg SO}_2 \qquad \text{(H 1-4)}$$

$$1 \text{ m}^3 \text{ CO} + 0{,}7143 \text{ kg O}_2 = 1{,}9647 \text{ kg CO}_2 \qquad \text{(H 1-5)}$$

$$1 \text{ m}^3 \text{ H}_2 + 0{,}7134 \text{ kg O}_2 = 0{,}8032 \text{ kg H}_2\text{O} \qquad \text{(H 1-6)}$$

$$1 \text{ m}^3 \text{ C}_2\text{H}_6 + 5{,}0469 \text{ kg O}_2 = 3{,}9665 \text{ kg CO}_2 + 2{,}4355 \text{ kg H}_2\text{O} \qquad \text{(H 1-7)}$$

$$1 \text{ m}^3 \text{ C}_2\text{H}_4 + 4{,}3154 \text{ kg O}_2 = 3{,}9568 \text{ kg CO}_2 + 1{,}6197 \text{ kg H}_2\text{O} \qquad \text{(H 1-8)}$$

$$1 \text{ m}^3 \text{ C}_3\text{H}_8 + 7{,}2963 \text{ kg O}_2 = 6{,}0210 \text{ kg CO}_2 + 3{,}2862 \text{ kg H}_2\text{O} \qquad \text{(H 1-9)}$$

$$1 \text{ m}^3 \text{ C}_4\text{H}_{10} + 9{,}6916 \text{ kg O}_2 = 8{,}2027 \text{ kg CO}_2 + 4{,}1972 \text{ kg H}_2\text{O} \qquad \text{(H 1-10)}$$

Eine ausführliche Darstellung der Verbrennungsrechnung findet man in [2].

H 1.2 Bezogene Verbrennungsluft- und Rauchgasmassen

Bei Feuerungen, wie sie bei einem Heizkessel angewendet werden, wird der für die Verbrennung benötigte Sauerstoffbedarf aus der Luft gedeckt. Für die Verbrennungsrechnung ist daher die Zusammensetzung der Luft wichtig. Die mittlere Zusammensetzung der trockenen Luft an der Erdoberfläche ist nach DIN 1871 (Mai 1980):

	Volumenanteile		daraus ergeben sich die Masseanteile	
Stickstoff	$y_{N_2,LT}$	0,78111 m³/m³	$x_{N_2,LT}$	0,755425 kg/kg
Argon (mit Neon)	$y_{Ar,LT}$	0,00981 m³/m³	$x_{Ar,LT}$	0,012653 kg/kg
Kohlendioxid	$y_{CO_2,LT}$	0,00033 m³/m³	$x_{CO_2,LT}$	0,000505 kg/kg
Sauerstoff	$y_{O_2,LT}$	0,20938 m³/m³	$x_{O_2,LT}$	0,231417 kg/kg
Luftstickstoff	$y_{NAr,LT}$	0,79092 m³/m³	$x_{NAr,LT}$	0,768078 kg/kg

Für die Verbrennungsrechnung kann man Stickstoff, Argon und Neon zusammenfassen. Es gibt auch Rechnungen, bei denen der Kohlendioxidanteil mit zum sogenannten Luftstickstoff gezählt wird. In der folgenden Rechnung wird er zum durch die Verbrennung von Kohlenstoff entstandenen Kohlendioxidgehalt des Rauchgases hinzuaddiert.

Die bisherigen Daten beziehen sich auf die trockene Luft. Praktisch ist aber immer eine Luftfeuchte vorhanden; sie vergrößert einmal die Verbrennungsluftmasse und zum anderen den Wasserdampfgehalt des Rauchgases. Da der Wasserdampfgehalt der Luft in der Regel relativ gering ist, kann man bei Verbrennungsrechnungen mit einem Mittelwert von 6,2 g je kg trockener Luft rechnen. Dies entspricht einer relativen Luftfeuchte von 80% bei 10°C Lufttemperatur und 1 bar Gesamtdruck ($x_{H_2O,LT}$ = 0,0062 kg/kg).

Bezogene Verbrennungsgrößen für feste und flüssige Brennstoffe μ_x in kg/kg Brennstoff.

Aus den Reaktionsgleichungen ergibt sich der Sauerstoffbedarf bei stöchiometrischer Verbrennung. Von diesem Bedarf muß der im Brennstoff vorhandene Sauerstoff abgezogen werden. Für feste und flüssige Brennstoffe ergibt sich damit die auf die Brennstoffmasse bezogene Masse des Sauerstoffs zu

$$\mu_{O_2o} = 2{,}6641\,\gamma_C + 7{,}9370\,\gamma_H + 0{,}9981\,\gamma_S - \gamma_O \qquad (H\,1\text{-}11)$$

und die trockene Verbrennungsluftmasse zu

$$\mu_{LoT} = \mu_{O_2o}/0{,}231417$$
$$= 11{,}5122\,\gamma_C + 34{,}2974\,\gamma_H + 4{,}3129\,\gamma_S - 4{,}3212\,\gamma_O \,. \qquad (H\,1\text{-}12)$$

Die Rauchgaszusammensetzung erhält man aus den Reaktionsgleichungen, dem Wassergehalt des Brennstoffes, dem Stickstoff des Brennstoffes und der Verbrennungsluft. Für die bezogenen Massen der einzelnen Rauchgasbestandteile gilt

$$\mu_{CO_2o} = 3{,}6641\,\gamma_C + \mu_{LoT}\,0{,}000505 \qquad (H\,1\text{-}13)$$

$$\mu_{SO_2} = 1{,}9981\,\gamma_S \qquad (H\,1\text{-}14)$$

$$\mu_{H_2OB} = 8{,}9370\,\gamma_H + \gamma_{H_2O} \qquad (H\,1\text{-}15)$$

$$\mu_{N_2o} = \gamma_N + \mu_{LoT}\,0{,}768078$$
$$= 8{,}8423\,\gamma_C + 26{,}3431\,\gamma_H + 3{,}3127\,\gamma_S - 3{,}3190\,\gamma_O + \gamma_N \,, \qquad (H\,1\text{-}16)$$

und für die gesamte bezogene trockene und feuchte Rauchgasmasse

$$\mu_{GoT} = \mu_{CO_2o} + \mu_{SO_2} + \mu_{N_2o}$$
$$= 12{,}5122\,\gamma_C + 26{,}3604\,\gamma_H + 5{,}3129\,\gamma_S - 3{,}3212\,\gamma_O + \gamma_N \qquad \text{(H 1-17)}$$

$$\mu_{GoB} = \mu_{GoT} + \mu_{H_2OB}\,. \qquad \text{(H 1-18)}$$

Die bisherigen Gleichungen gelten, wie bereits gesagt, für stöchiometrische Verbrennung. Diese ist aber technisch nicht zu erreichen; man muß daher die Feuerungen mit einem Luftüberschuß betreiben. Ein Maß dafür ist das Luftverhältnis n, das als Verhältnis der Verbrennungsluftmasse zur stöchiometrischen Verbrennungsluftmasse definiert ist. Außerdem muß die Luftfeuchte berücksichtigt werden. Setzt man dafür den Mittelwert $x_{H_2OLT} = 0{,}0062$ ein, so lauten die Verbrennungsgleichungen endgültig wie folgt:

die bezogene Verbrennungsluftmasse
$$\mu_L = \mu_{LT}\,1{,}0062 = n\mu_{LoT}\,1{,}0062 = n\mu_{Lo} \qquad \text{(H 1-19)}$$

die bezogene Kohlendioxidmasse
$$\mu_{CO_2} = \mu_{CO_2o} + (n-1)\mu_{LoT}\,0{,}000505 \qquad \text{(H 1-20)}$$

die bezogene Wasserdampfmasse einschl. Luftfeuchte
$$\mu_{H_2O} = \mu_{H_2OB} + n\mu_{LoT}\,0{,}0062 \qquad \text{(H 1-21)}$$

die bezogene Stickstoffmasse
$$\mu_{N_2} = \gamma_N + n\mu_{LoT}\,0{,}768078 = \mu_{N_2o} + (n-1)\mu_{LoT}\,0{,}768078 \qquad \text{(H 1-22)}$$

die bezogene Sauerstoffmasse
$$\mu_{O_2} = (n-1)\mu_{LoT}\,0{,}231417 \qquad \text{(H 1-23)}$$

die bezogene trockene Rauchgasmasse
$$\mu_{GT} = \mu_{GoT} + (n-1)\mu_{LoT} \qquad \text{(H 1-24)}$$

die bezogene Rauchgasmasse
$$\mu_G = \mu_{GT} + \mu_{H_2O} = \mu_L + 1 - \gamma_A = \mu_{Go} + (n-1)\mu_{Lo}\,. \qquad \text{(H 1-25)}$$

Der zweite Teil der letzten Gleichung läßt sich aus der Massebilanz auf der Luft-Rauchgasseite des Heizkessels ableiten (s. Abschn. H 2.2).

Bezogene Verbrennungsgrößen V_x in m³/kg Brennstoff

In einigen Fällen z. B. im Bundesimmissionsschutzgesetz werden noch Angaben über Rauchgasströme in Volumeneinheiten bezogen auf den Normzustand benötigt. Die entsprechenden Gleichungen für die bezogenen Rauchgasvolumen ergeben sich aus den bezogenen Rauchgasmassen, indem man jeweils die einzelnen Massen durch die auf den Normzustand bezogenen Dichten dividiert (s. Tabelle H 1-1).

$$V_{CO_2} = \mu_{CO_2}/\varrho_{CO_2} \qquad \text{(H 1-26)}$$

$$V_{H_2O} = \mu_{H_2O}/\varrho_{H_2O} \qquad \text{(H 1-27)}$$

$$V_{GoT} = \mu_{CO_2o}/\varrho_{CO_2} + \mu_{SO_2}/\varrho_{SO_2} + \mu_{N_2o}/\varrho_{N_2L} \qquad \text{(H 1-28)}$$

$$V_{LoT} = \mu_{LoT}/\varrho_{LT} \tag{H1-29}$$

$$V_{GT} = V_{GoT} + (n-1)V_{LoT} \tag{H1-30}$$

$$V_G = V_{GT} + V_{H_2O} \tag{H1-31}$$

ϱ_{N_2L} Dichte des Luftstickstoffes kg/m^3
ϱ_{LT} Dichte der trockenen Luft kg/m^3

Bezogene Verbrennungsgrößen für Brenngase μ_{xn} in kg/m^3 Brenngas.
Für Brenngase, deren Zusammensetzung in der Regel in Volumenanteilen gegeben ist, lauten die entsprechenden Gleichungen

$$\mu_{O_2 on} = 0{,}7143\,y_{CO} + 0{,}7134\,y_{H_2} + 2{,}8621\,y_{CH_4} + 5{,}0469\,y_{C_2H_6}$$
$$- 1{,}4290\,y_{O_2}\,. \tag{H1-32}$$

Dabei ist für die höheren Kohlenwasserstoffe Äthan C_2H_6 eingesetzt worden. Sind höhere Kohlenwasserstoffe etwa C_2H_4 oder C_3H_8 in der Gasanalyse ausgewiesen, so ist die Gleichung durch entsprechende Glieder zu ergänzen; (s. Tabelle H1-2). Das gilt auch für die nachfolgenden Gleichungen.

$$\mu_{LoTh} = \mu_{O_2 on}/0{,}231417 \tag{H1-33}$$

$$= 3{,}0865\,y_{CO} + 3{,}0826\,y_{H_2} + 12{,}3679\,y_{CH_4} + 21{,}8087\,y_{C_2H_6}$$
$$- 6{,}1751\,y_{O_2} \tag{H1-34}$$

Tabelle H1-1. Molare Masse, Dichte, Gaskonstante, molares Normvolumen und Heizwert der Brennstoffbestandteile

		molare Masse M kg/kmol	Dichte ϱ_n kg/m^3	Gaskonstante R kJ/(kgK)	Molares Normvolumen V_{mn} m^3/kmol	Heizwert H_u MJ/kg
Kohlenstoff	C	12,0110				32,79
Schwefel	S	32,0602				
Luft (trocken)		28,9627	1,29295	0,28690	22,4005	
Luftstickstoff	$N_2 + Ar + Ne$	28,1516	1,2566	0,29520	22,403	
Wasserdampf	H_2O	18,0152	0,80375	0,46152	22,41383	
Schwefeldioxid	SO_2	64,0590	2,9310	0,12656	21,856	
Sauerstoff	O_2	31,9988	1,4290	0,25958	22,392	
Stickstoff	N_2	28,0134	1,2504	0,29666	22,403	
Kohlendioxid	CO_2	44,0098	1,9770	0,18763	22,261	
Kohlenmonoxid	CO	28,0104	1,2505	0,29665	22,400	10,103
Wasserstoff	H_2	2,0158	0,08988	4,12723	22,428	119,972
Methan	CH_4	16,0426	0,7175	0,51703	22,360	50,013
Äthan	C_2H_6	30,069	1,3550	0,27376	22,191	47,486
Propan	C_3H_8	44,0962	2,0110	0,18446	21,928	46,354
n-Butan	C_4H_{10}	58,1230	2,7083	0,13697	21,461	45,715
Äthylen	C_2H_4	28,0536	1,2611	0,29414	22,245	47,146
Propylen	C_3H_6	42,0804	1,9129	0,19392	21,998	45,781
Schwefelwasserstoff	H_2S	34,0760	1,5355	0,24158	22,192	15,209

Tabelle H 1-2. Bezogene Verbrennungsluft- und Rauchgasmassen der Bestandteile von Brenngasen μ_{Xni} kg/m³

Brenngasbestandteil		μ_{O_2oni}	μ_{LoTni}	μ_{CO_2ni}	μ_{SO_2ni}	μ_{N_2oni}	μ_{GoTni}	μ_{H_2OBni}	μ_{GoBni}
Wasserstoff	H₂	0,7134	3,0826	0,0016	0,0000	2,3676	2,3692	0,8032	3,1725
Sauerstoff	O₂	-1,4290	-6,1751	-0,0031	0,0000	-4,7430	-4,7461	0,0000	-4,7461
Stickstoff	N₂	0,0000	0,0000	0,0000	0,0000	1,2504	1,2504	0,0000	1,2504
Wasser	H₂O	0,0000	0,0000	0,0000	0,0000	0,0000	0,0000	0,8038	0,8038
Kohlendioxid	CO₂	0,0000	0,0000	1,9770	0,0000	0,0000	1,9770	0,0000	1,9770
Kohlenmonoxid	CO	0,7143	3,0865	1,9663	0,0000	2,3706	4,3369	0,0000	4,3369
Methan	CH₄	2,8621	12,3679	1,9745	0,0000	9,4995	11,4740	1,6114	13,0854
Äthen	C₂H₄	4,3154	18,6478	3,9662	0,0000	14,3230	18,2892	1,6197	19,9089
Äthan	C₂H₆	5,0469	21,8087	3,9775	0,0000	16,7507	20,7282	2,4355	23,1637
Propen	C₃H₆	6,5458	28,2858	6,0162	0,0000	21,7256	27,7418	2,4568	30,1987
Propan	C₃H₈	7,2963	31,5289	6,0370	0,0000	24,2167	30,2537	3,2862	33,5399
Buten	C₄H₈	8,8939	38,4324	8,1743	0,0000	29,5191	37,6934	3,3382	41,0315
n-Butan	C₄H₁₀	9,6916	41,8795	8,2239	0,0000	32,1667	40,3906	4,1972	44,5878
Schwefelwasserstoff	H₂S	2,1629	9,3462	0,0047	2,8866	7,1786	10,0699	0,8118	10,8817
Ammoniak	NH₃	1,0877	4,7000	0,0024	0,0000	4,2447	4,2471	1,2247	5,4718
Acetylen	C₂H₂	3,5993	15,5531	3,9681	0,0000	11,9460	15,9141	0,8105	16,7246

$$\mu_{CO_2 on} = 1{,}9663\, y_{CO} + 1{,}9745\, y_{CH_4} + 3{,}9775\, y_{C_2H_6} + 1{,}9770\, y_{CO_2} \quad \text{(H1-35)}$$

$$\mu_{H_2OBn} = 0{,}8032\, y_{H_2} + 1{,}6114\, y_{CH_4} + 2{,}5355\, y_{C_2H_6} \quad \text{(H1-36)}$$

$$\mu_{N_2 on} = 1{,}2504\, y_{N_2} + \mu_{LoTn}\, 0{,}768078 \quad \text{(H1-37)}$$

$$\mu_{GoTn} = \mu_{CO_2 on} + \mu_{N_2 on} \quad \text{(H1-38)}$$

$$\mu_{GoBn} = \mu_{GoTn} + \mu_{H_2OBn} = \mu_{LoTn} + \varrho_n \quad \text{(H1-39)}$$

$$\mu_{Ln} = \mu_{LTn}\, 1{,}0062 = n\, \mu_{LoTn}\, 1{,}0062 = n\, \mu_{Lon} \quad \text{(H1-40)}$$

Für die weiteren Verbrennungsgleichungen mit Luftüberschuß und Luftfeuchte gelten die gleichen Zusammenhänge wie bei den festen und flüssigen Brennstoffen (Gln. H1-19 – H1-31), nur müssen jeweils die Größen μ [kg/kg] und V [m³/kg] durch die Größen μ_n [kg/m³] und V_n [m³/m³] ersetzt werden. Die bezogenen Verbrennungsdaten sind für die wichtigsten Brennstoffe, die in Heizkesseln verbrannt werden, in den Tabellen H1-3 und H1-4 zusammengestellt.

Verwendet man die Bezeichnungen

H_{on} Brennwert bezogen auf das Volumen im Normzustand
H_{oB} Brennwert bezogen auf das Volumen (Betriebs-Brennwert)
H_{un} Heizwert bezogen auf das Volumen im Normzustand
H_{uB} Heizwert bezogen auf das Volumen (Betriebs-Heizwert)
ϱ_n Dichte des Brenngases im Normzustand   kg/m³
ϱ Dichte des Brenngases bei Betriebszustand   kg/m³

so gelten folgende Umrechnungen

$$H_o = H_{on}/\varrho_n = H_{oB}/\varrho \quad \text{(H1-41)}$$

$$H_u = H_{un}/\varrho_n = H_{uB}/\varrho \quad \text{(H1-42)}$$

$$H_u = H_o - 2{,}4425\, \mu_{H_2OB} \quad \text{(s. Abschn. H2.1)}$$

$$1\ \text{kWh} = 3600\ \text{kJ} = 3{,}6\ \text{MJ} \quad \text{(H1-43)}$$

H1.3 Statistische Verbrennungsrechnung

Die Verbrennungsgleichungen des vorausgehenden Abschnittes setzen die Kenntnis der Brennstoffanalyse voraus. Dies kann man zwar in der Regel bei Brenngasen annehmen, bei festen oder flüssigen Brennstoffen in vielen Fällen aber nicht. Hier hilft die statistische Verbrennungsrechnung weiter. Man hat rein empirisch festgestellt, daß es zwischen der bezogenen Verbrennungsluft und dem Heizwert einen linearen Zusammenhang gibt, wobei die Streuungen der einzelnen Brennstoffe um eine mittlere Gerade sehr gering sind [2].

Da eine ausführliche Darstellung und Ableitung der statistischen Gleichungen den Umfang und den Zweck dieses Abschnittes bei weitem übersteigen würde, werden im folgenden nur die unmittelbar benötigten Gleichungen angegeben.

Tabelle H 1-3. Zusammensetzung und Verbrennungsdaten fester und flüssiger Brennstoffe

Brennstoffart	Feste Brennstoffe							Flüssige Brennstoffe			
	Holz, lufttrocken	Holzkohle	Braunkohlen-Brikett	Fettnußkohle	Eßnußkohle	Anthrazit-Nußkohle	Zechenkoks	Heizöl EL	Heizöl $S\gamma_S$ <1%	Heizöl $S\gamma_S$ 1–2,8%	Heizöl $S\gamma_S$ >2,8%
Nr.	1	2	3	4	5	6	7	8	9	10	11
Masseanteile der Brennstoffe kg/kg											
γ_A	0,0042	0,0310	0,0500	0,0600	0,0600	0,0600	0,0800	–	–	–	–
γ_{H_2O}	0,1500	0,1290	0,1500	0,0400	0,0400	0,0130	0,0300	–	–	–	–
γ_C	0,4265	0,7520	0,5450	0,7970	0,8123	0,8400	0,8633	0,8557	0,8624	0,8534	0,8393
γ_H	0,0522	0,0240	0,0420	0,0450	0,0394	0,0368	0,0036	0,1313	0,1138	0,1126	0,1107
γ_S	0,0000	0,0000	0,0040	0,0095	0,0091	0,0100	0,0089	0,0030	0,0088	0,0190	0,0350
γ_O	0,3661	0,0640	0,2010	0,0345	0,0266	0,0284	0,0053	–	–	–	–
γ_H	0,0010	0,0000	0,0080	0,0140	0,0126	0,0118	0,0089	–	–	–	–
γ_{ON}	–	–	–	–	–	–	–	0,0100	0,0150	0,0150	0,0150
Heizwert, Brennwert MJ/kg; Dichte bei 15 °C kg/m³											
H_u	15,36	27,73	20,19	31,57	31,77	32,58	29,55	42,81	41,29	40,99	40,55
H_o	16,86	28,57	21,47	32,65	32,73	33,41	29,70	45,78	43,96	43,63	43,15
ϱ_{15}								840	940	940	940
Bezogene Luft- und Rauchgasgrößen μ_i kg/kg bzw. V_i m³/kg											
μ_{LoT}	5,118	9,204	6,863	10,610	10,627	10,853	10,077	14,330	13,813	13,713	13,554
μ_{CO_2}	1,565	2,760	2,000	2,926	2,982	3,083	3,168	3,143	3,167	3,134	3,082
γ_{GoT}	5,498	9,829	7,288	11,108	11,175	11,451	10,935	14,157	13,796	13,706	13,565
μ_{H_2OB}	0,617	0,343	0,525	0,442	0,392	0,342	0,062	1,173	1,017	1,066	0,989
μ_{GoB}	6,114	10,173	7,813	11,550	11,567	11,793	10,997	15,330	14,813	14,713	14,554
V_{GoT}	3,921	7,022	5,216	7,983	8,020	8,209	7,775	10,352	10,053	9,981	9,869
μ_{Lo}	5,150	9,261	6,906	10,676	10,693	10,920	10,140	14,419	13,899	13,798	13,638
μ_{H_2Oo}	0,648	0,401	0,568	0,508	0,458	0,409	0,125	1,262	1,103	1,091	1,073
μ_{Go}	6,146	10,230	7,856	11,616	11,633	11,860	11,060	15,419	14,899	14,798	14,638
Brennstoff-Kenngröße, maximaler CO₂-Gehalt m³/m³											
φ_V	0,991	0,986	0,983	0,973	0,976	0,978	0,998	0,934	0,941	0,941	0,941
$f_{CO_2 T}$	0,202	0,199	0,194	0,185	0,188	0,190	0,206	0,154	0,159	0,159	0,158

Tabelle H 1-4. Zusammensetzung und Verbrennungsdaten gasförmiger Brennstoffe (Brenngase)

Brenn-gasart	Brenngase					Flüssiggase			
	Stadt-gas I	Stadt-gas II	Kokerei-gas	Erdgas L	Erdgas H	Flüssig-gas	Propan	Butan	
Nr.	12	13	14	15	16	17	18	19	
	Volumenanteil der Brenngase m³/m³								
y_{CO}	0,180	0,120	0,060	–	–	–	–	–	y_{CO}
y_{H_2}	0,510	0,440	0,550	–	–	–	–	–	y_{H_2}
y_{CH_4}	0,190	0,220	0,250	0,818	0,930	–	–	–	y_{CH_4}
$y_{C_3H_8}$	–	–	–	0,004	0,013	0,759	1,000	–	$y_{C_3H_8}$
$y_{C_4H_{10}}$	–	–	–	0,002	0,006	0,241	–	1,000	$y_{C_4H_{10}}$
$y_{C_2H_6}$	0,020	0,020	0,020	0,028	0,030	–	–	–	$y_{C_2H_6}$
y_{CO_2}	0,040	0,040	0,020	0,008	0,010	–	–	–	y_{CO_2}
y_{N_2}	0,060	0,160	0,100	0,140	0,011	–	–	–	y_{N_2}
	Heizwert, Brennwert MJ/m³; Dichte kg/m³ Normzustand								
H_{un}	15,88	15,44	16,95	31,77	37,26	100,59	93,22	123,81	
H_{on}	17,75	17,29	19,13	35,21	41,26	109,15	101,24	134,06	
ϱ_n	0,5885	0,6537	0,4956	0,8292	0,7838	2,1790	2,0110	2,7083	

	Flüssig-gas	Propan	Butan
	17	18	19
	Masseanteil kg/kg		
	–	–	–
	–	–	–
	–	–	–
	0,700	1,000	–
	0,300	–	1,000
	–	–	–
	–	–	–
	–	–	–
	Heizwert, Brennwert MJ/kg		
H_u	46,16	46,35	45,71
H_o	50,09	50,34	49,50

Tabelle H 1-4 (Fortsetzung)

Brenn-gasart	Brenngase					Flüssiggase				
	Stadt-gas I	Stadt-gas II	Kokerei-gas	Erdgas L	Erdgas H	Flüssig-gas	Propan	Butan		
Nr.	12	13	14	15	16	17	18	19		
	Bezogene Luft- und Rauchgasgrößen μ_{ni} kg/m³ bzw. V_{ni} m³/m³									
μ_{LoTn}	4,914	4,884	5,409	10,937	12,818	34,023	31,529	41,880		μ_{LoT}
μ_{CO_2on}	0,889	0,830	0,732	1,783	2,103	6,564	6,037	8,224		μ_{CO_2O}
μ_{GoTn}	4,738	4,781	5,011	10,359	11,962	32,697	30,254	40,391		μ_{GoT}
μ_{H_2OBn}	0,765	0,757	0,893	1,408	1,640	3,506	3,286	4,197		μ_{H_2OB}
μ_{GoTn}	5,502	5,537	5,904	11,767	13,601	36,202	33,540	44,458		μ_{GoB}
V_{GoTn}	3,513	3,565	3,776	7,727	8,909	24,116	22,325	29,758		V_{GoT}
μ_{Lon}	4,944	4,914	5,44	11,005	12,987	34,234	31,724	42,139		μ_{Lo}
μ_{H_2Oon}	0,795	0,787	0,927	1,476	1,719	3,717	3,482	4,457		μ_{H_2Oo}
μ_{Gon}	5,533	5,568	5,938	11,834	13,681	36,413	33,735	44,847		μ_{Go}
	Brennstoff-Kenngröße, maximaler CO₂-Gehalt m³/m³									
φ_V	0,924	0,944	0,903	0,913	0,899	0,916	0,916	0,919		φ_V
$\hat{y}_{CO_2T}$	0,128	0,118	0,098	0,117	0,119	0,138	0,137	0,140		$\hat{y}_{CO_2T}$

	Flüssig-gas	Propan	Butan
	17	18	19
	μ_i kg/kg bzw. V_i m³/kg		
μ_{LoT}	15,614	15,679	15,463
μ_{CO_2O}	3,012	3,002	3,036
μ_{GoT}	15,005	15,044	14,914
μ_{H_2OB}	1,609	1,634	1,550
μ_{GoB}	16,614	16,679	16,463
V_{GoT}	11,067	11,102	10,988
μ_{Lo}	15,711	15,776	15,559
μ_{H_2Oo}	1,706	1,731	1,646
μ_{Go}	16,711	16,776	16,559
φ_V	0,916	0,916	0,919
$\hat{y}_{CO_2T}$	0,138	0,137	0,140

Feste Brennstoffe H_u in MJ/kg

$$\mu_{LoT} = 0{,}5678 + 0{,}3171\,H_u \quad \text{kg/kg} \tag{H1-44}$$

$$\mu_{GoB} = 1{,}5474 + 0{,}3153\,H_u \quad \text{kg/kg} \tag{H1-45}$$

$$V_{GoT} = 0{,}4499 + 0{,}23837\,H_u \quad \text{m}^3/\text{kg} \tag{H1-46}$$

$$\mu_{CO_2O} = 0{,}2012 + 0{,}08713\,H_u \quad \text{kg/kg} \tag{H1-47}$$

$$\mu_{H_2OB} = 0{,}9081 - 0{,}01629\,H_u \quad \text{kg/kg} \tag{H1-48}$$

Heizöl H_u in MJ/kg

$$\mu_{LoT} = 0{,}4397 + 0{,}3243\,H_u \quad \text{kg/kg} \tag{H1-49}$$

$$\mu_{GoB} = 1{,}4397 + 0{,}3243\,H_u \quad \text{kg/kg} \tag{H1-50}$$

$$V_{GoT} = 1{,}7644 + 0{,}2006\,H_u \quad \text{m}^3/\text{kg} \tag{H1-51}$$

$$\mu_{CO_2O} = 2{,}5031 + 0{,}01510\,H_u \quad \text{kg/kg} \tag{H1-52}$$

$$\mu_{H_2OB} = -2{,}5031 + 0{,}07384\,H_u \quad \text{kg/kg} \tag{H1-53}$$

Erdgas H_u, H_o in MJ/kg

$$\mu_{LoT} = -0{,}06303 + 0{,}3452\,H_u \quad \text{kg/kg} \tag{H1-54}$$

$$\mu_{GoB} = 0{,}9370 + 0{,}3452\,H_u \quad \text{kg/kg} \tag{H1-55}$$

$$V_{GoT} = 0{,}6497 + 0{,}2255\,H_u \quad \text{m}^3/\text{kg} \tag{H1-56}$$

$$\mu_{CO_2O} = 0{,}5516 + 0{,}04482\,H_u \quad \text{kg/kg} \tag{H1-57}$$

$$\mu_{H_2OB} = -0{,}0779 + 0{,}04537\,H_u \quad \text{kg/kg} \tag{H1-58}$$

$$H_u = 0{,}1713 + 0{,}90025\,H_o \quad \text{MJ/kg} \tag{H1-59}$$

Erdgas H_{un}, H_{on} in MJ/m³

$$\mu_{LoTn} = -0{,}1597 + 0{,}3141\,H_{on} \quad \text{kg/m}^3 \tag{H1-60}$$

$$\mu_{GoBn} = 0{,}2473 + 0{,}3248\,H_{on} \quad \text{kg/m}^3 \tag{H1-61}$$

$$V_{GoTn} = 0{,}0637 + 0{,}2156\,H_{on} \quad \text{m}^3/\text{m}^3 \tag{H1-62}$$

$$\mu_{CO_2on} = -0{,}3277 + 0{,}05952\,H_{on} \quad \text{kg/m}^3 \tag{H1-63}$$

$$\mu_{H_2OBn} = 0{,}2887 + 0{,}03217\,H_{on} \quad \text{kg/m}^3 \tag{H1-64}$$

$$H_{un} = -0{,}7051 + 0{,}92140\,H_{on} \quad \text{MJ/m}^3 \tag{H1-65}$$

Die statistischen Verbrennungsgleichungen für μ_{LoT}, μ_{GoB} und V_{GoT} sind in den Bildern H1-1, H1-2 und H1-3 dargestellt. In den Bildern sind auch die Brennstoffe der Tabellen H1-3 und H1-4 eingetragen. Die Punkte zeigen, daß die mit der elementaren Verbrennungsrechnung berechneten Daten mit den statistischen Gleichungen gut übereinstimmen.

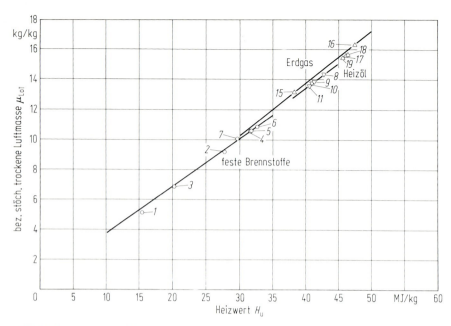

Bild H 1-1. Bezogene stöchiometrische trockene Verbrennungsluftmasse für feste Brennstoffe, Heizöl und Erdgas

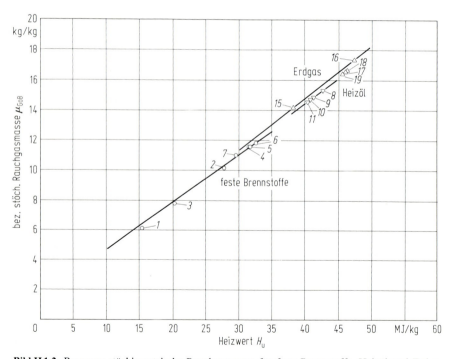

Bild H 1-2. Bezogene stöchiometrische Rauchgasmasse für feste Brennstoffe, Heizöl und Erdgas

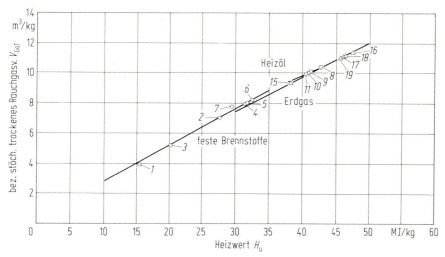

Bild H 1-3. Bezogenes stöchiometrisches trockenes Rauchgasvolumen für feste Brennstoffe, Heizöl und Erdgas

H 1.4 Dichte und spez. Wärmekapazität des Rauchgases

Neben den Daten der Verbrennungsrechnung benötigt man für die Energiebilanz eines Heizkessels und die Berechnung von Geschwindigkeiten die Dichte und die spez. Wärmekapaziät des Rauchgases. Das Rauchgas ist ein Gasgemisch, wobei für die Berechnung der Dichte und der spez. Wärmekapazität der Schwefeldioxidanteil vernachlässigt werden kann. Man kann das Rauchgas ferner als ideales Gas betrachten. Da das spez. Volumen bzw. die Dichte vom Druck p und von der Temperatur T abhängen, ist es zweckmäßiger für das Rauchgas, die Gaskonstante zu bestimmen und daraus über die Gasgleichung jeweils die Dichte oder das spez. Volumen zu berechnen. Setzt man dabei die Normzustände ein ($p = 1{,}01325$ bar $= 101\,325$ Pa und $T = 273{,}15$ K $= 0\,°$C), so erhält man die Normdichte ϱ_n des Rauchgases

$$\varrho_n = 101\,325/(R_G\,273{,}15) \qquad \varrho = p/(R_G T) \; . \tag{H 1-66}$$

Für ein Gasgemisch ist

$$R_G = \Sigma\, x_i R_i \quad \text{und} \tag{H 1-67}$$

$$\bar{c}_p = \Sigma\, x_i \bar{c}_{pi} \; . \tag{H 1-68}$$

Man kann nachweisen, daß die Abweichungen der Rauchgaseigenschaften von den Eigenschaften der Luft wesentlich durch den Kohlendioxid- und den Wasserdampfgehalt hervorgerufen werden. Es gilt mit sehr guter Näherung

$$R_G = R_L + (R_{H_2O} - R_L) x_{H_2O} + (R_{CO} + 3 R_{N_2L} - 4 R_L) x_{CO} \tag{H 1-69}$$

$$\bar{c}_p = \bar{c}_{pL} + (\bar{c}_{pH_2O} + \bar{c}_{pL}) x_{H_2O} + (\bar{c}_{pCO_2} + 3\bar{c}_{pN_2L} - 4\bar{c}_{pL}) x_{CO_2} \tag{H 1-70}$$

Mit μ_G nach Gl. H 1-25 erhält man

$$x_{H_2O} = \mu_{H_2O}/\mu_G \quad \text{bzw.} \quad x_{CO_2} = \mu_{CO_2}/\mu_G \;. \tag{H 1-71/72}$$

Mit den Gaskonstanten nach Tabelle H 1-1 ergibt sich für das feuchte Rauchgas

$$R_G = 0{,}2869 + 0{,}17462 x_{H_2O} - 0{,}07437 x_{CO_2} \; \text{kJ/kg/K} \tag{H 1-73}$$

und für das trockene Rauchgas ($x_{H_2O} = 0$)

$$R_{GT} = 0{,}2869 - 0{,}07437 x_{CO_2} \; \text{kJ/kg/K} \;. \tag{H 1-74}$$

Die Temperaturabhängigkeit der spez. Wärmekapazitäten läßt sich mit Polynomen wiedergeben

$$\bar{c}_{pGo} = \bar{c}_{pLTo} + P_{1m} x_{H_2O} + P_{2m} x_{CO_2} \tag{H 1-75}$$

$$\bar{c}_{pLo} = \bar{c}_{pLTo} + P_{1m} x_{H_2OL} \tag{H 1-76}$$

$$\bar{c}_{pLTo} = a \frac{b}{2}\vartheta + \frac{c}{3}\vartheta^2 + \frac{d}{4}\vartheta^3 + \frac{e}{5}\vartheta^4 + \frac{f}{6}\vartheta^5 \tag{H 1-77}$$

$$P_{1m} = a_1 + \frac{b_1}{2}\vartheta + \frac{c_1}{3}\vartheta^2 + \frac{d_1}{4}\vartheta^3 + \frac{e_1}{5}\vartheta^4 \tag{H 1-78}$$

$$P_{2m} = a_2 + \frac{b_2}{2}\vartheta + \frac{c_2}{3}\vartheta^2 + \frac{d_2}{4}\vartheta^3 + \frac{e_2}{5}\vartheta^4 \tag{H 1-79}$$

$$x_{H_2OL} = x_{H_2OLT}/(1 + x_{H_2OLT}) \;. \tag{H 1-80}$$

$\bar{c}_{pGo}$ integrale spez. Wärmekapazität des Rauchgases zwischen 0 und $\vartheta\,°C$ kJ/kg/K

$\bar{c}_{pLTo}$ integrale spez. Wärmekapazität der trockenen Luft zwischen 0 und $\vartheta\,°C$ kJ/kg/K

$\bar{c}_{pLO}$ integrale spez. Wärmekapazität der feuchten Luft zwischen 0 und $\vartheta\,°C$ kJ/kg/K

x_{H_2OL} Wasserdampfgehalt der feuchten Luft

x_{H_2OLT} Luftfeuchte bezogen auf die trockene Luft

Die Polynomkoeffizienten enthält Tabelle H 1-5.

Die integrale spez. Wärmekapazität zwischen den Temperaturen ϑ_1 und ϑ_2 ist

$$\bar{c}_p = \frac{\bar{c}_{po}(\vartheta_1)\vartheta_1 - \bar{c}_{po}(\vartheta_2)\vartheta_2}{\vartheta_1 - \vartheta_2} \;. \tag{H 1-81}$$

Tabelle H 1-5. Koeffizienten der Polynome zur Berechnung der spez. Wärmekapazität

a	0,1004173 E+01	a_1	0,8554535	a_2	−0,1002311
b	0,1919210 E−04	b_1	0,2036005 E−03	b_2	0,7661864 E−03
c	0,5883483 E−06	c_1	0,4583082 E−06	c_2	−0,9259622 E−06
d	−0,7011184 E−09	d_1	−0,2798080 E−09	d_2	0,5293496 E−09
e	0,3309525 E−12	e_1	0,5634413 E−13	e_2	−0,1093573 E−12
f	−0,5673876 E−16				

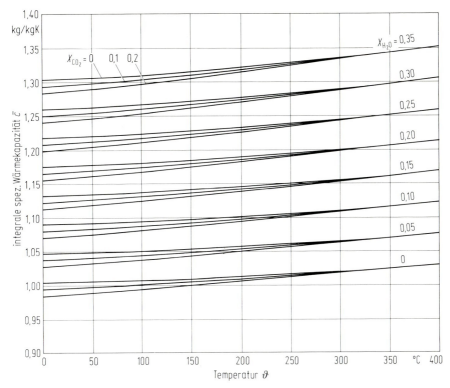

Bild H 1-4. Integrale spez. Wärmekapazität des Rauchgases in Abhängigkeit von der Temperatur mit dem Wasserdampf- und dem Kohlendioxidgehalt (x_{H_2O}, x_{CO_2}) als Parameter

Diese Berechnung der spez. Wärmekapazität ist identisch mit den Angaben in der DIN 1942 (Abnahmeversuche an Dampferzeugern). Die Gleichung für die integrale spez. Wärmekapazität zwischen 0 und $\vartheta\,°C$ ist in Bild H 1-4 dargestellt.

H 1.5 Bestimmung der Verbrennungsluft- und Rauchgasmassen aus Abgasmessungen

Von großer praktischer Bedeutung ist die Bestimmung der bezogenen Verbrennungsluft- und Rauchgasmassen bei der Nachmessung ausgeführter Kesselanlagen. Diese Bestimmung geschieht auch bei größten Anlagen fast ausschließlich über die Messung der Abgaszusammensetzung, wobei entweder der Kohlendioxidgehalt oder der Sauerstoffgehalt gemessen wird. Die Messung einer der Größen genügt bereits, um die Verbrennungsluftmasse zu ermitteln.

Bei Abgasmessungen an Heizkesseln für feste und flüssige Brennstoffe wird die Messung des Kohlendioxidgehalts bevorzugt, da er sich mit dem einfachen Absorptionsmeßverfahren (s. Abschn. H 3.1) genauer bestimmen läßt. Der Nachteil ist, daß man aus dem gemessenen CO_2-Gehalt nicht unmittelbar auf das Luftverhältnis schließen kann, da der Zusammenhang brennstoffabhängig ist (s. Gl. H 1-83). Die Zusammensetzung der Brenngase kann aber sehr schwanken; daher wird bei einem Gaskessel in der Regel der Sauerstoffgehalt gemessen, da der Zusammenhang zwischen dem Luftverhältnis und dem Sauerstoffgehalt für die Praxis als brennstoffunabhängig angesehen werden kann (s. Gl. H 1-82).

Da mit dem Orsatapparat, dem klassischen Meßgerät für die Abgasanalyse, die Bestandteile des Abgases von der Funktion her in Volumenanteilen gemessen werden, ist es üblich, auch alle Meßgeräte, die auf physikalischen Meßverfahren beruhen, in Volumenanteilen zu eichen. Weiter muß bei der Bestimmung der Abgasanalyse beachtet werden, daß die Messung der CO_2-, O_2- und CO-Gehalte stets bei Raumtemperatur stattfindet; dabei kann in den Rauchgasproben nur noch soviel Wasserdampf vorhanden sein, wie dem Partialdruck bei Sättigung entspricht. Der weit größte Teil des Wasserdampfes im Rauchgas fällt bei der Abkühlung bis zum Meßgerät aus, so daß sich alle gemessenen Volumenanteile praktisch auf das trockene Rauchgas beziehen. Bei stationären Meßgeräten geschieht das Ausfällen definiert in einer Wasservorlage und gegebenenfalls noch zusätzlich in einer Kühlstrecke in einem Kühlaggregat.

Zwischen dem Luftüberschuß und den CO_2- bzw. O_2-Volumenanteilen im Rauchgas besteht der Zusammenhang:

$$n - 1 = \varphi_V \frac{y_{O_2 T}}{0{,}20938 - y_{O_2 T}} \quad \text{bzw.} \tag{H 1-82}$$

$$n - 1 = \varphi_V \frac{\hat{y}_{CO_2 T} - y_{CO_2 T}}{y_{CO_2 T} - 0{,}00033} \tag{H 1-83}$$

mit

$$\varphi_V = V_{GoT}/V_{LoT} \quad \text{und} \quad \hat{y}_{CO_2 T} = V_{CO_2}/V_{GoT} \tag{H 1-84/85}$$

In den Gleichungen ist $\hat{y}_{CO_2 T}$ der maximale Kohlendioxidgehalt des trockenen Rauchgases. Die Größe φ_V ist für viele Brennstoffe etwa gleich 1 (s. Tabelle H 1-3 und H 1-4); außerdem kann man $y_{CO_2 LT} = 0{,}00033$ gegenüber $y_{CO_2 T}$ vernachlässigen. Dann kann man näherungsweise schreiben:

$$n = \frac{0{,}21}{0{,}21 - y_{O_2 T}} \quad \text{bzw.} \quad n = \frac{\hat{y}_{CO_2 T}}{y_{CO_2 T}} \tag{H 1-86/87}$$

Setzt man Gl. H 1-82 bzw. H 1-83 in Gl. H 1-30 ein, so erhält man

$$V_{GT} = V_{GoT} \frac{0{,}20938}{0{,}20938 - y_{O_2 T}} \tag{H 1-88}$$

$$V_{GT} = V_{GoT} \frac{\hat{y}_{CO_2 T} - 0{,}00033}{y_{CO_2 T} - 0{,}00033} \,. \tag{H 1-89}$$

Führt man die statistischen Verbrennungsgleichungen für V_{GoT} und $\mu_{CO_2 o}$ ein, so erhält man mit $\hat{y}_{CO_2 T} = \mu_{CO_2 o}/V_{GoT}/1{,}9770$ für die einzelnen Brennstoffe Gleichungen der Form $V_{GT} = f(H_u, y_{O_2 T})$ bzw. $V_{GT} = f(H_u, y_{CO_2 T})$. Diese Gleichungen sind in den Bildern H 1-5 – H 1-8 dargestellt.

H 1 Verbrennungsrechnung 383

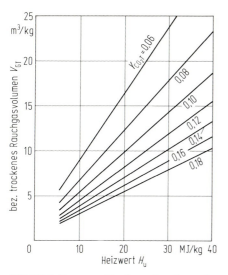

Bild H 1-5. Bezogenes trockenes Rauchgasvolumen als Funktion des Heizwerts und des Kohlendioxidgehalts $y_{CO_2 T}$ für feste Brennstoffe

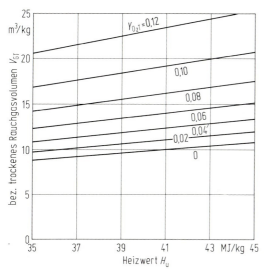

Bild H 1-6. Bezogenes trockenes Rauchgasvolumen als Funktion des Heizwerts und des Sauerstoffgehalts $y_{O_2} T$ für Heizöl

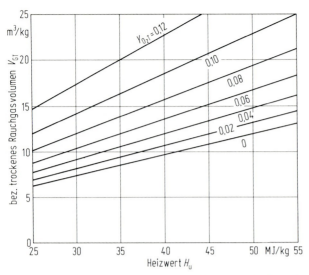

Bild H 1-7. Bezogenes trockenes Rauchgasvolumen als Funktion des Heizwerts und des Sauerstoffgehalts y_{O_2T} für Erdgas

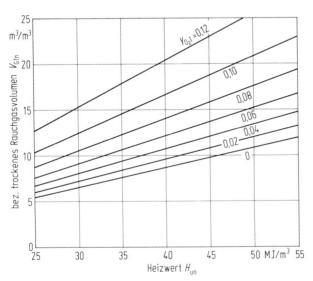

Bild H 1-8. Bezogenes trockenes Rauchgasvolumen als Funktion des Heizwerts und des Sauerstoffgehalts y_{O_2T} für Erdgas (Normzustand)

H2 Bezogene Leistungs- und Verlustdaten von Heizungskesseln

H2.1 Definition des Heizwerts und Brennwerts

Der Brennwert eines Brennstoffs ist definiert als die auf den Massenstrom des Brennstoffs bezogene Verbrennungswärme $\dot{Q}_p$. Die Verbrennungswärme ergibt sich aus der Differenz aller Enthalpieströme, die in das System eintreten, und aller Enthalpieströme, die aus dem System austreten

$$H_o = \dot{Q}_p/\dot{m}_B = (\Sigma \dot{H}_{1i} - \Sigma \dot{H}_{2i})/\dot{m}_B \qquad \text{(H2-1)}$$

mit $\vartheta_1 = \vartheta_2$.

Wegen der Abhängigkeit der spez. Wärmekapazitäten von der Temperatur ist der Brennwert H_o eine Funktion der Temperatur ϑ_1. Als Standardzustand ist der in der physikalischen Chemie übliche Zustand gewählt, und zwar $\vartheta_1 = 25\,°C$ bzw. $T_1 = 298{,}15$ K und $p = 1{,}01325$ bar. Brennwertangaben gelten daher exakt nur für eine Temperatur von 25 °C.

Der Brennwert enthält auch die bei der Kondensation anfallende Verdampfungswärme des Wasserdampfes, der bei der Verbrennung entsteht, da thermodynamisch H_2O bei 25 °C und $p > 1{,}0$ bar flüssig ist.

Da man technisch Rauchgas in der Regel nicht soweit heruntergekühlt, daß der Wasserdampf kondensiert, wird die Verdampfungswärme normalerweise nicht ausgenutzt. Da dieser Energiebetrag dadurch praktisch nicht verwertbar ist, definiert man den Heizwert H_u eines Brennstoffs, der sich vom Brennwert H_o durch die Verdampfungswärme unterscheidet. Es ist

$$H_u = H_o - \mu_{H_2OB} \cdot e \ . \qquad \text{(H2-2)}$$

In der Gleichung ist $e = 2{,}4425$ MJ/kg die Verdampfungswärme des Wassers bei 25 °C und μ_{H_2OB} der Wasserdampfgehalt der Rauchgase, der aus der Verbrennung von Wasserstoff und aus dem Wassergehalt des Brennstoffs entstanden ist. Nicht dazu zählt die Luftfeuchte und der Zerstäuberdampf eines Schweröl-Brenners.

In der Bundesrepublik Deutschland wird üblicherweise der Heizwert H_u für die Berechnung der Brennstoffenergie verwendet; international wird das aber nicht einheitlich gehandhabt. Der ANSI-Power Test Code in den USA verwendet z. B. den Brennwert H_o.

Beim Erdgas wird vielfach nur der Brennwert angegeben. Hierauf muß man achten, wenn man z. B. bei einem erdgasbeheizten Kessel aus der Kesselleistung und dem Wirkungsgrad den Erdgasverbrauch berechnen will.

H2.2 Energie- und Massebilanz eines Heizkessels

Bild H2-1 zeigt die Prinzipskizze eines Heizkessels mit den Energie- und Masseströmen. Da Enthalpien nicht absolut angegeben werden können, ist die Fest-

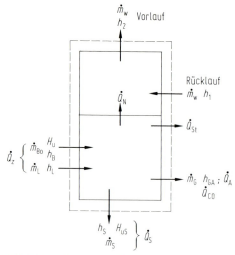

Bild H 2-1. Schema eines Heizkessels mit den ein- und austretenden Masse- und Energieströmen

legung eines Zustands erforderlich, bei dem die Enthalpien willkürlich gleich Null gesetzt werden. In den Wasserdampftafeln ist z. B. der Zustand des Tripelpunkts (0,01 °C bzw. 273,16 K und 0,006233 bar) als Nullpunkt festgelegt. Bei Gasen bietet sich zunächst der Zustand 0 °C und 1 bar als Nullpunkt an. Bei Kesseln ist es jedoch aus historischen Gründen üblich, nicht 0 °C, sondern die Umgebungstemperatur, in der Regel 20 °C, als Nullpunkt (Bezugspunkt) zu verwenden. In der DIN 1942 (Abnahmeversuche an Dampferzeugern) ist 25 °C als Bezugstemperatur für den Regelfall angegeben, da dies dem Standardzustand für die Bestimmung des Brennwerts und Heizwerts entspricht. Im folgenden soll diese Bezugstemperatur offengelassen und mit t_b bezeichnet werden. Die Festlegung ist wichtig, da hiervon der Kesselwirkungsgrad abhängt.

Energie- und Masseströme bei einem Heizkessel: Der Nutzwärmestrom

Wasserkessel
$$\dot{Q}_N = \dot{m}_W(h_2 - h_1) = \dot{m}_W \bar{c}_W(\vartheta_2 - \vartheta_1) \tag{H 2-3}$$

Dampfkessel
$$\dot{Q}_N = \dot{m}_D(h_D - h_K) \tag{H 2-4}$$

W Wasser, D Dampf, K Kondensat

Für die Bestimmung des Kesselwirkungsgrads ist aber die Berechnung des Nutzwärmestroms in der Regel nicht notwendig.

Der mit dem Brennstoff und der Verbrennungsluft zugeführte Energiestrom

$$\dot{Q}_Z = \dot{m}_B(H_u + h_B) + \dot{m}_L h_L \tag{H 2-5}$$

$$= \dot{m}_B(H_u + h_B + J_L) \; . \tag{H 2-6}$$

Führt man μ_L nach Gl. (H1-19) und die spez. Wärmekapazitäten ein, so erhält man

$$\dot{Q}_Z = \dot{m}_B(H_u + \bar{c}_B(\vartheta_B - \vartheta_b) + \mu_L \bar{c}_{pL}(\vartheta_L - \vartheta_b)) \ . \tag{H2-7}$$

Bei Heizkesseln sind die fühlbaren Wärmen in aller Regel vernachlässigbar, da sich die Brennstofftemperatur ϑ_B und die Lufttemperatur ϑ_L meist nicht sehr von der Bezugstemperatur ϑ_b unterscheiden. Das heißt, man kann schreiben

$$\dot{Q}_Z = \dot{m}_B H_u \ . \tag{H2-8}$$

Bei den Gln. (H2-5), (H2-7) und (H2-8) ist vorausgesetzt, daß bei einem Heizkessel für feste Brennstoffe der Anteil des Unverbrannten in der Schlacke vernachlässigbar ist. Ist das nicht der Fall, müssen die ausführlicheren Gleichungen der DIN 1942 herangezogen werden.

Energiestrom des Rauchgases.

$$\dot{Q}_G = \dot{m}_G h_G \ . \tag{H2-9}$$

Führt man μ_G nach Gl. (H1-25) und die spez. Wärmekapazität ein, so kann man schreiben

$$\dot{Q}_G = \dot{m}_B \mu_G h_G = \dot{m}_B J_G = \dot{m}_B \mu_G \bar{c}_{pG}(\vartheta_G - \vartheta_b) \ . \tag{H2-10}$$

Findet keine vollständige Verbrennung des Kohlenstoffs zu CO_2 statt, so enthält das Rauchgas noch Kohlenmonoxid. Da CO noch einen Heizwert hat, ist die unvollständige Verbrennung ein Verlust ($\dot{Q}_{CO}$).

Energiestrom der Schlacke. Der bei einem Heizkessel für feste Brennstoffe mit der Schlacke austretende Energiestrom ist ebenfalls ein Verlust

$$\dot{Q}_S = \dot{m}_S h_S = \dot{m}_S \bar{c}_S(\vartheta_S - \vartheta_b) \tag{H2-11}$$

mit

$$\dot{m}_S = \dot{m}_B \gamma_A \ . \tag{H2-12}$$

S Schlacke, A Asche, B Brennstoff

Mit diesen Ergebnissen lassen sich die Energie- und Massebilanzen des Heizkessels angeben

$$\dot{Q}_Z + \dot{m}_W h_1 - \dot{Q}_G - \dot{Q}_{CO} - \dot{Q}_S - \dot{Q}_U - \dot{m}_W h_2 = 0 \tag{H2-13}$$

oder

$$\dot{Q}_Z = \dot{m}_W(h_2 - h_1) + \dot{Q}_G + \dot{Q}_{CO} + \dot{Q}_S + \dot{Q}_U = \dot{Q}_N + \dot{Q}_V \ , \tag{H2-14}$$

wenn man alle Verlustglieder zu $\dot{Q}_V$ zusammenfaßt.

Wie auf der Nutzwärmeseite muß auch die Summe der Massenströme auf der Rauchgasseite Null sein

$$\dot{m}_B + \dot{m}_L - \dot{m}_G - \dot{m}_S = 0 \tag{H2-15}$$

oder

$$\dot{m}_B + \dot{m}_B \mu_L - \dot{m}_B \mu_G - \dot{m}_B \gamma_A = 0 \tag{H2-16}$$

und

$$\dot{m}_B(1+\mu_L-\mu_G-\gamma_A) = 0 \; . \tag{H2-17}$$

Daraus folgt

$$\mu_G = 1 + \mu_L - \gamma_A \tag{H2-18}$$

bzw.

$$\mu_G = 1 + \mu_L \tag{H2-19}$$

für aschefreie Brennstoffe.

H2.3 Wirkungsgrad und bezogene Verluste

Der Kesselwirkungsgrad ist definiert als das Verhältnis der Nutzwärme zur zugeführten Energie

$$\eta_K = \frac{\dot{Q}_N}{\dot{Q}_Z} = \frac{\dot{Q}_Z - \dot{Q}_V}{\dot{Q}_Z} = 1 - \frac{\dot{Q}_V}{\dot{Q}_Z} \; . \tag{H2-20}$$

Die letzte Form der Gleichung für den Kesselwirkungsgrad ist besonders wichtig, da der Nutzwärmestrom darin nicht mehr enthalten ist.

Der Quotient $\dot{Q}_V/\dot{Q}_Z$ stellt die Summe aller bezogenen Kesselverluste dar.

$$\frac{\dot{Q}_V}{\dot{Q}_Z} = \sum l = \frac{\dot{Q}_G + \dot{Q}_{CO} + \dot{Q}_S + \dot{Q}_U}{\dot{Q}_Z} \tag{H2-21}$$

$\dot{Q}_G/\dot{Q}_Z = l_G$ Abgasverlust
$\dot{Q}_{CO}/\dot{Q}_Z = l_{CO}$ Verlust durch unvollkommene Verbrennung
$\dot{Q}_S/\dot{Q}_S = l_S$ Verlust durch die Schlacke
$\dot{Q}_U/\dot{Q}_Z = l_U$ Umgebungsverlust

Diese bezogenen Verluste werden im nachfolgenden einzeln erläutert.

Aus den Gln. (H2-8) und (H2-10) ergibt sich der bezogene Abgasverlust

$$l_G = \frac{\dot{Q}_G}{\dot{Q}_Z} = \frac{\dot{m}_B \mu_G \bar{c}_{pG}(\vartheta_G - \vartheta_b)}{\dot{m}_B H_u} = \frac{\mu_G}{H_u} \bar{c}_{pG}(\vartheta_G - \vartheta_b) \; . \tag{H2-22}$$

Der Verlust durch unvollkommene Verbrennung errechnet sich aus

$$\dot{Q}_{CO} = \dot{m}_B V_{GT} y_{COT} H_{uCOn} \tag{H2-23}$$

V_{GT} bezogenes trockenes Rauchgasvolumen
H_{uCOn} Heizwert von Kohlenmonoxid (H_{uCOn} = 12 633 kJ/kg)
y_{COT} gemessener Volumenanteil an CO,

$$l_{CO} = \frac{V_{GT}}{H_u} y_{COT} H_{uCOn} \tag{H2-24}$$

Aus den Gln. (H2-8), (H2-11) und (H2-12) ergibt sich der bezogene Verlust durch die Schlacke

$$l_S = \frac{\dot{Q}_S}{\dot{Q}_Z} = \frac{\dot{m}_S \bar{c}_S(\vartheta_S - \vartheta_b)}{\dot{m}_B H_u} = \frac{\gamma_A}{H_u} \bar{c}_S(\vartheta_S - \vartheta_b) \ . \qquad (H2\text{-}25)$$

Sind keine genauen Zahlen für $\bar{c}_S$ bekannt, so kann man $\bar{c}_S = 1,0$ kJ/kg/K setzen.

Der Umgebungsverlust kann im allgemeinen nicht rechnerisch bestimmt werden, da die Wärmeverluste durch die Kesselisolierung von Wärmeleitvorgängen über notwendige und unbeabsichtigte Wärmebrücken überlagert werden, die nicht berechenbar und meßtechnisch nur schwer zu erfassen sind. Da dieser Verlust bei guter Isolierung heute in der Größenordnung von 2% oder darunter liegt, genügt ein Anhaltswert.

$$\dot{Q}_{St} = A_K \dot{q}_K \text{ in kW} \qquad (H2\text{-}26)$$

$\dot{q}_K$ Verlustwärmestrom je m² äußere Oberfläche
A_K Oberfläche des Heizkessels $A_K = (L \cdot B + B \cdot H + H \cdot L)2$

Als Anhaltswert kann man für Öl- und Gasheizkessel mit Gläsebrennern bei einer Heißwassertemperatur >70 °C setzen:

$\dot{q}_K = 0,36$ kW/m²   bei üblicher Isolierung des Kesselkörpers
$\dot{q}_K = 0,20$ kW/m²   bei einer Isolierung, die alle Bauteile einschl. des Brenners umfaßt

Damit wird

$$l_U = \dot{Q}_U/\dot{Q}_Z \ . \qquad (H2\text{-}27)$$

Aus den berechneten Verlusten ergibt sich dann der Kesselwirkungsgrad zu

$$\eta_K = 1 - l_G - l_{CO} - l_S - l_U \ . \qquad (H2\text{-}28)$$

Wichtig ist dabei die Tatsache, daß sich der Kesselwirkungsgrad auch ohne die Kenntnis des Brennstoffstroms $\dot{m}_B$ berechnen läßt, da sich bei der Bestimmung der bezogenen Verluste die Brennstoffströme stets herauskürzen.

Da für gegebene Brennstoffe die Größen μ_{Go}, μ_{Lo}, μ_{H_2O}, μ_{CO_2} und H_u bzw. μ_{Gon}, μ_{Lon}, μ_{H_2On}, μ_{CO_2n} und H_{un} festliegen, kann man den Abgasverlust für einen bestimmten Brennstoff als Funktion von y_{CO_2T} bzw. y_{O_2T} und der Abgastemperatur ϑ_G darstellen.

Die Ergebnisse derartiger Rechnungen sind in den Bildern H2-2–H2-9 dargestellt, wobei für die festen Brennstoffe y_{CO_2T} und für die Brenngase y_{O_2T} als Parameter gewählt ist.

H2.4 Kesselheizzahl und bezogene Verluste bei Brennwertkesseln

Es gibt Heizkessel, bei denen die Rauchgase so weit gekühlt werden, daß der im Rauchgas vorhandene Wasserdampf teilweise kondensiert, so daß die Verdampfungswärme des Wassers mit ausgenutzt wird. Diese Kessel werden als „Brennwertkessel" bezeichnet.

Stellt man für diese Heizkessel die Energiebilanz auf, so muß man die zugeführte Energie (Gl. H2-6) mit dem Brennwert H_o bilden; d.h., der Enthalpie-Nullpunkt auf der Rauchgasseite ist nicht der Gaszustand, sondern der flüssige

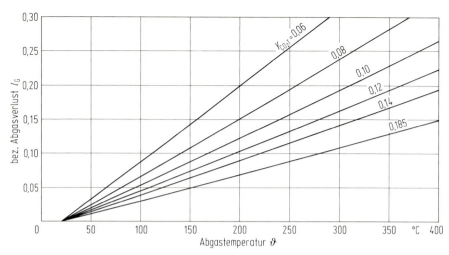

Bild H 2-2. Bez. Abgasverlust in Abhängigkeit von der Abgastemperatur und dem Kohlendioxidgehalt $x_{CO_2 T}$ des trockenen Rauchgases für Fett-, Eß- und Anthrazit-Nußkohle

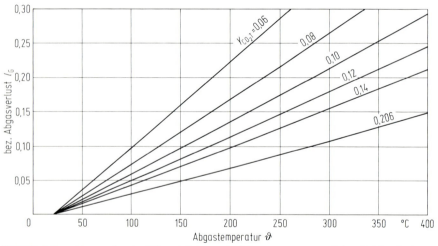

Bild H 2-3. Bez. Abgasverlust in Abhängigkeit von der Abgastemperatur und dem Kohlendioxidgehalt $y_{CO_2 T}$ des trockenen Rauchgases für Zechenkoks

Zustand bei Bezugstemperatur. Das betrifft aber nur das H_2O, da alle anderen Bestandteile des Rauchgases und der Luft über $0\,°C$ stets gasförmig sind. H_2O entsteht im wesentlichen durch die Verbrennung von Wasserstoff; zu einem geringen Teil liefert jedoch auch die Feuchte der Verbrennungsluft einen Beitrag. Bei festen Brennstoffen kommt noch der Wassergehalt des Brennstoffs hinzu (Braunkohlen-Brikett $y_{H_2O} = 15\%$).

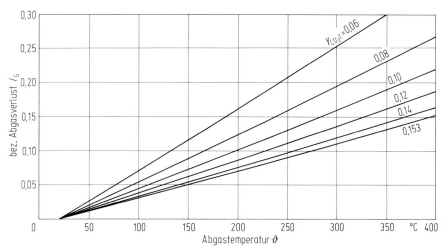

Bild H 2-4. Bez. Abgasverlust in Abhängigkeit von der Abgastemperatur und dem Kohlendioxidgehalt $y_{CO_2 T}$ des trockenen Rauchgases für leichtes Heizöl *EL*

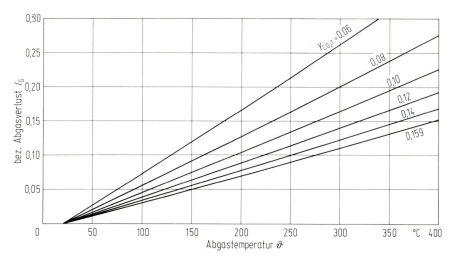

Bild H 2-5. Bez. Abgasverlust in Abhängigkeit von der Abgastemperatur und dem Kohlendioxidgehalt $y_{CO_2 T}$ des trockenen Rauchgases für schweres Heizöl *S*

Bei der zugeführten Energie muß man H_o für H_u einsetzen und bei der bezogenen Enthalpie der Verbrennungsluft die Verdampfungswärme der Luftfeuchte bei der Bezugstemperatur einfügen. Damit wird

$$\dot{Q}_{Zo} = \dot{m}_B(H_o + h_B + J_L + \mu_{LT} x_{H_2OLT} e_b) = \dot{m}_B H_{oges} \ . \tag{H2-29}$$

Beim Energiestrom des Rauchgases muß die Verdampfungswärme des Wasserdampfgehalts ergänzt werden. Damit wird

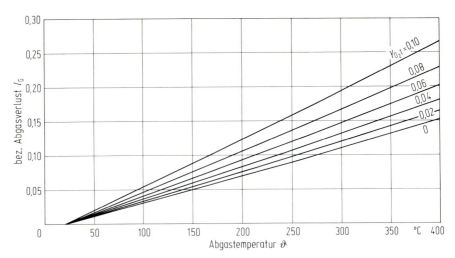

Bild H 2-6. Bez. Abgasverlust in Abhängigkeit von der Abgastemperatur und dem Sauerstoffgehalt $y_{CO_2 T}$ des trockenen Rauchgases für Heizöl

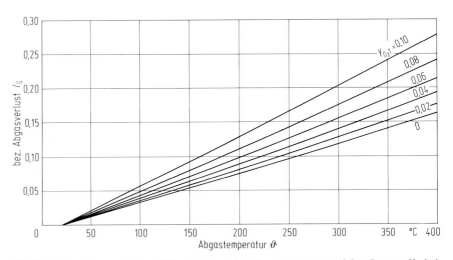

Bild H 2-7. Bez. Abgasverlust in Abhängigkeit von der Abgastemperatur und dem Sauerstoffgehalt $y_{O_2 T}$ des trockenen Rauchgases für Erdgas L

$$\dot{Q}_{Go} = \dot{m}_B (J_G + \mu_{H_2O} e_b) \ . \tag{H 2-30}$$

Die Energiebilanz ergibt sich dann zu

$$\dot{Q}_{Zo} = \dot{m}_W (h_2 - h_1) + \dot{Q}_{Go} + \dot{Q}_{CO} + \dot{Q}_S + \dot{Q}_U = \dot{Q}_N + \dot{Q}_{Vo} \ . \tag{H 2-31}$$

Da Brennwertkessel heute nur bei Heizöl- und Erdgas-Feuerung gebaut werden, kann man den Verlust durch die Schlacke streichen, außerdem soll der Verlust

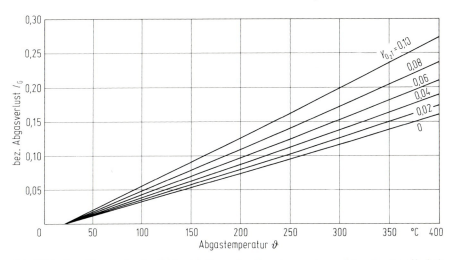

Bild H 2-8. Bez. Abgasverlust in Abhängigkeit von der Abgastemperatur und dem Sauerstoffgehalt y_{O_2T} des trockenen Rauchgases für Erdgas H

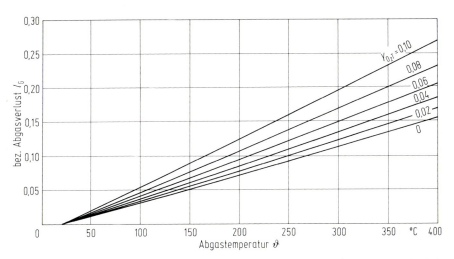

Bild H 2-9. Bez. Abgasverlust in Abhängigkeit von der Abgastemperatur und dem Sauerstoffgehalt y_{O_2T} des trockenen Rauchgases für Flüssiggas, Propan und Butan

durch unvollkommene Verbrennung vernachlässigt werden, da die Feuerungen heute so betrieben werden müssen, daß der CO-Gehalt des Rauchgases sehr klein ist. Damit ergibt sich die Energiebilanz zu

$$\dot{Q}_{Zo} = \dot{Q}_N + \dot{Q}_{Go} + \dot{Q}_U = \dot{Q}_N + \dot{Q}_{Vo} \ . \tag{H2-32}$$

Definiert man den Kesselwirkungsgrad wieder als das Verhältnis der Nutzwärme zur zugeführten Energie, so ist

394 H Feuerungstechnik

$$\eta_{Ko} = \frac{\dot{Q}_N}{\dot{Q}_{Zo}} = \frac{\dot{Q}_{Zo} - \dot{Q}_{Vo}}{\dot{Q}_{Zo}} = 1 - \frac{\dot{Q}_{Vo}}{\dot{Q}_{Zo}} \ . \tag{H2-33}$$

Für die einzelnen Verluste ergibt sich dann:

Umgebungsverlust (s. Gl. H 2-27)
$$l_{Uo} = \dot{Q}_U/\dot{Q}_{Zo} \tag{H2-34}$$

Abgasverlust (s. Gl. H 2-22)
$$l_{Go} = \frac{\dot{Q}_{Go}}{\dot{Q}_{Zo}} = \frac{1}{H_{oges}} (\mu_G \bar{c}_{pG}(\vartheta_G - \vartheta_b) + \mu_{H_2O} e_b) \ . \tag{H2-35}$$

Gleichung (H 2-35) ist in dieser Form aber nur anwendbar, wenn die Abgastemperatur noch über der Taupunkttemperatur des Wasserdampfes liegt. Findet eine Kondensation statt, so muß man den Ausdruck in der Klammer etwas umformen. Zunächst ist es zweckmäßig, das Rauchgas in das trockene Rauchgas und den Wasserdampf aufzuteilen

$$l_{Go} = \frac{1}{H_{oges}} (\mu_{GT} \bar{c}_{pGT}(\vartheta_G - \vartheta_B) + \mu_{H_2O}(\bar{c}_{pD}(\vartheta_G - \vartheta_b) + e_b)) \ . \tag{H2-36}$$

Da bei niedrigen Drücken die Enthalpie des Wasserdampfes praktisch unabhängig vom Druck ist, kann man schreiben

$$\bar{c}_{pD}(\vartheta_G - \vartheta_b) + e_b = \bar{c}_W(\vartheta_G - \vartheta_b) + e_G \tag{H2-37}$$

e_b Verdampfungswärme bei Bezugstemperatur
e_G Verdampfungswärme bei Abgastemperatur
$\bar{c}_W$ integrale spez. Wärmekapazität des Wassers
$\bar{c}_{pD}$ integrale spez. Wärmekapazität des Wasserdampfes.

Mit sehr guter Näherung kann man in Gl. (H 2-37) auch feste Werte für $\bar{c}_{pD}$ und $\bar{c}_W$ einsetzen ($\bar{c}_W = 4{,}187$, $\bar{c}_{pD} = 1{,}842$ kJ/kg/K).

Kondensation im Rauchgas wird eintreten, wenn der Sättigungsdampfgehalt x_{H_2OGTs} kleiner ist als der Wasserdampfgehalt x_{H_2OT} des Rauchgases (jeweils bezogen auf das trockene Rauchgas). Es ist

$$x_{H_2OT} = \mu_{H_2O}/\mu_{GT} \ .$$

Der Sättigungsdampfgehalt ergibt sich aus dem Dampfdruck bei der Abgastemperatur

$$x_{H_2OGTs} = \frac{R_{GT}}{R_{H_2O}} \frac{p_s}{p - p_s} \tag{H2-38}$$

p Gesamtdruck am Kesselaustritt
p_s Sattdampfdruck bei der Abgastemperatur ϑ_G
R_{GT} Gaskonstante des trockenen Rauchgases
R_{H_2O} Gaskonstante des Wasserdampfes

Nach Gl. (H 1-74) ist

$$R_{GT} = 0{,}2869 - 0{,}07437 \ x_{CO_2} \ \text{kJ/kg/k}$$

und nach Tabelle H1-1

$$R_{H_2O} = 0{,}46152 \text{ kJ/kg/K} \ .$$

Damit wird

$$x_{H_2OGTs} = (0{,}622 - 0{,}1611\, x_{CO_2})\frac{p_s}{p-p_s} \ . \tag{H2-39}$$

Setzt man für x_{CO_2} einen mittleren Wert von 0,137 ein, so wird

$$x_{H_2OGTs} = 0{,}6\,\frac{p_s}{p-p_s} \ . \tag{H2-40}$$

Geht man davon aus, daß das Abgas gesättigt ist, so ist

x_{H_2OGTs} der Wasserdampfgehalt des Abgases
$x_{H_2OT} - x_{H_2OGTs}$ der Kondensatanteil.

In diesem Fall wird der Abgasverlust

$$l_{Go} = \frac{1}{H_{oges}}[\mu_{GT}\,\bar{c}_{pGT}(\vartheta_G - \vartheta_b) + \mu_{GT}(x_{H_2OT} - x_{H_2OGTs})\bar{c}_W(\vartheta_G - \vartheta_b) + \mu_{GT}\,x_{H_2OGTs}(\bar{c}_W(\vartheta_G - \vartheta_b) + e_G)] \ .$$

Die Gleichung läßt sich etwas vereinfachen

$$l_{Go} = \frac{1}{H_{oges}}\mu_{GT}[(\bar{c}_{pGT} + x_{H_2OT}\,\bar{c}_W)(\vartheta_G - \vartheta_b) + x_{H_2OGTs}\,e_G] \ . \tag{H2-41}$$

Setzt man in Gl. (H2-33) die einzelnen Verluste ein, so wird

$$\eta_{Ko} = 1 - \frac{\dot{Q}_{Go}}{\dot{Q}_{Zo}} - \frac{\dot{Q}_U}{\dot{Q}_{Zo}} = 1 - l_{Go} - l_{Uo} \ . \tag{H2-42}$$

Aus Gl. (H2-33) kann man erkennen, daß η_{Ko} kleiner sein muß als η_K (Gl. H2-20), da der Zähler gleich, $\dot{Q}_{Zo}$ aber größer als $\dot{Q}_Z$ ist. Der Unterschied kann bei Erdgas bis zu 11% betragen. Diese Tatsache zeigt noch einmal sehr deutlich, daß der Wirkungsgrad keine physikalische Eigenschaft des Heizkessels ist, sondern eine Definitionsgröße, die zum Vergleich der Heizkessel herangezogen werden kann, wobei man aber darauf achten muß, daß die zu vergleichenden Wirkungsgrade unter gleichen Bedingungen gebildet sein müssen.

Da der Wirkungsgrad eine Definitionsgröße ist, kann man bei einem Brennwertkessel auch die übliche Definition verwenden

$$\eta_K = \frac{\dot{Q}_N}{\dot{Q}_Z} = \frac{\dot{Q}_n}{\dot{m}_B H_u} \ . \tag{H2-43}$$

Ersetzt man in dieser Gleichung $\dot{Q}_N$ mit Hilfe der Energiebilanz (Gl. H2-32), so wird

$$\eta_K = \frac{\dot{Q}_{Zo} - \dot{Q}_{Go} - \dot{Q}_U}{\dot{m}_B H_u} \ . \tag{H2-44}$$

Vernachlässigt man bei H_{oges} (Gl. H 2-29) wie bei H_u wieder die Größen h_B und J_L, so erhält man

$$\dot{Q}_{Zo} = \dot{m}_B(H_o + \mu_{LT} x_{H_2OLT} e_b) \ . \tag{H 2-45}$$

Setzt man den Zusammenhang zwischen H_o und H_u ein (Gl. H 2-2), so wird

$$\dot{Q}_{Zo} = \dot{m}_B(H_u + \mu_{H_2O} e_b) \ , \tag{H 2-46}$$

da $\mu_{H_2OB} + \mu_{LT} x_{H_2OLT} = \mu_{H_2O}$ ist.

Setzt man Gl. (H 2-46) in Gl. (H 2-44) ein, so erhält man mit Gl. (H 2-27)

$$\eta_K = 1 + \frac{\mu_{H_2O} e_b}{H_u} - \frac{\dot{Q}_{Go}}{\dot{m}_B H_u} - l_U \tag{H 2-47}$$

oder

$$\eta_K + l_U = 1 + \frac{1}{H_u}\mu_{H_2O} e_b - \frac{1}{H_u}\mu_{GT}$$

$$\times [(\bar{c}_{pGT} + x_{H_2OT}\bar{c}_W)(\vartheta_G - \vartheta_b) + x_{H_2OGT_S} e_G] \ . \tag{H 2-48}$$

Findet keine Kondensation statt, so ist für $x_{H_2OGT_S}$ x_{H_2OT} einzusetzen; dann geht Gl. (H 2-48) in die Gleichung über

$$\eta_K + l_U = 1 - l_G \ . \tag{H 2-49}$$

Setzt man in Gl. (H 2-48) die Daten für Erdgas H (s. Tabelle H 1-4) bzw. die Daten für Heizöl EL (s. Tabelle H 1-3) ein, so erhält man als Ergebnis den in Bild H 2-10 bzw. H 2-11 dargestellten Verlauf für die Größe

$$\eta_H = \eta_K + l_U \ . \tag{H 2-50}$$

Da die Größe η_H, wie die Bilder zeigen, größer als 1 werden kann, sei diese (nach einem Vorschlag von H. Esdorn) in Anlehnung an den aus der Wärmepumpentechnik bekannten Begriff der Heizzahl als Kesselheizzahl bezeichnet; denn mit dem Wort „Wirkungsgrad" verbindet man im üblichen technischen Sprachgebrauch eine Größe, die maximal 1 werden kann.

Bild H 2-10 zeigt, daß beim Erdgas H die Kondensation des Wasserdampfes im Rauchgas erst bei einer Abgastemperatur unter 60 °C beginnt; beim Heizöl EL setzt die Kondensation dagegen erst bei 40 °C ein. Der Grund liegt darin, daß die bezogene Wasserdampfmasse μ_{H_2OB} bei Heizöl EL mit 0,062 kg/kg wesentlich niedriger ist als beim Erdgas H (μ_{H_2OB} = 2,092 kg/kg).

In den Bildern H 2-12 und H 2-13 sind die jeweils kondensierten Wasserdampfanteile dargestellt.

H 2.5 Nutzungsgrade und Nutzheizzahlen

Da einige Kesselverluste wie z. B. der Umgebungsverlust nicht oder nicht exakt leistungsproportional sind, ergibt sich für die in den Abschnitten H 2.3 und H 2.4 definierten Kesselwirkungsgrade bzw. Kesselheizzahlen eine Abhängigkeit von der Kesselbelastung und von der Betriebsweise (konstant oder gleitend). Für Brenn-

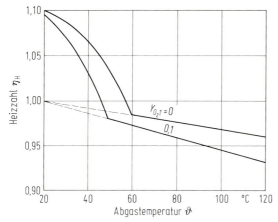

Bild H 2-10. Heizzahl in Abhängigkeit von der Abgastemperatur mit dem Sauerstoffgehalt y_{O_2T} als Parameter für Erdgas H. (Druck $p = 1{,}013$ bar)

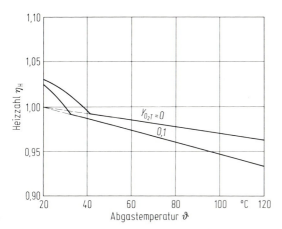

Bild H 2-11. Heizzahl in Abhängigkeit von der Abgastemperatur mit dem Sauerstoffgehalt y_{O_2T} als Parameter für Heizöl EL. (Druck $p = 1{,}013$ bar)

stoffverbrauchsrechnungen müssen daher geeignete Mittelwerte über die jeweils betrachteten Zeiträume verwendet werden.

Für den Jahresmittelwert des Kesselwirkungsgrads ist die Bezeichnung Jahresnutzungsgrad $\bar{\eta}_{Ka}$ üblich, der wie folgt definiert ist:

$$\bar{\eta}_{Ka} = \frac{\text{Jahres-Nutzenergie}}{\text{jährlich zugeführte Brennstoffenergie (Bezug: } H_u)} \quad . \tag{H 2-51}$$

Für den Jahresmittelwert der Kesselheizzahl ergibt sich analog

$$\bar{\eta}_{Ha} = \frac{\text{Jahres-Nutzenergie}}{\text{jährlich zugeführte Brennstoffenergie (Bezug: } H_u)} \quad . \tag{H 2-52}$$

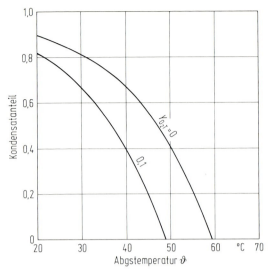

Bild H 2-12. Anteil des kondensierten Wasserdampfes im Rauchgas in Abhängigkeit von der Abgastemperatur mit dem Sauerstoffgehalt $y_{O_2 T}$ als Parameter für Erdgas H. (Druck $p = 1{,}013$ bar)

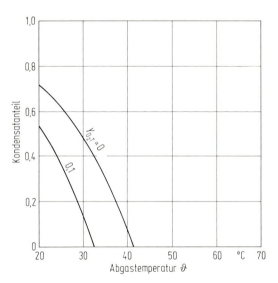

Bild H 2-13. Anteil des kondensierten Wasserdampfes im Rauchgas in Abhängigkeit von der Abgastemperatur mit dem Sauerstoffgehalt $y_{O_2 T}$ als Parameter für Heizöl EL. (Druck $p = 1{,}013$ bar)

Dieser Mittelwert sei mit „Jahres-Nutzheizzahl" bezeichnet.
Entsprechende Werte wie $\bar{\eta}_{Ka}$ bzw. $\bar{\eta}_{Ha}$ können auch für andere als Jahreszeiträume gebildet werden.
Jahres-Nutzungsgrade und Jahres-Nutzheizzahlen liegen in der Regel niedriger als die Kesselwirkungsgrade bzw. Kesselheizzahlen bei Nennleistung. Weitere Einzelheiten dieser heizsystemabhängigen Betriebsgrößen werden in Band III Heiztechnik behandelt.

H3 Heizkessel-Betrieb

H3.1 Messung des Heizkesselwirkungsgrads

Bei der Bestimmung des Heizkesselwirkungsgrads unterscheidet man die direkte und die indirekte Methode. Bei der direkten Methode müssen die Größen der Gln. (H2-3) und (H2-8) gemessen werden bzw. bekannt sein. Für die bei bestehenden Anlagen in der Regel angewendete indirekte Methode müssen gemessen werden oder bekannt sein:
Abgastemperatur, Kohlendioxidgehalt, Kohlenmonoxidgehalt, Heizwert, Aschegehalt und Schlackentemperatur.
Dazu werden die bezogenen Verbrennungsdaten benötigt. Der Kesselwirkungsgrad ergibt sich dann aus den Gln. (H2-22), (H2-24), (H2-26) und zusätzlich aus Gl. (H2-25) bei festen Brennstoffen.

Massenstrommessung
Die Brennstoff-, Wasser-, Dampf- oder Kondensatströme werden entweder durch Wägung bzw. Volumenbestimmung, durch Messung mit Meßblenden und Meßdüsen oder mit Wasser- bzw. Gaszählern bestimmt. Einzelheiten enthält die Norm DIN 4702 Blatt 2 (Heizkessel, Prüfregeln).

Temperaturmessung
Für Temperaturmessungen stehen im wesentlichen drei Thermometerarten zur Verfügung, Quecksilber-Glasthermometer, Thermoelemente und Widerstandsthermometer.

Rauchgasanalyse
Das klassische Meßgerät für die Analyse des Rauchgases ist der „Orsat-Apparat", Bild H3-1. Das Meßprinzip des Orsat-Apparats ist sehr einfach. In eine Meßbürette wird aus dem Rauchgaskanal über eine Wasservorlage ein bestimmtes Rauchgasvolumen abgesaugt, z.B. 100 cm^3. Dieses Rauchgasvolumen wird nacheinander in verschiedene Absorberflaschen mit Flüssigkeiten geleitet, in denen jeweils ein Bestandteil absorbiert wird. Aus der Differenz des Meßvolumens vor und nach dem Absorptionsvorgang läßt sich unmittelbar der Gehalt des betreffenden Rauchgasbestandteils in Volumenanteilen ablesen. Der übliche Orsat-Apparat enthält drei

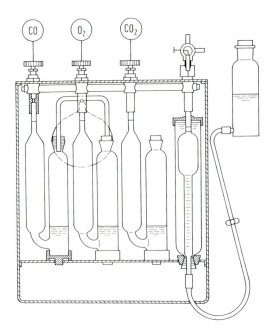

Bild H 3-1. Prinzipbild eines Orsat-Apparats

verschiedene Meßbüretten, eine für Kohlendioxid (CO_2), eine für Sauerstoff (O_2) und eine dritte für Kohlenmonoxid (CO). Die in den sogenannten Meßkoffern benutzten CO_2- bzw. O_2-Meßgeräte arbeiten nach demselben Prinzip wie der Orsat-Apparat. Um die Ablesung bei diesen Geräten zu erleichtern, sind die jeweiligen Absorptionsflüssigkeiten rot eingefärbt.

Die Ablesegenauigkeit des Orsat-Apparats ist maximal 0,1%. Rauchgasbestandteile, die unter 0,1% liegen, können daher mit dem Orsat-Apparat nicht mehr bestimmt werden. Das trifft in aller Regel den CO-Gehalt. Weiter folgt daraus, daß die relative Meßgenauigkeit um so besser wird, je größer der Volumenanteil des gemessenen Bestandteils ist. Das heißt, der CO_2-Gehalt des Rauchgases kann mit dem Orsat-Apparat genauer gemessen werden als der O_2-Gehalt, insbesondere wenn der Brenner mit geringem Luftüberschuß betrieben wird.

Für die Messung des CO-Gehalts im Rauchgas muß man daher zu einem anderen Verfahren greifen. Sehr viel verwendet werden für diese Zwecke CO-Prüfröhrchen. Das Prüfröhrchen enthält eine Vorreinigungsschicht und eine Reaktionsschicht. Bei den CO-Prüfröhrchen besteht die Reaktionsschicht aus einem Gemisch von Jodpentoxid und Schwefelsäure; dieses Gemisch färbt sich bei der Reaktion mit Kohlenmonoxid grün. Die Länge der Grünfärbung ist dabei ein Maß für den CO-Gehalt. Die Vorreinigungsschicht hat den Zweck, Gasbestandteile, die ebenfalls mit der Reaktionsschicht reagieren würden, vorher zu absorbieren. Die Vorreinigungsschicht verfärbt sich dabei ebenfalls; diese Verfärbung darf nie bis an die Reaktionsschicht heranreichen, da sonst die Gefahr besteht, daß die CO-Anzeige gestört wird.

Um eine derartige Messung auch quantitativ auswerten zu können, muß man dafür sorgen, daß durch das Prüfröhrchen nur eine definierte Rauchgasmenge abgezogen wird, z. B. 100 cm^3. Da das insgesamt abgezogene CO-Volumen maßgebend für die Länge der Grünfärbung ist, kann man den Meßbereich dadurch leicht ändern, indem man die Balgpumpe mehrmals betätigt. Liegt der Meßbereich des Prüfröhrchens bei einmaligem Ansaugen zwischen 0,01 und 0,3 Vol%, so ergibt sich bei zehnmaligem Ansaugen ein Bereich von 0,001 – 0,03 Vol%.

Rußzahl-Bestimmung
Durch die Immissionsschutz-Gesetzgebung hat besonders für kleine Heizkessel die Rußzahl-Bestimmung erhebliche Bedeutung bekommen. Bei dieser Rußprüfmethode wird ein bestimmtes Rauchgasvolumen (5,75 l) durch ein Filterpapier geleitet. Die Schwärzung des Papiers wird optisch mit einer Vergleichsskala verglichen, die 10 verschiedene Schwärzegrade enthält. Da optische Schwärzegrade auch davon abhängen, in welcher Form der Kohlenstoff im Rauchgas enthalten ist, z. B. ob er mehr flockig oder mehr körnig vorliegt, ergibt sich keine eindeutige Zuordnung zwischen Kohlenstoffgehalt im Rauchgas und dem Schwärzegrad. Diesem Nachteil steht die Einfachheit der Methode als Vorteil gegenüber.

H 3.2 Umweltschutz-Vorschriften

Um Menschen sowie Tiere, Pflanzen und andere Sachen vor schädlichen Umwelteinwirkungen zu schützen und dem Entstehen schädlicher Umwelteinwirkungen vorzubeugen, gibt es eine Reihe von Verordnungen und Verwaltungsvorschriften, die sich neben anderen Umwelteinwirkungen auch mit den zulässigen Emissionen aus den Kaminen von Kesselanlagen befassen.

Die gesetzliche Grundlage dafür bildet das „Gesetz zum Schutz vor schädlichen Umwelteinwirkungen durch Luftverunreinigungen, Geräusche, Erschütterungen und ähnliche Vorgänge" vom 15. März 1974 (Bundes-Immissionsschutzgesetz – BImSchG).

Das Gesetz enthält allgemeine Regeln für die Errichtung und den Betrieb von Anlagen, für die Ermittlung von Emissionen und Immissionen usw. Die für die praktische Handhabung wichtigen Detailangaben sind in den daraus abgeleiteten Verordnungen und Verwaltungsvorschriften enthalten.

Eine wichtige Vorschrift in diesem Zusammenhang ist die „Erste Allgemeine Verwaltungsvorschrift zum Bundes-Immissionsschutzgesetz" vom 27. 2. 1986 mit dem Untertitel (Technische Anleitung zur Reinhaltung der Luft – TA Luft –).

Sie enthält neben allgemeinen Vorschriften zur Reinhaltung der Luft, die generell alle Industrieanlagen betreffen, im Abschn. 3.3.1 spezielle Angaben über Feuerungsanlagen für feste (3.3.1.2.1), flüssige (3.3.1.2.2) und gasförmige (3.3.1.2.3) Brennstoffe. Aus den allgemeinen Vorschriften ist dazu noch zu entnehmen, daß Emissionen als Masse der emittierten Stoffe bezogen auf das trockene oder das feuchte Abgasvolumen, jeweils bezogen auf den Normzustand (0 °C; 1013 mbar) in g/m^3 oder mg/m^3 oder als Masse der emittierten Stoffe bezogen auf die Zeit in kg/h, g/h oder mg/h angegeben werden müssen.

Eine sehr übersichtliche Zusammenstellung der wichtigsten Emissionswerte enthält [4].

Die Abgrenzung der Feuerungsanlagen hinsichtlich ihrer Größe enthält die „Vierte Verordnung zur Durchführung des Bundes-Immissionsschutzgesetzes" vom 24. 7. 1985 (Verordnung über genehmigungsbedürftige Anlagen – 4. BImSchV).

Danach bedürfen Feuerungsanlagen mit folgenden Feuerungswärmeleistungen einer Genehmigung nach § 10 des BImSchG:

- für feste und flüssige Brennstoffe > 50 MW
- für gasförmige Brennstoffe > 100 MW

Für Feuerungsanlagen mit folgenden Feuerungswärmeleistungen wird die Genehmigung nach dem Vereinfachten Genehmigungsverfahren entsprechend § 19 des BImSchG erteilt

- für feste und flüssige Brennstoffe 1 – 50 MW
- für Heizöl *EL* 5 – 50 MW
- für gasförmige Brennstoffe 10 – 100 MW

Die wichtigste Verordnung für kleinere Heizkesselanlagen ist die „Erste Verordnung zur Durchführung des Bundes-Immissionsschutzgesetzes" vom 15. 7. 1988 (Verordnung über Kleinfeuerungsanlagen – 1. BImSchV).

Diese Verordnung gilt für Feuerungsanlagen, die keiner Genehmigung nach § 4 des BImSchG bedürfen. Sie enthält die Emissions- und Überwachungsvorschriften für Heizkesselanlagen, wie sie in kleinen bis mittleren Wohn- und Geschäftsgebäuden installiert sind. Eine Zusammenstellung der wichtigsten Daten zeigen die Tabellen H 3-1 und H 3-2.

Die Verordnung enthält weiter die Ringelmann-Skala mit den Grauwerten 0–5 zur Bewertung der aus dem Schornstein austretenden Rauchfahne (Anlage I) und Muster für die Bescheinigungen, auf denen die vorgeschriebenen Messungen festgehalten werden. Bezüglich der Rußzahl-Bestimmung wird auf die DIN 51402 Teil 1 hingewiesen.

Zu dieser Verordnung gibt es eine Verwaltungsvorschrift (VwV). „Allgemeine Verwaltungsvorschrift zur Ersten Verordnung zur Durchführung des Bundes-Immissionsschutzgesetzes" vom 19. 10. 1981 (Verwaltungsvorschrift zur Verordnung über Feuerungsanlagen – VwV zur 1. BImSchV).

Diese Verwaltungsvorschrift enthält gegenüber der 1. BImSchV keine zusätzlichen Bestimmungen, sondern nur erläuternde Hinweise zur Auslegung und zur praktischen Meßtechnik.

Von Bedeutung ist dann noch die Vorschrift „Bundeseinheitliche Praxis bei der Überwachung der Emissionen sowie der Immissionen".

Diese Vorschrift enthält Richtlinien über Meßgeräte. Unter anderem werden geeignete Meßgeräte für die Bestimmung der Rußzahl, des Kohlendioxidgehalts sowie der Temperatur angegeben; Rd-Schr. des BMI vom 30. 3. 1983 (GMBl. S 171).

Tabelle H 3-1. Emissionsgrenzwerte nach der 1. BImSchV vom 15. 7. 1988 bei Feuerungsanlagen für feste Brennstoffe

Feste Brenn-stoffe[b,c]	Feuerungswärme-leistung kW	Grenzwert			Abgas-fahne[a]
		CO g/m³	Staub		
			bei y_{COT}	g/m³	
Steinkohle, Koks Braunkohle Torf	>15		8%	0,15	1
Holz naturbelassen stückig und Späne	<50 50–150 150–500 >500	4 2 1 0,5	13%	0,15	
Holz gestrichen und beschichtet Sperrholz Spanplatten	<100 100–500 >500	0,8 0,5 0,3			

[a] Grenzwert nach der Ringelmannskala
[b] Für Anlagen bis 15 kW sind keine Grenzwerte festgelegt; sie dürfen aber nur mit Steinkohle, Braunkohle, Torfbrikett, naturbelassenem Holz betrieben werden
[c] Die Werte dieser Tabelle gelten nicht für Anlagen mit einer Feuerungswärmeleistung <22 kW, die vor Inkrafttreten dieser Verordnung (1. 10. 1988) errichtet wurden

Tabelle H 3-2. Emissions- und Abgasverlust-Grenzwerte nach 1. BImSchV vom 15. 7. 1988 für Öl- und Gasfeuerungen

Brennstoff	Rußzahl	Ölderivate	NO$_x$	Nennwärme-leistung kW	maximaler Abgasverlust[c] Anlage errichtet		
					bis 31. 12. 1982	ab 01. 01. 1983	ab 01. 10. 1988
Heizöl Verdampfungs-brenner Zerstäubungs-brenner Gas	2 3[a] 1 2[b]	frei frei	d	>4–25 25–50 >50	15% 14% 13%	14% 13% 12%	12% 11% 10%

[a] Bei Anlagen mit einer Nennwärmeleistung <11 kW
[b] Bei Anlagen, die vor Inkrafttreten der 1. BImSchV vom 15. 7. 88 errichtet wurden
[c] Die Werte gelten nicht für Anlagen mit Nennwärmeleistungen <11 kW, die der Beheizung eines Einzelraums dienen, oder <28 kW, die ausschließlich der Brauchwassererwärmung dienen
[d] Begrenzung durch feuerungstechnische Maßnahmen nach dem Stand der Technik

H 3.3 Emissionsrechnungen

Zur Berechnung der Emissionen im Rahmen des Genehmigungsverfahrens für Feuerungsanlagen benötigt man einmal die trockenen und feuchten Rauchgasströme bezogen auf den Normzustand, und zum anderen Angaben über die Höhe der Anteile im Rauchgas, die der Auswurfbeschränkung unterliegen.

Der trockene bzw. feuchte Rauchgasstrom ist

$$\dot{V}_{GT} = \dot{m}_B V_{GT} = \dot{V}_{Bn} V_{GTn} \text{ m}^3/\text{h} \qquad \text{(H 3-1)}$$

$$\dot{V}_G = \dot{m}_B V_G = \dot{V}_{Bn} V_{Gn} \text{ m}^3/\text{h} \,, \qquad \text{(H 3-2)}$$

wenn der Brennstoffstrom in kg/h bzw. in m³/h eingesetzt wird. Die bezogenen Rauchgasvolumen errechnen sich nach Gl. (H 1-88) oder (H 1-89). Diese Gleichungen gelten auch für die Berechnung von V_{GTn} bzw. V_{Gn}, wenn man V_{GT} durch V_{GTn} usw. ersetzt. Die bezogenen Rauchgasgrößen kann man entweder aus der Elementaranalyse oder nach den statistischen Gleichungen berechnen oder für die Standard-Brennstoffe den Tabellen H 1-3 bzw. H 1-4 entnehmen.

Die Berechnung des Auswurfs und der Konzentration muß nach der TA-Luft für Kohlenmonoxid, Stickstoffoxid, Schwefeldioxid und für Feststoffe durchgeführt werden. Hiervon ist die Berechnung des SO_2-Auswurfs unproblematisch, da sich die Menge aus dem Schwefelgehalt des Brennstoffs ergibt. Beim CO und NO_x benötigt man für das Genehmigungsverfahren Erfahrungswerte, die in der Regel nur vom Brennerhersteller in Verbindung mit der Kesselkonstruktion festgelegt werden können, da die Werte nicht nur vom Brenner, sondern auch von der Ausbildung des Feuerraums, z.B. der Feuerraumbelastung abhängen.

Dasselbe gilt auch für den Feststoffauswurf bei festen Brennstoffen und Heizölen, da der Aschegehalt des Brennstoffs hierbei nicht zugrundegelegt werden kann. Im ersten Fall fällt der weitaus größte Teil der Asche auf dem Rost an (Kohlenstaubfeuerungen sollen hier nicht betrachtet werden), und im zweiten Fall erscheint zwar die Asche des Heizöls vollständig im Rauchgas; sie ist aber vernachlässigbar gering. Es bildet sich aber Ruß, der wiederum vom Verbrennungsvorgang abhängt.

Die CO- und NO_x-Angaben werden in Volumenanteilen y, in Vol.% oder in ppm gemacht. Dabei entsprechen 1000 ppm bzw. 0,1 Vol.% einem y-Wert von 0,001. Die Feststoff-Angaben erfolgen in Anteil Feststoff je kg Brennstoff γ_{Fe} oder direkt in mg/m³. Alle Angaben beziehen sich auf das trockene Rauchgasvolumen. Ist:

y_{COT}	der Kohlenmonoxidgehalt	m³/m³
y_{NO_xT}	der Stickstoffoxidgehalt	m³/m³
γ_{Fe}	der Feststoffanteil	kg/kg
x_{Fe}	die Feststoffbeladung	mg/m³
γ_S	der Schwefelgehalt	kg/kg,

so ergeben sich die Konzentrationen in mg/m³:

$$x_{COT} = y_{COT}\, 1{,}2505 \cdot 10^6 \qquad \text{mg/m}^3 \qquad \text{(H 3-3)}$$

$$x_{NO_xT} = y_{NOT}\, 1{,}3402 \cdot 10^6 \qquad \text{mg/m}^3 \qquad \text{(H 3-4)}$$

$$x_{Fe} = (\gamma_{Fe}/V_{GT})\,10^6 \qquad \text{mg/m}^3 \qquad\qquad\qquad\qquad \text{(H 3-5)}$$

$$x_{SO_2} = (\gamma_S\, 1{,}9981/V_{GT})\,10^6 \qquad \text{mg/m}^3 \qquad\qquad\qquad \text{(H 3-6)}$$

und die Auswürfe in kg/h:

$$\dot{m}_{CO} = y_{COT}\, 1{,}2505\, V_{GT}\dot{m}_B \qquad \text{kg/h} \qquad\qquad\qquad \text{(H 3-7)}$$

$$\dot{m}_{NO} = y_{NO_xT}\, 1{,}3402\, V_{GT}\dot{m}_B \qquad \text{kg/h} \qquad\qquad\qquad \text{(H 3-8)}$$

$$\dot{m}_{Fe} = \gamma_{Fe}\dot{m}_B = x_{Fe}V_{GT}\dot{m}_B \cdot 10^6 \,\text{kg/h} \qquad\qquad\qquad \text{(H 3-9)}$$

$$\dot{m}_{SO} = \gamma_S\, 1{,}9981\, \dot{m}_B \qquad \text{kg/h} \qquad\qquad\qquad\qquad \text{(H 3-10)}$$

Die Zahlenwerte in diesen Gleichungen sind

1,2505 Dichte des Kohlendioxids   kg/m³
1,3402 Dichte des Stickstoffoxids   kg/m³
1,9981 Masse des Schwefeldioxids je kg Schwefel kg/kg
10^6 Umrechnung von kg auf mg

NO_x besteht aus Stickstoffoxid NO und Stickstoffdioxid NO_2. Da NO nicht beständig ist, sondern mehr oder weniger zu NO_2 aufoxidiert, faßt man beides zu NO_x zusammen. Die zu berechnende Konzentration wird dabei auf NO bezogen.

Beispiel: Heizöl EL; $m_B = 100$ kg/h. Nach Tabelle H 1-3 ist $\mu_{LoT} = 14{,}316$; $\mu_{CO_2} = 3{,}128$; $\mu_{H_2OB} = 1{,}173$; $V_{GoT} = 10{,}341$.

Bei flüssigen Brennstoffen soll sich die Emissionsrechnung auf einen Sauerstoffgehalt des Rauchgases von 3% beziehen. Damit wird

$$V_{LoT} = \frac{14{,}316}{1{,}2930} = 11{,}072 \qquad n = 1 + \frac{10{,}341}{11{,}072}\frac{0{,}03}{0{,}20938-0{,}03} = 1{,}156$$

$$\mu_{H_2O} = 1{,}173 + 1{,}156 \cdot 14{,}316 \cdot 0{,}0062 = 1{,}2756$$

$$V_{H_2O} = 1{,}2756/0{,}80375 = 1{,}587$$

$$V_{GT} = 10{,}341 \cdot 1{,}167 = 12{,}070$$

$$V_G = 12{,}070 + 1{,}587 = 13{,}657\ .$$

Setzt man beispielsweise

$$y_{COT} = 0{,}0002\ \text{m}^3/\text{m}^3;\ y_{NO_xT} = 0{,}00015\ \text{m}^3/\text{m}^3\ ;$$

$$\gamma_{Fe} = 0{,}0003\ \text{kg/kg};\ \gamma_S = 0{,}003\ \text{kg/kg}\ ,$$

so erhält man die nachstehenden Konzentrationen und Auswurfmengen:

$$x_{COT} = 0{,}0002 \cdot 1{,}2505 \cdot 10^6 \qquad\qquad = 250\ \text{mg/m}^3$$

$$x_{NO_xT} = 0{,}00015 \cdot 1{,}3402 \cdot 10^6 \qquad\qquad = 201\ \text{mg/m}^3$$

$$x_{Fe} = (0{,}0003/12{,}070)\,10^6 \qquad\qquad = 25\ \text{mg/m}^3$$

$$x_{SO_2} = (0{,}003 \cdot 1{,}9981/12{,}070)\,10^6 \qquad = 497\ \text{mg/m}^3$$

$\dot{m}_{CO} = 0{,}0002 \cdot 1{,}9981 \cdot 12{,}070 \cdot 100 \qquad = 0{,}482 \text{ kg/h}$

$\dot{m}_{NO} = 0{,}00015 \cdot 1{,}3402 \cdot 12{,}070 \cdot 100 \qquad = 0{,}243 \text{ kg/h}$

$\dot{m}_{Fe} = 0{,}0003 \cdot 100 \qquad = 0{,}030 \text{ kg/h}$

$\dot{m}_{SO_2} = 0{,}003 \cdot 1{,}9981 \cdot 100 \qquad = 0{,}599 \text{ kg/h}$

H 3.4 Schwefelsäuretaupunkt

Aus dem Schwefel eines Brennstoffs entsteht bei der Verbrennung Schwefeldioxid SO_2. Da man Feuerungen nicht mit einem Luftverhältnis von eins betreiben kann, ist im Rauchgas immer ein mehr oder weniger großer Anteil von Sauerstoff vorhanden. Hierdurch kann Schwefeldioxid SO_2 zu Schwefeltrioxid SO_3 aufoxidieren, das sich mit dem stets im Rauchgas vorhandenen Wasserdampf zu Schwefelsäure H_2SO_4 verbindet. Das dampfförmige System H_2SO_4-H_2O steht aber bei den üblichen Abgastemperaturen mit dem flüssigen System H_2SO_4-H_2O in einem thermodynamischen Gleichgewicht, so daß am Kesselende ein Gemisch von H_2SO_4 und H_2O kondensieren kann, das starke Korrosionen verursacht, zumal in der flüssigen Phase die Konzentration des H_2SO_4 wesentlich höher ist als in der Dampfphase. Die Zusammenhänge im einzelnen kann man der Arbeit von Haase und Rehse entnehmen [1]. Das für die Praxis wichtige Ergebnis, die Abhängigkeit des Schwefelsäuretaupunktes von den Partialdrücken der Schwefelsäure und des Wassers, ist in Bild H 3-2 dargestellt.

In das Bild sind die isobaren Siedediagramme für zwei verschiedene Gesamtdrücke eingetragen (0,13 und 0,4 bar). Die Gesamtdrücke für das System H_2SO_4-H_2O sind experimentell so gewählt, weil der Partialdruck dieses Systems im Rauchgas in dieser Höhe liegt. In das Bild ist außerdem ein Abkühlvorgang eingetragen (senkrechte Linie vom Punkt M ausgehend).

Die in der Abbildung dargestellten Zusammenhänge setzen thermodynamisches Gleichgewicht für das System H_2SO_4-H_2O voraus; das ist in der Praxis sicher nicht exakt der Fall. Eine wesentlich größere Unsicherheit ist aber dadurch gegeben, daß nur ein Teil des Schwefeldioxids zu Schwefeltrioxid aufoxidiert, da sowohl der Schwefeldioxidanteil wie auch der Sauerstoffanteil im Rauchgas nur sehr klein sind. Aus gemessenen Taupunkt-Temperaturen bie Industriekesseln und chemischen Gleichgewichtsrechnungen muß man schließen, daß der aufoxidierte Anteil nur 2–8% beträgt.

Aus der Verbrennungsrechnung erhält man die Masseanteile x_{H_2O} und x_{SO_2} und damit $x_{H_2 \cdot SO_3}$. Aus den Masseanteilen lassen sich die Molanteile berechnen, denn es ist $\psi_i = x_i \cdot M/M_i$, und damit die Partialdrücke $p_i = \psi_i \cdot p$. Setzt man Umwandlungsraten von 2–8% an, so ergeben sich je nach dem Schwefelgehalt des Heizöls (0,3–3,5%) Partialdrücke für H_2SO_4 von $3 \cdot 10^{-6} - 1{,}5 \cdot 10^{-4}$ bar und damit nach Bild H 3-3 Taupunkt-Temperaturen von 128–164 °C (Partialdruck des Wasserdampfs 0,1–0,12 bar). Die Taupunkt-Temperatur liegt um so niedriger, je niedriger der Schwefelgehalt des Heizöls und je geringer die Umwandlungsrate ist.

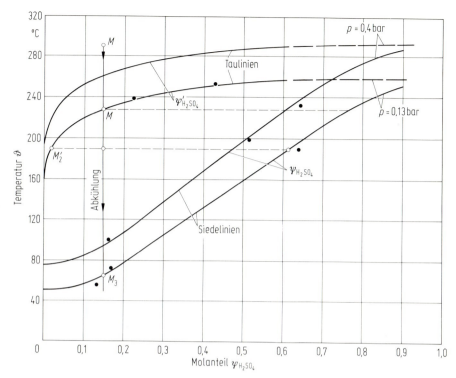

Bild H 3-2. Isobare Siedediagramme für das System H_2SO_4-H_2O für zwei verschiedene Gesamtdrücke ($p = 0{,}13$ und $p = 0{,}4$ bar)

H 3.5 Austauschbarkeit von Brenngasen

Der stetige Wandel in der Gaswirtschaft hat dazu geführt, daß von den einzelnen Ortsgasversorgungsunternehmen die verschiedensten Gasgemische zur Versorgung der Haushalte und Gewerbeunternehmen eingesetzt werden. Dabei stellt sich die Frage, welche Gasarten sind in einem konstruktiv vorgegebenen Gasbrenner ohne Nachteile austauschbar zu verbrennen?

Der bekannteste Kennwert für die Austauschbarkeit ist der „Wobbewert" W_o. Er ergibt sich aus der Forderung, daß in einem Gasbrenner trotz geänderter Gaszusammensetzung der gleiche Energieumsatz erfolgen soll.

Die Energie $\dot{Q}$, die an der Düse eines Gasbrenners zur Verfügung steht, ist gleich dem Volumenstrom $\dot{V}_B$ (m³/s) mal dem Brennwert H_{on} (kJ/m³). Führt man für den Volumenstrom die Durchflußgleichung z. B. nach der DIN 1952 ein und erweitert mit der Dichte der Luft ϱ_L, so erhält man

$$\dot{Q} = \dot{V}_B H_{on} = \alpha A_d \sqrt{2\Delta p/\varrho}\, H_{on} = (\alpha A_d \sqrt{2\Delta p/\varrho_L})H_{on}\sqrt{\varrho_L/\varrho}\ . \quad \text{(H 3-11)}$$

Der Ausdruck in der Klammer stellt dabei den Luftstrom dar, der durch die gegebene Düse strömen würde. Bei gegebenem Zustand vor der Düse (Druck und Temperatur) und festliegender Druckdifferenz Δp ist diese Ausdruck konstant, wenn

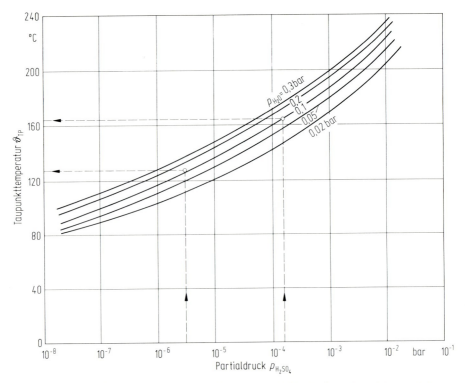

Bild H 3-3. Taupunkt-Temperatur in Abhängigkeit vom Partialdruck der Schwefelsäure und dem Partialdruck des Wasserdampfes

man vom Einfluß der Re-Zahl auf die Durchflußzahl α absieht. Die Gaseigenschaften sind im restlichen Ausdruck enthalten:

$$H_{on}\sqrt{\frac{\varrho_L}{\varrho}} = \frac{H_{on}}{\sqrt{\varrho/\varrho_L}} = \frac{H_{on}}{\sqrt{d_V}} = W_o \, . \tag{H 3-12}$$

Die Leistung $\dot{Q}$ ist demnach für beliebige Gasarten konstant, wenn die Größe W_o konstant ist; diese Größe wird Wobbewert genannt. Sie hat die Einheit eines Brennwerts (kJ/m³). Wenn auch der Wobbewert nicht allein die Austauschbarkeit der Brenngase charakterisieren kann, so spielt er doch eine wesentliche Rolle. In der Gaswirtschaft werden daher die Brenngase zu Gasfamilien zusammengefaßt, wobei für die verschiedenen Untergruppen einer Gasfamilie festgelegt ist, in welchem Rahmen der Brennwert und der Wobbewert schwanken dürfen; zusätzlich werden noch Grenzen für d_V angegeben.

H4 Literatur

[1] Haase, R.; Rehse, M.: Ermittlung der Taupunkte von Rauchgasen aus dem Verdampfungsgleichgewicht des Systems Wasser-Schwefelsäure. Mitteilungen der VGB, Heft 62 (1959), S. 367/371
[2] Brandt, F.: Brennstoffe, Verbrennungsrechnung. FDBR-Fachbuchreihe, Band 1. Vulkan Verlag, Essen (1991)
[3] Grigull, U.: Properties of Water and Steam in SI-Units, Thermodynamische Eigenschaften von Wasser und Wasserdampf, Second, Revised and Updated, Printing, Berlin, Heidelberg, New York, München: Springer-Verlag, R. Oldenbourg, 1979
[4] Schumacher, A.: Technische Umsetzung der TA-Luft '86 bei Feuerungs- und Abfallverbrennungsanlagen. BWK 38 (1986), Nr. 7/8, S. 351/357

J Strömungstechnik

ERICH TRUCKENBRODT

J1 Grundlagen der Fluidmechanik (Strömungsmechanik)

J1.1 Eigenschaften und Stoffgrößen der Fluide

J1.1.1 Aggregatzustand

Fluide kann man in Flüssigkeiten, Dämpfe und Gase unterteilen. Während man unter Flüssigkeiten tropfbare Fluide versteht, handelt es sich bei Dämpfen um Fluide in der Nähe ihrer Verflüssigung. Man nennt einen Dampf gesättigt, wenn schon eine beliebig kleine Temperatursenkung ihn verflüssigt; er heißt überhitzt, wenn es dazu einer endlichen Temperatursenkung bedarf. Gase sind stark überhitzte Dämpfe.

J1.1.2 Dichteänderung (Kompressibilität)

Dichte. Unter der Dichte (genauer Massendichte) ϱ in kg/m³ versteht man als Stoffgröße die auf das Volumen V bezogene Masse m eines kontinuierlich verteilten Fluids

$$\varrho = \frac{\text{Masse}}{\text{Volumen}} = \frac{m}{V} \quad \text{(Definition)} . \tag{J1-1}$$

Flüssigkeiten, hier insbesondere Wasser (Hydromechanik), erfahren in einem Behälter selbst unter sehr hohem Druck nur eine sehr kleine Volumenänderung, so daß man sie bei fast allen praktisch wichtigen Strömungsvorgängen als raum- oder auch dichtebeständig (inkompressibel) ansehen kann. Im Gegensatz dazu sind Gase, hier insbesondere Luft (Aeromechanik), nicht raumbeständig, d.h. dichteveränderlich (kompressibel). Sie suchen jeden ihnen zur Verfügung stehenden Raum unter Änderung ihrer Dichte gleichförmig zu erfüllen und besitzen ein elastisches Verhalten.

Dichteverhältnis. Für das Dichteverhältnis von Flüssigkeiten kann man näherungsweise

$$\frac{\varrho}{\varrho_b} \approx 1{,}0 \quad \text{(Flüssigkeit)} \tag{J 1-2}$$

setzen, wobei ϱ_b die Dichte eines bestimmten Bezugszustands ist.

Bei Strömungen von Gasen und Dämpfen ist unter gewissen Voraussetzungen die Veränderlichkeit der Dichte in Abhängigkeit vom Druck p in N/m² = Pa und von der Temperatur $T = 273 + \vartheta$ in K mit ϑ als Celsius-Temperatur °C zu berücksichtigen, d.h. $\varrho = \varrho(p, T)$. Für viele Vorgänge strömender Gase und auch stark überhitzter Dämpfe stellt das thermisch ideale Gas eine brauchbare Idealisierung dar. Nach der thermischen Zustandsgleichung (Gay-Lussac-Mariottesches Gasgesetz) bzw. nach der Isentropengleichung gilt

$$\frac{\varrho}{\varrho_b} = \frac{p}{p_b}\frac{T_b}{T}, \quad \frac{\varrho}{\varrho_b} = \left(\frac{p}{p_b}\right)^{1/\kappa} \quad \text{(Gas)} \ . \tag{J 1-3a, b}$$

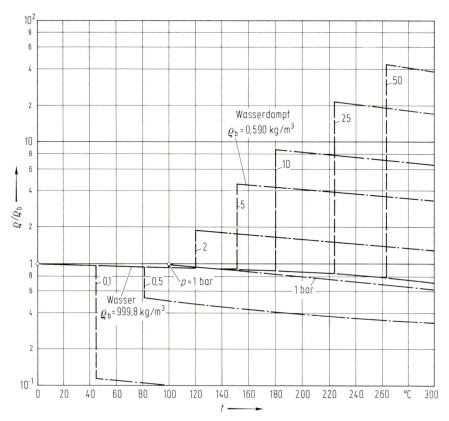

Bild J 1-1. Verhältnis der Dichte ϱ/ϱ_b bei Wasser und Wasserdampf in Abhängigkeit von der Temperatur t in °C mit Druck p in bar als Parameter; die Bezugswerte gelten für $p_b = 1$ bar sowie bei Wasser für $t_b = 0$°C und bei Wasserdampf für $t_b = 100$°C, nach [B 1]

Tabelle J1-1. Stoffwerte von trockener Luft nach [B2], a Dichte ϱ in kg/m^3; b dynamische Viskosität $\eta \cdot 10^6$ in Pa s, vgl. Bild J1-2; c kinematische Viskosität $v \cdot 10^6$ in m^2/s

Stoffwert	Druck in bar	Temperatur in °C						
		−25	0	25	50	100	200	300
Dichte a ϱ [kg/m^3]	1	1,404	1,275	1,168	1,078	0,9329	0,7356	0,6072
	5	7,049	6,391	5,848	5,391	4,663	3,674	3,032
	10	14,16	12,82	11,71	10,79	9,321	7,336	6,053
	20	28,58	25,77	23,48	21,59	18,61	14,63	12,06
	30	43,23	38,83	35,30	32,39	27,87	21,86	18,02
	40	58,09	51,98	47,14	43,19	37,09	29,05	23,94
	50	73,13	65,20	58,99	53,96	46,25	36,18	29,80
Viskosität b $\eta \cdot 10^6$ [Pa s]	1	15,90	17.10	18,20	19.25	21,60	25,70	29.20
	5	15,97	17,16	18,26	19,30	21,64	25,73	29,23
	10	16,07	17,24	18,33	19,37	21,70	25,78	29,27
	50	16,98	18,08	19,11	20,07	22,26	26,20	29,60
c $v \cdot 10^8$ [m^2/s]	1	1132	1341	1558	1786	2315	3494	4809
	5	226,6	268,5	312,2	358,1	464,2	700,5	964,1
	10	113,5	134,5	156,5	179,6	232,8	351,4	483,6
	50	23,22	27,74	32,39	37,19	48,13	72,43	99,35

Mit ϱ_b, p_b, T_b sind wieder die Werte eines bestimmten Bezugszustands gekennzeichnet. Der Isentropenexponent κ ist für thermisch ideale Gase gleich dem Verhältnis der Wärmekapazitäten bei konstantem Druck und konstantem Volumen $\kappa = c_p/c_v$. Für Luft ist $\kappa = 1,4$. Eine isentrope (adiabat-reversible) Zustandsänderung liegt bei stetig verlaufender Strömung eines reibungslosen Fluids vor.

Bei leicht überhitzten Dämpfen (Gase in der Nähe ihrer Verflüssigung) treten Abweichungen auf, die von der van der Waalsschen Zustandsgleichung als einer Erweiterung der thermischen Zustandsgleichung des idealen Gases erfaßt werden können. Werte für die Dichte von Wasser und Wasserdampf sind in Bild J1-1 und von Luft in Tabelle J1-1 wiedergegeben.

Ausdehnungskoeffizient. Die Dichteänderung (Volumenänderung) eines Fluids durch Druck und Temperatur läßt sich durch die Volumenausdehnungskoeffizienten erfassen. Dabei unterscheidet man zwischen dem isobaren und isothermen Ausdehnungskoeffizienten. Der erste Koeffizient ist nach DIN 1345 folgendermaßen bestimmt:

$$\beta = -\frac{1}{\varrho}\frac{\Delta\varrho}{\Delta T} \quad (p = \text{const}) . \tag{J1-4}$$

Für thermisch ideale Gase nach Gl. (J1-3a) ist $\beta = 1/T$ in 1/K.

J 1.1.3 Schwereinfluß (Gravitation)

Wichte. Bei Flüssigkeiten spielt im Gegensatz zu Gasen die Schwere häufig eine wesentliche Rolle. Dies bedeutet, daß in der Hydromechanik alle die Fallbeschleunigung (Schwerbeschleunigung) g in m/s^2 enthaltenden Einflüsse nicht vernachlässigt werden dürfen. Unter der Wichte (genauer Schwerkraftdichte) γ in N/m^3 versteht man die auf das Volumen V bezogene Schwerkraft (Gewicht) F_G

$$\gamma = \frac{\text{Gewicht}}{\text{Volumen}} = \frac{F_G}{V} = g\varrho \quad \text{(Definition)} \ . \tag{J 1-5}$$

Die Wichte γ ist eine aus der Dichte ϱ und der Fallbeschleunigung g abgeleitete Stoffgröße. An der Erdoberfläche ist $g = 9{,}807$ m/s^2.

Hydrostatischer Auftrieb. Im Inneren eines mit einer Flüssigkeit (Wasser) angefüllten Raums sei ein Volumenelement V mit der Masse $m = \varrho V$ betrachtet. Dieses Element erfährt nach Archimedes eine nach oben gerichtete Auftriebskraft F_A, die gleich der mit g multiplizierten Flüssigkeitsmasse ist, d.h.

$$F_A = g m = g\varrho V = F_G \ . \tag{J 1-6a,b}$$

Durch Vergleich mit Gl. (J1-5) folgt, daß die Auftriebskraft gleich der nach unten gerichteten Schwerkraft des Flüssigkeitselements ist. Die Wirkung der Schwerkraft wird durch die hydrostatische Auftriebskraft aufgehoben.

Thermischer Auftrieb. Wenn Temperaturunterschiede (Erwärmung, Abkühlung) eine ungleichmäßige Dichte in Gasen hervorrufen, tritt eine thermische Auftriebsbzw. Abtriebskraft auf. Das betrachtete Volumenelement des Gases V möge die Dichte ϱ und die Temperatur T besitzen, während in seiner Umgebung die Werte ϱ' und T' herrschen. Nach Gleichung (J1-6b) ist die zur Masse $m = \varrho V$ gehörende Schwerkraft $F_G = g\varrho V$. Die für die Auftriebskraft maßgebende verdrängte Masse ist dagegen $m' = \varrho' V$, was nach Gl. (J1-6a) zu $F'_A = g\varrho' V$ führt. Wegen $\varrho \ne \varrho'$ tritt somit ein Kraftunterschied

$$F_A = F'_A - F_G = g(\varrho' - \varrho) V \tag{J 1-7a}$$

auf. Die Dichteänderung $\Delta\varrho = \varrho - \varrho'$ soll durch den Temperaturunterschied $\Delta\vartheta = \Delta T = T - T'$ hervorgerufen werden. Bei Annahme konstanten Drucks folgt aus Gl. (J1-4) die Beziehung $\Delta\varrho = -\beta\varrho\Delta T$, was dann zu der thermischen Auftriebskraft (Wärmeauftrieb)

$$F_A = \beta g \varrho V \Delta T = g \varrho V \frac{\Delta T}{T} \quad \text{(Gas)} \tag{J 1-7b}$$

führt. Bei Erwärmung mit $\Delta T > 0$ tritt ein Auftrieb und bei Abkühlung mit $\Delta T < 0$ ein Abtrieb des betrachteten Gasvolumens auf.

J 1.1.4 Reibungseinfluß (Zähigkeit, Turbulenz)

Allgemeines. Bei der Bewegung eines Körpers relativ zum ruhenden Fluid oder umgekehrt bei der Bewegung eines Fluids relativ zum ruhenden Körper muß eine Kraft aufgewendet werden, um die dabei auftretende Reibungskraft (Widerstand) zu überwinden. In diesen Fällen handelt es sich um reibungsbehaftete Strömungen. Der Verlust an fluidmechanischer Energie bzw. der Energiebedarf zur Aufrechterhaltung einer reibungsbehafteten Strömung wird durch ein physikalisches Verhalten ausgelöst, welches man Zähigkeit nennt. Dies ist bedingt durch die dem Fluid eigene Viskosität. Bei den zähigkeitsbehafteten Strömungen bewegen sich die Fluidelemente bei kleinen und mäßigen Geschwindigkeiten als laminare Strömungen wohlgeordnet in Schichten. Unter bestimmten Voraussetzungen können jedoch zeitlich und räumlich ungeordnete Bewegungen der Fluidelemente als turbulente Strömungen auftreten, die zusätzliche Reibungsspannungen hervorrufen. Das Reibungsverhalten in Strömungen kann also neben der Viskosität des Fluids noch von der Turbulenz der Strömung mitbestimmt werden.

Die Erkenntnis, daß es zwei unterschiedliche Strömungsformen (laminar, turbulent) gibt, geht auf Reynolds zurück. Durch Einführen einer farbigen Flüssigkeit in eine wasserführende Rohrströmung hat er bei durchsichtiger Rohrwand beobachtet, daß der zunächst geradlinig verlaufende Farbfaden bei einer bestimmten kritischen Geschwindigkeit starke unregelmäßige Querbewegungen mit einem vollständigen Zerflattern des Farbfadens ausführt. Das Wesen dieser als Turbulenz bezeichneten Erscheinung ändert das Strömungsverhalten entscheidend und ist eine der wichtigsten Fragen der Fluidmechanik geworden.

Die turbulente Strömung kann man sich aus einer regulären Grundbewegung (Hauptströmung) mit der gemittelten Geschwindigkeit $\bar{v}$ und einer unregelmäßigen Schwankungsbewegung (Nebenströmung) mit der Geschwindigkeit v' zusammengesetzt denken, d. h.

$$v = \bar{v} + v' \quad \text{und} \quad \overline{v'} = 0 \ , \qquad (\text{J}1\text{-}8\text{a})$$

wobei die vorgenommene Mittelung durch Überstreichen gekennzeichnet wird. Bei isotroper Turbulenz werden die Geschwindigkeitsschwankungen in allen Richtungen gleich groß angenommen. Die auf die Masse eines Fluidelements bezogene gemittelte kinetische Energie beträgt dann

$$\frac{\overline{v^2}}{2} = \frac{\bar{v}^2}{2} + \frac{\overline{v'^2}}{2} \ . \qquad (\text{J}1\text{-}8\text{b})$$

Sie setzt sich aus den Energien der Haupt- und Nebenströmung zusammen.

Turbulenzgrad. Eine wichtige Größe zur Beurteilung der Intensität turbulenter Strömungen ist der Turbulenzgrad

$$Tu = \sqrt{\frac{\overline{v'^2}}{\bar{v}^2}} = \frac{1}{\bar{v}}\sqrt{\overline{v'^2}} \quad \text{(Definition)} \ . \qquad (\text{J}1\text{-}9)$$

Er ist als Wurzel aus dem Verhältnis der kinetischen Energie der Schwankungsbewegung zur kinetischen Energie der Grundbewegung definiert.

In Windkanälen treten, bestimmt durch die Maschenweite der eingebauten Gitter und Siebe, Turbulenzgrade von 0,1–1% auf. In turbulenten Rohrströmungen und turbulenten Freistrahlen sind die Turbulenzgrade infolge der turbulenten Reibung verhältnismäßig hoch. Praktisch auftretende Turbulenzgrade liegen zwischen 0,3 und 3%. Die Erzeugung von homogenen Grundströmungen mit Turbulenzgraden von weniger als 0,1% oder mehr als 5% erfordern besondere mit hohem Aufwand verknüpfte Maßnahmen.

Viskosität. Die Schubspannung laminar strömender normalviskoser Fluide (Newtonsche Fluide) τ in N/m^2 = Pa wird durch das Elementargesetz der Zähigkeitsreibung

$$\tau = \frac{\text{Schubkraft}}{\text{Berührungsfläche}} = \eta \frac{\Delta v}{\Delta n} \quad \text{(Ansatz)} \quad \text{(J 1-10)}$$

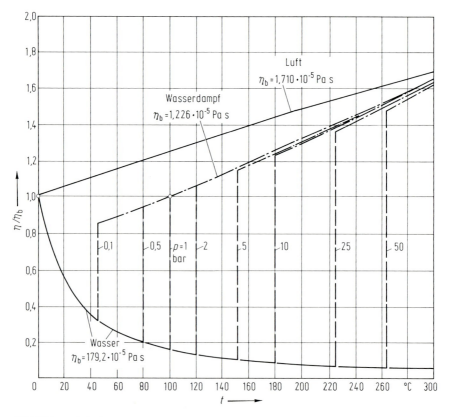

Bild J 1-2. Verhältnis der dynamischen Viskosität η/η_b bei Wasser und bei Wasserdampf sowie bei Luft in Abhängigkeit von der Temperatur t in °C mit Druck p in bar als Parameter; die Bezugswerte gelten für p_b = 1 bar sowie bei Wasser und Luft für t_b = 0 °C und Wasserdampf für t_b = 100 °C, nach [B 1]

beschrieben mit $\eta = \eta(p, T)$ als dynamischer Viskosität – auch Schicht- oder Scherviskosität genannt – in Pa s, v als Strömungsgeschwindigkeit in m/s und n als Koordinate normal zur Strömungsrichtung.

Oft empfiehlt es sich, die dynamische Viskosität des Fluids auf seine Dichte ϱ zu beziehen und

$$v = \frac{\text{dynamische Viskosität}}{\text{Dichte}} = \frac{\eta}{\varrho} \quad \text{(Definition)} \tag{J1-11}$$

als kinematische Viskosität (abgeleitete Stoffgröße) in m²/s einzuführen.

Werte für die dynamische und kinematische Viskosität von Wasser und Wasserdampf sind in Bild J 1-2 bzw. J 1-3 sowie von Luft in Tabelle J 1-1 wiedergegeben.

Turbulente Austauschgröße. Bei turbulenter Strömung kann man die durch molekularen und turbulenten Transportvorgang hervorgerufene Schubspannung bei

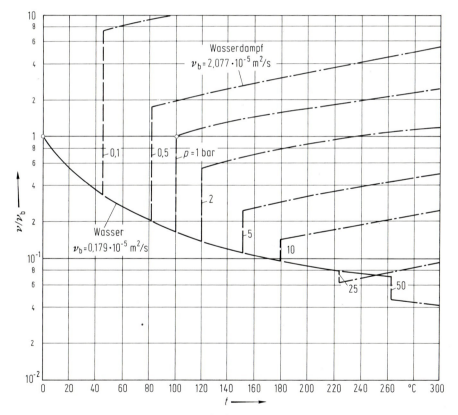

Bild J 1-3. Verhältnis der kinematischen Viskosität v/v_b bei Wasser und Wasserdampf in Abhängigkeit von der Temperatur t in °C mit Druck p in bar als Parameter; die Bezugswerte gelten für $p_b = 1$ bar sowie bei Wasser für $t_b = 0\,°\text{C}$ und bei Wasserdampf für $t_b = 100\,°\text{C}$, nach [B1]

einer einfachen Scherströmung eines normalviskosen Fluids folgendermaßen anschreiben:

$$\tau = (\eta + A_\tau)\frac{\Delta \bar{v}}{\Delta n} \approx A_\tau \frac{\Delta \bar{v}}{\Delta n} \quad \text{(Ansatz)} \ .\qquad \text{(J 1-12)}$$

Bei $\bar{v}$ handelt es sich um die gemittelte Geschwindigkeit der Hauptbewegung. Zur Erfassung der von der turbulenten Schwankungsbewegung zusätzlich hervorgerufenen Schubspannung wird A_τ als Impulsaustauschgröße eingeführt. Diese hängt vom Geschwindigkeitsverhalten der Strömung ab und ist daher im eigentlichen Sinn keine Stoffgröße. Eine Angabe von allgemein gültigen Zahlenwerten für A_τ ist daher nicht möglich. In den meisten Fällen ist $A_\tau \gg \eta$. An festen Wänden verschwindet die turbulente Austauschbewegung, so daß dort $A_\tau = 0$ zu setzen ist.

J 1.1.5 Grenzflächeneinfluß (Kapillarität)

Allgemeines. Grenzen zwei Fluide, z. B. Flüssigkeiten, die sich nicht mischen, oder Flüssigkeit und Dampf bzw. Gas aneinander, so unterliegen die Moleküle in der Nähe der Grenzfläche der Wirkung der molekularen Anziehungskräfte beider Fluide. Berührt eine Flüssigkeit die Wand eines festen Körpers, so stehen ihre in der Oberfläche liegenden Moleküle nicht nur unter dem Einfluß des an ihre Oberfläche angrenzenden Fluids (flüssig oder gasförmig), sondern auch unter dem des festen Körpers. Sind z. B. die von dem festen Körper herrührenden Anziehungskräfte sehr viel größer als die von den Nachbarmolekülen der Flüssigkeit ausgeübten, so muß sich die Flüssigkeit über die Wand ausbreiten; man spricht von einer benetzenden Flüssigkeit. Bei einer nichtbenetzenden Flüssigkeit ist dies nicht der Fall. Durch den Wandeinfluß entsteht nach Bild J 1-4 in unmittelbarer Wandnähe eine gekrümmte Flüssigkeitsoberfläche, deren Form von der Natur der beiden aneinander grenzenden Fluide abhängt.

Kapillarer Krümmungsdruck. Bei einem gekrümmten Flächenelement liefern die an ihm wirksamen Oberflächenspannungen einen normal zur Fläche gerichteten Krümmungsdruck

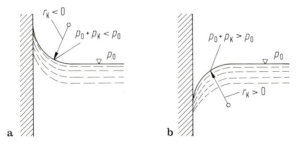

Bild J 1-4a, b. Formen der freien Oberfläche von Flüssigkeiten an festen Wänden. **a** Benetzende Flüssigkeit (Glas-Wasser), konkave Krümmung; **b** nichtbenetzende Flüssigkeit (Glas-Quecksilber), konvexe Krümmung

$$p_K = \frac{2\sigma}{r_K} \leq 0 \qquad (J\,1\text{-}13)$$

mit $r_K \leq 0$ als Krümmungsradius und σ als Grenzflächenspannung, die man auch Kapillarkonstante nennt. Es ist p_K für benetzende Flüssigkeiten negativ und für nichtbenetzende Flüssigkeiten positiv.

Der Name Kapillarität rührt her von dem besonders auffälligen Verhalten einer Flüssigkeit in engen Röhren (Kapillaren) unter dem Einfluß von Oberflächenspannungen.

Kapillare Steighöhe. Taucht man nach Bild J1-5a ein zylindrisches Rohr von sehr kleinem Durchmesser D in eine benetzende Flüssigkeit (z. B. Wasser), so steigt letztere erfahrungsgemäß um ein gewisses Maß im Rohr in die Höhe. Dieses Aufsteigen nennt man Kapillaraszension. Die Oberfläche der Flüssigkeit im Inneren des Rohrs bildet dabei eine nach innen konkav gekrümmte Umdrehungsfläche vom Krümmungsradius $r_K \approx -D/2$. Nach der in vertikaler Richtung angewendeten statischen Grundgleichung (J1-25) erhält man unter Beachtung des zusätzlichen Krümmungsdrucks die mittlere Steighöhe im Rohr zu

$$h = -\frac{p_K}{g\varrho_F} = \frac{4\sigma}{g\varrho_F D} \sim \frac{1}{D} \,. \qquad (J\,1\text{-}14)$$

Die Steighöhe h ist dem Durchmesser D umgekehrt proportional.

Mit $\sigma = 0{,}073$ N/m für Wasser gegen Luft, $g = 9{,}81$ m/s^2 und $\varrho_F = 1000$ kg/m^3 $= 1000$ Ns^2/m^4 erhält man bei

$$D = 10^{-3}\,m = 1\text{ mm}: h = 30\text{ mm}\,, \quad p_K = 300\text{ Pa}\,;$$
$$D = 10^{-6}\,m = 1\text{ µm}: h = 30{,}0\text{ m}\,, \quad p_K = 3{,}0\text{ bar}\,. \qquad (J\,1\text{-}15)$$

Handelt es sich dagegen um eine das Rohr nichtbenetzende Flüssigkeit (z. B. Quecksilber), so tritt nach Bild J1-5b eine Kapillardepression ein, d. h. ein Absinken der Flüssigkeit im Rohr, wobei die Krümmung nach außen konvex ist.

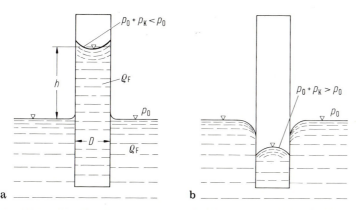

Bild J1-5a, b. Kapillarrohre. **a** Benetzende Flüssigkeit steigt im Rohr (Kapillaraszension); **b** Nichtbenetzende Flüssigkeit sinkt im Rohr (Kapillardepression)

Kapillare Dampfdruckänderung. Äußere Kräfte auf Flüssigkeitsoberflächen beeinflussen den Dampfdruck über der Flüssigkeit. Für das Verhältnis des Dampfdrucks bei einer gekrümmten Flüssigkeitsoberfläche p_D zum Dampfdruck bei einer ebenen Flüssigkeitsoberfläche $p_{D\infty}$ gilt nach der Gibbs-Thomson-Gleichung

$$\frac{p_D}{p_{D\infty}} = \exp\left(\frac{2\sigma}{\varrho_F R_D r_K T}\right). \qquad (\text{J}1\text{-}16)$$

Hierin ist σ die Grenzflächenspannung, ϱ_F die Dichte der Flüssigkeit, R_D die Gaskonstante des Dampfes, r_K der Krümmungsradius der Flüssigkeitsoberfläche nach Bild J1-4 sowie T die absolute Temperatur.

Der Dampfdruck an konkav gekrümmten Flüssigkeitsoberflächen ($r_K < 0$) ist kleiner als der Dampfdruck an konvex gekrümmten Flüssigkeitsoberflächen ($r_K > 0$). Die Effekte sind nur dann nennenswert, wenn der Krümmungsradius sehr klein ist.

J1.2 Fluidmechanische Ähnlichkeit

J1.2.1 Grundsätzliches

Zwei Strömungen werden als ähnlich bezeichnet, wenn die geometrischen und die charakteristischen physikalischen Größen für beliebige, einander entsprechende Punkte der beiden Strömungsfelder zu entsprechenden Zeiten jeweils ein festes Verhältnis miteinander bilden. Vollkommene physikalische Ähnlichkeit zweier Strömungsvorgänge, die bei geometrischer Ähnlichkeit der um- oder durchströmten Körper beide unter der Wirkung gleichartiger mechanischer (kinematischer und dynamischer) sowie thermodynamischer Einflüsse stehen, ist kaum zu erzielen. Es ist vielmehr nur möglich, die wesentlichen physikalischen Größen miteinander zu vergleichen.

J1.2.2 Kennzahlen der Fluidmechanik

Um dimensionslose Kenngrößen (Kennzahlen) als Kriterien für die physikalische Ähnlichkeit zu bestimmen, kann man drei Wege beschreiten.

Methode der Differentialgleichungen. Die physikalischen Größen werden nicht im einzelnen betrachtet, sondern die Kennzahlen werden anhand bekannter, den Strömungsvorgang beschreibender Differentialgleichungen (Bewegungsgleichung, Energiegleichung) abgeleitet. Dieses Verfahren verbindet formale Strenge mit physikalischer Anschaulichkeit.

Methode der Dimensionsanalyse. Es ist lediglich die Kenntnis der verschiedenen Größenarten erforderlich, die bei dem zu untersuchenden Strömungsvorgang von wesentlicher Bedeutung sind. Aus diesen Größen, die durchweg verschiedenartige Dimensionen haben, bildet man durch entsprechende Kombinationen dimensionsfreie Kenngrößen (Kennzahlen). Jede physikalische Größe läßt sich als Potenzprodukt der Grunddimensionen (Länge in m, Zeit in s, Masse in kg, Temperatur in K) oder gegebenenfalls der abgeleiteten Grunddimension (Kraft in N = kg m/s^2 anstelle der Masse) angeben.

Methode der gleichartigen Größen. Bei Verwendung von Wirkungsgrößen jeweils gleicher Dimension, wie z. B. von Kräften (Trägheits-, Schwer-, Druck-, Zähigkeitskraft u. a.), von Arbeiten (hervorgerufen durch Kräfte, Wärmezu- bzw. -abfuhr u. a.) oder von Energien (kinetische, potentielle Energie u. a.), setzt man diese zueinander ins Verhältnis. Das Verfahren eines Kräftevergleichs, bei dem man die verschiedenen Kräfte häufig auf die Trägheitskraft bezieht, stellt eine anschauliche Ähnlichkeitsbetrachtung dar. Verschwindet allerdings die Trägheitskraft, wie z. B. bei der vollausgebildeten reibungsbehafteten Strömung durch ein Rohr mit konstantem Querschnitt, dann ist die Deutung der Kennzahlen als Kräfteverhältnis nicht möglich. In solchen Fällen kann die Betrachtung z. B. über einen Vergleich von Impulsstromdichte ϱv^2 und maßgebender Spannung (Druck p, Spannung τ) mit v als Strömungsgeschwindigkeit erfolgen.

Reynoldszahl. Bei reibungsbehafteter Strömung sei die Reynoldszahl Re als das Verhältnis der Trägheitskraft zur Zähigkeitskraft an einem Fluidelement untersucht. Für die beiden Kräfte können folgende Angaben gemacht werden:

1. Trägheitskraft (Impulskraft) $K = -mb$ mit m als Masse und $b = v/t$ als Beschleunigung des Fluidelements. Die Beschleunigung ist durch die zeitliche Änderung der Geschwindigkeit $v \sim L/t$ (L = zurückgelegter Weg = charakteristische Länge, t = Zeit), d. h. $b \sim v^2/L$, gegeben. Mithin gilt für die Trägheitskraft $K \sim -m(v^2/L)$ und, wenn man beachtet, daß man für das Fluidvolumen $V \sim L^3$ sowie für die Fluidmasse $m \sim \varrho L^3$ setzen kann, folgt $K \sim -\varrho v^2 L^2$.
2. Zähigkeitskraft (Reibungskraft) Z. Nach Newton ist die zähigkeitsbedingte Schubspannung proportional der dynamischen Viskosität η und dem Geschwindigkeitsgradienten v/L mit v als Strömungsgeschwindigkeit und L als charakteristischer Länge. Die Zähigkeitskraft ergibt sich durch Multiplikation der Zähigkeitsspannung mit der Fläche der sich berührenden Fluidschichten $A \sim L^2$. Man kann also $Z \sim \eta v L$ schreiben.

Die aus dem Betrag der Trägheitskraft K und der Zähigkeitskraft Z gebildete Reynoldszahl lautet

$$Re = \frac{\text{Trägheitskraft}}{\text{Zähigkeitskraft}} = \frac{\varrho v^2 L^2}{\eta v L} = \frac{vL}{v} \ . \qquad (\text{J 1-17a})$$

Hierin bedeutet $v = \eta/\varrho$ die kinematische Viskosität.

Wenn der beschriebene Kräftevergleich wegen nicht auftretender Trägheitskraft unmöglich ist, kann der Vergleich durch Heranziehen von Impulsstromdichte und Schubspannung vorgenommen werden. Unter der Impulsstromdichte versteht man das Produkt aus der Massenstromdichte ϱv und der Geschwindigkeit v, d. h. ϱv^2.

Für die zähigkeitsbedingte Schubspannung ist $\tau \sim \eta(v/L)$ zu setzen. Mithin kann man für die Reynoldszahl auch schreiben

$$Re = \frac{\text{Impulsstromdichte}}{\text{Schubspannung}} = \frac{\varrho v^2}{\eta v/L} = \frac{vL}{\nu} \ . \tag{J1-17b}$$

Dies ist in Übereinstimmung mit Gl. (J1-17a).

Archimedeszahl. Wird der Strömungsvorgang merklich von temperaturbedingten Auftriebskräften (örtliche Dichteänderungen) beeinflußt, so kommt dies durch die Angabe der Archimedeszahl Ar zum Ausdruck. Diese soll mittels eines Kräftevergleichs anschaulich hergeleitet werden. An einem Fluidelement vom Volumen V, das im Inneren die Dichte ϱ besitzt und bei dem in dessen Umgebung die Dichte ϱ' herrscht, seien als Kraftwirkung folgende drei Kräfte maßgeblich beteiligt:

1. Gewichtskraft (Schwerkraft) $G = mg$ mit $m = \varrho V$ als im Volumen V enthaltener Masse und g als Fallbeschleunigung,
2. Verdrängungskraft (Auftriebskraft) $A' = m'g$ mit $m' = \varrho' V$ als vom Volumen V verdrängter Masse und g als Fallbeschleunigung,
3. Trägheitskraft (Impulskraft) $K = -mb$ mit m als Masse und $b \sim v^2/L$ als Beschleunigung des Fluidelements, also $K \sim -m(v^2/L)$, vgl. die oben gemachte Ausführung zur Reynoldszahl.

Die nach unten wirkende Gewichtskraft G und die nach oben wirkende Verdrängungskraft A' liefern, wenn $A' > G$ ist, eine nach oben gerichtete Auftriebskraft $A = A' - G = (m' - m)g$. Bei einem homogenen Dichtefeld $\varrho' = \varrho = $ const ist $m' = m$ und damit $A = 0$. In diesem Fall heben sich die Auftriebs- und Gewichtskraft gegenseitig auf. In einem durch Druck und/oder Temperatur hervorgerufenen inhomogenen Dichtefeld $\varrho' \neq \varrho$, d.h. $m' \neq m$, ist die Auftriebskraft $A \neq 0$. Je nach dem Vorzeichen der Dichteänderung $\Delta\varrho/\varrho$ mit $\Delta\varrho = \varrho - \varrho' \lessgtr 0$ kann es sich dabei um eine Auf- oder Abtriebskraft handeln, vgl. Abschn. J1.1.3.

Die aus der Auftriebskraft A und dem Betrag der Trägheitskraft K gebildete Kennzahl Kz führt zunächst zu dem Ausdruck

$$Kz = \frac{m'-m}{m} \frac{gL}{v^2} = -\frac{gL}{v^2} \frac{\Delta\varrho}{\varrho} \ . \tag{J1-18}$$

Ist das inhomogene Dichtefeld $\varrho' \neq \varrho$ durch Temperaturunterschiede zwischen Umgebung und Fluidelement $T' \neq T$ entstanden, so nennt man die auftretende Auftriebskraft die thermische Auftriebskraft. Bei nicht zu großer Temperaturänderung $\Delta T = T - T'$ gilt bei Gasen $\Delta\varrho/\varrho = -\Delta T/T$ (isobarer Volumenausdehnungskoeffizient). In Gl. (J1-18) eingesetzt, erhält man den Ausdruck für die – nicht immer einheitlich – definierte Archimedeszahl

$$Ar = \frac{\text{therm. Auftrieb}}{\text{Trägheitskraft}} = \frac{gL}{v^2} \frac{\Delta T}{T} \quad \text{(Gas)} \ . \tag{J1-19}$$

Grashofzahl. Eine andere mit der thermischen Auftriebskraft $A = (m'-m)g$ eng in Zusammenhang stehende Kennzahl ist die Grashofzahl *Gr*. Bei ihrer Definition spielt anstelle der Trägheitskraft $K = -mb$ die Zähigkeitskraft $Z \sim \eta v L$ mit η als dynamischer Viskosität, v als Strömungsgeschwindigkeit und L als charakteristischer Länge eine Rolle, vgl. die Ausführung zur Reynoldszahl. Beachtet man, daß man für das Fluidvolumen $V \sim L^3$ sowie für die Massen $m \sim \varrho L^3$ bzw. $m' \sim \varrho' L^3$ setzen kann, findet man die Auftriebskraft in der Form

$$A \sim (\varrho' - \varrho) g L^3 = -\Delta\varrho g L^3 \,. \tag{J 1-20}$$

Die aus der Auftriebskraft A und der Zähigkeitskraft Z gebildete Kennzahl Kz lautet

$$Kz = -\frac{g\varrho L^2}{\eta v} \frac{\Delta\varrho}{\varrho} = \frac{gL^3}{v^2} \frac{v}{vL} \frac{\Delta T}{T} \,. \tag{J 1-21 a, b}$$

Hierin ist $v = \eta/\varrho$ die kinematische Viskosität. Die gewonnene Kennzahl ist insofern noch etwas unbequem, als in ihr sowohl die aufgeprägte Temperaturdifferenz ΔT als auch die aufgeprägte Geschwindigkeit v vorkommen. Um die letztere zu beseitigen, wird der Ausdruck mit der Reynoldszahl $Re = vL/v$ nach Gl. (J 1-17) als dem Verhältnis von Trägheits- zu Zähigkeitskraft multipliziert. Die so entstandene Kennzahl nennt man die Grashofzahl

$$Gr = \frac{\text{therm. Auftriebskraft}}{\text{Zähigkeitskraft}} \cdot \frac{\text{Trägheitskraft}}{\text{Zähigkeitskraft}} = \frac{gL^3}{v^2} \frac{\Delta T}{T} \quad \text{(Gas)} \,. \tag{J 1-22a}$$

Wenn man die Grashofzahl nur als das Verhältnis der thermischen Auftriebskraft A zur Zähigkeitskraft Z deutet, bleibt dabei der Hinweis auf den Einfluß der Reynoldszahl unbeachtet.

Zwischen der Grashofzahl und der Archimedeszahl besteht der Zusammenhang

$$Gr = Ar \cdot Re^2 \quad (Re = vL/v) \,. \tag{J 1-22b}$$

Froudezahl. Unterliegt die Strömung wie bei Flüssigkeiten dem Einfluß der Schwere, so ist die Froudezahl *Fr* als Verhältnis der Trägheitskraft zur Gewichtskraft von Bedeutung. Mit den bereits angegebenen Beziehungen

1. Trägheitskraft (Impulskraft) $K = -mb \sim -m(v^2/L)$,
2. Gewichtskraft (Schwerkraft) $G = mg$

wird

$$Fr = \frac{\text{Trägheitskraft}}{\text{Gewichtskraft}} = \frac{v^2}{gL} = \left(\frac{v}{\sqrt{gL}}\right)^2 \,. \tag{J 1-23}$$

Als Ergebnis der Dimensionsanalyse folgen die in Tabelle J 1-2 zusammengestellten häufig vorkommenden Kennzahlen. Mitangegeben ist ihre anschauliche Deutung sowie jeweils das fluidmechanische Anwendungsgebiet. Die Kennzahlen dienen der Kennzeichnung und Einteilung der verschiedenen Erscheinungsformen strömender Fluide sowie auch der Ordnung theoretischer Erkenntnisse und experimenteller Befunde.

Tabelle J 1-2. Kennzahlen (dimensionslose Kenngrößen) der Fluidmechanik

Kennzahl	Symbol	Definition	Anschauliche Deutung	Anwendungsgebiet
Archimedeszahl	$Ar = \dfrac{Gr}{Re^2}$	$\dfrac{gL}{v^2}\dfrac{\Delta T}{T}$	Verhältnis der thermischen Auftriebskraft zur Trägheitskraft (Gas)	freie Raumströmung mit g Fallbeschleunigung, L Länge, v Geschwindigkeit, $\Delta T/T$ Temperaturunterschied
Eulerzahl	Eu	$\dfrac{\Delta p}{\varrho v^2}$	Verhältnis der Druckkraft zur Trägheitskraft	Strömungsvorgänge mit Δp Druckunterschied, ϱ Dichte, v Geschwindigkeit
Froudezahl	Fr	$\dfrac{v^2}{gL}$	Verhältnis der Trägheitskraft zur Schwerkraft	Vorgänge, die der Schwerkraft unterliegen mit v Geschwindigkeit, g Fallbeschleunigung, L Länge
Grashofzahl	$Gr = Ar\,Re^2$	$\dfrac{gL^3}{v^2}\dfrac{\Delta T}{T}$	Verhältnis der thermischen Auftriebskraft zur Zähigkeitskraft (Gas)[a]	freie Konvektionsströmung an Wänden mit g Fallbeschleunigung, L Länge, $\Delta T/T$ Temperaturunterschied, $v = \eta/\varrho$ kinematische Viskosität
Machzahl	Ma	$\dfrac{v}{c}$	Verhältnis der Strömungsgeschwindigkeit zur Schallgeschwindigkeit	kompressible Strömungen mit v Geschwindigkeit, c Schallgeschwindigkeit
Pécletzahl	Pe	$\dfrac{vL}{a}$	Verhältnis der konvektiv transportierten zur geleiteten Wärme	Wärmetransport in Strömungen mit v Geschwindigkeit, L Länge, $a = \lambda/c_p\varrho$ Temperaturleitfähigkeitskoeffizient
Prandtlzahl	$Pr = \dfrac{Pe}{Re}$	$\dfrac{v}{a} = \dfrac{c_p\eta}{\lambda}$	Verhältnis der durch Reibung erzeugten zur fortgeleiteten Wärme	Wärmeleitung in Strömungen mit c_p spezifische Wärme, η dynamische Viskosität, λ Wärmeleitfähigkeitskoeffizient
Reynoldszahl	Re	$\dfrac{vL}{v}$	Verhältnis der Trägheitskraft zur Zähigkeitskraft	Viskositäts- und Trägheitsverhalten einer Strömung mit v Geschwindigkeit, L Länge, $v = \eta/\varrho$ kinematische Viskosität

[a] mal Verhältnis der Trägheitskraft zur Zähigkeitskraft

J 1.2.3 Ähnlichkeitsgesetze der Fluidmechanik

Mit Hilfe sinnvoll ausgewählter Kennzahlen lassen sich bestimmte Ähnlichkeitsgesetze herleiten [A 40].

Reibungseinfluß. Sollen zwei Strömungen hinsichtlich des Reibungseinflusses ähnlich verlaufen, so muß die Reynoldszahl *Re* für beide Vorgänge den gleichen Zahlenwert haben. Innerhalb dieser Forderung können sich v, L und ν beliebig ändern, und man kann bei Versuchen, soweit man nicht durch andere Vorschriften eingeschränkt ist, die Modellgröße, die Geschwindigkeit und das Fluid frei wählen, wenn nur dafür gesorgt wird, daß *Re* konstant bleibt. Werden mit (1) die Größen des Originals und mit (2) diejenigen des Modells gekennzeichnet, so lautet das Reynoldssche Ähnlichkeitsgesetz bei ungeänderter kinematischer Viskosität $v_1 L_1 = v_2 L_2$. Da die Modelle meist verkleinerte Ausführungen des Originals sind ($L_2 < L_1$), ergeben sich aus der Ähnlichkeitsforderung meist hohe Geschwindigkeiten bei den Modellversuchen ($v_2 \gg v_1$). Bei Gasströmungen können diese in manchen Fällen die Schallgeschwindigkeit übersteigen, was den Strömungsablauf grundsätzlich verändert (Machsches Ähnlichkeitsgesetz). Bei Flüssigkeitsströmungen kann man in den Bereich der Kavitation kommen. Man ist daher bei der Änderung der Geschwindigkeit ziemlich stark eingeschränkt.

Schwereinfluß. Die Froudezahl *Fr* ist das Kriterium für die Ähnlichkeit von Strömungen, die im wesentlichen unter dem Einfluß der Schwerkraft stehen. Hängt der Strömungsvorgang sowohl von der Reibung als auch von der Schwere ab, so müßten gleichzeitig das Reynoldssche und das Froudesche Ähnlichkeitsgesetz mit den Bedingungen $v_1 L_1 = v_2 L_2$ bzw. $v_1^2/L_1 = v_2^2/L_2$ erfüllt werden. Diese Forderung läßt sich für $L_1/L_2 \neq 1$ nicht erfüllen. Man kann also nur eine angenäherte Ähnlichkeit erzielen, indem man dasjenige Ähnlichkeitsgesetz bevorzugt erfüllt, von dem der Strömungsvorgang maßgeblich bestimmt wird.

J 1.3 Grundgesetze der Fluidmechanik

J 1.3.1 Ruhende Fluide

Druck. Die Druckspannung oder auch kurz der (statische) Druck p in einem Fluid (Flüssigkeit, Gas) ist stets positiv ($p > 0$) und eine richtungsunabhängige (skalare) Größe. Diese Aussagen gelten sowohl für Teile, die aus dem Inneren eines stetig zusammenhängenden Fluids herausgeschnitten sind, als auch für den Fall, daß das Fluid mit einem festen Körper, etwa einer Gefäßwand, in unmittelbarer Berührung steht.

Druckkraft. Die durch die Druckspannung p hervorgerufene Druckkraft dF_p, welche nach Bild J 1-6 auf ein Flächenelement dA ausgeübt wird, steht normal zu diesem und ist somit eine richtungsabhängige (vektorielle) Größe. Es gilt

$$dF_p = -p\,dA \;, \quad F_p = -\int_{(A)} p\,dA \;. \tag{J 1-24}$$

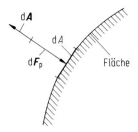

Bild J 1-6. Von einem Fluid auf das Flächenelement dA eines festen Körpers ausgeübte Druckkraft dF_P

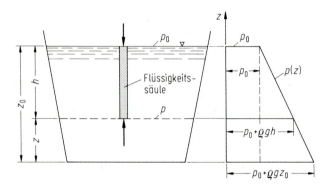

Bild J 1-7. Kräftegleichgewicht an einer ruhenden Flüssigkeitssäule (hydrostatische Grundgleichung)

Hydrostatische Grundgleichung. Für eine Flüssigkeit (dichtebeständiges Fluid) folgt nach Bild J 1-7 aus dem Gleichgewicht der Schwerkraft einer Flüssigkeitssäule von der Höhe $h = z_0 - z > 0$ mit den vertikal angreifenden Druckkräften die Eulersche Grundgleichung der Hydrostatik

$$p = p_0 + \varrho g(z_0 - z) = p_0 + \varrho g h \ . \tag{J 1-25}$$

Es bezeichnet z_0 die Lage der freien Oberfläche einer Flüssigkeit, an welcher nach der dynamischen Randbedingung (Druckbedingung) der Atmosphärendruck $p = p_0$ herrscht. Infolge des Schwereinflusses nimmt der Druck (Schwerdruck) linear mit der Tiefe zu. Alle Punkte, die sich in gleicher Tiefe unter der freien Oberfläche befinden, besitzen denselben Druck p. Wird an irgendeiner Stelle im Inneren der Flüssigkeit oder an einer begrenzenden Wand ein Druck auf die Flüssigkeit ausgeübt, so pflanzt sich dieser durch die Flüssigkeitsmasse gleichmäßig fort und addiert sich an jeder Stelle in gleicher Größe zu dem vorhandenen Schwerdruck.

Ist der Überdruck $p - p_0$ gerade eine technische Atmosphäre, $1\ at = 9{,}807 \cdot 10^4\ \text{N/m}^2$, so ergibt sich bei Wasser mit $\varrho = 10^3\ \text{kg/m}^3$ bei einer Temperatur von 4 °C die Höhe der Wassersäule zu $h = (p - p_0)/\varrho g = 10\ \text{m}$.

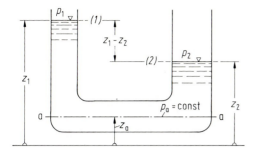

Bild J 1-8. Kommunizierendes flüssigkeitsgefülltes Gefäß

Kommunizierendes Gefäß. Die einfachste Anwendung der hydrostatischen Grundgleichung (J 1-25) stellt die Berechnung der Flüssigkeitshöhen in den zwei Schenkeln eines kommunizierenden Gefäßes (U-Rohr) nach Bild J 1-8 dar. Auf die freien Oberflächen der beiden offenen Schenkel des mit einer Flüssigkeit der Dichte ϱ gefüllten Gefäßes wirken die Drücke p_1 und p_2. Die Ebene $a-a$ ist eine Niveaufläche, in welcher der gleiche Druck $p_a = p_1 + \varrho g(z_1 - z_a) = p_2 + \varrho g(z_2 - z_a) = $ const herrscht. Für die Druckdifferenz folgt $p_2 - p_1 = \varrho g(z_1 - z_2)$. Dabei ist $(z_1 - z_2)$ der Höhenunterschied beider Spiegel. Für $p_2 = p_1$ stehen die Flüssigkeitsspiegel in beiden Schenkeln gleich hoch, $z_2 = z_1$. Die Form des kommunizierenden Gefäßes einschließlich einer gegebenenfalls veränderlichen Verteilung der Flächenquerschnitte längs der Gefäßachse ist ohne Einfluß auf das gefundene Ergebnis.

Niveauflächen. Im allgemeinen ist der Druck p an den einzelnen Stellen eines mit Fluid angefüllten Raums verschieden groß. Denkt man sich alle Punkte im Inneren des Fluids, in denen der gleiche Druck herrscht, durch eine Fläche miteinander verbunden, so erhält man eine sog. Niveaufläche. Durch jeden Punkt des Fluids geht immer nur eine Niveaufläche. Sie verläuft normal zur Richtung der dort herrschenden Massenkraft. Wirkt nur die Schwerkraft als vertikal nach unten gerichtete Massenkraft, so sind die Niveauflächen sämtlich horizontale Ebenen. Diese Tatsache gilt auch für die freie Oberfläche (Spiegelfläche) einer Flüssigkeit, auf welcher der konstante Atmosphärendruck herrscht. Tritt jedoch noch die Zentrifugalkraft hinzu, so entsteht z. B. in einem rotierenden Gefäß eine gekrümmte Oberfläche.

Verallgemeinert besagt die Druckbedingung, daß an Grenzflächen verschiedener, sich nicht miteinander mischender Fluide jeweils der Druck des angrenzenden zuoberst liegenden Fluids auf das zuunterst liegende Fluid wirkt.

Hydrostatisches Paradoxon. Nach Bild J 1-9 mögen Gefäße von verschiedener Form, jedoch jeweils gleichgroßer horizontaler Bodenfläche A bis zur Höhe h mit Flüssigkeit gefüllt werden. Nach Gleichung (J 1-25) beträgt der Bodendruck $p = p_0 + \varrho g h$ und damit die Bodendruckkraft infolge der Flüssigkeit

$$F = \varrho g h A \quad \text{(Bodendruckkraft)} . \tag{J 1-26}$$

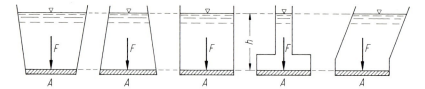

Bild J 1-9. Bodendruckkraft bei gleich hoch mit Flüssigkeit gefüllten Gefäßen verschiedener Form, jedoch gleichgroßer Grundfläche (hydrostatisches Paradoxon)

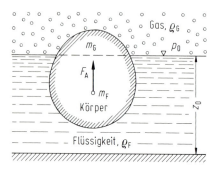

Bild J 1-10. Statische Auftriebskraft F_A bei einem teilweise eingetauchten Körper, $m = m_G + m_F$ verdrängte Fluidmasse, G Gas, F Flüssigkeit

Die Kraft ist unabhängig von der Form des Gefäßes. Es kann hiernach bei gleicher Bodenfläche A und gleicher Flüssigkeitshöhe h die Bodendruckkraft wesentlich kleiner oder auch größer als das Gewicht der gesamten Flüssigkeit im Gefäß sein. Diese Tatsache bezeichnet man als das hydrostatische Paradoxon.

Körperauftrieb. Ein fester Körper von beliebiger Gestalt sei nach Bild J 1-10 vollkommen von einer ruhenden Flüssigkeit, von einem ruhenden Gas oder teilweise von beiden umgeben, d.h. allseitig benetzt. Durch Integration über die Druckverteilung am Körper erhält man die nach oben gerichtete Auftriebskraft (Verdrängungskraft) zu

$$F_A = g(m_G + m_F) \quad \text{(eingetauchter Körper)} \,. \tag{J 1-27}$$

Es ist m_G und m_F die vom Körper verdrängte Gas- bzw. Flüssigkeitsmasse. Im allgemeinen ist $m_G \ll m_F$.

J 1.3.2 Darstellungsmethoden strömender Fluide

Beschreibung von Strömungsvorgängen. Zur kinematischen Beschreibung der Bewegung eines strömenden Fluids ist die Angabe der Geschwindigkeit und der Beschleunigung zu jeder Zeit und an jeder Stelle des Strömungsgebiets erforderlich, während zur dynamischen Beschreibung der Bewegung außerdem noch die Angabe der auf das Fluid wirkenden Kräfte, wie Trägheits-, Volumen- und Oberflächenkraft, notwendig ist. Die von Euler begründete lokale Betrachtungsweise fragt danach, welche Strömungsgrößen zu einer gegebenen Zeit an jedem Punkt des Strömungsgebiets herrschen. Bei einem zeitlich unveränderlichen Strömungsfeld liegt stationäre und bei einem zeitlich veränderlichen Strömungsfeld instationäre Strömung vor.

Je nach der Art des räumlich veränderlichen Strömungsfelds kann man drei-, zwei- und eindimensionale Strömungen unterscheiden. Wesentlich einfacher als die dreidimensionale (räumliche) Strömung ist die zweidimensionale (ebene) Strömung zu behandeln. Noch einfacher zu beschreiben ist die eindimensionale (lineare) Strömung. Zu ihr kann die Strömung in Rohren als quasi-eindimensionale Strömung gezählt werden. Bei dieser verläuft die Bewegung hauptsächlich in Richtung der Rohrachse, während Änderungen der Strömungsgrößen über die Rohrquerschnitte in erster Näherung außer Betracht bleiben können.

Bahnlinie. Aus der von einem Fluidelement in der Zeit zurückgelegten Wegänderung erhält man durch Integration über die Zeit die Bahnlinie, auch Strombahn genannt. Sie stellt den geometrischen Ort aller Raumpunkte dar, welche dasselbe Fluidelement während seiner Bewegung nacheinander durchläuft. Bahnlinien können mittels einer ortsfesten Kamera durch Zeitaufnahmen sichtbar gemacht werden, wenn man dem strömenden Fluid suspendierte Teilchen (Schwebeteilchen oder Farbzusätze) beigibt.

Stromlinie. Bei der Eulerschen Betrachtungsweise kommt es bei festgehaltener Zeit auf die Kenntnis der Strömungsgeschwindigkeit an jedem Ort des Strömungsfelds an. Das Gesamtbild des Geschwindigkeitsfelds wird besonders anschaulich durch Einführen der Stromlinien beschrieben. Unter einer Stromlinie versteht man diejenige Kurve in einem Strömungsfeld, welche zu einer bestimmten Zeit an jeder Stelle mit der dort vorhandenen Richtung des Geschwindigkeitsvektors übereinstimmt. Stromlinien können durch Momentaufnahmen zugesetzter suspendierter Teilchen sichtbar gemacht werden.

Bei instationärer Strömung ändern die Stromlinien entsprechend der zeitlichen Änderung der Geschwindigkeit an einem bestimmten Ort des Strömungsfelds im allgemeinen dauernd ihre Gestalt. Sie weichen daher von den Bahnlinien ab. Eine Ausnahme bilden jedoch Strömungsvorgänge, bei denen sich die Geschwindigkeiten mit der Zeit nur hinsichtlich ihrer Beträge, jedoch nicht hinsichtlich ihrer Richtungen ändern. In einem solchen Fall, der z. B. bei pulsierender Strömung in einer Rohrleitung auftreten kann, fallen die Strom- und Bahnlinien zusammen. Diese Aussage gilt immer für die stationäre Strömung.

J 1.3.3 Bewegungszustand

Geschwindigkeitsfeld. Zu einer bestimmten Zeit besitzt jedes Fluidelement, das man sich als beliebig klein vorzustellen hat, eine bestimmte an die Masse gebundene Geschwindigkeit v in m/s. Bewegt sich das Fluidelement nach Bild J 1-11 in der Zeit Δt auf seiner Bahn um das Wegelement Δs weiter, dann ist seine Geschwindigkeit

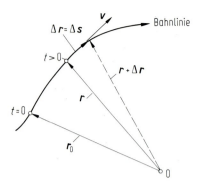

Bild J 1-11. Zur Erläuterung der Geschwindigkeit v

$$v = \frac{\Delta s}{\Delta t} = \frac{ds}{dt} \quad \text{(Vektor)}, \quad v = \frac{ds}{dt} \quad \text{(Betrag)}. \tag{J1-28a, b}$$

Sie ist eine richtungsabhängige (vektorielle) Größe und läßt sich je nach dem zugrundegelegten Koordinatensystem in Komponenten darstellen.

Randbedingungen. Entsprechend der Definition der Stromlinie haben die Geschwindigkeiten v keine Komponenten normal zu der aus Stromlinien gebildeten Stromfläche. An einer Körperkontur muß also die normale Geschwindigkeitskomponente $v_n = 0$ sein (kinematische Randbedingung). Ist die Strömung reibungsbehaftet, so verschwindet an der Wand auch die tangentiale Geschwindigkeitskomponente $v_t = 0$ (Haftbedingung). Es gilt also

$$v_n = 0 \neq v_t \quad \text{(reibungslose Strömung)}, \tag{J1-29a}$$

$$v_n = 0 = v_t \quad \text{(reibungsbehaftete Strömung)}. \tag{J1-29b}$$

Ist die Begrenzung des Strömungsfelds eine freie Oberfläche (Wasseroberfläche), so muß dort überall der gleiche Druck (Atmosphärendruck) $p = p_0$ herrschen (dynamische Randbedingung).

Beschleunigungsfeld. Die Beschleunigung a in m/s^2 ist als Änderung der Geschwindigkeit Δv mit der Zeit Δt definiert

$$a = \frac{\Delta v}{\Delta t} = \frac{dv}{dt} \quad \text{(Beschleunigungsvektor)}. \tag{J1-30}$$

Dies stellt die materielle oder substantielle Beschleunigung dar, die ein Fluidelement bei seiner Bewegung längs der Bahnlinie erfährt. Sie hat wie die Geschwindigkeit vektoriellen Charakter. Der Beschleunigungsvektor hat die Richtung der Geschwindigkeitsänderung dv, die im allgemeinen nicht mit der Richtung der Geschwindigkeit v übereinstimmt.

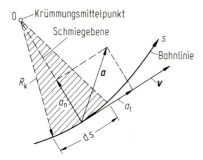

Bild J 1-12. Strömungsbewegung in der Schmiegebene (begleitendes Bezugssystem, natürliche Koordinaten s und n). Lage des Beschleunigungsvektors $\boldsymbol{a}$: a_t Tangential-, Bahnbeschleunigung, a_n Normal-, Zentripetalbeschleunigung (= negative Zentrifugalbeschleunigung)

Bewegung in der Schmiegebene. Der Beschleunigungsvektor $\boldsymbol{a}$ fällt nach Bild J 1-12 in die Schmiegebene. Ein Element dieser Ebene wird aus dem Bahnlinienelement (Stromlinienelement) $\mathrm{d}s$ und dem vom Bahnkrümmungsmittelpunkt 0 gemessenen Krümmungsradius R gebildet. Die zwei Komponenten der Gesamtbeschleunigung $\boldsymbol{a}$ heißen Bahnbeschleunigung (Tangentialbeschleunigung) a_t und Zentripetalbeschleunigung (Normalbeschleunigung) a_n. Eine Komponente in binormaler Richtung, d. h. normal zur Schmiegebene, tritt nicht auf. Es ist bei instationärer Strömung mit $v = v(t, s)$

$$a_t = \frac{\partial v}{\partial t} + v \frac{\partial v}{\partial s} \gtreqless 0 \, , \quad a_n = \frac{v^2}{R_k} \geqq 0 \quad \text{(instationär)} \tag{J 1-31 a}$$

mit R_k als Krümmungsradius. Bei stationärer Strömung mit $v = v(s)$ gilt

$$a_t = \frac{\mathrm{d}v}{\mathrm{d}t} = v \frac{\mathrm{d}v}{\mathrm{d}s} \gtreqless 0 \, , \quad a_n = \frac{v^2}{R_k} \geqq 0 \quad \text{(stationär)} \, . \tag{J 1-31 b}$$

In dieser Beziehung ist a_t die durch Ortsänderung hervorgerufene konvektive Beschleunigung.

J 1.3.4 Stromfadentheorie

Voraussetzungen und Annahmen. Nach Bild J 1-13 kann man eine bestimmte Anzahl von Stromlinien als Stromfaden zusammenfassen. Dieser besteht aus der Ein- und Austrittsfläche A_1 bzw. A_2 sowie aus der von den Randstromlinien gebildeten Mantelfläche (Stromröhre) $A_{1\to 2}$. Bei den folgenden Ausführungen wird eine stationäre Fadenströmung vorausgesetzt, bei der die Stromlinien normal durch die Flächen A_1 und A_2 treten.

Flüssigkeiten (Wasser) können meistens als dichtebeständige Fluide angesehen werden, während Gase (Luft) im allgemeinen dichteveränderlich sind. Ist die Strömungsgeschwindigkeit von Luft v jedoch nicht größer als 1/3 ihrer Schallgeschwindigkeit $c \approx 330$ m/s, d. h. gilt $v < 110$ m/s, so kann man die kleinen Dichte-

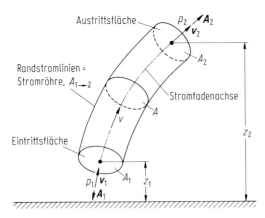

Bild J 1-13. Zum Begriff des Stromfadens und der Stromröhre

änderungen vernachlässigen und Luft genauso behandeln wie eine dichtebeständige Flüssigkeit, d. h. die Dichte ϱ = const annehmen. Weiterhin soll der Fall einer reibungslosen Fadenströmung zugrundegelegt werden. Eine solche Einschränkung ist im Gegensatz zur reibungsbehafteten Rohrströmung in Kap. J 2 als charakteristisches Kennzeichen für die im folgenden dargestellte Stromfadentheorie anzusehen.gen der Annahme einer reibungslosen Strömung kann man davon ausgehen, daß sich Druck p und Geschwindigkeit v gleichmäßig über die Fadenquerschnitte $A = A(s)$ verteilen. Es wird also die stationäre eindimensionale Strömung eines dichtebeständigen Fluids bei Vernachlässigung des Einflusses der Reibung (Viskosität, Turbulenz) behandelt, wobei $p = p(s)$ und $v = v(s)$ ist. An den Stellen (1) und (2) werden die Größen A, p und v mit dem Index 1 bzw. 2 gekennzeichnet. Größen, welche die Mantelfläche $A_{1\to 2}$ betreffen, werden mit dem Index 1→2 versehen.

Massenerhaltungssatz (Kontinuität). Die Kontinuitätsgleichung für den Stromfaden lautet bei gleichmäßiger Geschwindigkeitsverteilung über die Stromfadenquerschnitte bei dichtebeständigem Fluid

$$\dot V = v(s)A(s) = v_1 A_1 = v_2 A_2 = \text{const} \quad \text{(skalar)} \tag{J 1-32}$$

mit $\dot V$ als Volumenstrom (Volumen/Zeit). Ein Volumenstrom kann nur über die Ein- und Austrittsfläche A_1 bzw. A_2, dagegen nicht über die Mantelfläche $A_{1\to 2}$ erfolgen.

Impulssatz (Kinetik). Das Gleichgewicht der Kräfte (Dynamik) und der von ihnen hervorgerufenen Momente beschreiben die Impuls- bzw. Impulsmomentengleichung. Für den Stromfaden lautet die Impulsgleichung

$$(p_1 + \varrho v_1^2)A_1 + (p_2 + \varrho v_2^2)A_2 = (F_A)_{1\to 2} + F_G \quad \text{(vektoriell)} . \tag{J 1-33}$$

Hierin sind A_1 und A_2 die normal zu den Querschnitten A_1 bzw. A_2 stehenden, nach außen gerichteten Flächennormalen. Die Druckanteile auf die Querschnittsflächen und die Impulsbeiträge haben jeweils die gleiche Richtung, nämlich diejenige von A_1 bzw. A_2. Die mit A multiplizierten Summenausdrücke $(p+\varrho v^2)$ werden totale Impulsströme in kg m/s² = N genannt. Es ist $(F_A)_{1\to 2}$ die von den Drücken auf die Mantelfläche ausgeübte Druckkraft und F_G die von der Masse im Stromfaden herrührende nach unten wirkende Schwerkraft. Jedes Glied in Gl. (J 1-33) stellt einen Kraftvektor dar, so daß diese Gleichung, ähnlich wie in der Statik fester Körper, durch vektorielle Addition der einzelnen Größen gelöst werden kann.

Neben den bereits genannten Voraussetzungen und Annahmen ist die Impulsgleichung frei von weiteren Einschränkungen. So dürfen im Inneren des Stromfadens unstetige Geschwindigkeitsänderungen wie z. B. bei Mischvorgängen (plötzliche Flächenquerschnittsänderung) vorkommen.

Energiesatz (Energetik). Die Energiebilanz längs eines Stromfadens wird durch den Arbeitssatz der Mechanik und durch den ersten Hauptsatz der Thermodynamik erfaßt. Unter den bereits genannten Voraussetzungen und Annahmen sowie der Bedingung, daß dem Stromfaden bei reibungsloser Strömung weder Wärme zunoch abgeführt wird (adiabat-reversibler Prozeß), stimmen beide Energiegleichungen überein. Bei gleichmäßiger Geschwindigkeits- und Energieverteilung über die normal durchströmte Ein- bzw. Austrittsfläche gilt

$$\varrho g z_1 + p_1 + \frac{\varrho}{2} v_1^2 = \varrho g z_2 + p_2 + \frac{\varrho}{2} v_2^2 \quad \text{(skalar)}. \tag{J1-34a}$$

Dies ist die *Bernoullische Energiegleichung* der reibungslosen Strömung. Im Gegensatz zur Kontinuitäts- und Impulsgleichung enthält die Energiegleichung die Querschnittsflächen des Stromfadens nicht. Die einzelnen Glieder stellen die auf das Volumen des strömenden Fluids bezogenen Energien (Energiedichten) in J/m³ = N/m² = Pa dar. Gleichung (J 1-34a) besagt, daß bei stationärer reibungsloser Strömung eines dichtebeständigen, nur der Schwere unterworfenen Fluids die Summe aus Lage-, Druck- und Geschwindigkeitsenergie (= Strömungsenergie) längs der Stromfadenachse ungeändert ist. Im Ruhezustand $v_1 = 0 = v_2$ geht die Beziehung in die hydrostatische Grundgleichung (J 1-25) über.

Da die Glieder in Gl. (J 1-34a) die Dimension eines Drucks haben, bezeichnet man diese Gleichung auch als *Bernoullische Druckgleichung* der reibungslosen Strömung und schreibt

$$p_L + p_s + p_d = \text{const} \quad \text{(Druckform)} \tag{J1-34b}$$

mit $p_L = \varrho g z$ als Lagedruck, $p_s = p$ als statischem Druck und $p_d = (\varrho/2) v^2$ als Geschwindigkeitsdruck (dynamischer Druck, Staudruck). Mit Gesamt- oder Totaldruck bezeichnet man die Summe $p_t = p_s + p_d$. Besitzen zwei Punkte gleiche Höhe ($z_1 = z_2$), oder liegt eine Strömung vor, bei welcher der Schwereinfluß vernachlässigt werden kann, so ist $p_{t1} = p_{t2}$. Befindet sich das Fluid im Ruhezustand (Kesselzustand) oder nimmt die Geschwindigkeit wie im Staupunkt eines umströmten Körpers den Wert $v = v_0 = 0$ an, so besitzt der Druck seinen größten Wert $p = p_0 = p_t$.

Nach Division von Gl. (J 1-34a) durch ϱg folgt als weitere Form der Energiegleichung

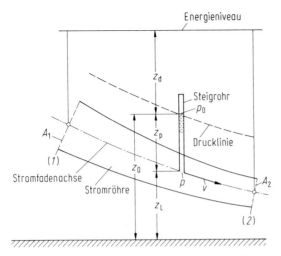

Bild J 1-14. Darstellung der Höhenform der Bernoullischen Energiegleichung bei stationärer reibungsloser Strömung eines dichtebeständigen Fluids

$$z_L + z_p + z_d = \text{const} \quad \text{(Höhenform)} \tag{J 1-35}$$

mit z_L als Lagehöhe (Ortshöhe), $z_p = (p - p_0)/\varrho g$ als Druckhöhe ($p_0 =$ konstanter Bezugsdruck) und $z_d = v^2/2g$ als Geschwindigkeitshöhe. Alle Glieder stellen auf die Schwerkraft (Gewicht) bezogene Energien in J/N oder Längen in m dar. Man bezeichnet daher diese Beziehung als Höhenform der Energiegleichung. Bei reibungsloser Strömung ist die Summe der drei Höhen längs der Stromfadenachse konstant. Eine graphische Darstellung der Höhenform zeigt Bild J 1-14. Dort sind für Punkte längs der Stromfadenachse über den Lagehöhen die zugehörigen Druck- und Geschwindigkeitshöhen aufgetragen. Die Endpunkte dieser Streckensumme liegen in einer horizontalen Ebene, dem Energieniveau der reibungslosen Strömung. Bei einem flüssigkeitsführenden Stromfaden ist z_p die Steighöhe der Flüssigkeit in einem vertikalen Steigrohr, bei dem am unteren Ende der Druck p und am oberen Spiegel der Druck p_0 (bei offenem Rohr ist p_0 gleich dem Atmosphärendruck) herrscht. Die durch die Höhe $z_0 = z_L + z_p$ gekennzeichnete Linie wird Drucklinie genannt.

Wegen der angenommenen reibungslosen Strömung kann die angegebene Bernoullische Gleichung reibungsbedingte fluidmechanische Energieverluste, wie sie z. B. bei der Rohrströmung auftreten, nicht erfassen.

Ausfluß einer Flüssigkeit aus einem Gefäß. Auf einem nach Bild J 1-15a oben geschlossenen, flüssigkeitsgefüllten Gefäß von beliebiger Gefäßform, dessen Flüssigkeitsspiegel durch gleichmäßig über den Gefäßquerschnitt A_1 verteilten Zufluß dauernd auf konstanter Höhe $z_1 = h = $ const gehalten wird, möge durch eine an der Stelle $z_2 = 0$ im Verhältnis zur Spiegelfläche kleine beliebig geneigte Öffnung A_2 Flüssigkeit ins Freie ausströmen. Die Gefäßöffnung an der Ausflußstelle sei zunächst mit einem abgerundeten Ansatzstück versehen, an das sich der austreten-

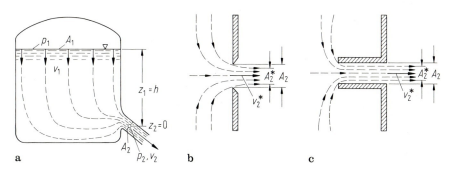

Bild J 1-15 a – c. Ausfluß einer Flüssigkeit ins Freie aus einem oben geschlossenen Gefäß mit kleiner Öffnung. **a** Zur Berechnung der Ausflußgeschwindigkeit; **b** Strahlkontraktion bei scharfkantiger Öffnung; **c** Strahlkontraktion in der Borda-Mündung

de Flüssigkeitsstrahl gut anschmiegen kann. Diesem längs geradliniger Stromlinien ins Freie austretenden Strahl wird der Druck p_2 von außen aufgeprägt, während auf dem Flüssigkeitsspiegel der Druck p_1 herrscht. Für die Berechnung der Ausflußgeschwindigkeit v_2 kommt unter Beachtung der Annahme, daß $v_1 \ll v_2$ ist, die Energiegleichung (J 1-34a) zur Anwendung:

$$v_2 = \sqrt{\frac{2}{\varrho}(\varrho g h + p_1 - p_2)} \;, \tag{J 1-36a}$$

$$v_2 = \sqrt{\frac{2}{\varrho}(p_1 - p_2)} \;, \quad v_2 = \sqrt{2gh} \text{ (Torricelli)} \;. \tag{J 1-36b, c}$$

Liegt ein geschlossenes Hochdruckgefäß mit $p_1 - p_2 \gg \varrho g h$ vor, so kann gemäß Gl. (J 1-36b) $\varrho g h = 0$ gesetzt werden. Bei einem oben offenen Gefäß ist $p_1 = p_2$, was für diesen Fall zur Torricellischen Ausflußformel (J 1-36c) führt. Es ist v_2 gleichbedeutend mit der Geschwindigkeit, die ein Körper erfährt, der im Vakuum aus der Ruhe heraus die Höhe z_1 durchfällt.

Sieht man nicht wie in Bild J 1-15a ein abgerundetes Ansatzstück vor, sondern läßt die Flüssigkeit nach Bild J 1-15b unmittelbar durch eine scharfkantige Öffnung in der Gefäßwand austreten, so können die nach der Gefäßöffnung gerichteten Stromlinien nicht plötzlich in die Austrittsrichtung umbiegen. Der ins Freie austretende Strahl erfährt vielmehr eine Einschnürung (Kontraktion), d. h. sein Querschnitt A_2^* ist kleiner als der Querschnitt A_2 der Ausflußöffnung. Das Verhältnis $\mu = A_2^*/A_2$ wird als Einschnürungs- oder Kontraktionskoeffizient bezeichnet. Für scharfkantige Öffnungen ist $\mu \approx 0{,}61$. Für die Borda-Mündung nach Bild J 1-15c ist $\mu = 0{,}5$. Der aus dem oben offenen Gefäß austretende Volumenstrom $\dot{V} = v_2 A_2^* = \mu v_2 A_2$ beträgt analog zu Gl. (J 1-36c)

$$\dot{V} = \mu A_2 \sqrt{2gh} \;. \tag{J 1-37}$$

Durch die Wirkung der Strahleinschnürung auf den tatsächlich für den Ausflußvorgang zur Verfügung stehenden Ausflußquerschnitt wird der Volumenstrom entsprechend verkleinert.

J.1.3.5 Bewegungsgleichungen der Fluidmechanik

Allgemeines. Besitzt das Fluidelement die Masse m, dann gilt zwischen der durch die Beschleunigung a hervorgerufenen Kraft und der im Volumen und an der Oberfläche des Raumelements angreifenden Kraft F die Newtonsche Kraftgleichung $ma = F$. In dieser differentiellen Darstellung setzt sich F entsprechend ihrer physikalischen Bedeutung zusammen aus der Massenkraft (Schwerkraft, Index B), der Druckkraft (Index P) sowie der Reibungskraft (Index R), wobei man letztere in die Zähigkeits- und Turbulenzkraft (Index Z bzw. T) aufteilen kann. Bezogen auf die Masse m ist mit $f = F/m$ als massebezogener Kraft

$$a = \frac{dv}{dt} = f = f_B + f_P + f_R = f_B + f_P + f_Z + f_T \ . \tag{J1-38}$$

Betrachtet man die Bewegung in der Schmiegebene nach Bild J1-12, dann gilt für Komponenten des Beschleunigungsvektors a Gl. (J1-31).

Um den Bewegungsvorgang vollständig beschreiben zu können, muß neben der Kraftgleichung fast immer die Kontinuitätsgleichung und in bestimmten Fällen auch die Energiegleichung mitherangezogen werden.

Bewegungsgleichung der reibungslosen Strömung (Euler, Bernoulli). Für die Strömung ohne Einfluß von Reibungskräften ist $f_R = f_Z + f_T = 0$. Für Strömungsvorgänge längs gekrümmter Bahnlinien nach Bild J1-12 lautet das Kräftegleichgewicht in Strömungsrichtung s (tangential zur Bahnlinie) und normal (quer) dazu in Richtung n (positiv zum Krümmungsmittelpunkt hin)

$$\frac{\partial v}{\partial t} + v \frac{\partial v}{\partial s} + g \frac{\partial z}{\partial s} + \frac{1}{\varrho} \frac{\partial p}{\partial s} = 0 \ , \quad \frac{v^2}{R_k} + g \frac{\partial z}{\partial n} + \frac{1}{\varrho} \frac{\partial p}{\partial n} = 0 \quad \text{(Schmiegebene)} \ . \tag{J1-39}$$

In diesen Beziehungen spielt weder die Form des Fluidelements noch die Neigung der Schmiegebene eine Rolle.

Für die Gleichung quer zur Bahnlinienrichtung lassen sich die beiden Sonderfälle

$$\varrho g z + p = C \quad (R_k \to \infty) \ , \quad \frac{\partial p}{\partial n} = -\varrho \frac{v^2}{R_k} \quad (z = \text{const}) \tag{J1-40a, b}$$

ableiten. Während die erste Formel die hydrostatische Grundgleichung darstellt, nennt man die zweite Formel die Querdruckgleichung. Letztere besagt, daß bei einer Bahnlinienkrümmung ($R_k \neq \infty$) ein Druckabfall (= negativer Druckgradient) quer zur Bahnlinienrichtung nach dem Krümmungsmittelpunkt hin stattfindet. Bei geraden Bahnlinien ist dieser wegen $R_k = \infty$ gleich Null. Bei einem Strahl, der geradlinig aus einer Öffnung austritt, ist daher der Druck p quer zum Strahl konstant, d.h. er ist gleich demjenigen des umgebenden Fluids. Man sagt, der Druck wird dem Strahl von außen aufgeprägt.

Bewegungsgleichung der laminaren Strömung (Navier-Stokes). Die Bewegungsgleichung für die zähigkeitsbehaftete laminare Strömung folgt durch Erweiterung der Eulerschen Bewegungsgleichung für die reibungslose Strömung, indem man neben den am Element wirkenden Massen- und Druckkräften $f_B + f_P$ auch die Kraft aus der Zähigkeitswirkung f_Z berücksichtigt. Als Elementaransatz für die Reibung bei zähigkeitsbehaftetem laminarem Strömungsvorgang gilt das Newtonsche Schubspannungsgesetz (J 1-10).

Bewegungsgleichung der turbulenten Strömung (Reynolds). Die meisten technisch wichtigen Strömungen verlaufen im allgemeinen turbulent, Gl. (J 1-38). Hierunter versteht man eine Strömungsform, bei der sich das Fluid nicht wie bei laminarer Strömung in geordneten Schichten bewegt, sondern es überlagern sich der Hauptströmungsbewegung zeitlich und räumlich ungeordnete Schwankungsbewegungen, man vergleiche die Bemerkung über das Wesen der Turbulenz in Abschn. J 1.1.4. Das Schubspannungsgesetz erfährt eine Erweiterung entsprechend Gl. (J 1-12).

J 1.3.6 Grenzschichtströmung

Grundzüge der Grenzschicht-Theorie (Prandtl). Ein fester Körper hat in reibungsbehafteter Strömung einen Widerstand zu überwinden. Dieser hängt, wie in Bild J 1-16 für den dimensionslosen Widerstandsbeiwert c_W angeströmter ellipti-

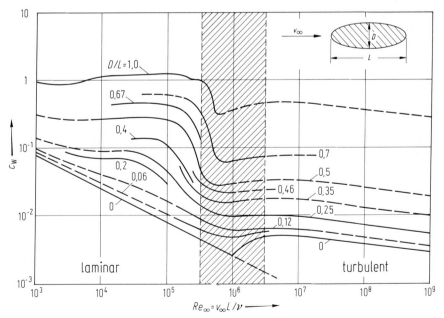

Bild J 1-16. Widerstandsbeiwerte $c_W = W/p_d BL$ von elliptischen Zylindern der Breite B und verschiedenen Dickenverhältnissen D/L bei Anströmung in Richtung der großen Achse mit der Geschwindigkeit v_∞, $p_d = (\varrho/2) v_\infty^2$ = Geschwindigkeitsdruck (Staudruck) der Anströmung, nach [B3]

scher Zylinder (Breite B, Dickenverhältnis D/L) gezeigt, stark von der Reynoldszahl $Re = v_\infty L/v$ mit v_∞ als Anströmgeschwindigkeit, L als Körperlänge und v als kinematischer Viskosität ab. Es ist $D/L = 0$ die längsangeströmte ebene Platte und $D/L = 1$ der Kreiszylinder. Der schraffierte Bereich um $Re \approx 10^6$ stellt den Übergang von der laminaren zur turbulenten Strömung dar.

Bei Strömungen mit sehr großen Reynoldszahlen beschränkt sich der Reibungseinfluß auf dünne Strömungsschichten, die sog. Strömungsgrenzschichten [A 27, 33, 35]. Den Grenzfall sehr kleiner Reynoldszahlen beschreibt die sog. schleichende Strömung.

Ein Fluid mit geringer Viskosität (Wasser, Luft) verhält sich bei großer Reynoldszahl in einiger Entfernung von einer bestömten festen Wand nahezu reibungslos. Zwischen der Wand und der äußeren Strömung befindet sich eine dünne Übergangsschicht, in welcher ein starker Geschwindigkeitsanstieg vom Wert Null an der Wand (Haftbedingung) auf den Wert der äußeren Strömung (Übergangsbedingung) stattfindet. Danach kann das Strömungsgebiet in zwei, allerdings nicht scharf trennbare Bereiche eingeteilt werden: den äußeren (wandfernen) Bereich, in dem angenähert reibungslose Strömung herrscht, und den inneren (wandnahen) Bereich, d.h. die Strömungsgrenzschicht, für welche die Gesetze des reibungsbehafteten Fluids maßgebend sind.

Fluidmechanisch kann man sich die Entstehung der wandnahen Strömungsgrenzschicht bei einem umströmten keilförmigen Körper nach Bild J 1-17 klarmachen. Die x-Richtung verläuft längs der Körperoberfläche (Lauflänge) und die y-Richtung normal dazu (Wandabstand). Entsprechend sei für die Geschwindigkeitskomponenten innerhalb der Grenzschicht u bzw. v geschrieben. Als Dicke der Strömungsgrenzschicht $\delta(x)$ wird derjenige Wert in y-Richtung angenommen, für welchen die Geschwindigkeit nur noch um 1% kleiner als die Geschwindigkeit der äußeren reibungslosen Strömung $u_a(x)$ ist. In Grenzschichten kann sowohl die

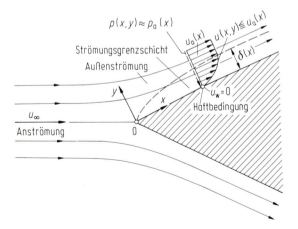

Bild J 1-17. Ausbildung der Strömungsgrenzschicht an einem keilförmigen Körper (Grenzschicht überhöht gezeichnet), Koordinaten x, y längs bzw. normal zur Körperoberfläche, $u(x,y)$ Geschwindigkeitskomponente in der Grenzschicht

laminare als auch die turbulente Strömungsart vorkommen. Die folgenden Ausführungen betreffen die stationäre Strömung.

Grenzschichtgleichung. Aufgrund des Prandtlschen Grenzschichtkonzepts soll die Dicke der Grenzschicht $\delta(x)$, abgesehen von der unmittelbaren Umgebung der Stelle $x = 0$, die Bedingung $\delta \ll x$ erfüllen. Die Geschwindigkeitskomponenten in der Grenzschicht $u = u(x, y)$ ändern sich sehr viel stärker normal zur Wand als längs der Wand. Der Druck in der Grenzschicht $p = p(x, y)$ wird von außen mit $p = p(x, y = \delta) = p_a(x)$ aufgeprägt. Es gilt

$$0 \leq y \leq \delta(x): \quad p(x, y) = p_a(x) \quad \text{(Druckbedingung)}. \tag{J 1-41a}$$

Unter Beachtung der Bernoullischen Gleichung (J 1-34a) besteht bei der Strömung eines dichtebeständigen Fluids zwischen dem Druck $p_a(x)$ und der reibungslosen Umströmgeschwindigkeit des Körpers $u_a(x)$ der Zusammenhang

$$p_a(x) + \frac{\varrho}{2} u_a^2(x) = \text{const} . \tag{J 1-41b}$$

Diese Größen sind bei der Berechnung der Strömungsgrenzschicht als gegeben anzusehen.

Das Gleichungssystem für die Berechnung der Geschwindigkeitskomponenten $u(x, y)$ und $v(x, y)$ in der Grenzschicht besteht aus der Kontinuitätsgleichung und der aufgrund der Grenzschichtannahmen vereinfachten Impulsgleichung (Kraftgleichung) in x-Richtung mit den Randbedingungen für die feststehende und stoffundurchlässige Wand

$$y = 0: \, u_W = 0 = v_w \text{ (Wand)} \,, \quad y = \delta(x): \, u = u_a(x) \text{ (Übergang)} . \tag{J 1-42}$$

Ablösung der Strömungsgrenzschicht. Das sich innerhalb der Grenzschicht bewegende Fluid erfährt infolge der Wandreibung eine ständige Verminderung seiner kinetischen Energie. Bei verzögerter Strömung außerhalb der Grenzschicht (Druckanstieg in Strömungsrichtung) kann die Strömung in der Grenzschicht zur Ablösung gelangen, was sich durch Rückströmung in unmittelbarer Wandnähe bemerkbar macht. Bei beschleunigter Strömung außerhalb der Grenzsschicht (Druckabfall in Strömungsrichtung) kann Ablösung nicht eintreten.

Grenzschicht an der längsumströmten ebenen Platte. Der einfachste Fall einer Strömungsgrenzschicht liegt nach Bild J 1-18 bei der mit der Geschwindigkeit $u_a(x) = u_\infty = U = \text{const}$ längsangeströmten Platte vor. Die Ergebnisse gelten, solange keine Ablösung der Strömungsgrenzschicht auftritt, näherungsweise auch für gewölbte Oberflächen mit mäßigen Druckgradienten.

Beginnt die betrachtete laminare oder turbulente Grenzschicht jeweils an der Vorderkante der Platte, dann gilt für die Grenzschichtdicken (Geschwindigkeit in der Grenzschicht beträgt 99% der Strömungsgeschwindigkeit der reibungslosen Außenströmung, d.h. $u/U = 0.99$)

$$\delta(x) = 5.0 \sqrt{\frac{\nu x}{U}} \sim \sqrt{x} \quad \text{(laminar)} , \tag{J 1-43a}$$

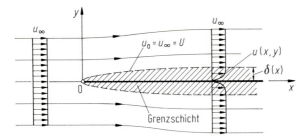

Bild J 1-18. Strömungsgrenzschicht an der längsangeströmten ebenen Platte, Geschwindigkeitsprofil $u(x,y)$ und Verlauf der Grenzschichtdicke $\delta(x)$ (schematisch)

$$\delta(x) = 0{,}14 \left(\frac{\nu}{Ux}\right)^{1/7} \cdot x \sim x^{6/7} \approx x \quad \text{(turbulent)} \; . \tag{J 1-43 b}$$

Für eine Platte der Länge $x = L = 1$ m, die mit der Geschwindigkeit $U = 15$ m/s angeströmt wird, betragen die Grenzschichtdicken bei Luft als strömendem Fluid ($\nu = 15 \cdot 10^{-6}$ m²/s) in laminarer Strömung $\delta \approx 0{,}005$ m $= 5$ mm bzw. in turbulenter Strömung $\delta \approx 0{,}020$ m $= 20$ mm. Die Strömungsgrenzschicht ist demnach außerordentlich dünn.

Der Reibungswiderstand W einer einseitig umströmten Platte der Länge L und der Breite B ergibt sich durch Integration der in Längsrichtung der Platte wirkenden Wandschubspannung. Im allgemeinen drückt man den Reibungswiderstand einer Plattenseite durch den Plattenwiderstandsbeiwert

$$c_F = \frac{W}{p_d S} \quad \text{(einseitig umströmte Platte)} \tag{J 1-44}$$

mit $p_d = (\varrho/2)U^2$ als Geschwindigkeitsdruck der Anströmgeschwindigkeit U und $S = BL$ als Plattengrundrißfläche. In Bild J 1-19 sind die Widerstandsbeiwerte c_F über der Reynoldszahl $Re = UL/\nu$ mit $k = K/L$ als dimensionslosem Rauheitsparameter ($K =$ Höhe der sog. Sandrauheit) dargestellt[1]. Einfache Näherungsformeln sind Tabelle J 1-3 zu entnehmen.

J 1.4 Fluidmechanische Meßtechnik

Meßaufgaben in der Heiz- und Raumlufttechnik befassen sich vorrangig mit der Bestimmung von Drücken, Geschwindigkeiten und Volumenströmen in Rohren oder Kanälen sowie in Räumen. Einige der gängigsten Meßverfahren sollen im folgenden kurz vorgestellt werden [A 38, B 4].

---

[1] Anhaltswerte für technisch wichtige Rauheiten sind in Abschn. J 2.3.4 bei der vollausgebildeten Rohrströmung angegeben, vgl. Bild J 2-5.

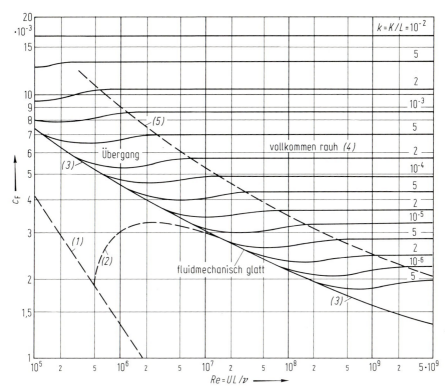

Bild J 1-19. Widerstandsbeiwerte c_F der längsangeströmten, einseitig umströmten sandrauhen ebenen Platte (L Länge, B Breite), [A 27, 35]. 1 laminar, 2 Übergang laminar-turbulent, 3 turbulent fluidmechanisch glatt, 4 turbulent vollkommen rauh (Zahlenwerte K aus Bild J 2-5), 5 Grenzkurve für vollkommen rauhe Platte

Tabelle J 1-3. Widerstandsbeiwerte $c_F = W/p_d BL$ der längsangeströmten, einseitig umströmten ebenen Platte in Abhängigkeit von der Reynoldszahl $Re = UL/\nu$ und vom Rauheitsparameter $k = K/L$ bei laminarer, laminar-turbulenter und turbulenter (glatt, rauh) Grenzschicht, [A 35], vgl. Bild J 1-19

Grenzschicht	Widerstandsbeiwert	Gültigkeitsbereich
laminar	$c_F = \dfrac{1{,}328}{\sqrt{Re}}$	$Re < Re_u \approx 5 \cdot 10^5$
laminar-turbulent	$c_F = \dfrac{0{,}0303}{\sqrt[7]{Re}} - \dfrac{1700}{Re}$	$Re > Re_u$
vollturbulent glatt	$c_F = \dfrac{0{,}0303}{\sqrt[7]{Re}}$	$k \leq k_{zul} = \dfrac{100}{Re}$
rauh	$c_F = 0{,}024\, k^{1/6}$	$Re \to \infty$

J 1.4.1 Druckmessung

Zur Bestimmung von Drücken in strömenden Fluiden müssen in der Regel entsprechende Sonden verwendet werden, mit deren Hilfe der zu messende Druck aus der Strömung entnommen wird, um über Leitungen einem Druckmeßgerät (Manometer) zugeführt zu werden.

Drucksonden. Zur Bestimmung des statischen Drucks $p_s = p$ wird eine Sonde eingesetzt, die nach Bild J 1-20a aus einem in Strömungsrichtung liegenden, vorn verschlossenen Meßrohr besteht, welches mit seitlichen Schlitzen oder Bohrungen zur Druckentnahme versehen ist. Dieses Gerät ist stark richtungsempfindlich. Über ein meist rechtwinklig angeschlossenes Rohrstück steht die statische Drucksonde mit einem Manometer in Verbindung.

In geraden Rohrleitungen oder bei umströmten Körpern kann der (statische) Druck über sorgfältig entgratete kleine Anbohrungen (0,5–1 mm) in der Rohr- bzw. Körperwand abgenommen werden.

Zur Bestimmung des Totaldrucks (Gesamtdrucks) in einer Strömung kann man nach Bild J 1-20b ein Pitot-Rohr, das aus einem meist rechtwinklig abgebogenen Meßrohr besteht, benutzen. Das offene Ende des horizontalen Rohrschenkels wird gegen die Strömung gerichtet. Ist das andere Ende des Rohrs verschlossen oder mit einem Manometer verbunden, findet im Rohr ein Aufstau der Strömung ($v = 0$) statt, wobei der Druck nach Gl. (J 1-34b) gleich dem Totaldruck (Pitot-Druck) $p_t = p_s + (\varrho/2)v^2 > p_s$ ist.

Flüssigkeitsmanometer. Von den verschiedenen einsetzbaren Manometern spielt das Flüssigkeitsmanometer eine besondere Rolle, da es einfach aufgebaut ist und im allgemeinen keiner besonderen Eichung oder Kalibrierung bedarf. Es finden hierbei die Überlegungen über das kommunizierende Gefäß im Abschn. J 1.3.1 Anwendung.

Soll der Druck in einer Rohrleitung nach Bild J 1-21a oder in einem Kessel nach Bild J 1-21b gemessen werden, so ordnet man ein U-förmig gebogenes mit einer Meßflüssigkeit (Alkohol, Wasser, Quecksilber) der Dichte ϱ_M gefülltes Glasrohr an, dessen einem Schenkel der zu messende Druck p zugeführt wird. Somit wirkt auf den Flüssigkeitsspiegel (1) der Druck $p_1 = p$ und auf den Flüssigkeitsspiegel (2) der Umgebungsdruck (Atmosphärendruck) $p_2 = p_0$, wenn der Schenkel oben

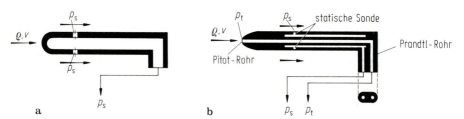

Bild J 1-20a, b. Zur Druckmessung in strömenden Fluiden. **a** Statische Drucksonde; **b** Pitot-Rohr, Prandtl-Rohr

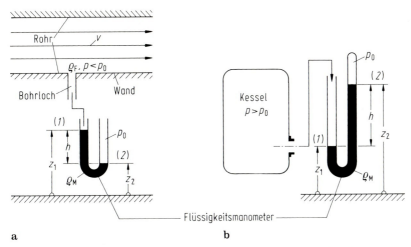

Bild J 1-21 a, b. Flüssigkeitsmanometer zur Druckmessung. **a** In einer Rohrleitung (Unterdruck $p<p_0$); **b** in einem geschlossenen Kessel (Überdruck $p>p_0$).

offen ist. Bei oben geschlossenem Schenkel kann man das Gas über dem Flüssigkeitsspiegel (2) entfernen und so ein Vakuum mit $p_0 \to 0$ erzeugen. Bezeichnet man den Höhenunterschied der beiden Flüssigkeitsspiegel mit $h = z_2 - z_1$, dann gilt nach Einsetzen der angegebenen Bezeichnungen in die Grundgleichung der Hydrostatik (J 1-25) die Beziehung $p - p_0 = g \varrho_M (z_2 - z_1)$, d.h.

$$h = \frac{p - p_0}{g \varrho_M} \gtreqless 0 \quad \text{(Flüssigkeitsmanometer)} . \quad (J1\text{-}45)$$

Es bedeutet $h > 0$ Überdruck ($p > p_0$) und $h < 0$ Unterdruck ($p < p_0$) des zu messenden Drucks p gegenüber dem Vergleichsdruck p_0. Für $p_0 \to 0$ wird der Absolutdruck erreicht.

Nach dem gleichen Prinzip wie das einfache U-Rohr sind die Schräg- und Steilrohrmanometer, das Vielfachmanometer sowie das Betzmanometer aufgebaut.

In gewisser Weise kann man auch das Glockenmanometer sowie die Ringwaage zu den Flüssigkeitsmanometern rechnen.

Elastische Druckmesser. Neben den in verschiedenen Ausführungen erhältlichen Flüssigkeitsmanometern werden häufig auch Manometer mit elastischem Meßglied verwendet (Plattenfeder-, Rohrfeder-, Kapselfedermanometer), dessen Verformung ein Maß für die aufgebrachte Druckkraft darstellt. Die Verformung kann nach verschiedenen Methoden (Dehnmeßstreifen; kapazitive, induktive Messung) auch elektrisch bestimmt werden. Alle Manometer mit elastischem Meßglied müssen geeicht oder kalibriert werden.

J 1.4.2 Geschwindigkeitsmessung

Prandtl-Rohr. Die Geschwindigkeit eines strömenden, völlig homogenen Fluids kann nur indirekt bestimmt werden. Eine einfache Methode bedient sich dabei der Druckmessung. Unter Anwendung der Bernoulli-Gleichung kann aus der Differenz von Totaldruck p_t und statischem Druck p_s die Geschwindigkeit in einer Strömung bestimmt werden. Mit Hilfe eines sog. Prandtl-Rohrs, das nach Bild J 1-20b eine Verbindung von statischer Drucksonde und Pitot-Rohr darstellt und eines geeigneten Manometers kann diese Druckdifferenz gemessen werden. Es gilt $p_t - p_s = (\varrho_F/2)v^2$ mit ϱ_F als Dichte des Fluids und v als Strömungsgeschwindigkeit. Nach v aufgelöst ist

$$v = \sqrt{\frac{2}{\varrho_F}(p_t-p_s)} = \sqrt{2g\frac{\varrho_M}{\varrho_F}h} > 0 \quad \text{(Prandtl-Rohr)} \ . \qquad \text{(J 1-46 a, b)}$$

Die zweite Beziehung gilt, wenn die Druckdifferenz mittels eines Flüssigkeitsmanometers nach Bild J 1-21 mit $p_t - p_s = g\varrho_M h$ gemessen wird. Das Prandtl-Rohr ist verhältnismäßig unempfindlich gegenüber kleineren Abweichungen der Rohrachse von der Strömungsrichtung.

Flügelradanemometer. Wegen seiner einfachen Handhabung und insbesondere bei kleineren Geschwindigkeiten kommt in der Heiz- und Raumlufttechnik häufig auch das Flügelradanemometer zum Einsatz. Es besteht nach Bild J 1-22a aus mehreren zur Anströmrichtung unter einem bestimmten Winkel $\propto$ angestellten

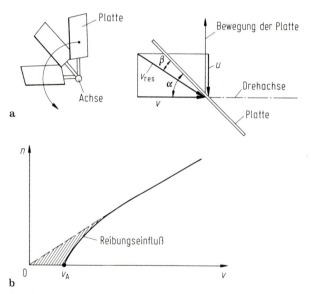

Bild J 1-22 a, b. Flügelradanemometer zur Geschwindigkeitsmessung. **a** Anordnung und Geschwindigkeiten; **b** Eichkurve

Platten oder Flügeln, die radial auf einer strömungsparallelen Drehachse befestigt sind. Die durch die Anstellung bei Anströmung erzeugte Kraft an den Flügeln versetzt das Flügelrad in Drehung, wobei ein stationärer Zustand (konstante Drehzahl) dann erreicht wird, wenn die aus der Anströmung und der Drehung resultierende Geschwindigkeit v_{res} unter einem Winkel β auf die Flügel einfällt, bei dem das (anstellwinkelabhängige) Drehmoment gerade noch zur Kompensation der Lagerreibung ausreicht. (Bei reibungsfreier Lagerung ist $\beta = 0$).

Nach Bild J1-22b ändert sich die Drehzahl n linear mit der Strömungsgeschwindigkeit v. Lediglich bei sehr kleinen Geschwindigkeiten macht sich die Lagerreibung bemerkbar. Die Reibung (Haftreibung) führt auch dazu, daß Flügelräder nicht bei beliebig kleinen Geschwindigkeiten $v \leq v_A$ anlaufen. Eine Möglichkeit, Flügelräder bis zur Geschwindigkeit $v = 0$ einzusetzen, besteht darin, das Flügelrad von einem Motor ständig antreiben zu lassen. Strömungen, die je nach Größe und Richtung das Flügelrad abbremsen oder beschleunigen, verändern das elektrische Verhalten des Motors, was nach einer Eichung zur Bestimmung auch kleinster Geschwindigkeiten herangezogen werden kann.

Zu hohe Drehzahlen sollen bei Flügelrädern vermieden werden, da die Fliehkräfte zu Verformungen der Flügel und folglich zur Verfälschung der Eichkurve führen können.

Hitzdrahtanemometer. Für sehr kleine Geschwindigkeit ist besonders das Hitzdrahtanemometer geeignet. Es handelt sich dabei um ein Meßgerät, bei dem nach Bild J1-23a ein sehr dünner Draht (bei Wasserströmungen eine dünne Folie) durch elektrischen Strom auf eine Temperatur T_D aufgeheizt wird. Die Umströmung mit einem Fluid der konstanten Temperatur $T_F < T_D$ kühlt je nach Geschwindigkeit den Draht mehr oder weniger stark ab. Bei konstant gehaltener Heizstromstärke kann die Drahttemperatur bzw. der von der Temperatur abhängige elektrische Drahtwiderstand als Maß für die Anströmgeschwindigkeit herangezogen werden (Konstant-Strom-Anemometer, CCA).

Häufiger wird durch einen besonderen Regelkreis die Drahttemperatur T_D (bzw. der elektrische Widerstand) konstant gehalten. Die hierfür notwendige Heizstromstärke bzw. die bei konstantem Widerstand sich einstellende Meßspannung

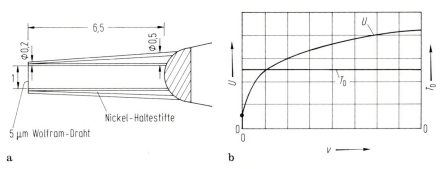

Bild J1-23a, b. Hitzdrahtanemometer zur Geschwindigkeitsmessung. **a** Anordnung, Längenangaben (Anhaltswerte) in mm; **b** Ausgangsspannung und Drahttemperatur (CTA)

U ist dann das Maß für die Anströmgeschwindigkeit (Konstant-Temperatur-Anemometer, CTA). Da die Kühlwirkung des Fluids auch vom Winkel zwischen Draht und Anströmung abhängt, muß darauf geachtet werden, daß der Draht bei der Messung in gleicher Weise (im allgemeinen normal zur Achse) angeströmt wird, wie bei einer vorangegangenen stets notwendigen Eichung. Ohne besondere Vorkehrung (Kompensationswiderstand) darf sich zwischen Eichung und Messung die Temperatur des Fluids nicht ändern.

Die Eichkurve eines Konstant-Temperatur-Anemometers kann durch das Kingsche Gesetz

$$U^2 = U_0^2 + B \cdot \sqrt{v} \quad \text{(Hitzdrahtanemometer)} \tag{J1-47}$$

angenähert werden. Hierin stellt U die Meßspannung, U_0 die Spannung bei der Geschwindigkeit $v = 0$ und B einen Faktor dar, der temperaturabhängige Stoffgrößen sowie geometrische Größen enthält.

Eine typische Eichkurve ist in Bild J1-23b gezeigt. Daraus ist ersichtlich, daß eine besonders hohe Empfindlichkeit dieses Meßverfahrens im niederen Geschwindigkeitsbereich vorliegt.

Sind die Drahtabmessungen klein genug (Durchmesser 2–5 µm, Länge 1–2 mm), so ist das Hitzdrahtverfahren auch zur Messung der örtlichen Geschwindigkeitsschwankungen (Turbulenz) geeignet. Hitzdrahtsonden, bei denen zwei oder drei Drähte kombiniert eingesetzt werden, lassen in gewissen Grenzen auch die Messung des Geschwindigkeitsvektors (Größe und Richtung der Geschwindigkeit) in einer Ebene bzw. im Raum zu. Während für Messungen mit Einzeldrähten die Signalauswertung meist noch analog erfolgt, setzt man für Mehrdrahtsonden zunehmend digitale Auswerteverfahren ein.

Thermistoranemometer. Ähnlich wie Hitzdrahtanemometer arbeiten Geschwindigkeitsmeßgeräte mit Halbleiterwiderstand (NTC- und PTC-Thermistoren) als Meßfühler. Diese Geräte werden meist temperaturkompensiert angeboten und zeichnen sich wie Hitzdrähte durch große Empfindlichkeit bei kleinen Geschwindigkeiten aus. Sie sind in der Handhabung robuster, jedoch im Ansprechverhalten träger als die Hitzdrahtanemometer.

Laser-Doppler-Anemometer. Ein direktes Verfahren, Geschwindigkeiten von strömenden Fluiden zu messen, bietet das Laser-Doppler-Anemometer (LDA). Voraussetzung ist dabei allerdings, daß dem Fluid kleinste Partikel beigefügt sind, welche der Fluidbewegung ohne Schlupf folgen. Durch die Laser-Doppler-Methode kann die Geschwindigkeit der Teilchen aus einer Zeit- bzw. einer Weg- und Frequenzmessung direkt ermittelt werden.

J1.4.3 Volumenstrommessung

Zur Messung des Durchströmvolumens in Rohrleitungen bedient man sich vielfach sog. Drosselgeräte wie Blenden, Düsen oder Venturi-Düsen. Besonders einfach läßt sich bei letzterem Gerät der Zusammenhang zwischen dem zu bestimmenden Volumenstrom $\dot{V}$ und einer als Meßgröße vorliegenden Druckdifferenz Δp ablei-

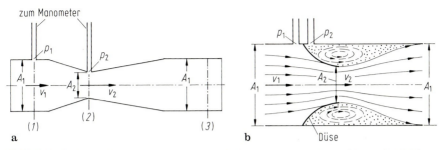

Bild J 1-24 a, b. Zur Volumenstrommessung mittels Druckmessung. **a** Venturi-Düse; **b** Meßdüse

ten. Eine Venturi-Düse (Venturi-Rohr) besteht nach Bild J 1-24a aus einem sich in Strömungsrichtung von dem Querschnitt A_1 allmählich auf einen etwa halb so großen Querschnitt A_2 verjüngenden Rohr mit daran anschließender Erweiterung wieder auf den Querschnitt A_1. An den Stellen (1) und (2) können die in den betreffenden Querschnitten herrschenden Drücke p_1 und p_2 mit Hilfe von Manometern gemessen werden. Die Druckdifferenz $\Delta p = p_1 - p_2$ ist also als bekannte Größe anzusehen. Bezeichnen v_1 und v_2 die mittleren Geschwindigkeiten in den Querschnitten A_1 bzw. A_2, so folgt aus der Druckgleichung (J 1-34a) unter Beachtung der Kontinuitätsgleichung (J 1-32) bei Annahme eines horizontal liegenden Rohrs mit $z_1 = z_2$ für den Volumenstrom (Volumen/Zeit) $\dot{V} = v_1 A = v_2 A_2$

$$\dot{V} = \alpha A_2 \sqrt{\frac{2\Delta p}{\varrho}} \quad \text{(J 1-48a)}$$

mit

$$\alpha = \frac{1}{\sqrt{1 - (A_2/A_1)^2}} > 1 \quad \text{(J 1-48b)}$$

als Durchströmkoeffizient. Zur Erlangung möglichst genauer Ergebnisse ist eine Eichung der Vorrichtung erforderlich, da Querschnittsänderungen eines Rohrs, wie in Abschn. J 2.4.2 bei der Rohrströmung gezeigt wird, stets gewisse Verluste an fluidmechanischer Energie zur Folge haben. Das gilt in noch stärkerem Maße bei der Meßdüse nach Bild J 1-24b und der Meßblende. Für verschiedene geometrisch genau festgelegte Blenden, Düsen und Venturi-Düsen sind die aus Experimenten ermittelten Durchströmkoeffizienten in Normblättern aufgelistet (DIN 1952). Hierin werden auch Angaben zu den notwendigen Vorlauf- und Auslaufstrecken gemacht. Neben den Drosselgeräten gibt es eine Reihe weiterer Geräte, die zur Messung des Volumenstroms geeignet sind. Es sei auf die verschiedenen Gaszähler, Flügelrad-, Drall-, Drehimpuls- und Schwebekörperdurchflußmesser hingewiesen.

Hat man die örtlichen Geschwindigkeiten v über den Rohrquerschnitt A mittels einer sog. Netzmessung bestimmt, dann läßt sich der Volumenstrom aus der Integration

$$\dot{V} = \int_{(A)} v \, dA \approx \sum_{1}^{n} v_i \Delta A_i \quad \text{(J 1-49)}$$

ermitteln.

J 2 Strömungen in Rohrleitungen (Rohrhydraulik)

J 2.1 Strömungsverhalten

Beim Durchströmen von Rohrleitungssystemen setzt sich ein Teil der mechanischen Strömungsenergie in andere Energieformen (Wärme, Schall) um, geht also dem mechanischen Strömungsvorgang verloren. In Tabelle J 2-1 ist ein Überblick über die möglichen Energieverluste gegeben, welche an der eigentlichen Rohrleitung durch die innere Rohrwand, an den Formstücken – Rohrverbindungen bei Querschnittsänderung (Erweiterung, Verengung), bei Richtungsänderung (Umlenkung) und bei Verzweigung (Trennung, Vereinigung) – sowie an den Armaturen – Blende (Drosselscheibe), Stromdurchlaß (Gitter, Sieb) und Rohrleitungsschalter (Regel-, Absperrorgan) – auftreten können. Da durch eine in das Rohrleitungssystem eingebaute energieverbrauchende Strömungsmaschine (Turbine) fluidmechanische Energie verloren geht, kann auch diese als Verlust in obigem Sinn aufgefaßt werden. Entsprechend bringt eine eingebaute energiezuführende Strömungsmaschine (Pumpe) einen Gewinn, d.h. einen negativen Verlust an fluidmechanischer Energie.

Die Rohrströmung kann laminar oder turbulent erfolgen; sie läßt sich als quasieindimensionale Strömung beschreiben. Gegenüber der reibungslosen Strömung eines dichtebeständigen Fluids nach der Stromfadentheorie in Abschn. J 1.3.4 ist jetzt auch der Reibungseinfluß zu berücksichtigen. Dies erfolgt durch entsprechende Erweiterungen der Beziehungen für die Stromfadentheorie. Es wird im folgenden nur die stationäre Strömung behandelt. Bild J 2-1 erläutert die auftretenden geometrischen Beziehungen.

J 2.2 Ausgangsgleichungen

J 2.2.1 Kontinuitätsgleichung

Bei veränderlicher Geschwindigkeitsverteilung über den Rohrquerschnitt A gilt für den durchtretenden Volumenstrom in Anwendung von Gl. (J 1-32)

$$\dot{V} = \bar{v}A = v_1 A_1 = v_2 A_2 = \text{const} \ . \tag{J 2-1}$$

Hierin sind $\bar{v} = \dot{V}/A$ die mittlere bzw. v_1 und v_2 die entsprechenden Werte an den Stellen (1) und (2) der Rohrleitung[2]. Liegt eine Rohrverzweigung (Rohrtrennung, Rohrvereinigung) vor, dann ist die Kontinuitätsgleichung jeweils für die durch die verschiedenen Rohrstränge hindurchtretenden Volumenströme anzuschreiben.

---

[2] Bei v_1 und v_2 wird auf die Kennzeichnung der mittleren Werte durch Überstreichen verzichtet.

Tabelle J 2-1. Übersicht über mögliche fluidmechanische Energieverluste in Rohrleitungssytemen, Bezeichnung der Rohrleitungsteile N

Bezeichnung	Index N	Rohrleitungsteil	Strömungsverhalten
Rohrströmung	R	geradlinig verlaufendes langes Rohr; Rohrquerschnitt: kreis-, nichtkreisförmig, ebener Spalt	Wandreibung (Haftbedingung), vollausgebildetes Geschwindigkeitsprofil (laminar, turbulent), Oberfläche (glatt, rauh)
Rohreinlaufströmung	L	geradlinig verlaufendes Rohr (ebener Spalt) an Behälter angeschlossen: Rohreinlaufstrecke	Entwicklung des Geschwindigkeitsprofils vom Rohranschluß (gleichmäßig) bis Beendigung der Beschleunigung der reibungslosen Kernströmung (vollausgebildet)
Rohrquerschnittsänderung	S	plötzliche Rohrerweiterung: Stufendiffusor (Stoßdiffusor)	unstetige Stromerweiterung (Vermischung, Wirbelbildung)
	A	offenes Rohrende (Austritt)	Strahlaustritt ins Freie (Sprungübergang)
	D, DA	allmähliche Rohrerweiterung: Übergangs-, Austrittsdiffusor	divergente Stromquerschnittsänderung (verzögerte Strömung, Gefahr der Strömungsablösung)
	C, CA	allmähliche Rohrverengung: Übergangs-, Austrittsdüse	konvergente Stromquerschnittsänderung (beschleunigte Strömung, keine Strömungsablösung)
	V	plötzliche Rohrverengung: Stufendüse	unstetige Stromverengung (Strahleinschnürung = Kontraktion mit anschließender unstetiger Stromerweiterung), Stromdurchlaß
	B	Blende, Drosselscheibe	
	Q	Durchlaß, Sieb, Gitter, Geflecht	
	E	Ansatzrohr an einem Behälter (Eintritt); Rohransatzöffnung: scharf, abgerundet	Stromeintritt (Sprungübergang), Rohreintrittsströmung (Entstehung des Geschwindigkeitsprofils im Eintrittsquerschnitt)
Rohrrichtungsänderung	K	Rohrkrümmung: Bogen, Knie, Winkel, Segmentbogen, Schlange, Einbau von Umlenkschaufeln	Stromumlenkung mit anschließender Ablaufstrecke (gestörte Ablaufströmung) Verbesserung des Strömungsverhaltens
	U		
Rohrverzweigung	Z $(0, i = 1,2,\ldots)$	Rohrtrennung, Rohrvereinigung: Verzweigstück (T-Stück), Hosenstück (Y-Stück), Kreuzstück (X-Stück) (Verzweigwinkel, Querschnittsverhältnis)	Stromtrennung, Stromvereinigung (Gegenstrom, Gleichstrom), veränderliche Volumenströme in den Rohrsträngen
Volumenstromänderung	G	Rohrleitungsschalter (Schaltorgan): Drossel-, Regel-, Absperrorgan, Schieber, Klappe, Hahn, Ventil	Volumenstromänderung als Folge verschiedener Öffnungsgrade (Teilquerschnitt/Gesamtquerschnitt)
Strömungsmaschine	M	energieverbrauchend: Turbine (Index T) energiezuführend: Pumpe (Index P)	Fallhöhe = Verlust an fluidmechanischer Energie Förderhöhe = Gewinn an fluidmechanischer Energie = negativer Verlust

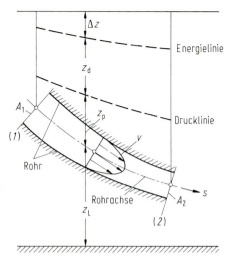

Bild J 2-1. Zur Erläuterung der Kontinuitäts- und Energiegleichung der Rohrströmung

J 2.2.2 Impulsgleichung

Die Impulsgleichung bei einer durchströmten Rohrleitung lautet in Erweiterung von Gl. (J 1-33)

$$(p_1 + \beta_1 \varrho v_1^2) A_1 + (p_2 + \beta_2 \varrho v_2^2) A_2 = (F_S)_{1 \to 2} + F_G \ . \tag{J 2-2}$$

Diese Beziehung hat die Dimension einer Kraft in N. Neben den mittleren Geschwindigkeiten v_1 und v_2 treten als Geschwindigkeitsausgleichswerte die Impulsbeiwerte β_1 und β_2 auf. Bei einer ungleichmäßigen Geschwindigkeitsverteilung über den Rohrquerschnitt ist $\beta > 1$, während bei einer konstanten Geschwindigkeitsverteilung $\beta = 1$ wird. Im allgemeinen genügt es, mit $\beta = 1$ zu rechnen. Es ist $(F_S)_{1 \to 2}$ die von der Rohrinnenwand durch druck- und reibungsbedingte Schubspannungen auf das strömende Fluid ausgeübte Stützkraft und F_G die von der Masse im Rohrabschnitt herrührende nach unten wirkende Schwerkraft. Man beachte die Ausführung im Anschluß an Gl. (J 1-33).

J 2.2.3 Energiegleichung

Ausgangspunkt ist die einfache Bernoullische Energiegleichung (J 1-34a), die hinsichtlich der veränderlichen Geschwindigkeitsverteilungen über die Rohrquerschnitte und der auftretenden fluidmechanischen Energieverluste zu erweitern ist. Es gilt jetzt die erweiterte Bernoullische Energiegleichung

$$p_1 + \varrho g z_1 + \alpha_1 \frac{\varrho}{2} v_1^2 = p_2 + \varrho g z_2 + \alpha_2 \frac{\varrho}{2} v_2^2 + \Delta p_{1 \to 2} \ . \tag{J 2-3}$$

Diese Beziehung hat die Dimension einer Energie bezogen auf das Volumen (Energiedichte) in $J/m^3 = N/m^2 = Pa$, was auch der Dimension eines Drucks entspricht. Neben den mittleren Geschwindigkeiten v_1 und v_2 treten als Geschwindigkeitsausgleichswerte die Energiebeiwerte α_1 und α_2 auf.

Bei einer ungleichmäßigen Geschwindigkeitsverteilung über den Rohrquerschnitt ist $\alpha > 1$, während bei einer konstanten Geschwindigkeitsverteilung $\alpha = 1$ wird. Der eigentliche fluidmechanische Energieverlust wird durch $\Delta p_{1 \to 2}$ erfaßt.

Für die praktische Anwendung der Energiegleichung ist es zweckmäßiger, die Ausgleichswerte unberücksichtigt zu lassen ($\alpha_1 = 1 = \alpha_2$) und den Einfluß der Reibung dadurch zu erfassen, daß man der einfachen Bernoullischen Energiegleichung bei reibungsloser Strömung einen „rechnerischen Energieverlust" $\Delta \bar{p}_{1 \to 2}$ hinzufügt:

$$p_1 + \varrho g z_1 + \frac{\varrho}{2} v_1^2 = p_2 + \varrho g z_2 + \frac{\varrho}{2} v_2^2 + \Delta \bar{p}_{1 \to 2} \; . \tag{J2-4}$$

Bei der technisch vorwiegend auftretenden turbulenten Rohrströmung ist wegen der nahezu gleichmäßigen Geschwindigkeitsprofile über die Rohrquerschnitte $\alpha_1 \approx 1 \approx \alpha_2$, was bedeutet, daß $\Delta p_{1 \to 2} \approx \Delta \bar{p}_{1 \to 2}$ ist. Für gleich große Rohrquerschnitte an den Stellen (1) und (2), d.h. $A_1 = A_2$ und $v_1 = v_2$, sowie bei gleicher Geschwindigkeitsverteilung über die Querschnitte mit $\alpha_1 = \alpha_2$ ist $\Delta p_{1 \to 2} = p_1 - p_2 + \varrho g (z_1 - z_2)$ gleich der statischen Druckänderung, vgl. Gl. (J1-25).

Dividiert man Gl. (J2-4) durch ϱg, so gelangt man analog zu Gl. (J1-35) zur Höhenform der Energiegleichung. Zusätzlich zur Lage-, Druck- und Geschwindigkeitshöhe, d.h. der Energiehöhe $z_e = z_L + z_p + z_d$, tritt noch die Verlusthöhe (Energieverlusthöhe) $\Delta z = \Delta p / \varrho g$ auf. Die Verbindungslinie der Energiehöhen bezeichnet man mit Energielinie. Sie nimmt bei der reibungsbehafteten Rohrströmung in Strömungsrichtung ab. In Bild J2-1 ist dieser Sachverhalt schematisch dargestellt.

J2.2.4 Fluidmechanischer Energieverlust

Als Kraftwirkungen treten infolge der Reibung des strömenden Fluids im wesentlichen Schubspannungen auf, die an den festen Rohrwänden am größten sind. Sie hemmen den Strömungsvorgang. Dieser kann nur durch ein entsprechend größeres Druckgefälle als bei reibungsloser Strömung in Strömungsrichtung aufrechterhalten werden. Befinden sich in dem Rohrsystem neben der eigentlichen Rohrleitung auch Formstücke und Armaturen, so bewirken diese infolge zusätzlich auftretender Sekundärströmungen und Strömungsablösungen fluidmechanische Energieverluste, zu deren Überwindung eine weitere Vergrößerung des Druckgefälles erforderlich ist. Der sich in Gl. (J2-3) als Druckabfall äußernde Verbrauch an fluidmechanischer Energie $\Delta p_{1 \to 2}$ stellt einen Gesamtdruckverlust dar, da er die dem Rohrleitungssystem ursprünglich zur Verfügung stehende gesamte Strömungsenergie (Lage-, Druck- und Geschwindigkeitsenergie) vermindert.

Die Einzelverluste an fluidmechanischer Energie seien mit Δp_N angegeben, wobei der Index N das jeweils betrachtete Rohrleitungsteil kennzeichnet. Für die praktische Anwendung kommt es darauf an, für die einzelnen Energieverluste geeignete Beziehungen zu finden. Häufig ist neben den theoretischen Ansätzen das Einführen von gewissen, experimentell zu ermittelnden Verlustbeiwerten unerläßlich. Man kann davon ausgehen, daß der Verlust Δp_N näherungsweise proportional der auf das Volumen bezogenen kinetischen Energie (Energiedichte) ist, d.h. proportional dem Geschwindigkeitsdruck $(\varrho/2)v_N^2$ mit v_N als mittlerer, jeweils genau zu definierender Geschwindigkeit. Mit A_N als Bezugsquerschnitt des Rohrleitungsteils erhält man bei gegebenem Volumenstrom $\dot{V}$ nach Gl. (J2-1) die Bezugsgeschwindigkeit $v_N = \dot{V}/A_N$. Der dimensionslose Proportionalitätsfaktor sei mit ζ_N bezeichnet und werde Verlustbeiwert genannt. Der Verlust eines in Tabelle J2-1 aufgeführten Rohrleitungsteils N läßt sich also in der Form

$$\Delta p_N = \zeta_N \frac{\varrho}{2} v_N^2 \ , \quad z_N = \zeta_N \frac{v_N^2}{2g} \quad (v_N = \dot{V}/A_N) \qquad (\text{J 2-5 a, b})$$

angeben.

Der gesamte Verlust an fluidmechanischer Energie eines Rohrleitungssystems zwischen zwei Stellen (1) und (2) ergibt sich durch Addition der Verlustgrößen der verschiedenen Rohrleitungsteile zu

$$\Delta p_{1 \to 2} = \sum_{(1)}^{(2)} \Delta p_N = \frac{\varrho}{2} \sum_{(1)}^{(2)} \zeta_N v_N^2 \ . \qquad (\text{J 2-6 a, b})$$

Im folgenden werden die Verlustbeiwerte ζ_N für die verschiedenen Rohrleitungsteile besprochen.

J2.3 Geradlinig verlaufende lange Rohre

J2.3.1 Geometrie

Als wichtigstes Rohrleitungsteil ist das geradlinig oder schwach gekrümmte Rohr mit konstantem oder näherungsweise konstantem Rohrquerschnitt anzusehen. Stärkere Rohrquerschnitts- und Rohrrichtungsänderungen sowie auch Rohrverzweigungen werden besonders behandelt.

An zwei längs der Rohrachse s festgelegten Stellen (1) und (2) ist $A_1 = A(s_1)$ bzw. $A_2 = A(s_2)$ und $L = s_2 - s_1$ die zugehörige Rohrlänge. Im allgemeinen besitzen die Rohre kreisförmigen Querschnitt mit dem Durchmesser $D = 2R$. Bei Rohren mit nichtkreisförmigem Querschnitt ist anstelle von D mit dem fluidmechanischen (gleichwertigen) Durchmesser

$$D_f = 4 \frac{A}{U} \quad \text{(fluidmechanischer Durchmesser)} \qquad (\text{J 2-7})$$

zu rechnen, wobei U der Umfang der inneren Rohrwand und A die Rohrquerschnittsfläche ist, vgl. Unterschrift zu Bild J2-3.

J2.3.2 Kennzahl

Der Strömungsverlauf in einer Rohrleitung hängt von der Reynoldszahl und von der Rauheit der inneren Rohrwand ab. Die Reynoldszahl lautet bei der Rohrströmung mit dem Rohrdurchmesser D als charakteristischer Länge, der mittleren Geschwindigkeit $\bar{v}$ als charakteristischer Geschwindigkeit und der kinematischen Viskosität v

$$Re = \frac{\bar{v}D}{v} \quad \text{mit} \quad v = \frac{\eta}{\varrho}, \quad \bar{v} = \frac{\dot{V}}{A} \quad \text{und} \quad D \triangleq D_f = 4\frac{A}{U}. \tag{J2-8a,b}$$

Die Größe der Reynoldszahl ist maßgebend dafür, ob es sich um eine laminare oder turbulente Strömung handelt, und zwar beträgt die Reynoldszahl des laminar-turbulenten Umschlags etwa $Re_u = 2320$. Unterhalb dieses Werts ($Re < Re_u$) verläuft die Strömung laminar, während sie oberhalb ($Re > Re_u$) turbulent ist.

J2.3.3 Geschwindigkeitsprofile

Das Zähigkeitsverhalten des strömenden Fluids bewirkt, daß an der festen Innenwand des Rohrs im Gegensatz zur reibungslosen Strömung eine Wandschubspannung auftritt. Dies hat zur Folge, daß das Fluid an der Wand zur Ruhe kommt (Haftbedingung), wodurch sich der Strömungsverlauf über den Rohrquerschnitt stark verändert.

Beim Anschluß eines Rohrs an ein Gefäß (Rohransatz) ist die Geschwindigkeit zunächst gleichmäßig über den Rohrquerschnitt als sog. Kolbenprofil verteilt. Der vom Reibungseinfluß erfaßte Strömungsbereich nimmt als Einlaufströmung nach Bild J2-2a mit zunehmender Entfernung vom Rohransatz zu und führt zu einem ungleichmäßigen Geschwindigkeitsprofil. Die von der Reibungswirkung noch nicht betroffene Kernströmung wird dabei wegen der Kontinuitätsbedingung beschleunigt, bis sich nach einer gewissen Einlauflänge die Reibung über den gesamten Rohrquerschnitt auswirkt. Von dieser Stelle an ändert sich das Geschwindigkeitsprofil nicht mehr und man spricht von der vollausgebildeten, unbeschleunigten Rohrströmung.

Durch die Turbulenz werden Impuls und Energie zwischen benachbarten Fluidschichten ausgetauscht und damit vom Inneren des Rohrs an die Wand transpor-

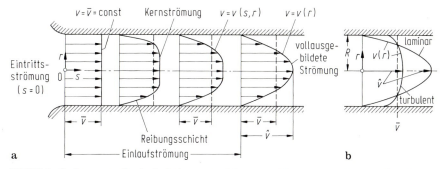

Bild J2-2a,b. Strömung durch ein Rohr von kreisförmigem Querschnitt. **a** Entwicklung der Geschwindigkeitsverteilung im Einlauf eines Rohrs vom gleichmäßigen bis zum vollausgebildeten Geschwindigkeitsprofil, dargestellt für laminare Strömung; **b** Vergleich des laminaren und turbulenten Geschwindigkeitsprofils ($Re \lessgtr Re_u$)

tiert. Dies führt zu einem Ausgleich der Geschwindigkeit über den Rohrquerschnitt. Nach Bild J 2-2 b ist in einem kreiszylindrischen Rohr das Geschwindigkeitsprofil $0 < v(r) < \hat{v}$ nicht mehr wie bei der laminaren Bewegung parabolisch, sondern im mittleren Strömungsbereich nahe der Rohrachse wesentlich gleichmäßiger, während der Geschwindigkeitsabfall nach der Rohrwand hin entsprechend steiler ist. Die mittlere Geschwindigkeit $\bar{v}$ ist nach Gl. (J 2-1) definiert, wobei $\dot{V}$ der längs der Rohrachse unveränderliche Volumenstrom und A die Rohrquerschnittsfläche bedeutet. Hierauf sind die dargestellten Geschwindigkeitsprofile bezogen, d.h. durch die betrachteten Querschnitte strömt zeitlich das gleiche Volumen.

Geschwindigkeitsprofile in recht- und dreieckförmigen Querschnitten weisen in den Querschnittsecken verhältnismäßig hohe Geschwindigkeiten auf, was auf Sekundärbewegungen zurückzuführen ist.

J 2.3.4 Vollausgebildete Rohrströmung

Rohrreibungszahl. Bei vollausgebildeter Strömung durch ein Rohr mit konstantem Querschnitt A und der Länge L kann man den Verlust an fluidmechanischer Energie (Druckverlust) infolge von Wandreibung nach dem Rohrreibungsgesetz entsprechend Gl. (J 2-6) mit dem Index $N = R$ in der Form

$$\Delta p_R = \zeta_R \frac{\varrho}{2} v_R^2 \quad \text{mit} \quad \zeta_R = \lambda \frac{L}{D}, \quad \lambda = \lambda(Re, k) \tag{J 2-9}$$

anschreiben. Hierin ist $v_R = \bar{v} = \dot{V}/A = \text{const}$ die mittlere Geschwindigkeit, ζ_R der dimensionslose Rohrreibungsbeiwert und λ die zugehörige dimensionslose Rohrreibungszahl. Für letztere gilt $\lambda(Re, k)$ mit $Re = \bar{v}D/\nu$ als Reynoldszahl nach Gl. (J 2-8) und $k = K/D$ als Rauheitsparameter (K = Rauheitshöhe). Bei fluidmechanisch glatter Rohrwand ist $\lambda(Re)$, und bei strömungstechnisch vollkommen rauher Rohrinnenwand ist $\lambda(k)$. Mit $\lambda = \text{const}$ stellt sich das in bezug auf die mittlere Geschwindigkeit quadratische Rohrreibungsgesetz $\Delta p_R \sim \bar{v}^2$ ein. Für $\dot{V} = \text{const}$ und $\lambda = \text{const}$ verhält sich der Druckverlust infolge Wandreibung bei gleicher Rohrlänge L wie $\Delta p_R \sim 1/D^5$, woraus man die große Bedeutung des Rohrdurchmessers für den Strömungsvorgang erkennt.

Gleichung (J 2-9) läßt sich auch in der Form

$$\Delta p_R = R_J L \quad \text{mit} \quad R_J = -\frac{dp}{ds} > 0 \tag{J 2-10}$$

als Druckgefälle (Energiegefälle) schreiben.

Die Gesetzmäßigkeiten für die Rohrreibungszahlen sind für die laminare und für die turbulente Strömung grundsätzlich verschieden und werden daher gesondert besprochen [A 32].

Laminare Rohrströmung. Beim Durchströmen von geraden Kreisrohren mit mäßigen Geschwindigkeiten, genauer gesagt bei Reynoldszahlen $Re < Re_u = 2320$, stellt sich im Rohr Laminar- oder Schichtenströmung ein. Auf theoretischem Weg findet man bei vollausgebildeter Strömung für die Rohrreibung

$$\lambda = \frac{c}{Re} \quad \text{(allgemein)}, \quad \lambda = \frac{64}{Re} \quad \text{(Kreisrohr)}. \tag{J2-11a,b}$$

Es ist Re die mit dem fluidmechanischen Durchmesser D_f und der mittleren Durchströmgeschwindigkeit $\bar{v}$ gebildete Reynoldszahl nach Gl. (J2-8) sowie c ein Zahlenwert für den kreisförmigen, elliptischen, rechteckigen und ringförmigen Rohrquerschnitt nach Bild J2-3. Da $\lambda \sim 1/\bar{v}$ ist, liegt bei laminarer Rohrströmung ein in bezug auf die mittlere Geschwindigkeit lineares Gesetz mit $\Delta p_R \sim \bar{v}$ vor.

In Bild J2-4 sind die Rohr- und Spaltreibungszahl über der Reynoldszahl in doppellogarithmischem Maßstab als Kurve (1) bzw. (1') aufgetragen. Eine rauhe Rohrinnenwand verhält sich bei laminarer Rohrströmung ähnlich wie eine glatte Rohrinnenwand.

Turbulente Strömung durch glattes Rohr. Während die laminare Scherströmung durch ihr geordnetes Verhalten in nebeneinander verlaufenden Schichten gekennzeichnet ist, hat man es bei der turbulenten Scherströmung mit einer Bewegung zu tun, bei welcher sich die nebeneinander strömenden Schichten ständig miteinander vermischen. Bei turbulenter Rohrströmung stellen sich erheblich größere Strömungswiderstände in Form von Verlusten an fluidmechanischer Energie ein als bei laminarer Rohrströmung. Turbulente Strömung tritt für technisch glatte Rohre bei Reynoldszahlen $Re > Re_u = 2320$ ein.

Bei der vollausgebildeten turbulenten Strömung und bei fluidmechanisch glatter Rohrinnenwand hängt die Rohrreibungszahl λ weniger stark von der Reynoldszahl

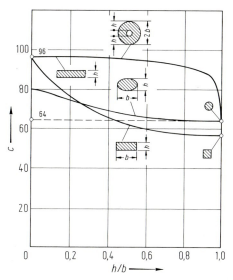

Bild J2-3. Rohrreibungszahl $\lambda = c/Re$ bzw. $c = \lambda Re$ für verschiedene Rohrquerschnittsformen bei laminarer Strömung; $Re = \bar{v}D_f/\nu$; Rechteck $D_f = 2h/(1+h/b)$, Ringspalt sowie gerader Spalt $D_f = 2h$ und Ellipse $D_f = h \cdot f(h/b)$ mit $f(h/b) \approx (\pi/2)(1+h/b)/[\pi h/b + (1-h/b)^2]$, nach [B7]

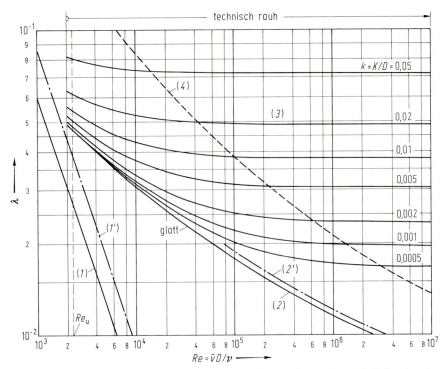

Bild J 2-4. Reibungszahlen für technisch rauhe Rohre (Moody-Diagramm), nach [B 5]. 1 Laminar glatt, rauh, 1' Spalt ($D \triangleq D_f = 2h$, vgl. Bild J 2-3), 2 turbulent glatt, 2' Spalt, 3 turbulent rauh (Zahlenwerte K aus Bild J 2-5), 4 Grenzkurve für vollkommen rauhe Rohre

Re ab als bei laminarer Strömung. Ein allgemein gültiges halbempirisches Gesetz für turbulent durchströmte glatte Rohre lautet

$$\frac{1}{\sqrt{\lambda}} = 2{,}0 \lg (Re \sqrt{\lambda}) - 0{,}8 \quad \text{(glatt)} \, . \tag{J 2-12}$$

In Bild J 2-4 ist $\lambda(Re)$ für das Kreisrohr und den Spalt als Kurve (2) bzw. (2') aufgetragen. Eine leichter als Gl. (J 2-12) auswertbare Beziehung ist in Tabelle J 2-2 mit $k = 0$ angegeben. Der Einfluß einer nichtkreisförmigen Querschnittsform (Dreieck, Quadrat, Rechteck, Trapez) auf die turbulente Rohrreibungszahl ist nur gering; er läßt sich mittels des fluidmechanischen Durchmessers D_f nach Gl. (J 2-7) anstelle des Kreisdurchmessers D näherungsweise erfassen.

Turbulente Strömung durch rauhes Rohr. Da technisch verwendete Rohre mehr oder weniger rauhe Innenwände (unbearbeitete gußeiserne Rohre, verrostete oder durch chemische Einwirkungen angegriffene Stahlrohre, Zementrohre usw.) besitzen, erhebt sich die Frage, unter welchen Umständen der fluidmechanische Energieverlust beim rauhen Rohr größer als beim glatten Rohr ist. Bei sonst gleichen Verhältnissen bestehen je nach Art der Rauheit (Größe und Anzahl der Wandun-

Tabelle J 2-2. Verlustbeiwerte und Rohrreibungszahlen für gerade Kreisrohre, Rohreintrittsströmung ζ_E, Rohreinlaufströmung ζ_L, vollausgebildete Rohrströmung ζ_R bzw. λ nach [B6]

gerades Rohr	N	v_N	ζ_N			
Rohreintrittsströmung	E	$v_E = \bar{v}$	$\zeta_E = 1{,}5 \left(\dfrac{1-\mu}{\mu}\right)^2$ $(0{,}5 < \mu < 1{,}0)$ →Bild J 2-7			
				Strömungszustand		
				laminar $(Re < 2320)$		turbulent $(Re > 2320)$
Rohreinlaufströmung	L	$v_L = \bar{v}$	$\zeta_L = 0{,}33$, $\zeta'_L = 1{,}33$			$\zeta_L = 0{,}02$, $\zeta'_L = 0{,}07$
			$\dfrac{s_L}{D} = 0{,}06\, Re$			$\dfrac{s_L}{D} = 0{,}6\, Re^{0{,}25}$
vollausgebildete Rohrströmung	R	$v_R = \bar{v}$	$\zeta_R = \lambda\dfrac{L}{D}$, $Re = \dfrac{\bar{v}D}{\nu}$, $k = \dfrac{K}{D}$			
			$\lambda = \dfrac{64}{Re}$			$\lambda = 0{,}25 \left[\lg\left(\dfrac{15}{Re} + 0{,}27\,k\right)\right]^{-2}$

ebenheiten, Entfernung derselben voneinander, Neigung gegen die Strömungsrichtung usw.) erhebliche Unterschiede. Die Wandunebenheit wird durch die Rauheitshöhe K erfaßt. Das Verhältnis $k = K/D$ bezeichnet man als relative Rauheit oder als Rauheitsparameter.

Sind die unvermeidlichen Wandunebenheiten so klein, daß sie sich in der schmalen von der Viskosität bestimmten Zone in Wandnähe (viskose Unterschicht) befinden, so hat die Wandrauheit auf den viskosen Strömungsvorgang nahezu keinen Einfluß. Das Rohr wird in diesem Fall als fluidmechanisch (hydraulisch) glatt bezeichnet, und es gelten die hierfür bereits abgeleiteten Gesetze. Ragen dagegen die Rauheitselemente erheblich über die mit wachsender Reynoldszahl schmaler werdende viskose Unterschicht hinaus, dann setzen sie der turbulenten Strömung zusätzliche Widerstände entgegen. Ein solches Rohr wird als fluidmechanisch rauh angesehen, und es gelten dafür andere Gesetzmäßigkeiten.

Man hat zwei Arten von Rauheit zu unterscheiden. Sie werden als eigentliche Wandrauheit und als Wandwelligkeit bezeichnet. Wandrauheit zeigt sich bei besonders groben und dicht nebeneinanderliegenden Wandunebenheiten, z.B. bei rauhen Eisen- und Betonrohren. Wandwelligkeit liegt bei kleinerer Rauheit oder bei sanfteren Übergängen zwischen den einzelnen Rauheitselementen vor.

Der in der Technik vorkommenden natürlichen Rauheit ordnet man eine künstliche, sog. äquivalente Sandrauheit K zu, die dieselbe Rohrreibungszahl λ wie die technische Rauheit liefert. Anhaltswerte über die Größe der äquivalenten Rauheitshöhen für technisch wichtige Rauheiten liefert Bild J 2-5. Man erkennt den verhältnismäßig großen Streubereich, welcher in der richtigen Wahl von K bei allen

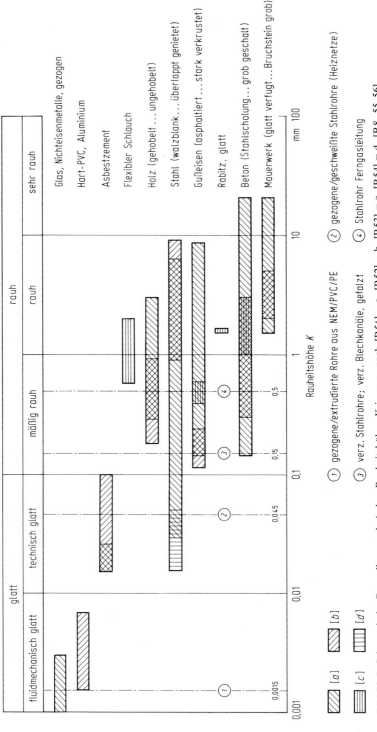

Bild J 2-5. Schematische Darstellung technischer Rauheitshöhen K in mm, nach [B51] = a, [B52] = b, [B53] = c, [B54] = d, [B8, 55, 56]

technischen (natürlichen) Rauheiten besteht. Eine weitere Unsicherheit bei der Bestimmung der Rauheitshöhe betrifft die Veränderung, welche die Innenwand der Rohre im Betriebszustand durch Rostbildung, Verschleimung, Verkrustung, Einwirkung von Säuren und dergleichen erleidet. Dadurch wird nicht nur die Wandbeschaffenheit, sondern auch bis zu einem gewissen Grad der Durchströmquerschnitt beeinflußt.

Eine Besonderheit liegt noch vor, wenn man sich im Übergangsgebiet zwischen glatter und rauher Rohrwand befindet, wo sich ein Teil der Wandunebenheiten noch in der viskosen Unterschicht befindet, während ein anderer bereits in die turbulente Zone hineinragt.

Das bekannteste halbempirische Gesetz für die turbulente Rohrreibungszahl bei rauher Rohrinnenwand lautet

$$\frac{1}{\sqrt{\lambda}} = -2{,}0 \lg \left(\frac{2{,}51}{Re\sqrt{\lambda}} + 0{,}27\,k \right) \quad \text{(rauh)}. \qquad (J\,2\text{-}13)$$

Diese Formel enthält mit $k \to 0$ den Grenzfall des fluidmechanisch vollkommen glatten Rohrs nach Gl. (J 2-12) und mit $Re \to \infty$ den Grenzfall des fluidmechanisch vollkommen rauhen Rohrs. In Bild J 2-4 ist $\lambda(Re, k)$ für das Kreisrohr durch die Kurven (3) als sog. Moody-Diagramm dargestellt. Eine leichter als Gl. (J 2-13) auswertbare Beziehung ist in Tabelle J 2-2 angegeben.

Einen überschlägigen Anhalt für eine erste Abschätzung der Rohrreibungszahl liefert der Wert $\lambda \approx 0{,}03$, der für neue Rohre zu groß ist, aber für gebrauchte mit dünner Ansatzschicht bei mittleren Geschwindigkeiten von 0,5 – 1 m/s ungefähr zutrifft.

J 2.3.5 Rohreinlaufströmung

In Bild J 2-2a wurde die beim Anschluß eines Ansatzrohrs an ein Gefäß sich ausbildende Rohreinlaufströmung (Index $N = L$) dargestellt. Praktisch kann man den Beschleunigungsvorgang der Kernströmung als beendet ansehen, wenn die maximale Geschwindigkeit in der Rohrmitte etwa 99% des endgültigen Werts der vollausgebildeten Geschwindigkeitsprofile erreicht hat. Mit dieser Annahme kann man eine endliche Einlaufstrecke (Einlauflänge) $s_L = s_2 - s_1$ definieren, vgl. Bild J 2-6. Bei kreisförmigem Rohrquerschnitt gilt etwa

$$\frac{s_L}{D} = a\,Re^b \quad \text{(glattes Rohr)} \qquad (J\,2\text{-}14)$$

mit den Richtwerten $a \approx 0{,}06$, $b = 1$ (laminar) und $a \approx 0{,}6$, $b \approx 0{,}25$ (turbulent). Die Einlauflängen können bei laminarer Strömung verhältnismäßig groß sein. Bei $Re = 2000$ würde sich $s_L \approx 120\,D$ ergeben. Das vollausgebildete turbulente Geschwindigkeitsprofil hat sich nach einer Länge von $s_L = 20 - 40\,D$ eingestellt.

Die Rohreinlaufströmung erfährt gegenüber dem fluidmechanischen Energieverlust einer vollausgebildeten Rohrströmung $\Delta p_R = (\varrho/2)\zeta_R \bar{v}^2$ mit $\zeta_R = \lambda(s_L/D)$ als Rohrverlustbeiwert bei gleicher Rohrlänge und ungeändertem Volumenstrom einen zusätzlichen fluidmechanischen Energieverlust $\Delta p_L = \zeta_L(\varrho/2)\bar{v}^2$ mit ζ_L als

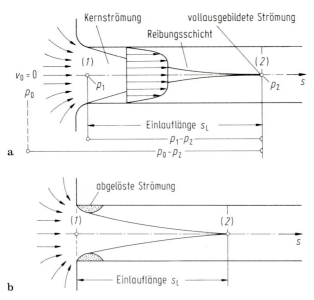

Bild J 2-6 a, b. Schematische Darstellung der Rohreinlauf- und Rohreintrittsströmung, vgl. Bild J 2-2a. **a** Abgerundeter Eintritt; **b** scharfkantiger Eintritt mit Strömungsablösung

Einlaufverlustbeiwert. Aufgrund dieses Verhaltens beträgt der Druckabfall (Druckdifferenz) zwischen der Stelle $s_2 = s_L$ und dem Eintritt bei $s_1 = 0$ nach Gl. (J 2-3) in Verbindung mit Gl. (J 2-6) sowie $z_1 = z_2$ und $v_1 = v_2 = \bar{v}$

$$p_2 - p_1 = -(\zeta_R + \zeta_L')\frac{\varrho}{2}\bar{v}^2 < 0 \ . \tag{J2-15}$$

Es ist $\zeta_L' = \alpha_2 + \zeta_L - 1$, wenn am Eintritt $\alpha_1 = 1$ (gleichmäßiges Geschwindigkeitsprofil) ist. Bei der laminaren Rohrströmung gilt der Zahlenwert $\zeta_L' = 1{,}33$ und bei der turbulenten Rohrströmung ist mit $\zeta_L' = 0{,}07$ zu rechnen. Bei einem sehr langen Rohr mit $s \gg s_L$ ist $\zeta_L' \ll \zeta_R$ und kann vernachlässigt werden.

J 2.3.6 Rohreintrittsströmung

Häufig interessiert auch der Druckabfall, der sich ergibt, wenn das Fluid vom Ruhezustand vor dem Rohreintritt (Behälter, Kessel, Index 0) auf die Strömung im Rohreintritt (Index 1) beschleunigt wird. Mit $\bar{v}_0 = 0$ ergibt sich für den zusätzlichen Druckabfall $p_1 - p_0 = -(\varrho/2)\bar{v}^2 < 0$ und damit für den gesamten Druckabfall $p_2 - p_0 = (p_1 - p_0) + (p_2 - p_1)$, d.h.

$$p_2 - p_0 = -(\zeta_E + \zeta_R + \zeta_L'')\frac{\varrho}{2}\bar{v}^2 \ . \tag{J2-16}$$

Es ist $\zeta_L'' = 1 + \zeta_L' = \alpha_2 + \zeta_L$.

Neben den bereits bekannten Größen tritt noch ein Verlustbeiwert der Rohreintrittsströmung ζ_E auf, wenn die Eintrittsöffnung nicht wie in Bild J 2-6a ausrei-

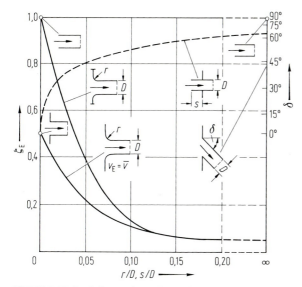

Bild J 2-7. Verlustbeiwerte der Rohreintrittsströmung ζ_E bei abgerundeten, scharfkantigen, hereinragenden und abgewinkelten Rohransatzstücken, $\zeta_E = 0{,}5 + 0{,}3 \sin \delta + 0{,}2 \sin^2 \delta$, nach [B9]

chend abgerundet ist. Bei scharfkantigem Rohranschluß nach Bild J 2-6 b würde zunächst kurz hinter dem Eintritt des Fluids in das Rohr eine Strömungsablösung auftreten und sich hieraus die Rohreinlaufströmung ausbilden. Über die von der Form des Rohransatzes (abgerundet, gebrochen, scharfkantig, hereinragend, abgewinkelt) abhängigen Rohreintrittsbeiwerte gibt Bild J 2-7 Aufschluß, vgl. Tabelle J 2-2.

J 2.4 Formstücke und Armaturen

J 2.4.1 Fluidmechanischer Energieverlust

Bei einem Rohrleitungssystem handelt es sich im allgemeinen um mehrere gerade Rohrteile, die zwecks Querschnitts- oder Richtungsänderung oder auch Verzweigung durch Zwischenstücke miteinander verbunden sind. Ein Sonderfall liegt vor, wenn das Rohr ins Freie führt. In diesem Fall geht das Zwischenstück in ein Endstück über. Für den Betrieb der Leitungsanlage, insbesondere der Volumenstromsteuerung, sind noch Einbauten vorzusehen. Aus Tabelle J 2-1 geht hervor, um welches Rohrleitungsteil (Index N) es sich handeln kann.

Den gesamten fluidmechanischen Energieverlust eines Rohrleitungssystems zwischen den Stellen (1) und (2) erhält man durch Summation über alle Rohrteile entsprechend Gl. (J 2-6). Unter Beachtung von Gl. (J 2-10) kann man schreiben

$$\Delta p_{1 \to 2} = R_J L + Z \quad \text{mit} \quad Z = \Delta p_N = \frac{\varrho}{2} \sum_{(1)}^{(2)} \zeta_N v_N^2 \quad (v_N = \dot{V}/A_N) \ , \quad \text{(J 2-17)}$$

als Summe der Gesamtdruckverluste aller Formstücke und Armaturen. Es bedeuten ζ_N die verschiedenen Verlustbeiwerte und v_N die zugehörigen Bezugsgeschwindigkeiten.

J2.4.2 Rohrquerschnittsänderungen

Allgemeine Feststellung. Die Größe der fluidmechanischen Energieverluste hängt wesentlich davon ab, ob nach Bild J 2-8 eine Rohrerweiterung ($A_2/A_1 > 1$) oder eine Rohrverengung ($A_2/A_1 < 1$) vorliegt und ferner davon, ob die Änderung des Rohrquerschnitts stetig (allmählich) oder unstetig (plötzlich) vor sich geht.

Plötzliche Rohrquerschnittsänderungen. Querschnittserweiterungen und Querschnittsverengungen, bei denen ein unstetiger Querschnittsübergang durch eine blendenartige Verengung erfolgt, sind in Bild J 2-9 dargestellt. Für das fluidmechanische Verhalten ist es dabei wesentlich, ob sich der Fluidstrahl im Rohr zusammenzieht oder ausbreitet. Bei der Strahleinschnürung (Kontraktion) wird dies durch die Kontraktionszahl $\mu = A_0^*/A_0 < 1$ erfaßt.

Man kann annehmen, daß unmittelbar hinter dem unstetigen Übergang vom Rohr mit dem Querschnitt A_1 in das Rohr vom Querschnitt A_2 der Druck des Querschnitts A_0 herrscht. Weiter stromabwärts vermischt sich der Fluidstrahl vom Querschnitt A_0 mit dem umgebenden Fluid unter starker Wirbelbildung. Die Wir-

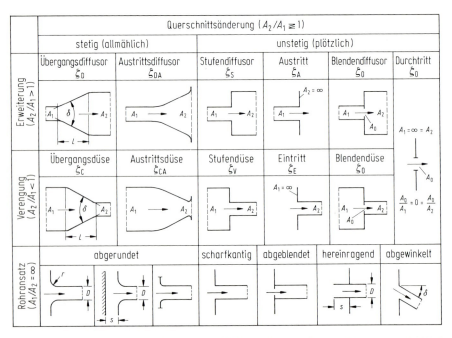

Bild J 2-8. Schematische Darstellung der möglichen Rohrquerschnittsänderungen, vgl. Tabelle J 2-1 (Übersicht)

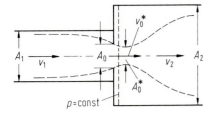
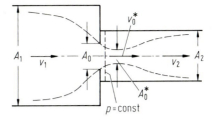

Bild J 2-9. Plötzliche Rohrquerschnittsänderungen, Geometrie (Querschnittsflächen) und fluidmechanische Betrachtung (Geschwindigkeiten, Stromlinienverläufe)

beldrehung begünstigt das Wiederanlegen des aufgerissenen Strahls an die Rohrwand, so daß sich nach einer gewissen Übergangsströmung wieder eine nahezu gleichmäßige Strömung mit der mittleren Geschwindigkeit v_2 einstellt.

Der fluidmechanische Energieverlust läßt sich nach Gl. (J 2-17) durch

$$\Delta p_N = \zeta_N \frac{\varrho}{2} v_N^2 \qquad (v_N = \dot{V}/A_N) \qquad \text{(J 2-18 a)}$$

darstellen. Dabei kann der Verlustbeiwert ζ_N auf die Geschwindigkeit v_0, v_1 oder v_2 bezogen werden. Für diese gilt nach Gl. (J 2-1)

$$\dot{V} = v_1 A_1 = v_0 A_0 = v_0^* A_0^* = v_2 A_2 \ . \qquad \text{(J 2-18 b)}$$

Durch Anwendung der Kontinuitätsgleichung (J 2-1), der Impulsgleichung (J 2-2) und der Energiegleichung (J 2-3) erhält man die in [B 11] etwas modifizierte Weisbachsche Formel für den auf die Geschwindigkeit $v_N = v_0$ bezogenen Verlustbeiwert $\zeta_N = \zeta_0$

$$\zeta_0 = \frac{1}{\mu^2}\left(0{,}5(1-\mu)^2 + \left(1 - \frac{\mu A_0}{A_2}\right)^2\right) \qquad (v_N = v_0) \ . \qquad \text{(J 2-19 a)}$$

Die Auswertung dieser Beziehung setzt die genaue Kenntnis der Kontraktionszahlen $\mu = f(A_0/A_1, A_0/A_2)$ voraus, was nicht immer möglich ist.

Der Fall $A_1 \to \infty$ und $A_2 = A_0$ beschreibt den scharfkantigen Rohreintritt. Für diesen gilt der in Tabelle J 2-2 für die Rohreintrittsströmung angegebene Verlustbeiwert $\zeta_E \approx 0{,}6$ mit $\mu \approx 0{,}61$.

Eine einfache Berechnungsformel wird von Idelchick [B 10] angegeben. Sie gilt für $Re = v_0 D_0/\nu \geq 10^5$ mit $D_0 = 4A_0/U_0$ als fluidmechanischem Durchmesser und lautet

$$\zeta_0 = \left(1 + \sqrt{0{,}5\left(1 - \frac{A_0}{A_1}\right)} - \frac{A_0}{A_2}\right)^2 \qquad (v_N = v_0) \ , \qquad \text{(J 2-19 b)}$$

und ist nach Bild J 2-10 für alle Anordnungen mit plötzlicher Querschnittsänderung anwendbar. In [B 11] wird gezeigt, daß beide Formeln miteinander übereinstimmen.

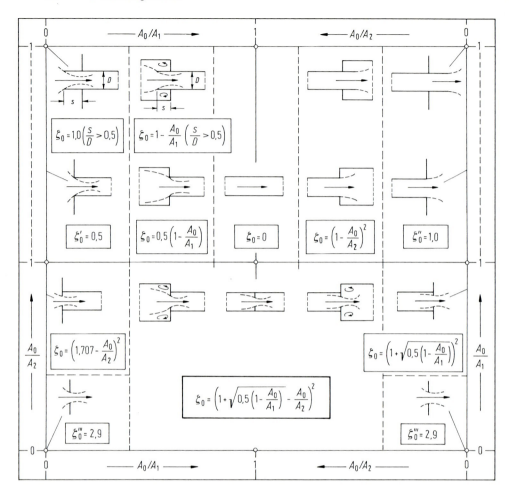

Bild J 2-10. Fluidmechanisches Verhalten und Formeln zur Berechnung der Verlustbeiwerte ζ_0 für plötzliche Rohrquerschnittsänderungen nach Gl. (J 2-19 b)

Die Verlustbeiwerte erstrecken sich über den Bereich $0<\zeta_0<3$ und sind Bild J 2-11 sowie Tabelle J 2-3 zu entnehmen. Will man sie auf die Geschwindigkeiten v_1 oder v_2 beziehen, dann bestehen die Zusammenhänge

$$\zeta_1 = \zeta_0 \left(\frac{A_1}{A_0}\right)^2 \quad (v_N = v_1) \ , \quad \zeta_2 = \zeta_0 \left(\frac{A_2}{A_0}\right)^2 \quad (v_N = v_2) \ . \qquad \text{(J 2-20 a, b)}$$

Zu den plötzlichen Rohrquerschnittsänderungen gehören nach Bild J 2-8 der Stufen- und Blendendiffusor sowie die Stufen- und Blendendüse.

Die Formeln zur Berechnung der verschiedenen Verlustbeiwerte sind Bild J 2-10 zu entnehmen. Unter Beachtung der Bezeichnungen von Tabelle J 2-1 sind die

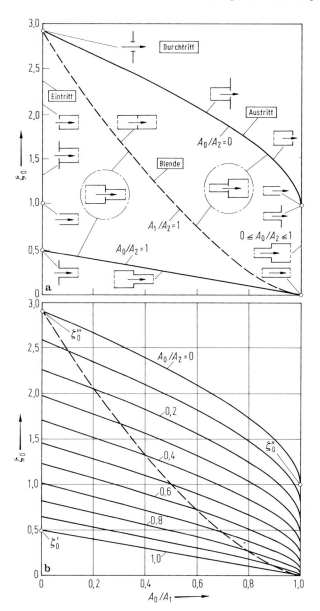

Bild J2-11 a, b. Plötzliche Rohrquerschnittsänderungen. **a** Geometrie, **b** Verlustbeiwerte ζ_0

Verlustbeiwerte ζ_N je nach Wahl der Bezugsgeschwindigkeiten v_N in Tabelle J2-4 (s. S. 468–469) zusammengestellt.

Die Beziehung zur Berechnung des fluidmechanischen Energieverlusts (Gesamtdruckverlust) bzw. des Verlustbeiwerts beim *Stufendiffusor* (Index $N = S$), auch Stoßdiffusor genannt, der Länge $L_S + L_2 = L_2$ nach Bild J2-12a ist als Borda-Car-

Tabelle J 2-3. Verlustbeiwerte ζ_0 bei plötzlichen Rohrquerschnittsänderungen nach Gl. (J 2-19 b), vgl. Bild J 2-10

A_0/A_2	A_0/A_1										
	0,000	0,100	0,200	0,300	0,400	0,500	0,600	0,700	0,800	0,900	1,000
0,000	2,914	2,792	2,665	2,533	2,395	2,250	2,094	1,925	1,732	1,497	1,000
0,100	2,583	2,467	2.348	2,225	2,096	1,960	1,815	1,657	1,479	1,262	0,810
0,200	2,271	2,163	2,052	1,937	1,816	1,690	1,556	1,410	1,246	1,048	0,640
0,300	1,980	1,879	1,775	1,666	1,557	1,440	1,316	1,182	1,033	0,853	0,490
0,400	1,709	1,615	1,519	1,420	1,317	1,210	1,097	0,975	0,839	0,678	0,360
0,500	1,457	1,371	1,282	1,192	1,098	1,000	0,897	0,787	0,666	0,524	0,250
0,600	1,226	1,147	1,066	0,983	0,898	0,810	0,718	0,620	0,513	0,389	0,160
0,700	1,014	0,942	0,869	0,795	0,719	0,640	0,558	0,472	0,380	0,274	0,090
0,800	0,823	0,758	0,693	0,627	0,559	0,490	0,419	0,345	0,266	0,179	0,040
0,900	0,651	0,594	0,536	0,478	0,420	0,360	0,299	0,237	0,173	0,105	0,010
1,000	0,500	0,450	0,400	0,350	0,300	0,250	0,200	0,150	0,100	0,050	0,000

notsche Formel bekannt. Sie lautet in Übereinstimmung mit dem bereits in Tabelle J 2-4 angegebenen Ergebnis

$$\Delta p_S = \frac{\varrho}{2}(v_1 - v_2)^2 \;, \quad \zeta_S = \left(1 - \frac{A_1}{A_2}\right)^2 \quad (v_S = v_1) \;, \qquad \text{(J 2-21 a, b)}$$

vgl. Gl. (J 2-19 a, b) mit $A_0/A_1 = 1$ und $\mu = 1$. Die verlustbehaftete Energieumsetzung des Mischvorgangs ist bei einer Längenausdehnung stromabwärts von der Erweiterungsstelle bei $L_2 \approx 4D_2$ nahezu und bei $L_2 \approx 8D_2$ vollständig abgeschlossen.

Die Wirkung der Wandschubspannung im erweiterten Rohr von der Länge L_2 wird bei der Herleitung von Gl. (J 2-21 a) nicht berücksichtigt und kann im allgemeinen vernachlässigt werden.

Definiert man das Verhältnis des tatsächlichen Druckanstiegs der reibungsbehafteten Strömung $(p_2 - p_1)$ zum theoretisch größtmöglichen Druckanstieg bei reibungsloser Strömung $(p_2 - p_1)_{th} = (\varrho/2)(v_1^2 - v_2^2)$, so kann man für den hieraus gebildeten Wirkungsgrad η_S schreiben

$$\eta_S = \frac{p_2 - p_1}{(p_2 - p_1)_{th}} = 1 - \frac{\zeta_S}{1 - (A_1/A_2)^2} = \frac{2}{1 + A_2/A_1} < 1 \;. \qquad \text{(J 2-22)}$$

Für das Flächenverhältnis $A_2/A_1 = 2$ ist $\eta_S = 2/3$ und $\zeta_S = 1/4$.

Bild J 2-12 a – d. Diffusoren nach [B 10–15]. **a** Stufendiffusor (unstetige Rohrerweiterung, Index S), Erweiterungszone $L_S = 0$, Energieverlustzone L_2, Energieverlust Δp_S; **b, c** Übergangsdiffusor (stetige Rohrerweiterung, Index D), Erweiterungszone L_D (Geschwindigkeitsprofil, z.T. mit Strömungsablösung), Energieverlustzone $L_D + L_2$, Energieverlust Δp_D; **d** Diffusorwirkungsgrade η_D, η_S in Abhängigkeit vom Diffusorwinkel δ und vom Querschnittsverhältnis A_2/A_1

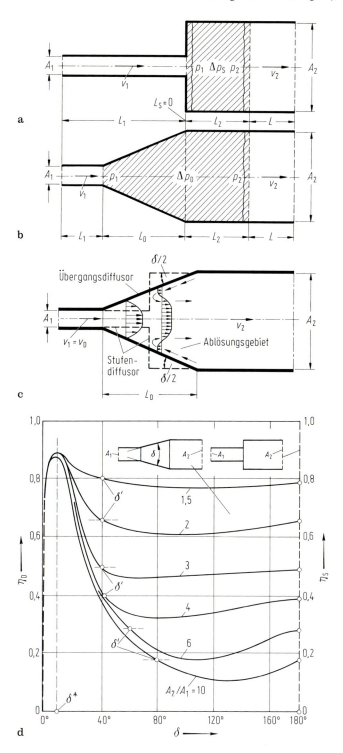

Tabelle J 2-4. Verlustbeiwerte ζ_N bei Rohrquerschnittsänderungen, [B10, 12]

Rohrquerschnittsänderung	N	v_N	ζ_N
Rohrerweiterung Stufendiffusor (plötzlich)	S	$v_S = v_1$	$\zeta_S = \left(1 - \dfrac{A_1}{A_2}\right)^2$, $\eta_S = \dfrac{2}{1 + A_2/A_1} < 1$ abgeblendet: $\zeta_S = \left(\left[1 + \sqrt{0{,}5\left(1 - \dfrac{A_0}{A_1}\right)}\right]\dfrac{A_1}{A_0} - \dfrac{A_1}{A_2}\right)^2$
Übergangsdiffusor (allmählich)	D	$v_D = v_1$	$\zeta_D = (1 - \eta_D)\left[1 - \left(\dfrac{A_1}{A_2}\right)^2\right]$, $\eta_D = f(\delta, A_2/A_1)$ $\delta^* = 150/Re^{0{,}25}$, $\bigcirc\ \delta^* \approx 8°$, $\square\ \delta^* \approx 10°$
Austrittsdiffusor (Enddiffusor)	DA	$v_{DA} = v_1$	$\zeta_{DA} = 1 - \eta_D\left[1 - \left(\dfrac{A_1}{A_2}\right)^2\right]$

J2 Strömungen in Rohrleitungen (Rohrhydraulik)

Rohrverengung Stufendüse (plötzlich)	V	$v_V = v_2$	$\zeta_V = 0,5 \left(1 - \dfrac{A_0}{A_1}\right)^{3/4} \approx 0,5 \left(1 - \dfrac{A_0}{A_1}\right)$
			abgeblendet: $\zeta_V = \left(\left[1 + \sqrt{0,5\left(1 - \dfrac{A_0}{A_1}\right)}\right]\dfrac{A_2}{A_0} - 1\right)^2$
Übergangsdüse (allmählich)	C	$v_C = v_2$	$\zeta_C = \dfrac{1}{4}\left(1 + \dfrac{A_2}{A_1}\right)^2 \cdot \lambda \dfrac{L}{D}$ mit $D = \dfrac{1}{2}(D_1 + D_2)$
Austrittsdüse (Enddüse)	CA	$v_{CA} = v_2$	$\zeta_{CA} = 1,0$
Rohrblende (Drosselscheibe)	B	$v_B = \bar{v}$	$\zeta_B = \left(\left[1 + \sqrt{0,5\left(1 - \dfrac{A_0}{A}\right)}\right]\dfrac{A}{A_0} - 1\right)^2$
Rohraustrittsströmung	A	$v_A = \bar{v}$	laminar: $\zeta_A = 2,0$ turbulent: $\zeta_A \approx 1,0$

Rohraustritt. Tritt am Rohrende der Strahl ins Freie aus, dann geht nach Bild J 2-8 der Querschnitt $A_2 \to \infty$, und die Geschwindigkeit nimmt den Wert $v_2 = 0$ an. Es liegt also der Fall des Ausströmens aus einer Rohrleitung in einen großen Raum vor (Index $N = A$). Aus Gleichung (J 2-21) erhält man hierfür

$$\Delta p_A = \frac{\varrho}{2} v_1^2 \ , \quad \zeta_A = 1{,}0 \quad (v_A = v_1) \ . \qquad \text{(J 2-23 a, b)}$$

Dieses Ergebnis bedeutet, daß bei der Austrittsströmung die Geschwindigkeitsenergie im Austrittsquerschnitts fluidmechanisch verlorengeht. Die angegebene Beziehung gilt für turbulente Strömung, während bei laminarer Strömung wegen des stärker geänderten Geschwindigkeitsprofils der Wert doppelt so groß ist, d.h. $\zeta_A = 2{,}0$, vgl. Tabelle J 2-4.

Allmähliche Rohrquerschnittsänderungen. Zu den stetig verlaufenden Rohrquerschnittsänderungen gehören nach Bild J 2-8 der Übergangs- und Austrittsdiffusor sowie die Übergangs- und Austrittsdüse.

In einem *Übergangsdiffusor* (Index $N = D$) der Länge $L_D + L_2$ soll nach Bild J 2-12 b, c mittels einer divergenten Querschnittsänderung ($A_2 > A_1$) eine Strömung bei großer Geschwindigkeit v_1 und kleinem Druck p_1 mit möglichst geringem Verlust an fluidmechanischer Energie in eine Strömung bei kleiner Geschwindigkeit $v_2 < v_1$ und großem Druck $p_2 > p_1$ umgewandelt werden. Sofern der Öffnungswinkel des Diffusors (Diffusorwinkel) δ einen bestimmten optimalen Wert $\delta \approx \delta^*$ nicht übersteigt, entsteht ein mäßiger Verlust an fluidmechanischer Energie. Ist der Diffusorwinkel dagegen $\delta > \delta^*$, so findet eine Ablösung der Strömung von der Wand her statt, was erheblich größere fluidmechanische Energieverluste zur Folge hat. Eine grobe Abschätzung für den optimalen Diffusorwinkel liefert bei kreisförmigen Diffusoren $\delta^* \approx 8°$ und bei rechteckigen Kanälen $\delta^* \approx 10°$. Mit wachsender Reynoldszahl nimmt δ^* ab.

Neben dem Querschnittsverhältnis A_2/A_1 und dem Diffusorwinkel δ spielt für den Einbau eines Übergangsdiffusors in ein Rohrleitungssystem die Länge des Diffusors eine wichtige Rolle. Für einen kegelförmigen Diffusor gilt die geometrische Beziehung

$$\frac{L}{D_1} = \frac{1}{2}\left(\frac{D_2}{D_1} - 1\right) \cot\left(\frac{\delta}{2}\right) \quad \text{(Kegeldiffusor)} \ . \qquad \text{(J 2-24)}$$

Für ein vorgegebenes Durchmesserverhältnis $D_2/D_1 > 1$ und einen mit Rücksicht auf eine ablösungsfreie Strömung kleinen Diffusorwinkel $\delta \approx \delta^*$ kann die Diffusorlänge sehr groß werden.

Als Druckrückgewinnziffer, häufig auch als Diffusorwirkungsgrad η_D bezeichnet, definiert man wie in Gl. (J 2-22) das Verhältnis des tatsächlichen Druckanstiegs der reibungsbehafteten Strömung zum theoretisch größtmöglichen Druckanstieg bei reibungsloser Strömung

$$\eta_D = \frac{p_2 - p_1}{(p_2 - p_1)_{th}} = 1 - \frac{\zeta_D}{1 - (A_1/A_2)^2} < 1 \quad (v_D = v_1) \ . \qquad \text{(J 2-25)}$$

Zahlenwerte für den Diffusorwirkungsgrad η_D schwanken in sehr weiten Grenzen. Sie hängen außer vom Diffusorwinkel δ, vom Flächenverhältnis A_2/A_1, von der Diffusorlänge L/D_1, vom Verlauf der Diffusorachse (geradlinig, gekrümmt), von der Querschnittsform (kreisförmig, elliptisch, rechteckig) und von der Art der Erweiterung (stückweise geradlinige oder geschwungene Mantelbegrenzung) sowie von der Zuströmbedingung (Geschwindigkeitsprofil) am Diffusoreintritt und von der Reynoldszahl ab. Wegen der Vielzahl der möglichen Parameter lassen sich hier nur angenäherte Anhaltswerte angeben. In Bild J2-12d sind Wirkungsgrade von Diffusoren mit gerader Achse in Abhängigkeit vom Diffusorwinkel δ für verschiedene Querschnittsverhältnisse A_2/A_1 wiedergegeben. Für Winkel $\delta \approx \delta^*$ arbeitet der gerade Diffusor bei Werten $\eta_D \approx 0{,}9$ nahezu ablösungsfrei. Für $\delta = 180°$ geht der Übergangsdiffusor in den Stufendiffusor mit dem Wirkungsgrad η_S nach Gl. (J2-22) über. Aus den dargestellten Kurvenverläufen ersieht man, daß bei gleichgehaltenem Querschnittsverhältnis für größere Diffusorwinkel der Stufendiffusor günstiger als der Übergangsdiffusor arbeitet ($\eta_D < \eta_S$). Die Übereinstimmung $\eta_D = \eta_S$ bzw. $\zeta_D = \zeta_S$ ist für die verschiedenen Querschnittsverhältnisse A_2/A_1 durch die Winkel δ' gekennzeichnet.

Die verlustbehaftete Energieumsetzung ist wie beim Stufendiffusor bei $L_2 \approx 4 D_2$ nahezu und bei $L_2 \approx 8 D_2$ vollständig abgeschlossen. Nach Anwendung der erweiterten Bernoullischen Energiegleichung (J2-4) ergibt sich der Gesamtdruckverlust zu

$$\Delta p_D = \frac{\varrho}{2}(v_1^2 - v_2^2) - (p_2 - p_1) \ . \tag{J2-26a}$$

Kennt man den Diffusorwirkungsgrad, so läßt sich daraus nach Gl. (J2-25) der zugehörige Verlustbeiwert berechnen, und zwar gilt

$$\zeta_D = (1 - \eta_D)\left[1 - \left(\frac{A_1}{A_2}\right)^2\right] \quad (v_D = v_1) \ . \tag{J2-26b}$$

Für Kegeldiffusoren gibt Idelchick [B13] zur Berechnung der Verlustbeiwerte eine auf kleine und mäßige Diffusorwinkel anwendbare stark vereinfachte Formel

$$\zeta_D \approx 3{,}2\left(1 - \frac{A_1}{A_2}\right)^2 \left(\tan\frac{\delta}{2}\right)^{5/4} \quad (0 < \delta < 40°) \tag{J2-26b'}$$

an. In Gl. (J2-25) eingesetzt ergibt sich nach dem Diffusorwirkungsgrad aufgelöst

$$\eta_D = 1 - 3{,}2 \frac{1 - A_1/A_2}{1 + A_1/A_2}\left(\tan\frac{\delta}{2}\right)^{5/4} . \tag{J2-25'}$$

Für den Winkel δ', bei dem $\eta_D = \eta_S = 2/(1 + A_2/A_1)$ wird, findet man $\delta' \approx 40$.

Auf Tabelle J2-4, die auch eine Angabe zum *Austrittsdiffusor* (Enddiffusor, Index $N = DA$) enthält, sei hingewiesen.

In der *Übergangsdüse* (Index $N = C$) nach Bild J2-8 unterliegt die Strömung infolge der konvergenten Querschnittsänderung einer mehr oder weniger starken Beschleunigung und damit einem Druckabfall in Strömungsrichtung. Eine solche

Strömung hat nur geringe Verluste an fluidmechanischer Energie zur Folge, da bei ihr kaum Strömungsablösung auftreten kann. Es handelt sich um eine Rohrströmung mit veränderlichem Querschnitt. In die Beziehung des Verlustbeiwerts ζ_C geht somit die Rohrreibungszahl λ ein. Die Formeln für die Übergangsdüse sowie auch für die *Austrittsdüse* (Enddüse, Index CA) sind Tabelle J 2-4 zu entnehmen.

J 2.4.3 Rohrrichtungsänderungen

Allgemeine Feststellung. Bei einer stetigen oder unstetigen Rohrrichtungsänderung werden zwei gerade Rohrleitungsabschnitte (Zu- und Ablaufstrecke) nach Bild J 2-13 durch ein um den Rohrumlenkwinkel δ gekrümmtes bzw. einfach oder mehrfach geknicktes Rohrstück (Index $N = K$) miteinander verbunden. Dabei kann es sich im einfachsten Fall um einen δ-Bogen (Rohrbogen), um ein δ-Knie (Rohrknie) oder um einen δ-Segmentbogen (Rohrsegmentbogen) handeln. Neben der Rohrquerschnittsform (Kreis, Rechteck), dem Rohrquerschnittsverhältnis $A_2/A_1 \leq 1$, dem Verhältnis des Krümmungsradius des Rohrs zu seinem Durchmesser (Krümmungsverhältnis) r_K/D bzw. der Anzahl der Rohrsegmente spielt erwartungsgemäß der Winkel δ die entscheidende Rolle. Bei gegeneinander gleich- oder gegensinnig versetzten Rohrleitungsabschnitten mit $A_2 = A_1$ geschieht dies mittels eines S- bzw. U-Bogens, eines S- bzw. U-Segmentbogens oder eines S- bzw. U-Knies. Die folgenden Ausführungen beziehen sich auf Rohre konstanten Querschnitts A = const bzw. auf Kreisrohre mit konstantem Durchmesser D = const; auf den Einfluß veränderlicher Rohrquerschnitte wird in Zusammenhang mit Bild J 2-21 kurz eingegangen.

Da wie bei der geraden Rohrleitung nach Abschn. J 2.3.4 auch bei der Rohrrichtungsänderung der Strömungszustand (laminar, turbulent) von Bedeutung ist, treten sowohl die Reynoldszahl $Re = \bar{v}D/\nu$ mit $\bar{v}$ als mittlerer Geschwindigkeit als auch der Rauheitsparameter $k = K/D$ mit K als Rauheitshöhe auf, vgl. Bild J 2-5 und Tabelle J 2-2.

Gekrümmte Rohre. Bei der Strömung durch Rohre mit Kreisquerschnitt und kontinuierlich gekrümmter Achse, d.h. durch δ-Bögen (Rohrumlenkung, Index U) sind die Geschwindigkeitsprofile über die Rohrquerschnitte nach Bild J 2-14a nicht mehr wie bei geradlinig verlaufenden Rohren achsensymmetrisch.

Durch die Wirkung der Zentrifugalkräfte längs der gekrümmten Stromlinien wird entsprechend der Querdruckgleichung (J 1-40b) ein radialer Druckanstieg von der Innen- zur Außenseite des Rohrs hervorgerufen. Ein im Zulaufquerschnitt (1) gleichmäßig über den Rohrquerschnitt verteilter Druck p_1 erfährt auf der Außenseite vom Punkt A bis zum Punkt A' eine Vergrößerung. Auf der Innenseite sinkt der Druck zunächst bis zum Punkt B und steigt dann bis Punkt B' näherungsweise auf den Druck p_2 an. In beiden Bereichen neigt die wandnahe Reibungsschicht bei genügend großen Druckanstiegen zur Strömungsablösung verbunden mit Wirbelbildung. Es liegen ähnliche Verhältnisse wie bei Diffusoren (Druckanstieg in erweiterten Rohren) vor. Das wandnahe Fluid wandert dem

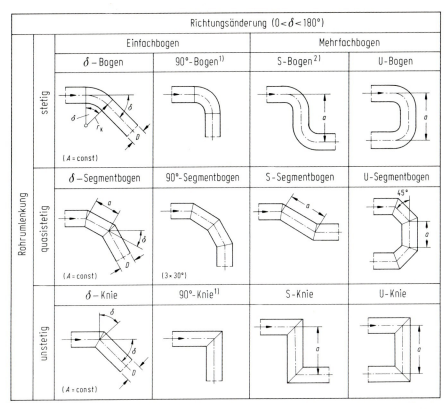

Bild J 2-13. Schematische Darstellung der möglichen Rohrrichtungsänderungen, vgl. Tabelle J 2-1 (Übersicht); [1] bei Gewindefittings auch „Winkel", [2] auch „Etagenbogen"

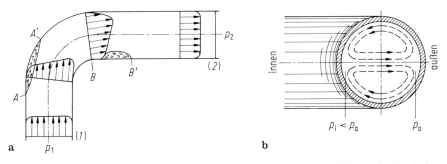

Bild J 2-14 a, b. Stromumlenkung durch einen kreisförmigen δ-Bogen. **a** Ausbildung des Geschwindigkeitsprofils und der Strömungsablösung; **b** Sekundärströmung, Doppelwirbel im Strömungsquerschnitt

Druckgefälle folgend von außen nach innen, während sich in der Querschnittsmitte ein Rückstrom von innen nach außen einstellt. Auf diese Weise entsteht, wie in Bild J2-14b in Gestalt eines Doppelwirbels gezeigt, eine Nebenströmung (Sekundärströmung), die sich der Hauptströmung überlagert und mit dieser ein schraubenförmiges Strömungsbild erzeugt.

Erst wenn sich der Ablaufquerschnitt (2) weit genug hinter der Rohrkrümmung befindet, verteilt sich der Druck p_2 wieder gleichmäßig über den Rohrquerschnitt und das durch die Krümmung gestörte Geschwindigkeitsprofil wird wieder in ein achsensymmetrisches Geschwindigkeitsprofil zurückverwandelt. Die gestörte Ablaufstrecke kann eine Rohrlänge von etwa 50–70fachem Durchmesser hinter der Rohrumlenkung betragen.

Der durch eine Rohrumlenkung verursachte fluidmechanische Energieverlust

$$\Delta p_U = \zeta_U \frac{\varrho}{2} v_U^2 \, , \tag{J2-27a}$$

und seine Erfassung mittels geeigneter Verlustbeiwerte bedarf einer besonderen Erklärung. Der gesamte Verlustbeiwert ζ_U, der bei der Rohrumlenkung entsteht, wird nach Bild J2-15a aus dem Verlustbeiwert des eigentlichen δ-Bogens ζ_K und dem zusätzlichen Verlustbeiwert infolge der durch die Umlenkung im geraden Ablaufrohr gestörten Strömung $\Delta\zeta_U$ gebildet:

$$\zeta_U = \zeta_K + \Delta\zeta_U = \zeta'_R + \zeta'_U \quad (v_U = v_K = \bar{v}) \, . \tag{J2-27b}$$

Die zweite Darstellung besteht darin, daß man sich den Umlenkverlustbeiwert ζ_U in einen rechnerischen Verlustbeiwert eines geraden Rohrs von der Länge L_K des δ-Bogens $\zeta'_R = \lambda(L_K/D)$ und in einen rechnerischen Umlenkverlustbeiwert ζ'_U aufgeteilt denkt.

Der Verlustbeiwert einer nach Bild J2-15a zwischen den Stellen von (1) und (2) aus dem geraden Zulaufrohr, dem δ-Bogen und dem geraden Ablaufrohr bestehenden Rohrumlenkung der Gesamtlänge $L_{RU} = L_{R1} + L_K + L_{R2} = L_R + L_K$ mit $L_R = L_{R1} + L_{R2}$ beträgt somit

$$\zeta_{RU} = \zeta_R + \zeta_U = \lambda \frac{L_R}{D} + \zeta_K + \Delta\zeta_U = \lambda \frac{L_{RU}}{D} + \zeta'_U \, . \tag{J2-27c}$$

In Bild J2-15b sind Verlustbeiwerte von 90°-Bögen in Abhängigkeit vom Krümmungsverhältnis r_K/D und von der Reynoldszahl dargestellt; Bild J2-15c zeigt weiterhin, wie sich $\zeta'_R = \lambda(L_K/D)$ mit $L_K = (\pi/2)r_K$ und ζ'_U zu ζ_U zusammensetzen. Das Minimum von ζ_U liegt bei kleineren Werten r_K/D als das Minimum von ζ'_U.

Die umfangreichsten und eingehendsten Untersuchungen über die fluidmechanischen Energieverluste an gekrümmten Rohren mit kreisförmigem Querschnitt und glatter Rohrinnenwand sowie bei turbulenter Strömung findet man in [B18]. Für die Berechnung der Verlustbeiwerte ζ_K und ζ_U werden empirische Formeln angegeben, mit denen die Einflüsse der wesentlichen Parameter (Krümmungsverhältnis r_K/D, Umlenkwinkel δ, Reynoldszahl $Re = \bar{v}D/\nu$) erfaßt werden können.

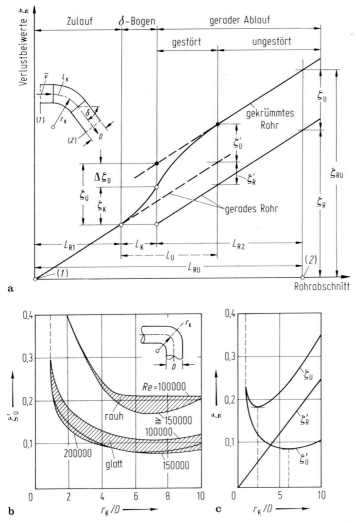

Bild J2-15a–c. Rohrumlenkung (Rohrrichtungsänderung durch δ-Bogen), [B16, 17]. **a** Erläuterung der auftretenden fluidmechanischen Energieverluste (Verlustbeiwerte); **b** Verlustbeiwerte ζ'_U in sehr glatten und sehr rauhen 90°-Bögen in Abhängigkeit vom Krümmungsverhältnis r_K/D und von der Reynoldszahl $Re = vD/\nu$; **c** Zusammensetzung des Umlenkverlustbeiwerts ζ_U in 90°-Bögen, $Re = 2 \cdot 10^5$

Für den Verlustbeiwert des δ-Bogens gilt nach [B16]

$$\zeta_K = \left[0{,}96 + 0{,}065 \left(\sqrt{Re}\,\frac{D}{r_K}\right)^{0{,}5}\right] \cdot \zeta'_R \quad \text{mit} \quad \zeta'_R = \lambda\frac{r_K}{D}\hat{\delta} \quad (\delta\text{-Bogen}) \;. \tag{J2-28}$$

Hierin bedeutet $\zeta'_R = \lambda(L_K/D)$ den Verlustbeiwert eines geraden Rohrs von der Länge des δ-Bogens $L_K = r_K\hat{\delta}$. In Bild J2-16a ist der Verhältniswert ζ_K/ζ'_R über

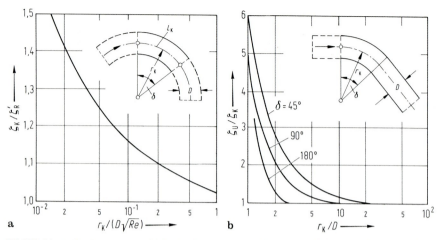

Bild J 2-16 a, b. Zur Berechnung der Verlustbeiwerte von gekrümmten Rohren mit Kreisquerschnitt bei turbulenter Strömung (Krümmungsverhältnis r_K/D, Reynoldszahl $Re = vD/v$) nach [B 16]. **a** δ-Bogen (ohne Einfluß der Ablaufstrecke), $\zeta_K = (\zeta_K/\zeta_R') \cdot \zeta_R'$ mit $\zeta_R' = \lambda(L_K/D)$; **b** Rohrumlenkung (mit Einfluß der Ablaufstrecke), $\zeta_U = (\zeta_U/\zeta_K) \cdot \zeta_K$ mit ζ_K nach a)

$(1/\sqrt{Re})(r_K/D)$ aufgetragen. Diese Darstellung beschreibt auch die Vergrößerung des Verlustbeiwerts bei einer mit $r_K/D = $ const schraubenförmig verwundenen *Rohrschlange* (Rohrspirale) mit $\hat{\delta} > 2\pi$, wie sie z. B. bei Wärmeaustauschern vorkommt.

Für den Verlustbeiwert der gesamten Rohrumlenkung kann man schreiben

$$\zeta_U = \varphi(\delta r_K/D) \cdot \zeta_K , \qquad (J\,2\text{-}29)$$

wobei die empirische Formel φ aus [B 16] und der Verlustbeiwert ζ_K Gl. (J 2-28) zu entnehmen sind.

In Bild J 2-16 b sind die Verhältniswerte ζ_U/ζ_K über r_K/D und in Bild J 2-17 a, b die Verlustbeiwerte ζ_U über r_K/D mit δ als Parameter bzw. ζ_U über δ mit r_K/D als Parameter bei glatter Rohrinnenwand für die Reynoldszahl $Re = 2 \cdot 10^5$ dargestellt.

Wegen $\zeta_U \sim \zeta_K \sim \zeta_R' \sim \lambda$ sind die Verlustbeiwerte ζ_U und ζ_K direkt proportional der Rohrreibungszahl λ. Die angegebenen Beziehungen sind wegen $\lambda = \lambda(Re, k)$ nach Bild J 2-4 auch für *gekrümmte Rohre* mit rauher Rohrinnenwand anwendbar.

Wird anstelle des gekrümmten Kreisrohrs ein *gekrümmter Rechteckkanal* (Rohr mit rechteckigem Querschnitt) verwendet, so hängen die Umlenkverluste ab von der Form des Querschnitts, d.h. vom Seitenverhältnis H/B mit H als Höhe des Kanals (in Radiusrichtung) und B als Breite des Kanals. Es gilt annähernd nach [B 21]

$$\zeta_\square \approx \zeta_\circ , \quad \zeta_\square \approx \frac{H}{B}\zeta_\circ < \zeta_\circ , \quad \zeta_\square \approx \sqrt{\frac{H}{B}}\zeta_\circ > \zeta_\circ . \qquad (J\,2\text{-}30)$$

Dabei ist anstelle von r_K/D für das Krümmungsverhältnis r_K/H zu setzen. Es haben bei gleichem Krümmungsverhältnis flache Kanäle geringere Umlenkverluste als hohe Kanäle.

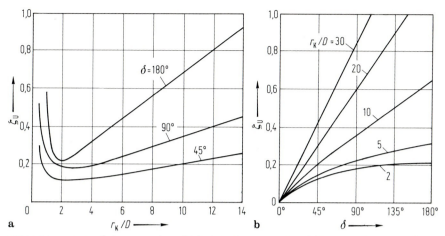

Bild J2-17a, b. Verlustbeiwerte ζ_U für turbulent durchströmte glatte δ-Bögen mit Kreisquerschnitt (mit Einfluß der Ablaufstrecke), $Re = 2 \cdot 10^5$, nach [B 16–21]. **a** In Abhängigkeit vom Krümmungsverhältnis r_K/D; **b** in Abhängigkeit vom Krümmungswinkel δ

In Bild J2-18a, b ist für eine große Anzahl verschiedener 90°-Kniebögen die Abhängigkeit der Verlustbeiwerte ζ'_U von der Reynoldszahl Re dargestellt. Bemerkenswert ist vor allem der Einfluß der Ausbildung des inneren Krümmungsradius auf den Verlustbeiwert.

Mehrfachbögen. Bei hintereinander angeordneten δ-Bögen tritt maximal nur die Summe der Einzelverluste auf. Wenn der Abstand zwischen zwei 90°-Bögen, die in derselben Ebene entweder gleich- oder gegensinnig nach Bild J2-13 als U- bzw. S-Bogen zusammengeschaltet sind, oder die in zwei zueinander normal stehenden Ebenen als Raumbogen angeordnet sind, kleiner als $10 D$ ist, kann sich der gesamte fluidmechanische Energieverlust bis auf 60% der Verluste von zwei einzelnen δ-Bögen vermindern, vgl. Bild J2-18c.

Geknickte Rohre. Die einfachste Rohrrichtungsänderung geschieht nach Bild J2-13 durch Rohre mit abgewinkelter Achse bei kreis- oder rechteckigem vorwiegend konstantem Rohrquerschnitt, d. h. durch sog. δ-Kniee. Bei dieser Rohrabknickung (Rohrablenkung) seien dieselben Bezeichnungen wie bei der Rohrumlenkung durch kontinuierlich gekrümmte Rohre (δ-Bogen) gewählt, d. h. es bedeutet Δp_U den gesamten durch die Richtungsänderung (δ-Knie + Rohrablaufstrecke) hervorgerufenen fluidmechanischen Energieverlust. Die Strömung durch abgeknickte Rohre verläuft ähnlich wie die durch gekrümmte Rohre; nur löst die Strömung noch stärker in δ-Kniee als in δ-Bögen ab, was einen größeren fluidmechanischen Energieverlust verursacht.

Für ein unter dem Winkel δ abgewinkeltes Rohr mit den zwei verschiedenen Querschnitten A_1 und A_2 im Zu- und Ablaufrohr ($A_2/A_1 \gtreqless 1$) mit den zugehörigen

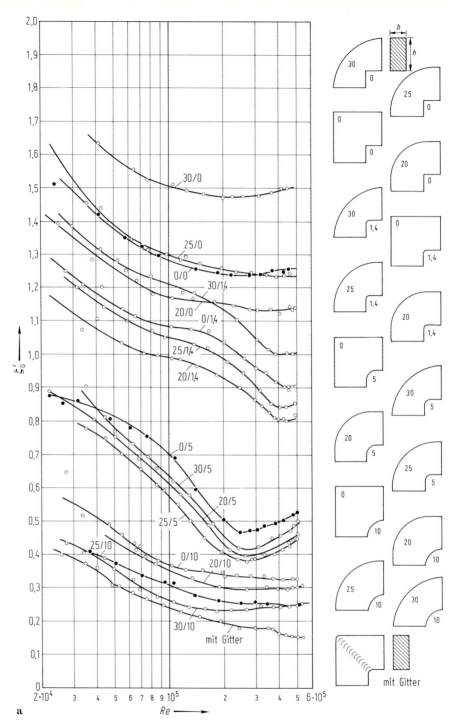

Bild J 2-18 a – c. Verlustbeiwerte ζ'_U für verschiedene 90°-Kniebögen mit rechteckigem Querschnitt (Breite b, Höhe h) in Abhängigkeit von der Reynoldszahl $Re = \bar{v} D_f / \nu$ nach Gl. (J 2-8 a, b) mit $D_f = 4A/U$ als fluidmechanischem Durchmesser ($A = bh$, $U = 2(b+h)$), nach [B 23]. Die Kniebögen sind gekennzeichnet durch die Radien auf der Innen- und Außenseite (Angaben in cm, zugeordnet zu $b = 10$ cm und $h = 20$ cm (leicht umzurechnen für Rohre mit geometrisch ähnlichen Abmessungen). **a** Hochkantkniebogen

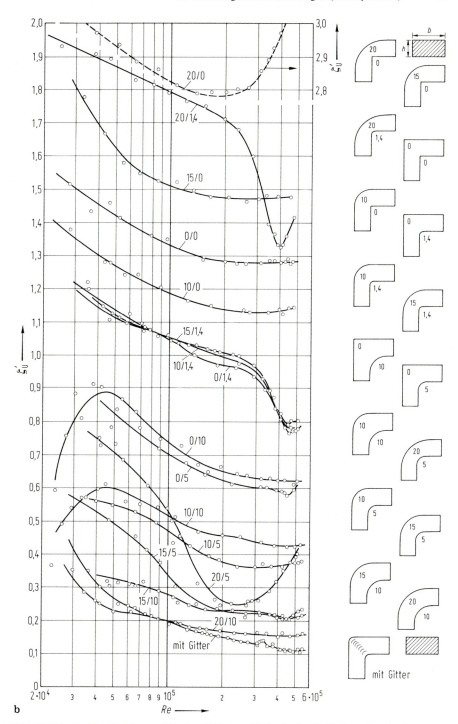

Bild J2-18b. Breitkantkniebogen (für den Krümmer 20/0 gilt die ζ'_U-Skala rechts oben)

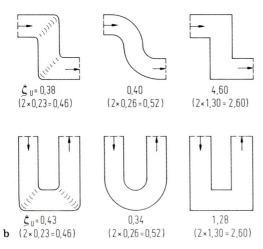

b

Bild J 2-18 c. Verlustbeiwerte von Mehrfachumlenkungen (Bögen, Kniee), Vergleiche mit Einfachumlenkungen nach [B 23]

Geschwindigkeiten v_1 bzw. v_2 findet man aus einer einfachen Impuls- und Energiebetrachtung den fluidmechanischen Energieverlust theoretisch zu[3]

$$\Delta p_U = \frac{\varrho}{2}(v_1^2 - 2v_1 v_2 \cos\delta + v_2^2) \quad (\delta\text{-Knie}) \qquad (\text{J 2-31 a})$$

Diese Beziehung geht bei $\delta = 0$ in Gl. (J 2-21 a) für den Stufendiffusor über.

Für ein δ-Knie mit konstantem Querschnitt $A_1 = A_2$ ist $v_1 = v_2 = \bar{v}$, und es folgt für den auf $\bar{v}$ bezogenen Verlustbeiwert

$$\zeta_U = 2c(1-\cos\delta) = 4c\sin^2(\delta/2) \quad (v_U = \bar{v}) \qquad (\text{J 2-31 b})$$

mit $c < 1$ als Korrekturfaktor zur Anpassung der theoretischen Werte an experimentell gefundene Werte, s. nachfolgendes Bild.

---

[3] Wählt man nach [B 11] eine Kontrollfläche nach Bild J 2-19 a und macht die angegebenen Annahmen für die Drücke und die Wandschubspannung, dann gelten für die Kontinuitätsgleichung (J 2-1), für die in Richtung des Ablaufrohrs angewandte Impulsgleichung (J 2-2) und für die Energiegleichung (J 2-3) die Beziehungen

$$v_1 A_1 = v_2 A_2 , \qquad (\text{J 2-32a})$$

$$\varrho(v_1^2 A_1 \cos\delta - v_2^2 A_2) + (p_1' - p_2') A_2 = 0 , \qquad (\text{J 2-32b})$$

$$p_1' + \frac{\varrho}{2}v_1^2 = p_2' + \frac{\varrho}{2}v_2^2 + \Delta p_U . \qquad (\text{J 2-32c})$$

Durch Eliminieren des Querschnittsflächenverhältnisses A_2/A_1 und der Druckdifferenz $(p_1' - p_2')$ folgt Gl. (J 2-31 a), die zur Anpassung an gemessene Werte von Δp_U nach [B 22] mit bestimmten Korrekturfaktoren versehen werden kann.

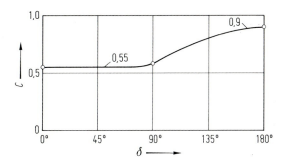

Für $\delta = 90°$ gilt

$$\zeta_U = \zeta_{\bar{U}} = 1{,}16 \quad (90°\text{-Knie}) \;. \tag{J2-31c}$$

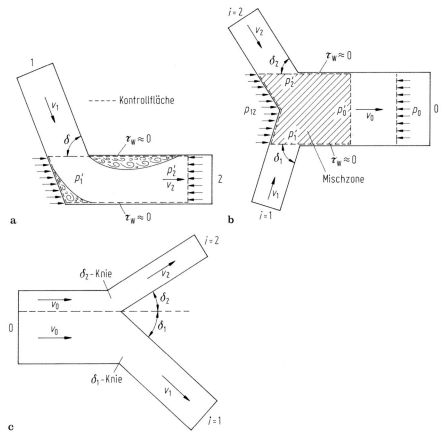

Bild J2-19a–c. Zur theoretischen Berechnung der fluidmechanischen Energieverluste an Rohrformstücken; Wahl der Kontrollfläche und Annahme über die Drücke und Wandschubspannung, [B11]. **a** Geknicktes Rohr (δ-Knie); **b** Leitungsverzweigung mit Stromvereinigung; **c** Leitungsverzweigung mit Stromtrennung

482 J Strömungstechnik

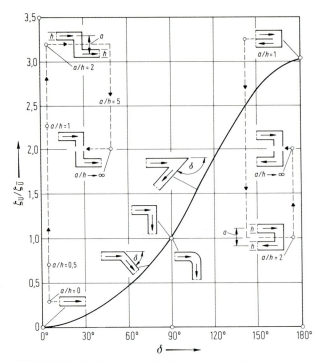

Bild J 2-20. Verlustbeiwerte ζ_U für δ-Knie (mit Einfluß der Ablaufstrecke) in Abhängigkeit vom Umlenkwinkel δ nach [B 19]; $\zeta_{\bar{U}} = 1{,}16$ bedeutet Verlustbeiwert für das 90°-Knie. Werte gelten für kreisförmigen und quadratischen Rohrquerschnitt. Miteingetragen ist für $\delta = 0$ das S-Knie und für $\delta = 180°$ das U-Knie

In Bild J 2-20 ist für das einfache δ-Knie ($A = $ const) das Verhältnis der Verlustbeiwerte $\zeta_U/\zeta_{\bar{U}}$ mit $\zeta_{\bar{U}}$ als Verlustbeiwert des 90°-Knies nach Gl. (J 2-31 c) in Abhängigkeit vom Abknickwinkel (Ablenkwinkel) $0 < \delta < 180°$ aufgetragen. Der Wertebereich erstreckt sich über $0 < \zeta_U < 3{,}5$. Bei $\delta = 0$ und $\delta = 180°$, d. h. bei S- bzw. U-Knieen nach Bild J 2-13, treten die größten Verlustbeiwerte bei den Abständen der beiden 90°-Knie von $a/h \approx 2{,}0$ bzw. $a/h \approx 0$ auf. Die kleinsten Verlustbeiwerte stellen sich mit $\zeta_U = 0$ bei $a/h = 0$ bzw. mit $\zeta_U \approx 1{,}16$ bei $a/h \approx 1{,}0$ ein. Im Grenzfall sehr großer Abstände $a/h \to \infty$ setzt sich der Verlustbeiwert aus der Summe der Verlustbeiwerte beider 90°-Knie zusammen, d. h. $\zeta_U = 2{,}3$. Diese Betrachtung zeigt, wie stark sich hintereinander angeordnete Rohrkniee beeinflussen können, vgl. Bild J 2-18 c.

Für das 90°-Knie mit rechteckigem Querschnitt ist in Bild J 2-21 der Einfluß des *Querschnittsverhältnisses* $A_1/A_2 < 1$ für die Rohrerweiterung als δ-Diffusorknie (Index ′) und $A_2/A_1 < 1$ für die Rohrverengung als δ-Düsenknie (Index ″) auf die Verlustbeiwerte ζ'_U bzw. ζ''_U dargestellt. Dabei sind die Verlustbeiwerte jeweils auf die Geschwindigkeiten in den engeren Rohren $v'_U = v_1$ bzw. $v''_U = v_2$ bezogen. Es gilt

$$\zeta''_U < \zeta_U < \zeta'_{\bar{U}} \ . \tag{J 2-33}$$

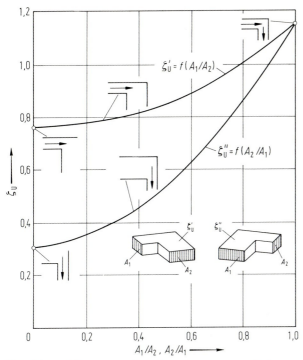

Bild J 2-21. Verlustbeiwerte beim Durchströmen von 90°-Knieen mit Querschnittsveränderung, $Re = 2 \cdot 10^5$ nach [B 19]; Erweiterung (Diffusorknie) $0 < A_1/A_2 < 1 : \zeta'_U$ bezogen auf $v'_U = v_1$, Verengung (Düsenknie) $0 < A_2/A_1 < 1 : \zeta''_U$ bezogen auf $v''_U = v_2$

Die Rohrrichtungsänderung kann auch durch Aneinanderfügen mehrerer Segmentabschnitte erfolgen. Verlustbeiwerte für *δ-Segmentbögen* mit mehrfach gleichsinnig geknickter Achse und einem Gesamtumlenkwinkel $\delta = 90°$ sind in Bild J 2-22 in Abhängigkeit vom rechnerischen Krümmungsverhältnis r_K/D dargestellt und mit Verlustbeiwerten für den δ-Bogen verglichen. Für einen δ-Segmentbogen mit mehrfach gegensinnig geknickter Achse (Segmentetage) ist der Verlustbeiwert erheblich kleiner als bei einem δ-Segmentbogen mit gleichsinnig geknickter Achse, wenn die Anzahl der örtlichen Knicke und die Größen der örtlichen Ablenkwinkel absolut genommen gleich groß sind.

Einbau von Umlenkblechen und Leitschaufeln. Eine ähnliche Wirkung wie durch ein Abrunden der Innenkante läßt sich durch Einbau eines Umlenkblechs erreichen. Als Leitschaufeln werden nach Bild J 2-23 einfache Blechschaufeln verwendet. Obwohl Leitschaufeln einen Eigenverlust besitzen, wird durch sie doch der Gesamtverlust des durch Leitschaufeln (Leitapparate) unterteilten 90°-Bogens oder 90°-Knies erheblich herabgesetzt. Neben der Verminderung des Umlenkverlusts wird durch Leitschaufeleinbauten die Strömung hinter der Umlenkung vergleichmäßigt. Wegen der Eigenverluste sollte die Zahl der Leitschaufeln nicht zu hoch gewählt werden. Es ist zweckmäßig, die Abstände der Schaufeln in der Nähe der

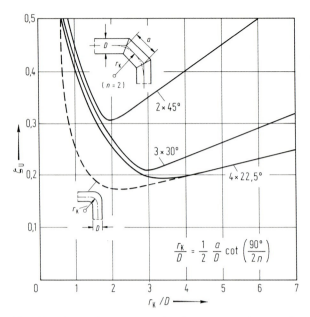

Bild J 2-22. Verlustbeiwerte beim Durchströmen von δ-Segmentbögen bei einer Gesamtumlenkung von $\delta = 90°$; a = Länge der Rohrsegmente, n = Anzahl der Rohrknicke, r_K = mittlerer Krümmungsradius, nach [B 20]

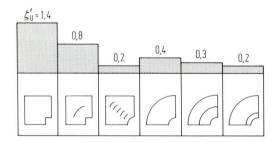

Bild J 2-23. Einfluß von Umlenkblechen und Leitschaufeln in 90°-Krümmern auf die Umlenkverluste ζ_U (Anhaltswerte), [B 21]

Innenwand kleiner als an der Außenwand zu wählen. Die angegebenen Verlustbeiwerte ζ_U sind Anhaltswerte.

J 2.4.4 Rohrverzweigungen

Allgemeine Feststellung. Bei einer Rohr- oder Leitungsverzweigung (Index Z bzw. 0, i = 1, 2, ...) ist je nach Strömungsrichtung gemäß Bild J 2-24 zwischen einer Stromtrennung und einer Stromvereinigung zu unterscheiden. Eine Gesamtleitung kann sich in zwei oder mehrere Teilleitungen aufspalten. Bei der Einfachverzwei-

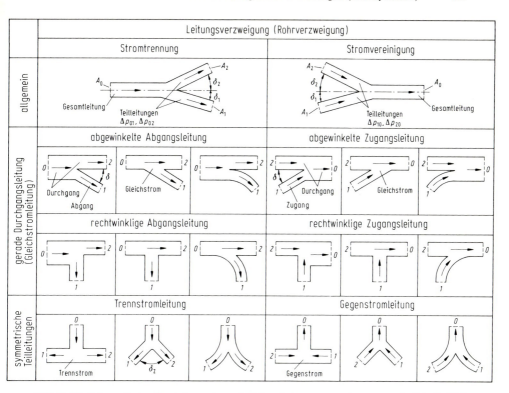

Bild J 2-24. Schematische Darstellung der möglichen Leitungsverzweigungen, vgl. Tabelle J 2-1 (Übersicht)

gung werden die Teilleitungen mit (1) bzw. (2) und die Gesamtleitung mit (0) bezeichnet[4]. Alle zugeordneten Größen tragen die entsprechenden Indizes.

Liegt eine gerade Durchgangsleitung mit $\delta_2 = 0$ vor, bei der sich die Rohrquerschnitte am Verzweigpunkt sprunghaft ändern können ($A_2 \neq A_0$), so kann die Abgangsleitung (Verzweigrohr) mit dem Querschnitt A_1 geradlinig als Knieabzweig oder gekrümmt als Bogenabzweig verlaufen. Die einfachste Leitungsverzweigung besteht aus einer geraden Durchgangsleitung (0)→(2) bzw. (2)→(0) von konstantem Querschnitt $A_2 = A_0$ und einer unter einem bestimmten Verzweigwinkel δ_1 angeschlossenen Abgangsleitung (1) mit dem Querschnitt A_1. Solche Verzweigungen kommen als rechtwinklige T-Stücke mit $\delta_1 = 90°$ oder als schiefwinklige T-Stücke mit $\delta_1 \leq 90°$ vor. Sie können als Stromtrennung oder Stromvereinigung mit Gleichstrom in der Durchgangsleitung durchströmt werden.

In symmetrisch angeschlossenen Teilleitungen (Rohrgabelung, Y-Stück) mit $\delta_1 = \delta_2$, d.h. mit dem Gabelungswinkel $\delta_Z = \delta_1 + \delta_2$ kann in den Teilleitungen Trenn- oder Gegenstrom herrschen. Eine Mehrfachverzweigung kann als X-Stück aus vier Teilleitungen (Verzweigrohren) bestehen.

---

[4] In [B 25] wird anstelle der Kennzeichnung (0) die Kennzeichnung (3) verwendet.

Die vom Verzweigpunkt ausgehenden geradlinigen oder gegebenenfalls auch gekrümmten Rohrstränge haben je nach Länge, Durchmesser, Rauheit sowie Durchströmgeschwindigkeit bestimmte Verluste an fluidmechanischer Energie Δp_R (einschließlich Δp_U) zur Folge, die sich nach den Reibungsgesetzen der Rohrströmung in den Abschnitten J 2.3.4 bzw. J 2.4.3 berechnen lassen. Hervorgerufen durch das im Bereich der Verzweigung und weiter stromabwärts gestörte Strömungsverhalten treten zusätzliche fluidmechanische Verzweigverluste Δp_Z auf. Diese bestehen ähnlich wie bei den Rohrquerschnittsänderungen (Stromquerschnittsänderungen) in Abschn. J 2.4.2 und bei den Rohrrichtungsänderungen (Stromumlenkungen) in Abschn. J 2.4.3 aus Verlusten infolge der Änderung der Wandschubspannungen sowie des Auftretens von Ablösebereichen und Sekundärströmungen.

Einfachverzweigungen. Die Verzweigverluste hängen von den Verzweigwinkeln δ_1, δ_2, von der Form (Kreis, Ellipse, Quadrat, Rechteck) der Querschnitte A_1, A_2, A_0, von den Querschnittsverhältnissen A_1/A_0, A_2/A_0, von der Art der Rohrdurchdringung (scharfkantig, abgerundet), von der Stromrichtung in den einzelnen Rohren (Trennung, Vereinigung), von den Geschwindigkeitsverhältnissen v_1/v_0, v_2/v_0 sowie auch von der Reynoldszahl $Re = vD/v$ nach Gl. (J 2-8) ab.

Häufig ist es zweckmäßig, die Volumenströme $\dot V$ in m^3/s anstelle der Geschwindigkeiten einzuführen. Nach der Kontinuitätsgleichung (J 2-1) muß für den Gesamtvolumenstrom

$$\dot V_0 = \dot V_1 + \dot V_2 \text{ mit } \dot V_0 = v_0 A_0, \quad \dot V_1 = v_1 A_1 \text{ und } \dot V_2 = v_2 A_2 \quad \text{(J 2-34)}$$

sein. Hieraus folgen die auf die Geschwindigkeit v_0 bezogenen Geschwindigkeitsverhältnisse

$$\frac{v_i}{v_0} = \frac{A_0}{A_i} \frac{\dot V_i}{\dot V_0} \quad (i=1,2) \; . \quad \text{(J 2-35 a, b)}$$

Die Energiegleichung (J 2-3) ist für die Stromtrennung zwischen den Querschnitten A_0 und A_1 bzw. A_0 und A_2 sowie für die Stromvereinigung zwischen den Querschnitten A_1 und A_0 bzw. A_2 und A_0 anzuwenden. Bei horizontal verlegten Rohrleitungen gilt für die Strömung durch die Gesamtleitung (0) und die Teilleitungen (i = 1, 2) oder umgekehrt durch die Teilleitungen (i = 1, 2) und (0)

$$p_0 + \frac{\varrho}{2} v_0^2 = p_i + \frac{\varrho}{2} v_i^2 + \Delta p_R + \Delta p_{0i} \quad \text{(Stromtrennung)}, \quad \text{(J 2-36a)}$$

$$p_i + \frac{\varrho}{2} v_i^2 = p_0 + \frac{\varrho}{2} v_0^2 + \Delta p_R + \Delta p_{i0} \quad \text{(Stromvereinigung)} . \quad \text{(J 2-36b)}$$

Hierin bedeutet Δp_R den durch die Wandreibung bei ungestörter Strömung auftretenden fluidmechanischen Energieverlust der beiden Rohrleitungen mit den Querschnitten A_0 und A_i bzw. A_i und A_0. Die durch die Verzweigung auf den Strecken (0)→(i) bzw. (i)→(0) zusätzlich verursachten fluidmechanischen Energieverluste Δp_Z werden mittels Δp_{0i} bzw. Δp_{i0} erfaßt.

Bei bestimmten Betriebszuständen können bei Stromvereinigungen negative Werte für die Energieverluste Δp_{i0} auftreten. Ein negativer Verlustbeiwert bedeutet einen Gewinn an fluidmechanischer Energie. Dieser kann sich in der betroffenen Leitung durch eine pumpartige Wirkung bemerkbar machen. Die Frage, ob dies der Fall sein kann, läßt sich beantworten, wenn man untersucht, unter welchen Umständen der fluidmechanische Energieverlust der Leitungsverzweigung Δp_Z verschwindet. Ausgehend von Gl. (J2-36a, b) erhält man mit $\Delta p_R > 0$ hierfür die Bedingungen

$$p_0 - p_i > \frac{\varrho}{2}(v_i^2 - v_0^2) \quad (\Delta p_{0i} = 0) , \quad p_i - p_0 > \frac{\varrho}{2}(v_0^2 - v_i^2) \quad (\Delta p_{i0} = 0) .$$
(J2-36c)

Wenn man voraussetzt, daß in beiden Fällen Druckabfall $(p_i - p_0) < 0$ bzw. $(p_0 - p_i) < 0$ herrscht, so erkennt man, daß bei $v_i < v_0$ nur bei einer Stromvereinigung die genannte Bedingung erfüllt werden kann. Dies schließt nicht aus, daß in einem solchen Fall auch negative Energieverluste (= Energiegewinne) $\Delta p_{i0} < 0$ vorkommen können, man vgl. hierzu Bild J2-30.

Die folgende Ausführung bezieht sich auf die meist als T-*Stück* mit Gleichstrom verwendete Leitungsverzweigung, bei der nach Bild J2-24 von einer Durchgangsleitung von konstantem Querschnitt $A_0 = A_2$ bzw. $A_2 = A_0$ mit $\delta_2 = 0$ eine Verzweigleitung vom Querschnitt A_1 unter dem Winkel $\delta_1 = \delta \neq 0$ schief- oder rechtwinklig abgeht.

Mit den im allgemeinen auf die Geschwindigkeit in der Gesamtleitung $v_0 = \dot{V}_0/A_0$ oder auch auf die Geschwindigkeit in einer Teilleitung $v_i = \dot{V}_i/A_i$ bezogenen Verlustbeiwerten ζ_{0i} bzw. ζ'_{0i} sowie ζ_{i0} bzw. ζ'_{i0} mit i = 1, 2 kann für die fluidmechanischen Energieverluste der Leitungsverzweigung

$$\Delta p_{0i} = \zeta_{0i} \frac{\varrho}{2} v_0^2 = \zeta'_{0i} \frac{\varrho}{2} v_i^2 , \quad \Delta p_{i0} = \zeta_{i0} \frac{\varrho}{2} v_0^2 = \zeta'_{i0} \frac{\varrho}{2} v_i^2$$
(J2-37a, b)

geschrieben werden. Beim Rechnen mit den so definierten Verlustbeiwerten ζ oder ζ' müssen die zugrundegelegten Bezugsgeschwindigkeiten v_0 bzw. v_i sorgfältig beachtet werden. Die Wahl der Bezugsgeschwindigkeit führt z.B. bei sehr kleinen Bezugsgeschwindigkeiten zu sehr großen Verlustbeiwerten. Dies ist fluidmechanisch nicht einleuchtend, da ja der Energieverlust Δp_Z im allgemeinen nur ein Teil oder ein geringes Vielfaches der Geschwindigkeitsenergie $(\varrho/2) v_Z^2$ ist. Dies besagt, daß bei sinnvoller Definition der Verlustbeiwerte ζ_Z diese nur einen begrenzten Zahlenbereich ausmachen, man beachte die Bemerkungen zu Bild J2-33. Es besteht der Zusammenhang

$$\begin{Bmatrix} \zeta'_{0i} \\ \zeta'_{i0} \end{Bmatrix} = \left(\frac{v_0}{v_i}\right)^2 \cdot \begin{Bmatrix} \zeta_{0i} \\ \zeta_{i0} \end{Bmatrix} = \left(\frac{A_i}{A_0}\right)^2 \left(\frac{\dot{V}_0}{\dot{V}_i}\right)^2 \cdot \begin{Bmatrix} \zeta_{0i} \\ \zeta_{i0} \end{Bmatrix} .$$
(J2-37c)

Die beiden Verlustbeiwerte stimmen für $v_i = v_0$ überein, d.h.

$$\zeta'_{0i} = \zeta_{0i} , \quad \zeta'_{i0} = \zeta_{i0} \quad (A_i/A_0 = \dot{V}_i/\dot{V}_0) .$$
(J2-38a)

In einer Auftragung A_i/A_0 über $\dot{V}_i/\dot{V}_0$ mit dem Verlustbeiwert ζ_Z als Parameter stellt dies die rechtsläufige Diagonale dar, vgl. Bild J2-33. Weiterhin besteht kein Unterschied für $\zeta'_{i0} = 0 = \zeta_{i0}$.

Bei stark gedrosselter Verzweigleitung (1) ist $\dot{V}_1 \approx 0$, so daß ein Volumenstrom $\dot{V}_0 = \dot{V}_2$ nur in der geraden Durchgangsleitung vorkommt. Es stellt sich dort eine vollausgebildete Rohrströmung entsprechend den Angaben in Abschn. J 2.3.4 ein. Hierfür beträgt der durch die Wandreibung verursachte Druckverlust bei der Stromtrennung $\Delta p_R = p_0 - p_2$ und bei der Stromvereinigung $\Delta p_R = p_2 - p_0$. Mit $v_0 = v_2$ erhält man aus Gl. (J 2-36a, b) für $i = 2$, wie zu erwarten war $\Delta p_{02} = 0 = \Delta p_{20}$. Obwohl in der Verzweigleitung (1) keine wesentliche Strömung herrscht, läßt sich hierfür ein Verlustbeiwert aus Gl. (J 2-36a, b) für $i = 1$ ableiten, wenn man neben $\Delta p_R = p_0 - p_1$ bzw. $\Delta p_R = p_1 - p_0$ noch $v_1 = 0$ einführt. Es nehmen für diesen Fall die fluidmechanischen Energieverluste die Werte $\Delta p_{01} = (\varrho/2) v_0^2$ und $\Delta p_{10} = -(\varrho/2) v_0^2$ an. Es folgen hieraus die vom Verzweigwinkel δ und auch vom Flächenverhältnis A_1/A_0 unabhängigen Grenzwerte für die auf die Geschwindigkeit v_0 bezogenen Verlustbeiwerte

$$\zeta_{02} \approx 0 \approx \zeta_{20} , \quad \zeta_{01} \approx +1 , \quad \zeta_{10} \approx -1 \quad (\dot{V}_1/\dot{V}_0 \approx 0) . \tag{J2-38b}$$

Bei verschlossenem Durchgangsrohr A_2 ist $\dot{V}_2/\dot{V}_0 = 0$, und die Leitungsverzweigung entspricht nach Bild J 2-25a näherungsweise einem δ-Knie. Für $A_1/A_0 = 1$, d. h. $v_1 = v_0$, kann man bei gleichem Verzweig- bzw. Umlenkwinkel δ mit

$$\zeta_{01} = \zeta'_{01} \approx \zeta_U \approx \zeta_{10} = \zeta'_{10} \quad (\dot{V}_2/\dot{V}_0 = 0 , \quad A_1/A_0 = 1) \tag{J2-38c}$$

und ζ_U nach Gl. (J 2-31 b) rechnen.

Geht der Querschnitt der Gesamtleitung $A_0 \to \infty$, d. h. ist $A_1/A_0 \to 0$, dann ist $v_0 = 0$ und die Leitungsverzweigung verhält sich nach Bild J 2-25b näherungsweise wie eine plötzliche Querschnittsänderung nach Bild J 2-8 für den Eintritt bzw. für den Austritt. Nach Bild J 2-7 und Gl. (J 2-23) kann man mit

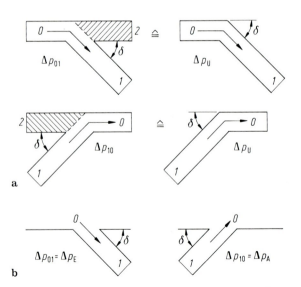

Bild J 2-25a, b. Grenzfälle der Strömung in Leitungsverzweigungen. **a** $\dot{V}_2/\dot{V}_0 = 0$: Rohrumlenkung (δ-Knie); **b** $A_1/A_0 = 0$: Rohreintritt, Rohraustritt

$$\zeta'_{01} \approx \zeta_E \approx 0{,}5 \div 1{,}0 \ , \quad \zeta'_{10} \approx \zeta_A \approx 1{,}0 \quad (A_1/A_0 = 0) \tag{J2-38d}$$

rechnen.

Werte für die Verlustbeiwerte bei einer Stromverzweigung lassen sich entweder nach [B 24] in Diagrammen über dem Volumenstromverhältnis mit dem Querschnittsverhältnis als Parameter oder nach [B 25] in Diagrammen mit dem Querschnittsverhältnis als Ordinate, dem Volumenstromverhältnis als Abszisse und dem Verlustbeiwert als Parameter darstellen. Dabei sind für die Verlustbeiwerte der Stromtrennung ζ_{01}, ζ_{02} und der Stromvereinigung ζ_{10}, ζ_{20} sowie für die verschiedenen Umlenkwinkel δ jeweils eigene Auftragungen zu erstellen. Es wird hier der ersten Darstellung der Vorzug gegeben.

Für die Umlenkwinkel $\delta = 45°$ und $\delta = 90°$ sind bei scharfkantiger Rohrdurchdringung in Bild J 2-26 die Werte ζ_{01} sowie ζ_{02} und in Bild J 2-27 die Werte ζ_{10} sowie ζ_{20} wiedergegeben. Durch Abrundungen der Übergangsstellen im Bereich der Verzweigung oder durch konischen Anschluß der Verzweigleitung können die Verluste gemäß Bild J 2-28 herabgesetzt werden.

Um eine Vorstellung von der zweiten Möglichkeit der Darstellung der Verlustbeiwerte zu geben, sind für eine Stromvereinigung (T-Stück mit $\delta = 45°$) die Werte $\zeta_{10} = $ const und $\zeta_{20} = $ const in Bild J 2-29 wiedergegeben. Diese Darstellungen enthalten auch die Kurven $\zeta_{10} = 0 = \zeta_{20}$. Sie sind für verschiedene Winkel δ in Bild J 2-30 zusammengestellt. Dort werden auch die Bereiche, in denen sich ein fluidmechanischer Verlust $\zeta_{10} > 0$ bzw. $\zeta_{20} > 0$ oder in denen sich ein fluidmechanischer Gewinn $\zeta_{10} < 0$ bzw. $\zeta_{20} < 0$ einstellt, besonders gekennzeichnet.

Verlustbeiwerte ζ_{0i} und ζ_{i0} bei symmetrisch angeschlossenen Nebenleitungen (Y-Stücke $A_i = A_1 = A_2$), bei denen die Gesamtströmung getrennt oder vereinigt werden kann, sind in Bild J 2-31 a, b in Abhängigkeit von $\dot{V}_i/\dot{V}_0$ mit A_i/A_0 als Parameter wiedergegeben.

Für den allgemeinen Fall von Leitungsverzweigungen nach Bild J 2-24 findet man nach [B 11] aus einer Impuls- und Energiebetrachtung wie bei der geknickten Rohrleitung (δ-Knie) nach Abschn. J 2.4.3 in erweiterter Weise die Energieverluste theoretisch zu [5]

---

[5] Für die Anwendung der genannten Gleichungen auf den Fall der Stromvereinigung werden die Kontrollfläche für die Mischzone nach Bild J 2-19 b gewählt sowie die Drücke und die Wandschubspannung wie angegeben angenommen. Für die in Richtung des Hauptrohrs angewandte Impulsgleichung und für die Energiegleichung gelten in Erweiterung von Gl. (J 2-32 b, c) die Beziehungen

$$\varrho(v_1^2 A_1 \cos \delta_1 + v_2^2 A_2 \cos \delta_2 - v_0^2 A_0) + (p_{12} - p'_0)A_0 = 0 \ . \tag{J2-40a}$$

$$p'_i + \frac{\varrho}{2} v_i^2 = p'_0 + \frac{\varrho}{2} v_0^2 + \Delta p_{i0} \quad (i = 1, 2) \ . \tag{J2-40b}$$

An der Verzweigungsstelle muß Druckausgleich herrschen, d.h., es ist dort $p_{12} \approx p'_i$ (i = 1, 2) zu setzen. Durch Eliminieren der Druckdifferenzen ($p'_i - p'_0$) folgt Gl. (J 2-39 b).

Bei der Stromtrennung nimmt man an, daß diese sich nach Bild J 2-19 c aus zwei δ-Knieen zusammensetzt. Bei sinngemäßer Anwendung von Gl. (J 2-31 b, c) folgt dann Gl. (J 2-39 a).

Die Gln. (J 2-39 a, b) können zur Anpassung an gemessene Werte von Δp_{0i} bzw. Δp_{i0} nach [B 22, 27] mit bestimmten Korrekturfaktoren versehen werden.

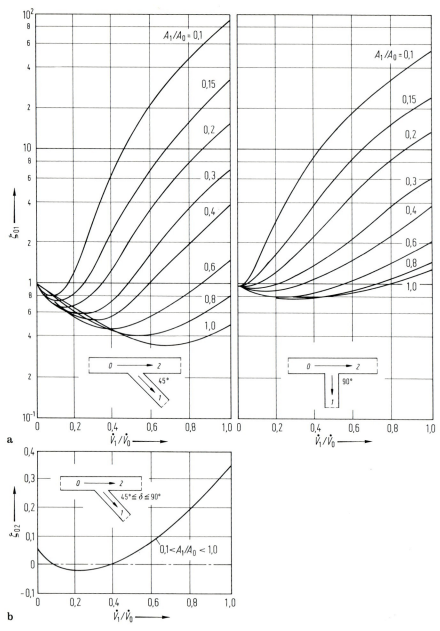

Bild J 2-26 a, b. Verlustbeiwerte von Leitungsverzweigungen mit Stromtrennung (scharfkantige T-Stücke mit den Umlenkwinkeln $\delta = 45°$ und $\delta = 90°$) in Abhängigkeit vom Volumenstromverhältnis $\dot{V}_1/\dot{V}_0$ und vom Querschnittsverhältnis A_1/A_0 als Parameter nach [B 24, 26]; $Re_0 \geq v_0 D_0/\nu = 2 \cdot 10^5$. **a** Abgewinkelte Abgangsleitung ζ_{01}; **b** gerade Durchgangsleitung ζ_{02}

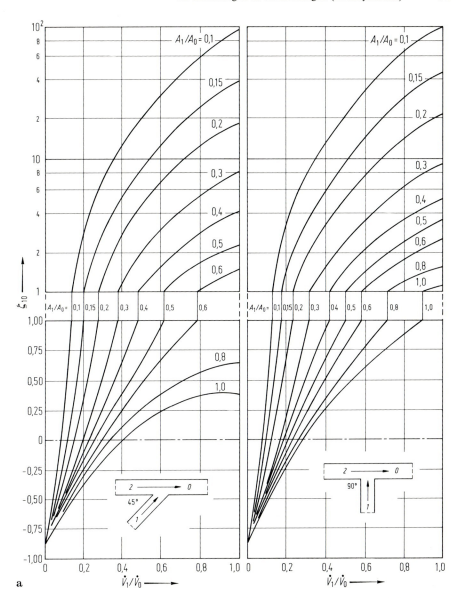

Bild J2-27a, b. Verlustbeiwerte von Leitungsverzweigungen mit Stromvereinigung (scharfkantige T-Stücke mit den Umlenkwinkeln $\delta = 45°$ und $\delta = 90°$) in Abhängigkeit vom Volumenstromverhältnis $\dot{V}_1/\dot{V}_0$ und vom Querschnittsverhältnis A_1/A_0 als Parameter nach [B24, 26]; $Re_0 \geqq v_0 D_0/\nu = 2 \cdot 10^5$. **a** Abgewinkelte Zugangsleitung ζ_{10}

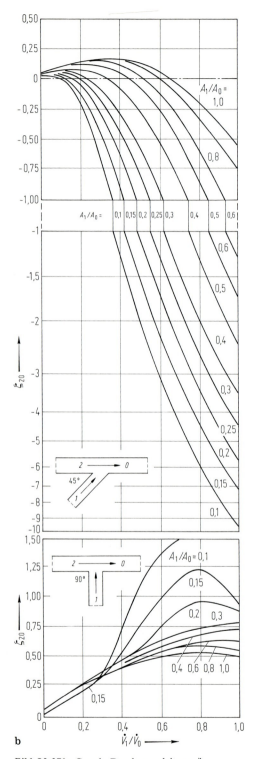

Bild J2-27b. Gerade Durchgangsleitung ζ_{20}

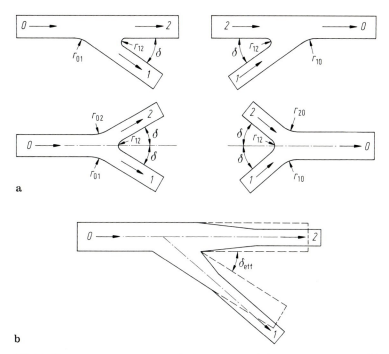

Bild J2-28a, b. Verringerung der Verlustbeiwerte von Leitungsverzweigungen (T-Stück, Y-Stück) [B 24, 26]. **a** Kantenabrundung: $\Delta\zeta_{01}<0$, $\Delta\zeta_{10}<0$; **b** konische Leitungsverengung: effektiver Verzweigwinkel δ_{eff}

$$\Delta p_{0i} = \frac{\varrho}{2}(v_0^2 - 2v_i v_0 \cos\delta_i + v_i^2) \quad (i=1,2), \tag{J2-39a}$$

$$\Delta p_{i0} = \frac{\varrho}{2}\left[v_0^2 - 2\left(\frac{A_1}{A_0}v_1^2\cos\delta_1 + \frac{A_2}{A_0}v_2^2\cos\delta_2\right) + v_i^2\right] \quad (i=1,2). \tag{J2-39b}$$

Mit $A_2/A_0 = 0$ und $\delta_i = \delta_1 = \delta$ sowie $v_i = v_1$ und $\dot{V}_1 = v_1 A_1 = \dot{V}_0 = v_0 A_0$, d.h. $A_1/A_0 = v_0/v_1$ geht Gl. (J2-39a, b), wenn man den Index 0 durch den Index 2 ersetzt, in die Gl. (J2-21a) für das δ-Knie über, d.h. es ist $\Delta p_{01} = \Delta p_{10} = \Delta p_U$.

Für die oben behandelten schief- oder rechtwinkligen Leitungsverzweigungen (T-Stück) ist $A_2/A_0 = 1$ sowie $\delta_1 = \delta$ und $\delta_2 = 0$ zu setzen, und man erhält

$$\Delta p_{0i} = \frac{\varrho}{2}(v_0^2 - 2v_i v_0 \cos\delta_i + v_i^2) \quad (i=1,2) \quad \text{(Stromtrennung)}, \tag{J2-41a}$$

$$\Delta p_{i0} = \frac{\varrho}{2}\left[v_0^2 - 2\left(\frac{A_1}{A_0}v_1^2\cos\delta + v_2^2\right) + v_i^2\right] \quad (i=1,2) \quad \text{(Stromvereinigung)}. \tag{J2-41b}$$

Die in Gl. (J2-38a−d) angegebenen Grenzwerte für die Verlustbeiwerte werden unter Beachtung von Gl. (J2-37) bestätigt.

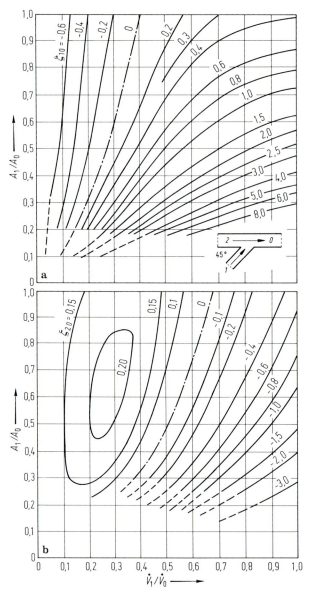

Bild J 2-29 a, b. Verlustbeiwerte einer Stromvereinigung (T-Stück mit $\delta = 45°$) in der Parameterdarstellung nach [B 25]. **a** Zugangsleitung: ζ_{10} = const; **b** Durchgangsleitung: ζ_{20} = const

Zum Vergleich von Bild J 2-29a mit der Theorie sind in Bild J 2-32a die Werte ζ_{10} dargestellt. Bei $\dot{V}_1/\dot{V}_0 = 0$ ergibt sich $\zeta_{10} = -1$, und bei $A_1/A_0 = 0$ erhält man das unbrauchbare Ergebnis $\zeta_{10} = +\infty$. Durch eine Auftragung gemäß Bild J 2-32b, bei der im oberen Diagonalfeld ζ_{10} und im unteren Diagonalfeld ζ'_{10} entsprechend Gl. (J 2-37d) aufgetragen ist, kann man diesen Mangel vermeiden, vgl. [B 11].

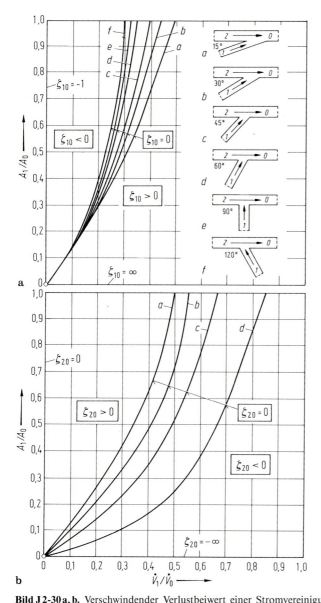

Bild J 2-30 a, b. Verschwindender Verlustbeiwert einer Stromvereinigung (T-Stück mit verschiedenen Umlenkwinkeln δ) nach [B 25]. **a** Zugangsleitung: $\zeta_{10} = 0$; **b** Durchgangsleitung: $\zeta_{20} = 0$, Hinweis: für e und f ist stets $\zeta_{20} > 0$

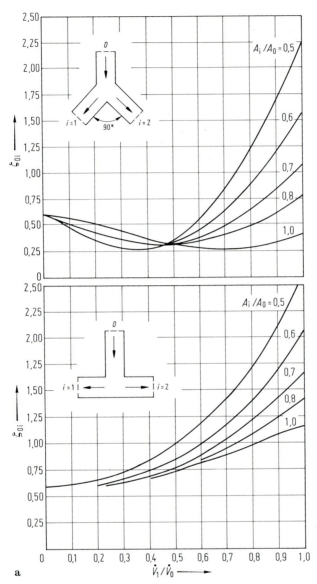

Bild J 2-31 a, b. Verlustbeiwerte von symmetrischen Leitungsverzweigungen (Y-Stück), nach [B 26]; $2\delta = 90°$ und $2\delta = 180°$). **a** Trennstrom ζ_{0i}

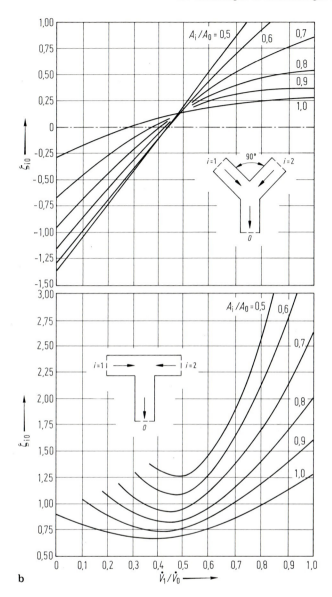

Bild J2-31b. Gegenstrom ζ_{i0}

Mehrfachverzweigung. In Bild J2-33 ist die einfachste Form eines Kreuzstücks (X-Stück = erweitertes T-Stück) mit rechtwinkligem Abgang (Trennung) bei gleichbleibenden Rohrquerschnittsflächen $A_0 = A_1 = A_2 = A_3$ und scharfkantiger Rohrdurchdringung dargestellt. Aufgetragen sind die auf die Geschwindigkeit v_0 bezogenen Verlustbeiwerte ζ_{0i} bzw. ζ_{03} in Abhängigkeit von den Volumenstromverhält-

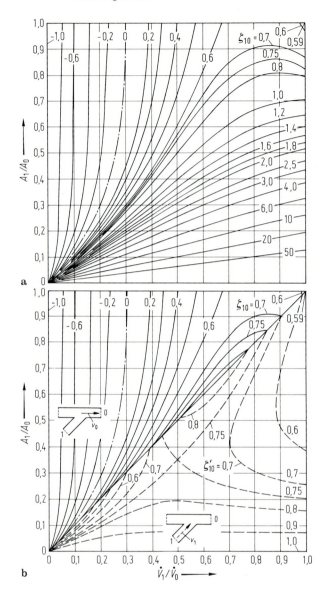

Bild J 2-32 a, b. Theoretisch berechnete Verlustbeiwerte einer Leitungsverzweigung mit Stromvereinigung (T-Stück mit $\delta = 45°$) in der Parameterdarstellung nach Gl. (J 2-41 b). **a** ζ_{10} = const im gesamten $(A_1/A_0) \div (\dot{V}_1/\dot{V}_0)$-Feld; **b** ζ_{10} = const im oberen Diagonalfeld (ausgezogen) und ζ'_{10} = const im unteren Diagonalfeld (gestrichelt)

nissen $\dot{V}_3/\dot{V}_0$ und $\dot{V}_i/\dot{V}_0$. Für den Zusammenhang der Volumenströme gilt $\dot{V}_0 = \dot{V}_1 + \dot{V}_2 + \dot{V}_3 = 2\dot{V}_i + \dot{V}_3$ (i = 1, 2). In Bild J 2-33 a entsprechen die Werte ζ_{0i} bei $\dot{V}_3/\dot{V}_0 = 0$ den Werten ζ_{0i} in Bild J 2-31 a (unten) bei $A_i/A_0 = 1$. In Bild J 2-34 b wird der Darstellungsbereich durch die obige Beziehung $\dot{V}_0 = 2V_i + V_3$ begrenzt.

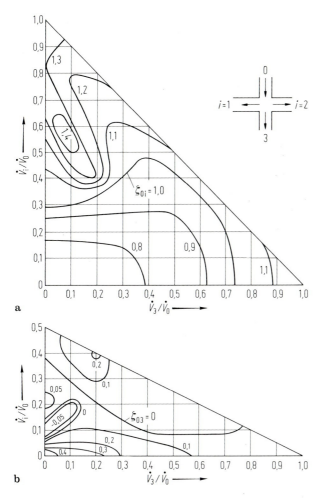

Bild J 2-33 a, b. Verlustbeiwerte von Mehrfachverzweigungen (X-Stück) nach [B 25]. **a** Abgehende Verzweigung ζ_{0i}; **b** durchgehende Verzweigung ζ_{03}

J 2.4.5 Volumenstromdrosselung

Blende. Bei einer in ein Rohr fest eingebauten einfachen Drosselscheibe handelt es sich um eine blendenartige Verengung (Index *B*). Bei stetiger (allmählicher) Verengung dient eine solche Vorrichtung der Volumenstrommessung nach Abschn. J 1.4.3. Liegt eine unstetige (plötzliche) Verengung vor, so hat man es nach Bild J 2-8 entweder mit einem Blendendiffusor oder einer Blendendüse zu tun. Befindet sich nach Bild J 2-9 die Blende vom offenen Querschnitt A_0 in einem Rohr konstanten Querschnitts $A_1 = A_2 = A$, so gilt für das Blendenquerschnittsverhältnis $0 < A_0/A < 1$. Durch die scharfrandige Blendenöffnung erfolgt eine von A_0/A abhängige Volumenstromdrosselung.

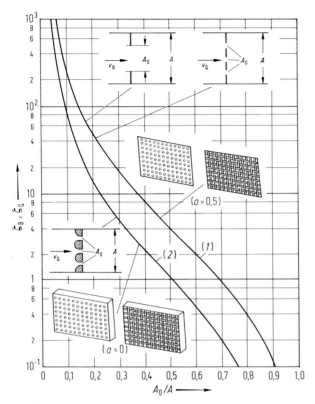

Bild J 2-34. Verlustbeiwerte von fest eingebauten Drosselscheiben in Abhängigkeit vom Öffnungsverhältnis: Blenden (einfache Drosselscheibe), $\zeta_B = f(A_0/A)$, gilt für runde und quadratische Blendenöffnung nach [B 28, 29] und Gl. (J 2-42), Kurve (1). Gitter und Siebe (mehrlöchrige Drosselschicht), $\zeta_Q = f(A_0/A)$ nach [B 28–32] und Gl. (J 2-43 a, b), Kurve (1) gilt für scharfkantige Gitterstäbe, dünne Lochplatten und Streifenbandsiebe ($a = 0{,}5$), Kurve (2) gilt für abgerundete Gitterstäbe, dicke Lochplatten und Runddrahtsiebe (geringstmöglicher Verlustbeiwert $\zeta_{Q\,min}$)

Eine Formel zur Berechnung des fluidmechanischen Verlustbeiwerts wurde bereits in Abschn. J 2.4.2 bei der Besprechung plötzlicher Rohrquerschnittsänderungen angegeben. Bezieht man den Verlustbeiwert ζ_B auf die mittlere Geschwindigkeit $\bar{v} = \dot{V}/A$ im Rohr, d.h. vor der Blende, dann lautet die Beziehung sowohl für runde als auch für quadratische Blendenöffnungen nach Tabelle J 2-4

$$\zeta_B = \left(\left[1 + \sqrt{0{,}5\left(1 - \frac{A_0}{A}\right)}\right]\frac{A}{A_0} - 1\right)^2 \quad (v_B = \bar{v}) \; . \tag{J 2-42}$$

In Bild J 2-34 sind die Verlustbeiwerte für verschiedene Drosselscheiben wiedergegeben.

Mehrlöchrige Drosselscheiben. In Rohrleitungssysteme eingebaute Gitter (Parallelstäbe) und Siebe (gelochtes Blech, Drahtgeflecht) stellen mehrfach durchbrochene

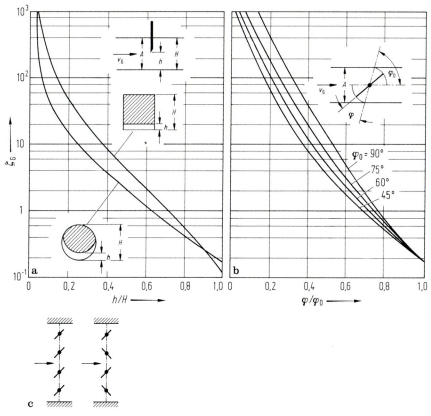

Bild J 2-35 a – c. Verlustbeiwerte von beweglichen Drosselscheiben in Abhängigkeit von der Stellgröße (Stellweg, Stellwinkel): **a** Drosselschieber (rund, rechteckig), $\zeta_G = f(h/H)$ nach [B 29, 33], **b** Drosselklappe (quadratisch), $\zeta_G = f(\varphi/\varphi_0)$ nach [B 33, 34], $\varphi = 0$ bedeutet vollkommen geschlossen; **c** geteilte Drosselklappen (mögliche Anordnungen)

Drosselscheiben dar und werden in zahllosen Bauformen und zuweilen auch in unterschiedlicher Einbauweise verwendet. Solche Vorrichtungen bewirken den Ausgleich einer über den Rohrquerschnitt ungleichmäßigen Zuströmung. Mehrere Gitter oder Siebe hintereinander angeordnet können die Aufgabe eines Gleichrichters übernehmen, durch den die Strömung vergleichmäßigt und die Turbulenz herabgesetzt wird.

Die genannten Stromdurchlässe (Index Q) stellen ähnlich wie Blenden plötzliche Querschnittsänderungen dar. Die von ihnen verursachten fluidmechanischen Energieverluste hängen im wesentlichen vom Öffnungsverhältnis A_0/A (= offene Fläche A_0/Gesamtfläche A) ab. Sind bei einem Parallelgitter aus Rundstäben d der Durchmesser und l die Gitterteilung sowie bei einem Runddrahtsieb mit quadratischen Maschen d die Drahtstärke und l die Maschenweite, dann ergeben sich die Öffnungsverhältnisse zu

$$\frac{A_0}{A} = 1 - \frac{d}{l} \quad \text{(Gitter)}, \quad \frac{A_0}{A} = \left(1 - \frac{d}{l}\right)^2 \quad \text{(Sieb)}.$$ (J 2-43 a, b)

Bei solchen Anordnungen kann auch die Reynoldszahl eine gewisse Rolle spielen. Allgemein ist festzustellen, daß sich die Ausbildung der Gitter- bzw. Siebform erheblich auf die Größe der Verlustbeiwerte auswirken kann, so daß nur Richtwerte angegeben werden können.

Idelchick [B 28] schlägt zur Berechnung der auf die Geschwindigkeit vor dem Stromdurchlaß $v_Q = \dot{V}/A$ bezogenen Verlustbeiwerte von Gittern und Sieben ζ_Q in Verallgemeinerung von Gl. (J 2-42) die Beziehung

$$\zeta_Q = \left(\left[1 + \sqrt{a\left(1 - \frac{A_0}{A}\right)}\right]\frac{A}{A_0} - 1\right)^2 \quad (v_Q = v)$$ (J 2-44 a)

vor. Dabei erfaßt $0,5 > a > 0$ den Einfluß bei scharfkantigen bzw. abgerundeten Gitterstäben oder den Einfluß bei dünnen Lochplatten und Geflechten aus Streifenbändern (Streifenbandsiebe) bzw. dicken Lochplatten und Geflechten aus Runddrähten (Runddrahtsiebe). Der Wert $a = 0$ beschreibt Stromdurchlässe mit geringstem fluidmechanischen Verlustbeiwert

$$\zeta_{Q min} = \left(\frac{A}{A_0} - 1\right)^2 \quad (a = 0).$$ (J 2-44 b)

Dieser ist in Bild J 2-34 als Kurve (2) dargestellt.

Rohrleitungsschalter. Eingebaute Schaltorgane (Index G) dienen als Drossel-, Regel- und Absperreinrichtung der Regelung des Volumenstroms in Rohrleitungssystemen. Je nach Art der meist beweglichen Organe (Schieber, Klappe, Hahn, Ventil) und Größe des Öffnungsgrads beruht ihre Drosselwirkung zum einen auf dem Druckverlust durch die plötzliche Querschnitts- und gegebenenfalls starke Richtungsänderung sowie zum anderen auf fluidmechanischen Verlusten durch Wirbelbildung und Querströmungen, die sich infolge ungleicher Volumenströme und Druckverteilung hinter der Drossel einstellen. Die Geschwindigkeitsverteilung im Rohr wird ungleichmäßig. Neben der Art und Form des Schaltorgans sind die fluidmechanischen Energieverluste (Gesamtdruckverlust) Funktionen der Stellgrößen (Weg, Winkel). Die nachfolgend angegebenen Verlustbeiwerte ζ_G sind jeweils auf die Geschwindigkeit vor dem Drosselorgan $v = \dot{V}/A$ bezogen. Der Druckverlust beträgt also

$$\Delta p_G = \zeta_G \frac{\varrho}{2} v_G^2 \quad (v_G = v).$$ (J 2-45)

Eine bei der Berechnung von Lüftungsanlagen häufige Problemstellung besteht darin, für einen Rohrabschnitt bei unverändertem Volumenstrom $\dot{V}$ einen überschüssigen Druck Δp abzubauen.

Bewegliche Drosselscheiben. In Bild J 2-35 a, b sind die Verlustbeiwerte ζ_G für bewegliche Drosselschieber (Absperrschieber) und Drosselklappen (Absperrklappe)

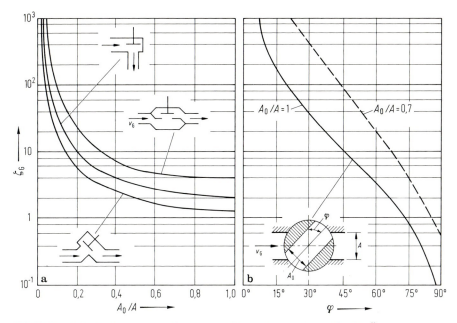

Bild J 2-36 a, b. Verlustbeiwerte von Ventilen in Abhängigkeit von der Stellgröße (Öffnungsverhältnis, Stellwinkel) nach [B 29, 35]. **a** Geradsitz-, Schrägsitz-, Eckventil, $\zeta_G = f(A_0/A)$, $A_0 = 0$ bedeutet vollkommen geschlossen; **b** Kugelventil, $\zeta_G = f(\varphi, A_0/A)$

in Abhängigkeit von der Schieber- bzw. Klappenstellung (Weg h bzw. Winkel φ) aufgetragen. Bei $h/H = 0$ bzw. $\varphi/\varphi_0 = 0$ ist das Rohr vollständig verschlossen. In diesem Zustand ist der Verlustbeiwert definitionsgemäß $\zeta_G = \infty$.

Schieber verhalten sich fluidmechanisch ähnlich wie Blenden gemäß Bild J 2-34.

Mit geteilten Drosselklappen (gleich- oder gegenläufig verstellbare Jalousieklappen) nach Bild J 2-35 c kann die Ungleichmäßigkeit der Strömung und damit auch das erforderliche Drehmoment unter sonst gleichen Bedingungen vermindert werden. Außerdem ergibt sich bei diesen Klappen ein stetigerer Verlauf des Widerstandsbeiwerts in Abhängigkeit von der Klappenstellung, was bei geregelten Klappen (z. B. bei Mischklappensytemen) vorteilhaft ist. Die günstigsten Eigenschaften haben in den genannten Punkten gegenläufige Jalousieklappen.

Ventile. Bei Ventilen hängen die Verluste an fluidmechanischer Energie von der Ausbildung des Strömungskanals sowie von der durch die Verstellung bestimmten Größe des Durchströmquerschnitts ab. Wegen der großen Vielfalt technisch ausgeführter Ventile lassen sich nur typische Richtwerte für die Verlustbeiwerte ζ_G angeben. So sind in Bild J 2-36 a Werte für Gerad- und Schrägsitzventile sowie für Eckventile und in Bild J 2-36 b Werte für Kugelventile zusammengestellt.

J 2.4.6 Einbau einer Strömungsmaschine

Befindet sich im Rohrleitungssystem eine Strömungsmaschine (Index $N = M$) entweder als Turbine oder als Pumpe, so wird dem System fluidmechanische Energie entnommen bzw. zugeführt. Dies entspricht am Ort der Strömungsmaschine einem positiven bzw. negativen Verlust an fluidmechanischer Energie $\Delta p_M \gtreqless 0$. Die der Strömung entnommene bzw. zugeführte Maschinenleistung $P_M =$ (Kraft der Druckänderung $\Delta p_M \cdot A_M$)×(Strömungsgeschwindigkeit v_M) beträgt

$$P_M = \Delta p_M A_M v_M = \Delta p_M \dot{V} \quad (v_M = \dot{V}/A_M) \tag{J 2-46}$$

mit A_M als Bezugsfläche und v_M als Bezugsgeschwindigkeit.

Handelt es sich um eine Turbine (Index T), dann beträgt bei Berücksichtigung des Turbinenwirkungsgrads η_T die entnommene Turbinenleistung (Nutzleistung) $P_T = \eta_T P_M$. Hieraus ergeben sich der Energieverlust durch die Turbine und die zugehörige Verlusthöhe entsprechend Gl. (J 2-46)

$$\Delta p_T = \frac{P_T}{\eta_T \dot{V}} = \varrho g h_T > 0 \ . \tag{J 2-47a}$$

Die Verlusthöhe wird auch Fallhöhe (Nutzhöhe) $h_T > 0$ genannt.

Bei Einbau einer Pumpe (Index P) wird Arbeit auf das Fluid übertragen, was einem Gewinn an fluidmechanischer Energie oder einem negativen Verlust entspricht. Mit dem Pumpenwirkungsgrad η_P beträgt die effektive Pumpenleistung (Antriebsleistung) $\eta_P P_P = -P_M$. Der negative Energieverlust und die zugehörige negative Verlusthöhe ergeben sich jetzt zu

$$\Delta p_P = -\frac{\eta_P P_P}{\dot{V}} = -\varrho g h_P < 0 \ . \tag{J 2-47b}$$

Die negative Verlusthöhe wird Förderhöhe $h_P > 0$ genannt. Die angegebenen Beziehungen gelten für Strömungsmaschinen, die ein dichtebeständiges Fluid verarbeiten.

J 3 Strömungsvorgänge bei der Lüftung von Räumen

J 3.1 Raumströmungsformen

Bei der Lüftung von Räumen unterscheidet man generell 2 Formen der Raumströmung: Verdrängungsströmung und Mischströmung. Welche Form der Raumströmung sich einstellt, wird im wesentlichen durch die Art der Zulufteinführung in den Raum bestimmt. Zusätzliche Einflüsse können durch im Raum selbst erzeugte Dichteunterschiede (Wärmequellen, Dampfquellen o. ä.) wirksam werden.

Eine Verdrängungsströmung kann sich im Raum durch großflächige Einführung großer Luftströme z. B. über Decken oder Wände einstellen (Reinraumtechnik) oder bei extrem mischungsarmer (induktionsfreier) Einführung normaler Luftströme durch thermisch stabile Schichtung der Luft aufgrund von Dichteunterschieden (z. B. Einführung von Luft mit geringer Untertemperatur in Bodennähe). Strömungen dieser Art werden durch im Raum selbsterzeugte Dichteunterschiede (s. o.) erheblich beeinflußt, so daß es im Raum zu deutlichen Temperatur- oder Konzentrationsschichtungen kommt.

Eine Mischströmung im Raum wird erzielt, indem die Zuluft mit möglichst großer Induktion (Mischung von Zuluft und Raumluft) in den Raum eingeführt wird. Die Formen der Luftauslässe zur Erzielung einer Mischströmung sind außerordentlich vielfältig. Eine theoretische Behandlung der Strömungsvorgänge bei solchen „Strahllüftungen" ist nur für bestimmte einfache Strahlformen als runde, ebene und radiale Freistrahlen bzw. als ebene und radiale Wandstrahlen möglich. Für diese werden nachfolgend die Gesetzmäßigkeiten der Strahlausbreitung und Strahlvermischung eingehend behandelt.

J 3.2 Freistrahlen

J 3.2.1 Fluidmechanisches Verhalten freier Strahlen

Strahlarten. Unter Freistrahlen versteht man Strahlen, die aus Wand-, Decken- oder Bodenaustrittsöffnungen (auch Wand-, Decken- oder Bodenauslässe genannt) mit einigermaßen großer Geschwindigkeit in einen so großen Raum eingeblasen werden, daß ihre Ausbreitung weder durch Hindernisse noch durch die Raumbegrenzung beeinflußt wird.

Ist die Dichte des Strahls gegen die Dichte der ruhenden Umgebung sehr groß (z. B. Wasserstrahl in Luft), so tritt nur eine unwesentliche Vermischung des Strahls mit seiner Umgebung ein, und der Strahl bleibt, abgesehen von einer Beeinflussung durch Grenzflächenspannungen, ziemlich unverändert erhalten. Es soll in diesem Fall von einem geschlossenen Freistrahl gesprochen werden, vgl. Bild J 3-1. Ist die Dichte des Strahls sehr klein gegen die Dichte der Umgebung (z. B. Luftstrahl in Wasser), so vollzieht sich die Vermischung sofort.

Haben dagegen der Strahl und seine Umgebung die gleiche Dichte (z. B. Luftstrahl in Luft gleicher Temperatur und Feuchte[6], so wird das Strömungsbild unter geometrisch ähnlichen Bedingungen in erster Linie durch das Verhältnis der Trägheitskräfte im Strahl zu den auftretenden Reibungskräften bestimmt. Dabei spielt die Vermischung von Strahl und Umgebung für die Strahlausbildung die bestimmende Rolle. Die gesamte vom Luftstrahl in Bewegung gesetzte Luftmenge wird durch die induzierte Raumluft immer größer, während die Geschwindigkeit immer geringer wird. In diesem Fall soll von einem offenen Freistrahl gesprochen werden, vgl. Bild J 3-1. Die Grenzen des Strahlbereichs zeichnen sich hinter der Strahlaustrittsöffnung zunächst deutlich ab, verwischen sich mit zunehmendem Abstand jedoch mehr und mehr. Im Hinblick auf das fluidmechanische Verhalten können laminare, laminar-turbulente und turbulente freie Strahlen vorkommen.

---

[6] Der Feuchteeinfluß auf die Dichte ist gegenüber dem der Temperatur gering und wird in der Regel vernachlässigt.

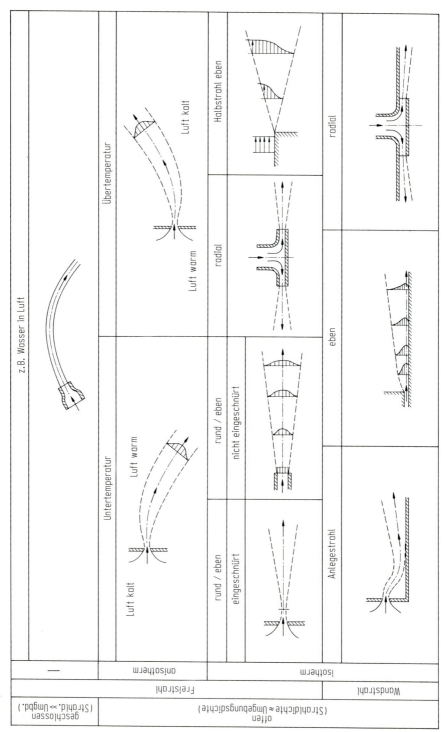

Bild J 3-1. Schematische Darstellung der möglichen Freistrahlen und Wandstrahlen (Übersicht)

Im allgemeinen muß man davon ausgehen, daß nach dem Austritt aus einer gut ausgebildeten Düse zunächst ein laminarer Freistrahl vorhanden ist. Die Länge dieser Laminarstrecke hängt sehr mit der Vorgeschichte der Strömung vor dem Austritt zusammen. Ein turbulenter Freistrahl besitzt eine Strömung in stark wirbelnder Bewegung. Die Vermischung mit der ruhenden Umgebung hat zur Folge, daß die Umgebungsluft vom Strahl mitgerissen und mit der ursprünglichen Strahlluft vermischt wird.

Haben die Strahlluft und die ruhende Umgebungsluft dieselbe Temperatur, liegt der isotherme Freistrahl vor, während sich bei Temperaturunterschieden der anisotherme Freistrahl mit entsprechenden Dichteunterschieden zwischen Strahl und Umgebung ausbildet. Aufgrund des thermofluidmechanischen Verhaltens kommen entweder kalte Freistrahlen in warmer ruhender Luft oder heiße Freistrahlen in kalter ruhender Luft vor.

Je nach Aufgabenstellung und Verwendungszweck setzt man zur Strahllüftung neben einzelnen Strahlen (Einzelstrahlen, die aus Einzeldüsen oder aus einfachen Lochöffnungen austreten) auch mehrere benachbarte in Gruppen oder in Reihen angeordnete Strahlen (Mehrfachstrahlen, die als Freistrahlenbündel in Düsenpaketen oder in Lochplatten erzeugt werden) ein. Turbulente Freistrahlen aus naheliegenden Löchern ziehen sich an und schmelzen zu einem Strahl zusammen.

Strahlformen. Je nach der Form der Strahlaustrittsöffnungen (Kreis, Rechteck, Schlitz u. a.) nehmen die Querschnittsflächen der Freistrahlen entsprechende Formen an. Als Grenzfälle sind der aus einer Kreisöffnung austretende runde Freistrahl und der aus einem unendlich langen schmalen Schlitz austretende ebene Freistrahl anzusehen. Bei einem runden Freistrahl strömt die Umgebungsluft von allen Seiten heran, wodurch, verglichen mit anderen Strahlformen, die beste Vermischung erreicht wird.

Würde man annehmen, daß der aus einem Schlitz austretende Strahl sich zunächst wie ein ebener Freistrahl verhält, dann würde die Umgebungsluft nach Bild J 3-2 nur von oben und unten der Strahlmittenebene zuströmen. Bereits nach sehr kurzer Entfernung hinter der Strahlaustrittsöffnung wird die Umgebungsluft auch von den Seiten heranströmen und den ebenen Strahl in einen rechteckigen Strahl umwandeln. Diese Strahlquerschnittsform geht weiter stromabwärts in einen länglichrunden (ovalen, ellipsenförmigen) Freistrahl und schließlich in einen runden (kreisförmigen) allseitig nach allen Richtungen sich gleich ausbreitenden Freistrahl über. Allgemein gilt, daß nichtkreisförmige Freistrahlen in einiger Entfernung hinter der Strahlaustrittsöffnung allmählich zu einem runden Freistrahl führen. Diese Aussage gilt nicht nur für Einzelstrahlen, sondern auch für Mehrfachstrahlen, wie sie in Bild J 3-3 schematisch dargestellt sind. Es ist nicht möglich, an der Strahlaustrittsöffnung die Form des Freistrahls in größerem Abstand zu beeinflussen.

Geschlossener Freistrahl. Tritt ein Wasserstrahl nach Bild J 3-4a aus einer Austrittsdüse in eine luftgefüllte ruhende Umgebung, so kann dieser Vorgang als stationäre reibungslose Strahlströmung eines dichtebeständigen Fluids behandelt werden. Dabei sollen innerhalb und außerhalb des Strahls konstanter Druck und konstante Temperatur herrschen. Bei nicht zu großer Reynoldszahl der Düsenöff-

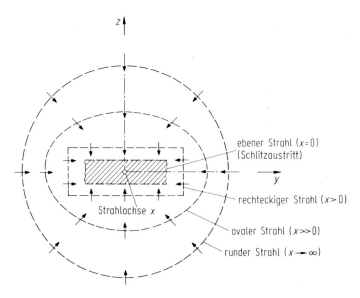

Bild J 3-2. Entwicklung eines ebenen Freistrahls in einen runden Freistrahl mit wachsendem Abstand von der Strahlaustrittsöffnung, vgl. [B 45]

nung von $7000 < Re = v_0 d/\nu < 22000$ bleibt ein solcher Strahl zunächst für eine größere Entfernung hinter der Strahlaustrittsöffnung geschlossen, ehe er sich in Tropfen auflöst.

Ein nach Bild J 3-4b unter einem Austrittswinkel α_0 schräg nach oben gerichteter geschlossener Strahl unterliegt nur dem Einfluß der Schwerkraft und verhält sich fluidmechanisch gesehen wie der schiefe Wurf eines Massenpunkts bei Vernachlässigung des Luftwiderstands. Für den Verlauf des Strahlwegs $z(x)$ gilt nach der Beziehung für die von der Dichte unabhängige Wurfparabel

$$z = x \tan \alpha_0 - \frac{gx^2}{2v_0^2 \cos^2 \alpha_0} \;, \quad z = -\frac{gx^2}{2v_0^2} < 0 \quad (\alpha_0 = 0) \;. \tag{J3-1a,b}$$

Für Winkel $\alpha_0 > 0$ erhält man hieraus die größte Strahlhöhe z_m und die größte horizontale Strahlreichweite (Wurfweite) x_m zu

$$z_m = \frac{v_0^2}{2g} \sin^2 \alpha_0 \;, \quad x_m = \frac{v_0^2}{g} \sin(2\alpha_0) \;. \tag{J3-2a,b}$$

Bei $\alpha_0 = 90°$ stellt sich die größte erreichbare Höhe mit $z_m = h = v_0^2/2g$ und bei $\alpha_0 = 45°$ die größte erreichbare Reichweite mit $x_m = a = v_0^2/g$ ein. Bei $\alpha_0 = 45°$ läßt sich jede kleinere Reichweite $x_m < a$ mit dem Winkel $\alpha_0 > 45°$ als steiler Strahl und mit $\alpha_0 < 45°$ als flacher Strahl erreichen. Die Hüllkurve der Steilstrahler begrenzt den ganzen von den Strahlen erfaßten Raum.

Offener Freistrahl. Tritt ein Fluid, im vorliegenden Fall Luft, durch eine Einzelöffnung mit hoher Geschwindigkeit in einen großen luftgefüllten Raum ein, so setzt

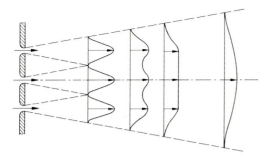

Bild J3-3. Übergang von einem Mehrfachstrahl in einen Einzelstrahl mit wachsendem Abstand von der Strahlaustrittsöffnung

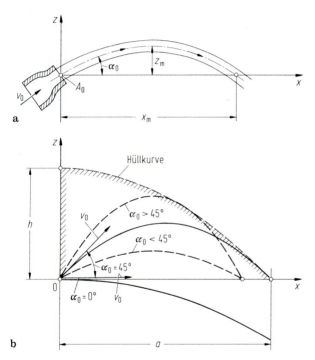

Bild J3-4a, b. Verhalten eines geschlossenen Freistrahls (Wasser→Luft). **a** Geometrie; **b** Strahlbahnen

an der Begrenzungsfläche des Luftstrahls ein Massen-, Impuls- und Energieaustausch mit der umgebenden Raumluft ein. Mit zunehmendem Abstand von der Strahlaustrittsöffnung werden immer größere Luftmassen von der Bewegung erfaßt. Der Strahl breitet sich unter Verminderung der Strahlgeschwindigkeit aus. Einzelheiten dieses Strahlausbreitungsvorgangs werden nachstehend für den runden und ebenen Strahl beschrieben, und die dabei verwendeten geometrischen und fluidmechanischen Begriffe in Bild J3-5a, b anschaulich erklärt.

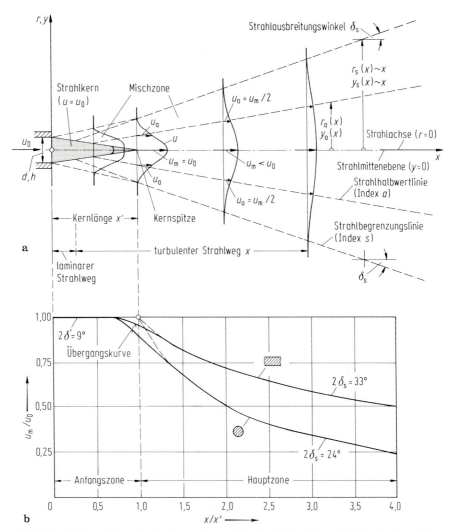

Bild J 3-5 a, b. Kennzeichnende Größen runder und ebener Freistrahlen. **a** Strahlausbreitung (Anfangszone, Hauptzone); **b** Strahlmittengeschwindigkeit (maximale Strahlgeschwindigkeit)

Nach den Strahlrändern hin nimmt die Längsgeschwindigkeit (Geschwindigkeit in Strahlrichtung) u gegenüber der Strahlmittengeschwindigkeit (maximale Geschwindigkeit in der Strahlachse bzw. in der Strahlmittenebene) u_m erheblich ab. Im Strahlquerschnitt stellt sich somit ein Strahlgeschwindigkeitsprofil (Strahlprofil) u/u_m in Form einer sog. Glockenkurve ein.

Die Entwicklung der Strahlströmung in Richtung des Strahlwegs läßt sich, ausgehend von der Strahlaustrittsöffnung, in drei Bereiche (Abschnitte, Zonen) unterteilen, die allerdings nicht immer einheitlich mit den gleichen Begriffen gekennzeichnet werden. In Anlehnung an die Strömung in geradlinig verlaufenden Roh-

ren in Abschn. J 2.3 soll folgende Unterteilung für die Strömung freier Strahlen vorgenommen werden:
1. Strahlaustrittsströmung (entspricht der Rohreintrittsströmung nach Abschn. J2.3.6).
2. Sich ausbildende Freistrahlströmung, auch Strahlanfangszone genannt (entspricht der Rohreinlaufströmung nach Abschn. J2.3.5).
3. Vollausgebildete Freistrahlströmung, auch Strahlhauptzone genannt (entspricht der vollausgebildeten Rohrströmung nach Abschn. J2.3.4).

Im Bereich der Lüftungstechnik kommen überwiegend turbulente Freistrahlen vor, bei denen die Reynoldszahl ($Re = u_0 d/\nu > 2300$ bei einer runden Strahlaustrittsöffnung) keine wesentliche Rolle spielt. Dem turbulenten Freistrahl ist im allgemeinen unmittelbar nach der Austrittsöffnung ein kurzer laminarer Freistrahl vorgeschaltet, dessen Länge mit wachsender Reynoldszahl abnimmt. Während der laminar-turbulente Strömungsumschlag die Strahlströmung in der Anfangszone beeinflussen kann, wirkt er sich in der Hauptzone mit größer werdender Entfernung von der Austrittsöffnung nicht mehr aus und kann unberücksichtigt bleiben.

Auf einer Übergangskurve geht die Strahlanfangszone stetig in die Strahlhauptzone über. Die Strahlhauptzone ist die praktisch wichtigste Zone. Ihre Ausdehnung hängt ab von der Art und Größe der Strahlaustrittsöffnung sowie von der Strahlaustrittsgeschwindigkeit.

J 3.2.2 Strahlaustrittsströmung

Einfache Strahlaustrittsöffnungen. Für die Entwicklung der Freistrahlen hinter der Strahlaustrittsöffnung ist die Querschnittsform der Öffnung und die Ausbildung ihrer Kanten (scharfkantig, abgerundet) von großer Bedeutung. Die Öffnungen können sich in einer Wand als runde und rechteckige (viereckige) Löcher oder als ebene Schlitze (Spalte) als einfache Wandaustrittsöffnungen befinden oder können als konstruktiv gut ausgebildete Rohr- und Schlitzdüsen (Spaltdüsen) vorkommen. Zu den Strahlaustrittsöffnungen gehören auch hinten offene Rohr- und Schlitzenden.

Abgerundete Strahlaustrittsöffnungen sind nach Bild J3-6a,b der kreisförmige Querschnitt mit dem Durchmesser d und der Querschnittsfläche $A_0 = (\pi/4)d^2$ sowie der rechteckförmige Querschnitt mit der Breite b und der Höhe h und der Querschnittsfläche $A_0 = bh$. Der Schlankheitsgrad des Rechtecks wird mit $\varepsilon = h/b$ definiert, wobei $\varepsilon = 1$ den quadratischen Querschnitt und $\varepsilon = 0$ als Grenzfall das unendlich breite Rechteck betrifft.

Der einer kreisförmigen Austrittsöffnung zugeordnete Freistrahl wird als runder Freistrahl und der einer schlitzförmigen Austrittsöffnung zugeordnete Freistrahl als ebener Freistrahl bezeichnet.

Eine radiale Strahlaustrittsöffnung besteht nach Bild J3-6c aus einer Düse mit einer im Abstand h senkrecht zur Düsenachse angebrachten Kreisplatte vom Radius r_0. Diese Anordnung stellt einen sog. Plattenluftverteiler dar. Der aus der Querschnittsfläche $A_0 = 2\pi r_0 h$ radial austretende Fächerstrahl heißt radialer Freistrahl.

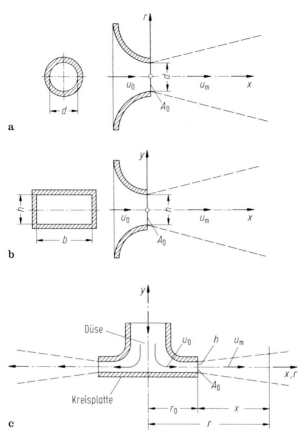

Bild J 3-6 a – c. Abgerundete Strahlaustrittsöffnungen. **a** Kreisdüse (runder Strahl); **b** Spaltdüse (ebener Strahl); **c** Kreisdüse mit Prallplatte (radialer Strahl)

Verengte und scharfkantige Strahlaustrittsöffnungen. Die Strahlaustrittsöffnungen können durch Gitter, Roste, Lamellen, Jalousien u. a. m. zwecks Auffächerung oder Streuung der Strahlströmung mit unterschiedlichen freien Querschnitten unterteilt werden. Dadurch entstehen in bestimmter Weise verengte Strahlaustrittsöffnungen.

Das Verhältnis der Gesamtaustrittsfläche A_0^* zur tatsächlichen Austrittsfläche A_0 sei als *Verengungskoeffizient*

$$\mu_a = \frac{A_0^*}{A_0} < 1 \quad \text{(Verengung)} \tag{J 3-3a}$$

bezeichnet.

Liegt eine kreisringförmige Strahlaustrittsöffnung mit dem Außendurchmesser d_a und dem Innendurchmesser d_i als verengtem Querschnitt des vollen Kreisquerschnitts $A_0 = (\pi/4)d_a^2$ vor, dann ergibt sich mit $A_0^* = (\pi/4)(d_a^2 - d_i^2)$ der Verengungskoeffizient zu

$$\mu_a = 1 - \left(\frac{d_i}{d_a}\right)^2 < 1 \ . \tag{J3-3b}$$

Da keine Luft in der Strahlmitte heranströmen kann, wird der Strahl gleich nach der Austrittsöffnung in einen vollen runden Freistrahl übergehen.

Besteht die Strahlaustrittsfläche aus einer Reihe von Löchern, dann kann dies als schlitzförmige Austrittsöffnung der Höhe $h = A/L$ mit A als gesamter Fläche der Löcher und L als Strecke der Lochreihe aufgefaßt werden.

Ist die Strahlaustrittsöffnung nicht, wie in Bild J 3-6 a, b gezeigt, als Kreis- bzw. Spaltdüse gut abgerundet, sondern scharfkantig, so muß die Strahleinschnürung (Strahlkontraktion) bei der Ermittlung der Strahlströmung berücksichtigt werden. Bei einer scharfkantigen Austrittsöffnung nach Bild J 3-7 a mit der Fläche A_0 steht für den Strömungsvorgang in Strahlrichtung nur die Fläche des eingeschnürten Strahls A_0^* zur Verfügung. Das Verhältnis dieser beiden Flächen wird durch den *Einschnürungskoeffizienten* (Kontraktionskoeffizienten)

$$\mu_c = \frac{A_0^*}{A_0} < 1 \quad \text{(Einschnürung)} \tag{J3-4}$$

erfaßt. Dieser beträgt bei gut abgerundeten Düsen $\mu_c \approx 1$ und bei scharfkantiger Öffnung $\mu_c \approx 0{,}61$, vgl. Bild J 3-8 a und Tabelle J 3-1. Bei Rändern, die wie bei einer Borda-Mündung in die Öffnung gezogen werden, stellt sich der kleinstmögliche Wert $\mu_c = 0{,}5$ ein. Versieht man die Austrittsöffnung mit einem Ansatzrohr bzw. mit einem Ansatzschlitz, so kann die Strahleinschnürung für die Ausbildung des Freistrahls bei nicht zu kurzem Ansatzstück wegen des Anlegens der Strömung an die Innenwand vermieden werden. Für Austrittsöffnungen nach Bild J 3-7 b sind die Koeffizienten μ_c in Abhängigkeit von d/D bzw. von h/H für verschiedene Neigungswinkel α dargestellt.

Maßgebend für die Anwendung der Strahlgesetze ist der engste Querschnitt des verengten und eingeschnürten Strahls. Dort ist nach Bild J 3-8 b der Ursprung des Strahlwegs ($x = x^* \approx 0$) mit der über den Querschnitt A_0^* konstant angenommenen Strahlaustrittsgeschwindigkeit u_0^*.

Treten sowohl verengte als auch scharfkantige Strahlaustrittsöffnungen auf, dann sind beide Koeffizienten zu berücksichtigen, indem man den *Strahlaustrittskoeffizienten*

$$\mu = \mu_a \cdot \mu_c < 1 \tag{J3-5}$$

einführt.

Für die geometrischen Daten der wirksamen Strahlaustrittsöffnungen ist also mit

$$\frac{A_0^*}{A_0} = \mu \ , \quad \frac{d^*}{d} = \sqrt{\mu} \quad \text{(rund)} \ , \quad \frac{h^*}{h} = \mu \quad \text{(eben)} \tag{J3-6a,b,c}$$

zu rechnen.

Die Bestimmung der die Strahlentwicklung bestimmenden Strahlaustrittsgeschwindigkeit u_0^* soll für den Fall der scharfkantigen Strahlaustrittsöffnung, d. h. der Strahleinschnürung nach Bild J 3-7 a, dargestellt werden.

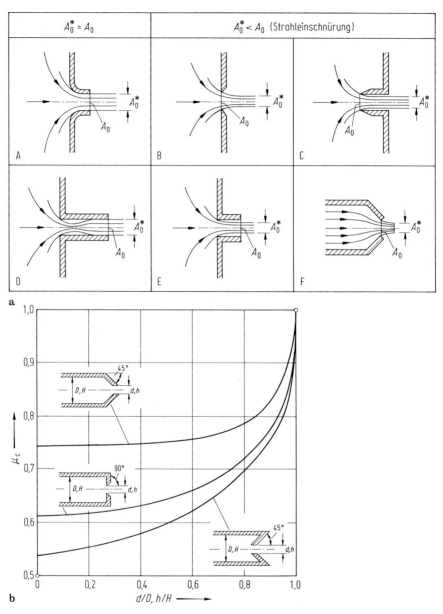

Bild J 3-7 a, b. Strahleinschnürung verschiedener Strahlaustrittsöffnungen. **a** Abgerundete und scharfkantige Öffnungen, vgl. Tabelle J 3-1; **b** Einfluß des Austrittswinkels: Einschnürungskoeffizienten μ_c

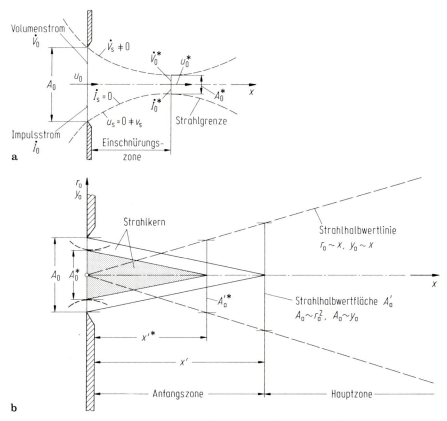

Bild J3-8 a, b. Scharfkantige Strahlaustrittsöffnung; **a** Einfluß der Strahleinschnürung auf die Strahlaustrittsströmung; **b** Einfluß der Strahleinschnürung auf die Strahlkernströmung

Tabelle J3-1. Einschnürungskoeffizienten μ_c von Strahlaustrittsöffnungen, vgl. Bild J3-8a, b

Austrittsöffnung	μ_c
Düsen üblicher Bauart	0,99
Quadratische Öffnungen, abgerundet	0,82 – 0,88
Lochgitter	0,74 – 0,82
Steggitter	0,66 – 0,74
Scharfkantige runde Löcher	0,63

Mit den Volumenströmen über die Austrittsfläche $\dot{V}_0 = u_0 A_0$ und die eingeschnürte Querschnittsfläche $\dot{V}_0^* = u_0^* A_0^* = \mu_c u_0^* A_0$ liefert die Kontinuitätsgleichung

$$u_0^* A_0^* = u_0 A_0 \ , \quad \frac{u_0^*}{u_0} = \frac{A_0}{A_0^*} = \frac{1}{\mu_c} \ . \qquad (\text{J}3\text{-}7\,\text{a, b})$$

Dieses Ergebnis gilt sinngemäß auch für verengte Strahlaustrittsöffnungen, wenn man anstelle des Einschnürungskoeffizienten μ_c den Verengungskoeffizienten μ_a, oder verallgemeinert den Strahlaustrittskoeffizienten μ nach Gl. (J 3-5) einsetzt. Mithin gilt also für die Strahlaustrittsgeschwindigkeit u_0^* bei verengten und scharfkantigen Strahlaustrittsöffnungen

$$\frac{u_0^*}{u_0} = \frac{1}{\mu} > 1 \ . \tag{J 3-8}$$

J 3.2.3 Sich ausbildende Freistrahlströmung

Strahlanfangszone. Bei der Strahlausbildung unmittelbar hinter der Strahlaustrittsöffnung ist die Strahlströmung im inneren Strahlkern, ähnlich wie die Kernströmung bei der Rohreinlaufströmung nach Abschn. J 2.3.5, von der Reibung noch unbeeinflußt, vgl. Bild J 3-9. Die axiale Strahlgeschwindigkeit ist dort gleich der Strahlaustrittsgeschwindigkeit $u_0 = $ const. Der Kern hat die Form eines schlanken Paraboloids beim runden Strahl bzw. einer Parabel beim ebenen Strahl.

Um den Kern herum liegt der Strahlschleier, in dem die Vermischung des Strahls mit seiner Umgebung erfolgt. Bei turbulenter Strömung ist die Luft in stark wir-

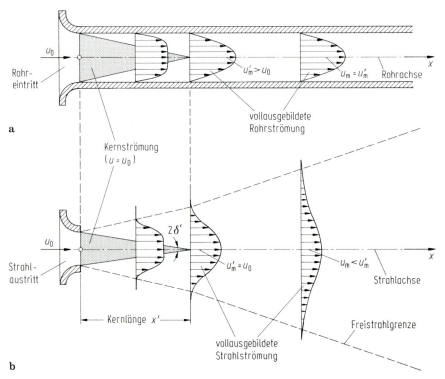

Bild J 3-9 a, b. Vergleichende Betrachtung der sich ausbildenden und der vollausgebildeten Strömung (Geschwindigkeitsprofile schematisch). **a** Rohrströmung, **b** Freistrahlströmung

belnder Bewegung, und die axiale Geschwindigkeit $u(x,r)$ bzw. $u(x,y)$ nimmt gegen die äußere Begrenzung des Schleiers ab. Während sich längs des Strahlwegs eine stetige Auflösung des Strahlkerns vollzieht, bildet sich beim Strahlschleier eine wachsende Mischzone aus, die schließlich den ganzen Strahlquerschnitt erfaßt. Der Bereich, in dem dieser Strömungsvorgang vor sich geht, sei mit Strahlanfangszone bezeichnet.

Kernlänge. Die Kernlänge kennzeichnet den Strahlweg zwischen der Strahlaustrittsöffnung, in der ein rechteckiges Geschwindigkeitsprofil mit der konstanten Strahlaustrittsgeschwindigkeit $u = u_0 = $ const herrscht, und der Stelle auf der Strahlachse bzw. der Strahlmittenebene, an der die bis dahin konstante Strahlmittengeschwindigkeit ($u_m = u_0$) weiter stromabwärts beginnt abzunehmen ($u_m < u_0$).

Mit guter Annäherung kann man nach Bild J3-5a den Strahlkern durch einen Kegel bzw. einen Keil ersetzen. Im Längsschnitt des Kerns schneiden sich die beiden Begrenzungsgeraden in der Kernspitze. Sie ist durch die fiktive Kernlänge x' festgelegt. Diese stellt eine wichtige charakteristische Strahlabmessung dar. Alle die fiktive Kernlänge x' betreffenden Einflüsse lassen sich für isotherme und nichtisotherme Freistrahlen summarisch in der sog. Mischzahl m zusammenfassen, und man schreibt

$$x' = \frac{d}{m} \quad \text{(rund)} \, , \quad x' = \frac{h}{m} \quad \text{(eben, radial)} \, . \tag{J3-9a,b}$$

Dabei sind $d = 2r_0$ der Durchmesser und $h = 2y_0$ die Höhe der Strahlaustrittsöffnung bei $x = 0$. Wie noch gezeigt wird, ist $m \approx 0{,}15$ ein brauchbarer mittlerer Wert für die Mischzahl. Mithin beträgt die fiktive Kernlänge etwa $x' \approx 6{,}5\,d$ bzw. $x' \approx 6{,}5\,h$.

Bei einer rechteckigen Strahlaustrittsöffnung mit der Breite b und der Höhe $h < b$ besitzt die sich stromabwärts ausbildende Strahlströmung zwei Kernspitzen, und zwar eine im Abstand $x' = h/m \approx 6{,}5\,h$ für die kleine Seitenlänge sowie eine im größeren Abstand $x' = b/m \approx 6{,}5\,b$ für die große Seitenlänge.

Kernwinkel. Der beim runden Strahl kegelförmig und beim ebenen Strahl keilförmig ausgebildete Strahlkern besitzt den gesamten Spitzenwinkel ($\tan \delta' \approx \delta'$)

$$2\delta' = \frac{d}{x'} = \frac{h}{x'} = m \, . \tag{J3-10}$$

Bei einem Wert $m \approx$ const für beide Strahlformen zeigt sich, wie auch durch Versuche bestätigt wird, daß die Form der Strahlaustrittsöffnung ohne Bedeutung für die Größe des Kernwinkels ist. Für $m \approx 0{,}15$ gilt $2\delta' \approx 9°$.

Mischzahl. Bedingt durch unterschiedliche Strahlaustrittsbedingungen, wie die Form der Strahlaustrittsöffnung, die Strahlaustrittsgeschwindigkeit u_0, die dort herrschende Reynoldszahl $Re = u_0\,d/\nu$ bzw. $Re = u_0\,h/\nu$ sowie den Turbulenzgrad der Strahlkernströmung gilt für den Wertebereich der Mischzahlen nach Tabelle J3-2

Tabelle J 3-2. Richtwerte für Mischzahlen m von Freistrahlen bei verschiedenen Strahlaustrittsöffnungen nach [B 39]

Austrittsöffnung	m
Düsen	0,14...0,17
Rechteckige freie Austritte	0,17...0,2
Schlitze	
Seitenverhältnis	
$b/h = 20...25$	0,2...0,25
Lochgitter	
Öffnungsverhältnis	
$A_0/A = 0,1...0,2$	0,22...0,28
$= 0,01...0,1$	0,28...0,4
Steggitter	
gerade	0,18...0,25
divergierend 40°	0,28
60°	0,4
90°	0,5

$$0,1 < m < 0,5 \quad \text{(Richtwerte)} \;. \tag{J3-11a}$$

Die Reynoldszahl spielt für die Mischzahl vor allem dann eine Rolle, wenn eine kurz hinter der Strahlaustrittsöffnung zunächst laminare Strahlströmung in turbulente Strahlströmung umschlägt. Dabei können bei niedrigen Reynoldszahlen Werte $m \approx 0,5$ auftreten. Der Turbulenzgrad des ausströmenden Strahls mit der Umgebung ist für den turbulenten Austauschmechanismus des Strahls von größerer Bedeutung. Es leuchtet ein, daß bei einem hohen Turbulenzgrad die Mischzahl $0,2 < m < 0,4$ groß und entsprechend die Kernlänge x' klein wird. Bei einem kleinen Turbulenzgrad gilt $0,1 < m < 0,2$.

Die in Tabelle J 3-2 für Düsen und Schlitze bei turbulenter Strahlströmung angegebenen Mischzahlen werden durch die theoretisch ermittelten Werte bestätigt. Für die Strahlmittengeschwindigkeit gelten die Beziehungen nach Tabelle 6-5 in [A 32]

$$\frac{u_m}{u_0} = c \frac{d}{x} \quad \text{mit} \quad c = 6,571 \quad \text{(rund)} \;,$$

$$\frac{u_m}{u_0} = c \sqrt{\frac{h}{x}} \quad \text{mit} \quad c = 2,398 \quad \text{(eben)} \;. \tag{J3-11b}$$

Da die Kernlänge $x = x'$ durch $u_m/u_0 = 1$ definiert ist und nach Gl. (J3-9a,b) für die Mischzahlen $m = d/x'$ (rund) bzw. $m = h/x'$ (eben) gilt, folgt aus den theoretischen Ergebnissen $1 = cm$ bzw. $1 = c\sqrt{m}$, d.h.:

$$m = 1/c = 0,152 \quad \text{(rund)} \;,$$
$$m = 1/c^2 = 0,174 \quad \text{(eben)} \;. \tag{J3-11c}$$

Für Einzelstrahlen kann bei gut abgerundeter Ausführung der Strahlaustrittsöffnung mit $m \approx 0,15$ bzw. $1/m \approx 6,5$ gerechnet werden.

J 3.2.4 Vollausgebildete Freistrahlströmung

Strahlhauptzone. Vom Ende des Strahlkerns $x = x'$ an vermindern sich in den stromabwärts gelegenen Strahlquerschnitten $x > x'$ die axialen Strahlgeschwindigkeiten u bei gleichzeitiger Strahlausbreitung, vgl. Bild J 3-5. Insbesondere gilt für die Strahlmittengeschwindigkeit $u_m < u_0$. Die Reibung hat jetzt alle Stellen des Freistrahls erfaßt und man spricht in Analogie zur vollausgebildeten Rohrströmung nach Bild J 3-9 von der vollausgebildeten Freistrahlströmung. Dieser für die Strahllüftung wichtigste Bereich sei mit Strahlhauptzone bezeichnet.

Grundlagen der Strahltheorie. Die theoretischen Grundlagen und experimentellen Erkenntnisse zur Fluidmechanik freier Strahlen sind weitgehend Prandtl und seinen Mitarbeitern (Tollmien, Görtler, Schlichting, Reichardt, Förthmann) sowie Regenscheit zu verdanken, [B 40-44]. Neben der laminaren Strahlströmung wurde vor allem die technisch mehr interessierende turbulente Strahlströmung untersucht, wobei die Prandtlsche Turbulenztheorie (Mischungswegansatz, Impulsaustauschansatz) die Lösung dieser Aufgabe ermöglicht.

Freistrahlen haben Grenzschichtcharakter, d.h. geringe Erstreckung in der Querrichtung im Vergleich zur Längsrichtung und große Geschwindigkeitsgradienten in der Querrichtung. Ihre theoretische Behandlung ist also ein Problem der Grenzschicht-Theorie.

Im folgenden soll nur der turbulente Freistrahl behandelt werden. Dabei sind, wie schon in Abschn. J 3.2.1 erwähnt wurde, die beiden Fälle zu untersuchen, bei denen der Strahl und seine Umgebung entweder gleiche Temperaturen (isothermer Strahl) oder verschiedene Temperaturen (anisothermer Strahl) haben. Für den runden, ebenen und radialen Freistrahl nach Bild J 3-10 werden folgende vereinfachende Ansätze gemacht:

1. Der Druck p ist außerhalb und innerhalb des Strahls gleich groß, d. h. p = const. Im Strahl und seiner Umgebung soll sich die Luft wie ein ideales Gas verhalten, für das die thermische Zustandsgleichung $p = \varrho R T$ gilt. Wegen der unveränderlichen Gaskonstante R = const und wegen des angenommenen konstanten Drucks p = const besteht zwischen der Dichte ϱ und der Temperatur T die Beziehung ϱT = const. Für das Dichteverhältnis kann man also schreiben [B 46]

$$\frac{\varrho}{\varrho_0} = \frac{T_0}{T} = \frac{\dfrac{T_0}{T_\infty}}{1 + \left(\dfrac{T_0}{T_\infty} - 1\right) \dfrac{\Delta T}{\Delta T_0}} . \qquad (J3\text{-}12\,a)$$

Die Richtigkeit dieses Ausdrucks weist man unter Beachtung von $\Delta T/\Delta T_0 = (T - T_\infty)/(T_0 - T_\infty)$ nach. Weicht die absolute Temperatur im Strahlaustritt T_0 nur wenig von der absoluten Temperatur in der Umgebung T_∞ ab, d.h. ist $T_0/T_\infty \approx 1$, dann führt dies beim schwach anisothermen Freistrahl zu

$$\frac{\varrho}{\varrho_0} \approx \frac{T_0}{T_\infty} = \text{const} \quad (T_0 \approx T_\infty) , \qquad (J3\text{-}12\,b)$$

während beim isothermen Freistrahl $T_0/T_\infty = 1$ ist.

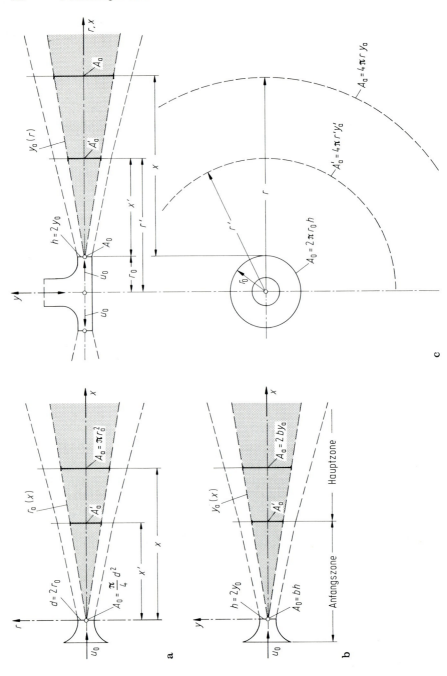

Bild J3-10a–c. Strahlquerschnittsflächen, vgl. Tabelle J3-3. **a** Runder Freistrahl; **b** ebener Freistrahl; **c** radialer Freistrahl

2. Da die Freistrahlströmungen nicht durch Wände begrenzt sind, können keine großen Druckunterschiede auftreten. Wegen des Fehlens fester Wände und der Annahme konstanten Drucks liefert die Anwendung des Impulssatzes die Aussage unveränderten Impulsstroms in Strahlrichtung $\dot{I}_x = \dot{I}$ = const. Im Freistrahl bleibt also der Impulsstrom erhalten. Es gilt mit $d\dot{I} = \varrho u d\dot{V} = \varrho u^2 dA$ ($d\dot{V} = udA$) für den Impulsstrom im Strahlaustritt (Index 0) und im Strahl selbst die Bedingung

$$\varrho_0 u_0^2 A_0 = \int_{(A)} \varrho u^2 dA \qquad (J3\text{-}13\text{a})$$

mit A_0 als Strahlaustrittsfläche und u_0 als konstant über die Austrittsfläche verteilter Austrittsgeschwindigkeit sowie mit $A(x)$ als Strahlquerschnittsfläche und $u(x,y)$ bzw. $u(x,r)$ als zugehörigem Geschwindigkeitsprofil. In dimensionsloser Schreibweise lautet die Impulsstrombedingung

$$\left(\frac{u_0}{u_m}\right)^2 \frac{A_0}{A_a} = \int_{(A)} \frac{\varrho}{\varrho_0} \left(\frac{u}{u_m}\right)^2 \frac{dA}{A_a} . \qquad (J3\text{-}13\text{b})$$

Eingeführt wurde die Strahlmittengeschwindigkeit u_m und die an sich willkürlich wählbare Bezugsfläche A_a. Diese soll mit der Strahlquerschnittsfläche übereinstimmen, die sich beim runden Freistrahl auf den Bereich $0 \leq r \leq r_a$ bzw. beim ebenen und radialen Freistrahl auf die Bereiche $-y_a \leq y \leq y_a$ erstrecken, vgl. Bild J3-10.

3. Treten beim anisothermen Freistrahl Temperaturunterschiede zwischen Strahl und Umgebung auf, wird angenommen, daß sich der Enthalpiestrom $\dot{H}$ analog zum Impulsstrom $\dot{I}$ beim isothermen Strahl in Strahlrichtung nicht ändert, $\dot{H}$ = const. Bei konstant angenommenem Druck p und konstant angenommener spezifischer Wärmekapazität c_p lautet die Beziehung für den Enthalpiestrom $d\dot{H} = c_p \varrho u \Delta T dA$ mit $\Delta T = T - T_\infty$ als Temperaturdifferenz zwischen der Temperatur T im Strahl und der Temperatur T_∞ in der Umgebung des Strahls (Index ∞). Im Strahlaustritt (Index 0) ist $\Delta T_0 = T_0 - T_\infty$, und im Strahl selbst gilt also die Bedingung, vgl. Gl. (J3-13a)

$$\varrho_0 u_0 \Delta T_0 A_0 = \int_{(A)} \varrho u \Delta T dA . \qquad (J3\text{-}14\text{a})$$

In dimensionsloser Schreibweise lautet die Enthalpiestrombedingung, vgl. Gl. (J3-13b)

$$\frac{u_0}{u_m} \frac{\Delta T_0}{\Delta T_m} \frac{A_0}{A_a} = \int_{(A)} \frac{\varrho}{\varrho_0} \frac{u}{u_m} \frac{\Delta T}{\Delta T_m} \frac{dA}{A_a} . \qquad (J3\text{-}14\text{b})$$

Die mit dem Index m versehenen Größen beziehen sich auf die Strahlachse beim runden Strahl bzw. auf die Strahlmittenebene beim ebenen Strahl. Die Bezugsfläche A_a ist im Anschluß an Gl. (J3-13b) erläutert.

4. Die Geschwindigkeitsprofile (Strahlprofile) in den Strahlquerschnitten verhalten sich beim runden, ebenen und radialen Freistrahl im Bereich der vollausgebildeten Strahlströmung längs des Strahlwegs $x > x'$ affin (ähnlich) zueinander.

Alle Profile lassen sich in der Hauptzone durch eine einzige Kurve wiedergeben, wenn man die Längsgeschwindigkeiten u auf die Mittengeschwindigkeit u_m und die Abstände in r- bzw. y-Richtung auf eine Strecke (Strahldicke) r_a bzw. y_a bezieht, d.h. für das dimensionslose Geschwindigkeitsprofil $u/u_m = f(\eta)$ mit $\eta = r/r_a$ für den runden sowie $\eta = y/y_a$ für den ebenen und radialen Strahl schreibt. Das Geschwindigkeitsprofil kann nach Reichardt [43] mit guter Näherung in Form einer Exponentialfunktion (Fehlerverteilungsfunktion) dargestellt werden:

$$\frac{u}{u_m} = f(\eta) = \exp(-c\eta^2) \quad (\eta = r/r_a \, , \, \eta = y/y_a) \, , \qquad (\text{J}3\text{-}15)$$

vgl. Bild J 3-11a. Sollen $r = r_a$ bzw. $y = y_a$ die Abstände senkrecht zur Strahlmittenebene bzw. senkrecht zur Strahlachse sein, bei denen die Geschwindigkeit $u = u_a$ halb so groß wie die Strahlmittengeschwindigkeit $u = u_m$ ist, dann folgt aus dieser Festlegung mit $f = 1/2$ der Wert $c = \ln 2 = 0{,}6931$.

Für den rechteckigen Freistrahl ist das Geschwindigkeitsprofil in Bild J 3-11 b schematisch dargestellt.

5. In analoger Weise wie die Geschwindigkeitsprofile verhalten sich die Temperaturprofile in den Strahlquerschnitten beim runden, ebenen und radialen Freistrahl im Bereich der vollausgebildeten Strahlströmung längs des Strahlwegs $x > x'$ affin (ähnlich) zueinander. Für das Temperaturprofil gibt Reichardt [43] die bemerkenswerte Beziehung

$$\frac{\Delta T}{\Delta T_m} = \frac{T - T_\infty}{T_m - T_\infty} = \left(\frac{u}{u_m}\right)^{1/2} = \exp\left(-\frac{c}{2}\eta^2\right) \qquad (\text{J}3\text{-}16\text{a, b})$$

mit u/u_m nach Gl. (J 3-15) an. Das Temperaturprofil ist in Bild J 3-11 a dargestellt und mit dem Geschwindigkeitsprofil zu vergleichen, wobei sich zeigt, daß das Temperaturprofil breiter als das Geschwindigkeitsprofil ist. Die Temperaturen gleichen sich also schneller als die Geschwindigkeiten aus.

6. Die Begrenzung der Strahlerweiterung sei sowohl für das Geschwindigkeits- als auch für das Temperaturprofil durch die Abstände r_a bzw. y_a gekennzeichnet. Diese nehmen bei der vollausgebildeten turbulenten Strahlströmung nach Bild J 3-10 linear mit dem Strahlweg $x > x'$ zu. Wegen $r_a \sim x$ bzw. $y_a \sim x$ gilt also

$$\frac{r_a}{r'_a} = \frac{x}{x'} \quad (\text{rund}) \, , \quad \frac{y_a}{y'_a} = \frac{x}{x'} \quad (\text{eben, radial}) \, , \qquad (\text{J}3\text{-}17\text{a, b})$$

wenn r'_a bzw. y'_a die Abstände bei $x = x'$ bedeuten. Meßergebnisse bestätigen diese Abhängigkeiten sehr gut.

J 3.2.5 Eigenschaften isothermer Freistrahlen

Voraussetzung. Der isotherme Freistrahl ist dadurch gekennzeichnet, daß im Strahl und seiner Umgebung dieselben Temperaturen herrschen. Dies bedeutet nach Gl. (J 3-12b), daß auch die Dichten unveränderlich sind und in den Formeln dieses Abschnitts nicht vorkommen, [B 45].

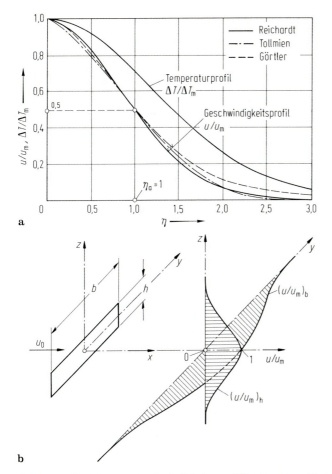

Bild J 3-11 a, b. Turbulente Geschwindigkeits- und Temperaturprofile isothermer Freistrahlen (dimensionslose Darstellung). **a** Ebene und runde Freistrahlen, vgl. Gln. (J 3-15) und (J 3-16 b), [B 40–44]; **b** rechteckige Freistrahlen, [B 45]

Strahlmittengeschwindigkeit. Eine Aussage über die Strahlmittengeschwindigkeit (Zentralgeschwindigkeit) $u_m(x)$ erhält man aus dem Ansatz (J 3-13 a), nach dem sich der Impulsstrom $\dot{I}(x)$ längs des ganzen Strahlwegs ausgehend vom Strahlanfang an der Stelle $x = 0$ mit der Strahlaustrittsfläche A_0 bis zu einer Stelle x mit der Strahlquerschnittsfläche $A(x)$ nicht ändert.

Für die auf die Strahlaustrittsgeschwindigkeit u_0 bezogene Strahlmittengeschwindigkeit $u_m = u_m(x)$ folgt aus Gl. (J 3-13 b) die Beziehung

$$\left(\frac{u_m}{u_0}\right)^2 = \frac{1}{M}\frac{A_0}{A_a} \quad \text{mit} \quad M = \int_{(A)} \left(\frac{u}{u_m}\right)^2 \frac{dA}{A_u} = \text{const} \qquad (J\,3\text{-}18\,a,b)$$

als charakteristischem Kennwert für das Geschwindigkeitsprofil.

Wegen des Ansatzes (J 3-15), nach dem beim runden, ebenen und radialen Freistrahl mit affinen Geschwindigkeitsprofilen gerechnet werden kann, ist jeweils $M = \text{const}$.

Im Bereich der Strahlkernströmung $0 \leq x \leq x'$ ist die Strahlmittengeschwindigkeit konstant; dort ist also $u_m = u_0$. An der Kernspitze $x = x'$ ist die Strahlquerschnittsfläche $A_a = A'_a$, was nach Gl. (J 3-18a) zu dem Zusammenhang $A_0/A'_a = M$ führt. Für die dimensionslose Mittengeschwindigkeit in der Anfangs- und Hauptzone ist dann

$$\frac{u_m}{u_0} = 1 \quad (0 \leq x \leq x') \;, \quad \frac{u_m}{u_0} = \sqrt{\frac{A'_a}{A_a}} = \sqrt{\frac{A_a(x')}{A_a(x)}} \leq 1 \quad (x \geq x') \;. \text{(J 3-19 a, b)}$$

In dieser Darstellung spielt die Form der affinen Geschwindigkeitsprofile keine Rolle. Bei Strahlwegen x, die wesentlich größer als die Kernlänge x' sind, gibt Gl. (J 3-19b) die Werte u_m/u_0 umso besser wieder. Für die in Bild J 3-10 dargestellten Freistrahlen lassen sich die Flächenverhältnisse A'_a/A_a in einfacher Weise bestimmen, vgl. Tabelle J 3-3 [7].

Tabelle J 3-3. Geometrische Größen bei runden, ebenen und radialen Freistrahlen nach Bild J 3-10 sowie Zahlenwerte $M = F_2$ und $N = F_{3/2}$ gemäß Gl. (J 3-34a, b)

	rund	eben	radial
η	$\eta = \dfrac{r}{r_a}$		$\eta = \dfrac{y}{y_a}$
A_a	πr_a^2	$2 b y_a$	$4 \pi r y_a$
dA	$2\pi r \, dr$	$b \, dy$	$2\pi r \, dy$
$\dfrac{dA}{A_a}$	$2\eta \, d\eta \quad (0 \leq \eta \leq \infty)$	$(1/2)\, d\eta$	$(-\infty \leq \eta \leq +\infty)$
$\dfrac{A_a}{A'_a}$	$\left(\dfrac{r_a}{r'_a}\right)^2 = \left(\dfrac{x}{x'}\right)^2$	$\dfrac{y_a}{y'_a} = \dfrac{x}{x'}$	$\dfrac{r\, y_a}{r'\, y'_a} = \dfrac{r\, x}{r'\, x'}$
$\dfrac{A_s}{A'_a}$	$\left(\dfrac{r_s}{r'_a}\right)^2 = \left(\dfrac{x}{x'}\right)^2 \eta_s^2$	$\dfrac{y_s}{y'_a} = \dfrac{x}{x'} \eta_s$	
M	$\dfrac{1}{2c} = 0{,}721$	$\dfrac{1}{2}\sqrt{\dfrac{\pi}{2c}} = 0{,}753$	
N	$\dfrac{2}{3c} = 0{,}962$	$\dfrac{1}{2}\sqrt{\dfrac{2\pi}{3c}} = 0{,}869$	

---

[7] Auf die unterschiedliche Bedeutung der Radien r'_a, r_a beim runden Strahl und r', r beim radialen Strahl sei hingewiesen.

Unter Beachtung der Ansätze (J 3-17 a, b) für die Strahlerweiterung r'_a/r_a bzw. y'_a/y_a und mit der Beziehung für die fiktive Kernlänge x' nach Gl. (J 3-9 a, b) ergeben sich nachstehende in Tabelle J 3-4 zusammengestellte Formeln zur Berechnung der dimensionslosen Strahlmittengeschwindigkeit bei vollausgebildeter Strahlströmung ($x > x'$):

$$\frac{u_m}{u_0} = \frac{r'_a}{r_a} = \frac{x'}{x} = \frac{d}{mx} \quad \text{(rund)}, \tag{J 3-20 a}$$

$$\frac{u_m}{u_0} = \sqrt{\frac{y'_a}{y_a}} = \sqrt{\frac{x'}{x}} = \sqrt{\frac{h}{mx}} \quad \text{(eben)}, \tag{J 3-20 b}$$

$$\frac{u_m}{u_0} = \sqrt{\frac{r' y'_a}{r \, y_a}} = \sqrt{\frac{r' x'}{r \, x}} \quad \text{(radial)} \tag{J 3-20 c}$$

mit $x = r - r_0$, $x' = r' - r_0$ und $r' = r_0(1 + h/m r_0)$ nach Bild J 3-10c, vgl. [B 47]. Bei den behandelten Freistrahlen hängt das Verhältnis der Mittengeschwindigkeit zur Austrittsgeschwindigkeit neben den geometrischen Größen der Austrittsöffnung von der Kernlänge x' bzw. von der Mischzahl m ab. Zahlenwerte für m sind in Tabelle J 3-2 zusammengestellt. Die Geschwindigkeitsabnahme längs des Strahlwegs ist beim runden Strahl umgekehrt proportional der Entfernung und beim ebenen Strahl umgekehrt proportional der Wurzel aus der Entfernung von der Strahlaustrittsöffnung, vgl. Bild J 3-5 b. Bei sonst ungeänderten Größen u_0, m und $h = d$ ist also $u_m \sim 1/x$ für den runden und $u_m \sim 1/\sqrt{x}$ für den ebenen Strahl, d. h. in diesem Fall verringert sich die axiale Strahlgeschwindigkeit beim ebenen Strahl wegen des Fehlens einer seitlichen Ausbreitung erheblich weniger als beim runden Strahl.

Wegen des Potenzcharakters der Beziehungen (J 3-20 a, b) für die Strahlmittengeschwindigkeit u_m in Abhängigkeit vom Strahlweg x beim runden und ebenen Strahl, d. h. $u_m \sim x^{-1}$ bzw. $u_m \sim x^{-1/2}$, empfiehlt sich die doppelt-logarithmische Auftragung $u_m/u_0 = d/mx$ bzw. $u_m/u_0 = \sqrt{h/mx}$ in Bild J 3-12a. Es ergeben sich unabhängig von m geneigte Geraden, und zwar hat der runde Strahl die Neigung 1:1 und der ebene Strahl die Neigung 1:2.

Der Schnittpunkt der geneigten Geraden $u_m/u_0 = f(x/d)$ bzw. $u_m/u_0 = f(x/h)$ mit der Geraden $u_m/u_0 = 1$ entspricht der Strahlkernspitze. Sein Abstand von der Strahlaustrittsöffnung ist die nach Gl. (J 3-9 a, b) von m abhängige bezogene fiktive Kernlänge x'/d bzw. x'/h.

Bei einer *verengten oder auch scharfkantigen Austrittsöffnung* sind sowohl die Strahlverengung als auch die Straheinschnürung gemäß Abschn. J 3.2.2 durch Einführen des Strahlaustrittskoeffizienten μ zu berücksichtigen. Dies bedeutet, daß für die vorliegende Strahlströmung in Gl. (J 3-20 a, b) anstelle von u_0, d und h die Größen u_0^*, d^* bzw. h^* treten und diese nach Gl. (J 3-8) und Gl. (J 3-6b, c) einzusetzen sind. Nach u_m/u_0 aufgelöst führt dies zu

$$\frac{u_m}{u_0} = \frac{1}{\sqrt{\mu}} \frac{d}{mx} \quad \text{(rund)}, \tag{J 3 21 a}$$

Tabelle J 3-4. Eigenschaftsgrößen vollausgebildeter Freistrahlen ($x \geq x'$)

		Allgemein	Runder Strahl	Ebener Strahl	Rechteckiger Strahl	Radialer Strahl
Kernlänge	x'	$x' \sim \dfrac{1}{m}$	$x' = \dfrac{d}{m}$	$x' = \dfrac{h}{m}$	$x'_h = \dfrac{h}{m}$	$x' = \dfrac{h}{m}$
Mittengeschwindigkeit	$\dfrac{u_m}{u_0}$	$\sqrt{\dfrac{A'_a}{A_a}} \leqq 1$	$\dfrac{x'}{x} = \dfrac{d}{mx}$	$\dfrac{x'}{x} = \sqrt{\dfrac{h}{mx}}$	$\dfrac{\sqrt{hb}}{mx} = \dfrac{1}{\sqrt{\varepsilon}}\sqrt{\dfrac{h}{mx}}$	$\sqrt{\dfrac{r'}{r}\dfrac{x'}{x}}$
Strahlbegrenzung	$\dfrac{A_s}{A_0}$	$\dfrac{1}{F_2}\dfrac{A_s}{A'_a}$	$\dfrac{r_s}{r_0} = \sqrt{2c\dfrac{x}{x'}\eta_s}$	$\dfrac{y_s}{y_0} = 2\sqrt{\dfrac{2c}{\pi}\dfrac{x}{x'}\eta_s}$		
Ausbreitungswinkel	$2\delta_s$	$\tan \delta_s = \ldots$	$\sqrt{\dfrac{c}{2}m\eta_s}$	$\sqrt{\dfrac{2c}{\pi}m\eta_s}$		
Volumenstrom	$\dfrac{\dot{V}}{\dot{V}_0}$	$\dfrac{F_1}{F_2}\dfrac{u_0}{u_m} \geqq 1$	$2\dfrac{x}{x'} = 2\dfrac{mx}{d}$	$2\sqrt{\dfrac{x}{x'}} = \sqrt{2\dfrac{mx}{h}}$	$2\sqrt{\varepsilon}\sqrt{\dfrac{mx}{h}}$	$2\sqrt{\dfrac{r}{r'}\dfrac{x}{x'}}$
Energiestrom	$\dfrac{\dot{E}}{\dot{E}_0}$	$\dfrac{F_3}{F_2}\dfrac{u_m}{u_0} \leqq 1$	$\dfrac{2}{3}\dfrac{x'}{x} = \dfrac{2}{3}\dfrac{d}{mx}$	$\dfrac{2}{3}\sqrt{\dfrac{x'}{x}} = \sqrt{\dfrac{2}{3}\dfrac{h}{mx}}$	$\dfrac{2}{3}\sqrt{\dfrac{h}{\varepsilon mx}}$	$\sqrt{\dfrac{2r'}{3r}\dfrac{x'}{x}}$
Mittentemperatur	$\dfrac{\Delta T_m}{\Delta T_0}$	$\dfrac{F_2}{F_{3/2}}\left(\dfrac{u_m}{u_0}\right)_{is}$	$\dfrac{3}{4}\dfrac{x'}{x} = \dfrac{3}{4}\dfrac{d}{mx}$	$\dfrac{3}{4}\sqrt{\dfrac{x'}{x}} = \sqrt{\dfrac{3}{4}\dfrac{h}{mx}}$	$\dfrac{3}{4}\sqrt{\dfrac{h}{\varepsilon mx}}$	

$$\frac{u_m}{u_0} = \frac{1}{\sqrt{\mu}} \sqrt{\frac{h}{mx}} \quad \text{(eben)} \;. \tag{J3-21b}$$

Die Strahlgeschwindigkeit u_0 läßt sich aus dem austretenden Strahlvolumenstrom $\dot{V}_0$ gemäß $u_0 = \dot{V}_0/A_0$ mit $A_0 = (\pi/4)d^2$ bzw. $A_0 = bh$ berechnen.

Für den rechteckigen und den flächengleichen elliptischen Freistrahl, die beide nach Bild J3-12b dasselbe Seiten- bzw. Achsenverhältnis $\varepsilon = h/b = \bar{h}/\bar{b}$ besitzen, gibt Schnitzler, vgl. [B47], für die dimensionslose Strahlmittengeschwindigkeit die Beziehung

$$\frac{u_m}{u_0} = \frac{\dfrac{x'}{x}}{\sqrt{\varepsilon + (1-\varepsilon)\dfrac{x'}{x}}} \quad \text{(rechteckig)} \tag{J3-22a}$$

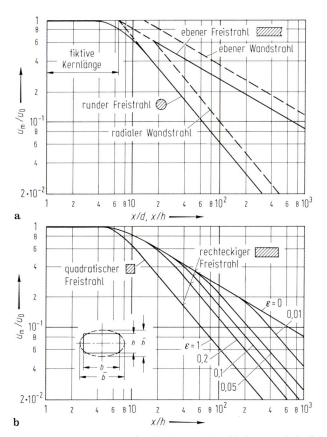

Bild J3-12a,b. Abnahme der isothermen Strahlmittengeschwindigkeit in Abhängigkeit vom Strahlweg (dimensionslose Darstellung), [B39, 47]. **a** Runder und ebener Freistrahl, ebener und radialer Wandstrahl ($m = 0{,}15$); **b** quadratischer und rechteckiger Freistrahl, $\varepsilon = h/b$ – Seitenverhältnis ($m = 0{,}20$), nach Schnitzler an. Hierin ist $x' = h/m$ mit der kleinsten Strahlabmessung gebildet. Der Wert $\varepsilon = 1$ gilt sowohl für den quadratischen Freistrahl mit $b = h$ als auch für den kreisrunden Freistrahl mit $\bar{b} = \bar{h} = d$. Wegen der flächengleichen Querschnitte besteht der Zusammenhang $h/d = \sqrt{\pi/4} < 1$.

In Bild J3-12b ist u_m/u_0 über x/x' in doppelt-logarithmischem Maßstab mit ε als Parameter dargestellt. Für große Strahlwege $x/x' \gg 1$ lautet die asymptotische Formel

$$\frac{u_m}{u_0} = \frac{1}{\sqrt{\varepsilon}} \frac{x'}{x} \quad \text{für} \quad \frac{x}{x'} \gg \frac{1-\varepsilon}{\varepsilon} \; . \tag{J3-22b}$$

Die Abhängigkeit von x/x' entspricht derjenigen des runden Strahls.

Das Ergebnis (J3-22b) für den rechteckigen Freistrahl mit den Seitenkanten h und b stimmt mit dem Ansatz überein, bei dem man die Lösung für einen ebenen Freistrahl der Dicke h mit derjenigen für einen ebenen Freistrahl der Dicke b multipliziert. Für die Strahlmittengeschwindigkeit gilt nach [B45]

$$\frac{u_m}{u_0} = \left(\frac{u_m}{u_0}\right)_h \cdot \left(\frac{u_m}{u_0}\right)_b \quad \text{(Überlagerung)} \; . \tag{J3-23a}$$

Mit Gl. (J3-20b) erhält man für die Strahlmittengeschwindigkeit des rechteckigen Freistrahls für große Abstände $x/h \gg 1$

$$\frac{u_m}{u_0} = \frac{\sqrt{A_0}}{mx} = \frac{1}{\sqrt{\varepsilon}} \frac{h}{mx} \quad \text{(rechteckig)} \tag{J3-23b}$$

mit $A_0 = bh$ als Austrittsfläche.

Die Formeln für den ebenen und rechteckigen Strahl stimmen für $(x/h)^* = 1/m\varepsilon$ bzw. $(u_m/u_0)^* = \sqrt{\varepsilon}$ überein, was bedeutet, daß beim rechteckigen Strahl für $x/h < (x/h)^*$ mit Gl. (J3-20b) und für $x/h > (x/h)^*$ mit Gl. (J2-23b) zu rechnen ist.

Strahlbegrenzung. Für den Abstand $\eta_s = r_s/r_a$ bzw. $\eta_s = y_s/y_a$, bei dem die örtliche Strahlgeschwindigkeit der vollausgebildeten Strahlströmung einen vorgegebenen Wert $u_s/u_m < 1$ annimmt, erhält man aus Gl. (J3-15)

$$\eta_s = \sqrt{-\frac{1}{c} \ln\left(\frac{u_s}{u_m}\right)} \quad (c = \ln 2) \; . \tag{J3-24}$$

In Bild J3-13 ist η_s über u_s/u_m aufgetragen. Bei $u_s = u_a = u_m/2$ ist $\eta_s = \eta_a = 1$.
Die η_s zugeordnete Strahlquerschnittsfläche A_s findet man zu

$$\frac{A_s}{A_0} = \frac{A_s}{A_a'} \frac{A_a'}{A_0} \quad \text{mit} \quad \frac{A_a'}{A_0} = \frac{1}{M} = \text{const} \tag{J3-25}$$

nach Gl. (J3-18a) in Verbindung mit Gl. (J3-19b). Die Beziehungen für den runden und ebenen Freistrahl sowie die Werte für $M = F_2$ nach Auswertung von Gl. (J3-18b) mittels Gl. (J3-34a, b) sind Tabelle J3-3 zu entnehmen. Es gilt

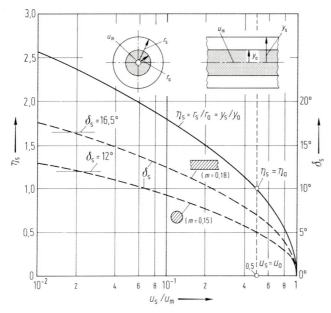

Bild J 3-13. Strahlbegrenzung η_s und halber Strahlausbreitungswinkel δ_s in Abhängigkeit vom örtlichen Geschwindigkeitsverhältnis u_s/u_m bei runden und ebenen Freistrahlen

$$\frac{r_s}{r_0} = \sqrt{2c}\frac{x}{x'}\eta_s \quad \text{(rund)} \;, \quad \frac{y_s}{y_0} = 2\sqrt{\frac{2c}{\pi}\frac{x}{x'}\eta_s} \quad \text{(eben)} \qquad \text{(J 3-26 a, b)}$$

mit $r_0 = d/2$ und $y_0 = h/2$ sowie $c = \ln 2$.

Strahlausbreitungswinkel. Wegen der linearen Abhängigkeit der Abstände r_s und y_s von x liegen alle Punkte η_s für den runden Strahl auf einem Kegel und für den ebenen Strahl auf einem Keil. Mithin gilt für den halben Strahlausbreitungswinkel (Streuungswinkel) δ_s (halber Kegel- bzw. Keilwinkel) unter Beachtung von Gl. (J 3-24)

$$\tan\delta_s = \frac{r_s}{x} = \sqrt{\frac{c}{2}}m\eta_s = m\sqrt{-\frac{1}{2}\ln\left(\frac{u_s}{u_m}\right)} \quad \text{(rund)}\;, \qquad \text{(J 3-27 a)}$$

$$\tan\delta_s = \frac{y_s}{x} = \sqrt{\frac{2c}{\pi}}m\eta_s = m\sqrt{-\frac{2}{\pi}\ln\left(\frac{u_s}{u_m}\right)} \quad \text{(eben)}\;. \qquad \text{(J 3-27 b)}$$

Die Ausbreitungswinkel, die hiernach von der Strahlaustrittsgeschwindigkeit unabhängig sind, ändern sich proportional mit der Mischzahl m. Für die Werte $m = 0{,}15$ und $m = 0{,}18$ sind in Bild J 3-13 die Ausbreitungswinkel δ_s für den runden bzw. ebenen Strahl über dem Geschwindigkeitsverhältnis u_s/u_m aufgetragen. Dabei besteht zwischen dem runden und ebenen Strahl kein großer Unterschied, was bedeutet, daß die Ausbreitungswinkel nahezu unabhängig von der Form der

Strahlaustrittsöffnung sind. Als Richtwerte gelten für den runden Strahl $2\delta_s = 24°$ und für den ebenen Strahl $2\delta_s = 33°$. Diese Winkel stellen sich nach Bild J 3-13 bei einem Geschwindigkeitsverhältnis $u_s/u_m \approx 0{,}02$ an der Strahlbegrenzung ein.

Strahlreichweite. Unter der Strahlreichweite (Strahlwurfweite, Eindringtiefe, Grenzlänge) eines Freistrahls versteht man diejenige horizontale Entfernung von der Strahlaustrittsöffnung $x = x_g$, in der die Strahlmittengeschwindigkeit u_m bis auf einen bestimmten Grenzwert $u_g = u_m(x = x_g)$, z. B. $u_g = 0{,}5$ m/s, abgesunken ist. Aus Gl. (J 3-20 a, b) erhält man nach x aufgelöst

$$x_g = \frac{d}{m}\frac{u_0}{u_g} \quad \text{(rund)}, \quad x_g = \frac{h}{m}\left(\frac{u_0}{u_g}\right)^2 \quad \text{(eben)}. \tag{J 3-28 a, b}$$

Die Reichweite wächst bei sonst ungeänderten Größen u_g, m und $d = h$ beim ebenen Strahl wegen $x_g \sim u_0^2$ erheblich stärker mit der Strahlaustrittsgeschwindigkeit als beim runden Strahl wegen $x_g \sim u_0$. Um gleiche Wurfweiten zu erreichen, müssen die Strahlaustrittsgeschwindigkeiten u_0 beim ebenen Strahl kleiner als beim runden Strahl gewählt werden.

Eigenschaftsströme isothermer Freistrahlen. Als Eigenschaftsströme seien die in Strahlen auftretenden Massen-, Volumen-, Impuls- und Energieströme, d. h. $\dot{m}$, $\dot{V}$, $\dot{I}$ und $\dot{E}$ verstanden.

Unter Einführen der kinematischen Eigenschaftsgröße K_n gilt bei konstant angenommener Massendichte $\varrho = $ const:

$$\left.\begin{array}{l} n = 1: \text{Massenstrom } \dot{m} = \varrho K_1, \\ \text{Volumenstrom } \dot{V} = K_1, \end{array}\right\} \tag{J 3-29 a}$$

$$n = 2: \text{Impulsstrom } \dot{I} = \varrho K_2, \tag{J 3-29 b}$$

$$n = 3: \text{Energiestrom } \dot{E} = (\varrho/2) K_3. \tag{J 3-29 c}$$

In der durch den Index 0 gekennzeichneten Strahlaustrittsfläche A_0 ist $u_0 = $ const und der zugehörige kinematische Eigenschaftsstrom

$$K_{n,0} = u_0^n A_0. \tag{J 3-30}$$

Zur Ermittlung der Eigenschaftsströme K_n ist die örtlich verteilte Geschwindigkeitsfunktion u^n über die Strahlquerschnittsfläche A zu integrieren, und zwar ist

$$K_n = \int_{(A)} u^n \, \mathrm{d}A = u_m^n A_a \int_{(A)} \left(\frac{u}{u_m}\right)^n \frac{\mathrm{d}A}{A_a} \quad (x \geqq x'). \tag{J 3-31}$$

Wie in Gl. (J 3-18 b) ist als Bezugsfläche die Strahlquerschnittsfläche A_a eingeführt.

Für das Verhältnis der Eigenschaftsströme K_n und $K_{n,0}$ erhält man

$$L_n = \frac{K_n}{K_{n,0}} = F_n \frac{A_a}{A_0} \left(\frac{u_m}{u_0}\right)^n \quad \text{mit} \quad F_n = \int_{(A)} \left(\frac{u}{u_m}\right)^n \frac{\mathrm{d}A}{A_a} \tag{J 3-32 a, b}$$

als charakteristischem Kennwert für den runden, ebenen und radialen Freistrahl. Wenn man wieder davon ausgeht, daß sich die Geschwindigkeitsprofile $f = u/u_m$ im Bereich der vollausgebildeten Strahlströmung affin verhalten, ist F_n unabhängig von $x > x'$, d.h. F_n = const.

Unter Heranziehen von Gl. (J 3-18 a) läßt sich das Flächenverhältnis A_a/A_0 eliminieren, und man kann schreiben

$$L_n = \frac{F_n}{F_2}\left(\frac{u_m}{u_0}\right)^{n-2} \quad (F_2 = M) \; . \tag{J 3-33}$$

Abgesehen von der Konstanten F_n/F_2 hängt L_n nur vom Geschwindigkeitsverhältnis $(u_m/u_0)^{n-2}$ ab. Im einzelnen läßt sich für die Größen F_n mit $u/u_m = f$ nach Gl. (J 3-15) und dA/A_a nach Tabelle J 3-3 schreiben[8]

$$F_n = 2\int_0^\infty f^n \eta \, d\eta = \frac{1}{nc} \; , \quad F_n/F_2 = 2/n \quad \text{(rund)} , \tag{J 3-34a}$$

$$F_n = \frac{1}{2}\int_{-\infty}^\infty f^n \, d\eta = \frac{1}{2}\sqrt{\frac{\pi}{nc}} \; , \quad F_n/F_2 = \sqrt{2/n} \quad \text{(eben, radial)} \; . \tag{J 3-34b}$$

Mit den Werten für F_n/F_2 geht Gl. (J 3-33) über in

$$L_n = \frac{2}{n}\left(\frac{u_m}{u_0}\right)^{n-2} \quad \text{(rund, rechteckig)} , \tag{J 3-35a}$$

$$L_n = \sqrt{\frac{2}{n}}\left(\frac{u_m}{u_0}\right)^{n-2} \quad \text{(eben, radial)} \; . \tag{J 3-35b}$$

Für den rechteckigen Strahl wird von dem Überlagerungsprinzip analog zu Gl. (J 3-23 a) mit $L_n = L_{n,h} \cdot L_{n,b}$ Gebrauch gemacht. Für die Geschwindigkeitsverhältnisse u_m/u_0 sind bei gut abgerundeten Strahlaustrittsöffnungen die Beziehungen (J 3-20 a, b, c) sowie (J 3-23 b) einzusetzen.

Mit $n = 2$ gilt für das Impulsstromverhältnis $\dot{I}/\dot{I}_0 = K_2/K_{2,0} = L_2 = 1$, was dem oben gemachten fluidmechanischen Ansatz konstanten Impulsstroms im Freistrahl entspricht.

Strahlvolumenstrom. Das Volumenstromverhältnis, welches die Zunahme des Volumenstroms im Freistrahl durch Vermischung mit der umgebenden Luft längs des Strahlwegs angibt, wird auch als Mischungsverhältnis bezeichnet. Es gilt $n = 1$ und somit $\dot{V}/\dot{V}_0 = K_1/K_{1,0} = L_1$ nach Gl. (J 3-35)

$$\frac{\dot{V}}{\dot{V}_0} = \frac{F_1}{F_2}\frac{u_0}{u_m} \geq 1 \quad \text{(allgemein)} \tag{J 3-36}$$

---

[8] $\int_0^\infty \exp(-\lambda\eta^2)\eta \, d\eta = \frac{1}{2\lambda} \; , \quad \int_0^\infty \exp(-\lambda\eta^2) \, d\eta = \frac{1}{2}\sqrt{\frac{\pi}{\lambda}} \quad (\lambda = cn)$

oder mit Gl. (J 3-20) bzw. Gl. (J 3-23 b) im einzelnen

$$\frac{\dot{V}}{\dot{V}_0} = 2\frac{u_0}{u_m} = 2\frac{x}{x'} = 2\frac{mx}{d} \quad \text{(rund)}, \tag{J 3-37a}$$

$$\frac{\dot{V}}{\dot{V}_0} = \sqrt{2}\frac{u_0}{u_m} = \sqrt{2\frac{x}{x'}} = \sqrt{2\frac{mx}{h}} \quad \text{(eben)}, \tag{J 3-37b}$$

$$\frac{\dot{V}}{\dot{V}_0} = 2\frac{u_0}{u_m} = 2\sqrt{\varepsilon \frac{mx}{h}} \quad \text{(rechteckig)}, \tag{J 3-37c}$$

$$\frac{\dot{V}}{\dot{V}_0} = \sqrt{2}\frac{u_0}{u_m} = \sqrt{2\frac{r}{r'}\frac{x}{x'}} \quad \text{(radial)}. \tag{J 3-37d}$$

Für den runden und ebenen Freistrahl ist in Bild J 3-14 das Volumenstromverhältnis $\dot{V}/\dot{V}_0$ in Abhängigkeit von x/x' dargestellt. Für gleiche Werte x/d und x/h ist die Mischung beim runden Strahl erheblich besser als beim ebenen Strahl. Bei einer runden Strahlaustrittsöffnung ist der Volumenstrom bereits in einem Abstand von 5facher Kernlänge auf das 10fache des Austrittsvolumenstroms gestiegen.

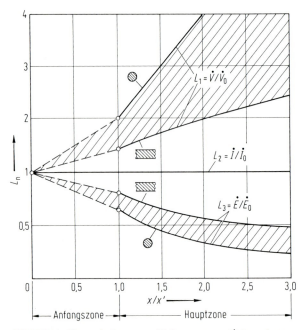

Bild J 3-14. Eigenschaftsströme (Volumenstrom $\dot{V}$, Impulsstrom $\dot{I}$, Energiestrom $\dot{E}$) runder und ebener Freistrahlen in Abhängigkeit vom Strahlweg (dimensionslose Darstellung)

Die Formeln für den ebenen und rechteckigen Strahl stimmen für $(x/h)^* = 1/2\, \varepsilon m$ überein, was bedeutet, daß beim rechteckigen Strahl für $x/h < (x/h)^*$ mit Gl. (J 3-37 b) und für $x/h > (x/h)^*$ mit Gl. (J 3-37 c) zu rechnen ist.

Strahlenergiestrom. Für das Energiestromverhältnis, welches die Abnahme des Energiestroms im Freistrahl längs des Strahlwegs angibt, gilt $n = 3$ und somit $\dot{E}/\dot{E}_0 = K_3/K_{3,0} = L_3$ nach Gl. (J 3-35)

$$\frac{\dot{E}}{\dot{E}_0} = \frac{F_3\, u_m}{F_2\, u_0} \leq 1 \quad \text{(allgemein)} \tag{J 3-38}$$

oder mit Gl. (J 3-20) bzw. Gl. (J 3-23 b) im einzelnen

$$\frac{\dot{E}}{\dot{E}_0} = \frac{2\, x'}{3\, x} = \frac{2}{3}\frac{d}{mx} \quad \text{(rund)}\,, \tag{J 3-39a}$$

$$\frac{\dot{E}}{\dot{E}_0} = \sqrt{\frac{2\, x'}{3\, x}} = \sqrt{\frac{2}{3}\frac{h}{mx}} \quad \text{(eben)}\,, \tag{J 3-39b}$$

$$\frac{\dot{E}}{\dot{E}_0} = \frac{2}{3\sqrt{\varepsilon}}\frac{h}{mx} \quad \text{(rechteckig)}\,, \tag{J 3-39c}$$

$$\frac{\dot{E}}{\dot{E}_0} = \sqrt{\frac{2}{3}\frac{r'\, x'}{r\, x}} \quad \text{(radial)}\,. \tag{J 3-39d}$$

In Bild J 3-14 ist das Energiestromverhältnis $\dot{E}/\dot{E}_0$ in Abhängigkeit von x/x' dargestellt.

Die Formeln für den ebenen und rechteckigen Strahl stimmen für $(x/h)^* = 2/3\, m\varepsilon$ überein, was bedeutet, daß beim rechteckigen Strahl für $x/h < (x/h)^*$ mit Gl. (J 3-39 b) und für $x/h > (x/h)^*$ mit Gl. (J 3-39 c) zu rechnen ist.

In Tabelle J 3-4 sind die wichtigsten Eigenschaftsgrößen freier Strahlen zusammengestellt.

J 3.2.6 Eigenschaften anisothermer Freistrahlen

Voraussetzung. Der anisotherme Freistrahl ist dadurch gekennzeichnet, daß im Strahl und seiner Umgebung durch Heizen oder Kühlen verschiedene Temperaturen herrschen, [B 39, 46–49]. Dies bedeutet nach Gl. (J 3-13a), daß auch die Dichten veränderlich sind. Die von dem turbulenten Austauschvorgang (Vermischung) bestimmten Geschwindigkeits- und Temperaturprofile sind von dem Temperatureinfluß mehr oder weniger stark betroffen. Darüber hinaus unterliegt der Freistrahl thermischen Auftriebs- oder Abtriebskräften, die in Verbindung mit den im Strahl herrschenden Trägheitskräften einen wesentlichen Einfluß auf den Verlauf von Warm- und Kaltluftstrahlen ausüben können. Insbesondere spielt die Wirkungsrichtung der genannten beiden Kräfte zueinander eine wesentliche Rolle. Als Sonderfälle unterschiedlicher Temperatureinwirkung sind die horizontal und vertikal austretenden Freistrahlen anzusehen, vgl. [B 38, 49]. Schwach anisotherme Freistrahlen sind solche, bei denen der thermische Auftriebseinfluß gering ist und damit vernachlässigt werden kann.

Strahlmittengeschwindigkeit. Führt man in den Ansatz (J 3-13 b) den Näherungsausdruck (J 3-12 b) für das Dichteverhältnis $\varrho/\varrho_0 = T_0/T_\infty$ ein, dann folgt für die Strahlmittengeschwindigkeit des anisothermen Freistrahls

$$\left(\frac{u_m}{u_0}\right)^2 = \frac{1}{M}\frac{A_0}{A_a}\frac{T_\infty}{T_0} \quad \text{mit} \quad M = \int_{(A)} \left(\frac{u}{u_m}\right)^2 \frac{dA}{A_a} \, . \qquad (J\,3\text{-}40\,a,b)$$

Verglichen mit der Beziehung (J 3-18) für den isothermen Freistrahl findet man

$$\frac{u_m}{u_0} = \left(\frac{u_m}{u_0}\right)_{is} \sqrt{\frac{T_\infty}{T_0}} \approx \left(\frac{u_m}{u_0}\right)_{is} \, . \qquad (J\,3\text{-}40\,c)$$

Da sich die absoluten Temperaturen im Strahlaustritt T_0 und in der Strahlumgebung T_∞ nicht sehr stark voneinander unterscheiden, erkennt man, daß thermische Einflüsse das Geschwindigkeitsprofil kaum beeinflussen. Die Beziehungen $(u_m/u_0)_{is}$ sind für den runden, ebenen und radialen Freistrahl in Gl. (J 3-20) sowie für den rechteckigen Freistrahl in Gl. (J 3-23 b) angegeben.

Strahlmittentemperatur. Eine Aussage über die Strahlmittentemperatur (Zentraltemperatur) T_m erhält man aus dem Ansatz (J 3-14 b), wobei wieder für das Dichteverhältnis $\varrho/\varrho_0 = T_0/T_\infty$ angenommen wird. Für die auf die Temperaturdifferenz $\Delta T_0 = T_0 - T_\infty$ bezogene Temperaturdifferenz $\Delta T_m = T_m - T_\infty$ folgt

$$\frac{\Delta T_m}{\Delta T_0} = \frac{1}{N}\frac{A_0}{A_a}\frac{u_0}{u_m}\frac{T_\infty}{T_0} \quad \text{mit} \quad N = \int_{(A)} \frac{u}{u_m} \frac{\Delta T}{\Delta T_m} \frac{dA}{A_a} \qquad (J\,3\text{-}41\,a,b)$$

als charakteristischem Kennwert für das Temperaturprofil. In Verbindung mit Gl. (J 3-40 a) und Einsetzen des Ausdrucks (J 3-16 a) für das Temperaturprofil in das Integral erhält man

$$\frac{\Delta T_m}{\Delta T_0} = \frac{M}{N}\frac{u_m}{u_0} \quad \text{mit} \quad N = \int_{(A)} \left(\frac{u}{u_m}\right)^{3/2} \frac{dA}{A_a} \qquad (J\,3\text{-}42\,a,b)$$

und M nach Gl. (J 3-40 b). Wegen der Affinität der Geschwindigkeitsprofile sind $M = \text{const}$ und $N = \text{const}$ und damit auch $M/N = \text{const}$. Beachtet man jetzt noch den Zusammenhang (J 3-40 c), findet man die bemerkenswerte Beziehung für die Strahlmittentemperatur

$$\frac{\Delta T_m}{\Delta T_0} = \frac{M}{N}\left(\frac{u_m}{u_0}\right)_{is} \sqrt{\frac{T_\infty}{T_0}} \approx \frac{M}{N}\left(\frac{u_m}{u_0}\right)_{is} \, . \qquad (J\,3\text{-}42\,c)$$

Die Zahlenwerte M/N sind für den runden, ebenen und radialen Freistrahl Tabelle J 3-3 mit $M = F_2$ und $N = F_{3/2}$ zu entnehmen. Im einzelnen gilt mit Gl. (J 3-20) für die Strahlmittentemperatur der vollausgebildeten turbulenten Strahlströmung unter der Annahme $T_\infty/T_0 \approx 1$ nach Gl. J 3-12 b

$$\frac{\Delta T_m}{\Delta T_0} = \frac{3}{4}\frac{u_m}{u_0} \approx \frac{3}{4}\frac{x'}{x} = \frac{3}{4}\frac{d}{mx} \quad \text{(rund)} , \qquad \text{(J3-43a)}$$

$$\frac{\Delta T_m}{\Delta T_0} = \sqrt{\frac{3}{4}\frac{u_m}{u_0}} \approx \sqrt{\frac{3}{4}\frac{x'}{x}} = \sqrt{\frac{3}{4}\frac{h}{mx}} \quad \text{(eben)} . \qquad \text{(J3-43b)}$$

Diese Beziehungen besagen, daß sich die Temperaturen des Freistrahls T_m mit wachsendem Strahlweg x stetig der konstant angenommenen Umgebungstemperatur T_∞ annähern.

Wegen des Potenzcharakters der Beziehungen (J 3-43 a, b) für die Temperaturdifferenz ΔT_m in Abhängigkeit vom Strahlweg x beim runden und ebenen Strahl, d. h. $\Delta T_m \sim x^{-1}$ bzw. $\Delta T_m \sim x^{-1/2}$, empfiehlt sich analog zu Bild J 3-12 a die doppelt-logarithmische Auftragung in Bild J 3-15.

Macht man für den rechteckigen Strahl in analoger Weise wie bei der Strahlmittengeschwindigkeit oder den Strahleigenschaftsströmen (Volumen, Energie) von dem Überlagerungsprinzip [B 45], vgl. Gl. (J 3-23 a), Gebrauch, dann gilt

$$\frac{\Delta T_m}{\Delta T_0} = \left(\frac{\Delta T_m}{\Delta T_0}\right)_h \cdot \left(\frac{\Delta T_m}{\Delta T_0}\right)_b . \qquad \text{(J3-44a)}$$

Mit Gl. (J 3-43 b) erhält man

$$\frac{\Delta T_m}{\Delta T_0} = \frac{3}{4\sqrt{\varepsilon}}\frac{h}{mx} \quad \text{(rechteckig)} , \qquad \text{(J3-44b)}$$

wobei $\varepsilon = h/b$ das Seitenverhältnis des Rechtecks ist.

Die Formeln für den ebenen und rechteckigen Freistrahl stimmen für $(x/h)^* = 3/4\, m\varepsilon$ überein, was bedeutet, daß beim rechteckigen Strahl für $x/h < (x/h)^*$ mit Gl. (J 3-43 b) und für $x/h > (x/h)^*$ mit Gl. (J 3-44 b) zu rechnen ist.

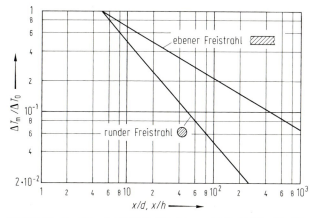

Bild J 3-15. Abnahme der Strahlmittentemperatur in Abhängigkeit vom Strahlweg (dimensionslose Darstellung), runder und ebener anisothermer Freistrahl ($m = 0,15$)

Thermischer Auftriebseinfluß, Archimedeszahl. Die Ausbreitung von kalten Freistrahlen in warmer Umgebung oder umgekehrt von warmen Freistrahlen in kalter Umgebung wird durch die Archimedeszahl nach Gl. (J 1-19) erfaßt. Diese Kennzahl stellt das Verhältnis von thermischer Auftriebskraft (häufig auch vereinfacht als Gravitationskraft bezeichnet) zur Trägheitskraft dar, [B 50].

Für ein Element des Freistrahls nach Bild 3-16 kann man eine örtliche Archimedeszahl definieren, wenn man die Länge L als Höhendifferenz $\Delta z > 0$, die Geschwindigkeit v als Strahlaustrittsgeschwindigkeit u_0 und die Temperaturdifferenz ΔT als Differenz der Strahltemperatur T zur Umgebungstemperatur T_∞, d. h. $\Delta T = T - T_\infty > 0$ auffaßt. Man schreibt dann

$$Ar = \frac{g \Delta z}{u_0^2} \frac{\Delta T}{T_\infty} \geqq 0 \quad \text{(örtlich)} \ . \tag{J 3-45 a}$$

Dieser Darstellung kann man auch eine andere anschauliche Deutung geben, wenn man die durch die Thermik hervorgerufene Strahlauftriebsgeschwindigkeit v_{th} einführt. In grober Abschätzung sei angenommen, daß das Strahlelement bei seiner Aufwärts- bzw. Abwärtsbewegung die gleiche Dichte ϱ und die gleiche Temperatur T behält, d. h. es soll $\varrho = \text{const}$ und $T = \text{const}$ sein. In gleicher Weise sind auch in der Umgebung des Strahlelements die genannten Eigenschaften unverändert, d. h. $\varrho_\infty = \text{const}$ und $T_\infty = \text{const}$. Unter diesen Voraussetzungen liefert die auf die Hochlagen z_1 und z_2 angewendete Bernoullische Energiegleichung (J 1-34a) für das Strahlelement ($v_1 \neq 0 \neq v_2$) und seine Umgebung ($v_1 = 0 = v_2$) die Beziehungen

$$\varrho g z_1 + p_1 + \frac{\varrho}{2} v_1^2 = \varrho g z_2 + p_2 + \frac{\varrho}{2} v_2^2 \ , \quad \varrho_\infty g z_1 + p_1 = \varrho_\infty g z_2 + p_2 \ . \tag{J 3-46 a}$$

Durch Subtraktion der beiden Gleichungen voneinander lassen sich die Drücke p_1 und p_2 eliminieren. Für den Höhen- und Dichteunterschied seien die Abkürzungen $\Delta z = z_2 - z_1$ bzw. $\Delta \varrho = \varrho - \varrho_\infty$ eingeführt. Da gemäß Gl. (J 3-12a) zwischen

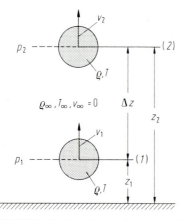

Bild J 3-16. Zur Berechnung der thermischen Auftriebs- und Abtriebsgeschwindigkeit (grobe Abschätzung)

J3 Strömungsvorgänge bei der Lüftung von Räumen

den Dichten und Temperaturen der Zusammenhang $\varrho_\infty/\varrho = T/T_\infty$ besteht, kann man die Dichteänderung durch die Temperaturänderung $\Delta T = T - T_\infty$ ausdrücken, und zwar ist $\Delta\varrho/\varrho = -\Delta T/T_\infty$. Nach Einsetzen in Gl. (J3-46a) ergibt sich für die Geschwindigkeit des Strahlelements an der Stelle $z = z_2$

$$v_2 = \pm\sqrt{v_1^2 + 2g\Delta z \frac{\Delta T}{T_\infty}} . \tag{J3-46b}$$

Wegen der Zuordnung $\Delta T > 0$, $\Delta z > 0$ bzw. $\Delta T < 0$, $\Delta z < 0$ ist die Wurzel stets reell.

Hieraus folgt für die thermische Auftriebs- bzw. Abtriebsgeschwindigkeit (Aufwind bzw. Abwind)

$$v_{th} = \pm\sqrt{2g\Delta z \frac{\Delta T}{T_\infty}} \quad (v_1 = 0, \quad v_2 = v_{th}) . \tag{J3-46c}$$

Durch Vergleich mit Gl. (J3-45a) stellt die örtliche Archimedeszahl

$$Ar = \frac{1}{2}\left(\frac{v_{th}}{u_0}\right)^2 \geqq 0 \tag{J3-45b}$$

das Verhältnis der thermischen Auftriebsgeschwindigkeit zur Strahlaustrittsgeschwindigkeit dar. Benutzt man zum Bilden der Archimedeszahl die Größen der Strahlaustrittsöffnung (Index 0), d.h. setzt man $\Delta z = d$ für die runde und $\Delta z = h$ für die ebene Öffnung sowie $\Delta T = \Delta T_0 = T_0 - T_\infty$, dann gilt

$$Ar_0 = \frac{gd}{u_0^2}\frac{\Delta T_0}{T_\infty} \sim \frac{\Delta T_0}{T_\infty} \geqq 0 \quad \text{(rund)} , \tag{J3-47a}$$

$$Ar_0 = \frac{gh}{u_0^2}\frac{\Delta T_0}{T_\infty} \sim \frac{\Delta T}{T_\infty} \geqq 0 \quad \text{(eben)} . \tag{J3-47b}$$

Nach dieser Definition kann die Archimedeszahl positiv oder negativ sein, je nachdem, ob es sich um einen Warmluftstrahl mit $\Delta T_0 > 0$ oder um einen Kaltluftstrahl mit $\Delta T_0 < 0$ handelt. Der Fall $Ar_0 = 0$ beschreibt den isothermen Freistrahl nach Abschn. J3.2.5. Thermische Auftriebskräfte werden bei $|Ar_0| > 10^{-2}$ wirksam.

Horizontal austretender anisothermer Freistrahl. Zusätzlich zu den durch Temperatureinfluß hervorgerufenen Änderungen der Strahlgeschwindigkeit (Geschwindigkeitsprofil) und Strahltemperatur (Temperaturprofil) erfährt die zunächst gerade Strahlachse bzw. Strahlmittenebene unter der Wirkung der nach oben oder unten gerichteten thermischen Auftriebs- bzw. Abtriebskräfte eine Krümmung. Ein warmer Strahl in kalter Umgebung (Warmluftstrahl) steigt und ein kalter Strahl in warmer Umgebung (Kaltluftstrahl) sinkt, vgl. Bild J3-17a,b.

Bei horizontaler Strahlzuführung aus einem Wandaustritt gelten für die Ablenkung der Strahlbahnen anisothermer Freistrahlen von der Horizontalen nach Regenscheit [B36, 38, 49] folgende Beziehungen:

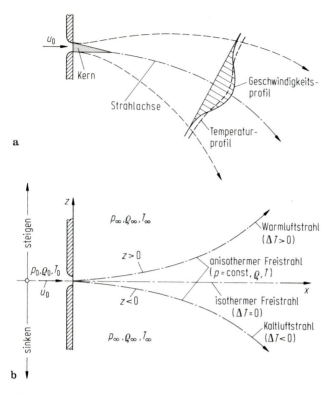

Bild J 3-17 a, b. Horizontal austretender anisothermer Freistrahl, Ablenkung durch Temperaturunterschiede (schematische Darstellung). **a** Strahlausbreitung bei sinkendem Kaltluftstrahl; **b** Strahlachsen beim Warm- und Kaltluftstrahl

$$\frac{z}{d} = 0{,}33 \, m \, Ar_0 \left(\frac{x}{d}\right)^3 \leq 0 \quad \text{(rund)} \, , \tag{J 3-48a}$$

$$\frac{z}{h} = 0{,}40 \, \sqrt{m \, Ar_0} \left(\frac{x}{h}\right)^{2{,}5} \leq 0 \quad \text{(eben)} \, . \tag{J 3-48b}$$

Der Unterschied zwischen der Strahlaustrittstemperatur T_0 und der Umgebungstemperatur T_∞ wird mittels der Archimedeszahl Ar_0 nach Gl. (J 3-47) erfaßt. Für die Mischzahlen m gelten als Richtwerte $m \approx 0{,}15$ für kalte und $m \approx 0{,}20$ für warme Strahlen.

Die spiegelbildliche Strahlablenkung nach oben oder nach unten bei einem offenen anisothermen Freistrahl hängt in gleicher Weise wie bei einem geschlossenen Freistrahl nach Gl. (J 3-1 b) umgekehrt proportional vom Quadrat der Strahlaustrittsgeschwindigkeit u_0^2 ab.

Vertikal austretender anisothermer Freistrahl. Bei vertikaler Strahlzuführung aus einem Deckenaustritt oder aus einem Bodenaustritt verlaufen die Freistrahlen ungekrümmt von oben nach unten bzw. von unten nach oben. In beiden Fällen kann es sich dabei um das Austreten von Warmluftstrahlen mit Übertemperatur $\Delta T_0 = T_0 - T_\infty > 0$ oder von Kaltluftstrahlen mit Untertemperatur $\Delta T_0 < 0$ handeln, d. h. von warmer Luft in kalte Umgebung (Heizen) bzw. von kalter Luft in warme Umgebung (Kühlen). Die abwärts oder aufwärts gerichteten Strahlaustrittsgeschwindigkeiten v_0 werden in unterschiedlicher Weise von den thermischen Auftriebs- oder Abtriebsgeschwindigkeiten v_{th} beeinflußt.

Die Strahlmittengeschwindigkeit eines anisothermen Freistrahls v_m kann man sich zusammengesetzt denken aus der isothermen Strahlmittengeschwindigkeit $(v_m)_{is}$ nach Gl. (J 3-40c) und der thermischen Auftriebs- bzw. Abtriebsgeschwindigkeit v_{th} gemäß Gl. (J 3-46c). Mithin gilt bezogen auf die Strahlaustrittsgeschwindigkeit v_0

$$\frac{v_m}{v_0} = \left(\frac{v_m}{v_0}\right)_{is} + \frac{v_{th}}{v_0} \; . \tag{J 3-49}$$

Für den runden und ebenen Strahl ist der isotherme Anteil den Beziehungen (J 3-20 a, b) zu entnehmen, und zwar ist in Strahlrichtung z

$$\left(\frac{v_m}{v_0}\right)_{is} = \frac{z'}{z} = \frac{d}{mz} \quad \text{(rund)} , \tag{J 3-50a}$$

$$\left(\frac{v_m}{v_0}\right)_{is} = \sqrt{\frac{z'}{z}} = \sqrt{\frac{h}{mz}} \quad \text{(eben)} \tag{J 3-50b}$$

mit z' als fiktiver Kernlänge nach Gl. (J 3-9). Für den anisothermen Anteil schlägt u. a. Regenscheit [B 50] die Beziehungen

$$\frac{v_{th}}{v_0} = \sqrt{\left[\ln\left(2\frac{z}{z'}\right) + 1\right]\frac{|Ar_0|}{m}} \quad \text{(rund)} , \tag{J 3-51a}$$

$$\frac{v_{th}}{v_0} = \sqrt{\left[2{,}83\sqrt{\frac{z}{z'}} - 1\right]\frac{|Ar_0|}{m}} \quad \text{(eben)} \tag{J 3-51b}$$

mit Ar_0 als Archimedeszahl nach Gl. (J 3-47 a, b) und m als Mischzahl nach Tabelle J 3-2 vor. Dabei gelten die oberen Vorzeichen für Warmluftstrahlen ($Ar_0 > 0$) und die unteren Vorzeichen für Kaltluftstrahlen ($Ar_0 < 0$).

Die Erkenntnisse über das Verhalten der Strahlmittengeschwindigkeit vertikal strömender anisothermer Freistrahlen ist in Tabelle J 3-5 erläutert und in Bild J 3-18 dargestellt. Danach gibt es vier Möglichkeiten:

1. Warmluftstrahl aus Deckenaustritt
2. Warmluftstrahl aus Bodenaustritt
3. Kaltluftstrahl aus Deckenaustritt
4. Kaltluftstrahl aus Bodenaustritt.

Tabelle J 3-5. Anisothermer Freistrahl bei Decken- und Bodenaustritt

Strahlzuführung	Deckenaustritt (nach unten)				Bodenaustritt (nach oben)			
	v_0 ↓	$(v_m)_{is}$			v_0 ↑	$(v_m)_{is}$		
Warmluftstrahl ($\Delta T_0 > 0$)	1	$(v_m)_{is}$ ↓	v_{th}	v_m ↓	2	$(v_m)_{is}$ ↑	v_{th}	v_m ↑
Kaltluftstrahl ($\Delta T_0 < 0$)	3	$(v_m)_{is}$ ↓	v_{th}	v_m ↓	4	$(v_m)_{is}$ ↑	v_{th}	v_m ↑

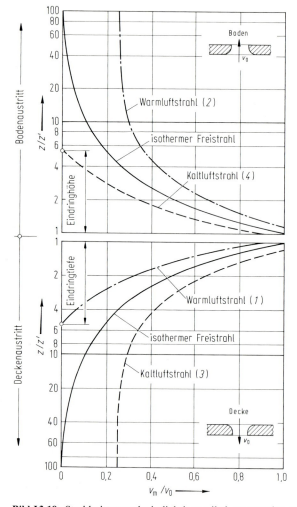

Bild J 3-18. Strahlmittengeschwindigkeit vertikal strömender anisothermer runder Freistrahlen, Warm- und Kaltluftstrahl für die Archimedeszahl $|Ar_0/m| = 0{,}01$, besondere Erläuterung in Tabelle J 3-5

In den Fällen (2) und (3) haben jeweils die isotherme Strahlmittengeschwindigkeit $(v_m)_{is}$ und die thermische Auftriebs- bzw. die thermische Abtriebsgeschwindigkeit v_{th} gleiche Richtung, d. h. die Geschwindigkeiten addieren sich. Durch den thermischen Einfluß wird der Strahlvolumenstrom im Vergleich zum isothermen Freistrahl vergrößert.

In den Fällen (1) und (4) haben jeweils die isotherme Strahlmittengeschwindigkeit $(v_m)_{is}$ und die thermische Auftriebs- bzw. die thermische Abtriebsgeschwindigkeit v_{th} entgegengesetzte Richtung, d. h. die Geschwindigkeiten subtrahieren sich. Die genannten vertikalen Freistrahlen werden mit wachsender Entfernung von der Strahlaustrittsöffnung immer mehr abgebremst und ihre resultierenden Geschwindigkeiten v_m klingen in einem bestimmten Abstand auf den Wert $v_m = 0$ ab. Die zugehörige Reichweite wird als Eindringtiefe bzw. Eindringhöhe $z_e \lessgtr 0$ bezeichnet. Für die Abschätzung der Eindringtiefe eines runden Warmluftstrahls in eine kalte Umgebung gilt nach [B 49]

$$\frac{z_e}{d} = -\frac{1,6}{\sqrt{|Ar_0|}} \quad \text{(rund)} \, . \tag{J3-52}$$

In Bild J 3-19 ist die Eindringtiefe in Abhängigkeit von der Archimedeszahl dargestellt. Da nach Gl. (J 3-47 a) $Ar_0 \sim \Delta T_0/v_0^2$ ist, folgt, daß man eine große Eindringtiefe durch Steigerung der Strahlaustrittsgeschwindigkeit v_0 oder durch Verminderung des Temperaturunterschieds $\Delta T_0 = T_0 - T_\infty$ erreichen kann.

Nähert man sich dem Grenzfall verschwindender Strahlaustrittsgeschwindigkeit, wie das etwa bei der Lüftung aus einem Bodenaustritt der Fall ist, dann liegt ein

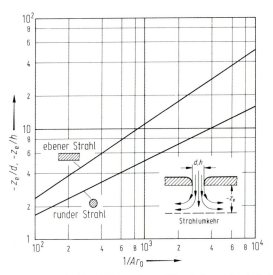

Bild J 3-19. Eindringtiefe $z_e < 0$ von Warmluftstrahlen in kalte Umgebung (Strahlumkehr) bei ebenen und runden vertikal nach unten strömenden Freistrahlen in Abhängigkeit von der Archimedeszahl Ar_0 (dimensionslose Darstellung)

Problem mit Wärmequellen oder Wärmesenken vor, für die bekanntlich die Grashofzahl Gr nach Gl. (J 1-22) kennzeichnend ist.

J 3.3 Wandstrahlen

J 3.3.1 Fluidmechanisches Verhalten einseitig anliegender Freistrahlen

Strahlform. Tritt ein ebener Strahl durch eine Schlitzöffnung parallel zu einer Wand, z. B. unmittelbar unter einer Decke oder oberhalb eines Bodens aus, so nimmt er nach Bild J 3-1 die Form eines einseitig anliegenden ebenen Freistrahls (halbbegrenzter Freistrahl) an. Ein solcher Strahl wird als ebener Wandstrahl, manchmal auch als ebener Halbstrahl bezeichnet. Im allgemeinen versteht man jedoch nach Bild J 3-1 unter einem ebenen Wandstrahl den Fall, bei dem von einer Körperkante zwei freie Strahlgrenzen in der gezeigten Weise ausgehen. Neben dem ebenen Wandstrahl gibt es auch den radialen Wandstrahl.

Gegenüber dem ebenen und radialen Freistrahl in Abschn. J 3.2.2 zeigen der ebene und radiale Wandstrahl folgende Unterschiede:

1. Während dem Freistrahl allseitig ungehindert Mischluft aus der Umgebung zuströmt, kann sich der Wandstrahl nur einseitig ausdehnen.
2. An der ruhend angenommenen Wand verschwindet die örtliche Strahlgeschwindigkeit wegen der Haftbedingung. Die Geschwindigkeitsprofile für den ebenen

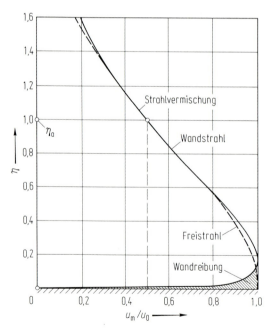

Bild J 3-20. Vergleich des Geschwindigkeitsprofils eines turbulenten ebenen Wandstrahls mit dem Geschwindigkeitsprofil eines turbulenten halbierten Freistrahls nach Gl. (J 3-15)

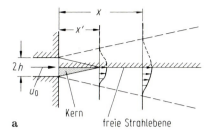

a

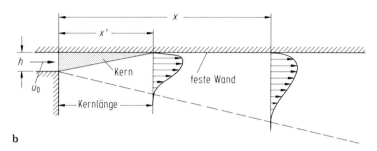

b

Bild J3-21a,b. Zur Erläuterung der Kernlänge x' beim ebenen Wandstrahl. **a** Halbierter ebener Freistrahl der Höhe h; **b** einseitig anliegender ebener Freistrahl (Wandstrahl) der Höhe h

turbulenten Wandstrahl und den ebenen turbulenten Freistrahl werden in Bild J3-20 miteinander verglichen. Sie unterscheiden sich nur in Wandnähe. In beiden Fällen wird die maximale Strahlgeschwindigkeit mit Strahlmittengeschwindigkeit bezeichnet.

Beim Wandstrahl ist der Einfluß der Verformung des Geschwindigkeitsprofils durch Wandreibung (Grenzschichteinfluß) gegenüber dem Einfluß der Umformung durch Strahlmischung (Impulsaustausch) auf einen sehr kleinen wandnahen Bereich beschränkt.

3. Ein ebener Wandstrahl verhält sich näherungsweise wie ein halbierter ebener Freistrahl, wenn man nach Bild J3-21 die Strahlmittenebene durch eine feste Wand ersetzt und den Grenzschichteinfluß nicht betrachtet.

Anlegestrahl. Tritt ein horizontaler ebener Freistrahl aus einem Schlitz, der sich nicht unmittelbar unter oder über einer horizontalen Wand, sondern in einem gewissen Abstand a befindet, so legt sich der Strahl, wie in Bild J3-1 gezeigt, infolge des Unterdrucks bei etwa $a < 40\,h$ an der Wand an. Es geht der ebene Freistrahl in einen ebenen Wandstrahl über. Das Anschmiegen des Freistrahls an die feste Wand ist als Coanda-Effekt bekannt.

J3.3.2 Sich ausbildende Wandstrahlströmung

Strahlaustrittsströmung. Für die Strömung in der Strahlaustrittsöffnung und unmittelbar danach, d.h. insbesondere für den Einfluß verengter und scharfkantiger Öffnungen gelten sinngemäß die in Abschn. J3.2.2 gemachten Angaben.

Strahlanfangszone. Auch für die Ausbildung der Wandstrahlen spielen der Strahlkern und die Mischzahl nach Abschn. J 3.2.3 die ausschlaggebende Rolle.

Kernlänge, Mischzahl. Geht man nach Bild J 3-21 a von einem Freistrahl aus, der aus einer Schlitzöffnung der Höhe $2h$ austritt und dessen Kern die Länge x' hat, dann besitzt der nach Bild J 3-21 b als Wandstrahl gedachte halbierte Freistrahl, der aus der Schlitzöffnung der Höhe h austritt, die doppelt so große Kernlänge $2x'$. Unter Einführen der Mischzahl m entsprechend Gl. (J 3-9 b) gilt also für die fiktive Kernlänge eines Wandstrahls

$$x' = \frac{2h}{m} \quad \text{(eben, radial)} \,. \tag{J 3-53}$$

Dabei wird angenommen, daß für die Mischzahlen der ebenen und radialen Wandstrahlen dieselben Werte wie für die ebenen und radialen Freistrahlen gelten, vgl. Tabelle J 3-2. Als Richtwert ist wieder $m \approx 0{,}15$ anzusehen.

J 3.3.3 Vollausgebildete Wandstrahlströmung

Strahlhauptzone. Die Feststellungen über die Strahlhauptzone von Freistrahlen gelten in sinngemäßer Anwendung auch für die Strahlhauptzone von Wandstrahlen, wenn man im Bereich $x > x'$ den Wandstrahl durch Spiegelung des Freistrahls an der Strahlmittenebene entstanden denkt. Der vollausgebildeten Freistrahlströmung entspricht die vollausgebildete Wandstrahlströmung. Während im ersten Fall die Strömung nach Bild J 3-9 mit der vollausgebildeten Rohrströmung verglichen wird, zeigt für den zweiten Fall Bild J 3-22 die Analogie zur vollausgebildeten Grenzschichtströmung an der längsangeströmten ebenen Platte.

Grundlagen der Strahltheorie. Die in Abschn. J 3.2.4 zusammengestellten theoretischen Grundlagen zur Berechnung der turbulenten Strömung vollausgebildeter freier Strahlen lassen sich in einfacher Weise auf die Berechnung der Strömung vollausgebildeter einseitig anliegender Freistrahlen, d.h. der turbulenten Wandstrahlen, übernehmen.

1. Der Druck p ist außerhalb und innerhalb des Strahls gleich groß. Die Luft verhält sich wie ein ideales Gas.
2. Der Impulsstrom im Wandstrahl bleibt längs des Strahlwegs unverändert erhalten.
3. Der Enthalpiestrom im Wandstrahl bleibt längs des Strahlwegs unverändert erhalten.
4. Die Geschwindigkeitsprofile verhalten sich affin (ähnlich). Die Abweichung des Geschwindigkeitsprofils des Wandstrahls gegenüber dem Geschwindigkeitsprofil des halbierten Freistrahls ist in Wandnähe so gering, daß auf eine Erfassung verzichtet werden kann. Mithin gilt nach Gl. (J 3-15)

$$\frac{u}{u_m} = f(\eta) = \exp(-c\eta^2) \quad (\eta = y/y_a) \tag{J 3-54}$$

mit $c = 0{,}6931$. Bei $\eta = \eta_a = 1$ ist $u/u_m = 1/2$.

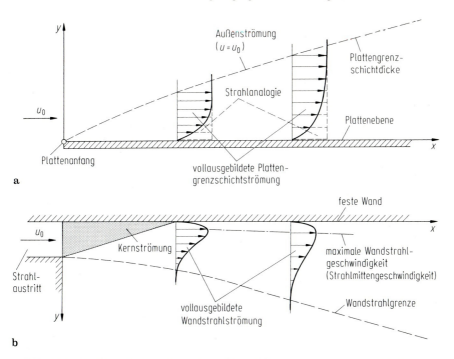

Bild J3-22 a, b. Vergleichende Betrachtung der vollausgebildeten Strömung (Geschwindigkeitsprofile schematisch). **a** Plattenströmung; **b** Wandstrahlströmung

5. Auch die Temperaturprofile verhalten sich affin, d.h. es gilt Gl. (J3-16)

$$\frac{\Delta T}{\Delta T_m} = \left(\frac{u}{u_m}\right)^{1/2} = \exp\left(-\frac{c}{2}\eta^2\right) \qquad \text{(J3-55a, b)}$$

mit $\Delta T = T - T_\infty$ und $T_m = T_m - T_\infty$.

6. Die Begrenzung der einseitigen Strahlerweiterung beim Wandstrahl weicht von der Begrenzung der beidseitigen Strahlerweiterung beim Freistrahl als Folge der fehlenden turbulenten Austauschbewegung an der Wand ab. Für die Abhängigkeit der Strahlhöhe y_a vom Strahlweg x ist nach Untersuchungen von Förthmann [B44], vgl. [B47], in Abänderung von Gl. (J3-17b) zu schreiben

$$\frac{y_a}{y'_a} = \left(\frac{x}{x'}\right)^\lambda \quad \text{mit} \quad \lambda = 0{,}75 \qquad \text{(J3-56)}$$

statt $\lambda = 1$ beim ebenen Freistrahl.

J3.3.4 Eigenschaften isothermer Wandstrahlen

Strahlmittengeschwindigkeit. Wegen der Annahmen ähnlicher Geschwindigkeitsprofile und ungeänderten Impulsstroms längs des Strahlwegs gilt für die Abnahme der maximalen Strahlgeschwindigkeit (Strahlmittengeschwindigkeit) mit wachsender Entfernung von der Strahlaustrittsöffnung bei der vollausgebildeten Wandstrahlströmung die gleiche Formel wie für die vollausgebildete Freistrahlströmung. Es ist nach Gl. (J 3-19 a, b)

$$\frac{u_m}{u_0} = 1 \quad (0 \leq x \leq x') \; , \quad \frac{u_m}{u_0} = \sqrt{\frac{A'_a}{A_a}} \leq 1 \quad (x \geq x') \; , \qquad (J\,3\text{-}57\,a, b)$$

wobei A'_a und A_a die sich auf die Bereiche $0 \leq y \leq y'_a$ bzw. $0 \leq y \leq y_a$ erstreckenden Strahlquerschnittsflächen des Wandstrahls an den Stellen x' bzw. x bedeuten. Die Beziehungen für die Flächenverhältnisse A'_a/A_a sind für den ebenen und radialen Wandstrahl in Abhängigkeit von y'_a/y_a und unter Beachtung von Gl. (J 3-56) und J 3-53), vgl. den radialen Wandstrahl in [B 47], in Tabelle J 3-3 angegeben. In Gl. (J 3-57 b) eingesetzt gilt

$$\frac{u_m}{u_0} = \sqrt{\frac{y'_a}{y_a}} = \sqrt{\left(\frac{x'}{x}\right)^\lambda} = \sqrt{\left(\frac{2h}{mx}\right)^\lambda} \quad \text{(eben)} \; , \qquad (J\,3\text{-}58\,a)$$

$$\frac{u_m}{u_0} = \sqrt{\frac{r'}{r}\frac{y'_a}{y_a}} = \sqrt{\frac{r'}{r}\left(\frac{x'}{x}\right)^\lambda} = \sqrt{\frac{r'}{r}\left(\frac{2h}{mx}\right)^\lambda} \quad \text{(radial)} \; . \qquad (J\,3\text{-}58\,b)$$

mit $\lambda = 0{,}75$ sowie $x = r - r_0$, $x' = r' - r_0$ und $r' = r_0(1 + 2h/mr_0)$ für den radialen Wandstrahl. Die Strahlmittengeschwindigkeit nimmt beim Wandstrahl langsamer ab als beim Freistrahl gleicher Höhe h und gleicher Mischzahl m.

Strahlbegrenzung. Für die einem bestimmten örtlichen Geschwindigkeitswert u_s/u_m nach Gl. (J 3-24) zugeordnete Strahlausbreitung $\eta_s = y_s/y_a$ erhält man nach Auswertung von Gl. (J 3-25) beim ebenen Wandstrahl

$$\frac{y_s}{y_0} = 2\sqrt{\frac{2c}{\pi}\left(\frac{x}{x'}\right)^\lambda}\, \eta_s \quad \text{(eben)} \qquad (J\,3\text{-}59)$$

mit $\lambda = 0{,}75$ und $y_0 = h$.

Strahlreichweite. Aus Gl. (J 3-58 a) erhält man in Abänderung von Gl. (J 3-28 b) für die Strahlreichweite (Grenzlänge)

$$x_g = \frac{2h}{m}\left(\frac{u_0}{u_g}\right)^{2/\lambda} \quad \text{(eben)} \qquad (J\,3\text{-}60)$$

mit $\lambda = 0{,}75$. Bei gleicher Schlitzhöhe h, gleicher Mischzahl m und gleichem Geschwindigkeitsverhältnis u_g/u_0 ist die Reichweite des Wandstrahls mehr als doppelt so groß wie diejenige des Freistrahls.

Eigenschaftsströme isothermer Wandstrahlen. Für die in Gl. (J 3-29 a, b, c) definierten Eigenschaftsströme (Volumenstrom, Impulsstrom, Energiestrom) oder für die auf die Eigenschaftsströme der Strahlaustrittsöffnung bezogenen Verhältnisse gilt auch für den ebenen und radialen Wandstrahl die Beziehung (J 3-35 b)

$$L_n = \frac{K_n}{K_{n,0}} = \sqrt{\frac{2}{n}} \left(\frac{u_m}{u_0}\right)^{n-2} \quad \text{(eben, radial)} \quad \text{(J 3-61)}$$

mit u_m/u_0 nach Gl. (J 3-58 a, b).

Strahlvolumenstrom. Mit $n = 1$ wird analog zu Gl. (J 3-37 b, d)

$$\frac{\dot{V}}{\dot{V}_0} = \sqrt{2\left(\frac{x}{x'}\right)^\lambda} = \sqrt{2\left(\frac{mx}{2h}\right)^\lambda} \quad \text{(eben)}, \quad \text{(J 3-62 a)}$$

$$\frac{\dot{V}}{\dot{V}_0} = \sqrt{2\frac{r}{r'}\left(\frac{x}{x'}\right)^\lambda} = \sqrt{2\frac{r}{r'}\left(\frac{mx}{2h}\right)^\lambda} \quad \text{(radial)} \quad \text{(J 3-62 b)}$$

mit $\lambda = 0{,}75$ sowie $x = r - r_0$, $x' = r' - r_0$ und $r' = r_0(1 + 2 h/m r_0)$ für den radialen Wandstrahl. Die Volumenstromzunahme längs des Strahlwegs x erfolgt beim Wandstrahl langsamer als beim Freistrahl gleicher Höhe h und gleicher Mischzahl m.

Strahlenergiestrom. Mit $n = 3$ wird analog zu Gl. (J 3-39 b, d)

$$\frac{\dot{E}}{\dot{E}_0} = \sqrt{\frac{2}{3}\left(\frac{x'}{x}\right)^\lambda} = \sqrt{\frac{2}{3}\left(\frac{2h}{mx}\right)^\lambda} \quad \text{(eben)}, \quad \text{(J 3-63 a)}$$

$$\frac{\dot{E}}{\dot{E}_0} = \sqrt{\frac{2}{3}\frac{r'}{r}\left(\frac{x'}{x}\right)^\lambda} = \sqrt{\frac{2}{3}\frac{r'}{r}\left(\frac{2h}{mx}\right)^\lambda} \quad \text{(radial)}. \quad \text{(J 3-63 b)}$$

Die Energiestromabnahme längs des Strahlwegs x erfolgt beim Wandstrahl langsamer als beim Freistrahl gleicher Höhe h und gleicher Mischzahl m.

J 3.3.5 Eigenschaften anisothermer Wandstrahlen

Strahlmittengeschwindigkeit. Wie beim anisothermen Freistrahl nach Gl. (J 3-40 c) kann man auch annehmen, daß sich die Strahlmittengeschwindigkeit des anisothermen Wandstrahls gegenüber der des isothermen Wandstrahls nach Gl. (J 3-58) näherungsweise nicht ändert.

Strahlmittentemperatur. Die Beziehung für die Strahlmittentemperatur des anisothermen Freistrahls Gl. (J 3-42 c) gilt auch für den anisothermen Wandstrahl, wenn man für das isotherme Geschwindigkeitsverhältnis Gl. (J 3-58 a, b) einsetzt und beachtet, daß nach Tabelle J 3-3 $M/N = F_2/F_{3/2} = \sqrt{3/4}$ ist. Mithin ist

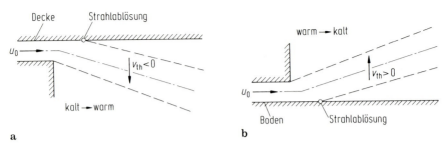

Bild J 3-23 a, b. Zur Ablösung von anisothermen ebenen Wandstrahlen. **a** Kaltluftstrahl nach unten; **b** Warmluftstrahl nach oben

$$\frac{\Delta T_m}{\Delta T_0} = \sqrt{\frac{3}{4}\left(\frac{x'}{x}\right)^\lambda} \sqrt{\frac{T_\infty}{T_0}} \approx \sqrt{\frac{3}{4}\left(\frac{2h}{mx}\right)^\lambda} \quad \text{(eben)} \quad \text{(J 3-64)}$$

mit $\Delta T_m = T_m - T_\infty$ und $\Delta T_0 = T_0 - T_\infty$ sowie $\lambda = 0{,}75$. Die Temperaturabnahme längs des Strahlwegs x erfolgt beim Wandstrahl langsamer als beim Freistrahl gleicher Höhe h und gleicher Mischzahl m.

Verhalten anisothermer Wandstrahlen. Wie beim vertikal austretenden anisothermen Freistrahl in Abschn. J 3.2.6 hat man auch beim anisothermen Wandstrahl vier Möglichkeiten zu unterscheiden. Diese entsprechen den in Tabelle J 3-5 zusammengestellten Fällen, wobei die thermische Auftriebs- oder Abtriebsgeschwindigkeit v_{th} den Verlauf der Strahlachse bestimmen.

Beim Warmluftstrahl aus dem Deckenaustritt (Fall 1 mit $v_{th} > 0$) und beim Kaltluftstrahl aus dem Bodenaustritt (Fall 4 mit $v_{th} < 0$) wird der Wandstrahl verstärkt gegen die Decke bzw. den Boden gedrückt. Beim Warmluftstrahl aus dem Bodenaustritt (Fall 2 mit $v_{th} > 0$) und beim Kaltluftstrahl aus dem Deckenaustritt (Fall 3 mit $v_{th} < 0$) kann der Wandstrahl vom Boden bzw. von der Decke ablösen (abreißen), vgl. Bild J 3-23. Im letzten Fall spricht man dann von einem Kaltlufteinbruch.

J 4 Literatur

A. Lehr- und Fachbücher

[1] Abramowitsch, G. N.: Angewandte Gasdynamik (Übersetzg. 2. russ. Aufl.). Berlin: VEB Verl. Technik 1958
[2] Albring, W.: Angewandte Strömungslehre. 5. Aufl. Berlin: Akad. Verl. 1961/78
[3] Baturin, W. W.: Lüftungsanlagen für Industriebauten. Berlin: VEB Verl. Technik 1959
[4] Becker, E.: Technische Strömungslehre. 5. Aufl. Stuttgart: Teubner 1968/82
[5] Bohl, W.: Technische Strömungslehre. 6. Aufl. Würzburg: Vogel 1971/84

[6] Brauer, H.: Grundlagen der Einphasen- und Mehrphasenströmungen. Aarau (Schweiz): Sauerländer 1971
[7] Eck, B.: Technische Strömungslehre. 9. Aufl. 2. Bde. Berlin, Heidelberg, New York: Springer 1935/91
[8] Franke, P.-G.: Hydraulik für Bauingenieure. Berlin: De Gruyter 1974
[9] Gersten, K.: Einführung in die Strömungsmechanik. 4. Aufl. Düsseldorf: Bertelsmann 1974/86
[10] Giles, R. V.: Theory and problems of fluid mechanics and hydraulics. 2. Aufl. New York: McGraw-Hill 1962 − Strömungslehre und Hydraulik; Theorie und Anwendungen. Düsseldorf: McGraw-Hill 1976
[11] Herning, F.: Stoffströme in Rohrleitungen. 4. Aufl. Düsseldorf: VDI-Verl. 1950/67
[12] Idelchik, I. E.: Handbook of hydraulic resistance. (Übersetzg. 2. russ. Aufl. 1975) Washington: Hemisphere (Berlin: Springer) 1986
[13] Jaeger, C.: Technische Hydraulik. Basel: Birkhäuser 1949
[14] Kalide, W.: Einführung in die technische Strömungslehre. 7. Aufl. München: Hanser 1965/90
[15] Käppeli, E.: Strömungslehre. Blaue TR-Reihe 113, 114, 115. Bern: Hallwag 1972/76
[16] Kaufmann, W.: Technische Hydro- und Aeromechanik, 3. Aufl. Berlin, Göttingen, Heidelberg: Springer 1954/63 − Fluid mechanics. (Übersetzg. 2. Aufl.) New York: McGraw-Hill 1963
[17] Knapp, F. H.: Ausfluß, Überfall und Durchfluß im Wasserbau. Karlsruhe: Braun 1960
[18] Miller, D. S.: Internal flow systems. Cranfield: Brit. Hydr. Res. Ass. (BHRA) 1978
[19] Prandtl, L.; Oswatitsch, K.; Wieghardt, K.: Führer durch die Strömungslehre. 9. Aufl. Braunschweig: Vieweg 1942/90
[20] Prandtl, L.; Tietjens, O.: Hydro- und Aerodynamik. 2. Aufl., 2 Bde. Berlin: Springer 1929/44 − Hydro- and aeromechanics. (Übersetzg. 1. Aufl. 1929). 2 Bde. New York: Dover 1934/57
[21] Press, H.; Schröder, R.: Hydromechanik im Wasserbau. Berlin: Ernst 1966
[22] Recknagel, H.; Sprenger, E.; Hönmann, W.: Taschenbuch für Heizung und Klimatechnik. 65. Aufl. München: Oldenbourg 1990/91
[23] Richter, H.: Rohrhydraulik; Ein Handbuch zur praktischen Strömungsberechnung. 5. Aufl. Berlin, Heidelberg, New York: Springer 1933/71
[24] Rödel, H.: Hydromechanik. 8. Aufl. München: Hanser 1953/78
[25] Rotta, J. C.: Turbulente Strömungen. Eine Einführung in die Theorie und ihre Anwendung. Stuttgart: Teubner 1972
[26] Schade, H.; Kunz, E.; Vagt, J.-D.: Strömungslehre, mit einer Einführung in die Strömungsmeßtechnik. 2. Aufl. Berlin: De Gruyter 1980/89
[27] Schlichting, H.: Grenzschicht-Theorie, 8. Aufl. Karlsruhe: Braun 1951/82 − Boundary-layer theory (Übersetzg. J. Kestin), 7. Aufl. New York: McGraw-Hill 1955/79
[28] Schröder, R.: Strömungsberechnungen im Bauwesen. Bauing − Praxis, Heft 121/122. Berlin: Ernst 1968/72
[29] Schwaigerer, S. (Hrsg.): Rohrleitungen, Theorie und Praxis. Berlin, Heidelberg, New York: Springer 1967
[30] Sigloch, H.: Technische Fluidmechanik. 2. Aufl. Düsseldorf: VDI-Verlag
[31] Tietjens, O.: Strömungslehre; Physikalische Grundlagen vom technischen Standpunkt. 2 Bde. Berlin, Heidelberg, New York: Springer 1960/70
[32] Truckenbrodt, E.: Fluidmechanik. 2 Bde., 3. Aufl. Berlin, Heidelberg, New York: Springer 1968/1991 − Lehrbuch der angewandten Fluidmechanik. 2. Aufl. Berlin, Heidelberg, New York: Springer 1983/88
[33] Walz, A.: Strömungs- und Temperaturgrenzschichten. Karlsruhe: Braun 1966 − Boundary layers of flow and temperature (Übersetzg.). Cambridge (Mass.): MIT Press 1969
[34] Weisbach, J.: Die Experimental-Hydraulik. Freiberg: Engelhardt 1855
[35] White, F. M.: Viscous fluid flow. New York: McGraw-Hill 1974
[36] White, F. M.: Fluid mechanics. 2. Aufl. New York: McGraw-Hill 1979/86
[37] Wieghardt, K.: Theoretische Strömungslehre. Eine Einführung. Stuttgart: Teubner 1965
[38] Wuest, W.: Strömungsmeßtechnik. Braunschweig: Vieweg 1969
[39] Zierep, J.; Bühler, K.: Strömungsmechanik. Berlin, Heidelberg, New York: Springer 1992. Vgl. Die Grundlagen der Ingenieurwissenschaften. Hütte, 29. Aufl. Beitrag E7 bis 9, 1989

[40] Zierep, J.: Ähnlichkeitsgesetze und Modellregeln der Strömungslehre. 2. Aufl. Karlsruhe: Braun 1972/82 – Similarity laws and modeling (Übersetzg.). New York: Dekker 1971
[41] Zoebl, H.; Kruschick, J.: Strömung durch Rohre und Ventile; Tabellen und Berechnungsverfahren zur Dimensionierung von Rohrleitungsssystemen. 2. Aufl. Wien, New York: Springer 1978/82
[42] Rietschel, H.; Raiß, W.: Heiz- und Klimatechnik,. 2 Bde. 15. Aufl. Berlin, Heidelberg, New York: Springer 1893/1970

B. Beiträge und Einzelschriften

[1] Schmidt, E.; Grigull, U.: Thermodynamische Eigenschaften von Wasser und Wasserdampf (Properties of water and steam in SI-units). 2. Aufl.; Berlin: Springer 1979
[2] Verein Deutscher Ingenieure: VDI-Wärmeatlas. Berechnungsblätter. 2. Aufl.; Düsseldorf: VDI-Verlag 1974
[3] Hoerner, S. F.: Der Widerstand von Strebenprofilen und Drehkörpern. Jb. 1942 d. Deutsch. Luftfahrtforsch. I, 374–384
[4] Hengstenberg, J.; Sturm, B.; Winkler, O. (Hrsg.): Messen, Steuern und Regeln. 3. Aufl. 1. Bd. Messung von Zustandsgrößen u. a. Berlin, Heidelberg, New York: Springer 1957/80; vgl. DIN 1952, Druckflußmessung, 1982
[5] Moody, L. F.: Friction factors for pipe flow. Trans. ASME 66 (1944) 671–684
[6] Eck, B.: Strömungswiderstand in Rohren. [A7] 1. Bd. 92–108
[7] Müller, W.: Strömung in Röhren mit nichtkreisförmigen Querschnittsformen [Theorie der zähen Flüssigkeit 1932] 67–71
[8] Kirschmer, O.: Tabellen zur Berechnung von Entwässerungsleitungen nach Prandtl-Colebrook. Heidelberg: Lüdecke 1974
[9] Idelchik, I. E.: Flow at the entrance into tubes and conduits. [A 12] 113–143
[10] Idelchik, I. E.: Flow through orifices with sudden change in velocity and flow area. [A 12] 145–185
[11] Truckenbrodt, E.: Zur Berechnung der Verlustbeiwerte von unstetigen Rohrquerschnittsänderungen, Rohrumlenkungen und Rohrverzweigungen. Erscheint demnächst.
[12] Richter, H.: Strömung in geraden Rohren mit veränderlichem Querschnitt. [A 23] 179–192
[13] Idelchik, I. E.: Flow with a smooth change in velocity. [A 12] 187–264
[14] Miller, D. S.: Diffusion-Diffusors. [A 18] 165–182
[15] ESDU (1973): Performance of conical diffusors in incompressible flow. Eng. Sci. Dat. 73024
[16] Brauer, H.: Strömung in gekrümmten Rohren und Rohrkrümmern. [A 6] 45–53
[17] Richter, H.: Strömung in gekrümmten Rohren und in Knierohren. [A 23] 193–222
[18] Ito, H.: Friction factors for turbulent flow in curved pipes; Pressure losses in smooth pipe bends. Trans. ASME, Ser. D81 (1959) 2, 123–134; D82 (1960) 3, 131–143
[19] Idelchik, I. E.: Flow with changes of the stream direction. [A 12] 265–331
[20] Miller, D. S.: Turning flow-bends; Combining turning and diffusing flow. [A 18] 140–164, 183–219
[21] Eck, B.: Krümmer [A 7] 2. Bd. 50–58, vgl. 1. Bd. 132–134
[22] Vazsony, A.: Pressure loss in elbows and duct branches. Trans. ASME 66 (1944) 177–183
[23] Sprenger, H.: Druckverluste in 90° Krümmern für Rechteckrohre. Schweizerische Bauzeitung. 87 (1969) 223–231
[24] Idelchik, I. E.: Merging of flow streams and division into two streams. [A 12] 333–387
[25] Miller, D. S.: Dividing and combining flow. [A 18] 220–259
[26] ESDU (1973): Pressure losses in three-leg pipe junctions. Dividing and combining flows. Eng. Sci. Dat. 73022, 73023
[27] Gardel, A.: Les pertes de charge dans les écoulements au travers de branchements en té. Bull. Tech. Suisse Romande 83 (1957) 123–130, 143–148
[28] Idelchik, I. E.: Flow through barriers uniformly distributed over the channel cross section. [A 12] 389–423
[29] Miller, I. E.: Orifices, screens and perforated plates. Valves, [A 18] 260–281
[30] Flachsbart, O.: Widerstand von Seidengazefiltern, Runddraht- und Blechstreifensieben mit quadratischen Maschen. Erg. AVA, IV. Liefg. (1932), 112–118

[31] Wieghardt, K.E.G.: On the Resistance of Screens. Aeron. Quart. 4 (1953), 186–192, vgl. Z. Angew. Math. Mech. 33 (1953) 312 314
[32] Baines, W.D, Peterson, E.G.: An investigation of flow through screens. Trans. ASME 73 (1951), 467–480
[33] Jung, R.: Die Bemessung der Drosselorgane für die Durchflußregelung. Brst.-Wärme-Kraft 8 (1956) 580–583, vgl. Brst.-Wärme-Kraft 12 (1960) 108–113
[34] Koch-Emmery, W.: Die Wirkungsweise von Regelklappen in lüftungstechnischen Anlagen. Heizg.-Lüftg.-Haustechn. 16 (1965), 193–195
[35] Idelchik, I.E.: Flow through pipe fittings and labyrinth seals. [A 12] 425–464
[36] Regenscheidt, B.: Die Luftbewegung in klimatisierten Räumen, Kältetechnik 11 (1959) 3–11
[37] Baturin, W.W.: Strahlen, Luftauslässe. [A 3] 86–155
[38] Eck, B.: Vermischung eines freien Strahles; Belüftung (freie und anliegende Strahlen). [A 7] 1. Bd. 120–125; Belüftung und Klimatisierung. [A 7] 2. Bd. 120–147
[39] Regenscheit, B.: Luftauslässe (Zuluft-Durchlässe). [A 22] 1057–1091
[40] Tollmien, W.: Berechnung turbulenter Ausbreitungsvorgänge. Z. angew. Math. Mech. 6 (1926) 468–478
[41] Görtler, H.: Berechnung von Aufgaben der freien Turbulenz aufgrund eines Näherungsansatzes. Z. angew. Math. Mech. 22 (1942) 244–254
[42] Schlichting, H.: Freie Turbulenz. [A 27] 749–779
[43] Reichardt, H.: Gesetzmäßigkeiten der freien Turbulenz. VDI-Forschungsheft 414 (1942)
[44] Förthmann, E.: Über turbulente Strahlausbreitung. Ing.-Arch. 5 (1934) 43–53
[45] Regenscheit, B.: Isotherme Luftstrahlen. Ki (Klima+Kälteingenieur) extra 12/1981
[46] Abramowitsch, G.N.: Allgemeine Eigenschaften turbulenter Gasstrahlen; Heiße und kalte Gasstrahlen. [A 1] 270–306
[47] Regenscheit, B.: Die Berechnung von radial strömenden Frei- und Wandstrahlen sowie von Rechteckstrahlen. Ges.-Ing. 91 (1970) 172–177
[48] Linke, W.: Lüftung von oben nach unten oder umgekehrt. Ges.-Ing. 83 (1962) 121–128
[49] Hanel, B.; Weidemann, B.: Beitrag zur Berechnung anisothermer Freistrahlen. Ki (Klima–Kälte–Heizung) (1989) 205–210
[50] Regenscheit, B.: Die Archimedes-Zahl, Kennzahl zur Beurteilung von Raumströmungen. Ges.-Ing. 91 (1970), 172–177
[51] Schröder, R.: Einheitliche Berechnung gleichförmiger turbulenter Strömungen in Rohren und Gerinnen. Bauingenieur 40 (1965) 191–195; vgl. [A 28]
[52] Rietschel/Raiß: [A 42] 2. Bd. 111, 234
[53] Recknagel; Sprenger; Hönmann: [A 22] 197
[54] Lehmann, J.: Widerstandsgesetze der turbulenten Strömung in geraden Stahlrohren. Gesundheits-Ingenieur 82 (1961), 165–172, 207–210, 241–249, 276–281
[55] Richter, H.: [A 23] 158–159
[56] Zoebl, H.; Kruschik, J.: [A 41] 228–233

K Regelungs- und Steuerungstechnik

Hubertus Protz

K1 Allgemeines

K1.1 Aufgaben der Regelung und Steuerung

Mannigfaltige Gründe und Notwendigkeiten sprechen für die Automatisierung von Vorgängen und Prozessen in der Heiz- und Raumlufttechnik. Anders können wegen innerer und äußerer, teils konstanter, teils veränderlicher Störungen geforderte Raumkonditionen nicht eingehalten werden: Temperatur, Feuchte und Schadstoff-Konzentrationen (z. B. CO_2) der Raumluft unterliegen Veränderungen, die ohne Regelung oder Steuerung nicht kontrollierbar sind.

Die bei der Energieerzeugung ablaufenden Vorgänge sind ohne Reglereingriffe nicht denkbar. Die veränderlichen Bedingungen anzupassende Energiebereitstellung, das Einhalten von Emissionsgrenzwerten, die Folgeschaltung von Energieerzeugern usw. erfordern strategische Beeinflussungen. Bei der Verteilung der Energie in Gebäuden sollen wegen der vorhandenen Wechselwirkungen zwischen Erzeuger und Verbraucher die Verhältnisse durch jeweils bedarfsgerechte Angebote ins Gleichgewicht gebracht werden, so daß verbrauchssteigernde Überangebote vermieden werden. Auch sind Entscheidungen in Grenzbereichen zu tätigen. Wenn z. B. bei einer Klimaanlage vom Heiz- in den Kühlbetrieb gewechselt werden soll, kann diese Umschaltung bei Nutzung der heute gegebenen Möglichkeiten sowohl von Größen als auch von Funktionen derart abhängig gemacht werden, daß unter Beachtung vorgegebener Toleranzen in den Raumzuständen die Entscheidung nach dem minimalen Energieaufwand getroffen wird. Kurzum, jeder Vorgang und Prozeß, bei dem eine technisch-physikalische Größe dauernd in beabsichtigter Weise zu beeinflussen ist, wird zu einem selbsttätigen Ablauf führen; denn die hier erforderliche monotone, jedoch unendlich vielfältige Informations-, Entscheidungs- und Arbeitsleistung kann der Mensch durch Beobachten, Abwägen und Eingreifen nicht vergleichbar erbringen.

K1.2 Begriffe und Größen [1]

Am Beispiel des geheizten Raums nach Bild K1-1 seien die wichtigsten Größen erklärt. Ohne Regelung ändert sich in ihm die Temperatur durch folgende „Stör-

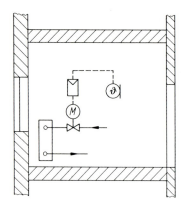

Bild K 1-1. Raumtemperatur-Regelung in einem geheizten Raum

größen" (z): Außentemperatur, Sonneneinstrahlung, Luftwechsel, Temperatur der Nebenräume, innere Wärmequellen, Vorlauftemperatur und Differenzdruck am Stellventil. Soll die Raumtemperatur konstant bleiben, ist ein Regelkreis zu bilden, der wie folgt arbeitet: Mit dem Temperaturfühler wird die gemessene Raumtemperatur („Regelgröße" x) dem Regler mitgeteilt und in ihm mit dem vorgegebenen „Sollwert" w verglichen. Bei einer Abweichung zwischen diesen beiden Größen („Regelabweichung" $x_w = x - w$) veranlaßt der Regler über den Stellantrieb das Ventil („Stellgröße" y) zu einer Veränderung des Heizwasserstroms und bewirkt so eine veränderte Wärmeleistung. Diese beeinflußt wieder die Raumtemperatur. Man erkennt, daß die vom Regler veranlaßte Veränderung auf ihn selbst zurückwirkt; diese Wirkungsabläufe vollziehen sich im geschlossenen Wirkungskreis.

Vom Vorgang der Regelung unterscheidet sich der der Steuerung erheblich. Am Beispiel nach Bild K 1-2 soll das Mischungsverhältnis von Umluft und Außenluft in Abhängigkeit von der Außenlufttemperatur eingestellt werden. Zu diesem Zweck wird die Außentemperatur vom Fühler gemessen und im Steuergerät derart verarbeitet, daß über den Stellantrieb eine entsprechende Klappenverstellung durchgeführt wird. Die durch das Steuergerät bewirkte Beeinflussung hat keine

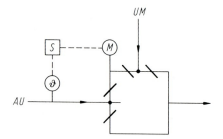

Bild K 1-2. Steuerung des Mischungsverhältnisses von Außen- und Umluft in Abhängigkeit der Außentemperatur. AU Außenluft, UM Umluft, S Steuergerät

Rückwirkung auf die steuernde Größe (Außentemperatur), so daß hier ein offener Wirkungsablauf vorhanden ist.

Als Regelstrecke bzw. Steuerstrecke wird der Bereich einer Anlage bezeichnet, in dem die aufgabengemäße Beeinflussung stattfindet. Im Beispiel nach Bild K 1-1 wird sie aus dem Heizkörper und dem Raum gebildet. Die Geräte werden Regeleinrichtung bzw. Steuereinrichtung genannt, welche die aufgabengemäße Beeinflussung der Strecke über das Stellglied vornehmen; der Ort des Eingriffs heißt Stellort. Die Regelgröße wird am Meßort in der Regelstrecke vom Sensor der Regeleinrichtung erfaßt und im Regler mit ihrem Sollwert verglichen. Für den Fall, daß der Sollwert eine zeitlich konstante Größe ist, wird von einer Festwertregelung gesprochen. Folgt der Sollwert einer veränderlichen Führungsgröße, liegt eine Folgeregelung vor. Eine Regelung mit einer zeitlich veränderlichen Führungsgröße wird Zeitplanregelung genannt.

Bei den Störgrößen wird unterschieden zwischen Störgrößen an der Regelstrecke und an der Regeleinrichtung. Innerhalb der Regelstrecke besitzen sie in den meisten Fällen unterschiedliche Angriffspunkte. Die Störgröße Vorlauftemperatur liegt nach Bild K 1-1 am Eingang der Regelstrecke, die Störgröße innere Wärmequelle an ihrem Ausgang, so daß diese sich zeitlich unterschiedlich auf die Regelgröße auswirken. Werden die Glieder von Regeleinrichtung und Regelstrecke bzw. von Steuereinrichtung und Steuerstrekce zusammengefaßt und nur eine Störgröße berücksichtigt, erhält man die Blockdarstellung nach Bild K 1-3 und K 1-4.

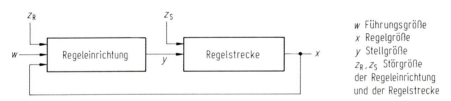

Bild K 1-3. Blockdarstellung eines Regelkreises. w Führungsgröße, x Regelgröße, y Stellgröße, z_R, z_S Störgrößen der Regeleinrichtung u. Regelstrecke

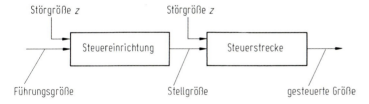

Bild K 1-4. Blockdarstellung einer Steuerkette

K2 Signalübertragung

K 2.1 Signalarten

Bei den Abläufen in Regelkreisen und Steuerketten ist es ausreichend, statt der physikalischen Größen nur deren zeitlichen Werteverlauf zu betrachten, der Signal genannt wird. Es wird unterschieden zwischen zwei Bestandteilen des Signals: dem Signalträger und dem Informationsparameter. Die physikalische Größe selbst ist der Signalträger. Der Informationsparameter bestimmt die Struktur der Zeitfunktion und bildet somit den Werteverlauf der signalisierten Größe ab. Wenn z. B. eine veränderliche Temperatur mit Hilfe eines Thermoelements gemessen wird, erscheint der zeitliche Verlauf der Spannung als das Signal dieser Temperatur. Durch sie wird die Temperatur der Meßstelle abgebildet. Der Signalträger ist die Spannung, die Amplitude der Informationsparameter. Wird dagegen die Temperatur mit einem Schwingquarz gemessen, ist die Frequenz der Informationsparameter. Wenn sich der Informationsparameter zu jeder Zeit ändern kann, liegt ein kontinuierliches Signal vor. Dagegen wird von einem diskontinuierlichen Signal gesprochen, wenn nur zu bestimmten Zeitpunkten die signalisierte Größe abgebildet wird. Kann der Informationsparameter unendlich viele Werte annehmen, ergibt sich ein analoges Signal. Davon unterscheidet sich das diskrete Signal. Hier sind nur endlich viele Werte möglich. Beim Mehrpunktsignal wird die Größe infolge der Aufteilung des Wertebereichs in Teilbereiche sektorhaft signalisiert; dagegen erfolgt im Fall des digitalen Signals die Darstellung der signalisierten Größe in ganzzahligen Vielfachen der kleinsten Einheit.

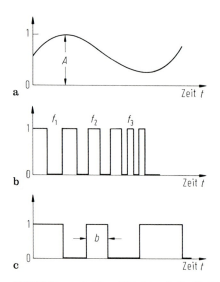

Bild K 2-1 a – c. Analoge Signale. **a, b** Kontinuierliches Signal. Amplitude A, Frequenz f als Informationsparameter; **c** diskontinuierliches Signal. Breite b des Impulses als Informationsparameter

Nach Bild K 2-1 a liegt ein kontinuierliches analoges Signal vor, welches jederzeit das vorhandene Abbild der zu signalisierenden Größe ist. Diese sehr einfache Darstellung besitzt die Amplitude als Informationsparameter und die Besonderheit, daß der Informationsparameter mit dem Signal identisch ist. In Bild K 2-1 b ist die bereitgestellte Information in der Frequenz einer Rechteckschwingung zu sehen. Hinsichtlich der Mehrpunktsignale erfolgt die Signalisierung nach der festgelegten Anzahl von Werten des Informationsparameters; Bild K 2-2 zeigt ein Zweipunktsignal (a) und ein Dreipunktsignal (b). Beim digitalen Signal besteht der Informationsparameter aus endlich vielen diskreten Werten. Wird z. B. der Temperaturbereich 0–100 °C mittels eines 8 Bit-Analogdigitalwandlers abgebildet, so beträgt die Auflösung, entsprechend $2^8 = 256$ Stufen, ca. 0,4 K. Wird dagegen ein Wandler auf der 10 Bit-Basis verwendet, so liegt die Auflösung bei ca. 0,1 K, weil $2^{10} = 1024$ Stufen zur Verfügung stehen. In Bild K 2-3 sind zwei typische Formen digitaler Signale dargestellt, und zwar die Anordnung von 6 Impulsen (a) und die Anzahl der Impulse in einem Zeitintervall (b). Ein diskontinuierliches analoges Si-

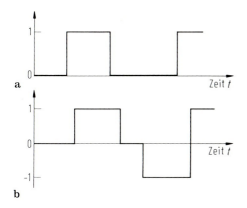

Bild K 2-2a, b. Mehrpunktsignale. **a** Zweipunktsignal: 0 und 1 als Zustände des Informationsparameters; **b** Dreipunktsignal: −1, 0, +1 als Zustände des Informationsparameters

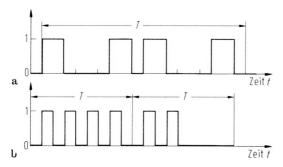

Bild K 2-3a, b. Digitale Signale. **a** Informationsparameter: Anordnung der Binärimpulse in einem Takt T; **b** Informationsparameter: Anzahl der Binärimpulse in einem Takt T

gnal ist in Bild K 2-1 c dargestellt. Die Information liegt in der Breite der Rechteckimpulse. Auch die digitalen Signale sind meistens diskontinuierlich, da sie getaktet sind.

K 2.2 Grundschaltungen der Übertragungsglieder

Regelungs- und Steuerungssysteme sind aus Gliedern aufgebaut. Im Hinblick auf die Signalübertragung werden sie Übertragungsglieder genannt. Ein Übertragungsglied besitzt nach seiner Darstellung gemäß Bild K 2-4 a eine Eingangsgröße x_e und eine Ausgangsgröße x_a. Die Übertragungsglieder lassen sich anhand der Signalarten gemäß Abschn. K 2.1 nach Bild K 2-5 klassifizieren. Sie werden in der vorgegebenen Richtung von den Signalen durchlaufen und nach bestimmten Schaltungsarten zu Übertragungssystemen zusammengefügt. Der Signalflußplan, auch Blockschaltbild genannt, ist eine sinnbildliche Darstellung der wirkungsmäßigen Zusammenhänge, aus dem entnommen werden kann, wie in einem Übertragungs-

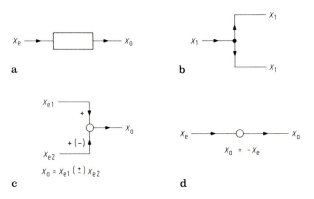

Bild K 2-4 a–d. Elemente des Signalflußplans. **a** Übertragungsglied; **b** Verzweigungsstelle; **c** Additionsstelle; **d** Vorzeichenumkehr

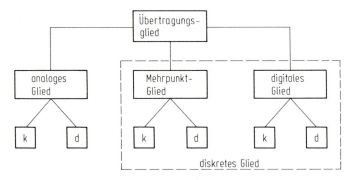

Bild K 2-5. Klassifizierung der Übertragungsglieder; k mit kontinuierlichem Verhalten, d mit diskretem Verhalten

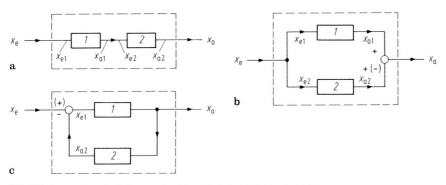

Bild K2-6a–c. Grundschaltungen im Signalflußplan (Blockschaltbild). **a** Reihenschaltung; **b** Parallelschaltung; **c** Rückkopplungsschaltung

system die einzelnen Glieder geschaltet sind. Nach Bild K2-4b ist eine „Verzweigungsstelle" dadurch gekennzeichnet, daß an ihr die Wirkungslinie aufgespalten wird. An einer „Additionsstelle" gilt: Das Ausgangssignal ist die algebraische Summe der Eingangssignale (Bild K2-4c). Für die Operation „Vorzeichenumkehr" wird das Symbol gemäß Bild K2-4d gebraucht.

Als Grundschaltungen sind offene und geschlossene Schaltungen bekannt. Zu den offenen gehören die Reihen- und die Parallelschaltung, während die Kreisschaltung eine geschlossene Schaltung ist. Für die Reihenschaltung gilt (Bild K2-6a) $x_e = x_{e1}$, $x_{e2} = x_{a1}$, $x_a = x_{a2}$, während bei der Parallelschaltung (Bild K2-6b) der Zusammenhang durch $x_e = x_{e1} = x_{e2}$ und $x_a = x_{a1}(\pm)x_{a2}$ gegeben ist. Bei der Rückkopplungsschaltung (Bild K2-6c) ist zwischen der Gegenkopplung $x_{e1} = x_e - x_{a2}$ und der Mitkopplung $x_{e1} = x_e + x_{a2}$ zu unterscheiden. Das rückführende Glied wird oft einfach „Rückführung" genannt.

K3 Übertragungsverhalten

K3.1 Statisches Verhalten

Das statische Verhalten eines Übertragungsgliedes sagt aus, wie Ausgangs- und Eingangsgröße im Beharrungszustand miteinander verknüpft sind; die Darstellung ihres funktionalen Zusammenhangs $x_a = f(x_e)$ wird Kennlinie genannt. In Bild K3-1a sind zwei Kennlinien von Widerstandsthermometern dargestellt: Kennlinie *1* ist die eines Metallwiderstandsthermometers (z.B. Pt100) und Kennlinie *2* die eines Halbleiterwiderstandsthermometers (z.B. NTC). Die Kennlinie *1* ist praktisch eine Gerade, während das Halbleiterelement einen stark gekrümmten Kennlinienverlauf besitzt. Eine wichtige Größe zur Kennlinienbeurteilung bei gekrümmten Kurven stellt der Differenzquotient $\Delta x_a / \Delta x_e$ dar, der ein Maß für die Steilheit ist und Übertragungsbeiwert K_p genannt wird. Dieser ist für Kennlinie *1* eine

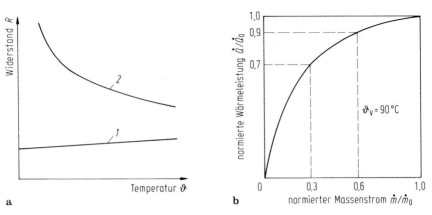

Bild K 3-1a, b. Kennlinienform (Beispiele). **a** Temperaturfühlerkennlinien 1: Pt100, 2: NTC; **b** Heizkörperkennlinie Auslegung 90/70/20

Konstante, während er bei Kennlinie 2 stark von der Temperatur abhängt. Als ein weiteres Beispiel für eine gekrümmte Kennlinie zeigt Bild K 3-1 b schematisch das bekannte Leistungsverhalten eines Heizkörpers (Auslegung 90/70/20) mit der Eingangsgröße Heizwasserstrom und der abgegebenen Wärmeleistung als Ausgangsgröße für den Fall der Vorlauftemperatur von 90 °C. Dem Übertragungsbeiwert kommt im Regelkreis erhebliche Bedeutung zu. Ist dieser eine Konstante, werden im gesamten Bereich der Kennlinie die Änderungen des Reglers verhältnisgleich auf die Strecke übertragen. Wenn die Kennlinie von der Geraden abweicht, wird allgemein von einem arbeitspunktabhängigen Verhalten gesprochen (Bild K 3-2).

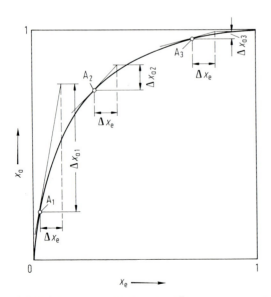

Bild K 3-2. Arbeitspunktabhängiges Übertragungsverhalten

K 3.2 Dynamisches Verhalten

Das dynamische Verhalten, auch Zeitverhalten genannt, beschreibt, wie sich die Ausgangsgröße eines Übertragungsglieds bei einer Änderung der Eingangsgröße in Abhängigkeit von der Zeit verhält. Für seine Darstellung sind Vereinbarungen getroffen worden, nach denen nur bestimmte einfache zeitliche Verläufe der Eingangsgröße benutzt werden, um aus dem zeitlichen Verlauf der Ausgangsgröße ein Beurteilungskriterium zu schaffen: Sprung und harmonische Schwingung.

Im Fall des Sprungs wird nach Bild K 3-3a zur Zeit t_0 ein Sprung aufgegeben, und der Ausgangsgrößenverlauf $x_a(t)$, den man Sprungantwort nennt, wird registriert. Aus diesem zeitlichen Verlauf werden markante Zeitwerte entnommen, die als Bestimmungsstücke zur Charakterisierung herangezogen werden. Wird die Ausgangsgröße auf die Sprunghöhe bezogen, so nennt sich die derart erhaltene bezogene Sprungantwort (Bild K 3-3b) Übergangsfunktion.

Für den Fall der harmonischen Schwingung als Testsignal wird die Eingangsgröße in Form einer Sinus-Schwingung konstanter Amplitude x_{e0} mit veränderlicher Kreisfrequenz ω erregt. Als Folge ändert sich auch die Ausgangsgröße sinusförmig, allerdings mit frequenzabhängiger Amplitude x_{a0} und Phasenlage φ. Das Verfahren selbst wird Aufnahme des Frequenzgangs genannt. Die Schwingungen werden aufgezeichnet und in Abhängigkeit von der Frequenz nach den Größen Amplitudenverhältnis und Phasenwinkel ausgewertet. Nach Bild K 3-4a erhält man für jede Frequenz ein bestimmtes Amplitudenverhältnis $A = x_{a0}/x_{e0}$ und eine bestimmte Phasenverschiebung φ. Werden diese beiden Größen in Abhängigkeit von der Kreisfrequenz im logarithmischen Maßstab getrennt dargestellt, auch mit Amplitudengang und Phasengang bezeichnet, ergeben sich die sog. Frequenzkennlinien nach Bild K 3-4b. Es ist üblich, das Amplitudenverhältnis in der Einheit Dezibel (dB) aufzutragen; es gilt $A = 20 \log x_{a0}/x_{e0}$.

Beide Verfahren, Sprungantwort und Frequenzgang, werden zur Beschreibung und Beurteilung der Übertragungsglieder herangezogen. Was den Aussagegehalt betrifft, sind sie gleichwertig. Sie unterscheiden sich aber hinsichtlich der Experi-

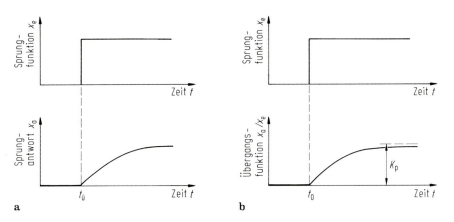

Bild K 3-3a, b. Übergangsverhalten. t_0 Sprungbeginn, K_P Übertragungsbeiwert

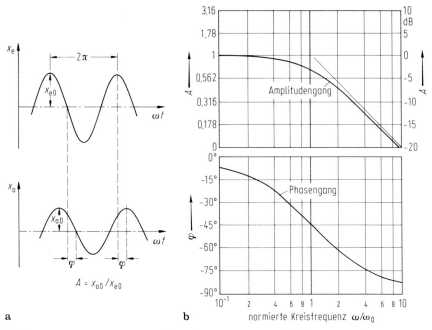

Bild K 3-4 a, b. Frequenzverhalten. **a** Zeitverlauf von x_e und x_a; **b** Frequenzkennlinien

mentierbarkeit, der Untersuchungsdauer und des Aufwands bei der Auswertung der Ergebnisse. Die Sprungantwort ist am wenigsten aufwendig und am schnellsten zu ermitteln. Dagegen liegen die Vorteile des Frequenzgangs bei der besseren Eignung zur Synthese von Übertragungsgliedern.

K 3.3 Lineares Verhalten

Ein Übertragungsglied besitzt ein lineares Übertragungsverhalten, wenn das Superpositionsgesetz (Überlagerungsgesetz) gilt. Darunter ist folgendes zu verstehen: Wenn das Eingangssignal x_{e1} das Ausgangssignal x_{a1} und ebenfalls ein anderes Eingangssignal x_{e2} das Ausgangssignal x_{a2} bewirkt, wenn also gilt: $x_{a1} = f(x_{e1})$ und $x_{a2} = f(x_{e2})$, dann bewirkt die Summe der Eingangssignale auch die Summe der Ausgangssignale: $x_{a1} + x_{a2} = f(x_{e1} + x_{e2})$. Danach darf ein Übertragungsglied als ein linearer Übertrager angesehen werden, wenn für die Informationsübertragung obiges Gesetz erfüllt ist. Diese Überlagerungsmöglichkeit der Signale muß im statischen und im dynamischen Fall gegeben sein.

K 3.4 Nichtlineares Verhalten

Ein Übertragungsglied wird als nichtlinear bezeichnet, wenn es das Superpositionsgesetz nicht erfüllt. Sein statisches Verhalten ist durch eine Kennlinie gegeben, welche keine Gerade ist. Das Hauptkennzeichen dynamischer Nichtlinearität be-

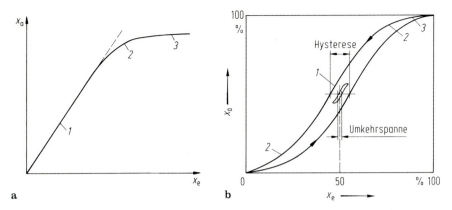

Bild K 3-5 a, b. Nichtlinearität eines kontinuierlichen Übertragungsgliedes: 1 linearer Bereich, 2 Krümmungszone, 3 Sättigungseffekt. **a** Sättigungseffekt; **b** Hysterese

steht im amplitudenabhängigen und vom Arbeitspunkt bestimmten Verhalten sowie in der Verzerrung des Ausgangssignals, d.h. trotz sinusförmiger Erregung am Eingang besitzt die Ausgangsgröße keinen wie im linearen Fall harmonischen Verlauf. Zur Auswertung wird die Grundwelle benutzt, für welche das Amplitudenverhältnis und die Phasenlage ermittelt werden. Wegen der oben genannten Abhängigkeiten ergibt sich eine Schar von Frequenzkennlinien. Im Fall der Sprungantwort erhält man in Abhängigkeit von der Sprunghöhe und vom Arbeitspunkt unterschiedliche Zeitwerte und auch differierende Formen des zeitlichen Verlaufs. Die Folgen der Nichtlinearitäten werden im Regelkreis offenbar; denn diese beeinflussen das Schwingungsverhalten. Die Ausregelzeiten werden amplitudenabhängig und vom Arbeitspunkt bestimmt, und instabile Vorgänge können sich einstellen.

Einige kontinuierliche analoge Übertragungsglieder besitzen eine typische Kennlinie (Bild K 3-5 a), die einen linearen Bereich, eine Krümmungszone und einen Sättigungseffekt enthält. Sofern die Amplitude die Krümmungszone nicht berührt, werden harmonische Schwingungen unverzerrt abgebildet. Als Beispiel für eine ausgeprägte Nichtlinearität sei auf die Heizkörperkennlinie in Bild K 3-1 b hingewiesen, bei der die Krümmungszone schon bei ca. 30% der Eingangsgröße beginnt.

Die Realisierung gewünschter Übertragungseigenschaften ist mit einfachen technischen Mitteln oft nur mit bestimmten Toleranzen möglich. Auf einige wichtige Fehlerarten, die als nichtlineare Effekte bei mechanischen und thermisch-mechanischen Übertragungsgliedern auftreten, sei hier hingewiesen. Eine derartige Fehlersummenwirkung drückt sich in der Kennlinie nach Bild K 3-5 b aus: geringfügig verfälschter linearer Bereich, Krümmungszone, Sättigungsbereich und funktionale Doppeldeutigkeit infolge je eines Kurvenzugs für den Auf- und Abwärtsverlauf. Läßt man die Eingangsgröße kontinuierlich den Wertebereich 0–100% und 100–0% durchlaufen, so wird die größte Abweichung zwischen den beiden Kurvenzügen als Hysterese bezeichnet. Da die Hysterese auch eine Summenwirkung von Fehlern sein kann, wird noch die Umkehrspanne angegeben, indem die Eingangsgröße von 45–55% und von 55 auf 45% durchfahren wird. Diese „kleine" Hysterese zeigt sich, wenn z. B. bei thermisch-mechanischen Gliedern trockene Reibung und Federkraft am Übertragungsvorgang beteiligt sind. Ein Thermostatventil nach dem Dehnstoffprinzip zeigt ein derartiges Verhalten. Dagegen sind Umkehrspanne und Hysterese gleich groß, wenn Lose, auch Spiel genannt, die Übertragung verfälscht. Die sich einstellenden Differenzen in Relation zur gewünschten linearen Kennlinie werden möglichst einzeln als Fehler analysiert und meistens in Prozent des Nennbereichs der Eingangsgröße angegeben (Linearitätsfehler, Hysterese usw.). Wird keine lineare Kennlinie angestrebt, sondern eine bestimmte Funktion zwischen Eingangs- und Ausgangsgröße, wird bei den Abweichungen von einem Konformitätsfehler gesprochen und dieser entsprechend definiert.

Anhand von Bild K 3-6 sollen die am häufigsten auftretenden nichtlinearen Effekte hinsichtlich ihrer Wirkung auf die Signalabbildung betrachtet werden. Die Sinusschwingung als Eingangssignal ist jeweils mit x_e und die Antwort mit x_a bezeichnet. Beim Zweipunktglied (a) erfolgt eine Stufenschaltung phasengleich mit der sinusförmigen Eingangsschwingung. Dasselbe Glied ergibt bei Vorhandensein der Schalthysterese (b) eine um φ versetzte Ausgangsrechteckschwingung. Im Fall des Dreipunktglieds (c) existiert wieder eine nicht verschobene Schwingung, da nur der reine Totzoneneffekt (x_T) als Schwelleneffekt auf der Null-Linie existiert. Das Glied nach (d) bildet den Eingangsverlauf bis zum Sättigungswert A korrekt ab und beschneidet nur die Schwingung im Maximum. Im Fall des Totzoneneffekts am Nullpunkt und weiteren linearen Verlaufs (e) wird im sonst sinusförmigen Ausgangssignal diese Strecke ausgeblendet. Bei der Hysterese (f) erfolgt ein Abschneiden im Gipfel der Schwingung sowie ein Phasenversatz zwischen beiden Schwingungen.

Ein Beispiel für ein Übertragungsglied mit markantem nichtlinearen Verhalten ist ein Haarhygrometer. Es besitzt eine nichtlineare Kennlinie. Auch tritt eine Hysterese infolge Sorption und Resorption sowie infolge der mechanischen Übertragung auf. Das Zeitverhalten ist stark vom Arbeitspunkt abhängig, und am jeweiligen Arbeitspunkt liegt eine Abhängigkeit von der Sprunghöhe vor. Außerdem reagiert es recht unterschiedlich auf Änderungen der absoluten Feuchte und der Temperatur. Des weiteren ist festzustellen, daß die Dynamik noch davon abhängt, ob ein steigender oder fallender Verlauf vorliegt.

Die bisherigen Ausführungen zeigen, daß diese Nichtlinearitäten negative Auswirkungen im Regelkreis hervorrufen können. Sie lassen sich aber auch benutzen, um beispielsweise eine gekrümmte Kennlinie mit ihrer „Gegenkennlinie" zu einer linearen Gesamtkennlinie zu kombinieren (statische Linearisierung). Auf der anderen Seite erfreuen sich die Zweipunktglieder als Regler großer Beliebtheit, da zahlreiche Stellglieder nur im Ein-/Ausbetrieb gefahren werden können. Mit dem Dreipunktglied als Regler lassen sich Stellmotoren in die Zustände Linkslauf, Halt und Rechtslauf steuern. Außerdem können dynamische Nichtlinearitäten von Übertragungsgliedern der Strecke linearisiert werden, indem in den Regler das entsprechende korrigierende Verhalten soft- oder hardwaremäßig gelegt wird, z. B. kann man unterschiedliche Stellgeschwindigkeiten für eine positive und negative Regelabweichung realisieren.

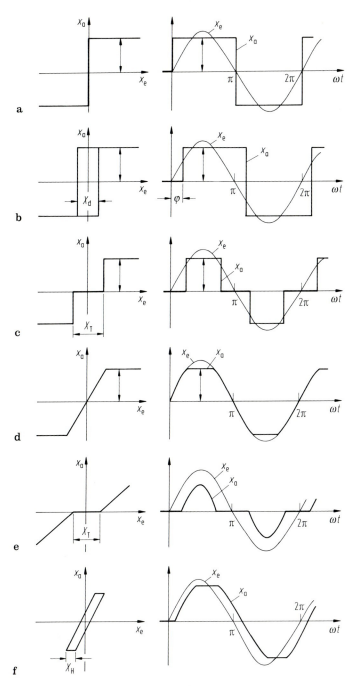

Bild K3-6a–f. Nichtlineare Effekte. **a** Zweipunktglied; **b** Zweipunktglied mit Hysterese; **c** Dreipunktglied; **d** Glied mit Begrenzung; **e** Glied mit Totzonen-Effekt; **f** Glied mit Hysterese

K4 Grundformen des linearen Übertragungsverhaltens

K 4.1 Beschreibung der Übertragungsglieder

Da es sich bei den Übertragungsvorgängen um zeitlich veränderliche Abläufe handelt, sind die Eingangs- und Ausgangsgrößen Zeitfunktionen, welche durch Differentialgleichungen beschrieben werden können. Eine Sonderstellung nehmen die kontinuierlichen analogen Glieder ein, bei denen zwischen Eingangs- und Ausgangsgröße eine lineare mathematische Beziehung besteht; in diesem Fall wird auch von stetigen linearen Gliedern gesprochen, deren Verhalten durch folgende Differentialgleichung beschrieben wird:

$$\ldots + a_3 \dddot{x}_a(t) + a_2 \ddot{x}_a(t) + a_1 \dot{x}_a(t) + a_0 x_a(t) =$$
$$b_0 x_e(t) + b_1 \dot{x}_e(t) + b_2 \ddot{x}_e(t) + b_3 \dddot{x}_e(t) + \ldots \quad . \tag{K4-1}$$

Ein Übertragungsglied gilt als bekannt, wenn die Differentialgleichung mit ihren Konstanten zahlenmäßig vorliegt und man diese für vorgegebene Zeitfunktionen der Eingangsgröße gelöst hat. Dazu eignen sich die beiden Verläufe der Eingangsgröße: Sprungfunktion und harmonische Schwingung, welche nach Abschn. K 3.2 als Ergebnisse die Übergangsfunktion und den Frequenzgang liefern. Neben der Anschaulichkeit besitzen diese bei der mathematischen Behandlung den Vorteil, daß die Gleichungen des Frequenzgangs und der Übergangsfunktion als Lösungen der Differentialgleichung über die Laplace-Transformation miteinander verknüpft sind. Im folgenden wird wegen der besseren Anschaulichkeit nur auf die Übergangsfunktion eingegangen.

K 4.2 Verhalten typischer Übertragungsglieder

K 4.2.1 Proportionalglied (P-Glied), Bild K 4-1

Die Ausgangsgröße ist der Eingangsgröße zu jeder Zeit proportional

$$x_a(t) = b_0/a_0 x_e(t) = K_P x_e(t) \quad . \tag{K4-2}$$

Der Proportionalitätsfaktor K_P wird Proportionalbeiwert oder abgekürzt P-Beiwert genannt. Als Beispiel können ein masseloser Hebel und ein Ohmscher Spannungsteiler gelten.

K 4.2.2 Integrierendes Glied (I-Glied), Bild K 4-2

Das I-Verhalten ist dadurch gekennzeichnet, daß die Geschwindigkeit der Ausgangsgröße der Eingangsgröße proportional ist

$$\dot{x}_a(t) = b_0/a_1 x_e(t) = K_I x_e(t) \quad . \tag{K4-3}$$

K 4 Grundformen des linearen Übertragungsverhaltens

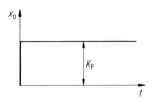

Bild K 4-1. P-Glied

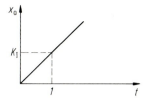

Bild K 4-2. I-Glied

Die Integration (mit $x_a(0) = 0$) liefert die Gleichung der Übergangsfunktion

$$x_a(t) = K_I \int x_e(t)\,dt = K_I t \,, \qquad (K\,4\text{-}4)$$

an der die Proportionalität zwischen dem Ausgangssignal und dem Zeitintegral des Eingangssignals zu erkennen ist. Der Proportionalitätsfaktor K_I wird Integrierbeiwert genannt. Bei einem Flüssigkeitsbehälter mit konstantem Abfluß verhält sich beispielsweise der Flüssigkeitsstand als Ausgangsgröße nach dieser Gleichung, wenn der Zufluß die Eingangsgröße ist.

K 4.2.3 Differenzierendes Glied (D-Glied), Bild K 4-3

Die Ausgangsgröße x_a ist proportional der Geschwindigkeit der Eingangsgröße x_e:

$$x_a(t) = b_1/a_0 \dot{x}_e(t) = K_D \dot{x}_e(t) \,. \qquad (K\,4\text{-}5)$$

Der Proportionalitätsfaktor K_D wird Differenzierbeiwert genannt. Für die Übergangsfunktion gilt, daß zur Zeit des Sprungs die Ausgangsgröße $x_a(t)$ unendlich groß wird. Genaugenommen läuft die Ausgangsgröße auf der Ordinate hoch und wieder herab.

K 4.2.4 Proportionalglied mit Verzögerung erster Ordnung (PT$_1$ Glied), Bild K 4-4

Ein P-Glied mit Verzögerung erster Ordnung wird durch folgende Differentialgleichung beschrieben:

$$T_1 \dot{x}_a(t) + x_a(t) = K_P x_e(t) \qquad (K\,4\text{-}6)$$

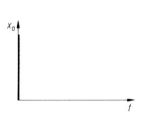

Bild K 4-3. D-Glied

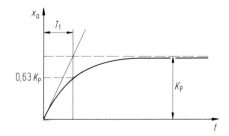

Bild K 4-4. PT$_1$-Glied

mit $K_P = b_0/a_0$ und $T_1 = a_1/a_0$. Die Gleichung der Übergangsfunktion ergibt sich zu

$$x_a(t) = K_P(1 - e^{-t/T_1}) \ .\tag{K 4-7}$$

T_1 nennt man die Zeitkonstante, K_P ist der Übertragungsbeiwert. Bestimmt wird T_1 durch die bei $t = 0$ an die Kurve gelegte Tangente. Sie ist identisch mit der Zeitspanne T_{63}, nach deren Ablauf die Ausgangsgröße den Wert 0,632 K_P annimmt. Theoretisch erreicht die Ausgangsgröße erst nach unendlich langer Zeit den Wert $x_a = K_P$. Oft wird als Einstellzeit die 95%-Zeit gewählt, welche ungefähr dem dreifachen Wert der Zeitkonstanten entspricht. Es bestehen folgende Beziehungen, deren Einzelwerte man aus der Übergangsfunktion erhält: $T_{63}/T_{50} = 1{,}443$, $T_{90}/T_{63} = 2{,}303$ und $T_{95}/T_{63} = 2{,}996$. Oft werden Glieder mit ähnlichem Zeitverhalten durch ein PT_1-Verhalten angenähert. Eine überschlägige Information über den Grad der Approximation erhält man, wenn die Werte dieser Quotienten für den betrachteten Fall gebildet und mit obigen verglichen werden. Ein Thermoelement ohne Armierung besitzt z. B. annähernd dieses Verhalten.

K 4.2.5 Proportionalglied mit Verzögerung zweiter Ordnung (PT_2-Glied), Bild K 4-5

Es gilt die Differentialgleichung in der üblichen Schreibweise

$$T^2 \ddot{x}_a(t) + 2DT\dot{x}_a(t) + x_a(t) = K_P x_e(t) \ .\tag{K 4-8}$$

Je nach Größe der Dämpfungskonstante nimmt das Übertragungsverhalten verschiedene Formen an. $D < 1$ bedeutet den oszillatorischen, $D > 1$ den aperiodischen Fall und $D = 1$ den aperiodischen Grenzfall. Als Beispiel ($D < 1$) kann ein Membrandifferenzdruckmesser gelten, da die Kombination von Federkraft und Masse zu einem derartigen schwingenden Verhalten führt.

K 4.2.6 Proportionalglied mit Verzögerung höherer Ordnung (PT_n-Glied), Bild K 4-6

Sehr häufig liegen Übergangsfunktionen nach Bild K 4-6a vor, die mittels der Wendetangentenkonstruktion die Kenngrößen T_u und T_g liefern (T_u Verzugszeit, T_g Ausgleichszeit). Da fast sämtliche thermischen Übertragungsglieder einen derarti-

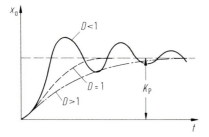

Bild K 4-5. PT_2-Glied

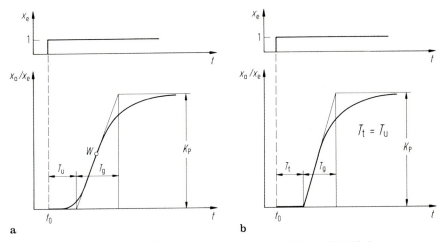

Bild K 4-6 a, b. PT$_n$-Glied und seine Approximation durch ein PT$_1$- und T$_t$-Glied

gen Verlauf aufweisen, wird dieses an Varianten reiche Glied ausführlich bei den Regelstrecken der Heiz- und Raumlufttechnik in Band II und III besprochen. Zur Beschreibung eines derartigen Glieds existieren einige Näherungslösungen. Die einfachste besteht darin, daß man die Übergangsfunktion gemäß Bild K 4-6b durch ein Totzeit-Glied und ein Glied 1. Ordnung annähert, wobei $T_t = T_u$ und $T_1 = T_g$ gesetzt werden.

K 4.2.7 Totzeitglied (T$_t$-Glied), Bild K 4-7

Ein Totzeitglied liegt vor, wenn eine am Eingang bewirkte Änderung erst nach Ablauf einer Laufzeit – der Totzeit T_t – am Ausgang registriert wird. Es ist also ein P-Glied mit einem Zeitversatz um T_t, dessen Übergangsfunktion

$$x_a(t) = K_P x_e(t-T_t) \tag{K 4-9}$$

lautet.

Als Beispiel gelten Transportvorgänge, z. B. das durchströmte Rohr mit einer Mediumtemperaturänderung am Eintritt.

K 4.2.8 Integrierendes Glied mit Verzögerung erster Ordnung (IT$_1$-Glied), Bild K 4-8

Bei diesem Typ herrscht nach Abklingen des Übergangsprozesses Proportionalität zwischen dem Ausgangssignal und dem Zeitintegral des Eingangssignals. Es gilt die Differentialgleichung

$$T_1 \dot{x}_a(t) + x_a(t) = K_I \int x_e(t) \, dt \ . \tag{K 4-10}$$

570 K Regelungs- und Steuerungstechnik

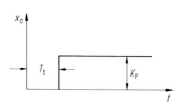

Bild K 4-7. T_t-Glied

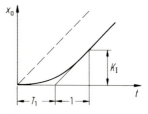

Bild K 4-8. IT_1-Glied

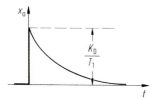

Bild K 4-9. DT_1-Glied

K 4.2.9 Differenzierendes Glied mit Verzögerung erster Ordnung (DT_1-Glied), Bild K 4-9

Es gilt die Differentialgleichung

$$T_1 \dot{x}_a(t) + x_a(t) = K_D \dot{x}_e(t) \ . \tag{K 4-11}$$

Auf die Sprungfunktion antwortet dieses Glied mit der begrenzten Veränderung K_D/T_1, welche nach Abklingen der Verzögerung wieder zu Null wird. Ein Beispiel für ein derartiges Verhalten ist ein Thermoelement mit seiner Meß- und Vergleichsstelle im Luftkanal, wobei die Vergleichsstelle mittels Masse träge gemacht worden ist.

K 4.3 Glieder mit realem Übertragungsverhalten

Die Übertragungsglieder in der Praxis lassen sich mehr oder weniger treffend nach den Kriterien in Abschn. K 4.2 beschreiben. Hinsichtlich der Verzögerungszeiten liegt ein breites Spektrum vor. Das schnellste Übertragungsglied ist das Stellventil; denn an ihm wird die Hubveränderung sofort in eine Durchflußveränderung umgesetzt. Dagegen vergehen lange Reaktionszeiten zwischen einer Vorlauftemperaturveränderung und ihrer Auswirkung in der Raumtemperatur. Was die Abbildungsqualität anbelangt, kann das Verhalten recht unterschiedlich sein; denn das wirkliche Übertragungsverhalten wird in den meisten Fällen nur approximativ erfaßt. So besitzt ein nichtarmiertes Thermoelement ein hinreichend genau beschriebenes PT_1-Verhalten, das sich allerdings im Fall der Anordnung mit einem dicken Schutzrohr zu einem Übertrager mit höherer Ordnung entwickelt. Für einen Wärmeaustauscher gilt ebenfalls die Beschreibung durch ein Glied höherer Ordnung, allerdings mit der Besonderheit, daß das Verhältnis T_u/T_g auch noch vom Wasserinhalt, von der Durchströmungsart, von den Betriebszuständen und dergleichen bestimmt wird. Bei einem durchströmten Raum sind die Übergangsfunktionen abhängig vom Luftwechsel, von der Strömungsart, von der Wandankopplung usw. Kurzum gilt, daß der reale Fall den Erfordernissen entsprechend zu beschreiben ist. Das betrifft auch den Übertragungsbeiwert; denn dieser kann in der Betriebswirklichkeit alles andere als konstant sein.

K 5 Regelstrecke

K 5.1 Klassifizierung der Regelstrecke

Obwohl die Bezeichnung „Regelstrecke" das übertragungsmäßige Geschehen in dem zu beeinflussenden Teil des Wirkungswegs beinhaltet, soll sich diese bei den weiteren Betrachtungen als Anlage oder Teil einer solchen manifestieren, in der die Regelgröße durch die Stellgröße gesteuert wird. Man spricht daher auch von Temperaturregelstrecken, Druckregelstrecken usw. und meint damit die gerätemäßige oder bauliche Darstellung, für welche in erster Linie die regeltechnischen Gesichtspunkte gelten. In der Heiz- und Raumlufttechnik umspannen die Regelstrecken hinsichtlich ihrer Dynamik einen weiten Bereich. Von der schnellen Druckregelung in Wassernetzen über die Zulufttemperaturregelung in RLT-Anlagen bis hin zur Raumtemperaturregelung bei Fußbodenheizungen liegen T_{63}-Zeiten von Sekunden bis zu Stunden vor. Die Regelstrecken bestehen in den meisten Fällen aus mehreren Gliedern, für die das Übertragungsverhalten je nach Wichtigkeit und Genauigkeit zu berechnen, experimentell aufzunehmen oder real abzuschätzen ist. Die Regelstrecken sind in den sie darstellenden Anlagen recht unterschiedlich aufgebaut. Sie werden in Band II und III behandelt. Nach dem zeitlichen Verhalten unterscheidet man grundsätzlich zwei Gruppen: Regelstrecken mit Ausgleich und Regelstrecken ohne Ausgleich.

Die Regelstrecken mit Ausgleich sind Glieder proportionalen Übertragungsverhaltens, die sich als PT_1- oder PT_n-Glied näherungsweise darstellen lassen. Es dominieren die Glieder mit Verzögerungsverhalten höherer Ordnung. Bei aus mehreren Gliedern zusammengesetzten Regelstrecken mit unterschiedlichem Zeitverhalten gilt folgendes: Der Bereich des „schleichenden" Verhaltens auf der Zeitachse nach Bild K 4-6a ist vorwiegend durch die Ordnungszahl gegeben, während das Glied mit der größten Zeitkonstante den Verlauf oberhalb des Wendepunkts bestimmt. Der Wendepunkt verschiebt sich mit höherer Ordnungszahl nach oben – allerdings nicht über die Hälfte des Endwerts. Die Regelstrecken ohne Ausgleich sind Glieder mit einem Übertragungsverhalten nach Bild K 4-2. Während sich bei Regelstrecken mit Ausgleich ein neuer Beharrungswert einstellt, trifft dieses für derartige Strecken nicht zu. In der Heiz- und Raumlufttechnik sind diese selten anzutreffen.

In jedem Fall ist die Regelstrecke so fein wie notwendig in ihre einzelnen Übertragungsglieder zu unterteilen. Dieses gilt nicht nur wegen ihrer Berechnungsmög-

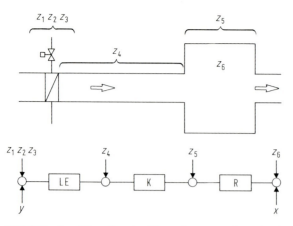

Bild K 5-1. Angriffspunkte der Störgrößen z_i an einer Regelstrecke. *LE* Lufterhitzer, *K* Kanal, *R* Raum

lichkeit bzw. ihrer Einschätzung, sondern auch wegen der zu schaffenden Klarheit über die Angriffspunkte der Störgrößen. Je nach ihrer Lage zum Meßort sind die Störgrößenwirkungen zeitlich unterschiedlich verzögert und auch in ihrem Übertragungsbeiwert veränderlich. In Bild K 5-1 sind diese Verhältnisse dargestellt. Es handelt sich um eine Raumtemperaturregelstrecke einer einfachen RLT-Anlage, die aus dem Lufterhitzer, dem Kanal und dem Raum besteht. Am Eingang der Regelstrecke liegt das von der Stellgröße gesteuerte Stellventil, an ihrem Ausgang wird der Istwert der Raumlufttemperatur gemessen. Die Störgrößen Z_1 als Differenzdruck am Stellventil, Z_2 als Vorlauftemperatur und Z_3 als Lufteintrittstemperatur der den Erhitzer durchströmenden Luft zeigen ihre Wirkung am Ausgang des Lufterhitzers. Die Störgröße Z_4 wirkt als Umgebungstemperatur auf den Kanal. Beim Raum charakterisiert Z_5 die Störgrößensumme der auf ihn wirkenden äußeren Klimaelemente. Mit Z_6 sind die inneren Wärmequellen bezeichnet, welche die schnellsten Wirkungen auf die Regelgröße besitzen. Für jede der Störgrößen ist der Störbereich Z_h festzulegen.

K 5.2 Stellglieder

Die Stellgröße y als Ausgangsgröße der Regel- oder Steuereinrichtung überträgt durch das Stellglied die steuernde Wirkung auf die Strecke und bewirkt in ihr entsprechend des Stellbereiches Y_h des Reglers den Regelbereich X_h

$$X_h = K_{PS} Y_h \ . \tag{K 5-1}$$

Mit den Stellgliedern besitzt man die Möglichkeit, über bestimmte Kennlinienformgebungen das statische Verhalten der Regelstrecke zu beeinflussen, d. h. durch die Kombination von Stellglied und Regelstrecke kann ein gewünschtes Gesamtübertragungsverhalten erreicht werden.

K 5.2.1 Stellventile

Das Durchflußverhalten eines Stellventils wird durch die Ventilkennlinie dargestellt, die den Zusammenhang zwischen Hub und Durchfluß angibt. Als Maß für den Durchfluß gilt nach der VDI/VDE-Richtlinie 2173 [2] der k_v-Wert, der ein durch Messung zu ermittelnder, auf Einheitsbedingungen bezogener Durchfluß ist. Die Richtlinie definiert: Unter k_v-Wert versteht man den Durchfluß in m³/h von Wasser bei 5–30 °C, der bei einem Druckverlust von 1 bar durch das Stellventil bei dem jeweiligen Hub H hindurchgeht. Er stellt sich dar als der Proportionalitätsfaktor in der Durchflußgleichung

$$\dot{V} = k_v \cdot \sqrt{1000} \cdot \sqrt{\frac{\Delta P_v}{\varrho}} \qquad \text{(K 5-2)}$$

ΔP_v Ventildruckdifferenz in bar
$\dot{V}$ Volumenstrom in m³/h
ϱ Dichte in kg/m³

In der Richtlinie wird nach Bild K 5-2 zwischen Stellventilen mit linearer und mit gleichprozentiger Kennlinie unterschieden, die sich im Hinblick auf die Anwendungen als technisch wichtige Formen erwiesen haben. Eine lineare Kennlinie liegt vor, wenn sich der k_v-Wert linear mit dem Hub H ändert. Es gilt die Gleichung

$$\frac{k_v}{k_{vs}} = \frac{k_{v0}}{k_{vs}} + n_{lin} \frac{H}{H_{100}} \ . \qquad \text{(K 5-3)}$$

Dagegen ist die gleichprozentige Kennlinie dadurch gekennzeichnet, daß zu gleichen Hubänderungen gleiche prozentuale Änderungen des k_v-Werts gehören; es ergibt sich die Gleichung

$$\frac{k_v}{k_{vs}} = \frac{k_{v0}}{k_{vs}} \cdot e^{n_{gl} H / H_{100}} \ . \qquad \text{(K 5-4)}$$

Als sog. Neigung definiert die Richtlinie für die lineare Form $n_{lin} = 1 - k_{v0}/k_{vs}$ und für die gleichprozentige Form $n_{gl} = \ln k_{vs}/k_{v0}$.
Dabei bedeuten die angegebenen Größen:

k_v auf Einheitsbedingungen bezogener Durchfluß
k_{vs} k_v-Wert einer Bauserie bei Nennöffnung
k_{v0} Schnittpunkt der Kennliniengrundform bei $H = 0$
k_{vr} niedrigster k_v-Wert, für den die Neigungstoleranz noch eingehalten wird
k_{vs}/k_{vr} Stellverhältnis
k_{vs}/k_{v0} theoretisches Stellverhältnis
H/H_{100} normierter Hub
n_{lin} Neigung der linearen Kennlinie
n_{gl} Neigung der gleichprozentigen Kennlinie.

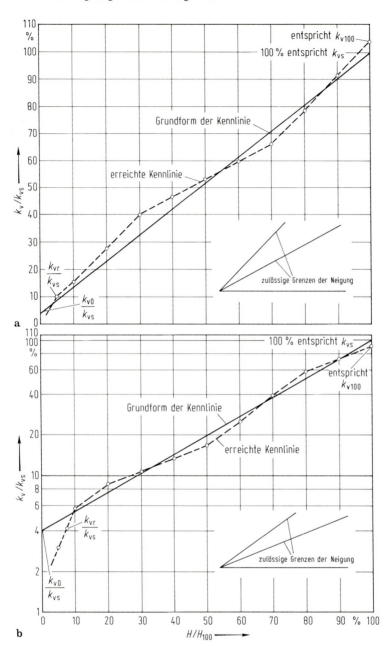

Bild K 5-2 a, b. Kennlinie von Durchgangsventilen nach VDI/VDE-Richtlinie 2173, $k_{vs}/k_{v0} = 25$.
a Lineare, **b** gleichprozentige Kennlinie

In Abhängigkeit des Ventilhubs vergrößert sich in Richtung Schließen der Widerstand, so daß eine Verringerung des Durchflusses eintritt. Ein derartiges Ventil nennt man Durchgangs- oder Einwegventil. Von diesem unterscheidet sich das Zweiwegeventil dadurch, daß es zwei Kennlinien besitzt. Mit einem derartigen Ventil kann sowohl eine Vereinigung von zwei Strömen als auch eine Verteilung auf zwei Teilströme erfolgen. Im ersten Fall wird von einem Zweigewegventil gesprochen, das als Mischventil arbeitet. Im zweiten Fall ist das Zweiwegeventil ein Verteilventil. In der Praxis wird dieses Ventil fälschlicherweise als Dreiwegeventil bezeichnet, weil es drei Anschlüsse besitzt. Beim Zweiwegeventil findet also bei dem Durchfahren des Hubbereichs für den einen Weg ein Widerstandsaufbau und für den anderen Weg ein Widerstandsabbau statt.

Da im Betrieb das Stellventil noch mit anderen Strömungswiderständen zusammengeschaltet ist, weicht infolge der mengenabhängigen Druckaufteilung die wirkliche Kennlinie, die man Betriebskennlinie nennt, von der Durchflußkennlinie des Ventils ab. Die weiteren Betrachtungen [3] werden an Hand der Kennliniengrundform durchgeführt und beziehen sich auf die einfache Darstellung gemäß Bild K 5-3, in welcher man vom konstanten Differenzdruck $\Delta P = P_1 - P_2$ ausgeht. Mit VB ist ein Verbraucher (eine Anlage oder auch nur ein Lufterhitzer bzw. Heizkörper) gemeint, welcher vom veränderlichen Volumenstrom durchflossen wird. Für den Druckabfall am Ventil gilt bei quadratischem Zusammenhang zwischen $\dot V$ und ΔP_v

$$\Delta P_v = \Delta P - (\Delta P - \Delta P_{v100})\left(\frac{\dot V}{\dot V_{100}}\right)^2 . \tag{K 5-5}$$

Wird für V und V_{100} die Definitionsgleichung für den k_v-Wert angesetzt, so ergibt sich nach einigen Umformungen die Gleichung der Betriebskennlinie

$$\frac{\dot V}{\dot V_{100}} = \frac{1}{\sqrt{1 + \dfrac{\Delta P_{v100}}{\Delta P}\left(\dfrac{k_{vs}^2}{k_v^2} - 1\right)}} . \tag{K 5-6}$$

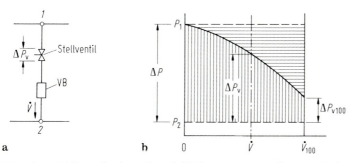

Bild 5-3 a, b. Differenzdruckverteilung bei Volumenstromveränderungen für konstanten Differenzdruck $P_1 - P_2$. ΔP_v Ventildruckabfall, ΔP_{v100} Ventildruckabfall für Nennhub, VB Verbraucher

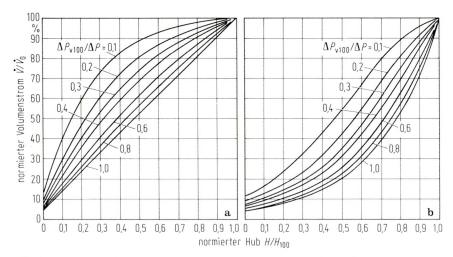

Bild K 5-4a, b. Einfluß der Ventilautorität auf die Durchflußkennlinie. **a** Lineare Grundform; **b** gleichprozentige Grundform

Bild K 5-4 zeigt die graphischen Darstellungen dieser Gleichung für die lineare (a) und die gleichprozentige (b) Grundform. Sehr deutlich ist die Kennliniendeformation und ihre Abhängigkeit vom Druckverhältnis $\Delta P_{v100}/\Delta P$, der Ventilautorität, zu erkennen. Hierdurch ändert sich das Verhältnis von maximalem zu minimalem Durchfluß, und der Übertragungsbeiwert wird vom Hub abhängig. Im Idealfall könnte man mit der gleichprozentigen Ventilkennlinie als bewußt geschaffenem nichtlinearen Glied in Form der Komplementärkennlinie die von Natur aus vor-

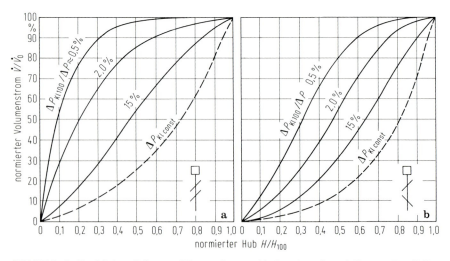

Bild K 5-5 a, b. Betriebskennlinien von Klappen für verschiedene Autoritätseinflüsse. **a** Parallelläufige Klappe; **b** gegenläufige Klappe

handene nichtlineare Kennlinie eines Wärmeaustauschers kompensieren und erhielte ein lineares Gesamtübertragungsverhalten. Dieses setzt aber voraus, daß die Ventilkennlinie wirklich als Komplementärkennlinie des Wärmeaustauschers und unter Beachtung der Ventilautorität entstanden ist. Betrachtet man die Vergrößerung des Übertragungsbeiwertes beim linearen Ventil für kleine Ventilautoritäten und vergleicht diese mit dem des gleichprozentigen Ventiles, ergeben sich trotz der Einschränkungen für die Kombination von Wärmetauschern mit gleichprozentigen Ventilen doch erhebliche Vorteile.

K 5.2.2 Stellklappen

Im Gegensatz zu den Stellventilen sind Stellklappen noch nicht vereinheitlicht. Grundsätzlich lassen sie sich hinsichtlich ihres Durchflußverhaltens in Abhängigkeit des Drehwinkels analog behandeln. Die Tendenz ihres Übertragungsverhaltens läßt sich aus Bild K 5-5 erkennen, in welchem die Betriebskennlinien für die beiden wichtigsten Klappentypen enthalten sind. Genau wie bei den Ventilen liegt hier eine starke Abhängigkeit von der Klappenautorität vor.

K 5.2.3 Fördereinrichtungen

Außer durch Veränderung der Strömungswiderstände kann auch über die Fördereinrichtungen selbst die Massenstrombeeinflussung erfolgen, indem diese als Stellglieder fungieren. So können Ventilatoren und Pumpen eine sinnvolle Doppelfunktion erfüllen. Allerdings läßt sich diese Anwendung als Alternative zum Stellventil bei mehreren dezentralen Regelkreisen aus Kostengründen kaum realisieren. Zur zentralen Veränderung von Luft- und Wasserströmen ist hiermit aber das wirtschaftlichste Verfahren gegeben.

K 6 Regeleinrichtung

K 6.1 Begriffe und Bezeichnungen

Bild K 6-1 zeigt die übliche Darstellung eines Reglers im Signalflußbild. Mit dem Übertragungsglied *1* wird der Istwert der Regelgröße gemessen und in die Größe umgeformt, die auch der Sollwerteinsteller *2* liefert. Die Vergleichsstelle ist eine Additionsstelle, deren Ausgangsgröße die Regelabweichung $x_w = x - w$ liefert. Im Glied *3* werden die für den Reglertyp charakteristischen Operationen durchgeführt (z. B. PI-Verhalten). Das Glied *4* kann ein Umformer sein, der die Ausgangsgröße des Glieds *3* auf die Größe bringt, die z. B. ein Stellventil zu seiner Betätigung benötigt. Je nach Definition oder Zweckmäßigkeit kann die Ausgangsgröße des Glieds *3* oder die eines folgenden Glieds die Stellgröße y sein. Den von ihr zu durchlaufenden Bereich nennt man Stellbereich Y_h, mittels welchem in der Regelstrecke der Regelbereich X_h bewirkt wird (sog. Stellwirkung).

578 K Regelungs- und Steuerungstechnik

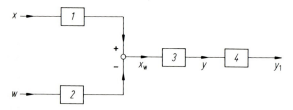

Bild K 6-1. Wirkungsmäßiger Aufbau eines Reglers. x Regelgröße, x_w Regelabweichung, w Führungsgröße, y Stellgröße, y_1 umgeformte Stellgröße

Unabhängig von den technischen Realisierungsmöglichkeiten der Regler ist ihr Übertragungsverhalten das kennzeichnende Merkmal. Die Basis für ihre Darstellung bildet das kontinuierliche analoge Übertragungsverhalten, welches bei linearem Verhalten zu den folgenden Grundtypen führt.

K 6.2 Übertragungsverhalten kontinuierlicher analoger Regler

K 6.2.1 Proportionalregler, Bild K 6-2 und K 6-3

Für diesen Regler („P-Regler") besteht zwischen Stellgröße und Regelabweichung die proportionale Beziehung

$$y = K_\text{PR} x_\text{w} \,. \tag{K 6-1}$$

Seine Kennlinie ist in Bild K 6-2 dargestellt. Die einstellbare Größe des P-Reglers bezieht sich auf die Steilheit seiner Kennlinie und wird angegeben als K_PR-Wert oder als Proportionalbereich X_P. Es gilt aufgrund der Proportionalität die einfa-

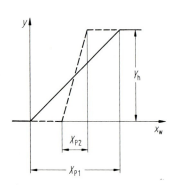

Bild K 6-2. Kennlinie eines P-Reglers. x_W Regelabweichung, y Stellgröße, Y_h Stellbereich, X_P Proportionalbereich

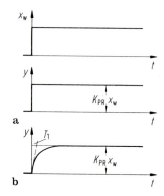

Bild K 6-3 a, b. Sprungantwort eines P-Reglers. T_1 Zeitkonstante, x_W Regelabweichung, y Stellgröße, t Zeit, K_PR Proportionalbeiwert. **a** Ohne Verzögerung; **b** mit Verzögerung 1. Ordnung

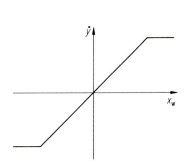
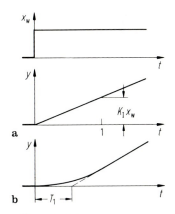

Bild K 6-4. Stellgeschwindigkeit eines I-Reglers in Abhängigkeit von der Regelabweichung

Bild K 6-5 a, b. Sprungantwort eines I-Reglers. x_W Regelabweichung, y Stellgröße, T_1 Zeitkonstante, t Zeit. **a** Ohne Verzögerung; **b** mit Verzögerung 1. Ordnung

che Beziehung: $K_p = Y_h / X_p$. Bild K 6-3 zeigt die Sprungarten für den idealen und den mit einem PT_1-Glied verzögerten P-Regler.

K 6.2.2 Integralregler, Bild K 6-4 und K 6-5

Bei diesem Reglertyp („I-Regler") herrscht Proportionalität zwischen der Stellgeschwindigkeit und der Regelabweichung

$$\dot{y} = K_{IR} x_w , \tag{K 6-2}$$

wobei der Proportionalfaktor K_{IR} die einstellbare Kenngröße des I-Reglers ist und Integrierbeiwert genannt wird. Aus seiner Gleichung folgt durch Integration die Zeitgleichung (ohne Anfangswert y_0 der Stellgröße)

$$y = K_{IR} \int x_w \, dt = K_{IR} x_w t . \tag{K 6-3}$$

Der I-Regler erreicht im Gegensatz zum P-Regler keinen Beharrungszustand; denn die Kopplung von Regelabweichung und Stellgeschwindigkeit läßt dieses nicht zu – nur für den Fall $x_w = 0$ ist dieses gegeben. Daher kann auch nur ein I-Regler bzw. ein Regler mit I-Anteil im geschlossenen Regelkreis die Regelabweichung auf Null bringen.

K 6.2.3 Proportional-Integralregler, Bild K 6-6

Die Kombination von proportionalem mit integralem Verhalten führt zum PI-Regler, dessen Gleichung die Addition beider Teile beinhaltet (ohne Anfangswert der Stellgröße)

$$y = K_{PR} x_w + K_{IR} \int x_w \, dt \tag{K 6-4}$$

$$y = K_{PR} (x_w + 1/T_n \int x_w \, dt) . \tag{K 6-5}$$

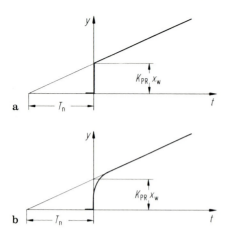

Bild K 6-6 a, b. Sprungantwort eines PI-Reglers. x_W Regelabweichung, y Stellgröße, T_1 Zeitkonstante, T_n Nachstellzeit, t Zeit, K_{PR} Proportionalbeiwert. **a** Ohne Verzögerung; **b** mit Verzögerung

Der PI-Regler reagiert auf einen Sprung der Regelabweichung derart, daß im idealen Fall der P-Anteil sofort erbracht wird, und dann der I-Anteil zu wirken beginnt. Einstellparameter sind der Proportionalbeiwert K_{PR} bzw. der P-Bereich und die Nachstellzeit T_n. Diese benötigt er, um aufgrund der Integralwirkung eine gleichgroße Stellgrößenänderung zu erbringen, wie sie durch den P-Anteil sofort erzielt wird.

K 6.2.4 Proportional-Differentialregler, Bild K 6-7

Differentialglieder werden nur in Kombination mit P- und I-Gliedern verwendet. Das Differentialglied kann nämlich allein keinen Regler bilden, da es im Beharrungszustand wegen seiner Proportionalität zwischen der Geschwindigkeit der Regelabweichung und der Stellgröße keinen konstanten Wert der Stellgröße erbringen kann. Die Parallelschaltung von einem P-Glied mit einem D-Glied ergibt einen PD-Regler mit folgender Gleichung:

$$y = K_{PR} x_w + K_{DR} \dot{x}_w \tag{K 6-6}$$

$$y = K_{PR}(x_w + T_v \dot{x}_w) \ . \tag{K 6-7}$$

Ein Sprung der Regelabweichung hätte im Idealfall einen unendlich großen Differentialquotienten zur Folge und somit eine unendlich große Stellgröße, welche in realen Systemen nicht möglich ist. Trotzdem ist das verzögerte D-Verhalten nützlich; denn es werden schon im Entstehen einer Regelabweichung Stellgrößenänderungen eingeleitet. Mit dem D-Glied beschleunigt der Regler sein Eingreifen, so daß sich die Differentialwirkung besonders bei trägen Regelstrecken positiv auswirken kann. Die Einstellgrößen sind der Proportionalbeiwert K_{PR} und die Vorhaltzeit T_v. Diese ist aus der Sprungantwort nicht zu ermitteln, sondern wird aus dem Verlauf der Stellgröße als Antwort auf einen zeitproportionalen Anstieg der

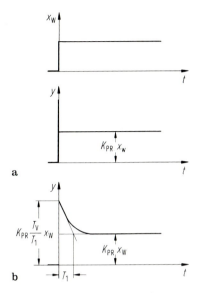

Bild K6-7 a, b. Sprungantwort eines PD-Reglers. x_W Regelabweichung, y Stellgröße, T_1 Zeitkonstante, T_V Vorhaltzeit, t Zeit, K_{PR} Proportionalbeiwert. **a** Ohne Verzögerung; **b** mit Verzögerung

Regelabweichung entnommen; danach ist sie die Zeit, die das Stellglied benötigt, um aufgrund der P-Wirkung den Weg zurückzulegen, den es infolge des D-Einflusses sofort macht.

K6.2.5 Proportional-, Integral-, Differentialregler, Bild K6-8

Die Vereinigung der drei Funktionen P, I und D führt zum PID-Regler, welcher nach folgenden Gleichungen arbeitet (ohne Anfangswert der Stellgröße):

$$y = K_{PR}x_w + K_{IR}\int x_w dt + K_{DR}\dot{x}_w \qquad (K6\text{-}8)$$

$$y = K_{PR}(x_w + 1/T_n \int x_w dt + T_v \dot{x}_w) \ . \qquad (K6\text{-}9)$$

Dieser Regler wird oft als Universalregler bezeichnet, da eine Anpassung an die unterschiedlichsten Regelstrecken möglich ist. P- und D-Anteile führen zu einer raschen Reaktion, der I-Teil zu hoher Sollwerttreue.

K6.3 Übertragungsverhalten von Mehrpunktreglern

K6.3.1 Zweipunktregler, Bild K6-9

Die Stellgröße bei einem Zweipunktregler kann nur zwei verschiedene Werte annehmen. Seine Kennlinie ist in Bild K6-9a für den Fall dargestellt, daß bei Über- oder Unterschreiten der Regelabweichung Null die Schaltzustände y_2 oder y_1 erreicht werden. Von diesem Reglertyp ist derjenige nach Bild K6-9b zu unterschei-

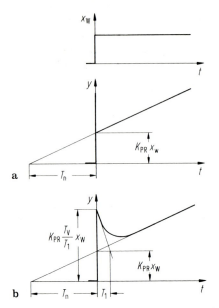

Bild K6-8a, b. Sprungantwort eines PID-Reglers. x_W Regelabweichung, y Stellgröße, T_1 Zeitkonstante, T_V Vorhaltzeit, t Zeit, K_{PR} Proportionalbeiwert. **a** Ohne Verzögerung; **b** mit Verzögerung

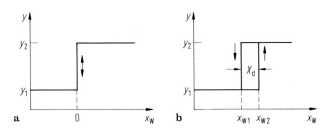

Bild K6-9a, b. Kennlinie eines Zweipunktreglers. x_W Regelabweichung, y Stellgröße, y_1, y_2 Schaltpunkte, X_d Schaltdifferenz. **a** Ohne Schaltdifferenz; **b** mit Schaltdifferenz

den. Bei diesem werden die Zustände y_1 und y_2 je nach steigendem oder fallendem Verlauf bei unterschiedlichen Werten geschaltet; X_d wird Schaltdifferenz genannt. In den meisten Fällen sind die beiden Schaltzustände Ein- und Ausschaltungen eines Stellgliedes. Neben der Verwendung als Regler sind diese Zweipunktglieder als Signalgeräte bekannt, welche Über- oder Unterschreitungen ihrer Einstellwerte als Signale weiterleiten.

K6.3.2 Dreipunktregler, Bild K6-10

Der bekannteste und wichtigste Mehrpunktregler ist der Dreipunktregler, welcher die drei Stellungen y_1, y_2 und y_3 bewirkt. Die Signallücke zwischen x_{w1} und x_{w2}

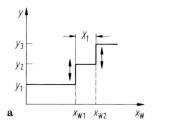 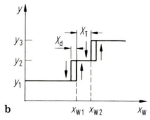

Bild K 6-10 a, b. Kennlinie eines Dreipunktreglers. x_W Regelabweichung, y Stellgröße, y_1, y_2 Schaltpunkte, X_d Schaltdifferenz, X_T Totzone. **a** Ohne Schaltdifferenz; **b** mit Schaltdifferenz

wird Totzone genannt. Bild K 6-10 zeigt seine Kennlinien, wobei in Bild K 6-10 b ein Regler mit Schaltdifferenz und in Bild K 6-10 a einer ohne Schaltdifferenz dargestellt ist. Seine häufigste Anwendung liegt in der Steuerung von Stellmotoren. Stufe y_1 bedeutet z. B. eingeschalteter Linkslauf, Stufe y_3 eingeschalteter Rechtslauf und Stufe y_2 ist dem Stillstand zugeordnet.

K 6.4 Erzeugung des Übertragungsverhaltens mit Rückführungen

Vorwiegend bestimmen Rückführungen das Verhalten der Regler. Nach Bild K 6-11 wird dem Verstärker 1 die Ausgangsgröße $K_{P2}x_a$ der Rückführung 2 mit negativem Vorzeichen zugeführt, seine Eingangsgröße ist also $x_{e1} = x_e - K_{P2}x_a$. Als Übertragungsbeiwert der Schaltung ergibt sich dann der Ausdruck

$$K_P = x_a/x_e = x_a/(x_{e1} + K_{P2}x_a) = x_a/x_{e1}/(1 + K_{P2}x_a/x_{e1}) \ . \qquad (K\,6\text{-}10)$$

Da x_a/x_{e1} der Übertragungsbeiwert des Verstärkers ist, stellt sich obiger Ausdruck in folgender Form dar:

$$K_P = K_{P1}/(1 + K_{P1}K_{P2}) = 1/(K_{P2} + 1/K_{P1}) \ . \qquad (K\,6\text{-}11)$$

Üblicherweise kann $1/K_{P1}$ gegenüber K_{P2} vernachlässigt werden, da ein hoher Übertragungsbeiwert K_{P1} vorliegt. Somit läßt sich der Übertragungsbeiwert der Schaltung in einfacher Weise über die Rückführung verändern. Ein weiterer Vorteil liegt darin, daß sich interne Veränderungen am Verstärker (z. B. Alterungserscheinungen, Temperatureinflüsse usw.) kaum in der Schaltung auswirken, da der bestimmende Einfluß der Rückführung dominiert. Liegt eine derartige Rückführung

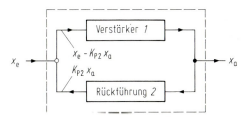

Bild K 6-11. Verstärker mit Rückführung

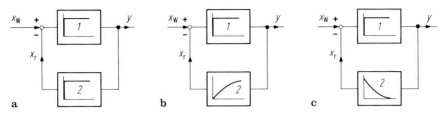

Bild K 6-12 a – c. Erzeugung des Übertragungsverhaltens durch Rückführung. **a** Starre Rückführung (P-Verhalten); **b** verzögerte Rückführung (PD-Verhalten); **c** nachgebende Rückführung (PI-Verhalten)

vor, wird von einer „starren Rückführung" gesprochen und man erhält nach Bild K 6-12a einen P-Regler. Wird nach Bild K 6-12b ein Rückführglied mit Verzögerung eingesetzt, so wird von einer „verzögerten Rückführung" gesprochen. Beim Sprung ist zu Beginn der hohe Übertragungsbeiwert voll wirksam, so daß y im ersten Moment wegen geringer Gegenkopplung einen hohen Wert besitzt, der mit wachsender Zeit abnimmt. Hiermit wird ein verzögertes PD-Verhalten erreicht. Mit einem verzögert differenzierenden Glied gemäß Bild K 6-12c im Rückführzweig erhält man ein Gesamtübertragungsverhalten des PI-Typs („nachgebende Rückführung"). Bei einer sprunghaften Änderung verhält sich das System zu Beginn wie ein P-Glied, da die Gegenkopplung ihren höchsten Wert besitzt. Dann nimmt aber die Rückführungswirkung ab, so daß die Ausgangsgröße y mit der Zeit ansteigt.

K 6.5 Regler ohne Hilfsenergie

Bei Regeleinrichtungen ohne Hilfsenergie werden die Verstellkräfte vom Meßwerk selbst geleistet, d.h. die Energie zur Betätigung des Stellglieds resultiert aus dem Soll-Istwertvergleich und wird letztendlich von der Regelstrecke gedeckt. Meistens handelt es sich um ein Kraftvergleichssystem, bei welchem die Regelgröße in eine Kraft gewandelt und mit der des Sollwertstellers verglichen wird. Diese Regler sind daher an den Stellort gebunden und i. allg. nur bei leichtgängigen Stellgliedern wegen ihrer begrenzten Verstellkräfte und bei geringen Verstellwegen anzuwenden. Da sie fast ausschließlich Regler mit P-Verhalten darstellen, ist das Spektrum ihrer Anwendung eingeschränkt. Ihr P-Bereich ist in den wenigsten Fällen einstellbar, da dieser eine konstruktionsbedingte Größe ist. Auch betriebliche Größen können diesen bestimmen, z. B. der Differenzdruck beim Thermostatventil. In die Gebäudeleittechnik sind diese Regler nicht zu integrieren, da es kaum von den Kosten her vertretbare Möglichkeiten ihrer Fernbeeinflussung gibt. Trotzdem haben sie sich berechtigterweise einen sicheren Platz erhalten. Als Wächter und Begrenzer greifen sie erst nach Überschreitung eines eingestellten Werts in die Regelstrecke ein. Als Sicherheitsventile garantieren sie einen Maximalwert, der aus Gründen der Anlagensicherheit nicht überschritten werden darf. Auch werden sie bei einfachen und in ihrem Verhalten bekannten Regelstrecken bei zeitlich selten veränderten Sollwerten mit großem Erfolg eingesetzt: als Druckregler in Reduzierstationen, Differenzdruckregler an Heizungssträngen, Kondensatregler an Wärmeübertragern.

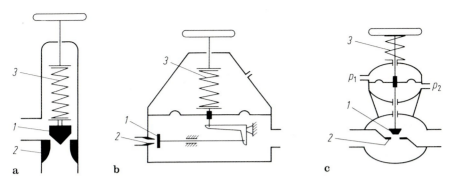

Bild K 6-13 a – c. Regler ohne Hilfsenergie. 1 Ventilstößel, 2 Ventilsitz, 3 Sollwertfeder. **a** Federbelastetes Sicherheitsventil; **b** Reduzierstation; **c** Differenzdruckregler

Bild K 6-13 zeigt drei Regler nach dem Kraftvergleichssystem, bei denen der Sollwert durch eine Federkraft vorgegeben wird. Der Istwert stellt sich als Druck dar, welcher über seine Wirkfläche in eine Kraft umgewandelt und mit der des Sollwerteinstellers verglichen wird. Der wohl am meisten verbreitete Regler ohne Hilfskraft ist das Thermostatventil, welches wegen seiner Bedeutung im Band III ausführlich behandelt wird.

K 6.6 Regeleinrichtungen mit pneumatischer Hilfsenergie

K 6.6.1 Umformsysteme

Die pneumatischen Geräte arbeiten einheitlich mit einem Überdruck im Signalbereich von 0,2 – 1,0 bar. Um eine mechanische Größe in ein pneumatisches Signal zu wandeln, werden nach Bild K 6-14 zwei Systeme angewendet: Das abblasende (a) und das nichtabblasende (b). Im ersten Fall handelt es sich um die Anordnung einer Prallplatte vor einer Düse, bei welcher die Eingangsgröße der Weg S ist. In Abhängigkeit dieses Weges stellt sich infolge der Druckaufteilung zwischen der Drossel D und dem Düse-Prallplattensystem der Steuerdruck P_S ein. Da ein stetiger Zusammenhang zwischen dem Weg S und dem Steuerdruck P_S nur bei strömender Luft existieren kann, hat dieses System einen ständigen Luftverbrauch. Im Gegensatz dazu ist das System nach Bild K 6-14b praktisch als nicht abblasend zu betrachten. Die Druckkraft F ist die Eingangsgröße, zu der sich ein entsprechender Druck P_S als Ausgangsgröße einstellt. Der Stößel dichtet die Betriebsdruckkammer (BK) gegen die Steuerdruckkammer (SK) wie auch die Steuerdruckkammer gegen die Atmosphäre ab, so daß im Ruhezustand kein Luftverbrauch stattfindet. Bei Steuerdruckaufbau (F steigt) wird die Kugel nach unten gedrückt, und es strömt Betriebsdruckluft von BK nach SK, so daß der Druck P_S steigt. Das Einströmen von Luft endet, wenn die Membrankraft infolge P_S mit der Kraft F wieder im Gleichgewicht ist. Im anderen Fall, wenn F kleiner als die Membrankraft ist, wird der Steuerdruck dadurch abgebaut, daß der Stößel St in seiner Lage bleibt und durch das Abheben der Membran die Luft aus dem Raum SK über die Öff-

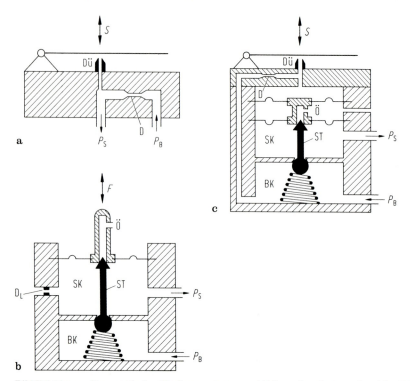

Bild K 6-14a–c. Pneumatische Umformsysteme. **a** Abblasendes System; **b** nichtabblasendes System; **c** abblasendes System mit Verstärkung. F Kraft, S Weg, D Drossel, $Dü$ Düse, ST Stößel, P_S Steuerdruck, P_B Betriebsdruck, SK Steuerdruckkammer, BK Betriebsdruckkammer, D_L Leckluftdrossel, $Ö$ Öffnung zur Atmosphäre

nung $Ö$ ins Freie entweicht. In Wirklichkeit findet auch im Ruhezustand ein geringer Luftverbrauch statt; dieser Leckluftstrom beträgt etwa 5 Nl/h. Auf diesen Wert wird er durch die Drossel D_L gebracht, welche ständig Luft aus der Steuerdruckkammer SK in die Atmosphäre strömen läßt. Dadurch wird die Hysterese vermindert. Da das Düse-Prallplattensystem nur eine begrenzte Leistungsverstärkung besitzt, wird es nach Bild K 6-14c mit dem nichtabblasenden System kombiniert.

Mittels dieser Systeme können thermische (z. B. Temperaturen über ein Bimetall) und mechanische Größen (z. B. Drücke über eine Membran) in den pneumatischen Signalbereich 0,2 – 1,0 bar umgeformt werden.

K 6.6.2 Regler

Bei den Reglern ist zu unterscheiden zwischen den Meßwerkreglern und den Einheitsreglern. Beim Meßwerkregler wird die Regelgröße als mechanische Größe (Kraft oder Weg) vorgegeben. Fühler und Regler bilden daher eine konstruktiv bedingte Einheit. Beim Einheitsregler dagegen ist die Regelgröße ein Druck im Bereich 0,2 – 1,0 bar, in den die Fühler die jeweilige mechanische Regelgröße mit den

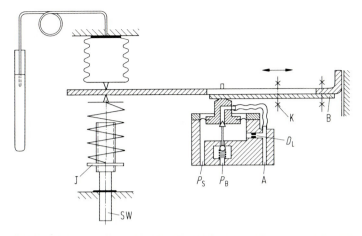

Bild K 6-15. Nicht abblasender P-Regler. *B* Blattfeder, *J* Justierung, *SW* Sollwerteinsteller, P_B Betriebsdruck, P_S Steuerdruck, *K* Klemme zur X_p-Einstellung, *A* Atmosphäre, D_L Leckluftdrossel

beschriebenen Methoden umwandeln. Diese Systeme bieten eine Reihe von Vorteilen gegenüber denen mit Meßwerkreglern: einheitliche Regler („Einheitsregler") für alle Regelgrößen (Temperatur, Druck, Feuchte usw.), zentrale Anordnung der Regler und damit zentrale Sollwerteinstellung von der Schalttafel aus, Möglichkeit der Istwertanzeige, einfach einstellbare Regelfunktion (z. B. P, PI).

Im Bild K 6-15 ist ein Temperaturregler als Meßwerkregler dargestellt. Die vom Fühler (Dampfdrucksystem) erzeugte Kraft wird mit der Federkraft des Sollwerteinstellers verglichen; bei Vorhandensein einer Differenz wird das nichtabblasende Kraftvergleichssystem betätigt. Wird am Anschluß *A* ein Druck vorgegeben, so kann dieser Regler außerdem eine Begrenzungsfunktion ausführen. Die Klemme *K* dient zur X_p-Einstellung. Man erhält einen kleinen P-Bereich, wenn das freie Ende der Blattfeder lang ist. Mit der Justiermutter *J* kann der Regler abgeglichen werden, z. B. derart, daß der Sollwert in die Mitte des P-Bereiches gelegt wird. Die Hysterese dieses Reglers beträgt bei einem Sollwertbereich 5 – 30 °C ca. 0,1 K bei größtem P-Bereich (10 K) und ca. 0,05 K bei kleinstem P-Bereich (1 K). Nach diesem Prinzip arbeiten grundsätzlich Regler, bei denen der Istwert als Kraft oder Druck vorgegeben wird. Sie sind fast ausschließlich Regler mit P-Verhalten mit der Besonderheit, daß ihr Sollwert mit einfachen Mitteln nicht fernverstellbar ist.

Bei den Einheitsreglern ist die pneumatische Kraftwaage weit verbreitet. In Bild K 6-16 handelt es sich um ein abblasendes Kraftvergleichssystem mit einem Verstärker, dessen Verstärkung $K_{P1} = P_a/P_e$ einen Wert von etwa 500 besitzt. Als P-Regler (Bild K 6-16a) ist der Verstärker mit einer starren Rückführung versehen. Liegt eine Differenz zwischen Regelgröße P_x und Sollwert P_w vor (z. B. $P_x > P_w$), so ergibt sich am Waagebalken ein rechtsdrehendes Moment, und es wird der Luftstrom durch die Ausströmdüse verringert. Demzufolge steigt auch der verstärkte Ausgangsdruck P_a, der im Sinne einer Gegenkopplung ein linksdrehendes Moment über den Balg 3 erzeugt. Die Gegenkopplungsstärke wird durch die einstell-

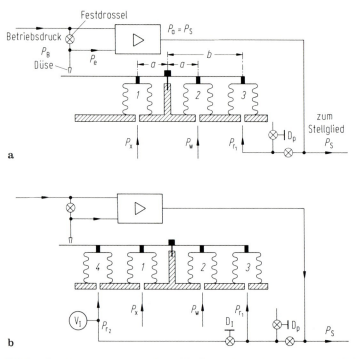

Bild K 6-16 a, b. Erzeugung von P- und PI-Verhalten bei einem pneumatischen Einheitsregler.
a P-Verhalten, starre Rückführung; **b** PI-Verhalten, starre und nachgebende Rückführung

bare Ausströmdrossel D_P bewirkt (P-Bereich). Den Übertragungsbeiwert erhält man aus der Momentengleichung zu

$$K_P = K_{P1}/(1 + b/aP_{r1}/P_S K_{P1}) \ . \tag{K 6-12}$$

Für PI-Verhalten wird die Schaltung nach Bild K 6-16b gewählt. Es ist ein weiterer Balg hinzugekommen, dessen Volumen noch durch das Zusatzvolumen V_1 erweitert wird. Beide werden über die Einstelldrossel D_I aufgeladen. Der resultierende Rückführeinfluß von P_{r1} und P_{r2} wirkt als nachgebend in dem Sinne, daß die starre Rückführung über P_{r1} allmählich abgebaut wird. Genaugenommen ist ein PIT_1-Glied entstanden. Ein PDT_1-Verhalten ergäbe sich, wenn der Balg 3 über eine Drossel aufgeladen würde. Die Hysterese eines derartigen Systems liegt bei ca. 100 Pa.

K 6.6.3 Stellantrieb

Es wird unterschieden zwischen Membran- und Kolbenantrieben. Unter den weitverbreiteten Membranantrieben ist der einfachwirkende am häufigsten anzutreffen (Bild K 6-17a). Bei ihm wirkt auf der einen Seite der Membran der steuernde Druck, während an der anderen Membranseite die Federkraft und die Spindelkraft

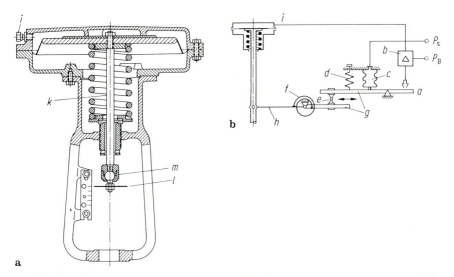

Bild K 6-17a, b. Pneumatischer Stellantrieb. a Düse-Prallplatte-System, b Verstärker, c Steuerbalg, d Nullpunktfeder, e Federbandgelenk, f Feder, g Waagebalken, h Stellungsmeldehebel, i Druckanschluß, k Antriebsstange, l Anzeigescheibe, m Kupplung

angreifen. Die Stellkraft für die Bewegung der Spindel in der einen Richtung wird vom Steuerdruck geliefert, während für die Bewegung in entgegengesetzter Richtung die gespannte Feder die Stellkraft aufbringt. Da die Stellung der Spindel infolge störender Einflußgrößen (Stoffbuchsenreibung, statisch und dynamisch wirkende Kräfte am Ventilkegel usw.) keinen exakten Zusammenhang zum Membrandruck besitzt, wird der Antrieb mit einem Stellungsregler („Stellungsrelais") versehen, der den vorgesehenen Zusammenhang zwischen Hub und Steuerdruck aufrecht erhält. Neben diesem Vorteil ist noch die Stellzeitverkürzung zu nennen; denn diese Stellungsregler besitzen eine große Volumenverstärkung und können demzufolge den Raum oberhalb der Membran schnell füllen. Des weiteren lassen sich Ansprechpunkt und Arbeitsbereich in weiten Grenzen einstellen.

Bild K 6-17b zeigt die Wirkungsweise eines abblasenden Stellungsreglers. Am Waagebalken g werden Soll- und Istwert verglichen. Der Sollwert ist der Steuerdruck P_S und der Istwert der über die Feder f umgeformte Ventilhub. Ändert sich das Gleichgewicht am Waagebalken, so wird über den Prallplattenabgriff der Verstärker b angesteuert. Dieser bewirkt dann eine Druckänderung, die die Ventilstellung entsprechend korrigiert. Mit dem Federbandgelenk e kann der Stellungsregler verschiedenen Nennhüben angepaßt werden.

K 6.7 Regler mit elektrischer Hilfsenergie

K 6.7.1 Regler mit kontinuierlichem Verhalten

Diese Regler sind in den meisten Fällen gemäß Bild K 6-18 aufgebaut und bestehen aus mehreren Baugruppen, die infolge ihres modularen Aufbaus für die unter-

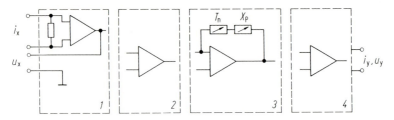

Bild K 6-18. Prinzipieller Aufbau eines kontinuierlichen Reglers. 1 Eingangsschaltung, 2 Eingangsumformer, 3 Regelverstärker, 4 Ausgangsschaltung, i_x, u_x Regelgröße, i_y, u_y Stellgröße

schiedlichsten Aufgaben geeignet sind. Mit der Eingangsschaltung *1* erfolgt die Anpassung an die Eingangssignale; es ist die Ausführung für Meßumformer dargestellt, welche die umgeformten und der Regelgröße proportionalen Strom- oder Spannungssignale aufnimmt (z. B. eingeprägter Strom 0–20 mA). Die Eingangsschaltungen sorgen auch für die Anpassung an die Sensoren (z. B. Widerstandsthermometer, die Realisierung von Kennlinien für vorgegebene Abhängigkeiten usw.). Die Erzeugung des Zeitverhaltens geschieht im Regelverstärker nach den Prinzipien gemäß Abschn. K 6.4. An den Regler sind Stellantriebe mit kontinuierlichem Eingangssignal anzuschließen. Eine Version dieses Reglers mit Einschränkung seiner Variabilität (niedrigere Kosten) existiert in der Form, daß nur ein bestimmter Typ von Widerstandsthermometern angeschlossen werden kann, die PI-Funktion nur für eine nicht veränderliche Nachstellzeit erbracht wird und der Regler nur als Festwertregler betrieben werden kann.

Des weiteren liegen Arbeitsprinzipien nach Bild K 6-19 vor. Es handelt sich dabei in Bild K 6-19a um einen elektromechanischen P-Regler. Die Regelgröße *b* wird in eine Kraft umgeformt und an einem Hebelsystem mit der durch den Sollwert vorgegebenen Federkraft *a* verglichen (z. B. Temperaturfühler als gasgefüllter Balg). Als Folge dieses Vergleichs wird über ein Potentiometer eine Brücke verstimmt und ein Dreipunktrelais *c* betätigt, das einen Stellmotor *d* einschaltet. Dieser wiederum bewegt den Schleifer eines Brückenpotentiometers *e* in der Weise, daß die Brückenverstimmung aufgehoben wird, und der Motor zum Stillstand kommt.

Sollen die statischen und dynamischen Eigenschaften verbessert werden, so verwendet man P-Regler nach Bild K 6-19b. Bei vielen derartigen Ausführungen findet in einer Brücke der Soll-Istwertvergleich statt, und die Diagonalspannung wird elektronisch verstärkt. Der Verstärker steuert ein Dreipunktrelais, das wiederum den Stellmotor in die entsprechende Richtung laufen läßt. Das vom Motor bewegte Rückführpotentiometer bewirkt dann den Brückenabgleich.

K 6.7.2 Regler mit diskontinuierlichem Verhalten

Der Regler nach Bild K 6-20 (s. S. 592) unterscheidet sich von demjenigen nach Bild K 6-18 dadurch, daß seine Regelfunktion diskontinuierlich ist. Beim Vorliegen einer Regelabweichung wird mittels des Dreipunktschalters ein Relais angesteuert, welches über den Kontakt *SK* einen Stellmotor einschaltet. Gleichzeitig wird über den Kontakt *RK* eine Spannung an das RC-Glied gelegt, welche verzögert anstei-

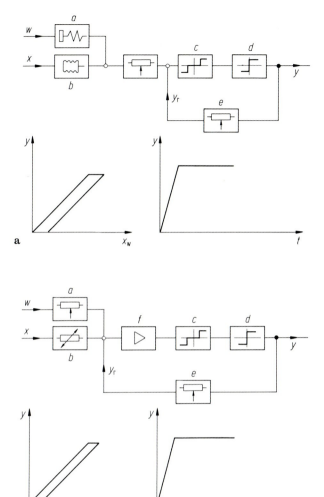

Bild K 6-19 a, b. Arbeitsprinzipien elektrischer P-Regler. **a** Elektromechanischer Regler; **b** elektronischer Regler. a Sollwerteinsteller, b Fühler für Istwert, c Dreipunktschalter, d Stellmotor, e Rückführpotentiometer, w Sollwert, x Istwert, y Stellgröße, y_r Rückführung, f Verstärker

gend der Regelabweichung am Regelverstärker entgegenwirkt und den Dreipunktschalter und somit den Motor schließlich ausschaltet. Danach wird der Kondensator über einen Widerstand (nicht dargestellt) entladen, so daß die kompensatorisch wirkende Rückführungsspannung fällt und bei Erreichen des Einschaltpunkts der Stellmotor wieder eingeschaltet wird. Der Vorgang wiederholt sich, so daß sich ein zyklisches Ein- und Ausschalten ergibt. Diese schrittschaltenden Regler sind sehr verbreitet, da sie nur einfache Stellmotoren benötigen. Die Variabilität hinsichtlich ihrer Eingangsschaltung entspricht derjenigen des kontinuierlichen Reglers.

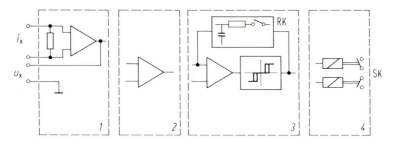

Bild K 6-20. Prinzipieller Aufbau eines diskontinuierlichen Reglers. 1 Eingangsschaltung, 2 Eingangsumformer, 3 Regelverstärker, 4 Ausgangsschaltung; i_x, u_x Regelgröße, *SK* Schaltkontakte, *RK* Rückführkontakt

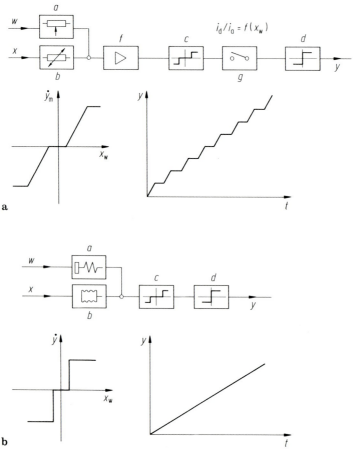

Bild K 6-21 a, b. Arbeitsprinzipien elektrischer I-Regler. **a** Elektronischer Regler; **b** elektromechanischer Regler. i_d/i_a Impulsverhältnis, *a* Sollwerteinsteller, *b* Fühler für Istwert, *c* Dreipunktschalter, *d* Stellmotor, *w* Sollwert, *x* Istwert, *y* Stellgröße, *f* Verstärker, *g* Taktgeber

Auch hier liegen vereinfachte Ausführungen vor. Bei dem Regler *a* in Bild K 6-21 findet in einer Brückenschaltung der Vergleich von Soll- und Istwiderstand statt. Beim Vorliegen einer Differenz schaltet der Regelverstärker über den Dreipunktschalter den Stellmotor ein und gleichzeitig damit ein Zeitglied, welches die Regelabweichung kompensiert und den Motor zum Stillstand bringt. Bei aufrechterhaltener Regelabweichung wird dann der Motor wieder eingeschaltet, da beim Stillstand des Motors die kompensatorische Wirkung durch Entladen des Zeitglieds aufgehoben wird. Der Vorgang wiederholt sich, so daß man am Stellmotor eine ansteigende Funktion erhält (schrittschaltender I-Regler). Eine weitere gerätetechnische Vereinfachung ist möglich, wenn das elektromechanische Prinzip nach Bild K 6-21 b realisiert wird. Bei diesem werden die Kräfte vom Sollwert- und Istwertgeber verglichen. Liegt eine Differenzkraft vor, wird über den Dreipunktschalter der Stellmotor eingeschaltet, der dann mit konstanter Geschwindigkeit läuft.

K 6.7.3 Regler mit Zweipunktverhalten

Der Zweipunktregler unterscheidet sich von den bisher betrachteten Reglern dadurch, daß sein Ausgangssignal nur zwei Zustände annehmen kann. In Bild K 6-22 handelt es sich um einen Bimetallfühler *b*, der den Kontakt *c* bei Unterschreiten

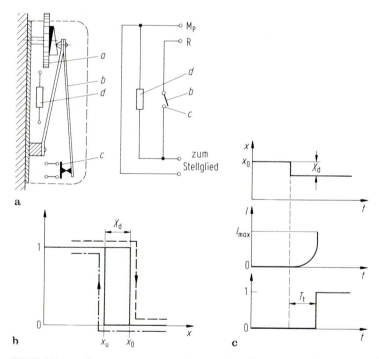

Bild K 6-22 a–c. Raumtemperatur-Zweipunktregler. *a* Sollwerteinsteller, *b* Bimetall, *c* Schaltkontakt, *d* Rückführwiderstand; x_u unterer Schaltpunkt, x_0 oberer Schaltpunkt, X_d Schaltdifferenz, *l* Weg des Bimetalls. **a** Schema; **b** Kennlinie; **c** Sprungantwort

des eingestellten Werts einschaltet und bei Überschreiten ausschaltet. Aus der Kennlinie ist ersichtlich, daß bei steigendem Verlauf der Regelgröße (gestrichelter Linienzug) nach Erreichen des Werts x_0 der Regler die Stellung 0 einnimmt, während er sich bei fallendem Verlauf (strichpunktierter Linienzug) bei Erreichen des Werts x_u im eingeschalteten Zustand 1 befindet. Die Differenz $X_d = x_0 - x_u$ nennt man Schaltdifferenz. Sie wird hier durch einen nicht dargestellten Dauermagneten realisiert. Das dynamische Verhalten ist aus Bild K 6-22c zu ersehen. Bei einem Sprung der Regelgröße um den Betrag X_d wird der Bimetallstreifen langsam folgen (Weg *l*), bis er den kritischen Abstand erreicht hat, um schlagartig vom Dauermagneten angezogen zu werden. Bis zur Schaltung vergeht eine Totzeit. Sehr viele Temperaturregler arbeiten mit einer thermischen Rückführung. Bei diesem Beispiel handelt es sich um einen elektrischen Widerstand, der mit dem Schalten des Stellglieds (Einschalten einer Wärmequelle) aufgeheizt wird und dem Bimetallstreifen Wärme zuführt. Die Rückführheizleistung ist sehr stark von der Ausführungsart abhängig und richtet sich auch nach dem dynamischen Verhalten der Regelstrecke. Infolge der durch die thermische Rückführung zugeführten Wärme erreicht der Regler schneller seinen Ausschaltpunkt. Da die Erwärmung des Bimetalls nicht durch die Raumtemperatur erfolgt ist, wird es sich wieder schnell abkühlen und den Einschaltpunkt erreichen. Somit beginnt der Zyklus wieder. Im Quasibeharrungszustand wird der Regelstrecke die gleiche Energie mit Rückführung als auch ohne diese zugeführt, allerdings ist die Schaltfrequenz größer und damit werden die Schwankungswerte bei Anwendung der thermischen Rückführung kleiner.

K 6.7.4 Motorischer Stellantrieb

Wirkungsmäßig unterscheiden sich die elektrischen von den pneumatischen Stellantrieben dadurch, daß sie wegen des Motorantriebs von Natur aus ein integrales oder integralähnliches Verhalten besitzen. Es werden bei ihnen drei Funktionseinheiten unterschieden: Elektrischer Antrieb, Getriebe und elektromechanischer Steuerteil. Angesteuert werden sie über einen Dreipunktschalter mit den Schaltzuständen: Linkslauf, Halt, Rechtslauf. Die Regler nach Bild K 6-20 und K 6-21 arbeiten mit den Antrieben dieser Funktion (ohne Rückmeldung der Stellung an den Regler). Soll dagegen eine kontinuierliche Verstellung erreicht werden, so sind derartige Antriebe als Proportionalüberträger herzurichten. Dieses wird dadurch erreicht, daß man den Antrieb mit einer Stellungsregelung derart versieht, daß ein Regler über eine Wegmessung den Motor betätigt und somit proportional zur Eingangsgröße nachführt. Der Regler nach Bild K 6-18 benötigt zu seiner kontinuierlichen Arbeitsweise einen solchen Antrieb. Eine proportionale Verstellung kann mit derartigen motorischen Antrieben auch erreicht werden, wenn der Stellweg mittels eines Widerstandsferngebers in die als Vergleicher fungierende Brückenschaltung gegeben wird. Die Regler in Bild K 6-19 arbeiten nach diesem Prinzip. Nachteilig bei diesem Antrieb ist, daß sie ohne besondere Vorkehrungen keine Sicherheitsendstellung ähnlich der des pneumatischen Antriebs erreichen.

K7 Digitale Verfahren

Seit ca. 1980 haben in der Heizungs- und Klimatechnik mikroprozessorgesteuerte Regel- und Steuerungssysteme Einzug gehalten. Bei diesen Systemen wird die festverdrahtete Schaltungen enthaltende Analogtechnik durch programmierbare Schaltungen ersetzt. Mittels dieser Programmierbarkeit können ohne notwendige Neuverkabelungen jederzeit Strukturen geändert werden. Der Einsatz dieser Systeme hatte sich erst wirtschaftlich gelohnt, nachdem der Mikroprozessor als Massenprodukt gefertigt werden konnte, und dieser sich als universal einsetzbar erwies. Der Mikroprozessor ist in der Lage, mit Speicherbausteinen und weiteren elektronischen Komponenten sowie mit einer entsprechenden Programmierung u. a. sämtliche Aufgaben zu erfüllen, die eine konventionelle Steuer- und Regelungstechnik leisten kann. Darüber hinaus liegt seine eigentliche Stärke in der Fähigkeit, rechnen und entscheiden zu können.

K7.1 Begriffe zum Mikroprozessor

Der Mikroprozessor als das Herzstück jedes Mikrocomputers bildet die Zentraleinheit, die sog. CPU (Central Processing Unit), in welcher die im Programm festgelegten Befehle abgearbeitet, die Systemkomponenten koordiniert werden und der Systemtakt aufgeprägt wird. Sämtliche Systemkomponenten sind über eine Sammelleitung, einen sog. BUS, miteinander verbunden. Eine der wichtigsten Systemkomponenten ist der Speicher, der sich in einen Arbeits- und einen Programmspeicher unterteilen läßt. Im Arbeitsspeicher werden variable Daten, wie z. B. Zwischenergebnisse, Sollwerte, Schaltzeiten und ähnliches gespeichert. Er ist ein Schreib-Lese-Speicher, auch RAM (Random Access Memory) genannt, der meistens mittels einer Batterie geschützt wird, da er andernfalls bei Netzausfall sämtliche Daten verlieren würde. Der Programmspeicher, in dem die Programmbefehle gespeichert werden, ist entweder vom Hersteller in einem nur lesbaren Speicher, einem sog. ROM (Read Only Memory) fest einprogrammiert worden, oder kann vom Anwender selbst in sog. PROM (Programmable Read Only Memory), EPROM (Erasable Programmable Read Only Memory) oder EEPROM (Elektrical Eraseble Programmable Read Only Memory) programmiert werden. Bei Spannungsausfall behalten diese Speicherbausteine ihren Inhalt; es können das EPROM durch UV-Licht und das EEPROM elektrisch gelöscht und danach wieder neu beschrieben werden. Das EEPROM verbindet die Vorteile der ROM- und der RAM-Bausteine. Der Mikroprozessor kann ohne die Peripheriegeräte seine Arbeit nicht verrichten. Peripheriegeräte sind: Tastaturen, Monitore, Drucker, Plotter, Massenspeicher, Analog/Digital-Wandler, Sensoren, Stellglieder usw. Die Programme und Dateninformationen, die in einem Mikrocomputer bearbeitet werden, liegen in digitaler Form vor. Diese Informationen setzen sich aus Sequenzen von Bitfolgen zusammen, wobei ein Bit (Binary Digit) nur zwei Zustandsformen kennt: entweder liegt eine Spannung an oder nicht. Eine bestimmte Anzahl von Bits setzt man zu einem Wort zusammen: ist eine Wortlänge von 4 Bit festgelegt, so hat man

16 verschiedene Wortkombinationen (2^4). Bei einer Verdoppelung der Wortlänge auf 8 Bit (= 1 Byte) sind schon 256 verschiedene Kombinationsmöglichkeiten (2^8) vorhanden. Werden den verschiedenen Bitmustern nicht nur die Zahlen von Null bis Neun zugewiesen, sondern auch noch das Alphabet, so können alphanumerische Informationen in Bitmustern festgelegt werden; 1024 solcher alphanumerischer Zeichen (2^{10}) werden als 1 kB (1 k Byte) bezeichnet. Die Arbeitsgeschwindigkeit hängt einerseits vom Systemtakt, der Wortlänge des Mikroprozessors sowie von der Möglichkeit der parallelen Arbeitsweise mehrerer Prozessoren und andererseits von der Programmiersprache und vom Programmierstil ab. Bei zeitkritischen Programmteilen werden die besten Erfolge mit der direkten Maschinensprache (Assembler) erzielt. Um einiges komfortabler, aber auf Kosten der Geschwindigkeit, kann mit den sog. Hochsprachen gearbeitet werden, die es dem Programmierer ermöglichen, Programme in einem leichter verständlichen Text niederzuschreiben. Für die mit der Mikroelektronik durchgeführten digitalen Verfahren existieren grundsätzlich die beiden Anwendungsgebiete: Regelungs- und Steuerungstechnik sowie Gebäudeleittechnik. Während bei der Analogtechnik eine strenge Trennung zwischen beiden vorliegt, gilt dieses bei Anwendung der Mikroelektronik nicht.

K 7.2 Direkte digitale Regelung

Übernimmt ein Mikrocomputer Aufgaben der Regelung, wird von DDC-Technik (Direct Digital Control) gesprochen, die häufig weniger präzise als DDC-Regelung oder kurz DDC bezeichnet wird. Bei einer DDC-Anlage werden die Regelstrukturen durch mathematische Gleichungen dargestellt (Regelalgorithmen) und in der Rechnereinheit abgearbeitet. Die Regelgrößen werden entweder direkt aus digitalen Eingangssignalen oder mit Hilfe von Analog-Digitalwandlern (A/D-Wandler) der DDC als Istwerte zur Verfügung gestellt. Aus Kostengründen werden meistens mehrere Analogeingänge über einen Multiplexer auf einen A/D-Wandler geschaltet. Die Ausgangsgrößen zu den Stellgliedern können ebenfalls in analoger oder digitaler Form vorliegen, wobei das Ausgangssignal bei einem kontinuierlichen Stellglied immer anliegen muß. Dies wird dadurch erreicht, daß man jedem Ausgangssignal einen D/A-Wandler zur Verfügung stellt oder eine Spannungshalteschaltung dem Ausgang nachschaltet. Die Programmierung der DDC erfolgt in zwei Schritten. Der Hersteller stellt dem Betreiber ein sog. Betriebssystem zur Verfügung, welches das gesamte Rechnermanagement enthält. Der Anlagenbetreiber benutzt dieses, um seine Anlagenspezifikationen entweder durch eine Programmiersprache oder eine tabellarische Darstellungsform in den Programmspeicher einzugeben. Dazu gehören z.B. die nachstehend genannten Größen und Parameter. Für den Fühler handelt es sich um seine Kalibrierungsdaten und die Zuweisung als Führungs- oder Regelfühler. Beim Regler sind es die Sollwerte, Grenzwerte, Regelparameter (P-, I-, D-Anteil) und die Festlegung des Ausgangskanals zu seinem Stellglied. Bezüglich des Stellantriebs ist sein Verhalten (diskretes oder kontinuierliches) festzulegen. Im Betriebssystem können nicht nur die klassischen Regelalgorithmen, sondern auch noch adaptierende und optimierende Algorithmen implantiert werden. Die Aufgabe adaptiver Regelalgorithmen liegt darin, die Reglerparameter an die aktuellen Streckenparameter anzupassen. Dadurch kann die Einregulierungsphase während der Inbetriebnahme stark verkürzt werden, und zu den verschiedenen Betriebspunkten ist ein stabiles Regelverhalten zu erwarten. Auch besteht bei Heizungsreglern die Möglichkeit, die Heizkennlinie automatisch zu ermitteln. Optimierende Algorithmen haben die Aufgabe, eine Anlage so zu betreiben, daß z. B. minimaler Energieverbrauch oder minimale Betriebskosten erzielt werden, ohne daß während der Nutzungszeiten „Behaglichkeitsverluste" eintreten.

K 7.3 Hierarchischer Aufbau

Die DDC-Prozeßautomatisierung bietet die bedeutsame Möglichkeit, fast beliebig komplexe Automatisierungssysteme überschaubar gegliedert und geordnet nach Hierarchiestufen aufzubauen, wie dies in Bild K 7-1 dargestellt ist. Das Hauptkennzeichen der DDC-Automation besteht darin, daß eine intelligente Werteaufbereitung nicht erst in der Zentrale stattfindet, sondern auf „intelligente Unterstationen" verteilt wird. In diesen sind sämtliche Automatisierungsfunktionen wie Regeln, Steuern, Überwachen, Rechnen usw. eines jeweiligen Teilprozesses zusammengefaßt. Dies bedeutet, daß die Software genau auf diesen Teilprozeß zugeschnitten ist, während die Software der Zentrale z. B. nur noch aus Optimierungsfunktionen bestehen kann. Die intelligenten Unterstationen sind als vollkommen autarke Automatisierungseinheiten anzusehen. Sie besitzen eine Eigenüberwachung, die bei Störung der Zentrale ihre Funktionen vorübergehend überträgt. Umgekehrt kann aber auch bei einem Ausfall der Zentrale die Unterstation ihren Betrieb aufrecht erhalten.

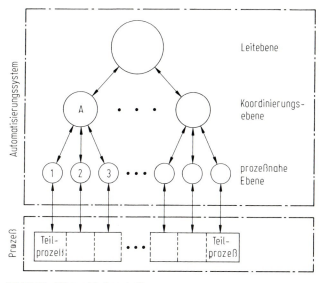

Bild K 7-1. Hierarchischer Aufbau

Das Beispiel zeigt eine dreistufige Hierarchie. In den dezentralen DDC-Automatisierungssystemen ist vielfach die Intelligenz der Unterstationen ausreichend, um die prozeßnahe Ebene und die Koordinierungsebene zu einer zusammenzufassen. Eine hierarchische Gliederung hat die folgenden wesentlichen Vorteile. Bei niedrigen Anforderungen an die Automatisierung sind durch Weglassen der höheren Hierarchieebenen preisgünstige Lösungen mit niedrigerem Automatisierungsgrad möglich. Bei gewünschter oder nachträglich erforderlicher höherer Automatisierung kann ein bestehendes System relativ einfach nachgerüstet werden. Hohe strukturelle Zuverlässigkeit des Automatisierungssystems wird durch autarke, den Teilprozessen zugeordnete intelligente Unterstationen erreicht. Kennzeichnend für ein hierarchisches Automatisierungssystem ist, daß in Richtung höherer Hierarchieebenen eine Informationsverdichtung stattfindet.

K 7.4 Vernetzung

Sollen mehrere DDC-Unterstationen miteinander kommunizieren und/oder von einer Zentralstelle koordiniert werden, müssen diese Einheiten in geeigneter Form miteinander vernetzt werden. Zu diesem Zweck existieren nach Bild K 7-2 die drei Topologien: Stern, Ring und Bus. Die älteste Anordnung stellt die sternförmige dar, bei welcher die Einheiten über eine eigene Datenleitung mit der Zentrale (Server) verknüpft sind. Diese Möglichkeit bietet folgende Vorteile. Einfache Softwarearchitektur, keine umfangreichen Programmänderungen beim Erweitern des Systems, keine Station hat direkten Zugriff auf die Datenleitung einer anderen und beim Ausfall einer Station ist das restliche System noch funktionsfähig. Als Nachteile gelten die Kabelkosten bei weit entfernten Stationen, der eingeschränkte Echtzeitbetrieb und die nur auf dem Server lastende Betriebssicherheit. Bei einem Ring besitzt jede Einheit einen Datenein- und Datenausgang, durch den der Datensatz solange von einer Einheit zur nächsten weitergegeben wird, bis der gewünschte Empfänger erreicht ist. Der Ring hat folgende Vorteile. Die Anforderungen an die Software sind gering, der Verkabelungsaufwand ist geringer als bei der Sterntopologie, er eignet sich für die Echtzeitanwendung (es läßt sich vorausbestimmen, wann die Nachricht beim Empfänger landet). Bei der Bus-Topologie sind sämtliche Einheiten mit einer einzigen Datenleitung zusammengeschlossen. Als Vorteile gelten: Minimaler Verkabelungsaufwand, einfache Erweiterung des Systems, keine

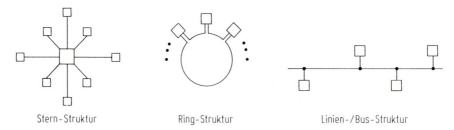

Bild K 7-2. Topologien der Netzwerke

Beeinflussung beim Ausfall einer Einheit. Als Nachteil ist ein eingeschränktes Echtzeitverhalten zu nennen.

Es ist verständlich, daß jeder DDC-Hersteller seine eigenen Entwicklungsideen in seinem Produkt realisiert hat, und somit verschiedene Prinzipien in der Hard- und Software existieren. Die Verschiedenheiten liegen zum einen in der Hard- und Softwarestruktur und zum anderen in deren Ausführungen. Es ist somit nicht möglich zwei verschiedene DDC-Konzepte miteinander zu koppeln. Der Projektant muß sich also für ein System entscheiden und hat nicht die Wahl der freien Kombinierbarkeit, es liegt kein sog. offenes System vor.

Im Zuge einer Vereinheitlichung von Hard- und Softwareprinzipien sind zwei verschiedene Konzepte entwickelt worden, an die sich einige DDC-Hersteller gebunden fühlen. Das eine Konzept ist der sog. FND-Bus (Firmenneutrales Datenübertragungsprotokoll), der als Vornorm DIN V 32735 festgelegt ist. Das andere Konzept besteht im sog. PROFIBUS, der ebenfalls in einer Norm (DIN 19245 PROFIBUS Process Field Bus) fixiert ist. Die Aufgabe, die das FND erfüllen soll, ist die Verbindung zwischen einer Leitzentrale eines Herstellers mit in sich abgeschlossenen DDC-Systemen eines anderen Fabrikats. Dagegen stellt das Konzept des PROFIBUS eine Schnittstelle dar, die universaler einsetzbar ist als das FND. Ihr Einsatzbereich erstreckt sich auf Sensoren, Stellglieder, DDC-Stationen, Unterzentralen bis hoch zur Leitzentrale.

K 8 Bewertung der Hilfsenergie

K 8.1 Elektrische Hilfsenergie

Die elektrische Hilfsenergie ist praktisch überall vorhanden. Viele Regelgrößen fallen bereits als elektrische Größen an, so daß man sich eine Umformung sparen kann. Im Gegensatz zur pneumatischen Hilfsenergie liegen auch Sensoren in kleineren Abmessungen vor, welche sich den unterschiedlichsten Meßaufgaben besser anpassen lassen. Die Überbrückung großer Entfernungen geschieht bei unverzögerter Signalübertragung und kann freizügiger als bei der pneumatischen Hilfsenergie erfolgen. Bei den Reglern sind zusätzliche Einflußgrößen (z. B. Einstellung von Schwellenwerten) einfach zu realisieren, und bestimmte Zusammenhänge (z. B. Kennlinien) können einstellbar vorgegeben werden. Viele Sensoren liegen in einer Form vor, welche geringe Anzeigeverzögerungen ermöglichen. Durch Anwendung der Mikroprozessortechnik ergeben sich völlig neue Strukturen: Bus-System, Vernetzungsmöglichkeit, Fehlererkennung, hierarchischer Aufbau, Adaption der Regelparameter, Optimierungsstrategien u. v. m.

K 8.2 Pneumatische Hilfsenergie

Die pneumatische Hilfsenergie wird durchgängig mittels elektrisch betriebener Kompressoren erzeugt und soll öl- und wasserfrei den pneumatischen Geräten ständig zur Verfügung stehen. Die Übertragungsglieder arbeiten mit dem Signalbereich 0,2–1,0 bar, wobei sich der Nullpunkt von 0,2 bar deutlich vom Zustand des Betriebsdruckluftausfalls unterscheidet. Die Geräte sind von Natur aus eigensicher, so daß keine besonderen Vorkehrungen zur Explosionssicherheit zu treffen sind. Wegen ihres einfachen mechanischen Aufbaus sind sie hochgradig betriebssicher. Die Stellantriebe besitzen zum Durchfahren des Stellbereichs eine Stellzeit von ca. 3 Sekunden. Beim Ausfall der Hilfsenergie ist es für die Stellantriebe einfach, den gefahrlosen Zustand durch festgelegte Sicherheitsendstellungen zu erreichen (z.B. Verhinderung des Einfrierens von Erhitzern).

Da das Bus-Prinzip im Bereich der Pneumatik nicht angewendet werden kann, ist die Verbreitung pneumatischer Sensoren und Regler rückläufig. Auch sind Optimier- und Adaptionsvorgänge mit pneumatischen Reglern nicht möglich, da dazu ständig aufwendige Berechnungen notwendig sind, die nur der Mikroprozessor leisten kann. Da aber die oben aufgeführten Vorteile pneumatischer Stellantriebe für sich sprechen, wird dieser Antrieb noch in stärkerem Maße als der elektrische bei den DDC-Systemen angewendet.

K9 Der Regelkreis mit stetigen Reglern

K9.1 Verhalten des Regelkreises

An einen Regelkreis stellt man, abgesehen von anwendungsspezifischen, technologischen und kostenmäßigen Ansprüchen, drei regelungstechnische Mindestforderungen: Stabilität muß vorhanden sein, nach einer Veränderung hat sich für die Regelgröße ein bestimmtes Übergangsverhalten einzustellen und die bleibende Regelabweichung muß im Bereich vorgegebener Toleranzen liegen.

Ein Regelkreis ist stabil, wenn bei konstanten Störgrößen die Regelgröße keine Änderung erfährt, mit anderen Worten der Regelkreis befindet sich im Gleichgewichtszustand. Wenn der Regelkreis nur aus linearen Übertragungsgliedern besteht, hängt die Stabilität ausschl. von seiner Struktur und nicht von den Störgrößen ab. Man findet dann, entsprechend den Eigenschaften der Regelstrecke, jene Einstellwerte für den Regler, die im gesamten Wertebereich der Regelgröße für Stabilität sorgen. Dagegen kann in Regelkreisen mit nichtlinearen Gliedern bei einem bestimmten Störzustand durchaus ein Gleichgewicht erreicht sein, welches sich aber bei einem anderen Störzustand nicht hält. Es sind Dauerschwingungen möglich. Wenn dann der Störzustand auf seinen ursprünglichen Wert zurückgeht, kann durchaus wieder ein stabiles Verhalten erreicht sein. Ähnliche Vorgänge können auch eintreten, wenn der Sollwert verändert wird; denn dadurch besteht ebenfalls die Möglichkeit der arbeitspunktabhängigen Instabilität.

Hinsichtlich des Übertragungsverhaltens des Regelkreises unterscheidet man zwischen seinem Stör- und seinem Führungsverhalten. Im ersten Fall wird das Verhalten der Regelgröße unter dem Einfluß der Störgrößen und im zweiten Fall unter demjenigen der Führungsgröße (Sollwertveränderung) betrachtet. Hinsichtlich des

Störverhaltens ist die Antwort auf die von außen wirkenden Störgrößen in einer Regelstrecke mit mehreren Verzögerungsgliedern je nach ihrem Angriffspunkt unterschiedlich, so daß sich jeweils ein anderer Verlauf der Regelgröße einstellt. Die Störgröße am Eingang der Regelstrecke und diejenige an ihrem Ausgang stellen die beiden Grenzfälle für die Auswirkungen am Meßort dar. Im ersten Fall wird ihre Wirkung infolge des Durchlaufens der weiteren Verzögerungsglieder abgeflacht, so daß die Eingangsgröße für den Regler nur langsam ansteigt. Im anderen Fall wird sie sich auf den Sensor des Reglers in voller Größe auswirken und zur größten Abweichung führen. Diese Störgrößenwirkung ist fast gleichbedeutend mit einem am Regler vorgenommenen Sollwertsprung. Die Wirkung des die Störgrößen bekämpfenden Reglers ist in einem derartigen Fall immer verzögert, da sein Stellsignal die gleiche verzögernde Wirkung wie die Störgröße am Eingang der Regelstrecke besitzt. Einerseits ist also die dämpfende Wirkung durch die Verzögerungsglieder positiv zu sehen, andererseits muß sie als negativ betrachtet werden, wenn es um die Durchsetzung des Stellsignals geht. Bild K 9-1 zeigt die Verhältnisse [4] qualitativ sehr anschaulich. Der Regler ist für die Störgröße Z_1 am Anfang der Regelstrecke optimiert worden, die Störgrößen ändern sich jeweils um den gleichen Betrag. Es ist erkennbar, daß mit Verlegung der Angriffspunkte zum Ausgang der Regelstrecke das Regelergebnis hinsichtlich Amplitude und Dämpfung ungünstiger wird.

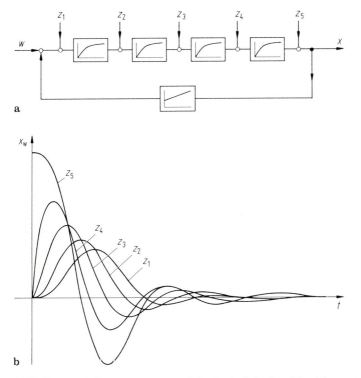

Bild K 9-1 a, b. Einfluß des Störortes auf den Verlauf der Regelabweichung nach [4]. **a** Angriffspunkte der Störgrößen; **b** Verlauf bei sprungförmiger Änderung der Störgrößen

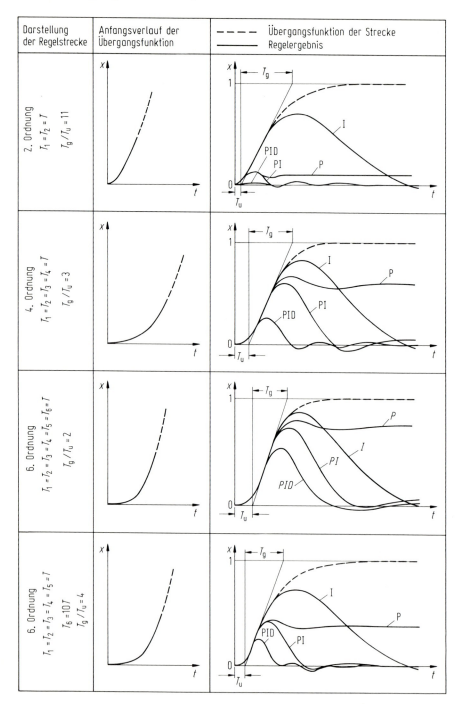

Bild K 9-2. Verlauf der Regelabweichung bei Regelstrecken unterschiedlicher Ordnung und jeweils optimierten Reglern, nach [5]

Neben dem Einfluß durch den Störort hängt der Regelerfolg vom Grad der Verzögerung ab, d. h. von der Gestalt der Übergangsfunktion. In Bild K 9-2 sind vier Regelstrecken dargestellt (2. bis 6. Ordnung), die sich differierend verhalten [5]. Ihr gravierender Unterschied liegt im Anfangsteil der Übergangsfunktion, der u. a. durch das bekannte Verhältnis T_g/T_u charakterisiert wird. An diese Regelstrecken sind jeweils optimierte Regler gesetzt, welche aufgrund ihrer unterschiedlichen Arbeitsweise (P, I, usw.) auch erheblich variierende Reglerergebnisse bewirken. Der P-Regler ist am Ende nur verwendbar, wenn es sich um eine „harmlose" Regelstrecke mit einem Verhältnis $T_g/T_u \approx 10$ handelt. Der I-Regler ist bei diesen Strecken kaum einsetzbar, da die vorübergehende Regelabweichung zu groß ist. Dem PI-Regler kann ein breites Anwendungsfeld bescheinigt werden, obwohl mit fallendem Verhältnis T_g/T_u seine Ergebnisse schlechter werden. Die Verbesserung durch Hinzunahme des D-Anteils ist durchgängig zu erkennen. Bei den Bildern ist sowohl die Amplitude als auch die Zeit zu berücksichtigen. Danach zeigt sich deutlich die positive Wirkung des D-Anteils, wenn in einer Regelstrecke eine Zeitkonstante dominiert ($T_6 = 10\,T$).

Eine weitere Abhängigkeit des Regelgrößenverlaufs ist durch den zeitlichen Verlauf der Störgrößen gegeben, für welche bisher nur der sprungförmige betrachtet worden ist. Die Störungen besitzen in den meisten Fällen ein breites Spektrum. Im Vergleich zur Ausregelzeit können sie langsam verlaufen, sie können impulsförmiges Verhalten besitzen und sich auch als Schwingungen infolge vorgeschalteter Regelkreise (Zweipunktregelungen oder instabiles Verhalten) zeigen. Im Fall langsamer Störgrößenverläufe erhält man nach den Einstellregeln gemäß Abschn. K 9.3.2 einen akzeptablen Regelabweichungsverlauf. Dagegen führen diese Einstellwerte zu starken Überschwingungen, wenn Störimpulse auftreten, so daß in diesem Fall eine „schwächere" Reglereinstellung die Lösung wäre. Derartige Berücksichtigungen können aber nur zum Ziel führen, wenn die Störprofile bekannt sind. Die Erfahrungen aus der Praxis sind so zu interpretieren, daß die optimierte Reglerparametrierung nach den Einstellregeln gemäß Abschn. K 9.3.2 für die meisten Anwendungsfälle einen akzeptablen Mittelwert beinhalten.

K 9.2 Stabilität des Regelkreises

Da der Regelkreis ein schwingungsfähiges Gebilde darstellt, bedeutet seine Stabilität, daß sich in ihm keine Dauerschwingungen oder gar aufklingende Schwingungen ausbilden. In der Praxis sind aufklingende Schwingungen nur soweit möglich, wie es die Endanschläge der Stellglieder durch ihre begrenzende Wirkung zulassen, so daß sich eine Schwingung mit anwachsender Amplitude nur beim Einsetzen der Schwingung einstellt. Der Stabilität wird in der Regelungstechnik ein breiter Raum gewidmet, und ihre Behandlung ist notwendigerweise sehr theoretisch. An dieser Stelle sollen für die beiden wichtigsten Regler, den P- und den PI-Regler, zur angenäherten Abschätzung der Stabilität die Einflußgrößen behandelt werden. Wesentliche Größe ist die Kreisverstärkung V_0, welche multiplikativ aus den Übertragungsbeiwerten von Regler und Regelstrecke gebildet wird: $V_0 = K_{PR} K_{PS}$. Sie wird auch Verstärkung des aufgeschnittenen Regelkreises genannt. Im Fall des linearen Verhaltens ist V_0 eine amplitudenunabhängige Größe und somit für die folgenden

Stabilitätsdiagramme eine Konstante. Liegt dagegen eine von der Geraden abweichende Kennlinie der Regelstrecke vor, ist für K_{PS} der größte Wert zugrundezulegen. Bei vorgegebenem Regelstreckenverhalten ist V_0 durch die Einstellung von K_{PR} am Regler veränderbar.

Für einen P-Regler existiert das auf analytischem Weg gewonnene Bild K 9-3, welches die Verstärkung V_0 in Abhängigkeit des Quotienten T_t/T_1 darstellt [6]. Die Regelstrecke ist durch ein PT_1/T_t-Glied approximiert, genaugenommen ist darin auch das verzögerte Anzeigeverhalten des Sensors der Regeleinrichtung enthalten. Das Bild stellt drei Bereiche dar. Bei vorgegebenen Zeitverhältnissen kann ein aperiodischer Einstellvorgang erreicht werden, man kann ein gedämpftes Einschwingen erhalten und es existiert das instabile Gebiet. Da aber ein P-Regler aufgrund seiner starren Kopplung zwischen Regel- und Stellgröße die Regelabweichung nicht auf Null fahren kann, bleibt im stationären Zustand immer eine Abweichung übrig. Ihr Wert hängt vom Regelfaktor R ab, welcher das Verhältnis der Abweichung mit Regler zur Abweichung ohne Regler darstellt. Dieser Regelfaktor ist eine Funktion der Kreisverstärkung V_0: $R = 1/(1+V_0)$. Um die statische Genauigkeit des Regelkreises zu erhöhen, muß die Kreisverstärkung groß gewählt werden, wobei aber nach Bild K 9-3 durch die Stabilitätsgrenze eine Einschränkung des Wertebereichs für V_0 gegeben ist.

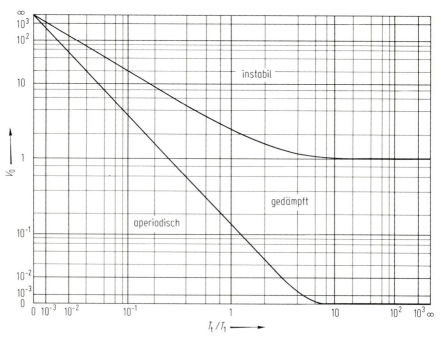

Bild K 9-3. Stabilitätsdiagramm für P-Regler und approximierte Regelstrecke T_t/T_1 nach [6]. T_t Totzeit, V_0 Kreisverstärkung; T_1 Zeitkonstante

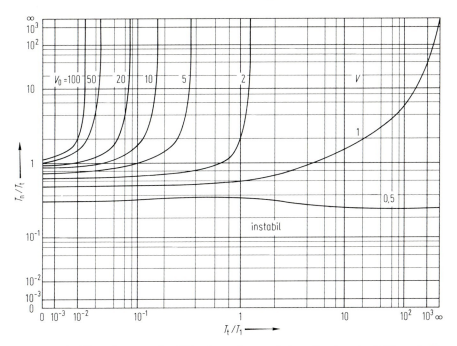

Bild K 9-4. Stabilitätsdiagramm für PI-Regler und approximierte Regelstrecke T_t/T_1 nach [7]. T_t Totzeit, T_n Nachstellzeit, T_1 Zeitkonstante, V_0 Kreisverstärkung

Bild K 9-4 informiert analog über die Stabilitätsverhältnisse für einen PI-Regler [7] bei denselben Regelstreckenwerten (T_t/T_1), allerdings sind aus Gründen der Übersichtlichkeit die Aperiodizitätslinien in ihm nicht enthalten. Für acht Kreisverstärkungen V_0 ist die jeweilige Stabilitätsgrenze dargestellt. Die rechts und unterhalb von ihr liegenden Wertekombinationen führen zu instabilen Verläufen. Oberhalb und links davon gelangt man dagegen zu gedämpften Schwingungen.

Die beiden Stabilitätsdiagramme bilden auch die Grundlage für weitergehende Entscheidungen. Schon im Planungszustand möchte man wissen, ob der Aufbau eines einfachen Regelkreises ausreichend ist oder ob auf eine Kaskadenregelung zurückgegriffen werden muß; denn bei dieser zeigt sich als erheblicher Vorteil die Konstanz der Regelkreisverstärkung V_0 für den Führungsregler.

K 9.3 Reglereinstellung

K 9.3.1 Güte der Regelung

Um die Leistung eines Reglers im geschlossenen Regelkreis beurteilen zu können, ist der Regelabweichungsverlauf zu betrachten und nach Höhe der Abweichung und Dauer des Regelvorgangs zu beurteilen. Dieses geschieht mittels Gütekriterien. In Bild K 9-5 sind zwei typische Verläufe dargestellt: Das aperiodische (a) und das oszillatorische (b) Einschwingen. Das Kriterium der „linearen Regelfläche" basiert auf der Bildung des Zeitintegrals $\int x_w dt$. Hier gehen die einzelnen Flächenteile mit ihrem Vorzeichen ein, so daß dieses Kriterium im Fall einer Dauerschwingung versagt; denn die positiven und negativen Anteile ergänzen sich zu Null. Wenn man die Beurteilung der ungedämpften Schwingung ausschließt, müssen bei seiner Anwendung zusätzliche Bedingungen gestellt werden. So entspricht die Angabe des Dämpfungsgrads einer derartigen Bedingung. Selten wird an Stelle der Regelabweichung ihr Absolutbetrag zur Berechnung des Integrals benutzt, obwohl sich hierbei die positiven und negativen Anteile nicht zu Null ergänzen können. Das Kriterium der „quadratischen Regelfläche" ($\int x_w^2 dt$) ergibt immer positive Werte, so daß weitere Zusatzbedingungen entfallen. Darüber hinaus ist bei ihm der Vorteil zu verzeichnen, daß es wegen des Quadrierens die großen Abweichungen stärker als die kleinen bewertet. Beim „ITAE-Kriterium" wird die Dauer der Regelabweichung noch berücksichtigt, indem das Zeitintegral $\int t |x_w(t)| dt$ gebildet wird. Somit werden auch jene kleineren Abweichungen gebührend bewertet, welche noch längere Zeit vorhanden sein können.

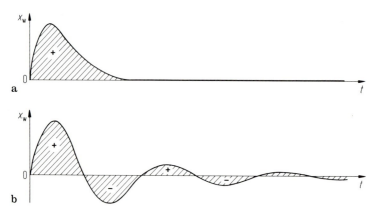

Bild K 9-5 a, b. Regelabweichungsverlauf. **a** Aperiodischer Regelvorgang, **b** oszillatorischer Regelvorgang

Tabelle K 9-1. Günstigste Einstellung des Reglers (nach Chien, Hrones und Reswick)

	Aperiodischer Regelvorgang mit kürzester Dauer		20% Überschwingung mit kleinster Schwingungsdauer	
	Führung	Störung	Führung	Störung
P-Regler	$V_0 = 0,3\ T_1/T_t$	$V_0 = 0,3\ T_1/T_t$	$V_0 = 0,7\ T_1/T_t$	$V_0 = 0,7\ T_1/T_t$
PI-Regler	$V_0 = 0,35\ T_1/T_t$ $T_n = 1,2\ T_t$	$V_0 = 0,6\ T_1/T_t$ $T_n = 4\ T_t$	$V_0 = 0,6\ T_1/T_t$ $T_n = 1\ T_t$	$V_0 = 0,7\ T_1/T_t$ $T_n = 2,3\ T_t$
PID-Regler	$V_0 = 0,6\ T_1/T_t$ $T_n = 1\ T_t$ $T_v = 0,5\ T_t$	$V_0 = 0,95\ T_1/T_t$ $T_n = 2,4\ T_t$ $T_v = 0,42\ T_t$	$V_0 = 0,95\ T_1/T_t$ $T_n = 1,35\ T_t$ $T_v = 0,47\ T_t$	$V_0 = 1,2\ T_1/T_t$ $T_n = 2\ T_t$ $T_v = 0,42\ T_t$

V_0 Kreisverstärkung, T_1 Zeitkonstante, T_t Totzeit, T_n Nachstellzeit, T_v Vorhaltzeit

Es existieren keine allgemeingültigen Vereinheitlichungen, die bestimmte Kriterien vorschreiben. Fallweise sind den Anforderungen entsprechend Vereinbarungen zu treffen. Für aperiodische Vorgänge ist die „lineare Regelfläche" ausreichend. Sie kann auch für Standardfälle benutzt werden, die in ihren Strukturen und regeldynamischen Bestimmungsgrößen gleich sind. Dieses Kriterium hat auch seine Berechtigung, wenn der Dämpfungsgrad vorgegeben ist. Die „quadratische Regelfläche" und das „ITAE-Kriterium" sind Kriterien, welche sog. absolute Werte liefern, d.h. es sind keine Nebenbedingungen zu berücksichtigen. Allerdings fordern sie bei der Auswertung eine nicht zu verkennende Rechnerunterstützung.

K 9.3.2 Optimierte Einstellung des Reglers nach der Übergangsfunktion der Strecke

Am bekanntesten sind die Einstellwerte nach Chien, Hrones und Reswick [8]. Diese haben Einstellregeln sowohl für den Fall einer 20%igen Überschwingung als auch für den aperiodischen Grenzfall entwickelt, wobei die Regelstrecke aus einem Verzögerungsglied erster Ordnung (PT_1) und einem Totzeitglied (T_t) gebildet wurde. Die Einstellwerte nach Tabelle K 8-1 sind sowohl für das Führungsverhalten als auch das Störverhalten, bei welchem der Angriffspunkt am Stellglied liegt, erstellt worden. Für Regelstrecken höherer Ordnung wird T_u für T_t und T_g für T_1 gesetzt. Dieses hat zur Folge, daß man mit den Werten nach vorgenannter Tabelle auf der sicheren Seite liegt; denn die verschliffene Übergangsfunktion (T_u, T_g) ist übertragungsmäßig günstiger als die abgesetzte Übergangsfunktion (T_t, T_1). Liegt lineares Übertragungsverhalten vor, gilt diese Reglereinstellung für den gesamten Bereich. Andernfalls muß die Kreisverstärkung mit dem größten Übertragungsbeiwert der Regelstrecke berechnet werden. Man nimmt dabei aus Sicherheitsgründen für die Stabilität in Kauf, daß sich an den Punkten mit kleineren Übertragungsbeiwerten die Ausregelzeit vergrößert.

K 9.3.3 Optimierte Einstellung des Reglers nach dem Verhalten des Regelkreises

Auch ohne Bekanntsein der Übergangsfunktion der Regelstrecke lassen sich die Einstellwerte für die Regeleinrichtung finden, wenn von folgendem Experiment an der fertiggestellten Anlage ausgegangen wird. Der Regler wird als P-Regler betrieben, und der Proportionalbereich wird langsam soweit vermindert, bis sich gerade eine ungedämpfte Schwingung der Regelgröße einstellt. Der diese Dauerschwingung verursachende P-Bereich wird mit X_{Pkrit} bezeichnet, während T_{krit} die Periodendauer dieser Schwingung darstellt. Nach Ziegler und Nichols [9] ergeben sich aus diesen beiden Größen die folgenden günstigsten Reglereinstellungen:

P-Regler: $X_p = 2 X_{Pkrit}$
$K_{PR} = 0{,}5 K_{PRkrit}$
PI-Regler: $X_p = 2{,}2 X_{Pkrit}$
$K_{PR} = 0{,}45 K_{PRkrit}$
$T_n = 0{,}85 T_{krit}$

PID-Regler: $X_p = 1{,}7 X_{Pkrit}$
$K_{PR} = 0{,}6 K_{PRkrit}$
$T_n = 0{,}5 T_{krit}$
$T_v = 0{,}12 T_{krit}$.

Die Reglereinstellung nach Ziegler/Nichols besitzt den Vorteil, daß die der Einstellung zugrundeliegenden Werte aus der ausgeführten Anlage als Ergebnisse eines durchgeführten Experiments resultieren und nicht von idealisierten Verhältnissen ausgehen. Sie setzt aber einen Regelkreis mit linearem Verhalten voraus – andernfalls gelten diese Werte nur für diesen Arbeitspunkt. Daher muß man Kenntnis von den Auswirkungen der Nichtlinearität – mindestens von den statischen – haben. Will man frei von Stabilitätssorgen sein, ist die Werteermittlung nach Ziegler/Nichols für den Punkt der größten Steilheit der Kennlinie anzustellen. Allerdings ergeben sich dann für die anderen Kennlinienbereiche größere Ausregelzeiten.

K 9.4 Verbesserung des Regelverhaltens

K 9.4.1 Vorregelung der Einflußgrößen

Die sich aufgrund der Störgrößen einstellende vorübergehende Regelabweichung kann verkleinert werden, wenn diese nicht erst durch den Regler des eigentlichen Regelkreises kompensiert werden. Es lassen sich mittels vorgeschalteter Regelkreise derartige Auswirkungen vom eigentlichen Regelkreis fernhalten. Nur die dominierenden Störgrößen werden vorgeregelt. So sind beispielsweise in dem Schema nach Bild K 1-1 die beiden Störgrößen Vorlauftemperatur und Differenzdruck am Stellventil durch vorgeschaltete Regelkreise kontrolliert. Der Vorteil der Vorregelung liegt in der Unabhängigkeit dieser Regelkreise und ihrer daraus resultierenden leichten Einstellbarkeit. Hinsichtlich der Regelgüte müssen an derartige Vorregelkreise keine hohen Anforderungen gestellt werden, da nur die gröbsten Störeinflüsse beseitigt werden sollen und der eigentliche Regelkreis die Feinregelung übernimmt.

K 9.4.2 Störgrößenaufschaltung

Bei einer Störgröße mit wesentlicher Wirkung auf den eigentlichen Regelkreis liegt es nahe, über das vorhandene Stellglied Gegenmaßnahmen zu ergreifen, bevor sich eine Änderung der Regelgröße zeigt. Im Blockschaltbild gemäß Bild K 9-6 ist ein derartiger Fall aufgezeigt. Die am Eingang der Regelstrecke gelegene Störgröße Z_1 wird vom Sensor der Steuereinrichtung erfaßt und über das Stellglied des eigentlichen Regelkreises in ihrer Auswirkung ausgeschaltet, so daß sie nicht noch die folgenden Glieder durchläuft und zur Ausbildung einer Regelabweichung am Meßort der Regelgröße beiträgt. Als Beispiel kann die Aufschaltung der Außentemperatur bei einer RLT-Anlage gelten.

Würde an Stelle von Z_1 die Störgröße Z_2 über dasselbe Stellglied als Eingangsgröße der Steuereinrichtung gewählt, ergäben sich dynamisch andere Verhältnisse; denn das von Z_2 ausgelöste Signal müßte eine Verzögerung durchlaufen. Infolge-

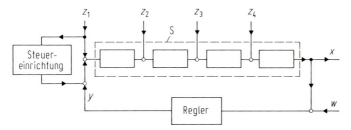

Bild K 9-6. Störgrößen-Aufschaltung

dessen ist die Störgrößenaufschaltung dann am wirksamsten, wenn die Störgröße am Stellglied des Regelkreises angreift.

K 9.4.3 Kaskadenregelung

Bild K 9-7 zeigt eine Kaskadenregelung. Die Gesamtregelstrecke teilt sich in zwei Teile S_1 und S_2 auf. Am Ende des ersten Streckenabschnitts wird eine Größe entnommen und dem Regler R_1 als Hilfsregelgröße x_{Hi} zugeführt, der diese mit dem vom Regler R_2 vorgegebenen Sollwert vergleicht und entsprechend ein Stellsignal y abgibt. Mittels dieses Regelkreises werden die Störgrößen Z_1 und Z_2 ausgeregelt. Die Ausgangsgröße des Streckenabschnitts S_1 ist die Eingangsgröße für den Streckenabschnitt S_2. Die Ausgangsgröße dieses zweiten Streckenabschnitts ist die eigentliche Regelgröße x, welche vom Regler R_2 mit dem Sollwert w verglichen wird. Die vom Regler R_2 geformte Stellgröße gilt als Sollwert für den Regler R_1. Es liegen also zwei Regelkreise vor, wobei der Regelkreis mit R_2 als Führungsregelkreis und der Regelkreis mit R_1 als Folgeregelkreis bezeichnet wird. Daher spricht man auch vom Führungs- und Folgeregler. Der Vorteil dieser Schaltung liegt auf der Hand; denn es tritt eine erhebliche Verbesserung des Regelgrößenverlaufs auf. So werden erstens die Störgrößenwirkungen Z_1 und Z_2 aufgehoben, bevor sie sich auf die Regelgröße x am Ausgang der Strecke S_2 auswirken können. Zweitens kann der Folgeregler R_1 auf die Strecke S_1 und der Regler R_2 völlig separat auf die Strecke S_2 optimiert werden. Der dritte Vorteil liegt darin, daß der dem Führungsregler R_2 unterlagerte Folgeregler R_1 lineare Beeinflussungsmöglichkeiten schafft,

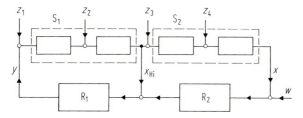

Bild K 9-7. Kaskadenregelung. S_1, S_2 Regelstreckenabschnitte, x_{Hi} Hilfsregelgröße, R_1 Folgeregler, R_2 Führungsregler

so daß die Optimierung des Reglers R_2 für seinen gesamten Bereich gilt. Als Beispiel gilt eine RLT-Anlage, bei welcher die Hilfsregelgröße x_{Hi} die Zulufttemperatur und die Regelgröße x die Raumtemperatur ist. Den Streckenabschnitt S_1 bildet der Vorerhitzer, während der Streckenabschnitt S_2 den Raum darstellt.

K 10 Der Regelkreis mit Zweipunktreglern

Der Vorgang der Zweipunktregelung unterscheidet sich von der kontinuierlichen Regelung dadurch, daß der Regler das Stellglied nur die beiden Stellungen $Y = 0$ und $Y_h = 1$ nach Bild K 6-22 annehmen läßt, und somit in der Regelstrecke kein Beharrungszustand möglich ist. Die sich aufgrund dieser beiden Schaltzustände einstellende Schwingung der Regelgröße ist nicht mit der bei stetigen Regelungen zu vermeidenden Dauerschwingung (Instabilität) zu vergleichen. Bild K 10-1 zeigt einen derartigen Verlauf. Nach anfänglicher Dauereinschaltung erreicht die Regelgröße ihren Sollwert x_k erstmalig, so daß das Stellglied wieder zurückgeschaltet wird (Stellung 0). Infolge anschließenden Fallens der Regelgröße erfolgt dann wieder eine Einschaltung, und der Vorgang wiederholt sich. Bei dieser Darstellung liegt der Sollwert x_k mittig im Regelbereich $X_h = K_{PS} Y_h$, so daß Ein- und Ausschaltdauer gleich sind. Bei allen anderen Sollwerteinstellungen liegen unterschiedliche Ein- und Ausschaltzeiten vor. Im unteren Teil ($x_k < X_h/2$) ist T_E kleiner als T_A, während im oberen Teil ($x_k > X_h/2$) T_E über T_A liegt. Wegen Symmetrie der Schwingung bei mittiger Sollwertlage ist der Sollwert auch identisch mit dem sich einstellenden Mittelwert. In allen anderen Fällen differieren Sollwert und Mittel-

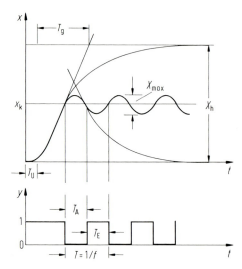

Bild K 10-1. Zweipunktregelung

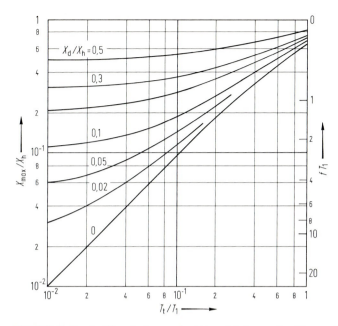

Bild K 10-2. Regelgrößenschwingung in Abhängigkeit von den Kenngrößen der Regeleinrichtung und der Regelstrecke bei der Zweipunktregelung nach [10]. X_{max} Schwingungsbreite (doppelte Amplitude), X_d Schaltdifferenz, X_h Regelbereich, T_t Totzeit, T_1 Zeitkonstante der Regelstrecke, f Frequenz der Schwingung

wert. Beim Überwiegen des ausgeschalteten Zustands steigt der Mittelwert über den Sollwert, während er beim Überwiegen des eingeschalteten Zustands unter dem Sollwert liegt. Diese Abweichungen resultieren genaugenommen aus den Leistungsüberschüssen, welche der Regelstrecke angeboten werden. Wenn Ein- und Ausschaltdauer gleich sind, beträgt der Leistungsüberschuß 100%.

Im realen Anwendungsfall ändern sich bei konstantem Sollwert die Störgrößen und somit die Leistungsüberschüsse, welche jeweils unterschiedliche Werte von X_h zur Folge haben. Der Regler wird also durch Veränderung des Verhältnisses T_E/T_A auf die Strecke einwirken und somit veränderliche Schwingungsamplituden $X_{max}/2$ und Schaltfrequenzen f bewirken. Nach Junker [10] gilt für die Beschreibung des Zweipunktregelvorgangs Bild K 10-2, aus welchem für eine mittels T_t und T_1 approximierte Regelstrecke bei vorgegebenen Schaltdifferenzen X_d des Reglers die Schwingungsbreite X_{max} und die Frequenz der Dauerschwingung abgelesen werden können.

K 11 Literatur

[1] DIN 19226. Regelungstechnik und Steuerungstechnik; Begriffe und Benennungen. Mai 1968
[2] VDI/VDE 2773. Strömungstechnische Kenngrößen von Stellventilen und deren Bedeutung, 1962
[3] Calame, H.; Hengst, K.: Die Bemessung von Stellventilen. Regelungstechn. 11 (1963) 50/56
[4] Ullmanns Encyklopädie der technischen Chemie. Bd 4, S. 199
[5] Ullmanns Encyklopädie der technischen Chemie. Bd 4, S. 198
[6] Junker, B.: Klimaregelung. Oldenbourg. 1984, S. 69
[7] Junker, B.: Klimaregelung. Oldenbourg. 1984, S. 87
[8] Chien, K.L.; Hrones, J.A.; Reswick, J.B.: Trans. ASME (1952) S. 175–185
[9] Ziegler, J.G.; Nichols, N.B.: Trans. ASME 64 (1942) S. 759–768
[10] Junker, B.: Klimaregelung. Oldenbourg. 1984, S. 93

L Wasserchemie

LUDWIG HÖHENBERGER

L 1 Chemische Eigenschaften des Wassers

Das ausgeprägte Lösevermögen für viele Stoffe, aber auch bestimmte anomale physikalische Verhaltensweisen des Wassers sind auf die räumliche Anordnung der im Wassermolekül (H_2O) vorhandenen Atome Wasserstoff (H) und Sauerstoff (O) zurückzuführen. Bei der Lösung in Wasser gehen die meisten anorganischen und einige organische Verbindungen in frei bewegliche Ionen über (elektrolytische Dissoziation), nämlich in positiv geladene Kationen und negativ geladene Anionen. Diese tragen entsprechend ihrer „Wertigkeit" eine unterschiedliche Zahl von Ladungen, wobei in der Summe immer gleich viele positive wie negative Ladungen entstehen, z. B.:

$$NaCl \xrightarrow{Wasser} Na^+ + Cl^-$$
Natriumchlorid → Natriumion + Chloridion

$$CaSO_4 \xrightarrow{Wasser} Ca^{2+} + SO_4^{2-}$$
Calciumsulfat → Calciumion + Sulfation

$$K_3PO_4 \xrightarrow{Wasser} 3K^+ + PO_4^{3-}$$
Kaliumphosphat → Kaliumionen + Phosphation

In Präsenz von Ionen ist Wasser zum Transport elektrischer Ladungen befähigt und leitet den elektrischen Strom. Alle wäßrigen Lösungen enthalten dissoziierte Bestandteile des Wassermoleküls selbst, nämlich freie H^+- und OH^--Ionen. Überwiegt die Konzentration der H^+-Ionen spricht man von Säuren, bei einem Überschuß von OH^--Ionen von Basen, Laugen oder Alkalien. Verschiedene Kationen und Anionen mit ihren Ladungszahlen und chemischen Formeln sind der Tabelle L 1-1 zu entnehmen.

Tabelle L1-1. Ionen und Verbindungen mit ihren Ladungszahlen und chemischen Formeln

Ionen und Verbindungen	Formel	Atom.- bzw. Mol.-Gewicht (mol)	Äquivalent-Gewicht (moleq)
Kationen			
Aluminium	Al^{3+}	27,0	9,0
Ammonium	NH_4^+	18,0	18,0
Barium	Ba^{2+}	137,4	68,7
Calcium	Ca^{2+}	40,1	20,0
Kupfer	Cu^{2+}	63,6	31,8
Wasserstoff	H^+	1,0	1,0
Eisen-II	Fe^{2+}	55,8	27,9
Eisen-III	Fe^{3+}	55,8	18,6
Magnesium	Mg^{2+}	24,3	12,2
Mangan	Mn^{2+}	54,9	27,5
Kalium	K^+	39,1	39,1
Natrium	Na^+	23,0	23,0
Anionen			
Hydrogenkarbonat	HCO_3^-	61,0	61,0
Karbonat	CO_3^{2-}	60,0	30,0
Chlorid	Cl^-	35,5	35,5
Fluorid	F^-	19,0	19,0
Hydroxid	OH^-	17,0	17,0
Nitrat	NO_3^-	62,0	62,0
Phosphat	PO_4^{3-}	95,0	31,7
Hydrogen-Phosphat	HPO_4^{2-}	96,0	48,0
Dihydrogen-Phosphat	$H_2PO_4^-$	97,0	97,0
Sulfat	SO_4^{2-}	96,1	48,0
Hydrogensulfat	HSO_4^-	97,1	97,1
Sulfit	SO_3^{2-}	80,1	40,0
Sulfid	S^{2-}	32,1	16,0

L2 Grundbegriffe

L2.1 Einheiten der Wasserchemie

Konzentrationen werden in mg/l (ppm = mg/kg) bzw. g/m^3 oder als mmol/l bzw. mol/m^3 angegeben und erfordern die Definition der Bezugsstoffe, welche z.B. Atome, Moleküle oder Ionen sein können. Der frühere Begriff „Wasserhärte" ist ersetzt durch den Ausdruck „Summe Erdalkalien", die Maßeinheit °d durch mmol/l. Weitere wichtige Änderungen und die erforderlichen Umrechnungsfaktoren enthält Tabelle L2-1.

Tabelle L 2-1. Änderungen und Umrechnungsfaktoren in der Wasserchemie

Alte Bezeichnung/Dimension		Neue Bezeichnung/Dimension	
Härte	°d; mval/l	Summe Erdalkalien	mmol/l
Carbonathärte	°d; mval/l	an Hydrogencarbonat (HCO_3) gebundene Erdalkalien	mmol/l
Nichtcarbonathärte	°d; mval/l	nicht an Hydrogencarbonat gebundene Erdalkalien	mmol/l
Calciumhärte	°d; mval/l	Calciumgehalt	mg/l; mmol/l
Magnesiumhärte	°d; mval/l	Magnesiumgehalt	mg/l; mmol/l
p-Wert	mval/l	Säurekapazität bis pH-Wert 8,2 ($K_{S8,2}$)	mmol/l
neg. p-Wert	mval/l	Basekapazität bis pH-Wert 8,2 ($K_{B8,2}$)	mmol/l
m-Wert	mval/l	Säurekapazität bis pH-Wert 4,3 ($K_{S4,3}$)	mmol/l
neg. m.-Wert	mval/l	Basekapazität bis pH-Wert 4,3 ($K_{B4,3}$)	mmol/l
Dichte (Salzgehalt)	°Bé	Dichte	g/cm^3

Anstelle von mmol/l kann auch mol/m^3 verwendet werden (1 mmol/l ≙ 1 mol/m^3).
Anstelle von mval bzw. val wird meq bzw. eq (Equivalent) = moleq (Mol-Equivalent) verwendet.
[Val bzw. eq = mol: Wertigkeit!]

Erklärung und Umrechnung
Erdalkalien: Calcium- und Magnesium-Verbindungen (Härtebildner)
1 °d ≙ 10 mg/l CaO (Calciumoxid) ≙ 10 g/m^3 CaO
1 °d ≙ 0,36 mval/l ≙ 0,18 mmol/l; 1 mmol/l ≙ 2 mval/l ≙ 5,6 °d

Alkalität:
$K_{S4,3}$ in mmol/l ≙ m-Wert in mval/l $K_{S8,2}$ in mmol/l ≙ p-Wert in mval/l
$K_{B4,3}$ in mmol/l ≙ neg. m-Wert in mval/l $K_{B8,2}$ in mmol/l ≙ neg. p-Wert in mval/l

Leitfähigkeit:
1 µS/cm ≙ 0,1 mS/m; 1 mS/m ≙ 10 µS/cm
1 µS/cm entspricht bei 25 °C etwa 0,5 mg/l NaCl (Natriumchlorid)

L 2.2 pH-Wert

Um die saure oder basische bzw. alkalische Eigenschaft einer Lösung zu beschreiben, verwendet man den pH-Wert. Er ist der negative dekadische Logarithmus der Wasserstoffionen-Konzentration und deshalb dimensionslos. Die pH-Skala umfaßt den Bereich von 0–14. Bei einem pH-Wert unter 7 ist eine Lösung sauer mit steigender Säurewirkung bis zum pH-Wert 0, bei einem pH-Wert über 7 alkalisch oder basisch mit steigender Basizität bis zum pH-Wert 14. Auch reinstes Wasser enthält durch Eigendissoziation in geringem Maße gleich viele H^+- und OH^--Ionen, deren Konzentration (c) bei 25 °C

$$c(H^+) = c(OH^-) = 10^{-7} \text{ mol/l}$$

beträgt, woraus der Neutral-pH-Wert von 7,0 resultiert. Die Dissoziation in H^+- und OH^--Ionen ist stark temperaturabhängig und nimmt mit steigender Temperatur zu.

L 2.3 Leitfähigkeit

Die elektrische Leitfähigkeit wäßriger Lösungen erlaubt eine integrale Aussage über die Konzentration dissoziierter, also in Ionenform vorliegender, Stoffe. Sie re-

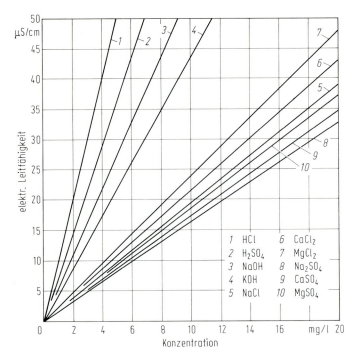

Bild L 2-1. Elektrische Leitfähigkeit diverser Säuren (1, 2), Basen (3, 4) und Salze (5 – 10) in reinem Wasser bei 20 °C

sultiert aus dem Ladungstransport frei beweglicher Ionen und ist abhängig von deren Konzentration, Ladungszahl und Beweglichkeit sowie von der Temperatur des Wassers. Die Einheit für die elektrische Leitfähigkeit ist das Siemens (S = Ω^{-1}), gemessen zwischen zwei gegenüberliegenden Flächen eines Würfels mit der Kantenlänge 1 cm. Gebräuchliche Einheiten der Wasserchemie sind µS/cm und mS/m (10 µS/cm = 1 mS/m). Reines Wasser von 25 °C hat eine elektrische Leitfähigkeit von ca. 0,06 µS/cm. Trinkwasser kann Leitfähigkeiten von etwa 100 bis 1000 µS/cm aufweisen. Die elektrische Leitfähigkeit verschiedener Salze, Säuren und Basen ist Bild L 2-1 zu entnehmen.

L 2.4 Säure- und Basekapazität

Die Säurekapazität (K_S) und die Basekapazität (K_B) eines Wassers gibt den volumetrisch ermittelten Säure- bzw. Basenverbrauch bis zu einem pH-Wert von 8,2 ($K_{S8,2}$ bzw. $K_{B8,2}$) oder bis zu einem pH-Wert von 4,3 ($K_{S4,3}$, $K_{B4,3}$) in mmol/l an. Die o. g. pH-Werte entsprechen den Umschlagpunkten der Farbindikatoren Phenolphthalein und Methylorange. Früher wurden die $K_{S8,2}$ als p-Wert und die $K_{S4,3}$ als m-Wert bezeichnet, die entsprechende K_B als negativer p-Wert bzw. negativer m-Wert.

Durch die Säure- und Basekapazität ist eine begrenzte Aussage über den pH-Wert möglich, s. Bild L 2-2. Aus der Säurekapazität läßt sich u. a. die Konzentra-

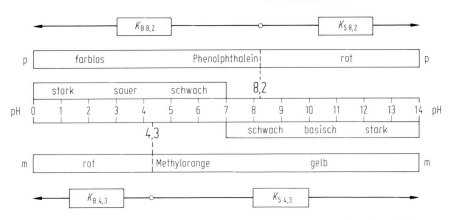

Bild L 2-2. Zusammenhang zwischen pH-Wert- und Säure- (K_S) bzw. Basenkapazität (K_B)

tion an Hydrogenkarbonationen (HCO_3^-) und damit an gebundener Kohlenstoffsäure = Kohlensäure berechnen.

L 3 Inhaltsstoffe des Wassers

L 3.1 Übersicht

Durch den Wasser-Kreislauf der Natur gelangen viele Stoffe in gelöster und ungelöster Form in das Wasser. Regenwasser nimmt aus der Luft Gase, z. B. Stickstoff (N_2), Sauerstoff (O_2), Kohlenstoffdioxid (CO_2), Schwefeldioxid (SO_2), Stickstoffoxide (NO_x) und staubförmige Stoffe auf. Beim Eindringen in den Untergrund werden Bestandteile des Bodens aufgenommen, z. B. Kohlenstoffdioxid (vom Abbau organischer Stoffe), Salze der Alkalien und Erdalkalien (Härte durch Auflösen von Kalkstein), Schwermetallverbindungen sowie Kieselsäure. Zivilisationseinflüsse führen lokal zu Verunreinigungen, z. B. durch Düngemittel (Nitrate) und Pflanzenschutzmittel. In Oberflächengewässern ist auch die Beeinflussung durch das Einleiten von Abwasser zu berücksichtigen. Alle natürlichen Wässer enthalten gelöste Verbindungen der Alkalien, Erdalkalien und in geringen Mengen auch andere Metallionen sowie Kieselsäure, Gase und organische Verbindungen.

L 3.2 Salze der Alkalien

Unter Alkalisalzen versteht man vereinfacht die Verbindungen des Natriums (Na) und Kaliums (K). Oberflächenwasser kann u. a. von Industrieprozessen Alkali-Chloride, z. B. Kochsalz (NaCl), oder -Sulfate enthalten. In Form von Natriumhydrogenkarbonat ($NaHCO_3$) sind Alkalisalze oft im Tiefbrunnen- und Mineralwasser anzutreffen. Ionenaustausch-Enthärtungsanlagen nehmen Erdalkaliionen auf und geben dafür äquivalente Mengen an Alkaliionen ab. Fast alle Alkalisalze sind im Gegensatz zu den Salzen der Erdalkalien im Wasser gut löslich (s. Tabelle L 3-1). Natriumhydrogenkarbonat wird abhängig von der Temperatur und deren Einwirkzeit in Natriumkarbonat (Soda, Na_2CO_3) und Kohlensäure (H_2CO_3 bzw. $CO_2 + H_2O$) zersetzt. Die Reaktion wird beschleunigt, wenn das Kohlenstoffdioxid (CO_2) durch Verrieseln gegen Luft oder Dampf ausgetrieben wird. Unter den Bedingungen des Dampfkesselbetriebes wird mit zunehmender Temperatur auch das Natriumkarbonat in Natronlauge (NaOH) und Kohlensäure zersetzt (Sodaspaltung). Diese Reaktionen bewirken den Anstieg des pH-Werts im Wasser von Heizungs-, Rückkühl- und Dampfkessel-Anlagen, wenn vorwiegend enthärtetes Wasser eingesetzt wird.

L 3.3 Salze der Erdalkalien – Härte des Wassers

Unter Erdalkalien versteht man im wesentlichen die Verbindungen des Calciums (Ca) und Magnesiums (Mg), früher als Härte bezeichnet. Durch kohlensäurehaltiges Wasser wird z.B. „unlöslicher" Kalk (Calciumkarbonat, $CaCO_3$) unter Bildung von löslichem Calciumhydrogenkarbonat ($Ca(HCO_3)_2$) aufgelöst. Aus anderen Böden kann Gips (Calciumsulfat, $CaSO_4$) gelöst werden. Man unterscheidet zwischen den an Hydrogenkarbonat (Karbonathärte) und den nicht an Hydrogenkarbonat, z.B. an Sulfat, Chlorid und Nitrat, gebundenen Erdalkalien (Nichtkarbonathärte).

Das Calciumhydrogenkarbonat bleibt im Wasser nur gelöst, wenn eine gewisse Menge an freier Kohlensäure (sog. zugehörige Kohlensäure) vorhanden ist. Wird diese physikalisch, z.B. durch Verrieseln an Luft oder durch Erwärmung, verringert, fällt Kalk als sog. Wasserstein aus. Das gleiche Resultat ergibt sich, wenn die Kohlensäure durch alkalische Stoffe chemisch gebunden, d.h. neutralisiert wird.

Erdalkalichloride und -nitrate sowie Magnesiumsulfat haben eine sehr hohe Löslichkeit im Wasser. Calciumsulfat in Form von Gips ($CaSO_4 \cdot 2H_2O$) ist nur bis zu etwa 2 g/l = 12 mmol/l in Wasser löslich (s. Tabelle L 3-1).

Nach dem Waschmittelgesetz vom 20.08.1975 wird der Gehalt an Erdalkalien (Ca+Mg) im Wasser in 4 Härtebereiche eingeteilt:

Härtebereich 1	0 – 1,3 mmol/l	Härtebereich 3	2,5 – 3,8 mmol/l
Härtebereich 2	1,3 – 2,5 mmol/l	Härtebereich 4	> 3,8 mmol/l

L 3.4 Salze der Leicht- und Schwermetalle

Von den Leichtmetallen ist nur das Aluminium (Al) erwähnenswert, das z.B. nach Flockung mit Aluminiumsalzen im Wasser vorhanden sein kann, während natürliche Wässer meist nur niedrige Konzentrationen an Aluminium enthalten.

Eisen (Fe)- und Mangan (Mn)-Salze sind in natürlichen Wässern häufiger, bevorzugt in sauerstoffarmem Tiefbrunnenwasser als Hydrogenkarbonat, anzutreffen. Die Metalle Kupfer (Cu), Zink (Zn), Cadmium (Cd) und Blei (Pb) können durch geogene und anthropogene Einflüsse in Wässern vorhanden sein und, ebenso wie Eisen, auch durch Korrosion metallischer Bauteile und Rohrleitungen in das

Tabelle L.3-1

Bezeichnung	Formel	Molekular-gewicht	Löslichkeit b. g/l	Temp. °C	Handelsübliche Konzentration
Basen/Hydroxide/Oxide					
Aluminiumoxid	Al_2O_3	102,0			
Aluminiumhydroxid	$Al(OH)_3$	78,0	0,0004		
Ammoniak→Gase	NH_3				
Ammoniumhydroxid	NH_4OH	35,0		20	$D = 0,91\ g/cm^3 \approx 25\%\ NH_3$
					$D = 0,96\ g/cm^3 \approx 10\%\ NH_3$
Ätznatron→Natriumhydroxid	$NaOH$				
Calciumhydroxid (Kalkhydrat)	$Ca(OH)_2$	74,1	1,70	20	93% $Ca(OH)_2 \approx 70\%$ CaO
			1,45	40	
Calciumoxid (gebrannter Kalk)	CaO	56,1			80% CaO
Eisen(III)hydroxid	$Fe(OH)_3$	106,9	0,00001	25	
Eisen(III)oxid (Hämatit)	Fe_2O_3	159,7			
Eisen(II/III)oxid (Magnetit)	Fe_3O_4	231,6	0,000005	100	
Hydrazin	N_2H_4	32,0			15% $N_2H_4 \approx 24\%\ N_2H_4 \cdot H_2O$
Hydrazinhydrat	$N_2H_4 \cdot H_2O$	50,0			24% $N_2H_4 \cdot H_2O \approx 15\%\ N_2H_4$
Magnesiumhydroxid	$Mg(OH)_2$	58,3	0,006	25	
Magnesiumoxid	MgO	40,3	0,006	25	95% MgO
Manganoxid	MnO_2	86,9			
Natriumhydroxid	$NaOH$	40,0	≈800	15	$D = 1,53\ g/cm^3 \approx 50\%$ NaOH
					$D = 1,42\ g/cm^3 \approx 38\%$ NaOH
					$D = 1,36\ g/cm^3 \approx 33\%$ NaOH
Säuren/Säureanhydride/Oxide					
Flußsäure	$HF(H_2F_2)$	20,0/40,0	≈600	20	$D = 1,23\ g/cm^3 \approx 71-75\%$ HF
					$D = 1,14\ g/cm^3 \approx 40-45\%$ HF
Kieselsäureanhydrid	SiO_2	60,1	0,25 (300 bar)	200	
Kieselsäure (Meta-K.)	H_2SiO_3	78,1	0,0005	25	
Kohlendioxid→Gase	CO_2				
Kohlensäure	H_2CO_3	62,0			
Phosphorpentoxid	P_2O_5	142,0			
Phosphorsäure	H_3PO_4	98,0	≈1900	20	$D = 1,69\ g/cm^3 \approx 85\%\ H_3PO_4$
					$D = 1,14\ g/cm^3 \approx 24\%\ H_3PO_4$

Tabelle L3-1 (Fortsetzung)

Bezeichnung	Formel	Molekular-gewicht	Löslichkeit b. g/l	Temp. °C	Handelsübliche Konzentration
Stickstoffpentoxid	N_2O_5	108,0			
Salpetersäure	HNO_3	63,0	≈ 1500		$D = 1,39 \text{ g/cm}^3 \triangleq 65\% \text{ HNO}_3$
					$D = 1,25 \text{ g/cm}^3 \triangleq 40\% \text{ HNO}_3$
Salzsäure	HCl	36,5	420	20	$D = 1,12 \text{ g/cm}^3 \triangleq 24,0\% \text{ HCl}$
			390	40	$D = 1,15 \text{ g/cm}^3 \triangleq 30,0\% \text{ HCl}$
			360	60	$D = 1,17 \text{ g/cm}^3 \triangleq 33,5\% \text{ HCl}$
					$D = 1,19 \text{ g/cm}^3 \triangleq 37,0\% \text{ HCl}$
Schwefeldioxid→Gase	SO_2				wäßr. Lösung m. $\approx 6\% \text{ SO}_2$
Schwefelige Säure	H_2SO_3	82,1			
Schwefeltrioxid	SO_3	80,1			
Schwefelsäure	H_2SO_4	98,1	≈ 1800	20	$D = 1,56 \text{ g/cm}^3 \triangleq 65,0\% \text{ H}_2\text{SO}_4$
					$D = 1,58 \text{ g/cm}^3 \triangleq 67,0\% \text{ H}_2\text{SO}_4$
					$D > 1,83 \text{ g/cm}^3 \triangleq 93-95\% \text{ H}_2\text{SO}_4$
					$D > 1,84 \text{ g/cm}^3 \triangleq 96-98\% \text{ H}_2\text{SO}_4$
Wasser	H_2O	18,0			
Salze					
Aluminiumsulfat, wasserfrei	$Al_2(SO_4)_3$	342,2	375	20	$17-18\% \text{ Al}_2\text{O}_3$
Aluminiumsulfat, krist.	$Al_2(SO_4)_3 \cdot 10 H_2O$	594,2	650	20	$13-15\% \text{ Al}_2\text{O}_3$
Aluminiumsulfat, krist.	$Al_2(SO_4)_3 \cdot 18 H_2O$	666,4	730	20	
Ammoniumhydrogenphosphat	$(NH_4)_2HPO_4$	132,1	500	20	$54\% \text{ P}_2\text{O}_5 \triangleq 72\% \text{ PO}_4$
Ammoniumcarbonat	$(NH_4)_2CO_3$	96,1	450	15	
Calciumhydrogencarbonat	$Ca(HCO_3)_2$	162,1			
Calciumchlorid	$CaCl_2$	111,0	≈ 560	20	
Calciumfluorid	CaF_2	78,1	$\approx 0,02$	20	
Calciumcarbonat (Kalk)	$CaCO_3$	100,1	0,014	18	
			0,035	80	
Calciumsulfat	$CaSO_4$	136,2	3,0	20	
Calciumsulfat (Gips)	$CaSO_4 \cdot 2 H_2O$	172,2	2,04	20	$\approx 75\% \text{ CaSO}_4$
			1,83	80	
Eisenhydrogencarbonat	$Fe(HCO_3)_2$	177,9	0,77	18	
Eisen(III)chlorid, krist.	$FeCl_3 \cdot 6 H_2O$	270,3	≈ 1300	20	$\approx 60\% \text{ FeCl}_3$
Eisen(II)sulfat, krist.	$FeSO_4 \cdot 7 H_2O$	278,0	≈ 450	20	$\approx 50-53\% \text{ FeSO}_4$
Kaliumpermanganat	$KMnO_4$	158,0	65	20	
Magnesiumhydrogencarbonat	$Mg(HCO_3)_2$	146,4			
Magnesiumchlorid	$MgCl_2 \cdot 6 H_2O$	203,3	≈ 1150	20	$46\% \text{ MgCl}_2$
Magnesiumcarbonat (Magnesit)	$MgCO_3$	84,3	0,084	20	

L 3 Inhaltsstoffe des Wassers

Bezeichnung	Formel	Molekular-gewicht	Löslichkeit b. g/l	Temp. °C	Handelsübliche Konzentration
Magnesiumsulfat	$MgSO_4 \cdot 7H_2O$	246,5	≈ 700	10	49% $MgSO_4$
Natriumchlorid (Kochsalz)	$NaCl$	58,4	358	20	
			380	80	
Natriumhypochlorit (Bleichlauge)	$NaOCl + NaCl$				Bleichlauge mit ≈ 10–12% Cl_2
Natriumhydrogencarbonat (Natron)	$NaHCO_3$	74,4	≈ 100	20	
			≈ 200	80	
Natriumcarbonat (Soda)	Na_2CO_3	106,0	≈ 210	20	
			≈ 450	40	
Di-Natriumhydrogenphosphat	Na_2HPO_4	142,0			50% $P_2O_5 \triangleq 66\%$ PO_4
Tri-Natriumphosphat					
wasserfrei	Na_3PO_4	164,0	≈ 110	15	42% $P_2O_5 \triangleq 58\%$ PO_4
kristallisiert – Schuppen	$Na_3PO_4 \cdot 10H_2O$	344,0			20% $P_2O_5 \triangleq 27\%$ PO_4
kristallisiert	$Na_3PO_4 \cdot 12H_2O$	380,1			18% $P_2O_5 \triangleq 25\%$ PO_4
Natriumsulfat, wasserfr.	Na_2SO_4	142,0	≈ 250	20	
			≈ 180	20	
			≈ 390	80	
Natriumsulfat, krist.	$Na_2SO_4 \cdot 10H_2O$	322,2	≈ 400	20	74% Na_2SO_4
Natriumsulfit, wasserfr.	Na_2SO_3	126,0	≈ 130	20	
Natriumsulfit, krist.	$Na_2SO_3 \cdot 7H_2O$	252,2	≈ 260	20	50% Na_2SO_3
			≈ 290	80	
Gase			Partialdruck = 1 bar		
Ammoniak	NH_3	17,0	290	20	
			225	40	
			175	60	
Chlor	Cl/Cl_2	35,5/70,9	7,3	20	
			4,5	40	
			3,3	60	
Kohlenstoffdioxid (Kohlendioxid)	CO_2	44,0	1,68	20	
			0,97	40	
			0,57	60	
Sauerstoff	O/O_2	16,0/32,0	0,0434	20	
			0,0308	40	
			0,0227	60	
Schwefeldioxid	SO_2	64,1	95	20	
			50	40	
			30	60	
Stickstoff	N/N_2	14,0/28,0	0,0192	20	
			0,0144	40	
			0,0124	50	

Wasser gelangen. Chrom (Cr)-, Nickel (Ni)-, Aluminium (Al)- und Vanadium (V)-Verbindungen können in Kondensaten von Brennwertkesseln enthalten sein.

Einige Leicht- und Schwermetalle sind in ihrer zulässigen Konzentration im Trinkwasser begrenzt, da sie die Gesundheit des Menschen beeinträchtigen (TrinkwV, [1]). Im technischen Bereich können Salze der Leicht- und Schwermetalle zu Ablagerungen und zu Problemen bei der Wasseraufbereitung führen.

L 3.5 Kieselsäure

Natürliche Wässer enthalten Kieselsäure (SiO_2) in gelöster und/oder kolloidaler Form als Silikate bzw. Polykieselsäure. Auf Heizflächen können sich Erdalkali-Silikate aber auch Kieselsäure selbst als schwer entfernbare Beläge abscheiden und den Wärmeübergang massiv behindern. Kieselsäure ist eine sehr schwache Säure und wird weder durch den pH-Wert noch durch Leitfähigkeit angezeigt!

L 3.6 Gase

Die meisten natürlichen Wässer enthalten Sauerstoff (Tiefbrunnenwasser oft wenig), Stickstoff und Kohlenstoffdioxid.

Beim Kohlenstoffdioxid bzw. der freien Kohlensäure differenziert man zwischen zugehöriger (s. L 6.1) und kalkaggressiver (neu: „calcitlösender") bzw. aggressiver Kohlensäure. Wenn letztere in zu hoher Konzentration im Wasser vorliegt, werden eiserne, verzinkte und kupferne Werkstoffe verstärkt angegriffen. Die als Hydrogenkarbonat (HCO_3^-) oder Karbonat (CO_3^{2-}) nicht frei vorliegende Kohlensäure bezeichnet man als gebundene Kohlensäure.

Aus Industrieluft ausgewaschene Schwefel- und Stickstoffoxide wandeln sich z.T. in Schwefel- und Salpetersäure um und senken den pH-Wert, z.B. im Wasser von Sprühbefeuchtern, ab.

Die Menge der im Wasser gelösten Gase ist abhängig von deren Partialdruck und der Temperatur. Bei Siedetemperatur des Wassers ist deren Löslichkeit nahe Null. Die Löslichkeit von Sauerstoff, Stickstoff und Kohlenstoffdioxid im reinen Wasser an Luft unter Normalbedingungen zeigt Bild L 3-1.

Im Wasser enthaltene Gase, besonders Sauerstoff und Kohlenstoffdioxid, können in Wasser- und Wasser-Dampf-Kreisläufen zu Korrosionsproblemen führen. Zum Aufbau von Schutzschichten in Trinkwasserleitungen aus Eisenwerkstoffen sind aber Sauerstoff und Kohlensäure in ausreichender Konzentration notwendig. Wasserlöslichkeit von Gasen s. Tabelle L 3-1.

L 3.7 Organische Stoffe

Wasser aus Moorgegenden ist oft durch Huminsäuren bräunlich verfärbt. Industrie, Gewerbe und Haushalte bringen andere organische, z.T. kolloidal vorliegende, Verunreinigungen in Oberflächenwässer. In technischen Systemen können organische Stoffe, wie Lösemittel, Öl, Fett, Kältemittel sowie andere organische Produktionsmittel in Wässer gelangen. In Rückkühlwerken und Umlaufsprühbefeuchtern werden organische Stoffe auch aus der Luft ausgewaschen. Organische Stoffe

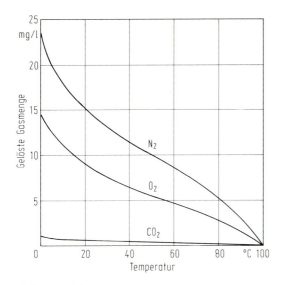

Bild L 3-1. Löslichkeit von Sauerstoff, Stickstoff und Kohlenstoffdioxid (Kohlendioxid) der Luft in reinem Wasser bei Normbedingungen

im Wasser können dessen Schaumneigung verstärken, mikrobielles Wachstum fördern und zu Durchflußstörungen führen sowie Korrosionsvorgänge und Ablagerungen fördern aber auch hemmen.

L 3.8 Mikrobielle Inhaltsstoffe

Unter diesen Begriff fallen Viren, Keime (Bakterien), Sporen, Pilze, Algen, Pollen und andere mehrzellige Lebewesen. Im Trinkwasser ist die zulässige Zahl der Keime absolut und zusätzlich in bezug auf das Bakterium Escherichia coli (E. coli) sowie für coliforme Keime begrenzt. E. coli sind in der Regel harmlose Darmbakterien, die als Indikatoren für Wasserverunreinigungen durch Fäkalien benutzt werden. Im Wasser von Schwimmbädern ist zusätzlich das pathogene Bakterium Pseudomonas aeruginosa limitiert. In letzter Zeit wird dem Bakterium Legionella pneumophila als Auslöser der sog. Legionärskrankheit verstärkte Aufmerksamkeit gewidmet.

Trinkwasser ist nicht keimfrei aber keimarm. Filteranlagen, auch Ionenaustauscher, können Keime anreichern und zur Vermehrung beitragen. Unzureichender Wasserfluß, Stagnation, ein erhöhtes Nahrungsangebot und erhöhte Temperaturen begünstigen die Keimvermehrung.

Durch Mikroorganismen können hygienische Probleme in der Wasser- und Luftversorgung und/oder technische Probleme durch Verstopfungen, Hemmung des Wärmeübergangs, Schaumbildung und Korrosion sowie Geruchbelästigung auftreten. Eine Minderung mikrobieller Einflüsse ist durch Sterilisation (totale Abtötung aller Mikroorganismen) und Desinfektion (Abtötung der meisten Mikroorganismen) möglich, wobei thermische und chemische Verfahren zur Anwendung gelangen. Beim Desinfizieren können resistente, z. T. pathogene, Keime auftreten, die besondere hygienische und medizinische Maßnahmen erfordern.

L 4 Definition wichtiger Wasserarten

Abwasser: Chemisch, physikalisch oder biologisch verändertes Wasser, das in öffentliche Gewässer (Direkteinleitung) oder in Sammelkanalisationen (Indirekteinleitung) abgegeben wird.

Brauchwasser: Rohwasser oder aufbereitetes Wasser für Produktionszwecke, das keinen hygienischen Anforderungen unterliegt.

Deionat: s. vollentsalztes Wasser.

Entkarbonisiertes Wasser: Wasser, dessen Gehalt an Hydrogenkarbonat weitgehend durch Kalkhydratfällung oder Filtration über schwachsaure Kationenaustauscher vermindert wurde.

Entsalztes Wasser: Salzarmes Wasser aus einfachen „Vollentsalzungsanlagen" mit einer elektr. Leitfähigkeit $< 20\,\mu S/cm$ und einer Kieselsäurekonzentration $< 0{,}2$ mg SiO_2/l.

Ergänzungswasser: Wasser zur Deckung von Verlusten von geschlossenen Umlaufsystemen.

Füllwasser: Wasser zum Füllen geschlossener und offener Kreisläufe sowie Wasser zum Neufüllen von Dampfkesseln.

Kaltwasser: Wasser als Kälteträger eines mit einer Kälteanlage ausgerüsteten, meist geschlossenen Kreislaufs.

Kesselwasser: Das Wasser in Dampferzeugern, das durch Verdampfung von Wasser die nicht flüchtigen Inhaltsstoffe des Speisewassers ca. 10–100fach angereichert enthält.

Kondensat: Reines Dampfkondensat ohne nachfolgenden Zusatz von Chemikalien oder anderer Wasserarten.

Kühlwasser: Wasser aus einem der Wärmeabfuhr dienenden System, das seine Abwärme entweder an die Luft (bei Umlaufkühlsystemen) oder an kaltes Wasser (bei Durchlaufkühlsystemen) abgibt sowie das letztgenannte Wasser selbst.

Permeat: In Umkehr (UO)- oder Revers (RO)-Osmose-Anlagen teilentsalztes Wasser mit ca. 3–15% Restsalzgehalt.

Regenerat: Bei der Regeneration von Ionenaustauschern abfließendes Wasser, das die im Filterbetrieb aufgenommenen Wasserinhaltsstoffe sowie überschüssiges Regeneriermittel enthält.

Rohwasser: Unbehandeltes oder nur mechanisch gereinigtes Wasser vor einer Wasseraufbereitung.

Speisewasser: Entsprechend aufbereitetes und konditioniertes Wasser zur Speisung von Dampferzeugern (meist ein entgastes Gemisch aus Kondensat und Zusatzwasser mit Chemikalien).

Teilentsalztes Wasser: Von einem Teil seiner Wasserinhaltsstoffe befreites Wasser, z. B. nach Kalkentkarbonisierung, Umkehrosmose oder nach schwachsauren Kationenaustauschern.

Trinkwasser, erwärmtes Trinkwasser: Zum menschlichen Genuß geeignetes, hygienisch, chemisch und physikalisch einwandfreies, kaltes bzw. erwärmtes Wasser, das der Trinkwasserverordnung (TrinkwV, [1]) entspricht.

Umwälzwasser oder Umlaufwasser: Das in offenen oder geschlossenen Systemen umgewälzte Wasser.

Vollentsalztes Wasser/Deionat: Durch Kationen- und Anionenaustausch von gelösten Salzen und Kieselsäure befreites (salzfreies) Wasser, dessen Festsalzgehalt unter 0,1 mg/kg liegt (elektr. Leitfähigkeit $< 0,2$ µS/cm; $SiO_2 < 0,02$ mg/l).

Weichwasser: Enthärtetes, d.h. durch Ionenaustausch von seinen Calcium- und Magnesium-Verbindungen befreites Wasser.

Zusatzwasser: Aufbereitetes Rohwasser zur Deckung von Verlusten von Wasser-/Dampf-Kreisläufen.

L 5 Wasseraufbereitung

L 5.1 Definition und Zweck

Unter Wasseraufbereitung versteht man die physikalische und/oder chemische Behandlung von Wässern, um deren Eigenschaft in gewünschtem Maße zu verändern. Die alleinige Dosierung von Chemikalien wird Konditionierung genannt. Zur Wasseraufbereitung sind üblicherweise Apparate wie Flocker, Filter, Ionenaustauscher, Permeatoren, Entgaser usw. erforderlich.

L 5.2 Vorbehandlung von Wasser

L 5.2.1 Entfernung mechanischer Verunreinigungen

Grobe Bestandteile werden durch Rechen, Trommelsiebe, Siebbandmaschinen, u. ä. aus dem Wasser entfernt. Sinkstoffe sind auch durch Absetzbecken oder Sandfänge abzutrennen. Mittelgrobe Feststoffe können u. a. durch automatische Rückspülfilter (Bild L 5-1) oder Schmutzfänger zurückgehalten werden.

Feine Partikel werden durch Filtration entfernt, wozu man offene oder geschlossene Filter mit Filtermaterial aus Quarzkies oder Kohle/Koks unterschiedlicher Körnung und spezielle oberflächenaktive Materialien verwendet. Große Leistung

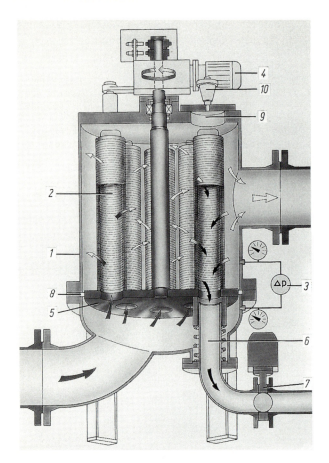

Bild L 5-1. Automatisches Rückspülfilter während eines Rückspülvorgangs einer V-Spalt-Filterkerze (50 bis ≥ 300 µm)

bei kleinem Raumbedarf ist durch Anschwemmfilter, Platten- und Kerzenfilter zu realisieren (s. Bilder L 5-2 und L 5-3). Filtereinrichtungen für geschlossene Systeme sollen beim Rückspülen zu möglichst wenig Wasserverlust führen. Zur Rückspülung aller Filter ist klares (gefiltertes) Wasser erforderlich. In Trinkwasserinstallationen sollen Feinfilter mit Filterpatronen verwendet werden, die mindestens den Anforderungen des DVGW-Merkblattes W 505 bzw. DIN 19632 entsprechen.

Feinste Bestandteile, z. B. Kolloide, Mikroorganismen und zum Teil auch höher molekulare organische Stoffe sind durch Filtration nicht direkt zu entfernen. Sie können durch Zusatz von Eisen- oder Aluminiumsalzen als Flockungsmittel in eine filtrierbare Form gebracht werden. Die Zugabe organischer Polyelektrolyte als Flockungshilfsmittel fördert das Entstehen größerer Flocken und erleichtert die Filtration deutlich.

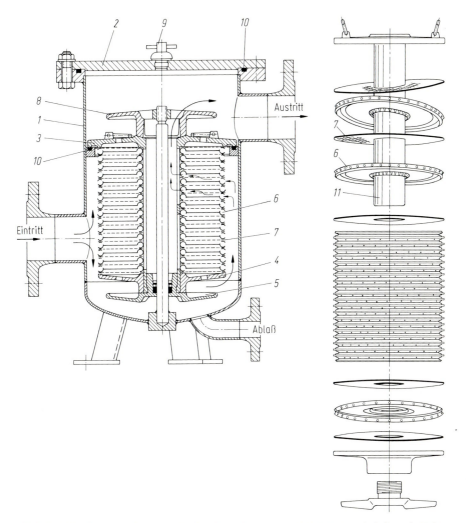

Bild L5-2. Hochleistungs-Feinfilter (Plattenfilter). *1* Gehäuse, *2* Deckel, *3* Endscheibe mit Halterohr, *4* Untere Endscheibe, *5* Flügelschraube, *6* Spannscheibe, *7* Filterscheibe, *8* Flügelmutter, *9* Entlüftungsschraube, *10* Dichtungen, *11* Führungsnut im Halterohr

L 5.2.2 Entsäuerung

Rohwasser mit zu hohem Gehalt an freiem Kohlenstoffdioxid, d. h. mit kalk- bzw. calcitlösender Kohlensäure, muß entsäuert werden, um das Korrosionsrisiko für metallische Werkstoffe zu mindern. Dies ist physikalisch durch Verrieseln gegen Luft (s. L 5.8.1) und/oder chemisch durch Zugabe alkalischer Stoffe sowie durch Filtration über alkalische Filtermassen möglich. Letztere führen zu einer Erhöhung der Erdalkalikonzentration des Wassers.

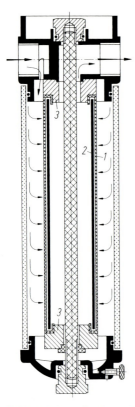

Bild L 5-3. Einfaches Kerzenfilter — auch mit mehreren parallel geschalteten Filterkerzen im Gebrauch. *1* Stützhülse, *2* Filterkörper, *1+2* Filterkerze, *3* Endkappen

L 5.2.3 Enteisenung, Entmanganung

Zur Enteisenung wird das Wasser unter Druck belüftet und danach mechanisch filtriert. Der Lufteintrag ist so zu steuern, daß eine Übersättigung mit Luft und damit Gasblasenausscheidung im Rohrnetz vermieden wird. Die Entmanganung ist viel aufwendiger als eine Enteisenung und nur bei Einsatz chemischer Mittel und aktiver Filtermaterialien erfolgreich.

L 5.2.4 Entkeimung, Desinfektion

Bakteriologisch nicht einwandfreies Wasser ist je nach Anwendungsfall zu entkeimen. Trinkwasserqualität ist auch erforderlich, wenn Wasser zur Luftbefeuchtung sowie für Dialyseanlagen und andere medizinische bzw. pharmazeutische Zwecke verwendet oder aufbereitet wird. Je niedriger der Keimgehalt des Wassers vor einer Wasseraufbereitungsanlage ist, desto geringer ist die Verkeimungsgefahr nachgeschalteter Anlagenteile und der Keimgehalt des aufbereiteten Wassers. Um eine Wiederverkeimung von Systemen zu vermeiden, sind Desinfektionsmittel mit sog.

Depotwirkung notwendig. Zur Desinfektion verwendet man starke Oxidationsmittel wie Chlor, Chlordioxid, Chlorbleichlauge, Calciumhypochlorit und Ozon. Für alle Mittel existieren Grenzwerte in der Trinkwasserverordnung [1], die für chlorhaltige Mittel durch angepaßte Dosierung, für Ozon durch nachgeschaltete Kohlefilter eingehalten werden müssen.

Nachteilig bei der Chlorung von Wasser ist, daß organische Substanzen z.T. in Chlorkohlenwasserstoffe (CKW, Haloforme) umgewandelt werden, deren Konzentration im Trinkwasser sehr stark begrenzt ist. Kleinere Wassermengen werden am einfachsten mit Chlorbleichlauge entkeimt. Für größere Mengen ist Chlorgas preisgünstiger und bei Verwendung von Vakuum-Dosieranlagen auch sehr sicher. Chlordioxid vermeidet die Entstehung von CKW weitgehend. Sowohl bei der Ozonung als auch bei der Chlorung von Wasser sind die notwendigen baulichen Maßnahmen und Vorschriften zu berücksichtigen [2].

Die Entkeimung mit UV-Licht ist auf Anwendungsfälle mit klarem Wasser niedriger Schichtdicken beschränkt, eignet sich aber gut, um die Phasengrenze Wasser/Luft und den Luftraum in Lagertanks keimfrei zu halten. Entkeimungsfilter sind nur für keimarme Wässer anzuraten. Die Entkeimung mit Silbersalzen wird kaum mehr angewendet.

Die Desinfektion von Rohrleitungen und Behältern kann chemisch mit Lösungen der vorgenannten Mittel und von Wasserstoffperoxid und Kaliumpermanganat sowie thermisch erfolgen.

L 5.3 Konditionierung durch Chemikaliendosierung

Chemikalien werden u.a. dosiert zur Desinfektion, zum Korrosions- und Steinschutz sowie zur Konditionierung von Wasser- und Dampf-Kreisläufen.

Für *Durchlaufsysteme* ist eine mengenabhängige Zugabe, ggf. mit einer Regelgröße für die Konzentration oder Wirkung des Dosiermittels (z.B. pH-Wert, Chlorgehalt), ratsam. Zur Desinfektion sowie zum Korrosions- und Steinschutz in Trink- und Brauchwasser-Systemen sind empfindliche, bei geringem Durchfluß ansprechende, Dosiereinrichtungen nach DIN 19635 erforderlich. Dosierpumpen mit Hubverstellung oder regelbarem Impuls sind dafür gut geeignet.

Für *Kreislaufsysteme*, z.B. Dampf-, Heizungs-, Kühlwasser- und Befeuchtungskreisläufe, ist oft keine so hohe Dosiergenauigkeit erforderlich, weil im Kreislauf ein bestimmter Chemikalienpuffer vorhanden ist. Injektoren und Schleusen sind verwendbar, Dosierpumpen aber zu bevorzugen.

Impfstellen sollen unter Wasser münden. Für eine gute Verteilung des Dosiermittels ist zu sorgen.

L 5.4 Physikalische Wasserbehandlung

Die physikalische Wasserbehandlung z.B. mit Magnet-, Hochspannungs- und Hochfrequenzfeldern wird in ihrer Wirkung äußerst unterschiedlich und kontrovers beurteilt. Bei allen Systemen, die Energie in das Wasser einbringen, ist noch eine gewisse Beeinflussung vorstellbar, wenn auch fraglich ist, ob die Energie ausreicht, den gewünschten Effekt zu erzielen. Mehrere Untersuchungen namhafter

Institute ergaben bisher keine eindeutige Wirkung gegen die Verkalkung elektrisch beheizter Trinkwassererwärmer.

Der Wirkmechanismus dieser Geräte ist bisher wissenschaftlich nicht nachvollziehbar. Die oft beschriebene „Umwandlung im Wasser vorliegenden Calcits in Aragonit" kann aber ausgeschlossen werden, da im kalten Wasser die Bestandteile dieser Calciumkarbonat-Modifikationen in Ionenform vorliegen. Möglicherweise erfolgt eine Aktivierung bestimmter, in verschiedenen Wässern enthaltener, organischer Stoffe, die dann ähnlich wie moderne organische Härte-Stabilisierungsmittel wirken. Ein GS-Prüfzeichen bezeugt nur die sichere Handhabung der Geräte, nicht aber deren Wirkung. Für Dampfkesselanlagen sind physikalisch arbeitende Geräte nicht erlaubt.

L 5.5 Fällverfahren, Kalkentkarbonisierung

Von den alten thermisch-chemischen Fällverfahren zur Enthärtung von Wasser wird heute nur noch die Entkarbonisierung durch Zusatz von Kalkhydrat praktiziert. Alle anderen Verfahren wurden durch die Ionenaustauscher verdrängt.

Die umweltfreundliche Entkarbonisierung von Wasser durch Zusatz von Kalkhydrat als Kalkwasser oder Kalkmilch wird nach zwei unterschiedlichen Verfahren durchgeführt. In beiden werden die an Hydrogenkarbonat gebundenen Erdalkalien (Karbonathärte) des Rohwassers weitgehend ausgefällt. Beide Verfahren erfordern nachgeschaltete Kiesfilter, deutlichen Raumbedarf und Bedienungsaufwand, sind aber automatisierbar. Bei der *Kalk-Langsam-Entkarbonisierung* werden die ausgefällten Stoffe nach etwa 1–2 h Verweilzeit als Schlamm erhalten. Die *Kalk-Schnell-Entkarbonisierung* ist nur bei bestimmten Wasserarten praktikabel und liefert nach ca. 5–10 min Verweilzeit überwiegend ein kugelförmiges Reaktionsprodukt.

L 5.6 Ionenaustauschverfahren

L 5.6.1 Ionenaustauscher – Allgemeines

Ionenaustauscher zur Wasseraufbereitung sind feste, wasserunlösliche Stoffe, die aus einer wäßrigen Lösung Ionen aufnehmen und dafür andere Ionen abgeben. Der Ionenaustausch spielt in der Natur, u.a. im Boden durch Mineralien (den sog. Zeolithen) eine große Rolle. Die ersten synthetisch hergestellten Ionenaustauscher waren den Zeolithen nachempfunden. Synthetische Zeolithe dienen heute u.a. als Phosphatersatz in Waschmitteln zum Enthärten von Wasser. Später entstanden Ionenaustauscher auf Kohle-, dann auf Kunstharzbasis. Heute gebräuchliche Ionenaustauscher bestehen aus kugelförmigen polymeren Styrol- oder Acrylsäureharzen mit sog. funktionellen Gruppen als austauschaktive Bestandteile.

Im zyklischen Wechsel von Beladung und Regeneration kann die Zusammensetzung eines Wassers durch Ionenaustauscher beim Beladungsvorgang verändert oder der Salzgehalt vermindert werden (Bild L 5-4). Während die Beladung eines Ionenaustauschers von selbst abläuft, muß der Austauscher bei der Regeneration mittels eines in deutlichem Überschuß eingesetzten Regenerierungsmittels, z. B.

Bild L 5-4. Schematischer Vorgang des Ionenaustauschs am Beispiel eines stark sauren Kationenaustauschers (KA) in der Na-Form (Na-Austausch, Enthärtung). KA_1 Kationenaustauscher in regenerierter Natrium(Na)-Form, KA_2 Kationenaustauscher in beladener Calcium(Ca)-Form

Salzsäure, Natronlauge oder Kochsalz, wieder in die jeweilige Gebrauchsform zurückgeführt werden. Die Regeneration umfaßt i. d. R. die Aktionen Rückspülen, Regeneriermitteleinzug und Auswaschen des Regeneriermittels.

Bleibt ein teilbeladener Ionenaustauscher einige Zeit ohne Wasserentnahme stehen, werden am Harz gebundene Ionen in geringer Menge wieder an das umgebende Wasser abgegeben, was man als sog. Gegenioneneffekt bezeichnet.

Man unterscheidet Kationen- und Anionenaustauscher. Bei Kationenaustauschern wird je nach Art der funktionellen Gruppen zwischen schwach sauren und stark sauren Harzen unterschieden. Bei Anionenaustauschern lassen sich schwach basische, mittelbasische und stark basische Harze unterscheiden.

Die Leistungsfähigkeit von Ionenaustauschern wird durch die Kapazität (theoretische Total- (TVK) und praktisch *n*utzbare *V*olumen *K*apazität (NVK) in g CaO/l, val/l = eq/l = moleq/l Harz) ausgedrückt. Sie ist primär vom Harztyp, den Betriebs- und Regenerierbedingungen und der Wasserzusammensetzung abhängig. Eine Wassertemperatur von 20–25 °C wirkt sich positiv auf die Kapazität und den Druckverlust im Filter aus, zudem wird Schwitzwasserbildung an der Anlage verhindert.

Unter üblichen Betriebsbedingungen erreichen Kationenaustauscherharze eine Nutzungsdauer von 10–15 Jahren, Anionenaustauscher eine solche von 5–10 Jahren. Durch Abrieb können jährlich bis ca. 3% des Harzes eines Ionenaustauschfilters verlorengehen. Während stark saure Kationenaustauscher in der Na-Form (s. L 5.6.3) bis max. 120 °C stabil sind, sind Anionenaustauscher nur bis max. 70 °C einsetzbar. Austauscherharze können durch Oxidationsmittel wie z. B. Chlor geschädigt werden. Der Gehalt des Wassers an wirksamem Chlor soll bei Kationenaustauschern 0,2 mg/l, bei Anionenaustauschern 0,05 mg/l nicht überschreiten. Ionenaustauscher können durch Eisen- und Manganverbindungen blockiert werden, wenn deren Summenkonzentration 0,1 mg/l übersteigt. Irreversible Schädigungen an Ionenaustauschern können auch durch Lösemittel, Öl, Fett und natürliche organische Wasserinhaltsstoffe (Huminstoffe) sowie übermäßige osmotische und mechanische Druckbelastung, Temperaturschocks und Frosteinwirkung auftreten. Unter ungünstigen Bedingungen (z. B. lange Betriebszeit oder Stagnation) können sich auf Ionenaustauschern Mikroorganismen anreichern und vermehren. Dies kann zu wasserhygienischen Problemen und sogar zur Schädigung der Ionenaustauschermasse führen.

L 5.6.2 Filter- und Anlagentechnik

Filter für den Ionenaustausch bestehen aus zylindrischen Filterbehältern und einem oder mehreren Filterböden mit eingeschraubten Schlitzdüsen sowie Einbauten zur Verteilung und ggf. Drainage der Regeneriermittel. Kleine Filter werden oft aus Kunststoff, große Filter meist aus gummiertem Stahl gefertigt. Wesentliche Bestandteile sind neben der Regeneriereinrichtung noch Volumenstrom- und Durchsatzmeßgeräte, Einrichtungen zur Entnahme von Wasserproben sowie Manometer.

Ionenaustauscheranlagen üblicher Bauweise arbeiten diskontinuierlich (kontinuierlich arbeitende Anlagen sind technisch aufwendig und teuer) und liefern während der Regeneration kein aufbereitetes Wasser, weshalb man Speicher oder Doppel-(Pendel-)anlagen zur kontinuierlichen Wasserversorgung einsetzt.

Für den automatischen Betrieb können Filterwechsel und Regeneration nach Ablauf einer bestimmten Zeit, nach Durchsatz einer bestimmten Wassermenge oder nach Erreichen von Grenzwerten für bestimmte Wasserinhaltsstoffe ausgelöst werden. Die Zeitsteuerung ist nur bei konstantem Wasserverbrauch und gleichbleibender Rohwasserqualität ratsam. Die Mengensteuerung erlaubt schwankenden Wasserbedarf, erfordert aber eine oft gegebene, relativ konstante Rohwasserqualität. Optimal, aber auch aufwendig, ist eine Qualitätssteuerung, weil sie unabhängig von der Rohwasserqualität und -menge ist. Die dazu erforderlichen Analysengeräte zur Qualitätskontrolle erfordern regelmäßige Wartung und Kalibrierung.

L 5.6.3 Enthärtung

Enthärtungsfilter, auch Basenaustauscher, Na^+-Austauscher oder Neutralaustauscher genannt, enthalten eine stark saure Kationenaustauschermasse, die mit 250–350% der theoretischen Menge an Kochsalz regeneriert wird und dann in der Na-Form vorliegt. Enthärtungsfilter liefern Weichwasser mit einer Restkonzentration an Erdalkalien bis < 0,01 mmol/l. Dabei werden die Erdalkaliionen des Rohwassers gegen Natriumionen ersetzt, ohne den Salzgehalt des Wassers zu verändern, Schema s. Bild L 5-5. Die Bedienung dieser Anlagen ist einfach. Zur Qualitätskontrolle sind „Härtemeßgeräte" mit guter Zuverlässigkeit erhältlich. Das Regenerat darf ohne Behandlung in die Kanalisation eingeleitet werden.

Weichwasser greift un- und niedriglegiertes sowie verzinktes Eisen langsam an. Beständig sind Kunststoff und Edelstahl.

L 5.6.4 Wasserstoff-Entkarbonisierung

Entkarbonisierungsfilter, auch H^+-Filter oder schwach saure Kationenfilter genannt, enthalten eine schwach saure Kationenaustauschermasse, die mit 103–106% der theoretischen Menge an Salz- oder Schwefelsäure regeneriert wird und dann in der H^+-Form vorliegt. Sie liefern entkarbonisiertes Wasser mit einer mittleren Rest-Säurekapazität ($K_{S4,3}$) von 0,2 mmol/l. Dabei werden die Alkali-

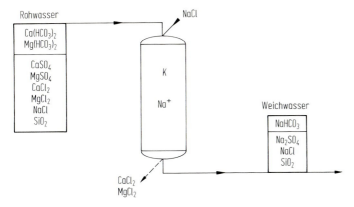

Bild L5-5. Chemischer Vorgang bei der Enthärtung (Na$^+$-Austausch). Calcium(Ca)- und Magnesium(Mg)-Verbindungen werden – ohne Konzentrationsänderung – in Natrium(Na)-Verbindungen umgewandelt

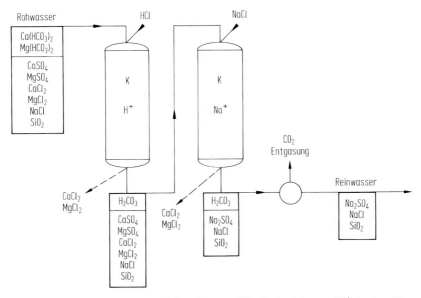

Bild L5-6. Chemischer Vorgang bei der Wasserstoff-Entkarbonisierung (H$^+$-Austausch) am Beispiel einer H$^+$/Na$^+$-Teilentsalzung. Hydrogenkarbonat (HCO$_3^-$) wird im schwach sauren Kationenfilter (K), dessen Harz sich in der H$^+$-Form befindet, in freie Kohlensäure umgewandelt. Im nachgeschalteten stark sauren Kationenfilter (K), dessen Harz sich in der Na$^+$-Form befindet (Enthärtungsfilter), werden Erdalkaliionen gegen Natriumionen ersetzt

und Erdalkaliionen des Rohwassers gegen Wasserstoffionen ersetzt, die der Hydrogenkarbonat-Konzentration entsprechen, Schema s. Bild L5-6. Das Hydrogenkarbonat wird dabei in freie Kohlensäure umgewandelt, die physikalisch entfernt werden kann, s. L5.8.2. Der Gesamtsalzgehalt des Rohwassers wird dabei um den Hydrogenkarbonatanteil des Wassers vermindert, weshalb man von Teilentsalzung spricht. Die Bedienung von Entkarbonisierungsfiltern erfordert mehr Sorgfalt als die anderer Ionenaustauscher. Zur Qualitätskontrolle sind „$K_{S4,3}$-Meßgeräte" mit akzeptabler Zuverlässigkeit erhältlich. Zumeß- und Lagergefäße für Salzsäure sollten wegen der Korrosionswirkung der Salzsäuredämpfe möglichst in einem separaten Raum stehen. Das Regenerat ist mineralsauer und darf ohne Neutralisation nicht in die Kanalisation abgegeben werden. Für Wasserverbräuche bis ca. 30 m^3/Tag sind die o. g. Anlagen deshalb weniger geeignet und statt dessen Umkehrosmose-Anlagen zu empfehlen.

In H$^+$-Filtern behandeltes Wasser ist sehr aggressiv gegen un- und niedriglegiertes sowie verzinktes Eisen. Beständig sind z. B. Kunststoff, gummierter Stahl und Edelstahl.

Die H$^+$-Entkarbonisierung eignet sich gut zur Aufbereitung größerer Mengen von Wasser (>2 m^3/h) mit hohen Anteilen an Erdalkalihydrogenkarbonat, z. B. zur Kühl- und Brauchwasseraufbereitung. Zur Aufbereitung von Zusatzwasser für Heizungs- und Dampferzeugeranlagen muß dem H$^+$-Filter ein Enthärtungsfilter nachgeschaltet werden, um restliche Erdalkalien zu entfernen. Man spricht dann von einer H$^+$/Na$^+$-Teilentsalzung.

L 5.6.5 Entsalzung und Vollentsalzung

Anlagen zur Wasserentsalzung, auch VE-Anlagen genannt, bestehen in der einfachsten Form aus einem stark sauren Kationenaustauscher in der H$^+$-Form und einem stark basischen Anionenaustauscher in der OH$^-$-Form, ggf. ist ein Kohlensäure (CO$_2$)-Rieseler dazwischengeschaltet, s. Bild L 5-7. Kationenaustauscher werden mit Salz- oder Schwefelsäure, Anionenaustauscher mit Natronlauge regeneriert. Die Regeneriermittelmengen sind stark abhängig von der Zusammensetzung des Rohwassers, dem Regenerationsverfahren und der geforderten Reinwasserqualität. Sie liegen zwischen 150 und 350% der theoretischen Menge.

Im *stark sauren Kationenaustauscher* werden alle Kationen des Wassers gebunden und dafür H$^+$-Ionen abgegeben, d. h. aus den Salzen des Wassers werden freie Säuren (Salzspaltung).

Im *stark basischen Anionenaustauscher* werden alle Anionen sowie die Kohlensäure und Kieselsäure gebunden und dafür OH$^-$-Ionen abgegeben. Bei ≥ 50 mg/l Kohlensäure soll diese zur Entlastung des Anionenharzes im CO$_2$-Rieseler (s. L 5.8.2) reduziert werden.

In Entsalzungsanlagen aus je einem Kationen- und Anionenfilter läßt sich Reinwasser mit einer Leitfähigkeit ≤ 20 µS/cm und einem Kieselsäuregehalt $<0,2$ mg/l erzielen. Die Überwachung der Wasserqualität sowie die Steuerung automatischer Entsalzungsanlagen erfolgt zweckmäßig durch Leitfähigkeitsmessung. Kieselsäure-Meßgeräte sind erhältlich, aber teuer. Kieselsäure wird durch Leitfähigkeitsmessung nicht erfaßt!

Salzarmes Wasser kann auch in *Mischbettfiltern* entsalzt werden, in welchem stark saure Kationen- und stark basische Anionenharze im Gemisch enthalten sind. Sie sind allein verwendbar, wenn kleinere Wassermengen benötigt werden und auch leihweise erhältlich, wobei dann die Regeneration lieferseitig erfolgt. Mischbettfilter werden zur Feinreinigung einfachen Entsalzungsanlagen nachgeschaltet,

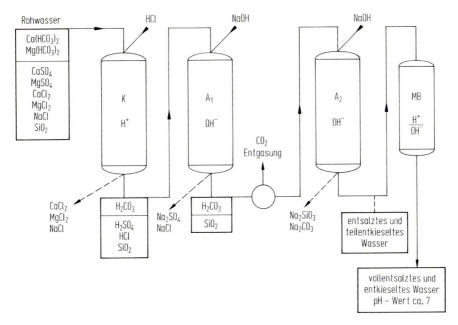

Bild L5-7. Chemischer Vorgang bei der Vollentsalzung in einer Anlage, bestehend aus stark saurem Kationenaustauscher in der H^+-Form (K), schwach basischem Anionenaustauscher in der OH^--Form (A_1), Kohlensäure-Rieseler (CO_2-Entgasung), stark basischem Anionenaustauscher in der OH^--Form (A_2) und Mischbettfilter (MB). Filterkombination K und A_2: Entsalzung; Filterkombination K, A_2 und MBF: Vollentsalzung

um vollentsalztes Wasser (VE-Wasser oder Deionat) mit Leitfähigkeiten ≤ 0,2 µS/cm und Kieselsäurekonzentrationen ≤ 0,02 mg/l zu erhalten.

Das Regenerat von Entsalzungsanlagen und Mischbettfiltern ist stark sauer bzw. basisch und darf nur nach Neutralisation und pH-Kontrolle dem Abwassersystem zugeführt werden.

Für die Lagerung und den Transport entsalzten Wassers sind Kunststoff oder nichtrostender Stahl zu empfehlen, da andere metallische Werkstoffe schwach angegriffen werden.

Entsalzungsanlagen werden eingesetzt, wenn Korrosions- und Belagsprobleme durch salzarmes Wasser vermindert werden müssen. Nur in Sonderfällen ist vollentsalztes Wasser (Deionat) zwingend erforderlich.

L 5.7 Wasseraufbereitung durch Membranverfahren

Zu den Membranverfahren zählen u.a. Ultrafiltration, Umkehrosmose, Elektrodialyse und Elektrophorese. Je nach Art des Verfahrens lassen sich kolloidale oder echt gelöste Stoffe aus dem Wasser entfernen. Die Abtrennung erfolgt an teildurchlässigen Membranen mittels mechanischer oder elektrischer Energie. Beim eigentlichen Membranprozeß sind, im Gegensatz zur Wasseraufbereitung mittels Ionenaustauschern, keine Chemikalien erforderlich. Ein bestimmter Chemikalieneinsatz

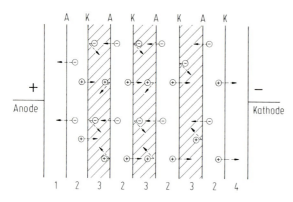

Bild L 5-8. Schema der Wirkungsweise einer Elektrodialyse-Anlage. A Anionenaustausch-Membranen (durchlässig für Anionen). K Kationenaustausch-Membranen (durchlässig für Kationen). In dem elektrischen Feld zwischen Anode und Kathode wollen Anionen zur Anode und Kationen zur Kathode wandern. Durch die selektiv durchlässigen Membranen A und K werden die Ionen in ihrer Beweglichkeit in den Kammern 2 und 3 so eingeschränkt, daß in den Kammern 2 das Wasser entsalzt und in den Kammern 3 die Konzentration der Ionen entsprechend zunimmt. Die Kammern 1 und 4 sind die Elektrodenkammern, in denen durch Entladung von Kationen Wasserstoff und durch Entladung von Anionen Sauerstoff, ggf. auch Chlor gebildet werden kann. Ablagerungen wird durch Umpolung begegnet

ist aber bei der Vor- oder Nachbehandlung des aufzubereitenden Wassers in der Regel unvermeidlich.

Elektrodialyse und Elektrophorese dienen zur Abtrennung elektrisch geladener Teilchen und von Ionen an teildurchlässigen Membranen, die entweder nur für Kationen oder Anionen sowie Wassermoleküle passierbar sind, durch Anlegen einer Gleichspannung. Die Elektrodialyse ist für die Entsalzung von Wasser, auch mit hohem Salzgehalt, verwendbar (Bild L 5-8).

Ultrafiltration und Umkehrosmose verwenden hauchdünne, mehrschichtige Membranen, die für Kolloide, Makromoleküle und Keime, im Fall der Umkehrosmose zusätzlich auch für Ionen nahezu undurchlässig sind. Bei Differenzdrücken von 1–10 bar bei der Ultrafiltration und 6–30, max. 70 bar, bei der Umkehrosmose werden 30–80% des aufzubereitenden Wassers und Gase durch die Membrane gepreßt. Die angereicherten Wasserinhaltsstoffe werden kontinuierlich mit dem Konzentrat abgeführt.

Von den v. g. Verfahren ist die *Umkehrosmose* (*UO*), auch Reversosmose (RO) genannt, Bild L 5-9, zur Aufbereitung von Trink- und Brauchwasser langfristig erprobt, um bei einer Permeatausbeute von ca. 70–80% den Salzgehalt des Wassers um ca. 85–98% zu vermindern. Die in UO-Anlagen verwendeten Membranen (z. B. aus Polyamid, Celluloseacetat oder Polysulfon) sind in unterschiedlichen pH-Bereichen anwendbar und in Druckbehälter, sog. Module, eingebaut. Nach Bauart werden Hohlfaser-, Röhren-, Wickel-, Platten-, und Kissenmodule unterschieden (Bild L 5-10). Die Anlagen sind für Leistungen ab wenigen l/h erhältlich und bis ca. 30 m³/Tag mit vorgeschalteter Enthärtung bez. Preis und Leistung der H^+/Na^+-Teilentsalzung z. T. ebenbürtig. UO-Anlagen sollen möglichst im Dauer-

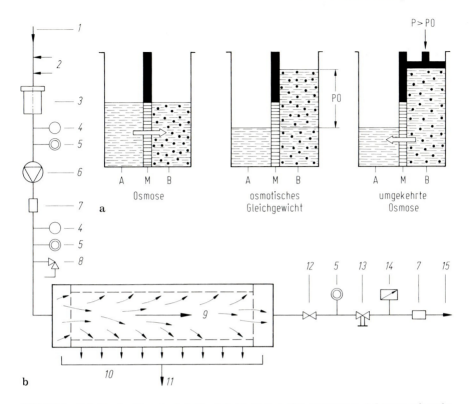

Bild L5-9a. Schema der Osmose und umgekehrten Osmose (Reversosmose). A Lösung mit geringer Konzentration, B Lösung mit höherer Konzentration, M halbdurchlässige (semipermeable) Membrane, PO Osmotischer Druck der Lösung B, P > PO mechanische Überwindung des osmotischen Drucks;

Bild L5-9b. Schema einer Umkehrosmose (Reversosmose)-Anlage (ähnlich im Aufbau ist die Ultrafiltration). *1* Aufzubereitende Lösung, *2* Mögliche Chemikalienzugabe, *3* Schutzfilter, *4* Druckschalter, *5* Manometer, *6* Pumpe (Kolben- oder Kreiselpumpe), *7* Durchflußmesser, *8* Sicherheitsventil, *9* Arbeitsmodul, *10* Permeatsammler, *11* Ablauf für entsalztes Wasser (Permeat), *12* Absperrventil, *13* Druckhalte- und Regulierventil, *14* Leitfähigkeits-Meßgerät, *15* Konzentratablauf

betrieb arbeiten, Bedarfsschwankungen sind durch Permeat-Pufferbehälter auszugleichen. UO-Anlagen sind umweltfreundlich, einfach zu bedienen und benötigen wenig Raum.

Erdalkalikarbonate und -sulfate, Kolloide sowie Kieselsäure können bei zu hoher Aufkonzentrierung in den Modulen zur Verblockung führen. Temperaturen >30°C, Frost, Verkeimung und Oxidationsmittel (Chlor, Ozon) können Module ebenfalls bleibend schädigen. Je nach Rohwasserbeschaffenheit sowie Art und Größe der Anlage muß deshalb eine geeignete Vorbehandlung des Wassers (Chemikaliendosierung, Enthärtung, Feinfiltration etc.) erfolgen. Einer Verkeimung und Verblockung ist durch sporadische Modulspülungen entgegenzuwirken. Die Quali-

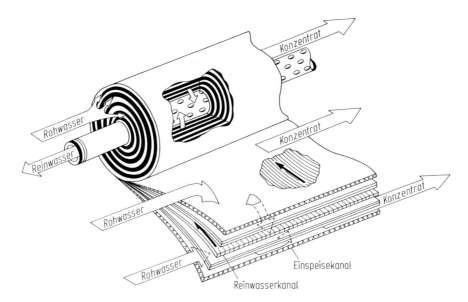

Bild L 5-10. Aufbau eines Wickelmoduls zur Umkehrosmose. Das Schnittbild zeigt den Aufbau eines spiralförmig gewickelten Cellulosetriazetat-Elements

tätsüberwachung erfolgt durch Leitfähigkeitsmessung. Das Abwasser von UO-Anlagen (Konzentrat) kann ohne weitere Behandlung in die Kanalisation abgeleitet werden.

Mit Permeat und Konzentrat beaufschlagte Leitungen und Behälter sollen aus Kunststoff oder nichtrostendem Stahl sein.

UO-Anlagen eignen sich anstelle der H^+/Na^+-Teilentsalzung gut zur Herstellung kleinerer Mengen salz- und keimarmen Wassers. Mit nachgeschalteten Mischbettfiltern kann vollentsalztes Wasser hergestellt werden.

L 5.8 Entgasung

L 5.8.1 Übersicht

Wasser enthält, abhängig von Temperatur und Druck, gelöste Gase wie Stickstoff, Sauerstoff und Kohlendioxid (Bild L 3-1), welche physikalisch entfernt werden können. Sauerstoff ist auch chemisch zu binden.

L 5.8.2 Physikalische Entgasung

Durch intensive Belüftung wird im Wasser die Sättigungskonzentration aller in der Luft enthaltenen Gase erreicht. Deshalb können hohe Gehalte an *freier* Kohlensäure bzw. Kohlendioxid, die z. B. im Wasser nach Kationenaustauschern in der H^+-Form zu erwarten sind, im sog. *Kohlensäure-Rieseler* (CO_2-Rieseler) vermindert

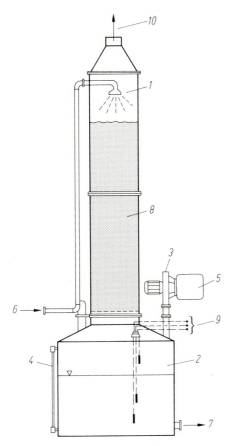

Bild L 5-11. Schematischer Aufbau eines Kohlensäure-Rieselers. *1* Rieselturm mit Sprühdüse, *2* Sammelbehälter und Pumpenvorlage, *3* Ventilator, *4* Wasserstandsanzeige, *5* Luftfilter, *6* Wassereintritt, *7* Wasserablauf, *8* Füllkörper, *9* Niveaureglung, *10* Abluftaustritt

werden. In ihm wird versprühtes Wasser einem Luftstrom entgegengeführt und dabei der Gehalt an freier Kohlensäure auf ≤ 10 mg CO_2/l gesenkt (Bild L 5-11). CO_2-Rieseler sind dann Bestandteil von Wasseraufbereitungs-Anlagen, wenn freie Kohlensäure zur Korrosion führen kann oder stark basische Anionenfilter unwirtschaftlich hoch belastet. Mit der Belüftung ist immer ein Keimeintrag verbunden.

Thermische Druckentgaser nutzen die Unlöslichkeit von Gasen in siedenden Flüssigkeiten. Dabei wird durch Rieselkaskaden oder Düsen verteiltes Wasser in einem Behälter durch Einblasen von Dampf, stehendes Wasser durch Aufheizen mittels Heizschlangen auf $\geq 100\,°C$ erhitzt (Bild L 5-12). Thermische Entgaser arbeiten bei geregelten Überdrücken von meist 0,2–0,4 bar im Temperaturbereich von 104–110 °C. Die auskochbaren Gase müssen mit Überschußdampf, dem sog. Brüden- oder Fegedampf, ausgetragen werden. Druckentgaser erreichen im Leistungsbereich von 25–100% Restkonzentrationen an Sauerstoff von <0,02 mg

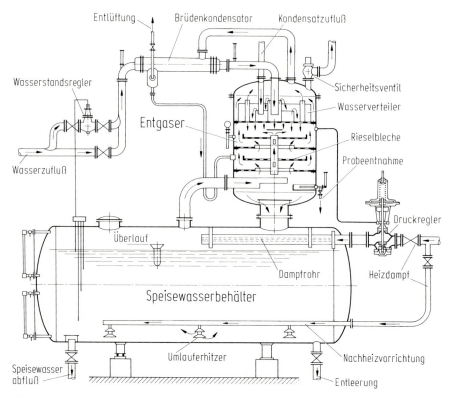

Bild L 5-12. Schematischer Aufbau eines thermischen Druckentgasers mit Speisewasserbehälter

O_2/l und solche an freiem Kohlenstoffdioxid von < 2 mg CO_2/l, wenn die Differenz zwischen Entgaser- und Zulaufwasser-Temperatur $\geq 6-8$ K beträgt.

Die *Vakuumentgasung* basiert auf dem gleichen physikalischen Prinzip wie die Druckentgasung. Durch Anlegen eines Unterdrucks wird das Wasser bei Temperaturen $< 100\,°C$ zum Sieden gebracht, und die physikalisch gelösten Gase werden ausgetrieben, Bild L 5-13. Der Entgasungsdampf wird dabei aus dem zu entgasenden Wasser durch Einhalten eines Unterdrucks gewonnen, wodurch sich dieses abkühlt. Bei der Unterdruckentgasung wird wegen des geringeren Dampfeinsatzes meist keine so niedrige Sauerstoffkonzentration erzielt wie bei der Druckentgasung. Erhöhte Sauerstoffwerte können auch durch undichte Flansche und Armaturen auftreten. Die Regelung ist nur einfach, wenn die Temperatur des zu entgasenden Wassers um nicht mehr als ca. ± 10 K schwankt.

Bei beiden Verfahren kann die Energie des Fegedampfs durch Wärmeaustauscher aus Edelstahl zurückgewonnen werden, wenn dadurch der Abzug der Gase nicht behindert wird.

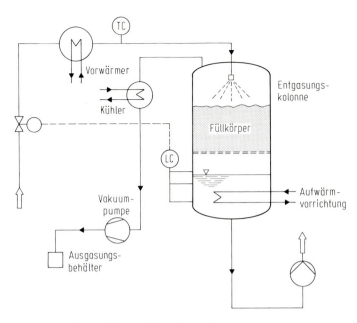

Bild L 5-13. Schematischer Aufbau einer Vakuum-Entgasungsanlage

L 5.8.3 Chemische Entgasung

Durch chemische Mittel läßt sich der Sauerstoff entfernen, freies Kohlendioxid aber nur begrenzt binden. Die chemische Entgasung soll deshalb immer mit einer physikalischen Entgasung kombiniert werden. Sauerstoff-Bindemittel sollen nur als Alternative betrachtet werden, wenn mit physikalischen Maßnahmen der gewünschte Effekt nicht zu erreichen ist (z. B. bei Lufteinbrüchen nach dem Abstellen von Dampferzeugern).

Die optimale Form der chemischen *Sauerstoffbindung* ist die Umsetzung des gelösten Sauerstoffs mit Wasserstoff unter Bildung von Wasser. Derartige Verfahren sind unter Verwendung edelmetallhaltiger Ionenaustauscher als Katalysator erprobt aber relativ aufwendig.

Sauerstoff kann auch durch verschiedene Mittel chemisch gebunden werden. Klassische Sauerstoffbindemittel in Wasser-Dampf-Kreisläufen sind Natriumsulfit und Hydrazin. Seit der Einstufung von Hydrazin als krebserregender Gefahrstoff werden verstärkt andere Mittel mit „niedrigerem" hygienisch-toxikologischem Gefährdungspotential angeboten.

Natriumsulfit (Na_2SO_3) ist ein wasserlösliches Salz, das relativ schnell mit Sauerstoff zu Natriumsulfat (Na_2SO_4) reagiert. Es ist gesundheitlich unbedenklich und nicht dampfflüchtig. Die Dosierung von Natriumsulfit führt zu einer Erhöhung des Salzgehalts der zu entgasenden Wässer. In Heizungsanlagen kann Natriumsulfit auch zu Natriumsulfid umgewandelt werden und Korrosion an Buntmetallen auslösen.

Hydrazin (N_2H_4) wird meist als 15%ige wäßrige Lösung angeboten und reagiert relativ langsam mit Sauerstoff unter Bildung von Stickstoff und Wasser, z. T. entsteht auch Ammoniak. Aktiviertes Hydrazin mit erhöhter Reaktionsgeschwindigkeit wird z. B. unter dem Namen „Levoxin" und „Liozan" vertrieben. Hydrazin ist ein alkalisches, dampfflüchtiges Sauerstoffbindemittel, das auch korrosionsinhibierend wirkt. Hydrazin ist ein krebserzeugender Gefahrstoff. Handhabung und Dosierung dürfen nur mit anerkannten Umfüll- und Dosieranlagen erfolgen. Der Übertritt hydrazinhaltiger Medien in Trinkwasser oder andere Lebensmittel muß nach DIN 1988, Teil 4, z. B. durch Zwischenmedium-Wärmeübertrager, sicher ausgeschlossen werden. Im Dampf zur Luftbefeuchtung und Sterilisation darf Hydrazin ebenfalls nicht vorhanden sein.

Als „Alternative Sauerstoffbindemittel" werden Ascorbat, Ascorbinsäure, Chinon, Diethylhydroxylamin (DEHA), Methylethylketoxim (MEKO) und Tannine angeboten. Diese Mittel sind für spezifische Anwendungsfälle einsetzbar, binden Sauerstoff verschieden schnell und sind z. T. dampfflüchtig. Beim Einsatz entstehen unterschiedliche Oxidations- und Zersetzungsprodukte, die bezüglich möglicher negativer Auswirkungen auf Anlagenteile und Umwelt zu berücksichtigen sind. Spezielles enthält die TRGS 608 „Hydrazinersatzstoffe" [3] und [4].

Kohlendioxid bzw. freie Kohlensäure kann durch Dosierung alkalischer Mittel, z. B. nicht dampfflüchtiger Natronlauge sowie durch dampfflüchtigen Ammoniak und Amine, in die gebundene Form (gebundene Kohlensäure) überführt werden. Bei Temperatureinwirkung wird aber wieder Kohlendioxid freigesetzt.

L 6 Belagbildung und Schutzverfahren

L 6.1 Übersicht

Bei der Ausbildung von Belägen ist zu unterscheiden zwischen den notwendigen *Schutzschichten* metallischer Werkstoffe und ungewollten Korrosionsprodukten und *Ablagerungen*. Da die Belagbildung u. a. von den Betriebsbedingungen der Systeme abhängig ist, werden im folgenden belüftete Systeme (Trinkwasser-, Sprühbefeuchter- und Rückkühlsysteme) und sauerstoffarm betriebene Systeme (Kaltwasser-, Heizungs- und Dampfkesselanlagen) getrennt betrachtet.

L 6.2 Chemische und physikalische Faktoren der Belagbildung in belüfteten Systemen

In Systemen für Trinkwasser und erwärmtes Trinkwasser entstehen unerwünschte Beläge bevorzugt durch Wasserinhaltsstoffe (Wasserstein) und Korrosionsprodukte.

Belagbildung durch Wasserinhaltsstoffe. Das Calciumhydrogenkarbonat (Teil der Karbonathärte) ist im Wasser nur löslich, solange eine notwendige Menge an freiem Kohlenstoffdioxid (zugehörige Kohlensäure) vorhanden ist. Das Wasser befindet sich dann im sog. „Kalk-(neu: Calcit-)Kohlensäure-Gleichgewicht". Wenn die Konzentration an Kohlensäure bezogen auf die von Calciumhydrogenkarbonat zu niedrig ist, neigt das Wasser zur Kalkausscheidung, im anderen Fall besteht Korrosionsgefahr besonders an verzinkten und unverzinkten Eisenwerkstoffen. Das Kalk-Kohlensäure-Gleichgewicht ist u. a. wegen der Gasphasen-Teilreaktion der Kohlensäure-/Hydrogenkarbonatbildung stark temperaturabhängig.

$$H_2O + CO_{2\,Gas} \longleftrightarrow H_2CO_3 \longleftrightarrow H^+ + HCO_3^-$$
Wasser   Kohlendioxid   Kohlensäure   Wasserstoffion   Hydrogenkarbonation

Je höher die Temperatur, umso mehr Kohlensäure ist erforderlich, um das Gleichgewicht beizubehalten. Da die Kohlensäurekonzentration im Wasser bei Erwärmung unverändert bleibt, fällt dabei zwangsläufig Wasserstein (Kalk) aus. Bei gleicher Wassertemperatur ist die Abscheidung umso stärker, je höher die *Wandungstemperatur* der Heizfläche ist.

In offenen Kühlwasserkreisläufen und Umlaufsprühbefeuchtern wird die freie Kohlensäure weitgehend als Kohlenstoffdioxidgas durch das Versprühen an Luft physikalisch ausgetrieben. Kalkausfällungen treten deshalb an Stellen mit Unterdruckbildung (Pumpen, Regelarmaturen), erhöhter Temperatur (Kondensatoren von Kältemaschinen) oder intensiver Verteilung (Düsen, Tropfenabscheider) bevorzugt auf.

Neben Wassersteinausscheidungen können bei letztgenannten Systemen auch Ablagerungen durch aus der Luft ausgewaschene anorganische (Staub, Ruß), organische (Pollen, Insekten) und mikrobiologische (Bakterien, Algen, Pilze) Bestandteile auftreten. In belüfteten Systemen können Ablagerungen aller Art zu starker Korrosion an metallischen Werkstoffen führen.

Belagbildung durch Korrosionsprodukte (s. Abschn. L 7.2)

L 6.3 Schutz vor Belagbildung in belüfteten Systemen

Im Trink- und Brauchwasser sollen zur Minderung von Wassersteinausscheidung primär die *physikalischen Möglichkeiten* ausgeschöpft werden, d. h. die Temperatur des erwärmten Wassers soll 50–60 °C und die des Heizmediums 70–90 °C nicht übersteigen, um eine Oberflächentemperatur von 60–70 °C möglichst nicht zu überschreiten. Dies wird durch glatte Werkstoffoberflächen und eine optimale Strömung an den Heizflächen zur Minimierung lokaler Temperaturspitzen gefördert. Reinigungsöffnungen zur mechanischen Entfernung von Belägen können Kalklösemittel entbehrlich machen. Wenn die physikalischen Vorgaben nicht oder nur z. T. realisiert werden können, sind auch chemische Maßnahmen möglich.

Zur *chemischen Behandlung* von Trinkwasser dürfen nur die in der Trinkwasser-Verordnung (TrinkwV, [1]) beschriebenen Chemikalien angewandt werden. Bei Karbonathärten über ca. 2,5 mmol/l oder Oberflächentemperaturen über 70 °C ist eine mengenabhängige Polyphosphatdosierung in Konzentrationen von 2–4 mg/l PO_4 (max. 6,7 mg/l PO_4 entspr. 5 mg/l P_2O_5) sinnvoll, um Kalkausscheidungen zu mindern. Polyphosphate besitzen die Fähigkeit, die Karbonathärte im Wasser zu stabilisieren, ohne deren Konzentration zu verändern (keine Enthärtung!). Die Gesundheit des Menschen wird dadurch nicht negativ beeinflußt. Bei Temperaturen über etwa 60 °C hydrolisieren Polyphosphate innerhalb von Stunden merklich zu Orthophosphaten, welche keine härtestabilisierenden Eigenschaften aufweisen, d.h. bei langen Verweilzeiten in Speichern ist die Wirkung der Polyphosphate begrenzt. Bei Karbonathärten über 3 – 3,5 mmol/l ist aus verschiedenen Überlegungen eine Enthärtung und nachfolgende Verschneidung des Trinkwassers auf eine Erdalkalikonzentration von 1,5 – 2 mmol/l vorteilhaft. Um die korrosiven Eigenschaften des verschnittenen Wassers abzubauen, müssen mengenabhängig alkalische Chemikalien z.B. Phosphat und Silikat zur Korrosionsinhibierung dosiert werden.

In offenen Kühlwasserkreisläufen und Umlaufsprühbefeuchtern sind physikalische Maßnahmen zur Minderung von Ablagerungen nur eingeschränkt möglich (s. Bd. II). Die Wahl der Dosiermittel und Aufbereitungsverfahren ist für Kreislaufsysteme nicht durch die TrinkwV [1] begrenzt, wohl aber durch verschiedene Grenzwerte der Abwassereinleitung. In offenen Kreisläufen sind Polyphosphate zur Stabilisierung der Erdalkalien nicht zu empfehlen, da diese zu wenig stabil und Nährstoffe für Mikroorganismen sind. Bei Einsatz von enthärtetem oder entkarbonisiertem Wasser sind Ausscheidungen von Erdalkalien weitgehend vermeidbar, die Werkstoffe müssen aber auf diese Betriebsweise abgestimmt sein. Verschnittenes Weichwasser ohne Stabilisierungschemikalien führt in offenen Kreisläufen, wegen des nach gewisser Betriebszeit erhöhten pH-Werts im Umwälzwasser, verstärkt zur Kalkausfällung. Probleme durch Stoffe wie Algen, Bakterien und andere Mikroorganismen sind durch Biozide zu bekämpfen, s. Bd. II.

L 6.4 Chemische und physikalische Faktoren der Belagbildung in sauerstoffarm betriebenen Systemen

In geschlossenen Kaltwasser- und Heizungsanlagen gilt für die Ausscheidung von Wasserstein der gleiche Mechanismus wie unter L 6.2 beschrieben. In Kaltwasserkreisläufen werden Erdalkaliausscheidungen meist gleichmäßig im System verteilt. In Heizungsanlagen wird der Wasserstein bevorzugt an den heißesten Stellen im Heizkessel bzw. Wärmeaustauscher abgelagert. Etwa 60 – 80% der thermisch ausscheidbaren Erdalkaliverbindungen befinden sich auf etwa 30 – 50% der Kesselheizfläche, weshalb die absolute Menge der mit dem Füll- und Ergänzungswasser eingebrachten ausfällbaren Erdalkalien begrenzt werden muß (VDI 2035). Darum sind auch häufige Nachfüllvorgänge und erhöhte Ergänzungswassermengen zu vermeiden und deren mengenmäßige Erfassung anzuraten. Aus 1 m^3 Wasser mit einer Calciumhydrogenkarbonat-Konzentration von 1 mmol/l (bzw. 5,6 °d) sind max. 100 g Kalk (CaCO$_3$) ausfällbar.

In geschlossenen Systemen ist der meist verwendete un- oder niedriglegierte Stahl in alkalischem sauerstoffarmem Wasser (Sauerstoffkonz. <0,1 mg/l) gut korrosionsbeständig. Beläge durch Korrosionsprodukte treten nur bei Belüftung auf. Mit dem Füllwasser eingebrachter Sauerstoff (bei unentgastem Wasser ca. 8 – 10 g O$_2$/m^3 Wasser) wird rasch durch Korrosionsvorgänge verbraucht und stört in der Regel nicht. Pro g Sauerstoff (entsprechend 0,7 l Sauerstoff bzw. 3,5 l Luft) werden aus metallischem Eisen ca. 3,5 – 4 g Eisenoxide bzw. -oxidhydrate gebildet. Zu starker Lufteintrag kann deshalb zur Verschlammung, zu Problemen an Regelventilen und zu Durchflußstörungen durch lokal in Form von Pusteln auftretende Korrosionsprodukte führen.

Für Dampf- und Heißwassererzeuger gelten die o. g. Ausführungen analog. Sie benötigen bei der Erstfüllung *keine* Härtebildner zur Ausbildung von Schutzschichten. Kesselsteinablagerungen sind nur bei Nichtbeachtung der verbindlichen Richtlinien zu erwarten, s. Bd. III. Beläge können auch durch Kieselsäure und Korrosionsprodukte entstehen, die bei Dampfkesselanlagen oft auf Sauerstoffkorrosionen während des Stillstands (Stillstandskorrosionen) zurückzuführen sind.

L 6.5 Schutz vor Belagbildung in sauerstoffarm betriebenen Kreisläufen

In geschlossenen, sauerstoffarm betriebenen Kreislaufsystemen ist die von Wasserinhaltsstoffen und Korrosionsprodukten verursachte Ausbildung von Belägen durch eine, auf die jeweiligen Anforderungen abgestimmte, Wasserbehandlung zu vermeiden. Wichtig ist auch eine Bau- und Betriebsweise, die den Zutritt von Sauerstoff, soweit technisch möglich, vermeidet. Die Anforderungen werden systembezogen in den Bänden II und III behandelt. Für Dampf- und Heißwasser-Erzeuger sind die verbindlichen Regeln (TRD 611, [5] und TRD 612 [6]) und die Richtlinien der VdTÜV/AGFW [7, 8] sowie ggf. der VGB [9] einzuhalten.

L 7 Korrosion und Korrosionsschutz metallischer Werkstoffe

L 7.1 Allgemeines

Die Lebensdauer und das Korrosionsverhalten der in der Technik üblichen metallischen Werkstoffe ist in wasserführenden Systemen grundsätzlich abhängig von der Ausbildung und der Erhaltung von Schutz- und Passivschichten. Diese entstehen aus dem Werkstoff und dem Medium in Form von Oxiden oder anderen schwer löslichen Verbindungen und hemmen die weitere Reaktion des Werkstoffs mit dem Medium. Erst eine homogene, festhaftende Deckschicht mit den vorgenannten Eigenschaften bezeichnet man als Schutzschicht. Jede Schutzschichtbildung ist anfangs ein Korrosionsvorgang, der dann praktisch zum Erliegen kommt bzw. auf ein vertretbares Minimum zurückgeht, wenn sich geeignete Schutzschichten aufgebaut haben.

Die Güte von Schutzschichten wird schon von den Einwirkungen auf die Oberflächen in der Anfangszeit deutlich beeinflußt. Vorschädigungen bei der Lagerung, während des Baus und der Inbetriebnahme führen zu ersten Schwachstellen, an denen später die Korrosion bevorzugt ansetzt. Da die Schutzschichtbildung eine Reaktion des Werkstoffs mit dem Medium ist, sind Fremdstoffe, z. B. Öl, Fett, Flußmittel, Rost, Sand, Metallspäne, auf der Werkstoffoberfläche ungünstig, weil sie die Ausbildung der normalen Schutzschicht an den verunreinigten Stellen unterbinden. Fremdstoffe müssen deshalb so gut wie möglich ausgespült werden (s. auch DIN 1988). Der Eintrag von ungelösten Stoffen ist durch Feinfilter zu unterbinden.

Die Begriffe „Korrosion" und „Korrosionsschaden" sind in der DIN 50900 definiert. Die Korrosion ist in den meisten Fällen auf elektro-chemische Vorgänge zurückzuführen. Der zum Massentransport und damit zum Werkstoffangriff führende Korrosionsstrom wird von Korrosions- bzw. Lokalelementen durch chemische Reaktionen erzeugt. In den genannten Systemen ist die Korrosion von der Präsenz von Wasser oder von Feuchte abhängig, da nur unter diesen Bedingungen ein geschlossener Stromkreis (Metall-Wasser-Metall) eines Korrosionselements möglich ist. Wird zwischen Wasser und Werkstoff eine Schutzschicht gebildet oder eine Beschichtung aufgebracht, wird dem Korrosionsstrom ein lokaler Widerstand entgegengesetzt und der Stromfluß und damit die Korrosion gehemmt.

Korrosionselemente können gebildet werden:
- aus unterschiedlichen Metallen (z. B. Kupfer und Stahl),
- durch Inhomogenitäten eines Werkstoffs (z. B. Eisen und dessen Legierungsbestandteile),
- durch unterschiedliche Spannungs- und Verformungszustände eines Werkstoffs,
- durch Ablagerungen, Deckschichten unterschiedlicher Güte und stagnierende Gasblasen auf der Werkstoffoberfläche und
- durch unterschiedliche Konzentration von Wasserinhaltsstoffen (Salze, Sauerstoff und pH-Wert), z. B. in Spalten.

Die häufig diskutierten Normalpotentiale von Metallen sind für den technischen Gebrauch meist uninteressant, da sie u. a. von metallisch blanken Oberflächen ausgehen, die in der Praxis nicht gegeben sein sollten. Wichtig ist die technische Spannungsreihe der Metalle, welche je nach Wasserzusammensetzung etwas variieren kann, meist aber folgende Reihe mit zunehmend edlerem Potential ergibt: Zink, Aluminium, Eisen, Chrom-Nickel-Stahl, Kupfer, Bronze. Bei der technischen Spannungsreihe sind die Schutzschichten berücksichtigt.

Für die gebräuchlichen Werkstoffe wird die wasserseitige Korrosion wesentlich durch den Zutritt von Sauerstoff bestimmt, die Außenkorrosion wesentlich durch den Zutritt von Wasser (Feuchte). Korrosionsverhalten und Schutzschichtbildung hängen eng zusammen und werden geprägt:
- vom wäßrigen Medium (pH-Wert, Konzentration von Sauerstoff und spezifischen Salzen, elektr. Leitfähigkeit, organische Substanzen, Konditionierungsmittel),
- von den Betriebsbedingungen (Temperatur, Fließbedingungen, Strömungsgeschwindigkeit, Betriebs- und Stillstandszeit) und
- vom Werkstoff (Oberflächenzustand und -verunreinigung, mechanische Fremd- oder Eigenspannungen, Gefügezustand, Schweißnähte, Wärmeeinfluß usw.).

Bei Korrosionsschäden wirken diese drei Faktoren mit unterschiedlicher Gewichtung häufig zusammen.

L 7.2 Korrosionsarten

An den metallischen Werkstoffen in der Sanitär-, Heiz- und Raumlufttechnik sind folgende, z. T. in der DIN 50900 noch näher beschriebenen Korrosionsarten häufiger anzutreffen.

Flächenkorrosion: Korrosion mit nahezu gleicher Abtragungsrate auf der gesamten Oberfläche, die auch vorliegt, wenn der Werkstoff seine ideale Lebensdauer erzielt.

Kohlensäurekorrosion: Flächenförmiger, relativ gleichmäßiger Korrosionsangriff auf un- bzw. niedriglegierte Eisenwerkstoffe durch stark kohlensäurehaltiges Wasser.

Muldenkorrosion: Korrosion mit örtlich unterschiedlicher Abtragungsrate, die durch Korrosionselemente verursacht wird.

Sauerstoff-/Stillstands-Korrosion: Häufigste Korrosionsart un- oder niedriglegierter Eisenwerkstoffe in Gegenwart von Wasser/Feuchte und Sauerstoff unter Ausbildung sog. Belüftungselemente. Die dabei entstehenden Korrosionspusteln sind auf der Außenseite dunkel- bis hellbraun gefärbt und weisen frisch einen schwarzen Inhalt auf. Der Angriff führt meist zur Mulden-, seltener zur Lochkorrosion.

Lochkorrosion: Durch Korrosionselemente verursachter und an kleinen Oberflächenbereichen ablaufender Metallabtrag, der zu Lochfraß führt. Die meisten Korrosionsschäden an Kupferrohren und Bauteilen aus nichtrostendem Stahl sind der Lochkorrosion zuzuordnen.

Spaltkorrosion: Örtlich beschleunigte Korrosion in Spalten und im Bereich von Ablagerungen. Sie ist auf Korrosionselemente zurückzuführen, die durch Konzentrationsunterschiede des Mediums in- und außerhalb des Spalts verursacht werden.

Kontaktkorrosion (galvanische Korrosion): Beschleunigte Korrosion eines örtlich begrenzten Bereichs, die auf ein Korrosionselement, bestehend aus einer Paarung Metall/Metall (z. B. Kupfer und Eisen) oder Metall/Metalloxid, mit unterschiedlichen freien Korrosionspotentialen zurückzuführen ist. Der unedlere Teil der Paarung löst sich auf und ist die Anode des Korrosionselements. Die Metalloxide sind immer edler als die technischen Metalle. Typische Auswirkungen einer Kontaktkorrosion zeigt Bild L 7-1.

Spannungsrißkorrosion: Spezielle Rißbildung an metallischen Werkstoffen bei gleichzeitiger Einwirkung eines spezifischen Korrosionsmediums und einer Zugspannung (Eigen- oder Fremdspannung). Der Werkstoff muß in dem Medium dagegen anfällig sein, z. B. nichtrostender Stahl in Präsenz von Chlorid.

Selektive Korrosion: Korrosionsart, bei der z. B. bestimmte Gefüge- oder Legierungsbestandteile bevorzugt korrodieren. Zur selektiven Korrosion zählen die Entzinkung von Messing, die Spongiose an Gußeisen und die Bildung von Zinkgeriesel.

Erosionskorrosion: Zusammenwirken von mechanischer Oberflächenabtragung (Erosion) und Korrosion, wobei die Korrosion durch Zerstörung von Schutzschich-

648   L Wasserchemie

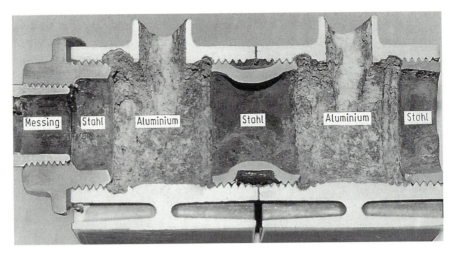

Bild L 7-1. Kontaktkorrosion zwischen Messing bzw. Eisen und Aluminium in einem unzulässigerweise mit erwärmtem Trinkwasser im Durchfluß betriebenen Aluminium-Radiator. Der Anschlußnippel aus Messing in dem Endstopfen aus Eisen (links) führt wegen des höheren Korrosionspotentials zu einem stärkeren Materialverlust am angrenzenden Aluminium als die eisernen Verbindungsteile im Radiator

Bild L 7-2. Erosionskorrosion von Kupfer an einer Lötverbindung in einer Zirkulationsleitung für erwärmtes Trinkwasser

ten als Folge der Erosion verursacht wird. Sie tritt bei zu hoher Strömungsgeschwindigkeit bevorzugt an Kupfer, Messing und Aluminium auf. Gefährdet sind u. a. Rohrleitungen hinter scharfen Kanten, z. B. vom Rollschneiden und gedrosselten Ventilen, s. Bild L 7-2.

Kavitation: Verschleißvorgang durch das Zusammenfallen von Dampfblasen, die sich bei lokalem Unterdruck oder unterkühltem Sieden bilden. Beim Zusammenbrechen der Dampfblasen hervorgerufene Flüssigkeitsschläge führen zu mechanischem Materialverlust, z. B. an Pumpenlaufrädern.

Rauchgasbedingte Korrosion: Feste und flüssige fossile Brennstoffe, Abfallbrennstoffe und Müll enthalten Schwefel-, Stickstoff- und Halogenverbindungen, die beim Verbrennen, neben Kohlenstoffdioxid und Wasserdampf, als Oxide oder Säuren auch im Rauchgas enthalten sind. Organische Halogenverbindungen können als Chlor- oder Fluorchlor-Kohlenwasserstoff auch in der Verbrennungsluft enthalten sein und selbst bei Erdgas zu Problemen führen. Wenn säurehaltige Rauchgase, auch Abgase von Verbrennungsmotoren, unter den Säuretaupunkt abgekühlt werden, entstehen korrosive Phasen, die metallische Werkstoffe stark angreifen. Deshalb sind besonders Luft- oder Wasservorwärmer, Rauchgaskanäle und Schornsteine gefährdet.

L 7.3 Das Korrosionsverhalten technischer Werkstoffe

L 7.3.1 Übersicht

Kriterien zur Beurteilung des Korrosionsverhaltens metallischer Werkstoffe gegenüber Wasser enthält die DIN 50930, wobei deren Aussagen primär für Trink- und Brauchwasserinstallationen gelten. Sie sind nur mit Einschränkungen für belüftete Umlaufsysteme, z. B. Rückkühl- und Befeuchtungssysteme, anwendbar. Mischwässer mit zeitlich unterschiedlicher Zusammensetzung erschweren die Beurteilung (s. DVGW Arbl. W 601). Weitergehende Information über das Thema Korrosion und Korrosionsschutz enthält [10–12].

L 7.3.2 Unlegierte und niedriglegierte Eisenwerkstoffe

Das Korrosionsverhalten dieser Werkstoffe gegenüber Trinkwasser und ähnlichen Wässern ist in der DIN 50930, Teil 2, näher beschrieben. Details sind der Norm direkt zu entnehmen.

Für die *Trinkwasser*-Hausinstallation und vergleichbare Netze mit sauerstoffhaltigem Wasser sowie für oft entleerte, partiell belüftete Systeme sind unlegierte oder niedriglegierte Eisenwerkstoffe für Rohre oder Behälter ungeeignet, da die Betriebsbedingungen eine Schutzschichtbildung kaum zulassen und Mulden- oder Lochkorrosion auftritt. Grundbedingung für den Einsatz o. g. Werkstoffe in diesen Systemen ist neben schutzschichtbildendem Wasser von Anfang an eine weitgehend kontinuierliche Durchströmung mit $\geq 0{,}5$ m/s Geschwindigkeit. Nur unter diesen Bedingungen baut sich eine rotbraune „Kalk-Rost"Schutzschicht auf der Werkstoffoberfläche auf, die eine vernünftige Lebensdauer ermöglicht. Ein großzügiger Korrosionszuschlag zur Wanddicke ist immer empfehlenswert. Gußwerkstoffe von Gehäusen für Armaturen und Pumpen erreichen nur deshalb eine höhere Lebensdauer als Walzstahl, weil die sog. Gußhaut relativ korrosionsbeständig ist und diese Bauteile zudem eine größere Wanddicke aufweisen.

In geschlossenen, technisch sauerstoffdichten Systemen, z. B. in *Heizanlagen*, haben diese Werkstoffe dagegen eine hohe Lebenserwartung, wenn pH-Werte über 8,5, besser >9 ($-10{,}5$) und Sauerstoffkonzentrationen $\ll 0{,}1$ mg/l eingehalten werden, s. L 7.4. Im Gegensatz zu belüfteten Systemen bilden sich hier schwarze bis schwarzbraune Schutzschichten aus Eisenoxiden (Magnetit und Hämatit). Unter diesen Bedingungen ist auch eine Mischinstallation mit Kupfer problemlos. Die Korrosionsgefahr ist generell vermindert, wenn der Salzgehalt des Wassers gering ist (el. Leitfähigkeit < 100 µS/cm). Für Dampfkessel gelten ähnliche Bedingungen, die den Regeln und Richtlinien [5–9] zu entnehmen sind, s. Bd. III.

Außenkorrosion tritt an un- und niedriglegierten Eisenwerkstoffen immer auf, wenn der Zutritt von Wasser oder Feuchte möglich ist. Ein fachgerechter Korrosionsschutz und eine ausreichend wasserdampfdichte Isolierung sind deshalb besonders wichtig, wenn die Gefahr der Schwitzwasserbildung vorliegt.

L 7.3.3 Feuerverzinkte Eisenwerkstoffe

Die Verzinkung erhöht die Korrosionsbeständigkeit unlegierter Eisenwerkstoffe. Sie besteht aus mehreren Eisen-Zink-Legierungsphasen differenter Zusammensetzung, die meist mit einer glänzenden Reinzinkschicht (z.T. mit sog. Zinkblumen) abgedeckt sind. Eine mattgraue Verzinkung ist bezüglich des Korrosionsschutzes schlechter einzustufen als o.g. Verzinkung und platzt bei mechanischer Beanspruchung leichter ab.

Stahlrohre bis DN 80 sollen der DIN 2440 oder 2441 entsprechen und nach DIN 2444 verzinkt sein. Feuerverzinkte Rohre unterschiedlicher Güte zeigt Bild L 7-3. Für Rohre über DN 80, Formteile und Behälter gelten die Anforderun-

Bild L 7-3. Feuerverzinkte Stahlrohre unterschiedlicher Qualität, mit Ausnahme von e) ungebraucht, wobei nur a) völlig der DIN 2440/2444 entspricht. *a* Einwandfrei verzinkt, *b* Lokal verdickte Reinzinkauflage, als Ausnahme noch akzeptabel, *c* Legierungsphasen und Schlacke in der Reinzinkschicht, auch als Ausnahme nicht mehr akzeptabel, *d* Unzureichend entfernter Schweißgrat, abzulehnen, da am Schweißgrat erhöht korrosionsanfällig, *e* Von Korrosionsprodukt und Verzinkung befreites, gebrauchtes Rohrstück mit deutlich erhöhter Korrosionsanfälligkeit an der Schweißnaht, *f* Blasige, schaumige Verzinkung, die durch Ausblasen mit Preßluft entsteht, abzulehnen!

gen der DIN 50976. Das Hartlöten verzinkter Rohre kann im Bereich der Wärmeeinflußzone zu erhöhter Korrosionsanfälligkeit führen.

Verzinkter Stahl ist nur für Trinkwassernetze und Systeme mit vergleichbaren Bedingungen für kaltes und erwärmtes Wasser bis zu etwa 60 °C sowie Feuerlöschsysteme vorteilhaft. Für Warm- und Heißwasserheizungsanlagen sowie im Dampfkesselbereich sind verzinkte Rohre eher nachteilig.

Durch die Verzinkung wird ein kathodischer Korrosionsschutz des eisernen Grundwerkstoffs, z. B. an Poren und Schnittstellen, erreicht, wobei sich die Verzinkung als „Opferanode" auflöst. Mit zunehmendem Abbau der Verzinkung bilden sich in schutzbildendem Wasser allmählich braune, sog. Kalk-Rost-, genauer Siderit-Schutzschichten, die auch auf unverzinkten Eisenwerkstoffen anzutreffen sind.

In *Trinkwassernetzen* und Systemen mit ähnlichen Betriebsverhältnissen erreichen verzinkte Werkstoffe nur eine ausreichende Lebensdauer, wenn die Bedingungen der DIN 50930, Teil 3, eingehalten werden. Details sind dieser Norm direkt zu entnehmen. Nitratgehalte >20–30 mg/l können die Schutzschichtbildung erschweren und Zinkgeriesel auslösen.

Beim Einsatz von feuerverzinktem Stahl gelten u. a. folgende Grundregeln, um Loch- oder Muldenkorrosion zu vermeiden:
– Oberflächen aus Kupferwerkstoffen sollen in Strömungsrichtung nur hinter verzinkten Oberflächen angeordnet sein, da für diese ansonsten erhöhte Korrosionsgefahr durch im Wasser gelöste Kupferionen besteht. Armaturen aus Messing oder Rotguß sind in üblicher Stückzahl tolerierbar.
– Die Wandtemperatur verzinkter Oberflächen soll unter 60° liegen, um Blasenbildung in der Verzinkungsschicht und ein dadurch erhöhtes Korrosionsrisiko zu begrenzen. Die Korrosionswahrscheinlichkeit nimmt mit steigender Temperatur zu und steht im Zusammenhang mit einem Effekt, der unter dem Namen „Potentialumkehr" bekannt ist. Über ca. 60 °C wird das praktische Potential des Zinks durch Bildung effektiver Schutzschichten immer edler und übersteigt dann sogar das des Eisens. Ein kathodischer Schutz des Grundwerkstoffs ist damit nicht mehr möglich, er wird sogar verstärkt angegriffen. Die Temperaturabhängigkeit der Korrosion feuerverzinkter Oberflächen verdeutlicht Bild L 7-4.

Eine besondere Art selektiver Korrosion bei feuerverzinkten Werkstoffen ist das sog. Zinkgeriesel. Darunter wird das Auftreten sandartiger, körniger Teilchen verstanden, welche durch Korngrenzenangriff auf Eisen-Zink-Legierungsphasen (u. a. durch hohe Nitratgehalte) und bei nicht DIN-gerechter Verzinkung entstehen können.

In alkalischem Wasser, z. B. *Heizungs-*, Kesselspeise- und Kesselwasser sowie in Dampfkondensat wird Zink relativ rasch unter Bildung gasförmigen Wasserstoffs aufgelöst.

Außenkorrosion von feuerverzinkten Bauteilen tritt nur bei Zutritt von Feuchte auf und dort bevorzugt an Stellen, an denen Wasser durch Stoffe schwammiger Struktur länger auf der Oberfläche gehalten wird, wie z. B. durch bestimmte Isoliermaterialien. Weitere Problemstellen bei Feuchteeinwirkung sind Orte unterschiedlicher Abdeckung durch Baustoffe, Kontakt mit Gips oder Einwirkung stark salzhaltiger oder saurer Reinigungslösungen. Außenkorrosion ist vermeidbar, wenn Wasser oder Feuchte abgehalten werden.

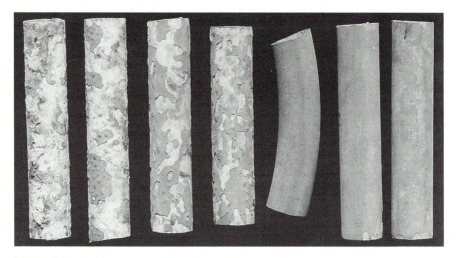

Bild L 7-4. Abschnitte eines verzinkten Heizbündelrohrs, an dem der Korrosionseinfluß der Temperatur deutlich wird. Links: Eintritt des heißen Heizmediums mit $>100\,°C$ unter Bildung von Wasserstein und Korrosion bei weitgehend abgeplatzter Verzinkung. Folgend: Noch zu hohe Heizmitteltemperatur, Auftreten von Blasen und Abplatzungen an der Verzinkung sowie Korrosion durch „Potentialumkehr". Rechts: Thermisch unbeeinflußte Verzinkung, keine Wassersteinausscheidungen wegen niedriger Temperatur

L 7.3.4 Nichtrostende Stähle

Zu den nichtrostenden Stählen zählen ferritische und austenitische Stähle mit $\geq 12\%$ Chrom. Weit verbreitet sind austenitische Stähle mit ca. 17% Chrom und 9% Nickel, z.B. V2A. Durch Zulegieren von Molybdän, z.B. V4A, werden diese rostfreien Stähle beständiger gegen chloridinduzierte Lochkorrosion, sind aber nicht generell gegen Korrosion beständig. Verarbeitung und Schweißen erfordern spezielle Erfahrung.

Nichtrostender Stahl wird in der Haustechnik überwiegend für Boiler, Heizbündel, z.T. für Heizkessel und neuerdings auch als Installationsrohr verwendet. Zur Beurteilung des korrosionschemischen Verhaltens in Trinkwasser und belüfteten wäßrigen Medien steht die DIN 50930, Teil 4, zur Verfügung, aus der direkt auch Einzelheiten zu entnehmen sind.

Eine separate Betrachtung für *Trinkwasser-* und *Heizsysteme* erfolgt nicht, da die Korrosionsbeständigkeit in beiden Anwendungsfällen von den gleichen Parametern bestimmt wird.

Diese Werkstoffe sind nur korrosionsbeständig, wenn sich eine, für das Auge unsichtbare, Schutzschicht aus Metalloxiden (Passivschicht) bilden und erhalten kann. Störungen an der Passivschicht, unter anderem durch
– Ablagerungen und nicht belüftete Spalte,
– unsachgemäße Verarbeitung (Schneiden, Schleifen, Schweißen) und
– höhere Chlorid-Konzentrationen an der Metalloberfläche
führen meist zu Lochkorrosion.

Wichtig sind möglichst belagfreie Heizflächen, da es, z. B. unter porösen Belägen aus Wasserstein, zum Anreichern von Chlorid kommen und Loch- oder Spannungsrißkorrosion auftreten kann. Der Einsatz nichtrostender Stähle ist genau auf die Medium- und Betriebsverhältnisse abzustimmen. Durch die Wahl geeigneter Stahlqualitäten ist einer Korrosionsgefährdung in weiten Bereichen zu begegnen.

Außenkorrosion ist in Gegenwart von Wasser bzw. Feuchte praktisch nur durch Chloride zu erwarten. Durch Leckwasser und Auswaschvorgänge an chloridhaltigem Isoliermaterial kann bei nachfolgender Verdunstung des Wassers Loch- oder Spannungsriß-Korrosion auftreten.

L 7.3.5 Kupfer und Kupferlegierungen

In der Hausinstallation wird ausschließlich SF-Kupfer nach DIN 1787 verwendet. Rohre müssen zusätzlich den Anforderungen des DVGW-Arbeitsblatts GW 392 entsprechen. Die Kupferlegierungen Messing, Rotguß und Bronze werden häufig für Armaturen, Fittings und Pumpenlaufräder eingesetzt. Zur Verbindung von Kupferwerkstoffen zulässige Lote und Flußmittel enthält das DVGW-Arbeitsbl. GW 2. Die gute Korrosionsbeständigkeit und rasche Verarbeitung von Kupferrohren führten zunehmend zum Einsatz von Kupfer für Trinkwassersysteme.

Doch auch dieser Werkstoff ist in Wasser nur korrosionsbeständig, wenn sich eine dichte braune Schutzschicht aus Kupferoxiden ausbildet, die in belüfteten Wässern oft durch grünliche Deckschichten, z. B. aus Malachit, überdeckt ist. Kupferwerkstoffe geben an das Wasser immer geringe Mengen an Kupferverbindungen ab, die an nachgeschalteten verzinkten und unverzinkten Eisenwerkstoffen Korrosion auslösen können. In sauerstoffarmen Systemen, z. B. Heizanlagen, ist die Kupferabgabe geringer und in der Regel unkritisch.

Für den *Trinkwasserbereich* und vergleichbare belüftete Systeme sind die Beurteilungsmaßstäbe für das Korrosionsverhalten von Kupferwerkstoffen in der DIN 50930, Teil 5, zusammengefaßt, der auch die Einzelheiten direkt zu entnehmen sind.

An Kupfer wurden in belüftetem Wasser bisher zwei Korrosionserscheinungen beobachtet, die wie folgt zu beschreiben sind: *Lochfraß vom Typ I* tritt praktisch nur im Kaltwasser auf. Er ist gekennzeichnet durch verstärkte Bildung von grün gefärbten Korrosionsprodukten des Kupfers über der Angriffsstelle und die häufigste Korrosionserscheinung bei Kupfer.

Lochfraß vom Typ II tritt relativ selten nur im Warmwasser auf und zeigt ein scheinbar unzerstörtes Aussehen der korrodierten Bereiche mit nadelstichartigen Löchern.

Lochfraß vom Typ I wird wesentlich von der Wasserzusammensetzung und der Qualität der Werkstoffoberfläche beeinflußt. In Grundwasser tritt dieser Korrosionstyp häufiger auf als in Oberflächenwasser. Besonders problematisch sind Wässer mit hoher Sulfatkonzentration und niedrigem pH-Wert. Die Korrosion geht oft von herstellungs- und verarbeitungsbedingten Beeinträchtigungen der Oberfläche, z. B. von Ziehfett- oder Kohlenstoffilmen (s. DVGW-Arbeitsbl. GW 392, 02.1983) oder Löthilfsmittelresten, Metallspänen und Fremdkörpern aller Art aus. Die Spülung von Kupferrohrnetzen und der Einbau von Feinfiltern sind deshalb sehr wichtig. Das Hartlöten kann ebenfalls die Korrosionsanfälligkeit erhöhen. Ungünstige „Betriebsbedingungen", wie Teilfüllung und lange Stagnationszeiten sowie starke Druckstöße sind tunlichst zu vermeiden.

Erosionskorrosion ist an Kupferwerkstoffen häufiger anzutreffen als an anderen Werkstoffen. Typisch dafür sind partiell metallisch blanke Oberflächen, s. Bild L 7-4. Als Grenzgeschwindigkeit sind etwa 1,8 – 2,0 m/s anzusehen, wobei nicht die berechnete Durchschnittsgeschwindigkeit wesentlich ist, sondern die lokale, rohrnahe Geschwindigkeit an Turbulenzzonen, wie Graten, Lotperlen und Einschnürungen.

An Messing, besonders an zinkarmem Messing, kann in weichen chlorid- und hydrogenkarbonathaltigen Wässern Entzinkung auftreten. Rotguß und Bronze sind gegen Entzinkung beständig. Messing ist in Präsenz von Ammoniak oder Ammoniumverbindungen auch anfällig gegen Spannungsrißkorrosion, Rotguß und Bronze dagegen nicht.

In *Heizanlagen* und anderen sauerstoffarmen Systemen sind Kupferwerkstoffe, auch in Verbindung mit Eisenwerkstoffen, gut korrosionsbeständig. Lochkorrosion vom Typ I und II ist dort nicht zu erwarten. Erosionskorrosion, Spannungsrißkorrosion und Entzinkung können durch o. g. Einflüsse auch in diesen Netzen auftreten. Sulfidhaltiges Wasser, das z. B. beim Einsatz von Natriumsulfit zur Sauerstoffbindung entstehen kann, verursacht schwere Schäden an Kupfer und Kupferlegierungen. Geschädigte Bauteile zeigen einen spröden, schwarzen Belag und sind flächig angegriffen.

Außenkorrosion an Kupferwerkstoffen ist relativ selten und nur in Präsenz eines wäßrigen Elektrolyten möglich.

L 7.3.6 Aluminiumwerkstoffe

In der Heiztechnik kommen verschiedene Aluminium-Guß- und -Knetlegierungen zur Anwendung. Sie werden zuweilen für Heizkörper, integrierte Fassaden, aber auch für Rauchgaswärmetauscher in Brennwertkesseln verwendet.

Aluminium und seine Legierungen werden sowohl in sauren als auch in alkalischen Medien korrosiv angegriffen und sind ohne die sich schon an Luft bildende Schutzschicht aus Aluminiumoxiden sehr unedel. Durch chemische und elektrochemische Verfahren (Chromatieren, Eloxieren) kann die Schutzschicht verstärkt und eine gute Lebensdauer als Gebrauchsmetall erreicht werden. Voraussetzung ist die Einhaltung eines pH-Werts von ca. 5,5 – 8,5 (max. 9), ein möglichst salzarmes Wasser und eine Mediumgeschwindigkeit von $\ll 1,5$ m/s (≤ 1 m/s).

Im *Trinkwasserbereich* sind Bauteile aus Aluminiumwerkstoffen kaum anzutreffen und auch nur wenig geeignet.

In *Heizanlagen* erschweren die pH-Grenzen für Aluminium den Einsatz in Mischinstallationen mit Eisenwerkstoffen, weil für diese ein pH-Wert über 9 – 10,5 anzustreben ist. Als Kompromiß ist ein pH-Wert von 8,5 – 9 möglich, bei dem auch Kupferwerkstoffe gut beständig sind (allerdings nur in minimaler Menge präsent sein sollten). Bei direkter Verbindung mit anderen Metallen kann an Aluminium Kontaktkorrosion auftreten. Aluminiumwerkstoffe müssen wasserchemisch besonders berücksichtigt werden, was auch für eine Inhibierung gilt.

Rauchgasseitig bewähren sich Wärmetauscher aus Aluminiumlegierungen in gasbefeuerten Brennwertkesseln relativ gut.

Außenkorrosion an Aluminiumwerkstoffen ist nur in Präsenz von wäßrigen Elektrolyten möglich. Baustoffeinflüsse führen meist zu alkalischen, korrosionsfördernden wäßrigen Medien.

L 7.3.7 Nichtmetallische Werkstoffe

L 7.3.7.1 Organische Materialien

Organische Materialien sind in der Sanitär- und Heiztechnik in Form von Dichtungen, Packungen, Kompensatoren, Membranen, Leitungen und Beschichtungen gebräuchlich. Für die wichtigsten Materialien gibt es anwendungsbezogene Normen und Beständigkeitshinweise. Im Trinkwasserbereich sind nur Kunststoffe erlaubt, die den KTW-Empfehlungen [13] genügen. Kunststoffrohre für Trinkwasser müssen eine DVGW-Zulassung haben. Dichtungen und Packungen sind den Einsatzbedingungen anzupassen, fachgerecht einzubauen und ggf. nachzudichten.

Manche Polymere, z. B. von Kompensatoren, Membranen und Rohren sind gegen organische Stoffe, wie filmbildende Amine, Öl und Fett sowie gegen starke Oxidationsmittel, z. B. Ozon, Chlor, oxidierende Inhibitoren nicht beständig. Sie können quellen, verspröden und angegriffen werden, so daß deren Beständigkeit von den Herstellern zu erfragen und durch Garantie abzusichern ist, s. auch DIN 4809. Fast alle Kunststoffe, auch Beschichtungen, weisen eine mehr oder weniger ausgeprägte temperaturabhängige Durchlässigkeit für Gase und Dämpfe auf, die einerseits zur Blasenbildung von Beschichtungen und andererseits zur Korrosion von Eisenwerkstoffen führen kann. Auf die Folgen der Sauerstoff- und Wasserdampf-Durchlässigkeit für Heizanlagen wird in Bd. III eingegangen. Gegen Säuren, Laugen und milde Oxidationsmittel bis 70, max. 90 °C, gut beständig ist eine 3 mm Hartgummierung. Kunststoff kann bei der Einwirkung von Sonnen- bzw. UV-Licht verspröden, was besonders bei der Lagerung von Fußbodenheizrohren und für Kühlturmwerkstoffe wichtig ist.

L 7.3.7.2 Anorganische Materialien

Anorganische Materialien werden als Mineralfaserdichtungen (Asbest bzw. Asbestersatzstoffe) Email und Glas angewandt. Aus Mineralfasern kann natürlich enthaltenes Chlorid eluiert werden und Spannungsrißkorrosion an nichtrostendem Stahl auslösen. Email und Glas sind besonders gegen Flußsäure, aber auch gegen starke Alkalien unbeständig, Standardemail auch gegen Säure. Die Emaillierung hat sich z. B. für Trinkwassererwärmer (s. DIN 4753, Teil 3) hervorragend bewährt, ist aber bekanntermaßen stoßempfindlich. Durch Mehrschichtemaillierungen können Poren in der Emaillierung weitgehend vermieden werden. Chemieemail ist porenfrei und kann auch säure- und laugenbeständig erhalten werden.

L 7.4 Korrosionsschutz

L 7.4.1 Allgemeines

Bereits bei der Planung und Auslegung ist über Details des Korrosionsschutzes zu entscheiden. Wichtig sind u. a. die

- Wahl geeigneter *Werkstoffe*, abgestimmt auf die *Medien*, Konstruktion und die Betriebsbedingungen,
- Berücksichtigung *konstruktiver Eigenheiten* von Systemen, z. B. Temperatur, Wärmestromdichten, Massenfluß, Füllzustände, Phasengrenzen, Belüftung, Reinigungsmöglichkeit, beheizte Spalten und Totzonen,
- *Dimensionierung*, wie min/max. Durchfluß, Strömungsgeschwindigkeit, Korrosionszuschlag für die Wanddicke und
- Berücksichtigung der *praktischen Betriebsbedingungen*, wie Dauer der Inbetriebnahme, Stagnationsphasen, Betriebs- und Stillstandszeiten, Bereitschaftsbetrieb, Wartung, Kontrolle und Qualität des Betriebspersonals.

Während der Bauphase sind die Lagerbedingungen der korrosionsgefährdeten Werkstoffe sowie deren Qualität durch Stichproben ebenso zu kontrollieren wie deren handwerkliche Verarbeitung (z. B. schneiden, entgraten, verbinden, fixieren).

Verteilnetze aus metallischen Werkstoffen und empfindliche Geräte sollen durch Feinfilter vor dem Eintrag von Feststoffen geschützt werden. Wichtig ist die Spülung neuer Systeme (s. DIN 1988) nach der Druckprobe, um Fremdstoffe von der Erstellung (Späne, Flußmittel) zu entfernen und den metallischen Werkstoffen eine gute Ausgangsbasis zum Aufbau von Schutzschichten zu schaffen. Der Erstfüllung und Druckprobe sollte möglichst bald ein zumindest provisorischer Betrieb folgen oder eine Konservierung durchgeführt werden.

L 7.4.2 Korrosionsschutz durch Konditionierung und Inhibierung

L 7.4.2.1 Unlegierte und niedriglegierte Stähle

In Netzen für kaltes und erwärmtes Trink- oder Brauchwasser kann die Korrosion un- und niedriglegierter Stähle unter bestimmten Betriebsbedingungen (s. L 7.3.2) durch Dosierung (s. L 5.3) von Ortho- und Polyphosphat, z. T. mit Silikat inhibiert werden. Im Trinkwasser dürfen nach der TrinkwV 5 mg/l P_2O_5 = 6,7 mg/l PO_4 und 40 mg/l SiO_2 nicht überschritten werden. Höhere Konzentrationen dieser Stoffe verstärken die Inhibierung nicht wesentlich. Die Inhibierung korrodierter Systeme ist wegen der oberflächlich vorhandenen Korrosionsprodukte schwierig, z. T. sogar unmöglich. Die Wirkung der Chemikalien ist zu verbessern, wenn die Korrosionsprodukte vor der Inhibierung durch pulsierende Luft-Wasser-Spülung weitgehend ausgetragen werden. Bei der Dosierung ist ein ausreichender Wasserdurchfluß sicherzustellen, damit das konditionierte Wasser an die gesamte Oberfläche gelangt.

Für offene Rückkühl- und Sprühbefeuchter-Systeme wird eine breite Palette von Korrosionsinhibitoren angeboten, die auf die eingesetzten Werkstoffe und Betriebsbedingungen abzustimmen sind, s. Bd. II. Auflagen im Umweltschutz schränken die Verwendung mancher Chemikalien ein.

In geschlossenen, sauerstoffarmen Systemen können unlegierte Stähle vor Korrosion geschützt werden, wenn im Medium ein pH-Wert von 8,5 – 10,5 und eine Sauerstoffkonzentration von <0,02 mg/l eingehalten werden, s. Bd. III. Der Einsatz spezieller Korrosionsinhibitoren ist oft nur ein Kompromiß.

Für Dampf- und Heißwassererzeuger enthalten die verbindlichen Regeln und Richtlinien [5 – 9] Hinweise zur Aufbereitung, Konditionierung und Inhibierung, um Korrosionsschäden zu vermeiden, s. Bd. III.

L 7.4.2.2 Verzinkte Eisenwerkstoffe

In Trink- und Gebrauchswassernetzen gelten für verzinkte Eisenwerkstoffe die gleichen Korrosionsschutzmaßnahmen, wie unter L 7.4.2.1 beschrieben. Im Gegensatz zum unverzinkten Stahl besteht aber für verzinkte Eisenwerkstoffe eine Temperaturgrenze von etwa 60 °C, s. L 7.3.3.

Bei Rostwasserbildung und Zinkgeriesel hat sich die mengenabhängige Dosierung von Ortho- und Polyphosphaten sowie Silikaten bewährt. Das Dosiermittel ist auf die lokalen Wasser- und Betriebsbedingungen abzustimmen, die Dosierung bereits bei den ersten Anzeichen von Korrosionsvorgängen, z. B. zeitweiser Braunwasserbildung, Ausspülung brauner und heller Teilchen, aufzunehmen.

L 7.4.2.3 Nichtrostender Stahl

Die Korrosion nichtrostender Stähle kann durch Dosierung von Phosphat oder Silikat nur indirekt beeinflußt werden. Durch Polyphosphat ist aber eine zu starke Wassersteinbildung auf Heizflächen und damit die Anreicherung korrosionsfördernder Chloride zwischen Belag und Werkstoff zu verringern. Chloridinduzierte Lochkorrosion kann durch Erhöhung des pH-Werts auf etwa 8 – 10 gemindert werden. Weitere wasserchemische Maßnahmen sind systembezogen Band III zu entnehmen.

L 7.4.2.4 Kupfer und Kupferlegierungen

Die Lochkorrosion vom Typ I ist nach bisherigen Erkenntnissen durch die Behandlung des Trinkwassers mit Phosphaten und Silikaten kaum oder gar nicht zu beeinflussen. Bei bestimmten Wassertypen kann die Enthärtung und nachfolgende Verschneidung auf 1,5 – 2 mmol/l eine Verbesserung bringen. Die Gefahr für das Auftreten dieses Korrosionstyps ist durch Verwendung von Kupferrohren der „neuen Generation" nach DVGW-Arbeitsblatt GW 292 vom Febr. 1983, saubere und fachgerechte Verarbeitung, einwandfreie Spülung und werkstoffgerechte Inbetriebnahme zu vermindern, s. L 7.3.5.

Lochkorrosion vom Typ II kann durch Dosierung alkalischer Phosphate und Silikate sowie durch Absenken der Wassertemperatur auf ca. 60 °C verhindert werden.

Erosionskorrosion ist durch Chemikaliendosierung kaum zu beeinflussen, primär ist die lokale Strömungsgeschwindigkeit auf 1,8 – 2,0 m/s zu begrenzen.

In belüfteten und sauerstoffarmen Systemen benötigen Kupfer und seine Legierungen schwach alkalisches Wasser mit pH-Werten zwischen etwa 8,3 und 9,5. pH-Werte über etwa 10 können in Gegenwart von Sauerstoff zur Auflösung von Kupfer und Messing führen (wichtig z. B. für Rückkühlsysteme). Zur Alkalisierung sind vorrangig Natriumhydroxid (Natronlauge) und Trinatriumphosphat zu verwenden. Ammoniak und ammoniakabspaltende Mittel greifen bei pH-Werten über 9,3 Kupfer und seine Legierung sehr stark an, z. T. wird sogar Spannungsrißkorrosion ausgelöst. Geschlossene, sauerstoffarme Netze mit Kupfer- und Eisenwerkstoffen können sauerstoffarm bei pH-Werten zwischen 8,5 und 9,5, besonders in salzarmem Wasser, ohne Probleme betrieben werden. Bei niedrigeren pH-Werten sind spezielle organische Inhibitoren anzuwenden.

L 7.4.2.5 Aluminiumlegierungen

Aluminiumlegierungen reagieren auf Phosphate und Silikate in Abhängigkeit von den Betriebsbedingungen sehr unterschiedlich. In rein wäßrigen Medien können Phosphate die Schutzschichtbildung positiv beeinflussen und Silikate nachteilig sein. In Medien mit Frostschutzmitteln auf Glykolbasis wirken Silikate positiv. Wichtig ist die Einhaltung von pH-Werten zwischen 6,5 – 8. Mischsysteme von Aluminium mit anderen metallischen Werkstoffen bedürfen in der Regel einer speziellen Konditionierung oder Inhibierung.

L 7.4.3 Korrosionsschutz durch Beschichtung

Die Beschichtung metallischer Bauteile kann durch organische und anorganische Stoffe erfolgen. Für Trinkwasser dürfen nur den KTW-Regeln [13] entsprechende organische Beschichtungen angewandt werden. Sie müssen auf gereinigte, z. T. speziell vorbehandelte Oberflächen, bei anwendungsgerechter Temperatur und Luftfeuchtigkeit aufgebracht werden. Lösungsmittelfreie Beschichtungen sind den lösungsmittelhaltigen vorzuziehen. Gut bewährt haben sich, auch bei warmem Wasser, spezielle Beschichtungen auf Basis von Duroplasten, z. B. Säkaphen und von Thermoplasten, z. B. Rilsan. Für Eisenwerkstoffe sollen vorrangig Beschichtung mit geringer Wasserdampfdiffusion verwendet werden. Langjährige positive Erfahrungen bestehen mit Teer-Epoxidharz-Dickbeschichtungen für Temperaturen bis ca. 35 °C und 3 mm starken Hartgummierungen bis ca. 90 °C (s. auch L 7.3.7.1). Organische Beschichtungen können die Verkeimung und den mikrobiellen Bewuchs fördern.

Die Emaillierung ist die gängigste anorganische Beschichtung. Bei einer Emaillierung nach DIN 4753, Teil 3, ist eine ausreichende Lebensdauer zu erzielen, wenn technisch bedingte Fehlstellen entsprechend geschützt werden. Für spezielle Anwendungsfälle ist chemisch beständigeres Mehrschichtemail und sog. „Chemieemail" erhältlich, das derartige Schutzeinrichtungen nicht benötigt. Standardemail soll nur in den pH-Grenzen von etwa 5 – 10 eingesetzt werden. Es wird durch stärkere Säuren und Laugen relativ stark angegriffen.

Die gebräuchlichste metallische Beschichtung eiserner Werkstoffe ist die Verzinkung (s. auch L 7.3.3). In wäßrigen Medien ist Zink elektrochemisch unedler als

Eisen. Poren, Fehlstellen und verarbeitungsbedingt blanke Stellen des Grundwerkstoffs werden kathodisch geschützt, in dem das Zink in Lösung geht. Der kathodische Schutz ist nur bis zu einer Wassertemperatur von etwa 60 °C gegeben. Zink ist gegen saure (z. B. Entkalkungsmittel) und alkalische Medien mit pH-Werten über etwa 9,5 unbeständig.

Galvanische Überzüge aus Chrom und Nickel sind selten porenfrei und weisen im Wasser meist nur eine beschränkte Lebensdauer auf. Galvanische Überzüge z. B. auf Elektroheizstäben sind gegen Chloride und Alkalien korrosionsanfällig, welche sich z. B. unter Wassersteinabscheidungen anreichern können.

Metallische Plattierungen für den Behälter- und Rohrleitungsbau werden durch Schweißen, Walzen oder Aufsprengen hergestellt. Das tragende Bauteil aus Stahl wird auf die mechanische Beanspruchung ausgelegt und die Plattierung der Korrosionsbeanspruchung angepaßt.

L 7.4.4 Kathodische Schutzverfahren

Der kathodische Schutz gegen Außenkorrosion von erdverlegten Gas-, Öl- und Fernheizleitungen ist weit verbreitet. Durch Anlegen einer, von den geometrischen Verhältnissen und den Bodenbedingungen abhängigen, Fremdspannung wird ein sicherer kathodischer Schutz von Bauteilen erreicht.

In der Sanitärtechnik sind kathodische Korrosions-Schutzverfahren ohne und mit Fremdstrom anzutreffen. Ein kathodischer Schutz ohne Fremdstrom ist durch sog. Opferanoden, meist aus Magnesiumlegierungen, möglich, indem ein Korrosionselement geschaffen wird, s. L 7.1. Die aus unedlen Metallen bestehenden Anoden lösen sich korrosiv auf und „opfern" sich für – in Relation zum Magnesium – edlere Bauteile aus Eisen. Für Trinkwasser sind die erlaubten Anodenwerkstoffe in der DIN 4573, Teil 6, genannt, für andere Zwecke ist auch Zink zu verwenden. Die Anoden sind auf die korrosionschemischen und konstruktiven Verhältnisse abzustimmen, in Abständen zu kontrollieren und zu erneuern. Mit Fremdstrom gespeiste, d. h. elektrochemisch „verunedelte" Anoden aus Aluminium können Behälter, z. T. auch nachgeschaltete Leitungen, vor Korrosion schützen, erhöhen aber den Aluminiumgehalt des Wassers. Der reichlich entstehende Schlamm ist in Abständen zu entfernen.

Elegant aber teurer sind Fremdstromanoden aus korrosionsbeständigem Material, wie platiniertem Titan, welche, auch bei einer Polung als Anode beständig und ohne Anfall von eigenen Korrosionsprodukten, Behälter zu schützen in der Lage sind.

Bei allen kathodischen Schutzverfahren ist die geometrische Ausführung der Behälter zu berücksichtigen. Simple zylindrische Behälter sind mit ausreichender Sicherheit zu schützen. Für Oberflächen, die im Stromschatten von Einbauten liegen oder eine größere Distanz zur Anode aufweisen, ist der Schutz erschwert. Kathodische Schutzverfahren sollten deshalb in wasserführenden Systemen nur angewandt werden, wenn ein anderer Schutz nicht möglich oder zu teuer ist. Bei falschem Betrieb von Fremdstromanlagen kann sich Knallgas (Wasserstoff und Sauerstoff) anreichern und Explosionsgefahr bestehen.

L 8 Konservierung

L 8.1 Übersicht

Alle metallischen Bauteile, die an Luft in Gegenwart von Wasser oder Feuchte korrodieren, sollen bei gleichzeitiger Einwirkung dieser Medien bei Stillstandszeiten >1 Woche durch Konservierung vor Korrosion geschützt werden. Sehr wichtig ist die Konservierung für Bauteile aus un- bzw. niedriglegierten Eisenwerkstoffen in Heiz- und Dampfkesselanlagen sowie größeren Rohrleitungssystemen. Viele wasserseitige Korrosionsschäden sind auf Sauerstoffkorrosion während Stillständen (s. L 7.2/L 7.3.1) zurückzuführen. Nach dem Mechanismus dieser Korrosionsart ist sie zu vermeiden, wenn entweder Sauerstoff oder Wasser/Feuchte ferngehalten wird. Deshalb unterscheidet man zwischen der Naßkonservierung (unter Fernhalten von Sauerstoff) und Trockenkonservierung (unter Elimination von Wasser/Feuchte). Die Wahl des Konservierungsverfahrens ist abhängig von der Stillstandsdauer sowie von den betrieblichen und konstruktiven Gegebenheiten. Das gewählte Konservierungsverfahren muß konsequent ausgeführt und ausreichend überwacht werden. Wichtige Hinweise zur Konservierung von Dampfkesselanlagen enthalten Merkblätter der VdTÜV (TCh 1465, [14]) und der VGB (R 116 H, [15]).

L 8.2 Naßkonservierung

Für kleine bis mittelgroße, technisch übersichtliche Anlagen und kürzere bis mittellange Stillstandszeiten (Tage bis einige Wochen) ist die Naßkonservierung das einfachere Verfahren, wenn Frosteinwirkung auszuschließen ist. Gebräuchlich sind physikalisch-technische und chemische Verfahren.

Physikalisch-technische Verfahren arbeiten mit Überdruck von Wasser, Dampf oder Inertgas (z. B. „Stickstoff 5.0"), um den Zutritt von Sauerstoff zu verhindern. Bei Fremdbedampfung darf durch ständige Dampfkondensation an der Phasengrenze der pH-Wert durch Kohlensäure nicht in den sauren Bereich absinken. Der Dampf muß außerdem sauerstofffrei sein. Achtung: Salzarmes, warmes Kondensat bleibt an der Oberfläche, unten entnommene Wasserproben sind nicht repräsentativ!

Wenn Parallelanlagen vorhanden sind, kann man einwandfrei entgaste und konditionierte Betriebswässer (z. B. Speisewasser oder abgesalzenes Kesselwasser) von in Betrieb befindlichen Anlagen durch die außer Betrieb befindlichen Anlagenteile führen und so ebenfalls eine Konservierung erreichen.

Bei *chemischen Verfahren* wird die Einwirkung von Sauerstoff durch einen Überschuß an Sauerstoffbindemittel unterbunden. Bewährte Mittel sind z. B. Natriumsulfit und Hydrazin/Levoxin (Gefahrstoffverordnung beachten!). Über andere Sauerstoffbindemittel auf organischer Basis liegen für die Konservierung keine Langzeiterfahrungen vor. Bei richtiger Alkalisierung kann wahrscheinlich auch Ascorbinsäure verwendet werden. Wichtig sind eine gute Verteilung der Mittel, die regelmäßige Kontrolle der Konzentration und des Füllzustands sowie eine ausrei-

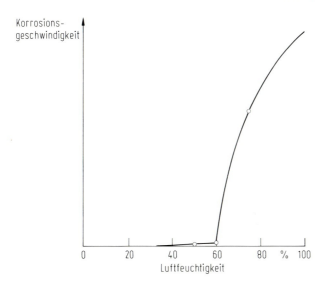

Bild L 8-1. Die Korrosion von metallischem Eisen in Abhängigkeit von der relativen Feuchte der Luft (modifiziert nach Vernon)

chende Alkalität des Füllwassers. Salzarmes Wasser vermindert das Korrosionsrisiko und die notwendigen Sauerstoffbindemittel-Überschüsse.

L 8.3 Trockenkonservierung

Für monatelange Betriebsstillstände, auch bei Frost, ist die Trockenkonservierung gut geeignet. Voraussetzung ist, daß enthaltenes Wasser sicher entfernt werden kann (Entwässerbarkeit von Rohrsystemen und Behältern prüfen!). Trocken konservierte Anlagen sind soweit zu entfeuchten, daß eine relative Luftfeuchtigkeit von $<50\%$ *immer*, auch bei Temperaturabsenkung, eingehalten werden (Kontrolle!), s. Bild L 8-1. Zur Entfeuchtung werden entweder regenerierbare Trocknungsmittel, z. B. Kieselgel, in ausreichendem Überschuß in die Behälter eingebracht (die Mittel dürfen keinen direkten Kontakt zum Werkstoff haben!), oder regenerative Absorptionstrockner eingesetzt. Erwärmte Luft oder regenerativ arbeitende Umlufttrockner sind bei Rohrleitungssystemen zu bevorzugen.

L 9 Chemische Reinigung

Die chemische Reinigung von Bauteilen erfolgt meist zur Entfernung von Wasser- oder Kesselstein. Dazu setzt man anorganische und organische Säuren mit Korrosionsinhibitoren ein, um den Angriff auf metallische Werkstoffe zu minimieren.

Für un- bzw. niedriglegiertes Eisen, z. T. auch für Kupfer, ist inhibierte Salzsäure im Konzentrationsbereich von 3 – 8% gut anwendbar. Nichtrostende Stähle werden durch Salzsäure dunkel verfärbt, durch Chloridreste kann Loch- oder Spannungsrißkorrosion ausgelöst werden. Diese Werkstoffe werden daher am besten durch verdünnte Salpetersäure gereinigt. Für Kleingeräte und Systeme mit geringem Wasserinhalt werden auch organische Säuren wie Ameisensäure, Zitronensäure und Amidosulfonsäure zur Entkalkung verwendet.

Die chemische Reinigung von Dampfkesseln darf nach DampfkV nur mit zugelassenen Kesselsteingegenmitteln erfolgen, wobei die Anwendungsvorschriften der Mittelhersteller bezüglich Konzentration, Temperatur und Einwirkzeit genau einzuhalten sind. Stark silikat- oder phosphathaltige Beläge sind nur schwer aufzulösen und sollten deshalb nur von Fachfirmen entfernt werden, die den Umgang mit den dazu notwendigen Chemikalien (u. a. Flußsäure) beherrschen. Für die Reinigung mit Säuren dürfen die Anlagenteile höchstens Temperaturen von 60 – 80 °C aufweisen. Die maximale Temperatur ist durch die Wirkung des Inhibitors bestimmt. In Dampfkesseln können dünne, poröse Beläge ($\leq 0{,}5$ mm) auch während des Betriebs mit Hilfe spezieller Mittel (sog. „Komplexbildnern") gelöst werden.

Nach jeder Säurebehandlung sind die Systeme zuerst säurefrei zu spülen und dann zu neutralisieren, um Säurereste unschädlich zu machen. Frisch gereinigte Anlagen sind umgehend in Betrieb zu nehmen, um die bei der Säurebehandlung meist abgelösten Schutzschichten wieder aufbauen zu können. In nicht sauber gereinigten Systemen können Korrosionsprobleme durch säurehaltige Restbeläge auftreten.

Die chemische Reinigung größerer Anlagen sowie der Druckbehälter-Verordnung unterliegender Teile sollte nur von erfahrenen Fachfirmen durchgeführt werden. Für Dampfkesselanlagen sind eine Gewähr über den Reinigungserfolg abzugeben (und zu kontrollieren!) und eine chemische Überwachung der Reinigungsarbeiten zu vereinbaren. Bei allen Reinigungsvorgängen sind die Unfallverhütungsvorschriften streng zu beachten. Eine Neutralisation der Reinigungslösungen vor dem Ableiten in den Kanal ist durchzuführen. Bei der Reinigung von Buntmetallen kann eine Entgiftung des Abwassers erforderlich sein.

L 10 Wasseranalyse und chemische Überwachung

Für die korrosionschemische Festlegung der Werkstoffe und ggf. die Wahl und Auslegung von Anlagen zur Wasserbehandlung und -aufbereitung ist eine aktuelle *Wasseranalyse* mit dem in Tabelle L 10-1 dargestellten Mindestumfang erforderlich (u. a. Garantiebasis). „Hygienische" Wasseranalysen sind dazu ungeeignet. Zusätzlich sind vom Wasserversorger Angaben über jahreszeitliche Schwankungen der Wasserzusammensetzung und mittelfristige Angaben über geplante Veränderungen zu erfragen.

Tabelle L 10-1. Analyse zur Beurteilung von Rohwässern hinsichtlich Korrosionsverhalten nach DIN 50930 und Wahl der Wasseraufbereitung für technische Zwecke

Mindestumfang analytischer Angaben
(Durchführung der Analysen nach gültigen Normen)

Bezeichnung der Probe:		....
Ort der Probenahme:		....
Datum und Zeit der Probenahme:		....
Wassertemperatur bei Entnahme	°C :	....
pH-Wert bei Entnahmetemperatur (vor Ort gem.)	– :	....
pH-Wert nach CaCO$_3$-Sättigung bei Entn.-Temp.	– :	....
pH-Wert bei 25 °C (Laborwert)	– :	....
el. Leitfähigkeit bei Entnahmetemperatur	µS/cm :	....
el. Leitfähigkeit bei 25 °C (Laborwert)	µS/cm :	....
Säurekapazität bis pH 8,2 ($K_{S8,2}$) vor Ort	mmol/l :	....
Säurekapazität bis pH 4,3 ($K_{S4,3}$) vor Ort	mmol/l :	....
Basekapazität bis pH 8,2 ($K_{B8,2}$) vor Ort	mmol/l :	....
Summe Erdalkalien (Ca+Mg) – Härte –	mmol/l :	....
gelöster Sauerstoff (O$_2$) vor Ort gemessen	mg/l :	....
Oxidierbarkeit Mn^{7+}/Mn^{2+} (KMnO$_4$-Verbr., O$_2$)	mg/l :	....
Gelöster organischer Kohlenstoff (DOC, C)	mg/l :	....
Kolloidindex (bei UO-Anlagen)	– :	....
Freies Chlor (Cl$_2$) vor Ort gemessen	mg/l :	....
Aluminium (Al) (bei Flockg. m. Al-Salzen)	mg/l :	....
Barium (Ba) (bei UO-Anlagen)	mg/l :	....
Calcium (Ca)	mg/l :	....
Eisen (Fe)	mg/l :	....
Kalium (K) (bei Entsalzungsanl.)	mg/l :	....
Kupfer (Cu)	mg/l :	....
Natrium (Na)	mg/l :	....
Mangan (Mn)	mg/l :	....
Strontium (Sr) (bei UO-Anlagen)	mg/l :	....
Chlorid (Cl)	mg/l :	....
Nitrat (NO$_3$)	mg/l :	....
Phosphat (PO$_4$)	mg/l :	....
Sulfat (SO$_4$)	mg/l :	....
Silikat (SiO$_2$)	mg/l :	....

Zur Beurteilung der Trinkwasserqualität sind zusätzliche Parameter der TrinkwV. [1] und mikrobiologische Untersuchungen notwendig.

Die *chemische Überwachung* von Wasseraufbereitungs-Anlagen und Wasser-Dampf-Kreisläufen ist ein wesentlicher Bestandteil zur Erhaltung der Verfügbarkeit und Betriebssicherheit dieser Einrichtungen, z. T. auch der Garantie. Unerläßlich ist dies, wenn sicherheitstechnische oder hygienische Gründe vorliegen, z. B. bei Dampfkesselanlagen, Sterilisatoren und Luftbefeuchtungssystemen. Die analytischen Maßnahmen richten sich nach den geltenden Regeln und Richtlinien (s. Bände II u. III) sowie den wasserchemischen Anforderungen der Hersteller.

Basis für eine aussagefähige analytische Überwachung sind einwandfreie Probenahme- und Meßstellen, die überall dort erforderlich sind, wo Aufbereitungsschritte, Dosiermaßnahmen, Phasenübergänge, mögliche Fremdstoffeinbrüche und Abwasserableitungen erfolgen. Für die Entnahme heißer Wässer sind stationäre Probenahmekühler aus Edelstahl vorzusehen. Geeignete Hinweise und Meßverfahren sind der einschlägigen Literatur [16–18] zu entnehmen. Für die Eigenüberwachung stehen eine Reihe bewährter Schnelltestverfahren sowie zuverlässige automatische Überwachungssysteme zur Verfügung. Bestimmte Untersuchungen sind im Betriebs- oder Fremdlabor durchzuführen.

L 11 Arbeits- und Umweltschutz

Bei der Aufbereitung und Konditionierung von Wasser sowie der chemischen Behandlung und Reinigung bzw. Entkalkung wasserführender Systeme kommen u. a. folgende gesundheitsschädlichen und umweltgefährdenden Mittel zum Einsatz:

- *Säuren und saure Mittel*
  Salz-, Schwefel-, Fluß-, Ameisen-, Zitronen- und Amidosulfonsäure; Aluminium- und Eisensulfat, Polyaluminiumchlorid
- *Basen und alkalische Mittel*
  Natronlauge, Ätznatron, Ammoniak, Amine, Hydrazin, Chlorbleichlauge, Soda, Kalkhydrat, Kalkwasser und Kalkmilch
- *Oxidationsmittel*
  Chlor, Chlordioxid, Chlorbleichlauge (Natriumhypochlorit), Calciumhypochlorit, Ozon, Dichlorisocyanurat, Trichlorcyanursäure, Peressigsäure
- *Reduktionsmittel*
  Natriumsulfit, Hydrazin und Hydrazinhydrat (krebserregende Gefahrstoffe), „Hydrazinersatzstoffe"
- *Desinfektionsmittel und Biozide*
  Formaldehyd, Alkohole, Biozide, o. g. Oxidationsmittel.

Erste Informationen über die v. g. Stoffe sind den DIN-Sicherheitsdatenblättern zu entnehmen, die der Lieferer der Mittel zur Verfügung stellen muß. Beim Umgang mit gefährlichen und gesundheitsschädlichen Stoffen sind die Gefahrstoffverordnung und die einschlägigen Unfallverhütungsvorschriften (UVV) der Berufsgenossenschaften zu beachten, die beim C. Heymanns Verlag, Luxemburger Str. 449, 50939 Köln bezogen werden können. Die UVV enthalten u. a. Hinweise über die Lagerung, den Umgang, die Handhabung und den Arbeitsschutz. Besonders zu beachten sind die Anwendungsbeschränkungen für das als krebserregend eingestufte Hydrazin, welches aufgrund seiner hervorragenden Eigenschaften als Sauerstoffbindemittel und Korrosionsinhibitor in Wasser-Dampf-Kreisläufen noch relativ weit verbreitet ist. Hydrazin bzw. wäßrige Lösungen von Hydrazin dürfen nur in berufsgenossenschaftlich oder behördlich anerkannten Umfüll- und Dosieranlagen gehandhabt werden.

Viele bei der Wasseraufbereitung, -konditionierung, Entkeimung und chemischen Behandlung wasserführender Systeme verwendeten Mittel können die Umwelt und insbesondere Boden, Grund- und Oberflächengewässer nachhaltig schädigen. Beim Umgang mit wassergefährdenden Stoffen sind die Anforderungen gemäß § 19 WHG und zugehöriger Anlagenverordnungen (VAwS) zu beachten. Für viele dieser Stoffe bestehen Grenzwerte für die Einleitung in Sammelkanalisationen oder Gewässer. Nach § 7 WHG muß die Aufbereitung von Abwasser mindestens nach den anerkannten Regeln der Technik erfolgen. Abwässer, die gefährliche Stoffe enthalten, sind nach dem Stand der Technik aufzubereiten. Soweit der Anfall von Abwasser und insbesondere der Anfall mit gefährlichen Stoffen verunreinigter Abwässer nicht vermieden werden kann, ist eine geeignete Abwasseraufbereitung durchzuführen.

Für den Boden- und Gewässerschutz sind u. a. folgende Gesetze und Rechtsverordnungen zu beachten:

- Wasserhaushaltsgesetz, WHG [19]
- Abwasserabgabengesetz, AbwAG [20]
- Abwasserherkunftsverordnung, AbwHerkV [21]
- Rahmen-AbwasserVwV mit Anhängen [22]
- Länderwassergesetze und -Eigenkontrollverordnungen
- Indirekteinleiterverordnungen der Länder
- Kommunale Abwassersatzungen
- Abfallgesetz, AbfG [23]
- VwV wassergefährdende Stoffe, VwVwS [24]
- Anlagenverordnungen, VAwS [25]

Bei der Wasser- und Abwasserbehandlung anfallende feste Rückstände und Schlämme sind gesichert zu lagern und geordnet zu entsorgen bzw. einer Wiederverwertung zuzuführen. Durch sorgfältige Anlagenplanung und optimalen Betrieb wasserführender Systeme lassen sich in der Regel auch die Belastungen für die Umwelt minimieren.

12 Literatur

[1] Verordnung über Trinkwasser und Wasser für Lebensmittelbetriebe (Trinkwasserverordnung – TrinkwV) vom 5.12.1990, BGBl I (1990) S. 2612–2629
[2] Chlorung von Wasser, VBG 65/GUV 8.15 (4.1980), Carl Heymanns Verlag, Köln, sowie u.a. DIN 19606, auch VBG 65. Richtlinien für die Verwendung von Ozon zur Wasseraufbereitung, VBG-ZH 1/474 (10, 1986), C. Heymanns Verlag, Köln
[3] Technische Regel für Gefahrstoffe, TRGS 608: „Ersatzstoffe, Ersatzverfahren und Verwendungsbeschränkungen für Hydrazin in Wasser- und Dampfsystemen"
[4] Höhenberger, L.: Alternativen zum Einsatz von Hydrazin in Dampf- und Heißwasseranlagen. Beiträge zur Kesselbetriebstechnik 1987, Akademie TÜV-Bayern, München
[5] TRD 611: Speisewasser und Kesselwasser von Dampferzeugern der Gruppe IV (1993). C. Heymanns Verlag, Köln
[6] TRD 612: Wasser für Heißwassererzeuger der Gruppen II bis IV (1993). C. Heymanns Verlag, Köln

[7] VdTÜV-Richtlinien für Speisewasser, Kesselwasser und Dampf von Dampferzeugern bis 68 bar zulässigem Betriebsüberdruck, VdTÜV-Merkblatt TCh 1453, (04.83), Verlag TÜV Rheinland, Köln
[8] VdTÜV/AGFW Richtlinien für das Kreislaufwasser in Heißwasser- und Warmwasser-Heizungsanlagen (Industrie- und Fernwärmenetze), Ausgabe 02.1989, VdTÜV-Merkblatt TCh 1466, Verlag TÜV Rheinland, Köln
[9] VGB-Merkblatt: Qualitätsanforderungen an Fernheizwasser, VGB-M 410 (1980), VGB-Kraftwerkstechnik GmbH, Essen
[10] Herre, E.: Korrosionsschutz in der Sanitärtechnik (1972). Krammerverlag, Düsseldorf
[11] Hömig, H. E.: Metall und Wasser (1978). Vulkan-Verlag, Essen
[12] Lexikon der Korrosion, Band 1 u. 2 (1970). Mannesmann AG, Düsseldorf
[13] KTW-Empfehlungen: Gesundheitliche Beurteilung von Kunststoffen und anderen nichtmetallischen Werkstoffen im Rahmen des Lebensmittel- und Bedarfsgegenständegesetzes für den Trinkwasserbereich, Teil 1+2. Bundesgesundheitsblatt 20, S. 10ff.
[14] VdTÜV-Merkblatt TCh 1465, Die wasserseitige Konservierung von Dampfkesselanlagen (10.1978). Verlag TÜV Rheinland, Köln
[15] VGB-Richtlinien, Konservierung von Kraftwerksanlagen, R 116 H (1981). VGB-Kraftwerkstechnik GmbH, Essen
[16] VdTÜV-Richtlinien zur Probenahme von Wasser und Dampf im Kraftwerk. Entw., Technische Überwachung (TÜ), Bd. 2 (1961), Nr. 11, S. 435–439.
[17] Mayr, F. (Autorenkollektiv): Handbuch der Kesselbetriebstechnik (1992). Technischer Verlag Resch
[18] Deutsche Einheitsverfahren zur Wasser-, Abwasser- und Schlammuntersuchung (1989). Loseblattsammlung, Verlag Chemie, Weinheim/Bergstraße. Einzeln auch als DIN für bestimmte Analysenverfahren erhältlich, s. DIN-Verzeichnis
[19] Gesetz zur Ordnung des Wasserhaushalts (Wasserhaushaltsgesetz, WHG). Bekanntmachung vom 23.09.1986 (BGBl I S. 1654)
[20] Gesetz über Abgaben für das Einleiten von Abwasser in Gewässer (Abwasserabgabengesetz – AbwAG) vom 06.11.1990 (BGBl. I S. 2432–2438), gültig ab 01.01.1991
[21] Verordnung über die Herkunftsbereiche von Abwasser (Abwasserherkunftsverordnung – AbwHerkV) vom 3.7.1987 (BGBl I S. 1578)
[22] Allgemeine Rahmen-Verwaltungsvorschrift über Mindestanforderungen an das Einleiten von Abwasser in Gewässer (Rahmen-Abwasser-VwV), vom 08.09.1989 (BMBl 1989, S. 518) mit Anhängen
[23] Gesetz über die Vermeidung und Entsorgung von Abfällen (Abfallgesetz – AbfG) vom 27.10.1986 (BGBl S. 1410, ber. S. 1510)
[24] Allgemeine Verwaltungsvorschrift über die nähere Bestimmung wassergefährdender Stoffe und ihre Einstufung entsprechend ihrer Gefährlichkeit – VwV wassergefährdende Stoffe (VwVwS) in der Fassung der Bekanntmachung vom 23.10.1986 (BGBl I S. 1529, 1654)
[25] Musterverordnung über Anlagen zum Lagern, Abfüllen und Umschlagen wassergefährdender Stoffe (Anlagenverordnung – VAwS) von 1979. LAWA – Länderarbeitsgemeinschaft Wasser, mit den Anlagenverordnungen der Bundesländer

M Methoden der Wirtschaftlichkeitsrechnung

HANS-JÜRGEN WARNECKE

M 1 Begriffsbestimmung

M 1.1 Wirtschaftlichkeits- und Investitionsrechnung

Die Begriffe Wirtschaftlichkeitsrechnung und Investitionsrechnung werden sowohl in der Theorie als auch in der Praxis nicht immer klar auseinandergehalten, oftmals werden sie auch gleichbedeutend verwendet.

Unter Wirtschaftlichkeitsrechnung soll im folgenden eine Rechnung verstanden werden, bei der anhand bestimmter Wirtschaftlichkeitskriterien einzelne Anlagen im Zeitablauf, im Vergleich zu Vorgabewerten oder zu alternativen Anlagen untersucht oder miteinander verglichen werden.

Die besonders wichtige praktische Anwendung der Wirtschaftlichkeitsrechnung auf die Beurteilung von vorgesehenen Investitionen soll als Investitionsrechnung bezeichnet werden.

M 1.2 Investitionsarten

Neben der für den Ausbau eines Gebäudes notwendigen Erstinvestition unterscheidet man die Investitionsarten
– Rationalisierungsinvestition. Sie bindet Kapital mit dem Ziel einer wirtschaftlicheren Leistung bei gleichbleibender Kapazität und Qualität.
– Erweiterungsinvestition. Sie zielt auf eine Erweiterung der Kapazität durch Beseitigung von Engpässen bei gleicher Qualität.
– Ersatzinvestition. So wird der Kapitaleinsatz bezeichnet, der die Fortführung der bisherigen Leistung mit gleicher Kapazität und gleicher Qualität ohne besondere Rationalisierung vorsieht.

In der Praxis lassen sich die Grenzen dieser drei Investitionsarten nicht immer klar erkennen. Es handelt sich meist um eine Kombination von zwei oder aller drei Investitionsarten.

M 1.3 Einteilung des Verfahrens zur Investitionsrechnung

Die Investitionsrechnungen zur Beurteilung einzelner Investitionsvorhaben lassen sich in zwei Gruppen unterteilen:

– die statischen Verfahren und
– die dynamischen Verfahren.

Der wesentliche Unterschied zwischen beiden Verfahrensarten besteht darin, daß die dynamischen Verfahren zeitliche Unterschiede im Anfall der Kosten und Erträge einer Investition wertmäßig berücksichtigen. Die statischen Verfahren liefern in der Regel Näherungsergebnisse.

M 1.4 Investitionsplanung

Bei der Investitionsplanung werden die dispositiven Maßnahmen festgelegt, die bei der Schaffung, Ergänzung und Erhaltung der Anlagen eingeleitet werden müssen.

Insbesondere drei Gründe machen die Investitionsentscheidung zu einem betrieblichen Kernproblem:
– langfristige Wirkung der Investition,
– Erstarrung der Kostenstruktur und
– Knappheit des Kapitals.

Die Investitionsplanung muß immer als eine Teilaufgabe im Rahmen der gesamtbetrieblichen Planungen gesehen werden. Sie berücksichtigt dabei nicht nur kurzfristige, sondern vor allem auch langfristige Planungen in bezug auf die Finanzierung, Nutzungszeiten, Lebensdauer, technische oder gesetzgeberische Entwicklungen!

M 1.5 Phasen der Investitionsplanung

Infolge des angestiegenen Investitionsbedarfs in den Unternehmen werden i. allg. Richtlinien zum Erfassen der Planung und Ausführung von Investitionen erstellt. Solche Richtlinien können ein Projekt vom Investitionsvorschlag bis zur Investitionsnachrechnung umfassen, wobei im wesentlichen folgende Phasen unterschieden werden:
– Investitionsvorschlag,
– Untersuchung des Investitionsvorschlags,
– Investitionsprogramm (Aufstellen einer Rangordnung),
– Investitionsentscheidung,
– Investitionsausführung und
– Investitionsnachrechnung (Kontrolle).

Bei der Aufstellung eines Investitionsprogramms für einen Planungszeitraum sieht sich die Unternehmensführung in aller Regel einer Anzahl konkurrierender Investitionsprojekte gegenübergestellt. Übersteigt der Investitionsbedarf die vorhandenen Mittel, müssen die Investitionsprojekte nach Kriterien geordnet werden, die ihre relative Vorteilhaftigkeit ausdrücken, wie
– Risiko des Kapitaleinsatzes,
– Rentabilität des Investitionskapitals,
– Rückflußdauer des Investitionskapitals,
– Beanspruchung der Liquidität des Unternehmens,
– technische Leistungsfähigkeit der Investition,
– Erhaltung oder Verbesserung der Qualität und
– Senkung des Wartungsaufwands.

Als zusätzliche Alternative ist dabei immer die Rendite des Kapitals zu berücksichtigen, die sich ergäbe, wenn man das verfügbare Kapital zur Tilgung von Schulden oder zur Anlage am Kapitalmarkt verwendet. Fast jede Investitionsentscheidung beruht auf risikobehafteten Prognosewerten für Preis- und Kostenentwicklungen. Sämtliche Möglichkeiten sind deshalb unter Beachtung dieser Unsicherheitsfaktoren zu bewerten.

M2 Statische Verfahren

M2.1 Übersicht

Bei den statischen Verfahren handelt es sich um weit verbreitete Methoden. Sie werden in der Praxis dort angewendet, wo
- eine Wirtschaftlichkeitsberechnung einfach und schnell durchgeführt werden soll,
- über Investitionen geringerer Bedeutung und entsprechend geringen Werten, z.B. kleiner 100000,- DM, entschieden wird und
- sehr unsichere Ausgangsdaten vorliegen.

Statische Verfahren arbeiten mit jährlichen Durchschnittswerten, die meistens aus der ersten Nutzungsperiode abgeleitet und für alle Perioden als konstant angenommen werden.

M2.2 Kostenvergleichsrechnung

Bei der Kostenvergleichsrechnung werden alle während der geplanten Nutzungsdauer entstehenden bzw. verursachten Kosten einander gegenübergestellt. Dabei wird unterstellt, daß alle übrigen wirtschaftlich bedeutsamen Merkmale, wie Nutzen, Lebensdauer oder Qualität der verglichenen Investitionsobjekte gleich sind. Die Kostenrechnung liefert daher keine (!) Beurteilung für die Wirtschaftlichkeit einer Investition (Tabelle M2-1).

Es sind zwei Aufgabenstellungen zu unterscheiden:
- das Wahlproblem und
- das Ersatzproblem.

Beim Lösen des Wahlproblems wird ermittelt, welche der zur Entscheidung anstehenden Investitionsalternativen die kostengünstigere ist. Die zu vergleichenden Alternativen müssen also offensichtlich wirtschaftlich sein oder aber es handelt sich um eine Investition, die ohne Berücksichtigung ihrer Wirtschaftlichkeit durchgeführt werden muß, z.B. bei einer Investition zur Erfüllung der Auflagen für den Umweltschutz.

Beim Ersatzproblem steht die Frage einer Rationalisierungsinvestition zur Entscheidung an, d.h. eine alte Anlage soll durch eine neue bessere ersetzt werden. Es wird davon ausgegangen, daß der Nutzen konstant bleibt. Der Gewinn einer Inve-

Tabelle M 2-1. Beispiel einer Kostenvergleichsrechnung

			Maschine A	Maschine B
1	Kaufpreis	in DM	150 000	100 000
2	Nutzungsdauer	in Jahre	10	8
3	Leistungseinheiten	in LE/Jahr	18 000	18 000
4	kalkulatorische Abschreibung (lineare Abschreibung)	in DM/Jahr	15 000	12 500
5	kalkulatorische Zinsen (10% des halben Anschaffungswertes)	in DM/Jahr	7 500	5 000
6	Raumkosten	in DM/Jahr	4 000	4 000
7	sonstige fixe Kosten, z. B. Versicherungskosten	in DM/Jahr	1 000	1 000
8	Summe der fixen Kosten (Zeile 4...7)	in DM/Jahr	27 500	22 500
9	Löhne und Gehälter	in DM/Jahr	47 300	79 400
10	Betriebsstoffe	in DM/Jahr	4 100	4 100
11	Energiekosten	in DM/Jahr	3 100	5 200
12	Instandhaltungskosten	in DM/Jahr	8 000	3 500
13	sonstige variable Kosten	in DM/Jahr	1 000	2 100
14	Summe der variablen Kosten (Zeile 9...13)	in DM/Jahr	63 500	94 300
15	Summe der Kosten (Zeile 8 + 14)	in DM/Jahr	91 000	116 800
16	Kostendifferenz	in DM/Jahr	25 800	

stition läßt sich dann aus einem Vergleich der Kosten vor der Investition mit den Kosten nach der Investition ermitteln.

Bei den in die Rechnung einzubeziehenden Kosten handelt es sich um
- Kapitalkosten (kalkulatorische Abschreibungen, kalkulatorische Zinsen),
- Betriebskosten (Energiekosten, Löhne und Gehälter, Raumkosten, Versicherungskosten) und
- Instandhaltungskosten (Materialkosten, Personalkosten).

Beim Vergleich von Investitionsobjekten mit gleicher mengenmäßiger Leistung können die Gesamtkosten je Periode einander gegenübergestellt werden. Bei der Betrachtung von Alternativen mit unterschiedlicher Leistung werden die Kosten je Leistungseinheit miteinander verglichen.

M 2.3 Rentabilitätsrechnung

Die Rentabilitätsrechnung geht von den Ergebnissen der Kostenvergleichsrechnung aus. Mit ihrer Hilfe wird die durchschnittliche jährliche Verzinsung einer Investition berechnet. Bei der Berechnung der Rentabilität R wird das Verhältnis aus der durchschnittlichen jährlichen Kostenersparnis R_{OE} und dem durchschnittlichen Kapitaleinsatz R_E gebildet

$$R = (R_{OE}/R_E) \cdot 100\% \ . \tag{M2-1}$$

Die Kostenersparnis R_{OE} drückt die Kosteneinsparung gegenüber der bisher benutzten Anlage während einer vergleichbaren Nutzungszeit aus. Der durchschnittliche Kapitaleinsatz R_E ist das durchschnittlich zusätzlich gebundene Kapital, das für die Durchführung der Investition nötig ist.

Tabelle M 2-2. Beispiel einer Rentabilitäts-Vergleichsrechnung

			Anlage A	Anlage B
1	Durchschnittlicher Kapitaleinsatz	in DM/Jahr	20 000	18 000
2	Nutzungsdauer	in Jahre	8	8
3	Kostensenkung	in DM/Jahr	2 600	2 450
4	Rentabilität		13%	13,6%

Weiterhin ist zu unterscheiden zwischen
- Kapitaleinsatz für nichtabnutzbares Vermögen $K_{E_{na}}$ und
- Kapitaleinsatz für abnutzbares Vermögen $K_{E_{ab}}$.

Damit läßt sich der durchschnittliche Kapitaleinsatz wie folgt berechnen:

$$R_E = \frac{1}{2}(K_{E_{ab}}) + K_{E_{na}} \ . \tag{M2-2}$$

Wie bereits in Abschn. M 2.2 über die Kostenvergleichsrechnung erwähnt wurde, müssen kalkulatorische Zinsen, die dort in die Rechnung eingeflossen sind, bei der Rentabilitätsrechnung noch einmal berücksichtigt werden, da sie in einer Aussage über die Gesamtrentabilität enthalten sein sollen. Tabelle M 2-2 zeigt den Rentabilitätsvergleich für zwei Investitionsobjekte. Beide Anlagen haben die gleiche Nutzungsdauer, aber einen unterschiedlichen Kapitalbedarf. In diesem Beispiel schneidet Anlage B günstiger ab als Anlage A.

M 2.4 Amortisationsrechnung

Wie die Rentabilitätsrechnung geht auch die Amortisationsrechnung von den Ergebnissen der Kostenvergleichsrechnung aus.

Durch die Amortisationsrechnung wird der Zeitraum ermittelt, in dem das für eine Investition eingesetzte Kapital über die Erträge wiedergewonnen wird.

Die Amortisationsdauer t_A ist der Quotient aus dem Kapitaleinsatz K_E für eine Investition und dem durchschnittlichen jährlichen Rückfluß R_R

$$t_A = K_E/R_R \ . \tag{M2-3}$$

Mit der Amortisationszeit t_A kann das Risiko des Kapitalverlusts und der Liquidationsauswirkungen einer Investition abgeschätzt werden: je kürzer die Amortisationszeit ist, desto geringer ist auch das Risiko.

Die Länge der theoretisch möglichen Amortisationsdauer ist durch die Nutzungsdauer t_N des Investitionsobjekts begrenzt

$$t_A = t_N \ . \tag{M2-4}$$

Unter dem jährlichen Rückfluß R_R versteht man den im Rahmen der Kostenvergleichsrechnung errechneten jährlichen Überschuß zuzüglich der kalkulatorischen Abschreibung und der kalkulatorischen Zinsen für das Eigenkapital. Zwei zur Investitionsauswahl stehende Anlagen A und B sollen hinsichtlich ihrer Amortisa-

Tabelle M 2-3. Beispiel einer Amortisations-Vergleichsrechnung

			Anlage A	Anlage B
1	Kapitaleinsatz	in DM	110 000	150 000
2	Nutzungsdauer	in Jahre	8	8
3	kalkulatorische Abschreibung	in DM/Jahr	13 750	18 750
4	Kostensenkung	in DM/Jahr	13 250	25 250
5	Amortisationszeit	in Jahre	4,1	3,4

tionszeit verglichen werden (Tabelle M 2-3). Die Entscheidung fällt zugunsten der Anlage B, die sich um 0,7 Jahre vor der Anlage A amortisiert.

M 3 Dynamisches Verfahren

M 3.1 Übersicht

Im Gegensatz zu den statischen Verfahren berücksichtigen die dynamischen Verfahren der Wirtschaftlichkeitsrechnung die zeitlichen Unterschiede im Anfall der Einnahmen und Ausgaben durch die Zinseszinsrechnung (Diskontierung). Somit werden beispielsweise Einsparungen durch eine Investition, die im ersten Jahr anfallen, höher bewertet als Einnahmen aus späteren Nutzungsjahren, da die Einnahmen des ersten Jahres durch die Möglichkeit ihrer Reinvestition höhere Zinserträge erwirtschaften können als die des letzten Jahres. Bei diesen Verfahren wird also davon ausgegangen, daß die gesamten Einnahmen und Ausgaben einer Investition bekannt sind.

M 3.2 Grundbegriffe

Einzahlung/Auszahlung
Die Grundlage der Investitionsrechnung mit Hilfe dynamischer Verfahren bilden der Zu- und Abfluß von Zahlungsmitteln während der Nutzungszeit des Investitionsobjekts, d.h. eine Einzahlungs- und Auszahlungsreihe. Die Auszahlungen setzen sich zusammen aus
- den Anschaffungsauszahlungen I_0 für das Investitionsobjekt und
- den laufenden fixen Auszahlungen für die Aufrechterhaltung der Betriebsbereitschaft des Objekts und den variablen Auszahlungen für Arbeitsleistung, Energie usw.

Die Einzahlungen stammen aus Einsparungen bzw. Kostensenkungen. Die Differenz von Einnahmen und Ausgaben nennt man Rückfluß. Da das betriebliche Rechnungswesen bestrebt ist, mit Kosten- und Erlösgrößen zu arbeiten, wird im Rahmen der Investitionsrechnung häufig mit Kosten und Erlösen anstatt mit Ausgaben und Einnahmen gerechnet. Man muß dabei beachten, daß sowohl zeitliche als auch sachliche Unterschiede zwischen diesen Größen bestehen. Zum Beispiel sind Abschreibungen oder kalkulatorische Zinsen auf das Eigenkapital Kosten, denen keine Ausgaben gegenüberstehen.

In der Praxis treten jedoch häufig unüberwindbare Schwierigkeiten auf, die Rückflüsse zu ermitteln. Der möglicherweise entstehende Fehler beim Rechnen mit Kosten und Erträgen ist im Normalfall weniger schwerwiegend als die Unsicherheit bei der Datenermittlung.

Häufig werden in der Investitionsrechnung anstatt der Zahlungen auch ihre drei Bestandteile Kapitaleinsatz I_0, Rückfluß R_t und Liquidationserlös L_T getrennt angegeben.

Kapitaleinsatz I_0

Der Kapitaleinsatz ist die Investitionssumme bzw. sind die Ausgaben für das Beschaffen oder Herstellen des benötigten Anlage- und Umlaufvermögens, letzteres z.B. Brennstoffvorratshaltung.

Für das Berechnen des Brutto- und Nettokapitaleinsatzes wird die folgende Rechnung vorgeschlagen (s. [7]):

  Forschungs-, Entwicklungs- und Planungskosten
+ Kosten für das Beschaffen der Grundstücke
+ Kosten für das Beschaffen oder Herstellen der Anlagen
+ Kosten für das Beschaffen sonstigen Anlagevermögens
+ Kosten für das Beschaffen zusätzlichen Umlaufvermögens
+ Kosten für künftige Ersatzinvestitionen, Folgeinvestitionen
  und Großreparaturen
+ Installierungskosten
= Bruttokapitaleinsatz
− Erlöse aus dem Verkauf nicht mehr benötigter alter Anlagen
− Kosten für vermiedene Großreparaturen
= Nettokapitaleinsatz.

Rückfluß R_t (Cash flow)

Der Cash flow ist definiert als die Differenz zwischen Einnahmen einer Periode (ohne Liquidationserlös) minus laufende Ausgaben einer Periode (ohne Investitionsausgaben). Dieser Differenzbetrag entspricht näherungsweise der Summe aus Einsparung und Abschreibungen.

Zeitwert

Der Zeitwert ist der Wert einer Zahlung zum Zeitpunkt des Entstehens (Zahlungszeitpunkt).

Barwert

Der Barwert ist der Wert einer Zahlung, den man durch Auf- oder Abzinsen auf einen bestimmten Bezugszeitpunkt erhält. In der Regel wird als Bezugszeitpunkt der Nutzungsbeginn (t = 0) einer Investition gewählt.

Kalkulationszinssatz p

Der Kalkulationszinssatz ist der Zinssatz in Prozent, mit dem einheitlich alle Zahlungen auf dem Bezugszeitpunkt auf- oder abgezinst werden.

Zinsfaktoren
1. Aufzinsfaktor q^t. Faktor, mit dem der Zeitwert einer Zahlung, die vor dem Bezugszeitpunkt anfällt, multipliziert werden muß, um ihren Barwert zu erhalten.

Werden die Jahreszinsen nach Ablauf jedes Jahres dem Kapitalbetrag KE zugeschlagen, so ergibt sich folgende Kapitalentwicklung:

1. Jahr: $KE_1 = KE_0 + KE_0 \cdot \dfrac{p}{100} = KE_0 \cdot \left(1 + \dfrac{p}{100}\right)$

2. Jahr: $KE_2 = KE_1 + KE_1 \cdot \dfrac{p}{100} = KE_1 \cdot \left(1 + \dfrac{p}{100}\right)$

$\qquad\qquad = KE_0 \cdot \left(1 + \dfrac{p}{100}\right)^2$

$\vdots$

t. Jahr: $KE_t = KE_0 \cdot \left(1 + \dfrac{p}{100}\right)^t$

Der Aufzinsfaktor errechnet sich wie folgt:

$$q^t = \left(1 + \frac{p}{100}\right)^t \qquad\qquad\text{(M 3-1)}$$

mit

$\quad t\quad$ zeitlicher Abstand vom Bezugszeitpunkt (in Jahren),
$\quad p\quad$ Kalkulationszinssatz (in %).

2. Abzinsfaktor q^{-t}. Faktor, mit dem der Zeitwert einer Zahlung, die nach dem Bezugszeitpunkt anfällt, multipliziert werden muß, um ihren Barwert zu erhalten. Der Abzinsfaktor entspricht dem Kehrwert des Aufzinsfaktors (Tabelle M 3-1).
3. Barwertfaktor BF. Faktor, mit dem ein Rückfluß zu multiplizieren ist, der über die Nutzungsdauer T jährlich konstant anfällt, um den Barwert der gesamten Zahlungsreihe zu erhalten. Der Barwertfaktor errechnet sich wie folgt:

$$BF = \frac{\left(1 + \dfrac{p}{100}\right)^T - 1}{\left(1 + \dfrac{p}{100}\right)^T \cdot \dfrac{p}{100}}.$$

4. Wiedergewinnungsfaktor WF. Faktor, mit dem ein Kapitalbetrag zu multiplizieren ist, um eine gleichwertige Reihe jährlich gleich hoher Zahlungsbeträge (Annuitäten) zu erhalten. Der Wiedergewinnungsfaktor (Tabelle M 3-2) entspricht dem Kehrwert des Barwertfaktors.

Tabelle M 3-1. Abzinsfaktoren q^{-t}

Jahr	Kalkulatorischer Zinssatz										Jahr
	5%	6%	8%	10%	12%	14%	15%	16%	18%	20%	
1	0,9524	0,9434	0,9259	0,9091	0,8929	0,8772	0,8696	0,8621	0,8475	0,8333	1
2	0,9070	0,8900	0,8573	0,8264	0,7972	0,7695	0,7561	0,7432	0,7182	0,6944	2
3	0,8638	0,8396	0,7938	0,7513	0,7118	0,6750	0,6575	0,6407	0,6086	0,5787	2
4	0,8227	0,7921	0,7350	0,6830	0,6355	0,5921	0,5718	0,5523	0,5158	0,4823	4
5	0,7835	0,7473	0,6806	0,6209	0,5674	0,5194	0,4972	0,4761	0,4371	0,4019	5
6	0,7462	0,7050	0,6302	0,5645	0,5066	0,4556	0,4323	0,4104	0,3704	0,3349	6
7	0,7107	0,6651	0,5835	0,5132	0,4523	0,3996	0,3759	0,3538	0,3139	0,2791	7
8	0,6768	0,6274	0,5403	0,4665	0,4039	0,3506	0,3269	0,3050	0,2660	0,2326	8
9	0,6446	0,5919	0,5002	0,4241	0,3606	0,3075	0,2843	0,2630	0,2255	0,1938	9
10	0,6139	0,5584	0,4632	0,3855	0,3220	0,2697	0,2472	0,2267	0,1911	0,1615	10
11	0,5847	0,5268	0,4289	0,3505	0,2875	0,2366	0,2149	0,1954	0,1619	0,1346	11
12	0,5568	0,4970	0,3971	0,3186	0,2567	0,2076	0,1869	0,1685	0,1372	0,1122	12
13	0,5303	0,4688	0,3677	0,2897	0,2292	0,1821	0,1625	0,1452	0,1163	0,0935	13
14	0,5051	0,4423	0,3405	0,2633	0,2046	0,1597	0,1413	0,1252	0,0985	0,0779	14
15	0,4810	0,4173	0,3152	0,2394	0,1827	0,1401	0,1229	0,1079	0,0835	0,0649	15
16	0,4581	0,3936	0,2919	0,2176	0,1631	0,1229	0,1069	0,0930	0,0708	0,0541	16
17	0,4363	0,3714	0,2703	0,1978	0,1456	0,1078	0,0929	0,0802	0,0600	0,0451	17
18	0,4155	0,3503	0,2502	0,1799	0,1300	0,0946	0,0808	0,0691	0,0508	0,0376	18
19	0,3957	0,3305	0,2317	0,1635	0,1161	0,0829	0,0703	0,0596	0,0431	0,0313	19
20	0,3769	0,3118	0,2145	0,1486	0,1037	0,0728	0,0611	0,0514	0,0365	0,0261	20
21	0,3589	0,2942	0,1987	0,1351	0,0926	0,0638	0,0531	0,0443	0,0309	0,0217	21
22	0,3418	0,2775	0,1839	0,1228	0,0826	0,0560	0,0462	0,0382	0,0262	0,0181	22
23	0,3256	0,2618	0,1703	0,1117	0,0738	0,0491	0,0402	0,0329	0,0222	0,0151	23
24	0,3101	0,2470	0,1577	0,1015	0,0659	0,0431	0,0349	0,0284	0,0188	0,0126	24
25	0,2953	0,2330	0,1460	0,0923	0,0588	0,0378	0,0304	0,0245	0,0160	0,0105	25
26	0,2812	0,2198	0,1352	0,0839	0,0525	0,0331	0,0264	0,0211	0,0135	0,0087	26
27	0,2678	0,2074	0,1252	0,0763	0,0469	0,0291	0,0230	0,0182	0,0115	0,0073	27
28	0,2551	0,1956	0,1159	0,0693	0,0419	0,0255	0,0200	0,0157	0,0097	0,0061	28
29	0,2429	0,1846	0,1073	0,0630	0,0374	0,0224	0,0174	0,0135	0,0082	0,0051	29
30	0,2314	0,1741	0,0994	0,0573	0,0334	0,0196	0,0151	0,0116	0,0070	0,0042	30

Alle angegebenen Zinsfaktoren können aus Tabellenwerken entnommen werden, z. B. aus Zinstabellen in [6].

M 3.3 Beschreibung der dynamischen Verfahren

M 3.3.1 Vorbemerkung

Im folgenden werden die gebräuchlichsten Methoden erläutert. Im Schrifttum [7] sind noch weitere angegeben, die sich aber meist an die hier beschriebenen Methoden anlehnen.

M 3.3.2 Kapitalwertmethode

Bei der Kapitalwertmethode handelt es sich um eine „Totalanalyse" mit dem Ziel, den Gegenstandswert des gesamten Überschusses (Kosteneinsparung) einer Investi-

Tabelle M 3-2. Wiedergewinnungsfaktoren

Jahr	Kalkulatorischer Zinssatz									Jahr
	6%	8%	10%	12%	14%	15%	16%	18%	20%	
1	1,06000	1,08000	1,10000	1,12000	1,14000	1,15000	1,16000	1,18000	1,20000	1
2	0,54544	0,56077	0,57619	0,59170	0,60729	0,61512	0,62296	0,63872	0,65455	2
3	0,37411	0,38803	0,40211	0,41635	0,43073	0,43798	0,44526	0,45992	0,47473	3
4	0,28859	0,30192	0,31547	0,32923	0,34320	0,35027	0,35737	0,37174	0,38629	4
5	0,23740	0,25046	0,26380	0,27741	0,29128	0,29832	0,30541	0,31978	0,33438	5
6	0,20336	0,21632	0,22961	0,24323	0,25716	0,26424	0,27139	0,28591	0,30071	6
7	0,17914	0,19207	0,20541	0,21912	0,23319	0,24036	0,24761	0,26236	0,27742	7
8	0,16104	0,17401	0,18744	0,20130	0,21557	0,22285	0,23022	0,24524	0,26061	8
9	0,14702	0,16008	0,17364	0,18768	0,20217	0,20957	0,21708	0,23239	0,24808	9
10	0,13587	0,14903	0,16275	0,17698	0,19171	0,19925	0,20690	0,22251	0,23852	10
11	0,12679	0,14008	0,15396	0,16842	0,18339	0,19107	0,19886	0,21478	0,23110	11
12	0,11928	0,13270	0,14676	0,16144	0,17667	0,18448	0,19241	0,20863	0,22526	12
13	0,11296	0,12652	0,14078	0,15568	0,17116	0,17911	0,18718	0,20369	0,22062	13
14	0,10758	0,12130	0,13575	0,15087	0,16661	0,17469	0,18290	0,19968	0,21689	14
15	0,10296	0,11683	0,13147	0,14682	0,16281	0,17102	0,17936	0,19640	0,21388	15
16	0,09895	0,11298	0,12782	0,14339	0,15962	0,16795	0,17641	0,19371	0,21144	16
17	0,09544	0,10963	0,12466	0,14046	0,15692	0,16537	0,17395	0,19149	0,20944	17
18	0,09236	0,10670	0,12193	0,13794	0,15462	0,16319	0,17188	0,18964	0,20781	18
19	0,08962	0,10413	0,11955	0,13576	0,15266	0,16134	0,17014	0,18810	0,20646	19
20	0,08718	0,10185	0,11746	0,13388	0,15099	0,15976	0,16867	0,18682	0,20536	20
21	0,08500	0,09983	0,11562	0,13224	0,14954	0,15842	0,16742	0,18575	0,20444	21
22	0,08305	0,09803	0,11401	0,13081	0,14830	0,15727	0,16635	0,18485	0,20369	22
23	0,08128	0,09642	0,11257	0,12956	0,14723	0,15628	0,16545	0,18409	0,20307	23
24	0,07968	0,09498	0,11130	0,12846	0,14630	0,15543	0,16467	0,18345	0,20255	24
25	0,07823	0,09368	0,11017	0,12750	0,14550	0,15470	0,16401	0,18292	0,20212	25
26	0,07690	0,09251	0,10916	0,12665	0,14480	0,15407	0,16345	0,18247	0,20176	26
27	0,07570	0,09145	0,10826	0,12590	0,14419	0,15353	0,16296	0,18209	0,20147	27
28	0,07459	0,09049	0,10745	0,12524	0,14366	0,15306	0,16255	0,18177	0,20122	28
29	0,07358	0,08962	0,10673	0,12466	0,14320	0,15265	0,16219	0,18149	0,20102	29
30	0,07265	0,08883	0,10608	0,12414	0,14280	0,15230	0,16189	0,18126	0,20085	30

tion zu ermitteln, der über die Amortisation des Kapitaleinsatzes und die kalkulatorischen Zinsen hinaus zurückfließt.

Der Kapitalwert C_0 einer Investition ist definiert als Barwert ihrer Zahlungen. Der Kapitalwert ergibt sich folglich aus dem Barwert der Rückflüsse abzüglich dem Barwert des Kapitaleinsatzes einer Investition. Der Kapitalwert gibt also die zu erwartende Erhöhung oder Verminderung des Geldvermögens in Abhängigkeit des Kalkulationszinssatzes an, er wird wertmäßig auf den Beginn des Planungszeitraums bezogen.

Unter der üblichen Annahme, daß der gesamte Kapitaleinsatz im Zeitpunkt t = 0 anfällt, berechnet sich der Kapitalwert wie folgt:

$$C_0 = \sum_{t=0}^{T} (E_t - A_t) \cdot q^{-t} = -I_0 + \sum_{t=1}^{T} R_t \cdot q^{-t} + L_T \cdot q^{-T} . \tag{M 3-3}$$

Diese Formel ist die Grundgleichung, auf der alle dynamischen Rechenverfahren basieren. Für den Fall konstanter jährlicher Rückflüsse r berechnet sich der Kapitalwert vereinfacht mit Hilfe des Barwertfaktors BF:

$$C_0 = -I_0 + r \cdot BF + L_T \cdot q^{-T}.$$

Der Kapitalwert einer Investition wird bei der Kapitalwertmethode als Bewertungskriterium herangezogen. Ist der Kapitalwert positiv, dann erzielt man mit der Investition neben der Rückgewinnung des eingesetzten Kapitals eine Verzinsung, die über den kalkulatorischen Zinsfluß hinausgeht. Ist der Kapitalwert gleich Null oder ist er negativ, dann verzinst sich das eingesetzte Kapital zu einem Zinssatz, der gerade gleich oder kleiner als der Kalkulationszinssatz ist.

Die Investition mit dem größten Kapitalwert ist am vorteilhaftesten.

Die Kapitalwertmethode zur Auswahl aus mehreren Investitionsprojekten setzt einen vollständigen Kapitalmarkt voraus, d.h. das Unternehmen kann jederzeit in unbegrenzter Höhe Geldmittel am Kapitalmarkt zum Kalkulationszins anlegen oder aufnehmen. Daraus folgt: ein Unternehmen kann im Rahmen eines Investitionsprogramms alle Projekte durchführen, deren Verzinsung über dem Kapitalzinssatz liegt bzw. deren Kapitalwert größer als Null ist. Bei knappen Geldmitteln hingegen würde die Kapitalwertmethode zu einer falschen Entscheidung führen, da sie – wie auch die Kostenvergleichsrechnung – keine Aussage über die Verzinsung des eingesetzten Kapitals macht, sondern lediglich den absoluten Kostenvorteil ausdrückt.

Bei Projekten mit unterschiedlicher Nutzungsdauer führt die Kapitalwertmethode bei der Auswahl zu falschen Aussagen, wenn bei dem Projekt mit kürzerer Dauer eine Folgeinvestition nötig ist. Notwendige Folgeinvestitionen sind deshalb bei der Auswahl zu berücksichtigen, um die Investitionsalternativen miteinander vergleichen zu können.

Zusammenfassend kann gesagt werden, daß die Kapitalwertmethode
– in ihrer Aussagefähigkeit ähnlich der Kostenrechnung ist,
– den Vorteil einer einzelnen Investition im Vergleich zu einer Kapitalanlage zum Kalkulationszinssatz aufzeigt,
– sich zur Auswahl alternativer Investitionsprojekte bei vollständigem Kapitalmarkt und gleicher Nutzungsdauer bzw. bei Berücksichtigung von Folgeinvestitionen eignet und
– zur Rangfolgenbildung von Investitionsprojekten bei knappen Geldmitteln nicht geeignet ist, da sie keine Aussage über die Verzinsung des eingesetzten Kapitals macht, denn der errechnete Nettoüberschuß (Kapitalwert) wird nicht auf den Kapitaleinsatz bezogen.

Als Beispiel soll der Kapitalwert einer Investition berechnet werden. Gegeben sind

Kapitaleinsatz:	100000 DM
Liquidationserlös:	0 DM
Planungszeitraum:	5 Jahre
Kalkulationszinssatz:	10%.

Mit diesen Angaben kann der Kapitalwert bestimmt werden (Tabelle M 3-3).

Tabelle M 3-3. Beispiel zur Bestimmung des Kapitalwerts

(1) Zahlungszeitpunkt t	0	1	2	3	4	5
(2) Kapitaleinsatz I_0 in DM	100000	–	–	–	–	–
(3) Rückfluß R_t in DM	–	25000	30000	40000	30000	25000
(4) Abzinsfaktor q^{-t}		0,9091	0,8264	0,7513	0,6830	0,6209
(5) Rückfluß (Barwert) = (5)·(6) in DM		22727	24792	30052	20490	15522
(6) Kapitalwert = (5) – (2) in DM	13583					

M 3.3.3 Annuitätenmethode

Bei der Annuitätenmethode wird – im Gegensatz zur Totalanalyse der Kapitalwertmethode – eine Periodenbetrachtung durchgeführt. Sie wird in der Praxis häufig verwendet, da sie einfach handhabbar und praxisnah ist. Bei der Annuitätenmethode wird der Kapitalwert C_0 einer Investition in eine Reihe gleicher Jahresbeträge, in sog. Annuitäten AN, umgerechnet, indem der Kapitalwert mit dem Wiedergewinnungsfaktor WF (s. Tabelle M 3-2) multipliziert wird

$$AN = C_0 \cdot WF \ . \tag{M 3-5}$$

Besitzt eine Investition jährlich gleichbleibende Rückflüsse r über die gesamte Nutzungsdauer, so kann die Annuität vereinfacht berechnet werden, ohne zuvor den Kapitalwert zu bestimmen

$$AN = r - I_0 \cdot WF \tag{M 3-6}$$

mit I_0 Kapitaleinsatz.

In Analogie zu der Kapitalwertmethode bedeutet das Vorteilhaftigkeitskriterium der Annuitätenmethode: eine Investition ist dann vorteilhaft, wenn ihre Annuität nicht negativ ist. Das bedeutet, neben der Verzinsung des eingesetzten Kapitals zum Kalkulationszinssatz p wird ein gleichbleibender Periodenüberschuß in Höhe der Annuität AN erzielt.

Eine Investition 1 ist vorteilhafter als eine alternative Investition 2, wenn ihre Annuität größer ist. Jedoch gilt diese Aussage wiederum nur unter der Voraussetzung eines vollständigen Kapitalmarkts.

Mit den Zahlenwerten aus Tabelle M 3-3 soll die Annuität AN berechnet werden

$$AN = C_0 \cdot WF$$

$$AN = 13582 \cdot 0,2638$$

$$AN = 3583.$$

Das bedeutet, daß das Investitionsprojekt über das eingesetzte Kapital von 100000 DM und die kalkulatorischen Zinsen in Höhe von 10% hinaus einen jährlichen Gewinn in Höhe von 3583 DM erbringt. Das Projekt ist also vorteilhaft. Das Ergebnis stimmt mit dem bei Anwendung des Kapitalwertkriteriums überein.

Die Annuitätenmethode ist in ihrer Aussagefähigkeit in bezug auf die Vorteilhaftigkeit einer Investition gleichzusetzen mit der Kapitalwertmethode.

Bei der Auswahl alternativer Investitionsprojekte mit unterschiedlicher Nutzungsdauer bietet die Annuitätenmethode gegenüber der Kapitalwertmethode den

Vorteil, daß Folgeinvestitionen nicht berücksichtigt werden müssen, wenn man davon ausgehen kann, daß die kurzlebigere Investition wiederholt wird.

M3.3.4 Dynamische Amortisationsrechnung

Die dynamische Amortisationsrechnung ist eine Variante der statischen Amortisationsrechnung, bei der die Rückflüsse zur Ermittlung der Kapitalrückflußdauer (Amortisationszeit) abgezinst werden. Die dynamische Amortisationszeit, die länger ist als die statische Amortisationszeit – je mehr Jahre, desto eklatanter –, ist damit der Zeitraum, in dem nicht nur das eingesetzte Kapital wiedergewonnen wird, sondern es wird zusätzlich eine kalkulatorische Verzinsung der gebundenen Mittel gefordert.

Ob die Anwendung der statischen oder der dynamischen Amortisationsrechnung zweckmäßiger ist, ist durchaus umstritten. Während die statische Rechnung das Risiko der nominalen Gelderhaltung prüft, ermöglicht die dynamische Rechnung eine Aussage über die reale Gelderhaltung. Für den Fall überhöhter Inflation ist deshalb der dynamischen Rechnung der Vorzug zu geben, da mit Hilfe eines entsprechenden Kalkulationszinssatzes (in Höhe der Geldentwertungsrate) die reale Kapitalerhaltung geprüft wird.

M3.3.5 Interne Zinssatzmethode

Mit der internen Zinssatzmethode läßt sich eine Aussage über die tatsächliche Rentabilität einer Investition machen, d.h. über das Verhältnis von Gesamtüberschuß zum eingesetzten Kapital. Die Kapitalwertmethode gibt hingegen lediglich den Gesamtüberschuß einer Investition an. Somit kann die interne Zinssatzmethode in ihrer Aussagefähigkeit mit der statischen Rentabilitätsrechnung verglichen werden, jedoch mit dem wesentlichen Unterschied, daß bei der internen Zinssatzmethode die Zinseszinsen berücksichtigt werden.

Der interne Zinssatz p_i ist derjenige Zinssatz, bei dem der Kapitalwert einer Investition gleich Null ist. Bei diesem Zinssatz erbringt eine Investition entsprechend der Definition des Kapitalwerts neben der Wiedergewinnung des eingesetzten Kapitals gerade die während der Nutzungsdauer zu erwirtschaftenden Zinsen für dieses Kapital. Der interne Zinssatz verkörpert somit eine Effektivverzinsung, die bei einer Projektdurchführung erhofft wird. Es muß also unterschieden werden zwischen dem internen Zinssatz p_i, bei dem der Kapitalwert aller Einnahmen und Ausgaben gleich Null ist, und dem Kalkulationszinssatz p, der als Gradmesser für die Vorteilhaftigkeit einer Investition dient. Die Vorteilhaftigkeit einer Einzelinvestition ist bei der internen Zinssatzmethode gegeben, wenn der ermittelte interne Zinssatz den vorgegebenen Kalkulationszinssatz (zugrundegelegte Mindestverzinsung g) übersteigt. Beim Wahlproblem oder auch bei der Rangfolgenbildung mehrerer Investitionsprojekte ist dasjenige Projekt am vorteilhaftesten, das den höchsten internen Zinssatz besitzt.

Zur Ermittlung des internen Zinssatzes ist die Kapitalwertgleichung (Gl. (M3-7)) gleich Null zu setzen und diese Gleichung T-ten Grades nach q_i aufzulösen

$$C_0 = \sum_{t=0}^{T} (E_t - A_t) \cdot q_i^{-t} = -I_0 + \sum_{t=1}^{T} R_t \cdot q_i^{-t} + L_T \cdot q_i^{-T} = 0 \ . \tag{M 3-7}$$

Die exakte Lösung dieser Gleichung ist bei Projekten mit längerer Lebensdauer nur mit Hilfe der EDV möglich. Für praktische Anwendungsfälle genügt jedoch eine Näherungslösung, die durch eine lineare Interpolation zweier Versuchszinssätze berechnet oder graphisch ermittelt werden kann.

Die Aussagefähigkeit des internen Zinssatzes entspricht der der statischen Rentabilität, jedoch mit dem Unterschied, daß zeitlich schwankende Zahlungen durch die Zinseszinsrechnung berücksichtigt werden. Die interne Zinssatzmethode macht eine Aussage über die Verzinsung des gebundenen Kapitals. Sie ist daher geeignet, alternative Investitionen auch bei knappen Geldmitteln zu beurteilen. Die interne Zinssatzmethode erlaubt es, eine Rangreihenfolge konkurrierender Investitionsprojekte aufzustellen.

M 4 Wirtschaftlichkeitsrechnung unter Unsicherheit

M 4.1 Übersicht

Mit Verfahren zur Wirtschaftlichkeitsrechnung unter Unsicherheit können die Unschärfen vorhergesagter Werte berücksichtigt werden; so wird die Grundlage für die Investitionsentscheidung verbreitert. Im folgenden werden die bekannten Verfahren kurz vorgestellt [9, 10]. Die Verfahren zur Wirtschaftlichkeitsrechnung unter Unsicherheit, die auf statischen oder dynamischen Methoden aufbauen, können zur Entscheidungsfindung angewendet werden. Zur einfacheren Darstellung basieren die Verfahrensbeschreibung und die Erläuterung zu den Praxisbeispielen auf einer statischen Kostenvergleichsrechnung.

M 4.2 Verfahren

M 4.2.1 Korrekturverfahren

Bei Anwendung der Korrekturverfahren werden ursprüngliche Schätzwerte der Investitionsrechnung gezielt geändert, um dadurch die Unsicherheit einzelner Kostenwerte zu berücksichtigen: man nimmt „Risikoabschläge" bzw. „Risikozuschläge" vor.

Die Ergebnisse der Korrekturverfahren liegen auf der sicheren oder unsicheren Seite, weil eine Investition für den Fall beurteilt wird, daß alle pessimistischen oder alle optimistischen Erwartungen eintreffen. Die Risikozu- oder -abschläge werden individuell bestimmt und verrechnet und nicht analytisch aus der Unsicherheit der Einflußfaktoren ermittelt. Das Ergebnis wird deshalb stark von Risikofreude oder Risikoscheu des Investors bestimmt.

M 4.2.2 Sensitivitätsanalysen

Mit Hilfe von Sensitivitätsanalysen wird untersucht, wie empfindlich das Gesamtergebnis einer Investitionsrechnung auf die Veränderung einer oder mehrerer Eingabegrößen reagiert. Sensitivitätsanalysen dienen dazu, festzustellen, ob die Unsicherheit einer Annahme bedeutungsvoll für die Wirtschaftlichkeit einer Investition ist. Mit der isolierten Betrachtung der Eingabegrößen kann der Gesamtumfang der Unsicherheit der Wirtschaftlichkeitsrechnung zahlenmäßig nicht erfaßt werden.

M 4.2.3 Risikoanalyse

Bei der Risikoanalyse werden statistische Verfahren angewendet, um für eine geplante Investition Unschärfen der vorhergesagten Kostenwerte zahlenmäßig zu ermitteln und deren Auswirkung auf die geschätzten Gesamtkosten zu berechnen. Ergebnis der Risikoanalyse ist kein fester Wert, sondern eine Wahrscheinlichkeitsverteilung der Gesamtkosten. Die Wahrscheinlichkeitsverteilung ist als Dichte- oder Verteilungsfunktion darstellbar. Damit sind Aussagen möglich wie „mit 75%iger Wahrscheinlichkeit liegen die Gesamtkosten zwischen x_1 und x_2 DM".

Um das Risikoprofil der Gesamtkosten berechnen zu können, werden die einzelnen Kostenarten als Zufallsvariable definiert, d.h. die auftretenden Kostenwerte lassen sich durch Wahrscheinlichkeitsverteilungen beschreiben. Zur Bestimmung des Risikoprofils müssen die Kostenarten zusammengefaßt werden. In einer herkömmlichen Kostenvergleichsrechnung werden dann die Kosten der einzelnen Kostenarten addiert. Die Zusammenfassung von Zufallsvariablen ist schwieriger. Dazu gibt es zwei grundsätzliche Möglichkeiten:
– theoretisch (analytischer Ansatz) und
– experimentell (simulativer Ansatz).
Das Zusammenfassen mehrerer Zufallsvariablen kann mit einem analytischen Ansatz mathematisch sehr schwierig und an enge Randbedingungen geknüpft sein, z.B. an eine besondere Kombination von Wahrscheinlichkeitsverteilungen. Das Ergebnis ist eine mathematisch exakt beschriebene Verteilung der Gesamtkosten.

Die Beschreibung der Eingabegrößen als Zufallsvariable ist ungewohnt. Es müssen dazu mehrere Werte, z.B. optimistische, pessimistische und wahrscheinlichste Schätzwerte für eine Kostenart eingegeben werden. Dafür erlaubt die Anwendung der Simulation für die Wirtschaftlichkeitsrechnung unter Unsicherheit eine gute Unterscheidung der Eingabegrößen und ermöglicht deshalb die Unsicherheit ursächlich zu erfassen.

M 4.3 Bewertung der Wirtschaftlichkeitsrechnung unter Unsicherheit

Mit den weitergehenden Methoden zur Wirtschaftlichkeitsrechnung, die auch Risikoeinflüsse auf die Wirtschaftlichkeit einer Investition berücksichtigen und mengenmäßig erfassen, kann durch weitere Informationen die Entscheidungsvorbereitung verbessert werden.

Die herkömmliche Wirtschaftlichkeitsrechnung rechnet nur mit den wahrscheinlichsten Schätzwerten für einzelne Kostenarten.

Minimal- und Maximalbetrachtungen, wie sie in Korrekturverfahren verwendet werden, zeigen die größtmögliche Schwankungsbreite der Gesamtkosten auf.

Der Einfluß unsicherer Kosten- und Ertragsgrößen auf das Gesamtergebnis kann durch Sensitivitätsanalysen ermittelt werden.

Mit der Risikoanalyse kann durch statistische Methoden abgesichert werden, daß die Kosten einer Alternative B geringer sind, als die der Alternative A, obwohl sich die größtmöglichen Streubereiche der Kosten beider Alternativen weitgehend überdecken.

M 5 Kosten-Nutzenanalyse

M 5.1 Übersicht

Die Praxis zeigt, daß gerade bei komplexen Planungsaufgaben und Investitionsvorhaben, z. B. im Bereich der Klimatisierung, die Auswahl und Entscheidung für eine Lösung allein aufgrund einer Wirtschaftlichkeitsrechnung oft zu Fehlentscheidungen führen kann, deren Auswirkungen nicht oder nur unter großen Verlusten rückgängig gemacht werden können.

Komplexe Entscheidungsfindung im Zusammenhang mit langfristigen und kapitalintensiven Projekten gewinnt deshalb in der Praxis immer mehr an Bedeutung. Wertmäßig anhand von Wirtschaftlichkeitskennziffern erfaßbare Vorteile reichen häufig nicht aus, zumal sie im voraus nicht immer genau bestimmbar sind.

Meist liegt eine Entscheidungssituation vor, die durch drei Punkte charakterisiert werden kann:
- Es müssen mehrere Prinziplösungen miteinander verglichen werden.
- Es ist eine Vielfalt wichtiger Entscheidungsgrößen zu beachten, zwischen denen funktionale Beziehungen oft nicht angegeben werden können.
- Der Entscheidungsträger muß die relative Wichtigkeit dieser Größen persönlich (subjektiv) einschätzen.

Die Erfahrungen zeigen, daß neben den quantifizierbaren auch wertmäßig nicht erfaßbare Kosten-Nutzenaspekte eine wesentliche Rolle bei der Entscheidungsfindung spielen. Für derart komplexe Entscheidungssituationen haben sich Verfahren der Kosten-Nutzenanalyse besonders in der Praxis bewährt. Diese Verfahren dienen zum Vergleich von Handlungsalternativen unter Vorgabe eines oder mehrerer Ziele und unter Verwendung formaler Rechenverfahren für das Bestimmen des erwarteten Nutzens und des nötigen Aufwands. Dabei wird die Erfolgswahrscheinlichkeit und die Veränderung der in die Rechnung einbezogenen Werte berücksichtigt.

Das grundsätzliche Vorgehen bei einer Kosten-Nutzenanalyse ist in Bild M 5-1 dargestellt. Unter Umweltbeschreibung versteht man eine Beschreibung wichtiger politischer, soziologischer, technischer und wirtschaftlicher Größen mit Angabe der Wahrscheinlichkeit ihres Eintreffens in der Zukunft. Die Alternativen sind alle in Frage kommenden Projekte, Vorgehensweisen und Ziele.

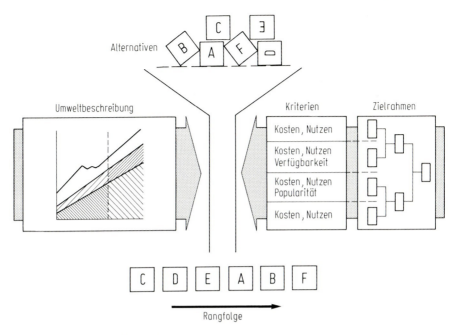

Bild M 5-1. Schema der Kosten-Nutzenanalyse

Der Zielrahmen (Zielsystem) besteht aus einem Katalog gewichteter und geordneter Ziele. Aus der hierarchisch niedrigen Stufe des Zielsystems leiten sich die Zielkriterien und die Kriterien zur Rangfolgebestimmung der betrachteten Alternativen ab.

Aus dem Spektrum dieser Kosten-Nutzenanalysen soll nun wegen ihrer Bedeutung für die betriebliche Praxis die Nutzwertanalyse näher beschrieben werden, obwohl diese Methode über die Verfahren zur Wirtschaftlichkeitsrechnung hinausgeht.

M 5.2 Nutzwertanalyse

M 5.2.1 Prinzip der Nutzwertanalyse

Die Nutzwertanalyse ist eine Planungsmethode, die der systematischen Vorbereitung von Entscheidungen dient. Hierbei geht sie von einem subjektiven Wertbegriff aus, der für jeden Anwender einen anderen Inhalt haben kann. Die Nutzwertanalyse kann definiert werden als Untersuchung einer Menge von Lösungsalternativen mit dem Zweck, diese Alternativen nach einem vorgegebenen Ziel in eine Rangordnung zu bringen. Um diese Rangordnung zu ermitteln, muß für jede Prinziplösung der Nutzwert bestimmt werden. Der Nutzwert wird nicht allein aufgrund objektiver Informationen über die Zielerträge der Lösungsalternativen ermittelt, sondern es werden in gleichem Maße subjektive Informationen berücksichtigt. Bei

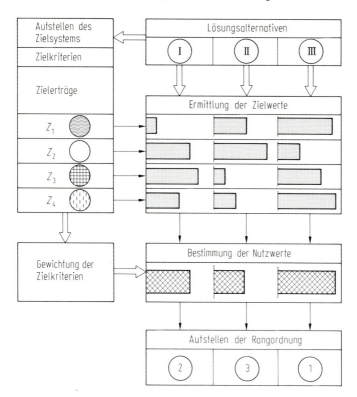

Bild M 5-2. Schematischer Ablauf der Nutzwertanalyse

der Zusammenstellung der Zielkriterien ist es möglich, sowohl wertmäßig erfaßbare als auch wertmäßig nicht erfaßbare sowie mit unterschiedlichen Einheiten (z. B. kN, kW, DM) und Faktoren (z. B. Sicherheitskomfort usw.) versehene Kriterien zu berücksichtigen. Dementsprechend wird der Nutzwert nicht notwendigerweise in Geldeinheiten angegeben. Er muß vielmehr als dimensionsloser Ordnungsindex für die verschiedenen zu bewertenden Lösungen verstanden werden und kann verbal oder in Zahlen ausgedrückt sein. Mit der Nutzwertanalyse wird es möglich, vorliegende Lösungsalternativen hinsichtlich verschiedenartiger Zielkriterien einer komplexen Bewertung zugänglich zu machen.

Die Nutzwerte werden in Arbeitsschritten bestimmt (Bild M 5-2).

M 5.2.2 Aufstellen des Zielsystems (Arbeitsschritt 1)

M 5.2.2.1 Zusammenstellung der Zielkriterien

Ein Investor oder Bauherr hat gewöhnlich nicht nur einzelne, voneinander unabhängige Ziele, sondern einen Komplex untereinander verflochtener Einzelziele, die in ihrer Gesamtheit dieses Zielsystem darstellen. Es enthält demnach

– Ziele aus den typischen Zielrahmen des Auftraggebers und
– projektbezogene Ziele.

Es wird vorausgesetzt, daß die Nutzwertanalyse kaum für leicht überschaubare Entscheidungen angewendet wird. Erscheint sie notwendig, so sollte das Spektrum der Zielkriterien möglichst alle Ziele sämtlicher betroffener Bereiche umfassen. Dies kann dadurch erreicht werden, daß sich alle Bereiche im Rahmen einer Gruppenarbeit an der Zielkriteriensuche beteiligen. Durch dieses Vorgehen – darin liegt der besondere Vorteil der Nutzwertanalyse – werden offensichtliche Fehlentscheidungen ausgeschlossen.

Das Ergebnis dieser Kriteriensuche sollte ein ungeordneter Zielkriterienkatalog sein, der dann von der Nutzwertanalysegruppe geordnet und in der Anzahl seiner Zielkriterien abgegrenzt werden muß. Während dieser Arbeit muß jedes Zielkriterium laufend auf seine Aktualität überprüft werden. Die Anzahl der Kriterien richtet sich nach den Anforderungen, die an die Lösungsalternativen (Prinziplösungen) gestellt werden. Natürlich darf die Kriterienzahl nicht zu groß werden, da sonst für die Gewichtung dieser Kriterien die relativen Gewichtungsunterschiede verschwindend klein werden. Bei einer zu kleinen Anzahl von Kriterien wird diese relative Gewichtungsdifferenz sehr groß, so daß ein einziges Zielkriterium mit großer Wahrscheinlichkeit das Ergebnis der Nutzwertanalyse bestimmt. Deshalb sollten bei praktischen Nutzwertanalysen nie weniger als fünf und nie mehr als zehn Zielkriterien verwendet werden.

M 5.2.2.2 Feststellen der Zielerträge

Mit dem Zielertrag (Angabe der Zielerfüllung) wird die Leistung der Lösungsalternativen in bezug auf ein bestimmtes Zielkriterium bezeichnet. Das Festlegen dieser Zielerträge erfordert i. allg. ein großes Maß an Arbeitsaufwand, da viele Einzelinformationen verarbeitet werden müssen. Wesentlich bei der Bestimmung dieser Zielerträge sind deren Verhältnisse zwischen den Lösungsalternativen, da es nicht auf die Absolutwerte bei der Bestimmung der besten Alternativlösungen ankommt. Die Zielerträge treten mit den verschiedensten Einheiten oder als dimensionsloser Faktor (Sicherheitsfaktor, Umweltstörfaktor) auf. Zusammengefaßt werden diese Zielerträge tabellarisch in einer sog. Zielertragsmatrix.

M 5.2.3 Gewichtung der Zielkriterien (Arbeitsschritt 2)

Die ausgewählten Zielkriterien stellen in ihrer Gesamtheit das Gesamtziel dar (Gewichtungssumme = 100%). Es gilt nun, die Gewichtungen (in %) der einzelnen Zielkriterien bezogen auf das Gesamtziel zu bestimmen. Ein einfaches Verfahren ist hierbei die Bildung des Mittelwerts aus den Gewichtungsvorschlägen der Gruppenmitglieder. Dies ist gewiß eine einfache und für das Projekt äußerst taugliche Methode, da sie neben einem Minimum an Arbeitsaufwand eine bestmögliche Berücksichtigung der Zielvorstellungen jedes einzelnen betroffenen Bereichs bedeutet.

M 5.2.4 Ermittlung der Zielwerte (Arbeitsschritt 3)

In der bereits erwähnten Zielertragsmatrix sind sämtliche, für die Entscheidung wichtigen Informationen zu den Lösungsalternativen festgehalten. Diese Zielerträge sind nun gegeneinander abzuwägen, zu vergleichen und in einer Rangfolge zu ordnen. Anschließend wird dann der sog. Zielwert, der auch als Zielerfüllungsgrad bezeichnet werden kann, ermittelt.

Das Festlegen des Erfüllungsgrads kann z. B. durch die Angabe einer Punktzahl geschehen, die beispielsweise zwischen 0 und 10 liegt. Stellt nun die Punktzahl 10 die bestmögliche Bewertung dar, ergibt sich die ranghöchste Lösungsalternative als diejenige mit der höchsten Punktzahl. Mit den Zielerträgen der Lösungsalternativen im Hinblick auf die Zielkriterien, die aus der erwähnten Zielwertmatrix entnommen werden können, wird mit Hilfe der Zielwertfunktion der zugehörige Zielwert ermittelt.

M 5.2.5 Bestimmen des Nutzwerts (Arbeitsschritt 4)

Mit den erarbeiteten Zielwerten, die in der sog. Zielwertmatrix festgehalten werden, und der Gewichtung des entsprechenden Zielkriteriums muß zunächst der Teilnutzen der Lösungsalternative berechnet werden. Dies geschieht durch Multiplizieren des Zielwerts mit dem Gewichtungsfaktor des entsprechenden Zielkriteriums.

Der Nutzwert, d. h. der Gesamtnutzen einer Lösungsalternative, wird durch Addition der Teilnutzen dieser Lösungsalternative bestimmt.

M 5.2.6 Erstellen einer Rangordnung (Arbeitsschritt 5)

Nachdem die Nutzwerte berechnet wurden, wird die Rangordnung entsprechend der Nutzwerte aufgestellt. Damit stellt sich die Lösungsalternative mit dem höchsten Nutzwert (höchste Punktzahl) als beste Lösung dar.

M 5.3 Vom Bewertungsproblem zur Entscheidungsgrundlage

Bei komplexen Investitionsvorhaben mit ihren schwerwiegenden technischen, wirtschaftlichen und betriebsorganisatorischen Auswirkungen sollte sich die Entscheidung für die eine oder andere Alternative nicht ausschließlich auf die Ergebnisse aus der Wirtschaftlichkeitsrechnung oder aus der Nutzwertbetrachtung abstützen. Das Ziel muß vielmehr sein, in einer ganzheitlichen Betrachtungsweise neben den Ergebnissen aus der klassischen Wirtschaftlichkeitsrechnung (wie immer sie auch in den einzelnen Unternehmen oder Planungsbüros gehandhabt wird) zusätzlich auch die nicht wertmäßig erfaßbaren (qualitativen) Kriterien zu erfassen, zu bewerten und in die Entscheidungsfindung einzubeziehen (Bild M 5-3).

In der Praxis hat sich eine grafische Darstellung dieser Entscheidungssituation bewährt [11]. Dabei werden die wertmäßig erfaßbaren (monetär-quantifizierbaren) Daten und Fakten (z. B. notwendiges Investment und erwartete Einsparungen/ Jahr) sowie die entsprechenden Wirtschaftlichkeitskennziffern (z. B. Amortisa-

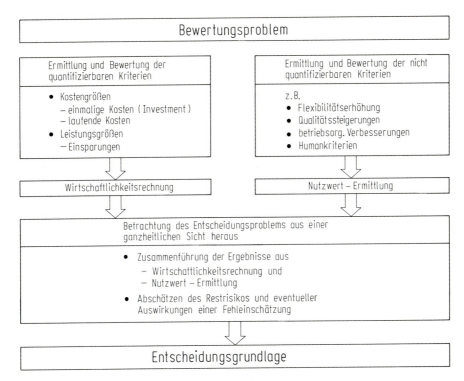

Bild M 5-3. Ganzheitliche Betrachtungsweise vom Bewertungsproblem zur Entscheidungsgrundlage

tionszeit, Rentabilität, interner Zinsfuß, Kapitalwert) den Ergebnissen aus der Nutzwertbetrachtung bei den einzelnen Alternativen gegenübergestellt. Zur besseren Vergleichbarkeit können die absoluten Nutzwerte in prozentuale Werte umgerechnet werden, indem die Alternative mit dem niedrigsten Nutzwert auf 100% gesetzt wird.

Oft wird sich bei der Gegenüberstellung von Kosten- und Leistungsgrößen in der klassischen Wirtschaftlichkeitsrechnung ergeben, daß der wertmäßig erfaßbare Nutzen geringer ist als die entstehenden Kosten. Es ist nun eine unternehmerische Aufgabe zu entscheiden, ob diese Differenz durch nicht kostenmäßig erfaßbare Vorteile, die nach der Nutzwertmethode ermittelt wurden, abgedeckt ist und somit die beabsichtigten Veränderungen sinnvoll erscheinen.

Das dargelegte Vorgehen hat den Vorteil, daß eine klare Trennung zwischen einerseits objektiven, rechnerisch erfaßbaren und andererseits den nicht wertmäßig bestimmbaren (oftmals subjektiven) Kriterien einer Entscheidungsaufgabe möglich ist. Darüber hinaus ist die Entscheidungsgrundlage jederzeit und für jedermann nachvollziehbar.

Das vertraute Denken der Praxis in Wirtschaftlichkeitszahlen soll nicht ersetzt, sondern vielmehr durch den weiteren Gesichtspunkt des Nutzwerts zu einer gesamtheitlichen Betrachtung des Entscheidungsproblems hingeführt werden

[12–15]. Insofern ist das vorgestellte Vorgehen ein ausgezeichnetes Hilfsmittel zur Beurteilung alternativer Systemlösungen, sofern man nicht versucht, mehr darin zu sehen, als tatsächlich gesehen werden darf.

M6 Hinweis

Für die Anwendung der erläuterten Methoden der Wirtschaftlichkeitsrechnung im Bereich der technischen Gebäudeausrüstung kann auch noch die gängige VDI-Richtlinie VDI 2067 Blatt 1 und das im Entwurf April 1990 vorliegende Beiblatt herangezogen werden [16].

M7 Literatur

[1] Lücke, W. (Hrsg.): Investitionslexikon. München: F. Vahlen 1975
[2] Bronner, A.: Vereinfachte Wirtschaftlichkeitsrechnung. Berlin, Köln: Beuth 1964
[3] Schwarz, H.: Optimale Investitionsentscheidungen. München: Moderne Industrie 1967
[4] Biergans, E.: Investitionsrechnung – Verfahren der Investitionsrechnung und ihre Anwendung in der Praxis. Nürnberg: H. Carl 1973
[5] Warnecke, H. J.; Bullinger, H.-J.; Hichert, R.: Wirtschaftlichkeitsrechnung für Ingenieure. München, Wien: Hanser 1980
[6] Bächtold, R. V.: Investitionsrechnung – Grundlagen und Tabellen. Stuttgart, Bern: P. Haupt 1975
[7] Blohm, H.; Lüder, K.: Investition. München: Verlag F. Vahlen 1978
[8] Baldwin, R. H.: How to Assess Investment Proposals. Harvard Business Review 37 (1959) Nr. 3. S. 98
[9] Kruschwitz, L.: Investitionsrechnung. Berlin, Heidelberg, New York: Springer 1978
[10] Lüder, K.: Risikoanalyse bei Investitionsentscheidungen. In: Angewandte Planung, Bd. 3, Würzburg, Wien: Physika 1979
[11] Metzger, I.: Planung und Bewertung von Arbeitssystemen in der Montage. Mainz: Krausskopf 1977
[12] Vögele, A.: Arbeitssystemwert stützt Investitionsentscheidung. Computerwoche vom 18. Nov. 1983
[13] Zangemeister, C.: Nutzwertanalyse in der Systemtechnik. München: Wittemannsche Buchhandlung 1976
[14] Rinza, P.: Nutzwert-Kosten-Analyse. Düsseldorf: VDI-Verlag 1977
[15] Warnecke, H. J.; Bullinger, H. J.; Vögele, A.; u. a.: weiterbildung technik, Wirtschaftlichkeitsrechnung für Betriebspraxis. werkstattstechnik (1984) H. 1, 3, 4, 5, 6, 8, 9, 11 und (1985) H. 1, 2, 3
[16] VDI-Gesellschaft Technische Gebäudeausrüstung: VDI-Richtlinie 2067, Blatt 1, Düsseldorf Dez. 1983 und VDI 2067 Beiblatt, April 1990

N Luftreinigung

Hans H. Schicht

N1 Aufgabe der Luftreinigung

In der Raumlufttechnik hat die Luftreinigung zum Ziel, schädlichen Auswirkungen von Luftfremdstoffen auf den Menschen, auf Arbeitsprozesse sowie auf die raumlufttechnischen Anlagen und ihre Komponenten zu begegnen. Beim Menschen geht es dabei um die Verhütung einer Beeinträchtigung von Gesundheit und Wohlbefinden. Arbeitsprozesse und die durch sie erzeugten Produkte werden durch Luftfremdstoffe oft erheblich gefährdet, beispielsweise in der Pharmaindustrie, wo höchste Produktreinheiten gefordert sind und die Verunreinigung von Sterilpräparaten durch luftgetragene Mikroorganismen verhindert werden muß. Bei der raumlufttechnischen Anlage steht deren Funktionstüchtigkeit im Vordergrund: in erster Linie die Verhütung von Schäden durch Ablagerungen an Bauteilen – im Falle von Lamellenwärmeaustauschern können sich diese von einer Leistungsminderung bis zum völligen Funktionsausfall durch Verstopfung erstrecken.

N2 Arten der Luftverunreinigungen

N2.1 Übersicht

Die Luft der Erdatmosphäre stellt im wesentlichen ein Gemisch verschiedener permanenter Gase dar. Die Hauptkomponenten Stickstoff, Sauerstoff und Argon machen zusammen 99,9 Massen-Prozent des Gasgemisches aus, dessen Zusammensetzung sich zeitlich und örtlich nur in geologischen Zeiträumen ändert. Nur eine Komponente fällt aus diesem zeitlichen Rahmen: die Konzentration von Kohlendioxid, schon seit jeher zeitlichen Fluktuationen unterworfen, zeigt infolge des Verbrauchs fossiler Brennstoffe seit dem Beginn des Industriezeitalters steigende Tendenz. Dieser Entwicklung wird im Hinblick auf befürchtete Klimaveränderungen zunehmende Aufmerksamkeit gewidmet.

Außer den permanenten Gasen enthält die Luft, in zeitlich und örtlich stark variierender Konzentration, noch Wasserdampf sowie Verunreinigungen verschiedenster Art in gasförmigem, flüssigem oder festem Zustand. Quellen dieser Verunreinigungen sind seit jeher Naturereignisse wie Vulkanausbrüche, Waldbrände oder Erosionsvorgänge. Heute treten aber diese natürlichen Ursachen gegenüber den luftverschmutzenden Aktivitäten des Menschen (Industrie und Verkehr, Brandrodungen, nicht naturgemäße Praktiken der Landwirtschaft) immer mehr in den Hintergrund.

N 2.2 Staub, Partikel und Aerosole

Partikel sind kleine Teilchen in flüssigem oder festem Aggregatzustand, die in der Luft fein, d.h. dispers, verteilt sind. Diese dispergierten Luftfremdstoffe, auch *Aerosol* genannt, umfassen Teilchen der unterschiedlichsten Größe und Herkunft. Ihr Durchmesserbereich erstreckt sich von Pflanzenpollen mit 100 µm Größe bis hinunter zu elektrisch geladenen Kleinionen von lediglich 10^{-4} µm Durchmesser.

Dispers verteilte Flüssigkeitströpfchen in der Luft bezeichnet man als *Nebel*.

Unter *Staub* versteht man luftgetragene, disperse Feststoffe beliebiger Form, Struktur und Dichte, die man entsprechend ihrer Teilchengröße klassieren kann:
– den rasch, d.h. mit einigen mm/s sedimentierenden *Grobstaub* mit einer Korngröße von >10 µm;
– den nur langsam, d.h. mit $0{,}01-1$ mm/s sedimentierenden *Feinstaub* im Korngrößenbereich von $1-10$ µm;
– den praktisch nicht mehr sedimentierenden, im Schwebezustand verweilenden *Schwebstaub* mit Korngrößen von <1 µm.

Die Sedimentationsgeschwindigkeit v_P, d.h. die Sinkgeschwindigkeit eines Nebel- oder Staubteilchens in ruhender Luft ist näherungsweise gegeben durch die Stokessche Gleichung:

$$v_P \approx \varrho_P g d_P^2 / (18\eta_L) \tag{N2-1}$$

ϱ_P Dichte des Partikels
g Fallbeschleunigung
d_P Partikeldurchmesser
η_L dynamische Viskosität der Luft

Im Schwebstaubbereich beobachtet man zwei Maxima der Teilchenhäufigkeit: ein erstes bei 0,02 µm für Teilchen, die durch *Nukleation* (Keimbildung) aus der Gasphase entstanden sind (z.B. Verbrennungsprodukte), und ein zweites bei 0,25 µm für Teilchen, die durch *Agglomeration,* d.h. durch das Aneinanderhaften von Partikeln nach Zusammenstößen, aus Nukleationspartikeln gebildet wurden [1].

Arbeitsmedizinisch von besonderer Bedeutung ist der *lungengängige Feinstaub* mit Teilchendurchmessern <7 µm, der in den Lungenbläschen (Alveolen) abgelagert wird und gesundheitsschädigende Wirkungen auslösen kann.

Bild N 2-1 zeigt das Korngrößenspektrum einiger häufig in der Luft vorkommender staubförmiger Luftfremdstoffe.

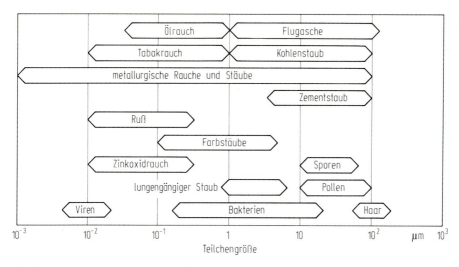

Bild N 2-1. Korngrößenspektrum häufiger staubförmiger Luftverunreinigungen

N 2.3 Luftfremde Gase und Dämpfe

Verursacher der gasförmigen Luftfremdstoffe ist vorrangig – direkt oder indirekt – der Mensch mit seinen Aktivitäten. In der Außenluft stehen im Vordergrund: *Schwefeldioxid*, freigesetzt bei der Verbrennung fast aller flüssigen oder festen fossilen Brennstoffe, sowie *Ozon, Kohlenmonoxid und Stickstoffoxide* als Folge unvollständig abgelaufener Verbrennungsprozesse. Dazu kommen noch *Methan* und *Ammoniak* als „Abgase" der Viehzucht. Erst in letzter Zeit beginnt sich die Erkenntnis durchzusetzen, daß ein unvermeidliches Verbrennungsprodukt – das *Kohlendioxid* – ebenfalls als Luftverunreinigung einzustufen ist.

Zu den Schadstoffen der Außenluft treten im Gebäudeinneren andere hinzu: das von mineralischen Baustoffen abgegebene radioaktive *Radon* sowie das aus Spanplatten und gewissen Isolierschäumen austretende *Formaldehyd*.

Prozeßbedingt werden in gewerblichen Betrieben häufig weitere gesundheitsschädigende Gase und Dämpfe – z. B. von Lösemitteln – freigesetzt, so daß die dort tätigen Menschen durch besondere arbeitshygienische Vorschriften geschützt werden müssen. Nicht selten verlangen die Luftreinhalteverordnungen auch die Abscheidung dieser Stoffe aus der Abluft.

N 2.4 Mikroorganismen und Pollen

Mikroorganismen sind Kleinstlebewesen (Bakterien, Pilze, Viren), die sich durch Zellteilung außerordentlich rasch vermehren können. Aus der Sicht der Raumlufttechnik konzentriert sich die Aufmerksamkeit auf Bakterien und Pilze sowie ihre Sporen. Luftgetragene Bakterien haften in der Regel an Staubteilchen >2 µm; ihre Konzentration in der Luft kann in weiten Grenzen variieren; von $100-300$ koloniebildenden Einheiten (KBE) pro m^3 in ländlicher Luft bis zu mehreren Tausend

KBE/m³ unter Großstadtbedingungen. Die Konzentrationen luftgetragener Pilze sind in der Regel um Größenordnungen geringer. Neben den vielen unschädlichen Arten erheischen infektionserregende Bakterien sowie verderberzeugende Schimmelpilze besondere Aufmerksamkeit. Während die meisten Mikroorganismen einen feuchten Lebensraum für ihre Vermehrung benötigen und an der Luft rasch durch Eintrocknen zugrundegehen, vermögen ihre Sporen (Vermehrungs- und Dauerformen mit praktisch ruhendem Stoffwechsel) auch in unwirtlicher Umgebung oft langfristig zu überleben.

Zu den belebten Luftfremdstoffen gehören auch die Pollen der Blütenpflanzen sowie die in Wohnräumen häufig anzutreffenden Staubmilben, die bei manchen Menschen Allergien auslösen.

N3 Quellen der Raumluftverunreinigung und ihre Wechselwirkung mit Mensch und Arbeitsprozeß

N3.1 Übersicht

Welches Schutzdispositiv man in einer raumlufttechnischen Anlage gegen die schädlichen oder störenden Wirkungen der Luftverunreinigungen errichtet, wird wesentlich beeinflußt durch die Zweckbestimmung der Anlage sowie die Herkunft der Luftfremdstoffe, die in diesem Zusammenhang besondere Beachtung verdienen. Als mögliche Quellen der Raumluftverunreinigung sind auseinanderzuhalten:
– die Außenluft und das äußere Umfeld der Anlage;
– die Anlage selbst und ihre Komponenten;
– die in den Räumen, deren Luftzustand die Anlage zu gewährleisten hat, anwesenden Menschen sowie dort stattfindende Arbeitsprozesse.

N3.2 Außenluft und Umfeld

Neben den in der Außenluft weiträumig vorhandenen gas- und partikelförmigen, belebten und unbelebten Luftfremdstoffen verdient auch das Mikroklima im unmittelbaren Umfeld der raumlufttechnischen Anlage gebührende Beachtung. Als wesentliche Umfeldrisiken haben sich beispielsweise erwiesen:
– stagnierende Wasserflächen (Tümpel, Baugruben, schlecht konzipierte und gewartete Flachdächer), in denen Mückenlarven gedeihen, die sich insbesondere in den Tropen immer wieder als Quellen von Malaria- und Denguefiebererkrankungen erwiesen haben;
– das feuchte Umfeld sowie die Bassins von Kühltürmen, wo lauwarmes Wasser dem Erreger der gefürchteten Legionärskrankheit ausgezeichnete Vermehrungsbedingungen bietet;
– die im Erdboden sowie im Darm von Mensch und Tier außerordentlich weitverbreiteten Gasbranderreger, die über vom Wind verfrachteten Staub in unzurei-

chend geschützten Krankenhäusern gelegentlich schwerwiegende Wundinfektionen ausgelöst haben;
- die Dämpfe von Flugtreibstoffen, welche aus der Raumluft der Kontrollturm- und Abfertigungsbereiche der Flughäfen fernzuhalten sind.

Zum Schutz gegen derartige Risiken kann schon die geschickte Wahl der Ansaugöffnungen für die Außenluft wesentliches beitragen. So schreibt beispielsweise DIN 1946 Teil 4 [2] für Krankenhäuser vor, daß sie sich weder in unmittelbarer Bodennähe noch auf Flachdachhöhe befinden sollen. Ferner muß, unter Berücksichtigung der Hauptwindrichtungen, auch auf die Formgebung des Gebäudes sowie auf benachbarte Bauten Rücksicht genommen werden, insbesondere auf die jeweiligen Abluftöffnungen und die Gefahr, daß von dort verunreinigte Luftmassen in den Ansaugbereich verfrachtet werden. In risikoreichen Situationen sind hier Windkanalversuche eine wertvolle Orientierungshilfe.

N3.3 Komponenten der raumlufttechnischen Anlage

Von den Komponenten der raumlufttechnischen Anlage verdient insbesondere der Sprühbefeuchter Beachtung, als Streuquelle sowohl von Partikeln als auch von Mikroorganismen. Wird er mit kalkhaltigem Wasser betrieben, so bleiben aus den vollständig verdunstenden feinsten Tröpfchen Kalkpartikelchen zurück, die den nachgeschalteten Tropfabscheider ohne weiteres durchtreten und über das Luftkanalnetz in die klimatisierten Räume geschleppt werden, wo sie sich als weiße Staubschicht ablagern. Durch eine geeignete entkalkende Wasserbehandlung läßt sich dieses Phänomen beherrschen.

Folgenschwerer als diese lästige Verschmutzung ist hingegen, daß im Befeuchterwasser zahlreiche Bakterienarten hervorragende Vermehrungsbedingungen vorfinden, darunter auch Infektionserreger. Sie vermögen auch an anderen feuchten Flächen in den Luftaufbereitungsgeräten zu gedeihen, z.B. auf den Lamellenoberflächen der Luftkühler im Entfeuchtungsbetrieb. Im Krankenhausbereich werden deshalb besondere konzeptionelle, bauliche und betriebliche Maßnahmen getroffen, um keimstreuende Bauteile weitmöglichst zu vermeiden und um das Restrisiko zu minimieren [2].

N3.4 Mensch und Prozeß im Raum

Der Verwendungszweck eines Raumes bestimmt in erster Linie, welche der dort freigesetzten Luftverunreinigungen besondere Beachtung – und Gegenmaßnahmen – erfordern. Sowohl der Mensch als auch Arbeitsprozesse können Quelle der zu beherrschenden Luftverunreinigungen sein. Bei der Komfortklimatisierung ist es der Mensch – Zigarettenrauch und Körperausdünstungen stehen hier im Vordergrund. Im Krankenhaus sind vor allem die vom Menschen ausgestreuten Mikroorganismen zu beachten. Eine Person gibt auch in sterilisierter Arbeitskleidung pro Minute Keimmengen in der Größenordnung von 1000 KBE an die Raumluft ab, so daß der Keimpegel in der Luft eines Operationssaals im wesentlichen von der Anzahl und Aktivität der dort anwesenden Personen bestimmt wird. Es gilt dann, den Patienten und seine offene Operationswunde vor diesen luftgetragenen Keimen zu schützen.

Die in Räumen durch Arbeitsprozesse freigesetzen Luftverunreinigungen können entweder für den Menschen oder für das Produkt ein Risiko darstellen. In einer Baumwollspinnerei z. B. gelangt bei der Verarbeitung des Rohmaterials Abrieb von Teilen der Baumwollpflanze in die Raumluft, wodurch die Berufskrankheit Byssinose ausgelöst werden kann. Solchen Risiken sollen arbeitsmedizinische Auflagen, etwa die Festsetzung maximal zulässiger Staubkonzentrationen, entgegenwirken.

Insbesondere im Hochtechnologiebereich gefährdet der im Arbeitsraum durch Mensch und Prozeß freigesetzte Staub immer häufiger auch das Ergebnis des Arbeitsprozesses selbst. Dies hat zur Entwicklung einer Spezialrichtung der Raumlufttechnik geführt: der Reinraumtechnik. Hier muß sich der Schutz nicht selten auch auf die äußere Umgebung erstrecken. So ist in der Pharmaindustrie und Biotechnologie beim Manipulieren mit gefährlichen Mikroorganismen sowie bei der Herstellung von Antibiotika, Hormonpräparaten und manchen anderen hochaktiven Wirkstoffen eine hochgradige Reinigung der Abluft vor dem Austritt in die Atmosphäre sicherzustellen.

N4 Luftreiniger: Grundkonzepte, Abscheidemechanismen

N4.1 Bauarten

Zur Abscheidung gas- und partikelförmiger Luftverunreinigungen dienen Luftreinigungselemente verschiedener Art. Fast in jeder raumlufttechnischen Anlage kommen Faserfilter zum Einsatz; hingegen beschränkt sich die Verwendung anderer Abscheiderkonzepte auf Sonderfälle. In Rücksicht auf diese Lage werden nachstehend die Faserfilter ausführlicher, die übrigen Bauarten mehr summarisch diskutiert.

N4.2 Faserfilter

Das Abscheidemedium der Faserfilter ist eine Matte oder ein Vlies aus einem lockeren Verbund von Fasern, hergestellt aus Materialien wie Kunststoff, Glas, Zellulose oder Metall. Sie dienen der Abscheidung flüssiger und fester, belebter und unbelebter Partikel. Bild N4-1 zeigt als Beispiel ein hochwertiges Filtervlies aus Glasfasern in starker Vergrößerung. Der Faserdurchmesser variiert in Funktion der angestrebten Abscheideleistung vom Submikron- bis in den Millimeterbereich. Der große räumliche Abstand der Einzelfasern voneinander bezweckt eine Maximierung der Staubspeicherfähigkeit: die Partikel vermögen auf diese Weise tief in das Innere des Vlieses einzudringen, bevor sie abgeschieden werden. Folgende Abscheidemechanismen wirken im Faserfilter zusammen:
- der *Siebeffekt*, der wirksam wird, wenn der Abstand zwischen zwei Fasern kleiner ist als der Partikeldurchmesser (dies ist in der Luftfiltrierung tunlichst zu

Bild N 4-1. Aufbau des Abscheidemediums eines Filters aus Glasfasern

vermeiden: wird doch die Tiefenwirkung der Fasermatte dadurch blockiert, so daß das Filter sich rasch zusetzt);
- der *Sperreffekt*, auch *Interzeptionseffekt* genannt, der zum Tragen kommt, wenn das Teilchen auf seiner Stromlinie so nahe an die Faser herangeführt wird, daß es mit dieser kollidiert;
- der *Trägheitseffekt* (Bild N 4-2), der vor allem für Teilchen $>0,5$ µm wirksam ist: es kommt hier zur Abscheidung, wenn die Stromlinie, auf der sich das Teilchen bewegt, durch die Filterfaser so stark abgelenkt wird, daß es der Stromlinie nicht mehr zu folgen vermag und somit auf die Faser aufprallt;
- der *Diffusionseffekt* (Bild N 4-3), der bei sehr kleinen Teilchen (unterhalb 0,1 µm) im Vordergrund steht; diese erleiden infolge der dauernden Zusammenstöße mit den Molekülen des sie umgebenden Gases eine zufallsgesteuerte Diffusionsbewegung (Brownsche Bewegung) um ihre Stromlinie herum, wodurch die Wahrscheinlichkeit erhöht wird, daß die Teilchen mit einer der Fasern des Filters kollidieren.

Oberflächenkräfte (van der Waalssche Kräfte) sorgen dafür, daß die mit der Faseroberfläche in Kontakt getretenen Partikel dort festgehalten werden und damit definitiv aus dem Luftstrom abgeschieden bleiben.

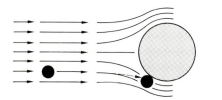

Bild N 4-2. Partikelabscheidung mittels Trägheitseffekt

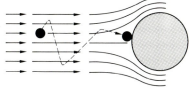

Bild N 4-3. Partikelabscheidung mittels Diffusionseffekt

Der Sperreffekt und der Trägheitseffekt sind umso wirksamer, je größer das Partikel ist. Das Gegenteil gilt für den Diffusionseffekt: je kleiner das Partikel, umso beweglicher wird es, und umso wahrscheinlicher wird seine Abscheidung. Demzufolge gibt es bei allen Faserfiltern einen Größenbereich der Partikel, bei welchem die Abscheideleistung ein Minimum durchläuft. Dieses hängt von der Durchtrittsgeschwindigkeit der Luft durch das Faservlies sowie vom Durchmesser der Filterfasern ab und liegt in der Regel bei einem Teilchendurchmesser von 0,1 – 0,5 µm.

Die analytische Beschreibung der komplexen Abscheidevorgänge in Faserfiltern gelingt mittels Modellvorstellungen, die trotz starker Vereinfachung und Idealisierung den Beitrag der wesentlichen Einflußgrößen auf die Abscheideleistung recht genau wiedergeben (s. dazu z. B. Ensor und Donovan [3]).

Der *Abscheidegrad* η eines Faserfilterelements ist wie folgt definiert:

$$\eta = (C_1 - C_2)/C_1 = 1 - (C_2/C_1) \ . \tag{N4-1}$$

C_1 Anzahl-Konzentration der Partikel in der Rohluft vor dem Filter
C_2 Anzahl-Konzentration der Partikel in der Reinluft nach dem Filter

Anstelle des Abscheidegrads wird in der Fachliteratur häufig auch der Begriff *Durchlaßgrad* oder *Penetrationsgrad P* verwendet. Abscheidegrad und Durchlaßgrad sind wie folgt verknüpft:

$$P = C_2/C_1 = 1 - \eta \ . \tag{N4-2}$$

Der Abscheidegrad η eines Faserfilters hängt wie folgt mit den wesentlichen Kenngrößen des Filtermaterials zusammen:

$$\eta = 1 - \exp(-4\eta_F \alpha L / \pi d_F) \ . \tag{N4-3}$$

η_F Abscheidegrad der Einzelfaser
α Packungsdichte des Filtervlieses
L Schichtdicke des Filtermediums
d_F mittlerer Faserdurchmesser

Die Eigenschaften des Faserkollektivs werden somit entscheidend vom Abscheideverhalten der Einzelfaser bestimmt, das im folgenden näher betrachtet werden soll.

Für Partikel, deren Abscheidung vorwiegend durch den Trägheitseffekt bestimmt wird, ist die Stokes-Zahl die wesentliche Einflußgröße. Sie ist wie folgt definiert [4]:

$$Stk \equiv \varrho_P d_P^2 v_L \kappa / 9 \eta_L d_F \ . \tag{N4-4}$$

ϱ_P Dichte des Partikels
d_P Partikeldurchmesser
v_L Geschwindigkeit der ungestörten Luftströmung, d.h. ohne Berücksichtigung des Störeinflusses der Faser
κ dimensionslose Konstante
η_L dynamische Viskosität der Luft
d_F mittlerer Faserdurchmesser

Die dimensionslose Konstante κ beträgt

$$\kappa = 1 + 2{,}468\, l_L/d_P + 0{,}826\, l_L/d_P \exp(-0{,}452\, d_P/l_L) \ . \tag{N4-5}$$

l_L freie Weglänge der Luft

Der Trägheitseffekt ist demnach umso wirksamer, je größer der Durchmesser und die Dichte der Partikel sowie die Geschwindigkeit der Luft sind, und je geringer der Faserdurchmesser.

Für Partikel, deren Abscheidung vorwiegend durch den Diffusionseffekt bestimmt wird, ist die Péclet-Zahl die wesentliche Einflußgröße. Sie ist definiert als

$$Pe = d_F v_L / D_P \ . \tag{N4-6}$$

d_F Faserdurchmesser
v_L Geschwindigkeit der ungestörten Luftströmung
D_P Diffusionskoeffizient des Partikels

Der Diffusionseffekt ist dabei umso wirksamer, je größer der Diffusionskoeffizient der Partikel ist, und je kleiner der Faserdurchmesser sowie die Luftgeschwindigkeit.

Auf die komplexen Gleichungen, die für die Beschreibung des bedeutungsmäßig eher untergeordneten Sperreffekts hergeleitet wurden, sei hier nicht näher eingegangen (s. dazu z.B. Ensor und Donovan [3]).

Betrachtet man den Abscheidegrad η_F der Einzelfaser gegenüber einem Partikelkollektiv unterschiedlicher Durchmesser, so überlagern sich die Abscheidemechanismen wie folgt:

$$\eta_F = \eta_D + \eta_{SD} + \eta_T + \eta_{ST} \ . \tag{N4-7}$$

D Diffusionseffekt
SD Sperreffekt bei diffusionsbeherrschten Teilchen
T Trägheitseffekt
ST Sperreffekt bei trägheitsbeherrschten Teilchen

Lee und Liu [5] gelang es auf halbempirische Art, ausgehend von Gl. (N4-7) die effektive Abscheideleistung von Faserfiltern mit den theoretischen Abscheidemodellen zu korrelieren: in einer doppeltlogarithmischen Darstellung mit

$$[(1-\alpha)/K]^{1/3} Pe^{1/3} (d_P/d_F)/\sqrt{1+(d_P/d_F)}$$

als Abszisse (K = Kuwabara-Faktor, s. dazu [3]); und mit

$$\eta Pe(d_P/d_F)/\sqrt{1+(d_P/d_F)}$$

als Ordinate fallen die Leistungsdaten einer großen Bandbreite von Filtermedien auf eine Kurve (Bild N4-4).

Es gelang Lee und Liu auch, den Partikeldurchmesser zu ermitteln, der am leichtesten durch den Filter penetriert und für den somit der Abscheidegrad ein Minimum durchläuft. Sie geben für den Partikeldurchmesser d_{Pmin} folgende Gleichung an:

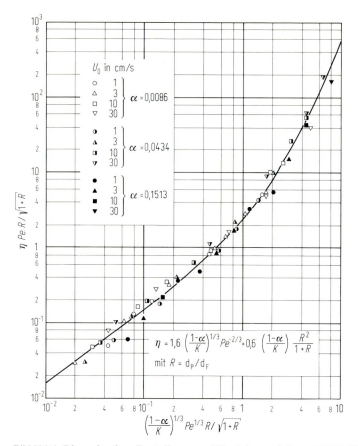

Bild N 4-4. Dimensionslose Darstellung von Filterdaten nach Lee und Liu [5]

$$d_{Pmin} = 0{,}885\,[K/(1-\alpha)]\,(l_L^{1/2}\,k\,T/\eta_L))\,d_F^2/v_L)^{2/9} \ . \tag{N 4-8}$$

k Boltzmann-Konstante
T absolute Temperatur

Der Gültigkeitsbereich dieser Beziehung erstreckt sich auf

$0{,}075 < l_L/d_P < 1{,}3$.

Zusammengefaßt läßt sich sagen, daß der Abscheidegrad der Einzelfaser im wesentlichen eine Funktion der Strömungsgeschwindigkeit v_L, der Dichte ϱ_L und der kinematischen Viskosität v_L der Luft sowie des Durchmessers d_P, des Diffusionskoeffizienten D_P und der Dichte ϱ_P der Partikel und schließlich des Faserdurchmessers d_F ist

$$\eta_F = f(v_L, \varrho_L, v_L, d_P, D_P, \varrho_P, d_F) \ . \tag{N 4-9}$$

Das effektive Filtermedium, d.h. das Faservlies aus Fasern unterschiedlichen Durchmessers, ist gekennzeichnet durch die Packungsdichte α und die Schichtdicke L der Fasern, sowie durch die Verteilungsfunktion Φ des Faserdurchmessers (üblicherweise in etwa einer logarithmischen Normalverteilung gehorchend). Sein Abscheidegrad ist dann

$$\eta = f(\eta_F, \Phi(d_F), \alpha, L) \ . \tag{N4-10}$$

N4.3 Elektrofilter

In elektrostatischen Filtern wird von der Tatsache Gebrauch gemacht, daß sich elektrisch positiv oder negativ geladene Teilchen (ionisierte Teilchen) im elektrischen Feld in Richtung entgegengesetzter Ladung bewegen. Ein Elektrofilter besteht demnach aus einem *Ionisierungsteil*, der auf hoher – in der Regel positiver – Spannung gehalten wird und die an ihm vorbeiströmenden Partikel durch Anlagerung positiver Ionen elektrisch auflädt. Schaltet man diesem Ionisator als *Abscheideteil* beispielsweise einen Plattenkondensator nach, der aus abwechselnd positiv gepolten und auf Erdpotential liegenden Platten besteht, so werden die ionisierten Partikel durch die auf Erdpotential liegenden Platten angezogen und scheiden sich dort ab. Dabei werden kleine Partikel besonders wirksam abgeschieden, da sie durch große Mobilität im elektrostatischen Feld gekennzeichnet sind.

Nachteilig am Elektrofilter sind die hohen erforderlichen elektrischen Spannungen, die besondere Sicherheitsvorkehrungen erforderlich machen, sowie die Tatsache, daß bei Ausfall der Elektrizitätsversorgung jegliche Filterwirkung schlagartig entfällt; dieser zweite Nachteil läßt sich durch Nachschalten eines Faserfilters kompensieren. Bemerkenswert ist die gute Entstaubungsleistung auch hinsichtlich feinster Staubteilchen, sowie der niedrige Druckverlust, der daraus resultiert, daß für die Abscheidung keine strömungsmechanischen Effekte herangezogen werden müssen. Auch die Abreinigung – üblicherweise durch periodisches Abspritzen der Abscheideplatten mittels Wasser – ist überaus einfach. Wenn man die Reinigung in kurzen Zeitabständen wiederholt – beispielsweise automatisch und zeitgesteuert – vermeidet man größere Staubakkumulationen im Filter und reduziert damit auch eine allfällige geruchliche Beeinträchtigung der Raumluft, die vom abgeschiedenen Staub ausgehen kann.

Vor allem die hohen Anschaffungs- und Installationskosten verhinderten bis heute den Einsatz von Elektrofiltern in der Raumlufttechnik auf breiterer Basis.

N4.4 Sorptionsfilter

Sorptionsfilter dienen zur Abscheidung gasförmiger Luftfremdstoffe, eine Aufgabe, die im Pflichtenheft einer raumlufttechnischen Anlage nur ausnahmsweise enthalten ist.

Unter den Sorptionsfiltern hat das Aktivkohlefilter die größte Verbreitung gefunden. Eingesetzt wird es beispielsweise für die Abscheidung von Treibstoffdämpfen aus der Außenluft von Flughäfen sowie zur Abtrennung gasförmiger Kampfstoffe oder radioaktiver Explosionsprodukte von Nuklearwaffen im Luftschutz. Aktivkohle ist ein speziell aufbereitetes Granulat, das von einer Vielzahl feinster

Mikroporen und Klüfte durchzogen ist: die spezifische Oberfläche dieses Porenkollektivs beträgt etwa 1000 m^2/g. Wirkungsmechanismus ist die *Adsorption*, d.h. die Anlagerung von Gasmolekülen an die Porenoberfläche, wo sie durch Oberflächenkräfte (van der Waalssche Kräfte) lose gebunden werden. Die Reichweite dieser Kräfte erstreckt sich höchstens auf einige Moleküldurchmesser.

Der Adsorptionsvorgang ist stark selektiv und damit zur gezielten Abscheidung spezifischer Luftfremdstoffe, die der Luft in kleinen und kleinsten Konzentrationen beigemischt sind, hervorragend geeignet. Durch Imprägnierung der Aktivkohle mit geeigneten Hilfsstoffen, die mit der abzuscheidenden Substanz chemisch reagieren (*Chemisorption*), läßt sich die Selektivität einer Aktivkohle noch verbessern. Neben der Adsorption und der Chemisorption ist häufig noch ein weiterer Effekt wirksam: die *Kapillarkondensation*, die beobachtet wird, wenn sich der Partialdruck des abzuscheidenden Gases seinem Sättigungsdruck nähert. An den stark konkav gekrümmten Oberflächen der feinen Kapillaren, die durch die Poren des Adsorptionsmittels gebildet werden, kommt es dann nämlich zu einer Dampfdruckabsenkung und somit zur Kondensation.

Alle drei Phänomene faßt man zum Überbegriff *Sorption* zusammen, der diesen Filtern auch ihren Namen – Sorptionsfilter – verliehen hat.

In der Regel lassen sich mit einem Aktivkohlefilter besonders erfolgreich die bei vergleichsweise hohen Temperaturen siedenden Substanzen abscheiden. Adsorption und Kapillarkondensation können durch Erhitzen oder Druckabsenkung wieder rückgängig gemacht werden (*Desorption*). Die Aufnahmefähigkeit der Sorptionsfilter für die abgeschiedenen Luftfremdstoffe ist begrenzt und liegt in der Regel bei 10–50 Massen-Prozent. Sobald dieser Grenzwert für das Speichervermögen erreicht ist, kommt es zum Durchbruch der Luftfremdstoffe, und die Filtereinheiten müssen ausgewechselt werden. Wieweit eine anschließende *Regeneration* (Wiederaufbereitung) der Aktivkohle durch Desorption möglich und sinnvoll ist, hängt von der Art, Menge und Reinheit der gebundenen Luftfremdstoffe ab und muß fallweise entschieden werden.

N4.5 Naßfilter

Als Alternative oder Ergänzung zu den trocken arbeitenden Aktivkohlefiltern kommen für die Abscheidung gasförmiger Luftschadstoffe auch Naßverfahren zur Anwendung. Diese basieren in der Regel auf dem Prinzip der *Absorption*, worunter man das Lösen der Luftfremdstoffe in geeigneten Waschflüssigkeiten versteht. Die Anwendung dieses Verfahrens – beispielsweise zur Reinigung kontaminierter Prozeßabluft aus industriellen Anwendungen der Raumlufttechnik – erfordert vertiefte verfahrenstechnische Kenntnisse, so daß hier nicht näher darauf eingegangen werden soll (s. z.B. [6]).

Erwähnt sei jedoch, daß auch der weitverbreitete Sprühbefeuchter, der in der Raumlufttechnik zur Be- und Entfeuchtung von Luftströmen eingesetzt wird, gewisse gasförmige Luftfremdstoffe, z.B. Schwefeldioxid SO_2, aus der Luft absorbiert. Er vermag also bei entsprechend intensiver Abschlämmung ebenfalls einen – freilich schwer quantifizierbaren – Beitrag zur Reduktion gasförmiger Luftfremdstoffe zu leisten.

N 4.6 Fliehkraftabscheider

Als spezialisierte Abscheiderbauart für die Reinigung stark partikelbeladener Abluftströme verdienen noch die *Fliehkraftabscheider* Erwähnung. Eine weitverbreitete Bauart ist das *Zyklon*, ein zylinderförmiges Abscheidegerät, in das der zu reinigende Luftstrom tangential und mit hoher Geschwindigkeit eintritt. Dabei werden die gröberen Partikel gegen die Zylinderwand geschleudert und sinken zu Boden, von wo sie mittels einer Schleusenvorrichtung abgezogen werden können. Der gereinigte Gasstrom wird durch ein zentrales Rohr nach oben abgesaugt. Andere Fliehkraftabscheiderbauarten benützen die abrupte Umlenkung des Luftstromes durch parallel angeordnete zickzackförmige Schikanen zur Abtrennung von Partikeln aus einem Trägergasstrom.

Alle Fliehkraftabscheider haben gemeinsam, daß sie nur zur Abscheidung von groben, rasch sedimentierenden Teilchen mit einer Korngröße oberhalb 10 µm geeignet sind, und daß die Abscheidewirkung mit einem erheblichen Druckverlust in der Größenordnung von 1000 Pa und mehr teuer erkauft wird.

N 5 Qualitätsstufen und Bauarten von Staubfiltern[1]

N 5.1 Gütestufen der Faserfilter

Die Ausführungen in den weiteren Abschnitten dieses Kapitels beschränken sich auf die Faserfilter der Raumlufttechnik, lassen also alle übrigen Methoden der Luftreinigung fortan außer Betracht.

Drei Gütestufen von Staubfiltern werden in der Raumlufttechnik unterschieden: Grobfilter, Feinfilter und Schwebstoffilter.

N 5.2 Grobfilter

Grobfilter dienen zum Abscheiden grober Partikel (Durchmesser ≥ 5 µm) aus der Luft und sollen auch Insekten am Eindringen in die raumlufttechnische Anlage hindern. Ihre Aufgabe ist in erster Linie, die Komponenten der Anlage, und insbesondere ihre Wärmeaustauscher, vor Verschmutzung und Verstopfung zu schützen. Daneben dienen sie auch der Verlängerung der Standzeit nachgeschalteter Filterstufen. Ihr Beitrag zur Lufthygiene in Räumen ist gering. Ihr hauptsächlicher Wirkungsmechanismus ist der Sperreffekt.

Filtermaterial ist ein lockeres Vlies mit einer Dicke von 20–50 mm, aufgebaut aus vergleichsweise groben Fasern, vorwiegend aus Kunststoff. Grobfilter werden sowohl als billige *Wegwerffilter* als auch – zu etwas höherem Preis – in *regene-*

---

[1] Das Bildmaterial in Abschnitt N 5 wurde von den Firmen Luwa AG, Zürich sowie Klima-Service GmbH, Maintal zur Verfügung gestellt.

rierbarer Ausführung angeboten. Beim Wegwerffilter werden die Matten des Filtermediums roh- und reinluftseitig durch gelochte Pappen oder Feinbleche stabilisiert und in einen einfachen Kartonrahmen eingebaut (Bild N 5-1). Entsorgungstechnisch sinnvoller – und langfristig betrachtet meist auch kostengünstiger – ist die regenerierbare Bauart. Dabei werden die Filtermatten in einen Wechselrahmen aus Metallblech eingelegt; zur Stabilisierung verwendet man Drahtgeflechte oder sinnreich gestaltete Spanndrähte. Zur Regeneration werden die Matten aus ihrer Halterung gelöst und in einer lauwarmen Detergentienlösung schonend gewaschen. Nach dem anschließenden Trocknen sind sie bereit für die Wiederverwendung. Der Regenerationsvorgang kann in der Regel bis zu fünfmal wiederholt werden.

Anstelle in Form ebener Filterzellen gelangt das Medium gelegentlich auch in Zickzackform zum Einsatz; dies gestattet pro Flächeneinheit an Querschnittsfläche mehr Filtermedium einzusetzen (Bild N 5-2).

Eine weitere bekannte Bauart sind die automatischen *Rollbandfilter*. Das neuwertige Filtermedium ist hier auf einer Rolle gespeichert. Der Bandvorschub wird durch ein Kontaktmanometer ausgelöst, das beim Erreichen einer wählbaren Maximaldruckdifferenz einen Elektromotor aktiviert, der das verschmutzte Medium auf eine zweite Rolle aufwickelt. Somit wird das Filtermedium während des Betriebs bedarfsgesteuert erneuert. Wartungsprobleme sind vor allem dafür verantwortlich, daß diese Filterbauart in jüngster Vergangenheit etwas in den Hintergrund getreten ist.

In Sondersituationen, die durch besonders intensive luftgetragene Staubkonzentrationen gekennzeichnet sind, finden auch Filterbauarten Verwendung, die eine Abreinigung des Mediums während des Betriebs gestatten. Dies ist beispielsweise in den Klimaanlagen für die Spinnerei- und Webereiräume der Textilindustrie der Fall [7].

N 5.3 Feinfilter

Feinfilter dienen der Abscheidung von Partikeln ≥ 1 µm, zeigen aber auch gegenüber noch kleineren Partikeln eine gewisse Wirksamkeit. Ihre Aufgabe ist vor allem

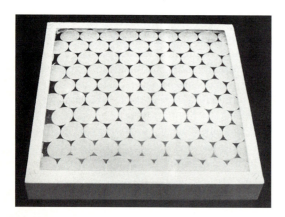

Bild N 5-1. Wegwerf-Plattenfilter für Grobstaub

Bild N 5-2. Wegwerffilter in Zickzackbauweise

der Schutz von Luftkanalnetzen vor Verschmutzung, die Verlängerung der Standzeit allfälliger nachgeschalteter Schwebstoffilter, sowie die Gewährleistung lufthygienisch befriedigender Verhältnisse in den geschützten Räumen. Als Wirkungsmechanismus dominiert der Sperreffekt, jedoch leisten auch der Trägheits- und der Diffusionseffekt einen nicht zu vernachlässigenden Beitrag zur Abscheideleistung [8].

Als Filtermaterial finden Vliese aus vergleichsweise feinen Glas- oder Kunststofffasern Verwendung, mit einer Dicke von einem bis einigen Millimetern. Als wesentliche Bauformen unterscheidet man zwischen
- *Taschenfiltern* (Bild N 5-3), bestehend aus einer Anzahl parallel angeordneter Taschen, die in einen Einbaurahmen montiert sind;

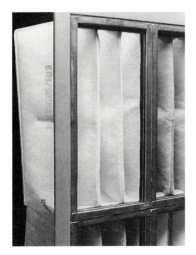

Bild N 5-3. Taschenfilter zur Feinstaubabscheidung

– *Zellenfiltern* (Bild N 5-4), aufgebaut aus plissierten Filtermatten in Minipleat-Ausführung (Bild N 5-5), die in Zickzack-Anordnung in ein Gehäuse eingebaut sind, und die sich durch eine besonders gute Standzeit und Formstabilität auszeichnen, weshalb ihr Marktanteil im Zunehmen begriffen ist.

Beide Bauarten enthalten bezogen auf ihre Querschnittsfläche erhebliche Mengen an Filtermedium: pro m^2 Anströmquerschnitt können es typischerweise zwischen 20 m^2 (bei Taschenfiltern) und 50 m^2 (bei Zellenfiltern) sein. Die Durchschnittsgeschwindigkeit der Luft durch das Medium beträgt deshalb, bei einer typischen Anströmgeschwindigkeit der Filterzelle von 2,5 m/s, lediglich etwa 5–10 cm/s.

Mit Ausnahme einiger Bauarten für den unteren Bereich der Abscheideleistung sind Feinfilter in der Regel nicht regenerierbar.

N 5.4 Schwebstoffilter

Schwebstoffilter sind gekennzeichnet durch eine hervorragende Abscheideleistung auch für Partikel kleinster Abmessungen, bis weit hinunter in den Submikronbereich. Ihre Aufgabe ist vor allem die Gewährleistung hoher und höchster Luftreinheiten in Arbeitsräumen, welche Tätigkeiten dienen, die durch raumluftgetragene belebte oder unbelebte Partikel gefährdet werden (Reinraumtechnik und ihre vielfältigen Anwendungen in Industrie und Medizin). Daneben dienen sie auch als letzte Reinigungsstufe für Abluft, wenn diese gesundheitsgefährdende Partikel enthält oder enthalten kann (Kernkraftwerke, Produktionsbetriebe der Pharmaindustrie, biologische Laboratorien). Als Wirkungsmechanismen dominieren der Trägheits- und Diffusionseffekt.

Bild N 5-4. Zellenfilter zur Feinstaubabscheidung

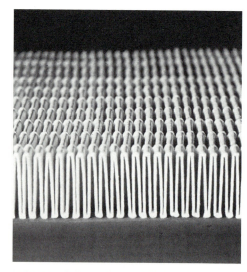

Bild N 5-5. Filtermedium in Minipleat-Faltung

Man unterscheidet gemäß dem Normenentwurf DIN 24 183 [9] zwei Güteklassen von Schwebstoffiltern:
- *Standard-Schwebstoffilter*, im Englischen als *HEPA-Filter* (*H*igh *E*fficiency *P*articulate *A*ir Filter) bezeichnet;
- *Hochleistungs-Schwebstoffilter*, englisch *ULPA-Filter* (*U*ltra *L*ow *P*enetration *A*ir Filter).

Diese Begriffswahl kann möglicherweise – zumindest vorübergehend – zu einer gewissen Verwirrung führen: für die hochwertigen Standard-Schwebstoffilter der Güteklasse S nach DIN 24 184 (s. dazu Abschn. N 7.4) hatte sich schon lange vor der Markteinführung der ULPA-Filter die Bezeichnung Hochleistungs-Schwebstoffilter eingebürgert, die nach der neuen Sprachregelung nun nicht mehr zulässig ist.

Als Filtermaterial finden papierartige Vliese von ca. 0,5 mm Dicke Verwendung, aufgebaut aus feinsten Fasern mit Durchmessern bis hinunter in den Submikronbereich. Glas ist das überwiegend eingesetzte Fasermaterial. Da die Durchtrittsgeschwindigkeit der Luft durch das Medium lediglich 1 – 3 cm/s beträgt, muß dieses gefaltet werden; zwischen den Falten eingelegte oder eingeklebte Distanzhalter beispielsweise aus Wellblech oder textilen Garnen stellen den gleichmäßigen Aufbau der Mediumpakete sicher. Eine weit verbreitete Bauart sind die *Plattenfilter* (Bild N 5-6), bei welchen das plissierte Medium mittels einer Vergußmasse dicht mit dem Filterrahmen verbunden wird und die in der Regel für eine Abströmge-

Bild N 5-6. Schwebstoffilter der HEPA- und ULPA-Klasse, als Plattenfilter konfektioniert

schwindigkeit von 30–50 cm/s optimiert werden. Aus solchen Plattenfiltern werden beispielsweise die Filterdecken hochwertiger Reinräume aufgebaut. Für die Unterbringung in Luftaufbereitungsgeräten oder den Einbau in Luftkanäle sind jedoch höhere auf den Anströmquerschnitt bezogene Luftleistungen gefordert. Die hierfür optimierten Schwebstofffilter – unter denen heute die sog. *Normzellen* (Bild N 5-7) mit ihren standardisierten Einbaumaßen von besonderer Bedeutung sind – enthalten deshalb die Mediumpakete in Zickzack-Konfiguration.

Während in einem Plattenfilter pro m^2 Anströmquerschnitt ca. 20–50 m^2 Filterfläche untergebracht werden können, liegt dieser Wert bei Filtern für Zentralen- und Kanaleinbau oft noch erheblich höher.

Schwebstoffilter sind nicht regenerierbar.

N 5.5 Filterkombinationen

Je leistungsfähiger ein Filter ist, umso höher liegt in der Regel sein Preis. Es ist deshalb sinnvoll, höherwertigen Filtern weniger leistungsfähige Filter vorzuschalten und dadurch ihre Lebensdauer zu verlängern. So schützt man beispielsweise Feinstaubfilter der höheren Leistungsklassen mit Hilfe von Grobstaubfiltern oder von weniger leistungsfähigen Feinstaubfiltern. Schwebstoffiltern wird üblicherweise sogar eine zweistufige Filterkombination vorgeschaltet, die beispielsweise aus einem hochwertigen Grob- und einem Feinfilter mittlerer Abscheideleistung bestehen kann, besser aber aus einem Feinfilter mittlerer Güte sowie einem weiteren mit hoher Abscheideleistung.

Auch Aktivkohlefilter können nur in Verbindung mit ergänzenden Staubfilter-Kombinationen erfolgreich arbeiten: sie selbst erfordern einerseits Schutz vor Verstaubung, andererseits ist allfälliger Aktivkohleabrieb, der hochgradig mit den abgeschiedenen Schadstoffen beladen sein kann, durch nachgeschaltete Staubfilter unschädlich zu machen. Hier ist rohluftseitig Feinfilterqualität vorzusehen, während auf der Reinluftseite bei Vorliegen eines hohen Sicherheitsrisikos sogar der Einsatz von Schwebstoffiltern erforderlich sein kann.

Die zweckmäßigste Abstimmung der einzelnen Filterstufen aufeinander muß im Rahmen der Gesamtoptimierung der raumlufttechnischen Anlage festgelegt wer-

Bild N 5-7. Schwebstoffilter in Normzellenbauart

den. Hier sollte neben den Anschaffungskosten insbesondere auch dem Betriebsaufwand Rechnung getragen werden: dem Aufwand für die Wartung der Filterinstallation, den Filterersatz sowie die Entsorgung der verbrauchten Filter einerseits und für die Überwindung des Filterdruckverlusts andererseits.

N6 Leistungsmerkmale von Staubfiltern

N6.1 Wirtschaftlichkeit im Vordergrund

Staubfilter müssen die von ihnen geforderte Leistung wirtschaftlich erbringen. Zu den Grundmerkmalen Abscheideleistung und Preis treten noch zahlreiche weitere technische Einflußgrößen: der Druckverlust, die Standzeit, die Staubspeicherfähigkeit. Namhafte Kostenfaktoren sind auch der Arbeitsaufwand für den Filterwechsel sowie für die Entsorgung ausgedienter Filter. Dazu kommen Folgekosten, wenn beispielsweise die Wahl einer Filterqualität geringen Abscheidegrads einen vermehrten Reinigungsaufwand nachgeschalteter Komponenten der raumlufttechnischen Anlage bedingt. Alle diese Faktoren bestimmen die Entscheidung, welche Bauart und welches Fabrikat die optimale Lösung einer bestimmten Aufgabe darstellt, wesentlich mit.

N6.2 Abscheideleistung

N6.2.1 Unterschiedlichkeit der Prüfverfahren

Man unterscheidet verschiedene Arten, die Abscheideleistung von Staubfiltern zu charakterisieren [10, 11]. Jedem der dazugehörigen Meßverfahren ist ein spezifischer Anwendungsbereich zugeordnet. Da sie empirisch entwickelt wurden und auf ganz unterschiedlichen Verfahrensprinzipien beruhen, gelingt es nicht, eine allgemeingültige, exakte Korrelation zwischen ihnen herzustellen.

N6.2.2 Gravimetrischer Abscheidegrad

Der *gravimetrische Abscheidegrad* ist ein Maß für die Fähigkeit eines Filterprüflings, ein der Prüfluft beigemischtes standardisiertes Testaerosol abzuscheiden. Er wird in Massen-Prozent ausgedrückt und ist wie folgt definiert [10]:

$$A \equiv 100[1-(m_2/m_1)] \ . \tag{N6-1}$$

m_1 Masse des aufgegebenen Prüfstaubs
m_2 Masse des durch den Filterprüfling nicht abgeschiedenen Prüfstaubs

Da der gravimetrische Abscheidegrad mit zunehmender Staubbeladung des Prüflings steigt, wird zwischen dem *Anfangsabscheidegrad* zu Beginn des Versuchs und dem *mittleren Abscheidegrad* über die gesamte Versuchsdauer unterschieden. Als Bewertungskriterium eignet sich der gravimetrisch ermittelte Abscheidegrad nur für Grobstaubfilter, bei höherwertigen Filtern gestattet er keine hinreichende Produktequalifizierung mehr.

N 6.2.3 Wirkungsgrad

Der *Wirkungsgrad E* ist ein Maß für die Fähigkeit eines Filterprüflings, natürlichen atmosphärischen Staub aus der Prüfluft abzuscheiden. Er wird in Prozent angegeben und photometrisch bestimmt. Dazu wird vor und hinter dem Prüfling ein Teilluftstrom isokinetisch abgesaugt; das Meßergebnis resultiert aus dem Vergleich der Luftvolumenströme, die durch Schwebstoffilter-Rondellen gesaugt werden müssen, bis beide gleich intensiv verfärbt sind. Folgende Gleichung dient seiner Bestimmung [10]:

$$E = [1-(V_1/V_2)(\tau_2/\tau_1)] \ . \tag{N6-2}$$

- V Gesamtvolumen der Luft, welches durch die anströmseitige (V_1) bzw. abströmseitige (V_2) Schwebstoffilter-Rondelle gesaugt worden ist
- τ Trübung der anströmseitigen (τ_1) bzw. abströmseitigen (τ_2) Schwebstoffilter-Rondelle)

Der Wirkungsgrad steigt mit zunehmender Beladung des Filters; in der Produktliteratur wird üblicherweise der *mittlere Wirkungsgrad*, ermittelt über den Verlauf der Filterprüfung, angegeben. Die Wirkungsgradbestimmung ist das Verfahren der Wahl bei Feinstaubfiltern, hingegen eignet es sich weder für Grobfilter noch für Schwebstoffilter.

N 6.2.4 Durchlaßgrad und Abscheidegrad bei Schwebstoffiltern

Schwebstoffilter erfordern besonders strenge Bewertungskriterien. Zur Leistungscharakterisierung verwendet man deshalb den *Durchlaßgrad* oder *Penetrationsgrad P* sowie alternativ den *Abscheidegrad η* entsprechend den Definitionen in Abschn. N 4.2. Gebräuchlicher und auch zweckmäßiger ist der Durchlaßgrad: er spiegelt direkt das reinluftseitige Meßergebnis der Filterprüfung wieder und gestattet auch die logische Verknüpfung mit allfälligen Luftreinheitsgarantien für die mittels der Schwebstoffilter geschützten Steril- und Reinräume.

Die Prüfaerosole sind hinsichtlich ihrer Teilchengröße spezifisch auf die Eigenschaften dieser hochwertigen Filter abgestimmt. Man unterscheidet
- *monodisperse Prüfaerosole*, also solche einheitlichen Teilchendurchmesser (z. B. die Dioctylphthalat (DOP)-Tröpfchenaerosole mit 0,3 µm Teilchendurchmesser nach amerikanischer Norm [12]);
- *quasi-monodisperse Prüfaerosole* mit einem engen Spektrum der Teilchendurchmesser (z. B. das Paraffinölnebel-Tröpfchenaerosol nach DIN 24184 [13], mit einem scharfen Maximum des Teilchendurchmessers bei 0,4 µm);
- *polydisperse Prüfaerosole* mit einem breiten Spektrum der Teilchendurchmesser (z. B. das Kochsalzkristall-Aerosol nach britischer Norm [14], mit Teilchendurchmessern im Intervall von 0,02 – 2 µm).

Die Messung des Durchlaßgrads erfolgt flammen- oder streulichtphotometrisch, neuerdings kommen auch, wenn besonders niedrige Durchlaßgrade zu bestimmen sind, Partikel- und Kondensationskernzähler zur Anwendung. In den Prüfzeugnissen ist jeweils der *Anfangs-Durchlaßgrad* P_A in Prozent anzugeben, da ja im Neuzustand des Filters der Durchlaßgrad am höchsten − also am ungünstigsten − ist.

Typische Anfangs-Durchlaßgrade sind
− bei Standard-Schwebstoffiltern: $5 \cdot 10^{-3} - 15\%$;
− bei Hochleistungs-Schwebstoffiltern: $5 \cdot 10^{-6} - 5 \cdot 10^{-3}\%$.

N6.3 Druckverlust

Der Druckverlust bestimmt maßgeblich die Betriebskosten einer Filterinstallation. Seine Minimierung bei vorgegebener Abscheideleistung ist deshalb eines der wesentlichen Entwicklungsziele bei der Verbesserung der Filtermedien [15]. Man unterscheidet
− den *Anfangsdruckverlust* des neuwertigen Filters;
− den *Enddruckverlust* im Normalbetrieb, bei dessen Erreichen der Filter ausgewechselt werden sollte;
− den *zulässigen Maximaldruckverlust*, der den Höchstwert der Druckdifferenz kennzeichnet, der aufgrund der konstruktiven Eigenschaften des Filters nie überschritten werden darf (Berstrisiko).

Typische Anfangsdruckverluste sind
− Grobstaubfilter: 20 − 50 Pa;
− Feinstaubfilter: 50 − 150 Pa;
− Standard-Schwebstoffilter: 75 − 250 Pa;
− Hochleistungs-Schwebstoffilter: 100 − 250 Pa.

Als Enddruckverlust im Normalbetrieb wird üblicherweise das Zwei- bis Dreifache des Anfangsdruckverlusts gewählt.

N6.4 Staubspeicherfähigkeit, Standzeit

Als *Staubspeicherfähigkeit* bezeichnet man die Masse an atmosphärischem Staub, die ein Filter bis zum Erreichen seines Enddruckverlusts unter normalen Betriebsbedingungen und an seinem jeweiligen Einsatzort einzulagern vermag. Infolge der unterschiedlichen Zusammensetzung des örtlichen Aerosols läßt sich diese Menge nicht vorausbestimmen. Herstellerangaben der Staubspeicherfähigkeit werden nur für Grob- und Feinstaubfilter gemacht; sie beziehen sich jeweils auf einen klar definierten Prüfstaub gemäß einer der einschlägigen Normen.

Die *Standzeit* eines Filters, d.h. seine Einsatzdauer bis zum Erreichen des Enddruckverlusts, hängt stark von den Staubkonzentrationen am Einsatzort ab. Sie beträgt in der Regel bei Grobstaubfiltern einige Monate, bei Feinstaubfiltern mit vorgeschaltetem Grobfilter einige Monate bis zu einem Jahr und mehr. Bei Schwebstoffiltern mit zweistufiger Vorfilterung erreicht sie nicht selten einige Jahre und kann unter günstigen Einsatzbedingungen, d.h. bei einer Reinraumanlage mit hohem Umluftanteil, sogar die Grenze von 10 Jahren überschreiten. Dies ist eine Folge davon, daß hier die Umluft in jedem Fall weniger staubbeladen ist als die Außenluft, selbst dann, wenn diese sorgfältig vorgefiltert wurde.

N 6.5 Sonderanforderungen für Schwebstoffilter

N 6.5.1 Leckfreiheit

Ein *Leck* ist eine örtlich begrenzte Stelle im Filter, seinem Rahmen oder im Dichtungsbereich, an welcher der Durchlaßgrad für Partikel deutlich höher liegt als im homogenen Filtermedium. Insbesondere in Reinräumen mit turbulenzarmer Verdrängungsströmung können Lecks dazu führen, daß sich örtlich die geforderten Garantiewerte für die Luftreinheit nicht mehr erfüllen lassen. Deshalb ist bei den hochwertigen Standard- sowie bei den Hochleistungs-Schwebstoffiltern, die hier zum Einsatz gelangen, ein Nachweis der *Leckfreiheit* zu erbringen.

Für diesen bedient man sich bei Standard-Schwebstoffiltern des sog. *Ölfadentests* nach DIN 24 184 [13]. Dabei wird das zu prüfende Filterelement auf einen Druckkasten montiert, der mit einem Paraffinölnebel-Luftgemisch hoher Teilchenkonzentration so beaufschlagt wird, daß die Luft aus dem Filter laminar mit ca. 1 cm/s Geschwindigkeit austritt. Allfällige Lecks sind dann vor einem dunklen Hintergrund und bei guter Beleuchtung dank des aus ihnen austretenden feinen Ölfadens deutlich erkennbar. Bei Hochleistungs-Schwebstoffiltern zieht man es nach DIN 24 183 [9] vor, für die Leckprüfung Partikelzählverfahren einzusetzen [16].

N 6.5.2 Homogenität des Geschwindigkeitsfelds

In Reinräumen mit turbulenzarmer Verdrängungsströmung läßt sich ein Partikeltransport quer zur Hauptströmungsrichtung umso sicherer verhindern, je gleichmäßiger das Geschwindigkeitsfeld der Strömung ist. Man verlangt deshalb von den Schwebstoffiltern für derartige Reinräume, daß die örtlichen Abweichungen der Geschwindigkeit vom Mittelwert bestimmte Grenzwerte – in der Regel ±20% – nicht überschreiten. Diese Forderung kann – ohne ergänzende nachgeschaltete Strömungshilfen – nur von Plattenfiltern erfüllt werden. Um das auf ersten Blick nicht allzu streng wirkende Toleranzband einhalten zu können, ist große Sorgfalt bei der Plissierung des Filtermediums erforderlich.

N 7 Prüfung, Klassierung, Qualitätssicherung

N 7.1 Übersicht

Obwohl bei der technisch-wirtschaftlichen Beurteilung von Filterinstallationen die Abscheideleistung, die Standzeit, der mittlere Druckverlust sowie der Preis gebührend zu bewerten sind, beschränken sich die technischen Richtlinien und Normen auf das filterspezifische Beurteilungskriterium: die Abscheideleistung. Mit dem Ziel, Produkte verschiedener Hersteller einwandfrei miteinander vergleichbar zu machen, wurden Güteklassen von Luftfiltern eingeführt, die Meßverfahren zu ihrer Ermittlung genormt, und Instanzen öffentlichen Rechts mit der Durchführung offizieller *Typprüfungen* der im Handel angebotenen Fabrikate betraut. Ergänzend dazu bieten Hersteller – insbesondere bei Standard- und Hochleistungs-Schwebstoffiltern – den individuellen Leistungsnachweis der gelieferten Filtereinheiten insbesondere bezüglich Durchlaßgrad und Leckfreiheit an, und ordnen ihr Prüfwesen immer mehr in ein umfassendes System der Qualitätssicherung ein.

N7.2 Prüfung von Grob- und Feinstaubfiltern

Den Bemühungen des EUROVENT gelang es, die frühere Vielfalt nationaler Normen und Prüfverfahren zu überwinden und mit ihrer Richtlinie 4/5 die Grundlage für eine europaweit einheitliche Prüfung und Bewertung von Grob- und Feinstaubfiltern zu schaffen [17]. Die dort empfohlenen Prüfverfahren basieren ihrerseits auf dem amerikanischen ASHRAE-Standard 52–76 [18]. Die deutsche Norm DIN 24185 vom Oktober 1980 [10] stimmt sachlich vollumfänglich mit dem erwähnten EUROVENT-Dokument überein und beschreibt die Prüfprozeduren in allen Einzelheiten.

Bei Grobstaubfiltern ist der gravimetrische Abscheidegrad gegenüber einem spezifischen, empirisch definierten Prüfstaub, dem ASHRAE-Prüfstaub, zu bestimmen. Dieser setzt sich zusammen aus 72 Gewichts-Prozent Standard-Filter-Prüfstaub, 23 Gewichts-Prozent Molocco-Ruß sowie 5 Gewichts-Prozent Baumwoll-Linters und kann fertig vorgemischt im Handel bezogen werden.

Bei Feinstaubfiltern wird mittels des in Abschn. N6.2.3 beschriebenen Trübungstests der Wirkungsgrad gegenüber atmosphärischem Staub ermittelt. Die Meßunsicherheiten, die aus den örtlichen und zeitlichen Schwankungen seiner Zusammensetzung und Korngrößenverteilung resultieren, beeinflussen das Prüfergebnis nicht allzu wesentlich und werden üblicherweise toleriert.

N7.3 Prüfung von Schwebstoffiltern

Bezüglich Schwebstoffiltern stehen die Bemühungen um zumindest europaweit vereinheitlichte Prüfnormen erst am Anfang. Die Prüfverfahren der verschiedenen Nationen bedienen sich ja unterschiedlicher Prüfaerosole mit erheblich voneinander abweichenden Teilchengrößenspektren (s. dazu Abschn. N6.2.4). Deshalb sind allgemeingültige rechnerische Korrelationen zwischen diesen Verfahren nicht möglich. Dazu kommt, daß zur Messung der Partikelkonzentrationen photometrische Methoden zur Anwendung kommen, deren Auflösevermögen zwar für Standard-Schwebstoffilter knapp ausreicht, nicht hingegen für die Hochleistungs-Schwebstoffilter.

Für die dringend erwünschte internationale Normung der Typprüfung, die ja die Beurteilung von Schwebstoffiltern aller Leistungsklassen gestatten muß, sind deshalb neue Ansätze zu erarbeiten. Einen vielversprechenden Weg weist der Normenentwurf DIN 24183 [9, 19]: hier wird erstmalig das Prüfverfahren konsequent auf die Abscheidemechanismen in Faserfiltern (s. Abschn. N4.2) abgestimmt. Dazu wird zunächst in einem Vorversuch mit Hilfe einer Reihe von Durchlaßgradmessungen bei unterschiedlichen Teilchendurchmessern eines jeweils monodispersen

Diethylhexylsebacat (DEHS)-Prüfaerosols derjenige Partikeldurchmesser identifiziert (Bild N 7-1), bei dem der Abscheidegrad des auszumessenden Filtermediums am niedrigsten und demzufolge der Durchlaßgrad am höchsten ist (*M*ost *P*enetrating *P*article *S*ize MPPS). Die Hauptmessung am kompletten Filterprüfling erfolgt dann gezielt mit monodispersem DEHS-Nebel von MPPS-Teilchengröße, so daß sie exakt auf den leistungsschwächsten Punkt des Testobjekts fokussiert ist. Als Meßgerät für die Bestimmung der Teilchenkonzentrationen sind Partikelzählverfahren z. B. auf Basis des Kondensationskernzählers vorgeschrieben; damit ist die erforderliche meßtechnische Genauigkeit gewährleistet, um auch ULPA-Filter der höchsten Abscheidegrade noch statistisch einwandfrei bewerten zu können.

Es bleibt zu hoffen, daß diesen Denkanstößen im Rahmen der Normungsarbeiten des CEN (Comité Européen de Normalisation, Europäisches Komitee für Normung) europaweit zum Durchbruch verholfen wird, zumal sich das Potential des Prüfverfahrens nach DIN 24 183 bei weitem nicht nur auf den Schwebstoffilterbereich beschränkt. Charakterisiert man − wie Schier [8] vorschlägt − auch die Abscheideleistung von Vorfiltern in Abhängigkeit der Partikelgröße, so lassen sich Filterkombinationen viel gezielter optimieren, als dies auf Basis der unscharfen Datenlage möglich ist, welche die traditionellen Filterprüfverfahren bieten.

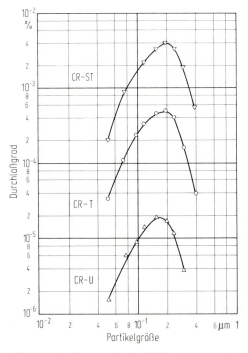

Bild N 7-1. Bestimmung der Partikelgröße des maximalen Durchlaßgrads (MPPS) gemäß Normenentwurf DIN 24183 für verschiedene Abscheidemedien von Standard- und Hochleistungs-Schwebstoffiltern. Das ausgeprägte Durchlaßgrad-Maximum beim MPPS-Punkt ist deutlich zu erkennen, nach Schier [8]

N7.4 Einteilung der Filterklassen

Im Rahmen der EUROVENT-Richtlinie 4/5 wurde auch eine Einteilung der Filterklassen für die allgemeine Raumlufttechnik erarbeitet (Klassen EU 1–4 für Grobfilter, EU 5–9 für Feinfilter). Diese fand europaweit rasche Akzeptanz und als Folge davon Eingang in die nationale Normung, so beispielsweise in die DIN 24185 Teil 2 [10], deren Filterklassen-Einteilung in Tabelle N7-1 wiedergegeben ist. Tabelle N7-2 zeigt die gegenwärtig gültige Klasseneinteilung der Standard-Schwebstoffilter gemäß DIN 24184 [13].

Der in Tabelle N7-3 dargestellte schweizerische Entwurf zu einer erweiterten Filterklassierung wurde im Rahmen der Arbeiten an einer europäischen CEN-Norm „Luftfiltrierung in raumlufttechnischen Anlagen" geschaffen und umfaßt erstmals sämtliche Luftfilterqualitäten von den Grobfiltern bis zu den Hochleistungs-Schwebstoffiltern. Für Grob- und Feinfilter wurden die Festlegungen gemäß EUROVENT-Richtlinie 4/5 und DIN 24185 Teil 2 unverändert übernommen. Hingegen findet für Standard- und Hochleistungs-Schwebstoffilter das meß- und prüftechnische Gedankengut des Vornorm-Entwurfs DIN 24183 Anwendung. Die EU-

Tabelle N7-1. Filterklassen-Einteilung gemäß DIN 24185 Teil 2 für Grob- und Feinfilter

Filterklasse	Mittlerer Abscheidegrad A_m gegenüber synthetischem Staub in Prozent	Mittlerer Wirkungsgrad E_m gegenüber atmosphärischem Staub in Prozent
Grobfilter		
EU 1	$A_m < 65$	–
EU 2	$65 \leqslant A_m < 80$	–
EU 3	$80 \leqslant A_m < 90$	–
EU 4	$90 \leqslant A_m$	–
Feinfilter		
EU 5	–	$40 \leqslant E_m < 60$
EU 6	–	$60 \leqslant E_m < 80$
EU 7	–	$80 \leqslant E_m < 90$
EU 8	–	$90 \leqslant E_m < 95$
EU 9[a]	–	$95 \leqslant E_m$

[a] Luftfilter mit einem hohen mittleren Wirkungsgrad können bereits einer Schwebstoffilter-Klasse nach DIN 24184 entsprechen

Tabelle N7-2. Klasseneinordnung von Schwebstoffilter-Elementen nach DIN 24184

Schwebstoffilter-klassen	Grenzwerte der gemittelten Durchlaßgrade in Prozent gegenüber Paraffinölnebel	Nachweis der Leckfreiheit an Schwebstoffilterelementen
Q	15	nicht erforderlich
R	2	nicht erforderlich
S	0,03	visuell erkennbare Ölfäden dürfen nicht vorhanden sein

Tabelle N 7-3. Einteilung der Filterklassen und dazugehörigen Prüfverfahren (Entwurf CEN/TC 195, Stand Januar 1992)

Kenngröße Symbol/Einheit		Mittlerer Abscheidegrad A_m in %	Mittlerer Wirkungsgrad E_m in %	Anfangs-Durchlaßgrad[e] P_A in %
Prüfverfahren		ASHRAE 52–76	ASHRAE 52-76	DIN 24138 Entwurf
Meßverfahren		Wägung[c]	Trübung[c]	CNC/DMPS[d]
Prüfaerosol		künstl. Staub	atm. Staub	DEHS 0,1–0,3 µm
Filtergruppe	Filterklasse		Klassengrenzen	
Grobstaub[a]	G 1	$A_m < 65$		
	G 2	$65 \leq A_m < 80$		
	G 3	$80 \leq A_m < 90$		
	G 4	$90 \leq A_m$	$20 \leq E_m < 65$	
Feinstaub[a]	F 5	$95 < A_m$	$40 \leq E_m < 60$	
	F 6		$60 \leq E_m < 80$	
	F 7		$80 \leq E_m < 90$	
	F 8		$90 \leq E_m < 95$	
	F 9		$95 \leq E_m$	
Schwebstoffe[b] H E P A	H 10			$5 < P_a \leq 15$
	H 11			$0.1 < P_a \leq 5$
	H 12			$5\text{E-}2 < P_a \leq 5\text{E-}1$ [f]
	H 13			$5\text{E-}3 < P^a \leq 5\text{E-}2$ [f]
Schwebstoffe[b] U L P A	U 14			$5\text{E-}4 < P_a \leq 5\text{E-}3$ [f]
	U 15			$5\text{E-}5 < P_a \leq 5\text{E-}4$ [f]
	U 16			$5\text{E-}6 < P_a \leq 5\text{E-}5$ [f]
	U 17			$P_a \leq 5\text{E-}6$ [f]

[a] Klasseneinteilung übereinstimmend mit EUROVENT 4/5 und DIN 24185 Teil 2; zusätzliche Anforderung an Feinstaubfilter: Anfangswirkungsgrad, gemessen mit atmosphärischem Staub $E_0 > 20\%$
[b] Klasseneinteilung in der EUROVENT-Klassifikation nicht enthalten
[c] Prüfverfahren gemäß EUROVENT 4/5, DIN 24185, ASHRAE 52-76 und anderen
[d] Kondensationskernzähler (CNC) kombiniert mit differentiellem Partikelbeweglichkeitsanalysator (Differential Mobility Particle Sizer DMPS) oder einer anerkannten Alternativmethode
[e] Alle Durchlaßgradangaben gelten für das Partikel maximalen Durchlaßgrades MPPS (Most Penetrating Particle Size) gemäß DIN 24183 (Entwurf)
[f] Nachweis der Leckfreiheit erforderlich

Klassierung gemäß EUROVENT wird durch einen für jede Filter-Güteklasse spezifischen Kennbuchstaben ersetzt (G = Grobfilter; F = Feinfilter; H = Standard-Schwebstoffilter = HEPA-Filter; U = Hochleistungs-Schwebstoffilter = ULPA-Filter). Sie umfaßt somit nicht mehr, wie bisher, nur die Grob- und Feinfilter, sondern erstreckt sich auf Luftfilter aller Qualitäten.

N7.5 Qualitätssicherung

Hochwertige Luftfilter, insbesondere die Standard- und Hochleistungs-Schwebstoffilter, sind letztlich als Sicherheitsbarrieren aufzufassen. Damit ist eine Typprüfung für viele anspruchsvolle Filteranwendungen lediglich der erste Schritt; sie muß fallspezifisch ergänzt werden durch individuelle Prüfzeugnisse der einzelnen gelieferten Filter [16, 20]. Diese umfassen etwa den Nachweis der Leckfreiheit, die Angabe des individuellen Durchlaßgrads sowie andere, zwischen Hersteller und Anwender zu vereinbarende Kenndaten. Letztlich müssen alle diese Prüfmaßnahmen in ein umfassendes Qualitätssicherungskonzept münden, beginnend mit der Überwachung wesentlicher Parameter bereits beim Hersteller des Filtermediums, dann die erforderlichen Eingangskontrollen des Filterfabrikanten für alle Materialien, die gezielte Überwachung von kritischen Zwischenstufen der Fabrikation bis hin zur Prüfung der versandbereiten Filter, die Erstellung der Belege, im weiteren dann die Vorschriften für Verpackung, Transport, Zwischenlagerung, Montage sowie Inbetriebnahme und endend mit der Abnahmeprüfung im Rahmen der Übergabe der raumlufttechnischen Gesamtanlage.

N 8 Luftfilter im Spannungsfeld von Hygiene und Ökologie

N 8.1 Übersicht

Ohne Zweifel sind Luftfilter – insbesondere der höheren Güteklassen – Schlüsselkomponenten hygieneorientierter Anlagenkonzepte der Raumlufttechnik. Andererseits darf auch die Kehrseite der Medaille nicht verschwiegen werden: der Filter als Hygienerisiko und als Entsorgungsproblem – nach dem Motto, daß man nur erkannte Gefahren auch angemessen beherrschen kann.

N 8.2 Filter – Akkumulatoren von Luftfremdstoffen

Dank seiner Abscheideleistung ist ein Luftfilter notgedrungen auch ein Akkumulator von Luftfremdstoffen. Hiervon können unerwünschte Folgewirkungen ausgehen. Von besonderem Interesse ist das Verhalten abgeschiedener *Mikroorganismen*.

Zwar konnten Rüden et al. [21] nachweisen, daß die meisten in Filtern abgeschiedenen Mikroorganismen nach kurzer Zeit absterben. Sporenbildner und gewisse Pilzarten hingegen vermögen in diesem Umfeld längerfristig zu überleben; es kann sogar – hohe Luftfeuchten vorausgesetzt – zu ihrer Vermehrung im Filter und damit zum Hindurchwachsen durch dasselbe kommen. In der Folge können sie dann direkt oder in Sporenform durch die raumlufttechnische Anlage im Gebäude weiterverschleppt werden. Um diesem Risiko zu begegnen, schreibt z. B.

DIN 1946 Teil 4 vor, in Krankenanstalten die relative Feuchte der Zuluft am Ende der Befeuchtungsstrecke auf maximal 90% zu begrenzen. Grund für diese Festlegung war nebenbei auch, ein unerwünschtes Ansteigen des Filterwiderstands infolge von Sorptionseffekten [22] zu unterbinden.

Von Elixmann [23] wurde die Vermutung ausgesprochen, daß *Schimmelpilzallergene* – Stoffwechselprodukte von Schimmelpilzen, die sich in Filtern zunächst vermehrt haben und dann durch diese hindurchgewachsen sind – im Rahmen des *Sick Building Syndrome* von Bedeutung sein könnten. Eine abschließende Beurteilung dieser Frage ist beim heutigen Wissensstand noch nicht möglich, und damit auch der Frage nach der Notwendigkeit, die heutigen Konzepte der Luftfilterung allenfalls neu zu überdenken.

Schimmelpilze sind mit Sicherheit auch verantwortlich für den modrigen Geruch, den staubbeladene Filter abgeben und der in klimatisierten Räumen insbesondere nach einem längeren Stillstand der raumlufttechnischen Anlage lästig sein kann.

N 8.3 Entsorgung von Luftfiltern

Hergestellt aus einer Palette brennbarer und nicht brennbarer Materialien und konzentriert beladen mit allem Unerfreulichen, das heute in unserer Luft enthalten ist – nicht zuletzt Schwermetalle, Mikroorganismen und ihre Stoffwechselprodukte, kanzerogene und radioaktive Stoffe – ist dem Luftfilter aus dem Blickwinkel der Abfallentsorgung Problemcharakter nicht abzusprechen. Von Sonderfällen abgesehen (z. B. Kernkraftwerke, Akkumulatorenfabriken) ist aber eine Entsorgung als Sondermüll nicht erforderlich.

Zur Frage der entsorgungsgerechten Gestaltung der Luftfilter, aber auch beim erforderlichen Umdenken im Beschaffungsverhalten und in den Wartungsprozeduren steht der Bewußtmachungsprozeß noch ganz am Anfang, zumal auch die einschlägigen Vorschriften und Richtlinien bisher fehlen. Sicher sollte es beim heutigen Stand der Technik möglich und zumutbar sein, die erforderlichen Verbesserungen der Produkte und ihrer Materialien zu realisieren und ihre Anwendung durchzusetzen, aber auch die Produkteliteratur um die erforderlichen Hinweise zur Entsorgung zu ergänzen. Sinnvolle Maßnahmen könnten beispielsweise sein [25]:

- Deklaration der verwendeten Materialien und die Bereitstellung von Entscheidungshilfen zur Beurteilung ihrer Entsorgungsfreundlichkeit;
- Konsequente Bevorzugung von Materialien für Filtergehäuse und Filtermedien, die – möglichst durch Verbrennung – rückstandsarm sowie ohne Abgabe von Schadstoffen entsorgt werden können;
- Lösbare Verbindungen zwischen Filtergehäuse und Medienpaket, so daß jeweils nur die beladenen Medienpakete der Entsorgung zugeführt werden müssen;
- Bevorzugung von Filtern hoher Standzeit und damit Minimierung der Abfallvolumina;
- Sortentrennung der Abfälle bei der Wartung von Filterinstallationen.

N 9 Literatur

1 Burtscher, H.: Eigenschaften und Messung von Partikeln im submikronen Bereich. Swiss Contamination Control 4 (1991) 1, 16–24
2 DIN 1946, Teil 4 (Dez. 1989): Raumlufttechnische Anlagen in Krankenhäusern
3 Ensor, D.; Donovan, R.: Aerosol filtration technology, in: Tolliver, D. L. (Hrsg): Handbook of Contamination Control in Microelectronics. Park Ridge NJ/USA, Noyes Publications (1988)
4 Davies, C. N.: Air filtration. New York: Academic Press (1973)
5 Lee, K. W.; Liu, B. Y. H.: Theoretical study of aerosol filtration by fibrous filters. Aerosol Science and Technology 1 (1982) 147–161
6 Grassmann, P.; Widmer, F.: Einführung in die thermische Verfahrenstechnik, 2. Aufl. Berlin: Walter de Gruyter & Co. (1974)
7 Hintermann, K.; Schicht, H. H.: Ein neues Luftfiltrierungskonzept für Textilbetriebe. Textil Praxis Int. 42 (1987) 1456–1461
8 Schier, J.: Filtration characteristics of prefilters for clean room systems. Swiss Contamination Control 3 (1990) 4b, 87–91
9 DIN 24183 (Entwurf Mai 1993): Bestimmung des Abscheidegrades von Schwebstoffiltern mit Partikelzählverfahren – Grundlagen
10 DIN 24185 (Okt. 1980): Prüfung von Luftfiltern für die allgemeine Raumlufttechnik. Teil 1 – Begriffe, Einheiten, Verfahren; Teil 2 – Filterklasseneinteilung, Kennzeichnung, Prüfung
11 SWKI-Richtlinie 84-2: Prüfen, Einteilen und Verwenden von Luftfiltern. Herausgeber: Schweizerischer Verein von Wärme- und Klimaingenieuren, Bern (1984)
12 U.S. Mil. Std. 282 (1956): Filter units, protective clothing, gas-mask components and related products – performance test methods
13 DIN 24184 (Dez. 1980): Typprüfung von Schwebstoffiltern
14 British Standard BS 3928 (1969): Sodium flame test for air filters
15 Lippold, H. J.; Ohde, A.: Reducing energy costs with high precision optimized air filter elements. Swiss Contamination Control 3 (1990) 4b, 81–86
16 Wepfer, R.; Schier, J.: Production control of ULPA filters, in: Proceedings of the 8th International Symposium on Contamination Control. Herausgeber: Associazione per lo Studio ed il Controllo della Contaminazione Ambientale (ASCCA), Milano (1986), S. 850–858
17 EUROVENT-Richtlinie 4/5: Prüfung von Luftfiltern für die Lüftungs- und Klimatechnik. Herausgeber: Europäisches Komitee der Hersteller von lufttechnischen und Trocknungsanlagen, Wien (1979)
18 ASHRAE Standard 52-76: Method of testing air-cleaning devices used in general ventilation for removing particulate matter. Herausgeber: American Society of Heating, Refrigerating and Air-Conditioning Engineers, Atlanta (1976)
19 Gross, H.: New testing procedure for standard absolute (HEPA) and high performance absolute (ULPA) filters. Swiss Contamination Control 3 (1990) 4a, 262–264
20 Wepfer, R.: Characterization of ULPA filters. Swiss Contamination Control 3 (1990) 4a, 191–195
21 Rüden, H.; Botzenhart, K.; Mihm, U.: Untersuchungen zur Frage des Wachstums abgeschiedener Mikroorganismen auf Glasfaser-Feinststaub- und Glasfaser-Hochleistungsschwebstoff-Filtern. Ges.-Ing. 95 (1974) 318–321
22 Hofmann, W. M.: Feuchtigkeitsaufnahme von Hochleistungs-Schwebstoff-Filtern, in: Proceedings of the 2nd International Symposium on Contamination Control. Herausgeber: S. Black, London (1974), S. 94–98
23 Elixmann, J. H.: Pilzmyzelien können Filter von Klimaanlagen durchwachsen. CCI 4/1989, S. 18–25
24 Schicht, H. H.; Wepfer, R.: Aktuelles zur Luftfiltrierung in Klimaanlagen. ki Kälte Klima Heizung 18 (1990) 318–323

Sachverzeichnis

Abgasanalyse 382
Abkühlanlage 229
Abscheidegrad 696
Abscheideleistung 696
Abscheidemechanismen 694
Absorption 261
Absorptionsgrad 195
Absorptionskältekreisläufe 243
Absortionszahlen 267, 268
Absperrorgan 448, 502
Abstrahlgrad 186
Abzinsfaktoren 675
Adsorption/Desorption 334
Aeromechanik 411
Aerosol 690
Aktivkohle, Luftreiniger 699
Akustik, technische 177
Alkalien 613
Alkalität 615
Allergene 166
Aluminiumlegierungen, Korrosionsverhalten 658
Aluminiumwerkstoffe, Korrosionsverhalten 654
Ammoniak 691
Amortisation 679
Amortisationsrechnung 671
Anemometer 444-446
Angeströmte Platte
-, laminare Grenzschicht 310
-, turbulente Grenzschicht 312
Anionen 613
Anionenaustauscher 631, 634
Anlauf, hydrodynamischer/thermischer 309
Anlaufvorgänge, instationäre 297f, 302
-, Fehlerfunktion 298, 299
-, Umlagerungszeit 300
-, Wärmeindringkoeffizient 300
Anlegestrahl 543
Annuitätenmethode 678
Anströmlänge 313
Antischall 201

Arbeitsfähigkeit / Exergie 228
Arbeitsmittel 230
Archimedes 414
Archimedeszahl 422, 423, 536, 537, 541
ASHRAE-Prüfstaub 711
Atmosphäre
-, Energiehaushalt 32
-, Grenzschicht (planetarisch) 36, 55
-, Masse 27
-, Normalatmosphäre 27, 28
-, Rayleigh-Atmosphäre 48
-, Schichtung, Stabilität 28-30
-, Trübung 48
-, Vertikalstruktur 27, 28
-, Zusammensetzung 26, 27
Außenohr 203
Auftrieb, hydrostatischer 414
Auftriebskraft 414, 422, 423, 428
Ausdehnungskoeffizient, Auf-/Abtriebsströmung 315
Ausgleichsvorgänge
-, instationäre 300f
-, konvektive 337
-, Temperaturausgleich 302
-, Umlagerungszeit 302

Bahnlinie 429, 436
Bakterien 166
Barwert 673
Barwertfaktor 677
Basekapazität 616
Basen 613, 664
Basenaustauscher 632
Befeuchtung, Luft 355
-/Entfeuchtung 334
Behaglichkeit, thermische 138, 141
Behaglichkeitsgleichung 138
Bekleidung 127
Beladung, monomolekulare 352, 354
Belagbildung 642ff
-, Korrosionsprodukte 643

Belagbildung 642ff
-, Korrosionsprodukte 643
-, sauerstoffarme Systeme 644
-, Schutz 643
-, - in sauerstoffarmen Kreisläufen 645
Beleuchtung s. Licht
Beleuchtungsanlagen 218
Beleuchtungsstärke 218
Belüftete Systeme, Belagbildung 642
Bernoulli 433, 436, 439, 444, 450, 471
Beschichtungen, Korrosionsschutz 655
-, anorganische 658
-, organische 658
Beschleunigung 430, 431, 436
Beschleunigungspegel 186
Bewegungsgleichungen der Fluidmechanik 436
Bewölkung, Bedeckungsgrad 95
-, Einfluß auf die Strahlung 50, 101, 113
Biegewellen 184
Bindungsenergie 351, 354
Biozide 664
Blasensieden, Wärmeübergang beim Verdampfen 329
Blasenverdampfung 329
Blende 447, 448, 462, 464, 499
Blendung 218
Bodenaustritt (~auslaß), Strahl 505, 538, 539, 542, 548
Bodendruckkraft 427
Borda-Carnotsche Formel 465
Borda-Mündung 435, 513
Braunkohle 2, 6, 7, 12
Braunwasserbildung 657
Brenngase, Austauschbarkeit 407
Brennwert 385
Brennwertkessel, Kondensat 622

Calcit-Kohlensäure-Gleichgewicht 643
Calciumhydrogenkarbonat 618
Carnotwirkungsgrad 230
Chemische Reinigung, Bauteile 661
Chemisorption, Luftreiniger 700
Chlorung 629

D-Glied 567
Dämmung, sekundärer Schallschutz 178
Dampf 411
-, Luftbefeuchtung 257
Dampfdiffusion 335, 353
-, poröse Stoffe 346
Dampfdruckänderung, kapillare 420
Dampfstrahlkälteanlage 242
Dämpfung, sekundärer Schallschutz 178
Darstellungsmethoden, strömende Fluide 428

DDC-Technik 595-599
Deckenaustritt (~auslaß), Strahl 505, 538, 539, 542, 548
Dehnwellen 184
Desinfektionsmittel 664
Desorption 353
Dichte 411
-, feuchte Luft 343
-, trockene Luft 413
Diffusion 335
-, einseitige 337, 355
-, zweiseitige 335
-, -, Avogadrosches Gesetz 335
- nach Fick 336
Diffusionskoeffizient 336
-, Wasserdampf-Luft 346
Diffusionswiderstandsfaktor 338, 339, 355
-, Stoffübertragung 338, 339
Diffusor 464, 470, 471, 482, 499
-, Wirkungsgrad 466, 470
Dipol, Kraftquelle 191
Dreipunktregler 582
Drosselorgan 448, 499, 500, 502
Druck 412, 425, 432, 433, 435, 451, 519, 544
Druckabfall 436, 439, 451, 460
Druckanstieg 439, 460, 470, 472
Druckbedingungen 426, 427, 439
Druckenergie 433, 451
Druckentgaser, thermischer 639
Druckgleichung 433
Druckkraft 421, 425, 436
Druckmessungen 442, 444
Druckrückgewinnziffer 470
Drucksonde 442, 444
Düse 447, 464, 471, 482, 499, 511
Durchlaßgrad / Penetrationsgrad 696

Edelgase, Strahlungsverhalten 265
Eigenüberwachung, chemische 664
Einfachwände 201
Einstrahlzahl 273-277
-, Person 132, 133
Eisen, Korrosion, feuchte Luft 661
Eisenwerkstoffe, verzinkte
-, Korrosionsschutz 657
-, Korrosionsverhalten 650
Elektrische Regler 589-593
Elektrodialyse 635
Elektrofilter, Luftreiniger 699
Email, Korrosionsschutz 655
Emaillierung 658
Emissionsrechnungen, Rauchgas 404
Emissionsverhältnis 268
-, Atmosphäre 285
-, Oberflächen 270

Sachverzeichnis

Emissionsverhältnis
-, Richtungsverteilung 269
Endenergie 12
Energie
-, erneuerbare/regenerative 2-4
-, innere 226
Energiearten 2
Energiebilanz, BR Deutschland 14, 15
Energiedichte 433, 451
Energiegleichung 433, 450, 471
-, Höhenform 434, 451
Energieumsatz, Gesamt~ 127
Energieumwandlungsprozesse 226
Energieverbrauch 5, 6, 10-13, 219
Energievorräte/~reserven 5
Entdröhnung 198
Enteisenung 628
Entfeuchtung, Luft 357
Entgaser, thermischer 639
Entgasung
-, chemische 641
-, physikalische 638
Enthalpiestrom, Strahl 522, 544
Enthärtung 633, 644
Entkalkung 662
Entkarbonisierungsfilter 632, 634
Entkeimung 628
-, Filter 629
-, UV-Licht 629
Entmanganung 628
Entropie 226
Entsalzungsanlagen 634
Entspannung, arbeitsleistende 241
Entzinkung 654
Erdalkalien, ausfällbare 644
-, Salze 618
-, Summe 614, 615
Erdöl 2, 9, 12
Erosionskorrosion 648, 654, 657
Escherischia coli 623
Euler 426, 429, 436
Exergie/Arbeitsfähigkeit 228

Fadenströmung 432
Fallbeschleunigung 414
Farbtemperatur 216
Farbwiedergabe 219
Farbwiedergabeindex 217
Faserfilter 694
Fasern 167
Feinstaub, lungengängiger 690
Fernfeld, Luftschall 190
Feuchte Luft
-, dynamische Zähigkeit 346
-, Stofftransport 341

-, Wärmeleitfähigkeit 345
-, Zustandsgrößen 252
Feuchtebewegung 347, 353
Feuchtegefälle 348
Feuchtegleichgewicht, hygroskopisches 349
Feuchteleitkoeffizient 343, 349
Filmkondensation, Wasserdampf 331
Filmverdampfung 329
Filterentsorgung 707
Filterklassen, Einteilung 713, 714
Filterwechsel 707
Fliehkraftabscheider, Luftreiniger 701
Fluid 411, 425
Fluidmechanik (Strömungsmechanik) 411
-, Kennzahlen 420, 423, 424, 452
Fluidmechanische Ähnlichkeit 420
- Meßtechnik 440
Fluidmechanischer Durchmesser 452
- Energieverlust, Rohr 449, 451, 461, 486
Flüssigkeit 411-414, 426, 427, 431, 434
Flüssigkeitsbewegungen, kapillare 335
Flüssigkeitsoberfläche 418, 427, 430
Formaldehyd 691
Formstück 448, 461
Fouriersche Kenngröße 298
Fouriersches Gesetz 286
Frequenzanalyse 178
Frequenzgang 561
Froudezahl 423, 425
Fußböden, warme/kalte 147

Galvanische Überzüge 659
Gas 2, 8, 12
Gase, Wasserlöslichkeit 622
Gasfamilien 408
Gaskonstanten 380
Gegenquellen, Antischall 201
Gegenstrahlung, Atmosphäre 283
Gesamtenergieumsatz, Mensch 128
Gesundheitsrisiken 162
Gips 618, 651
Gitter 448, 500, 502
Glasscheiben, Strahlungsverhalten 264
Graetz-Nusselt-Problem 323
Grashof-Zahl 315, 320, 423, 542
Grenzflächeneinfluß, Kapillarität 418
Grenzschichtgleichung 439
Grenzschichtströmung 437-439, 544
Grenzschichttheorie 308
Grobstaub/ ~filter 690, 711

Haftbedingung 430, 438, 542
Hallraum 196
Härtestabilisierung 644

Sachverzeichnis

Hartgummierung, Korrosionsschutz 655
Haushalt, Energieverbrauch 13, 16, 17
Hausinstallation, Werkstoffe 653
Heizanlagen, Korrosion 649
-, Korrosionsschutz 654
Heizkessel, Belagbildung 644
-, Energie-/Massebilanz 385
Heizkraftwerk 239
Helligkeit 218
HEPA-Filter 705
Hilfsenergie 599
Hörschwelle 203
Huminsäuren 622
Huminstoffe 631
Hydrazin 641, 642, 660
Hydromechanik 411, 414
Hydrostatische Grundgleichung 426, 433, 436
Hydrostatisches Paradoxon 427
Hysterese 353, 563

I-Glied 566
I-Regler 579
Impulserhaltungssatz 193
Impulsgleichung 432, 450
Impulsstrom, Strahl 521, 531, 544
Industrie 13,16-18
Informationsparameter 556
Infrarot-Strahlung 259, 260
Innenohr 203
Interferenzschichten, Strahlungsverhalten 261
Investitionsarten 667
Investitionsplanung 668
Investitionsrechnung *siehe* Wirtschaftlichkeitsrechnung
Ionen 613, 616, 630
Ionenaustausch-Enthärtungsanlagen 617
Ionenaustauscher 623,630
Ionenaustauscheranlagen 632
Isentropengleichung 412

Jahresnutzungsgrad 397
Joule-Thomson-Entspannung 240

k_v-Wert 573
Kalk 618
Kalk-Kohlensäure-Gleichgewicht 643
Kalk-Rost-Schutzschicht 649
Kalkentkarbonisierung 630
Kältemaschine 229
Kältetechnik/Wärmetechnik 224
Kaltluftstrahl 533, 537, 539, 548
Kapillarität 418
Kapillarkondensation 347, 352

-, Luftreiniger 700
Kapillarwasserbewegung 346, 353
Kapitalwert 676
Kapitalwertmethode 675
Karbonathärte 618, 630
Kationen 613
Kationenaustauscher 631, 634
Kationenfilter 632
Kavitation 425
Kennlinien 574
Kennzahlen der Fluidmechanik 420, 423, 424, 452
Kernenergie 2,9
Kerzenfilter 628
Kessel 433, 442
-, Abgasverlust 388
-, Brennwert 389
-, Energie-/Massebilanz 387
-, Nutzwärmestrom 386
-, Umgebungsverlust 388, 389
Kesselheizzahl 389, 396, 399
Kesselsteingegenmittel 662
Kesselwirkungsgrad 386f, 399
Kieselsäure 622
Kirchhoffsches Gesetz 269
Kleinverbrauch 13, 16-18
Klima, Definition 25, 26
-, Klimabeobachtungsnetz 67
-, Klimadatensammlungen 57
-, Klimaelemente 26, 37
-, Klimaschwankungen, natürliche 99
-, Solarklima der Erde 31
-, Stadtklima 36
-, Treibhauseffekt 27, 50, 99
-, Welt-Klimaprogramm 57
Klimastatistiken
-, arithmetisches Mittel 58
-, Befeuchtungsgrammtage/~stunden 60
-, Bewölkung 95f
-, Entfeuchtungsgrammtage/~stunden 60
-, Gradtage/Gradstunden 59
-, Heizperiode 60
-, Heiztage 60
-, Isoplentendarstellung von Klimaelementen 72, 85, 96
-, Korrelationstabellen
-, -, Lufttemperatur/Feuchtegehalt 64, 80f
-, -, Lufttemperatur/Windgeschwindigkeit 87f
-, Kühllastzone 63
-, Kühlgradtage/~stunden 60
-, Lüftungsgradtage/~stunden 60
-, Monatsmittel der Strahlung 43
-, Pentadenmittel der Strahlung 43
-, Sollgröße 58
-, Summenhäufigkeiten 75f

Sachverzeichnis

Klimastatistiken
-, Tagessummen der Strahlung 42, 92
-, Tagesgänge/Jahresgänge 51, 52, 58
-, -, Strahlung 90-93
Kochsalz 617
Kohlendioxid 691
-, freies 627, 642
Kohlenmonoxid 691
Kohlensäure, calcitlösende 622, 627
-, freie/zugehörige 618, 638, 639, 642, 643
-, gebundene 622
Kohlensäure-Rieseler 634, 639
Kohlenstoffdioxid 618
-, freies 627, 642
Kompressibilität 411
Kompressionskältekreisläufe 239
Kompressionswärmepumpe 247
Kompressionswellen 184
Kondensation, feuchte Luft 358
Kondensationstemperatur 357
Konservierung 660f
-, Korrosion 656
Kontaktkorrosion 648, 654
Kontinuitätsgleichung 194, 432, 448
Kontrastwiedergabe 219
Korngrößenspektrum 691
Körperauftrieb 428
Körperschall 184
Körperschalldämpfung 198, 201
Korrekturverfahren, Wirtschaftlichkeitsrechnung 680
Korrosion 618, 645f
-, Erosions- 648, 654, 657
-, Inhibierung 656, 657
-, Kontakt- 648
-, Loch-,chlorinduzierte 652, 657
-, rauchgasbedingte 649
Korrosionsarten 647
Korrosionselement 646
Korrosionsschutz 645f
-, kathodischer 651
-, Planung/Auslegung 656
Korrosionsverhalten, Werkstoffe 645f
Kosten-Nutzenanalyse 682
Kostenvergleichsrechnung 669
Kraft 16-18
Kreisfrequenz 178
Kreisprozesse 235
Kreiszylinder 438
Krümmungsdruck, kapillarer 418
Kugelschalen 333
Kühlgrenztemperatur 356, 361
Kühllastregeln 62
Kunststoffe, Korrosionsschutz 655
Kupferionen, Korrosion 651

Kupferlegierungen
-, Korrosionsschutz 657
-, Korrosionsverhalten 653
Kurzschluß, hydrodynamischer 186

Lagedruck 433
Lageenergie 433, 451
Lambertsche Richtungsgesetz 268
Laminare Strömung 415, 437, 439, 448, 453
Laufzeit des Schalls 189
Laugen 613
Legionärskrankheit 623
Legionella pneumophila 623
Leistungszahlen 226
Leitfähigkeit, wäßrige Lösungen 615
Leitschaufel 483
Leuchtdichteverteilung 218
Levoxin 642, 660
Lewis-Zahl 356
Licht 16, 17
Lichtausbeute 216, 217
Lichtstrom 210
Linienquelle 193
Lochkorrosion, chlorinduzierte 652, 657
Lösemittel, Dämpfe 691
Lokales thermisches Unbehagen 147
Lüftungslast 158, 160, 161
Luft 413, 417, 440
-, feuchte
-, -, Dampfteildruck 52
-, -, Enthalpie,spezifische 53, 79
-, -, Feuchtkugeltemperatur 53
-, -, psychrometrische Differenz 54
-, -, Stofftransport 341
-, -, Zusammensetzung 26
-, -, Zustandsgrößen 252
-, trockene
-, -, spezifische Enthalpie 53
-, -, Gaskonstante 27
-, -, Trockenluftteildruck 52
-, -, spezifische Wärmekapazität 29, 53
-, -, Zusammensetzung 26
Luftbefeuchtung 256
Luftdruck
-, Änderung mit der Höhe 27
-, barometrische Höhenformel 28
-, Gesamtluftdruck (feuchte Luft) 52
-, global gemittelter/reduzierter 27
-, Luftdruckgefälle, horizontales 55
-, Luftdruckgebiete, Tief-/Hochdruckgebiet 34
-, Normalluftdruck 28
Luftfeuchte 134, 165, 334
-, Feuchtegehalt 52

Luftfeuchte
-, Feuchtkugeltemperatur 53
-, Häufigkeitsverteilung 80f
-, psychrometrische Differenz 54
-, relative 52, 350
-, Tagesgänge/Jahresgänge 76f
-, Taupunkttemperatur 53
Luftfilter
-, Druckverlust 709
-, Entsorgung 716
-, Filterkombination 706
-, Filtermedium 699
-, Leckfreiheit 710
-, Wirkungsgrad 708
Luftfremdstoffe 690
Luftgeschwindigkeit
-, Mittelwert 13
-, Turbulenzgrad 13
Luftqualität, empfundene 154, 157
-, Gesundheitsrisiken, MAK-Werte 162
Luftreiniger, Abscheidemechanismen
-, Diffusionseffekt 695-697, 704
-, Siebeffekt 694
-, Sperreffekt/Interzeptionseffekt 695, 696
-, Trägheitseffekt 695-697, 704
Luftreinigung 689
Luftschadstoffe, Grenzwerte 164
Luftschallentstehung 189
Luftstrahl 505
Lufttemperatur, Extremwerte 51, 58, 72, 73
-, Häufigkeitsverteilung/Summenhäufigkeiten 73f
-, Isopletendarstellung 72
-, Lufttemperaturänderungen, zeitliche 51
-, Tagesmittel 58
-, Tagesschwankungen 58
-, Tagesgänge/Jahresgänge 70f
Luftüberschuß 382
Luftverbesserungslast 158
Luftverschlechterung 155, 160, 161
Luftverunreinigungen, Quelle 693

m-Wert, Wasser 616
MAK-Wert 162,163
Manometer 442, 443
Mehrfachwände, Schalldämmung 201
Methan 691
Mikrobielle Inhaltsstoffe, Wasser 623
Mikroorganismen 631, 692
-, Bakterien/Pilze 691
Mineralfaserplatten 197
Mischbettfilter 634
Mischinstallation, Korrosion 650, 654
Mischströmung 504
Mittelohr 203
Mittenfrequenz 180

Modelle, Strahlungsbilanzen 100f
Molekularbewegung 335
Monopol, Abstrahlung 190

Naßfilter, Luftreiniger 700
Naßkonservierung 660
Nachhallzeit 196
Nahfeld 190
Natriumhydogenkarbonat 617
Natriumsulfit 641, 660
Navier/Stokes 437
Nennbeleuchtungsstärke 218
Neutralaustauscher 632
Newtonsche Kraftgleichung 436
Nichtkarbonathärte 618
Nitrate 651
Niveaufläche 427
Normalpotential 646
Normfarbwerte 210
Normlichtart 213
Nullpunkt, absoluter 223
Nusseltsche Kennzahl, Stoffübergang 309, 341
Nutzeffekt (Licht)
-, optischer 214
-, visueller 215
Nutzheizzahl 396
-, Jahresnutzheizzahlen 399
Nutzungsgrad 396
-, Jahresnutzungsgrad 397, 399
Nutzwertanalyse 683

Oberflächenbeschichtung, Strahlungsverhalten 265
Oberflächendiffusion 335, 346f
Oberflächendiffusionskoeffizient 343
Oberflächenverhalten, selektives 263
Oberflächenwasser 617
Ohr, Schall 202
Oktaven 180
Oktavfilter 180
Ölfadentests, Schwebstoffilter 710
Opferanode 651, 659
Optische Strahlung 207
Organische Stoffe 622
Orsatapparat 382
Oxidationsmittel 664
Ozon 691

P-Glied 566
P-Regler 578
p-Wert, Wasser 616
Partikel 167
PT$_1$-Glied 567
PT$_2$-Glied 568

PT$_n$-Glied 568
Partialkondensation
-, Wärme-/Stofftransport 357
Partikel 690
PD-Regler 580
Péclet-Zahl 323, 697
pH-Wert 615
PI-Regler 579
PID-Regler 581
Pilot-Rohr 442, 444
Plancksches Strahlungsgesetz 214, 266
Plattenfilter 627
Plötzlichkeit 189
PMV-Index /-Werte 142, 173
Pneumatischer Regler 585-588
Poissonsche Konstante 198
Polyphosphate 644, 656
Potentialumkehr 651, 652
PPD-Index /-Werte 145, 173
Prandtl 437, 519
-, Rohr 444
-, Zahl 309, 346, 349
-, -, Wasserdampf/trockene Luft 342
Probenahme/Meßstellen, Wasseraufbereitung 663
Prozeßberechnung 232
Prozeßwirkungsgrad 230
Prüfaerosole 708
Prüfstaub 711
Prüfverfahren, gravimetrischer Abscheidegrad 707
Pseudomonas aeruginosa 623
Psychrometer 357
Pumpe 448, 504

Querdruckgleichung 436, 472

Radon 165, 691
Rationelle Energienutzung 18, 19
Rauchgas
-, Dichte, spez. Wärmekapazität 379
-, Energiestrom 387
-, feucht/trocken 380
-, Kohlendioxidgehalt 382
Rauheit 452, 456, 458
Rauheitsparameter 440, 457, 472
Raumheizung, Energieverbrauch 15-20
Raumluftqualität 153f
-, Behaglichkeitsgleichung 158
-, empfundene 154, 157, 159
Raumluftverunreinigung 692
Raumklima 125f
-, Allergene 166
-, Bakterien/Viren 166
-, Partikel/Fasern 167

-, thermisches 126f
-, -, Beurteilung 151
Raumklimaparameter, thermische 128f
Raumwinkel, geneigte Flächen 101
-, Halbraum 101, 108
Rayleighwellen 184
Rayleighzahl 315
Reduktionsmittel 664
Reflexion 261
Reflexion, diffuse/spiegelnde 273
Regeleinrichtung, allgemein 577
Regelkreis
-, mit stetigem Regler 600
-, mit Zweipunktregler 610
-, optimierte Einstellung 607
-, Regelgüte 605
-, Stabilität 603
-, Stör-/Führungsverhalten 600
Regelorgan 448, 502
Regelstrecke 555, 571, 601, 609
Regelwerke, DIN-Normen/VDI-Richtlinien 61f
-, Kühllastregeln 62
-, Kühllastzonen 63
-, Testreferenzjahre 67f
Regenwasser 617
Regler ohne Hilfsenergie 584
-, Zweipunktregler 581
Reibungseinfluß 415, 425, 438, 448, 453
Reibungskraft 436, 505
Reinraumtechnik 694, 704
Rentabilitätsrechnung 670
Reversosmose/Umkehrosmose 634-636
Reynolds 415, 437
-, Analogie 312
-, Zahl 309, 421, 425, 438, 440, 452, 470, 472, 474, 502, 507, 517
Richtwerte, Schallpegel 204, 205
Ringelmann-Skala 402
Risikoanalyse 681
Rohraustritt 470
Rohrbezugsgeschwindigkeit 452, 462, 466, 487, 504
Rohrbogen 472, 477
Rohreinlaufströmung 453, 459, 511
Rohreintrittsströmung 460, 463, 511
Rohrgeschwindigkeitsprofil 453, 459, 471, 472
Rohrhydraulik 448
Rohrknie 472, 477, 481
Rohrleitung, geradlinig 442, 448, 452
Rohrleitungsschalter 448, 502
Rohrquerschnittsänderung, Erweiterung/Verengung 448, 462, 466, 468, 501
Rohrquerschnittsform 455, 456, 471
Rohrreibungsbeiwert 454

Rohrreibungsgesetz 454
Rohrreibungszahl 454, 455, 457, 459
Rohrrichtungsänderung 448, 472
Rohrschalen (zylindrische Wände) 333
Rohrschlange 476
Rohrsegmentbogen 472, 483
Rohrströmung 448, 451, 454
Rohrverlustbeiwert 452, 457, 462, 463, 466, 468, 474, 487, 489, 500, 502
Rohrverzweigung, Trennung/Vereinigung 448, 484, 497
Rollbandfilter 702
Rostwasserbildung 657
Rußzahl-Bestimmung 401, 402
-, Rückführung 583
Rückfluß, Kapital 673
Rückführung 583
Rückkopplungsmechanismen 191
Rückspülfilter 625

Sandwichbleche, Körperschalldämpfung 198
Sauerstoffbindemittel 641, 660
-, alternative 642
Sauerstoffkorrosion 645
Säurekapazität 616
Säuren 613, 664
Schall, Laufzeit 189
Schallabsorption 195, 201
Schallausbreitung
-, halbkugelförmige 193
-, kugelförmige 192
Schallausbreitungsgeschwindigkeit 182
Schalldämmaß 200
Schalldämmung 200f
Schalldruck 178
Schalldruckpegel 181
Schalleistung 182
Schalleistungsmessung 183
Schalleistungspegel 182
Schallfeld in Kanälen 193
Schallintensität 183
Schallkennwiderstand 183
Schallpegel, Richtwerte 204, 205
Schallschluckfalle 196
Schallschluckung 195
Schallschnelle 182
Schallschutz
-, primärer 177
-, sekundärer 178
Schallwellen, Reflexion 201
Schluckgrad, Luftschall 195
Schmidt-Zahl 346, 349
Schmiegeebene 431, 436
Schnelle 185

Schnellepegel 186
Schubwellen 184
Schutzschichtbildung 645, 646
Schutzverfahren, kathodische 659
Schwarzer Körper, Strahlungsverhalten 261, 279
Schwebstaub 690
Schwebstoffilter 701, 704
-, Durchlaßgrad/Abscheidegrad 708
-, Prüfung 711
Schwefeldioxid 691
Schwefelsäuretaupunkt 406
Schwerebeschleunigung, globales Mittel/ Normalwert 27
Schwereinfluß 414, 423, 425, 426
Schwerhörigkeit 204
Schwerkraft 414, 421-423, 436
Schwingbeschleunigung 185
Sekundärströmung 451, 474
Sensitivitätsanalyse 681
Sensorische Einheiten
-, dezipol 157
-, olf 155
Sichtbares Licht, Intensitätsmaximum 260
Sick Building Syndrome 716
Sieb 448, 500, 502
Signalarten 556
Signalflußplan 558
Soda 618
Sodaspaltung 618
Sonne
-, astronomische Einheitslänge (AU) 30
-, mittlerer Radius 31
-, Schwarzstrahlungstemperatur 31
-, Solarkonstante 30
-, spezifische Ausstrahlung 31
Sonnenkoordinaten
-, Azimutdifferenz (geneigte Fläche) 41, 118
-, Sonnenhöhe 37
-, Sonnenazimut 37
-, Sonnendeklination 37, 39
-, Stundenwinkel 38, 40
-, Zenitdistanz 37
Sonnenstrahlung
-, Absorption durch Wasserdampf/Ozon 32
-, Absorptions~-/Emissions~-/Transmissions~/Reflexionsgrad 48, 49
-, Bestrahlungsstärke, direkt/diffus 49, 89, 105
-, -, Durchgang durch trübe Atmosphäre 49
-, -, extraterrestrisch (Solarkonstante) 30
-, -, geneigte Fläche 41, 49, 100
-, -, horizontale Fläche 37, 41, 49
-, -, Jahresgänge 91f
-, -, Normalfläche 47

Sonnenstrahlung
-, Bestrahlungsstärke
-, -, Tageslänge 91f, 100
-, -, Zeitintegrale über extraterrestrische 42
-, Bouguer-Lambert-Beer-Gesetz 46
-, diffuse 49
-, -, Anisotropie 106
-, direkte 32
-, Extinktion der Strahlung 44f
-, Globalbestrahlungsstärke (Globalstrahlung) 32, 101
-, grauer Strahler 116
-, kurzwellige
-, -, Abhängigkeit von der Trübung der Atmosphäre 89
-, -, Extinktion der extraterrestrische Sonnenstrahlung 46, 47
-, -, Linke-Trübungsfaktor 48, 102
-, -, Reflexstrahlung 92, 101, 112
-, -, Streuungskorrekturfaktor 103
-, -, Strahlungsspektrum der Sonne 43, 44, 47
-, -, Tages-/Jahresgänge 91
-, -, Transmissionsgrad, Absorption 103
-, -, -, unbewölkte Atmosphäre 48
-, Lambert-Kosinusgesetz 41
-, langwellige
-, -, Ausstrahlung 33, 115f
-, -, effektive Ausstrahlung 116
-, -, Treibhauseffekt 27, 50, 99
-, -, Strahlungsspektrum der Atmosphäre 49, 50
-, -, Strahlungsspektrum der Erde 43, 44, 50
-, -, Ausstrahlung,spezifische der Erde 31
-, -, Schwarzstrahlungstemperatur der Erde 31, 43
-, -, halbräumlicher Emissionsgrad 49
-, -, Gegenstrahlung, atmosphärische 33, 50, 92, 115f
-, lokales Schwächungsmaß 46
-, optische Luftmasse, relative 45, 89
-, Solarkonstante 31
-, Sonnenscheindauer 51, 93f
-, -, astronomisch mögliche 40, 51
-, Stefan-Boltzmann-Gesetz 31, 49, 115f
-, Strahlungsbilanz, Gesamt~ 92
-, -, Jahresgang 94
-, -, kurzwellige 100
-, -, langwellige 92
-, -, Strahlungsübergangszahl 115
-, -, Strahlungswechselwirkung, Fläche/Umgebung 112f
-, Strahlungsspektrum, extraterrestrisch 43, 44
-, Strahlweg 45

-, Tagesgang 112, 114
-, Tagessummen der Strahlung 42, 92
Sorptionseffekt, Luftreiniger 699
Sorptionsgleichgewicht 334, 349, 350, 353
Sorptionsisotherme 350-352, 354
Spaltreibungszahl 455
Spannungsreihe der Metalle 646
Spannungsrißkorrosion 653, 654, 657
spezifische Wärme, feuchte Luft 345
Sprühbefeuchter 693, 700
Sprungantwort 561
Stähle, nichtrostende, Korrosionsverhalten 652
-, unlegierte, Korrosionsschutz 656
Staub 690
Staubfilter, Bauarten 701
-, Filterkombination 706
-, Plattenfilter 705
-, Taschenfilter 703
-, Zellenfilter 704
Staubspeicherfähigkeit 709
Staupunkt 433
Stefan-Boltzmannsches Gesetz 266
Steighöhe, kapillare 419
Steinkohle 2, 7, 8, 12
Stellantrieb 588, 594
Stellventil 573
Stick-slip Schwingungen 192
Stickstoffoxide 691
Stillstandskorrosion 645
Störgröße 555, 601, 608, 609
Stoffdaten, thermodynamische Eigenschaften 232
-, Zustandsgrößen 235
Stofftransport, feuchte Luft 341
-, poröse Stoffe 346, 348
Stoffübergang 339
-, Kennzahlen 341
Stoffübergangskoeffizient 339
Stoffwerte, Fluid 413
-, fluide Medien 311
Stokessche Gleichung 690
Strahl (Freistrahl/Wandstrahl) 435, 505-547
-, geschlossener 507
Strahlablenkung 538
Strahlanfangszone 511, 516, 544
Strahlaustrittsströmung 511, 525, 543
Strahlbegrenzung 522, 528, 530, 545, 546
Strahleindringtiefe 530, 541
Strahleinschnürung 435, 462, 513, 515, 525
Strahlenergiestrom 531, 533, 547
Strahlerweiterung 522, 525, 546
Strahlgeschwindigkeitsprofil 510, 521, 534, 537, 542, 544
Strahlhauptzone 511, 519, 522, 544
Strahlkernströmung 517, 524, 544

Strahllüftung 505, 507
Strahlmischzahl 517, 518, 544
Strahlmittengeschwindigkeit 510, 517-528, 534, 539, 541, 545, 548
Strahlmittentemperatur 534, 547
Strahlquerschnittsform 505-511, 517, 522
Strahlreichweite 530, 541, 546
Strahltemperaturprofil 522, 534, 537, 545
Strahltheorie 519, 544
Strahlung s. auch Sonnenstrahlung und Wärmestrahlung
-, Hohl- und Zwischenräume 277
-, optische 207
Strahlungsäquivalent, photometrisches 216
Strahlungsaustauschkoeffizient 273
Strahlungsemission 266
Strahlungskonstante, schwarzer Körper 268
Strahlungsleistung 210
Strahlvermischung 505, 516, 531
Strahlvolumenstrom 515, 527, 531, 547
Stromfaden 431, 434
Stromlinie 429
Stromröhre 431
Strömungsablösung 439, 451, 461, 472, 477
Strömungsenergie 433, 448, 451
Strömungsmaschine 448, 504
Synchrotronstrahlung 214

T_1-Glied 569
Tabakrauch 163
Tageslicht 220
Tageslichtquotient 220
Tag
-, Sonnentag 39
-, Sterntag 39
-, Tageslänge 40
-, Tageswinkel 41
Taupunkt 358, 361, 406
Teilentsalzung 633
Temperatur 223, 412, 414, 519, 537
-, Äquivalenz~ 135
-, Halbraum-Strahlungs~ 135
-, Heizgrenztemperatur 60
-, Inversion 30
-, Isothermie 30
-, Luft~ 131
-, mittlere Strahlungs~ 131
-, Operativ~ 134
-, optimale Raum~ 146
-, Raum~ 134
-, Schwarzstrahlungstemperatur
-, -, der Erde 31
-, - der Sonne 31
-, Strahlungstemperatur-Asymmetrie 135

-, Taupunkttemperatur 53
-, Temperaturschichtung 28
-, vertikaler Gradient, Atmosphäre 28, 29
-, vertikaler Lufttemperaturgradient, Raum 147
Temperaturänderungen, instationäre periodische 305f
Temperaturleitfähigkeit 286
-, feuchte Luft 345
-, Wasserdampf/trockene Luft 342
Terzen 180
Terzfilter 180
Testreferenzjahr (TRY), Normaljahr 66
Thermische Zustandsgleichung 412, 519
Thermischer Auftrieb 414, 422, 533, 536
Thermisches Raumklima 126f
Thermodynamik, Hauptsätze 225
Thermoregulation des Menschen 126
Thomsonsche Gleichung 350
Tieftemperaturtechnik 224
Torricellische Ausflußformel 435
Torsionswellen 184
Trägheitskraft 421, 422, 423, 505, 533
Transmissionsgrad 200
Treibhauseffekt 27, 264
-, Wärmestrahlung 264
Trinkwasser 656
-, chemische Behandlung 643
Trinkwasser-Hausinstallation, Korrosion 649
Trinkwassernetz 651
Trinkwasserverordnung 629, 643
Trockenkonservierung 660, 661
Trübung
-, atmosphärische 48
-, Linke-Trübungsfaktor 48, 89f,102f
-, Tages-/Jahresmittelwert, Jahresgang 102
-, unterschiedlicher Atmosphärenzustände 102
Turbine 448, 504
Turbulente Austauschgröße 417
Turbulente Strömung 415, 437-439, 448, 453
Turbulenter Fluß, vertikaler 32, 36
Turbulenz 415, 453, 501
Turbulenzgrad 415, 517
-, Standardabweichung 133
Turbulenzkraft 436

U-Rohr 427, 442, 443
UO-Anlagen 637
Übertragungsglied 558, 562, 566, 570
Übertragungsverhalten 559-571
ULPA-Filter 705
Umgebung, Wärmereservoir 236

Sachverzeichnis 729

Umkehrgesetz, Einstrahlzahlen 275, 276
Umkehrosmose/Reversosmose 634-636
Umlenkblech 483
Umweltbelastung 21-23
Umweltschutz, Wasser 664
Umweltschutz-Vorschriften, Emissionen 401
Unfallverhütungsvorschriften 664
Unsicherheit, Wirtschaftlichkeitsrechnung unter 680
Unterdruckentgasung 640

Vakuumentgasung 640
Ventil 503
Ventilautorität 576
Venturi-Rohr 447
Verblockung 637
Verbrennungsdaten
-, feste/flüssige Brennstoffe 374
-, gasförmige Brennstoffe 375, 376
Verbrennungsprodukte 164
Verbrennungsrechnung
-, analytische
-, -, Avogadrosche Zahl 368
-, -, Brennstoffe, feste/flüssige/gasförmige 367, 369
-, -, Erdgas 377
-, -, feste Brennstoffe 377
-, -, feste/flüssige Brennstoffe 374
-, -, gasförmige Brennstoffe 375
-, -, Heizöl 377
-, -, Luftüberschuß 370
-, -, Rauchgasmasse, trockene/feuchte 370, 372
-, -, Rauchgaszusammensetzung 369
-, -, Sauerstoffbedarf 369
-, -, statistische 373ff
-, -, Verbrennungsgleichungen 368
-, -, Verbrennungsgrößen 369-372
-, -, Zusammensetzung der Luft 368
Verdampfen, Definition 329
Verdampfung 338
Verdrängungskraft 422, 428
Verdrängungsströmung 504
Verdunstung 355
-, adiabate 355
-, Definition 329
-, einseitige Diffusion 337
-, feuchte Luft 358
-, Wärme-/Stofftransport 355
Verkehr, Energieverbrauch 13, 16, 17
Verlustfaktor 198
Verschlammung 645
Verteilungstemperatur 215
Verunreinigungslast 155

-, von Gebäuden verursachte 161
-, vom Raumnutzer verursachte 160
Verzinkung 658
-, Korrosion 650
Viren 166
Viskosität 416, 457
Vollentsalzung 635
Volumenausdehnungskoeffizient 413, 422
Volumenquellen 189
Volumenstrom 432, 435, 447, 448, 454, 486, 502
Volumenstromdrosselung 499
Volumenstrommessung 446, 499

Wandaustritt (~auslaß), Strahl 505, 537
Wärme, spezifische
-, feuchte Luft 344
-, Wasserdampf/trockene Luft 342
Wärmeaustausch durch Strahlung 272
Wärmebilanz, Mensch 135
Wärmedurchgang 307f
-, ebene/zylindrische Wände 333
-, geschichtete Wände 333
Wärmedurchgangskoeffizient 332
Wärmekapazität, spezifische 286
Wärmekraftanlagen 236
Wärmekraftmaschine 226
Wärmeleitfähigkeit 285, 287
-, feuchte Luft 342, 343, 345
-, porige Stoffe 287f
-, -, Einfluß von Feuchte 293
-, -, Einfluß von Temperatur/Druck 292
Wärmeleitung
-, instationäre
-, -, Anlaufvorgänge 322, 323
-, -, Ausgleichsvorgänge 300f
-, stationäre
-, -, geometrisch einfache Körper 294
Wärmeleitwiderstände, Kleidungsstücke/Bekleidungskombination 129
Wärmepumpe 229
Wärmestrahlung 259f
-, asymmetrische 148
Wärmestrom, Richtung 314
Wärmeströme, Anlaufvorgänge 297
-, Verdunstung/Kondensation 362
Wärmetechnik/Kältetechnik 224
Wärmetechnische Stoffwerte 289
Wärmetransformatoren 249
Wärmeübergang 307f
-, außenumströmte Einzelkörper 308
-, durchströmte Kanäle 322
-, durchströmte Rohre 325
-, erzwungene Strömung 314
-, freie Konvektion 316

Wärmeübergang
-, Kondensation 330
-/ Stoffübergang, Analogie 340
-, Verdampfung 329
Wärmeübergangskoeffizient 308, 325
- durch Strahlung 274
Wärmeübertragung 227
-, durchströmte Kanäle 324
-, Kondensation/Verdunstung 359
-, laminare Strömung 323
-, senkrechte Luftschichten 320
Warmluftstrahl 533, 537, 539, 541, 548
Wasser 413, 417, 505
-, chemische Eigenschaften 613
-, Desinfektion 623, 628, 629
-, elektrische Leitfähigkeit 616
-, enthärtetes 618
-, Entsäuerung 627
-, Filtration 625
-, Gesetze/Rechtsverordnungen 665
-, Härte 618
-, Inhaltsstoffe 617
-, mikrobielle Inhaltsstoffe 623
-, neutral-pH-Wert 615
-, spezifische Enthalpie 53
-, - Verdampfungswärme 53
-, Sterilisation 623
Wasseranalyse, Mindestumfang 662
Wasserarten, Definition 624
Wasseraufbereitung 625-642
-, Membranverfahren 635
Wasserbehandlung, physikalische 629
Wasserchemie, Einheiten 614
Wasserchemische Umrechnungsfaktoren 615
Wasserdampf 413, 417
-, Dampfteildruck 52
-, Gaskonstante 52
-, mittlere Abnahme mit der Höhe 30
-, Prandtlsche Kenngröße 342
-, Sättigungsdruck 52
Wasserdampf, spezifische Enthalpie 53
-, - Wärmekapazität 53
Wasserdampfdurchgang 347
Wasserdesinfektion, Chemikaliendosierung 629
Wasserhärte 614
Wasserhaut-Theorie 330
Wasserinhaltsstoffe, Belagbildung 642
Wasserkraft 2, 9, 12
Wassersäule 426
Wasserschichten, Strahlungsverhalten 266
Wasserstoff-Entkarbonisierung 633
Wasserstrahl 507
Wechselkraftquellen 190

Wegwerffilter 701
Weichwasser 632
-, verschnittenes 644
Wellengleichung 194
Wellenzahl 183
Weltbevölkerung 6, 12
Werkstoffe
-, anorganische, Korrosionsschutz 655
-, organische, Korrosionsschutz 655
-, technische, Korrosionsverhalten 649
Wetter
-, numerische Wettervorhersage 99
-, Wettervorhersage 29
-, Witterung 25
Wichte 414
Wickelmodul 638
Wiedergewinnungsfaktoren 676
Wiensche Verschiebungsgesetz 266
Wind, barisches Windgesetz 55
-, Häufigkeitsverteilung 85f
-, horizontaler (geostrophischer) 55
-, mittlere Tages- und Jahresgänge 83f
-, Windgeschwindigkeit 57
-, Windprofil, Potenzgesetz 56
-, Windrichtung 56
Wirkungsgrad
-, Luftfilter 708
-, Kessel 386f
Wirtschaftlichkeitsrechnung 667ff
-, dynamische Verfahren 672-680
-, statische Verfahren 669
Wobbewert 407, 408

Zähigkeit 415
-, dynamische, feuchte Luft 344
-, kinematische 342
-, -, feuchte Luft 345
Zähigkeitskraft 421, 423, 436
Zeit
-, Heizperiode 60
-, mitteleuropäische Zeit (MEZ) 40
-, wahre Ortszeit (WOZ) 37
Zeitenergiebedarf 58
Zeitgleichung 39, 40
Zeitintegrale
-, über Bestrahlungsstärken 42
-, über Differenzgrößen 58
Zinkgeriesel 651, 657
Zinkkorrosion, Temperatureinfluß 652
Zinssatz 679
Zug-Risiko 149
Zweipunktregler 581
Zwicker-Verfahren 204
Zyklon 701

Springer-Verlag und Umwelt

Als internationaler wissenschaftlicher Verlag sind wir uns unserer besonderen Verpflichtung der Umwelt gegenüber bewußt und beziehen umweltorientierte Grundsätze in Unternehmensentscheidungen mit ein.

Von unseren Geschäftspartnern (Druckereien, Papierfabriken, Verpackungsherstellern usw.) verlangen wir, daß sie sowohl beim Herstellungsprozeß selbst als auch beim Einsatz der zur Verwendung kommenden Materialien ökologische Gesichtspunkte berücksichtigen.

Das für dieses Buch verwendete Papier ist aus chlorfrei bzw. chlorarm hergestelltem Zellstoff gefertigt und im pH-Wert neutral.

M. Heckl, H. A. Müller

Taschenbuch der Technischen Akustik

2. Aufl. 1993. 350 S.
Geb. DM 198,– ISBN 3-540-54473-9

In über 20 Einzelbeiträgen von namhaften Autoren werden die Gebiete der Technischen Akustik behandelt. Das Buch enthält die physikalischen und physiologischen Grundlagen, Probleme der Raumakustik und der Meßtechnik (einschließlich der relevanten Normen und Richtlinien). Breiten Raum nehmen Fragen der Schallentstehung, Luft- und Körperschallausbreitung und der Lärmminderung ein, wie sie im Maschinenbau, Fahrzeugbau sowie Hoch- und Tiefbau vorkommen.

Das Buch vermittelt dem Leser einen Überblick über den derzeitigen Kenntnisstand in der Technischen Akustik sowie zahlreiche Formeln, Meßdaten, Erfahrungswerte etc., die bei der täglichen Arbeit auf diesem Gebiet benötigt werden.

Die einzelnen Beiträge wurden gründlich überarbeitet und aktualisiert. Es wurden neue Abschnitte über aktive Lärmminderung (Antischall), numerische Methoden und Schallentstehung bei der Holz- und Metallbearbeitung aufgenommen.

Preisänderung vorbehalten.